DICTIONNAIRE

CLASSIQUE

D'HISTOIRE NATURELLE.

Liste des lettres initiales adoptées par les auteurs.

MM.

AD. B.   Adolphe Brongniart.
A. D. J.   Adrien de Jussieu.
A. F.   Apollinaire Fée.
A. R.   Achille Richard.
AUD.   Audouin.
B.   Bory de Saint-Vincent.
C. P.   Constant Prévost.
D.   Dumas.
D. C..E.   De Candolle.
D..H.   Deshayes.
DR..Z.   Drapiez.
E.   Edwards.
E. D..L.   Eudes Deslonchamps.

MM.

F.   D'Audebard de Férussac.
FL..S.   Flourens.
G.   Guérin.
G. DEL.   Gabriel Delafosse.
GEOF. ST.-H.   Geoffroy St.-Hilaire.
G..N.   Guillemin.
ISID. B.   Isidore Bourdon.
IS. G. ST.-H.   Isidore Geoffroy Saint-Hilaire.
K.   Kunth.
LAM..X.   Lamouroux.
LAT.   Latreille.

La grande division à laquelle appartient chaque article, est indiquée par l'une des abréviations suivantes, qu'on trouve immédiatement après son titre.

ACAL.   Acalèphes.
ANNEL.   Annelides.
ARACHN.   Arachnides.
BOT. CRYPT.   Botanique. Cryptogamie.
BOT. PHAN.   Botanique. Phanérogamie.
CHIM.   Chimie.
CONCH.   Conchifères.
CRUST.   Crustacés.
ECHIN.   Echinodermes.
FOSS.   Fossiles.
GÉOL.   Géologie.
INF.   Infusoires.
INS.   Insectes.

INT.   Intestinaux.
MAM.   Mammifères.
MIN.   Minéralogie.
MOLL.   Mollusques.
OIS.   Oiseaux.
POIS.   Poissons.
POLYP.   Polypes.
REPT. BAT.   Reptiles Batraciens.
— CHEL.   —   Chéloniens.
— OPH.   —   Ophidiens.
— SAUR.   —   Sauriens.
ZOOL.   Zoologie.

IMPRIMERIE DE J. TASTU, RUE DE VAUGIRARD, N° 36.

DICTIONNAIRE

CLASSIQUE

D'HISTOIRE NATURELLE,

PAR MESSIEURS

AUDOUIN, Isid. BOURDON, Ad. BRONGNIART, DE CANDOLLE, D'AUDEBARD DE FÉRUSSAC, DESHAYES, E. DESLONCHAMPS, DRAPIEZ, DUMAS, EDWARDS, A. FÉE, FLOURENS, GEOFFROY SAINT-HILAIRE, Isid. GEOFFROY SAINT-HILAIRE, GUÉRIN, GUILLEMIN, A. DE JUSSIEU, KUNTH, G. DELAFOSSE, LAMOUROUX, LATREILLE, C. PRÉVOST, A. RICHARD, et BORY DE SAINT-VINCENT.

Ouvrage dirigé par ce dernier collaborateur, et dans lequel on a ajouté, pour le porter au niveau de la science, un grand nombre de mots qui n'avaient pu faire partie de la plupart des Dictionnaires antérieurs.

TOME NEUVIÈME.

IO-MACIS.

PARIS.

REY et GRAVIER, LIBRAIRES-ÉDITEURS,
Quai des Augustins, n° 55 ;

BAUDOUIN FRÈRES, LIBRAIRES-ÉDITEURS,
Rue de Vaugirard, n° 17.

FÉVRIER 1826.

DICTIONNAIRE

CLASSIQUE

D'HISTOIRE NATURELLE.

IO. ins. Nom scientifique du Papillon vulgairement nommé Paon du jour. (b.)

* IODATES. *V.* Iode.

IODE. bot. min. chim. Ce corps est un de ceux que, dans l'état actuel des connaissances chimiques, l'on considère comme simples. Il fut découvert avant 1812 par Courtois, salpêtrier de Paris, dans les eaux mères des cendres de Fucus. Clément et Desormes annoncèrent cette découverte à l'Institut dans sa séance du 29 novembre 1813. Quelques jours après, Gay-Lussac lut un Mémoire sur cette nouvelle substance pour laquelle il proposa le nom d'Iode dérivé d'un mot grec qui signifie *violet*, en raison de la plus saillante de ses propriétés, celle de se réduire en vapeur d'une belle couleur violette. Ce célèbre chimiste aperçut de prime abord les rapports que l'Iode offrait avec le Chlore par la manière dont il se comportait avec l'Oxigène et l'Hydrogène, et dès-lors la théorie dans laquelle le Chlore était considéré comme corps simple, fut pleinement confirmée. D'autres chimistes, et en particulier H. Davy, s'occupèrent à cette époque de l'Iode; ils obtinrent des résultats semblables à ceux de Gay-Lussac,

et en peu de temps ils épuisèrent, pour ainsi dire, toutes les connaissances qu'il était possible d'acquérir sur la combinaison de ce corps avec les autres.

L'Iode est solide à la température ordinaire; il se présente sous la forme de paillettes micacées, d'un gris noirâtre, ou de lames rhomboïdales, très-brillantes, et d'octaèdre allongé. Sa densité est de 4,348. Il se liquéfie à 107 degrés, et entre en ébullition de 175 à 180, en produisant la belle vapeur violette dont nous avons parlé et qui, d'après le calcul, a une densité de 8,695. En contact avec la peau, l'Iode y produit une tache brune qui devient jaunâtre et se dissipe assez promptement à l'air. Son odeur est analogue à celle du Chlore étendu d'eau, et sa saveur est très-âcre, même caustique; aussi est-il considéré comme un poison violent.

Avec les autres corps simples, l'Iode forme plusieurs combinaisons: ainsi l'Acide iodique est le produit de son union avec l'Oxigène dans certaines circonstances favorables, c'est-à-dire au moment où celui-ci cesse de faire partie de quelques composés. L'Acide hydriodique s'obtient en exposant à une chaleur rouge l'Iode et l'Hydrogène. L'Acide chloriodique est le résultat de son union avec le Chlore. Les autres combinaisons de l'Iode avec les corps simples ne jouissent pas de propriétés acides ; on les nomme simplement des *Iodures*, et leur composition, ainsi que leurs propriétés, sont analogues à celles des sulfures, des chlorures, etc. Le Bore et le Carbone n'ont pas encore pu être combinés avec l'Iode, tandis qu'on a obtenu avec facilité des Iodures d'Azote, de Soufre, de Potassium, de Sodium, de Zinc, de Fer, d'Etain, d'Antimoine, de Cuivre, de Mercure, d'Argent, etc. Pendant la combinaison de l'Iode avec le Potassium ou avec d'autres Métaux, il se dégage de la chaleur et quelquefois de la lumière. L'eau n'a qu'une action très-faible sur l'Iode ; elle n'en dissout qu'un 0,007 de son poids, et la solution est jaune. Celle-ci se décolore par l'ébullition, et ne contient plus que des Acides hydriodique et iodique résultans de la décomposition d'une petite quantité d'eau.

Une des propriétés chimiques les plus remarquables de l'Iode, c'est celle de former un composé bleu lorsqu'on le met en contact avec l'amidon. Jusqu'à ces derniers temps, on s'était accordé à considérer ce composé comme un Iodure d'amidon, c'est-à-dire comme une combinaison intime de l'Iode avec l'amidon qui était alors regardé comme une substance simple dans sa composition organique. Mais il en est tout autrement, selon les expériences de Raspail, expériences dont il a lu le précis devant la Société Philomatique, le 6 août 1825. Ce jeune et savant observateur s'est assuré par des recherches microscopiques et chimiques, que la couleur bleue que prend l'amidon par l'action de l'Iode, n'est due qu'à la superposition de cette dernière sur la surface des granules de fécule dont il a décrit les formes diverses. Ces granules, qu'il compare à des perles de Nacre plus ou moins grosses *et* plus ou moins irrégulières, après avoir été enduits, pour ainsi dire, d'un vernis d'Iode, peuvent

être décolorés par le sous-carbonate de Potasse, sans perdre leurs formes ou leur transparence. Ces faits tendent à prouver que l'amidon se compose d'un tégument susceptible d'être coloré par l'Iode et d'une matière gommoïde située à l'intérieur.

Ainsi que le Chlore, l'Iode décolore les teintures végétales. Cette décoloration paraît due à une décomposition de l'eau qui tient en solution les matières organiques ; l'Oxigène de celle-ci s'unit au Carbone et à l'Hydrogène des substances colorantes, tandis que son Hydrogène se porte sur l'Iode.

On retire l'Iode des eaux mères des cendres de Fucus et d'autres Algues marines. Il y existe à l'état de combinaison saline, c'est-à-dire que ces eaux contiennent des hydriodates de Potasse et de Soude. On les introduit dans une cornue tubulée à laquelle sont adaptés une allonge et un récipient. L'affusion intermittente d'un excès d'Acide sulfurique concentré détermine la décomposition de l'hydriodate. Il se forme du sulfate de Soude ou de Potasse, et de l'Acide sulfureux, parce que l'excès d'Acide sulfurique a cédé une portion de son Oxigène à l'Hydrogène de l'Acide hydriodique. L'Iode est donc mis en liberté, et par l'ébullition il passe dans le récipient en même temps que les autres produits gazeux. On le lave et on le rectifie en le distillant de nouveau avec une solution étendue de Potasse. Il est alors sous forme de lames brillantes qui ressemblent au Carbure de fer, et que l'on dessèche entre des feuilles de papier Joseph.

Ce n'est pas seulement des Plantes de la famille des Algues qu'on pourrait extraire l'Iode. Plusieurs autres corps marins, et particulièrement les Eponges, en contiennent une certaine quantité. On l'a retrouvé dans quelques sources d'eau minérale, et, tout récemment, le savant professeur Vauquelin a lu, à l'Académie des Sciences, une note sur une mine d'Argent des environs de

Mexico qui en contenait à peu près dix-huit pour cent. L'Iode y existe à l'état d'Iodure (*Ann. de Phys. et de Chim.*, 1824, p. 99).

Nous avons parlé plus haut de l'importance que la découverte de l'Iode a eue pour la chimie, en ce qu'elle a jeté un grand jour sur un point de doctrine sujet à controverse. Par les nombreuses combinaisons que ce corps est susceptible de contracter avec les autres substances, on est parvenu à produire une foule de composés intéressans pour les chimistes, mais dont les usages techniques sont encore très-bornés. Cependant on a employé avec succès l'Iode ou plutôt ses sels (hydriodates iodurés de Potasse et de Soude) dans le traitement du goître. Le docteur Coindet de Genève a le premier fait connaître son efficacité dans ce cas, et en a obtenu des succès très-nombreux. Malheureusement, quelques médecins ignorans en chimie l'ont administré sans employer les précautions convenables, et il en est résulté de très-graves accidens. L'usage de ce médicament a conséquemment perdu de son crédit aux yeux du vulgaire, qui s'enthousiasme toujours pour les nouveautés, et qui les proscrit avec autant de facilité si par hasard des hommes inexpérimentés en abusent. Il est constant, néanmoins, que l'Iode a guéri, en Suisse, une foule d'individus affectés de la difformité du goître; mais on doit observer que son emploi irréfléchi peut avoir des suites très-dangereuses. C'est par l'Iode contenu dans les Eponges carbonisées que l'emploi de celles-ci a produit la guérison d'un nombre très-considérable de goîtreux, avant qu'on eût soupçonné le principe actif de ce médicament. L'Iode, formant un composé bleu avec l'Amidon, est un réactif excellent pour reconnaître la présence de cette substance dans les Végétaux. (G..N.)

IOLITHE. MIN. (Werner.) *V.* DICHROITE.

ION. BOT. PHAN. La Violette chez les anciens, d'où les noms d'Iode, d'Iolithe, etc. (B.)

*IONE. *Ione.* CRUST. Genre de l'ordre des Amphipodes, famille des Hétéropodes de Latreille (*Fam. Nat. du Règn. Anim.*), ayant pour caractères essentiels : quatorze pieds, tous sans ongles, en forme de lanières arrondies à leur extrémité, et simplement propres à la natation ; branchies très-ramifiées ; queue terminée par deux longs appendices presque semblables aux pieds; des antennes distinctes. Ce genre, établi par Latreille qui le plaçait (*Règn. Anim.* T. III) dans l'ordre des Isopodes, a été formé aussi par Leach sous le nom de Cœlino. Desmarest (article MALACOSTRACÉS du Dictionnaire des Sciences Naturelles) le réunit aux Pranizes dont il diffère cependant par des caractères assez tranchés, tirés surtout du nombre et de la forme des pates ; il s'éloigne des Apseudes par la forme et l'usage de celles-ci. La seule espèce de ce genre est :

L'IONE THORACIQUE, *Ione thoracicus, Oniscus thoracicus*, Montagu (*Trans. Linn. Soc.* T. IX, IV, 3), figurée dans l'Encyclopédie Méthodique (Crust. et Ins., tab. 336, fig. 28). (G.)

IONÉSIE. *Ionesia.* BOT. PHAN. Genre de la famille des Légumineuses, et de l'Heptandrie Monogynie, L., établi par Roxburgh (*Asiat. Research.*, 4, p. 355) et ainsi caractérisé : calice à deux folioles ; corolle infundibuliforme dont le tube est charnu et fermé ; le limbe quadrilobé ; appendice annuliforme, inséré sur l'entrée du tube de la corolle et supportant sept étamines ; légume pédicellé en forme de sabre, et contenant quatre à huit graines. Ce genre a des rapports avec le *Palovea* et le *Bauhinia*; il ne renferme qu'une seule espèce nommée par Roxburgh *Ionesia pinnata.* C'est l'*Asjogam* de Rhéede (*Hort. Malab.*, 5, p. 117, tab. 59), Arbre des Indes-Orientales, d'une grandeur médiocre, dont les feuilles sont alternes, pétiolées, imparipinnées, et les fleurs, d'un jaune orangé, sont disposées en cimes, terminales et axillaires.   (G..N.)

*IONIA. BOT. PHAN. Nom que l'Yvette (*Teucrium Chamœpytis*, L.) portait chez les anciens.   (G..N.)

*IONIDES. BOT. PHAN. (Ruell.) Syn. de Caprier.   (D.)

IONIDION. *Ionidium*. BOT. PHAN. Genre établi par Ventenat pour quelques espèces de Violettes exotiques, et qui a été adopté depuis par tous les botanistes. Ce genre, qui appartient à la famille des Violacées, avait été créé auparavant sous le nom de *Pombalia*, par Vandelli; néanmoins, l'usage a consacré le nom de Ventenat, bien qu'il soit postérieur à celui du botaniste portugais. Dans son Mémoire sur la famille des Violacées, et dans le premier volume du *Prodromus Systematis* du professeur De Candolle, le botaniste De Gingins a voulu rétablir le genre *Pombalia* de Vandelli, comme distinct de l'*Ionidium*. Mais Aug. de Saint-Hilaire (Plant. usuell. des Brasiliens, nº XI) a réfuté victorieusement cette opinion, en prouvant que les caractères assignés au *Pombalia* se retrouvaient évidemment dans plusieurs espèces faisant partie du genre *Ionidium*. Le même auteur a fait une observation semblable pour le genre *Hybanthus* de Jacquin, qui doit être réuni à l'*Ionidium*. Voici les caractères qu'il assigne au genre *Ionidium* : calice profondément quinquépartite, dont les divisions ne sont ni prolongées au-dessous de leur base, ni entièrement séparées. Pétales au nombre de cinq, périgynes ou plus rarement hypogynes, très-inégaux, l'inférieur plus grand, onguiculé, sans éperon, à onglet ordinairement plus large et concave à la base, rétréci au sommet. Étamines au nombre de cinq, insérées comme les pétales et alternes avec eux; filets libres ou soudés, le plus souvent courts, quelquefois nuls; anthères aplaties, membraneuses au sommet, attachées par la

base, immobiles, tournées vers le pistil, biloculaires et s'ouvrant longitudinalement; les connectifs ou les filamens des anthères inférieures le plus souvent munis d'un appendice plus ou moins sensible. Style courbé, épaissi au sommet, persistant. Stigmate un peu latéral. Ovaire libre, sessile, oligosperme ou polysperme; ovules attachés à trois placentas pariétaux. Capsule entourée du calice, uniloculaire, s'ouvrant en trois valves étalées portant les semences sur le milieu de leur face. Semences petites, horizontales, ovoïdes, globuleuses, creusées au sommet d'une chalaze orbiculaire et ridée, quelquefois relevées d'un côté d'une ligne proéminente (raphé); ombilic un peu latéral, rarement tout-à-fait terminal; tégument propre double, l'extérieur crustacé, l'intérieur membraneux, adhérent à l'endosperme qui est charnu. Embryon axile, droit, ayant presque la même longueur que l'endosperme; cotylédons planes; radicule tournée vers l'ombilic.

Les espèces de ce genre sont en général de petits Arbustes rameux, à feuilles alternes entières, accompagnées de deux stipules à leur base. Les fleurs sont pédonculées et placées à l'aisselle des feuilles supérieures. L'une des espèces les plus intéressantes de ce genre est l'*Ionidium Ipecacuanha* de Ventenat ou *Pombalia Ipecacuanha* de Vandelli. Dans l'ouvrage que nous avons cité précédemment, Aug. de Saint-Hilaire a prouvé que le *Viola Itoubou* d'Aublet n'est qu'une simple variété du *Pombalia* de Vandelli. Ainsi, cette espèce croît à Cayenne et sur la côte du Brésil, depuis le fleuve des Amazones jusqu'au cap Frio; mais on ne l'a pas retrouvée au midi de ce cap. Elle se plaît en général dans les lieux bas et sablonneux. C'est une Plante extrêmement variable, dont la tige rameuse est tantôt étalée, tantôt ascendante, longue de six à vingt-quatre pouces, couverte de poils quelquefois très-longs et très-rapprochés. Ses feuilles sont alternes, ovales, lancéolées, dentées en scie et amincies en pointe à leurs deux extrémités et chargées de poils épars. Les divisions du calice sont semi-pinnatifides. La racine de cette Plante, qui est grosse à peu près comme une plume à écrire, un peu tortueuse, grisâtre et striée en dehors, blanche en dedans, est connue au Brésil sous les noms de *Poaya*, de *Poaya da Praia* et de *Poaya branca*. Elle sert à remplacer, dans quelques parties du Brésil, le véritable Ipécacuanha fourni par le *Cephælis Ipecacuanha;* on la désigne sous le nom d'Ipécacuanha blanc.

Aug. Saint-Hilaire a encore décrit (*Plant.* usuelles des Brasiliens, n° IX), sous le nom d'*Ionidium Poaya*, une autre espèce nouvelle, voisine de la précédente, qui a été trouvée à l'ouest du Rio-San-Francesco, dans la province de Minâs-Geraes, et dont la racine est également employée par les habitans comme un puissant émétique. (A. R.)

* IONOPSIDE. *Ionopsis.* BOT. PHAN. Genre de la famille des Orchidées et de la Gynandrie Monandrie, L., établi par Kunth (*in Humb. et Bonpl. Nov. Gen.*, I, p. 348), et qui peut être caractérisé ainsi : 1o calice est à six divisions disposées sur deux rangs; les trois divisions extérieures sont ovales, lancéolées, aiguës, égales entre elles; les deux inférieures forment, en se réunissant à leur base, une sorte de petit sac obtus. Les deux divisions internes et supérieures sont obliques, ovales, un peu obtuses. Le labelle est onguiculé à sa base qui forme une gouttière; il est beaucoup plus grand que les autres parties de la fleur, inférieur et obcordiforme. Le gynostème est court, stigmatifère à sa face antérieure, terminé supérieurement par une anthère operculiforme à deux loges : chaque loge contient une masse pollinique, ellipsoïde; ces masses viennent s'attacher l'une et l'autre à la partie supérieure d'une petite lame qui se termine inférieurement par un rétinacle allongé formant une sorte de

bec disposé en angle droit à l'extrémité de la petite lame.

Ce genre se compose de plusieurs espèces originaires d'Amérique, et qui toutes sont parasites. La première connue est celle que Kunth a décrite sous le nom d'*Ionopsis pulchella, loc. cit.*, tab. 83. Elle croît dans le royaume de la Nouvelle-Grenade, entre Carthagène et Buga.

Nous en possédons une espèce nouvelle à laquelle on peut donner le nom d'*Ionopsis distichophylla*, à cause de la disposition de ses feuilles, qui sont plus larges que dans l'espèce précédente; elle s'en distingue encore par sa hampe deux fois plus élevée et rameuse, par ses fleurs plus petites et son labelle cilié. Elle a été découverte à la Martinique par Richard père, qui l'y a trouvée parasite sur le Café.

Plusieurs autres Orchidées, mieux étudiées, devront encore rentrer dans ce genre; tel est par exemple le *Dendrobium utricularioides* de Swartz. (A. R.)

Le nom d'*Ionopsis* a été appliqué à une section du genre Cochléaria, par De Candolle (*Syst. Regn. Veg. Nat.*, T. II, p. 371) qui, en raison de l'existence du genre établi par Kunth, a changé depuis sa terminaison en celle d'*Ionopsidium*. (G..N.)

* IONOPSIDIUM. BOT. PHAN. (De Candolle, *Prodr. Regn. Veget. nat.* T. I, p. 174.) *V.* COCHLÉARIA et IONOPSIDE. (G..N.)

* IONUS ET IOPS. POIS. Les deux Poissons désignés sous ces noms par les anciens ne peuvent être reconnus. (B.)

* IOTA. INS. Espèce de Noctuelle dont la chenille se nourrit d'Armoises et de Santolines. (B.)

IPÉCACUANHA. BOT. PHAN. On désigne sous ce nom un grand nombre de Racines appartenant à des Végétaux de genres et de familles différentes, mais qui toutes jouissent de la propriété de déterminer le vomissement. C'est Marcgraaff et Pison qui,

les premiers, parlèrent de l'Ipécacuanha dans leur Histoire Naturelle
et Médicale du Brésil, publiée vers
le milieu du dix-septième siècle. Ils
donnèrent une description et une figure de la Plante qui, au Brésil,
fournit la racine connue sous ce nom.
Mais cette figure et la description qui
l'accompagne sont tellement vagues
et imparfaites, que nul botaniste ne
put rapporter la Plante mentionnée
par ces auteurs à aucun des genres
alors connus. Dès-lors chacun, s'appuyant sur quelque supposition plus
ou moins fondée, attribua la racine
d'Ipécacuanha du commerce à quelque genre connu. C'est ainsi que Rai,
dans son Histoire générale des Plantes, crut l'Ipécacuanha fourni par
une espèce du genre Paris, de la famille des Asparaginées. Morison,
Plucknet, Linné lui-même, dans la
première édition de sa Matière Médicale, pensaient qu'elle était produite
par une espèce de Chèvrefeuille; plus
tard celui-ci l'attribua à une espèce de
Violette. En un mot, les opinions
les plus opposées furent émises sur
l'origine et la nature du Végétal
auquel on devait l'Ipécacuanha. De
cette obscurité naquit un autre inconvénient qui n'a pas peu contribué à augmenter la confusion
déjà si grande à cet égard : c'est
que n'ayant aucune donnée certaine
sur la Plante qui fournissait le véritable Ipécacuanha, on appliqua ce
nom à toutes les Racines exotiques
douées d'une propriété émétique plus
ou moins marquée, et bientôt chaque pays eut en quelque sorte une
espèce particulière d'Ipécacuanha.

La cupidité dut profiter de cette
ignorance pour accréditer les incertitudes qui couvraient ce médicament. Comme la véritable espèce
d'Ipécacuanha, celle dont Marcgraaff
et Pison avaient les premiers donné
la description, était assez rare, les
marchands américains y mélangèrent
bientôt plusieurs autres racines plus
communes et souvent presque inertes, qui d'un côté accrurent la confusion, et d'un autre côté contri-

buèrent à diminuer la réputation de
la racine du Brésil, dont les vertus
se trouvaient ainsi masquées et en
quelque sorte dénaturées par cette so-
phistication. Dès-lors l'Ipécacuanha
du commerce ne fut plus qu'un mélange hétérogène de racines différentes entre elles, non-seulement par
les Plantes dont on les retirait, mais
encore par le lieu d'où elles provenaient.

Cependant l'opinion que la racine
d'Ipécacuanha était celle d'une Violette, prévalut pendant fort long-
temps ; mais on n'était pas d'accord
sur l'espèce à laquelle il fallait l'attribuer. Ainsi quelques auteurs pensaient que c'était le *Viola Ipecacuanha* de Linné fils, ou *Pombalia
Ipecacuanha* de Vandelli ; d'autres,
le *Viola diandra*, L. ; quelques-
uns le *Viola parviflora*, L. ; ceux-
là le *Viola Itoubou* d'Aublet. Tel
était l'état d'incertitude qui régnait
sur ce médicament, quand le célèbre Mutis, directeur de l'expédition botanique de Santa-Fé de Bogota, dans le royaume de la Nouvelle-Grenade, fit parvenir à Linné,
en 1764, la description et la figure
du Végétal qui, au Pérou, produi-
sait la racine d'Ipécacuanha. Ces renseignemens ne furent publiés qu'en
1781 par Linné fils, qui, dans son
supplément, décrivit la Plante de
Mutis sous le nom de *Psychotria
emetica*, que lui avait donné le
botaniste espagnol. Il crut, mais
à tort, que cette espèce était la même que celle décrite long-temps avant
par Marcgraaff et Pison, en sorte que
depuis cette époque on pensa généralement que c'était la même Plante
qui, au Pérou et au Brésil, fournissait l'Ipécacuanha.

Cependant don Avellar Brotero,
professeur de botanique à l'université de Coimbre, en Portugal, fit
connaître en 1800, dans les Actes de
la Société Linnéenne de Londres, la
Plante qui, au Brésil, produit l'Ipécacuanha. Cette Plante, quoiqu'appartenant à la famille des Rubiacées,
comme le *Psychotria* du Pérou, en est

génériquement différente ; il la nomma *Callicocca Ipecacuanha*. Ces travaux jetaient un grand jour sur l'histoire de ce médicament. Néanmoins, on tomba dans une nouvelle erreur en croyant que toutes les racines que le commerce nous fournissait sous le nom d'Ipécacuanha étaient celles du *Psychotria* ou du *Callicocca*. Ce fut pour détruire cette opinion erronée que De Candolle publia, en 1802, un Mémoire dans lequel il démontra que, loin d'être uniquement produites par les deux seuls Végétaux décrits par Mutis et Brotero, les divers Ipécacuanhas provenaient d'un très-grand nombre de Plantes, de genres et de familles quelquefois fort éloignés.

Plusieurs observations publiées depuis cette époque, et en particulier les faits nouveaux insérés dans les Plantes usuelles des Brasiliens, que rédige Aug. Saint-Hilaire, ont confirmé cette assertion de De Candolle. Nous croyons donc utile d'énumérer ici rapidement les diverses Plantes dont les racines ont reçu le nom d'Ipécacuanha.

Famille des Rubiacées. C'est à cette famille, déjà si intéressante par le grand nombre de médicamens importans qu'elle fournit, qu'il faut d'abord rapporter les deux espèces réellement officinales, savoir : celles que nous désignons sous les noms d'Ipécacuanha *annelé* et d'Ipécacuanha *strié*. Outre ces deux espèces principales, cette famille nous offre encore plusieurs autres racines employées sous le nom d'Ipécacuanha dans diverses contrées de l'Amérique méridionale. Ainsi, au rapport d'Auguste Saint-Hilaire, on emploie dans diverses parties du Brésil, les racines du *Spermacoce Poaya* et du *Spermacoce ferruginea*; celles du *Richardsonia rosea* et du *Richardsonia scabra*. Cette dernière a même beaucoup de rapports avec l'Ipécacuanha annelé; mais les anneaux qu'elle offre sont beaucoup plus larges que ceux de cette espèce, et sa saveur est moins âcre. Selon

Dandrada, on ferait également usage des racines du *Psychotria herbacea*.

Famille des Violariées. Les Ipécacuanhas, fournis par les Plantes de cette famille, ont, en général, une couleur blanchâtre, et sont beaucoup moins énergiques. L'espèce principale est l'*Ionidium Ipecacuanha* de Ventenat ou *Pombalia* de Vandelli, à laquelle il faut réunir le *Viola Itoubou* d'Aublet qui n'en est pas spécifiquement différent. Cette Plante croît à Cayenne. On la trouve également par intervalles sur le littoral du Brésil, depuis le fleuve des Amazones jusqu'au cap Frio ; mais on ne la retrouve pas au midi de ce cap. Ces racines, employées fréquemment à Cayenne et au Brésil, sont d'un blanc pâle, cylindriques, allongées, quelquefois rameuses, grosses comme une plume à écrire, un peu tortueuses, offrant quelquefois des étranglemens et des intersections plus ou moins marquées. L'axe ligneux est en général plus épais que la couche corticale, et plus jaune; la cassure est assez nette, peu résineuse; son odeur est manifestement herbacée et nauséeuse; sa saveur est comme amylacée, d'abord faible, mais bientôt un peu amère, et surtout d'une âcreté remarquable.

Auguste Saint-Hilaire a fait connaître une espèce nouvelle qu'il nomme *Ionidium Poaya*, et que les habitans des provinces intérieures du Brésil emploient pour remplacer l'Ipécacuanha annelé. On peut en dire autant du *Viola parviflora* de Linné fils, qui appartient au genre *Ionidium*. On la désigne aussi au Pérou sous le nom d'Ipécacuanha blanc. Cette propriété émétique des Violariées exotiques se retrouve également dans les racines de nos Violettes indigènes, mais avec moins d'énergie.

Famille des Apocynées. Les genres de cette famille sont généralement remarquables par le suc blanc et laiteux qu'elles renferment, et qui leur donne des qualités âcres et plus ou moins irritantes; aussi plusieurs fournissent-elles des racines que l'on désigne, dans les pays où elles croissent, sous le nom d'Ipécacuanha. Tels sont : 1° le *Cynanchum vomitorium* de Lamarck ou le *Cyn. Ipecacuanha* de Willdenow, qui croît à Ceylan et à Java, et qu'on cultive à l'Ile-de-France ; 2° le *Cynanchum Mauritianum* de Commerson, aux îles de France et de Bourbon ; 3° le *Cynanchum lævigatum* de Retz, au Bengale ; 4° le *Cynanchum tomentosum* de Lamarck, dont les racines sont employées sous le nom d'Ipécacuanha dans les hôpitaux de Ceylan ; 5° aux Indes-Orientales, on emploie aussi les racines du *Periploca emetica* de Retz ; 6° enfin, aux Antilles, les racines de l'*Asclepias Curassavica*, L., appelé Ipécacuanha blanc ou bâtard, et de plusieurs autres espèces du même genre, sont employées comme émétiques et désignées sous le nom de faux Ipécacuanha brun.

Famille des Euphorbiacées. De même que les Apocynées, les Plantes de cette famille contiennent un suc laiteux d'une extrême âcreté, et la racine de plusieurs Euphorbes est employée comme émétique ; telle est celle de l'*Euphorbia Ipecacuanha* dans l'Amérique septentrionale, de l'*Euphorbia Tirucalli* de Linné, aux grandes Indes, etc.

Il nous serait facile de citer encore ici un grand nombre d'autres Végétaux dont les racines ont été employées comme succédanées de l'Ipécacuanha ; mais un pareil développement nous entraînerait trop loin du but que nous nous proposons dans cet article qui ne doit avoir pour objet que les deux Ipécacuanhas du commerce, l'annelé et le strié.

Dans le commerce, on distingue généralement deux espèces principales d'Ipécacuanha. L'une, beaucoup plus commune que l'autre et en quelque sorte la seule que l'on emploie en grand en Europe, vient du Brésil. Elle offre les caractères suivans : racines ordinairement de la grosseur d'une plume à écrire, allongées, irrégulièrement contournées et coudées, simples ou rameuses, for-

mées de petits anneaux saillans, inégaux, très-rapprochés les uns des autres, ayant environ une ligne de hauteur, séparés par des enfoncemens circulaires moins larges, formées de deux parties, savoir : un axe ligneux plus ou moins grêle, et une couche corticale beaucoup plus épaisse. Ces racines sont lourdes, compactes, cassantes ; leur cassure est brunâtre, manifestement résineuse, dans sa partie corticale ; leur saveur est herbacée, un peu âcre et amère ; leur odeur faible, mais nauséabonde.

La seconde espèce vient généralement du Pérou. On ne la rencontre que rarement dans le commerce. Voici quels sont ses caractères distinctifs : racines cylindracées, le plus souvent simples, rarement rameuses, de la grosseur d'une plume à écrire, peu contournées, non rugueuses, offrant de distance en distance des espèces d'étranglemens ou d'intersections circulaires, profondes, éloignées les unes des autres ; épiderme d'un brun foncé, formant des stries longitudinales plus ou moins marquées ; cassure brune, noirâtre, faiblement résineuse ; couche corticale moins friable, moins cassante que dans l'espèce précédente ; odeur presque nulle ; saveur fade, nullement amère, offrant à peine une légère âcreté, après une application long-temps prolongée.

Telles sont les deux espèces d'Ipécacuanha du commerce. On avait donné à la première, qui est la racine du *Callicocca Ipecacuanha* de Brotero, le nom d'Ipécacuanha *gris*, et à la seconde, que l'on retire du *Psychotria emetica* de Mutis, celui d'Ipécacuanha *brun* ou *noir*. Mais nous avons fait voir, soit dans le Bulletin de la Société de la Faculté de Médecine de Paris, soit dans notre Dissertation sur l'Ipécacuanha du commerce, que le caractère tiré de la coloration extérieure ne saurait être employé avec avantage pour distinguer ces deux espèces, et qu'il était même la cause de nouvelles confusions. Nous avons au contraire proposé de tirer les caractères distinctifs de ces deux espèces, de leur organisation qui est fort différente dans chacune d'elles, et qui n'offre aucune variation. Ainsi nous avons donné à la racine du *Callicocca*, qui est irrégulièrement contournée et formée de petits anneaux saillans et superposés, le nom d'*Ipécacuanha annelé*, et celui d'*Ipécacuanha strié* aux racines du *Psychotria*, qui n'offrent nullement ces anneaux, mais de simples étranglemens écartés les uns des autres, avec des stries longitudinales. Quant à la couleur des racines, elle n'est plus devenue qu'un simple caractère pour former des variétés dans ces deux espèces. Ainsi on distingue dans le commerce, deux espèces d'Ipécacuanha, l'*annelé* et le *strié*.

Cet Ipécacuanha annelé, comme nous l'avons dit précédemment, est fourni par le *Callicocca Ipecacuanha* de Brotero. Mais nous ferons remarquer que le genre *Callicocca*, établi par Schreber, est le même que le *Cephœlis* établi long-temps avant par Swartz. Le genre de Schreber ne doit donc pas être adopté, et c'est pour cette raison que dans les deux travaux cités précédemment, nous avons nommé *Cephœlis Ipecacuanha* l'Arbuste qui produit l'Ipécacuanha annelé. (*V.* pour sa description et celle du *Psychotria emetica*, les mots CÉPHÆLIDE et PSYCHOTRIE.)

L'*Ipécacuanha annelé* présente trois variétés principales de couleur, savoir : 1° Ipécacuanha annelé BRUN : c'est la plus commune et la plus abondante ; c'est elle aussi qui paraît jouir des propriétés les plus énergiques. Son épiderme est d'un brun plus ou moins foncé, quelquefois même presque noir ; c'est dans cet état qu'on la désignait autrefois sous le nom de *Psychotria emetica*, quand on croyait pouvoir distinguer ces deux espèces uniquement par la couleur. Mais son organisation prouve évidemment qu'elle n'est que la racine du *Cephœlis* ; 2° Ipécacuanha annelé GRIS : épiderme d'un gris blan-

châtre, anneaux moins rapprochés, moins saillans. Cette variété n'est pas très-commune. Elle se trouve parfois mélangée avec la précédente ; 3° Ipécacuanha annelé ROUGE. Elle est presque aussi commune dans le commerce que l'Ipécacuanha annelé brun. Son épiderme est d'un brun rougeâtre, couleur de rouille.

Quant aux Ipécacuanhas blancs, ils sont fort variables, et l'on a donné ce nom aux racines d'un grand nombre de Plantes ; telles sont : l'*Ionidium Ipecacuanha*, l'*Ionidium parviflorum*, le *Cynanchum vomitorium*, et une foule d'autres. Mais ces espèces ne sont jamais répandues dans le commerce. Aussi est-il moins important de distinguer ces diverses racines les unes des autres.

Les Ipécacuanhas ont été, dans ces derniers temps, l'objet de travaux très-importans de la part des chimistes. C'est à Pelletier que l'on doit une connaissance exacte des divers principes constituans de ces racines. Il y a trouvé : 1° une matière grasse, huileuse, très-odorante, d'une couleur brune, qui paraît communiquer à cette racine son odeur et sa saveur nauséabondes ; 2° une substance particulière, simple de sa nature, dans laquelle réside la propriété émétique des Ipécacuanhas, et à laquelle il a donné le nom d'*Emétine* ; 3° de la Cire végétale ; 4° de la Gomme en assez grande quantité ; 5° presque la moitié du poids total d'Amidon ; 6° du Ligneux ; 7° enfin, quelques traces d'Acide gallique.

L'*Emétine* ou le principe actif se trouve également dans l'Ipécacuanha annelé et dans l'Ipécacuanha strié. Pelletier l'a trouvée dans les racines du *Cynanchum vomitorium* qu'il a analysées sous le nom de *Viola emetica*, et nous en avons nous-même constaté l'existence dans les racines de l'*Ionidium Ipecacuanha* ou *Poaya branca* du Brésil. Mais ce principe n'existe pas en égale quantité dans ces quatre espèces d'Ipécacuanha. Ainsi dans les racines du *Cephœlis* ou Ipécacuanha annelé, on trouve de

14 à 16 pour cent d'Emétine; dans celles du *Psychotria* ou Ipécacuanha strié, on en trouve environ 8 pour cent; dans le *Cynanchum vomitorium*, 5 pour cent; et environ 3 pour cent dans les racines d'*Ionidium Ipecacuanha*. Il résulte de-là nécessairement que l'Ipécacuanha annelé mérite la préférence sur tous les autres puisqu'il renferme beaucoup plus du principe actif.

Disons quelques mots des propriétés médicales de l'Ipécacuanha. Nous avons déjà dit que Marcgraaff et Pison furent les premiers qui, vers le milieu du dix-septième siècle, firent connaître en Europe l'Ipécacuanha, et signalèrent ses propriétés médicales principalement dans la diarrhée. Malgré les éloges qu'ils prodiguèrent à cette nouvelle substance, son introduction fut lente et rencontra beaucoup d'obstacles. En 1672, un médecin, nommé Legras, qui avait fait trois fois le voyage d'Amérique, en rapporta une certaine quantité d'Ipécacuanha, qu'il déposa chez un pharmacien alors fort en vogue. Mais celui-ci l'ayant administré à des doses trop fortes, nuisit à son débit, plutôt qu'il ne servit à en répandre l'usage. L'ignorance du marchand et le peu de succès qu'il retira de l'administration du nouveau médicament, tournèrent en quelque sorte contre la substance elle-même, et les incrédules saisirent ce nouveau prétexte de douter de son efficacité. Environ quatorze ans après ces essais infructueux, vers l'année 1686, un négociant français, nommé Grenier, revenant d'Espagne, rapporta à Paris près de cent quarante livres d'Ipécacuanha. Pour favoriser la vente de cette substance, et en retirer plus d'avantages, il s'adjoignit Adrien Helvétius, médecin renommé de la ville de Reims, qui se chargea d'en surveiller avec soin l'administration. Les premiers essais d'Helvétius ayant eu des succès, il obtint de Louis XIV la permission de les continuer à l'Hôtel-Dieu de Paris, où, par de nombreuses expériences, il constata l'efficacité de la racine du Brésil, surtout dans le traitement de la diarrhée.

Ce remède avait été tenu secret jusqu'à ce moment. Le roi, voulant répandre dans la société les avantages qu'il offrait dans le traitement de plusieurs maladies, en fit l'acquisition, moyennant une somme d'argent considérable. Nous ne rapporterons pas ici les détails de la querelle qui s'éleva alors entre le marchand et le médecin, le premier voulant partager la récompense magnifique dont Louis XIV avait couronné les succès des tentatives d'Helvétius. Le Parlement et le Châtelet décidèrent qu'elle appartenait entièrement à celui dont l'habileté et les connaissances avaient pu mettre si avantageusement en usage une substance jusqu'alors dépréciée, et la venger en quelque sorte de l'oubli dont on avait voulu la couvrir dès son origine. Ce fut depuis cette époque que l'usage de l'Ipécacuanha fut introduit en France. Bientôt après il se répandit en Allemagne, en Angleterre, et dans les autres contrées de l'Europe.

L'Ipécacuanha est un médicament extrêmement précieux et dont l'emploi est en quelque sorte journalier. Son action émétique est une de celles pour lesquelles on l'emploie le plus fréquemment. L'on peut donner ce médicament comme émétique, dans deux intentions différentes : 1° comme simplement évacuant; 2° comme évacuant et dérivatif. Ainsi, par exemple, dans l'embarras gastrique, il agit simplement comme évacuant, en débarrassant l'estomac des matières bilieuses et muqueuses qui y sont amassées. Mais dans d'autres circonstances, son action ne se borne pas à l'estomac. Ainsi l'on voit souvent des ophtalmies, des angines, des pneumonies et des pleurésies très-intenses céder comme par enchantement à l'administration d'un vomitif. La dose à laquelle on administre la poudre d'Ipécacuanha comme émétique varie suivant l'âge, le sexe et le tempérament. Chez les enfans très-jeunes, un seul grain suffit souvent pour produire d'abondans vomissemens ; chez les jeunes sujets de huit à dix ans, la dose est de cinq à huit grains ; pour les jeunes gens et les femmes on porte cette dose à quinze et dix-huit grains ; enfin, on en donne vingt, vingt-cinq ou même trente grains aux sujets vigoureux et adultes.

Nous avons déjà dit précédemment que c'était à cause de l'action tonique qu'il exerce sur le canal intestinal, dans le cas de diarrhée chronique, que ce médicament avait d'abord été recommandé aux médecins européens par Marcgraaff et Pison. Depuis que son usage a été introduit dans la thérapeutique, il a constamment justifié sa réputation dans le traitement de cette maladie. Mais on doit bien se garder de l'employer dans la dyssenterie, quand cette maladie est accompagnée de symptômes d'une irritation aiguë ; car alors il aggraverait l'inflammation de la muqueuse des gros intestins, au lieu d'y porter remède.

On a encore fait usage de ce médicament donné à petites doses souvent répétées dans la fièvre puerpérale, dans les rhumes ou catarrhes pulmonaires chroniques, etc.   (A. R.)

IPÉCA-GUACU. ois. (Pison.) *V*. CANARD MUSQUÉ.

IPÉCU. ois. (Marcgraaff.) *V*. PIC NOIR HUPPÉ.

IPÉCUTIRI. ois. Espèce du genre Canard. *V*. ce mot.   (B.)

* **IPHIONE.** *Iphiona*. BOT. PHAN. Genre de la famille des Synanthérées, Corymbifères de Jussieu, et de la Syngénésie égale, L., établi par H. Cassini (Bullet. de la Sociét. Philom., octobre 1817) qui lui a donné les caractères suivans : involucre formé d'écailles imbriquées ; réceptacle nu, planiuscule ; calathide sans rayons, composée de fleurons égaux, nombreux, réguliers et hermaphrodites ; anthères munies d'appendices basilaires ; akènes cylindracés, hispides, surmontés d'une aigrette légèrement plumeuse. Les deux Plantes sur les-

quelles ce genre a été constitué diffèrent entre elles par quelques caractères. L'une d'elles (*I. punctata*, Cass.) est originaire de Galam en Afrique ; la seconde (*I. juniperifolia*, H. Cass., Dict., ou *I. dubia*, Cass., Bullet. Philomat.) croît en Egypte, aux environs du Caire. C'est le *Conysa pungens* de Lamarck, le *Chrysocoma mucronata* de Forskahl, et le *Stœhelina spinosa* de Vahl.
    (G..N.)

* **IPHIS.** *Iphis*. CRUST. Genre de l'ordre des Décapodes, famille des Brachyures, tribu des Orbiculaires, établi par Leach et que Latreille n'a pas adopté (Fam. Natur. du Règne Anim.) ; il le réunit (Règne Anim. de Cuvier) au genre Ixa de Leach (*V*. ce mot), dont il ne diffère que parce qu'il a, de chaque côté, une grosse et longue épine transverse. L'espèce qui servait de type à ce genre, est le *Cancer septem-spinosus* (Herbst, Cancr. T. 1, tab. 20, fig. 112). *V*. IXE et LEUCOSIE.   (G.)

* **IPHISE.** REPT. OPH. Daudin a donné ce nom à une Couleuvre qui paraît être le *Serpens siamensis* de Séba, *Thes*. II, tab. 34, fig. 5.   (B.)

IPHYON. BOT. PHAN. (Théophraste.) Syn. d'Asphodèle jaune.   (B.)

IPO ET UPAS. BOT. PHAN. Poison qui passe pour le plus violent de tous ceux que fournissent les Végétaux. Les voyageurs ont raconté des choses incroyables de sa violence ; Leschenault, dans un Mémoire fort étendu sur les Plantes vénéneuses de Java (Ann. du Mus. T. XVI, p. 459), a prouvé que ses effets n'avaient pas besoin d'être exagérés pour être terribles. Il a reconnu que les deux poisons employés, sous les noms d'Ipo et d'Upas, par les habitans des archipels de l'Inde dans le but de rendre leurs armes plus sûrement meurtrières, provenaient des Arbres décrits et figurés par lui (*loc. cit.*, pl. 23 et 22) sous les noms de *Strychnos Tieute* et *Antiaris toxicaria*.   (B.)

IPOMÉE. *Ipomœa*. BOT. PHAN.

Genre de la famille des Convolvula-cées, établi par Linné dans la Pen-tandrie Monogynie, très-voisin des Liserons (*Convolvulus*) dont il ne diffère que par des caractères d'une faible importance. Mais comme ce dernier genre est extrêmement nom-breux en espèces, il est utile de conserver l'*Ipomœa*, en convenant que ses caractères distinctifs sont d'une très-faible valeur. Linné, en établissant ce genre, ne le distinguait des Liserons que par son stigmate ca-pitulé et à trois lobes, et par sa co-rolle infundibuliforme. Jussieu (*Gen. Plant.*) conserve ce genre avec le caractère de Linné; il ajoute que dans les Liserons les loges contiennént une ou deux graines, tandis qu'el-les sont polyspermes dans les *Ipomœa.* Kunth (*in Humb. et Bonpl. Nov. Gen.*, 3, p. 110) adopte le genre dont il s'agit ici, mais en le circonscri-vant d'une autre manière. Il y place toutes les espèces qui ont la corolle tubuleuse, infundibuliforme, et les étamines saillantes au-dessus du tube de la corolle. Voici comment on peut le caractériser : le calice est monosépale, à cinq divisions pro-fondes, nu et persistant. La corolle est monopétale, régulière, tubu-leuse, infundibuliforme, ayant son limbe à cinq divisions plissées. Les étamines, au nombre de cinq, sont saillantes au-dessus du tube de la corolle. L'ovaire est libre, à deux ou trois loges renfermant chacune deux ovules. Le style est simple, saillant, terminé par deux ou trois stigmates globuleux et rapprochés les uns con-tre les autres. Le fruit est une cap-sule ordinairement globuleuse, en partie recouverte par le calice. Elle offre une, deux ou trois loges, avec une ou deux graines dans chacune d'elles.

Ce genre, ainsi caractérisé, se com-pose encore d'un très-grand nombre d'espèces. Ce sont des Plantes herba-cées, annuelles ou vivaces, tantôt dressées et volubiles. Leurs feuilles alternes sont entières, quelquefois lobées ou pinnatifides. Les fleurs sont quelquefois très-grandes et de couleur très-éclatante ; elles sont portées sur des pédoncules simples ou rameux qui naissent à l'aisselle des feuilles ou au sommet des ramifications de la tige. Plusieurs espèces de ce genre sont cultivées dans les jardins. Nous mentionnerons les suivantes :

IPOMÉE QUAMOCLIT, *Ipomœa Qua-moclit*, L., Willd., Sp. 1, p. 879. Cette espèce, que l'on désigne sous le nom vulgaire de *Fleur du cardinal*, est originaire de l'Inde. On la trouve aussi dans l'Amérique méridionale. Elle s'est naturalisée aux îles de France et de Mascareigne. Elle est annuelle; sa tige est volubile, et ses feuilles sont pinnatifides et décou-pées en lobes linéaires et presque sé-tacées. Les fleurs sont d'un rouge éclatant, portées sur des pédoncules biflores plus longs que les fleurs.

IPOMÉE BONNE-NUIT, *Ipomœa Bona-nox*, L., Cavan., *Icon.* 3, p. 52, tab. 300. Cette belle espèce est également annuelle et volubile, mais ses feuilles sont entières, ovales, arrondies, acuminées au sommet, échancrées en forme de cœur à leur base, et glabres. Les fleurs sont rouges, por-tées sur des pédoncules axillaires et multiflores plus longs que les feuilles. Elle est originaire de l'Amérique mé-ridionale.   (A. R.)

*IPOMERIA. BOT. PHAN. Le genre ainsi nommé par Nuttal (*Gen. of north Amer. Plants*) est le même que l'Ipomopside. *V.* ce mot.   (A. R.)

IPOMOPSIDE. *Ipomopsis.* BOT. PHAN. Genre établi par le professeur Richard dans la *Flora Boreali-Ame-ricana* de Michaux, vol. 1er, p. 141, pour l'*Ipomœa rubra*, L., et qui fait partie, non de la famille des Con-volvulacées, mais bien de celle des Polémoniacées. Il ne se compose que d'une seule espèce, *Ipomopsis elegans*, Michx., *loc. cit.*, et plan-ches de ce Dictionnaire; *Ipomœa ru-bra*, L.; *Cantua coronopifolia*, Willd., Sp. 1, 879. C'est une Plante vivace, dont la tige sous-frutescente et dres-sée s'élève à une hauteur d'environ deux pieds; et se ramifie beaucoup vers sa partie supérieure. Les feuilles sont alternes, sessiles, très-rapprochées, étalées, pinnatifides, à divisions écartées, étroites et presque linéaires. Les fleurs, qui sont d'un beau rouge, forment une sorte de panicule pyramidale à la partie supérieure de la tige ; elles sont d'abord dressées, puis pendantes. Leur calice est presque cylindrique, à cinq divisions peu profondes, dressées et aiguës; la corolle est monopétale, régulière, infundibuliforme, ayant son limbe à cinq divisions obtuses ou un peu acuminées. Les étamines, au nombre de cinq, sont inégales et légèrement saillantes. Leurs anthères sont globuleuses, à deux loges, s'ouvrant par un sillon longitudinal. L'ovaire est allongé, assis sur un disque hypogyne, annulaire; il offre trois loges qui contiennent chacune de six à dix ovules insérés sur deux rangs alternatifs. Le style est simple, saillant, terminé par un stigmate à trois divisions linéaires recourbées en dessous. Le fruit est une capsule ovoïde, allongée, à trois côtes, terminée supérieurement par une pointe formée par le style. Cette capsule, qui est enveloppée par le calice persistant, offre trois loges contenant chacune de six à dix graines insérées sur deux rangées à l'angle interne, et portant une pointe à leur sommet. Les graines sont irrégulièrement cubiques, attachées par le milieu d'une de leurs faces. L'embryon est droit, placé transversalement au hile, au milieu d'un endosperme un peu corné. La radicule est assez longue, conique ; les deux cotylédons sont obtus, planes, et nullement chiffonnés.

Ce genre est évidemment distinct des Ipomées, puisqu'il n'appartient pas à la famille des Convolvulacées. Il diffère du *Cantua* dont il se rapproche par son calice urcéolé, ses graines qui ne sont pas membraneuses, et par son port.   (A. R.)

* IPOTARAGUAPIN. BOT. PHAN.

Lœfling a cité sous ce nom un Arbrisseau de l'Amérique méridionale, dont il n'a décrit que le fruit qui se compose d'une noix à deux loges monospermes, recouvertes par un brou un peu allongé. Les feuilles opposées de cet Arbrisseau, ses épines également opposées et axillaires, ses stipules intermédiaires, et ses fruits pédonculés, axillaires, ont fait supposer que c'était une Rubiacée voisine du genre *Canthium*.   (G..N.)

IPREAU. BOT. PHAN. Espèce du genre Peuplier. *V*. ce mot.   (B.)

IPS. *Ips*. INS. Genre de l'ordre des Coléoptères, section des Pentamères, famille des Clavicornes, tribu des Peltoïdes (Latr., Fam. Natur. du Règne Anim.), ayant pour caractères : élytres tronquées ; tarses à articles allongés et grêles ; massue des antennes étroite ; extrémité postérieure de l'abdomen nue. Ce genre a subi un grand nombre de changemens, et il n'en est pas un dont la synonymie soit aussi embrouillée. Nous allons laisser parler Latreille à ce sujet. On désignait anciennement, sous le nom d'Ips, dit ce savant, des Insectes qui rongent la corne et le bois. Degéer, en 1775, appliqua cette dénomination à un genre de Coléoptères, qu'il détacha de celui des Dermestes de Linné, et très-voisin de celui des Scolites de Geoffroy. Fabricius, dans son *Mantissa Insectorum*, comprit sous le nom générique d'Ips, nos Nitidules à forme oblongue, nos Dacnés, des Tritomes de Geoffroy, ou des Mycétophages et d'autres Coléoptères analogues. Les Ips de Degéer devinrent pour lui des Bostriches. Olivier les réunit aux Scolites, et son genre Ips fut composé de quelques Coléoptères désignés ainsi par Rossi, et de quelques Dermestes de Linné; il le plaça dans la section des Pentamères ; mais plusieurs espèces qu'il y rapporta appartiennent à d'autres sections. Fabricius ensuite (Actes de la Soc. d'Hist. Natur. de Paris, Entom. Systémat.) le divisa en plusieurs genres, mais sans presque rien changer à la coupe qu'il avait ainsi nommée, et à laquelle il conserva la même dénomination. Herbst, dans son ouvrage sur les Coléoptères, éclaircit encore ce sujet par l'établissement de quelques autres genres et par la description de plusieurs espèces inédites. Paykull (*Faun. Suec.*) forma avec les Ips de Fabricius, le genre Engis (*Dacne*), et plaça dans la seconde division de celui des Cryptophages d'Herbst, nos Ips proprement dits, Insectes qu'il avait auparavant confondus avec les Dermestes. Fabricius enfin, dans un ouvrage postérieur (*Syst. Eleuth.*), adopta le genre Engis, et réunit les Cryptophages du précédent, soit aux Mycétophages, soit aux Dermestes. Les Ips, tels qu'ils sont adoptés par Latreille, se distinguent des Dacnés et des Byturcs (*V*. ces mots), par les élytres qui recouvrent tout l'abdomen dans ceux-ci et qui sont arrondies postérieurement; ils diffèrent des Nitidules et des autres genres voisins, par des caractères de la même valeur. Ce sont, en général, de petits Insectes qui se trouvent sous les écorces des Arbres, sur le bois et même dans nos habitations où on les voit courir, dans toutes les saisons de l'année, sur les châssis et les vitres de nos fenêtres. Leurs larves, qui vivent probablement dans le bois, sont inconnues. L'espèce qui sert de type à ce genre et qui se trouve le plus communément à Paris, est :

L'Ips CELLERIER, *Ips cellaris*, Oliv. (Entom., t. 2, n° 18, pl. 1, f. 3, a–b); *Dermestes cellaris*, Scopoli; le Derméste du fumier, Geoffroy; *Cryptophagus cellaris*, Payk.; *Cryptophagus crenatus*, Herbst.; *Dermestes fungorum*, Panz. (*Faun. Ins. Germ.*, fasc. 39, fig. 14). Il est très-petit, d'un brun fauve, pubescent, pointillé avec deux dents de chaque côté du corselet. (G.)

IPSIDA. BOT. PHAN. Double emploi d'Ispida dans le Dictionnaire de Déterville. *V*. ce mot. (B.)

IPSIDES. *Ipsides*. INS. Division éta-

blie par Latreille (*Gen. Crust. et Ins.* T. II, p. 19) dans la famille des Clavicornes, et renfermant les genres Ips et Dacné. *V*. ces mots. (G.)

* IPSUS. BOT. PHAN. Syn. de Liége. *V*. CHÊNE. (B.)

IQUETAYA. BOT. PHAN. *V*. SCROPHULAIRE.

IRABULO. MAM. (Gumilla.) Syn. de Cabiai. *V*. ce mot. (B.)

* IRANE. POLYP.? BOT. CRYPT.? Ce nom paraît avoir désigné dans l'antiquité les Corallines et petits Fucus vermifuges dont on appelle communément aujourd'hui le mélange Mousse de Corse. *V*. HELMINTHOCORTHON. (B.)

IRASSE. BOT. PHAN. Bosc cite sous ce nom un Palmier peu connu de l'Amérique méridionale qu'il croit appartenir au genre Martinèze. *V*. ce mot. (B.)

IREON. BOT. PHAN. (P. Browne.) Syn. de *Sauvagesia*. *V*. ce mot. Le nom d'*Ireon* a été donné comme générique par Scopoli, à une Plante qui est le *Lobelia parviflora* de Bergius. Ce genre n'a pas été adopté. (G..N.)

IREOS. BOT. PHAN. L'Iris de Florence chez les anciens. (B.)

IRÉSINE. *Iresine*. BOT. PHAN. Genre de la famille des Amaranthacées, et de la Diœcie Pentandrie, établi par Linné, adopté par les auteurs modernes, et ainsi caractérisé par Kunth (*Nov. Gener. et Species Plant. æquinoct.*, vol. II, p. 198) : fleurs dioïques; calice à cinq divisions profondes et régulières; dans les mâles, cinq étamines dont les filets sont soudés par la base, et les anthères à deux loges; dans les fleurs femelles, un seul style surmonté de deux stigmates; capsule monosperme fendue transversalement.

L'*Iresine celosioides* est l'espèce sur laquelle Linné a fondé le genre. C'est une herbe qui croît dans les lieux inondés, pendant l'hiver, de la Virginie et de la Floride. Elle a des feuilles ponctuées, scabres, les inférieures oblongues, acuminées, les supérieures ovales, lancéolées; la tige est glabre, cannelée et rameuse; ses fleurs sont très-petites, disposées en une panicule rameuse et serrée. On cultive cette Plante dans les jardins de botanique.

Willdenow, Poiret et Kunth ont décrit une dixaine d'autres espèces indigènes pour la plupart de l'Amérique méridionale. (G..N.)

IRIA. BOT. PHAN. *V*. IRIE.

IRIARTEA. BOT. PHAN. Genre de la famille des Palmiers, et de la Monœcie Polyandrie, L., établi par Ruiz et Pavon (*Fl. Peruv. et Chil. Prodr.*, p. 139, t. 32), et adopté par Martius (*Palmarum Genera*, p. 17) qui l'a ainsi caractérisé : fleurs monoïques réunies dans le même spadice; plusieurs spathes complètes, imbriquées; fleurs sessiles, sans bractées; les mâles ont un calice triphylle, une corolle à trois pétales, douze étamines ou un plus grand nombre, et un pistil rudimentaire; les fleurs femelles se composent d'un calice et d'une corolle comme dans les fleurs mâles, d'un ovaire triloculaire, surmonté de trois stigmates très-petits. Le fruit est une baie renfermant une seule graine pourvue d'albumen et d'un embryon basilaire. L'*Iriartea deltoidea* a un stipe cylindrique annelé d'où pendent plusieurs racines épigées; ses frondes sont terminales, à pétioles engaînans et à pinnules trapézoïdales. Les fleurs sont jaunes, disposées en régimes simplement rameux, et placés au-dessous des frondes. Ce genre a été réuni par Kunth au *Ceroxylon* de Humboldt et Bonpland; mais, selon Martius, ces genres offrent entre eux quelques différences. *V*. CÉROXYLE. (G..N.)

IRIBIN. OIS. Genre institué par Vieillot pour y placer le *Daptrius ater*, qu'il a séparé des Caracaras de Cuvier. *V*. FAUCON, division des CARACARAS. (DR..Z.)

IRIBU-ACABIRAY. OIS. Syn. vulgaire du Catharte Aura. *V*. CATHARTE. (DR..Z.)

IRIBURU-BICHA. OIS. (Azzara.) L'un des noms de pays du roi des Vautours. *V*. CATHARTE. (DR..Z.)

IRIDAPS. BOT. PHAN. (Commerson.) Syn. d'Artocarpe. (B.)

* IRIDÉE. *Iridea*. BOT. CRYPT. (*Hydrophytes*.) Le genre ainsi désigné par Stackhouse, ne pouvant être conservé selon Lamouroux, nous adopterons ce nom pour un genre nouveau de Fucacées dont nous proposons l'établissement, parce qu'il désigne parfaitement les teintes brillantes dont se parent les Plantes qui le composent. Quand elles sont plongées dans leur élément naturel, elles y répandent les plus belles nuances de l'arc-en-ciel, ou les reflets chatoyans que lancent le plumage de certains Oiseaux et quelques variétés de charbon de terre. Ses caractères, qui le placent dans notre tribu des Laminariées (*V*. ce mot), consistent dans la forme de la fronde simple, atténuée inférieurement en un stipe court de la même substance que l'expansion qui est épaisse, d'une consistance cartilagineuse, gélatineuse, formée d'un mucus contenu dans un réseau microscopique, formé de filamens entrecroisés, ressemblant à celui d'une Hydrodictye. La fructification consiste en des tubercules épars dans l'épaisseur des frondes, environnés d'une sorte d'anneau translucide et devenant souvent durs et saillans au point de rendre la fronde rugueuse comme la peau de certains Squales. Toutes les espèces de ce genre brillent, dans la mer, de reflets chatoyans, que plusieurs reprennent même lorsqu'après une longue dessiccation on les remet dans l'eau pour les faire revenir; elles reprennent alors toute leur flexibilité, mais ne tardent pas à se décomposer en une sorte de gelée ou mucosité qui répand une odeur de violette très-prononcée et fort agréable. Le *Delesseria edulis* de Lamouroux, dont De Candolle faisait une Ulve,

et Agardh un *Halymenia*, rentre certainement dans ce genre dont nous connaissons plusieurs autres belles espèces exotiques : l'*Iridea cordata*, N.; *Fucus cordatus*, Turn., *Hist. Fuc.*, t. 116; *Halymenia*, Ag., *Sp.*, p. 201, à fronde entière subcordée, acuminée, qui a été rapportée par Menzies des côtes occidentales de l'Amérique du nord. L'*Iridœa crispata*, N., à fronde sub-réniforme ou en coin, à bords très-ondulés et frisés, découverte par Lesson, sur les côtes du Chili, à la Conception. L'*Iridœa papillosa*, N., à frondes plus allongées, déchirées, se chargeant de papilles qui, lorsqu'elles viennent à tomber par l'âge avec la fructification, laissent des trous dans la substance du Végétal qui alors demeure cancellé comme le *Laminaria Agarum*. C'est encore Lesson qui a découvert cette espèce aux Malouines. Enfin l'*Iridea micans*, N., à fronde ovoïde obronde, obtuse, à peine ondulée, d'abord mince, très-hygrométrique, d'une teinte violette sombre, et la plus chatoyante de toutes; l'âge l'épaissit plus que toute autre, et alors ses fructifications très-multipliées la rendent âpre ; elle acquiert jusqu'à un pied et demi de long. D'Urville l'a rapportée des Malouines et de la Conception. L'*Halymenia reniformis*, Ag.; le *Fucus lomation*, et le *Delesseria palmata*, doivent encore appartenir au genre Iridée. (B.)

IRIDÉES. *Irideœ*. BOT. PHAN. Famille naturelle de Plantes monocotylédones à étamines épigynes, dont le genre Iris est le type et le plus nombreux en espèces. La famille des Iridées forme un groupe extrêmement naturel et très-facile à distinguer. Toutes les Plantes qui le composent sont remarquables par la grandeur ou l'éclat de leurs fleurs: aussi une multitude d'entre elles forment-elles l'ornement de nos serres et de nos jardins ; telles sont les Iris, les Ixies, les Glaïeuls, les Safrans, les Bermudiennes et beaucoup d'autres. Les Iridées sont toutes des Plantes herbacées, généralement vivaces, ayant leur racine tubéreuse et charnue, quelquefois cependant fibreuse. Leur tige, qui est assez rarement sous-frutescente à sa base, est cylindrique ou comprimée, portant des feuilles alternes, planes, ensiformes ou cylindracées, devenant jaunâtres dans l'herbier. Les fleurs sont constamment enveloppées avant leur épanouissement dans une spathe membraneuse, souvent mince, sèche et scarieuse, formée d'une seule, de deux ou de plusieurs pièces. Ces fleurs sont tantôt solitaires, tantôt diversement groupées. Leur calice est généralement tubuleux, adhérent par sa base, avec l'ovaire qui est infère. Son limbe est à six divisions profondes, dont trois intérieures et trois extérieures, quelquefois inégales et dissemblables. Les étamines sont constamment au nombre de trois naissant du sommet du tube; tantôt les filets sont libres et distincts, tantôt ils sont soudés et monadelphes. Les anthères ont leur face tournée vers le centre de la fleur. Elles sont à deux loges qui s'ouvrent par un sillon longitudinal. L'ovaire est constamment infère, à trois loges, contenant chacune plusieurs ovules attachées sur deux rangées alternatives, à l'angle rentrant. Le style est simple, terminé par trois stigmates simples, bifides, découpés ou minces, membraneux et pétaloïdes. Le fruit est une capsule à trois loges polyspermes, et à trois valves septifères sur le milieu de leur face interne. Les graines se composent d'un tégument propre et d'un embryon parfaitement indivis, placé dans un endosperme charnu ou légèrement corné.

Les genres qui entrent dans la famille des Iridées peuvent être partagés en deux sections bien distinctes, suivant que leurs trois étamines sont libres ou suivant qu'elles sont monadelphes.

Ire SECTION.—*Etamines libres.*

Iris, L.; *Morœa*, L., auquel il faut réunir, selon Jussieu, le *Bo-*

bartia de Linné et le *Diplarrhena* de Labillardière ; *Ixia*, L. ; *Tapeinia*, Commers. ; *Cipura*, Aublet ; *Watsonia*, Juss. ; *Gladiolus*, L. ; *Antholyza*, L. ; *Witsenia*, Thunb. ; *Crocus*, L. ; *Pardanthus*, Ker. ; *Babiana*, Gawler ; *Sparaxis*, Gawler ; *Hesperantha*, Gawl. ; *Geissorhiza*, Gawl. ; *Tritonia*, Gawl. ; *Anomatheca*, Gawl. ; *Trichonema*, Gawl. ; *Aristea*, Aiton ; *Diasia*, De Cand. ; *Monbretia*, De Cand.

IIe Section.—*Etamines monadelphes.*

Galaxia, Thunb ; *Sisyrinchium*, L. ; *Tigridia*, Juss. ; *Ferraria*, L. ; *Vieusseuxia*, Delaroche ; *Patersonia*, Rob. Brown.

Plusieurs des genres que nous venons d'énumérer devront probablement être réunis ensemble, quand ils auront été étudiés avec plus de sévérité.

Quant aux *Dilatris*, *Xiphidium* et *Wachendorfia*, placés par Jussieu à la suite des Iridées dans son *Genera*, cet illustre botaniste en a fait plus récemment une famille nouvelle sous le nom de Dilatridées. *V.* ce mot au Supplément.   (A. R.)

* IRIDINE. *Iridina.* CONCH. Genre proposé par Lamarck pour une des espèces d'Anodontites de Bruguière. Férussac et Blainville le considèrent, avec juste raison, comme sous-genre des Anodontes. *V.* ce mot. (D..H.)

* IRIDION. BOT. PHAN. On a rapporté au *Roridula dentata*, L., la Plante nommée par Burmann (*Prodr.* 6) *Iridion verticillatum.*   (G..N.)

IRIDIUM. MIN. Le docteur Wollaston a découvert ce Métal à l'état d'alliage avec l'Osmium en des proportions encore inconnues. Il se rencontre en grains blancs métalliques avec ceux du Platine natif, et présente des indices de cristallisation d'après lesquels on croit pouvoir rapporter sa forme à celle d'un prisme hexaèdre régulier. Les grains d'Iridium osmiuré ressemblent beaucoup

à ceux du Platine par leur couleur ; mais ils sont sensiblement plus durs. Leur pesanteur spécifique est d'environ 17,25. Ils sont insolubles dans tous les Acides, et donnent, par la calcination dans un tube ouvert, une odeur analogue à celle du Chlore. On les sépare du Platine brut en traitant le sable platinifère par l'Acide nitro-hydrochlorique. Le Platine se dissout et l'osmiure d'Iridium reste avec les matières pierreuses. (G. DEL.)

IRIDORCHIS. BOT. PHAN. Nom donné par Du Petit-Thouars (Hist. des Orchidées des îles australes d'Afrique) à un groupe de la section des Epidendres et qui correspond au genre *Cymbidium* de Swartz. Il offre pour caractères essentiels : une seule masse pollinique dans chaque loge de l'anthère ; labelle plane, élargi, denté au sommet ; fleur renversée. Il ne se compose que d'une seule espèce (*Cymbidium equitans*), Plante des îles de France, de Mascareigne et de Madagascar. Du Petit-Thouars l'a figurée (*loc. cit.*, tab. 91) sous le nom d'*Equitiris.*   (G..N.)

IRIDROGALVIA. BOT. PHAN. (Poiret, Encyclopéd., et Steudel.) Pour Isidrogalvia. *V.* ce mot. (G..N.)

* IRIE. *Iria.* BOT. PHAN. Le professeur Richard a proposé ce nom (*in Persoon. Syn. Plant.* 1, p. 65) pour un sous-genre dont le *Cyperus monostachyos* de Linné est le type. Ses caractères consistent : en un épi simple, composé d'écailles distiques et imbriquées, dont les supérieures sont serrées les unes contre les autres, et les inférieures se terminent par une arête. Chaque fleur se compose d'une seule étamine, d'un ovaire surmonté de deux stigmates. Le fruit est un akène mutique.

Ce sous-genre se compose de deux espèces ; l'une, *Iria Caribœa*, Rich., est le *Cyperus monostachyos* de Linné qui croît dans l'Amérique méridionale ; l'autre, *Iria indica*, Rich., est le *Cyperus monostachyus* de Rottbol qui croît dans l'Inde, et se dislingue de la précédente par sa touffe épaisse, dressée, et ses écailles inférieures aristées.   (A. R.)

* IRIO. BOT. PHAN. Ce mot, employé par Linné comme nom spécifique d'un *Sisymbrium*, a été donné par De Candolle (*Syst. Veget. Nat.* T. II, p. 463) à la quatrième section qu'il a établie dans ce genre. *V.* SISYMBRE.   (G..N.)

IRION. BOT. PHAN. Ce mot, dont on a fait Irio, était celui par lequel les anciens désignaient la Moutarde des champs, et jusqu'au *Polygonum Fagopyrum*.   (B.)

* IRIS. ZOOL. *V.* OEIL.

* IRIS. INS. Nom scientifique du beau Papillon d'Europe vulgairement nommé Grand Mars changeant.   (B.)

IRIS. *Iris.* BOT. PHAN. Genre de la famille des Iridées, de la Triandrie Monogynie, L. Il est fort nombreux en espèces cultivées dans nos jardins, et peut être caractérisé de la manière suivante: son calice est tubuleux et adhérent par sa base avec l'ovaire qui est complétement infère; le limbe est à six divisions très-profondes, dont trois extérieures plus grandes sont quelquefois dressées et quelquefois réfléchies, ordinairement marquées sur le milieu de leur face interne d'une rangée longitudinale de poils glanduleux; les trois divisions internes, plus petites que les trois autres, sont dressées quand celles-ci sont réfléchies, ou réfléchies quand les autres sont dressées. Les étamines, au nombre de trois, sont insérées au sommet du tube du calice. Leurs filets sont libres, et leurs anthères allongées à deux loges et extrorses. Chaque étamine est placée en face de chacune des divisions calicinales externes et recouverte par un des stigmates. Le style est ordinairement triangulaire, tantôt libre, tantôt soudé avec le tube du calice qui est épais et charnu. Il se termine par trois stigmates pétaloïdes allongés, voûtés et recouvrant immédiatement chaque étamine. Ils sont bilobés à leur sommet avec une petite languette placée à la face inférieure de la fente qui sépare les deux lobes, et marqués d'une rainure glanduleuse formée par la prolongation de la fente dont nous venons de parler. L'ovaire est infère, à trois loges, contenant chacune un assez grand nombre d'ovules attachés à l'angle interne et sur deux rangées longitudinales, mais alternes. Le fruit est une capsule ovoïde allongée, quelquefois un peu triangulaire, acuminée à son sommet, à trois loges, contenant plusieurs graines disposées sur deux ou sur une seule rangée. Cette capsule s'ouvre en trois valves septifères sur le milieu de leur face interne. Les graines qui sont globuleuses ou planes, déprimées et discoïdes, contiennent dans un endosperme blanc et corné un embryon dressé et cylindrique.

On compte quatre-vingt-douze espèces d'Iris décrites dans le troisième volume du *Systema Vegetabilium* de Rœmer et Schultes. Ce sont toutes des Plantes vivaces, à racines fibreuses ou plus généralement munies d'une souche ou rhizome horizontal, tubéreux et charnu, dont la forme varie beaucoup suivant les diverses espèces. Les feuilles sont généralement ensiformes, comprimées, engaînantes à leur partie inférieure, quelquefois linéaires et graminiformes; les plus extérieures avortent quelquefois et forment des espèces de gaînes scarieuses. La tige ou hampe est tantôt cylindrique, tantôt comprimée ou anguleuse, simple ou rameuse, portant une ou plusieurs fleurs sessiles ou pédonculées, généralement très-grandes, violettes, jaunes ou blanches, accompagnées de spathes scarieuses qui ne paraissent être que des feuilles avortées. Les espèces de ce genre sont répandues généralement dans les diverses contrées de l'Europe, en Orient et au cap de Bonne-Espérance; très-peu habitent l'Amérique. On en compte environ sept à huit dans l'Amérique septentrionale, et une seule au Brésil.

Un très-grand nombre d'espèces de

ce genre méritent, par l'élégance de leurs fleurs, d'être cultivées dans les jardins. Nous nous contenterons d'en mentionner ici quelques-unes des plus remarquables. En général on forme deux sections dans les espèces d'Iris. La première comprend celles dont les divisions calicinales sont ciliées sur le milieu de leur face interne, la seconde celles qui ont ces divisions glabres.

† Divisions calicinales ciliées.

Iris Germanique, *Iris Germanica*, L., Red., Lil., t. 309. Sa racine est une souche ou tige souterraine, horizontale, charnue, tubéreuse, plane par sa face inférieure qui donne naissance à des radicules fibreuses et charnues, convexe par sa face supérieure offrant des espèces d'anneaux formés successivement par la base persistante des feuilles. Celles-ci partent, ainsi que la tige, de la partie antérieure de la souche, dont la postérieure se détruit successivement et devient tronquée. Elles sont ensiformes, glauques, hautes d'un pied, larges d'un pouce, aiguës au sommet, s'embrassant et s'engaînant les unes dans les autres dans leur base; la tige haute d'environ deux pieds, et un peu comprimée, porte ordinairement dans sa partie inférieure deux à trois feuilles embrassantes et alternes, et à sa partie supérieure elle offre trois à cinq grandes fleurs violettes, pédonculées, embrassées chacune dans quatre spathes scarieuses avant leur épanouissement. Les trois divisions internes du calice sont dressées, obovales, arrondies, rapprochées en globe; les trois externes sont réfléchies, très-obtuses, munies d'une rangée de poils jaunes à leur moitié inférieure et interne. Cette espèce, la plus commune de celles qu'on cultive dans les jardins, croît naturellement dans les lieux secs, sur les vieux murs de l'Allemagne et de la France. Sa racine charnue contient un suc âcre et caustique qui irrite fortement l'estomac et le canal alimentaire. C'est un émétique et un drastique assez vio-

lent, dont les médecins anciens ont recommandé l'usage dans les hydropisies. Aujourd'hui ce remède n'est plus mis en usage que par les gens de la campagne, qui l'emploient encore pour se purger. Cette espèce offre plusieurs variétés; ses fleurs sont quelquefois d'un rouge pourpre sombre, ou jaunâtres; elles forment alors l'*Iris squalens* de quelques auteurs.

Iris de Florence, *Iris Florentina*, L., Red., Lil., t. 23. Cette espèce a beaucoup de ressemblance avec la précédente, dont elle diffère surtout par ses fleurs constamment blanches veinées de jaune, sessiles, par le tube de son calice qui est plus court. Ses fleurs sont odorantes. Elle croît en Italie, en Provence. On la cultive dans les jardins. Sa racine, quand elle est sèche, a une odeur agréable de violette. Elle est employée aujourd'hui dans la parfumerie, et pour aromatiser diverses préparations pharmaceutiques. On en met également des fragmens dans le linge, pour lui donner une odeur agréable. Autrefois on administrait cette racine sèche et réduite en poudre, à la dose de dix à vingt grains, dans les rhumes, les catarrhes pulmonaires chroniques. On l'a également recommandée dans les affections asthmatiques. On emploie encore la racine d'Iris de Florence, pour faire des pois à cautères; son âcreté, qui n'est pas entièrement dissipée par la dessiccation, la rend très-propre à entretenir dans la plaie une irritation convenable pour l'effet qu'on se propose d'obtenir.

Iris de Suze, *Iris Suziana*, Vahl, Red., Lil., t. 18. Cette belle espèce que l'on connaît, dans les jardins, sous les noms d'*Iris deuil* et d'*Iris tigrée*, est originaire de Perse, des environs de Constantinople. Ses feuilles sont très-étroites; sa tige haute d'environ deux pieds, dans les individus cultivés, est simple, sillonnée, et se termine en général, par une seule fleur. Celle-ci est très-grande, d'un brun foncé, mêlé de brun clair et de blanc avec des veines pourpres. Cette espèce qui est assez délicate doit, peudant l'hiver, être recouverte d'une cloche et de fumier, afin de la préserver du froid.

Iris naine, *Iris pumila*, Vahl, Red., Lil., t. 261. Petite espèce originaire de France, et dont on fait fréquemment des bordures dans les jardins. Ses tiges sont courtes, d'un à deux pouces de hauteur seulement, portant à leur sommet une seule fleur violette ou panachée, accompagnée d'une spathe plus courte que son tube. Les feuilles sont longues de quatre à cinq pouces, assez larges, ensiformes et glauques.

Iris de la Chine, *Iris Chinensis*, Cav.; *Iris fimbriata*, Vent., Jard. Cels., t. 9; Red., Lil., t. 152. Cette espèce est une des plus belles du genre; ses racines sont tubéreuses, traçantes et horizontales. Ses feuilles sont distiques, glauques, ensiformes, plus courtes que la tige, laquelle est élevée d'un pied et demi à deux pieds, rameuse dans sa partie supérieure où elle porte de trois à huit fleurs de grandeur moyenne, d'un bleu pâle, ayant les divisions calicinales jaunâtres dans leur contour. Les divisions extérieures sont plus larges, marquées de taches jaunes. Les stigmates sont bleus et frangés. Cette Iris est assez délicate. On doit la rentrer en orangerie pendant l'hiver.

† *Divisions calicinales non ciliées.*

Iris des marais, *Iris Pseudo-Acorus*, L., Red., Lil., t. 255. Sa racine ou souche est horizontale et charnue; sa tige dressée, un peu comprimée, lisse, glabre et glauque, haute d'environ deux pieds, offrant des nœuds à l'attache de chaque feuille. Celles-ci sont ensiformes, allongées, aiguës, entières, amplexicaules. Les fleurs jaunes, grandes, au nombre de quatre à cinq, pédonculées à la partie supérieure de la tige. Les trois divisions internes sont dressées, spathulées et très-petites. La capsule est ovoïde, allongée, à trois loges, contenant chacune un très-grand nombre de graines planes, discoïdes, appliquées les unes sur les autres.

Cette espèce croît en abondance sur le bord des marais et des ruisseaux aux environs de Paris, où elle fleurit en mai et en juin. On ne la cultive pas dans les jardins. Ses graines torréfiées ont une saveur amère et une odeur aromatique assez prononcée. On a proposé de les substituer à la graine du Café, à une époque où la guerre avait interrompu les communications commerciales.

Iris de Perse, *Iris Persica*, L., Red., Lil., t. 189. Cette jolie espèce a sa racine bulbeuse, ou plutôt le bas de sa tige offre un renflement ovoïde, de la base duquel naissent des fibres épaisses, et qui est environné de gaînes scarieuses. Les feuilles sont linéaires, subulées, canaliculées, plus hautes que la tige qui est très-courte et uniflore. La fleur est variée de blanc et de violet. Le tube du calice est extrêmement long. Les trois divisions intérieures sont très-petites et réfléchies. On cultive cette espèce dans les jardins. Elle est originaire de Perse.

Iris Bermudienne, *Iris Sisyrinchium*, L., Red., Lil., t. 29 et 453. Originaire d'Espagne, de Naples et de Barbarie, cette espèce a une racine bulbeuse, des feuilles canaliculées, arquées et quelquefois contournées, deux fois plus élevées que la tige. Celle-ci, haute d'environ cinq à six pouces, se termine, en général, par trois fleurs dont le tube est grêle et très-long. Les divisions sont bleues, les extérieures marquées d'une tache jaune, et les intérieures plus courtes et réfléchies. (A. R.)

Iris. min. *V.* Pierre d'Iris.

* IRLIN. ois. Syn. vulgaire de Bergeronnette du printemps. (DR..Z.)

IROUCANA. bot. phan. (Aublet.) *V.* Casearia.

IRRITABILITÉ. zool. et bot. Il est extrêmement difficile, dans l'état actuel de la physiologie, de faire connaître d'une manière précise le sens que l'on doit attacher à ce mot. Les différens auteurs qui l'ont employé aux diverses époques de la science sont loin de lui avoir donné la même acception. Ainsi, Glisson, qui le premier l'a introduit dans le langage physiologique, appelle *Irritabilité* la force particulière dont sont doués nos organes, force qui préside à tous leurs mouvemens, et sans laquelle leurs fonctions ne pourraient s'exécuter. Cette théorie fut adoptée par J. Gorter, qui fit l'application des principes émis par Glisson aux mouvemens qu'exécutent les Végétaux, et chercha ainsi à démontrer que tous les êtres organisés sont doués, seulement à des degrés différens, de cette propriété spéciale que Glisson avait nommée Irritabilité. Ce fut depuis cette époque que l'on cessa de ne voir dans les Plantes que des mouvemens mécaniques, et que ces mouvemens furent rapportés à l'action vitale, qui est le caractère distinctif de la matière organisée.

Mais Haller donna une définition tout-à-fait différente de l'Irritabilité. Suivant Glisson et Gorter, l'Irritabilité existant dans toutes les parties des êtres organisés, cette propriété pouvait agir sans que l'organe manifestât aucun mouvement appréciable : telle est, par exemple, celle qui préside à certaines fonctions, comme l'absorption, la nutrition, etc. Haller, au contraire, restreignit de beaucoup le sens de ce mot. « J'appelle Irritabilité, dit-il, cette force ou propriété inhérente à certains tissus, et en vertu de laquelle ils se *meuvent* sous l'influence des agens extérieurs. Ainsi, une partie sera d'autant plus *irritable*, qu'elle se raccourcira ou se contractera davantage, quand un corps extérieur viendra à la toucher ou à agir sur elle. » On voit que l'Irritabilité de Haller, sur laquelle ce grand physiologiste a fait un si grand nombre de belles expériences, est la même chose que ce que plus tard on a généralement appelé *contractilité musculaire* ou *Myotilité*. Outre cette action énergique et vitale, Haller admettait encore dans certains tissus, tels que les aponévroses, les

tendons, les membranes, une force morte, une sorte d'élasticité organique, en vertu de laquelle ces organes tendent à se raccourcir, à revenir sur eux-mêmes. Cette force qui se manifeste dans ces tissus, même long-temps après la mort, doit être soigneusement distinguée de l'Irritabilité, propriété essentiellement vitale qui s'éteint peu de temps après que l'Animal a cessé de vivre.

Ce que nous venons de dire suffit pour faire voir que le sens du mot Irritabilité est loin d'être rigoureusement défini, surtout depuis que Haller et ses disciples lui ont donné une signification tellement différente de celle que Glisson lui avait d'abord imposée. Néanmoins nous partageons l'opinion du médecin anglais, réservant les noms de contractilité musculaire ou de myotilité pour les phénomènes que Haller désignait sous le nom d'Irritabilité (*V*. MUSCLES, MYOTILITÉ). Et comme l'Irritabilité de Glisson a été généralement attribuée au système nerveux, nous renvoyons aux mots CÉRÉBRO-SPINAL, NERFS et SENSIBILITÉ, pour examiner à fond cette fonction et discuter les opinions diverses qui ont été émises à son égard.

Quant à l'Irritabilité dans les Végétaux, nous en avons déjà traité en parlant des mouvemens que les feuilles exécutent. *V*. FEUILLES. (A. R.)

* IRSIOLA. BOT. PHAN. La Plante désignée sous le nom d'*Irsiola scandens*, par Patrick Browne (*Jamaïc.*, 47, t. 4, fig. 1, 2), est rapportée au *Cissus smilacina* de Willdenow.

(G..N.)

ISABELLE. ZOOL. On a donné ce nom spécifique à un Oiseau du genre Sylvie, à un Squale, à une Libellule du genre Agrion, ainsi qu'à une Coquille du genre des Porcelaines. *V*. ces mots. (B.)

ISACHNÉ. *Isachne*. BOT. PHAN. Genre de la famille des Graminées et de la Triandrie Digynie, établi par R. Brown (*Prodr. Fl. Nov.-Holl.* T. 1, p. 196) qui le caractérise ainsi : fleurs disposées en panicules ; lépicène biflore à deux valves égales, membraneuses et obtuses ; chaque fleurette est égale, à deux paillettes chartacées ; la fleurette extérieure est mâle, l'inférieure est femelle, accompagnée de deux paléoles hypogynes. Les étamines sont au nombre de trois ; l'ovaire est surmonté de deux styles que terminent deux stigmates plumeux. Le fruit est enveloppé dans les deux valves de la glume qui se sont durcies.

Ce genre se compose d'une seule espèce, *Isachne australis*, Brown, *loc. cit.* Plante glabre qui croît dans les lieux inondés aux environs de Port-Jackson, à la Nouvelle-Hollande. Ses feuilles sont planes, avec une ligule formée de poils. Selon R. Brown, le genre Isachne est très-voisin du *Panicum*. L'*Isachne australis* a même la plus grande ressemblance extérieure avec le *Panicum coloratum*.

(A. R.)

ISAIRE. BOT. CRYPT. Pour Isaria. *V*. ce mot.   (B.)

ISANTHE. *Isanthus*. BOT. PHAN. Genre de la famille des Labiées et de la Didynamie Gymnospermie, L., établi par Richard (*in Michx. Flor. bor. Am.* 2, p. 4, tab. 3o), et ainsi caractérisé : calice campanulé, quinquéfide ; corolle à cinq divisions ovées presqu'égales, le tube droit et étroit ; quatre étamines presqu'égales ; style terminé par deux stigmates linéaires réfléchis ; quatre noix globuleuses occupant la cavité du tube agrandi du calice. Ce genre ne renferme qu'une seule espèce, *Isanthus cœruleus*, qui croît dans certaines localités crétacées de la Caroline et de la Virginie. C'est une Plante herbacée, dont les tiges visqueuses et pubescentes sont garnies de feuilles ovales lancéolées, atténuées aux deux extrémités, et à trois nervures longitudinales. Les fleurs d'un bleu clair sont opposées et portées sur des pédoncules axillaires. Cette Plante a l'aspect de la Sarriette des jardins. (G..N.)

ISARD ou YSARD. MAM. Même

chose que Chamois. *V*. ANTILOPE. (B.)

ISARIA. BOT. CRYPT. (*Mucédinées.*) Ce genre, créé par Persoon, est l'un des plus remarquables de cette famille par son mode de développement ; il est composé de filamens étroitement entrecroisés, formant ainsi une sorte de pédicule, et qui s'écartent vers le sommet de manière à donner à tout le Champignon la forme d'une massue. Ce pédicule se ramifie quelquefois, et les filamens portent vers leurs extrémités des sporules qui paraissent éparses à la surface du capitule. Presque toutes les Plantes de ce genre naissent sur les Insectes morts ou sur leurs chrysalides ; quelques-unes croissent sur les bois pourris, mais moins fréquemment ; elles sont la plupart blanches, grises ou jaunâtres, et assez fugaces. Ce genre, comme on peut le voir d'après la description que nous venons d'en donner, appartient à la dernière section des Mucédinées à laquelle on peut donner le nom d'*Isariées*. Ce genre étant l'un des plus anciennement connus, est un de ceux qui donnent l'idée la plus juste de ce groupe ; par l'accroissement de leurs fibres, ces Plantes indiquent déjà un certain passage aux Lycoperdacées ; mais les sporules, au lieu d'être contenues dans le tissu formé par ces fibres entrecroisées, sont éparses à leur surface extérieure.   (AD. B.)

* ISATIDÉES. *Isatideœ*. BOT. PHAN. C'est ainsi que De Candolle (*Syst. Regn. Veget.* T. II, p. 565) a nommé la dixième tribu de la famille des Crucifères, à laquelle il a aussi donné le nom de Notorhizées Nucamentacées, en raison de la structure de leurs silicules et de leurs graines. Le genre *Isatis* ou Pastel est considéré comme le type de cette tribu qui forme une association très-naturelle, composée d'Herbes glabres, plus ou moins glauques, à feuilles entières ou dentées, les radicales pétiolées, celles de la tige sagittées à la base. *V*. CRUCIFÈRES et PASTEL.   (G..N.)

ISATIS ou RENARD BLEU. MAM. Espèce du genre Chien. *V*. ce mot. (B.)

ISATIS. bot. phan. *V.* Pastel.

* ISAURE. *Isaura.* polyp. Genre de l'ordre des Actinaires, dans la division des Polypiers sarcoïdes, plus ou moins irritables, sans axe central, proposé par Savigny qui en a figuré plusieurs espèces (Pl. 2, Polypes, hn, Zoologie) dans le grand ouvrage sur l'Egypte. Nous ne faisons qu'indiquer ce genre, quoiqu'il mérite d'être adopté, Savigny n'en ayant pas encore donné la description. (lam..x.)

ISAURE. *Isaura.* bot. phan. Genre de la famille des Asclépiadées et de la Pentandrie Digynie, L., établi par Commerson, et reproduit sous le nom de *Stephanotis* par Du Petit-Thouars (*Nov. Gener. Madagasc.*, p. 11) qui l'a ainsi caractérisé : calice court, à cinq divisions étalées; corolle tubuleuse, ventrue à la base, dont le limbe est à cinq lobes tordus; cinq étamines comme dans le genre Asclépias; corpuscules à deux cornes; ovaire double, surmonté d'un style court; deux follicules horizontaux, acuminés, épais; semences aigrettées. Ce genre a été réuni au *Ceropegia* par Jussieu et d'autres auteurs. L'*Isaura Allicia*, Commers. et Poiret (*Encyclopéd. Supplément.*), Arbrisseau de l'île de Madagascar, est la seule espèce de ce genre. Cependant Du Petit-Thouars indique le *Ceropegia acuminata* de Roxburgh comme congénère de son *Stephanotis*. (g..n.)

ISCA ou ISKA. bot. phan. (Paul Æginette.) Même chose qu'Esca. *V.* ce mot dont Isca est peut-être l'étymologie.   (b.)

ISCHÈME. *Ischœmum.* bot. phan. Genre de la famille des Graminées, établi par Linné et adopté par la plupart des agrostographes, et qui peut être caractérisé de la manière suivante : ses fleurs sont polygames et monoïques, disposées en épis solitaires ou géminés, ayant leur axe ou rachis articulé, portant deux épillets à chaque articulation, l'un sessile, placé horizontalement, l'autre pédicellé, mâle où neutre. L'épillet ses-

sile est biflore; sa lépicèue se compose de deux valves un peu coriaces; l'extérieur est un peu plane, l'intérieure est naviculaire. Chaque fleurette se compose de deux paillettes membraneuses et incluses; la fleurette externe est mâle, rarement neutre, l'intérieure est hermaphrodite; la glumelle se compose de deux paléoles; les étamines sont au nombre de trois; les deux styles sont surmontés de deux stigmates plumeux.

Ce genre, ainsi que le remarque R. Brown (*Prodr. Fl. Nov.-Holl.* T. 1, p. 204), est très-voisin de l'*Andropogon* et du *Saccharum;* il en diffère seulement par la fleurette extérieure de l'épillet sessile, qui est bivalve et le plus souvent mâle; quant au *Rottboella*, il n'en diffère que par un de ses épillets pédicellé; en conséquence, le *Rottboella digitata* de la Flore grecque est une espèce du genre Ischème. R. Brown pense encore que l'on doit réunir au genre qui nous occupe les genres *Schima* de Forskahl et *Colladoa* de Cavanilles.

Palisot de Beauvois, dans son Agrostographie, sépare encore le *Colladoa* comme genre distinct, en convenant néanmoins du peu de valeur des caractères d'après lesquels il a été établi. Le même auteur forme un genre *Meoschium* des espèces d'Ischème qui ont la paillette inférieure de la glume dans la fleur hermaphrodite, bifide à son sommet et portant une arête tordue. *V.* Meoschium.

Les espèces du genre Ischème sont toutes exotiques. R. Brown, dans son Prodrome, en décrit six espèces nouvelles qu'il a observées dans diverses parties de la Nouvelle-Hollande.   (a. r.)

ISÉRINE. min. Titane oxidé ferrifère, Haüy. Variété de Titanate de Fer trouvée en masses roulées dans un sable granitique, près de la source de la rivière Iser, dans le Reisengebirge, et dans le lit de la rivière Don, dans l'Aberdeenshire en Ecosse. Elle est composée, suivant Klaproth, de 72 parties d'oxidule de Fer

et de 28 parties d'oxide de Titane. *V.*
TITANE OXIDÉ. (G.DEL.)

ISERTIE. *Isertia.* BOT. PHAN. Genre de la famille des Rubiacées et de l'Hexandrie Monogynie, L., établi par Schreber, adopté par Lamarck, Vahl, Willdenow, Jussieu et Kunth. Ce dernier en a ainsi fixé les caractères : calice supère à six dents, persistant ; corolle infundibuliforme, dont le tube est long, légèrement courbé, et le limbe à cinq divisions ; six étamines renfermées dans la corolle ; un seul style supportant un stigmate en tête à six lobes ; drupe presque globuleuse, à six osselets uniloculaires et polyspermes. L'espèce sur laquelle ce genre a été constitué est le *Guettarda coccinea* d'Aublet, *Isertia coccinea*, Vahl, *Eclog.* 2, et Lam, *Ill. Gen.*, tab. 259. C'est un Arbre de médiocre grandeur, à feuilles opposées, pétiolées, ovales-oblongues, accompagnées de stipules caduques. Les fleurs d'un beau rouge sont disposées en une panicule terminale et munie dans chacune des divisions de deux petites bractées. Cet Arbre est indigène des forêts de la Guiane et d'autres contrées de l'Amérique méridionale.

Une autre espèce a été ajoutée à ce genre par Vahl (*Eclog.* 2, p. 28, tab. 15) qui lui a donné le nom d'*Isertia parviflora.* Elle a été découverte dans l'île de la Trinité. (G..N.)

ISIDE. *Isis.* POLYP. Genre de l'ordre des Isidées (*V.* ce mot), dont les caractères sont : Polypier dendroïde ; articuliculations pierreuses, blanches, presque translucides, séparées par des entre-nœuds cornés et discoïdes, quelquefois inégaux ; écorce épaisse, friable dans l'état de dessiccation, n'adhérant point à l'axe, et s'en détachant avec facilité ; cellules éparses, non saillantes. Nous dirons fort peu de chose sur ce genre qui sert de type à l'ordre des Isidées ; nous ne pourrions que répéter ce que nous avons dit dans les généralités de ce groupe de Polypiers. Les Isides varient peu dans leur forme, elles sont toujours cylindriques avec des rameaux épars. Leur couleur n'offre point de grandes différences ; elle est blanchâtre dans le Polypier revêtu de son écorce : celle de l'axe présente deux nuances bien tranchées ; dans les articulations calcaires elle est blanche, semblable au marbre salin ou à l'albâtre par son éclat et par sa demi-transparence ; dans les articulations cornées, elle est brune plus ou moins foncée, quelquefois presque noire, d'autres fois jaunâtre. Leur grandeur varie d'un à cinq décimètres. Ces Polypiers, répandus dans toutes les mers, se trouvent sur les côtes d'Islande, ainsi que sous l'équateur ; la majeure partie des auteurs les indiquent comme originaires de l'océan Indien ; cependant les espèces connues sont peu nombreuses. Ils sont employés par les insulaires des îles Moluques et d'Amboine, dans une foule de maladies qui pourraient faire regarder les Isis comme un remède universel, si l'usage qu'en font ces peuples ne prouvait leur ignorance en médecine. (LAM..X.)

ISIDÉES. *Isideæ.* POLYP. Ordre de la première division des Polypiers flexibles ou non entièrement pierreux, dans la section des Polypiers corticifères composés de deux substances, une extérieure et enveloppante, nommée écorce ou encroûtement ; l'autre appelée axe, placée au centre et soutenant la première. Ce sont des Polypiers dendroïdes, formés d'une écorce analogue à celle des Gorgoniées, et d'un axe articulé à articulations alternativement calcaréo-pierreuses, cornées et solides ou spongieuses, presque subéreuses. Linné, dans son *Hortus Cliffortianus*, a le premier établi le genre Isis, auquel il avait réuni le Corail rouge sous le nom d'*Isis nobilis.* Pallas et quelques autres zoologistes ont suivi l'opinion du naturaliste suédois, et l'on voit encore, dans les cabinets où l'on a conservé l'ancienne nomenclature, les Isidées sous le nom de Coraux articulés pour les distinguer du vrai Corail qui n'est point articulé. Cette différence n'est pas la seule qui existe entre ces deux groupes de Polypiers ; la substance tant interne qu'externe , le port, la couleur, etc., en offrent d'autres bien caractérisées.

Les Isidées sont composées, comme tous les Polypiers corticifères, de deux parties, une centrale qui porte le nom d'axe, et une enveloppe charnue qu'on appelle écorce , comme dans les Gorgoniées. L'axe est formé d'articulations alternativement pierreuses et cornées, variant dans leur grandeur et leur diamètre : les premières sont blanches, un peu translucides , marquées de sillons plus ou moins profonds et longitudinaux, quelquefois plus grandes , souvent plus petites que les secondes articulations ou les cornées. Ces dernières , toujours opaques, d'une couleur foncée et brunâtre, se séparent des premières avec une grande facilité, à cause de la différence qui existe dans leur composition. Elles semblent destinées à donner aux Isidées les moyens de se prêter aux mouvemens des eaux de la mer, et suppléer par un peu de flexibilité à la solidité qui leur manque : cette flexibilité disparaît lorsque ces Polypiers sont desséchés , et leur fragilité est telle qu'il est impossible de les fléchir pour les conserver dans un herbier. En général les Isidées sont d'autant plus fragiles qu'il y a plus de différence entre les deux substances qui composent l'axe. L'écorce ou l'enveloppe extérieure est d'une consistance molle et charnue dans le Polypier vivant ; par la dessiccation elle devient crétacée et friable , en général n'adhérant point à l'axe et s'en séparant avec tant de facilité, que des auteurs ont prétendu que l'écorce des Isidées n'était jamais entière. Il est très-rare en effet d'en trouver de telle dans les collections ; mais dans la nature il n'en est pas ainsi : la tige et les rameaux de ces Polypiers articulés sont garnis dans toute leur étendue d'une enveloppe charnue ; vivifiée par une

foule de petits Animaux à couleurs brillantes. Cette enveloppe ou écorce est quelquefois très-épaisse , d'autres fois elle est très-mince , elle varie souvent par l'exposition à l'air et par la dessiccation ; il n'est pas inutile de remarquer dans les Isidées une particularité que nous présentent également ment les Gorgoniées , c'est que dans les espèces à écorce mince, celle-ci adhère toujours à l'axe ; elle s'en sépare avec d'autant plus de facilité qu'elle est plus épaisse. Ainsi, les Isis et les Plexaures , les Gorgones et les Mélitées , nous offrent une grande analogie, sous le double rapport de l'epaisseur de l'écorce et de son adhérence avec l'axe.

Il est difficile d'expliquer la manière dont s'opère la croissance des Isidées : chaque articulation doit-elle être considérée comme une famille particulière, isolée des autres, ou bien tous les Polypes communiquent-ils entre eux comme dans la majeure partie des Polypiers coralligènes flexibles ? Cuvier dit que « lorsque l'Arbre des Isis grandit, les articulations » cornées de la tige disparaissent, » parce que l'Animal les recouvre de » couches pierreuses, en sorte qu'il » n'en reste plus qu'aux branches. » Nous avons observé généralement le contraire dans les nombreuses Isidées que nous avons examinées , à l'exception toutefois de l'*Isis elongata* , à laquelle la description de Cuvier semble appartenir. En effet, les articulations cornées manquent dans les parties inférieures de ce Polypier. Rien n'indique qu'elles aient existé, et l'on n'en voit aucune trace dans les coupes longitudinales ou transversales des tiges. Ainsi, ou les Polypes changent avec le temps la matière cornée en matière calcaire, ce qui est contraire à ce que l'on observe sur les Isidées en général , ou bien il existe une vie très-active dans les tiges; de toutes les hypothèses la plus probable est que l'écorce et la tige possèdent une vie particulière indépendante de celle qui appartient à chaque Polype ; que cette vie existe essentiellement dans la membrane placée entre l'écorce et l'axe, que c'est elle qui renferme les organes destinés à l'accroissement et à la formation de la partie solide interne, et qu'enfin, quoique l'écorce des parties inférieures des Polypiers soit dépourvue de Polypes, la vie n'y existe pas moins et d'une manière très-énergique. Au moyen de cette hypothèse on explique avec la plus grande facilité, l'accroissement des tiges et rameaux, ainsi que celui de l'empâtement. Si les Polypes étaient placés par séries transversales sur les Isidées, on pourrait attribuer à chacune de ces séries la formation d'une articulation pierreuse et d'une cornée; mais ces Animaux sont épars et placés d'une manière si uniforme, que souvent rien n'indique sur l'écorce les parties correspondantes aux disques cornés ou calcaires. Lorsque l'on examine avec attention ce squelette polypeux, on ne peut s'empêcher d'être étonné que des Animaux regardés comme très-simples dans leur organisation, puissent sécréter des matières aussi nombreuses que celles dont il est composé, ou mieux encore puissent modifier les substances animales de manière à former une écorce épaisse et charnue, et une tige composée de parties alternativement pierreuses et cornées, les premières quelquefois d'une dureté assez grande pour recevoir un beau poli. La transition de l'une à l'autre ne se fait pas graduellement, elle est subite; il semble même que ces deux corps n'adhèrent entre eux que par leur surface, et qu'ils n'ont aucune communication, car jamais nous n'avons découvert aucun vaisseau, aucune fibre qui pénétrât dans leur intérieur; quelquefois cependant les disques cornés nous ont paru composés de faisceaux de fibres, qui s'arrêtaient à la surface des disques pierreux; c'est peut-être par eux que se sécrète la matière calcaire? Au reste, nous ne pensons pas que dans l'état actuel de nos connaissances, il soit possible de donner une explication satisfaisante

de la manière dont croissent les Isidées. Il est facile de bâtir des hypothèses sur un sujet aussi intéressant; mais tant que l'on ne connaîtra pas parfaitement l'organisation interne et la manière de vivre des Polypes qui construisent les Polypiers, l'on sera exposé à des erreurs sans nombre. Nous avons divisé le genre Isis des anciens auteurs en trois groupes faciles à distinguer par la nature de l'écorce ou de l'enveloppe charnue, et par la forme de l'axe et de ses articulations. Nous avons conservé le nom d'Isis à celui qui renferme l'espèce la plus anciennement connue, l'*Isis Hippuris* de Linné. On ne connaît point les Polypes des Isidées; les auteurs qui en ont parlé les ont regardés comme les mêmes que ceux du Corail parce qu'ils plaçaient dans le genre Isis cette production brillante de la mer. Ainsi, et quoiqu'aucun naturaliste n'ait publié la description des Animaux des Isidées, nous les regardons comme analogues à ceux des Gorgones; ils peuvent offrir des différences génériques, mais ils se ressemblent par les rapports généraux qui doivent lier entre eux les Polypiers corticifères. Leur écorce est-elle sèche ou molle lorsque les Polypes sont vivans? Quoiqu'animée, elle peut, suivant nous, avoir une apparence de mort; alors la vie sensible n'existe que dans la membrane qui se trouve entre l'axe et l'écorce, et qui se prolonge dans chaque cellule, comme le Cambium et le Liber entre les couches corticales et l'Aubier. Il n'y aurait de Polypes que dans la partie de l'écorce encore molle, les Polypes disparaîtraient à mesure qu'elles se dessèchent, mais la membrane dont nous avons parlé, porte la vie et la nourriture depuis la base jusqu'au sommet, les Polypiers continueront de croître et de grossir. Cette hypothèse nous semble la plus probable et peut s'appliquer à tous les Polypiers corticifères. Defrance prétend avoir trouvé des Isidées fossiles; n'ayant jamais vu les objets sur lesquels il fonde son opinion, nous croyons devoir nous borner à l'indiquer. Les Isidées pourvues de leur écorce ont tant de ressemblance avec les Gorgones, qu'il est facile de confondre les unes avec les autres; mais privées de cette enveloppe, la différence de l'axe est telle qu'il n'y a pas d'autre rapport que celui de la forme, la composition de cet axe offrant les plus grandes dissemblances.

Ces Polypiers ne se trouvent que dans la zône équatoriale et dans le voisinage des tropiques, à l'exception de l'*Isis Hippuris* que des naturalistes ont indiqué dans presque toutes les mers : en Islande, en Norwège, dans la Méditerranée, dans la mer des Indes, en Amérique, etc. L'ordre des Isidées se compose des genres Mélitée, Mopdé et Iside. *V.* ces mots.   (LAM..X.)

ISIDIUM. BOT. CRYPT. (*Lichens.*) Genre créé par Acharius (*Lichenogr. Univers.*, p. 110, tab. 11, fig. 7-10), adopté par De Candolle (Flor. Franç.) et par notre collaborateur A. Fée (Essai sur les Cryptogames des écorces, etc., Introduction, p. 80) qui l'a ainsi caractérisé : thallus crustacé, uniforme, muni de podétions (*podetia*) ou rameaux solides et courts; apothécions orbiculés, formés d'une lame proligère, placés au sommet des podétions du thallus, presque enfoncés sur les bords dans celui-ci, proéminens au centre, épais, hémisphériques, plancs et sessiles en dessous, intérieurement homogènes. Fée a placé ce genre dans les Sphérophores, parmi les Lichens ramifiés à thallus solide, dont l'apothécion devient hémisphérique. Plusieurs espèces d'*Isidium* ont été décrites par Hoffman, Schrader et par Acharius lui-même, sous les noms génériques de *Stereocaulon, Verrucaria, Lepra* et *Lepraria*. Elles se trouvent sur les rochers et les vieilles écorces, dans les deux continens. On distingue dans le nombre l'*Isidium corallinum*, Ach., qui croît en Europe sur les pierres et les rochers.

Les rameaux ou podétions de ce Lichen imitent les branches du Corail (*Isis nobilis*, L.), d'où on a formé les noms générique et spécifique. (G..N.)

ISIDROGALVIA. BOT. PHAN. Ruiz et Pavon (*Flor. Peruv. et Chil.* T. III, p. 69) ont établi sous ce nom un genre de l'Hexandrie Monogynie, L., qui est le même que le *Narthecium* de Jussieu ou *Tofieldia* de Smith. L'inspection de la figure de l'*Isidrogalvia foliata*, Ruiz et Pav. (*loc. cit.*, tab. 302, fig. 6), suffit pour justifier ce rapprochement. D'ailleurs, les auteurs de ce genre lui assignent comme congénère l'*Anthericum calyculatum*, L., qui est le type du genre *Tofieldia*. *V.* TOFFIELDIE et NARTHÈCE. (G..N.)

* ISIKA. BOT. PHAN. Adanson nommait ainsi un genre que Mœnch (*Method. Nov. Plant.*) a adopté, et dans lequel ce dernier faisait entrer les *Lonicera alpigena* et *cœrulea* de Linné. Aucun auteur n'a admis ce genre. *V.* CHÈVREFEUILLE. (G..N.)

* ISINGAK. OIS. (Fabricius.) Nom que porte le Labbe dans la Faune du Groënland. *V.* STERCORAIRE.
          (DR..Z.)

ISIS. POLYP. *V.* ISIDE.

ISKA. BOT. CRYPT. *V.* ISCA.

ISNARDIE. *Isnardia*. BOT. PHAN. Ce genre, de la Tétrandrie Monogynie, L., rapporté d'abord aux Salicariées, a été définitivement placé dans la famille des Onagraires par Jussieu (Ann. du Mus. d'Hist. Natur. T. III, p. 473) qui l'a ainsi caractérisé : calice adhérent à l'ovaire, tubulé, et à quatre divisions; corolle nulle; quatre étamines insérées sur le sommet du tube; style simple, terminé par un seul stigmate; capsule quadriloculaire, entourée par le calice, et polysperme. Ces caractères étant absolument conformes à ceux des espèces de *Ludwigia* dépourvues de pétales, Jussieu a proposé de réunir ces Plantes aux *Isnardia*. Cette réunion a été opérée par Poiret, ainsi que par Rœmer et Schultes, qui ont décrit six espèces de ce dernier genre, savoir : *Isnardia palustris*, L.; *Isn. mollis*, Poiret, ou *Ludwigia mollis*, Michx.; *Isn. hirsuta* ou *Ludwigia hirsuta*, Lamk.; *Isn. hastata*, Ruiz et Pavon; *Isn. microcarpa*, Poiret, ou *Ludwigia microcarpa*, Michx., et *glandulosa*, Pursh; et *Isn. trifolia*, Poiret, ou *Ludwigia trifolia* de Burmann.

Ces Plantes sont de petites Herbes aquatiques qui habitent l'Amérique septentrionale, à l'exception de la première que l'on rencontre aussi en Europe sur le bord des endroits marécageux, et de la dernière qui, selon Burmann, croît dans l'île de Java.   (G..N.)

ISOCARDE. *Isocardia*. CONCH. Ces Coquilles faisaient autrefois partie des Cames ou des Pétoncles des anciens auteurs. Lorsque Linné institua des genres, il le fit avec une grande réserve et il dut souvent réunir dans une même coupe des matériaux assez hétérogènes. Son genre Bulle en est un exemple; ses Cames pourraient en être un autre. C'est avec ces dernières qu'il confondit les Coquilles qui nous occupent. Bruguière qui le premier parmi nous réforma les genres de Linné, sentit que des Coquilles aussi régulières que les Isocardes ne pouvaient rester dans le même genre que des Coquilles adhérentes, irrégulières et de formes différentes. Il saisit très-bien leurs rapports en les plaçant parmi les Cardites. Il marqua leurs affinités avec les genres environnans; cependant le genre Cardite de Bruguière avait besoin lui-même de réformes; Lamarck les opéra, et l'une d'elles a été consacrée à l'établissement du genre Isocarde. Caractérisé d'abord sur les Coquilles seules, il fut admis par presque tous les zoologistes et depuis confirmé par les savantes recherches de Poli dans son grand ouvrage des Testacés de Deux-Siciles où l'on en trouvera une bonne description et d'excellentes figures. C'est sous le nom de *Glossoderme* qu'on le trouvera décrit. Quoique l'on puisse remarquer dans l'ouvrage

de Klein (*Tent. Meth. Ostrac.*, p. 138) un genre antérieurement établi sous le nom d'*Isocardia*, on serait fortement dans l'erreur si l'on croyait qu'il y a des rapports avec celui-ci ou que c'est le même, car Klein y réunit toutes les Coquilles bivalves qui présentaient à l'œil la forme d'un cœur : aussi il ne renferme presque uniquement que des Bucardes, presque toutes les espèces connues du temps de cet auteur, et accidentellement une seule espèce d'Isocarde, l'*Isocardia Cor* des auteurs; il y aurait donc de la mauvaise foi ou de l'ignorance à dire que Klein est le créateur du genre Isocarde. Il a rassemblé sous cette dénomination des Coquilles cordiformes de quelques genres qu'elles fussent, et Lamarck a établi le genre Isocarde tel que nous l'entendons aujourd'hui. Quant à la place que les auteurs systématiques ont assignée aux Isocardes, elle a assez varié. Lamarck l'a d'abord mis dans la famille des Cardiacées, avec les Bucardes, les Cardites, etc. Cuvier (*Règn. Anim.*, p. 478) le considère comme un sous-genre du genre Came, *Chama*, ce qui rompt les rapports établis par les autres auteurs. L'opinion de Férussac est différente de celles que nous venons de rapporter, mais elle se rapproche davantage de celle de Lamarck; en conservant la famille des Cardiacées de ce dernier, il en a éloigné les Cardites, les Cypricardes et les Hyatelles, dont il a fait avec les Vénéricardes sa famille des Cardites. Il n'a conservé dans les Cardiacées que les Bucardes, les Hémicardes et les Isocardes. Blainville, dans son article MOLLUSQUE du Dictionnaire des Sciences Naturelles, a conservé à peu près la manière de voir de Cuvier, c'est-à-dire que les Isocardes sont dans la famille des Camacées avec les Cames, les Dicérates, les Ethéries, les Tridacnes et les Trigonies. Nous nous sommes plusieurs fois demandé pourquoi ces genres étaient réunis, et nous avons vainement cherché à répondre à cette question par les caractères tellement étendus de la famille qu'il serait possible d'y faire entrer la plus grande partie des Conchifères. L'opinion de Latreille (Familles Naturelles, p. 217) est entièrement la même que celle de Lamarck, seulement il réunit avec juste raison le genre Vénéricarde à ceux qui composent les Cardiacées. Voici les caractères qui peuvent servir à faire reconnaître le genre Isocarde : Animal à corps fort épais : les bords du manteau finement papillaires, séparés dans la partie inférieure moyenne seulement et réunis en arrière par une bande transverse, percée de deux orifices, entourée de papilles radiaires; pied petit, comprimé, tranchant; les appendices buccaux ligulés (Blainv.). Coquille équivalve, cordiforme, ventrue, à crochets écartés, divergens, roulés en spirale. Deux dents cardinales, aplaties, intrantes, dont une se courbe et s'enfonce sous le crochet; une dent latérale, allongée, située sous le corselet; ligament extérieur fourchu d'un côté.

Le nombre des espèces connues d'Isocardes est peu considérable; celle qui est le plus répandue est l'IsoCARDE GLOBULEUSE, *Isocàrdia Cor*, Lamk. (Anim. sans vert. T. VI, p. 51, n. 31); *Chama Cor*, L., Gmel., p. 5299; *Cardita Cor*, Bruguière, Dict. Encycl., n. 1, et pl. 232, fig. 1, a, b, c, d; Poli, Test. des Deux-Siciles, T. II, tab. 23, fig. 1, 2; Chemnitz, Conch. T. VII, pl. 48, fig. 483; Brocchi, *Conch. Foss. subapp*. T. II, p. 519; Scilla, *de Corporib. marinis lapidescentibus*, tab. 16, fig. a, a; *Isoc. fraterna*, Say, Mém. sur les Fossiles du Maryland dans le Journal de l'Académie de Philadelphie, T. I, pl. 11, fig. 1. Lamarck en mentionne une variété à crochets plus courts et moins divergens.

Cette espèce est très-répandue dans les collections : elle y porte vulgairement le nom de Cœur de Bœuf, de Cœur à volute; on la trouve vivante dans les mers d'Europe et notamment dans la Méditerranée. Son analogue identique se rencontre dans presque tous les lieux où il y a des fossiles, en Italie et en Calabre. Ce qui doit surprendre, c'est que l'analogue fossile se retrouve parmi ceux du Maryland en Amérique. La variété est particulière aux environs de Bordeaux, quoiqu'elle se rencontre aussi en Italie.

Les autres espèces vivantes sont l'Isocarde des grandes Indes, *Isocardia moltkiana*, Lamk., *loc. cit.*, n. 3; *Cardita moltkiana*, Brug., Encycl., pl. 233, fig. 1, a, b, c, d, qui est extrêmement rare et très-distincte de la précédente, et l'Isocarde demisillonnée, *Isocardia semisulcata*, Lamk., *loc. cit.*, n. 4, espèce non moins rare que la précédente et qui vient des mers de la Nouvelle-Hollande. On ne peut rapporter avec certitude qu'une seule espèce fossile à ce genre, c'est le *Chama arietina* de Brocchi, *Isocardia arietina*, Lamk., Brocchi, *Conch. subapp.* T. II, p. 668, pl. 16, fig. 15. Les autres espèces, telles que l'*Isocardia basochiana*, Def. (Dict. des Sc. Nat.), n'étant que des moules intérieurs, ne peuvent s'en rapprocher que par analogie de formes et non sur les caractères de la charnière que l'on ne connaît pas; c'est pour cette raison que les espèces figurées par Sowerby dans son *Mineral Conchology*, pl. 295, ne doivent être admises qu'avec doute.

(D..H.)

* ISOCARPHE. *Isocarpha*. BOT. PHAN. Genre de la famille des Synanthérées, Corymbifères de Jussieu, et de la Syngénésie égale, L., établi par R. Brown (*Observ. on the Compositæ*, p. 77) qui l'a ainsi caractérisé : réceptacle conique, garni de paillettes séparées, semblables entre elles, les extérieures constituant l'involucre; fleurons tubuleux, uniformes, hermaphrodites; anthères mutiques à la base; stigmates munis d'un appendice allongé, hispidule et aigu; akènes prismatiques dépourvus d'aigrettes. Les Plantes de ce genre sont herbacées et indigènes de l'Amérique méridionale. Leurs feuilles sont opposées ou alternes, indivises. Les fleurs blanchâtres forment des calathides

ovoïdes, terminales, ternées ou solitaires.

L'espèce sur laquelle ce genre a été fondé est le *Calea oppositifolia*, L.; mais les caractères précédens ont été arrangés de manière à y comprendre le *Spilanthus atriplicifolius*, L., qui diffère du *Cal. oppositifolia*, surtout par ses feuilles alternes, ses calathides solitaires, la texture et la forme des paillettes du réceptacle. R. Brown n'a jamais observé les trois ou quatre petites barbes qui, selon Swartz, forment l'aigrette du *Calea oppositifolia*.

Outre les deux espèces que nous venons de citer et qui ont été décrites par H. Cassini (Dictionn. des Scienc. Natur., tab. 24) sous les noms d'*Isocarpha oppositifolia* et *Is. alternifolia*, cet auteur a réuni au genre en question le *Spilanthus leucantha* de Kunth (*Nov. Gener. et Spec. Plant. æquinoct. T. IV, p. 210) pour lequel il a proposé le nom d'*Is. Kunthii*. Il en a aussi rapproché, mais avec doute, le *Pyrethraria dichotoma* de Persoon.   (G..N.)

*** ISOCÈRE.** *Isocerus.* INS. Genre de l'ordre des Coléoptères, section des Hétéromères, famille des Mélastomes, tribu des Blapsides, établi par Megerle et adopté par Dejean (Cat. des Col., p. 66). Latreille réunit ce genre à celui des Pédines. *V.* ce mot.   (G.)

ISOCHILE. *Isochilus.* BOT. PHAN. Et non *Isorhile.* Genre de la famille des Orchidées et de la Gynandrie Monandrie, L., établi par R. Brown (*Hort. Kew.*, éd. 2, vol. 5, p. 209); et ayant pour type l'*Epidendrum lineare* de Linné, ou *Cymbidium lineare* de Swartz. Ce genre offre les caractères suivans : les trois divisions externes et les deux divisions internes et supérieures du calice sont égales entre elles et conniventes; le labelle a la même force; il est creusé à sa base et dépourvu d'éperon; le gynostème est dressé, semicylindrique, terminé par une anthère operculée, contenant quatre masses polliniques, solides et parallèles.

Ce genre se compose de trois espèces. Ce sont des Plantes herbacées, vivaces, parasites, toutes originaires de l'Amérique méridionale. Leur tige est simple ou rameuse, non bulbeuse à sa base, portant des feuilles alternes, distiques et linéaires; des fleurs axillaires, solitaires ou terminales et disposées en épis. Ces trois espèces sont : 1° *Isochilus linearis*, Brown, *loc. cit.*, qui se distingue par sa tige simple; ses feuilles distiques, linéaires, émarginées au sommet; ses fleurs terminales et en épis. 2°. *Isochilus graminifolius*, Kunth *in Humb. Nov. Gen.*, 1, p. 340, t. 78; espèce nouvelle ayant la tige rameuse, les feuilles distiques, linéaires, acuminées; les fleurs axillaires et solitaires. Elle croît dans les Andes de Popayan. 3°. *Isochilus prolifer*, Brown, *loc. cit.; Cymbidium proliferum*, Willd., Sp. Sa tige est prolifère, portant à l'aisselle des feuilles qui sont distiques, lancéolées, oblongues, des bulbes surmontés de deux feuilles. Les fleurs sont axillaires.   (A. R.)

*** ISOCHIRUS.** CRUST. Genre établi par Leach, et dont Desmarest fait mention dans le Dictionnaire des Sciences Naturelles, sans donner ses caractères.   (G.)

*** ISOCYNIS.** BOT. PHAN. Nom donné par Du Petit-Thouars (Hist. des Orchidées des îles australes d'Afr.) à une Plante placée dans le groupe que cet auteur a nommé *Cynosorchis*, et qui correspond au genre *Orchis* de Linné. Cette Plante est l'*Orchis fastigiata*, indigène des îles de France, Mascareigne et Madagascar. Du Petit-Thouars l'a figurée (*loc. cit.*, tab. 13).
            (G..N.)

*** ISODACTYLES.** OIS. Même chose que Zigodactyles.   (DR..Z.)

*** ISODON.** MAM. Pendant que Desmarest faisait connaître en France son genre Capromys, Thomas Say publiait à Philadelphie le même genre sous le nom d'Isodon. L'espèce qui a servi de type à ce nouveau genre (*Capromys Furnieri*, Desm.) a reçu du savant américain le nom d'*Isodon piliorides*. *V*. CAPROMYS. Il ne faut donc point confondre l'Isodon avec l'Isoodon qui est un Animal à bourse. *V*. PÉRAMÈLE. (IS. G. ST.-H.)

ISOÈTES. BOT. CRYPT. (*Lycopodiacées?*) Ce genre, l'un des plus anciennement connus et des plus curieux de la cryptogamie, est aussi l'un des plus difficiles à ranger dans les familles déjà établies; peut-être méritait-il, comme Richard le pensait, de former une petite famille à part; mais cependant, pour ne pas multiplier le nombre de ces divisions, on peut le placer à la suite des Lycopodiacées avec lesquelles il a quelques rapports.

L'*Isoetes lacustris*, Plante assez commune dans plusieurs parties de l'Europe, croît au fond des lacs qu'elle tapisse d'un gazon d'un beau vert. Sa tige est réduite à un tubercule très-court et assez gros, couverte de feuilles nombreuses, serrées, divergentes, subulées, demi-circulaires, d'un tissu lâche et celluleux qui les fait paraître cloisonnées. Ces feuilles sont dilatées à leur base qui embrasse en partie la tige, et c'est dans l'intérieur de cette base dilatée que se trouve creusée une ou quelquefois deux loges remplies de semences très-nombreuses. Quelques auteurs, et Smith en particulier, prétendent que les feuilles du centre renferment dans leur base un organe particulier qu'ils indiquent comme une étamine; mais ce fait, qui paraît très-douteux, n'a jamais été vérifié avec assez d'exactitude, ni exposé avec assez de détails pour qu'on puisse savoir ce qu'il y a de vrai dans cette assertion. Le professeur Delile a présenté à l'Académie des Sciences, il y a près de deux ans, un Mémoire sur cette Plante, renfermant des détails curieux sur son organisation et sur sa germination; mais ce Mémoire n'étant pas encore publié, les faits qu'il renferme ne nous sont pas connus assez exactement pour les exposer ici. Le genre *Isoetes* ne renferme dans tous les auteurs que deux espè-

ces; l'une, qu'on indique dans toute l'Europe, *Isoetes lacustris*, L., et dont on distingue deux variétés; l'autre, qui croît dans l'Inde, *Isoetes Coromandeliana*. Il paraît cependant que les deux variétés de l'espèce européenne constituent deux espèces bien distinctes; l'une, qui est le véritable *lacustris* de Linné, croît dans le nord de l'Europe, et jusque dans les Vosges où Mougeot l'a recueillie au lac de Geradmer; l'autre, qui habite les lacs des environs de Montpellier et quelques autres parties du Midi, a les feuilles beaucoup plus étroites, plus longues et plus redressées. Bory de Saint-Vincent en ajoute une troisième qui se trouverait dans les Landes aquitaniques; ses feuilles sont presque filiformes, et quelquefois confervoïdes. Thore la découvrit aux environs de Saint-Vincent même, près de Dax. (AD. B.)

ISOLÉPIDE. *Isolepis*. BOT. PHAN. Famille des Cypéracées, Triandrie Monogynie, L.—R Brown (*Prodr. Fl. Nov.-Holl.* T. I, p. 221) a fait un genre particulier, sous ce nom, de toutes les espèces de *Scirpus* de Linné, qui n'ont pas de soies hypogynes autour du fruit. Tels sont les *Scirpus fluitans*, *setaceus*, *nodosus*, etc. *V*. SCIRPE. (A. R.)

* ISOLUS. CRUST. Genre établi par Leach et mentionné par Desmarest (Dict. des Sciences Natur.) qui ne donne point ses caractères. (G.)

ISONEMA. BOT. PHAN. Robert Brown (*Mem. Wern. Soc.* 1, p. 63) a établi sous ce nom un genre de la famille des Apocynées et de la Pentandrie Monogynie, L., auquel il a donné les caractères suivans : corolle hypocratériforme, dont le limbe est à cinq divisions; cinq étamines ayant leurs filets simples au sommet, les anthères sagittées, adhérentes au stigmate par leur milieu; point d'écailles hypogynes; deux ovaires; style unique, filiforme; stigmate épais et obtus. L'espèce sur laquelle ce genre a été fondé est un Arbrisseau de l'Afrique équinoxiale, qui est velu et muni de feuilles opposées. Ses fleurs sont disposées en corymbes terminaux. Le tube cylindrique de la corolle est barbu intérieurement. Rœmer et Schultes ont appelé cette Plante *Isonema Smeathmanni*, du nom de celui qui l'a apportée d'Afrique.

Postérieurement à l'établissement du genre *Isonema* de R. Brown, H. Cassini a employé la même dénomination pour un nouveau genre de Synanthérées. En attendant qu'on lui impose un autre nom (ce qui est nécessaire), nous le ferons ici connaître tel que son auteur l'a proposé.

Ce genre appartient à la Syngénésie égale de Linné. H. Cassini (Bulletin de la Société Philomatique, septembre 1817) l'a ainsi caractérisé : involucre hémisphérique, formé de folioles imbriquées, lancéolées, appliquées, membraneuses sur les bords et spinescentes au sommet; réceptacle plane, alvéolé; les cloisons des alvéoles membraneuses et laciniées ; calathide sans rayons, composée de fleurons nombreux, presque réguliers et hermaphrodites; ovaires pentagones, glabres, glanduleux, munis de bourrelets basilaire et apicilaire, et surmontés d'une aigrette longue, blanche et légèrement plumeuse.

L'auteur de ce genre l'a placé dans la tribu des Vernoniées-Ethuliées. Il n'en a décrit qu'une seule espèce sous le nom d'*Isonema ovata*. Le *Conyza chinensis*, L. et Lamk., paraît en être le synonyme.   (G..N.)

ISOODON. MAM. *V*. PÉRAMÈLE.

ISOPHLIS. POLYP.? Rafinesque-Schmaltz (*Car. Gen. et Sp.*, tab. 20, fig. 3, A, B.) désigne sous ce nom un genre de productions marines dont il ne décrit et ne figure qu'une espèce. C'est, dit-il, une substance gélatineuse, transparente, plane, presque arrondie, garnie sur presque toute sa partie supérieure de séminules en partie enchâssées, rondes, situées en lignes circulaires et concentriques. Il a été observé sur les côtes de Sicile.

Si nous le comparons aux autres productions marines, sans considérer l'opinion de l'auteur, qui le regarde comme une Plante, nous serons forcés, à cause de ses caractères, d'en faire un Zoophyte de l'ordre des Polyclinées dans la division des Polypiers sarcoïdes ; les rapports que l'Isophlis présente avec ces êtres sont si nombreux, qu'il ne forme peut-être qu'une espèce d'un des genres établis par Savigny dans cette famille encore peu connue. Rafinesque donne le nom d'*Isophlis concentrica* à l'espèce qu'il a trouvée.   (LAM..X.)

* ISOPHYLLUM. BOT. PHAN. Le genre *Buplevrum*, L., ayant été subdivisé en trois genres distincts par Hoffmann (*Plant. Umb. Gen.* 1, p. 112), cet auteur a donné à l'un d'eux le nom d'*Isophyllum*, renouvelé de Cordus qui l'employait pour une espèce, et il l'a ainsi caractérisé : involucre général et involucelles à plusieurs folioles inégales, lancéolées ; pétales infléchis; akènes oblongs, cylindriques, à cinq côtes. L'*Isophyllum* n'est en réalité qu'une simple division du genre éminemment naturel *Buplevrum*; il se compose des espèces suivantes : *B. petrœum*, *B. caricifolium*, *B. falcatum*, *B. junceum*, *B. Gerardi* et *B. baldense*.   (G..N.)

ISOPODES. *Isopoda*. CRUST. Cinquième ordre de la classe des Crustacés, ayant pour caractères essentiels: mandibules sans palpes; pieds uniquement propres à la locomotion ; deux paires de mâchoires recouvertes par deux pieds-mâchoires représentant, par leur réunion, une lèvre inférieure ; pieds antérieurs portés par un segment distinct de la tête; branchies situées sous la queue ; corps déprimé; tronc divisé communément en sept segmens ; quatorze pieds; un à six segmens postérieurs, formant une queue.

Latreille divisait cet ordre en deux familles, celles des Phytibranches et des Ptérygibranches. Dans le Règne Animal de Cuvier, il l'a divisé en trois sections sous les noms de Cytibranches, Phytibranches et Ptérygibranches ; enfin dans son nouvel ouvrage (*Fam. Natur. du Règne Anim.*) il fait passer les deux premières sections, celles des Cytibranches et des Phytibranches, dans l'ordre des Amphipodes, et ne laisse dans les Isopodes que ceux compris dans sa section des Ptérygibranches. Les Isopodes s'éloignent des Amphipodes, par la forme lamellaire ou vésiculaire des appendices inférieurs du post-abdomen, par leurs mandibules dénuées de palpes et par l'absence de corps vésiculeux à la base des pieds. Ces Crustacés ont le corps ordinairement composé d'une tête portant quatre antennes, dont les deux latérales, au moins, sont en forme de soie ; ils ont deux yeux grenus. Leur tronc est formé de sept anneaux, ayant chacun une paire de pates ; leur queue, dont le nombre d'anneaux varie d'un à sept, est garnie, en dessous, de lames ou de feuillets disposés par paires, sur deux rangs, portant ou recouvrant les branchies, et servant aussi à la natation. Les organes sexuels masculins d'un petit nombre d'espèces où on les a découverts, sont doubles et placés sous les premiers feuillets de la queue, où ils s'annoncent par des filets ou des crochets. Les femelles portent leurs œufs sous la poitrine, soit entre des écailles, soit dans une poche ou un sac membraneux qu'elles ouvrent afin de livrer passage aux petits qui ont, en naissant, la forme propre à leur espèce, et qui ne font que changer de peau en grandissant.

Latreille divise cet ordre en deux grandes sections : la première, celle des Aquatiques, se compose des Isopodes qui sont munis de quatre antennes très-distinctes, dont les antérieures ont au moins trois à quatre articles ; les autres sont dépourvus de cet organe. Les appendices inférieurs du post-abdomen sont ordinairement vésiculeux et sans ouvertures particulières pour l'entrée de l'air. Cette section comprend les familles des Epicarides, des Cymothoadées, des Sphéromides, des Asellotes et des Idotéides. (*V.* ces mots.) La seconde section, celle des Terrestres, renferme les genres dont les deux antennes intermédiaires sont très-petites, à peine visibles et de deux articles au plus ; elles avaient échappé à l'observation de la plupart des naturalistes. Les premiers feuillets de ceux qui vivent constamment hors de l'eau renferment des pneumobranchies ou des branchies aériennes, faisant l'office de poumons ; l'air y pénètre au moyen de petits trous disposés sur une ligne transverse. Cette section renferme la famille des Cloportides. *V.* ce mot.   (G.)

ISOPOGON. *Isopogon.* BOT. PHAN. Genre de la famille des Protéacées et de la Tétrandrie Monogynie, L., établi par R. Brown dans son beau travail sur ce groupe naturel de Végétaux (*Trans. Lin. Soc.* T. X, p. 71), et qu'il caractérise de la manière suivante : le calice est quadrifide, son tube est grêle et persistant ; le style est caduc en totalité, surmonté par un stigmate fusiforme ou cylindrique; il n'y a pas de soies hypogynes autour de l'ovaire. Le fruit est une noix sessile, renflée, toute couverte de longs poils.

Ce genre se compose d'Arbustes roides, ayant les feuilles glabres, planes ou filiformes, divisées ou très-entières ; les fleurs forment des capitules terminaux ou axillaires ; tantôt ces fleurs sont très-serrées, imbriquées, et représentent un cône globuleux; tantôt elles sont simplement fasciculées, réunies sur un réceptacle commun plane, entouré d'un involucre formé d'écailles caduques et très-serrées. L'*Isopogon* est très-voisin du *Petrophila*, dont il diffère par son calice entièrement caduc, par son style persistant à sa base, et par son fruit qui n'est qu'en partie recouvert de poils. R. Brown pense qu'on pourrait le diviser en deux genres, d'après le mode d'inflorescence que nous venons d'indiquer. Dans sa Flore de la Nouvelle-Hollande, il en décrit douze espèces, toutes originaires de cette vaste région. A ce genre il rapporte le *Protea anethifolia* de Salisbury (*Parad.*, t. 48), ou *Protea acufera* de Cavanilles, et le *Protea anemonefolia* de Salisbury, ou *Protea tridactylites* de Cavanilles. (A. R.)

ISOPYRE. *Isopyrum.* BOT. PHAN. Ce genre de la famille des Renonculacées, section des Helléborées, et de la Polyandrie Polygynie, L., a été caractérisé de la manière suivante par tous les botanistes, et en particulier par De Candolle (*Syst. Nat. Veget.* T. I, p. 323): calice coloré, pétaloïde, formé de cinq sépales caducs; corolle composée de cinq pétales égaux entre eux, tubuleux, bilabiés, plus courts que les sépales, ayant la lèvre extérieure plus longue et bifide; étamines au nombre de quinze à vingt; ovaires au nombre de deux à vingt, surmontés chacun d'un style stigmatifère à son sommet et sur sa face interne. Les fruits sont des capsules sessiles, uniloculaires, polyspermes, comprimées, membraneuses.

Ce genre ne se compose que de deux espèces: *Isopyrum thalictroides*, L., D. C., *loc. cit.*, T. I, p. 323, et *Isopyrum fumarioides*, L., D. C., *loc. cit.*, T. I, p. 324. Mais une analyse soignée de ces deux espèces nous a convaincu que les caractères assignés au genre *Isopyrum* ne conviennent qu'à une seule de ces deux espèces, savoir: à l'*Isopyrum fumarioides*; tandis que l'on peut former un genre nouveau et distinct de l'*Isopyrum thalictroides*. Ce genre, que l'on pourrait appeler *Thalictrella*, se distingue de l'*Isopyrum* par les caractères suivans : ses étamines sont au nombre de trente à quarante, tandis qu'on en compte seulement de dix à quinze dans l'Isopyre; ses pétales sont simplement unilabiés, entiers, au lieu d'être bilabiés et bifides; enfin ses pistils et ses capsules ne sont jamais qu'au nombre de deux, tandis qu'on en compte constamment de huit jusqu'à seize dans l'*Isopyrum fumarioides*. D'après ces différences, il

nous paraît certain que l'*Isopyrum thalictroides* forme un genre distinct que nous proposons d'appeler *Thalictrella*. *V.* THALICTRELLE. (A. R.)

* ISORA. BOT. PHAN. (Plumier.) Syn. d'Hélictères. *V.* ce mot. Isora n'est pas un nom de la langue malabare comme on l'a dit quelque part, mais américain. (B.)

ISOS. BOT. PHAN. C'est, selon Adanson, le Groseiller dans Théophraste. (B.)

ISOTRIA. BOT. PHAN. Rafinesque-Smaltz (Journ. de Botan. 1, p. 220) a publié sous ce nom un genre de la famille des Orchidées, et de la Gynandrie Digynie, L., auquel il a donné les caractères suivans : périanthe à six divisions, les trois extérieures égales, linéaires; les trois intérieures plus courtes, oblongues, presque égales ; deux anthères; un style; une capsule filiforme. Ces caractères, si incorrects et si incomplets, doivent faire ajourner l'adoption de ce genre dont l'espèce unique, *Isotria verticillata*, croît dans les États-Unis de l'Amérique méridionale.

(G. N.)

* ISOTYPE. *Isotypus.* BOT. PHAN. Genre de la famille des Carduacées, tribu des Onoséridées, établi par notre collaborateur Kunth (*in Humb. Nov. Gener.* 4, p. 11), et qui tient le milieu entre les *Onoseris* et les *Stœhelina.* Voici ses caractères : l'involucre est campanulé, turbiné à sa base, formé d'écailles lâchement imbriquées, planes, linéaires, lancéolées, subulées à leur sommet, un peu scarieuses sur les bords, et d'inégale grandeur, les extérieures étant plus courtes; le réceptacle est plane, couvert de poils courts et serrés; les fleurons sont au nombre de dix environ, tous tubuleux, hermaphrodites, ayant leur limbe à cinq divisions égales, lancéolées et étalées. Le tube anthérifère est formé de cinq anthères, portant chacune deux appendices subulés à leur base, et à son sommet il se termine par cinq appen-

dices très-longs. Les fruits sont des akènes allongés, linéaires, à cinq angles terminés par une aigrette poilue et sessile.

Ce genre ne se compose que d'une seule espèce, *Isotypus onoseroides*, Kunth, *loc. cit.*, p. 12, tab. 507. C'est une Plante vivace, ayant le port de l'*Onoseris purpurata*; ses feuilles sont pinnatifides et lyrées, blanchâtres et argentées à leur face inférieure; ses fleurs sont roses, disposées en corymbes et portées sur des pédoncules tout chargés de bractées. Elle a été trouvée dans la province de Venezuela, sur les rives du fleuve Tuy.

Le genre Isotype diffère de l'*Onoseris* par ses fleurons, tous tubuleux et hermaphrodites, et par son réceptacle garni de póils, et du *Stœhelina*, par son réceptacle portant des poils et non des paillettes, par son aigrette poilue et sa tige herbacée. (A. R.)

ISPIDA. ois. (Brisson.) Syn. de Martin-Pêcheur. *V*. ce mot. (B.)

ISQUIERDA. bot. phan. Pour Izquierdia. *V*. ce mot. (B.)

ISSE. *Issus.* ins. Genre de l'ordre des Hémiptères, section des Homoptères, famille des Cicadaires, tribu des Fulgorelles, établi par Fabricius et adopté par Latreille (Fam. Natur. du Règn. Anim.) qui l'avait réuni au genre Fulgore dans ses ouvrages antérieurs. En effet, ce genre n'en diffère que par des caractères très-secondaires; leur tête n'est point avancée comme celle des Fulgores; ils ont les élytres dilatées, arquées à la base et rétrécies ensuite; leur corps est court, et le second segment du corselet n'est guère plus étendu que l'antérieur, et a la forme d'un triangle renversé dont la base est appliquée contre celle du premier segment. Ces Insectes vivent sur divers Végétaux; leurs habitudes sont à peu près les mêmes que celles des autres Cicadaires. Les uns sont ailés, les autres sont aptères; parmi les premiers, on distingue:

L'Isse bossu, *Issus coleoptratus*, la Cigale bossue de Geoffroy ; longue d'environ deux lignes et demie; corps cendré verdâtre; front ayant deux impressions noirâtres à son extrémité; élytres un peu transparentes, chargées de grosses nervures parmi lesquelles l'on observe de petites veines ou lignes noirâtres; près du milieu de chacune d'elles, on voit une petite tache ou un point noir. Elle se trouve en France.

Parmi les Isses aptères, nous citerons :

L'Isse grylloïde, *Issus grylloides*, Fabr. Il est jaunâtre, avec les élytres mélangées de noirâtre. Il se trouve en France et en Espagne où Léon Dufour en a rencontré une variété entièrement roussâtre. (G.)

ISTIOPHORE. *Istiophorus.* pois. (Lacépède.) Sous-genre de Xiphias. *V*. ce mot. (B.)

ISURUS. pois. Genre formé par Rafinesque (*Ichthyol. Sic.*, p. 45) aux dépens des Raies. *V*. ce mot. (B.)

ITÉE. *Itea.* bot. phan. Le nom d'*Itea*, qui, dans l'antiquité, désignait le Saule, a été appliqué, par Linné, à un genre de Plantes de la famille des Cunoniacées, et de la Pentandrie Digynie, L., qui peut être caractérisé de la manière suivante : son calice est monosépale, court, campanulé, à cinq divisions étroites et dressées ; la corolle se compose de cinq pétales linéaires, aigus, étalés dans leur moitié supérieure, et insérés au calice à la hauteur de ses divisions; les étamines, au nombre de cinq, sont dressées, introrses, alternant avec les pétales. L'ovaire est libre, pubescent, allongé, profondément marqué sur chacune de ses faces d'un sillon qui semble annoncer qu'il se compose de deux pistils réunis; ce sillon se prolonge sur le style qui se termine par un stigmate capitulé et bilobé. Le fruit est une capsule ovoïde, oblongue, terminée par le style qui est persistant, offrant deux loges qui contiennent chacune un grand nombre de graines attachées à la cloison. Cette capsule se sépare à sa maturité en deux parties ou valves, par le moyen des deux sillons longitudinaux dont nous venons de parler.

Ce genre ne se compose que d'une seule espèce : *Itea Virginica*, L., Lamk., Ill., tab. 147. C'est un Arbrisseau élégant pouvant acquérir une hauteur de quatre à cinq pieds. Ses feuilles sont alternes, péliolées, ovales, aiguës, presque glabres. Ses fleurs sont petites, blanches, disposées en grappes terminales. Il croît dans l'Amérique septentrionale, et on le cultive dans les jardins d'ornement.

L'*Itea Cyrilla* de l'Héritier forme un genre distinct. *V.* CYRILLA.

(A. R.)

ITIANDENDROS. BOT. CRYPT. Syn. de Prêle. *V.* ce mot. (B.)

ITICA. BOT. PHAN. *V.* CHATHETH.

* ITOUBOU. BOT. PHAN. Espèce de Violette de la Guiane, selon Aublet. *V.* IONIDION et IPÉCACUANHA. Le nom caraïbe d'*Itoubou* a été appliqué par Surian à diverses Fougères. (B.)

IULE. *Iulus*. INS. Genre de l'ordre des Myriapodes, famille des Chilognathes, établi par Linné et ayant pour caractères : corps cylindrique et fort long, se roulant en spirale et composé d'un grand nombre d'anneaux presque tous portant deux paires de pates ; point de saillie en forme d'arête ou de bord tranchant sur le côté des anneaux. Linné et tous les auteurs jusqu'à Latreille réunissaient sous ce nom des Animaux dont les formes différaient essentiellement entre elles ; Latreille en a formé les genres Gloméris, Polydème et Polyxène, *V.* ces mots, et il a conservé le nom d'Iule à ceux qui ont les caractères que nous avons donnés plus haut. Ce genre se distingue de tous les autres par ses anneaux qui sont parfaitement cylindriques et dépourvus d'arêtes. Il s'éloigne de celui des Scolopendres par les anneaux qui, dans celui-ci, ne portent qu'une seule paire de pates, et par d'autres caractères aussi tran-

chés tirés de la bouche et des antennes. Latreille (Règn. Anim. et autres ouvrages) plaçait ces Animaux dans la classe des Insectes, et en faisait le premier ordre, celui des Myriapodes ; il a détaché dernièrement (Fam. Nat. du Règn. Anim.) cet ordre de la classe des Insectes et en a fait sa classe des Myriapodes. *V.* ce mot.

La forme générale des Iules est fort allongée, cylindrique, et la substance qui compose le grand nombre d'anneaux de ce corps est dure, un peu calcaire et unie. Ces anneaux varient en nombre, suivant les espèces ; ils sont égaux, à l'exception de deux ou trois de chaque extrémité, et portent chacun en dessous deux paires de pates contiguës ou très-rapprochées à leur naissance. Leur tête est de la largeur du corps, plate en dessous, convexe et arrondie en dessus postérieurement, un peu plus étroite et presque carrée ensuite, à partir des yeux ; le bord antérieur est échancré au milieu. Les yeux sont ovales, plans et formés de petits grains à figure irrégulièrement hexagonale ; ils se confondent avec la surface de la tête et ne sont point saillans. Les antennes sont insérées tout près de leur côté interne ; elles ne sont guère plus longues que la tête, assez grosses, de sept articles, dont le premier très-court, les quatre suivans presque coniques ou cylindriques et amincis insensiblement à leur base ; le cinquième un peu plus gros ; le sixième également un peu plus gros, conico-ovalaire, tronqué, et au bout duquel on aperçoit l'extrémité pointue d'un septième article qui est fort petit. La bouche est composée : 1° de deux mandibules formées d'une tige écailleuse à l'extrémité de laquelle est un article également écailleux et surmonté d'une pièce où sont implantées transversalement de petites parties cornées, tranchantes, qui sont autant de dents ; le dos de chaque mandibule est en outre emboîté extérieurement dans une capsule écailleuse, grande, articulée à sa base, anguleuse, com-

me formée de deux plans, dont l'extrémité de chacun est échancrée; 2°
d'une grande pièce crustacée ou espèce de lèvre inférieure que Savigny
considère comme deux paires de mâchoires réunies. Cette pièce est divisée par plusieurs sutures ou lignes
imprimées; on voit inférieurement et
au milieu une pièce dont les bords
sont anguleux, au-dessus de laquelle
s'élèvent parallèlement deux pièces
étroites et en carré long, contiguës à
leur bord interne, et dont l'extrémité
est obtusément rebordée; de chaque
côté, à partir de la ligne commune
servant de base, s'élève, dans le sens
des précédentes, une pièce écailleuse
de la même figure que les deux du
milieu, mais plus grande, un peu
élargie et arrondie sur le côté extérieur, au sommet; elle a, vers l'angle
interne, deux petits tubercules que
l'on prendrait pour deux palpes. La
pièce générale est plate, et ressemble,
étant très-mince, à un feuillet membraneux. Les deux premiers anneaux
du corps ne forment pas le cercle; ils
sont ouverts inférieurement, et les
deux premières paires de pates et même
encore les secondes semblent être appliquées sous la bouche; les deux premières paires ont un support membraneux particulier qui remplit les intervalles que les anneaux laissent entre
eux en dessous. Ces pates remplacent
les deux paires supérieures de pieds-
mâchoires des Crustacés. Le premier
anneau, qui est très-ouvert et en
forme de plaque, est une fois plus
long que les autres; c'est une sorte de
corselet. Le troisième anneau, quoique formant presque un tour entier,
est cependant ouvert et n'a qu'une
seule paire de pates, insérées de même que les précédentes; le quatrième
est plus fermé que le troisième, mais
n'a encore qu'une paire de pates; ce
n'est qu'au cinquième segment qu'on
en trouve deux paires; cette disposition continue ainsi sans inter-
ruption dans les femelles; mais dans
les mâles le septième anneau en est
dépourvu, ou n'en a qu'une paire,
les organes sexuels entraînant un

changement dans cette partie. Les
deux derniers anneaux, dans les deux
sexes, sont entièrement dépourvus
de pates, l'avant-dernier a le milieu
de son bord postérieurement avancé
en pointe; il reçoit en partie le segment terminal qui est formé de deux
valves arrondies au bord interne, appliquées l'une contre l'autre, et s'ouvrant pour laisser passer les excrémens et les œufs. Les pates sont très-
petites, disposées sur deux séries très-
rapprochées l'une de l'autre et dans
un sens horizontal à leur base, faisant ensuite le crochet; elles sont
composées de six petits articles et
d'une pointe conique et cornée.

Savi, professeur de botanique à Pise, a fait des observations très-cu-
rieuses sur un Iule (*I. communis,*
Savi) qui diffère sensiblement du *I.
terrestris* et du *I. sabulosus* avec lesquels on l'a toujours confondu. Il a
environ trois pouces et demi de longueur et semble se rapprocher davantage des *I. fuscus* et *I. Indus* qui sont
ds l'Inde. Les pores latéraux des segmens qu'on a regardés comme les
stigmates ne sont que des orifices par
lesquels s'écoule une liqueur acide et
d'une odeur désagréable, qui paraît
servir à la défense de ces Animaux;
les vrais stigmates sont deux petites
ouvertures placées sous la pièce ster-
nale de chaque segment, et qui communiquent intérieurement à une double série de poches pneumatiques disposées en forme de chapelet tout le
long du corps et d'où partent les
branches trachéennes qui vont se
répandre sur les organes. Quoique ces
Animaux aient un très-grand nombre de pates, ils n'en sont pas plus
agiles; au contraire, ils marchent
très-lentement et semblent glisser
comme des Vers de terre. Leurs pates
agissent l'une après l'autre, régulièrement et successivement; chaque
rangée forme une espèce d'ondulation; ils remuent en même temps
leurs antennes, semblant s'en servir
pour tâter le terrain et le corps sur
lequel ils se promènent. Ils roulent
leur corps en spirale dans le repos et

placent leur tête au milieu. Les Iules sont ovipares, et Latreille s'en est assuré en ouvrant plusieurs femelles qui lui ont toujours présenté des ovaires remplis d'œufs plus ou moins développés. Au sortir de l'œuf, d'après Savi, les Iules ont un corps en forme de rein et parfaitement uni, sans appendices. Dix-huit jours après leur naissance, ils subissent une première mue, et alors seulement ils prennent la forme des adultes; mais ils n'ont encore que vingt-deux segmens en tout, et vingt-six paires de pates et non trois, comme l'a dit Degéer; mais dix-huit paires servent seules à la locomotion; après la seconde mue, le corps a vingt-trois segmens et trente-six paires de pates; et ces nouvelles parties semblent se développer à la partie postérieure du corps; à la troisième mue l'Animal prend trente segmens et trente-six paires de pates; et ainsi successivement, de manière que chez les adultes le corps est composé de cinquante-neuf segmens dans les mâles et de soixante-trois dans les femelles. Degéer n'a jamais aperçu de vestiges de dépouilles; mais Savi a été plus heureux, il a vu que les Iules muent à peu près de mois en mois depuis leur naissance, qui arrive en mars, jusqu'en novembre où l'auteur a cessé de les observer; leur dépouille se compose, non-seulement de toute la tête, mais encore de la membrane qui tapisse intérieurement le canal alimentaire et les trachées. Les organes de la bouche sont les seules parties que Savi n'ait pas retrouvées. Deux ans après leur naissance ils changent encore de peau, et c'est alors seulement que les organes génitaux deviennent apparens.

Les Iules vivent à terre, particulièrement dans les lieux sablonneux, les bois, etc.; ils répandent une odeur désagréable; d'autres, plus petits, habitent sous les écorces d'Arbres, dans la Mousse, etc.; ils se nourrissent de substances animales, mais mortes ou décomposées, ou de fruits, de racines ou de feuilles, de Plantes

potagères, etc.; ils aiment en général les lieux un peu humides et sombres. Degéer a vu un Iule ronger une larve de Mouche et la manger en partie, ce qui porterait à croire que ces Animaux sont carnassiers. Cependant le sentiment le plus commun est qu'ils se nourrissent, en général, de terreau. Ce genre est peu nombreux en espèces. Les environs de Paris en présentent plusieurs; l'Amérique et l'Afrique nous en donnent de très-grandes. L'espèce la plus commune à Paris, est:

L'IULE TERRESTRE, *I. terrestris*, L., Fabr., Geoff., Oliv. (Encyclop. Ins. T. VII, p. 415, n. 10).

L'IULE TRÈS-GRAND, *I. maximus*, L., Fabr., Oliv., Latr. Jaune obscur; plus d'un pouce d'épaisseur; cent trente-quatre paires de pates. Il habite l'Amérique méridionale. (G.)

* IULIS. POIS. *V.* GIRELLE.

IULUS. INS. *V.* IULE.

IVA. *Iva.* BOT. PHAN. Genre de la famille des Synanthérées, et de la tribu des Xanthiacées, ayant néanmoins aussi quelques rapports avec les Armoises, et que l'on peut caractériser ainsi: involucre hémisphérique, composé de trois à six folioles unisériées, à réceptacle plane, garni de squames lancéolées; fleurons du disque mâles et ayant leur corolle infundibuliforme et régulière à cinq lobes; fleurons de la circonférence femelles, ayant la corolle courte et urcéolée; les akènes sont dépourvus d'aigrette.

Ce genre se compose de cinq espèces, toutes originaires d'Amérique. Trois ont été observées dans l'Amérique septentrionale, savoir: *Iva frutescens*, L.; *Iva imbricata* et *Iva ciliata*, Michx. Les deux autres croissent dans l'Amérique méridionale, savoir: *Iva annua*, L.; et *Iva cheiranthifolia*, Kunth.

Les anciens botanistes ont donné le nom d'Iva et d'Ivette à des Plantes fort différentes les unes des autres: ainsi l'*Iva moschata* de Lobel est le *Teucrium Iva* de Linné; l'*Iva Cotinga* de Barère est le *Cotinga Moschata* d'Aublet ; l'*Iva Pecanga* du même n'est qu'une espèce de Smilax, dont la racine est employée comme celle de la Salseparoille.   (A.R.)

IVETTE. BOT. PHAN. *V.* IVA.

*** IVIRA.** BOT. PHAN. Le genre établi sous ce nom par Aublet, et adopté par Cavanilles, a été réuni au genre *Sterculia* de Linné par Swartz. Ainsi l'*Ivira pruriens*, Aublet (Guian., tab. 79), ou *Ivira crinita*, Cav. (*Dissert.* 5, t. 162), est maintenant le *Sterculia Ivira* de Swartz (*Fl. Ind. occid.*, 2, p. 1160). *V.* STERCULIE.   (G..N.)

IVOIRE. MAM. *V.* DENT, ÉLÉPHANT et Os.

IVOIRE. MOLL. Syn. d'Eburne. *V.* ce mot.

IVRAIE ou **YVRAIE.** *Lolium.* BOT. PHAN. Ce genre, de la famille des Graminées, et de la Triandrie Digynie, L., se compose de Plantes dont la connaissance remonte aux temps les plus reculés. Il est, en effet, question d'Ivraie dans la Bible et dans les productions des plus anciens poëtes. Le *Lolium* des anciens, et particulièrement celui de Virgile, paraît être la Plante qui a formé le type du genre établi par Linné et qui est ainsi caractérisé : épillets distiques, multiflores et parallèles à l'axe de l'épi ; lépicène univalve, mais le plus souvent à deux valves inégales ; glumes à deux valves lancéolées, l'extérieure mutique ou aristée au-dessous du sommet ; ovaire surmonté de deux stigmates plumeux ; caryopse oblongue, convexe d'un côté, aplatie et sillonnée de l'autre. Ce genre se distingue essentiellement du Froment (*Triticum*) par la position de ses épillets qui regardent l'axe par une de leurs faces et non par un de leurs côtés.

On connaît une dixaine d'espèces d'Ivraies, parmi lesquelles nous citerons seulement les deux suivantes qui sont communes en Europe :

L'IVRAIE ENIVRANTE, *Lolium temulentum*, L., vulgairement nommée Zizanie et Herbe d'Ivrogne, est une Plante annuelle dont le chaume dressé, haut de plus d'un demi-mètre, est muni de quelques nœuds ainsi que de feuilles engaînantes, très-longues, planes, assez larges, un peu rudes au toucher ; leur gaîne, fendue, offre à son orifice une membrane tronquée. Une variété de cette Plante, dont la glume extérieure est mutique, a été élevée au rang d'espèce et nommée *Lolium arvense*. L'Ivraie enivrante est une herbe que les auteurs ont présentée sous les couleurs les plus sinistres, comme un véritable fléau pour les moissons et pour la santé de l'Homme. Elle pullule, en effet, parmi les blés, lorsque les étés sont très-humides. Ses graines alors sont très-abondantes dans les Fromens et occasionent divers accidens, tels que des nausées, des vomissemens et l'ivresse aux personnes, qui mangent du pain fait avec la farine de ces graines. Nous croyons, toutefois, qu'on a beaucoup exagéré les principaux effets de l'Ivraie, effets qui paraissent dus à un principe susceptible d'être enlevé, ainsi que Parmentier l'a enseigné, par la dessiccation au four avant que les graines n'aient été réduites en farine.

L'autre Ivraie, indigène d'Europe, est le *Lolium perenne*, L., Plante excessivement commune sur les bords des chemins et dans les lieux incultes. Cette Graminée est un fourrage excellent, mais très-peu productif ; elle ne convient guère dans les prairies destinées à être fauchées ; elle est, au contraire, fort avantageuse dans les pâturages. On en forme des tapis de verdure dans les jardins paysagers où elle porte les noms de *Ray-Grass* et de Gazon anglais.   (G..N.)

IXA. *Ixa.* CRUST. Genre de l'ordre des Décapodes, famille des Brachyures, tribu des Orbiculaires, établi par Leach et ne différant des Leucosies que parce que le test produit, de chaque côté, une grosse proéminence cylindrique et mousse qui le rend trois fois plus large que long. Latreille (Règn. Anim. de Cuv.) avait adopté ce genre, mais il l'a supprimé dans son nouvel ouvrage (Fam. Natur. du Règu. Anim.) L'espèce qui servait de type à ce genre, est le *Cancer cylindrus* de Herbst. *V*. LEUCOSIE et IPHIS. (G.)

*IXÉRIDE. *Ixeris*. BOT. PHAN. H. Cassini nomme ainsi un sous-genre qu'il a établi dans le genre *Taraxacum*, de la famille des Synanthérées et de la tribu des Chicoracées ou Lactucées. Voici ses principaux caractères : involucre formé de folioles oblongues lancéolées, disposées sur un seul rang, et à la base desquelles sont cinq petites écailles membraneuses ; réceptacle nu et plane ; calathides composées de demi-fleurons hermaphrodites ; akènes oblongs marqués de dix côtes longitudinales excessivement saillantes en forme d'ailes linéaires ; le sommet du fruit prolongé en un col plus court que lui ; aigrette blanche et plumeuse. Quoique l'auteur de ce sous-genre ne se soit pas décidé à le séparer complétement du *Taraxacum*, il en a fait voir néanmoins les principales différences, lesquelles résident dans le fruit et l'involucre. L'*Ixeris* est en outre pourvu d'une vraie tige, garnie de feuilles et de plusieurs calathides en corymbe, tandis que le *Taraxacum* a une hampe aphylle et ne portant qu'une seule calathide. Si ces différences n'offraient que peu d'importance, il était inutile ou du moins contraire aux usages reçus de créer un nouveau nom qui fait croire à l'existence d'un véritable genre et isole ainsi une espèce de ses congénères. Nous croyons donc que l'autorité de Cassini, toute puissante qu'elle est en matière de Synanthérées, ne le sera pas assez en cette occasion pour faire adopter le nom d'*Ixeris polycephala* qu'il a donné à l'unique espèce du sous-genre, et que puisqu'elle appartient au genre *Taraxacum* on la nommera *T. polycephalum*.

C'est une Plante herbacée, originaire du Napaul. (G..N.)

IXIE. *Ixia*. BOT. PHAN. Ce genre de la famille des Iridées et de la Triandrie Monogynie, L., offre pour caractères essentiels : un périanthe corolloïde, dont le tube est droit, filiforme, le limbe étalé à six divisions régulières ou presqu'égales ; un stigmate trifide. Les fleurs sont le plus souvent solitaires dans une spathe bivalve. Linné n'en décrivit qu'un petit nombre d'espèces qui lui semblèrent essentiellement caractérisées par une corolle en forme de roue. Ce fut par allusion à la roue d'Ixion qu'il nomma le genre Ixie ; mais dans toutes les autres espèces la corolle, au lieu d'être rotacée, est pourvue d'un tube long et grêle. Dans une dissertation spéciale intitulée : *Specimen Botanicum inaugurale*, etc, Leyde, 1766, Daniel de la Roche soumit à un nouvel examen le genre *Ixia*, et en fit connaître quatorze espèces. En 1783, Kung de Stockholm publia, sous la présidence de Thunberg, une dissertation botanique sur les *Ixia*, dont il porta le nombre à vingt-quatre. Depuis ce temps, les divers auteurs ont donné les descriptions d'une si grande quantité de Plantes de ce genre, que le nombre s'en élève aujourd'hui à plus de cent. Une masse aussi considérable d'espèces doit offrir beaucoup de variations dans les diverses parties. Quelques-unes de ces variations ont paru assez importantes à certains auteurs pour constituer aux dépens des *Ixia*, plusieurs genres dont la validité n'a pas encore été universellement reconnue. Ainsi Ker (*Ann. of Botan.* 1, p. 223) a proposé les genres *Geissorhiza*, *Hesperantha* et *Sparaxis*; Gawler a établi (*in Ann. of Botan.* et *Curt. Bot. Mag.*) les genres *Tritonia*, *Trichonema*, et adopté le *Lapeyrousia* formé autrefois par l'abbé Pourret (*in Act. Tolos.*, 3, p. 79). Mœnch avait également constitué un genre *Belemcada*, nom qui a été donné par Persoon à une section du grand genre

Ixia. Le genre *Romulea* de Sébastiani (*Flor. Romana*) est formé sur l'*I. Bulbocodium*. Nous renvoyons à chacun des mots précités pour apprécier la valeur des innovations proposées par ces auteurs ; nous n'avons en vue, pour le moment, que la connaissance du genre Ixie, tel qu'on le conçoit généralement et sans avoir égard aux subtiles différences qu'on a cru observer dans les organes de la fructification de ses diverses espèces. Néanmoins, il est juste de dire que le genre *Ixia* se lie, par des transitions insensibles, avec d'autres genres voisins, et que les caractères exposés plus haut n'établissent pas une distinction tranchée entre l'*Ixia* et le *Gladiolus*, le *Witsenia*, le *Galaxia*, le *Watsonia*, l'*Aristea*, etc.

Toutes les Ixies sont indigènes du cap de Bonne-Espérance, à l'exception de quelques espèces (l'*Ixia Bulbocodium*, par exemple) qui s'avancent jusqu'au nord de l'Afrique et dans l'Europe méridionale. Elles ont des racines le plus souvent bulbeuses, tuniquées et réticulées par les impressions qu'ont laissées les feuilles des années précédentes. Leurs feuilles sont engaînantes, entières, le plus souvent glabres et plus ou moins courtes que la hampe des fleurs, laquelle est simple ou à plusieurs épis. Les fleurs ne sont jamais pédonculées, car celles qui le semblent sont terminales au sommet des rameaux uniflores de la hampe. La plupart des Ixies fleurissent dès les premiers jours du printemps, au cap de Bonne-Espérance leur patrie ; peu d'entre elles s'y développent en hiver ou se continuent pendant la saison chaude. Celles qui se plaisent dans les localités basses, arénacées et humides, sont plus précoces ; sur les montagnes, au contraire, elles sont plus tardives.

On ne retire aucune utilité de ces Plantes, mais la beauté de leurs fleurs les fait cultiver avec soin dans les jardins des amateurs. Elles demandent à être garanties du froid, parce que la plupart d'entre elles entrent en végétation pendant l'hiver. On doit aussi, pour cette raison, les placer près des jours sur les tablettes des serres de l'orangerie, afin qu'elles ne s'étiolent pas ou que la trop grande humidité ne leur soit pas trop préjudiciable. Les arrosemens doivent être toujours modérés et proportionnés à la température de la serre. La terre qui leur convient le mieux, est un mélange de bonne terre franche avec du terreau végétal. On les multiplie par les cayeux, dont leurs bulbes sont assez abondamment pourvus et qu'on enlève lorsque les feuilles et les tiges sont mortes. On met les plus forts séparément dans de petits pots jusqu'au mois d'octobre, époque à laquelle on les place dans la serre d'orangerie, ou, ce qui serait mieux, dans un bon châssis que l'on préserverait de la gelée. Ne pouvant, dans le grand nombre des Ixies du Cap, faire un choix des espèces les plus remarquables par leur beauté, nous nous bornerons à citer celle qui croît dans les parties chaudes de l'Europe, et qui par conséquent mérite davantage de fixer notre attention.

L'IXIE BULBOCODE, *Ixia Bulbocodium*, L., Redouté, Liliac., 2, tab. 88. Elle se distingue de toutes ses congénères par sa hampe simple uniflore et plus courte que les feuilles, par les deux bractées vertes qui accompagnent sa fleur, et par son stigmate dont chaque division est profondément bifurquée. On en connaît deux variétés, une à grande, et l'autre à petite fleur, que quelques auteurs considèrent comme deux espèces distinctes. Cette Plante, dont le bulbe est d'un goût agréable, croît dans les terrains sablonneux de tout le bassin de la Méditerranée. Les botanistes qui ont herborisé dans le bassin des Landes aquitaniques, l'y ont retrouvée depuis Bordeaux jusqu'à Bayonne. Bory de Saint-Vincent l'a observée en beaucoup de parties du versant Lusitanique d'Espagne, et particulièrement aux environs de la Corogne en Galice.　(G..N.)

IXODE. *Ixodes.* ARACHN. Genre de l'ordre des Trachéennes, famille des Tiques (Latr. , Fam. Natur. du Règn. Anim.), établi par Latreille qui le rangeait (Règn. Anim.) dans la famille des Holètres, tribu des Acarides, division des Tiques, avec ces caractères : corps aptère sans distinction d'anneaux, et n'ayant qu'une petite plaque écailleuse, occupant son extrémité antérieure; huit pates simplement ambulatoires; palpes engaînant le suçoir et formant avec lui un bec avancé , court, tronqué et un peu dilaté au bout. Ce genre était confondu dans le grand genre Mite ou *Acarus* de Linné et des anciens auteurs. Latreille a été obligé de subdiviser le genre *Acarus* en plusieurs autres basés sur l'organisation des parties de la bouche. Hermann, dans ses Mémoires aptérologiques, avait bien senti la nécessité de diviser le genre *Acarus* , et il fit, avec ceux que Latreille nomme Ixodes, son genre *Cynorhœstes;* d'anciens naturalistes les désignèrent en latin sous le nom de *Ricinus* que Degéer avait affecté déjà à un genre formé avec des Poux qui vivent sur les Oiseaux.

Le corps des Ixodes est presque orbiculaire ou ovale, très-plat quand l'Insecte est à jeun, mais d'une grosseur démesurée quand il s'est repu. Leur bec est obtus en devant; il consiste en un support formé d'une petite pièce écailleuse, servant de boîte à la base du suçoir et reçue dans une échancrure pratiquée au-devant du corselet; en une gaîne de deux pièces fort courtes, écailleuses, concaves au côté interne, arrondies, et même un peu plus larges à leur extrémité; chacune de ces pièces, vue à la loupe, paraît coupée transversalement, et il est facile de voir que ce sont deux palpes qui se sont allongés et qui ont été transformés en gaîne. Enfin, la bouche présente entre ces deux palpes ou pièces de la gaîne, le suçoir qui est composé de trois lames cornées, très-dures, coniques, dont les deux latérales sont plus pe-

tites, et en recouvrement sur la troisième qui est grande, large, moins colorée, un peu transparente, obtuse au bout, mais remarquable en ce qu'elle porte un grand nombre de dents en scie et très-fortes. C'est au moyen de ces dents que l'Insecte s'attache fortement à la peau des Animaux qu'il suce ; cette lame a un sillon dans son milieu, et ses côtés ainsi que toute sa surface inférieure sont armés de dents. De chaque côté du bec sont placées les pates à peu près à égales distances les unes des autres; elles augmentent insensiblement de grandeur à partir des premières ou antérieures. Ces pates sont composées de six articles, dont les deux derniers forment un tarse conique qui est terminé par une pelote et garni de deux crochets au bout; cette partie est d'un grand secours à ces Insectes pour se fixer sur les Animaux qui se trouvent à sa portée. Le dessous de l'abdomen présente un petit espace circulaire et écailleux qui paraîtrait indiquer les organes de la génération.

Les Ixodes ne marchent pas vite, leur démarche est lente et pesante, mais ils ont une grande facilité à s'attacher, avec leurs pates, aux objets qu'ils rencontrent, même au verre le plus poli ; quand ils sont posés sur des Végétaux, ils se tiennent dans une position verticale, accrochés simplement avec deux de leurs pates et tenant les autres étendues. Un Animal quelconque vient-il à s'arrêter dans leur voisinage, ils s'y accrochent avec les pates qui restent libres, et quittent facilement la branche où ils n'étaient fixés que par deux de leurs pates. Latreille a observé que les Ixodes d'Europe habitent de prédilection les Genêts, mais on en trouve aussi sur d'autres Plantes. En Amérique, ces Arachnides attaquent l'Homme : elles se trouvent dans les bois en quantités innombrables, et se tiennent sur les Plantes, les buissons, et surtout sur les feuilles sèches dont le sol est couvert. Si l'on s'arrête un instant dans ces endroits, et qu'on s'asseoie sur des feuilles, on en est bientôt couvert, et elles cherchent aussitôt à fixer leur suçoir dans le corps pour pomper le sang.

Les Ixodes sont connues en France sous le nom de Tiques; celle qui tourmente les Chiens de chasse est désignée par les piqueurs sous le nom de Louvette ou Tique des Chiens. Une autre nuit beaucoup aux Bœufs et aux Moutons, si on la laisse multiplier; c'est le *Reduvius* de quelques auteurs. Elles pullulent tellement sur les Bœufs, que Latreille a vu un de ces Animaux rongé par elles au point qu'il en succombait presque, tant il était maigre et affaibli. Aussi les bergers doivent-ils visiter avec soin leurs bestiaux, afin de les débarrasser de ces Arachnides, s'ils ne veulent pas les voir se multiplier à l'infini et nuire à la santé de leurs troupeaux.

Degéer a trouvé sous le ventre de l'Ixode Réduve, un autre individu de la même espèce, mais tout noir et beaucoup plus petit, n'ayant que la grandeur d'une graine de Navet; il embrassait le ventre de ces Ixodes avec ses pates et se tenait là renversé, dans un parfait repos, entre les pates postérieures et jamais ni plus haut ni plus bas. Sa tête se trouvait placée vis-à-vis l'endroit du ventre où se trouvent les organes de la génération dans les femelles. Cet auteur a vu ce petit individu y enfoncer sa trompe, et il est présumable que c'est le mâle qui était accouplé avec ses femelles. Les Ixodes pondent une prodigieuse quantité d'œufs, et Chabrier prétend qu'ils sortent par la bouche. Les Ixodes ont la vie trèsdure, et elles donnent même des signes d'existence long-temps après qu'on leur a retranché des parties qui semblent être essentielles à la vie. Les moyens que l'on peut employer pour détruire ces Arachnides sont à peu près les mêmes que ceux dont on se sert pour détruire les Poux, mais les préparations mercurielles sont les plus efficaces.

Les principales espèces de ce genre sont :

L'IXODE RICIN, *Ixodes Ricinus*, Latr.; *Acarus Ricinus*, L., Fabr.; la Tique des Chiens, Geoff.; Mite Réduve, Degéer (Mém. T. VII, p. 101, pl. 6, fig. 1, 2); Hermann (Mém. Apt. T. V, tab. 19). D'un rouge de sang foncé, avec la plaque écailleuse plus foncée; côtés du corps rebordés, un peu poilus; palpes engaînant peu le suçoir.

Cette espèce se trouve dans toute l'Europe, dans les bois. Elle s'attache aux Chiens.

L'IXODE RÉTICULÉ, *Ixodes reticulatus*, Latr.; *Acarus Reduvius*, Schranck; *Acarus reticulatus*, Fabr., Rœmer, Hermann. C'est cette espèce qui s'attache aux Bœufs, aux Moutons et autres Animaux domestiques.

L'IXODE NIGUA, *Ixodes Nigua*, *Acarus Nigua*, Deg.; *Acarus Americanus*, L. Long d'environ trois lignes et demie, ovale, aplati, rouge, avec une tache blanche sur le dos, et les jointures des pates blanches.

Cette espèce se trouve dans l'Amérique septentrionale. Kalm dit avoir vu un Cheval dont le dessous du ventre et d'autres parties du corps étaient si couverts de ces Animaux, qu'il en succomba et mourut dans de grandes douleurs. *V.* pour les autres espèces, Fabricius, Hermann fils et Leach.   (G.)

IXODIE. *Ixodia*. BOT. PHAN. Genre de la famille des Synanthérées, Corymbifères de Jussieu, et de la Syngénésie égale, L., établi par Rob. Brown (*in Hort. Kew.*, édit. 2, vol. 4, p. 517), et qui présente les caractères suivans : involucre campanulé, formé d'écailles imbriquées appliquées, oblongues, les extérieures arrondies au sommet, et munies sur la face externe d'une bosse charnue, les intérieures surmontées d'un grand appendice étalé pétaloïde et hygrométrique; réceptacle légèrement conique, garni de paillettes analogues aux écailles intérieures de l'involucre; calathide sans rayons, composée de fleurons égaux, nombreux, réguliers et hermaphrodites: akènes dépourvus d'aigrettes, oblongs et hérissés de papilles. Ce genre est placé, dans l'*Hort. Kewensis*, entre le *Cæsulia* et le *Santolina*, qui appartiennent l'un à la tribu des Hélianthées, et l'autre à celle des Anthémidées de Cassini. Cet auteur pense qu'il en doit être éloigné et rangé parmi les Inulées-Gnaphaliées, près des genres *Cassinia* et *Lepiscline*.

L'*Ixodia achilleoides*, R. Brown, *loc. cit.*, et Sims, *Bot. Mag.*, vol. 57, n. 1534, est l'unique espèce connue. C'est un Arbuste indigène de la côte australe de la Nouvelle-Hollande, et cultivé maintenant dans plusieurs jardins d'Europe. Il est très-rameux, entièrement glabre, et toutes ses parties vertes sont enduites d'un vernis gluant ; ses branches anguleuses sont garnies de feuilles alternes épaisses, sessiles et décurrentes. Les fleurs sont disposées en corymbes au sommet des rameaux ; leurs corolles ont le tube verdâtre, le limbe rougeâtre inférieurement, et jaunâtre supérieurement.

Le nom d'*Ixodia* avait été donné par Solander à un genre nommé *Hydropeltis* par Michaux. *V.* ce mot.

(G..N.)

IXORE. *Ixora.* BOT. PHAN. Genre de la famille des Rubiacées et de la Tétrandrie Monogynie, établi par Linné et ainsi caractérisé : calice quadrifide très-petit ; corolle munie d'un tube long et grêle, et d'un limbe à quatre divisions obtuses ; anthères presque sessiles, saillantes hors du tube ; stigmate épais légèrement bifide ; baie biloculaire renfermant une seule graine dans chaque loge. Ce genre est tellement voisin du *Pavetta*, que Lamarck les a réunis en un seul, ainsi que le *Chomelia* de Jacquin. Jussieu (Mém. sur la Fam. des Rubiacées, p. 9) pense qu'on doit également placer dans les *Ixora*, le *Lonicera corymbosa* de Linné, dont l'Héritier avait fait une espèce de *Loranthus*. Si l'on n'admet pas la fusion proposée par Lamarck, du

Pavetta dans l'*Ixora*, ce dernier genre sera encore composé d'une dixaine d'espèces qui sont des Arbrisseaux indigènes des Indes-Orientales et de l'Amérique équinoxiale. La plupart sont des Plantes d'ornement, remarquables par leurs fleurs nombreuses et ornées des couleurs les plus vives. Parmi ces espèces, il en est une assez intéressante pour mériter d'être mentionnée avec quelques détails.

L'IXORE ÉCARLATE, *Ixora coccinea*, L.; *Schetti*, Rhéede (*Hort. Malab.* 2, t. 13), est un bel Arbrisseau dont la tige atteint un mètre et demi de hauteur ; elle se divise en plusieurs rameaux qui dans leur jeunesse sont légèrement comprimés vers le sommet. Ses feuilles sont opposées, à peine pétiolées, ovales, cordiformes, pointues, aiguës et entières. Les fleurs, d'un rouge écarlate très-éclatant, forment une sorte d'ombelle presque sessile et terminale. La côte du Malabar est la patrie de cet Arbuste. L'élégance de ses fleurs le fait rechercher dans la foule des Végétaux qui ornent cette contrée; les habitans du pays en décorent les temples de leur divinité. C'est le nom de celle-ci (*Ixora*) que Linné a transporté dans la botanique, en l'appliquant au genre qui nous occupe. L'Ixore écarlate est cultivé dans les serres chaudes des jardins d'Europe, où il exige une grande chaleur, beaucoup d'humidité et de l'ombre. On le multiplie par marcottes et boutures que l'on fait au printemps sur couches et sous châssis, mais qui ne réussissent pas toujours. (G..N.)

IZQUIERDIA. BOT. PHAN. Ruiz et Pavon (*System. Flor. Peruvian.* 1, p. 278) ont donné ce nom à un genre de la Tétrandrie Monogynie, L., auquel ils ont assigné les caractères suivans: fleurs hermaphrodites ou dioïques par avortement ; calice monophylle quadridenté ; corolle à quatre pétales ; quatre étamines ; ovaire surmonté d'un stigmate sessile. Le fruit non parvenu à l'état de maturité, est une drupe monosperme. L'*Izquierdia aggregata*, unique espèce de ce genre peu déterminé, est un Arbre haut d'environ dix mètres et qui croît dans les grandes forêts du Pérou. Ses feuilles sont ovales, acuminées, et ses pédoncules agrégés, uniflores.   (G..N.)

J.

JAAJA. BOT. PHAN. Les botanistes voyageurs doivent observer l'Arbre qui couvre, à Sierra-Léone, de grands espaces du rivage, et qui paraît appartenir au genre *Rhizophora*. Est-il de la même espèce que celui des Antilles? Ce point a besoin d'être éclairci.   (B.)

JAATZADE. BOT. PHAN. Selon Kœmpfer, c'est le nom de pays de l'*Aralia japonica*, Thunb., aussi nommé Jaats-Ta.   (B.)

* **JABÉBIRETTE** ou **JABÉBINETTE.** POIS. L'espèce de Raie à laquelle on donne ce nom au Brésil, n'est pas encore bien déterminée, mais ne saurait être la Raie bouclée, comme on l'a cru.   (B.)

JABET. MOLL. Adanson (Coquillages du Sénégal, pl. 18, fig. 8) appelle ainsi une petite espèce d'Arche que Linné a désignée sous le nom d'*Arca afra*, et que Lamarck n'a pas rapportée parmi les espèces qu'il a décrites.   (D..H.)

JABIK. MOLL. Linné a rapporté à son *Murex Gyrinus*, avec quelque doute, la Coquille ainsi nommée par Adanson. Le *Murex Gyrinus*, qui est une Ranelle de Lamarck, a été désigné par ce dernier auteur sous le nom de Ranelle granifère. Des changemens dans la synonymie ont été nécessaires, et Lamarck en a rejeté les figures qui, comme celles d'Adanson, laissent du doute. Le Jabik se trouve dans le même cas que beaucoup de Coquilles d'Adanson, qu'il est difficile de rapporter aux espèces que nous connaissons. (D..H.)

JABIRU. *Mycteria*. OIS. Espèce du genre Cigogne dont plusieurs auteurs ont fait le type d'un genre particulier qui offrirait cinq ou six espèces. *V.* CIGOGNE.   (DR..Z.)

JABORANDI. BOT. PHAN. (Marcgraaff.) Nom de pays du *Piper aduncum*, L.   (B.)

JABOROSE *Jaborosa*. BOT. PHAN. Genre de la famille des Solanées et de la Pentandrie Monogynie, L., établi par Lamarck (Encycl. Méth.) qui l'a ainsi caractérisé : calice court à cinq découpures; corolle tubuleuse, campanulée, le limbe à cinq lobes aigus; cinq étamines attachées au sommet du tube, à anthères courtes; ovaire supérieur; style simple; stigmate capité; fruit inconnu. Le nom donné à ce genre est tiré d'un mot arabe qui désigne la Mandragore dont le *Jaborosa* est voisin et par le port et par les caractères. Les deux espèces qui le constituent sont : 1° le *Jaborosa integrifolia*, Lamk., Encycl. Méth. et *Illustr. Gen.*, tab. 114; 2° et le *Jaborosa runcinata*, Lamk., Encycl. Elles ont été découvertes aux environs de Buenos-Ayres et de Montevideo par Commerson. Ces Plantes sont pourvues de tiges herbacées, de feuilles toutes radicales et de hampes uniflores.   (G..N.)

JABOT. *Ingluvies*. OIS. Plusieurs Oiseaux granivores, mais plus spécialement les Gallinacés, sont munis de deux estomacs, le Jabot et le Gésier. Le premier est composé de deux portions : l'une mince, membraneuse, très-dilatable, où les ali-

mens sont simplement déposés, et qui est si visible dans les Poules et les Pigeons; l'autre à parois musculeuses, garnies intérieurement d'une membrane muqueuse, et où commence la digestion. *V*. Intestins.
(A. R.)

JABOTAPITA. bot. phan. (Plumier.) Syn. d'Ochna. *V*. ce mot. (B.)

* JABOTI. rept. chél. (Marcgraaff.) Syn. de *Testudo tubulata*, Sch. *V*. Tortue. (B.)

JABOTIÈRE. ois. Syn. vulgaire de Cygne de Guinée. *V*. Canard.
(DR..Z.)

* JABUTICABA. bot. phan. L'Arbre brésilien mentionné sous ce nom par Pison a été regardé comme appartenant au genre Cynomètre. (B.)

JAC, JACA et JACKA. bot. phan. D'où Jaquier. Noms de pays de l'*Artocarpus integrifolia*, L. *V*. Jaquier. (B.)

* JACAMAICI. ois. Espèce du genre Jacamar. *V*. ce mot. (B.)

* JACAMACIRI. ois. Syn. de Venetou. *V*. Jacamar. (B.)

JACAMAR. *Galbula*. ois. Genre de la seconde famille de l'ordre des Zygodactyles. Caractères : bec long, droit ou légèrement incliné vers la pointe, grêle, quadrangulaire, non échancré; narines placées de chaque côté du bec et à sa base, ovalaires, couvertes dans leur moitié postérieure par une membrane nue; pieds très-courts; trois ou quatre doigts; toujours deux en avant, réunis jusqu'à la troisième articulation; ailes médiocres, les trois premières rémiges étagées, moins longues que les quatrième et cinquième; douze rectrices, les deux latérales plus courtes.

L'histoire des Jacamars est encore peu connue, et leur synonymie offre beaucoup d'obscurité; il serait à désirer qu'un naturaliste - voyageur songeât à s'occuper d'une monographie de ce genre qui paraît d'autant plus facile à entreprendre que le nombre des espèces sur lesquelles elle s'étendrait est peu considérable et que toutes habitent des contrées rapprochées dont elles ne franchissent point les limites. Un semblable travail dissiperait beaucoup d'incertitudes relativement aux mues périodiques auxquelles ces Oiseaux doivent être assujettis, si l'on en juge d'après les différences que l'on observe sur des individus de même espèce et de même sexe rapportés à des époques différentes de leur patrie natale. Tout ce que l'on sait des mœurs et des habitudes des Jacamars se réduit à quelques notions générales assez vagues. Ces Oiseaux se tiennent, à ce que l'on assure, dans les retraites les plus sombres des forêts, où l'épaisse feuillée les dérobe aux regards et aux recherches des chasseurs; leur vie solitaire leur permet à peine de souffrir la société d'une compagne; perchés sur une branche, ils y demeureraient immobiles pendant des journées entières, si le besoin de pourvoir à leur subsistance ne les forçait à s'élancer de temps à autre sur les petites proies qui voltigent autour d'eux. Leur vol est assez rapide, mais peu élevé, très-intermittent et comme par secousses, ce qui les fait alternativement monter et descendre, toujours dans une seule direction. Quatre œufs verdâtres, largement tachetés de brun, trouvés dans un nid étranger où couvait une femelle de Jacamar vert, feraient croire que cette espèce, semblable à notre Coucou d'Europe et à plusieurs autres Oiseaux, ne se donne pas la peine de construire un nid particulier, mais qu'au moment de la ponte elle s'empare de l'un de ceux qu'elle trouve sur son passage, y dépose le fruit de ses amours, qu'elle ne quitte plus jusqu'à ce que la jeune famille soit éclose et parvenue au point de pouvoir se passer des soins maternels. Du reste on ne pourrait encore assurer que cette observation qui n'a peut-être pas été renouvelée, soit applicable aux autres espèces. Le chant de ces Oiseaux est extrêmement borné, c'est tout au plus un petit sifflement cadencé qui ne se fait entendre que daus la saison des amours. Les Jacamars sont des Oiseaux propres à l'Amérique méridionale; ils y habitent les régions voisines de l'équateur vers le tropique. Ce genre se sous-divise en deux sections, division basée sur le nombre des doigts.

† Quatre doigts, deux devant et deux en arrière.

JACAMAR JACAMAICI, *Galbula grandis*, Lath., Ois. dor., pl. 6; *Alcedo grandis*, [L. Parties supérieures d'un vert doré, cuivreux; premières rémiges brunes; tectrices caudales supérieures vertes, les inférieures cendrées, irisées en violet; plumes de la base des mandibules d'un rouge cuivreux; menton blanc; gorge et parties inférieures rouges; bec et pieds noirs. Taille, dix pouces.

JACAMAR A LONGUE QUEUE, *Galbula paradisea*, Lath., Buff., pl. enl. 271; *Alcedo paradisea*, L. Parties supérieures d'un brun noirâtre irisé; sommet de la tête brun; menton, côtés du cou, poitrine et parties inférieures noirâtres; gorge et tachés de chaque coté de l'abdomen blanches; rémiges et rectrices d'un noir-violet irisé; celles-ci étagées avec les deux intermédiaires très-longues; bec et pieds noirs. Taille, onze pouces. La femelle a les couleurs ternes et sans reflets; les rectrices intermédiaires sont aussi beaucoup plus courtes que celles du mâle.

JACAMAR VENETOU, *Galbula albirostris*, Lath.; *Galbula flavirostris*, Vieill. Parties supérieures d'un vert doré cuivreux, très-brillant; front et région oculaire d'un brun noirâtre irisé; grandes rémiges brunes avec la base des barbes internes fauve; rectrices étagées, les deux intermédiaires d'un vert doré, toutes les autres rousses; menton blanchâtre; gorge roussâtre; poitrine d'un vert cuivreux; parties inférieures d'un roux vif; bec jaunâtre à la base, noir vers l'extrémité. Taille, huit pouces. La femelle a toutes les teintes plus sombres.

JACAMAR A VENTRE BLANC, *Galbula leucogastra*, Vieill. Parties supérieures d'un vert doré; côtés de la tête d'un vert sombre, bleuâtre; rémiges et rectrices vertes, dorées, bordées de bleu irisé; gorge et ventre blancs; le reste des parties inférieures d'un vert doré; bec et pieds noirs. Taille, huit pouces.

JACAMAR VERT, *Galbula viridis*, Lath., Buff., pl. enl. 238; *Alcedo Galbula*, L. Parties supérieures d'un vert doré brillant; front et région oculaire d'un brun noirâtre, irisé; sommet de la tête, bord des rémiges et des rectrices d'un vert bleuâtre foncé; premières rémiges noirâtres; menton cendré; gorge blanche; poitrine d'un vert doré cuivreux; parties inférieures rousses. Taille, huit pouces. Cette espèce varie dans la couleur de la gorge qui est quelquefois semblable à celle du ventre.

†† Trois doigts, deux en avant, un seul en arrière.

JACAMAR TRIDACTYLE, *Galbula tridactyla*, Vieill. Parties supérieures d'un brun noirâtre, irisé en vert; sommet de la tête et base du bec noirâtres avec le bord des plumes qui sont assez longues, d'un roux cendré; grandes rémiges et rectrices brunes, bordées extérieurement de vert doré; moyennes rémiges brunes, lisérées de fauve; côtés du cou d'un brun cendré; menton fauve; gorge noire; milieu de la poitrine et du ventre d'un blanc roussâtre; flancs et tectrices caudales inférieures noirâtres, frangées de roussâtre; bec et pieds noirâtres. Taille, sept pouces.
(DR..Z.)

*JACAMARALCION. ois. (Levaillant.) Syn. de Jacamar tridactyle. *V.* ce mot.
(B.)

JACAMEROPS. ois. Nom que plusieurs auteurs ont appliqué à une division du genre Jacamar.

JACANA. *Parra.* ois. Genre de l'ordre des Gralles. Caractères : bec d'une longueur médiocre, ne dépassant pas celle de la tête, droit, grêle, comprimé légèrement, renflé vers la pointe, déprimé à sa base, qui se dilate sur le front en plaque ou se relève en crête; mandibules d'inégale longueur, l'inférieure un peu courte et formant avec ses bases un triangle un peu plus ouvert; narines placées sur les côtés et vers le milieu du bec, ovales, ouvertes, percées d'outre en outre; pieds très-longs, grêles, avec la majeure partie de la jambe nue; quatre doigts très-longs et très-minces, entièrement divisés, munis d'ongles droits et fort acérés; le pouce portant à terre sur plusieurs articulations, un peu moins long que l'ongle qui le termine; ailes armées d'un éperon corné et très-pointu; première rémige presque égale aux seconde et troisième qui sont les plus longues.

Le nom imposé à ce genre est celui que l'espèce principale, qui fut long-temps la seule connue des ornithologistes, porte au Brésil; on eût pu le changer depuis que l'on a trouvé des Jacanas dans toutes les contrées chaudes et humides des deux continens; mais comme à ce nom ne se rattachait aucune application particulière, rien ne s'opposait à ce qu'on l'eût conservé. Il n'en était pas de même avec celui de Chirurgien, que les pointes acérées dont les ongles et les poignets de ces Oiseaux sont munis leur avaient, comparativement avec des lancettes, fait appliquer vulgairement.

Les Jacanas, au moyen des longs doigts qui terminent leurs jambes élevées et grêles, se soutiennent aisément sur les Plantes aquatiques dont les feuilles s'étendent à la surface des eaux dormantes; ils courent avec une extrême légèreté d'une feuille à l'autre pour saisir les petits Insectes qu'ils savent apercevoir de très-loin. Cette agilité, jointe à beaucoup de défiance naturelle, rend très-rares l'approche et la surprise des Jacanas. Ces Oiseaux, quoiqu'armés de manière à devenir redoutables, soit dans l'attaque, soit dans la défense, ont cependant l'humeur très-pacifique; tous les observateurs qui sont parvenus à les approcher et à les étudier dans l'état de liberté s'accordent à dire qu'ils n'ont trouvé les Jacanas aucunement querelleurs et méchans; ils les ont vus, au contraire, très-familiers entre eux et se prodiguant entre époux, qui semblent être réciproquement fort attachés, les témoignages d'une vive affection. Lorsque, pressé d'échapper à quelque danger, l'un des deux a dû fuir d'un vol précipité, on l'entend, après avoir donné en partant le signal d'alarme par un cri bref et aigu, rappeler bientôt l'objet de sa tendresse par un sifflement plaintif. Tout porte à croire que chez ces Oiseaux les unions sont durables. Ils établissent leurs nids au sein des Herbes les plus élevées, dans le voisinage des marais dont ils s'éloignent rarement; il arrive même quelquefois que ces nids, composés de Joncs et de brins d'Herbes entrelacés, sont portés par ces larges feuilles que l'on voit surnager en tous lieux où se trouvent de grandes mares. La ponte est de quatre à cinq œufs verdâtres, tiquetés de brun foncé. Les Jacanas ont le vol rapide, mais peu élevé; très-silencieux pendant le jour, ils font, la nuit, retentir les airs de cris de rappel qui s'entendent de très-loin et portent partout des impressions désagréables.

JACANA AGUAPEAZO, *Parra Chilensis*, Var., Lath. *V.* AGUAPECACA de ce Dictionnaire. Parties supérieures d'un rouge de carmin; front, tête, cou, poitrine, abdomen et grandes tectrices alaires d'un noir pur; flancs, croupion, tectrices caudales et rectrices d'un rouge vif; rémiges nuancées de jaune et de vert, terminées de noir; petites tectrices alaires noirâtres, terminées de blanc; tectrices alaires inférieures roussâtres; barbes des plumes généralement désunies; bec jaune, couvert sur la moitié de sa longueur par une membrane rouge qui s'étend jusqu'à l'angle de l'œil, puis remonte sur la tête où elle forme deux lobes arrondis, non adhérens; cette membrane descend ensuite circulairement sous le bec; pieds d'un gris de plomb; ongles flexibles et élastiques, noirâtres. Taille, dix pouces. Sonnini prétend que cette espèce est identique avec le Jacana Thégel. De l'Amérique méridionale.

Jacana bronzé, *Parra œnea*, Cuv. Parties supérieures d'un vert bronzé, avec les tectrices alaires vertes; croupion, tectrices caudales et rectrices d'un roux sanguin; corps noir, irisé de brun et de violet; une tache blanche derrière l'œil. Du Brésil. Espèce douteuse.

Jacana cannelle, *Parra Africana*, Gmel., Lath. Parties supérieures d'un brun roux; derrière du cou, nuque et rémiges d'un noir pur; sourcils blancs; gorge blanche; poitrine jaune, tachetée et rayée de noir comme les côtés du cou; parties inférieures d'un brun foncé; bec noirâtre avec la pointe cendrée; plaque frontale bleue, qui devient noirâtre après la mort; pieds d'un noir verdâtre; épine humérale petite et noire. Taille, neuf pouces. D'Afrique.

Jacana commun, *Parra Jacana*, L., Buff., pl. enl. 322. Parties supérieures d'un brun marron, les inférieures d'une teinte plus obscure; tête, gorge, cou et poitrine d'un noir irisé; rémiges d'un vert jaunâtre, bordées de noirâtre; bec jaune; membrane frontale non adhérente, jaune et divisée en trois lobes; deux barbillons charnus descendant de chaque côté de la mandibule supérieure, d'un jaune rougeâtre; pieds d'un gris verdâtre; épine humérale grande, conique et blanchâtre. Taille, dix pouces. Les jeunes (Buff., pl. enl. 846) ont, en général, du blanc à la tête et aux parties inférieures; les teintes de noir, de brun marron et de vert sont moins foncées; ils sont aussi d'une taille un peu moindre.

Jacana coudey, *Parra Indica*, Lath. Parties supérieures d'un brun cendré, les inférieures ainsi que la tête et le cou d'un noir bleuâtre; rémiges d'un violet noirâtre; sourcils blancs; bec jaune avec la base de la mandibule supérieure d'un bleu noirâtre; une tache rouge à l'angle des mandibules; pieds brunâtres. Taille, neuf lignes. Du Bengale.

Grand Jacana vert a crête, *Parra cristata*, Vieill. Parties supérieures d'un vert bronzé; tête, cou, haut du dos, poitrine et ventre d'un vert sombre; un large sourcil blanc; grandes tectrices alaires et rémiges d'un vert noirâtre; croupion, flancs, abdomen et rectrices d'un brun rougeâtre; bec jaune; membrane frontale relevée en crête charnue, lisse, d'un rouge cramoisi; pieds et doigts verts; ongles bruns. Taille, dix pouces. De Ceylan.

Jacana hausse-col doré, *Parra cinnamomea*, Cuv. Parties supérieures d'un brun marron, les inférieures d'un brun foncé; tête noire; bas du cou blanc; poitrine roussâtre; bec jaunâtre, avec la membrane frontale d'un gris bleuâtre; pieds verdâtres. Taille, onze à douze pouces. Du Sénégal.

Jacana a longue queue, *Parra Sinensis*, Lath. Parties supérieures d'un brun rougeâtre, les inférieures d'un brun pourpré foncé; tête, gorge et devant du cou blancs, encadrés de noir; occiput noir; derrière du cou d'un jaune doré brillant; tectrices alaires blanches; grandes rémiges noires, les moyennes blanches, bordées de noirâtre, les suivantes entièrement blanches, enfin les plus rapprochées du corps d'un brun marron, quelques-unes d'elles terminées par un appendice pédiculé, formant une petite rame allongée; rectrices noires, les quatre intermédiaires dépassant de beaucoup les autres par une courbure élégante; bec bleuâtre; point de plaque frontale; pieds verts; épine humérale moyenne et de couleur de corne. Taille, dix-huit à vingt pouces. Les jeunes ont le sommet de la tête d'un brun foncé; un sourcil blanc, puis une ligne qui borde le cou et descend jusqu'à l'épaule; cette ligne est blanche, lisérée de brun, et dégénère en jaunâtre; les parties supérieures brunes; la gorge et le ventre blancs; le milieu de la poitrine brunâtre, rayé de noir; les grandes rémiges noires, les autres blanches, les trois extérieures ont les appendices pédiculés; le bec grisâtre; les pieds noirâtres. De l'archipel des Indes.

JACANA NOIR, *Parra nigra*, Lath. Parties supérieures noires; les inférieures et les tectrices alaires brunes; rémiges vertes, bordées de noirâtre; rectrices noires; bec jaune; membrane frontale rouge; pieds cendrés. Taille, dix lignes. Du Brésil. Cette espèce, distinguée par plusieurs auteurs, paraît n'être qu'une variété du Jacana commun.

JACANA PECA, *Parra Brasiliensis*, Lath. Tout le plumage d'un vert obscur, avec les ailes brunes; rectrices d'un noir verdâtre; bec jaune; point de plaque frontale; pieds d'un gris verdâtre; épine humérale droite, très-pointue et jaune. Taille, onze pouces. De l'Amérique méridionale.

JACANA THÉGEL, *Parra Chilensis*, Lath. Parties supérieures d'un brun violet; tête, gorge et portion de la poitrine noires; rémiges et rectrices d'un brun noirâtre; ventre blanc; bec très-long, noirâtre; plaque frontale épaisse, charnue, divisée en deux lobes rouges; pieds d'un noir verdâtre; doigts médiocrement longs; épine humérale grande et jaune. Taille, douze pouces. De l'Amérique méridionale. Il paraît que c'est cette espèce d'un naturel criard et querelleur qui a fait penser que toutes les autres partageaient les mêmes habitudes. Molina, qui a observé ces Oiseaux pendant son séjour au Chili, dit que jamais ils ne quittent les prairies voisines des savanes noyées, qu'ils y sont constamment appariés, qu'ils ne témoignent pas une grande défiance, si ce n'est lorsqu'on cherche à s'emparer de leurs nids; alors ils entrent en fureur, se jettent sur l'agresseur et défendent leur progéniture avec un courage extraordinaire. Leur ponte est de quatre œufs fauves, picotés de noir.

JACANA VERT, *Parra viridis*, Lath. Parties supérieures d'un vert noirâtre; tête, gorge, cou, poitrine, rémiges et rectrices noirâtres, irisés en violet; base du bec rouge, l'extrémité jaune; plaque frontale ronde et bleue; pieds verdâtres; épine humérale petite et grise. Taille, douze pouces. (DR..Z.)

JACAPA. *Ramphocelus*. OIS. Espèce du genre Tangara, dont Vieillot a fait le type d'un genre particulier. *V*. TANGARA. (DR..Z.)

JACAPANI. OIS. Le *Japacani* de Marcgraaff, espèce du genre Troupiale. *V*. ce mot. (DR..Z.)

* JACAPAS. OIS. Dénomination donnée par Desmarest à sa troisième division des Tangaras. (DR..Z.)

* JACAPE. BOT. PHAN. La Graminée du Brésil et de Saint-Domingue désignée sous ce nom par Marcgraaff et par Nicolson, n'est pas déterminée. (B.)

JACAPU. OIS. (Marcgraaff.) Syn. de Jacapa. *V*. ce mot. (B.)

JACAPUCAYA. BOT. PHAN. (Marcgraaff.) Espèce brésilienne du genre *Lecythis*. (B.)

JACARA ou JACARE. REPT. SAUR. (Marcgraaff.) Nom de pays du Caïman à lunette. *V*. CROCODILE. (B.)

JACARANDA. *Jacaranda*. BOT. PHAN. Genre établi par Jussieu (*Gen. Plant.*) dans la famille des Bignoniacées et qui offre pour caractères: un calice monosépale campanulé, à cinq dents; une corolle monopétale, tubuleuse, infundibuliforme ou subcampanulée, ayant son limbe à cinq lobes inégaux, disposés en deux lèvres; quatre étamines inégales et didynames, avec le rudiment d'une cinquième avortée; un style terminé par un stigmate formé de deux lamelles rapprochées. Le fruit est une capsule allongée, comprimée, ligneuse, à deux loges et à deux valves, portant chacune la moitié de la cloison sur le milieu de leur face interne. Les graines sont striées, bordées d'une aile membraneuse. Ce genre a été formé aux dépens du genre *Bignonia*, dont il diffère surtout par le mode de déhiscence et la forme de sa capsule, qui est allongée, siliquiforme, avec la cloison opposée aux valves, tandis qu'elle leur est parallèle dans les véritables espèces de Bignones. Au genre *Jacaranda* se rapportent les *Bignonia cœrulea* et *B. Jacaranda*, L., ainsi que trois espèces nouvelles, croissant également en Amérique, savoir : *Jacaranda acutifolia* et *J. obtusifolia* de Kunth (*in Humb. Nov. Gen.*, 5, p. 145), et *J. rhumbifolia* de Meyer (*Fl. Essequeb.*) Ce sont toutes de grands et beaux Arbres, ayant le port des *Mimosa*, des feuilles opposées, pinnées, et dont les fleurs, en général violettes, sont axillaires ou terminales, quelquefois disposées en panicules.   (A. R.)

JACARATIA. bot. phan. Les tiges desséchées du Cacte brésilien désigné sous ce nom par Pison, servent de flambeau aux naturels pendant leurs voyages. L'espèce n'en est pas déterminée.   (B.)

JACARD. mam. (Belon.) Syn. de Chacal. *V.* Chien.   (B.)

* JACARE. rept. saur. *V.* Jacara. Le nom de Jacare est aussi donné dans l'Inde au Gavial, sans qu'on sache de quel pays ce nom est originaire, s'il est passé d'Asie en Amérique ou d'Amérique en Asie.   (B.)

JACARINI. ois. Espèce du genre Gros-Bec. *V.* ce mot.   (B.)

JACCHUS. mam. *V.* Ouistiti.

JACÉE. *Jacea.* bot. phan. Tournefort fonda un genre *Jacea* qui fut adopté par Vaillant, mais que Linné réunit aux *Centaurea*. Jussieu, formant de nouvelles coupes dans ce dernier genre, rétablit le *Jacea*, mais il en élimina une espèce fort remarquable (*J. pratensis*) qu'il relégua parmi les *Rhaponticum*. Enfin plusieurs auteurs adoptèrent la séparation des Jacées d'avec les Centaurées; mais ces auteurs n'ont ni bien caractérisé ni bien composé les groupes qu'ils ont proposés. Du moins tel est le sentiment de Cassini qui fait remarquer que le caractère essentiel des Jacées réside dans la structure de l'appendice des folioles intermédiaires de l'involucre, lequel n'est point spinescent au sommet, ni décurrent sur le bord de la foliole. Il ajoute que le *Jacea* diffère du *Cyanus* par le style dont les branches stigmatiques sont plus ou moins soudées, tandis qu'elles sont complétement libres jusqu'à la base dans les *Cyanus*. Le genre *Jacea* qui doit renfermer le *Centaurea pratensis* éloigné mal à propos par Jussieu et Mœnch, fait partie de la tribu des Centaurées de De Candolle et Cassini. Il en a été fait mention à l'article Centaurée de ce Dictionnaire, où tous les groupes formés aux dépens de ce genre vaste et très-naturel sont considérés comme de simples sections.

La Violette a quelquefois été nommée Jacée de printemps; le *Lychnis divica*, Jacée des jardiniers, et le *Serratula tinctoria*, Jacée des bois.   (G..N.)

JACINTHE. *Hyacinthus.* bot. phan. Ce genre, de la famille des Liliacées ou Asphodélées, et de l'Hexandrie Monogynie, L., se compose d'un grand nombre d'espèces qui toutes sont des Plantes à racine bulbeuse tuniquée, ayant toutes les feuilles radicales étroites, les fleurs disposées en épi à la partie supérieure de la hampe. Chaque fleur se compose d'un calice tubuleux, un peu renflé vers sa partie inférieure, ayant son limbe évasé, à six divisions recourbées et égales. Les étamines sont au nombre de six, incluses, attachées à la paroi interne du calice; leurs filets sont très-courts; les anthères introrses, allongées et à deux loges. L'ovaire est libre, sessile, ovoïde ou globuleux, à six côtes, à trois loges contenant chacune environ huit ovules attachés sur deux rangées longitudinales à l'angle interne. Le style est d'une longueur variable, à trois angles obtus, terminé par un stigmate à trois lobes. Le fruit est une capsule ordinairement triangulaire, quelquefois déprimée vers son centre, offrant trois loges et plusieurs graines dans chacune d'elles. Elle s'ouvre en trois valves septifères sur le milieu de leur face interne. Les graines sont ovoïdes ou globuleuses, offrant quelquefois à leur point d'attache un renflement caronculiforme ; elles contiennent sous un tégument propre noirâtre, un endosperme blanc et charnu vers la base duquel se trouve un embryon dressé, presque cylindrique.

Quelques auteurs, à l'exemple de Miller, ont retiré du genre Jacinthe les espèces qui ont le calice globuleux, resserré à sa partie supérieure, pour en former le genre Muscari ; telles sont l'*Hyacinthus Muscari*, l'*H. racemosus*, l'*H. comosus*, l'*H. botryoides* de Linné. *V*. Muscari.

Le genre *Hyacinthus* est extrêmement rapproché par ses caractères et par son port du genre *Scilla*. Mais dans ce dernier, le calice est formé de six sépales distincts les uns des autres jusqu'à leur base et plus ou moins étalés, tandis que dans les Jacinthes les six sépales sont tellement soudés que le calice paraît monosépale. La plupart des espèces de Jacinthes sont des Plantes d'agrément. Mais, parmi toutes ces espèces, il en est une surtout qui est cultivée en abondance, c'est la Jacinthe des Jardiniers. Nous allons d'abord la décrire à son état naturel de simplicité, après quoi nous ferons connaître quelques-unes de ses principales variétés et son mode de culture et de multiplication.

Jacinthe d'Orient, *Hyacinthus Orientalis*, L. Vulgairement Jacinthe des Jardiniers. Cette belle espèce est originaire d'Orient et de l'Asie-Mineure ; mais aujourd'hui elle est en quelque sorte naturalisée dans toutes les parties de l'Europe où l'on s'occupe de la culture des fleurs. Son bulbe est simple, ovoïde, formé de tuniques emboîtées les unes dans les autres, et recouvertes extérieurement d'écailles sèches d'un gris violacé. Du plateau ou de la couronne sur la-

quelle le bulbe est assis à sa partie inférieure naît une racine composée de fibres cylindriques, simples et blanches. Les feuilles sont les unes dressées, les autres étalées, allongées, étroites, un peu canaliculées et pointues, d'un vert agréable. Du centre de ce faisceau de feuilles s'élève une hampe nue de six à neuf pouces d'élévation, quelquefois davantage, cylindrique, glabre, terminée par un épi de jolies fleurs bleues ou blanches, répandant une odeur extrêmement suave. A ces fleurs succèdent des capsules déprimées, à trois angles très-saillans et obtus, s'ouvrant en trois valves et contenant des graines globuleuses qui offrent chacune une caroncule très-saillante à leur point d'attache. C'est l'espèce que nous venons de décrire qui, transportée il y a plus de deux siècles dans les jardins de la Hollande, et particulièrement dans ceux de Harlem, a fourni à la longue, par les soins du cultivateur, ces innombrables variétés à fleurs simples et doubles dont le nombre s'élève aujourd'hui au-delà de deux mille. Aujourd'hui le goût des Jacinthes, de même que celui des Tulipes, n'est plus aussi généralement répandu qu'autrefois, surtout en France. Il fut un temps où les amateurs de Jacinthes payaient jusqu'à deux et trois mille francs un seul oignon d'une variété nouvelle. Dans les premiers temps où la culture de cette belle Liliacée commença à s'introduire en Hollande, on ne recherchait que les variétés à fleurs simples ; celles à fleurs doubles étaient considérées comme des monstruosités et sans nulle valeur. Plus tard, le goût des amateurs changea entièrement, et l'on n'attacha plus de valeur qu'à celles dont les fleurs étaient bien pleines. Pour qu'une Jacinthe ait encore du prix, il faut qu'elle soit non-seulement grande et bien pleine, mais il faut qu'elle soit bien régulière, c'est-à-dire que ses divisions soient égales et recourbées en dehors. Elle acquerra une valeur plus grande encore si le cœur est d'une couleur différente de celle des divisions externes.

On peut établir trois classes parmi les nombreuses variétés de Jacinthes : celles à fleurs entièrement simples, celles qui sont doubles et enfin celles qui sont pleines. Les deux premières classes se multiplient de cayeux et de graines, les dernières seulement par le moyen des cayeux, parce que leurs fleurs sont tout-à-fait stériles. C'est par le moyen des graines que les fleuristes hollandais obtiennent chaque année un grand nombre de variétés nouvelles ; par les cayeux, au contraire, ils propagent et conservent les variétés déjà connues. Dans une excellente histoire des Jacinthes publiée à Amsterdam en 1768, l'auteur cite plus de dix-huit cents variétés qui toutes ont un nom particulier. On conçoit que depuis cette époque le nombre s'en est encore de beaucoup augmenté.

La culture des Jacinthes, bien que ces Plantes soient assez rustiques, exige des soins particuliers, surtout à cause de leur floraison très-précoce. En effet, sous le climat de Paris il n'est pas rare de voir les Jacinthes fleurir dès la fin de mars ou dans les premiers jours d'avril. Les Jacinthes se plantent ordinairement en planches de trois pieds environ de largeur sur une longueur variable, suivant le nombre que l'on en possède. Chaque planche doit être creusée à une profondeur de dix pouces et remplie d'une terre particulière qui est un mélange de fumier de Vache et de sable de Bruyère. On unit bien cette terre et l'on y trace des lignes longitudinales et transversales, éloignées les unes des autres de six pouces ; on enfonce un oignon à chaque point d'intersection, après quoi on recouvre le tout d'une nouvelle couche de terre préparée de trois à quatre pouces d'épaisseur que l'on soutient sur les côtés avec des tringles de bois. Ce travail doit se faire vers le milieu de septembre ou le commencement d'octobre. La Plante doit être ensuite recouverte avec des coquilles d'Huîtres pilées, si l'on peut

s'en procurer. Lorsqu'on craint de trop fortes gelées pendant l'hiver, on recouvre les oignons d'un lit de paille sèche. Quand au printemps les Jacinthes commencent à fleurir, elles exigent de nouveaux soins. Les amateurs sont dans l'habitude de recouvrir chaque planche d'une sorte de petite tente qui les garantit à la fois et de la neige et du soleil, qui hâte trop le développement des fleurs. Ceux qui n'ont pas de tente se servent de paillassons soutenus sur des traverses de bois et qui remplissent à peu près le même objet. Il faut néanmoins avoir soin de ne pas les laisser couvertes trop long-temps, afin que les tiges ne s'allongent pas trop par suite d'une sorte d'étiolement. La tige d'un grand nombre de variétés demande à être soutenue avec un petit tuteur de bois, à cause du poids des fleurs qui la terminent. Quand les fleurs sont passées, on attend que la tige et les feuilles jaunissent et se fanent, avant de retirer les oignons de terre. Pour cela on doit choisir un beau jour. On peut, si le temps est bien sûr, les laisser à terre pendant une quinzaine de jours, afin qu'ils achèvent de bien mûrir. On les rentre ensuite et on les place sur des tablettes. Quand ils sont bien secs, on les épluche, c'est-à-dire que l'on ôte les feuilles et les racines desséchées, on détache les cayeux que l'on met de côté. Après quoi on replace de nouveau les oignons sur des planches jusqu'à l'époque où l'on doit les replanter. Il y a des variétés dont les oignons durent ainsi vingt et même vingt-cinq ans. Ce sont particulièrement celles qui ne poussent que deux ou un très-petit nombre de feuilles chaque année.

Parmi les espèces indigènes, nous signalerons les suivantes :

JACINTHE DES BOIS, *Hyacinthus non scriptus*, L., *Scilla nutans*, D. C. ; Fl. Fr. Cette espèce est excessivement commune dans quelques bois, au printemps. Son bulbe est petit, globuleux ; ses feuilles linéaires ; sa hampe, haute d'environ un pied, porte un épi de fleurs d'un beau bleu de ciel et renversées. C'est à tort qu'elle a été placée par quelques auteurs dans le genre *Scilla.*

JACINTHE DE ROME, *Hyacinthus romanus*, L. Cette espèce croît en abondance dans les champs incultes de la campagne de Rome où nous l'avons recueillie en fleurs vers la fin de mars; elle vient également dans le midi de la France. Son bulbe est très-gros; ses feuilles sont linéaires, étroites; ses fleurs d'une teinte grise, sombre, forment un épi très-serré à la partie supérieure de la hampe.

JACINTHE TARDIVE, *Hyacinthus serotinus*, L. Cette espèce ressemble à la précédente par la couleur sombre de ses fleurs. Ses feuilles sont plus étroites et comme canaliculées; ses fleurs forment un long épi unilatéral, les trois lobes externes du calice sont recourbés en dehors. Elle croît dans le midi de la France et la Barbarie; Bory de Saint-Vincent l'a retrouvée en Andalousie, surtout dans les détritus schisteux de la Sierra-Moréna.

On a beaucoup discuté pour savoir si l'Hyacinthe des anciens était une espèce du genre auquel Linné appliqua ce nom. On sait en effet que ce nom était célèbre dans les fables mythologiques des Grecs et des Romains. Apollon, jouant au disque avec le jeune et bel Hyacinthe, son favori, le frappe involontairement à la tête d'un coup auquel il succombe. Désespéré, le dieu change en fleurs les gouttes de sang de son ami et leur donne le nom d'Hyacinthe. Les poëtes qui nous ont transmis cette fable n'ayant pas donné de description de la Plante qu'ils nommaient Hyacinthe, les botanistes modernes ont beaucoup varié sur ce sujet. Ainsi, les uns, tel que Linné, ont cru que l'Hyacinthe était le *Delphinium Ajacis*, parce que, suivant Ovide, on lisait les mots *ai ai* sur les fleurs de l'Hyacinthe, rappelant les cris plaintifs que poussa le mourant. Saumaise, Sprengel et Sibthorp pensent que c'est le Glayeul, *Gladiolus communis.* D'autres, et en plus

grand nombre, croient que l'Hyacinthe des anciens est le *Lilium Martagon* de Linné, parce que cette Plante présente dans la couleur de ses fleurs, dans les lignes qu'elles offrent, beaucoup de ressemblance avec ce que les anciens nous ont transmis sur leur Hyacinthe. Mais on conçoit qu'une pareille question ne saurait être résolue d'une manière positive et incontestable, et tel est le vague qui règne sur ce sujet que, quelle que soit l'opinion qu'on adopte, on ne manquera ni d'argumens pour la défendre, ni de raisons pour l'attaquer.

Le nom de Jacinthe a été étendu, par les jardiniers, à la Tubéreuse, à plusieurs Scilles, à une Ornithogale, ainsi qu'à une variété de Prunes.

(A. R.)

JACKA. BOT. PHAN. *V.* JAC.

JACKAASHAPUCK. BOT. PHAN. Selon Valmon de Bomare, les Américains du Canada donnent ce nom à l'Airelle dont ils fument la feuille en guise de Tabac. (B.)

JACKANAPER. MAM. Ce nom désigne dans quelques anciens voyageurs qui ont parlé des îles du cap Vert, le *Simia sabœa*, espèce du genre Guenon. *V.* ce mot. (B.)

JACKIE. REPT. BATR. Espèce du genre Grenouille *V.* ce mot. (B.)

* JACKIE. *Jackia.* BOT. PHAN. Genre de la famille des Rubiacées, et de la Pentandrie Monogynie, L.; établi par Wallich (*Fl. Ind.* 2, p. 321) qui lui attribue les caractères suivans: calice adhérent avec l'ovaire infère, à limbe unilatéral trifide; corolle monopétale infundibuliforme, à tube filiforme, à limbe campanulé, à cinq lobes; anthères filiformes sessiles et incluses; style très-long terminé par un stigmate bilobé. Capsule couronnée par le limbe du calice unilatéral et développé; à une seule loge contenant une seule graine. Ce genre ne se compose encore que d'une seule espèce, *Jackia ornata*, *loc. cit.*, grand Arbre très-touffu et

ramifié qui croît aux environs de Singapore dans l'Inde ; ses feuilles sont opposées et presque décussées, obovales, elliptiques, acuminées, courtement pétiolées; les fleurs forment de grandes panicules axillaires opposées et pendantes. (A. R.)

JACKOU. ois. (Dampier.) Et non *Jackon*. Syn. d'Ara rouge. *V.* ARA.   (B.)

JACKSONIE. *Jacksonia.* BOT. PHAN. Genre de la famille des Légumineuses et de la Décandrie Monogynie, L., établi par R. Brown (*Hort. Kew.*, 2ᵉ édit., vol. 3, p. 12) qui l'a ainsi caractérisé : calice à cinq divisions profondes et presque égales ; corolle papilionacée dont les pétales sont caducs, ainsi que les étamines qui ont leurs filets libres ; ovaire à deux ovules, surmonté d'un style subulé et d'un stigmate simple. Le fruit est un légume un peu renflé, ové ou oblong, à valves pubescentes inférieurement; graines dépourvues d'arilles calleux (*Strophiolæ*). Ce genre a d'abord été constitué sur une Plante que Labillardière (*Nov.-Holl. Spec.*, 1, p 107, t. 156) avait décrite et figurée sous le nom de *Gompholobium spinosum.* Outre cette espèce, Brown en a publié une autre sous le nom de *Jacksonia scoparia.* De Candolle (*Prodrom. Syst. Regn. Veg.* T. II, p. 107) vient d'augmenter ce genre de trois espèces, savoir : *J. horrida*, nouvelle espèce ; *J. furcellata* ou *Gompholobium furcellatum*, Bonpl. (*Nov.*, 50, t. 11), et *J. reticulata* ou *Daviesia reticulata* de Smith (*Trans. Linn. Soc.*, 9, p. 256). Les Jacksonies sont des Arbrisseaux particuliers à la Nouvelle-Hollande, presque dépourvus de feuilles lorsqu'ils ont pris leur accroissement, ayant leurs branches souvent anguleuses, et les ramuscules foliiformes. Leurs fleurs sont jaunes.   (G..N.)

JACO. ois. Nom vulgairement donné à la plupart des Perroquets réduits en domesticité.   (B.)

JACOBÆA. BOT. PHAN. *V.* JACOBÉE.

JACOBÆASTRUM. BOT. PHAN. Ayant subdivisé le genre *Jacobæa* de Tournefort, Vaillant donna le nom de *Jacobæastrum* au groupe dont les espèces étaient pourvues d'un involucre simple, de fleurs mâles et de demi-fleurons femelles. Comme ce nom était contraire aux règles imposées par Linné dans sa Philosophie botanique, il le changea en celui d'*Othonna*. *V.* ce mot.   (G..N.)

JACOBÆOIDES. BOT. PHAN. Ce nom avait été donné par Vaillant à l'un des genres qu'il avait formés aux dépens du *Jacobæa* de Tournefort. Linné le changea en celui de *Cineraria*. *V.* CINÉRAIRE.   (G..N.)

JACOBÉE. *Jacobæa.* BOT. PHAN. Sous ce nom Tournefort distinguait des *Senecio* les espèces dont les demi-fleurons marginaux étaient très-apparens, mais il y confondait plusieurs Corymbifères dont on a fait depuis les genres *Cineraria* et *Othonna*. Vaillant subdivisant le *Jacobæa* de Tournefort, sépara ces deux derniers sous les noms de *Jacobæoides* et de *Jacobæastrum* qui n'ont point été admis vu leur désinence contraire aux règles de la glossologie botanique. Le caractère essentiel du *Jacobæa* ne parut point assez important à Linné pour être employé comme générique; en conséquence ce genre ne devint plus à ses yeux qu'une section du *Senecio*. La plupart des auteurs se sont rangés à l'avis de Linné, et avec d'autant plus de raison qu'il devenait fort difficile de connaître les limites du *Jacobæa*. En effet, ceux qui ont admis ce genre s'accordent très-peu sur sa composition. Vaillant en avait séparé sous le nom de *Solidago* les espèces à feuilles entières ; celles-ci lui furent réunies par Adanson, auxquelles il adjoignit les Plantes formant le *Jacobæoides* ou *Cineraria* de Linné. Gaertner, en excluant ces dernières, s'est conformé à peu près au sentiment de Vaillant. Necker imagina inutilement le nouveau mot de *Senecio* pour désigner le groupe en question. Les genres *Senecio* et *Jaco-*

bœa de Mœnch sont distingués comme ils l'étaient par Tournefort, mais ce botaniste a créé en outre sur le *Senecio cernuus*, L., un genre *Crassocephalum*, L., qui n'a pas été adopté. Enfin, comme pour augmenter la confusion, Thunberg a changé les anciens noms, donnant au *Jacobœa* celui de *Senecio* et au *Senecio* celui de *Jacobœa*. Cet exposé sommaire des versatilités des auteurs touchant le genre *Jacobœa* ne nous semble pas inutile; il doit prémunir contre les innovations faites d'une manière inconsidérée ou par un système de subdivision qui tend de plus en plus à rompre certains groupes très-naturels, quoique ceux-ci présentent de légères modifications dans la structure de leurs divers organes. Il nous semble donc plus convenable aux intérêts de la science d'en revenir, relativement au *Jacobœa*, aux idées de Linné, c'est-à-dire de ne point le séparer complétement du *Senecio*. C'est ce qu'a fait H. Cassini qui ne l'admet que comme un simple sous-genre; néanmoins il en a tracé des caractères tellement circonstanciés qu'on serait disposé à lui donner une grande importance. C'est à l'article SENEÇON que nous donnerons ceux qui seront nécessaires pour distinguer ce sous-genre.

On a quelquefois appelé JACOBÉE MARITIME le *Cineraria maritima*, L. (G..N.)

* JACOBÉES. *Jacobeæ*. BOT. PHAN. Dans ses Familles naturelles des Plantes, Adanson donnait ce nom à l'une des dix sections suivant lesquelles il partageait les Composées; mais la manière artificielle dont il l'a caractérisée, et l'exclusion du genre *Senecio* si étroitement lié avec le *Jacobœa* que Linné les a réunis, ont empêché d'admettre la tribu formée par Adanson.

Le nom de *Jacobeæ* a été récemment donné par Kunth (*Nov. Gener. et Spec. Plant. æquinoct.* T. IV, p. 154) à la quatrième section qu'il a établie dans les Synanthérées de l'Amérique équinoxiale, et qu'il a composée des genres suivans : *Perdicium, Dumerilia, Kleinia, Catalia, Culcitium, Senecio, Cineraria, Werneria, Tagetes.* et *Bæbera*. *V.* ces mots et SYNANTHÉRÉES. (G..N.)

JACOBIN. OIS. Espèce des genres Corbeau et Grèbe. *V.* ces mots. Ce nom est encore synonyme de Morillon, espèce de Canard. On a aussi appelé JACOBIN HUPPE, la femelle de l'Edolio, espèce du genre Coucou. *V.* ce mot. (B.)

* JACOBIN. BOT. CRYPT. Paulet appelle ainsi un Champignon du genre Agaric, qu'il nomme également Ventre brun et Ventre blanc. (B.)

JACOBINE. OIS. Espèce d'Oiseau-Mouche. *V.* COLIBRI. On a aussi donné ce nom à la Corneille mantelée. (B.)

JACODE. OIS. Syn. vulgaire de Draine. *V.* MERLE. (DR..Z.)

* JACOS. POIS. Les Poissons gros comme des Veaux, qu'on pêche à la Côte-d'Or en Guinée, et dont il est question dans l'Histoire des voyages, ne sont pas connus. (B.)

JACOU. OIS. *V.* MARAIL et YACOU.

JACQUIER. BOT. PHAN. Pour Jaquier. *V.* ce mot. (B.)

JACQUINIE. *Jacquinia.* BOT. PHAN. Ce nom imposé par Linné et par Jussieu à un genre de la famille des Sapotées, a été donné postérieurement par Mutis au genre *Trilix* de Linné. Le premier de ces genres doit seul conserver le nom de *Jacquinia*; il offre les caractères suivans : le calice est monosépale, persistant, à cinq lobes incombans par leurs parties latérales; la corolle est monopétale, subcampanulée. Son limbe est à dix lobes, cinq alternes plus petits, en général dressés, et cinq plus grands, réfléchis et externes. Les étamines, au nombre de cinq, sont insérées à la base de la corolle. L'ovaire est uniloculaire contenant un assez grand nombre d'ovules attachés à un trophosperme basilaire. Cet ovaire est surmonté d'un style très-court que termine un stigmate obtus. Le fruit est une baie sèche, globuleuse, apiculée à son sommet, environnée à sa base par le calice persistant, contenant d'une à six graines attachées à sa base. Ce genre se compose de huit espèces, toutes originaires du continent ou des îles de l'Amérique méridionale. Ce sont des Arbrisseaux ou des Arbustes, ayant leurs feuilles tantôt éparses, tantôt opposées ou verticillées, toujours très-entières. Les fleurs sont terminales, disposées en épis ou en grappes, rarement solitaires. Le genre *Jacquinia* avait été placé par Jussieu dans la famille des Sapotées. Mais aujourd'hui il fait partie du nouveau groupe des Myrsinées ou Ardisiacées. Il faut en exclure le *Jacquinia venosa* de Swartz, qui est une Plante de la famille des Rubiacées, à laquelle Vahl a donné le nom de *Psychotria megalosperma*. (A. R.)

* JACUAGANGA. BOT. PHAN. (Pison.) Syn. de Costus. (B.)

JACULUS. MAM. Nom scientifique d'une Gerboise. *V*. ce mot. (B.)

* JACULUS. REPT. OPH. *V*. ÉRIX.

JACURUTU ou JACUTURU. OIS. *V*. CHOUETTE, sous-genre HIBOUX. (B.)

JADE. MIN. Ce nom ne se rapporte à aucune espèce minérale bien déterminée; il a été donné à des substances très-différentes, telles que le Feldspath tenace, la Prehnite, et des roches composées de Pétrosilex et de Talc, de Feldspath compacte et de Diallage, etc. Ces substances ont en général des teintes verdâtres ou blanchâtres, et à cause de leur dureté elles suppléent souvent à l'emploi des matières métalliques chez les peuples peu civilisés. On en distingue trois variétés principales :

Le JADE NÉPHRÉTIQUE, ou la NÉPHRITE, vulgairement appelé Jade oriental. Il paraît être un mélange de Pétrosilex et de matière talqueuse. Il est très-dur, et pèse spécifiquement 2,95. Il fond en émail blanc par l'action du chalumeau. Sa cassure est écailleuse, et sa transparence imite celle de la cire. On le travaille difficilement, et le poli qu'il reçoit a toujours quelque chose de gras. Ses couleurs sont le verdâtre, l'olivâtre et le blanchâtre. Il nous vient de la Chine, sous la forme d'objets sculptés et travaillés à jour avec beaucoup de délicatesse. Il est composé, suivant une analyse de Karstner, de : Silice 50,50; Alumine 10,00; Magnésie 31,00; Oxide de Fer, 5,50; Oxide de Chrome, 0,05; Eau, 2,75. Cette variété de Jade est du nombre des substances minérales qu'on employait anciennement comme amulettes, c'est-à-dire que l'on portait sur soi pour se soulager ou se préserver de certains maux. C'est parce qu'on la croyait propre à guérir la colique néphrétique qu'on lui a donné les noms de Pierre néphrétique et de Pierre divine. On trouve cette substance en masses roulées dans le lit des torrens qui descendent de la grande chaîne de l'Himalaya en Asie. Il paraît que ce sont ces masses détachées qui fournissent aux artistes chinois la plus grande partie du Jade qu'ils travaillent.

Le JADE ASCIEN ou AXINIEN, *Beilstein*, Wern., vulgairement Pierre de hache. Très-dur; à cassure écailleuse; couleur d'un vert olivâtre : susceptible de poli. Il existe à Tavaï-Punama, île méridionale de la Nouvelle-Zélande. Il tire son nom de Pierre de hache de la forme, sous laquelle les Sauvages l'ont façonné, pour l'employer aux mêmes usages que nos haches et nos coins. On lui a donné aussi les noms de casse-tête et de Pierre de la circoncision. On trouve de ces Pierres de hache dans beaucoup d'autres pays, et même en Europe : elles se rapportent à différentes espèces de roches, l'Ophite, la Serpentine, etc.

Le JADE DE SAUSSURE (Voyages dans les Alpes, n° 112 et 113); Saussurite, Théodore de Saussure. Très-tenace; couleur blanchâtre, verdâtre ou bleuâtre. Susceptible d'altération, comme le Feldspath des Granites. Saussure en faisait une variété du Jade; mais la plupart des minéralogistes le réunissent au Feldspath compacte. *V*. Feldspath. C'est un des principes composans de l'Euphotide. (G. Del.)

JADELLE, JODELLE ou JOUDARDE. ois. Syn. vulgaires de la Foulque Macroule. *V*. Foulque. (DR..z.)

* JADEN et LADEN. bot. phan. Syn. arabes de Ciste ladanifère. *V*. Ciste. (B.)

* JÆGERIE. *Jægeria*. bot. phan. Genre de la famille des Synanthérées, Corymbifères de Jussieu, et de la Syngénésie superflue, L., établi par Kunth (*Nov. Gener. et Spec. Plant. æquin.* T. iv, p. 277) qui l'a placé dans la tribu des Hélianthées, et l'a ainsi caractérisé : involucre campanulé, composé de cinq folioles égales dont les bords sont roulés en dedans; réceptacle conique, couvert de paillettes; fleurons du disque tubuleux, nombreux, hermaphrodites; ceux de la circonférence en languettes et femelles; akènes oblongs-cunéiformes, dépourvus d'aigrettes. C'est par ce dernier caractère que ce genre se distingue du *Wiborgia*; il diffère de l'*Unxia* par son réceptacle conique et paléacé. Le *Jægeria mnioides*, Kunth (*loc. cit.*, tab. 400), est une petite Plante herbacée dont la tige est simple, ordinairement à un seul capitule, rarement à plusieurs. Ses feuilles sont opposées, entières, sessiles, ovales-allongées, marquées de trois nervures et très-légèrement velues des deux côtés. Les fleurs sont petites, pédonculées et jaunes. Cette Plante croît dans les lieux tempérés près d'Ario, au Mexique. (G..N.)

* JAGGREÉ. bot. phan. Sorte de sucre que les habitans de Sumatra retirent de la liqueur qui découle de l'Aréquier, et que les Français prononcent Chagari; d'où Marsden croit par une étymologie un peu forcéé que le mot Sucre est dérivé. (B.)

* JAGO. *Gallus giganteus*. ois. ('Temminck.) Espèce du genre Coq. *V*. ce mot. (B.)

JAGON. moll. Il est difficile, pour ne pas dire impossible, de rapporter cette espèce d'Adanson (*Coquil. du Sénég.*, pl. 18) à son véritable genre; mais il est probable que c'est un Cardium, puisque dans sa description il dit que la charnière est semblable à celle du Kaman qui est bien certainement un Cardium. (D..H.)

* JAGORACUCU. mam. L'Animal brésilien mentionné sous ce nom par Lachênaye-des-Bois, paraît être une grande espèce de Chat. (B.)

JAGUACAGUARA. pois. (Marcgraaff.) Syn. de Moucharra, espèce du genre Glyphisodon. *V*. ce mot. (B.)

* JAGUACINI. mam. On ne connaît pas le Carnassier brésilien mentionné sous ce nom par Lachênaye-des-Bois qui le compare au Renard et le dit très-dormeur, se nourrissant de Crustacés et de cannes à sucre. (B.)

JAGUAR et JAGUARÈTE. mam. Espèces du genre Chat. *V*. ce mot. (B.)

JAGUAR. pois. Espèce brésilienne de Bodian. *V*. ce mot. (B.)

JAGUARUNDI. mam. Pour Yaguarondi. *V*. ce mot. (B.)

JAIS. min. *V*. Lignite.

* JAJON. moll. Nom vulgaire du *Venus eburnea*. (B.)

* JAKAIKACHI. bot. phan. Syn. caraïbe de *Cedrela odorata*, L. *V*. Cédrèle. (B.)

JAKAMAR. ois. Pour Jacamar. *V*. ce mot. (B.)

* JAKANA. rept. oph. On ne connaît pas la Vipère brésilienne mentionnée sous ce nom de pays par Séba et par Lachênaye-des-Bois. (B.)

JALAP. *Jalappa*. bot. phan. On désigne sous ce nom la racine d'une espèce du genre Liseron (*Convolvulus*

Jalappa, L.), qui est fort employée en médecine. Le Jalap nous vient du Mexique et de l'Amérique septentrionale. Ainsi qu'on la trouve dans le commerce, la racine de Jalap est en morceaux globuleux ou hémisphériques, quelquefois en rouelles de deux à trois pouces de diamètre. Sa surface externe est d'un brun sale ; son intérieur est d'une couleur moins foncée, marqué de zônes ou de couches concentriques emboîtées les unes dans les autres, comme les couches ligneuses dans la tige des Arbres dicotylédonés ; sa cassure est irrégulière, offrant quelques points brillans de matière résineuse. Son odeur est désagréable et nauséabonde, surtout quand il est réduit en poudre ; sa saveur est âcre et irritante. On doit au docteur Félix Cadet-Gassicourt, une analyse très-soignée de cette racine, publiée dans son excellente Dissertation sur le Jalap. Ce chimiste a trouvé sur 500 parties de cette racine : Résine 50 : Eau 24 ; Extrait gommeux 220 ; Fécule 12,5 ; Albumine 12,5 ; Phosphate de Chaux 4 ; Muriate de Potasse 8,1 ; et quelques autres Sels. Le principe le plus actif du Jalap est sans contredit la Résine, qui forme environ la dixième partie de son poids total : aussi en employant cette Résine est-on sûr d'obtenir des effets plus constans que par l'usage de la racine elle-même. Le Jalap est un médicament puissamment purgatif, qui, donné à une dose un peu élevée, peut déterminer des super-purgations violentes, l'inflammation des intestins et d'autres accidens très-graves. Son usage convient surtout aux individus chez lesquels prédomine le système lymphatique, et à ceux dont la susceptibilité nerveuse est presque nulle. Ainsi plusieurs médecins en ont retiré d'heureux effets dans l'hydropisie ascite essentielle, dans les scrophules et pour combattre les Vers intestinaux. On doit au contraire s'en abstenir toutes les fois qu'il y a fièvre ou irritation locale violente. La dose du Jalap en poudre est d'environ trente à quarante grains pour un adulte. Il est presque toujours préférable d'employer la Résine que l'on donne à la dose de quatre à huit grains. (A. R.)

JALOUSIE. BOT. PHAN. Nom vulgaire de l'Amaranthe tricolore et d'une variété de Poires. (B.)

JAMAIQUE. MOLL. Nom vulgaire et marchand du *Venus pensylvanica.* (B.)

JAMAR. MOLL. Linné avait rapporté le Cône Jamar d'Adanson (Coquil. du Sénég., pl. 6, fig. 1) à son *Conus Genuanus* ; mais ce Cône ne pouvait être admis par la synonymie ; car on voit qu'il y a confondu plusieurs espèces distinctes. Ce serait au Cône papilionacé de Lamarck qu'il se rapporterait, mais nous doutons beaucoup que le Jamar soit la même espèce. (D..H.)

JAMARALCION. OIS. (Levaillant.) Même chose que Jacamaralcion. *V.* ce mot. (G.)

JAMBE. CONCH. Nom vulgaire et marchand de l'*Ostrea isognomon.* (B.)

JAMBIERS. BOT. CRYPT. Paulet a établi sous ce nom une famille d'Agarics, dont l'un est le JAMBIER BLANC, et l'autre le Champignon Réglisse. De tels noms ne sauraient être adoptés. (B.)

JAMBLE. MOLL. L'un des noms vulgaires des Patelles. (B.)

JAMBOLANA. BOT. PHAN. La Plante désignée par Rumph sous ce nom reproduit par Adanson, semble être une Myrtée et même une espèce d'*Eugenia* ou de *Myrtus.* Cependant Linné eut en vue une toute autre Plante, lorsqu'il constitua son genre *Jambolifera*, auquel il assigna pour synonyme le *Jambolana* de Rumph : car la Plante linnéenne est une Rutacée. *V.* JAMBOLIFERA. (G..N.)

JAMBOLIFERA. BOT. PHAN. Sous ce nom, Linné établit un genre qu'il décrivit d'une manière fort obscure et auquel il assigna pour synonyme le *Jambolana* de Rumph. Celui-ci fut reconnu pour une Myrtée, tandis que l'autre fut placé dans les Rutacées et décrit par Gaertner (*de Fruct.* I, p. 280) sous le nom de *Cyminosma*. Les auteurs et particulièrement De Candolle (*Prodrom. Syst. Regn. Veg.* 1, p. 722) ont adopté le nom substitué par Gaertner. *V.* CYMINOSME. Le mot de *Jambolifera* fut de nouveau appliqué à la Plante de Rumph par Gaertner qui en fit un genre distinct. Mais Kunth a démontré (Mém. de la Soc. d'Hist. Nat. de Paris, T. 1, p. 324) que ce genre devait être réuni au *Myrtus*, conjointement avec l'*Eugenia*, le *Sisygium*, le *Greggia* et le *Caryophyllus*. *V.* MYRTE.   (G..N.)

JAMBON. CONCH. Nom vulgaire et marchand du *Pinna saccata*. *V.* PINNE.   (B.)

JAMBONNEAU. MOLL. Nom sous lequel Adanson a réuni plusieurs genres, tels que Moules, Modioles et Pinnes, et qui n'a pas été admis. On donne plus particulièrement le nom de Jambonneau aux Coquilles du genre Pinne. *V.* ce mot. (D..H.)

JAMBOS, JAMBOSA ET JAM-BOSIER. BOT. PHAN. Noms français empruntés du malais, pour désigner le genre *Eugenia* qui, d'après Swartz et Kunth, doit être réuni au *Myrtus* dont il ne diffère nullement. *V.* MYR-TE.   (A. R.)

JAMESONITE. MIN. Nom sous lequel plusieurs minéralogistes ont réuni les deux substances qui ont été décrites jusqu'ici sous les noms d'Andalousite et de Macle. *V.* ce dernier mot.   (G. DEL)

* JAMM ET JAMMA. Ces noms japonais sont des adjectifs qui, dans la langue japonaise, signifient des espèces sauvages et alpines; ils sont passés dans les dialectes malais: de-là tant de Végétaux qu'ils précèdent, tels que JAMBOSE et JAMBROSE dont il a été question, qui est ce qu'on nomme encore JAMROSADE dans les colonies françaises; JAMMA-BUKI, le *Corchorus olitorius;* JAMMALAC, l'*Eu-*

genia racemosa; JAMMANA, l'*Antidesma sylvestris;* JAMMA-SIMIRA, le *Cornus japonicus*, etc., etc.   (B.)

* JANACA. MAM. C'est probablement un Antilope que Dapper entend désigner sous ce nom.   (B.)

JANDIROBÉ. BOT. PHAN. (Valmon de Bomare.) Pour Nandirobe. *V.* ce mot et FEUILLÉE.   (B.)

* JANDOU. OIS. (Lachênaye-des-Bois.) Même chose que Yandou. *V.* ce mot.   (B.)

* JANDOU. BOT. PHAN. Espèce indéterminée du genre *Dioscorea* qui croît naturellement sur les bords du Zaïre, et dont on mange la racine comme celle des autres Ignames. (B.)

* JANFRU. POIS. Le Razon à Malte et dans quelques autres points du bassin de la Méditerranée.   (B.)

* JANG. MAM. Le P. Navarette mentionne sous ce nom un Animal fabuleux, qu'il dit se trouver à la Chine où il se nourrit de l'air qu'il aspire, n'ayant cependant pas de bouche.   (B.)

JANGOMAS. BOT. PHAN. L'Arbre mentionné par Bontius sous ce nom, est le *Stigmarota* de Lourciro.   (B.)

JANIE. *Jania.* POLYP. Genre de l'ordre des Corallinées, dans la division des Polypiers flexibles ou non entièrement pierreux, de la section des Calcifères, c'est-à-dire de ceux dans lesquels la substance calcaire, mêlée avec la substance animale ou la recouvrant, est apparente dans tous les états. Ses caractères sont : Polypier muscoïde, capillaire, dichotome, articulé; articulations cylindriques; axe corné; écorce moins crétacée que celle des Corallines. Tous les zoologistes ont réuni les Janies aux Corallines, sans en faire même une section particulière; cependant ces deux groupes de Polypiers diffèrent par des caractères bien tranchés et qui n'offrent point d'anomalies. Les Corallines sont constamment trichotomes, les Janies se divisent toujours par dichotomies; les premières ont leurs articulations plus ou moins comprimées, sont deltoïdes, cylindriques seulement sur quelques parties des Polypiers, tandis que les secondes offrent ces mêmes articulations d'une forme cylindrique depuis la base jusqu'aux extrémités. La position des Polypes est peut-être différente. Seraient-ils placés au sommet des ramifications comme dans les genres précédens ? Dans les Corallines, loin d'indiquer ce caractère, ils semblent, au contraire, couvrir toute la surface du Polypier sous forme de filamens très-courts, et visibles seulement au microscope sur les individus que la mer n'a jamais découverts, il est vrai, mais doués d'un mouvement qui ne peut être dû qu'à la vie. Les Janies se rapprochent des Corallines par la substance, et surtout par les corps ovoïdes que l'on regarde comme des ovaires, et qui offrent une analogie parfaite dans ces deux groupes ; ils se lient naturellement l'un à l'autre par le *Jania corniculata* qui présente quelquefois tous les caractères d'une vraie Coralline dans sa partie inférieure, tandis qu'il ne s'en trouve aucun dans la partie supérieure. Ainsi, ces Polypiers sont intermédiaires entre les Corallines et les Galaxaures, sans appartenir ni aux unes ni aux autres. Les Janies ne varient point dans leur forme générale ; la longueur des articulations, le plus ou moins de divergence des rameaux, la forme des ovaires, la grandeur et l'habitation fournissent seules les caractères spécifiques, qui sont très-difficiles à apercevoir à cause de la petitesse de ces êtres. Dans quelques espèces, le nombre des variétés est considérable ; peut-être ces variétés sont-elles de véritables espèces qui se perpétuent et qui ne varient jamais ; mais tant de caractères les lient à leurs congénères, qu'il est presque impossible de les définir d'une manière bien exacte. Ces Polypiers, dans le sein des mers, paraissent d'un violet verdâtre ou rosâtre ; cette couleur se change en un rose ou un rouge brillant, plus ou moins foncé,

qui devient d'une blancheur éclatante par l'action de l'air et de la lumière. Leur grandeur n'est pas considérable et ne dépasse jamais quatre centimètres, il en existe de deux à trois millimètres de hauteur. On les trouve à toutes les latitudes, à toutes les profondeurs, en général parasites sur toutes les Plantes marines qu'elles couvrent quelquefois entièrement de leurs touffes épaisses. Certaines espèces, semblables à un grand nombre d'Insectes, ne viennent que sur la Plante marine qu'elles semblent affectionner ; il en est même que l'on ne trouve que sur quelques parties du Végétal et point sur les autres. Le *Jania pumila* en offre un exemple ; on ne le voit jamais que dans la concavité des feuilles du *Sargassum turbinatum*. Ces Polypiers peuvent remplacer la Coralline officinale ; et il n'est pas rare de voir, dans les meilleures pharmacies, de la Coralline de Corse entièrement composée de Janies de différentes espèces. (LAM..X.)

JANIPABA. BOT. PHAN. (Marcgraaff.) Syn. de Genipayer. *V.* ce mot. (B.)

JANIPHA. BOT. PHAN. Genre de la famille des Euphorbiacées, et de la Monœcie Polyandrie, L. Il présente des fleurs monoïques et un calice campanulé quinquéparti, sans corolle. Dans les fleurs mâles, on trouve dix étamines libres insérées sur le contour d'un disque charnu et qui sont alternativement plus longues et plus courtes ; dans les femelles, un style court, trois stigmates à plusieurs lobes qui sont réunis ensemble en une seule masse parcourue par des sillons irrégulièrement sinueux et profonds ; un ovaire porté sur un disque charnu, à trois loges contenant un ovule solitaire. Le fruit est une capsule à trois coques bivalves. Les espèces de ce genre sont des Arbres ou des Arbrisseaux remplis d'un suc lactescent, à feuilles alternes et palmées, et dont les fleurs sont disposées en grappes paniculées, axillaires ou terminales. Elles sont au nombre de cinq et toutes originaires d'Amérique. L'une d'elles est très-répandue à cause de l'emploi alimentaire de sa racine, si connue sous le nom de Manioc (*V.* ce mot); celle des autres paraît être analogue jusqu'à un certain point, c'est-à-dire contenir une grande quantité de fécule mêlée à un principe âcre et vénéneux qui se volatilise par la chaleur. Ce genre était autrefois réuni au *Jatropha* ou Médicinier, qui en diffère par plusieurs caractères et notamment par la présence d'une corolle. Déjà Adanson l'en avait séparé sous le nom de Manihot, nom un peu barbare auquel on a dû substituer celui de *Janipha* proposé par Kunth et tiré d'une autre espèce qu'il servait à désigner. *V.* Kunth, *Nov. Gen.* T. II, p. 106, tab. 109, et Adr. de Jussieu, Essai sur les Euphorbiacées, p. 57, tab. 10, n° 33.

(A. D. J.)

* JANIRE. *Janira.* ACAL. Genre de l'ordre des Acalèphes libres, dans la classe des Acalèphes, proposé par Ocken, dans son Système de Zoologie, aux dépens des Béroés, pour deux espèces de ce groupe qui ont des nageoires longitudinales, la bouche pédiculée et deux tentacules branchiaux; ce sont les *Beroes priscus* et *hexagona* qui appartiennent, du moins le dernier, aux Callianires de Lesueur.   (LAM. X.)

JANOUARA ET JANOUARE. MAM. Premiers noms sous lesquels le Jaguar fut connu en Europe d'après les anciens voyageurs, d'où le JANOVARÉ de Séba.   (B.)

JANRAJA. BOT. PHAN. (Plumier.) Syn. de Rajania qui est l'anagramme du célèbre botaniste Jean Rai. (B.)

JANSOUNA. BOT. PHAN. (Gouan.) La grande Gentiane en Languedoc.

(B.)

* JANTHINE. REPT. OPH. Espèce du genre Couleuvre. *V.* ce mot. (B.)

JANTHINE. *Janthina.* MOLL. Connu depuis long-temps, ce genre n'en a pas moins resté vacillant dans les Méthodes, comme nous le verrons

bientôt. Le premier auteur qui en ait parlé, est, à ce qu'il paraît, Fabius Columna (*de Purpurea*, p. 13, fig. 2), dont l'ouvrage fut publié en 1616. La figure qui accompagne sa description est très-bonne pour le temps où elle fut faite. Lister, dans son grand ouvrage (*Synops. Conch.*, pl. 572), a donné la figure de la Coquille et de l'Animal, probablement d'après Fabius Columna qu'il a soin de citer. Breynius, en 1705, sans citer Columna ni Lister, donna de nouveau les figures de l'Animal de la Janthine, mais ces figures sont mauvaises. D'autres auteurs, tels que Sloane en 1707, Browne en 1756 et Rumph dans quelques ouvrages qui ont pour but la connaissance des productions de certains pays, ont donné la figure de la Coquille seulement du genre qui nous occupe. Un ouvrage qui aurait dû avoir une grande influence sur l'esprit des zoologistes, est celui de Forskahl, où on trouve de bonnes figures d'un assez grand nombre de Mollusques; publié plusieurs années avant la treizième édition du *Systema Naturæ*, il aurait pu servir à y apporter plusieurs modifications importantes, si la direction imprimée alors aux sciences naturelles n'eût été différente. L'Animal de la Janthine, bien connu dans sa configuration extérieure, ainsi que dans sa manière de vivre, n'aurait pas dû être confondu avec les Hélices, et l'on doit s'étonner que Linné ait commis une pareille erreur. Aussi le genre Janthine, que Lamarck proposa dans ses premiers travaux, fut-il adopté sur-le-champ. Depuis, Bosc donna de nouveau la figure de l'Animal dans son Traité des Coquilles, et y ajouta une bonne description; néanmoins, comme l'observe Cuvier, on ne connaissait point encore assez les rapports des formes extérieures avec l'organisation, pour fixer invariablement la place de ce genre. C'est dans l'intention de décider cette question que Cuvier entreprit l'anatomie de la Janthine, ayant eu à sa disposition plusieurs individus de même espèce, rapportés de mers fort éloignées. Malgré cette anatomie, nous ne voyons pas encore les auteurs d'un accord unanime sur le rapport de ce genre. Cuvier le place dans ses Conchilies avec les Phasianelles et les Ampullaires. Lamarck le tient isolé entre les Néritacées parmi lesquelles il semble l'avoir oublié, et les Macrostomes. Férussac le rapporte à sa famille des Trochoïdes dans laquelle il rassemble aussi bien les Janthines que les Mélanopsides, les Nérites que les Scalaires, etc. Blainville, sans adopter absolument l'opinion de Lamarck, en a une qui s'en rapproche plus que d'aucune de celles de ses autres devanciers; il propose en effet, dans son second ordre des Asiphonobranches, une cinquième famille sous le nom d'Oxistomes pour le genre Janthine lui seul. Cette nouvelle famille se trouve immédiatement après celle des Hémicyclostomes qui correspond entièrement à celle des Néritacées de Lamarck. Latreille enfin, dans ses Familles Naturelles, a manifesté une opinion différente de toutes celles que nous venons de mentionner. Cet auteur établit six familles dans la seconde section des Pectinibranches; la seconde, sous le nom de Turbinées, est consacrée aux genres Turritelle, Turbot, Ampullaire et Janthine. Cette dernière opinion, dans laquelle on aperçoit quelque similitude avec celle de Cuvier et de Férussac, n'est point entièrement semblable à celle de ces deux zoologistes; elle leur est plutôt intermédiaire. Parmi toutes les opinions que nous venons de rapporter, celle qui nous paraît se rapprocher le plus de la vérité, est celle de Lamarck et de Blainville, et c'est aussi celle que nous adopterions de préférence. D'après les travaux de Cuvier et de Blainville, on peut caractériser le genre Janthine de la manière suivante: Animal de forme ovale, spiral, pourvu d'un pied circulaire, concave, en forme de ventouse, accompagné d'une masse vésiculaire, subcartilagineuse, et de

chaque côté, d'espèces d'appendices natatoires; tête fort grosse; tentacules subulés, peu contractiles; les yeux portés au-dessous de l'extrémité; d'assez longs pédoncules situés au côté externe des tentacules et paraissant en faire partie; bouche à l'extrémité d'un mufle fort gros, proboscidiforme entre deux lèvres verticales, subcartilagineuses, garnies d'aiguillons qui se continuent jusqu'à la base d'un petit renflement lingual; organes de la respiration formés par deux peignes branchiaux; l'ovaire se terminant dans la cavité respiratoire; l'organe excitateur mâle assez petit et non rétractile (Blainv.). Coquille ventrue, conoïdale, mince, transparente; ouverture triangulaire; columelle droite, dépassant la base du bord droit; celui-ci ayant un sinus dans son milieu; opercule remplacé par une masse vésiculaire subcartilagineuse, attachée sous le pied.

Le nombre des espèces de Janthine est peu considérable. Lamarck en a indiqué deux seulement dans ses Animaux sans vertèbres. Blainville en a ajouté deux autres sur lesquelles nous conservons quelques doutes, surtout pour celle qu'il nomme globuleuse, qui ne diffère de la Janthine naine de Lamarck, que par un peu moins d'élévation dans la spire. La Janthine prolongée du même auteur est décrite d'une manière trop abrégée pour pouvoir la reconnaître avec exactitude; les principales différences sont dans la columelle qui se prolonge un peu plus en un angle saillant, ce qui allonge un peu l'ouverture, ainsi que dans une suture plus profonde. Ces légères nuances suffisent-elles pour établir une espèce?

JANTHINE COMMUNE, *Janthina communis*, Lamk., Anim. sans vert. T. VI, p. 206, n. 1; *Janthina fragilis*, Lamk., Encyclop., pl. 4, 5, 6, fig. 1, A, B; *Helix Janthina*, L., Gmel., p. 3645, n. 103; Lister, Conchyl., tab. 5, 7, 2, fig. 24; Cuvier, Ann. du Mus. T. II, p. 123. Cette espèce était la seule con-

nue avant les travaux de Lamarck ;
elle acquiert un grand volume, elle
a une belle couleur violette moins
foncée vers la spire; quelquefois la
carène arrondie, qui existe constamment dans le milieu du dernier tour,
sert de point de partage dans la distribution de la couleur, se trouvant
souvent presque blanche en dessus,
et tout-à-fait violette en dessous;
dans quelques individus, une zône
unique, violette, se remarque dans
le milieu du dernier tour; une partie de la base et la spire d'un blanc
violâtre. Cette Coquille est trochi-
forme ; son ouverture est subtriangu-
laire ; la columelle, qui est droite,
légèrement torse vers son milieu,
forme un des côtés du triangle; le
bord droit, qui est très mince et très-
tranchant, forme un sinus plus ou
moins profond à l'endroit de la carène. Nous avons observé ce sinus
dans tous les individus que nous
avons vus, et si quelques-uns mutilés
ne le présentaient pas, on pouvait toujours reconnaître son existence par
les stries d'accroissement qui sont
sur la surface de la Coquille. Cette
espèce, la plus commune, se trouve
presque partout, dans la Manche, la
Méditerranée, l'océan Atlantique, la
Jamaïque et le Chili. Plusieurs individus très-grands nous ont été donnés
par notre estimable ami Lesson,
qui les avait recueillis au cap de
Bonne-Espérance. Leur diamètre est
de quarante-quatre millimètres à la
base.

JANTHINE NAINE, *Janthina exigua*,
Lamk., Anim. sans vert. T. VI, p.
206, n. 2; Lamk., Encycl., pl. 4, 5,
6, fig. 2, A, B. Petite espèce bien
caractérisée par son volume aussi bien
que par les stries lamelleuses et longitudinales qui ornent toute sa surface; l'échancrure est aussi plus profonde que dans l'espèce précédente;
ses tours de spire plus arrondis; la
suture plus enfoncée; et le sommet
qui est aigu est transparent, subvi-
treux. Cette jolie espèce, dont on
ignorait la patrie, a été rapportée par
Lesson qui l'a trouvée au Chili. Elle

a cinq à six millimètres de diamètre à
la base.   (D..H.)

★ JANUS. INS. Espèce du genre
Bombyx qui se trouve à Surinam.
                                   (B.)

★ JAPACANI. OIS. (Marcgraaff.)
V. JACAPANI.

JAPARANDIBA. BOT. PHAN. Adanson, d'après Marcgraaff, appelle ainsi
un Arbre de la famille des Myrtacées
qu'Aublet regarde comme son genre
Pirigara. *V*. ce mot.   (A. R.)

JAPONAIS. POIS. Espèce de Cotte.
V. ce mot, sous-genre ASPIDOPHORE.
                                   (B.)

★ JAQUERI. BOT. PHAN. Pison mentionne sous ce nom deux Mimeuses
brésiliennes.   (B.)

JAQUEROTTE. BOT. PHAN. La
Tubéreuse dans certains cantons de
la France, particulièrement vers
la Loire.   (B.)

JAQUES. OIS. Un des noms vulgaires du Geai.   (A. R.)

★ JAQUET. OIS. Syn. vulgaire de
Sourde. *V*. BÉCASSE.   (DR..Z.)

JAQUETTE. OIS. Syn. vulgaire de
Pie. *V*. CORBEAU.   (DR..Z.)

JAQUIER. *Artocarpus*. BOT. PHAN.
Genre de la famille des Urticées, section des Artocarpées, et de la Monœcie
Monandrie de Linné, qui se compose
de plusieurs espèces arborescentes,
toutes fort intéressantes à cause de
leurs fruits qui sont un aliment extrêmement précieux dans les pays où
elles croissent, ce qui les a fait désigner sous le nom vulgaire d'*Arbres
à pain*. Voici les caractères du genre
Jaquier : les fleurs sont unisexuées
et monoïques, disposées en chatons
placés à l'aiselle des feuilles supérieures. Les chatons mâles sont cylindriques, un peu renflés vers leur
partie supérieure, longs de douze à
quinze pouces sur un diamètre d'à
peu près deux pouces. Les fleurs sont
extrêmement nombreuses et serrées
sur l'axe du chaton. Chacune d'elles
se compose d'un calice monosépale

tronqué à son sommet, à trois angles obtus, et d'une seule étamine dont le filet long et grêle naît de la base interne du calice. Les chatons femelles sont globuleux ou ovoïdes, également pédonculés et placés à l'aisselle des feuilles. Leur axe est très-épais et renflé, tout couvert de fleurs excessivement serrées les unes contre les autres. Chaque fleur offre un calice allongé bifide, au fond duquel on trouve un petit ovaire libre surmonté d'un style très-long, un peu latéral, grêle, terminé par deux stigmates filiformes et divariqués. Chaque chaton et la feuille à l'aisselle de laquelle il est placé, sont d'abord entièrement enveloppés dans une spathe roulée, foliacée et très-caduque. Le fruit est tout-à-fait analogue à celui du Mûrier, mais il est plus grand, c'est-à-dire que les calices deviennent excessivement charnus, épais, se soudent et s'entregreffent entre eux, et finissent par former une sorte de baie composée, dont la surface externe présente une infinité de petites saillies irrégulièrement hexagonales, formées par le sommet de chaque fleur. Le centre de cette baie est occupé par un axe très-renflé et fibreux.

JAQUIER A FEUILLES INCISÉES, *Artocarpus incisa*, L., *Suppl.*, Lamk., *Ill.* t. 744. Vulgairement *Rima* ou *Arbre à pain d'Otaïti*. C'est un Arbre dont le tronc, de la grosseur d'un Homme, acquiert une hauteur de quarante à cinquante pieds. Son bois est mol, jaunâtre et léger; son écorce est luisante et fendillée. Toutes ses parties, lorsqu'on les entame, laissent échapper un suc blanc laiteux et visqueux. Ses rameaux se réunissent à la partie supérieure du tronc, en formant une tête presque globuleuse. Les feuilles sont grandes, alternes, pétiolées, ovales, aiguës, comme pinnatifides et fendues dans leurs deux tiers supérieurs en sept ou neuf lobes lancéolés, aigus, séparés par des sinus obtus. Les chatons mâles et femelles sont portés sur le même rameau, et placés à l'aisselle des feuilles supé-

rieures. Les fruits sont globuleux, à peu près de la grosseur de la tête d'un Homme. Leur surface est raboteuse et couverte de petites saillies anguleuses verdâtres. Leur pulpe est blanche, farineuse, légèrement fibreuse, devenant jaunâtre et succulente à leur parfaite maturité. Le réceptacle ou axe central est claviforme, charnu et très-fibreux. L'Arbre à pain est originaire de l'Inde, de la côte du Malabar et des Archipels de la mer du Sud, où il croît en abondance. Les Européens l'ont ensuite transporté dans d'autres parties du globe. Ainsi on le cultive depuis longtemps à l'Ile-de-France, à Cayenne et dans la plupart des Antilles. Sonnerat et Forster nous ont transmis des renseignemens très-intéressans sur cet Arbre. Il présente deux variétés principales, l'une stérile et entièrement privée de graines, l'autre en contenant au milieu de la pulpe charnue du fruit. Cette dernière variété est celle que décrivirent Rumph et Sonnerat. Selon Forster et plusieurs voyageurs modernes, on la trouvait aussi autrefois à Taïti; mais elle en a tout-à-fait disparu, parce que les habitans se sont uniquement occupés de cultiver la variété sans graines, qui est plus productive et plus agréable à manger. Ces graines, à peu près de la grosseur de nos châtaignes, sont oblongues, anguleuses, aiguës à leurs deux extrémités, recouvertes de tuniques. Dans les îles Célèbes les habitans les font cuire à l'eau ou sous la cendre chaude pour s'en nourrir. Quant à la variété sans graines, on la trouve aux îles Marianes où croît également la seconde variété, aux nouvelles Hébrides et dans l'archipel des Amis, aux Sandwich, mais nulle part plus abondante qu'à l'archipel des îles de la Société; ses fruits bien mûrs sont pulpeux et d'une saveur douce et agréable, mais ils se putréfient facilement. Un peu avant leur maturité ils sont farineux, et lorsqu'ils ont été cuits dans un four ou sur le feu, ils ont une saveur agréable qui rappelle à la fois le pain de froment, les tubercules de la Pomme de terre ou du Topinambour. Ils sont alors un aliment aussi sain que nourrissant. Les habitans de Taïti et des îles adjacentes s'en nourrissent pendant huit mois de l'année, et pendant les quatre autres mois, c'est-à-dire de septembre à décembre, époque où l'Arbre fleurit et mûrit ses fruits, ils mangent une sorte de pulpe cuite préparée encore avec ses fruits. On dit que les fruits de trois Arbres suffisent pour nourrir un Homme pendant une année. Ce n'est pas le seul avantage que l'on retire de l'Arbre à pain ; son écorce intérieure est formée de fibres extrêmement tenaces, et l'on s'en sert pour tisser des étoffes dont les habitans se font des vêtemens.

Une autre espèce non moins intéressante, d'abord placée dans ce genre, est l'*Artocarpus integrifolia*. Mais cette espèce, qui porte exclusivement le nom de Jaquier dans les colonies, est devenue le type du genre *Sitodium* de Banks, sous le nom de *Sitodium cauliflorum*. Elle est figurée dans Rhéede, Roxburgh et Gaertner. *V.* SITODIUM.　(A. R.)

JARA ET JARARA. REPT. OPH. Ces mots doivent signifier Serpent dans certains idiomes malais, car JARA-CAPEBA est, dans Rumph, un Python de Ceylan; JARA-EPÉBA, un autre Python dans Rai; JARAKA, une Vipère javanaise dans Daudin; et JA-RARAKUKU, diverses Vipères; mais celles-ci sont brésiliennes, selon Ruysch et Rai, d'après Pison. (B.)

JARACATIA. BOT. PHAN. Ce nom se rapproche beaucoup de celui de *Jacaratia* donné par Pison à une Plante épineuse du Brésil, laquelle paraît être une espèce de *Cactus*. Marcgraaff s'en est servi pour désigner une Plante également épineuse, mais dont les feuilles semblent être digitées. D'après les caractères qui lui sont attribués, on présume qu'elle a quelque affinité avec le Papayer, *Carica Papaya*, L. (G..N.)

JARAK. BOT. PHAN. Il serait peut-

être intéressant de rechercher par quelle cause ce mot hébreu, qui signifie Herbe, est, selon Marsden, celui du Ricin chez les insulaires de Sumatra. (B.)

JARAVE. *Jarava*. BOT. PHAN. Le genre de Graminées décrit sous ce nom par Ruiz et Pavon, est une véritable espèce de *Stipa*. *V.* ce mot. (A. R.)

JARAVÆA. BOT. PHAN. Ce nom a été donné par Scopoli et Necker aux espèces de Mélastomes dont le fruit est bacciforme à deux ou trois loges. *V.* MÉLASTOME. (G..N.)

* JARBUA. POIS. Espèce de Perche du sous-genre Térapon. *V.* PERCHE. (B.)

* JARDIN. *Hortus*. BOT. Ce nom, qui littéralement désigne un lieu destiné à la culture des Plantes, a été donné par certains auteurs de botanique aux catalogues descriptifs des Jardins. Avant Linné, les botanistes donnaient même ce titre aux flores de contrées fort étendues; l'*Hortus Malabaricus* de Rhéede en est un exemple. La plupart des catalogues de Jardins contiennent seulement l'énumération des espèces que l'on y cultive, rangées par ordre alphabétique ou d'après un système quelconque. Ils ne servent alors qu'à faire connaître la richesse et à faciliter la correspondance des Jardins entre eux. D'autres catalogues ont plus d'importance pour la science; c'est lorsqu'ils contiennent des phrases spécifiques et même de courtes descriptions faites sur le vivant. L'*Hortus Cliffortianus* de Linné peut être cité comme un modèle en ce genre. Ils sont encore plus utiles pour la science, quand des botanistes habiles y décrivent de nouveaux genres : tels sont l'*Hortus Kewensis* d'Aiton, augmenté par R. Brown, et le Catalogue du Jardin de Montpellier, par De Candolle. Enfin, dans quelques autres ouvrages aussi nommés Jardins, on ne décrit que les Plantes les plus remarquables. Parmi ceux-

cì, nous citerons l'*Hortus Elthamensis* de Dillen, les *Hortus Schœnbrunnensis* et *Vindobonensis* de Jacquin, les Jardins de la Malmaison et de Cels, par Ventenat, etc. Les ouvrages périodiques publiés en Angleterre sous les noms de *Botanical Magazine*, *Bot. Register*, *Bot. Cabinet*, seraient de cette catégorie, si les auteurs ne reproduisaient pas le plus souvent un grand nombre de Plantes très-bien décrites et figurées ailleurs. (G..N.)

JARDIN DE BOTANIQUE. *Hortus botanicus.* L'étude des Plantes, la propagation de celles qui par leur utilité ou leur beauté contribuent au bonheur ou aux jouissances de l'Homme civilisé, ont dû leurs plus grands progrès à l'établissement des Jardins de botanique. Mais il fallait que la botanique fût élevée au rang de science pour qu'on eût l'idée de cultiver, dans un même lieu, le plus grand nombre possible d'espèces diverses dont l'étude servît à l'enseignement, indépendamment des avantages qu'on pouvait en tirer sous le rapport de l'utilité et de l'agrément.

Quoique les arts, dans l'antiquité, eussent en général atteint une haute perfection, celui de la culture des Plantes était resté fort en arrière. Les Jardins des Grecs et des Romains se réduisaient à des potagers destinés à la culture des Plantes culinaires, à de grands vergers pour celle des Arbres fruitiers, ou bien c'était des bosquets plus enchanteurs à leurs yeux, par la verdure et la fraîcheur des ombrages, que par la variété et la beauté des Arbustes qui y croissaient. Trop de soins d'ailleurs étaient nécessaires aux anciens et trop peu de connaissances leur étaient acquises pour qu'ils eussent essayé de naturaliser les Plantes des climats chauds, lors même qu'ils auraient pu se les procurer par leurs fréquentes communications avec les peuples de l'Afrique, de l'Asie-Mineure et des Indes-Orientales.

Cependant leur goût pour les belles fleurs était poussé souvent jusqu'à l'excès. On dit que le sénat romain crut nécessaire de réprimer par des lois la passion dont les citoyens s'éprirent pour les couronnes et les guirlandes. On dit aussi que sous les empereurs dont la lâcheté et la mollesse égalaient la cruauté, les Romains, imitateurs de leurs tyrans, ne se contentaient plus de ces tresses de fleurs, mais qu'ils les entassaient dans leurs lits et leurs appartemens comme pour se procurer une sorte d'ivresse. Il y a lieu de croire que ces fleurs étaient celles des champs, si nombreuses et si brillantes sous le beau ciel de l'Italie, ou bien qu'elles appartenaient à quelques espèces seulement cultivées en grand pour l'usage des Sybarites de cette époque. Pline, en effet, citant les Plantes cultivées dans les Jardins de son temps, ne parle, à propos de fleurs d'ornement, que de Roses et de Violettes. Dans les peintures brillantes que les poëtes ont tracées des fameux Jardins des Hespérides, de Sémiramis et d'Alcinoüs, ils n'ont point dit, pour en augmenter les délices, qu'ils fussent embellis de fleurs, et tout fait présumer que ces Jardins n'étaient que des retraites ombragées, arrosées et décorées de divers monumens.

Le nombre des Plantes cultivées soit pour l'ornement, soit pour l'utilité, ne s'augmenta pas en Europe durant toute la période barbare du moyen âge. Mais, au treizième siècle, lorsque les Croisés furent obligés d'abandonner aux Sarrasins l'objet de leurs pieuses conquêtes, ils en reçurent, par une sorte de compensation, de légères connaissances, les seules que ces preux mais ignares voyageurs étaient susceptibles d'acquérir; avec quelques notions d'Horticulture, ils rapportèrent de l'Orient plusieurs graines de Plantes utiles (*V.* notre article FAGOPYRUM), en même temps qu'un certain nombre de fleurs d'ornement qui furent conservées dans les couvens des moines, dont elles charmaient la solitude et l'oisiveté.

Ainsi, pendant que l'Europe ne possédait encore aucun Jardin remarquable par ses cultures, un goût très-vif pour les Végétaux d'agrément, pour les parterres de fleurs et pour les Arbres fruitiers, dominait chez les Orientaux et surtout chez les Persans. A la vérité, cette passion n'a pas eu d'aussi beaux résultats que chez les nations occidentales dont la perfectibilité est un caractère essentiel. Le plus grand plaisir pour les Persans, au rapport de Kæmpfer, est de se retirer dans leurs Jardins, d'en construire de nouveaux jusque dans les lieux les plus écartés, d'en tracer eux-mêmes le plan et de diriger leurs cultures. Mais, de même que les Chinois, peuple éminemment stationnaire dans la civilisation, ils se bornent à cultiver un certain nombre de Plantes qu'ils affectionnent, sans ajouter à leurs richesses celles qu'ils pourraient facilement faire venir d'autres climats qui, malgré leur éloignement, ont beaucoup d'analogie avec le leur.

Vers le milieu du seizième siècle, la botanique ayant fait quelques progrès, des Jardins furent consacrés à son enseignement. Mais comme cette science était, pour ainsi dire, fondue dans la médecine, on n'y cultiva d'abord que certaines Plantes sur les propriétés vraies ou imaginaires desquelles cette dernière science fondait ses principaux moyens thérapeutiques. Les professeurs, sous le titre de *Simplicistes*, y démontraient les Simples et en commentaient les vertus d'après Dioscoride. Rarement leur attention se portait sur des Plantes qui n'auraient pas eu d'application médicale; mais comme heureusement il régnait une croyance universelle, que chaque Plante était douée d'une vertu particulière, on s'efforçait d'en connaître de nouvelles afin de trouver de nouveaux moyens curatifs; et ce fut ainsi qu'un préjugé servit à l'avancement des connaissances en botanique. A cette époque cependant, plusieurs princes ou riches particuliers en Italie se passionnèrent pour la culture des Plantes. Ils établirent des Jardins où rien n'était épargné pour se procurer les Végétaux les plus rares et les plus beaux. Cet exemple fut suivi par les Allemands, les Belges, les Français et les Anglais qui surpassèrent bientôt les Italiens. Il est même remarquable que la culture des fleurs est maintenant presque entièrement négligée dans cette Italie qui en fut le berceau ainsi que celui des plus belles institutions.

Si nous voulions faire ici l'histoire de l'établissement des principaux Jardins de Botanique et suivre les perfectionnemens qu'ils ont subis jusqu'à ce jour, nous risquerions d'excéder les limites d'un ouvrage où tout doit être esquissé à grands traits; il existe d'ailleurs sur ce sujet un excellent Mémoire de Deleuze (Ann. du Mus. d'Hist. Nat. T. IX, p. 149) auquel nous renvoyons nos lecteurs; ils y trouveront d'intéressans détails sur l'origine et la fortune des Jardins, tant publics que particuliers, qui ont joui d'une certaine célébrité. Cependant nous n'omettrons pas de parler des Jardins les plus remarquables de l'époque actuelle, parce que leur splendeur semble donner la mesure de l'état de la science dans les diverses contrées de la terre.

Parmi les Jardins publics que possède la France et qui sont presqu'en aussi grand nombre qu'il y a de villes un peu considérables, celui de la capitale domine et par sa vaste étendue et par les soins dont il est l'objet de la part d'une savante administration. Cet établissement a reçu, depuis Buffon qui en fut l'intendant, une extension telle qu'on a dû en changer le nom et le décorer du titre de Muséum d'Histoire Naturelle. La botanique n'en est plus qu'une partie; mais dirigé par des hommes aussi profonds que nos honorables maîtres De Jussieu, Desfontaines, et par ce respectable Thouin qui vient d'être enlevé à l'horticulture, le Jardin des Plantes de Paris offre tous les moyens possibles d'instruction. De vastes serres y nourrissent en abondance les Végétaux des climats tropiques; une école de botanique y présente plus de six mille espèces disposées suivant les familles naturelles; d'immenses carrés sont destinés à cultiver les Plantes d'ornement, les Végétaux utiles, et à reproduire en abondance les nombreuses variétés que la culture a fait naître. C'est dans ce Jardin que plusieurs de nos contemporains ont puisé, par l'étude de la série des êtres qu'on y conserve, les principes fixes qui donnent à la botanique toute la stabilité d'une véritable science; c'est de ce Jardin que sont sorties la plupart des Plantes remarquables par leur utilité ou leur élégance. Le Caféyer qui fait la richesse des Antilles, les Robiniers, les Erables, les Pavia, les Marronniers, en un mot presque tous les Arbustes qui décorent nos bosquets, ont encore leurs vieux pères dans quelques coins du Jardin des Plantes de Paris. Les Arbustes de la Nouvelle-Hollande et de l'Amérique septentrionale y ont singulièrement prospéré. Plusieurs sont cultivés en pleine terre et ne semblent pas beaucoup souffrir de l'inclémence des saisons. Parmi les Plantes des pays chauds, il en est même quelques-unes qui ont réussi bien au-delà de ce qu'on avait lieu d'espérer, car jamais, dans leur patrie, elles n'atteignent d'aussi grands développemens. Tels sont les *Chamœrops* placés devant l'amphithéâtre, le *Cactus peruvianus* pour lequel on a construit une maison, le Cèdre du Labyrinthe, etc., etc.

Plus favorisé par la nature, le Jardin de Montpellier, aîné de celui de Paris, a l'avantage de nourrir quelques Plantes qui ne vivent pas ou sont très-chétives dans ce dernier. Cependant, malgré l'activité et les talens des professeurs De Candolle et Delile, ce Jardin est loin de pouvoir lui être comparé, quant au nombre et au choix des espèces cultivées. La présence d'une école spéciale de médecine soutient cet établissement auquel les habitans de Montpellier paraissent assez indifférens. Nous pourrions en dire autant de tous les Jardins publics des autres villes de France, qui néanmoins entretiennent

le zèle de la science chez quelques amateurs et la propagent jusque dans les classes inférieures.

Certains établissemens particuliers en France ont rendu de trop grands services à la botanique pour que nous omettions de les mentionner ici. Ainsi le Jardin de la Malmaison, fondé par l'impératrice Joséphine, était très-connu par ses productions rares et par l'ouvrage de luxe que Ventenat a publié. Cet auteur a également donné les descriptions des Plantes rares que contenait le Jardin de Cels, agronome et membre de l'Institut. Les Jardins particuliers de Boursault, de Noisette, etc., reçoivent les fréquentes visites des botanistes, et leur procurent la connaissance des Plantes rares et exotiques que les propriétaires de ces établissemens font venir à grands frais, soit directement de toutes les parties du monde, soit indirectement par la voie de l'Angleterre. Près de Paris, les serres du Jardin de Fulchiron à Passy sont célèbres par les beaux Palmiers qu'on y cultive; mais c'est surtout dans celui de Soulange-Bodin, situé à Fromont, près Ris (Seine-et-Oise), que l'on est enchanté de la variété des Arbres étrangers qui y végètent avec vigueur, grâce aux soins éclairés du savant propriétaire qui les cultive.

En Angleterre, les Jardins publics ne sont pas nombreux, mais en revanche les établissemens particuliers, d'une grande somptuosité, ont beaucoup contribué à répandre dans ce pays le goût de l'horticulture. Près de Londres, le Jardin de Chelsea qui fut donné par un gentilhomme à la compagnie des apothicaires, devint célèbre par les travaux de Miller. Celui de Kew, dont le roi est possesseur, contient un nombre très-considérable de Plantes. Son catalogue, dressé par Aiton, est devenu un ouvrage classique, dont la seconde édition est surtout précieuse par la collaboration du célèbre R. Brown. Il existe dans les autres grandes villes des trois royaumes, des Jardins de Botanique qui ont acquis plus ou moins de développement, selon l'activité et le mérite des professeurs auxquels la direction en est confiée. Ainsi le Jardin de Glasgow, dont l'existence ne remonte pas plus haut que 1817, atteste, par son état florissant, le zèle éclairé du docteur Hooker. On ne peut lui comparer, quant à la rapidité de ses progrès, que le Jardin de Genève, qui a été fondé à la même époque par notre illustre collaborateur, le professeur De Candolle. Mais, comme nous l'avons dit plus haut, ce sont les établissemens particuliers qui font la réputation de l'Angleterre et qui contribuent le plus aux progrès de la science. Les Jardins de Kew et de Chelsea ne sont pas, à proprement parler, publics; l'accès, il est vrai, n'en est pas très-difficile; mais encore n'y va-t-on pas avec cette liberté dont jouit, par exemple, la population parisienne lorsqu'elle se porte au Jardin du Roi. Outre ces Jardins célèbres, on en voit de magnifiques dans les environs de Londres, parmi lesquels nous citerons celui de Loddiges, auteur d'un ouvrage bien médiocre sous le rapport de la science, mais qui nous donne une idée du grand nombre des belles Plantes qu'il cultive.

L'Allemagne et les Pays-Bas ne le cèdent point à la France et à l'Angleterre, quant au nombre et à la beauté des Jardins, soit publics soit particuliers. On doit placer, en première ligne, le Jardin de Berlin, qui, sous la direction de Willdenow, de Link et de Otto, et grâces à la généreuse protection du gouvernement prussien, est probablement le plus riche en espèces de tous les Jardins publics. D'après la première partie du Catalogue publié par Link, il est à présumer que le nombre s'en élève à près de douze mille. Ce serait encore plus qu'en Angleterre où, si l'on s'en rapporte au Catalogue de Sweet pour tous les Jardins des environs de Londres, le nombre est à peu près de onze mille. Le Jardin de Gand, dans les Pays-Bas, est surtout remarquable par

les soins qui président à la culture des espèces rares et exotiques. La Hollande, en raison de la passion que ses habitans ont toujours eue pour les fleurs (passion qui a quelquefois dégénérée en véritable manie), a possédé de tout temps des Jardins splendides qu'enrichissaient continuellement les relations de ce peuple marchand avec tout l'univers et surtout avec les Indes-Orientales et la Chine. Aussi les Jardins de Leyde et d'Amsterdam peuvent-ils être considérés comme les pépinières de tous les autres Jardins du continent. Dans le grand nombre de Jardins particuliers qui se remarquaient en Hollande, il en est un qui a acquis une grande célébrité par la publication d'un des premiers ouvrages de Linné; c'est celui de Cliffort à Harticamp près Harlem. L'Allemagne est de toute l'Europe, la partie où la Botanique élémentaire est le plus universellement répandue. Elle doit cette supériorité d'instruction primaire à ses nombreuses universités qui toutes sont pourvues de Jardins publics destinés à la démonstration des Plantes par des professeurs spécialement chargés de ce soin. Indépendamment de ces Jardins universitaires, un grand nombre de princes et de riches particuliers ont fondé des Jardins plus ou moins remarquables. Dans celui de Schœnbrunn, l'empereur François Ier poussa au plus haut degré le luxe et l'art de la culture des Plantes étrangères. Les dépenses qu'il fit pour l'enrichir de Plantes exotiques, furent excessives. De très-grands Arbres, des Palmiers, furent expédiés des Antilles par Jacquin, sur un vaisseau frété exprès, puis transportés avec toutes les précautions imaginables de Livourne à Schœnbrunn. L'ouvrage publié par Jacquin, sous le titre d'*Hortus Schœnbrunnensis*, répond bien par le luxe qu'on y a déployé, à la magnificence du Jardin dont il fait connaître les productions.

Quelqu'austère que soit le climat des contrées septentrionales de l'Europe, la culture des Plantes exotiques n'y a pas néanmoins été négligée. En Suède, sous la direction de Linné, le Jardin d'Upsal fut un des plus florissans de son époque. Dans le Danemarck, celui de Copenhague a été, vers ces derniers temps, considérablement enrichi par les soins de Hornemann, et par les envois du docteur Wallich. La Russie, dont la civilisation a été si tardive, n'a plus rien à envier aux régions de l'Europe plus favorisées de la nature. Le Jardin de Pétersbourg, récemment fondé, est placé sous la direction de Fischer qui a été long-temps à la tête du beau Jardin de Gorenki. On dit que le plan en est admirable et gigantesque, et qu'une étendue de plus de cent cinquante mètres en longueur est affectée aux serres chaudes seulement. Il est vrai que, sur les bords de la Néva, la plupart des Plantes ont besoin-d'une chaleur artificielle, car telle est la rigueur du climat, que le Peuplier d'Italie ne peut y passer l'hiver sans être abrité.

Les pays méridionaux de l'Europe où nous avons vu que l'horticulture a pris naissance, sont aujourd'hui fort en arrière, si on les compare aux contréesseptentrionales. Ainsi les Jardins d'Italie ne pourraient entrer en parallèle avec ceux de France, d'Angleterre et d'Allemagne. Cependant celui de Naples, dont Tenore a la direction, est remarquable par la beauté de certaines Plantes exotiques qui n'y paraissent pas beaucoup souffrir de leur transportation.

Le Jardin de Madrid, celui de Coïmbre en Portugal, étaient naguère trèsflorissans par les soins de Zéa, de Lagasca et de Brotero. C'est au zèle de ces infortunés directeurs que l'on doit la propagation d'une foule de Végétaux curieux de l'Amérique méridionale et du Mexique, Végétaux qui font aujourd'hui les ornemens des parterres somptueux du riche, de la chaumière du pauvre et de la modeste croisée de l'artisan; tels sont, entre autres, le *Dahlia* et le *Cobœa*. Mais au moment où nous écrivons, tout se ressent dans la malheureuse Péninsule du mouvement rétrograde que les fanatiques impriment aux bonnes institutions de leur pays. Zéa, qui depuis a été ministre de la Colombie, et surtout Lagasca, persécutés, proscrits, ont fait admirer sur une terre étrangère et leur mérite scientifique et leur constance dans l'adversité. La botanique n'a donc plus de soutien en Espagne; d'autres intérêts absorbent toute l'attention des hommes puissans de ce pays.

Nous venons de passer rapidement en revue les principaux établissemens de l'Europe. Il en est encore de trèsconsidérables que nous désirerions mentionner ici, mais cette énumération nous entraînerait au-delà des bornes que nous nous sommes prescrites. C'est ce motif qui nous empêche de parler des Jardins de botanique fondés par les Européens dans leurs colonies américaines, asiatiques et africaines; de ceux de l'Ile-de-France, de Calcutta, de Pondichéry, de Cayenne, de Botany-Bay, du cap de Bonne-Espérance, de Ténériffe, de Mexico, de Philadelphie, etc. D'ailleurs nous n'avons sur ces établissemens que des documens imparfaits, si ce n'est pour celui de Calcutta qui, suivant les rapports des voyageurs, n'a pas son pareil dans tout le globe. Voici ce qu'en dit Leschenault dans une lettre en date du 30 novembre 1819, adressée au professeur de Jussieu. « Ce Jardin, situé sur les bords du Gange, a plus de deux lieues de tour; le sol en est d'une grande fécondité. Le docteur Wallich, qui le dirige, reçoit tous les moyens de l'enrichir, et il y met toute son application. Le nombre des personnes attachées au Jardin est de trois cent quarante-cinq. Il a des collecteurs sur tous les points de l'Inde qui lui envoient des semences, des Plantes vivantes et des Plantes sèches. Il possède une belle bibliothèque; quatorze dessinateurs sont sans cesse occupés à augmenter la collection des dessins coloriés, qui est sansdoute une des plus complètes et des plus belles qui existent. Ces dessins sont d'un grand format et d'une rare perfection. »

Après l'aperçu que nous venons de donner sur les Jardins de botanique existans, il est convenable d'offrir quelques considérations sur les modifications qu'on doit apporter dans la disposition de chacun d'eux, d'après la nature de leur institution et l'étendue qu'on veut leur assigner. En instituant des Jardins de botanique, les anciens avaient pour but presque exclusif, de procurer la connaissance des Plantes médicinales. Guy de la Brosse, qui fit paraître en 1641 le Catalogue du Jardin des Plantes de Paris, dit expressément que ses fonctions étaient d'administrer par charité des Plantes aux malades, et d'enseigner leurs vertus à plus de deux cents écoliers accourus de toutes les provinces. Ce médecin annonçait pourtant la culture de beaucoup d'espèces nouvelles des Indes, lesquelles (suivant ses expressions) « il falloit connoistre par la veue avant que la main se meslat de leur application. Que si vous hochez la teste, ajoutait-il, pour n'en savoir pas les propriétés, attendez que l'expérience les ait descouvertes, et puis on vous les enseignera. » Ces dernières réflexions prouvent que le Jardin des Plantes de Paris fut, dès son origine, consacré à la science lors même qu'il avait pour but apparent d'être uniquement destiné à secourir les malades. Aujourd'hui, il n'y a plus de spécialité absolue dans l'établissement des Jardins de botanique; on veut que la science des Végétaux profite, aussi bien que la médecine et les arts, des travaux de l'horticulture. Peut-être pourrait-on reprocher aux fondateurs modernes de donner dans un autre excès, de vouloir atteindre une perfection que les circonstances locales ne leur permettent pas d'espérer. En agissant ainsi, ils restent, d'une part, toujours au-dessous des nécessités de la science, et de l'autre, ils privent les Végétaux importans des

soins qu'ils prodiguent à des Plantes à peu près inutiles.

Dans une grande capitale, où les trésors de l'État ne sont point épargnés pour tout ce qui tend à son embellissement, la plus grande extension doit être donnée à un Jardin de botanique, pourvu que son administration en soit confiée à des professeurs instruits et à des jardiniers intelligens, chez lesquels cependant l'abondance des objets ne soit pas une source d'erreurs et de confusion. Mais il est nécessaire que le directeur du Jardin de botanique d'une ville peu considérable, modère son ambition; il ne faut pas qu'il s'imagine l'emporter sur les grands établissemens, pour la culture de toutes les espèces par exemple, de tel genre, quand il sera privé des représentans d'une foule d'autres genres dont la connaissance est presque indispensable à celui qui veut étudier la botanique; car on ne doit pas perdre de vue que l'enseignement de la science est le principal objet de l'institution. Cette passion pour la culture d'un seul genre est au contraire très-louable dans les établissemens particuliers. C'est elle qui enrichit la science d'espèces nouvelles, ou ce qui vaut mieux encore, qui porte la lumière dans le chaos des grands genres, sépare les espèces confusément réunies, et rassemble celles que l'arbitraire ou l'ignorance avaient disjointes.

Lorsque les Jardins publics sont affectés à des établissemens spéciaux, comme ceux des écoles de médecine et de pharmacie, des hôpitaux d'instructions de la marine ou de la guerre, ils doivent être régis sous le double point de vue de l'enseignement des principes de Botanique et de la connaissance approfondie des Plantes usuelles. C'est ici qu'il serait important de s'attacher préférablement à la culture, non-seulement des espèces utiles, mais de celles qui sont nuisibles, et surtout d'apporter le plus grand soin dans leur détermination. Le nombre de ces Plantes est d'ailleurs assez considérable pour que leur étude suffise aux besoins de l'enseignement élémentaire.

Avant de terminer cet article, nous devrions, peut-être, énumérer les avantages que la science des Végétaux et l'Economie publique ont retirés des Jardins de Botanique ; mais chacun de nos lecteurs a déjà pressenti et apprécié ces avantages. Nous aurions voulu présenter quelques observations sur le régime intérieur de ces établissemens, si nous n'avions réfléchi que ces observations ne pourraient être générales et qu'elles devraient se modifier suivant une foule de circonstances, variables d'un pays à un autre, et trop nombreuses, par conséquent, pour que nous puissions les indiquer ici. (G..N.)

JARDINIER. ois. L'un des noms vulgaires de l'Ortolan. *V.* BRUANT. (B.)

JARDINIÈRE. ins. Le Carabe doré, la Courtilière et d'autres Insectes qui attaquent les racines potagères, soit à l'état parfait, soit à celui de larves, portent vulgairement ce nom dans la plupart des départemens de la France. (B.)

JARDINIÈRE. moll. (Geoffroy.) Syn. d'*Helix hortensis.* (B.)

JARET. pois. L'un des noms vulgaires du *Sparus Mœna*, L. *V.* SPARE. Delaroche, qui écrit JARRET, dit que c'est le *Smaris* aux îles Baléares. (B.)

JARGON. min. *V.* ZIRCON.

JARGONELLE. bot. phan. Variété de Poire d'été. (B.)

JARNOTE. bot. phan. *V.* ERNOTE.

JARRA. bot. phan. L'un des noms vulgaires du Genêt dans certains départemens de la France. (B.)

*JARRET. pois. *V.* JARET.

*JARRET IMPÉRIAL. pois. (Delaroche.) Syn. de *Sparus Zebra* aux îles Baléares. (B.)

JARRETIÈRE. pois. *V.* LÉPIDOPE.

*JARRI-NÉGRIER. bot. phan. Le *Quercus Toza* dans quelques parties du centre de la France. (B.)

JARS. ois. On appelle ainsi communément le mâle de l'Oie domestique. *V.* CANARD. (DR..Z.)

*JASERAN. bot. crypt. Ancien synonyme d'Oronge vraie, particulièrement dans les Vosges. (B.)

JASEUR. *Bombycivora.* ois. Genre de l'ordre des Omnivores. Caractères : bec court, droit, élevé ; mandibule supérieure dentée, faiblement arquée vers l'extrémité ; narines placées à la base du bec, ovoïdes, recouvertes de poils rudes dirigés en avant ; quatre doigts, trois en avant, l'extérieur soudé à l'intermédiaire ; un pouce ; ailes médiocres ; première et deuxième rémiges les plus longues.

Les ornithologistes avaient confondu successivement parmi les Merles, les Pie-Grièches et les Cotingas, les deux seules espèces qui, jusqu'à présent, composent tout ce genre. Quoique la séparation eût été depuis long-temps indiquée par Schwenckfeld, elle n'a été faite que récemment par Vieillot ; Temminck et Cuvier l'ont ensuite confirmée en l'adoptant. D'après le nom latin imposé à ce genre, il semblerait que les Jaseurs dussent faire une consommation habituelle de Lépidoptères nocturnes et autres Insectes ailés ; cependant ils ne les chassent que lorsque leur nourriture favorite, qui consiste en baies et en fruits, vient à manquer absolument. Ces Oiseaux sont voyageurs, et quoique l'on eût appelé Jaseur de Bohème l'espèce européenne, on ne la trouve pas plus fréquemment dans ce pays que partout ailleurs sous la même latitude ; il paraît qu'elle réside de préférence et plus long-temps dans les contrées septentrionales, qu'elle s'y occupe de sa reproduction dont les détails sont encore peu connus ; elle ne quitte ces lieux que lorsqu'un excessif abaissement de température en rend le séjour inhabitable, et c'est à ces intempéries locales que nous devons de voir accidentellement ces jolis Oiseaux dans nos provinces tempérées. Quoique l'on assure que les migrations des Jaseurs nous amènent ordinairement ceux-ci en troupes si nombreuses que le ciel en paraît obscurci, jamais nous n'avons vu ces troupes se composer de plus de cinq ou six individus : du reste, il ne serait pas impossible que, dans les pays du Nord, ces Oiseaux aient des mœurs plus sociables, et il est même assez probable que les forêts boréales formées d'Arbres résineux, dont quelques espèces offrent en abondance des fruits charnus, sont des points de réunion pour les Jaseurs qui peuvent encore ne renoncer à la vie sociale que lorsqu'une circonstance fortuite contrarie totalement leurs habitudes, et les oblige à se disperser. Le nom français donné à ces Oiseaux n'est pas plus heureux que le synonyme latin ; en effet, il semblerait que les Jaseurs se fissent remarquer par un caquet soutenu ; cependant leur prétendue jaserie se borne à un petit cri, à un gazouillement très-ordinaire qui n'est pas plus souvent répété que celui des autres Oiseaux. Peut-être ce gazouillement, plus accenté au temps des amours, époque peu connue et dont aucun auteur ne parle, aura-t-il paru à plusieurs observateurs une sorte de caquetage, en raison du nombre d'Oiseaux réunis qui le faisaient entendre simultanément. C'est sur quoi nous n'avons pas été à même de nous éclairer. Quelques auteurs prétendent aussi que ces Oiseaux sont un excellent gibier ; il est possible que, dans les contrées où ils sont aussi communs que les Merles et les Grives le sont ici, leur chasse présente les mêmes avantages.

Grand Jaseur, *Ampelis Garrulus*, Gmel. ; *Bombycilla Bohemica*, Briss. ; *Bombycivora poliocœlla*, Meyer ; *Bombycivora Garrula*, Buff., pl. enl. 261. Parties supérieures d'un cendré vineux ; les inférieures d'une teinte un peu plus claire ; plumes de la huppe longues et disposées en huppe ; front, bandeau, sourcils et gorge noirs ; rémiges noires, terminées par une tache angulaire blanche et jaune, les secondaires blanches à l'extrémité qui se termine par un prolongement cartilagineux en forme de palette, d'un rouge vif ; tectrices caudales inférieures d'un brun marron ; rectrices noires, terminées de jaune ; bec jaunâtre, avec la pointe et la mandibule inférieure noires ; pieds noirâtres. Taille, sept pouces et demi. La femelle a moins de noir à la gorge, et seulement quatre ou cinq petites palettes rouges aux rémiges d'Europe.

Petit Jaseur, *Bombycilla Cedrorum*, Vieill. ; *Garrulus americanus*, Dum. ; *Ampelis Garrulus*, var. Lath., Ois. de l'Amérique septentrionale, p. 57. Parties supérieures d'un cendré roussâtre ; les inférieures moins foncées en couleur ; huppe composée de plumes effilées, moins longues et moins soyeuses que celles du grand Jaseur ; bande noire du front entourant les yeux et venant se terminer sur les joues ; gorge noire ; croupion d'un gris ardoisé ; rémiges cendrées, frangées de grisâtre, dont quelques-unes des plus rapprochées du corps sont terminées par une étroite palette rouge ; rectrices terminées de jaune ; menton blanc ; poitrine d'un gris roux ; ventre jaunâtre ; abdomen et tectrices caudales inférieures gris ; bec et pieds noirs. Taille, cinq pouces trois quarts. De l'Amérique septentrionale où elle niche dans les forêts, sur les Cèdres. On assure que la ponte qui se fait d'ordinaire en juin, se renouvelle en août. (DR..Z.) g

JASIONE. *Jasione*. BOT. PHAN. Genre de Plantes de la famille des Campanulacées et de la Pentandrie Monogynie, mais que Linné avait placé dans la Syngénésie Monogamie, parce que les anthères sont légèrement soudées entre elles par leur base. Ce genre se compose de trois à quatre espèces annuelles ou vivaces, ayant leurs fleurs disposées en capitules globuleux, environnés à la base d'un involucre polyphylle, dont les folioles sont quelquefois disposées sur deux rangées. Chaque fleur offre un calice soudé par sa partie inférieure ou son tube avec l'ovaire qui est infère, ayant son limbe découpé en cinq divisions étroites; une corolle monopétale fendue presque jusqu'à sa base en cinq lanières étroites, linéaires et dressées; cinq étamines insérées tout-à-fait à la base de la corolle, beaucoup plus courtes qu'elle, ayant les filets grêles et dressés, et les anthères à deux loges bilobées à leur base où elles sont légèrement soudées entre elles. Coupé transversalement l'ovaire qui est infère offre deux loges contenant chacune un très-grand nombre d'ovules attachés à deux trophospermes hémisphériques placés sur le milieu de la cloison. Le style est long, renflé dans sa partie supérieure où il se termine par un stigmate allongé, glanduleux, velu et bilobé. Le fruit est une capsule globuleuse couronnée par les lobes du calice, s'ouvrant seulement par son sommet au moyen d'une fente transversale. Trois espèces de ce genre croissent en France, savoir: *Jasione montana*, L., très-commun dans les lieux secs et sablonneux, aux environs de Paris; *Jasione perennis* et *J. humilis*, l'un et l'autre vivaces.

(A. R.)

JASME. BOT. PHAN. (Daléchamp.) Syn. de l'*Androsace villosa*, L.

(G..N.)

JASMIN. *Jasminum*. BOT. PHAN. Ce genre de la Diandrie Monogynie, L., forme le type de la famille des Jasminées. Les auteurs modernes y réunissent le genre *Mogorium* de Jussieu, qui n'en diffère que par le nombre des divisions du calice et de la corolle. Les Jasmins, dont on compte aujourd'hui au moins une quarantaine d'espèces, sont des Arbustes quelquefois sarmenteux et grimpans, originaires des Indes-Orientales, d'Afrique, de la Nouvelle-Hollande ou du littoral de la Méditerranée. Leurs feuilles sont opposées, très-rarement alternes, simples ou composées. Leurs fleurs, qui généralement répandent une odeur agréable, sont blanches, quelquefois jaunes ou roses, pédonculées et placées soit à l'aisselle des feuilles, soit à l'extrémité des rameaux. Chaque fleur offre l'organisation suivante: un calice monosépale, turbiné, à cinq ou huit divisions plus ou moins allongées, quelquefois très-courtes (*J. odoratissimum*); une corolle monopétale, hypocratériforme, à tube long et grêle, à limbe plane, à cinq ou huit lobes, d'abord emboîtés les uns dans les autres et tordus en spirale avant l'épanouissement de la fleur; deux étamines sessiles, attachées à l'intérieur du tube; un ovaire libre, presque globuleux, à deux loges contenant chacune deux ovules suspendus et apposés. Le style est ordinairement long et grêle, terminé par un stigmate renflé et bifide. Le fruit est une baie profondément bilobée ou didyme, à deux loges contenant chacune une ou deux graines; l'une des loges avorte quelquefois, et alors la baie semble déjetée d'un côté. Les graines contiennent un embryon dressé, renfermé dans un endosperme mince dont la plupart des botanistes ont méconnu l'existence.

Un grand nombre d'espèces de Jasmin sont cultivées dans les jardins. Nous mentionnerons ici les plus intéressantes.

† Fleurs jaunes.

JASMIN FRUTIQUEUX OU A FEUILLES DE CYTISE, *Jasminum fruticans*, L. Originaire des parties centrale et méridionale de la France et de l'Espagne, cette espèce forme une touffe ou buisson de trois à quatre pieds d'élévation. Sa tige est dressée, rameuse; ses rameaux verts portent des feuilles persistantes, composées de trois folioles vers la partie inférieure, réduites à une seule foliole vers la partie supérieure des rameaux. Les fleurs sont jaunes, inodores, placées au nombre de deux à trois à l'aisselle des feuilles supérieures. Ses baies sont didymes, noirâtres. On la cultive dans les jardins où elle fleurit pendant la plus grande partie de l'été. Quoique peu délicate sur la nature du terrain, cette espèce préfère une terre légère. Elle craint les hivers rigoureux pendant lesquels elle doit être recouverte. On la multiplie de marcottes ou de rejetons.

JASMIN ODORANT, *Jasminum odoratissimum*, L. On l'appelle encore Jasmin Jonquille, à cause de la couleur et de l'odeur de ses fleurs, assez semblables à celles du Narcisse Jonquille. Cette belle espèce, qui nous vient de l'Inde, forme un petit Arbrisseau de trois à six pieds de hauteur. Ses feuilles sont persistantes, alternes, composées d'une seule ou de trois folioles assez grandes, luisantes et d'un vert agréable. Ces folioles sont ovales-obtuses. Les fleurs sont grandes, d'un beau jaune, d'une odeur extrêmement suave, portées sur des pédoncules triflores qui naissent du sommet de la tige. Cette espèce doit être rentrée en orangerie pendant l'hiver. On la multiplie de graines ou de marcottes.

†† Fleurs blanches ou rosées.

JASMIN OFFICINAL OU ORDINAIRE, *Jasminum officinale*, L. Sous-Arbrisseau dont la hauteur varie beaucoup. Ses rameaux sont longs, effilés et glabres. Ses feuilles opposées sont profondément pinnatifides et paraissent composées ordinairement de sept folioles ovales-aiguës, entières, les trois supérieures étant souvent confluentes entre elles par leur base. Les fleurs, blanches et d'une odeur très-forte et très-suave, sont disposées par petits bouquets axillaires et pédonculés. Chaque fleur elle-même est ensuite pédicellée. Son calice offre cinq lanières linéaires, aiguës, dressées. Le Jasmin est une Plante indienne, naturalisée depuis un temps immémorial dans toutes les contrées de l'Europe, où on la cultive non-seulement comme Plante d'ornement, mais aussi pour extraire le principe odorant de ses fleurs. C'est particulièrement en Provence que le Jasmin est ainsi cultivé pour l'usage de la parfumerie.

Nous en avons vu des champs entiers aux environs de Grasse et de Nice. Autrefois très-employées comme antispasmodiques, les fleurs de Jasmin sont aujourd'hui presqu'entièrement inusitées en médecine. Il en est de même de leur eau distillée que l'on faisait entrer à la dose d'une à deux onces dans les potions calmantes. Cette espèce se cultive en pleine terre; quelquefois on la place le long des murs et des habitations, qu'elle ne tarde pas à recouvrir de ses rameaux longs et flexibles. En le taillant et l'arrosant souvent, le Jasmin donne des fleurs pendant presque toute la belle saison.

JASMIN A GRANDES FLEURS, *Jasminum grandiflorum*, L. Cette belle espèce, qui vient de l'Inde et qu'on désigne vulgairement sous le nom de Jasmin d'Espagne, a beaucoup de ressemblance avec la précédente. Comme elle, c'est un sous-Arbrisseau à rameaux longs et flexibles. Ses feuilles se composent de sept folioles ovales-obtuses; les trois supérieures souvent confluentes par leur base. Les fleurs sont beaucoup plus grandes que dans l'espèce précédente, blanches en dedans, rougeâtres à leur surface externe; les lobes de la corolle sont obovales-obtus. Ces fleurs répandent une odeur très-agréable. On cultive aussi cette espèce en Provence pour en retirer le principe aromatique. Le Jasmin d'Espagne se multiplie en le greffant en fente sur le Jasmin ordinaire.

JASMIN DES AÇORES, *Jasminum Azoricum*, L. L'une des plus jolies et des plus agréables espèces de ce genre; il forme un buisson de trois à quatre pieds d'élévation, dont les rameaux sont garnis de feuilles opposées, composées de trois folioles cordiformes, grandes, glabres, d'un vert agréable et luisantes à leur face supérieure. Les fleurs sont blanches et forment des bouquets à la partie supérieure des ramifications de la tige. Ce Jasmin, qui demande à être rentré dans l'orangerie, se multiplie de graines et de marcottes.

On cultive encore plusieurs autres espèces de ce genre; telles sont les *Jasminum humile* d'Italie, *J. volubile* du Cap; *J. mauritianum* de l'Ile-de-France; *J. geniculatum* des îles de la mer du Sud; *J. triumphans*, etc., etc.   (A. R.)

Le nom de Jasmin a été étendu, par des voyageurs peu instruits et par des jardiniers, à d'autres Arbustes qui n'y ont aucun rapport, comme le *Lycium afrum*, qu'on appela JASMIN D'AFRIQUE; le Gayac, JASMIN D'AMÉRIQUE; le *Plumeria rubra*, JASMIN EN ARBRE; le *Philadelphus coronarius*, JASMIN BATARD OU BLANC; une Clématite et le Lilas, JASMIN BLEU; le *Gardenia florida*, JASMIN DU CAP; le *Bignonia radicans*, JASMIN DE VIRGINIE, etc., etc.   (B.)

JASMIN DE MER. POLYP. Quelques marchands d'objets d'histoire naturelle donnent ce nom au Millépore tronqué. *V.* MILLÉPORE.

(LAM..X.)

JASMINÉES. *Jasmineæ.* BOT. PHAN. Famille extrêmement naturelle appartenant à la classe des Plantes dicotylédones monopétales hypogynes, et que l'on peut caractériser de la manière suivante : les fleurs sont généralement hermaphrodites, excepté dans le seul genre Frêne où elles sont polygames. Le calice est monosépale, turbiné dans sa partie inférieure, divisé en quatre, cinq ou huit lobes; la corolle est monopétale, régulière, à quatre, cinq ou huit lobes, tantôt incombans et légèrement tordus, tantôt se touchant seulement par les bords avant leur épanouissement; quelquefois elle est fendue jusqu'à sa base de manière qu'elle est formée de quatre à cinq pétales distincts (*Ornus, Chionanthus*). Elle manque quelquefois entièrement ainsi que le calice (*Fraxinus, Adelia ligustrina*). Les étamines sont généralement au nombre de deux, insérées à la corolle, ayant leur filet court et leur anthère introrse, à deux loges, s'ouvrant par un sillon longitudinal. L'ovaire est libre, sessile au fond de la fleur, à deux loges contenant chacune deux ovules suspendus, c'est-à-dire naissant de la partie supérieure de la cloison et pendans dans la loge. Le style est simple, terminé par un stigmate bilobé. Le fruit offre d'assez grandes différences dans les différens genres par suite d'avortemens presque constans. Il est tantôt sec, déhiscent ou indéhiscent, à une seule ou à deux loges, qui contiennent une ou deux graines; ou bien il est charnu, à une ou à deux loges quelquefois osseuses. Les graines se composent d'un tégument propre, membraneux, mince ou quelquefois épais et charnu, d'un endosperme blanc, charnu ou légèrement corné, quelquefois très-mince et comme membraneux, et d'un embryon dont la radicule cylindrique, quelquefois très-courte, correspond au hile. Les Jasminées, telles qu'elles ont été circonscrites par Jussieu, sont des Arbustes, des Arbrisseaux ou même de très-grands Arbres dont les feuilles généralement opposées, très-rarement alternes, sont simples ou composées. Les fleurs sont ou placées à l'aisselle des feuilles ou formant des grappes pyramidales à l'extrémité des rameaux.

Jussieu (*Gener. Plant.*) avait formé deux sections dans sa famille des Jasminées, suivant que ses genres ont le fruit sec et capsulaire ou charnu. A la première de ces sections appartiennent les genres *Nyctanthes, Lilac, Hebe* et *Fraxinus*; à la seconde, les genres *Chionanthus, Olea, Phillyrea, Mogorium, Jasminum* et *Ligustrum.*

Ventenat (Tableau du Règn. Vég.) fit deux familles distinctes des deux sections établies par Jussieu. Il nomma Lilacées celle qui renferme les genres à fruit capsulaire, et retint le nom de Jasminées pour celle dont les genres ont le fruit charnu.

Link et Hoffmansegg, dans leur Flore du Portugal, firent une famille des *Oléinées*, dont le genre *Olea* devint le type. Cette famille fut adoptée et mieux caractérisée par R. Brown (*Prodr. Flor. Nov.-Holland.*) qui ne laissa parmi les Jasminées que les seuls genres *Nyctanthes* et *Jasminum*, réunissant à ce dernier le genre *Mogorium* de Jussieu. Mais nous avons prouvé (Mém. de la Soc. d'Hist. Nat. T. II) que ces deux familles ne sauraient être séparées l'une de l'autre, et qu'elles n'en forment réellement qu'une seule, ainsi que l'avait établi l'illustre auteur des Familles Naturelles. En effet, les caractères que l'on a donnés pour distinguer ces deux groupes sont erronés. Ainsi on a dit que dans les Jasminées les loges sont monospermes et les graines dressées, tandis qu'elles sont dispermes et que les graines sont suspendues dans les Oléinées. Mais il est certain que dans l'ovaire des Jasminées on trouve deux loges contenant chacune deux ovules renversés, aussi bien que dans les Oléinées. L'endosperme, que l'on avait dit manquer dans les Jasmins, y existe toujours, quoiqu'il soit plus mince, et dans l'un et l'autre groupe la pointe de la radicule est constamment dirigée vers le hile, c'est-à-dire vers la base de la graine. Il n'existe donc aucune différence marquée entre les Oléinées et les Jasminées, qui doivent être réunies en une même famille. Les genres qui forment la famille des Jasminées peuvent être partagés en deux sections, suivant que leur fruit est sec ou charnu.

Ire SECTION. — Fruit sec.

(LILACÉES, Vent.)

Lilac, Tourn., Juss.; *Rangium*, Juss.; *Hebe*, Comm., Juss.; *Fontanesia*, Labill.; *Schrebera*, Roxb.; *Fraxinus*, L.; *Nyctanthes*, L.

IIe SECTION. — Fruit charnu.

(JASMINÉES, Vent.)

Chionanthus, L.; *Notelæa*, Vent., R. Brown; *Borya*, Willd.; *Noronhia*, Du Petit-Thouars; *Olea*, L.; *Phillyrea*, L.; *Tetrapilus*, Lour.; *Ligustrum*, L., et *Jasminum*, L.

(A. R.)

JASMINOIDES. BOT. PHAN. (Tournefort et Dillen.) *V*. CESTREAU. (B.)

JASMINUM. BOT. PHAN. *V*. JASMIN.

* JASON. INS. Espèce de papillon de la division des Chevaliers grecs de Linné. (B.)

JASONIE. *Jasonia*. BOT. PHAN. H. Cassini (Bull. de la Soc. Phil., octob. 1815) avait proposé sous ce nom un nouveau genre de la famille des Synanthérées, et de la tribu des Inulées. Mais il n'en avait point indiqué les caractères, et il y avait fait entrer mal à propos les *Erigeron fœtidum* et *longifolium*, qui sont de vrais *Erigeron*, quoique toutes les fleurs de leurs calathides soient de couleur jaune. Il a depuis reconnu et rectifié son erreur en restreignant le *Jasonia* à un sous-genre du *Pulicaria* de la section des Inulées-Prototypes, et dont voici les principaux caractères : involucre composé d'écailles imbriquées et linéaires ; réceptacle plane, fovéolé ou alvéolé ; calathide dont le disque se compose de plusieurs fleurs régulières, hermaphrodites, et la couronne de demi-fleurons sur un seul rang, en languettes et femelles ; ovaires hispides, surmontés d'une aigrette double, l'extérieure courte, composée de poils distincts, l'intérieure longue composée de poils inégaux et légèrement plumeux.

L'espèce qui peut être considérée comme type de ce sous-genre, a été nommée par l'auteur *Jasonia radiata*; c'est l'*Erigeron tuberosum*, L., ou *Inula tuberosa* de la Flore Française. Cette Plante croît dans les montagnes du midi de la France. Une seconde espèce a été ajoutée à la précédente sous le nom de *I. discoidea*; elle était cultivée au Jardin des Plantes de Paris, mais Cassini a négligé d'observer ses caractères spécifiques.

(G.-N.)

JASPE. MIN. Quartz Jaspe de Haüy. Substance résultant du mélange de la matière quartzeuse avec différentes matières colorantes, ayant une cassure terne et compacte et des couleurs plus ou moins vives, jointes à l'opacité. Les variétés rouges et jaunes doivent leurs couleurs à l'oxide et à l'hydroxide de Fer; la variété verte est colorée tantôt par l'oxide de Nickel et tantôt par la Chlorite ou la Diallage; d'autres sont redevables de leurs teintes à des matières argileuses. Les Jaspes noirs ou Phtanites doivent la leur à l'Anthracite. Les Jaspes sont susceptibles de poli et s'emploient dans les arts d'ornement et la bijouterie. — On trouve ces substances dans les terrains anciens, en forme de couches de peu d'épaisseur, divisées par les fissures naturelles en fragmens à peu près rhomboïdaux. Elles sont quelquefois mélangées de Manganèse oxidé et d'Argile, et se décomposent lorsqu'il y a surabondance de Fer et de Manganèse. — On trouve aussi du Jaspe dans les terrains modernes, mais seulement en amas et non en couches. Il s'y rencontre ordinairement dans les Argiles sablonneuses ou des sables argilifères. On a distingué par des noms particuliers les différentes variétés de Jaspe, d'après les couleurs qu'elles présentent, surtout lorsqu'elles sont taillées.

Jaspe agathé. Mélange de Jaspe et d'Agathe dans le même morceau.

Jaspe égyptien, ou Caillou d'Egypte, offrant des bandes contournées d'un brun foncé sur un fond d'un jaune brunâtre. On le trouve sous la forme de cailloux roulés dans le désert à l'est du Caire.

Jaspe fleuri, offrant des taches et des mélanges de plusieurs couleurs, parmi lesquelles le vert domine.

Jaspe Onyx et Jaspe rubanné. Composé de bandes successives diversement colorées, tantôt circulaires et tantôt parallèles.

Jaspe panaché. Mélange de couleurs distribuées sans ordre.

Jaspe Porcelaine ou Porcellanite. Thermantide jaspoïde, Haüy. Substance ayant l'apparence d'un Jaspe, mais qui est d'une toute autre nature. C'est une matière argileuse qui a été altérée par le contact des roches pyrogènes.

Jaspe sanguin. Jaspe ou plutôt Agathe d'un vert obscur dont le fond est parsemé de petites taches d'un rouge foncé. *V.* Héliotrope.

Jaspe schistoïde, Jaspe noir ou Phtanite, H. Coloré par l'Anthracite. Il fournit des Pierres de Touche qui ne sont pas très-estimées à cause de leur trop grande dureté. (G. del.)

JASPÉE. ins. Nom vulgaire du *Phalura syringaria.* (G.)

* JASSE. ins. *V.* Iasse.

* JATABOCA. bot. phan. Marcgraaff désigne sous ce nom, et comme un grand Roseau, une sorte de Bambou brésilien dont les entre-nœuds servent de cruche pour conserver et transporter l'eau. (B.)

JATARON. *Jataronus.* conch. C'est le nom générique qu'Adanson a proposé (Coq. du Sénég., pl. 15) pour des Coquilles que Lamarck a réunies sous le nom de Cames. *V.* ce mot. Le même auteur a nommé Came annelé, *Chama crenulata,* l'espèce décrite et figurée par Adanson. (D..H.)

* JATI. bot. phan. Même chose que Caju-Jati. *V.* ce mot. (B.)

JATOU. moll. Adanson (Coq. du Sénég., pl. 9, fig. 21) a ainsi nommé une Coquille du genre *Murex;* c'est le *Murex gibbosus* de Lamarck et le *Murex Lingua vervecina* de Chemnitz. *V.* Murex. (D..H.)

JATROPHA. bot. phan. *V.* Médicinier.

JAUGUE. bot. phan. Et non *Jaube* ou *Jauge.* L'*Ulex europœus* dans les Landes aquitaniques que couvre, en certains lieux sablonneux, cet Arbuste déchirant. (B.)

JAUMEA. bot. phan. Le genre ainsi nommé par Persoon est le même que le *Kleinia,* décrit en 1803 par Jussieu. *V.* Kleinia. (A.R.)

JAUNEAU. bot. phan. L'un des noms vulgaires de la Ficaire dans les départemens du centre de la France. (B.)

JAUNE ANTIQUE. min. Sorte de

Marbre employé par les anciens. *V.* Marbre. (A. R.)

JAUNE DE MONTAGNE. min. Espèce d'Ocre. *V.* ce mot. (A. R.)

JAUNE D'OEUF. moll. Nom vulgaire et marchand du *Nerita Vitellus*, L. On nomme aussi Jaune d'oeuf aplati le *Nerita Albumen*. (B.)

JAUNE D'OEUF. bot. On a donné indifféremment ce nom au fruit du Caïmitier et à l'Orouge vraie. (B.)

* JAUNET. pois. Nom vulgaire du Doré, espèce du genre Cheilion. *V.* ce mot. (B.)

JAUNET D'EAU. bot. phan. L'un des noms vulgaires du Nénuphar jaune. *V.* Nénuphar. (B.)

JAUNGHILL. ois. Espèce du genre Tautale. *V.* ce mot. (B.)

JAUNOTTE. bot. crypt. *V.* Blanchette.

* JAVAN. ois. Espèce du genre Calao. *V.* ce mot.

* JAVANAISE. rept. oph. (Daudin.) Espèce du genre Vipère. (B.)

* JAVAR. bot. phan. (Leschenault.) Syn. de Chou palmiste chez les Javanais. (B.)

JAVARI. mam. Syn. de Pécari. (B.)

JAVELOT. rept. oph. Espèce du genre Erix. *V.* ce mot. (B.)

* JAVUS. pois. Espèce du genre Sidjan. *V.* ce mot. (B.)

JAYET. min. *V.* Lignite.

* JEAN-BOULANG. pois. (Ruysch.) C'est du genre Baliste qu'il faut rapprocher ce Poisson d'Amboine peu connu, qui a la peau très-dure, dont la couleur est jaune, avec des raies bleues, et la caudale semilunaire rouge. (B.)

JEAN-LE-BLANC. ois. Espèce du genre Faucon, sous-genre Aigle. *V.* ce mot. (DR..Z.)

JEANNETTE. bot. phan. Syn. de *Narcissus poeticus*, L. *V.* Narcisse. (B.)

* JEAUNELET. bot. crypt. L'un des noms vulgaires du *Merulius Cantarellus*. (B.)

JECKO. rept. saur. Pour Gecko. *V.* ce mot. (B.)

JEFFERSONIE. *Jeffersonia.* bot. phan. Genre établi par Barton (*Act. Soc. Am.*, 3, p. 334) pour le *Podophyllum diphyllum* de Linné et qui fait partie de la famille de Podophyllées et de l'Octandrie Monogynie, L. Ce genre se compose d'une seule espèce, *Jeffersonia binata*, Barton, *loc. cit. cum icone*, ou *J. Bartonis*, Michx., ou *J. diphylla*, Pers. Plante vivace, originaire des vallées ombragées de l'Amérique septentrionale. Ses feuilles sont toutes radicales, longuement pétiolées, subcordiformes, fendues du sommet à la base en deux lobes aigus et un peu obliques; elles sont très-glabres et d'une teinte glauque à leur face inférieure. Les pédoncules radicaux sont simples, dressés, un peu plus longs que les feuilles et uniflores. Le calice est formé de trois à cinq folioles lancéolées, un peu concaves et caduques; la corolle de huit pétales assez semblables aux sépales du calice. Les étamines, au nombre de huit, opposées aux pétales, hypogynes comme eux, ont leurs filets très-courts, leurs anthères à deux loges s'ouvrant par une sorte de valve qui s'enlève de la partie inférieure vers la supérieure, comme dans les Berbéridées. L'ovaire est libre, allongé, à une seule loge, contenant un assez grand nombre d'ovules attachés à un trophosperme longitudinal. Le style est court, terminé par un stigmate pelté et à quatre lobes. Le fruit est une capsule ovoïde, terminée à son sommet par une pointe mousse, offrant à l'extérieur une ligne longitudinale, saillante, qui correspond au point d'insertion des graines, et s'ouvrant vers sa partie supérieure par une scissure transversale incomplète. (A. R.)

* JEFFERSONITE. min. Variété de Pyroxène augite découverte dans

les Etats-Unis d'Amérique par le professeur Keating. (G. DEL.)

* JEJUNUM. ZOOL. *V.* INTESTIN.

JEK. RÉPT. OPH. Le Serpent brésilien mentionné sous ce nom par Ruysch qui en rapporte des choses extraordinaires, paraît être une Cœcilie exagérée. *V.* CŒCILIE. (B.)

JELIN. MOLL. Adanson (Coquill. du Sénég., pl. 11, fig. 6) rapporte à son genre Vermet un tube testacé qui, ce nous semble, est une véritable Serpule. Linné l'a placé dans ce genre sous le nom de *Serpula intestinalis*. *V.* SERPULE et VERMET. (D..H.)

JELSEMINUM. BOT. PHAN. Syn. de *Jasminum* et de *Jasmé* dans quelques botanistes anciens. (B.)

JENAC. MOLL. Nom sous lequel Adanson a décrit une petite espèce de Crépidule que Linné a désignée sous le nom de *Patella Gorensis*, et qui n'est probablement qu'une variété de la Crépidule unguiforme de Lamarck. (D..H.)

* JENSEN. OIS. Espèce du genre Canard. *V.* ce mot. (B.)

JERBOA ET JERBU. MAM. Syn. de Gerbo. *V.* ce mot à l'article GERBOISE. (B.)

JERNOTTE. BOT. PHAN. Même chose qu'Ernotte. *V.* ce mot. (B.)

JEROSE. BOT. PHAN. On a proposé ce nom pour désigner en français le genre *Anastatica*. *V.* ce mot. (B.)

* JESES. POIS. *V.* JESSE et ABLE.

JESITE. *Jesites.* MOLL. Montfort a placé parmi ses Polythalames (*Conchil. Syst.* T. I, pag. 102) un corps adhérent enroulé comme un Spirorbe, mais divisé par plusieurs cloisons. Soldani avait déjà fait connaître ce corps; il est figuré dans le *Testacea Microscop.* de cet auteur, pl. 30, vas. 143, x, également parmi les Polythalames. Quoique l'on sache aujourd'hui que plusieurs espèces de Céphalopodes vivent adhérentes à la manière des Spirorbes; celui-ci en a si bien le port et la structure que l'on doit

rester dans le doute jusqu'à ce que des observations nouvelles viennent confirmer ou détruire l'opinion de ces auteurs. On sait d'ailleurs qu'il existe un assez grand nombre de Serpules qui se cloisonnent par suite des accroissemens de l'Animal; plusieurs Siliquaires sont dans ce cas; il n'est donc pas impossible de penser que ces petits corps appartiennent à des Annélides qui se sont irrégulièrement cloisonnés. Le doute que Férussac a conservé en rapportant ce genre aux Céphalopodes, pourrait servir à confirmer notre opinion. (D..H.)

JESON. MOLL. (Adanson, Coquill. du Sénég., pl. 15, fig. 8.) Syn. de *Cardita crassicosta*, Lamarck. (D..H.)

JESSE. *Jeses.* POIS. Syn. de Chevanne, espèce d'Able. *V.* ce mot.

JET D'EAU MARIN. ACAL. Quelques auteurs ont donné ce nom aux Ascidies à cause de l'eau qu'elles lancent lorsqu'on les comprime. Cette eau est quelquefois irritante et produit, dit-on, des pustules ou d'autres éruptions sur les parties du corps qu'elle frappe. (LAM..X.)

JEUX DE VAN-HELMONT. *Ludus Helmontii.* MIN. Concrétions pierreuses, renfermant dans leur intérieur des prismes courts à quatre pans, qui, brisés, ressemblent à des cubes ou dés à jouer. Van-Helmont les avait appelés *Ludus Paracelsi*, et leur attribuait de très-grandes propriétés. Elles sont composées ou de calcaire marneux gris de fumée, très-compacte et même susceptible de poli, ou de Fer carbonaté lithoïde et argileux; et les cristaux calcaires sont souvent ferrifères et magnésiens. On remarque quelquefois dans les interstices des cristaux de Quartz, de Baryte, de Fer spathique, etc. Enfin ces concrétions sont remarquables par la constance de ces particularités et par leur disposition en lits dans les couches d'Argile schisteuse des mines de Houille, et des terrains de Calcaire alpin. *V.* CONCRÉTIONS. (H.)

* **JIBE.** BOT. PHAN. Syn. de Badamier selon Rhéede. (B.)

* **JIHADE.** BOT. PHAN. *V.* CAHADE.

* **JIRASEKIA.** BOT. PHAN. L'*Anagallis tenella*, L., a été érigé, sous ce nom, en un genre distinct par Schmidt (*in Uster. Ann.* 2, p. 234); mais ce genre n'a pas été adopté. (G..N.)

* **JOACHIMIA.** BOT. PHAN. Le genre de Graminées ainsi nommé par Tenore, dans sa Flore de Naples, est le même que le *Beckmannia* qui, ayant l'antériorité, ne peut changer de nom. *V.* BECKMANNIE. (A. R.)

JOANNESIA. BOT. PHAN. Persoon (*Enchirid.* T. II, p. 383) a surchargé inutilement de ce nouveau mot la nomenclature, en le substituant sans motif à celui de *Johannia*, Willd., qui lui-même était superflu, puisqu'il désignait un genre nommé antérieurement *Chuquiraga* par Jussieu. *V.* ce mot. (G..N.)

JOCKO. MAM. *V.* ORANG.

* **JODAMIE.** MOLL. Defrance, dans le Dictionnaire des Sciences Naturelles, a établi ce genre qui nous semble avoir les plus grands rapports avec les Sphérulites, et que nous mentionnerons en traitant de ce genre. *V.* SPHÉRULITE. (D..H.)

JODELLE ET **JOUDARDE.** OIS. La Foulque en vieux français. (B.)

JOEL. POIS. Espèce du genre Athérine. *V.* ce mot. (B.)

JOHANNIA. BOT. PHAN. Le genre *Chuquiraga* de Jussieu a reçu de Willdenow ce nouveau nom qui n'a pas été adopté. *V.* CHUQUIRAGA. (G..N.)

* **JOHNIA.** BOT. PHAN. Genre de la Triandrie Monogynie, L., nouvellement établi par Roxburgh (*in Flor. Ind.* 1, p. 172) et adopté par De Candolle (*Prodrom. System. Reg. Veget.* T. I, p. 571) qui l'a placé dans la famille des Hippocratéacées, et lui a donné pour caractères essentiels : trois anthères sessiles au sommet de l'urcéole; fruit en baie, à cinq loges et à un ou deux ovules dans chaque loge avant la maturité, ne contenant qu'un petit nombre de graines lorsqu'il est mûr. Ce genre est composé de deux espèces, savoir : 1° *Johnia salacioides*, indigène du Bengale, et remarquable par ses fleurs orangées, et sa baie bonne à manger, à deux ou trois graines ; 2° *J. coromandeliana*, qui croît dans les forêts des montagnes du Coromandel. Cette espèce a des baies monospermes semblables à de petites cerises. (G..N.)

JOHNIUS. POIS. Qu'on a francisé sous le nom de *John.* Ce genre, formé par Bloch, ne saurait être admis et rentre entièrement parmi les Sciènes. *V.* ce mot. (B.)

JOHNSONIE. *Johnsonia.* BOT. PHAN. Genre de la famille des Asphodélées, et de la Triandrie Monogynie, L., établi par R. Brown (*Prodrom. Fl. Nov.-Holl.*, p. 287) qui l'a ainsi caractérisé : périanthe à six divisions égales, pétaloïdes, marcescentes et décidues ; trois étamines dont les filets sont insérés à la base des divisions intérieures du périanthe, dilatés et connés inférieurement ; ovaire à loges dispermes, surmonté d'un style filiforme, et d'un stigmate obtus; capsule triloculaire à trois valves qui portent les cloisons sur leur milieu ; deux graines dans chaque loge ayant leur ombilic muni de strophioles ; l'une d'elles pendante, fixée au sommet d'une colonne centrale grêle plus courte que la capsule. L'auteur a placé la Plante qui constitue ce genre auprès du *Borya.* Elle en diffère par le port, l'inflorescence et la structure de la fleur, mais elle s'en rapproche par plusieurs caractères. Cette Plante, *Johnsonia lupulina*, R. Br., croît sur les côtes méridionales de la Nouvelle-Hollande. C'est une herbe vivace, ayant une racine fibreuse, des feuilles distiques, linéaires, dilatées et demi-engaînantes à la base. La hampe est très-simple et ne porte vers son sommet qu'un seul épi oblong, dont la forme imite les fleurs du Houblon , *Humulus Lupulus* (d'où le nom spécifique), et qui se compose de bractées imbriquées colorées ; les inférieures petites et stériles , les autres uniflores et persistantes. Les fleurs sont petites , sessiles ; chacune d'elles est accompagnée d'une bractée intérieure et latérale.

Le nom de *Johnsonia* avait été donné à divers genres qui n'ont point été adoptés : ainsi le *Johnsonia* de Miller rentre dans le *Callicarpa* de Linné ; celui de Necker n'est qu'une division des *Solanum* ; enfin Adanson a nommé *Jonsonia* le *Cedrela*, L.
(G..N.)

JOL. MOLL. Tel est le nom qu'Adanson a donné à une petite espèce de Buccin de la section des Nasses ; mais le peu de netteté de la figure ne permet pas de pouvoir la rapporter à une des espèces décrites par les auteurs. (D..H.)

JOLIBOIS. BOT. PHAN. Syn. vulgaire de *Daphne Mezereum* étendu quelquefois à d'autres Lauréoles. (B.)

JOLITE. MIN. Pour Iolite. *V.* ce mot. (G. DEL.)

JONC. *Juncus.* BOT. PHAN. Type de la famille des Joncées , ce genre , tel qu'il a été limité par Adanson et De Candolle , n'est pas le même que le *Juncus* de Linné ; il en diffère par ses feuilles cylindriques et par sa capsule polysperme. Voici quels sont ses caractères : le calice se compose de six sépales écailleux et glumacés, disposés sur deux rangs ; les étamines sont au nombre de six attachées à la base du calice, quelquefois il n'y en a que trois seulement. L'ovaire est ovoïde , plus ou moins triangulaire , à une ou trois loges incomplètes contenant plusieurs ovules. Le style est simple, terminé par trois stigmates filiformes et velus. Le fruit est une capsule uniloculaire , polysperme , s'ouvrant en trois valves. Les graines sont ovoïdes ; elles contiennent un embryon basilaire dans un endosperme charnu. Les espèces de ce genre sont vivaces, très-rarement annuelles.

Les tiges sont nues ou feuillées, quelquefois articulées , munies de feuilles cylindriques. Les fleurs sont généralement petites et disposées en panicule ; rarement elles sont grandes et solitaires.

De Candolle a retiré du genre *Juncus* de Linné , toutes les espèces qui ont les feuilles planes et la capsule uniloculaire, pour en former un genre particulier sous le nom de *Luzula.*

Desvaux, dans le Journal de Botanique, a divisé le genre *Juncus* de De Candolle en quatre genres, savoir : *Marsipospermum* qui a pour type le *Juncus grandiflorus* , *Rostkovia*, le *Juncus magellanicus*, *Cephaloxis* et enfin *Juncus*. Mais les différences sur lesquelles ces genres sont fondés sont trop peu importantes pour que ceux-ci aient pu être adoptés. Dans une Monographie que va publier le docteur De Laharpe , de Lausanne, on compte soixante-dix-neuf espèces. Réparties sous toutes les zônes, dit ce jeune botaniste, et à des hauteurs variables, alpines sous l'équateur, préférant les plaines et les montagnes sous la zône tempérée, les diverses espèces de ce genre habitent particulièrement les lieux marécageux de l'Europe, des deux Amériques et de la Nouvelle-Hollande ; quelques-unes n'abandonnent jamais les bords de la mer et des grands lacs ; d'autres ne peuvent vivre et se reproduire qu'à côté des glaciers des Alpes et des neiges du pôle ; certaines enfin, vraies cosmopolites, se rencontrent partout sous les pas du botaniste. Parmi les soixante-dix-neuf espèces actuellement connues , trois seulement habitent indistinctement toutes les zônes et tous les climats : ce sont les *Juncus communis* , *maritimus* et *Bufonius*. L'Europe en contient trente-une espèces ; l'Amérique méridionale, quatorze ; l'Amérique septentrionale, vingt-six ; la Nouvelle-Hollande, douze ; la Barbarie et les îles Canaries, quatorze ; l'Asie, huit ; le cap de Bonne-Espérance, sept ; les hautes Alpes et la Laponie, dix ; enfin quatorze sont communes à l'Europe et à l'Amérique septentrionale.

Aucune des espèces de ce genre n'est cultivée dans les jardins. On fait avec les feuilles de plusieurs espèces et particuliérement du *Juncus glaucus*, des liens fort employés dans le jardinage.　　　　　　(A. R.)

L'on a étendu le nom de JONC à des Plantes qui n'appartiennent pas à ce genre ; ainsi l'on a vulgairement appelé :

JONC CARRÉ, un Souchet dont la tige présente quatre angles.

JONC DES CHAISIERS, le *Scirpus lacustris*.

JONC A COTON OU DE SOIE, les Linaigrettes ou Eriophores.

JONC COTONNEUX. *V.* TOMEX.

JONC D'EAU, les Scirpes, *Schœnus*, etc.

JONC ÉPINEUX OU MARIN, l'*Ulex europœus*.

JONC D'ESPAGNE, le *Spartium junceum*.

JONC D'ÉTANG, le *Scirpus lacustris*, L.

JONC FAUX, les Triglochins.

JONC FLEURI, le *Butomus umbellatus*, L.

JONC DES INDES, les cannes faites avec le Rotang.

JONC MARIN. *V.* JONC ÉPINEUX.

JONC A MOUCHES, le *Senecio Jacobœus*, L.

JONC DU NIL, le *Cyperus Papyrus*, L.

JONC ODORANT, l'*Andropogon Schœnanthe* et l'*Acorus verus*.

JONC DE LA PASSION, la Massette (*Typha.*)　　　　　　(B.)

JONC DE PIERRE. *Juncus Lapideus.* POLYP. Mercati donne ce nom à une Caryophyllie fossile, tandis que d'autres oryctographes, l'appliquent à des Tubipores pétrifiés. (LAM..X.)

* JONCAGINÉES. *Juncaginéœ.* BOT. PHAN. Famille naturelle de Plantes monocotylédonées à étamines hypogynes, proposée par le professeur Richard (Mém. Mus., 1, p. 365) pour quelques genres autrefois placés dans la famille polymorphe des Joncs de Jussieu. Les Joncaginées, qui se com-

posent des genres *Triglochin*, *Scheuchzeria* et *Lilœa*, peuvent être caractérisées de la manière suivante : les fleurs sont hermaphrodites ou unisexuées, munies d'un calice ou nues. Dans les fleurs hermaphrodites on trouve ordinairement six étamines à filamens très-courts, à anthères cordiformes et biloculaires. Le centre de la fleur offre de trois à six pistils réunis entre eux et plus ou moins soudés par leur côté interne. Leur ovaire est libre, à une seule loge contenant un ou deux ovules dressés ; le stigmate est ordinairement sessile. Dans les fleurs unisexuées, les mâles se composent d'une seule étamine accompagnée d'une écaille, et les fleurs femelles d'un pistil nu. Le fruit est un akène ou une capsule renflée et déhiscente, qui contient une ou deux graines dressées. Ces graines se composent d'un tégument propre et d'un embryon dressé, ayant la même direction que la graine, c'est-à-dire dont la radicule correspond au hile.

Cette petite famille ne se compose, ainsi que nous l'avons dit, que des seuls genres *Triglochin* et *Scheuchzeria* de Linné, *Lilœa* de Bonpland. Leurs espèces sont de petites Plantes aquatiques, vivant sur le bord des étangs et dans les endroits marécageux. On pourrait considérer l'organisation des deux genres *Triglochin* et *Scheuchzeria* sous un autre point de vue, et regarder leurs fleurs comme étant également unisexuées et monoïques. En effet, dans les espèces de Triglochin, les six étamines pourraient être regardées chacune comme autant de fleurs mâles monandres, et les six pistils comme autant de fleurs femelles. Cette opinion nous paraît d'autant plus vraisemblable, que ces six étamines ne sont pas placées sur le même plan et qu'il y en a trois plus intérieures et trois plus extérieures. *V.* les mots TRIGLOCHIN et SCHEUCHZERIA où cette opinion sera développée.

Les Joncaginées viennent naturellement se placer entre les Nayades et les Alismacées. Elles se distinguent des premières par leurs graines dressées et leur embryon ayant la même direction que la graine, tandis que dans les Nayades la graine est renversée et l'embryon a une direction opposée à celle de la graine ; dans les Alismacées, les graines sont suturales et l'embryon est recourbé en fer à cheval. (A. R.)

JONCÉES. *Junceœ.* BOT. PHAN. Cette famille, telle qu'elle a été limitée par De Candolle et plus récemment par R. Brown (*Prodr. Fl. Nov.-Holl.*, 1, p. 257), appartient au groupe des Plantes monocotylédones à étamines périgynes, et peut être ainsi caractérisée : fleurs hermaphrodites, rarement unisexuées et monoïques. Calice profondément divisé en six lanières glumacées, disposées sur deux rangées. Etamines au nombre de six, attachées à la base des divisions du calice, quelquefois, mais plus rarement, au nombre de trois seulement qui répondent aux trois divisions du calice. Ces étamines ont leurs filets subulés et leurs anthères à deux loges. L'ovaire est libre au fond de la fleur. Il est tantôt à une, tantôt à trois loges contenant chacune une ou plusieurs graines. Il se termine à son sommet par un style simple que surmontent trois stigmates filiformes ou un stigmate unique et trilobé. Le fruit est sec, capsulaire, à une ou trois loges, s'ouvrant en trois valves septifères sur le milieu de leur face interne. Quelquefois il est indéhiscent et monosperme par avortement. Les graines sont revêtues d'un tégument propre, membraneux, qui, selon R. Brown, n'est jamais crustacé, ni de couleur noire. Elles contiennent un endosperme charnu ou cartilagineux dans lequel est renfermé un embryon presque cylindrique.

Les Joncées sont des Plantes annuelles ou vivaces, nues ou feuillées, ayant en général les feuilles engaînantes, planes ou cylindriques. Les fleurs sont généralement petites, disposées en grappes, en panicules ou en cimes.

Les genres qui appartiennent à cette famille sont : *Juncus*, D. C.; *Luzula*, D. C.; *Abama*, Adanson. R. Brown y a joint les suivans : *Xerotes*, *Dasypogon* et *Calectasia* qui sont nouveaux. Il a ajouté à la fin de cette famille comme ayant de l'affinité avec elle, les genres *Flagellaria*, L.; *Philydrum*, Banks, et *Burmannia*, L. Un jeune botaniste très-distingué de Lausanne, De Laharpe, que nous avons cité en parlant du genre Jonc, a lu à la Société d'Histoire Naturelle de Paris un Mémoire fort intéressant contenant une monographie détaillée des genres *Juncus*, *Luzula* et *Abama* qui, selon lui, sont les seuls qui entrent dans la famille des Joncées. Ce travail doit être imprimé dans le troisième volume des Mémoires de la Société d'Histoire Naturelle. (A. R.)

*** JONCIER.** BOT. PHAN. L'un des noms vulgaires du *Spartium junceum*, L. (D.)

JONCINELLE. BOT. PHAN. Des botanistes ont proposé ce nom pour désigner le genre *Eriocaulon. V.* ce mot. (B.)

JONCIOLE. BOT. PHAN. Le genre Aphyllanthe a reçu ce nom dans le Dictionnaire de Déterville. *V.* APHYLLANTHE. (B.)

JONCOIDES. BOT. PHAN. Syn. de Joncées. On a aussi proposé ce nom pour désigner le genre Luzule. *V.* ce mot. (B.)

JONCQUETIA. BOT. PHAN. Schreber appelle ainsi le genre Tapira d'Aublet. *V.* TAPIRA. (A. R.)

JONCS. *Junci.* BOT. PHAN. Famille qui, telle qu'elle avait été établie par Jussieu dans son *Genera Plantarum*, a été divisée, par suite des travaux de plusieurs botanistes modernes, en plusieurs autres très-distinctes. Ainsi, dans la première section renfermant les genres à ovaire unique, à capsule triloculaire et à calice glumacé, on trouve les genres *Eriocaulon*, *Restio* et *Xyris* qui forment la famille des Restiacées de R. Brown; dans la seconde section, dont le calice est semi-pétaloïde, sont les genres *Callisia*, *Commelina*, *Tradescantia* formant avec quelques autres les Commélinées de R. Brown; dans la troisième section, le genre *Butomus* forme le type des Butomées du professeur Richard, les genres *Damasonium*, *Alisma* et *Sagittaria* les vraies Alismacées. Parmi les genres de la quatrième section, le *Cabomba* est devenu le type des Cabombées du professeur Richard, le *Scheuchzeria* et le *Triglochin* appartiennent aux Joncaginées, et enfin les genres *Narthecium*, *Helonias*, *Melanthium*, *Veratrum* et *Colchicum* constituent la famille des Colchicacées de De Candolle. Il résulte de-là que les genres qui formaient la famille des Joncs de Jussieu, constituent aujourd'hui huit familles naturelles distinctes, savoir : les Restiacées, les Commélinées, les Butomées, les Alismacées, les Cabombées, les Joncaginées, les Colchicacées et les Joncées proprement dites. *V.* chacun de ces mots. (A. R.)

JONDRABA. BOT. PHAN. (De Candolle.) *V.* BISCUTELLE.

JONÈSE. BOT. PHAN. Pour Ionésie. *V.* ce mot. (G. N.)

JONGERMANNE. BOT. CRYPT. Pour Jungermanne. *V.* ce mot. (B.)

JONGIE. BOT. PHAN. Pour Jungie. *V.* ce mot. (B.)

JONOPSIS. BOT. PHAN. Pour Ionopsis. *V.* ce mot. (B.)

JONQUILLE. BOT. Espèce du genre Narcisse. *V.* ce mot. Paulet appelle JONQUILLE DE CHÊNE un Champignon de la famille de ses Oreilles, qui est simplement un Agaric des botanistes. (B.)

JONSONIA. BOT. PHAN. (Adanson.) Syn. de Cédrèle. *V.* ce mot. (B.)

JONTHLASPI. BOT. PHAN. Les anciens botanistes et même Tournefort donnaient ce nom à une petite Crucifère qui est devenue le type du genre *Clypeola* de Linné. De Candolle l'a employé pour désigner la première section qu'il a établie dans ce genre. *V.* CLYPÉOLE. (G. N.)

JOPPE. *Joppa.* INS. Genre de l'ordre des Hyménoptères, famille des Pupivores, tribu des Ichneumonides, établi par Fabricius et adopté par Latreille (Fam. Natur. du Règne Anim.). Ses caractères sont : bouche point avancée en manière de bec; palpes maxillaires de cinq articles très-inégaux et dont le troisième est en forme de hache ; palpes labiaux de quatre articles ; extrémité des mandibules distinctement bidentée ; antennes sétacées, composées d'un grand nombre d'articles ; tarière cachée. Les Joppes sont des espèces du grand genre Ichneumon de Linné qui ont les mêmes habitudes qu'eux ; ils ont le chaperon court, corné, arrondi, entier ; leurs mâchoires sont unidentées et la lèvre membraneuse, comprimée et plus épaisse au bout. L'abdomen est pétiolé, ovoïde, voûté en dessus; leur corps est orné de couleurs jaunes sur un fond noir. La plupart des espèces viennent de l'Amérique méridionale. *V.* ICHNEUMON et ICHNEUMONIDES. (G.)

JORENA. BOT. PHAN. Ce nom a été donné par Adanson à un genre formé sur l'*Alsinoides* de Lippi, et placé près du *Suriana* dont il diffère par ses feuilles opposées et ses graines ovoïdes assez grosses. (G. N.)

JOSEPHIA. BOT. PHAN. Knight et Salisbury, dans leur Mémoire sur les Protéacées, ont ainsi désigné un genre que R. Brown, qui d'abord avait adopté ce nom, a changé depuis en celui de *Dryandra*. *V.* ce mot. On s'est récrié contre ce changement de nom, sans réfléchir qu'il y avait abus de dédier deux genres très-voisins à un seul individu (Joseph Banks), quelque grands qu'aient été les services qu'il a rendus à la science. Les noms de *Josephia* et de *Banksia* rappelant le même personnage et étant placés dans la même famille naturelle, semblaient trop un concert de dédicaces, et, ce qui pis est, pouvaient introduire de la confusion.　　　　　(G.-N.)

JOSÉPHINIE. *Josephinia.* BOT. PHAN. Genre établi par Ventenat (Jard. de Malm., et Mém. Inst. Sc. Phys., 1806, p. 71) et adopté par R. Brown qui l'a placé dans sa famille des Pédalinées. Les caractères de ce genre sont : calice à cinq divisions dressées et égales; corolle monopétale ayant un tube court et un limbe évasé et campanulé, à cinq lobes inégaux, disposés en deux lèvres, l'une supérieure, redressée et bifide, l'autre inférieure, à trois lobes, celui du milieu étant plus long que les autres; étamines, au nombre de quatre, didynames et plus courtes que la corolle; il y a le rudiment d'une cinquième étamine avortée. L'ovaire est libre, appliqué sur un disque hypogyne, formant un bourrelet circulaire. Cet ovaire est surmonté d'un style que termine un stigmate quadrifide. Le fruit est une drupe hérissée de pointes, à quatre ou huit loges monospermes. Les graines sont attachées à la base des loges. Elles contiennent un embryon dressé, dépourvu d'endosperme.

Ce genre ne se compose encore que de deux espèces. Ce sont des Plantes élégantes, vivaces, rameuses, à feuilles très-entières et à fleurs purpurines. L'une et l'autre sont originaires de la Nouvelle-Hollande. La première qui ait été connue et décrite, est la *Josephinia Imperatricis*, Vent., Malm., tab. 103. Sa tige, cylindrique dans sa partie inférieure et tétragone supérieurement, s'élève à environ deux pieds. Elle est rameuse et couverte de feuilles opposées, pétiolées, ovales, cordiformes et rabattues. Les fleurs, d'un gris rose, tachées de points pourpres, naissent dans l'aisselle des feuilles supérieures et forment un épi allongé au sommet de la tige. Cette espèce a fleuri pour la première fois dans le jardin de Malmaison, où l'impératrice Joséphine accordait de si puissans encouragemens à la bo-

tanique. Elle provenait de graines rapportées par le capitaine Hamelin, commandant de la corvette *le Naturaliste*, dans l'expédition dont Péron et Freycinet nous ont fait connaître les résultats.

La seconde espèce, caractérisée par R. Brown (*Prodr. Flor. Nov.-Holl.* 1, p. 520), porte le nom de *Josephinia grandiflora.*　　　(A. R.)

* JOSIUM. BOT. PHAN. (Belon.) Syn. de Jasmin jaune.　　　(B.)

JOTA. OIS. Le Vautour décrit sous ce nom par Molina paraît être le même que l'Aura. *V.* CATHARTE.　(B.)

* JOUAITOBOU. BOT. PHAN. (Surian.) Syn. caraïbe de *Pharnaceum spathulatum.*　　　　(B.)

JOUALETTE. BOT. PHAN. L'*Œnanthe pimpinelloides,* dans certaines parties de la France centrale.　(B.)

JOUBARBE. *Sempervivum.* BOT. PHAN. Genre de la famille des Crassulacées et de la Dodécandrie Dodécagynie, L.; offrant un calice monosépale, persistant, divisé en six, huit ou douze lanières; une corolle de six à dix-huit pétales lancéolés, quelquefois légèrement réunis entre eux par leur base; des étamines en nombre double de celui des pétales, à insertion périgynique; des pistils au nombre de six à dix-huit, disposés circulairement au centre de la fleur. En dehors de l'ovaire, on trouve quelquefois des appendices de forme variée qui sont des étamines avortées. Chaque ovaire est allongé, à une seule loge contenant plusieurs ovules attachés à un trophosperme longitudinal. Le style est simple, terminé par un stigmate capitulé. Le fruit est une capsule allongée, s'ouvrant par une suture longitudinale, et renfermant plusieurs graines insérées à un trophosperme sutural.

Les espèces de ce genre, au nombre d'environ une trentaine, ont des feuilles épaisses et charnues, quelquefois disposées en rosettes à la base de la tige, d'autres fois placées sur les ramifications de la tige. Les tiges sont simples ou rameuses. La plupart des espèces croissent aux Canaries, en Europe, ou au cap de Bonne-Espérance. Nous mentionnerons ici quelques-unes des espèces de ce genre.

La plus commune est la Joubarbe des toits, *Sempervivum tectorum*, L., qui croît en abondance sur les vieux murs et le chaume des masures. Ses feuilles sont épaisses, charnues, imbriquées, ovales, pointues et ciliées, disposées en rosettes. Du centre de ces rosettes, dont un grand nombre restent stériles, s'élève une tige d'environ un pied de hauteur, cylindrique, épaisse, charnue, écailleuse, rougeâtre, terminée par un épi de fleurs rougeâtres et assez grandes, pédonculées et tournées du même côté.

On en cultive dans les jardins un assez grand nombre d'espèces, telles que *Sempervivum arboreum*, *canariense*, *aizoides*, *glandulosum*, etc.; elles sont d'orangerie.

— On a aussi appelé vulgairement PETITE JOUBARBE le *Sedum album*; JOUBARBE DES VIGNES, le *Sedum Telephium*; JOUBARBE PYRAMIDALE, un Saxifrage; JOUBARBE AUX VERS, le *Sedum acre*, etc. (A. R.)

* JOUBARBES. BOT. PHAN. *V.* CRASSULACÉES.

JOUDARDE. OIS. *V.* JODELLE.

* JOUEUR DE LYRE. REPT. OPH. Séba mentionne sous ce nom un Serpent américain dont les sifflemens mélodieux auraient la propriété d'enchanter les Oiseaux même qui chantent le mieux. (B.)

* JOUGAU. OIS. Espèce du genre Chouette. *V.* ce mot. (B.)

JOUGRIS. OIS. Même chose que Sougris. *V.* GRÈBE. (B.)

JOURDIN. POIS. Espèce du genre Lutjan. (B.)

JOURET. MOLL. Nous ne sommes pas de l'opinion de Gmelin, qui a rapporté à la *Venus maculata* (*Cytherea maculata*, Lamk.) le Jouret

d'Adanson (Coquil. du Sénég, pl. 17) qui nous semble une espèce bien distincte que les auteurs n'ont point encore mentionnée d'une manière satisfaisante. (D..H.)

JOUTAI. BOT. PHAN. (Dict. de Déterville.) *V.* OUTEA. (B.)

JOUZION. POIS. L'un des noms vulgaires du *Squalus Zygœna*. (B.)

JOVELLANA. BOT. PHAN. Genre de la Diandrie Monogynie, L., établi par Ruiz et Pavon (*Fl. Peruv.* 1, p. 13, t. 18, f. 1 et 6), et qui a été réuni par Smith et Lamarck au *Calceolaria*. Persoon (*Enchirid.* 1, p. 15) en a fait une section du genre *Bœa* de Jussieu, en lui conservant le caractère essentiel, ainsi tracé par les auteurs de la Flore du Pérou : capsule ovée-conique, à deux sillons, biloculaire, s'ouvrant au sommet en deux valves bifides. (G..N.)

JOYEL. MOLL. *V.* CHOEL.

JOZO. POIS. Espèce du genre Gobie. *V.* ce mot. (B.)

JUANULLOA. BOT. PHAN. Les auteurs de la Flore du Pérou ont donné ce nom à un genre qu'ils ont dédié à la mémoire de don George Juan et de don Antoine Ulloa, auteurs d'un voyage au Pérou, renfermant des observations d'Histoire Naturelle. Persoon (*Synops.* 1, p. 218) a changé ce nom complexe en celui de *Ulloa*. Ce changement a été justifié par De Candolle (Théorie Elém. de la Botanique, deuxième édition, p. 265), en rappelant aux botanistes qu'ils ne doivent pas établir des noms génériques composés de ceux de deux personnes. *V.* ULLOA. (G..N.)

JUB. *Juba*. POIS. Espèce du genre Pristipome. *V.* ce mot. (B.)

JUBÆE. *Jubœa*. BOT. PHAN. Genre de la famille des Palmiers, établi par Kunth (*In Humb. Nov. Gen.* 1, p. 308, tab. 96, qui le caractérise ainsi : fleurs hermaphrodites; calice double, l'un et l'autre tripartis, l'extérieur beaucoup plus court que l'intérieur; étamines en très-grand nombre, ayant les filets libres, les anthères sagittées; ovaire à trois loges, surmonté de trois stigmates; drupe sèche, ovoïde; noix percée de trois trous à son sommet; endosperme creux.

Ce genre se compose d'une seule espèce, *Jubœa spectabilis*, Kunth, *loc. cit.* Ce beau Palmier est originaire du Chili. On le cultive dans les jardins, jusqu'aux environs de Popayan où on le nomme *Coquito de Chile*. Son stipe est nu, sans épines, couronné par des frondes pinnées. Ses régimes de fleurs sont rameux, renfermés d'abord dans une spathe monophylle. Cet Arbre paraît avoir beaucoup de rapports avec le *Cocos Chilensis* de Molina.   (A. R.)

JUBARTE. MAM. Espèce du genre Baleine. *V.* ce mot.   (B.)

JUCA ET JUCCA. BOT. PHAN. Cette orthographe vicieuse de Yucca (*V.* ce mot) a été regardée, on ne sait comment, comme celle du nom qu'on donnait au *Jatropha Manihot* dans certains cantons de l'Amérique méridionale.   (B.)

* JUCHIA. BOT. PHAN. Necker (*Elem. Bot.* 1, p. 133) a établi, sous ce nom, un genre aux dépens des Lobélies de Linné, et qu'il caractérisait par sa corolle régulière, ses anthères connées, son stigmate bilabié et sa capsule biloculaire. Ce genre est remarquable par la régularité de la corolle (caractère que présente aussi le genre *Cyphia* également formé aux dépens du *Lobelia*); cependant le *Juchia* de Necker était trop incomplétement connu pour pouvoir être adopté. *V.* LOBÉLIE.   (G..N.)

* JUDAIQUES ou PIERRES JUDAIQUES. ÉCHIN. On a donné ce nom à des pointes d'Oursins fossiles, ainsi qu'à des articulations d'Encrine.   (LAM..X.)

JUDELLE. OIS. Même chose que Jadelle et Jodelle. *V.* ces mots.   (B.)

* JUGÉOLINE. BOT. PHAN. L'un des noms vulgaires du Sésame dans les colonies françaises. Ce mot paraît,

ainsi que le *Gigeri* de Saint-Domingue, une corruption de GANGILA qui désigne la même Plante au Congo.   (B.)

JUGLANDÉES. *Juglandeœ.* BOT. PHAN. Le genre Noyer, *Juglans*, d'abord placé dans la famille des Térébinthacées, en diffère tellement par un grand nombre de caractères importans, qu'il en a été retiré et est devenu le type d'un ordre naturel nouveau qui porte le nom de Juglandées. Les Juglandées ont des fleurs monoïques. Les mâles sont disposées en chatons simples ou composés. Chaque fleur offre une écaille calyciforme, partagée latéralement en deux ou six lobes plus ou moins profonds; des étamines en nombre indéterminé, ayant les filets extrêmement courts et les anthères à deux loges. Ces chatons mâles naissent constamment vers la partie supérieure des rameaux de l'année précédente. Il n'en est pas de même des fleurs femelles qui, au contraire, se développent à l'extrémité des rameaux de l'année. Chaque fleur femelle se compose d'un calice double, adhérent avec l'ovaire infère; rarement le calice est simple, à quatre divisions. L'ovaire est infère, uniloculaire, contenant un seul ovule dressé. Il est surmonté par deux stigmates très-épais, ou par un style court et un stigmate quadrilobé. Le fruit est une drupe peu charnue, globuleuse ou allongée, quelquefois munie de deux ailes latérales, contenant une noix à deux ou quatre valves. La graine est bosselée et comme cérébriforme à l'extérieur, plus ou moins quadrilobée à sa partie inférieure, recouverte d'un tégument propre, membraneux, sous lequel on trouve un gros embryon ayant les cotylédons charnus et bilobés, la radicule supérieure.

Le genre Noyer, qui formait à lui seul cette famille, a été, depuis, divisé en trois genres, savoir : Noyer proprement dit qui a pour type le *Juglans regia*, *Carya* de Nuttal, dans lequel on place les *J. olivœformis*, *alba*, *sulcata*, *aquatica*, etc., et *Pte-*

rocarya de Kunth , ou *Juglans Pte-rocarya* de Michaux.

A ces trois genres , Kunth ajoute le genre *Decostea* de Ruiz et Pavon, qu'il rapproche avec doute de la famille des Juglandées. *V.* NOYER.

(A. R.)

JUGLANS. BOT. PHAN. *V.* NOYER.

JUGOLINE. BOT. PHAN. Pour Jugéoline. *V.* ce mot. (B.)

JUGULAIRES. POIS. Second ordre de la classe des Poissons dans le *Systema naturæ* de Linné , qui répond exactement aux Auchénoptères de Duméril. *V.* ce mot. Il était caractérisé par la position des nageoires abdominales situées sous la gorge, en avant des pectorales. (B.)

JUIF. OIS. Nom vulgaire du Bruant de roseaux et de l'Hirondelle-Martinet. (B.)

JUIF. POIS. L'un des noms vulgaires du *Squalus Zigœna*. On le donnait anciennement à l'Ichthyocolle , espèce du genre Esturgeon. (B.)

JUJUBE. *Jujuba*, BOT. PHAN. Fruit du Jujubier. *V.* ce mot. (B.)

JUJUBIER. *Zizyphus*. BOT. PHAN. Ce genre, de la famille des Rhamnées, et de la Pentandrie Digynie, L., établi par Tournefort, avait été réuni par Linné au genre *Rhamnus*. Mais Jussieu, Lamarck et presque tous les auteurs modernes l'ont distingué de nouveau comme genre particulier. Voici ses caractères : calice étalé, à cinq divisions; corolle formée de cinq pétales très-petits, dressés; cinq étamines à filets courts, placées en face des pétales, et insérées ainsi que ces derniers autour d'un disque périgyne qui tapisse le fond du calice et environne l'ovaire; celui-ci est à deux loges, surmonté de deux stigmates. Le fruit est une drupe charnue contenant un noyau à deux loges. Les Jujubiers sont des Arbrisseaux ou de petits Arbres épineux, ayant des feuilles alternes, accompagnées à leur base de deux stipules subulées, persistantes, se changeant en épines. Leurs fleurs sont

hermaphrodites et très-petites. Parmi ces espèces, nous distinguerons les suivantes :

JUJUBIER COMMUN, *Zizyphus vulgaris*, Lamk., Ill. tab. 185 , fig. 1. Arbrisseau de quinze à vingt pieds d'élévation, offrant sur ses branches de petits rameaux filiformes verts , qu'il renouvelle tous les ans , et sur lesquels se développent les feuilles et les fleurs. Ces feuilles sont alternes, presque sessiles, ovales, obtuses, acuminées; celles de la base sont arrondies ; toutes obscurément dentées, glabres, luisantes, marquées de trois nervures longitudinales. On trouve à leur base deux stipules subulées , très-aiguës, persistantes et devenant des aiguillons. Les fleurs sont petites, jaunâtres, rassemblées par petits glomérules à l'aisselle des feuilles. Le fruit est une drupe ovoïde, rougeâtre, lisse, de la grosseur d'une Olive, contenant un noyau osseux , à deux loges monospermes. Le Jujubier est originaire d'Orient et particulièrement de la Syrie. Selon Pline, il a été introduit en Italie par Sextus Papirius. Aujourd'hui il y forme un Arbre indigène aussi bien qu'en Espagne et dans le midi de la France. Les Jujubes, ou fruits du Jujubier, lorsqu'elles sont fraîches, ont une chair ferme, mais sucrée et agréable. On les mange en cet état dans les provinces où cet Arbre est cultivé. Celles que l'on emploie en médecine ont été séchées au soleil. Unies aux Dattes, aux Figues et aux Raisins secs, elles forment les fruits pectoraux et béchiques, très-employés en tisane dans le traitement des maladies de poitrine.

JUJUBIER LOTOS, *Zizyphus Lotus*, Desf., Fl. Atl. 1, p. 200; Act. Acad. 1788, tab. 21. Cette espèce ne forme qu'un Arbrisseau buissonneux qui ne s'élève guère à plus de quatre à cinq pieds ; ses rameaux sont irréguliers, tortueux, blanchâtres, armés d'épines binées : les feuilles sont alternes, petites, ovales, obtuses, à peine dentées, offrant trois nervures longitudinales. Les fleurs, d'un blanc pâle et très-petites, sont groupées à l'aisselle des feuilles. Les fruits qui leur succèdent sont des drupes globuleuses, arrondies, d'une couleur brune, de la grosseur d'une Merise. Leur chair est pulpeuse et agréable. Cet Arbrisseau croît sur les côtes de la Barbarie et surtout de la Cyrénaïque; ses fruits sont une espèces de Lotos que mangeaient les anciens. Déjà l'Ecluse et J. Bauhin avaient soupçonné que le Lotos des anciens Lotophages était un Jujubier, mais c'est Desfontaines qui, dans un excellent mémoire consigné dans ceux de l'Académie des Sciences pour l'année 1788, a mis cette vérité dans tout son jour. *V*. LOTOS.

Ce genre renferme encore plusieurs autres espèces dont on mange les fruits; tels sont le *Zizyphus spina Christi*, qui croît en Egypte, en Barbarie et dans l'Arabie; le *Zizyphus Jujuba*, Lamk., des Indes-Orientales, etc.

Le nom de JUJUBIER BLANC a été donné par Daléchamp au *Melia Azedarach*, et par l'Ecluse à l'*Elœagnus angustifolius*.　　　　(A. R.)

JULAN. MOLL. Nom donné par Adanson (Coquil. du Sénég., pl. 19) à une petite espèce de Pholade indiquée par Linné sous la dénomination de *Pholas striata*.　　　(D..H.)

JULE. *Julus*. POIS. Espèce du genre Able. *V*. ce mot.　　　(B.)

* JULE. INS. Pour Iule. *V*. ce mot.

JULIBRISIN. BOT. PHAN. Espèce fort élégante d'Acacie qui résiste en pleine terre aux hivers dans les départemens méridionaux de la France.
　　　　　　　　　　　　(B.)
* JULIE. INS. (Geoffroy.) *V*. ÆSHNE.

JULIENNE. POIS. L'un des noms vulgaires de la Lingue-Gade du sous-genre Lotte. *V*. ces mots.　　(B.)

JULIENNE. *Hesperis*. BOT. PHAN. Genre de la famille des Crucifères et de la Tétradynamie siliqueuse, L. Il fut établi par Tournefort et adopté par Linné et tous les auteurs modernes; ceux-ci l'étendirent plus ou moins et y firent entrer des Plantes qu'on en a depuis séparées pour constituer de nouveaux genres ou pour réunir à d'autres déjà établis. Ainsi l'*Hesperis Alliaria* de Lamarck ou *Erysimum Alliaria*, L., est devenu le type du genre *Alliaria*. R. Brown, dans le quatrième volume de la deuxième édition de l'*Hortus Kewensis*, a constitué les genres *Matthiola* et *Malcomia*, dont la plupart des espèces étaient placées par Linné et Lamarck parmi les *Hesperis*. Le genre *Andrzeioskia* de De Candolle (*Prodrom. Syst. nat. Veget.* T. 1, p. 190) a été formé sur les *Hesperis glandulosa* et *pinnata* de Persoon. Nous passerons sous silence les erreurs des autres auteurs relativement à des Plantes qui font maintenant partie des genres *Heliophila, Chorispora, Arabis*, etc., et qu'ils avaient réunies au genre dont il est ici question. Ces fausses transpositions sont trop nombreuses pour qu'il soit convenable d'en faire ici l'énumération. Dans le second volume de son *Systema Vegetabilium*, le professeur De Candolle a débrouillé la synonymie de toutes les Plantes rapportées au genre *Hesperis*, et il a ainsi fixé les caractères de celui-ci : calice fermé dont les sépales sont connivens et dont deux sont bossus en forme de sac à la base; pétales onguiculés, ayant un limbe étalé, obtus ou échancré; étamines libres, les latérales munies à leur base de glandes vertes et à peu près en forme d'anneau; silique droite, presque tétragone ou comprimée, terminée par deux stigmates droits, sessiles et connivens; graines oblongues, pendantes et disposées sur un seul rang, pourvues de cotylédons planes et incombans. Ce genre est placé dans la tribu des Sisymbrées ou Notorhizées siliqueuses de De Candolle. Il a beaucoup de rapports avec plusieurs autres genres de Crucifères et surtout avec le *Cheiranthus* et l'*Erysimum*; mais la structure de son stigmate le différencie suffisamment. Il s'éloigne en outre du *Cheiranthus* par ses cotylédons incombans ; de l'*Erysimum* par sa silique qui n'est pas exactement tétragone; du *Sisymbrium* par son calice à deux bosses; enfin des *Matthiola* et *Malcomia* qu'on a formés à ses dépens, par son stigmate sans appendices, très-épais et obtus. Les Plantes qui composent ce genre sont herbacées, annuelles, bisannuelles ou vivaces, à racines fibreuses, à tiges dressées ou étalées. Leurs feuilles sont ovales, lancéolées ou oblongues, dentées ou lyrées. La plupart des espèces sont couvertes de poils, les uns lymphatiques, simples ou rameux, les autres, surtout vers le sommet, glanduleux et sécrétant une humeur visqueuse. Les fleurs sont disposées en grappes droites, terminales et sans bractées. Elles sont tantôt blanches, tantôt purpurines, quelquefois versicolores, et elles répandent une odeur agréable. Toutes les Juliennes croissent dans l'hémisphère boréal. Les champs cultivés et les haies sont leurs stations habituelles. Sur les vingt espèces décrites jusqu'à ce jour, une habite l'Amérique septentrionale, six l'Europe et treize l'Afrique boréale, l'Orient et l'Asie tempérée. De Candolle les a distribuées en deux sections qu'il a nommées *Hesperis* et *Deilosma*. La première est caractérisée par le limbe des pétales linéaire, rougeâtre et odorant, par la silique à deux côtés tranchans, à valves carénées et à cloison fongueuse. La deuxième se distingue, au contraire, par le limbe des pétales obové et par sa silique cylindracée ou à peine tétragone, à cloison membraneuse. C'est dans cette section que se trouve l'espèce suivante, remarquable par la beauté et l'odeur agréable de ses fleurs.

La JULIENNE DES DAMES, *Hesperis matronalis*, L., a une tige cylindrique, velue, presque simple et qui s'élève jusqu'à six décimètres. Ses feuilles sont ovales-lancéolées, pointues et dentées. Les fleurs sont terminales, portées sur des pédicelles de la longueur du calice ; il leur succède

des siliques dressées, glabres et dont les bords ne sont point épaissis. Cette espèce croît naturellement dans les lieux couverts et cultivés, dans les vignes et le long des haies et des buissons de l'Europe méridionale. On la cultive dans les jardins comme fleur d'ornement sous les noms de Julienne, Cassolette, Beurée, Damas, etc. Elle y produit plusieurs variétés de couleur, ainsi que des monstruosités dont la plus curieuse est celle que l'on a nommée *foliiflora*, et dans laquelle les pétales, les étamines et le pistil sont convertis en feuilles d'un vert tendre. La Julienne des dames est une Plante de pleine terre qui demande peu d'arrosement, un sol substantiel, léger, et une exposition au midi. Les variétés à fleurs doubles se multiplient par la séparation de leurs boutures dans le mois de septembre. Elles prennent aisément racine lorsqu'elles sont dans un terrain favorable.　　(G..N.)

* JULIFÈRES. BOT. PHAN. (Lamarck.) Syn. d'Amentacées. *V.* ce mot.　　　(B.)

JULIS. POIS. *V.* GIRELLE et LABRE.

JUMAR. *Onotaurus*. MAM. Le Mulet provenant de l'accouplement du Taureau et de la Jument ou du Cheval avec la Vache, désigné sous ce nom par les anciens, n'a jamais existé.　　　(B.)

JUMEAUX. BOT. CRYPT. Nom bizarre de l'une des familles plus bizarres encore, s'il est possible, où le docteur Paulet place des Champignons qu'il nomme NOMBRIL-BLANC, CHAPEAU-CANNELLE, etc. Ce sont tout simplement des Agarics.　　(B.)

JUMENT. MAM. La femelle du Cheval. *V.* ce mot.　　　(B.)

JUNCAGO. BOT. PHAN. (Tournefort.) Syn. de Triglochin. *V.* ce mot.　　　(B.)

JUNCARIA. BOT. PHAN. Vieux synonyme d'*Ortegia hispanica*. (B.)

JUNCELLUS. BOT. PHAN. Ce nom

désigne les petites espèces du genre Scirpe chez les anciens botanistes.

(B.)

JUNCUS. BOT. PHAN. *V.* JONC.

* JUNDZILLIA. BOT. PHAN. De Candolle (*System. Veget.* T. II, p. 529) mentionne un genre établi sous ce nom par Andrzeiowski, mais qui, formé sur le *Cochlearia Draba*, L., doit être réuni au *Lepidium*. Desvaux (Journ. de Bot. 3, p. 165) avait déjà proposé l'établissement du même genre qu'il nommait *Cardaria. V.* LEPIDIUM. (G..N.)

JUNGERMANNE. *Jungermannia.* BOT. CRYPT. (*Hépatiques.*) Ce genre, l'un des plus nombreux en espèces et des plus généralement répandus de la Cryptogamie, est en même temps l'un des plus naturels, ce qui n'a pas empêché plusieurs auteurs de chercher à le subdiviser. Il a été établi par Ruppius, adopté par Micheli et par Linné qui a réuni sous ce nom les trois genres désignés par Micheli sous les noms de *Marsilea*, de *Jungermannia* et de *Muscoides*, divisions qui, étant uniquement fondées sur le port, ne peuvent être adoptées que comme sections de genre. La plupart des auteurs ont adopté le genre tel que Linné l'avait circonscrit. Hedwig en a cependant séparé avec raison le genre *Andrœa* qui appartient évidemment à la famille des Mousses.

Les Jungermannes sont particulièrement caractérisées par une capsule renfermée dans un calice membraneux, en sortant à sa maturité, et portée sur un pédicelle plus ou moins long et se divisant jusqu'à la moitié ou jusqu'à la base en quatre valves. Cette capsule renferme des séminules nombreuses entremêlées de filamens en spirales auxquels on a donné le nom d'*elater* ; ces filamens naissent tantôt du fond de la capsule, tantôt de toute la paroi interne des valves, et tantôt du sommet de ces valves ; il ne paraît pas qu'ils donnent insertion aux séminules, mais leur usage semble borné à faciliter, par leur

élasticité, la dispersion de ces graines. La capsule varie dans ce genre par sa forme ronde ou allongée, par sa division en quatre valves jusqu'à la base ou seulement jusqu'à la moitié. C'est sur ce dernier caractère, propre seulement à un petit nombre d'espèces, et particulièrement aux *Jung. serpyllifolia* et *minutissima* de Hooker, que mademoiselle Libert a fondé le genre *Lejeunia. V.* Ann. Génér. des Sc. Phys. publiées à Bruxelles. Raddi, qui a publié un travail très-étendu sur les Jungermannes de la Toscane, et qui les a subdivisées en plusieurs genres, a laissé ces espèces parmi les vraies Jungermannes, mais il a séparé de ce genre, sous le nom de *Fossombronia*, le *Jung. pusilla*, Roth, Hook., différant de la plupart des autres Jungermannes par sa capsule qui se divise en lambeaux irréguliers. Mais c'est particulièrement sur les différences que présente l'espèce de calice qui enveloppe la base du pédicelle de la capsule, qu'il a fondé ces genres. Cet organe, qui a généralement la forme d'un sac membraneux, ouvert à son sommet, varie en effet beaucoup dans ce genre comme Hooker l'avait déjà indiqué dans son superbe ouvrage sur les Jungermannes de l'Angleterre. Raddi a fondé sur ces variations les genres suivans : *Bellisocinia*, calice comprimé, lisse, presque bilabié, à bord lacinié. Il a pour type le *J. lœvigata*, Roth.—*Antoiria*, calice comprimé, bilabié, à lèvres entières, arrondies. Raddi rapporte à ce genre le *Jung. platyphylla*, mais il est douteux que l'espèce à laquelle il donne ce nom soit bien la même que celle que Linné et les botanistes du nord de l'Europe ont nommée ainsi. — *Frullania*, calice tuberculeux extérieurement, presque trigone, divisé à son sommet en trois lanières : ce genre renferme les *Jung. Tamarisci* et *dilatata*. — *Candollea*, calice tronqué au sommet, plus ou moins comprimé. Raddi rapporte à ce genre les *Jung. asplenoides*, L. ; *compacta*, Roth ; *nemorosa*, L. ; *complanata* ;

L. — Les *Jungermannia* proprement dites sont caractérisées par leur calice membraneux, tubuleux, plus ou moins plissé vers son orifice. Ce genre renferme encore le plus grand nombre des espèces ; telles sont : les *Jung. polyanthos*, *scalaris*, *bidentata*, *reptans*, etc. — *Calypogeia*, calice cylindrique, épais, adhérent à la tige par le bord de son orifice. Ce genre, l'un des plus remarquables par la singulière insertion de son calice, renferme le *Jung. trichomanes* et deux espèces nouvelles décrites par Raddi. — *Metzgeria*, calice membraneux, turbiné, naissant de la partie inférieure de la fronde. C'est à ce genre qu'appartient le *Jung. furcata*, L., et le *Jung. tomentosa*, Hoffm. — *Rœmeria*, calice cylindrique tronqué, charnu, dressé, adhérent par sa base à la face inférieure de la fronde. Les *Jung. multifida*, *palmata* et *pinguis* se rapportent à ce genre. — *Pellia*, calice cylindrique, tronqué, naissant de la face supérieure de la fronde. Raddi ne place dans ce genre que le *Jung. epiphylla*.

Ces genres sont fondés la plupart sur des caractères extrêmement minutieux, et sur les variations d'un organe qui paraît avoir peu d'importance ; ils n'ont jusqu'à présent été adoptés par aucun botaniste, et en effet, le genre Jungermanne paraît si naturel et si bien limité qu'on ne peut le diviser qu'en sections fondées sur le port et la disposition des femelles comme la plupart des naturalistes l'ont déjà fait.

Une première grande division renferme les espèces dont la fronde est simple, plus ou moins lobée, presque toujours palmée, étendue sur le sol, et ne présente pas de folioles distinctes. Telles sont les *Jung. epiphylla*, *pinguis*, *furcata*, etc.

Toutes les autres espèces ont une tige simple ou rameuse, rampante ou redressée, couverte de petites feuilles distiques de forme très-variable. Cette division, de beaucoup plus nombreuse en espèces que la précédente, se divise en deux groupes, suivant

que les feuilles sont nues à leur base ou qu'elles sont accompagnées de stipules caulinaires qui forment en général à la face inférieure des tiges un double rang de petites folioles. C'est à ces organes que quelques botanistes étrangers, ne voulant jamais adopter dans la Cryptogamie les mêmes termes que pour les Plantes phanérogames, et multipliant ainsi inutilement le vocabulaire de la science, ont donné le nom d'Amphigastres.

Le nombre des espèces connues de ce genre s'élève à environ trois cents dont près de quatre-vingts croissent en Europe. L'Amérique septentrionale en produit un nombre assez considérable ; L. De Schweinitz en énumère cinquante-huit dont plusieurs, il est vrai, sont communes aux deux continens. Les régions équatoriales en nourrissent aussi un grand nombre, et cette famille ne paraît même pas diminuer en allant du pôle vers l'équateur, comme on l'a prétendu, à tort, relativement aux Cryptogames, car la Laponie n'en produit que trente espèces d'après Wahlenberg, et l'île de Java, dont les espèces sont cependant moins complétement connues, en renferme, d'après Nées d'Esenbeck, près de soixante. Il en est de même du Brésil, du cap de Bonne-Espérance, de l'Inde, etc., qui en produisent beaucoup, ainsi que Mascareigne dont Bory de Saint-Vincent a rapporté plus de trente espèces. Quoique les espèces de tous ces pays ne soient pas encore bien connues, on doit remarquer le nombre considérable que Menzies a rapportées de la Nouvelle-Zélande et que Hooker a figurées dans ses *Musci exotici*, car ce nombre paraît confirmer l'observation qu'on a déjà faite de la grande prédominance des Cryptogames dans cette île et non vers les pôles. (AD. B.)

*JUNGERMANNIÉES. BOT. CRYPT. On a quelquefois employé ce nom comme synonyme d'Hépatiques. *V.* ce mot.   (B.)

JUNGHANSIA. BOT. PHAN. Le

genre établi sous ce nom par Gmelin (*Syst. Veget.*, p. 259) est le même que le *Curtisia* d'Aiton, fondé sur une espèce de *Sideroxylon* de Burmann. *V.* CURTISIE. (G..N.)

JUNGHAUSIA. BOT. PHAN. Pour Junghansia. *V.* ce mot. (G..N.)

JUNGIE. *Jungia.* BOT. PHAN. Genre de la famille des Synanthérées et de la Syngénésie séparée, L., établi par Linné fils (*Suppl. Plant.*, p. 390) qui le dédia à la mémoire de Jungius, auteur d'ouvrages estimés et renfermant, selon Du Petit-Thouars, les premiers fondemens des méthodes de classification des Plantes. Adoptant ce genre, Cassini l'a placé dans la tribu des Nassauviées, près du genre *Dumerilia* dont il diffère à peine, et lui a donné les caractères suivans : involucre cylindracé, formé de folioles à peu près sur un seul rang, égales, oblongues et obtuses; réceptacle planiuscule garni de paillettes analogues aux folioles de l'involucre; calathide sans rayons, composée de plusieurs fleurons bilabiés et hermaphrodites; ovaires oblongs, grêles, anguleux, surmontés d'une aigrette longue et plumeuse. Les calathides sont réunies par trois et quatre en capitules, entourés chacun d'un involucre général formé de bractées analogues aux folioles des involucres partiels. Le *Jungia ferruginea* est l'unique espèce du genre. C'est une Plante de l'Amérique méridionale, dont les tiges sont ligneuses, couvertes d'un duvet couleur de rouille. Les feuilles sont alternes, pétiolées, arrondies, échancrées en cœur à la base et divisées en cinq lobes obtus; les capitules de fleurs sont petits et disposés en une panicule terminale très-ramifiée. Cette espèce n'a été observée depuis Linné fils par aucun botaniste. Cependant Gaertner, qui n'a fait que transcrire la description du genre, a changé arbitrairement son nom en celui de *Trinacte*. Quant au *Jungia* de Gaertner, *V.* ESCALLONIE. (G..N.)

JUNIA. BOT. PHAN. (Adanson.)

Syn. de *Clethra*, L. *V.* ce mot. (G..N.)

JUNIPERUS. BOT. PHAN. *V.* GENIÈVRE ou GENEVRIER.

* JUNON. INS. Espèce de Staphylin de Geoffroy, qui est un Stène de Fabricius. (B.)

* JUNSA. BOT. PHAN. La Plante désignée sous ce nom par Linscot, paraît être l'Arachide. (B.)

JUPUBA. *Cassicus Hæmorrhous.* OIS. (Vieillot.) Nom de pays d'une espèce de la division des Cassiques dans le genre Troupiale. *V.* ce mot. (B.)

* JURINÉE. *Jurinea.* BOT. PHAN. Genre de la famille des Synanthérées, Cinarocéphales de Jussieu, et de la Syngénésie égale, L., proposé par Cassini dans le Dict. des Scienc. Nat., et placé par ce botaniste dans la tribu des Carduinées. Voici les caractères qu'il lui attribue : involucre formé de folioles imbriquées, appliquées, oblongues, coriaces, les intérieures sans appendices, les extérieures surmontées d'un appendice étalé et spinescent; réceptacle planiuscule, hérissé de paillettes inégales et subulées; calathide sans rayons, formée de fleurons à corolle oblique, nombreux, égaux et hermaphrodites; akènes obovoïdes, tétragones, glabres, striés, présentant une alvéole basilaire, très-oblique et intérieure, une aréole apicilaire entourée d'un rebord crénelé, et portant une cupule qui s'accroît beaucoup par la floraison, devient un corps épais, tubuleux, hémisphérique ou cylindracé, et se détache après la maturité du fruit; aigrette blanche et légèrement plumeuse, attachée autour du bord externe et inférieur de la cupule. Cette cupule forme le caractère essentiel du genre *Jurinea* qui diffère seulement en cela et par la structure de l'involucre, du *Carduus* et du *Serratula*. H. Cassini en a donné une description longue et minutieuse, et l'a regardée comme formée par la réunion intime du plateau et de l'anneau, parties du fruit des Carduinées qui

ordinairement ne s'accroissent point après la floraison., mais qui, dans le genre dont nous nous occupons, changent au contraire de forme, en sorte que l'anneau ou la partie extérieure, considérablement augmenté, se détache du fruit après la maturité et emporte avec lui le plateau ou la partie centrale qui n'a pas participé à l'accroissement.

L'auteur du genre *Jurinea* en a fait connaître deux espèces, savoir : 1° *Jurinea alata*, H. Cass., ou *Serratula alata*, Desf., Cat. Jard. Paris ; *Serratula cyanoides*, Gaertn.? 2° *J. tomentosa*, Cass., ou *Carduus mollis*, Marsch., *Fl. Taur. - Cauc.?* Cette dernière Plante est originaire du Caucase, et il est douteux que ce soit le *Carduus mollis* de Linné. L'autre est cultivée au jardin de Paris, sans indication d'origine. H. Cassini présume que c'est le *Carduus polyclonos*, Willd., ou *Serratula polyclonos*, D. C. (G..N.)

* JURIOLA. POIS. (Delaroche.) Syn. de *Trigla Lyra*, L., aux îles Baléares. *V.* TRIGLE. (B.)

* JURURA. REPT CHÉL. *V.* GURURA au Supplément. Cette Tortue est peut-être la même que celle dont le nom a été écrit JURUCUA. (B.)

JUSÈLE. POIS. L'un des noms vulgaires de la Mendole. (B.)

JUSQUIAME. *Hyosciamus.* BOT. PHAN. Genre de la famille des Solanées, et de la Pentandrie Monogynie, L., offrant des caractères extrêmement tranchés qui le font reconnaître facilement. On peut le caractériser ainsi : calice tubuleux, subcampaniforme, à cinq lobes ; corolle infundibuliforme ; limbe oblique à cinq lobes obtus, inégaux ; cinq étamines déclinées vers la partie inférieure de la fleur ; style terminé par un stigmate capitulé simple ; le fruit est une *pyxide*, c'est-à-dire une capsule allongée, un peu ventrue à sa base, biloculaire, s'ouvrant horizontalement en deux valves superposées, enveloppée en entier par le calice qui

est persistant ; les graines sont brunes, réniformes et tuberculées.

Les Jusquiames, dont on compte une quinzaine d'espèces, sont toutes des Plantes herbacées annuelles, bisannuelles ou vivaces, ayant la tige généralement velue et visqueuse ; les feuilles alternes, d'un vert pâle ; les fleurs assez grandes, disposées en une sorte d'épi unilatéral au sommet de la tige. Toutes ces espèces sont des Plantes narcotiques et vénéneuses. La plus importante à connaître et en même temps la plus commune dans notre climat, est la JUSQUIAME NOIRE, *Hyosciamus niger*, L. (Rich., Bot. méd. 1, p. 296). C'est une Plante annuelle, très-commune sur le bord des chemins et dans les lieux incultes. Sa tige, haute de dix-huit pouces à deux pieds, est cylidrique, un peu recourbée en arc, rameuse supérieurement, toute couverte de poils longs et visqueux, qui existent également sur les feuilles ; celles-ci sont alternes, éparses ou quelquefois opposées sur le même pied ; elles sont sessiles, grandes, ovales, aiguës, profondément sinueuses sur les bords et molles. Les fleurs presque sessiles, tournées d'un seul côté, et disposées en longs épis, sont d'un jaune sale, veinées de lignes pourpres. Le calice est à cinq dents écartées et aiguës ; la corolle infundibuliforme. Le fruit s'ouvre par un opercule hémisphérique. L'aspect de la Jusquiame noire et son odeur nauséabonde suffiraient seuls pour en faire soupçonner les propriétés délétères ; ses feuilles flasques, d'un vert terne, hérissées de poils visqueux ; ses fleurs d'un jaune sale, parcourues de lignes rougeâtres, sont autant d'indices de ses mauvaises qualités. En effet la Jusquiame noire est un poison narcotique âcre, dont on combat les accidens par l'usage de l'émétique, et ensuite pas les boissons acidules. Malgré cette action délétère, la Jusquiame est quelquefois employée en médecine. Elle agit à peu près de la même manière que la Belladone. C'est principalement en l'administrant contre les affections du système nerveux, que l'on en a retiré quelqu'avantage ; ainsi dans le tic douloureux de la face, dans les névralgies sciatiques, la paralysie, plusieurs auteurs ont célébré ses bons effets. C'est ordinairement sous forme d'extrait que l'on administre ce médicament à la dose d'un à deux grains. Les mêmes propriétés se retrouvent dans la Jusquiame blanche et la Jusquiame dorée, autres espèces qui croissent également dans la France méridionale. (A. R.)

JUSSIA. BOT. PHAN. (Adanson.) Syn. de *Jussiæa*. *V*. JUSSIÉE. (A..R.)

JUSSIÉE. *Jussiæa*. BOT. PHAN. Genre de la famille des Onagrées et de l'Octandrie Monogynie, L., très-voisin du genre Onagre, dont il diffère par les caractères suivans ; le calice est tubuleux inférieurement où il adhère avec l'ovaire ; son limbe est à quatre ou cinq divisions étalées et persistantes. La corolle se compose de quatre à cinq pétales insérés au calice. Les étamines sont en nombre double des pétales et insérées comme eux sur le calice. Le style est surmonté d'un stigmate à quatre ou cinq lobes peu marqués. Le fruit est une capsule allongée, à quatre ou cinq loges et à autant de côtes, couronnée par le limbe du calice persistant. Cette capsule s'ouvre entre chaque côte par une fente longitudinale. Chaque loge contient un grand nombre de graines attachées à leur angle interne. Les espèces de ce genre sont des Plantes herbacées, très-rarement des sous-Arbrisseaux originaires du continent des deux Amériques ou des grandes Indes, où elles vivent en général dans les lieux marécageux ; quelques-unes sont rampantes ou nagent à la surface des eaux. Leurs feuilles sont alternes et le plus souvent très-entières ; leurs fleurs sont pédonculées, solitaires à l'aisselle des feuilles. Le plus souvent elles sont jaunes, très-rarement blanches. Ce genre dédié par Linné à l'illustre auteur des Familles Naturelles, a été

nommé *Jussia* par Adanson, *Jussieva* par Schreber. Quant au *Jussieua* de Houston, c'est le genre *Jatropha* de Linné. Kunth (*in Humb. Nov. Gen.* 6, p. 96) a décrit dix espèces nouvelles de ce genre recueillies par Humboldt et Bonpland, dans les parties de l'Amérique visitées par ces deux illustres voyageurs. Il en a figuré quatre sous les noms de *Jussiæa salicifolia*, *loc. cit.*, p. 99, t. 530; *Jussiæa maypurensis*, *loc. cit.*, p. 100, t. 531; *Jussiæa pilosa*, *loc. cit.*, p. 101, t. 532; *Jussiæa macrocarpa*, *loc. cit.*, p. 102, t. 533. (A. R.)

JUSSIEUA. BOT. PHAN. (Houston.) Syn. de *Jatropha*. *V*. ce mot. (A. R.)

JUSSIEVA. BOT. PHAN. (Schreber.) Pour *Jussiæa*. *V*. JUSSIÉE. (A. R.)

* JUSTICA. BOT. PHAN. (Necker, *Elem. Bot.*, p. 330.) Pour *Justicia*. *V*. JUSTICIE. (G..N.)

JUSTICIE. *Justicia*. BOT. PHAN. Vulgairement CARMANTINE. Genre très-nombreux en espèces, qui fait partie de la famille naturelle des Acanthacées et de la Diandrie Monogynie, L. Il se distingue par les caractères suivans : son calice est à cinq divisions profondes, et souvent accompagné d'un calicule extérieur. La corolle est monopétale, irrégulière, tubuleuse ; son limbe est à deux lèvres, dont la supérieure est échancrée et l'inférieure à trois lobes. Les étamines sont généralement au nombre de deux, saillantes hors de la corolle et insérées à son tube. Dans un assez grand nombre d'espèces les deux loges sont écartées l'une de l'autre de manière à représenter quatre étamines, soudées deux à deux par leurs filets. Les espèces où l'on observe cette disposition constituent le genre *Dianthera* de Linné qui ne doit être considéré que comme une simple section du genre *Justicia*. L'ovaire est porté sur un disque annulaire, hypogyne, qui forme un cercle saillant à sa base. Coupé transversalement, il présente deux loges qui contiennent chacune environ huit ovules attachés sur deux rangs à leur angle interne. Le style est simple et se termine par un stigmate à deux lobes inégaux. Le fruit est une capsule globuleuse ou allongée, quelquefois un peu comprimée latéralement, à deux loges et à deux valves qui s'écartent l'une de l'autre avec élasticité, emportant sur le milieu de leur face interne la moitié de la cloison, en sorte qu'elles représentent chacune deux demi-loges. Les graines, ordinairement globuleuses, sont attachées par le moyen d'un podosperme court et en forme de crochet.

Les Justicies sont en général des Arbustes élégans ou des Plantes herbacées dont la tige est cylindrique ou anguleuse; les feuilles opposées, rarement ternées ou alternes. Les fleurs, qui offrent souvent les couleurs les plus vives, sont accompagnées chacune de deux ou trois bractées, quelquefois assez rapprochées pour former une sorte de calicule ou un épi écailleux. Ces fleurs sont assez ordinairement en épis axillaires, d'autres fois elles sont presque solitaires et portées sur des pédoncules dichotomes qui naissent de l'aisselle des feuilles supérieures. Toutes ces espèces sont exotiques et croissent dans les régions chaudes du nouveau et de l'ancien continent. Jussieu a séparé de ce genre immense un certain nombre d'espèces distinctes par la structure de leur capsule et dont il a formé le genre *Dicliptera. V.* Dicliptère. Nous mentionnerons quelques-unes des espèces les plus remarquables du genre Justicie, surtout parmi celles que l'on cultive le plus communément dans les jardins :

Justicie en Arbre, *Justicia Adhatoda*, L. Cette espèce, qui est originaire de l'Inde, et qui porte aussi le nom de *Noyer des Indes* et *de Ceylan*, est une de celles que l'on voit le plus souvent en Europe. Elle forme un Arbuste qui peut s'élever à dix ou douze pieds. Sa tige est ligneuse; ses rameaux sont nombreux et redressés, portant des feuilles opposées, ovales, lancéolées, aiguës, pubescentes, d'un vert clair. Les fleurs sont grandes, blanches, veinées de pourpre, réunies en épis axillaires écailleux. La corolle offre deux lèvres; l'une supérieure, échancrée; l'autre inférieure, à trois lobes inégaux. Cet Arbrisseau craint peu le froid, et ne demande, pendant les hivers à Paris, que la chaleur de l'orangerie. On le multiplie de boutures ou de marcottes.

Justicie pectorale, *Justicia pectoralis*, L. Ses tiges sont herbacées, tétragones, d'environ un pied de hauteur, glabres et noueuses; ses feuilles opposées sont linéaires, lancéolées, entières et glabres. Les fleurs sont purpurines, et forment des épis dichotomes groupés en une sorte de panicule terminale. Leur calice, qui offre à sa base trois bractées, est à cinq divisions profondes. Leur corolle est tubuleuse et bilabiée. Cette espèce, qui est commune dans les Antilles, y est fort employée. Le suc que l'on en exprime est appliqué avec avantage sur les coupures et autres plaies récentes, dont il favorise la cicatrisation; de-là, le nom vulgaire d'*Herbe aux charpentiers*, qui lui est donné aux Antilles. On en prépare aussi un sirop fort agréable, et que l'on emploie aux mêmes usages que le sirop de Capillaire en Europe.

Justicie écarlate, *Justicia coccinea*, Cavanil. Originaire de la Guiane, ce joli Arbuste peut s'élever à une hauteur de six à huit pieds. Ses feuilles opposées sont lancéolées, aiguës, marquées de nervures assez saillantes. Ses fleurs, d'un rouge éclatant, constituent de longs épis, dont les fleurs se succèdent presque tout l'été. Elle demande les mêmes soins que la première espèce et se multiplie de la même manière. Elle passe l'hiver en pleine terre dans le midi de la France.

Justicie peinte, *Justicia picta*, L. Indigène des Indes-Orientales, cet Arbuste élégant peut s'élever à sept ou huit pieds. Ses jeunes rameaux sont carrés et portent des feuilles opposées, persistantes, ovales, aiguës. Ses fleurs sont grandes, d'une belle couleur rouge, souvent marquées de taches jaunes, disposées en épi foliacé, tétragone. Cette espèce, qui se multiplie de graines, demande la serre chaude pendant l'hiver.

JUSTICIE EN ENTONNOIR, *Justicia infundibuliformis*, L. Salisbury, qui a figuré cette Plante dans le *Paradisus Londinensis*, tab. 12, lui a donné le nom de *Crossandra undulœfolia*. C'est un charmant Arbuste qui croît dans l'Inde, et dont les feuilles opposées sont ovales, aiguës, ondulées, d'un vert foncé. Ses fleurs, d'un jaune safrané, forment de longs épis axillaires et pédonculés. Elle se cultive en serre chaude.

JUSTICIE A FEUILLE D'HYSOPE, *Justicia hyssopifolia*, L. Cet Arbuste croît naturellement à Madère. Sa tige, haute de trois à quatre pieds, est en tout temps ornée de ses feuilles, qui sont presque sessiles, lancéolées, épaisses, glabres. Les fleurs sont jaunâtres, le plus souvent solitaires à l'aisselle des feuilles.   (A. R.)

* JUSTINE. INS. (Geoffroy.) Syn. de *Libellula vulgatissima*.   (B.)

* JUVIA. BOT. PHAN. C'est le nom que les habitans des bords de l'Orénoque donnent au *Bertholletia excelsa* de Bonpland.   (G..N.)

JYNX. OIS. Syn. de Torcol.   (B.)

K.

KAATE. BOT. PHAN. (Linscot.) Syn. d'*Acacia Catechu* et non d'Aréquier.   (B.)

KABAN. MOLL. Pour Kalan. *V.* ce mot.   (B).

KABASSOU. MAM. Nom de pays adopté par Buffon, pour désigner le Tatou à douze bandes.   (B.)

* KABEL. OIS. L'un des noms de la petite Mouette rieuse. *V.* MAUVE.   (DR..Z.)

KABELIAU. POIS. Même chose que Cabéliau et Cabillau. *V.* ces mots.   (B.)

KABU ET KAMB. BOT. CRYPT. (*Hydrophytes.*) Thunberg rapporte que les Japonais qui désignent sous ces noms le *Laminaria saccharina*, font grand cas de cette Plante comme comestible, et la mangent crue ou cuite.   (B.)

* KACALA. BOT. PHAN. Même chose que Cacaloa. *V.* ce mot. (B.)

KACHIN. MOLL. Nom donné par Adanson (Voyag. au Sénég., p. 187, pl. 12) à une Coquille du genre *Trochus*. Linné en a fait son *Trochus Pantherinus* en y confondant, à tort, une autre espèce d'Adanson qui en est bien distincte. Cette espèce paraît être le Troque Turban, *Trochus Tuber* de Lamarck.   (D..H.)

KACIR. OIS. L'un des noms de pays du Gypaète barbu. *V.* ce mot.   (B.)

KAD. BOT. PHAN. *V.* CAD.

KADALI. BOT. PHAN. *V.* CADALI.

KADANACU. BOT. PHAN. *V.* CADA-NAKU.

* KADE-CANNY. BOT. PHAN. (Leschenault.) Syn. de *Panicum miliaceum*, L., aux environs de Pondichéry. *V.* PANIC.   (B.)

* KADELARI. BOT. PHAN. *V.* CADELARI.

KADELÉE. BOT. PHAN. *V.* CADELIUM.

* KADELI- POEA. BOT. PHAN. *V*. CADELI-POEA.

KADENAKO. BOT. PHAN. *V*. CADENACO.

* KADSURA. BOT. PHAN. Genre établi par Jussieu (Ann. Mus., 16, p. 340), et dont l'*Uvaria Japonica* de Thunberg, ou *Kadsura* de Kæmpfer, t. 477, est le type. Ce genre, adopté par Dunal (*Anon.*, p. 57) et par De Candolle (*Syst. Nat. Veg.* 1, p. 465), a été placé, mais avec doute, dans la famille des Anonacées, dont il s'éloigne surtout par sa tige volubile et ses feuilles dentées en scie. Voici du reste les caractères qui ont été attribués à ce genre : son calice est à trois divisions profondes ; sa corolle composée de six pétales ovales obtus ; les étamines sont nombreuses et ont leurs filets très-courts. Les pistils au nombre de trente à quarante sont réunis sur un gynophore charnu, ovoïde, globuleux, prenant de l'accroissement après la fécondation. Les fruits sont charnus, agglomérés sur le gynophore, uniloculaires et contenant deux graines dont on ne connaît pas encore l'organisation, circonstance qui empêche de pouvoir déterminer bien exactement si ce genre appartient réellement à la famille des Anonacées.

Le *Kadsura Japonica*, Dunal, *loc. cit.*, p. 57, seule espèce de ce genre, est un petit Arbuste étalé, rameux, dont la tige est brune et verruqueuse, les feuilles courtement pétiolées, ovales-oblongues, amincies en pointe à leurs deux extrémités, épaisses, coriaces, glabres, dentées en scie ou sinueuses sur leur bord. Les fleurs sont blanches, pédonculées, solitaires, opposées aux feuilles. Les carpelles sont charnus, rouges, placés sur un gynophore blanc et charnu. (A. R.)

* KADULA ET KADUTAS. BOT. PHAN. (Théophraste.) Syn. de Cuscute. *V*. ce mot. (B.)

* KÆLA. BOT. PHAN. (Adanson.) *V*. CÆLA-DOLO.

KÆMPFÉRIE. *Kæmpferia*. BOT. PHAN. Genre de la famille des Scitaminées ou Amomées, et de la Monandrie Monogynie, L., offrant pour caractères : un calice tubuleux, double, à six divisions, trois extérieures longues, linéaires et étalées, et trois intérieures dressées, disposées comme en deux lèvres, l'une supérieure composée de deux divisions, l'autre inférieure formée d'une seule division profondément bilobée. L'anthère est simple, dilatée, membraneuse et pétaloïde à son sommet qui est bifide. Le style est long et grêle, terminé par un stigmate orbiculaire, concave et cilié. Le fruit est une capsule triloculaire, trivalve et polysperme. Les espèces de ce genre au nombre de cinq à six sont originaires des Indes-Orientales. Leur racine est tubéreuse, charnue, quelquefois fasciculée. Elles sont dépourvues de tiges ; les feuilles sont généralement assez larges et les fleurs sont radicales. Tantôt ces dernières naissent au milieu de l'assemblage des feuilles, tantôt elles naissent à côté. Parmi ces espèces, nous dirons quelques mots des trois suivantes :

KÆMPFÉRIE RONDE, *Kæmpferia rotunda*, L., Red., Lil. 1, t. 49. La racine de cette espèce est formée de tubercules charnus irréguliers, blanchâtres, tantôt arrondis, tantôt allongés, ce qui constitue deux variétés connues sous les noms de Zédoaire ronde et longue. Mais ce ne sont pas deux espèces distinctes, ainsi que l'ont voulu quelques auteurs. Les feuilles naissent immédiatement de ces tubercules et au nombre de trois à quatre ; elles sont roulées les unes dans les autres, ovales-oblongues, un peu pointues, entières, d'un vert clair à leur face supérieure, d'une teinte violette très-intense à leur face inférieure. Les fleurs qui sont fort grandes, sortent de la racine, à côté des feuilles ; elles sont réunies au nombre de cinq à sept qui se développent successivement et ont chacune une petite spathe membraneuse. Les trois divisions externes et les deux divisions internes et supérieures sont blanches, l'interne et l'inférieure est violette. Cette espèce fleurit assez souvent dans les serres. Sa racine est très-aromatique; on l'employait autrefois en médecine.

KÆMPFÉRIE GALANGA, *Kœmpferia Galanga*, L., Red., Lil. 5, t. 144. Cette espèce qui croît dans les forêts sombres de l'Inde, a sa racine composée d'une touffe épaisse de tubercules allongés, fusiformes, quelquefois renflés. De cette racine naissent deux à trois feuilles rétrécies en un pétiole engaînant; ces feuilles sont ovales, larges, ondulées sur leur bord, aiguës au sommet, glabres en dessus, un peu pubescentes à leur face inférieure. Les fleurs au nombre de trois à quatre, plus petites que dans l'espèce précédente, naissent du collet de la racine au milieu des feuilles; les fleurs sont blanches, marquées de deux taches violettes.

KÆMPFÉRIE A FEUILLES LONGUES, *Kœmpferia longifolia*, Willd., Red., Lil. 7, t. 389. Cette espèce ressemble beaucoup à la précédente. Mais sa racine est formée de tubercules globuleux; ses feuilles sont plus allongées, blanches inférieurement. La division interne et inférieure des calices est d'une teinte violette foncée. Elle est aussi originaire de l'Inde.

(A. R.)

* KAFAGINA. BOT. PHAN. *V.* CAFAGINA.

KAFMARJAM. BOT. PHAN. (Delile.) Syn. arabe de *Vitex Agnus-castus*.
(B.)

KAGENECKIE. *Kageneckia*. BOT. PHAN. Ce genre, de la Diœcie Polyandrie, et non de la Polygamie Monœcie, L., a été établi par Ruiz et Pavon (*Flor. Peruv. Syst. Veget.*, p. 290). En le rapportant à la tribu des Spiréacées, de la famille des Rosacées, Kunth (*in Humb. et Bonpl. Nov. Gener.*, 6, p. 237) en a ainsi exposé les caractères : fleurs dioïques; les mâles ont un calice hémisphérique dont le limbe est à cinq divisions profondes, régulières, et se recouvrant par les bords avant l'ouverture

de la fleur; cinq pétales orbiculés, égaux, sessiles sur l'entrée du tube calicinal; seize à vingt étamines, ayant la même insertion et sur un seul rang, à filets subulés, libres, et à anthères oblongues, biloculaires et déhiscentes longitudinalement. Les fleurs femelles sont composées d'un calice et de pétales comme ceux des fleurs mâles; d'étamines avortées; de cinq ovaires libres, renfermant chacun vingt ovules fixés sur deux rangées à l'angle interne, surmontés de cinq styles et de stigmates dilatés. Le fruit est formé de cinq capsules coriaces, en forme de sabot, disposées en étoile, uniloculaires, déhiscentes longitudinalement et par le dessus. Chacune renferme environ vingt graines déprimées, ailées au sommet, disposées transversalement et se recouvrant un peu les unes les autres. Ces graines ont un double tégument, l'extérieur très-mince, l'intérieur plus épais et adhérent; elles sont dépourvues d'albumen; leur embryon est droit; la radicule et les cotylédons sont elliptiques.

Ce genre très-voisin, mais assez distinct du *Quillaja* de Molina (*Smegmadermos*, Ruiz et Pavon), se compose de deux espèces auxquelles les auteurs de la Flore du Pérou ont donné les noms de *Kageneckia lanceolata* et *K. oblonga*. Ce sont des Arbres indigènes du Pérou et du Chili. Leurs feuilles sont éparses, simples, entières, accompagnées de stipules géminées et très-petites. Les fleurs sont terminales; les mâles disposées en corymbes; les femelles solitaires.

(G..N.)

* KAGOLCA. OIS. Syn. de Milouinan, espèce de Canard. *V.* ce mot.
(B.)

* KAHALI. BOT. PHAN. (Forskahl.) Les Arabes emploient, sous ce nom, la racine de l'*Echium rubrum* comme cosmétique.
(B.)

* KAHAU. MAM. Espèce du genre Guenon. *V.* ce mot.
(B.)

KAHIRIA. BOT. PHAN. Forskahl (*Flora Ægypt.-Arab.*, p. 153) a établi

sous ce nom un genre qui est le même que l'*Ethulia* de Linné. *V.* ce mot.
(G..N.)

* KAIAMA. BOT. PHAN. (Oviédo.) Syn. de *Caryota urens*. *V.* CARYOTA.
(G..N.)

KAIDA. BOT. PHAN. (Rhéede, *Mal.* 2, tab. 1-5.) Syn. de *Pandanus* dans quelques parties de l'Inde. (B.)

* KAINITO. BOT. PHAN. *V.* CAINITO.

* KAIROLI. BOT. PHAN. *V.* CAIROLI.

* KAJAN. BOT. PHAN. Pour Cajan. *V.* ce mot. (B.)

KAJU. BOT. PHAN. Adanson donne ce mot comme synonyme d'Acajou. Il n'est probablement que le mot Caju qui signifie bois dans les idiômes malais autrement écrits. *V.* CAJU. (B.)

KAKA. BOT. PHAN. Pour Kauka. *V.* CAUCANTHE.

* KAKAITSEL. POIS. Espèce du genre Glyphisodon. *V.* ce mot. (B.)

KAKATOÈS. *Cacatua*. OIS. Nom imposé à une petite famille de Perroquets, que Vieillot, d'après Brisson, a érigée en genre. *V.* PERROQUET. (DR..Z.)

KAKELIK ou KAKERLIK. OIS. Espèce du genre Perdrix, qui n'est peut-être qu'une variété de la Perdrix rouge. *V.* PERDRIX. (DR..Z.)

KAKERLAK. MAM. Syn. de Chacrelas. Variété monstrueuse du genre Homme. (B.)

KAKERLAQUE. INS. Même chose que Cancrelat. (B.)

* KAKERLOE. OIS. L'un des noms du Pluvier doré. (DR..Z.)

KAKI. BOT. PHAN. Espèce du genre *Diospyros*, probablement la même chose que Chicoy. *V.* ce mot. (B.)

KAKILE. BOT. PHAN. Même chose que Cakile. *V.* ce mot. (B.)

* KAKLA. BOT. PHAN. *V.* CACHLA.

* KALABA. BOT. PHAN. *V.* CALABA.

* KALABOTIS. BOT. PHAN. Ce mot désigne quelquefois l'Oignon dans les livres hébreux, particulièrement dans les Prophètes. (B.)

* KALABURA. BOT. PHAN. Même chose que Calabure. *V.* ce mot. (B.)

* KALAGRIOCHTENI. CONCH. *V.* CHTENI.

* KALAKA BOT. PHAN. Nom de pays de Carissa. *V.* ce mot. (B.)

* KALAMAGROSTIS. BOT. PHAN. (Dioscoride.) Syn. de Roseau, d'où Calamagrostis. *V.* ce mot. (B.)

KALAN. MOLL. Nom qu'Adanson (Sénég., p. 107, pl. 9) a donné à un Strombe qui est le *Strombus lentiginosus* de Linné, et que l'on pourrait rapporter à d'autres espèces, si l'on s'attachait à toute la synonymie donnée par Adanson qui cite des figures que Linné et d'autres ont appliquées à des espèces bien différentes. *V.* STROMBE. (D..H.)

KALANCHÉE. BOT. PHAN. Pour Kalanchoë. *V.* ce mot. (A.R.)

KALANCHOË. *Kalanchoe*. BOT. PHAN. Genre établi par Adanson et adopté par De Candolle, dans sa Monographie des Plantes grasses, pour quelques espèces de *Cotyledon* de Linné. Ce genre qui a été nommé *Veria* par Kennedy, appartient à la famille de Crassulacées, et peut être ainsi caractérisé : calice persistant à quatre divisions très-profondes; corolle monopétale régulière, infundibuliforme, renflée, à quatre lobes étalés et réfléchis; étamines au nombre de huit, disposées sur deux rangées; quatre glandes nectarifères à la base des pistils, qui sont eux-mêmes au nombre de quatre et deviennent autant de capsules allongées, uniloculaires, polyspermes. Les espèces de ce genre, au nombre d'environ six, sont des sous-Arbrisseaux ou des Herbes grasses, originaires de l'Inde ou de l'Afrique; leurs feuilles sont opposées, plus ou moins profondément dentées ou même pinnatifides, très-rarement entières ou simplement dentées vers leur sommet. Les fleurs sont jaunes, blanches dans une seule espèce, disposées en corymbe à l'extrémité des tiges. Parmi ces espèces, celle que l'on voit le plus fréquemment dans les jardins est le *Kalanchoe laciniata*, D. C., Pl. gr., qui croît dans l'Inde et en Egypte. C'est une Plante grasse, d'environ deux pieds de hauteur, ayant la tige rameuse, cylindrique, très-glabre, ainsi que les feuilles qui sont opposées profondément et irrégulièrement découpées. Les fleurs sont jaunes et les divisions de la corolle aiguës. Elle a été retrouvée par Bory de Saint-Vincent dans l'île de Mascareigne. Cette espèce, ainsi que toutes les autres du même genre, doit être tenue en serre chaude. (A. R.)

* KALANIOS. BOT. PHAN. (Théophraste.) Syn. d'*Arundo*, L. *V*. ROSEAU.   (B.)

KALENGI - CANSJAVA. BOT. PHAN. *V*. CANSJAVA.

KALERIA. BOT. PHAN. Et non *Caleria*. Genre formé par Adanson (Fam. des Plant.), et qui répond au *Silene* de Linné.   (B.)

KALESJAM. BOT. PHAN. L'Arbre du Malabar décrit par Rhéede, sous ce nom, paraît se rapprocher du genre *Melicocca* de la famille des Sapindacées.   (A. R.)

KALI. BOT. PHAN. Nom de pays devenu scientifique d'une espèce du genre Soude.   (B.)

KALIFORMIA. BOT. CRYPT. (*Hydrophytes*.) Le genre formé sous ce nom par Stackhouse, dans sa Néréide britannique, rentre dans le *Gigartina* de Lamouroux. *V*. ce mot.   (B.)

* KALIMÉRIS. BOT. PHAN. Le genre *Aster* de Linné ayant été divisé en plusieurs sous-genres par H. Cassini, ce botaniste a désigné l'un d'eux sous le nom de Kaliméris. Parmi les caractères qui servent à le distinguer des autres sous-genres, voici les plus essentiels : involucre orbiculaire turbiné, composé de folioles à peu près égales, sur un ou deux rangs, oblongues et lâchement appliquées ; récep-

tacle élevé, presque conique ; ovaires aplatis, munis d'une bordure cartilagineuse sur chacune des deux arêtes extérieure et intérieure ; aigrettes extrêmement courtes et plumeuses. Suivant un usage qui lui est particulier, l'auteur de ce sous-genre a décrit une espèce en lui imposant la dénomination nouvelle comme nom générique. Cette Plante (*Kalimeris platycephala*) est cultivée au Jardin de Paris, où elle est nommée, peut-être à tort, *Aster Sibiricus*.   (G..N.)

* KALIP-DAASSIE. MAM. *V*. DAMAN.

* KALISON. MOLL. Le Kalison d'Adanson (Sénég., p. 42, pl. 2) est un petit Oscabrion que Linné et Lamarck n'ont point rapporté dans leur synonymie, qui nous paraît être bien distinct de toutes les espèces connues, et que l'on ne saurait confondre avec Blainville comme variété du Chiton fasciculaire de Linné.   (D..H.)

* KALKATRICI. REPT. OPH. Les Nègres de la Guinée donnent ce nom à des Serpens aquatiques, qu'on trouve jusque dans les étangs, mais qui pourraient bien ne pas appartenir au genre Hydre. *V*. ce mot. (B.)

* KALLIAS. BOT. PHAN. D'après Adanson, ce nom, dont l'étymologie grecque signifie *beauté*, était appliqué à une belle espèce d'Anthémide. H. Cassini s'en est servi pour désigner un sous-genre de l'*Heliopsis*, et il l'a caractérisé par ses fruits à péricarpe drupacé et ridé, ainsi que par les corolles des fleurs marginales qui ne sont point articulées, mais continues avec l'ovaire. Quoique l'auteur de ce sous-genre n'ait point prétendu le séparer complétement du genre *Heliopsis*, il n'en a pas moins décrit l'espèce sur laquelle il l'a établi, avec la dénomination de *Kallias*. Il est à craindre que ce nouveau mot ne fasse prendre le change aux botanistes, et qu'ils ne le considèrent comme un nom générique. Le *Kallias ovata*, Cass., avait déjà été rapporté au genre *Heliopsis* par Dunal (Mém. du Mus.

T. v, p. 57) qui l'avait nommé *Hel. buphtalmoïdes.* Nous croyons que ce dernier nom doit être seul admis, parce qu'il a la priorité sur celui de Cassini et qu'il rappelle l'*Anthemis buphtalmoïdes* dont Jacquin a donné une belle figure (*Hort. Schœnbrunn.*, vol. II, p. 13, tab. 151). Ortéga, auquel on doit la première connaissance de cette-Plante, la plaçait aussi dans le genre *Anthemis* et la nommait *A. ovalifolia.* Enfin, Persoon (*Enchirid.* 2, p. 473) lui donnait le nom d'*Acmella buphtalmoïdes.* C'est une belle Plante herbacée dont les tiges, très-rameuses, portent à leur extrémité de grandes calathides jaunes. Elle est cultivée, sans exiger beaucoup de soins, dans le Jardin Botanique de Paris.

L'*Heliopsis canescens* de Kunth (*Nov. Gener. et Spec. Plant. œquin.*, 4, p. 212) est peut-être une variété de la précédente. Cassini en a formé une seconde espèce de son sous-genre en la nommant *Kallias dubia.* (G..N.)

KALLSTROEMIA. BOT. PHAN. Scopoli appelait ainsi un genre nouveau qu'il formait sur le *Tribulus maximus. V.* HERSE. (A.R.)

KALMIE. *Kalmia.* BOT. PHAN. Genre de la famille des Rhodoracées et de la Décandrie Monogynie, L., dont toutes les espèces sont des Arbustes élégans, toujours verts, originaires de l'Amérique septentrionale. Leur calice est étalé à cinq divisions; leur corolle monopétale est déprimée et renflée, ayant son limbe à cinq lobes courts et réfléchis et offrant vers sa partie inférieure dix petites fossettes. Les étamines sont au nombre de dix, insérées tout-à-fait à la base de la corolle et placées horizontalement, de manière que le sommet de chaque anthère est reçu et engagé dans l'une des dix petites fossettes dont nous venons de parler. L'ovaire est libre, globuleux, à cinq loges polyspermes. Il est surmonté d'un style assez long au sommet duquel est un stigmate déprimé, à cinq lobes à peine marqués. Le fruit est une cap-

sule globuleuse à cinq loges, s'ouvrant en cinq valves par le milieu des cloisons.

On compte cinq espèces de Kalmies; ce sont des Arbrisseaux buissonneux, très-rameux, ayant leurs feuilles alternes, quelquefois éparses et comme verticillées, entières et persistantes; leurs fleurs généralement roses formant des espèces de grappes ou de corymbes à l'extrémité des rameaux. Toutes ces espèces présentent un phénomène extrêmement remarquable, à l'époque de la fécondation. Nous avons déjà dit tout à l'heure que leurs étamines étaient étalées horizontalement et que les anthères étaient engagées dans les petites fossettes qui existent à la base de la corolle. Dans cet état, comme les fleurs sont généralement dressées, que le style est assez long, on conçoit que la fécondation ne pourrait pas s'opérer. Mais voici ce qui a lieu; chaque étamine se redresse successivement, et pour dégager son anthère on voit le filet se recourber, former un arc qui, diminuant sa longueur, fait sortir l'anthère de la petite poche où elle était enfoncée. Elle se redresse alors contre le stigmate sur lequel elle verse son pollen. Plusieurs des espèces de ce genre sont cultivées dans les jardins; telles sont les suivantes :

KALMIE A LARGES FEUILLES, *Kalmia latifolia*, L. Bel Arbrisseau de six à huit pieds de hauteur, ayant son écorce lisse et brunâtre, ses feuilles opposées, pétiolées, elliptiques, aiguës, entières, coriaces, très-glabres; ses fleurs d'une couleur rose pâle, portées sur de longs pédoncules velus et visqueux, forment des espèces de corymbes à la partie supérieure des jeunes rameaux. Le Kalmie à larges feuilles fleurit au mois de juin, il refleurit quelquefois en septembre.

KALMIE A FEUILLES ÉTROITES, *K. angustifolia*, L. Un peu moins grand que le précédent dans toutes ses parties, cet Arbrisseau porte des feuilles verticillées par trois, quelquefois simplement opposées, elliptiques, allongées, un peu obtuses, d'un vert clair à leur face supérieure, légèrement glauques inférieurement, entières et très-glabres. Leurs fleurs sont pédicellées, fort petites, disposées par petites grappes à l'aisselle des feuilles supérieures, de manière à former une sorte de corymbe terminal; quelquefois un jeune rameau s'élève au-dessus du corymbe, qui alors n'est plus terminal. Cette espèce fleurit en juin et juillet.

Kalmie glauque, *Kalmia glauca*, L. Petit Arbuste buissonneux d'un pied à un pied et demi d'élévation, rameux. Ses feuilles sont sessiles, opposées, lancéolées, aiguës, glabres, entières et à bords recourbés en dessous, d'un vert clair et luisantes à leur face supérieure, très-glauques inférieurement. Les fleurs roses et longuement pédicellées, forment des bouquets corymbiformes vers la partie supérieure des rameaux. Ces trois espèces, originaires de l'Amérique septentrionale, se cultivent en pleine terre sous le climat de Paris. Elles doivent être placées dans les plates-bandes de terre de Bruyère, dont elles sont un des plus jolis ornemens, par leur feuillage toujours vert, et surtout par les bouquets de leurs belles fleurs roses. On les multiplie de rejetons ou de boutures; mais les plus beaux individus sont ceux qui proviennent de graines.

(A.R.)

* KALOSANTHES. bot. phan. (Haworth.) *V*. Crassule.

* KALTA VYRIEN. rept. oph. *V*. Nymphe au mot Bongare.   (b.)

* KAMAIIKISSOS et KAMAILEUKE. bot. phan. (Dioscoride.) Syn. de Gléchome. *V*. ce mot.   (b.)

KAMAN. conch. C'est ainsi qu'Adanson (Voy. au Sénég., p. 243, pl. 18) nomme une espèce de Bucarde fort remarquable, qui est le *Cardium costatum* de Linné ou la Bucarde exotique des marchands de Coquilles.

(D..H.)

* KAMARON. bot. phan. *V*. Camaron.

KAMBEUL. moll. Adanson (Sénég., p. 14, pl. 1, fig. 1) à donné ce nom à une Coquille terrestre que Lamarck a désignée sous le nom de *Bulimus Kambeul* à l'imitation de Bruguière. Férussac l'a fait figurer de nouveau dans les excellentes planches qui accompagnent son ouvrage sur les Mollusques.   (D..H.)

KAMICHI. ois. *Palamedea*. Genre de l'ordre des Alectorides. Caractères : bec court, conico-convexe, droit, très-courbé à la pointe, comprimé dans toute sa longueur; mandibule supérieure voûtée, l'inférieure plus courte, obtuse; fosse nasale grande couverte d'une peau nue : narines éloignées de la base du bec, ovalaires, ouvertes sur les côtés; tête très-petite, duveteuse; pieds courts et gros; quatre doigts, les trois intérieurs très-longs, les latéraux égaux, l'externe uni à l'intermédiaire par une membrane; ongles médiocres pointus; pouce allongé portant un ongle plus long que celui des autres doigts et tout-à-fait droit; ailes très-amples; les deux premières rémiges plus courtes que la troisième et la quatrième qui sont les plus longues; deux forts éperons à chaque bord.

Jusqu'ici l'on n'est point encore parvenu à pénétrer les véritables intentions de la nature lorsqu'elle a pourvu le poignet de certains Oiseaux, d'éperons ou aiguillons forts et pointus; il semblerait qu'elle les ait destinés à des combats opiniâtres dans lesquels ils eussent pu faire usage de ces armes puissantes, et cependant presque tous ceux de ces Oiseaux, dont les mœurs nous sont connues, se font remarquer par leur douceur, par un caractère paisible et même craintif; on ne les a jamais vus, par des attaques dirigées contre les autres Animaux au milieu desquels ils vivent, troubler ainsi la tranquillité de leurs demeures habituelles. Tous les auteurs qui ont pu observer les Kamichis, soit sauvages, soit en domesticité, s'accordent à leur prêter des qualités qui les rap-

prochent des Gallinacés, avec lesquels,
d'ailleurs, ils ont de grandes analo-
gies de formes. Tranquilles habitans
des savanes marécageuses ou des plaines riveraines des fleuves qui coupent
en tous sens la partie méridionale du
Nouveau-Monde, ils y sont uniquement occupés de la recherche de leur
nourriture qui se compose d'herbes
tendres, de graines et autres matières végétales; lorsqu'ils ont subi le
joug de la domesticité, non-seulement ils se familiarisent avec le maître qui pourvoit à leurs besoins, mais
ils lui rendent de petits services par
leur exactitude docile, par leur intel-
ligente vigilance à prévenir et empêcher la perte ou la fuite des autres
volatiles de la basse-cour. Les Kamichis vivent en société; ils sont
naturellement défians, mais peu sauvages; ils ont la voix forte et so-
nore; ils se tiennent assez souvent à
terre dans les broussailles, quelquefois on les trouve perchés à la cime
des Arbres élevés qui forment çà et
là des bouquets isolés sur les tertres
des plaines marécageuses. C'est au
milieu des buissons abrités qu'ils établissent, à peu d'élévation, un nid
spacieux dans lequel la femelle pond
deux œufs proportionnés à la taille
de l'une ou l'autre des deux espèces
qui composent tout le genre. Les jeunes naissent couverts de duvet, et
sont bientôt en état de pourvoir à
leur subsistance sous la conduite des
parens, ce qui établit encore un point
de ressemblance avec les Gallinacés.

Kamichi cornu, *Palamedea cornuta*, L., Buff., pl. enl. 451. Parties
supérieures d'un noir cendré ou ardoisé, parsemées de quelques taches
grises; tête garnie de petites plumes
duveteuses variées de blanc et de
noir; abdomen blanc; tectrices alaires inférieures roussâtres; rectrices
égales, ce qui rend la queue carrée.
Bec d'un jaune brunâtre; sommet de
la tête surmonté d'une corne droite
et grêle dont la base est revêtue d'un
fourreau semblable à un tuyau de
plume; jambes et pieds recouverts
d'une peau écailleuse noirâtre; lon-

gueur du doigt intermédiaire, quatre
pouces. Taille, trois pieds.

Kamichi Chaïa ou Chaja, *Palamedea Chavaria*, Temm., pl. color.
219. Parties supérieures d'un noir ardoisé avec les plumes frangées de brunâtre; sommet de la tête d'un bleu
d'ardoise tacheté de noir; nuque garnie
de plumes longues et effilées d'un bleu
noirâtre avec l'une des barbes plus
claire; front, joues, gorge et haut du
cou garnis de plumes duveteuses blanches ou d'un blanc bleuâtre; un
collier presque nu d'un blanc rougeâtre suivi d'un autre beaucoup plus
large et plus épais garni d'une foule
de petites plumes serrées, noires; le
reste du cou et les parties inférieures
d'un bleu ardoisé, varié de teintes
un peu plus foncées; abdomen blanchâtre; bec noirâtre, avec sa base
rouge; aiguillons des ailes jaunes;
auréole des yeux et pieds rouges; ongles noirs. Taille, trente-deux pouces. — Cette espèce est le type du genre Chauna d'Illiger (*Prodromus Mam-
malium et Avium*). N'ayant pas pu,
plus que ce profond naturaliste, étudier les caractères génériques du Chaja, nous avons dû suivre les erre-
mens de tous les ornithologistes que
nous avons pu consulter, et nous
avons, d'après Temminck, adopté
(T. III, p. 528 de ce Dict.) le genre Chavaria, dans lequel nous avons donné
deux descriptions très-fautives d'une
seule et même espèce que nous re-
portons aujourd'hui et ici dans sa véritable place. Nous la décrivons d'a-
près une dépouille parfaitement conservée et rapportée de la partie la
plus méridionale du Brésil. (DR..Z.)

*KAMPMANNIA. bot. phan. (Ra-
finesque.) Syn. de *Zanthoxylum tri-
carpum*, Michx. *V*. Zanthoxyle.
(b.)

KANAHIA. bot. phan. Genre de
la famille des Asclépiadées et de la
Pentandrie Digynie, L., établi par
R. Brown (*Mem. Wern. Soc. 1*, p.
39) qui lui a donné les caractères
suivans : corolle campanulée, à
cinq divisions profondes; colonne à

moitié renfermée dans la corolle; couronne staminale placée au sommet du tube des filets, à folioles subulées, dilatées par leur partie inférieure, simples en dedans; masses polliniques pendantes; follicules grêles, striés; graines aigrettées?

Le type de ce genre est l'*Asclepias laniflora* de Forskahl et de Vahl (*Symb.* 1, p. 23, tab. 7), Plante indigène de l'Arabie heureuse, et qui a été rapportée récemment par Salt de l'Abyssinie. En adoptant le nom générique imposé par Brown, Schultes (*Syst. Veget.* 6, p. 94) nomme cette Plante *Kannabia Kannah.*

(G..N.)

KANARA-PULLU. BOT. PHAN. Nom de pays du *Cynosurus indicus*, L. (B.)

* KANAWA. BOT. PHAN. Syn. de *Cordia Sebestena*, L., à Amboine. (B.)

*KANCHIL. MAM. Espèce du genre Chevrotin, *V.* ce mot, où, par erreur, il a été écrit Kranchil. (B.)

* KANDAR. OIS. Syn. d'Anhinga au Sénégal. (B.)

* KANDAWAR ou KOLKENBOATI. POIS. (Renard.) Syn. de *Balistes ringens*, L. *V.* BALISTE. (B.)

* KANDEL. BOT. PHAN. *V.* CANDEL.

* KANDIS. BOT. PHAN. Adanson (Fam. des Plant., II, p. 422) a désigné sous ce singulier nom générique le *Lepidium perfoliatum*, L. (G..N.)

KANEELSTEIN. MIN. (Werner.) C'est-à-dire Pierre de Cannelle. Nom sous lequel les Allemands ont décrit les pierres connues dans le commerce sous le nom d'*Hyacinthes*, et qui, pour la plupart, se rapportent à l'Essonite d'Haüy. Quelques-unes cependant, comme celles de Porto-Rico et du Groënland, sont des Zircons. *V.* ESSONITE et GRENAT. (G. DEL.)

KANÈVE. BOT. PHAN. L'un des noms vulgaires du Chanvre. (B.)

KANGUROO. *Kangurus.* MAM. Ce

genre, l'un des plus remarquables, à tous égards, de la famille des Marsupiaux, a reçu de Shaw et d'Illiger, les noms de *Macropus* et d'*Halmaturus*. Mais ces noms, tirés de la langue grecque, conviennent tout aussi bien à d'autres Marsupiaux, tels que le genre Potoroo, et même à beaucoup de Rongeurs, tels que les genres Gerboise, Gerbille, Mérione et quelques autres : aussi adopterons-nous de préférence, avec Lacépède, Desmarest, Tiedemann, Quoy et Gaimard, le nom de *Kangurus* fort anciennement proposé par Geoffroy Saint-Hilaire. — Dans ce genre, le membre antérieur, fort petit et assez peu remarquable en lui-même, a cinq doigts, dont les deux latéraux sont les plus petits, et sont terminés par des ongles assez forts; la paume de la main est nue, et le radius permet à l'avant-bras une rotation entière. Quant au membre postérieur, il s'éloigne tellement de l'antérieur, soit sous le rapport de ses formes, soit sous celui de ses dimensions, qu'il n'y a point de genre où la différence soit aussi prononcée. Les pieds sont tétradactyles; le doigt externe est assez gros et allongé; mais il n'est nullement comparable encore au doigt voisin, dont les dimensions dépassent toute proportion; son ongle, qui est un véritable sabot, et son métatarsien, sont surtout remarquables par leur volume. Cet os est six fois aussi long que le plus long des métacarpiens; fait d'autant plus digne d'attention, que le métacarpe conserve très-généralement les mêmes rapports de grandeur dans toute la série des Mammifères, comme on peut le voir, par exemple, chez tous les Carnassiers, à deux seules exceptions près. Toutes les phalanges digitales, surtout les premières, sont pareillement très-grosses et très-allongées. Les deux doigts internes sont confondus ensemble jusqu'à l'ongle, en sorte qu'à l'extérieur ils font l'effet d'un seul doigt terminé par deux ongles. Ils ont aussi beaucoup de longueur, mais ils sont d'une extrême ténuité ; leurs métatarsiens, par exemple, n'ont qu'un diamètre douze fois environ moindre que celui du grand doigt ; ce qui forme une différence de volume véritablement énorme. Enfin, toutes les autres portions du membre postérieur présentent des dimensions considérables ; les deux os de la jambe sont près de deux fois aussi longs que ceux de l'avant-bras, et leur épaisseur, du moins celle de l'un d'eux, est aussi fort grande ; disposition au reste qu'il est facile de prévoir à cause des nombreuses fractures qui, autrement, ne pourraient manquer d'être causées par les sauts prodigieux qu'exécutent les Kangu-roos. — L'extrême allongement du pied est ce qui a valu à ces Animaux le nom de *Macropus :* celui qu'ils ont reçu d'Illiger se rapporte à l'usage qu'ils font de leur queue pour le saut. Ce prolongement caudal, si peu utile chez la plupart des Mammifères, et qui n'est même, chez beaucoup d'entre eux, qu'un organe rudimentaire, simple vestige qui semble ne plus exister que pour témoigner de l'unité du plan général de la nature, est ici un organe de haute importance, on peut dire, véritablement un troisième membre. Le nombre des vertèbres caudales est ordinairement de vingt environ ; mais il augmente encore dans certaines espèces, et il en est où il arrive même à former la moitié du nombre total des vertèbres. Toutes, à l'exception des dernières, présentent toujours des dimensions considérables, et sont comme hérissées de larges et longues apophyses, tellement qu'on trouverait difficilement ailleurs la vertèbre dans un plus grand état de complication. Il est facile de juger, d'après ces détails, de la force des muscles auxquels elles donnent attache. Au reste, la simple inspection de la pelleterie de l'Animal suffit pour indiquer ce que prouve l'étude du squelette. On voit en effet que la queue, d'ailleurs couverte de poils dans toute son étendue, est d'une force et d'une épaisseur

considérables. Enfin, la présence de la bourse chez la femelle, et de testicules extrêmement développés chez le mâle ; celle de l'os marsupial aplati et assez long, et surtout les proportions du corps, beaucoup plus gros vers la région inférieure que vers la supérieure, d'où résulte pour l'ensemble de l'Animal une forme presque conique, achèvent de démontrer la richesse extrême du développement de tout le train postérieur. Le même fait, qui s'observe d'une manière plus ou moins distincte chez tous les Marsupiaux, et le mode particulier de génération de ces Animaux, tiennent à une seule cause, à l'absence d'une artère, comme Geoffroy Saint-Hilaire est parvenu à le découvrir, et comme nous le montrerons avec détail dans un autre article. *V.* MARSUPIAUX. — Les Kanguroos ont la tête assez allongée (surtout dans les grandes espèces) ; les oreilles de forme variable, et les moustaches peu développées ; leur verge n'est point fourchue comme celle de plusieurs autres Marsupiaux. Leur système dentaire est très-remarquable par l'absence des canines et par la disposition des incisives inférieures ; celles-ci, au nombre de deux seulement, sont très-longues, très-fortes, et ont une direction tout-à-fait horizontale ; les supérieures, qui sont au contraire au nombre de six, sont larges, disposées sur une ligne courbe, ont une direction verticale, et sont, du moins dans la plupart des espèces, à peu près égales ; du reste, aux deux mâchoires, les incisives sont séparées des autres dents par un espace assez considérable. On a cru long-temps que les molaires étaient au nombre de cinq de chaque côté et à chaque mâchoire chez tous les Kanguroos, mais on avait trop généralisé ce que l'observation avait montré seulement à l'égard de quelques espèces. Fr. Cuvier a reconnu qu'il existe seulement chez plusieurs quatre mâchelières, au lieu de cinq ; il a même pensé, à cause de cette différence dans le système dentaire, devoir subdiviser le genre Kanguroo, et il a proposé d'adopter pour les premiers, le nom d'Illiger, *Halmaturus*, et pour les seconds, celui de Shaw, *Macropus*. Le même zoologiste avait plus anciennement partagé le genre d'après la considération de la présence ou de l'absence d'un mufle; mais il n'a pu encore vérifier si ces deux modes de division se correspondent.

La Nouvelle-Hollande et les îles environnantes sont la patrie des Kanguroos, mais ils vivent très-bien dans nos contrées et peuvent même s'y reproduire. Ce sont des Animaux essentiellement frugivores, mais qui mangent sans répugnance tout ce qu'on leur donne, comme l'ont constaté Quoy et Gaimard, qui, ayant possédé vivant un de ces Animaux, l'ont vu manger plusieurs fois de la viande et du cuir même. Le même Animal buvait aussi du vin et de l'eau-de-vie. Dans l'état de liberté, les Kanguroos habitent les lieux boisés, et vont ordinairement en troupes peu nombreuses. Ils se tiennent habituellement dans la situation verticale, posant sur toute la longueur de leurs pieds de derrière et sur leur queue qui fait véritablement l'office d'un troisième membre. Ils peuvent, dit-on, franchir d'un saut, une distance de près de trente pieds, ce qui ne paraîtra pas incroyable, si l'on se rappelle la force prodigieuse de leurs membres postérieurs et de leur queue. Ils emploient souvent aussi pour la progression leurs membres antérieurs, et même avec assez d'avantage, parce qu'alors une succession plus rapide des mouvemens compense leur peu d'étendue. Quoy et Gaimard, qui ont assisté à plusieurs chasses aux Kanguroos, ont même remarqué « que lorsqu'ils étaient vivement poursuivis par les Chiens, ils couraient toujours sur leurs quatre pieds, et n'exécutaient de grands sauts que quand ils rencontraient des obstacles à franchir. » Au reste, pour la course comme pour le saut, ils ne tirent pas moins d'avantage de la richesse de développement de leur

queue. Dans le saut, elle leur sert tour à tour de ressort et de balancier : dans la course, ils l'appuient sur le sol, et enlevant avec force leurs membres postérieurs, ils les rapprochent avec rapidité de ceux de devant; d'où résulte un mode de progression analogue, à quelques égards, à celui d'un Homme qui marche sur des béquilles. Leur queue ne leur est pas moins utile dans les combats qu'ils se livrent entre eux; soutenus sur elle, et s'appuyant par leurs membres antérieurs sur leur adversaire lui-même, ils lui lancent de violens coups de pieds, et lui font, au moyen des ongles de leurs grands doigts, de profondes et dangereuses blessures. On a vu même quelquefois à la ménagerie du Muséum, où l'on nourrissait, il y a quelques années, de grands Kanguroos, ces Animaux attaquer de cette manière leurs gardiens eux-mêmes.

Les espèces de ce genre sont nombreuses, et il est à penser qu'il en reste plusieurs encore à découvrir. Celles que nous allons faire connaître d'abord, ont été, jusqu'à Geoffroy Saint-Hilaire, confondues sous les noms de Kanguroo Géant, *Didelphis Gigantea*, Gmel.; *Macropus major*, Geoff. St.-Hil., parce que les couleurs générales de leur pelage sont généralement à peu près les mêmes; mais néanmoins elles se distinguent, on peut dire, par de nombreux caractères.

Le KANGUROO BRUN ENFUMÉ, *Kangurus fuliginosus*, Geoff. St.-Hil., a quelquefois six pieds de hauteur. Il est généralement d'un brun fuligineux en dessus, gris roux en dessous, roux sur les flancs; ces couleurs se fondant sur leurs limites l'une avec l'autre : les quatre pates, une portion de l'extrémité du museau, le derrière du coude, sont d'un brun noirâtre; les oreilles, brunes sur leur face convexe, sont bordées de poils blancs; enfin, la queue, rousse en dessous, est en dessus d'un brun d'abord clair, mais qui devient très-foncé, et passe même au noir vers son extrémité.

Le Kanguroo a moustaches, *Kangurus labiatus*, Geoff. St.-H., est moins grand que le précédent. Son pelage est plus clair en dessus : le dessous de son corps, la face interne de la jambe et de l'avant-bras, le tarse, une grande portion du dessous de la queue, sont d'un gris roussâtre. Les oreilles sont brunâtres sur leur face convexe, blanches sur l'autre. Aux membres antérieurs les doigts sont noirâtres ; aux postérieurs, leur face supérieure est noire, avec du roussâtre tout autour de chaque tache noire. La queue, d'abord grise, passe dans son dernier tiers environ au brun noirâtre en dessus et sur les côtés, au roux en dessous. Enfin le bout du museau est blanc, et l'on remarque sous le menton deux lignes brunes parallèles en devant, mais qui se réunissent en arrière. Cette espèce habite, ainsi que la précédente, la Nouvelle-Hollande.

Le Kanguroo gris-roux, *Kangurus rufo-griseus*, Geoff. St.-H., est encore moindre que le Kanguroo à moustaches : il n'a que trois pieds et demi. Il est généralement d'un gris-roux tirant sur le blond ; cette couleur devient très-pâle en dessous, et le dessous du corps est même blanc sur sa partie médiane ; mais elle est beaucoup plus foncée en dessus : elle passe au gris brunâtre sur les quatre extrémités, et au brun noirâtre sur la dernière partie de la queue. Les oreilles sont plus arrondies que dans les espèces précédentes. La Nouvelle-Hollande est également la patrie de cette espèce.

Le Kanguroo a col roux, *Kangurus ruficollis*, Geoff. St.-H., est encore beaucoup plus petit : il est d'un gris plus ou moins roussâtre en dessus et sur les flancs ; mais la région postérieure du col est rousse. La face interne des membres est blanche, ainsi que la partie médiane du dessous du corps ; mais cette partie blanche n'a qu'une très-petite largeur, et n'est presque, pour ainsi dire, que linéaire. Ce caractère, non

encore remarqué, est cependant un de ceux qui facilitent le plus la distinction de cette espèce. Le dessus de la queue est gris roussâtre, le dessous blanchâtre. Les oreilles sont de même couleur que dans les premières espèces, mais de même forme que dans le Kanguroo gris roux. Les pates de devant sont noires ; les doigts des postérieures sont gris-brunâtres, mais avec du roussâtre en devant. Le tour de l'œil est roux, et celui de la bouche blanc ; cette dernière tache se prolonge un peu vers l'œil. Cette espèce a été trouvée à l'île King. F. Cuvier a décrit sous le nom de *Kanguroo vineux* un Kanguroo qui présente tous ces caractères, mais dont le pelage est plus gris, et la tache labiale blanche un peu plus prononcée : le Muséum possède aussi un autre individu qui est au contraire plus roux : mais un troisième fait si bien le passage de celui-ci au Kanguroo vineux, qu'il est difficile de ne pas les considérer comme appartenant à la même espèce.

Le Kanguroo de l'île Eugène, Péron ; *Kangurus Eugenii*, Desm. Cette espèce a été découverte par Péron dans les îles de Saint-Pierre, où on la rencontre en grandes troupes ; elle paraît ne pas exister dans le continent. On prendrait au premier coup-d'œil ce Kanguroo pour un jeune âge de l'espèce précédente, à cause de ses couleurs qui sont fort peu différentes, et de sa petite taille ; en effet, il n'a qu'un peu plus d'un pied et demi : mais il se distingue par l'épaisseur et le moelleux de sa fourrure, par la largeur de la partie blanche du dessous de son corps, et par quelques autres différences dans sa coloration : mais il faut avouer que ces petits caractères n'autoriseraient pas à le regarder comme une espèce à part, si Péron ne nous donnait la certitude de ce fait, en nous apprenant qu'il vit en troupes nombreuses.

Le Kanguroo a bandes, *Kangurus fasciatus*, Pér. et Les., est généralement gris-roussâtre ; mais la moitié inférieure du corps est en dessus rayée transversalement de gris, de roux et de noir, de manière à produire un effet très-agréable; d'où le nom de Kanguroo élégant, qu'on a aussi donné à cette espèce. Le dessous du corps est gris; les flancs, les membres et le museau sont, au contraire, plus roux que le reste du corps. La queue est grise avec son extrémité noire. Le museau est court, et la tête globuleuse. Cette espèce vient de l'île Bernier et des îles voisines.

Le KANGUROO FILANDRE, *Kangurus Philander*, Geoff., qui a reçu aussi les noms de *Didelphis asiatica*, Pall., *Didelphis Brunii*, Gen., *Kangurus Brunii*, Desm., habite les îles d'Aroé, celle de Solor, et quelques autres de celles de la Sonde. Il est généralement brun en dessus; mais le dessous du corps et la partie interne des membres sont roux : le museau et les doigts sont noirâtres, et la queue est noire avec un peu de blanc à son extrémité. Les oreilles sont brunâtres, avec du roux à leur base. L'individu que possède le Muséum, était élevé en domesticité à Batavia, sous le nom de *Pelandoc* ou *Pelandor Aroé*, ou Lapin d'Aroé : il a environ deux pieds et demi de hauteur.

Le KANGUROO DE LABILLARDIÈRE, *Kangurus Billardierii*. Desmarest a donné ce nom à une espèce découverte à la terre de Van-Diémen par Labillardière; elle ressemble beaucoup pour sa coloration à l'espèce précédente, mais elle s'en distingue par ses mains qui sont d'un brun roux, et sa queue de même couleur que le corps, c'est-à-dire brunâtre en dessus et roussâtre en dessous. A ces caractères on peut joindre en outre les suivans : une ligne jaune se remarque sur la lèvre supérieure, et se prolonge en arrière un peu au-delà de la commissure des lèvres. Les ongles sont très-comprimés, au lieu d'être déprimés, comme ils le sont dans l'espèce précédente; et toutes les incisives supérieures sont presque égales : les deux inférieures sont larges et allongées. F. Cuvier est le premier qui ait regardé cette espèce comme distincte du Filandre, et qui l'ait décrite. Desmarest lui a depuis donné le nom du voyageur auquel nous en devons la connaissance. Au reste l'individu que possède le Muséum pourrait bien n'être qu'un jeune âge, soit de quelque espèce encore inconnue, soit même de l'espèce précédente.

Le KANGUROO LAINEUX, *Kangurus laniger* (*V*. planches de ce Dictionnaire), découvert et décrit sous ce nom par Quoy et Gaimard, est un des objets les plus précieux dont leur beau voyage ait enrichi la Zoologie. Cette espèce nommée aussi par Desmarest *Kangurus rufus*, et qui est de même taille à peu près que le Kanguroo brun enfumé, est d'un beau roux sur la tête, le col, les flancs, le dos, la face externe des bras et des cuisses, et le dessus de la queue, dans sa première partie : le reste du pelage est blanc à l'exception des oreilles couvertes en dehors de poils grisâtres, et des doigts qui sont d'un brun roussâtre. Mais ce Kanguroo est surtout remarquable par ses membres encore plus allongés qu'ils ne le sont dans les autres espèces, et par son pelage qui rappelle celui de la Vigogne, tant par la nature de ses poils doux au toucher, frisés et véritablement laineux, que par sa belle couleur. L'individu rapporté au Muséum par Quoy et Gaimard, leur a été donné au port Jackson; mais il venait des environs du port Macquarie.

Desmarest a décrit sous le nom de Kanguroo Gaimard, une fort petite espèce rapportée également de la Nouvelle-Hollande par Quoy et Gaimard. Ces savans voyageurs la regardaient également comme une espèce du genre Kanguroo, et se proposaient de lui donner le nom de *Lepturus* : mais ayant ensuite retrouvé son crâne, ils ont reconnu qu'elle n'était autre que le Kanguroo-Rat, espèce qu'on a séparée avec raison des Kanguroos, sous le nom de Potoroo : nous renvoyons donc sa description à ce mot.   (IS. G. ST.-H.)

KANNA. bot. phan. On ne connaît pas le Végétal que Kolbe désigne sous ce nom comme fournissant aux Hottentots une racine excitante qu'ils mangent, ainsi que les Indiens font du Gingembre.　　(b.)

*KANTA. bot. crypt. (*Champignons.*) Ce genre, établi par Adanson (Famille des Plantes, ii, p. 3.) figure dans la deuxième section de la famille des Byssus; il se caractérise ainsi : filamens cylindriques, ramifiés au sommet et réunis en bas, dans une grande partie de leur longueur, en une masse spongieuse, substance humide ou aqueuse se desséchant en peu de temps à l'air sec en une substance spongieuse. Ainsi circonscrit, le genre *Kanta* n'est qu'une division du *Byssus* de Micheli et de Dillen. Adanson n'ayant point fait de *Species*, il devient assez difficile de préciser les espèces de Plantes auxquelles il faut rapporter le genre *Kanta*. Il paraît à peu près certain que l'une est le *Racodium cellare* de Persoon et l'autre le *Dematium strigosum* du même auteur. Le genre *Kanta* n'a point été et ne pourrait être adopté.　　(a. f.)

KANTUFFA. bot. phan. Mimeuse d'Abyssinie mentionnée et figurée par le voyageur Bruce, mais que les botanistes n'ont encore pu déterminer.　　(b.)

KAOLIN. min. Espèce d'Argile. *V*. ce mot.　　(b.)

KAPIRAT. pois. *V*. Capirat et Clupe.　　(b.)

KARA-ANGOLAM ou KARAN-GOLAM. bot. phan. Rhéede (*Hort. Malab.* T. iv, p. 55, t. 26) a décrit et figuré sous ce nom un Arbre de la côte de Malabar, dont le fruit est une drupe charnue de la grosseur d'une petite pomme. Adanson l'a rapporté à la famille des Onagres, mais ce rapprochement ne semble pas naturel.　　(g..n.)

*KARABÉ. min. Syn. de Succin. *V*. ce mot.　　(b.)

*KARABIQUE. min. *V*. Succinique au mot Acide.

KARABOU. bot. phan. *V*. Carabou.

*KARAD. bot. phan. (Forskahl.) *V*. Alcarad.

*KARAKAL. mam. Même chose que Caracal. *V*. ce mot et Chat. (b.)

*KARAMBOU. bot. phan. Nom de la Canne à sucre dans le centre de l'Indostan où l'on distingue deux variétés appelées, noire *Seu-Karambou*, et blanche *Vallé-Karambou*.　　(b.)

KARAPAT. bot. phan. *V*. Carapat.

KARARA. ois. Syn. d'Anhinga. *V*. ce mot.　　(dr..z.)

KARAT. bot. et min. *V*. Kuara.

KARATAS. *Karatas.* bot. phan. Genre de la famille des Broméliacées et de l'Hexandrie Monogynie, L., proposé par Plumier, réuni par Jussieu au *Bromelia*, mais qui, néanmoins, mérite de rester distinct. Ses fleurs forment des espèces d'épis ou des grappes rameuses; elles sont accompagnées de bractées très-grandes qui, quelquefois, les cachent entièrement. Leur calice est soudé par sa base avec l'ovaire infère; son limbe, légèrement tubuleux, est à six divisions, quelquefois inégales et un peu obliques; trois sont extérieures, trois intérieures plus ou moins minces et plus colorées, semblent être en quelque sorte une corolle formée de trois pétales. Les étamines, au nombre de six, ont leurs filets courts, leurs anthères sagittées. L'ovaire est infère, à trois loges polyspermes; le style est terminé par trois stigmates oblongs et obtus. Le fruit est une baie quelquefois presque sèche, à trois loges polyspermes.

Ce genre se distingue surtout du *Bromelia* par ses fleurs distinctes les unes des autres, souvent disposées en grappes ou en panicules, et par ses fruits également distincts. Il faut y rapporter les *Bromelia Karatas*, *B. Pinguin*, etc.　　(a. r.)

KARBENI. bot. phan. Adanson (Fam. des Plantes, 2, p. 116) donnait ce nom à un genre qui a pour type le *Centaurea benedicta*, L. *V.* Centaurée. (g..n.)

* KAREINA ou KEFSCH. bot. phan. Syn. arabe de *Cynanchum arboreum*. (b.)

* KARETTA-AMELPODI. bot. phan. (Rhéed., *Mal.* 5, p. 65, tab. 33, fig. 2.) Arbrisseau incomplétement connu qui croît dans les terrains pierreux et sablonneux de la côte de Malabar. Ses fleurs pentandres sont réunies en panicules corymbiformes aux extrémités des rameaux; leur couleur est blanche, rayée de rose en dessous, et formée d'une corolle à cinq divisions ouvertes en étoile; les anthères sont rouges ainsi que le style qui est fourchu. Le fruit est une capsule arrondie et verdâtre. (b.)

KARGILLA. bot. phan. Genre proposé par Adanson (Fam. des Plantes, 2, p. 130) qui y réunissait le *Chrysogonum*, L., le *Melampodium*, L., le *Wedelia* de Jacquin, et des Plantes placées dans les genres *Chrysanthemum* et *Bidens* par d'anciens auteurs. Ce genre n'a pas été adopté. (g..n.)

KARIA. ins. *V.* Caria.

KARIBÉPOU. bot. phan. (Rhéede, *Hort. Mal.*, tab. 4, pl. 55). Les Malabares nomment ainsi une espèce d'Azédarach qui est fort voisin de l'Ariabépou s'il n'est pas le même Arbre. (b.)

KARIBOU. mam. Pour Caribou. *V.* Cerf. (b.)

, KARIL. bot. phan. *V.* Zalico.

* KARINE. ois. (Buffon.) Syn. de Corbine. *V.* Corbeau. (dr..z.)

KARI-VITANDI. bot. phan. *V.* Carapu.

KARODI. bot. phan. Nom que les Brames donnent à la Plante décrite et figurée par Rhéede (*Hort. Malab.* T. vii, p. 97, tab. 52) sous le nom de *Podava-Kelengu*. Cette Plante, qui a le port des *Smilax*, c'est-à-dire

qui a une tige volubile et épineuse, et de grandes feuilles alternes à plusieurs nervures longitudinales, a été décrite trop incomplétement pour qu'on puisse être certain de sa classification. Cependant Jussieu lui trouve de la ressemblance avec le *Trichosanthes*, genre de la famille des Cucurbitacées. (g..n.)

* KAROU-BOKADAM. rept. oph. Nom de pays de la Cabère, espèce de Couleuvre. *V.* ce mot. (b.)

* KAROU-VAIPYLAI. bot. phan. (Leschenault.) Syn. de *Bergera Kœnigii* aux environs de Pondichéry. (b.)

KARPATON. bot. phan. Genre de la famille des Caprifoliacées et de la Diandrie Monogynie, L., établi par Rafinesque (*Flor. Ludov.*, p. 79) qui lui a donné les caractères suivans : calice adhérent, quadridenté; corolle tubuleuse, divisée au sommet en quatre segmens formant deux lèvres; deux étamines à anthères écartées; style placé sous la lèvre supérieure de la corolle; stigmate simple; capsule couronnée par le calice (uniloculaire?), contenant quatre graines. Ce genre, imparfaitement connu, paraît avoir quelques rapports avec le *Diervilla*. Il ne renferme qu'une seule espèce, *Karpaton hastatum*, Raf., *loc. cit.* C'est un Arbrisseau indigène de la Louisiane, ayant des tiges anguleuses, divisées en rameaux sessiles, à feuilles opposées, hastées, glabres et inégalement dentées vers leur base. Les fleurs sont petites, axillaires, agglomérées, sessiles et verticillées. (g..n.)

*KARPHOLITE. min. *Karpholith* et *Strohstein*, Wern. Minéral en fibres soyeuses et rayonnées, d'un jaune de paille, avec un éclat légèrement nacré, donnant de l'eau par la calcination, et l'indice du Manganèse par la fusion avec la soude. Pesanteur spécifique, 2,93. Il est composé, d'après une analyse de Stromeyer, de Silice, 36,15; Alumine, 36,67; Oxide de Manganèse, 19,16; Eau, 10,78; Oxide de Fer, 2,29; Chaux, 0,27;

Acide fluorique, 1,47. La Karpholite a été trouvée dans le Granite à Schlackenwald en Bohême. (G. DEL.)

KAROCK. OIS. Espèce du genre Cassican. *V*. ce mot. (B.)

* KARPOU-OULOUNDOU. BOT. PHAN. (Leschenault.) Syn. de *Phaseolus Max* aux environs de Pondichéry. *V*. HARICOT. (B.)

* KARRAK. POIS. Nom vulgaire adopté par quelques auteurs pour une espèce d'Anarhique. *V*. ce mot. (B.)

* KARRO. BOT. PHAN. *V*. CHAN-CHAN.

* KARSTENITE. MIN. Syn. de Chaux anhydro-sulfatée. (G. DEL.)

KARTAN. BOT. PHAN. *V*. CHAR-TAM.

KARUKA. OIS. Espèce du genre Gallinule. *V*. ce mot. (B.)

* KARUMB. BOT. PHAN. *V*. CO-RAMBÉ.

KASARKA. OIS. *V*. CASARCA.

KASCHOUÉ. POIS. (Sonnini.) *V*. MORMYRE.

* KASMIRA. POIS. (Forskahl.) Syn. de Bengali, espèce de Diacope. *V*. ce mot. (B.)

* KATAF. BOT. PHAN. Espèce du genre Amyris. *V*. ce mot au Supplément. (B.)

* KATE-ALLHENEI. BOT. PHAN. Même chose que Chefe Allimar. *V*. ce mot. (B.)

* KATENAKU ET KATEVALA. BOT. PHAN. Syn. d'*Aloe vulgaris*, L., à la côte de Malabar. (B.)

* KATIANG-BALI. BOT. PHAN. (Rumph, *Amb.*, tab. 5, pl. 135.) Syn. de *Cytisus Cajan*, L. *V*. CAJAN. (B.)

* KATOU-BELUTTA-AMELPO-DI. BOT. PHAN. (Rhéede, *Hort. Mal.* 5, tab. 33, fig. 1.) Petit Arbre indéterminé qui croît dans les lieux montagneux de l'Inde, et qui paraît trèsvoisin du Karetta-Amelpodi. *V*. ce mot. (B.)

KATOU ET KATTU. BOT. PHAN. Ces mots, de la langue malabare, et qui ont passé dans plusieurs des pays où cette langue a pénétré, paraissent être une désignation générique, et entrent dans la composition de beaucoup de noms de Végétaux; ainsi l'on nomme :

KATOU ADAMBOÉ, dans l'Inde, l'un des deux Arbrisseaux qui formaient le genre *Adamboa* de Lamarck. *V*. ADAMBÉ et LAGERSTROMIE.

KATOU-ALOU. *V*. CATU-ALU.

* KATOU-BANDA, à Madagascar, un *Oldenlandia* indéterminé.

KATOU CALESJAM, le Mœ-Mœ des Indous. Arbre qu'on ne peut reconnaître sur les indications imparfaites qui en ont été données.

KATOU CARA, le *Laurus Malabatrum.*

KATOU CARA-WALLI, le *Pisonia mitis.*

KATOU KADELI-POETA, le *Lagerstrœmia hirsuta.*

* KATOU-KAPEL, le Sang de Dragon ou quelque Aloës.

KATOU KAROA, le *Laurus Cinnamomum. V*. LAURIER.

KATOU-KONNA, l'*Inga bigemina.*

KATOU NARÉGAM, le *Punica Granatum. V*. GRENADIER.

KATOU-NICHI-KUA, l'*Amomum Zerumbet*, L.

KATOU-NORUM, le *Phyllanthus Maderaspatensis*, L.

* KATOU PACHALE, le *Basella rubra.*

KATOU PATJOTTI, le *Croton castaneifolium*, selon Burmann.

KATOU-PONAM MARAWARA, le *Malaxis odorata.*

KATOU-TAUDALE, le *Crotalaria juncea*, L.

* KATOU-TEKA, un Arbre imparfaitement connu dont Adanson (*Fam. Plant.* 2, p. 159) n'a pas laissé que de former un genre dans la famille des Onagraires.

* KATOU-TJANDI, le Dolic dont Du Petit-Thouars a formé son genre Canavali.

KATOU TJEROÉ, un Arbre imparfaitement décrit par Rhéede, dont

Adanson (*Fam. Plant.* 2, p. 84) a formé un genre dans sa famille des Onagres.

KATOU TSIAKA, le *Nauclea orientalis*, L.

KATOU-TSIAMBOU, le *Sonneratia indica*, L.

KATOU-TSJOLAM, le *Zizania terrestris*. (B.)

KATRAKA. OIS. (Buffon.) Espèce du genre Pénélope, *Phasianus Motmot*, L. De l'Amérique méridionale. *V*. PÉNÉLOPE. (DR..Z.)

KATUBARA-MARECA. BOT. PHAN. (Rhéede.) *V*. CANAVALI.

* KAUKA. BOT. PHAN. *V*. CAUCANTHE.

* KAULFUSSIA. BOT. PHAN. Sous ce nom, Nées d'Esenbeck (*Horæ Physicæ Berolinenses*, p. 55) a décrit un genre de la famille des Synanthérées, que Cassini avait fait connaître antérieurement sous celui de *Charieis*. *V*. ce mot au Supplément. (G..N.)

KAUROCH. BOT. PHAN. *V*. CALLIDUNION.

KAVEKIN. BOT. PHAN. Nom d'une espèce de Mimusops indéterminé de la côte de Coromandel. (B.)

* KAY-VARAGOUS. BOT. PHAN. Qu'on prononce *Kay-Vous*. Syn. de *Cynosurus Coracanus*, L., aux environs de Pondichéry *V*. CYNOSURE. (B.)

KÉBATH. BOT. PHAN. Nom arabe d'une espèce du genre Ménisperme, *Menispermum edule*, Vahl, dont Forskahl avait formé un genre *Cebatha* qui n'a pas été adopté. Les fruits de cet Arbre sont une petite baie âcre dont on extrait une liqueur enivrante. (B.)

* KÉBER. INS. (Scopoli.) Syn. de Hanneton, *Scarabæus Melolontha*, L. (B.)

KÉBOUL ou KIÉBOUL. BOT. PHAN. Et non *Kelboul*. *V*. CIEBOUL.

KEFFÉKILITHE. MIN. Substance minérale encore indéterminée, trouvée près de Kaffa en Crimée, et ainsi nommée par Fischer qui la regarde comme une Lithomarge endurcie. On a donné aussi ce nom à une Pierre argileuse compacte d'un rouge brun, à cassure conchoïde et à grains fins, trouvée à Wettin sur la Saal. Elle a l'apparence du Jaspe sans en avoir la dureté. (G. DEL.)

* KEFSCH. BOT. PHAN. *V*. KAREINA.

* KÉHÉLHAHA. BOT. PHAN. L'un des noms de pays du Bananier, à Ceylan particulièrement. (B.)

* KEKLIK. POIS. Espèce de Labre. *V*. ce mot. (B.)

KÉKUSCHKA. OIS. Espèce du genre Canard. *V*. ce mot. (B.)

* KELB-EL-BAHR ou KELB-EL-MOYEH. POIS. C'est-à-dire *Chien de fleuve* ou *Chien d'eau*. Nom arabe des Poissons du sous-genre Hydrocyn, qui indique la voracité de ces Animaux. (B.)

* KELL. BOT. PHAN. *V*. CEJL.

KÉMAS. MAM. Probablement le Nagor dans Elien. *V*. ANTILOPE. (B.)

KÉMÉTRI BOT. PHAN. *V*. HUMECTHE.

* KEMMOR. POIS. (Hésychius.) Nom grec d'un Poisson ou peut-être d'un Cétacé qui ne nous est plus connu. (B.)

* KEMPHAANTJES. REPT. SAUR. Syn. de Lézard-Léguan. *V*. IGUANE. (B.)

KÉMUM. BOT. PHAN. *V*. KHAMOUN.

KÉNIGIE. BOT. PHAN. Pour Kœnigie. *V*. ce mot. (B.)

KENNA. BOT. PHAN. *V*. CHENNA.

* KENNÉDIE. *Kennedia*. BOT. PHAN. Genre de la famille des Légumineuses, et de la Diadelphie Décandrie, L., établi par Ventenat (*Jard. Malm.* p. 104) pour quelques espèces de *Glycine* originaires de la Nouvelle-Hollande, et qu'il caractérise ainsi : calice bilabié ; lèvre supérieure émarginée, lèvre inférieure à trois divi-

sions égales; corolle papilionacée; étendard redressé et recourbé vers la base de la fleur, maculé vers sa partie inférieure; ailes étroites, rapprochées contre la carène qui est éloignée de l'étendard; étamines diadelphes; style long, terminé par un stigmate obtus; gousse allongée, plane, séparée en plusieurs loges par de fausses cloisons membraneuses et transversales, à peu près comme dans les Casses; graines solitaires dans chaque loge.

Ce genre se compose de quatre à cinq espèces, qui sont de petits Arbustes sarmenteux, à tige volubile; les feuilles sont alternes, pétiolées, composées de trois ou rarement d'une seule foliole coriace, articulée avec le pétiole. Les fleurs sont tantôt axillaires et tantôt terminales, portées sur des pédoncules simples ou multiflores. Quelques-unes des espèces de ce genre sont cultivées dans les jardins; telles sont les suivantes :

KENNÉDIE PURPURINE, *Kennedia rubicunda*, Vent., *loc. cit.*, p. 104, tab. 104; *Glycine rubicunda*, Willd., *Sp.* Ce joli Arbuste a ses tiges volubiles, ses feuilles pétiolées, composées de trois folioles ovales, aiguës, très-entières; ses fleurs, grandes et purpurines, sont placées à l'aisselle des feuilles et portées sur des pédoncules rameux. Cette espèce fleurit pendant la plus grande partie du printemps et de l'été. On la cultive en orangerie.

KENNÉDIE ROUGE, *Kennedia coccinea*, Vent., *loc. cit.*, tab. 105. Cette espèce se distingue de la précédente par ses feuilles dont les folioles sont obovales, très-obtuses et un peu émarginées; par ses fleurs beaucoup plus petites, d'un rouge écarlate, ayant l'étendard marqué de deux taches jaunes à sa base. Ces fleurs sont réunies au nombre de sept à huit au sommet d'un pédoncule long et grêle.

KENNÉDIE MONOPHYLLE, *Kennedia monophylla*, Vent., *loc. cit.*, tab. 106. Cette jolie espèce est fort distincte des deux premières, par ses feuilles simples, cordiformes, lancéolées,

obtuses; ses fleurs sont petites, violacées, formant des espèces de grappes rameuses, courtes, placées à l'aisselle des feuilles. (A. R.)

KÉNO. BOT. PHAN. *V*. CHÉNO.

* KENTAURIS. BOT. PHAN. *V*. CENTAURION.

KENTIA. BOT. PHAN. Adanson avait établi, sous ce nom, un genre aux dépens des *Trigonella spinosa* et *polycerata*, L. Ce genre n'a été adopté par aucun botaniste, si ce n'est par Mœnch qui a changé son nom en celui de *Buceras* dont Allioni et Haller se servaient pour désigner le genre Trigonelle. *V*. ce mot. (G..N.)

KENTRANTHUS. BOT. PHAN. (Necker.) *V*. CENTRANTHUS.

KENTROPHYLLUM. BOT. PHAN. A l'article CENTROPHYLLE de ce Dictionnaire, nous avons dit quelques mots sur ce genre établi par Necker (*Elem. Bot.*, n° 155); mais en annonçant qu'il avait été adopté par De Candolle, nous ignorions où ce savant professeur avait consigné son observation. C'est pour réparer cette omission que nous allons entrer dans quelques détails sur le genre *Kentrophyllum*. Il se compose d'espèces que Linné a placées parmi les *Carthamus*, et qui ont été réunies aux *Atractylis* par Adanson, Scopoli, Gaertner et Mœnch. Enfin, De Candolle (Flore Française) les avait rapportées au genre *Centaurea*; mais, dans son premier Mémoire sur les Composées, il adopta le *Kentrophyllum* de Necker, dont il fit un des genres de ses Centaurées. Mœnch avait bien observé que tous les fleurons de la calathide sont réellement hermaphrodites. Sous ce rapport, le *Kentrophyllum* est réellement distinct des *Centaurea* qui ont les fleurs marginales de la calathide stériles ou neutres. Par le reste de l'organisation et surtout par la structure des étamines, il se rapproche beaucoup des *Carthamus* et *Carduncellus*. Outre les *Carthamus lanatus* et *Carthamus creticus*, qui sont les types du genre, et que Cassini a nommés

Kentrophyllum luteum et *Kent. al-bum*, cet auteur pense qu'on doit probablement y rapporter les *Cartha-mus glaucus* et *oxyacantha* de Mars-chall-Bieberstein ; peut-être aussi le *Cart. flavescens* de Willdenow.
(G..N.)

*KEPTUSCHA. ois. Espèce de Bécasseau. *V.* ce mot.   (B.)

KÉRACHATE. min. La Pierre pré-cieuse désignée par Pline sous ce nom, paraît être une Sardoine.   (B.)

*KÉRAMION. bot. crypt. Adan-son (*Fam. Plant.* T. ii, p. 13) a for-mé sous ce nom un genre qui répond à celui que Donati appelle *Ceramian-themum. V.* Céramianthème. (B.)

*KÉRASELMA. bot. phan. Necker (*Elem. Bot.*, n. 1154) a créé, sous ce nom, un genre aux dépens de l'*Eu-phorbia*, L., mais dont les caractères étaient d'une importance si faible que les auteurs (Adr. de Jussieu et Rœper) qui ont travaillé récemment les Euphorbes, n'en ont pas même fait une section de ce genre.   (G..N.)

*KÉRATE. min. Nom donné par Mohs à l'un des ordres de sa seconde classe, celui qui renferme les Miné-raux qui ont une apparence de cor-ne, tels que les muriates d'Argent et de Mercure.   (G. DEL.)

*KÉRATELLE. *Keratella.* inf. Genre de la famille des Brachionides dans l'ordre des Crustodés, caracté-risé par un organe de cirres vibratiles se développant en rotatoire complet, à test capsulaire, postérieurement denté ou armé et dépourvu de queue. Nous en connaissons une seule espèce déjà trouvée par Müller dans l'eau des étangs ; elle y vogue avec rapidi-té, sans qu'on voie par quels moyens. Sa forme serait celle d'un carré un peu allongé, si deux sortes de cor-nes ou de pointes presque aussi lon-gues se voyant par derrière aux deux côtés opposés, droites et parallèle-ment allongées aux côtés du test, ne lui donnaient une forme particulière. C'est le *Brachionus quadratus*, Müll.,

Inf., tab. 49, f. 12-13 ; Encycl. Vers, pl. 28, f. 17, 18.   (B.)

KÉRATITE ou KÉRATILITE. min. Pierre de corne. Nom donné par Lamétherie au Néopètre de Saus-sure, le Silex corné de Brongniart, et le Hornstein des Allemands en par-tie.   (G. DEL.)

KÉRATOPHYTES. polyp. Ce nom, qui signifie Plante de Corne, a été donné par les naturalistes du moyen âge à la plupart des Polypiers flexibles, et spécialement aux Anti-pates et aux Gorgones. *V.* ces mots et Cératophytes.   (E. D..L.)

KÉRATOPLATE ou CÉRATO-PLATE. *Keratoplatus.* ins. Nom don-né par Bosc à un genre de Diptères. *V.* Céroplate.   (G.)

*KÉRAUDRENIE. *Keraudrenia.* bot. phan. Genre nouveau établi par Gay dans sa Monographie des Lasio-pétalées (Mém. du Mus. 7, p. 431), et qui fait partie de la famille natu-relle des Büttnériacées. Ses fleurs sont disposées en corymbes opposés aux feuilles, les pédicelles sont arti-culés vers le milieu de leur longueur. Le calice est pétaloïde, étalé, per-sistant. Il n'y a pas de corolle ; les étamines, au nombre de cinq, toutes fertiles et distinctes, ont leurs filets élargis par la base, rapprochés et se recouvrant latéralement ; les an-thères à deux loges s'ouvrent par un sillon longitudinal. L'ovaire est glo-buleux, à trois côtes saillantes et à trois loges contenant chacune plu-sieurs ovules attachés à l'angle in-terne. Les styles longs et grêles, au nombre de trois, sont quelquefois soudés entre eux par leur base. Le fruit est une capsule globuleuse, hé-rissée, ordinairement à une seule loge par avortement, s'ouvrant en trois valves. Les graines, presque tou-jours au nombre de deux, sont re-courbées, réniformes.

Ce genre ne se compose encore que d'une seule espèce, *Keraudrenia hermanniæfolia*, Gay, *loc. cit.*, tab. 8. C'est un Arbuste roide, ayant le port d'un *Hermannia*. Ses feuilles sont alternes, très-courtement pétiolées, ovales, elliptiques, sinueuses, rugueuses et hispides, accompagnées à leur base de deux stipules sétacées, denticulées, persistantes. Les fleurs, de grandeur moyenne, forment des corymbes pédonculés opposés aux feuilles. Cet Arbuste a été recueilli à la baie des Chiens-Marins, sur la côte occidentale de la Nouvelle-Hollande, par Gaudichaud, naturaliste plein de zèle et de connaissances, attaché à l'expédition du capitaine Freycinet.

(A. R.)

KERKODON. MAM. *V*. CARC.

* KERMA. MAM. *V*. ÉCUREUIL COMMUN.

KERMÈS. *Chermes*. INS. Genre de l'ordre des Hémiptères, section des Homoptères, famille des Gallinsectes, établi par Geoffroy et réuni par Latreille au genre Cocheuille, dont il ne diffère que par le corps des femelles dont la peau est tellement distendue, qu'elle ne présente pas le moindre vestige d'anneaux, tandis que, dans les Cochenilles proprement dites, on voit toujours des apparences d'articulations qui rappellent l'existence des anneaux. Linné et Geoffroy ont donné ce nom à des Insectes bien différens : le premier désigne ainsi les Hémiptères que Latreille nomme *Psylles* (*V*. ce mot), et que Degéer nomme faux Pucerons. Geoffroy donne ce nom, avec plus de raison, aux Gallinsectes de Réaumur, parmi lesquels se trouve la Cochenille qu'on connaît vulgairement sous le nom de Graine d'écarlate.

Les mœurs des Kermès, que Geoffroy désigne sous le nom de Gallinsectes, tandis qu'il nomme Progallinsectes les Cochenilles, sont absolument les mêmes que dans ces derniers. Les Insectes de ces deux genres ont les mêmes habitudes, les mêmes caractères, les mêmes différences entre les sexes et les mêmes métamorphoses; la femelle vit de même sur les Végétaux, s'y fixe, y pond ses œufs et meurt après avoir gonflé son corps

outre mesure, de manière à recouvrir ses œufs comme le fait la Cochenille. Ces Insectes vivent sur les Arbrisseaux et les Plantes qui passent l'hiver. La durée de leur vie est d'un an; c'est pourquoi elles ne peuvent exister que sur des Végétaux qui vivent au moins ce laps de temps. Arrivés à la dernière période de leur vie, ces Insectes ressemblent à de petites boules attachées contre une branche et dont la grosseur varie depuis celle d'un grain de poivre jusqu'à celle d'un petit pois; mais le plus grand nombre ressemble à un bateau renversé et leurs couleurs sont assez variées. Ces Animaux attaquent surtout les Arbres fruitiers, et l'on voit quelquefois, au printemps, des Pêchers tellement couverts de ces Kermès oblongs et en petits grains, que leurs branches en sont toutes galeuses. Ce genre se compose d'une vingtaine d'espèces; l'une d'elles est employée en teinture pour faire de l'écarlate, et on en faisait surtout un grand commerce avant la découverte de la Cochenille du Nopal; c'est :

Le KERMÈS DU PETIT CHÊNE, *Chermes Ilicis*, N., *Coccus Ilicis*, L., Fabr. Femelle sphérique, d'un rouge luisant, légèrement couverte d'une poussière blanche. Elle se fixe sur les tiges et quelquefois sur les feuilles d'une petite espèce de Chêne à feuilles épineuses qui croît dans les parties chaudes de l'Europe méditerranéenne, surtout dans le midi de l'Espagne, où, selon Bory de Saint-Vincent, les pentes de la Sierra Morena en sont couvertes. Beaucoup d'habitans du pays de Murcie n'ont d'autre moyen d'existence que d'y venir récolter le Kermès. Arrivé à son dernier degré d'accroissement, ce Kermès a une couleur rouge brun. Les personnes qui font la récolte de cet Insecte, le considèrent sous trois états différens : dans le premier qui a lieu au commencement du printemps, il est d'un très-beau rouge et enveloppé d'une espèce de coton qui lui sert de nid, il a la forme d'un bateau renversé. Dans le second état, le Kermès est parvenu à toute sa croissance, et le coton qui le couvrait s'est étendu sur son corps sous la forme d'une poussière grisâtre ; enfin dans son troisième état qui arrive au milieu ou à la fin du printemps de l'année suivante, on trouve sous son ventre dix-huit cents à deux mille petits grains ronds qui sont les œufs. La récolte des Kermès a quelquefois lieu deux fois dans l'année ; ce sont des femmes ordinairement qui vont les arracher avec leurs ongles. On arrose de vinaigre le Kermès destiné pour la teinture, on ôte la pulpe ou poudre rouge renfermée dans le grain, on lave ensuite ces grains dans du vin, et après les avoir fait sécher au soleil, on les lustre en les frottant dans un sac où on les renferme en les mêlant avec une quantité de poudre basée sur le produit de ces grains : leur cherté dépend du plus ou moins de poudre qu'ils rendent. Le vinaigre altère la couleur du Kermès; mais on en use pour détruire sa postérité.

Le KERMÈS OBLONG DU PÊCHER, *Chermes Persicæ oblongus*, Geoffr., Hist. des Ins., t. 1, p. 506, pl. 10, f. 4; *C. Persicæ*, Fabr. La femelle est oblongue, très-convexe, d'un brun foncé; le mâle est d'un rouge foncé, ses ailes sont blanches, plus longues que le corps, bordées extérieurement d'un peu de rouge : son abdomen est terminé par deux filets oblongs entre lesquels est une espèce de queue recourbée en dessous. On le trouve en Europe. Nous renvoyons pour les détails d'organisation et de métamorphoses, au mot COCHENILLE.

On appelle aussi KERMÈS, en quelques cantons, le Chêne (*Quercus coccifera*) qui nourrit l'Insecte dont il vient d'être question.   (G.)

KERNÈRE ET KERNÉRIE. *Kernera*. BOT. PHAN. Genre de la famille des Crucifères, établi par Médikus (*In Ust. Neu. Ann.* 2, p. 42) pour le *Myagrum saxatile* de Linné, dont De Candolle, à l'exemple de Lamarck, fait une espèce de *Cochlearia*, employant le nom de *Kernera* pour celui de la première section de ce genre. *V.* COCHLÉARIA.

Ce nom de *Kernera* a également été donné à d'autres Plantes. Ainsi Willdenow avait fait un genre *Kernera* du *Zostera oceanica* de Linné. Mœnch en avait formé un autre sous le même nom du *Bidens pilosa*.   (A. B.)

* KÉROBALANE. *Kerobalana*. INF. Genre de Microscopiques dont nous proposerons l'établissement dans la famille des Urodiés où cependant il ne peut guère demeurer qu'artificiellement. Les formes des espèces qui le composent sont absolument celles des Urcéolaires. Ce sont de véritables godets, de petits sacs vivans, mais absolument dépourvus de cirres ou d'organes vibratiles quelconques. La privation totale de ces parties les rejette conséquemment parmi les Gymnodés, quand on serait tenté, d'après leur forme, de les placer parmi les Urcéolariés. Cet aspect devrait encore les rapprocher des Bursaires, puisque, de même que ces Animaux, ils présentent dans certaines positions la figure de bourses ouvertes; mais outre que leur corps ne s'allonge jamais à la manière de celui des Kolpodes et des autres genres voisins, deux appendices en manière de queue ou de cornes ajoutent à la bizarrerie de leur structure. Nous connaissons deux espèces de ce genre où l'on pourra peut-être admettre le Gland cornu de Joblot, quand ce Microscopique aura été revu et mieux examiné. Ces espèces sont le Kérobalane de Müller, *Kerobalana Mulleri*, N., *Vorticella cirrata*, Müll., *Inf.*, pl. 37, f. 18, 19; Encycl., pl. 20, f. 14, 15; et le Kérobalane de Joblot, *Kerobalana Jobloti*, N., Bourse ou Pot-au-Lait, Jobl., Micr., part. 2, p. 67, pl. 68, f. 10. La première vit dans les eaux pures, la seconde dans les infusions de paille de Blé où elle n'est pas fort rare.   (B.)

* KÉRODON. *Kerodon*. MAM. Genre de Rongeurs ainsi nommé par Fr. Cuvier dans son ouvrage sur les dents des Mammifères, où il en a

fait connaître avec détail le système dentaire. Les dents sont en même nombre que dans le genre Cobaie, dont le Kérodon se rapproche à beaucoup d'égards ; c'est-à-dire qu'il y a quatre molaires de chaque côté et deux incisives à chaque mâchoire ; mais les molaires ont une forme différente. Les supérieures sont toutes semblables entre elles, et sont composées de deux parties triangulaires, réunies du côté externe, et séparées du côté interne de la dent : chacune de ces parties est entourée de son émail propre, et l'angle de leur réunion forme une échancrure en partie remplie par du cément. A la mâchoire inférieure les molaires sont de même forme qu'à la supérieure, mais elles sont retournées, la portion qui fait le côté externe des unes faisant le côté interne des autres. La première molaire est d'ailleurs formée de trois triangles, et non pas, comme les autres, de deux seulement. Les doigts sont au nombre de trois au membre postérieur, et de quatre à l'antérieur, de même encore que chez le Cobaie ; mais les jambes sont proportionnellement plus hautes, les doigts plus gros et plus séparés ; et les ongles sont larges, courts, assez aplatis, au contraire de ce qui se voit dans ce genre ; en sorte, et c'est un fait remarquable, que les dents et les doigts, quoique identiquement les mêmes, quant au nombre, dans deux espèces qui appartiennent à la même famille, soient néanmoins, sous tous les autres rapports, assez dissemblables pour autoriser leur séparation en deux genres distincts. Du reste, la tête est conique, très-allongée, de forme conique, avec le chanfrein presque tout-à-fait droit ; les oreilles sont à peu près hémisphériques et présentent en haut une légère échancrure, mais ressemblent à celles du Cochon d'Inde. Les moustaches, dirigées en arrière, sont d'une longueur si considérable qu'elles dépassent l'occiput. D'autres poils, très-longs aussi, quoique bien moindres que les moustaches, mais de même nature, et dirigés de même, naissent de la partie supérieure et surtout de la partie postérieure de l'orbite de l'œil ; la plante du pied est nue ; on aperçoit seulement quelques poils très-courts sous les premières phalanges des doigts ; la queue est comme chez le Cobaie, nulle, du moins à l'extérieur ; car il est très-probable qu'il existe, comme dans ce genre, quelques vertebres coccygiennes.

Le Moco, *Kerodon Sciureus*. Nous nommerons ainsi l'espèce qui a servi de type au genre, et qui est encore la seule connue ; elle est un peu plus grande que le Cochon d'Inde, et a neuf pouces environ de longueur, et quatre pouces et demi de hauteur. Son pelage est gris, piqueté de noir et de fauve en dessus, blanc en dessous et à la région interne des membres ; et enfin, roux sur leurs parties externe et antérieure, ainsi que sur les parties latérales de la tête, et la face convexe des oreilles ; les moustaches sont entièrement noires. L'Amérique méridionale est la patrie de cette espèce. C'est à Auguste Saint-Hilaire que nous en devons la connaissance ; on ne possédait en effet avant son voyage dans ces contrées que le crâne seulement. Elle paraît cependant ne pas être très-rare au Brésil, d'où Auguste Saint-Hilaire en a envoyé plusieurs individus au Muséum ; il est connu des naturels du pays et a reçu d'eux le nom de *Moco*, ainsi que nous l'ont appris les notes du savant voyageur. Nous lui avons conservé ce nom en français comme on l'a vu. Celui de *Kerodon Sciureus* se rapporte à la nature et au système de coloration de son pelage qui ressemble d'une manière véritablement remarquable à celui de plusieurs espèces d'Ecureuils, soit pour les couleurs, soit surtout à cause de l'abondance et même de la douceur et du moelleux du poil ; et la ressemblance est telle sous ce dernier rapport, qu'en touchant une peau de Kérodon on croirait véritablement toucher une fourrure d'Ecureuil. On sait que tous les Animaux de la même famille, le Cabiai, le Cochon d'Inde, les Agoutis ont, au contraire, le poil roide, cassant, dur au toucher et très-peu abondant.

(IS. G. ST.-H.)

KÉRONE. *Kerona.* INF. Genre formé par Müller, adopté par Bruguière ainsi que par Lamarck, qui sentit la nécessité d'y réunir les Himantopes du même auteur ; ses caractères sont : corps déprimé, muni de cirres vibratiles sur l'un de ses côtés ou tout autour, avec des appendices en dentelures aiguillonnées et rigides, ou en manière de soies flexueuses. Les Kérones rentrent conséquemment dans l'ordre des Trichodés et comprennent plusieurs espèces de Trichodes de Müller. Nous en détacherons le *Kerona Rostellum* de cet auteur, qui, dépourvu d'organes quelconques et de cirres vibratiles, doit être renvoyé dans l'ordre des Gymnodés. Les cornes, appendices en dents de scies et en herses, que Losana, naturaliste italien, a donnés à plusieurs des Microscopiques qu'il a récemment figurés comme des Kolpodes, dans les Mémoires de Turin, nous font supposer que ces Animaux, quand leur existence sera constatée par de plus amples descriptions et par des dessins moins imparfaits, pourront bien appartenir au genre qui nous occupe. Les Kérones vivent peu ou point dans les infusions ; on les trouve en général dans les eaux douces ou dans l'eau de mer, mais la plupart sont rares. Ce sont de petits Animaux, dont quelques-uns peuvent presque se distinguer à l'œil nu ; étranges par leur forme et par les appendices qui les garnissent, agiles, nageant de diverses manières, dont plusieurs présentent quelques rapports d'aspect avec d'imperceptibles Crustacés. L'agitation qu'elles donnent à leurs cirres vibratiles les rend souvent toutes brillantes, et il en est qui semblent former un passage à ces Acalèphes libres ou bien à ces Aphrodites et à ces Amphinomes qui sont munis d'appendices singuliers ou de cils dont les mouvemens décomposent si élégamment les couleurs de la lumière. Nous en connaissons une vingtaine d'espèces distribuées en deux sous-genres :

† KÉRONES proprement dites, ayant des appendices en aiguillons et en crocs, parmi lesquelles nous citerons comme les plus remarquables le *Kerona Silurus*, Encycl. Vers. Ill., pl. 18, fig. 15–16, toute hérissée en dessus comme une herse ; le *Kerona Histrio*, Encycl., pl. 17, fig. 7-8, qui nage en sautillant ; le *Kerona Haustrum*, Encycl., pl. 17, fig. 17, 11-15, ronde, dont la moitié est d'une transparence vitrée et garnie de cirres vibratiles très-longues et nombreuses, tandis que l'autre est obscure avec cinq ou six cornes ; le *Kerona rostrata*, N., qui était un Trichode dans Müller et dans l'Encyclopédie, pl 17, fig. 1-3. Elle vit dans l'eau où croît la Lenticule.

†† HIMANTOPES, *Himantopus*, Müll. ; ayant leurs appendices fins et allongés en soies. Les *Himantopus Sannio*, Encycl., pl. 18, fig. 4, et *Ludio*, fig. 5, donnent une idée de la forme bizarre de ces Animaux qu'on trouve dans l'eau des marais ou dans celle qui demeure stagnante à l'ombre des grands bois.

(B.)

KERPA. BOT. PHAN. *V.* CERPA.

*KERRIA. BOT. PHAN. On cultive, depuis le commencement de ce siècle, dans les jardins d'Europe, un joli Arbuste dont les fleurs sont jaunes et constamment doubles. Thunberg en a fait une espèce de *Corchorus*, et c'est sous le nom de *Corchorus japonicus* qu'il a été connu pendant plusieurs années, soit dans les jardins, soit dans les livres de botanique. Cependant Smith, dans la Monographie du genre *Rubus* (*in Rees Cyclopœdia*) avait rapporté le *Corchorus japonicus* de Thunberg au *Rubus japonicus*, L. Possesseur du précieux herbier de Linné, il avait entre ses mains une preuve irréfragable de son assertion. Cette observation n'était pas connue du professeur De Candolle au moment où il s'assura par l'analyse que la Plante en question avait ses pétales insérés non sur le réceptacle, mais sur le calice même, et que l'ovaire n'y était pas unique, mais qu'il y était multiple. Il en conclut que ce prétendu *Corchorus* était une Plante de la famille des Rosacées. Plus tard, ayant été instruit des remarques de Smith, il ne la rangea point dans le genre *Rubus* ainsi que Linné l'avait fait, parce que ses fruits ne paraissaient nullement destinés à devenir charnus; que, d'ailleurs, son port et la couleur même de sa fleur s'y opposaient trop fortement. Cette dernière considération, ainsi que l'unité des graines de chaque ovaire, lui firent rejeter l'idée de la placer avec les Spirées. En conséquence, il crut nécessaire d'établir un nouveau genre sous le nom de *Kerria* dont il exposa les caractères suivans (*Trans. of Linn. Soc.*, vol. XII, p. 156) : calice à cinq lobes ovales, trois obtus et deux terminés par une légère pointe, ayant une estivation imbriquée; cinq pétales orbiculés, insérés sur le calice, et alternes avec ses lobes; environ vingt étamines filiformes insérées sur le calice, à anthères ovées; cinq à huit ovaires libres, glabres, globuleux, chacun renfermant un ovule attaché latéralement et surmontés d'autant de styles; capsules globuleuses (selon Thunberg). Le *Kerria japonica*, De Cand., est un sous-Arbrisseau qui croît naturellement au Japon, près de Nagazaki et ailleurs. Il est rameux, sans épines, revêtu d'une écorce lisse et verte; ses branches latérales sont courtes et naissent d'un bourgeon écailleux; ses fleurs sont le plus souvent solitaires et pédonculées sur les rameaux; leur couleur est jaune, et elles se montrent extraordinairement disposées à devenir doubles, soit parce que les étamines se changent en pétales, soit parce que les ovaires changent aussi de forme; mais il est à remarquer que ceux-ci ne sont pas complétement transfigurés. Les feuilles de cet Arbuste sont ovales, lancéolées, acu-

minées, à nervures pennées, et munies sur leurs bords de fortes dents et de dentelures. Cette Plante existe depuis plusieurs années, en pleine terre, à Paris et dans les départemens de l'Ouest où elle a résisté à des hivers très-rigoureux. Elle affectionne les terres légères, et pour offrir une belle végétation, elle doit être exposée au levant.

Dans les Mémoires de la Société Linnéenne de Paris, T. I, p. 25, on lit une note qui fait connaître l'opinion de Desvaux sur le *Corchorus japonicus*. Sans faire mention du Mémoire de De Candolle, ce botaniste rapporte la Plante en question au genre *Spiræa*. Cette opinion a été embrassée par Cambessèdes (Ann. des Sc. Natur. T. 1, p. 389) qui, dans sa Monographie des Spirées, a constitué la cinquième section de ce genre avec le *Kerria japonica*. *V.* SPIRÉE.

(G..N.)

KERSANTON. MIN. Nom donné en Bretagne, dans les environs de Brest, à un Granite siénitique noirâtre, à petits grains, et susceptible d'un beau poli. L'Amphibole est d'un noir grisâtre; le Quartz blanchâtre; le Mica brun; le Feldspath est peu abondant. Cette roche est facile à tailler, et s'emploie dans la sculpture et la décoration des monumens. Elle est solide et inaltérable. De Cambry en a cité une carrière aux environs de Saint-Pol; mais Bigot de Morogues prétend qu'on ne la trouve qu'en morceaux roulés sur le bord de la mer. (G. DEL.)

KERUA. BOT. PHAN. *V.* CÉRUA.

* **KESMESEN.** BOT. PHAN. *V.* ACACALIS.

KESSUTH. BOT. PHAN *V.* CHARATH et CHASUTH.

* **KETMIA.** BOT. PHAN. (De Candolle.) *V.* KETMIE.

KETMIE. *Hibiscus.* BOT. PHAN. Genre très-nombreux de la famille des Malvacées, et de la Monadelphie Polyandrie, L., qui peut être ainsi caractérisé : ses fleurs sont environnées d'un calicule polyphylle, très-rarement composé d'un petit nombre de folioles soudées entre elles. Le calice est monosépale, à cinq divisions; la corolle formée de cinq pétales, quelquefois auriculés d'un seul côté à leur base. Les étamines forment un long tube central. Les pistils sont au nombre de cinq; ils finissent par se souder et par former une capsule à cinq loges polyspermes, rarement monospermes, s'ouvrant en cinq valves septifères sur le milieu de leur face interne. Ce genre est voisin du *Malvaviscus* qui en diffère surtout par son fruit charnu. De Candolle (*Prodr. Syst.* 1, p. 446) en mentionne cent dix-sept espèces, originaires de toutes les contrées chaudes du globe et qu'il divise en onze sections. Ce genre offrant un grand nombre d'espèces intéressantes, soit par leurs usages, soit à cause de la beauté de leurs fleurs, nous allons faire connaître les caractères abrégés des sections établies par De Candolle, en indiquant les espèces curieuses que chacune d'elles renferme.

1°. CREMONTIA. Pétales de la corolle roulés, non auriculés; loges du fruit polyspermes. KETMIE A FLEURS DE LIS, *Hibiscus liliiflorus*, Cavan., Diss. 3, p. 154, tab. 57, fig. 1. Cette belle espèce, originaire des forêts montueuses de l'île de Mascareigne, est vivace; ses feuilles sont lancéolées, oblongues, entières, rarement trifides. Ses fleurs sont grandes, rouges ou jaunes, pédonculées et groupées vers le sommet de la tige; sa corolle est évasée et ses pétales sont velus et tomenteux extérieurement.

2°. PENTASPERMUM. La corolle est étalée; les loges de la capsule sont monospermes. Dans cette section, on trouve les *Hibiscus ovatus*, *hastatus acuminatus* de Cavanilles, l'*Hibiscus Pentacarpon* de Linné qui croît en Toscane et aux environs de Venise.

3°. MANIHOT. Loges de la capsule polyspermes; involucelle composé de quatre à six folioles; graines glabres; calice à cinq dents, se fendant longitudinalement d'un seul côté. — L'*Hi-*

biscus Manihot, L., Cavan., *loc. cit.*, tab. 63, fig. 2, ainsi nommé à cause de ses feuilles lobées, assez semblables à celles du Manihot, croît dans l'Inde et dans l'Amérique méridionale. Sa tige est dressée, ses feuilles sont glabres, divisées en cinq ou sept lobes acuminés, grossièrement dentées; ses fleurs sont déclinées.

4°. KETMIA. Loges du fruit polyspermes; graines glabres; corolle étalée; involucre de cinq à sept folioles; calice à cinq lobes, ne se fendant pas longitudinalement. Cette section nous offre deux espèces très-souvent cultivées dans les jardins. L'une, *Hibiscus Syriacus*, L., Cavan., *loc. cit.*, est originaire de la Syrie et de la Carniole. C'est un Arbrisseau haut de huit à dix pieds, portant des feuilles obovales, cunéiformes, à trois lobes dentés, des fleurs très-grandes, tantôt blanches, tantôt roses ou panachées, simples ou doubles; ces fleurs ont un calicule formé de six à sept folioles. Cette espèce se cultive en pleine terre sous le climat de Paris. L'autre, *Hib. Rosa-sinensis*, est une espèce charmante qui nous vient de l'Inde et qu'on cultive en abondance dans les serres. Sa tige est ligneuse; ses feuilles ovales, acuminées, glabres, luisantes, entières à leur partie inférieure, très-profondément dentées à leur partie supérieure. Les fleurs sont solitaires, très-grandes, ordinairement d'une belle couleur ponceau, quelquefois blanches ou même jaunes, simples ou doubles.

5°. FURCARIA. Les carpelles sont polyspermes; les graines glabres; les folioles de l'involucelle sont bifurquées au sommet, ou munies d'une grosse dent latérale. A cette section appartiennent les *Hibiscus furcatus*, Roxb.; *scaber*, Michx.; *bifurcatus*, Cavan., tab. 51, fig. 1, etc.

6°. ABELMOSCHUS. Carpelles polyspermes; graines glabres ou marquées d'une ligne velue sur leur dos; corolle étalée; involucelles composés de huit à quinze folioles entières. Cette section est fort nombreuse. De Candolle y rapporte trente-cinq espèces. Parmi ces espèces, nous remarquerons les deux suivantes :

La KETMIE COMESTIBLE, *Hibiscus esculentus*, L. , Cavan., Diss. 3 , tab. 61 , fig. 2. Cette espèce, connue sous le nom vulgaire de *Gombo*, est annuelle. Elle croît dans les deux Indes où elle est cultivée avec soin, parce qu'on emploie ses fruits mucilagineux dans le Calalou. *V*. ce mot. Ses tiges sont dressées, cylindriques, velues, hautes de deux à trois pieds. Ses feuilles sont cordiformes, à cinq lobes obtus et dentés, portées sur des pétioles plus longs que les fleurs. Celles-ci sont axillaires, solitaires, courtement pédonculées; leur corolle est mélangée de jaune et de pourpre. Ses fruits, parvenus à leur maturité, sont des capsules pyramidales, longues de trois à quatre pouces, terminées en pointe un peu recourbée à leur sommet, marquées de dix sillons longitudinaux séparés par autant de crêtes saillantes qui se fendent suivant leur longueur et dont les bords se roulent en dehors.

L'ABELMOSCH ou AMBRETTE, *Hibiscus Abelmoschus*, L., Cavan., *loc. cit.*, 3, tab. 62, fig. 2, ressemble beaucoup à la précédente pour le port; mais sa tige est ligneuse et sous-frutescente à sa base; ses feuilles sont presque peltées, cordiformes, à sept lobes acuminés et dentés; sa tige est hispide; ses fleurs sont portées sur des pédicelles plus longs que les pétioles; sa capsule est velue; ses graines sont petites, réniformes, exhalant une odeur très-agréable de musc et d'ambre. On les emploie dans la parfumerie. L'Abelmosch croît naturellement dans l'Inde. On le cultive aux Antilles.

C'est encore à cette section qu'appartiennent l'*H. palustris*, L., fort belle Plante des marais de l'Amérique septentrionale, et l'*H. roseus* découvert par Thore, qui ressemble beaucoup à l'*H. palustris*, L., et qui est particulier aux bords de l'Adour, dans le département des Landes.

7°. BOMBICELLA. Carpelles polyspermes; graines couvertes d'un duvet lanugineux; corolle le plus souvent étalée; calicule de cinq à dix folioles. Tels sont les *Hibiscus gossypinus*, Thunb. ; *Hib. micranthus*, *Hib. clandestinus* de Cavanilles, etc.

8°. TRIONUM. Carpelles polyspermes; graines glabres; corolle étalée; involucre polyphylle; calice devenant vésiculeux et renflé. Dans cette section, nous ne trouvons que l'*Hibiscus Trionum*, L., Cavan., *loc. cit.* 3, tab. 64, fig. 1, qui croît en Italie et en Carniole, et l'*Hib. vesicarius*, Cav., tab. 62, fig. 2, originaire d'Afrique.

9°. SABDARIFFA. Loges de la capsule polyspermes; graines glabres; involucelle monophylle multidenté; Plantes herbacées et annuelles. Cette section a pour type l'*Hibiscus Sabdariffa*, L., Cavan., *loc. cit.* 3, tab. 198, fig. 1, vulgairement connue sous le nom d'*Oseille de Guinée*, parce que ses feuilles ont la saveur acidule de notre Oseille.

10°. AZANA. Cette section ne diffère de la précédente que par ses tiges arborescentes. Parmi ses espèces, on compte les *Hibiscus tricuspis*, Cavan., tab. 55, fig. 2; *Hib. circinnatus*, Willd.; *Hib. elatus*, Swartz, etc.

11°. LAGUNARIA. Involucre presque nul ou composé d'une seule foliole. Ici se rapporte le genre *Lagunœa* de Sims et de Ventenat, sous le nom d'*Hibiscus Patersonii*. Cette espèce est originaire de l'île de Norfolck.

L'*Hibiscus populneus*, L., est devenu le type du genre *Thespesia* de Corréa et de De Candolle. *V*. ce mot.

(A. R.)

* KETUPA. OIS. *V*. CHOUETTE, sous-genre HIBOUX. (B.)

KEURA. BOT. PHAN. L'Arbre décrit sous le nom de *Keura odorifera* par Forskahl (*Flor. Ægypt. Arab.*, p. 172) est le même que le *Pandanus odoratissimus*, L. fils. *V*. VAQUOIS. (G. N.)

KEVEL. MAM. Espèce d'Antilope. *V*. ce mot. (B.)

KEVEL. MIN. On désigne sous ce nom en Angleterre, ainsi que sous celui de Cawk, un Minéral composé de sulfate de Baryte, de carbonate et de fluate de Chaux, et qui sert le plus souvent de gangue au minerai de Plomb du Derbyshire. (G..N.)

* KEWER. BOT. PHAN. *V*. GA-HOUAR.

KHACHYR. BOT. PHAN. (Delile.) Syn. arabe d'*Echinops spinosus*, L. *V*. ÉCHINOPE. (B.)

* KHAMOUN ou KEMUM. BOT. PHAN. Même chose que Camium. *V*. ce mot. (B.)

KHAR – KHAFTY. BOT. PHAN. (Delile.) Forskahl écrit Garghafti. L'Orme en Égypte, où on le cultive dans quelques jardins, mais où il s'élève à peine à la hauteur d'un Arbrisseau. (B.)

* KHATMYCH. BOT. PHAN. (Delile.) Même chose que Chatmiæ. *V*. ce mot. (B.)

KHOULAN. MAM. *V*. CHOULAN.

KHYSARAN. BOT. PHAN. (Delile.) *V*. CHAISARAN.

KIAI - TSAI. BOT. PHAN. Même chose que Cay-Cu. *V*. ce mot. (B.)

KIAMBEAU. BOT. PHAN. *V*. CIAMBAU.

* KIAMPTAL. BOT. PHAN. *V*. CIAMPTAL.

KIANGITCH ou KIANGUITS. OIS. Noms kamtschadales d'une espèce de Canard, *Anas hyemalis*, L., qui signifient également Diacre, et qui ont été appliqués à l'Oiseau qui les porte par l'espèce de ressemblance qu'on trouve entre leur chant et celui des Diacres russes. *V*. AANGA. (B.)

KIATI. BOT. PHAN. *V*. CIATI.

KIBERA. BOT. PHAN. Cette dénomination avait été employée par Adanson (Fam. des Plantes, T. II, p. 417) pour un genre particulier établi aux dépens du *Sisymbrium* de Linné. Le professeur De Candolle s'en est servi pour désigner la cinquième section qu'il a établie dans celui-ci (*Syst.*

Veget. nat., vol. II, p. 477). *V*. SISYMBRE. (G..N.)

KIÉBOUL. BOT. PHAN. *V*. CIÉBOUL.

KIEL. BOT. PHAN. (Rumph, *Amb.* T. IV, pl. 65.) Arbrisseau laiteux des Moluques, dont le suc est employé dans la teinture et qui, malgré qu'il ait été figuré, n'est pas encore bien connu. (B.)

* KIÉSELGUHR. MIN. (Klaproth, Annal. Chim. T. v.) Minéral que ce chimiste avait reçu sous le nom de Cendre volcanique de l'Ile-de-France. Il est d'un blanc grisâtre ou jaunâtre, friable et terreux, tendre au toucher et happant à la langue. Sa pesanteur spécifique est de 1,37. Il est composé de Silice, 72; Eau, 21; Alumine, 2,5; Fer oxidé, 2,5. Il se rapproche beaucoup du Tuf du Geiser, dont il ne diffère que par une proportion d'eau plus considérable.

KIESELKUPFER, John (Recherch. Chim. T. II, p. 252). *V*. CUIVRE HYDRO-SILICEUX.

KIESELMALACHIT, Hausmann (T. III, p. 1029). Variété de Cuivre dioptasique, composée de vingt-deux parties de Silice; cinquante-quatre d'Oxide de Cuivre; et vingt-quatre parties d'Eau.

KIESELCHIEFER. Syn. du Jaspe schisteux de Brongniart, ou Phtanite d'Haüy.

KIESELSINTER et KIESELTUFF, Tuf du Geiser, Quartz-Agathe concrétionné, Thermogène, Haüy. Variété de l'Opale hyalite, Beudant. (G. DEL.)

* KIÉSELSPATH. MIN. Nom d'un Minéral décrit par Hausmann, et qui a, selon ce minéralogiste, un tissu feuilleté semblable à celui du Feldspath. Ses parties se séparent en grains; il est transparent et offre un éclat intermédiaire entre ceux du Verre et de la Nacre. D'après l'analyse qu'en a faite Stromeyer, il est composé de Soude, 0,09; d'Alumine, 0,20; de Silice, 0,70, et de quelques traces de Chaux, de Fer et de Manganèse. Ce Minéral a été trouvé près

Chesterfield, dans le Massachussets, États-Unis d'Amérique. (G.)

KIGGELLAIRE. *Kiggellaria.* BOT. PHAN. Genre établi par Linné, placé par De Candolle dans la famille des Flacourtianées, mais qui a d'une autre part des rapports avec les Samydées. Ses fleurs sont dioïques ; les mâles sont pédonculées et disposées par faisceaux ou bouquets. Leur calice est concave à dix divisions très-profondes, cinq intérieures plus minces et comme pétaloïdes, offrant à leur base une petite lamelle épaisse et glanduleuse, qui provient d'un disque périgyne tapissant le fond du calice ; étamines au nombre de dix à vingt, dressées, placées sur deux rangs circulaires à la base des divisions calicinales ; leurs filets sont très-courts ; leurs anthères presque cordiformes, à deux loges, s'ouvrant par un petit orifice terminal. Dans les fleurs femelles qui sont pédonculées, solitaires à l'aisselle des jeunes rameaux, le calice et le disque sont les mêmes que dans les fleurs mâles ; l'ovaire est globuleux, sessile, uniloculaire, contenant des ovules attachés à cinq trophospermes pariétaux. Ces ovules, qui sont pendans, sont au nombre de deux à trois pour chaque trophosperme. Les styles sont au nombre de cinq ou de deux, terminés chacun par un stigmate bifide. Le fruit est une capsule globuleuse, coriace, s'ouvrant par sa partie supérieure en cinq valves épaisses, inégales, soudées entre elles par leur base, et portant chacune sur le milieu de leur face interne deux ou trois graines dont quelques-unes avortent fréquemment. Ces graines sont irrégulières et anguleuses, charnues extérieurement, et se composent d'un endosperme blanc et charnu, renfermant un embryon dont la radicule est inférieure, assez longue et cylindrique, et les deux cotylédons planes et courts.

Ce genre ne se compose que de deux espèces, originaires l'une et l'autre de l'Afrique méridionale.

L'une, *Kiggellaria africana*, L., *Sp.*, Lamk., *Ill.*, t. 821, est un Arbuste ayant les feuilles dentées en scie, presque glabres à leur face supérieure ; les fleurs mâles à dix étamines, les femelles à cinq styles. La seconde, *Kiggellaria integrifolia*, Jacq., *Coll.*, 2, p. 296, *Ic. rar.*, t. 628, qui croît au cap de Bonne-Espérance, a ses feuilles entières, velues des deux côtés ; des fleurs mâles à vingt étamines et des fleurs femelles dont l'ovaire porte seulement deux styles. (A. R.)

* **KIGGELLARIÉÉS.** *Kiggellarieæ.* BOT. PHAN. De Candolle (*Prodr. Syst.*, 1, n. 257) appelle ainsi sa troisième tribu de la famille des Flacourtianées, composée des genres *Kiggellaria*, *Melicytus* et *Hydnocarpus*. *V.* FLACOURTIANÉES. (A. R.)

KIKI. BOT. PHAN. *V.* CICI.

KILLAS. MIN. Nom donné par les mineurs du Cornouailles à un Schiste argileux plus ou moins fissile, et suivant Brongniart, à toutes les roches fissiles de ce pays, qui contiennent les filons de Cuivre et d'Etain. (G. DEL.)

KILLINGA. BOT. PHAN. Ce genre d'Ombellifères, formé par Adanson (Fam. des Plant., 2, p. 31), est le même que l'*Athamantha* de Linné. *V.* ce mot. (G. N.)

KILLINGE. BOT. PHAN. Pour Kyllingie. *V.* ce mot.

* **KILLINITE** ou **KILLÉNITE.** MIN. (Taylor.) Substance d'un vert pâle, mêlé de brun ou de jaune, ayant un éclat vitreux ; une structure lamelleuse, donnant par le clivage un prisme quadrangulaire d'environ 135. Elle est fusible au chalumeau. Sa pesanteur spécifique est 2,70. Elle est composée, d'après le docteur Barker : de Silice, 52,49 ; Alumine, 24,50 ; Potasse, 5,00 ; Oxide de Fer, 2,49 ; Oxide de Manganèse, 0,75 ; Eau, 5,00 ; Chaux et Magnésie, 0,50. On la trouve dans des veines de Granite qui traversent le Micaschiste, à Killiney, près de Dublin en Irlande. Elle y est associée au Triphane, avec

lequel elle a quelque analogie d'aspect. (G. DEL.)

KINA. BOT. PHAN. Rhéede (*Hort. Malab.*) et Hermann (*Mus. Zeyl.*) ont décrit, sous ce nom vulgaire à Ceylan, un Arbre d'où découle une gomme blanche, transparente et sans odeur. Si, comme Rhéede l'indique, cet Arbre était son *Tsjerou-Panna*, on devrait le rapporter au *Calophyllum Calaba*. Burmann (*Thes. Zeyl.*) a aussi fait mention d'un *Kine* qu'il a placé dans le genre *Inophyllum*, qui est le même que le *Calophyllum*. *V*. CALOPHYLLE.

Plusieurs auteurs ont écrit KINA pour Quinquina. *V*. ce mot. (G..N.)

* KININE. CHIM. *V*. QUININE.

* KINIQUE. CHIM. *V*. ACIDE.

KINKAJOU. *Potos.* MAM. Genre de Carnassiers Plantigrades, ayant aussi quelques rapports, par ses caractères zoologiques, soit avec les Singes et les Makis, soit avec plusieurs Insectivores, soit même avec certaines Chauve-Souris, et qui mériterait, suivant Fr. Cuvier, à cause des combinaisons remarquables des caractères qu'il présente, de constituer à lui seul un ordre particulier. Son système dentaire n'est pas tout-à-fait celui des Carnassiers; il est encore moins celui des Quadrumanes, mais il tient de l'un et de l'autre. Les incisives sont, comme chez les Carnassiers, au nombre de six à l'une et à l'autre mâchoire, et les canines au nombre de deux. Il y a cinq molaires de chaque côté et à chaque mâchoire. Les deux premières, séparées des canines par un petit intervalle, sont, aux deux mâchoires, petites et à une seule pointe : ce sont de véritables fausses molaires. Les trois dernières ont la couronne tuberculeuse; celle du milieu est la plus grande à la mâchoire supérieure. A l'inférieure, toutes les trois sont de forme elliptique : la première présente deux pointes, mais les autres n'offrent qu'une surface unie, et elles sont opposées couronne à couronne. Les quatre pates sont pentadactyles; et chaque doigt est terminé par un ongle un peu crochu et très-comprimé. Le pouce est beaucoup plus court que les autres doigts, aux pieds de derrière; le troisième et le quatrième sont les plus allongés. Aux pieds de devant, les trois doigts du milieu sont à peu près de même longueur; les deux latéraux sont les plus courts. La queue, couverte de poils dans toute son étendue, est longue et susceptible de s'enrouler autour du corps; ce qui a suffi pour porter quelques naturalistes à rapprocher le Potto des Quadrumanes, parce que c'est principalement parmi les Singes que l'on trouve des espèces à queue prenante; mais ce rapprochement, motivé d'ailleurs à quelques égards, ne l'est nullement sous ce point de vue; car ce même caractère d'une queue prenante se retrouve, quoique beaucoup plus rarement à la vérité, dans plusieurs familles, comme chez les Rongeurs, les Marsupiaux et les Carnassiers eux-mêmes. La tête est globuleuse; les yeux sont grands, les oreilles très-simples, sans lobule, de forme à peu près demi-circulaire; les narines ouvertes sur les côtés d'un mufle; la langue, très-douce, est d'une longueur considérable; les mamelles sont inguinales et au nombre de deux. Le poil est touffu et généralement laineux.

Ce genre est formé d'une seule espèce, placée d'abord par la plupart des auteurs systématiques parmi les *Viverra*, sous le nom de *Viverra caudivolvula*, par quelques autres zoologistes parmi les Makis. Cuvier est le premier qui en ait formé, sous le nom de Kinkajou, un genre particulier auquel Geoffroy Saint-Hilaire a donné le nom latin de *Potos*. Les noms de *Cercoleptes* et de *Caudivolvulus* ont depuis été donnés au même genre, l'un par Illiger, l'autre par Duméril et Tiedemann.

Le KINKAJOU POTTOT, *Potos caudivolvulus*, Geoffr. St.-H., est à peu près de la taille de notre Chat domestique. Il est généralement d'un roux vif en dessous et à la face interne des quatre jambes, d'un roux brun à leur face externe et en dessus ; les pates et l'extrémité de la queue sont même presque tout-à-fait brunes. Le tour de la bouche est couvert aussi de quelques poils bruns. Au reste la coloration de cette espèce est assez variable : il y a des individus beaucoup plus clairs que celui d'après lequel nous avons fait notre description; et il en est chez lesquels une portion de la pate postérieure, et particulièrement le troisième et le quatrième doigt , sont de couleur fauve ; chez d'autres on distingue sous la gorge quelques taches de couleur plus claire que le fond du pelage.

Le Potto habite de préférence les contrées solitaires ; c'est un Animal nocturne, d'une démarche lente, qui se tient habituellement sur les Arbres, en s'aidant de sa queue qu'il enroule autour d'une branche. Elle paraît en effet avoir beaucoup de force, et il l'emploie souvent, dit-on, pour tirer des fardeaux assez considérables. Il atteint avec beaucoup de dextérité de petits Animaux dont il fait sa proie, et il est même à redouter pour les Oiseaux de basse-cour, qu'il saisit sous l'aile, et dont il boit le sang avec une grande avidité, suivant les récits des voyageurs. Il est cependant bien loin d'être uniquement carnivore; il se nourrit volontiers de matières végétales ; il aime beaucoup aussi le miel, et détruit pour s'en procurer un grand nombre de ruches, d'où le nom d'Ours des ruches ou d'Ours du miel, qu'il porte dans quelques provinces. Il habite l'Amérique méridionale, et il paraît même qu'il existe aussi dans la partie méridionale de l'Amérique du nord. Il se trouve abondamment répandu en plusieurs lieux, et il est bien connu des Américains, dont il a reçu divers noms, tels que ceux de Cuchumbi et de Manaviri. (IS. G. ST.-H.)

KINKINA. BOT. PHAN. Pour Quinquina. *V*. ce mot. (B.)

KINNA. BOT. PHAN. (Dioscoride.) *V*. CINNA.

KINO. BOT. PHAN. *V*. OTHÉROCERNE.

KIODOTÉ. MAM. *V*. ROUSSETTE.

KIOLO. OIS. Espèce du genre Gallinule. *V*. ce mot. (B.)

* KIRACAGUERO. BOT. PHAN. *V*. CURARE.

KIRGANELLI. BOT. PHAN. (Rhéede, *Malab*. T. x, tab. 15.) Même chose que Bujan-an-Valli. *V*. ce mot. (B.)

KIRGANELIA. BOT. PHAN. Genre de la famille des Euphorbiacées , et de la Monœcie Pentandrie, L., caractérisé par des fleurs monoïques à calice quinquéparti. Dans les mâles on trouve cinq étamines, dont deux plus courtes que les autres et dont les filets sont soudés en une colonne; dans les femelles un ovaire, entouré à sa base d'un petit disque quinquélobé et surmonté de trois styles profondément bipartis , à trois loges biovulées. Le fruit est une baie triloculaire , et c'est là ce qui distingue ce genre du *Phyllanthus* avec lequel il a du reste les plus grands rapports. Il comprend plusieurs Arbrisseaux à feuilles pinnatifides et à fleurs fasciculées. (A. D. J.)

* KIRGHISITE. MIN. Nom donné par Treutler à un Minéral verdâtre , à cassure vitreuse, rayant le Quartz, pesant spécifiquement 3,7. On le trouve en Cristaux maclés dans le pays des Kirghis. (G. DEL.)

* KIR-MYSCHAK. MAM. Nom de pays du Chaus, espèce de Chat. *V*. ce mot. (B.)

* KIRSCHEN – WASSER. BOT. PHAN. Eau-de-vie obtenue des Cerises par la distillation. *V*. CERISIER. (B.)

KISKIS. OIS. Espèce du genre Mésange. *V*. ce mot. (B.)

*KISIT. MOLL. Dénomination sous laquelle Adanson (Voy. au Sénég., p. 192, pl. 13) a désigné une petite espèce de Nérite marine que Linné a nommée *Nerita Magdalenœ*, parce qu'elle se trouve surtout aux environs des îles Magdeleine.   (D..H.)

KITAIBELIE. *Kitaibelia.* BOT. PHAN. Genre de la famille des Malvacées et de la Monadelphie Polyandrie, établi par Willdenow (*Nov. Act. Scrut. Ber.*, 2, p. 107, t. 4, f. 4) et qui présente pour caractères : un calice environné d'un calicule monophylle à sept ou neuf lobes; une corolle évasée, formée de cinq pétales soudés par la base; des capsules globuleuses, monospermes, réunies en capitule.

Ce genre se compose d'une seule espèce, *Kitaibelia vitifolia*, Willd., Waldst. et Kit., *Pl. Hung.* 1, p. 29, t. 31. Cette Plante vivace, qui croît en Hongrie et que l'on cultive dans les jardins, a ses tiges droites, hautes de deux à trois pieds, cylindriques, striées, couvertes de poils blancs; ses feuilles alternes, pétiolées, cordiformes, velues sur les deux faces, à cinq ou sept lobes aigus et dentés. Les fleurs sont blanches, axillaires, solitaires ou géminées, portées sur des pédoncules simples. Les capsules sont noirâtres et hérissées. Ce genre est très-voisin des Mauves et des Guimauves dont il diffère surtout par la disposition de ses capsules qui sont groupées en capitule et non réunies circulairement comme dans les deux autres genres.   (A. R.)

KITRAN ET **CHITRAM.** BOT. PHAN. *V.* ALKITRAN.

KLAAS. OIS. (Levaillant.) Espèce du genre Coucou. *V.* ce mot.   (B.)

***KLAPROTHIE.** *Klaprothia.* BOT. PHAN. Genre nouvellement constitué par Kunth (*in Humb. et Bonpl. Nov. Gener.* T. VI, p. 125, tab. 557) qui l'a dédié à la mémoire du célèbre chimiste Klaproth et l'a placé dans la famille des Loasées. Il appartient à la Polyandrie Monogynie, L., et ses caractères sont les suivans : calice supère, persistant, à quatre divisions profondes, ovales et égales entre elles; quatre pétales insérés sur le limbe et plus longs que lui, concaves et légèrement onguiculés; étamines nombreuses, ayant la même insertion que les pétales; les unes par faisceaux de quatre ou de cinq, opposées aux pétales, et fertiles; les autres par cinq, opposées aux divisions calicinales, stériles, poilues, dilatées en membrane au sommet, et irrégulièrement lobées; anthères biloculaires, émarginées de chaque côté; ovaire presque turbiné, uniloculaire, renfermant quatre ovules pendans, surmonté d'un style quadrifide au sommet; baie à trois ou quatre graines. Ce genre tient le milieu entre le *Loasa* et le *Mentzelia;* il se distingue du premier par la structure de l'ovaire, du second par ses étamines extérieures stériles, de l'un et de l'autre, par le nombre des parties de la fleur, ainsi que par la forme des étamines stériles.

Le *Klaprothia mentzelioides*, unique espèce du genre, est une Plante herbacée, volubile, à rameaux couverts de gros poils rebroussés. Ses feuilles sont opposées, dentées et hérissées. Les fleurs, en petit nombre, de couleur blanche et accompagnées de bractées, sont portées sur des pédoncules terminaux qui deviennent axillaires et presque dichotomes. Cette Plante croît dans les Andes de Quindiu, près de Los Volcancitos, dans l'Amérique méridionale. (G..N.)

KLAPROTHITE. MIN. Lazulith de Klaproth; Azurite, Tyrolite, Woraulite. Substance bleue, cristallisant en prisme droit rhomboïdal d'environ 121° 30; rayant la Chaux phosphatée; pesanteur spécifique, 3,0; infusible. Elle paraît être un mélange de phosphate d'Alumine, avec du phosphate de Magnésie et du phosphate de Fer. L'analyse de Fuchs a donné : Acide phosphorique, 41,81; Alumine, 35,73; Magnésie, 91,34; Oxide de Fer, 2,64; Silice, 2,10; Eau, 6,06. On la trouve dans des veines de Quartz traversant le Micaschiste ou le Gneiss, à Worau en Styrie, ou à Werfen dans le pays de Salzbourg.   (G. DEL.)

* **KLAPTMUTSEN.** BOT. CRYPT. (C. Bauhin.) Syn. de *Sargassum bacciferum*. (B.)

* **KLEBSCHIEFER.** MIN. Nom donné par Werner à l'Argile schisteuse happante de Ménil-Montant, au milieu de laquelle se trouve la Ménilite. (G. DEL.)

KLEINHOFIE. BOT. PHAN. Pour Kleinhovie. *V.* ce mot.

KLEINHOVIE. *Kleinhovia.* BOT. PHAN. Genre de la famille naturelle des Byttnériacées, auparavant placé parmi les Malvacées, dont les caractères sont: un calice à cinq divisions profondes; une corolle de cinq pétales, dont un plus long que les autres est échancré à son sommet; des étamines monadelphes formant un urcéole, divisé en cinq branches portant chacune trois anthères; chacune de ces branches est placée devant un des pétales. L'ovaire est stipité à cinq côtes et à cinq loges contenant quatre ovules. Le style est simple, terminé par un stigmate crénelé. Le fruit est une capsule turbinée, renflée, vésiculeuse, à cinq loges monospermes par avortement. Les graines sont globuleuses; elles contiennent un embryon dont les cotylédons sont roulés en spirale autour de la radicule. Le *Kleinhovia hospita*, L., Cav., Diss. 5, p. 188, t. 146, est la seule espèce de ce genre. C'est un Arbre de moyenne grandeur, qui croît naturellement aux Moluques, à Java, aux Philippines, et que Rumph a décrit et figuré sous le nom indien de *Cati-Marus*. Ses feuilles sont alternes, pétiolées, cordiformes, acuminées, entières et veinées; ses fleurs sont purpurines et disposées en grappes axillaires ou terminales. (A. R.)

KLEINIE. *Kleinia.* BOT. PHAN. Trois genres différens ont successivement porté ce nom. Ainsi Linné nomma d'abord *Kleinia* un genre que plus tard il appela *Cacalia*, nom qui a été adopté par tous les botanistes.

Jacquin en 1763 appliqua le nom de *Kleinia* au genre *Porophyllum* de Vaillant, qui avait d'abord été conservé sous ce nom par Linné. Jussieu (Ann. Mus., 2, p. 424), pensant avec juste raison que le genre établi par Vaillant devait conserver le nom de *Porophyllum*, se servit du nom de *Kleinia* pour désigner un genre nouveau de la famille des Synanthérées. Cependant Persoon, se rangeant à l'avis de Willdenow, nomma *Jaumea* le genre de Jussieu. Néanmoins nous pensons que c'est ce dernier genre qui doit seul retenir le nom de *Kleinia*. Voici ses caractères: les capitules sont globuleux; leur involucre est hémisphérique, composé de grandes écailles obtuses, imbriquées et disposées sur trois rangs. Le réceptacle est nu; tous les fleurons sont hermaphrodites et réguliers. Les fruits sont couronnés d'une aigrette courte, sessile et plumeuse.

Ce genre se compose d'une seule espèce, *Kleinia linearifolia*, Juss., Ann. Mus., 2, p. 424, t. 61, f. 1. Petit Arbuste à feuilles opposées, linéaires, connées par la base, simples, entières, portant des capitules terminaux et solitaires dont les fleurs sont jaunes. Cette Plante a été recueillie par Commerson vers l'embouchure du fleuve de la Plata. Le genre *Kleinia* doit être placé dans les Tagétinées. (A. R.)

* **KLEINIEN.** POIS. Espèce de Baliste. *V.* ce mot. Ce nom a été donné à quelques autres Poissons comme spécifique. (B.)

KLEISTAGNATHE. *Kleistagnatha.* CRUST. Fabricius désigne ainsi son neuvième ordre de la classe des Insectes; il correspond à la plus grande partie des Crustacés Décapodes que Latreille nomme Brachyures. *V.* ce mot. (G.)

* **KLETHRA.** BOT. PHAN. Ce nom employé par Théophraste pour désigner l'Aune, est devenu la racine du nom d'un genre de la famille des Ericinées. *V.* CLÉTHRE. (B.)

KLINGSTEIN. min. Syn. de Phonolithe. *V.* ce mot. (g. del.)

* KLIP-DASS. mam. C'est-à-dire Blaireau de Rocher. *V.* Daman. (b.)

* KLIP-SPRENGER. mam. Même chose que Gazelle sautante. *V.* Antilope. (b.)

KLOMIUM. bot. phan. Ce genre, établi par Adanson dans les Carduacées, n'a pas été adopté. (g..n.)

KLOPODE. *Klopoda.* inf. Dans le Dictionnaire de Déterville ce nom est employé pour Kolpode. *V.* ce mot. (b.)

* KLUKIA. bot. phan. Le professeur De Candolle (*Syst. Veget. nat.*, vol. ii) mentionne un genre établi sous ce nom par Andreziowski, aux dépens du *Sisymbrium* de Linné. Des quatre espèces dont il est composé, trois entrent dans la cinquième section dont Adanson avait autrefois formé son Kibera; ce sont les *Sisymbrium supinum*, *polyceratium* et *rigidum*. L'autre est le *Sisymbrium officinale*, D. C., ou *Erysimum officinale*, L. Ce genre ne paraît pas devoir être adopté. *V.* Sisymbre. (g..n.)

KNAPPIA. bot. phan. (Smith.) *V.* Chamagrostide.

KNAUTIE. *Knautia.* bot. phan. Linné établit ce genre de la famille des Dipsacées, et de la Tétrandrie Monogynie, sur des Plantes que Vaillant réunissait au *Scabiosa.* Adopté par Jussieu, il présente les caractères suivans : calice propre double, l'un et l'autre supère, l'extérieur dentelé ou presqu'entier, l'intérieur urcéolé très-petit, cilié ou plumeux sur son bord; corolle dont le tube est oblong, le limbe à quatre lobes inégaux, l'extérieur plus grand; quatre étamines; stigmate bifide; akène couronné par le calice cilié ou plumeux; calice commun ou involucre renfermant un petit nombre de fleurs égales entre elles, cylindrique, composé de folioles conniventes disposées sur un seul rang; réceptacle petit, velu; fleurs terminales. Dans son Mémoire sur les Dip-

sacées, Th. Coulter a retiré de ce genre les espèces linnéennes, dont le calice est aigretté sur son bord, et il en a formé le genre *Pterocephalus. V.* ce mot. D'un autre côté, il y a fait entrer le *Scabiosa arvensis*, L., qui avait été constitué par Schrader (*Cat. Sem. Gott.* 1814) en un genre distinct sous le nom de *Trichera.* Ainsi réformé, le genre *Knautia* est composé des espèces suivantes : 1° *K. orientalis*, L., espèce assez jolie qui croît dans l'Orient et que l'on cultive dans les jardins de botanique; 2° *Kn. propontica*, L.; 3° *Kn. Urvillœi*, Coult., espèce nouvelle, découverte par d'Urville dans l'île de Léros, et que ce savant navigateur (*Enum.* 14, n. 119) avait confondue avec le *Kn. orientalis;* 4° *Kn. arvensis*, Coult., ou *Scabiosa arvensis*, L. Cette espèce est subdivisée en quatre variétés qui comprennent plusieurs Scabieuses des auteurs; telles sont entre autres les *Sc. canescens*, Balb.; *integrifolia*, L.; *pubescens*, Willd.; *bellidifolia*, Lamarck; *sylvatica*, L.; *longifolia*, Waldst. et Kit., etc., etc.; 5° *Knautia hybrida*, Coult., ou *Trichera hybrida*, Rœm. et Schult. (g..n.)

KNAVEL et KNAVELLE. bot. phan. Ces noms allemands, proposés par quelques botanistes français pour le genre Scléranthe, désignent dans Boerhaave le genre nommé *Velezia* par Linné et par les botanistes. *V.* Vélézie. (b.)

* KNÉBILITE. min. Lenz et Dobereiner, Phillips, p. 206. Substance grisâtre ou bleuâtre, opaque, tenace, et trouvée seulement à l'état massif. Sa cassure est imparfaitement conchoïde, et son état est assez vif. Sa pesanteur spécifique est de 3,714. Elle est composée, d'après Dobereiner, de Silice, 32,5; protoxide de Fer, 32,0; et protoxide de Manganèse, 35,0. (g. del.)

KNÉMA. bot. phan. Loureiro (*Flor. Cochinch.*, éd. Willd., p. 741) a formé sous ce nom un genre de la Diœcie Monandrie, L., auquel il a as-

signé les caractères suivans : fleurs
dioïques; dans les mâles, le calice est
nul; la corolle est monôpétale, tubuleuse; le limbe à trois divisions conniventes, aiguës, extrêmement laineuses; dix à douze anthères disposées circulairement sur un filet dilaté (androphore). Les fleurs femelles
ont un calice infère, très-court; une
corolle comme dans les fleurs mâles;
un ovaire arrondi, velu, surmonté
d'un stigmate sessile et lacinié. Le
fruit est une baie ovale, succulente et
renfermant une graine pourvue d'un
arille.

Le *Knema corticosa*, Lour., est un
grand Arbre des forêts de la Cochinchine, dont l'écorce est épaisse, les
rameaux ascendans, les feuilles lancéolées, très-entières, glabres, alternes et pétiolées. Les fleurs, disposées sur des pédoncules terminaux,
ont la corolle brune à l'extérieur et
d'un jaune rougeâtre intérieurement.
(G..N.)

KNÉPIER. BOT. PHAN. On désigne
quelquefois sous ce nom le genre *Melicocca. V.* ce mot.　　(A. R.)

KNIFA. BOT. PHAN. Adanson
formait sous ce nom tiré à la roue de
la loterie un genre composé des Millepertuis à deux styles.　　(B.)

KNIGHTIE. *Knightia.* BOT. PHAN.
Genre de la famille des Protéacées et
de la Tétrandrie Monogynie, L., établi par R. Brown dans son excellent
travail sur cette famille (*Lin. Trans.*,
10, p. 193). Voici les caractères de ce
genre : calice régulier, formé de quatre sépales roulés en dehors; étamines en même nombre attachées vers
le milieu de la face interne des sépales; ovaire très-allongé, appliqué sur
un disque hypogyne formé de quatre
corps glanduleux, à une seule loge
contenant quatre ovules; style très-
long; stigmate renflé en massue allongée, strié longitudinalement. Le
fruit est un follicule simple, allongé,
coriace, terminé par une longue pointe formée par le style persistant, à
une seule loge contenant quatre graines membraneuses et ailées dans leur

partie supérieure seulement. Une
seule espèce compose ce genre qui a
beaucoup de rapports avec le *Rhopala*, dont il diffère par ses graines au
nombre de quatre, ailées seulement
à leur partie supérieure.

Le *Knightia excelsa*, Brown, *loc.
cit.*, t. 2, est un grand et bel Arbre
originaire de la Nouvelle-Zélande.
Ses feuilles sont coriaces, éparses,
pétiolées, oblongues, dentées en scie.
Les fleurs sont géminées, très-longues, formant des épis axillaires,
presque globuleux. Les fruits d'environ trois pouces de longueur sont velus.　　　　(A. R.)

KNIKOS. BOT. PHAN. (Théophraste.) D'où Cnicus. *V.* ce mot.　　(B.)

KNIPHOFIA. BOT. PHAN. L'*Aletris
Uvaria*, L., forme le type d'un genre
établi sous le nom de *Kniphofia* par
Mœnch. Dans cette Plante, les étamines débordent le calice, ce qui a
paru à l'auteur du genre un caractère suffisant pour le distinguer des espèces du genre *Veltheimia*, auquel
Gleditsch l'avait réuni, et dans lequel les étamines sont plus courtes
que le calice.　　　(G..N.)

KNOWLTONIE. *Knowltonia.* BOT.
PHAN. Ce genre, établi par Salisbury
(*Prodr.*, 572) pour quelques espèces
du genre *Adonis* de Linné, a été
nommé *Thebesia* par Necker et *Ana-
menia* par Ventenat. Mais le nom de
Salisbury est généralement adopté.
Les cinq espèces qui composent ce
genre sont toutes originaires du cap
de Bonne-Espérance; elles sont vivaces, et par leur port elles ressemblent beaucoup plus à des Ombellifères qu'à des Renonculacées, bien
qu'elles appartiennent réellement à
cette dernière famille. Leurs racines
sont fasciculées; leurs feuilles sont
radicales, simples ou divisées en lobes nombreux et pinnatifides, roides
et coriaces. La hampe est dressée, rameuse surtout vers la partie supérieure où elle forme une sorte d'ombelle
composée, accompagnée d'un involucre irrégulier, formé de plusieurs fo-

lioles simples ou découpées. Le calice est pentasépale régulier; la corolle formée de cinq à quinze pétales étalés sans appendice à leur onglet; les étamines et les pistils sont fort nombreux; ces derniers sont placés sur un réceptacle globuleux. Ils se composent d'un ovaire ovoïde, comprimé, uniloculaire, monosperme, d'un style long et grêle et d'un stigmate très-petit et simple. Les fruits sont autant de cariopses monospermes un peu charnues en dehors. Ce genre tient le milieu entre l'*Hydrastis* et l'*Adonis*; il a les fruits charnus du premier et les fleurs du second. Toutes les espèces de *Knowltonia* sont âcres et vésicantes.   (A. R.)

KNOXIE. *Knoxia*. BOT. PHAN. Ce genre de la famille des Rubiacées, et de la Tétrandrie Monogynie, L., a été établi par Linné et ainsi caractérisé par Jussieu (Mém. sur les Rubiacées, p. 5): calice quadrifide; corolle tubuleuse, filiforme, dont le limbe est quadrifide; quatre étamines; fruit divisible en deux coques presqu'arrondies, acuminées, planes d'un côté, convexes de l'autre, attachées par leur partie supérieure à un axe filiforme. Le type de ce genre est le *Knoxia zeylanica*, L., nommé *Vissadali* par Hermann et Adanson. L'autre espèce (*K. corymbosa*) est aussi une Plante des Indes-Orientales, dont Gaertner a figuré le fruit (*de Fruct.* 1, t. 25). Ce sont des herbes à fleurs terminales ou axillaires, disposées en épis ou en corymbes. Jussieu pense que les espèces d'*Houstonia* qui ont les loges de l'ovaire monospermes, sont congénères du *Knoxia.* Rœmer et Schultes (*Syst. Veget.* 3, p. 532) ont, d'après les manuscrits de Willdenow, décrit deux Plantes de l'Amérique méridionale, sous les noms de *Knoxia simplex* et de *K. dichotoma*, que Kunth (*Nov. Gen. et Spec.* 3, p. 341 et 548) a fait rentrer dans le genre *Spermacoce* de Linné. *V.* ce mot.   (G..N.)

* KO. BOT. PHAN. Et non *Co*. Ce mot désigne, au Japon, deux Plantes très-différentes : le Riz et une espèce de Courge, *Cucurbita hispida*, Thunb. En Norwège, on donne ce nom à la résine du Sapin.   (G..N.)

KOALA. *Phascolarctos.* MAM. Blainville a donné le nom de *Phascolarctos* (c'est-à-dire *Ours à poche*) à un genre fort remarquable de la grande tribu des Marsupiaux, qu'il a eu l'occasion de voir à Londres il y a quelques années, qu'il a fait dessiner et qu'il a le premier décrit (dans le Bulletin de la Société Philomatique, T. V, 1816, p. 108). On a donné depuis quelques autres descriptions du même Animal, mais toujours seulement d'après des dessins. Aussi croyons-nous devoir nous attacher à celle de Blainville, que nous citerons même textuellement. « Intermédiaire, dit ce savant zoologiste, aux genres Phalanger, Kanguroo et Phascolome, ses caractères principaux sont : six incisives supérieures, les deux intermédiaires beaucoup plus longues; deux inférieures comme dans les Kanguroos; cinq doigts en avant, séparés en deux paquets opposables, l'intérieur de deux; cinq en arrière, le pouce très-gros, opposable, sans ongle; les deux suivans plus petits et réunis jusqu'à l'ongle; la queue extrêmement courte. De la grosseur d'un Chien médiocre, cet Animal a le poil long, touffu, grossier, brunchocolat; il a le port et la démarche d'un petit Ours; il grimpe aux Arbres avec beaucoup de facilité : on le nomme *Colak* ou *Koala* dans le voisinage de la rivière Vapaum dans la Nouvelle-Hollande. »

Nous compléterons autant que possible cette description, soit d'après la figure qui fait partie de la collection des vélins du Muséum d'Histoire naturelle, soit au moyen d'autres documens. Le dessous du corps et la partie interne du membre antérieur sont blancs, ainsi que la face concave des oreilles, qui est couverte de très-longs poils. La tête est peu allongée, assez globuleuse; les narines presque terminales et entourées d'un mufle assez étendu vers le front; les oreilles sont arrondies, et l'œil est à peu près châtain; nous notons cette couleur parce qu'elle se retrouve également sur toutes les figures du *Phascolarctos* que nous avons vues. Il paraît certain qu'il n'existe de canines qu'à la mâchoire supérieure; mais on n'est pas d'accord sur leur nombre, non plus que sur celui des molaires. Cuvier a décrit et même figuré ce genre dans son Règne Animal, en lui conservant son nom de pays, Koala. Il nous apprend que le Koala passe une partie de sa vie sur les Arbres, l'autre dans des tanières qu'il se creuse à leur pied, et que la mère porte long-temps son petit sur son dos; ce qui s'accorde bien avec ce que nous avons rapporté précédemment d'après Blainville, et ce qui le confirme entièrement; mais que penser de ce qu'ajoute l'illustre professeur? Suivant lui, le pouce manquerait au pied de derrière, et le pelage serait de couleur cendrée. Cette dernière circonstance peut assez bien s'expliquer par la supposition que les deux naturalistes ci-dessus mentionnés auraient connu deux espèces différentes, l'une cendrée, l'autre brune; supposition qui même ne serait pas sans quelque fondement, d'autant plus que les oreilles ont une forme beaucoup moins arrondie dans la figure de Cuvier que dans celle de Blainville. Nous remarquerons d'ailleurs que le Vélin du Muséum représente le Koala de couleur cendrée, et c'est aussi cette couleur que lui a supposée Goldfuss en le figurant (Mammif., 5ᵉ cah., 1817) sous le nom de *Lipurus cinereus*: réunion de circonstances qui ne permet pas de douter de l'existence de Koalas cendrés. Quoi qu'il en soit, on a encore beaucoup plus de peine à concevoir une dissidence d'opinions sur un caractère aussi important et aussi tranché que celui de l'absence ou de la présence du pouce, surtout quand, suivant Blainville, ce doigt aurait un volume considérable. L'auteur du dessin d'après lequel Cuvier a fait sa description,

aurait-il omis le pouce, et causé ainsi une erreur? Il est difficile de croire à une pareille inexactitude. Mais comment imaginer aussi que le pouce ait pu être ajouté dans la figure de Blainville, figure exécutée avec un grand soin? Une addition ne serait-elle pas encore beaucoup moins vraisemblable qu'une omission, si grave qu'elle pût être? On n'admettra pas d'ailleurs qu'un naturaliste aussi exact que Blainville ait pu, au sujet d'un Animal qu'il a vu lui-même, commettre une aussi grave erreur. Aussi, à moins de vouloir que le Koala et le Phascolarctos soient des Animaux tout-à-fait différens, et de genres entièrement distincts, ce qui ne nous paraît guère plus vraisemblable, il semble difficile de ne pas se ranger à l'opinion de Blainville, et de ne pas admettre avec lui que le genre Koala ou Phascolarctos a un pouce assez gros, opposable aux autres doigts, et non onguiculé. (IS. G. ST.-H.)

KOB. MAM. Espèce du genre Antilope, différente du Koba, mais qui habite aussi le Sénégal, où elle est connue sous le nom de petite Vache brune. *V.* ANTILOPE. (IS. G. ST.-H.)

KOBA. MAM. Syn. d'Antilope du Sénégal. *V.* ce mot. (B.)

* KOBALTBLUTHE. MIN. (Werner.) *V.* COBALT.

* KOBEZ. OIS. Espèce du genre Faucon. *V.* ce mot. (B.)

KOBRESIA. BOT. PHAN. *V.* COBRÉSIE.

KOCHIA. BOT. PHAN. Genre de la famille des Chénopodées, et de la Pentandrie Digynie, L., établi par Roth (*in Schrad. Journ.* 1800, 2, p. 307, t. 11) et adopté par Rob. Brown (*Prodr. Fl. Nov.-Holland.*, p. 409) qui l'a ainsi caractérisé: périanthe monophylle, quinquéfide, les découpures appendiculées; cinq étamines insérées à la base du périanthe; utricule déprimé, renfermé dans celui-ci; graine horizontale à tégument simple, dépourvue d'albumen, ou n'en contenant seulement qu'une faible quantité; embryon courbé, non spiral. Ce genre, constitué aux dépens des *Salsola* de Linné, est susceptible, selon R. Brown, d'être subdivisé en deux, savoir : *Kochia*, dont les appendices du périanthe sont subulées, épineuses, et la graine dépourvue d'albumen; *Willemetia*, dont les appendices sont membraneux et dilatés, et les graines munies d'un albumen peu abondant. Ces divisions n'ont été employées que comme sections d'un même genre par Schultes (*System. Veget.* 6, p. 244). Cet auteur en a décrit, d'après Roth, Schrader et Brown, douze espèces dont plusieurs avaient appartenu au genre *Chenopodium*. Ce sont des Plantes herbacées, qui croissent dans les lieux sablonneux, humides, et en général salés, de l'Europe et de la Russie asiatique.   (G..N.)

KOELERIE. *Kœleria*. BOT. PHAN. Willdenow (*Sp.*, pl. 4, p. 750) a fait sous ce nom un genre nouveau que Poiteau avait décrit auparavant sous celui de *Rumea*. Persoon s'est servi du nom de *Kœleria*, pour désigner un genre de Graminées qui pour son port se rapproche des Phléoles et des Vulpins, tandis que par ses caractères il a de l'analogie avec les *Aira* et les Avoines. Sa lépicène est à deux valves comprimées en carène, contenant de deux à cinq fleurs; leur glume se compose de deux valves, l'extérieure qui est entière à son sommet porte un peu au-dessous de sa pointe une petite arête courte; l'intérieure est bifide. Le fruit est nu, c'est-à-dire non enveloppé par la glume. Persoon a réuni dans ce genre peu naturel le *Poa cristata* de Linné, l'*Aira vallesiaca* d'Allioni, le *Festuca phleoides* de Villars, l'*Aira pubescens* de Vahl. De Candolle y a ajouté le *Festuca calycina* de Lamarck et deux espèces nouvelles qu'il a nommées *Kœleria albescens* et *Kœleria macilenta*. Beauvois y a également joint quelques autres espèces prises dans les genres *Poa*, *Phalaris* et *Festuca*.   (A. R.)

KOELLEA. BOT. PHAN. Biria, dans sa Dissertation sur les Renonculacées publiée en 1811, a nommé ainsi un genre qui était établi depuis 1807 par Salisbury, sous le nom d'*Eranthis*. Le genre *Robertia* de Mérat (Flore Paris. 1812) est encore le même que celui-ci. *V*. ÉRANTHIS.   (G..N.)

KOELLIA. BOT. PHAN. Le *Thymus Virginicus*, L., était nommé *Kœllia capitata* par Mœnch.; mais cette Plante a été placée par Michaux (*Flor. Boreali-Amer.* 2, p. 6) dans le genre *Brachystemum* que l'on a réuni au *Pycnanthemum* du même auteur. *V*. PYCNANTHÈME.   (G..N.)

KOELPINIA. BOT. PHAN. Pallas a constitué, sous ce nom, un genre qui a été réuni au *Lampsana* par Linné fils et au *Rhagadiolus* par Schreber et Willdenow. H. Cassini s'est servi de ce mot pour désigner la Plante de Pallas, comme un sous-genre auquel il a assigné des caractères très-détaillés, et que nous n'exposerons pas ici, parce qu'ils seront plus tard implicitement reproduits à l'article RHAGADIOLE.   (G..N.)

* KOELREUTERA. BOT. CRYPT. (Hedwig.) *V*. FUNAIRE.

KOELREUTÉRIE. *Koelreuteria*. BOT. PHAN. Genre de la famille des Sapindacées et de l'Octandrie Monogynie, L., établi par Laxmann (*Nov. Comm. Petrop.*, 16, p. 561, t. 18) pour le *Sapindus chinensis* de Linné fils. Ce genre offre un calice monosépale campanulé, à cinq divisions très-profondes; une corolle de quatre pétales étalés, onguiculés et appendiculés audessus de leur onglet, disposés de manière qu'il semble que le cinquième manque; huit étamines dressées, appliquées sur un disque hypogyne et sinueux; anthères introrses à deux loges s'ouvrant par un sillon longitudinal; ovaire allongé à trois angles saillans, à trois loges contenant chacune deux ovules superposés, attachés à l'angle interne. Le style, qui se confond insensiblement avec le sommet de l'ovaire, se termine par un stigmate à trois branches allongées et presque sétacées. Le fruit est une capsule vésiculeuse très-renflée, à trois loges contenant chacune une ou deux graines globuleuses, renfermant un embryon roulé circulairement sur lui-même.

Le *Koelreuteria paniculata*, Lamx., *loc. cit.*, l'Hérit., *Sert. Angl.*, t. 19, est un petit Arbre originaire de la Chine et de l'Afrique. Il peut s'élever à une hauteur de quinze à vingt pieds. Ses feuilles sont alternes, pétiolées, imparipinnées, composées ordinairement de treize à quinze folioles ovales, très-profondément et inégalement dentées; ses fleurs sont jaunes, assez petites, formant une panicule ou grappe rameuse à l'extrémité des jeunes rameaux. Cet Arbre est naturalisé dans nos jardins où on le cultive en pleine terre. Il se plaît dans les lieux ombragés et un peu humides. On le multiplie de graines, de marcottes ou de rejetons. Ses fleurs s'épanouissent en juin.

Persoon avait établi une seconde espèce de *Koelreuteria* sous le nom de *K. trifida*, mais cette espèce fait aujourd'hui partie du genre *Urvillea* de Kunth.

Le nom de *Koelreuteria* avait encore été donné à d'autres Plantes. Hedwig nommait ainsi un genre de Mousses qu'il a appelé plus tard *Funaria*, et Murray avait donné le même nom au *Giselia* de Linné. (A. R.)

KOENIGIE. *Kœnigia*. BOT. PHAN. Genre de la famille des Polygonées, et de la Triandrie Trigynie, L., composé d'une seule espèce, *Kœnigia islandica*, L., Lamk., Ill., t. 51. C'est une petite Plante herbacée, annuelle, qui croît sur les bords maritimes de l'Islande et des mers polaires. De sa racine partent deux ou trois tiges grêles, d'un à deux pouces de longueur, dressées ou étalées, glabres, ainsi que les autres parties de la Plante; chaque tige porte dans sa longueur une ou deux feuilles alternes, obovales-obtuses, rétrécies à la base, et deux ou trois

autres rapprochées les unes des autres au sommet de la tige où elles forment une sorte d'involucre. À la base de ces feuilles on trouve deux stipules très-larges, minces et scarieuses. Les fleurs sont fort petites, réunies en assez grand nombre à l'aisselle des feuilles supérieures. Leur calice est régulier, profondément triparti. Leurs étamines, au nombre de trois, sont insérées à la base des divisions calicinales. L'ovaire est surmonté de deux ou trois stigmates sessiles. Le fruit est un akène enveloppé dans le calice. (A. R.)

* KOES-KOES. MAM. *V.* PHALANGER.

* KOGO. OIS. Espèce du genre Philédon. *V.* PHILÉDON. (DR..Z.)

* KOGOLCA. OIS. Espèce du genre Canard. *V.* ce mot. (DR..Z.)

KOHLENBLENDE. MIN. (De Born.) Syn. d'Anthracite. *V.* ce mot. (B.)

KOHLENHORNBLENDE. MIN. Nom allemand donné par Beyer à une matière noire, fibreuse, qu'on trouve dans la Rétinite de Saxe, et qui a été prise d'abord pour du Charbon, ensuite pour de l'Anthracite, et enfin pour de l'Amphibole charbonneux. Vauquelin y a reconnu les principes suivans : Silice, 50; Carbone, 33; Alumine, 11 environ; Fer, 6. La place de ce Minéral n'est pas encore bien déterminée, et l'on ne peut dire si c'est une espèce minéralogique réelle ou un Minéral déjà connu, mêlé avec du Carbone. *V.* RÉTINITE. (G.)

* KOIWU ou COIWU. BOT. PHAN. Syn. finlandais du Bouleau, *Betula alba*, L. (B.)

KOKERA. BOT. PHAN. Adanson nommait ainsi un genre de la famille des Amaranthacées, et dont l'*Achyranthes altissima* était le type. C'est le même que le *Digera* de Forskahl. *V.* DIGÈRE. (G..N.)

* KOKO. OIS. Espèce du genre Ibis. *V.* ce mot. (B.)

KOLA. BOT. PHAN. Même chose que Cola. (B.)

* **KOLAH.** MAM. Même chose que Koala. *V*. ce mot. (IS. G. ST.-H.)

KOLBIA. BOT. PHAN. (Adanson.) Syn. de *Blairia*, et qu'il ne faut pas confondre avec Kolbie. *V*. ce mot. (B.)

KOLBIE. *Kolbia.* BOT. PHAN. Genre établi par Palisot-Beauvois (Flore d'Oware et de Benin, vol. 2, p. 91, t. 120) qui l'a placé dans la famille des Cucurbitacées et dans la Diœcie Pentandrie, L., avec les caractères suivans : fleurs dioïques; les mâles ayant un calice à cinq lobes; une corolle à cinq divisions profondes, bordées de glandules; appendice formé de cinq lanières lancéolées, pétaliformes, de couleur bleue, bordées de longs cils plumeux, alternes avec les divisions de la corolle; cinq étamines libres, insérées sur le bord de la couronne, à filets courts et à anthères conniventes. Les fleurs femelles ne sont pas connues.

Le *Kolbia elegans* a été découvert par Palisot-Beauvois, dans le royaume de Benin en Afrique. C'est une belle Plante à tiges sarmenteuses, pourvues de vrilles et de feuilles alternes, pétiolées, très-glabres, ovales, aiguës, entières et échancrées en cœur à la base. Elle a des fleurs rouges, portées sur des pédoncules qui partent d'un pédondule commun et axillaire.

Le *Kolbia* d'Adanson est synonyme de *Blairia*. *V*. ce mot. (G..N.)

KOLINIL. BOT. PHAN. *V*. COLINIL.

KOLLYRITE. MIN. Cette substance qui ressemble à de la gomme, a la cassure vitro-résineuse, et se décompose en partie à l'air, est regardée maintenant comme une véritable espèce. Elle est formée d'un atome de trisilicate d'Alumine combiné avec dix-huit atomes d'Eau. Elle donne beaucoup d'Eau par la calcination. *V*. ARGILE COLLYRITE.
(G. DEL.)

KOLMAN. BOT. CRYPT. (*Lichens.*)

Le genre formé sous ce nom par Adanson qui le plaçait parmi les Champignons, répond à nos *Collema*. *V*. ce mot. (A. F.)

* **KOLOTES.** REPT. SAUR. Syn. de *Calotes* ou Galéote. Les anciens désignaient ainsi le Gecko. *V*. ce mot. (B.)

KOLPODE. *Kolpoda.* INF. Genre de l'ordre des Gymnodés dans la classe des Microscopiques, établi par Müller, adopté par Bruguière et par Lamarck, et dont les caractères que nous avons cru devoir réformer sont : corps membraneux, transparent, offrant des globules plus gros que sa molécule constitutive, atténué au moins vers l'une de ses extrémités, plus ou moins variable, mais sans divergence, ni replis membraneux, ni cavité creusée en bourse dans son étendue. Les Kolpodes seront ainsi distingués des Amibes dont ils n'ont pas les prolongemens rayonnés qui en changent si fort la physionomie, des Paramæcies dont ils n'ont point les replis, des Bursaires qui sont excavées. Nous en connaissons plus de vingt espèces dont le plus grand nombre vit dans les infusions; quelques-unes se trouvent dans l'eau des marécages, il en est peu ou point de marines, encore que l'eau des Huîtres en fournisse, mais il faut que cette eau soit déjà corrompue. Ce sont des membranes vivantes, translucides, variables, nageant avec plus ou moins de gravité en glissant sur les objets ou entre deux eaux. Un naturaliste italien, Losana, a récemment publié dans les Annales de Turin une monographie de ce genre, où le nombre des espèces est immense, mais les figures qui accompagnent ce travail sont si grossières, représentent des formes tellement bizarres et peu naturelles, outre que les descriptions qui accompagnent ces figures sont insuffisantes, qu'il nous serait impossible d'en citer aucune, parce que, dans notre esprit de circonspection, nous ne tenons pour existantes que les espèces qui ont été vues par plusieurs observateurs expérimentés, dont nous avons re-trouvé nous-mêmes des individus identiques ou du moins des espèces voisines qui nous en démontraient la possibilité. Les Kolpodes se subdivisent naturellement en deux sous-genres :

† VIBRIONIDES, ayant leur corps plus ou moins spatulé et allongé d'un côté, comme en bec ou en forme de cou auquel il manquerait une tête. La plupart étaient des Vibrions pour nos prédécesseurs, mais n'offrant pas le moindre rapport de forme ou d'organisation avec les Anguilles du vinaigre qui sont le type de ce genre, nous avons dû les en éloigner. Les *Kolpoda truncata*, N.; *Vibrio utriculus*, Müll., Inf., tab 19, f. 16, Encycl., Vers. Ill., p. 4, f. 28, et *fasciolaris*, N.; *Vibrio fasciola*, Müll., Inf., pl. 19, f. 18-19, Encycl., pl. 4, f. 29, 50, donnent une idée de la forme des Animalcules que nous en rapprochons.

†† KOLPODES PROPREMENT DITS, qui, quoique atténués antérieurement, ne se prolongent jamais de manière à s'éloigner de la forme anguleuse ou de poire. Ce sont en général les plus variables. Les espèces remarquables sont : *Kolpoda cosmopolita*, N., que nous avons rencontré très-fréquemment dans toute sorte d'infusions et auquel on doit rapporter une multitude d'Animalcules des anciens micrographes, représentés dans les figures 8 et 9 de la planche 28 de Gleichen, a b c d, et 24 de la planche 4 de Joblot, etc., etc. Il faut bien distinguer cette espèce terminée antérieurement en bec assez aigu, de celles qui sont obtuses, beaucoup plus difformes ; et que ces auteurs nomment Cornemuses dorées et Pandeloques ; celles-ci sont des Amibes. — Le Kolpode Pintade n'est pas une espèce moins singulière de ce sous-genre ; on en avait confondu deux autres avec elle. Nous les avons ainsi distinguées : 1° *Kolpoda Meleagris*, Müll., pl. 14, f. 1-6, Encycl., pl. 6, f. 17-2 ; — 2° *Kolpoda hirudinacea*, N.; *Meleagris*, Müll., pl. 15,

f. 1-3, Encycl., pl. 6, f. 25-25 ; — 3° *Kolpoda Zigœna*, N.; *Meleagris*, Müll., pl., 15, f. 4-5, Encycl., pl. 6, f. 26-27. Le Kolpode Rein, *Kolpoda Ren*, Müll., Inf., tab. 14, f. 20-21, Encycl., pl. 7, f. 20-22, appartient encore à ce sous-genre. Cette espèce presqu'arrondie, plate, translucide, nage gravement dans l'eau où l'on met tremper des queues de bouquets au bout de peu d'heures d'infusion ; on la rencontre aussi dans les infusions de Foin, et dans les ruisseaux qui bordent les prairies. (B.)

KOL-QUALL. BOT. PHAN. (Bruce.) Syn. d'*Euphorbia antiquorum*, L. (B.)

KOLUPA. BOT. PHAN. (Adanson.) Syn. de Gomphrène. (B.)

KOMANA. BOT. PHAN. (Adanson.) Genre formé de l'*Hypericum monogynum*, qui n'a pas été adopté. (B.)

KOME ou **WASI.** BOT. PHAN. Qu'on a aussi écrit Corne. (Kœmpfer.) Syn. japonais de Riz. (B.)

KOMMITRIH. BOT. PHAN. (Delile.) Syn. arabe de Poirier. (B.)

* **KOMO-GOMMI.** *V.* COME-GOMMI.

KONDEA. OIS. Espèce du genre Couroucou. *V.* ce mot. (B.)

* **KONDYLIOSTOME.** *Kondyliostoma.* INF. Genre de la classe des Microscopiques et de l'ordre des Trichodés, formé aux dépens des Trichodes de Müller, ainsi caractérisé : corps cylindracé, avec un orifice buccal latéralement situé à la partie antérieure amincie, garnie tout autour de cils vibratiles, plus longs que ceux qui se montrent tout autour ou sur quelque autre partie de l'Animal. Les deux espèces qui composent ce genre se trouvent dans l'eau de mer, et même dans l'eau douce longtemps gardée. La première, *K. Lagenula*, N., *Trichoda patula*, Müll., Inf., p. 181, pl. 20, f. 3-5 ; Encycl., pl. 31, f. 23-25, est ventrue, épaissie dans la partie postérieure, amin-

cie mais obtuse en avant, et serait une véritable Bursaire, si des poils très-fins n'en garnissaient tout le pourtour et si elle n'avait de longs cils vibratiles autour de l'orifice. La seconde, *Kondyliostoma Limacina*, N., *Trichoda patens*, Müll., Inf., p. 181, pl. 26, f. 12; Encycl., pl. 15, f. 21-22, est allongée, amincie en queue que l'Animal contourne vivement pour se retourner, avec l'orifice buccal s'élargissant un peu en forme de cure-oreille. Elle paraît glabre, si ce n'est sur ce qu'on peut nommer les lèvres où se voient des cils très-prononcés, brillans. ▸   (B.)

KONIG. BOT. PHAN. Adanson (Fam. des Plantes, II, p. 420) avait formé, sous ce nom, un genre aux dépens des *Alyssum* de Linné. Ce genre n'est considéré que comme une section par le professeur De Candolle (*Syst. Veget. nat.* T. II, p. 518) qui lui a donné le nom de *Lobularia* sous lequel Desvaux l'a aussi distinguée génériquement. *V.* LOBULARIA.   (G..N.)

*KONILITE. MIN. Nom donné par Macculoch à une substance qui paraît n'être autre chose que la Silice pulvérulente.   (G. DEL.)

. KONITE. MIN. *V.* CONITE.

* KONOKARPOS. BOT. PHAN. (Adanson.) Syn. de Conocarpe. *V.* ce mot.   (B.)

KOOKIA. BOT. PHAN. Pour Cookia. *V.* ce mot.   (B.)

*KOON. BOT. PHAN. Sous ce nom, Gaertner (*de Fruct.*, vol. 2, p. 486, t. 180) a décrit un fruit originaire de Ceylan. Ce fruit est composé de coques ovales comprimées, indéhiscentes et munies de deux petits tubercules près de leur point d'attache. Chaque coque est uniloculaire et ne renferme qu'une seule graine sans albumen, dont la radicule occupe une moitié de la loge partagée par un prolongement de l'ombilic, tandis que les cotylédons repliés en hameçon occupent l'autre moitié. Gaertner présumait que ces coques avaient

été rassemblées sur un réceptacle commun, et qu'elles devaient appartenir au genre *Ochna*. Ce rapprochement ne paraît pas avoir été admis.   (G..N.)

* KORALLION. POLYP. *V.* CORAIL.

KORAX. OIS. Syn. de Corbeau devenu scientifiquement spécifique du Corbeau noir. *V.* ce mot.   (B.)

KORDÉRA. BOT. CRYPT. (*Champignons*.) Ce genre, établi dans la cinquième section de la famille des Champignons d'Adanson, n'a point été adopté, non plus que la circonscription vicieuse de la famille entière telle que l'avait établie cet auteur. Adanson rapportait à ce genre le *Corallofungus* de Vaillant, *Bot. Paris.* tab. 8, fig. 1. C'est le *Mesenterica argentea* de Persoon, *Merulius argenteus* de Friés, *Byssus parietina* de De Candolle.   (A. F.)

KORÉITE. MIN. Syn. de Pagodite ou Pierre de Lard.   (G. DEL.)

* KORENBI. BOT. PHAN. Espèce du genre Guattérie. *V.* ce mot. (B.)

KORKIR. BOT. CRYPT. (*Lichens*.) Adanson a placé ce genre dans la seconde section de sa monstrueuse famille des Champignons. Il répond aux genres *Opegrapha*, *Graphis*, *Lecidea*, *Variolaria*, *Verrucaria* et *Parmelia* d'Acharius. Ce genre n'a point été adopté.   (A. F.)

* KORKOR. POIS. Espèce arabique du genre Perche.   (B.)

KORN. BOT. PHAN. Ce mot signifie Blé dans les langues d'origine tudesque ou germanique.   (B.)

* KOROVIK. BOT. CRYPT. *V.* BOROVIK.

* KORROS. REPT. OPH. Reinwardt, naturaliste hollandais, a imposé ce nom au *Coluber cancellatus* d'Oppel.   (B.)

- KORSAC. MAM. *V.* CORSAC.

* KORUND. MIN. *V.* CORINDON.

KOSARIA. BOT. PHAN. Le genre

établi sous ce nom, par Forskahl (*Flor. Ægypt.-Arab.* p. 164), est le même que le *Dorstenia* de Linné, et l'espèce qui le constitue (*Kosaria Forskahlei*, Gmel.) doit être rapportée au *Dorstenia radiata*, Lamk. *V.* Dorsténie. (O..N.)

* KOSLORDYLOS. REPT. SAUR. D'où Crocodile. *V.* ce mot. (B.)

* KOSSAIF. BOT. PHAN. Même chose que Chasser. *V.* ce mot. (B.)

* KOSTER. POIS. *V.* Esturgeon étoilé.

* KOSTERA. POIS. (Lepéchin.) *V.* Esturgeon Schype.

* KOTNON ET KOTON. BOT. PHAN. Syn. arabes de *Gossypium indicum. V.* Cotonnier. (B.)

* KOTTOREA. OIS. Espèce du genre Barbu. *V.* ce mot. (B.)

KOULAN. MAM. *V.* Choulan.

KOULIK. OIS. Espèce du genre Aracari. *V.* ce mot. (B.)

KOUPARA. MAM. (Barrère.) Nom de pays du Crabier, espèce du genre Chien. *V.* ce mot. (B.)

KOUPHOLITHE. MIN. Nom donné à une variété de Préhnite en petites lames prismatiques. *V.* Préhnite. (G. DEL.)

KOUROU-MARY. BOT. PHAN. Barrère donne ce nom de pays au Roseau, des tiges duquel les Sauvages de la Guiane font leurs flèches. Les uns regardent cette Plante comme le *Saccharum giganteum*, les autres comme le *Galanga arundinacea.* (B.)

KOUXEURY. POIS. On ne sait à quel genre rapporter ce Poisson des lacs de l'Amérique méridionale dont on ne connaît que le palais rugueux comme une lime, et qui sert aux naturels pour râper et polir le bois. (B.)

KRACKEN ou KRAKEN. MOLL. Animal fabuleux, auquel on attribuait une taille gigantesque, et dont le cerveau malade de Denys Montfort voulut faire un Poulpe, capable d'avaler une Frégate, ce qu'il a fait représenter par une estampe dans la détestable édition de Buffon par Sonnini. *V.* Léviatan. (B.)

KRAMÉRIE. *Krameria.* BOT. PHAN. Genre établi par Lœfling, ayant de grands rapports avec la famille des Polygalées, et faisant partie de la Tétrandrie Monogynie, L. Ses caractères sont : un calice profondément quadriparti, à divisions presqu'égales colorées à leur face interne et marquées de veines anastomosées ; une corolle de deux ou de trois pétales situés à la partie supérieure de la fleur, redressés, longuement onguiculés et soudés ensemble par leur base ; trois ou quatre étamines placées immédiatement au-dessous des pétales vers la partie supérieure de la fleur et composées d'une anthère uniloculaire appendiculée à son sommet, à peu près conique, bilobée inférieurement et s'ouvrant par un petit orifice terminal ; cette anthère est continue ou articulée avec le sommet. Au-dessous des anthères, mais sur le même plan on trouve deux appendices écailleux, très-obtus, pressant l'ovaire latéralement. Celui-ci est libre, ovoïde, comprimé, à une seule loge contenant deux ovules opposés et suspendus. Le style est en général de la longueur des étamines, recourbé et terminé par un stigmate très-petit et à peine bilobé. Le fruit est sec, globuleux, hérissé de pointes épineuses à une loge contenant une ou deux graines suspendues. Celles-ci se composent d'un tégument propre recouvrant un gros embryon dont la radicule est terminée vers le hile, et dont les cotylédons sont très-épais et très-obtus. On compte sept espèces de ce genre qui toutes sont originaires de l'Amérique méridionale : ce sont des Arbustes rameux, portant des feuilles alternes, simples ou trifoliolées, des fleurs sessiles ou pédonculées placées à l'aisselle des feuilles des jeunes rameaux. Les racines de plusieurs des espèces de ce genre et entre autres celles des *Krameria triandra* et *K. ixioïdes*, qui croissent au Pérou, sont employées en médecine sous le nom de *Ratanhia*. Ces racines sont rameuses, ligneuses, d'un brun rougeâtre, d'une saveur très-astringente. On les emploie surtout dans le traitement de la diarrhée chronique. (A. R.)

* KRANCHIL. MAM. *V*. KANCHIL.

KRANHIA. BOT. PHAN. (Rafinesque.) Genre formé pour le *Glycine frutescens*, mais qui n'a pas été adopté sous ce nom. *V*. GLYCINE. (B.)

* KRAPFIA. BOT. PHAN. Le genre de Renonculacées établi sous ce nom par De Candolle (*Syst. Nat. Veget.* 1, p. 828), n'est qu'une espèce de Renoncule. *V*. ce mot. (A. R.)

KRASCHENNINIKOWIA. BOT. PHAN. Sous ce nom patronimique presqu'impossible à prononcer, Guldenstedt avait établi un genre qui se trouvait précédemment formé par Adanson. *V*. EUROTIE et DIOTIDE. (B.)

* KRATA. OIS. Même chose que Cata. *V*. ce mot. (B.)

KREIDEK. BOT. PHAN. Adanson a formé, sous ce nom, un genre composé de la réunion du *Scoparia* et du *Capraria* de Linné. *V*. ces mots. (G..N.)

* KREUZSTEIN. MIN. (Werner.) *V*. HARMOTOME.

KRIGIE. *Krigia*. BOT. PHAN. Genre de la famille des Synanthérées, Chicoracées de Jussieu, et de la Syngénésie égale, L., établi par Schreber et adopté par Willdenow, Cassini et la plupart des auteurs. Il est ainsi caractérisé : involucre dont les folioles sont presque sur un seul rang, égales, appliquées, oblongues, lancéolées, membraneuses sur les bords ; réceptacle absolument nu ; calathide composée de demi-fleurons nombreux et hermaphrodites ; akènes courts, pentagones, noirâtres, comme tronqués au sommet, munis de côtes longitudinales, striés transversalement, surmontés d'une aigrette double, l'ex-

térieure courte, composée de cinq paillettes membraneuses, presque arrondies ; l'intérieure longue, formée de cinq soies capillaires, légèrement plumeuses. Le *Krigia virginica*, Willd., ou *Hyoseris virginica*, L., est le type de ce genre. C'est une petite Plante herbacée qui a le port des *Taraxacum*, et qui croît aux États-Unis de l'Amérique septentrionale. Cassini a proposé d'y joindre l'*Hyoseris montana* de Michaux, qui par les caractères de sa fleur concorde avec le *Krigia virginica*. (G..N.)

* KRISOMÉTRIS. OIS. (Aristote.) Probablement le Chardonneret. (B.)

KROCKERIA. BOT. PHAN. Necker (*Elem. Bot.*, n. 1097) a donné ce nom à un genre qui rentre dans l'*Unona* de Linné. Mœnch a aussi employé la même dénomination pour un autre genre formé sur le *Lotus edulis*, L. Seringe (*in De Cand. Prod. Syst. Veget.*, 2, p. 209) en a constitué la première section du genre *Lotus*. *V*. LOTIER. (G..N.)

* KRUBERA. BOT. PHAN. Hoffmann (*Umb. Gen.*, p. 104) a établi sous ce nom un genre dont le *Tordylium peregrinum* de Linné forme le type. Cette Plante est une espèce de *Cachrys*, selon Sprengel. *V*. CACHRYDE. (G..N.)

* KRUEGERIA. BOT. PHAN. (Necker, *Elem. Bot.*, n. 1389.) Syn. de *Vouapa* d'Aublet. *V*. ce mot. (G..N.)

* KRUSENSTERNE. *Krusensterna*. POLYP. Genre de l'ordre des Milléporées dans la division des Polypiers entièrement pierreux et dont les caractères sont : Polypier dendroïde en forme de coupe ou d'entonnoir, à expansions grossièrement treillissées, couvertes en dessus de protubérances planes irrégulières, criblées de pores, lisses ou légèrement striées en dessous. Il a été établi par Lamouroux dans son exposition méthodique des Polypiers, et il ne renferme encore qu'une espèce qui ne parvient qu'à une taille médiocre. D'une sorte d'empâtement par lequel le Po-

lypier se fixe aux rochers, s'élève une ou plusieurs expansions aplaties, irrégulièrement contournées, formées d'un très-grand nombre de rameaux courts, épais, anastomosés et représentant un réseau grossièrement maillé. Chaque petit rameau est comprimé latéralement, lisse ou légèrement strié en dessous, plus ou moins onduleux sur ses côtés, et sa surface supérieure est couverte de grosses verrues aplaties, tantôt séparées par une sinuosité assez profonde, tantôt confluentes entre elles ; chaque verrue est criblée de petits pores anguleux, inégaux, qui sont les orifices de cellules tubuleuses perpendiculaires au Polypier et qui pénètrent toute sa substance, de sorte que celle-ci est très-légère et fragile. La couleur de ce Polypier est d'un blanc grisâtre lorsqu'il est desséché, elle est verte ou rosâtre pendant la vie des Polypes. L'espèce unique de ce genre est le *Krusensterna verrucosa*, qui vit dans la Méditerranée, la mer des Indes, celles du Groenland et du Kamtschatka.   (E.D..L.)

* KTEIS. conch. Aristote désigne sous ce nom une Coquille bivalve munie de charnière et cannelée, où l'on a cru reconnaître un Peigne, une Bucarde, etc.   (B.)

KUARA. bot. phan. Bruce qui nous apprend que c'est le nom donné, par les Abyssins, aux graines de l'*Erythrina indica* (*V*. Erythrine), raconte à cette occasion une chose assez remarquable, et qui donne l'étymologie du mot *Karat*, employé dans l'évaluation du poids de l'or et des pierres précieuses. Le voyageur anglais assure que lorsque les semences du Kuara sont sèches elles sont toutes d'une égale pesanteur, et que de temps immémorial les Sangalas de l'Afrique s'en servent pour peser la poudre d'or. Ils les nomment Karat. L'évaluation par Karat passa dans l'Inde, et de l'Inde en Europe, lorsque les pierres précieuses s'y introduisirent avec le luxe de l'Orient.   (B.)

* KUDARI. mam. *V*. Musc à l'article Chevrotain.   (B.)

KUDDAMULLA. bot. phan. Syn. de *Mogorium Sambac*. *V*. Mogori.   (B.)

* KUDICI - VALLI. bot. phan. (Rhéede, *Hort. Mal.* 8, t. 27.) Plante imparfaitement connue de la côte de Malabar, dont le port offre assez de rapports avec celui des Liserons. (B.)

KUEMA. bot. crypt. (*Champignons*.) Ce genre, formé par Adanson, répond à l'*Agaricus alneus* de Linné et paraît être le *Schizophyllum* de Fries. *V*. ce mot.   (A.F.)

* KUGERUK. mam. *V*. Ecureuil suisse.

KUHNIE. *Kuhnia*. bot. phan. Ce genre appartient à la famille des Synanthérées, Corymbifères de Jussieu, et il a été placé dans la Pentandrie Monogynie, par Linné à qui on en doit l'établissement. Ses caractères, d'après H. Cassini, sont : involucre cylindracé, formé de folioles irrégulièrement imbriquées ; les extérieures courtes, lancéolées ; les intérieures longues, linéaires ; réceptacle petit, plane et nu ; calathide sans rayons, composée de plusieurs fleurons égaux, réguliers et hermaphrodites ; ovaires cylindracés, hispidules, striés et surmontés d'une aigrette plumeuse. Les corolles sont glanduleuses, et les anthères sont libres ou très-faiblement soudées entre elles, et surmontées d'un appendice arrondi. La liberté des anthères est une structure assez remarquable dans la famille des Synanthérées ; cependant on ne doit pas, ainsi que l'observe Cassini, lui attacher une trop grop grande importance, puisque plusieurs espèces des genres *Eclipta*, *Zinnia*, *Helianthus*, *Artemisia*, etc., ont aussi leurs anthères non-cohérentes, sans que pour cela on ait songé à les distraire de la Syngénésie. Jussieu a indiqué la réunion du genre *Kuhnia* avec le *Liatris*, et Gaertner a placé dans le genre *Critonia*, la seule espèce connue de son temps. Cependant Kunth (*Nov. Gener. et Spec. Plant. œquin.* T. iv, p. 104) l'a conservé en lui ajoutant une nouvelle espèce. Cassini le place dans la tribu des Eupatoriées près du genre *Coleosanthus.* L'espèce qui a servi de type à Linné est le *Kuhnia Eupatorioides*, Plante herbacée, indigène de la Pensylvanie, en Amérique. Michaux a rapporté à cette espèce, sous le nom de *Critonia Kuhnia* que lui avait imposé Gaertner, une Plante qui en a été séparée par Cassini et appelée *Kuhnia paniculata.* L'*Eupatorium canescens* d'Ortega, indigène de l'île de Cuba, a été réuni au *Kuhnia* par Ventenat, et nommé *Kuhnia rosmarinifolia.* Enfin Kunth (*loc. cit.* p. 105, tab. 339) a donné le nom de *Kuhnia arguta* à sa nouvelle espèce qui a été trouvée, par Humboldt et Bonpland, près de la ville de Popayan, dans l'Amérique méridionale.   (G..N.)

KUHNISTERA. BOT. PHAN. (Lamarck et Jussieu.) Syn. de *Petalostemum. V.* ce mot et DALÉA. (B.)

* **KULA.** BOT. PHAN. *V.* COLA.

* **KULB.** BOT. PHAN. *V.* CALAB.

KUMARI. BOT. PHAN. Syn. indou d'*Aloe vulgaris*, L., dont Médicus proposait de faire un genre sous le nom de KUMARA.   (B.)

KUMRAH. MAM. Et non *Cumrach.* (Shaw.) Ce serait le nom, en Barbarie, d'un prétendu métis de l'Ane et de la Vache. *V.* JUMART.   (B.)

* **KUNDMANNIA.** BOT. PHAN. Le *Sium siculum*, L., dont les pétales sont jaunes, le fruit cylindrique et les involucres polyphylles, a été séparé sous ce nom générique par Scopoli. Antérieurement, Adanson en avait constitué son genre *Arduina.* Le *Mauchartia* de Necker paraît aussi leur être congénère.   (G..N.)

KUNTHIE. *Kunthia.* BOT. PHAN. Genre dédié à notre ami et collaborateur C.-S. Kunth par Humboldt et Bonpland (Plant. Equinox. 2, p. 128, t. 122). Ce genre qui fait partie de la famille des Palmiers offre les caractères suivans : fleurs hermaphrodites et fleurs femelles placées sur des régimes différens sur le même individu. Les fleurs hermaphrodites ont un calice double, l'un et l'autre à trois divisions profondes, l'extérieur plus court ; les étamines au nombre de six, ayant les filets libres, un ovaire à trois loges, surmonté d'un style épais et trifide. Le fruit est une baie globuleuse et monosperme, dont l'embryon est placé à la base de l'endosperme. Les fleurs femelles ont leur calice extérieur simplement tridenté, et leur ovaire surmonté de trois styles. Le *Kunthia montana*, H. et B., *loc. cit.*, est un Palmier de moyenne grandeur dont le stipe grêle s'élève à vingt ou vingt-quatre pieds, tandis que son diamètre est d'à peine un pouce. Ses frondes sont pinnées ; ses régimes rameux d'abord renfermés dans des spathes polyphylles. Il croît dans les lieux montueux et tempérés du royaume de la Nouvelle-Grenade, et se retrouve jusqu'à une hauteur de huit cents toises au-dessus du niveau de la mer. Les habitans le connaissent sous le nom vulgaire de *Cana de la Vibora.*   (A. R.)

* **KUNTSN.** BOT. PHAN. Même chose que Contsjor à Java. *V.* ce mot.   (B.)

* **KUNZIA.** BOT. PHAN. Sprengel a donné ce nom générique au *Tigarea* de Pursh ou *Purshia* de De Candolle. *V.* PURSHIE.   (G..N.)

* **KUPFER**, **KUPFERGLAS**, **KUPFERKIES.** MIN. (Werner.) *V.* CUIVRE.

* **KUPFERGLIMMER.** MIN. (Werner.) *V.* CUIVRE ARSÉNIATÉ.

* **KUPFERINDIG.** MIN. (Breithaupt, Hoffmann, *Handb. der Min.* T. iv, p. 178.) Substance tendre, opaque, d'un bleu Indigo, tirant quelquefois sur le bleu noirâtre, se présentant en masses aplaties ou en rognons sphéroïdaux, à surface cristalline, ayant une cassure conchoïdale, un éclat faiblement résineux, une pesanteur

spécifique de 3,81. Au chalumeau, elle brûle avant le degré de la chaleur rouge, avec une flamme bleue, fond en un globule qui est fortement agité et donne, à la fin, un bouton de Cuivre. Leonhard la regarde comme une variété du Bunt-Kupfererz ou Cuivre pyriteux hépatique. On la trouve à Sangershausen en Thuringe, et à Leogang dans le Salzbourg. (G. DEL.)

* KUPFERLAZUR. MIN. (Werner.) *V.* CUIVRE CARBONATÉ.

* KUPFERSMARAGD. MIN. (Werner.) *V.* CUIVRE DIOPTASE.

* KUPFER-VITRIOL. MIN. (Werner.) *V.* CUIVRE SULFATÉ.

KUPHEA. BOT. PHAN. Pour Cuphea. *V.* ce mot. (B.)

* KURKA. BOT. PHAN. Même chose que Curca. *V.* ce mot. (B.)

* KURRAKKAN. BOT. PHAN. On mentionne sous ce nom une Graminée indéterminée de l'île de Ceylan, qui est probablement quelque Éleusine, peut-être un Paspale, et la même que Caracan, Coracan ou Couracan, des autres parties de l'Inde, d'où serait venu le nom scientifique de *Coracana*, donné à l'une de ces Graminées. (B.)

* KURTE. *Kurtus.* POIS. Genre de la famille des Squammipennes, dans l'ordre des Acanthoptérygiens de Cuvier, formé par Bloch, adopté par le compilateur Gmelin, et caractérisé ainsi : corps ovale, comprimé, caréné en dessus et comme bossu (d'où le nom de Kurte); mâchoire inférieure plus courte que la supérieure; dorsale moins étendue que l'anale et placée plus avant; dents en velours; les écailles plus fines que dans les genres voisins. Ce genre est encore peu nombreux, et peut-être même une seule espèce y peut être placée avec certitude; c'est le KURTE BLOCHIEN, *Kurtus indicus.*, Bloch, pl. 169, magnifique espèce qu'on dirait une lame d'argent poli de dix pouces à un pied de longueur, avec des taches d'or sur le dos, et quatre

marques d'un beau noir sur la même partie qui se relève en bosse; les pectorales dorées sont bordées de rouge, les autres nageoires sont d'un bleu céleste éclatant, lisérées de jaune ou de blanc. Il n'existe que deux rayons à la membrane branchiostège; la caudale est fourchue et l'anus rapproché de la gorge. D. 17, P. 13, V. 6, A. 32, C. 18. Ce n'est qu'avec doute qu'on peut rapporter à ce genre le Bodian-Œillère de Lacépède, originaire d'Amboine, qui est le *Kurtus palpebrosus* de Schneider. Cuvier pense que ce singulier Poisson, mieux observé qu'il ne l'a été jusqu'ici, pourra devenir le type d'un genre nouveau. (B.)

* KYBERIA. BOT. PHAN. Necker (*Elem. Bot.*, n. 81) a séparé, sous ce nom générique, l'espèce de *Bellis*, L., dont la tige est caulescente. Ce genre n'a pas été adopté. *V.* PAQUERETTE. (G..N.)

* KYDIE. *Kydia.* BOT. PHAN. Genre établi par Roxburgh (*Pl. Cor.* 3, p. 11) et rapproché, par De Candolle, de la famille des Dombéyacées. Son calice est campanulé, à cinq dents, environné par un involucelle de quatre à six folioles soudées avec le calice; sa corolle formée de cinq pétales étalés obliquement, obcordiformes, plus longs que le calice; ses étamines réunies par les filets en un tube cylindrique, qui se divise supérieurement en cinq branches portant chacune quatre anthères à leur sommet; l'ovaire est simple, surmonté par un style trifide que terminent trois stigmates dilatés; capsule globuleuse, triloculaire, trivalve, contenant dans chaque loge une graine dressée. Ce genre se compose de deux espèces, *Kydia calycina*, Roxb., *loc. cit.*, t. 215, et *K. fraterna*, *loc. cit.*, t. 216. Ce sont deux beaux Arbres originaires de la côte de Coromandel et de l'Inde, portant des feuilles alternes pétiolées, à cinq lobes aigus et à cinq nervures, et des fleurs blanches disposées en panicules. (A. R.)

KYLLINGIE. *Kyllingia* ou *Kyl-*

linga, BOT. PHAN. Genre de la famille des Cypéracées, et de la Triandrie Monogynie, L., qui tient en quelque sorte le milieu entre les genres *Mariscus* et *Cyperus* dont il se distingue à peine. Ses épillets sont réunis en un ou plusieurs capitules globuleux; ils sont comprimés, allongés, contenant une ou deux fleurs, dont une est rudimentaire; les deux écailles extérieures sont plus petites et roides; les deux intérieures sont carenées, renfermant une fleur hermaphrodite, et quelquefois une seconde fleur munie d'une seule écaille neutre ou mâle. Les étamines sont au nombre de trois; l'ovaire est lenticulaire, surmonté d'un style bifide et de deux stigmates filiformes. Le fruit est un akène comprimé, nu, c'est-à-dire dénué de soies hypogynes. Les espèces de ce genre sont des Plantes herbacées, ayant leur chaume triangulaire sans nœuds, garni inférieurement de feuilles engaînantes. Les espèces croissent dans l'Inde, l'Amérique, etc. L'une des plus communes est la *Kyllingia monocephala,* Rottb., Gram. 13, t. 4, f. 4, ainsi nommée parce que ses épillets forment un seul capitule globuleux au sommet du chaume, accompagné d'une ou deux feuilles linéaires formant un involucre. Elle croît dans l'Inde, aux îles de France et de Bourbon, et à Port-Jackson de la Nouvelle-Hollande. C'est cette espèce que Forster (*Gen.* 65) a indiquée sous le nom de *Thryocephalon nemorale.*   (A. R.)

KYNODON. REPT. OPH. Klein, dans son *Tentamen herpetologiæ,* formait sous ce nom un genre qui répond aux véritables Vipères.   (B.)

KYPHOSE. *Kyphosus.* POIS. Ce genre douteux, établi par Lacépède sur un dessin de Commerson, se trouve le même que celui sur lequel le continuateur de Buffon avait déjà établi le genre Dorsuaire, et qui est reproduit à la planche 8 du tome III de son Ichthyologie. Cuvier, qui conserve le genre Kyphose avec doute, le place dans la famille des Squammipennes de l'ordre des Acanthoptérygiens. *V.* DORSUAIRE.   (B.)

KYRSTENIA. BOT. PHAN. Genre établi par Necker (*Elem. Bot.,* n. 146) aux dépens des *Eupatorium* de Linné. Il correspond, selon Cassini, au *Batschia* de Mœnch, genre qu'il ne faut pas confondre avec d'autres du même nom établis par Gmelin, Thunberg et Vahl.   (G. N.)

L.

LABARIA. MOLL. Nom donné par Adanson (Voyag. au Sénég., p. 103, pl. 7, fig. 2) à une très-belle espèce de Pourpre qui est le *Purpurea coronata* de Lamarck.   (D. H.)

* **LABARRA** (PETIT). REPT. OPH. Le Serpent très-venimeux de la Guiane, mentionné sous ce nom de pays, paraît être l'Elaps galonné. *V.* VIPÈRE.   (B.)

LABATIE. *Labatia.* BOT. PHAN. Le genre constitué sous ce nom par Swartz, est le même que le *Pouteria* établi auparavant par Aublet. *V.* POUTÉRIE.   (G. N.)

LABBE. OIS. Syn. vulgaire de Stercoraire parasite. *V.* ce mot. (DR. Z.)

LABDANUM. BOT. PHAN. *V.* LADANUM.

* **LABE.** POIS. Espèce de Cyprin. *V.* ce mot.   (B.)

LABELLE. *Labellum.* BOT. PHAN. On appelle ainsi dans la famille des Orchidées la division interne et inférieure du calice, qui offre en général une forme et un aspect tout-à-fait différens des autres parties de la fleur. On la désigne aussi quelquefois sous le nom de Tablier. *V.* ORCHIDÉES.

(A. R.)

* LABEN. BOT. PHAN. L'Arbre de Madagascar que Rochon désigne sous ce nom paraît appartenir au genre Calophylle. *V.* ce mot. (B.)

* LABEO. POIS. L'espèce désignée par Aristote sous ce nom paraît être la même chose que le Chalu ou Chalue de Rondelet. *V.* VERGADELLE et LABÉON. (B.)

LABÉON. *Labeo.* POIS. Sous-genre de Cyprins. *V.* ce mot. (B.)

LABER. BOT. PHAN. L'un des synonymes d'Aloës dans Sérapion, selon quelques-uns de ses traducteurs.

(B.)

LABERDAN. POIS. L'un des noms vulgaires de la Morue. *V.* GADE. (B.)

* LABERIS. REPT. OPH. Espèce du genre Couleuvre. *V.* ce mot. (B.)

* LABEUM. BOT. CRYPT. (*Champignons.*) Fries a ainsi nommé la seconde division du genre *Polyporus*, dont les espèces ont le chapeau fixé par le côté à un pédicule allongé. *V.* POLYPORE. (G..N.)

* LABIATIFLORES. *Labiatiflorœ.* BOT. PHAN. Ce nom a été donné par De Candolle (Annales du Muséum d'Hist. Natur. T. XIX) à un groupe de la famille des Synanthérées, que Lagasca (*Amenidades Natur. de las Espanas*) a publié de son côté sous le nom de *Chœnanthophorœ.* C'est en 1808 que le botaniste français a fait connaître à l'Institut le résultat de ses travaux, mais il ne l'imprima qu'en 1812. Lagasca avait rédigé ses observations dès 1805, mais il les avait conservées en manuscrit jusqu'en 1811. Quoi qu'il en soit de la priorité du nom donné à ce groupe, les deux botanistes sus-mentionnés sont assez d'accord sur sa composi-

tion. L'un et l'autre y réunissent les Synanthérées dont le caractère essentiel consiste dans le limbe de la corolle divisé en deux lèvres, l'extérieure plus large que l'intérieure.

Le professeur De Candolle place ses Labiatiflores entre les Chicoracées et les Cinarocéphales de Jussieu ; il y distingue trois sortes de corolles : 1° celles à lèvre extérieure quadridentée, l'intérieure réduite à un seul filet ; 2° celles à lèvre extérieure tridentée, l'intérieure profondément divisée en deux filets ; 3° celles à lèvre extérieure tridentée, l'intérieure bidentée. Cependant quelques calathides de Labiatiflores ont leurs corolles centrales régulières, et les marginales n'ont point de lèvre intérieure. Ces diversités dans la structure des corolles de ce groupe, ont paru assez importantes à l'auteur pour que, d'après leur considération, il ait partagé les Labiatiflores en quatre sections. La première se compose des genres *Barnadesia* et *Bacazia*, dont les corolles offrent la première sorte de structure ci-dessus désignée. La seconde section, caractérisée par ses corolles à lèvre intérieure partagée en deux lanières filiformes, est subdivisée d'après la considération de l'aigrette. Les genres à aigrette plumeuse et sessile, sont au nombre de trois, savoir : *Mutisia, Dumerilia, Chabrœa.* Les *Chœtanthera, Homoianthus, Plazia, Onoseris, Clarionea, Leucœria* et *Chaptalia*, composent la subdivision dont l'aigrette est poilue et sessile. Celle-ci est stipitée et poilue dans le *Dolichlasium.* C'est encore d'après la considération de l'aigrette qu'est subdivisée la troisième section, celle dont les corolles offrent la troisième sorte de structure ci-dessus mentionnée. Les genres *Perdicium, Trixis, Proustia* et *Nassauvia*, possédent une aigrette poilue ; elle est plumeuse dans les *Sphœrocephalus, Panagyrum, Triptilium* et *Jungia* ; enfin, elle n'existe pas dans le *Pamphalea.* Les Labiatiflores douteuses sont les genres *Denekia, Disparago, Polyachurus, Leria.* Tous ces genres sont indigènes du Nouveau-Monde, et même de l'Amérique méridionale, excepté le *Chaptalia.* Selon H. Cassini, le groupe des Labiatiflores fait partie (sauf quelques genres dont la structure de la corolle a été mentionnée) des deux tribus qu'il a établies sous les noms de Mutisiées et de Nassauviées. *V.* ces mots. Mais comme plusieurs Mutisiées croissent en Afrique, il s'ensuit que les Labiatiflores ne sont pas des Plantes dont les limites géographiques soient aussi marquées que le professeur De Candolle l'a prétendu.

Les Onoséridées (*Onoseridæ*) de Kunth (*Nov. Gen. et Sp. Plant. æquin.* T. IV, p. 4) qui font partie de la section qu'il nomme Carduacées, contiennent, d'après leur auteur, la plupart des Labiatiflores. *V.* ONOSÉRIDÉES. (G..N.)

LABIDE. *Labidus.* INS. Genre de l'ordre des Hyménoptères, section des Porte-Aiguillons, famille des Hétérogynes, tribu des Mutillaires, établi par Jurine et adopté par Latreille avec ces caractères : mandibules très-arquées ; palpes maxillaires aussi longs au moins que les labiaux, composés de quatre articles; antennes insérées près de la bouche. Les Labides diffèrent des Doryles, dont ils sont cependant très-voisins, par les mandibules qui sont plus grêles et plus longues dans ceux-ci ; par les palpes maxillaires qui sont très-courts et composés de deux articles chez les Doryles, et par les cellules cubitales qui sont en plus petit nombre dans ces dernières. Ces Hyménoptères sont propres à l'Amérique, tandis que les Doryles n'habitent que l'Inde et l'ancien continent. La cellule radiale des ailes supérieures des Labides est ovale et allongée ; elles ont en outre trois cellules cubitales, dont la première est presque carrée, la seconde plus petite et recevant la première nervure récurrente, et la troisième grande, atteignant le bout de l'aile et ne recevant point de nervure récurrente. Le premier segment

de l'abdomen a ses côtés relevés, et il a la forme d'une selle à Cheval. Les jambes vont en s'élargissant vers leur extrémité, et les épines qui sont placées au bout des quatre dernières, ainsi que le premier article des tarses postérieurs, sont dilatés et plus épais à leur base. On ne connaît pas les habitudes et les métamorphoses de ces Insectes. La seule espèce connue jusqu'à présent est :

La LABIDE DE LATREILLE, *L. Latreillei*, Jurine. Elle a huit lignes de long, son corps est rougeâtre, pubescent; la tête est transverse, petite et noirâtre; les mandibules et les antennes sont de la couleur du corps ; les trois yeux lisses sont grands comparativement à ceux des autres Hyménoptères ; ils sont jaunâtres, luisans et disposés en triangle. Les ailes ont une teinte d'un noirâtre clair avec les nervures brunes; l'abdomen est allongé et courbé en dessous à son extrémité. On la trouve à Cayenne. (G.)

LABIDOURES ou FORFICULES. INS. Nom donné par Duméril à une famille qui ne renferme que le genre Forficule. *V.* ce mot. (G.)

* LABIÉ, LABIÉE. *Labiatus, Labiata.* BOT. PHAN. On dit d'un calice ou d'une corolle qu'ils sont *labiés* ou mieux *bilabiés* quand leur limbe est partagé en deux lèvres, l'une supérieure et l'autre inférieure; quelquefois la lèvre supérieure manque ou est très-courte; dans ce cas, la corolle est unilabiée comme dans les genres *Ajuga, Teucrium,* etc.

La corolle labiée proprement dite se distingue de la corolle personnée qui offre également deux lèvres, en ce que ses deux lèvres sont écartées l'une de l'autre, tandis qu'elles sont rapprochées dans la corolle personnée. *V.* COROLLE et CALICE. (A. R.)

LABIÉES. *Labiatæ.* BOT. PHAN. L'une des familles les plus naturelles du règne végétal, appartenant aux Plantes dicotylédones monopétales hypogynes, et dont Linné a dispersé les genres dans la deuxième et la quatorzième classes de son système. Les Labiées sont des Plantes herbacées, annuelles ou vivaces, plus rarement des Arbustes ou des Arbrisseaux. Leur tige est quadrangulaire, rameuse, à rameaux opposés ; les feuilles sont simples, également opposées ; les fleurs sont généralement placées à l'aisselle des feuilles supérieures, et forment par leur réunion des épis, des grappes, des panicules ou des capitules accompagnés de bractées qui manquent quelquefois. Le calice est monosépale, tubuleux ou campaniforme, à cinq ou à dix divisions plus ou moins profondes, égales ou inégales, quelquefois disposées en deux lèvres. La corolle est monopétale, tubuleuse, le plus souvent bilabiée, rarement à une seule lèvre, ou même régulière ; la lèvre supérieure généralement bilobée embrasse et recouvre la lèvre inférieure avant l'épanouissement de la fleur. La lèvre inférieure présente trois lobes généralement inégaux, celui du milieu étant plus grand que les deux lobes latéraux. Les étamines, au nombre de quatre, didynames, c'est-à-dire deux plus grandes et deux plus petites, sont ordinairement rapprochées par paires et placées sous la lèvre supérieure ; quelquefois elles sont au contraire déclinées vers la partie inférieure de la fleur, ou même écartées les unes des autres et presque égales entre elles. Dans quelques genres, les deux étamines les plus courtes avortent ou sont réduites à l'état rudimentaire. Les anthères sont à deux loges distinctes ou même quelquefois écartées l'une de l'autre par un connectif plus ou moins long. L'ovaire est appliqué sur un disque hypogyne ou gynobase épais et plus large que l'ovaire lui-même, autour duquel il forme un rebord plus ou moins saillant. Cet ovaire est profondément partagé en quatre lobes qui sont chacun autant de loges contenant un ovule dressé. Le style naît du centre commun ou de l'axe extrêmement déprimé de l'ovaire ; il est

long, grêle, simple, terminé par un stigmate à deux divisions allongées et inégales. Le fruit se compose de quatre coques monospermes ou akènes réunis sur le disque et enveloppés par le calice. Quelquefois un ou plusieurs de ces akènes avortent. Chaque akène renferme une graine dressée, dont le tégument propre recouvre un embryon à radicule courte et tournée vers la base de la graine. Dans quelques genres néanmoins il y a un endosperme très-mince.

Cette famille est tellement naturelle, qu'on pourrait, en quelque sorte, la considérer comme un grand genre. En effet, les différentes coupes génériques qui y ont été établies sont généralement fondées sur des nuances d'organisation extrêmement minutieuses, en sorte que la formation des genres est tout-à-fait artificielle. C'est au reste ce que l'on doit également observer dans toutes les autres familles extrêmement naturelles, comme les Ombellifères, les Graminées, les Légumineuses, etc. Comme ces genres sont fort nombreux, nous y établirons plusieurs divisions, ainsi qu'on le verra par le tableau suivant :

Ire Section. — *Deux étamines.*

Lycopus, L.; *Amethystea*, L.; *Cunila*, L.; *Ziziphora*, L.; *Monarda*, L.; *Rosmarinus*, L.; *Salvia*, L.; *Collinsonia*, L.; *Westringia*, Smith; *Microcorys*, Brown.

IIe Section. — *Quatre étamines.*

A. Corolle unilabiée.

Ajuga, L.; *Teucrium*, L.

B. Corolle bilabiée.

† *Etamines divergentes.*

Mentha, L; *Hyssopus*, L.; *Perilla*, L.; *Satureia*, L.

†† *Etamines réunies sous la lèvre supérieure.*

α Calice régulier à cinq ou dix dents.

Nepeta, L.; *Lavandula*, L.; *Glechoma*, L.; *Lamium*, L.; *Betonica*, L.; *Marrubium*, L.; *Ballota*, L.;

Leonurus, L.; *Anisomeles*, Brown; *Phlomis*, L.; *Leucas*, Burm.; *Leonotis*, Pers.; *Hemigenia*, Brown; *Hemiandra*, Br.; *Isanthus*, Rich.; *Pycnanthemum*, Rich.; *Brachystemum*, Rich.; *Pogostemon*, Desf.; *Barbula*, Lour.; *Bistropogon*, l'Hérit.; *Sideritis*, L; *Galeopsis*, L.; *Galeobdolon*, All.; *Stachys*, L.; *Zietenia*, Gledit.; *Molucella*, L.; *Rizoa*, Cavan.

β *Calice bilabié.*

Thymus, L.; *Origanum*, L.; *Thymbra*, L.; *Melissa*, L.; *Dracocephalum*, L.; *Melittis*, L.; *Horminum*; *Prunella*, L.; *Lepechinia*, Willd.; *Scutellaria*, L.; *Coleus*, Lour.; *Chilodia*, Br.; *Cryphia*, Br.; *Prostanthera*, Labill.; *Clinopodium*, L.; *Gardoquia*, Ruiz et Pavon; *Perilomia*, Kunth; *Prasium*, L.; *Platostoma*, Beauv.; *Trichostemma*, L.; *Phryma*, L.

††† *Etamines déclinées.*

Ocymum, L.; *Plectranthus*, l'Hérit.; *Hyptis*, Jacq.

La famille des Labiées est si naturelle, et ses caractères sont tellement tranchés, que nous croyons inutile d'indiquer comment on la distingue des Verbénacées et des Borraginées, entre lesquelles elle doit être placée. (A. R.)

*LABIO. MOLL. Ocken, dans son Système d'histoire naturelle, a proposé sous ce nom un genre démembré des *Turbo* de Linné ou des *Trochus*. Ce démembrement n'a pas été adopté. *V*. Trochus et Turbo. (D..H.)

*LABIUM. INS. Nom sous lequel on désigne la lèvre inférieure des Insectes par opposition au mot *Labrum* qu'on applique à la lèvre supérieure. La lèvre inférieure ou simplement la lèvre est assez compliquée, et résulte de la jonction plus ou moins intime de deux mâchoires qui font suite aux mâchoires proprement dites. *V*. Bouche. (AUD.)

LABIUM ET LABRUM VENERIS. BOT. PHAN. L'un des synonymes anciens du *Dipsacus sylvestris.* *V*. Abreuvoir et Cardère. (B.)

LABLAB. BOT. PHAN. Ce genre, que Linné et Gaertner ont réuni au *Dolichos*, en avait été séparé par Adanson (Fam. des Plantes, 2, p. 525). Il a été rétabli par Mœnch et définitivement adopté, en ces derniers temps, par Savi et par De Candolle (*Prodr. Syst. univ. Veget*, 2, p. 401) qui en ont distingué six espèces. Nous avons admis la fusion de ce genre telle que l'ont opérée Linné et Gaertner, et l'espèce principale a été décrite dans ce Dictionnaire sous le nom de Dolic. *V*. ce mot. (G..N.)

LABRADOR (PIERRE DE). MIN. Ce nom a été donné au Feldspath opalin, trouvé sur les côtes de ce pays, dans l'île de Saint-Paul, et dont plusieurs minéralogistes font aujourd'hui une espèce particulière sous ce même nom, ou sous celui de Labradorite. On a aussi donné le nom de Hornblende du Labrador à une variété d'Hypersthène qu'on avait méconnue. *V*. Feldspath et Hypersthène. (G. DEL.)

LABRADORA. OIS. Syn. de Macareux Moine. *V*. ce mot. (DR..Z.)

LABRADORISCHE-HORNBLENDE. MIN. Syn. d'Hyperstène. *V*. ce mot. (B.)

LABRADORITE. MIN. (Delaméthrie.) Syn. de Pierre de Labrador, (B.)

LABRAX. POIS. Sous ce nom, employé par les anciens pour désigner l'Anarrhique Loup, Klein avait établi un genre qu'il caractérisait par des écailles en scie, une grande bouche et beaucoup de dents serrées très-fines. Pallas a, depuis, formé pour des Poissons du Kamtschatka un genre nommé de même, et lui a attribué pour caractères : un corps assez long, garni d'écailles ciliées, à tête petite sans armure, à bouche peu fendue, armée de petites dents coniques, inégales, à lèvres charnues; dorsale régnant tout le long du dos, n'ayant que des épines minces, présentant plusieurs séries de pores disposées sérialement, de manière à former comme plusieurs lignes latérales. Cuvier admet ce genre avec doute après les Scares, à la fin de la famille des Labroïdes, dans l'ordre des Acanthoptérygiens.   (B.)

LABRE. *Labrus.* POIS. Ce genre, l'un des plus nombreux en espèces, s'il n'est pas celui qui en renferme davantage, fut établi par Artédi, adopté par Linné dans son ordre des Thoraciques, et devint, dans la Méthode de Cuvier, le type de la famille des Labroïdes. Les doubles lèvres charnues des Poissons qui le composent lui méritèrent le nom sous lequel les ichthyologistes l'ont désigné. Ses caractères consistent dans les ouies serrées, à cinq rayons; les dents maxillaires coniques dont les mitoyennes et antérieures plus longues, les pharyngiennes cylindriques et mousses, disposées en forme de pavé, les supérieures sur deux grandes plaques, les inférieures sur une seule qui correspond aux deux autres. L'estomac n'est pas un cul-de-sac, mais se continue avec un intestin sans cœcum, qui après deux replis se termine en un gros rectum; la vessie aérienne est simple et robuste; l'une des deux lèvres tient immédiatement aux mâchoires, et l'autre aux sous-orbiculaires. Les Labres sont de taille moyenne, agiles, d'une forme qui est celle qu'on attache le plus naturellement à l'idée de Poisson. Ils vivent de Crustacés et de Mollusques dont l'appareil robuste de leur système dentaire leur permet de broyer jusqu'aux parties dures. Leur chair est savoureuse; cependant on en porte rarement sur nos marchés. Ils habitent presque toutes les parties du globe depuis le Groenland jusque sous la ligne, mais en plus grand nombre dans les climats chauds et non loin des rivages de la mer. Tous sont revêtus des plus somptueuses livrées; leurs écailles resplendissent de l'éclat des Métaux polis, du feu des Pierres précieuses et des teintes les plus vives. La Méditerranée en nourrit plusieurs

des plus élégans; la Polynésie en possède d'une incroyable beauté; mais la plupart des espèces, qui se ressemblent beaucoup par la forme, n'ayant été établies que sur les couleurs sujettes à varier, ou qui se détériorent par la mort, il y règne une grande confusion; pour s'y reconnaître, on a dû y former les coupes ou sous-genres suivans:

† **LABRES** proprement dits, qui n'ont ni épines, ni dentelures aux opercules et aux préopercules, avec le corps oblong, la queue sans appendices, les joues et opercules couverts d'écailles, la ligne latérale droite ou à peu près. Ce sont eux que l'on trouve en plus grand nombre dans la Méditerranée, où plusieurs sont désignés sous le nom vulgaire de Tourds et Tourdous.

La **VIEILLE**, *Labrus vetula*, L., Bloch, pl. 293. La nageoire caudale est arrondie; ce Poisson atteint un peu plus d'un pied de long; ses couleurs sont l'orangé le plus vif et le bleu le plus beau: sa tête est rougeâtre; les pectorales, l'anale et la caudale sont bordées de noir; la dorsale est couverte de petites taches; l'iris est azuré. Cette espèce est des mers de l'Europe boréale; on la trouve depuis les côtes de Norwège jusqu'en Bretagne où on la nomme Crahatte et où l'on en prend suffisamment pour en faire des salaisons.

Le **BEEGYLTE**, *Labrus maculatus*, Bloch, pl. 293. Sa nageoire caudale est arrondie; le dernier rayon de l'anale et de la dorsale est plus long que les autres; sa couleur générale est le brunâtre velouté avec des raies d'un beau brun foncé et de plus disposées alternativement sur la poitrine; les nageoires d'un jaune teinté de violet sont tachetées de brun luisant, l'iris est doré. Cette espèce des mers du Nord atteint jusqu'à quinze pouces; sa chair est grasse et exquise.

Le **COCK**, *Labrus Coquus*, L., Gmel., *Syst. Nat.*, XIII, T. 1, p. 1297. Petite espèce extrêmement commune sur la côte de Cornouailles, qui est d'un pourpre obscur, varié de bleu foncé, avec le ventre jaunâtre et la queue arrondie.

Le Paon, Encycl. Mét., Pois., pl. 51, f. 157; *Labrus Pavo*, L., Gmel., *Syst. Nat.*, XIII, T. I, p. 1288, assez commun dans la Méditerranée, depuis nos côtes jusqu'en Syrie, et y atteignant neuf ou dix pouces de longueur. Ce Poisson passe pour être le plus beau de la mer; et pour le reconnaître entre tous les autres, on n'aura qu'à imaginer le Lapis-Lazuli, le Rubis, le Saphir, l'Emeraude et l'Améthyste incrustés dans l'or des écailles polies d'un Poisson élégamment conformé. Sa chair est médiocre.

Le Méro, *Labrus marginalis*, L., Gmel., *loc. cit.*, p. 1288. Cette espèce à laquelle nous conservons le nom qu'on lui donne en Espagne où Lœfling la décrivit ou plutôt se borna à la mentionner, est d'un beau brun velouté, chatoyant dans toutes ses parties; un large liséré jaunâtre autour de toutes ses nageoires la singularise. Nous l'avons vue assez fréquemment en 1809 sur la poissonnerie de la Corogne en Galice.

Le Cénot, *Labrus trimaculatus*, L., Gmel., *loc. cit.*, 1294. Cette petite espèce à laquelle nous conservons le nom vulgaire qui la désigne dans les îles Baléares, se trouve aussi dans l'Océan et jusque sur les côtes de la Norwège. Sa couleur est le rouge; deux taches d'un beau noir à la base de la dorsale et une entre cette nageoire et la caudale la caractérisent.

La Tanche de mer, *Labrus Tinca*, L. Ce Labre habite les lieux les plus profonds sur les côtes d'Angleterre principalement. Sa couleur est d'un rouge sale foncé, élégamment marquée de nombreuses lignes de bleu, de rouge vif et de jaune. Toute commune qu'elle est, cette espèce a besoin d'être mieux examinée pour savoir si elle ne convient pas au sous-genre Crénilabre, le troisième du genre qui nous occupe.

Le Perroquet, *Labrus Psittacus*, L., Gmel., *loc. cit.*, p. 1285. Sa couleur est d'un beau vert d'Emeraude, excepté sous le ventre qui est jaunâ-

tre; une bande d'un beau bleu règne de chaque côté, de la tête à la queue. On trouve ce Labre dans la Méditerranée et dans les mers d'Arabie.

Le Tourd, *Labrus Turdus*, L., Gmel., *loc. cit.*, p. 1291. Cette espèce, l'une des plus communes dans la Méditerranée où l'on en trouve plusieurs variétés, n'atteint guère que neuf pouces de long. On lui a donné le nom qu'elle porte et qui désigne également la Grive, parce qu'ainsi que cet Oiseau elle est couverte de petites taches blanchâtres, brunes, rouges ou bleues, semées sur les diverses parties du corps et les nageoires, et toujours en opposition avec la couleur du fond.

Les *Labrus punctatus*, Bloch, pl. 295; Microlépidote, *Labrus microlepidotus*, Bloch, pl. 292; Rayé, *Labrus tessellatus*, Bloch, pl. 291; *Labrus guttatus*, Bloch, p. 287, f. 2; *Labrus punctatus*, Bloch, p. 295; Ariste de Lacépède; Hassek, *Labrus inermis* de Forskahl; *Labrus ferrugineus*; *Labrus occellaris*, L.; *Labrus Luscus*, L.; *Labrus Cornubius*, L.; *Labrus mixtus*, L.; Echiquier, *Labrus centiquadratus* de Lacép.; *Labrus Paroticus*, L.; Beregspyltre de Lacépède, *Labrus Suillus*, L.; Double-Tache, *Labrus bimaculatus*, L.; Ossiphage, *Labrus ossiphagus*, L.; Onite, *Labrus Onitis*, L.; Pentacanthe de Lacép.; *Labrus lunulatus*, Forskahl; Canude, *Labrus Cydnèus*, L.; Ballan, *Labrus Ballan* de Pennant; Perruche de Plumier; Keklik, *Labrus Perdica* de Forskahl; *Labrus Comber*, L.; Aurite de Daubanton, *Labrus auritus*, L.; *Labrus Oyena*, Forskahl; *Labrus Melagaster*, Bloch, pl. 296, fig. 1; Cappa, Lepisme et Grison de Lacépède, etc., sont quelques-unes des espèces de ce sous-genre plus remarquables encore que le reste par l'éclat de leurs teintes.

†† Girelles, *Julis*, Cuv., qui ont une seule dorsale, la tête entièrement lisse et sans écailles, non plus que les joues et les opercules, ce qui les distingue surtout du sous-genre précédent; la ligne latérale est forte-

ment coudée vers la fin de la dorsale. On en trouve plusieurs espèces dans nos mers tempérées. Gaimard en a surtout rapporté de la Polynésie et des Philippines dont la beauté surpasse tout ce qu'on eût pu concevoir. L'élégante richesse de ces Poissons est cause que les ichthyologistes, Bloch entre autres, se sont complus à en figurer un certain nombre.

La GIRELLE, Encycl., pl. 52, fig. 199; *Labrus Julis*, L., Gmel., *Syst. Nat.*, XIII, T. I, p. 1288; Bloch, pl. 287, f. 1. C'est l'un des plus jolis Poissons qui existent; il se tient par bandes étincelantes de reflets brillans parmi les rochers de la Méditerranée, de l'Archipel et de la mer Rouge. Il ne dépasse guère six pouces de longueur. Sa couleur générale est un violet éclatant, relevé de chaque côté par une bande en zig-zag de l'orangé le plus vif; les nageoires anales et dorsales sont peintes de trois bandes, l'une jaune, l'autre rouge, et la dernière bleue. Sa chair est en outre délicate. Il mord aisément à la ligne. Il en existe plusieurs variétés; on distingue, dit-on, les mâles des femelles à deux taches noires situées l'une au-dessus de l'autre sur le premier rayon de la nageoire du dos. D. 21, P. 14, V. 6, A. 13, C. 12.

Les *Labrus pictus* de Schneider, pl. 55; *Labrus brasiliensis*, L., Bloch, pl. 280; *Labrus lunaris*, L., Bloch, pl. 281; *Labrus viridis*, Bloch, pl. 282; *Labrus cyanocephalus*, L., Bloch, pl. 286; *Labrus hebraicus*, Lacép., Pois. T. III, pl. 29, fig. 3; *Labrus chloropterus*, Bloch, p. 288; *Labrus Melapterus*, Bloch, pl. 286, f. 2; Malaptéronote, Lac., III, pl. 31, fig. 1; Parterre, Lac., III, pl. 29, fig. 2; Ténioure, Lac., III, pl. 29, fig. 1; *Labrus bifasciatus*, Bloch, pl. 188; *Labrus bivittatus* et *Macrolepidotus*, Bloch, pl. 284, f. 1 et 2; Spare hémisphère, Lac., III, pl. 15, f. 3, et Brachion, pl. 18, f. 3, sont les espèces constatées de ce magnifique sous-genre.

Les Coris de Lacépède, dit Cuvier (Règn. Anim. T. II, p. 262), d'après les dessins de Commerson, se sont trouvés des Girelles, où le dessinateur avait négligé d'exprimer la séparation du préopercule et de l'opercule. L'espèce appelée *Angulé* paraît même n'être que le *Labrus melapterus*. Les Hologymnoses du même auteur ne sont encore que des Girelles.

††† CRÉNILABRES, *Crenilabrus*, qui ont le corps oblong, une seule dorsale soutenue en avant par de fortes épines, garnies le plus souvent chacune d'un lambeau membraneux; et les bords des préopercules dentelés, ce qui les distingue surtout des vrais Labres, dont ils ont d'ailleurs les joues écailleuses. Ils avaient été mal à propos et malgré leurs doubles lèvres confondus pour la plupart avec les Lutjans, dont Cuvier a senti la nécessité de les séparer pour les rapporter à leur véritable place.

Le MÉLOPS, *Labrus Melops*, L., Gmel., *Syst. Nat.* XIII, T. I, p. 1290. Cette belle espèce, qui n'a guère que six pouces et qui se trouve sur les côtes de la Méditerranée et particulièrement à Nice où on l'appelle *Fournié*, varie selon les sexes. Le mâle est d'un rouge de Corail, avec des lignes bleues qui s'étendent jusqu'à la nuque; la tête est traversée en dessous de bandes d'outremer; les lèvres sont blanches; une tache de la même teinte a sur les yeux la forme d'une paire de lunettes. La femelle porte ces divers ornemens sur un fond noisette.

Le MERLE, *Labrus Merula*, L., Gmel., *Syst. Nat.* XIII, T. I, p. 1298. Sa taille est d'environ un pied; sa couleur, d'un bleu foncé tirant sur le noir, est chatoyante, ce qui en relève la nuance uniforme, et comme si les Labres devaient nécessairement présenter sur quelque partie de grandes oppositions de teintes, les yeux sont d'un rouge vif avec l'iris d'or. Les anciens ont célébré ce Poisson et chargé son histoire de ces fables absurdes qui leur étaient si familières. Ils faisaient grand cas de sa chair qui est encore fort estimée dans la Méditerranée.

La Lapine, *Labrus Lapina*, L., Gmel., *loc. cit.*, p. 1293 ; *Lutjanus*, Lacép. L'*Hassum* des Arabes, qu'on trouve dans la mer Rouge, dans la Méditerranée et surtout dans la Propontide, est le plus grand des Labres et atteint dix-huit pouces. Ses arêtes deviennent verdâtres par la coction. La caudale est arrondie et bleuâtre, tachetée de rouge, ainsi que l'anale, la dorsale marbrée de jaune et de rouge, piquetée de bleu céleste ; les autres nageoires sont d'un beau bleu. Le corps est verdâtre avec trois lignes de taches d'un beau rouge, disposées en zig-zag.

Les *Lutjanus Chrysops*, Bloch, pl. 248 ; *Erythropterus* et *notatus*, *id.*, 249 ; *Linkii*, *id.*, 252 ; *virescens*, *id.*, 254, et *Verres*, *id.*, 255 ; *rupestris*, *id.*, 250 ; *bidens*, *id.*, 256 ; les *Labrus quinquemaculatus*, Bloch, p. 292, f. 2 ; *Norwegicus* de Schneider ; *griseus*, *cornubius*, *guttatus*, *viridis*, *occellaris*, *fuscus*, *occellatus*, *olivaceus*, *unimaculus* de Linné ; les Poissons de mer de Nice décrits par Risso sous le nom générique de Lutjans ; les *Perca scripta* et *Mediterranea* de Linné, sont encore des Crénilabres, parmi lesquels rentrera peut-être le *Labrus Tinca* dont il a été question plus haut.

††††† Sublets, *Coricus*, Cuv., qui joignent aux caractères des Crénilabres, une bouche protractile à peu près comme celle des Filous qui sont le sixième sous-genre des Labres. Ce sont de fort petits Poissons de la Méditerranée, que Risso a décrits sous les noms de Lutjan verdâtre et de Lutjan Lamarck.

†††††† Chéilines, *Cheilinus*, qui ont la tête écailleuse, et dont les dernières écailles de la queue s'avancent sur les bases de ses rayons. La ligne latérale est interrompue vis-à-vis la fin de la dorsale. Lacépède avait établi cette division comme genre, auquel on peut rapporter sa Chéiline trilobée, T. III, pl. 31, f. 3 ; les *Sparus fasciatus*, pl. 257, et *Chlorourus*, pl. 260, et le *Sparus radiatus* de Schneider, pl. 56. Le Chéi-

line Scare de Lacépède, qui est le *Labrus Scarus*, L., Gmel. *Syst. Nat.* XIII, T. 1, p. 1283, n'avait été établi par Artédi et Linné, dit Cuvier, que sur une description équivoque et sur une figure de Belon, où l'on ne peut même voir de quel genre est le Poisson dont il veut parler. La figure et la description de Rondelet, *lib.* VI, *cap.* II, p. 184, que l'on cite ordinairement avec celle de Belon, appartient à un Poisson tout différent, du genre des Spares, et qui fut très-célèbre dans l'antiquité.

†††††† Filous, *Epibulus*, Cuv., qui peuvent donner à leur bouche une extension considérable, et en faire une espèce de tube capable d'atteindre, au loin, les petits Poissons qui passent à proximité, au moyen d'un mouvement de bascule de leur maxillaire, qui s'opère en faisant glisser en avant leur intermaxillaire. On n'en connaît qu'une espèce, originaire des mers des Indes, le *Sparus insidiator*, L., Gmel., *Syst. Nat.* XIII, T. 1, p. 1273 ; Encycl. Pois., pl. 49, fig. 789. Ce Poisson acquiert jusqu'à dix pouces de long, son corps a la figure de celui d'un Cyprin, ses écailles sont larges, grandes, d'un vert d'airain, et le dernier rang empiète sur l'anale ainsi que sur la caudale, comme dans les Chéilines ; la ligne latérale est interrompue de même.

††††††† Gomphoses, *Gomphosus*, qui sont des Labres à tête entièrement lisse, et dont le museau prend encore la forme d'un tube par le prolongement des intermaxillaires et des mandibulaires que les tégumens lient ensemble, jusqu'à la petite ouverture de la bouche. On en connaît deux espèces de la mer des Indes, les *Gomphosus cœruleus* et *variegatus*, Lac., Pois., T. III, pl. 5, fig. 1 et 2. (B.)

LABRE ou **LÈVRE SUPÉRIEURE**. *Labrum*. INS. On désigne sous ce nom une petite pièce impaire qui entre dans la composition de la bouche des Animaux articulés ; elle en est assez souvent la partie la plus avancée, et s'articule avec le chaperon. On la voit dans les Insectes et on la retrouve avec des formes peu différentes dans les Crustacés et les Arachnides. *V.* BOUCHE. (AUD.)

LABROIDES. POIS. Troisième famille de l'ordre des Acanthoptérygiens dans la méthode de Cuvier : ce sont de beaux Poissons caractérisés par une forme assez semblable, de grandes écailles brillantes, une seule dorsale soutenue en avant par des épines fortes, garnies le plus souvent chacune d'un lambeau membraneux, et les mâchoires couvertes de grosses lèvres charnues. Cette famille contient les genres Labre, Rason, Chromis, Scare et Labrax. *V.* ces mots. (B.)

* **LABRUS.** POIS. *V.* LABRE.

LABRUSCA. BOT. PHAN. Ce nom, qui chez les anciens désignait la Vigne sauvage, indigène de l'Europe méridionale, a été scientifiquement, mais improprement, transporté par Linné à une Vigne de l'Amérique septentrionale. *V.* VIGNE. On a quelquefois écrit *Lambrusca.* (B.)

LABURNUM. BOT. PHAN. Nom scientifique du Cytise Faux-Ebénier, qui pourrait n'être pas le Laburnum de Pline et des anciens, dont le bois était blanc. (B.)

LABYRINTHE. MOLL. Espèce du genre Hélice. *V.* ce mot et CAROCOLLE. (B.)

LABYRINTHE. BOT. CRYPT. Ce nom, qui désigne une espèce exotique du genre Glyphide de Fée, était employé, dans la baroque nomenclature de Paulet, pour désigner des Champignons du genre *Dædalea* où cet auteur mentionne les Labyrinthes Chapeau, Etrille et Rocher. *V.* DÆDALEA. (B.)

LAC. GÉOL. En géographie physique, science qu'on peut regarder comme une branche de la géologie, on entend par ce mot une étendue d'eau située dans l'intérieur des terres, c'est-à-dire le contraire d'île, puisque les îles sont des étendues de terre environnées d'eau. Il en est d'eau douce et d'eau salée ; les premiers sont plus particulièrement appelés Lacs, les autres, pour peu que leur étendue soit considérable, sont des Caspiennes ou mers intérieures ; mais toutes ces distinctions sont en général fort arbitraires. On a recherché quelle est la cause de la salure de ces Caspiennes, et posé en principe que toute étendue d'eau intérieure qui ne s'épanchait pas dans la mer par quelque fleuve ou autre canal, devait être salée : c'est une erreur, il y a des Lacs d'eau douce qui ne communiquent avec aucune mer. Les Lacs, soit salés, soit d'eau douce, présentent évidemment le fond de plus grandes masses d'eaux dont l'évaporation ou l'écoulement enlevèrent une grande partie, et la plupart des grands bassins de fleuves, où l'on trouve des brisures perpendiculaires aux cours d'eaux, furent d'anciens Lacs. *V.* BASSINS. A mesure que les eaux se retireront par leur diminution progressive, beaucoup de golfes deviendront des Lacs ; tels seront un jour en Europe, le Zuyderzée, par exemple, dont le Texel et les îles voisines préparent la fermeture ; sur les côtes d'Asie les mers de Chine, de Corée, du Japon et d'Okotsk ; en Amérique le golfe du Mexique et la mer des Antilles. Ces parages seront d'abord comme des vastes lagunes, communiquant encore avec la mer, et long-temps saumâtres ; car les lagunes, ordinairement séparées de la mer par des langues de terre, comme le Frich-Haff et le Curischaff dans la Baltique ou comme les lagunes de nos côtes de Provence, diffèrent seulement des Lacs par la qualité de leurs eaux. Les étangs ne sont que des Lacs plus petits encore, souvent créés artificiellement par la retenue de quelque cours d'eau dont on intercepte la vallée par une digue. Les Dunes, *V.* ce mot, déterminent la formation d'étangs semblables sur les côtes, dont elles interrompent la communication des pentes avec l'intérieur du pays. C'est ainsi que dans les Landes aquitaniques on voit une longue chaîne d'étangs au revers des sables amoncelés; ces étangs et les lagunes ont des Plantes et des Poissons qui leur sont propres. Dans les pays intertropicaux, ils ont des Coquilles plus solides que celles du reste des eaux douces. Les Lacs de montagne, entre lesquels on doit citer ceux de Genève et de Constance en Suisse, de Halstadt dans la Haute-Autriche, sont des fonds de vallées traversés par des cours d'eaux, qui pourront se vider un jour par le creusement des rivières qui les traversent. Quand cela aura lieu pour les Lacs du fleuve Saint-Laurent dans le Nouveau-Monde, le bassin de ce fleuve sera comme celui du Danube où l'on peut reconnaître encore aujourd'hui un ancien enchaînement de Lac. Du reste les Lacs tendent à rompre leurs parois par infiltration du côté le plus profond où porte le poids des eaux. *V.* LANDES. (B.)

* LACARA. BOT. PHAN. Sprengel (*Neue Endt.* 3, p 56) a établi sous ce nom un genre de la famille des Légumineuses, et de la Décandrie Monogynie, L., auquel il a imposé les caractères suivans : calice campanulé, à cinq dents; cinq pétales inégaux, onguiculés, marqués de nervures, le supérieur et l'inférieur concaves; dix étamines libres, insérées sur la partie inférieure du calice, velues à la base, plus longues que les pétales; anthères oscillantes; capsule velue. Ce genre n'a pu être classé à cause de son fruit inconnu. De Candolle (*Prodrom. Syst. Veget.*, vol. 2, p. 523) le relègue à la fin des Légumineuses parmi les genres non susceptibles d'être classés. Le *Lacara triplinervia*, Spreng. (*loc. cit.*), est un Arbrisseau du Brésil pourvu de feuilles très-grandes, alternes, pétiolées, oblongues, très-entières, coriaces, inégales et à triple nervure. Les grappes de fleurs sont axillaires. (G..N.)

LACATANE. BOT. PHAN. Variété de Banane fort estimée aux Philippines. (B.)

LACATHA. BOT. PHAN. Et non *Lacara*. Dans Théophraste, c'est l'Arbrisseau désigné par Pline sous le nom de *Vaccinium* qui ne convient pas à notre Airelle, mais au *Mahaleb. V.* PRUNIER. (B.)

*LACATHEA. BOT. PHAN. Salisbury (*Parad. Lond.* t. 56) a séparé, sous ce nom générique, le *Gordonia pubescens.* Ce genre n'ayant pas été adopté, De Candolle (*Prodr. Syst. Veget. univ.* T. 1, p. 528) s'est servi du mot *Lacathea*, pour désigner la troisième section qu'il a établie parmi les Gordonies. *V.* ce mot. (G..N.)

LACCA. INS. et BOT. L'un des synonymes de Laque dans l'ancienne droguerie. *V.* LACQUE. Dans l'herbier d'Amboine, ce nom désigne la Balsamine de nos jardins. (B.)

*LACCOPHILE. *Laccophilus.* INS. Genre de l'ordre des Coléoptères, section des Pentamères, famille des Hydrocanthares, établi par Leach et dont nous ne connaissons pas les caractères; il n'a pas été adopté par Latreille; son type est le *Dytiscus minutus* de Fabricius, *D. marmoreus* d'Olivier, etc., qui se trouve à Paris. *V.* DYTIQUE. (G.)

* LACELLIA. BOT. PHAN. Genre de la famille des Synanthérées, nouvellement établi par Viviani (*Flor. Lyb. Spec.*, Gênes, 1824) qui l'a dédié au docteur Della Cella, auteur d'un voyage dans la Cyrénaïque pendant lequel il a recueilli un grand nombre de Plantes qui croissent dans cette contrée peu connue. Ce genre appartient à la tribu des Carduacées, et se rapproche des Centaurées. Voici ses caractères essentiels : réceptacle paléacé soyeux; fleurons du disque réguliers et à cinq dents; demi-fleurons de la circonférence tubuleux, filiformes et allongés; akènes denticulés, surmontés d'une aigrette plumeuse, et couronnés de plusieurs appendices. L'espèce unique de ce genre, *Lacellia libyca*, a les feuilles radicales pinnatifides, celles du sommet entières; les fleurs sont petites et disposées en panicules. (G..N.)

* LACÉPÉDÉE. *Lacepedea.* BOT.

PHAN. Genre de la famille des Hippocratéacées, établi par notre collaborateur Kunth (*in Humb. Nov. Gener.* 5, p. 142) et auquel il assigne les caractères suivans : calice à cinq divisions profondes, elliptiques, concaves et inégales; corolle de cinq pétales courtement onguiculés, obovales, allongés ; cinq étamines insérées entre le disque sur lequel l'ovaire est appliqué et le calice; leurs filets sont libres, égaux et distincts les uns des autres; les anthères sont cordiformes, à deux loges s'ouvrant par un sillon longitudinal. L'ovaire, appliqué sur un disque hypogyne dont le bord annulaire est à dix lobes, offre trois loges contenant chacune huit ovules insérés sur deux rangs à l'angle interne. Le style est dressé, à trois stries, terminé par un stigmate trilobé. Le fruit est une baie ovoïde, trifide au sommet, à trois loges dans chacune desquelles ou trouve de deux à trois graines réniformes.

Ce genre a beaucoup de rapports avec le *Trigonia*, mais il s'en distingue par le nombre de ses étamines, ses filets libres et son fruit charnu. La seule espèce qui le compose, *Lacepedeà insignis*, Kunth, *loc. cit.*, tab. 444, est un Arbre portant des feuilles opposées, dentées en scie, accompagnées de deux stipules pétiolaires. Les fleurs sont blanches, pédicellées, disposées en panicules terminales et rameuses, et dont les rameaux sont opposés, accompagnés de bractées. Il croît auprès de Xalapa, dans le Mexique. (A. R.)

* LACÉPÉDIEN. POIS. Espèce du genre Gymnètre. *V.* ce mot. (B.)

LACERON. BOT. PHAN. L'un des noms vulgaires du Laitron commun. *V.* LAITRON. (B.)

LACERT. POIS. Syn. de Callionyme lisse. *V.* CALLIONYME. (B.)

LACERTA. REPT. SAUR. *V.* LÉZARD.

LACERTIENS. REPT. SAUR. Seconde famille de l'ordre des Sauriens (*V.* notre tableau erpétologique, T. VI, p. 282), caractérisée par une langue mince, extensible et terminée en deux longs filets comme celle des Couleuvres et des Vipères ; le corps des Animaux qui la composent est allongé. Tous les Lacertiens ont cinq doigts munis d'ongles séparés, inégaux, surtout ceux de derrière. Leurs mouvemens sont agiles; leurs écailles sont disposées, sous le ventre et autour de la queue, par bandes transversales et parallèles ; leur tympan est à fleur de tête et membraneux; une production de la peau fendue longitudinalement, qui ferme par un sphincter, protège l'œil. Sous l'angle antérieur est un vestige de troisième paupière ; leurs fausses côtes ne forment point de cercle entier ; les mâles ont une double verge, l'anus est une fente transversale. Deux genres composent cette famille très-nombreuse en espèces, les Monitors ou Tupinambis, et les Lézards. *V.* ces mots. (B.)

LACERTOIDES. REPT. SAUR. (Blainville.) Syn. de Lacertiens. *V.* ce mot. (B.)

* LACET. POIS. L'un des noms vulgaires des Rémores. *V.* ce mot. (B.)

LACET DE MER. BOT. CRYPT. *V.* BOYAU DE MER.

LACHE. POIS. Même chose que Callique. *V.* ce mot. (B.)

LACHÉNALIE. *Lachenalia.* BOT. PHAN. Ce genre de la famille des Asphodélées, et de l'Hexandrie Monogynie, L., offre pour caractères : un périanthe tubuleux, coloré, pétaloïde, double, l'extérieur moitié plus court à trois divisions égales, l'intérieur également à trois divisions très-profondes. Les étamines, au nombre de six, sont insérées chacune sur une des divisions du calice. Leurs filets sont longs et grêles, leurs anthères à deux loges. L'ovaire est à trois côtes très-saillantes et à trois loges polyspermes. Le style de la longueur des étamines est terminé par un stigmate épais et trilobé. Le fruit est une capsule à trois loges et à trois valves, dont les graines sont planes et membraneuses. Toutes les espèces de ce genre assez nombreux sont originaires du cap de Bonne-Espérance. Ce sont des Plantes bulbeuses, dont le bulbe est formé de tuniques emboîtées; les feuilles sont toutes radicales; la hampe nue se termine par un épi de fleurs pédicellées et souvent pendantes. Plusieurs de ces espèces sont cultivées dans les Jardins, parce que généralement leurs fleurs sont d'une couleur agréable. Parmi ces espèces on distingue les suivantes : *Lachenalia tricolor*, Jacq., Sc. Nat. 1, t. 61. De son bulbe qui est blanchâtre naissent deux feuilles engaînantes, étroites, pointillées de pourpre à leur sommet. La hampe haute de près d'un pied, également tachée de pourpre, se termine par un épi de fleurs jaunes mélangées de vert et de pourpre. Cette espèce fleurit en avril. On cultive encore les espèces suivantes . *Lachenalia luteola*, *L. quadricolor*, *L. pendula*, *L. purpureo-cœrulea*, *L. lanceæfolia*. Toutes se cultivent à peu près comme les Jacinthes en pots, mais elles doivent être rentrées l'hiver dans l'orangerie. On les multiplie par le moyen des cayeux. (A. R.)

LACHÉSIS. REPT. OPH. Le genre formé par Daudin, sous ce nom d'une des Parques, n'a pas été adopté et rentre dans le genre Scytale. *V.* ce mot. (B.)

* LACHNÉA BOT. CRYPT. (*Champignons.*) Nom de la seconde section proposée par Fries (*Syst. Mycolog.* T. II, p. 77) dans le genre Pezize. *V.* ce mot. (G..N.)

LACHNÉE. *Lachnea*. BOT. PHAN. Genre de la famille des Thymelées, et de l'Octandrie Monogynie, L., ayant un calice tubuleux grêle, évasé dans sa partie supérieure où il se termine par un limbe à quatre divisions inégales. Les étamines au nombre de huit sont saillantes au-dessus du tube; le style est long, grêle, terminé par un stigmate simple composé de glandes très-

saillantes. Le fruit est ovoïde-allongé, sec, monosperme et indéhiscent. Les espèces de ce genre au nombre de quatre sont originaires du cap de Bonne-Espérance. Ce sont de petits Arbustes à feuilles alternes, éparses ou imbriquées, à fleurs petites et réunies en tête à l'extrémité des ramifications de la tige. On voit assez souvent fleurir dans les serres le *Lachnea eriocephala*, L., Bot. Mag., t. 1295. C'est un fort joli petit Arbuste, d'environ un pied de hauteur, ayant ses feuilles linéaires disposées sur quatre rangs, ses fleurs blanches réunies au nombre de vingt à trente au sommet des rameaux. Il fleurit en mars et avril. On le multiplie de boutures et de marcottes. (A. R.)

LACHNOSPERME. *Lachnospermum.* BOT. PHAN. Genre de la famille des Synanthérées, Cinarocéphales de Jussieu, et de la Syngénésie égale, L., établi par Willdenow (*Sp. Plant.*, T. III, p. 1787) qui lui a donné les caractères suivans : involucre cylindracé, composé de folioles imbriquées, appliquées, ovales, tomenteuses, surmonté d'un appendice étalé, subulé; réceptacle garni de poils très-longs; capitule composé de fleurons nombreux, égaux, réguliers et hermaphrodites; akènes velus, dépourvus d'aigrette. Le *Lachnospermum ericifolium*, Willd., a été originairement décrit sous le nom de *Stæhelina fasciculata*, par Thunberg (*Prodr. Plant. Capens.*) qui l'a rapporté du cap de Bonne-Espérance. Poiret (Encycl. Méth.) en a fait une espèce de *Serratula*. Les affinités de ce genre sont indéterminées, quoique Jussieu l'ait placé entre le *Xeranthemum* et le *Tessaria*. Cassini est indécis s'il doit le ranger dans la tribu des Carlinées ou dans celle des Inulées. Cependant il est probable, ajoute-t-il, qu'il appartient à la première. (G..N.)

* LACHNOSTOME. *Lachnostoma.* BOT. PHAN. Genre de la famille des Asclépiadées de R. Brown., et de la Pentandrie Digynie, L., établi par Kunth (*Nova Gen. et Sp. Plant.*

œquin. 3, p. 199, t. 232) qui l'a ainsi caractérisé : calice à cinq divisions profondes ; corolle presque hypocratériforme, dont le tube est court et le limbe à cinq divisions étalées, l'entrée barbue ; couronne insérée à l'entrée de la corolle, composée de cinq folioles à deux lobes charnus et en forme de croissant ; akènes terminés par une membrane ; masses polliniques comprimées, pendantes et attachées latéralement par leur sommet rétréci ; stigmates mutiques ; follicules inconnus. Ce genre qui se rapproche du *Cynanchum*, se compose d'une seule espèce, *Lachnostoma Tigrinum*, Kunth, *lot. cit.*, Plante à tige volubile, à feuilles opposées, oblongues, elliptiques et acuminées. Ses fleurs, parsemées de taches en réseau, sont disposées en grappes ombelliformes et longuement pédonculées. Elle croît près de Santa-Fé de Bogota. (G..N.)

* **LACHNUM.** BOT. CRYPT. (*Champignons.*) Le *Peziza virginea*, Batsch, a été séparé sous ce nom générique, par Retz, dans la seconde édition de sa *Flora Scandinavica*, p. 329. Fries et Persoon n'ont pas entièrement adopté cette séparation. Le premier de ces auteurs (*System. Mycolog.* T. II, p. 77) a donné le nom de *Lachnea* dérivé de *Lachnum*, à une section du genre Pezize. *V.* ce mot. (G..N.)

LACHTAK. MAM. Le Phoque du Kamschatka indiqué sous ce nom par Krascheninnikow paraît être le *Phoca barbata* selon Erxleben. (B.)

* **LACIANA.** MOLL. (Humphrey.) *V.* CAME.

LACIS. BOT. PHAN. (Schreber.) Syn. de Mouréra d'Aublet. *V.* ce mot. (B.)

LACISTEMME. *Lacistemma.* BOT. PHAN. Ce genre, décrit par Swartz (*Fl. Ind.-Occid.* 2, p. 1091), est le même que le *Nematosperma*, publié auparavant par le professeur Richard dans les Actes de la Société d'Histoire Naturelle de Paris. *V.* NÉMATOSPERME. (A.R.)

LACQUE. BOT. PHAN. Pour Laque. *V.* ce mot. (G..N.)

* **LACRYMARIA.** BOT. PHAN. (Heister.) Syn. de Coix. *V.* ce mot. (B.)

* **LACRYMATOIRE.** *Lacrymatoria.* INF. Genre de Microscopiques de l'ordre des Gymnodés, dans lequel il termine la famille des Moléculaires, comme pour faire par l'allongement du corps cylindracé des espèces qui le composent le passage aux Vibrionides. Ses caractères consistent dans l'allongement, en forme de cou, de la partie antérieure que termine un renflement sensible en manière de tête ou en forme de spatule ou de bouton. Le *Vibrio Olor* de Müller, que nous avions rapporté au genre Amibe (*V.* ce mot), sous le nom d'Amibe à long cou, et que nous avons eu occasion d'observer depuis, doit rentrer dans le genre dont il est ici question et dont la forme des espèces, quand elles prennent leur entier développement, rappelle celle de ces petits vases en verre, connus des antiquaires sous le nom de Lacrymatoires, et que nous retrouvons fréquemment dans les tombeaux des anciens. Nous en connaissons environ sept espèces qui, dans leurs habitudes et leur manière de nager, présentent quelques rapports avec les Planaires. Les *Vibrio Acus*, Müll., Inf., pl. 8, f. 9, 10 ; Encycl. Vers., pl. 4, f. 8 ; *Sagitta*, Müll., pl. 8, f. 11-12, Encycl., pl. 4, f. 9, ainsi que les *Enchelis retrograda*, Müll., pl. 5, f. 4, 5, Encycl., pl. 2, f. 19, et *Epistomium*, Müll., pl. 5, f. 1-2, Encycl., pl. 2, f. 17, qui est le FLACON de Gleichen, Dis., pl. 19, f. C. III, appartiennent au genre Lacrymatoire. (B.)

LACTARIA ET **LACTARIS.** BOT. PHAN. Les Plantes à qui les anciens donnaient ces noms, paraissent être nos Tithymales. *V.* EUPHORBE. (B.)

* **LACTARIA.** BOT. CRYPT. (*Champignons.*) Quelques auteurs ont donné ce nom aux Champignons remplis d'un suc blanc, épais, ordinairement vénéneux et à stype central

nu. Persoon et De Candolle ont fait un sous-genre des *Agarici lactarii*, adopté par Fries (*Systema Mycologicum*) sous le nom grec de *Gallorhei ;* cet auteur en fait connaître quarante-une espèces dont la plupart sont européennes. Ce sous-genre est lui-même subdivisé en *Gallorhei*, *Tricholomoidei*, *Limacini*, *Rivulares*, *Proprii*. Cette dernière section renferme les Poivrés laiteux de Paulet. *V*. Laiteux.   (a. f.)

LACTÉ. rept. oph. Espèce du genre Couleuvre. *V*. ce mot.   (b.)

LACTERON. bot. phan. Ce nom d'où pourrait bien être dérivé celui de Laitron est employé par Pline pour désigner probablement la même Plante.   (b.)

* LACTIQUE. min. *V*. Acide.

* LACTIVORE. mam. Geoffroy Saint-Hilaire nomme ainsi (*V*. art. Marsupiaux du Dict. des Sc. Nat.) la période de développement qui succède, chez le Mammifère, à celle dite fœtale. Comme le nom même de Lactivore l'indique, cette période comprend le temps durant lequel le jeune Mammifère est allaité par sa mère. Elle commence souvent, comme chez les Ruminans, à l'époque même de la naissance; mais il s'en faut bien qu'il en soit toujours de même : les jeunes Marsupiaux, par exemple, naissent, non-seulement avant d'être Lactivores, mais même avant d'être parvenus à la période fœtale. *V*. Mammifères et Marsupiaux.   (is.g. st.-ii.)

LACTUCA. bot. phan. *V*. Laitue.

LACTUCÉES. *Lactuceæ*. bot. phan. La tribu de Synanthérées ainsi nommée par H. Cassini, est la même que celle que nous avons appelée Chicoracées avec tous les autres botanistes. *V*. Chicoracées.   (a. r.)

* LACUNES. *Lacunæ*. bot. phan. On trouve fréquemment dans le tissu cellulaire de certaines Plantes, et en particulier dans celles qui vivent dans l'eau, des espaces vides plus ou moins considérables, et qu'on avait jusqu'à présent attribués à la rupture des cellules du tissu aréolaire. Ce sont ces espaces auxquels on donne le nom de Lacunes. Le professeur Amici de Modène, auquel on doit d'excellentes observations sur l'organisation des parties élémentaires des Végétaux, pense que les Lacunes ne proviennent pas du déchirement du tissu cellulaire. Ce sont, selon lui, des espaces plus ou moins réguliers, contenant de l'air. Quelquefois elles offrent sur leur paroi interne des poils d'une nature particulière, en forme de houppe ou de pinceau, qui ont été vus par Mirbel et Amici. On peut distinguer deux espèces de Lacunes ; les unes ont pour orifice extérieur, un des pores corticaux, et communiquent avec l'air extérieur. Les autres n'ont aucune communication externe. Il est probable que ces dernières qui existent surtout dans les Plantes qui manquent de tubes poreux, sont dues au déchirement du tissu cellulaire.   (a. r.)

* LACUNES. géol. Pour Lagunes. *V*. ce mot et Lac.   (b.)

* LACUTURRIS. bot. phan. C'est, dans Dodoens, la variété de Chaux comestible que l'on désigne ordinairement sous le nom de Chaux de Milan.   (b.)

LADANUM. bot. phan. Pline nommait ainsi une Plante commune dans les champs, et qui appartient au genre Galéopside (*Galeopsis Ladanum*, L.). *V*. Galéopside. On a réservé ce nom à une substance gommo-résineuse extraite des *Cistus ladaniferus*, *Creticus*, *laurifolius*, etc. Quant à l'extraction de cette gomme-résine, nous ne reproduirons pas ce qui a été dit à l'article Ciste. *V*. ce mot. Le *Ladanum* ou *Labdanum* existe très-rarement à l'état de pureté dans le commerce de la droguerie. On en distingue deux sortes : l'une est le *Ladanum en pain* qui se présente sous la forme de masses d'un brun noirâtre, poisseuses et enveloppées dans des vessies. L'autre est en morceaux roulés et tordus , plus secs, durs et cassans ; c'est le *Ladanum in tortis.* Lorsque le Ladanum est pur, il exhale une odeur balsamique et très-agréable; sa saveur est amère et aromatique ; insoluble dans l'eau, il se dissout presque en totalité dans l'Alcohol. Projeté sur les charbons ardens, il répand une fumée blanche et d'une odeur agréable. Les pharmaciens le font entrer dans quelques-unes de leurs préparations officinales ; mais la médecine a presque entièrement abandonné cette substance dont les propriétés sont d'ailleurs très-faibles. (G..N.)

* LADANY. BOT. PHAN. Dans l'île de Chypre on nomme ainsi le *Cistus creticus*, L. , dont on extrait le *Ladanum. V.* ce mot. (G..N.)

* LADEN. BOT. PHAN. *V.* JADEN.

LAEGAM ou LAEGAN. MAM. Syn. vulgaires de Glouton. *V.* ce mot. (B.)

LÆLIA. BOT. PHAN. Adanson (Familles des Plantes, 2, p. 423) avait formé, sous ce nom, un genre adopté depuis par Desvaux (Journ. de Botan. T. III, p. 160), et qui avait pour type le *Bunias orientalis*, L. Le même nom a été employé par Persoon (*Enchirid.* 2, p. 185) pour désigner un genre de Crucifères qui diffère de celui d'Adanson. Il y rapportait le *Bunias prostrata* de Desfontaines, le *B. cochlearioides*, Willd. , et le *Myagrum iberioides* de Brotero. De Candolle (*Syst. Veget. Nat.* 2, p. 647) a distribué ces Plantes dans les deux genres *Muricaria* et *Calepina. V.* ces mots. Quant au *Lælia* d'Adanson et de Desvaux , il forme la seconde section du genre *Bunias.* (G..N.)

LÆMODIPODES. *Læmodipoda.* CRUST. Nom donné par Latreille à un ordre de Crustacés qu'il a converti (Règn. Anim. de Cuv.) en une section de l'ordre des Isopodes sous le nom de Cystibranches. *V.* ce mot. (G.)

* LÆNE. *Læna.* INS. Genre de l'ordre des Coléoptères, section des Hétéromères, famille des Mélasomes ,

tribu des Piméliaires, établi par Megerle, et adopté par Latreille (Fam. Nat. du Règn. Anim.) qui ne donne pas ses caractères. La seule espèce qui forme ce genre est le *Læna pimelia*, Meg., *Helops pimelia*, Fabr., *Scaurus Viennensis*, Sturm. ; elle se trouve en Autriche. (G.)

* LAENNÉCIE. *Laennecia.* BOT. PHAN. H. Cassini (Dictionn. des Sc. Natur. T. XXV) a proposé sous ce nom un genre de la famille des Synanthérées et de la Syngénésie superflue, L. Il l'a constitué sur le *Conyza gnaphalioides* de Kunth (*Nov. Gener. et Spec. Plant. æquinoct.* T. IV, p. 73, tab. 127). Les caractères que l'auteur de ce genre lui attribue sont empruntés à la description de Kunth et aux détails d'analyse qui accompagnent la figure de la Plante; il en a même admis quelques-uns dont il a supposé l'existence malgré l'opinion contraire de Kunth. Ainsi, parmi ces caractères que nous ne reproduirons pas ici , Cassini assigne des fleurs mâles au disque des calathides, tandis que Kunth les décrit comme hermaphrodites. L'existence d'une petite aigrette extérieure est à la vérité bien exprimée dans la figure, mais l'auteur n'en a pas fait mention dans le texte. Le genre Laennecie, fondé seulement sur des caractères probables , ne peut être admis définitivement. Son auteur le place entre les genres *Dimorphantes* et *Diplopappus;* il diffère du premier par son aigrette double, et du second par sa calathide discoïde. (G..N.)

LÆTIE. *Lætia.* BOT. PHAN. Genre établi par Lœfling , placé d'abord dans la famille des Tiliacées , mais porté par Kunth dans sa nouvelle famille des Bixinées. Voici les caractères de ce genre : calice coloré à quatre ou cinq sépales ; corolle de cinq pétales ou nulle ; étamines très-nombreuses et hypogynes , ayant leurs filets libres , leurs anthères elliptiques biloculaires s'ouvrant par une fente longitudinale. L'ovaire est libre , sessile , à une seule loge , contenant un très-grand nombre d'ovules attachés à trois trophospermes pariétaux. Le style est court terminé par un stigmate capitulé. Le fruit est une capsule légèrement charnue, uniloculaire, polysperme, s'ouvrant en trois, quatre ou rarement cinq valves. Les graines sont membraneuses recouvertes d'un arille charnu. Ce genre se compose d'environ six espèces. Ce sont des Arbrisseaux tous originaires de l'Amérique méridionale. Leurs feuilles sont alternes très-entières, parsemées de points translucides, et accompagnées de deux stipules. Les fleurs sont blanches, pédonculées, placées au nombre de deux ou trois, quelquefois en grand nombre, à l'aisselle des feuilles. Linné n'en a connu que deux espèces qu'il a décrites sous les noms de *Lœtia apetala* et *L. completa*. Swartz en a décrit deux autres qu'il a nommées *L. guidonia* et *L. Thamnia*. Enfin Kunth (*in Humb. Nov. Gen.* v, p. 355-356) en a fait connaître deux nouvelles espèces, savoir : *Lœtia hirtella* et *L. guazumæfolia*.   (A. R.)

LAETJI. BOT. PHAN. (Osbeck.) Syn. du *Litchi chinensis*, Sonnerat, ou *Euphoria punicea*, Lamk. *V.* EUPHORIA.   (G..N.)

* **LAFFA.** BOT. PHAN. L'Arbre de Madagascar ainsi nommé au rapport de Flacourt, et dont les naturels tirent un fil propre à faire des lignes de pêche, n'est pas un Agave, mais l'un des Figuiers qu'on retrouve dans les forêts inférieures de Mascareigne.   (B.)

* **LAFOEE.** *Lafœa.* POLYP. Genre de l'ordre des Cellariées, dans la division des Polypiers flexibles, établi par Lamouroux, dans son exposition des genres des Polypiers, et dont les caractères sont : Polypier phytoïde, rameux; tige fistuleuse, cylindrique; cellules éparses, allongées en forme de cornet à bouquin. Ce genre placé entre les Eucratées et les Aétées, n'est composé que d'une seule espèce à tige un peu rameuse, creuse intérieurement et de la grosseur d'un

gros crin de Cheval; les cellules sont très-rameuses, éparses, visibles à l'œil nu, plus étroites à leur origine qu'à leur extrémité libre où l'on voit une ouverture circulaire sans aucune dentelure; la substance de ce Polypier est tout-à-fait cornée et flexible, sa couleur est olivâtre. L'espèce unique a été nommée par Lamouroux le banc *cornuta*; elle a été trouvée sur. *Lafœa* de Terre-Neuve.   (E. D..L.)

LAFOENSIA. BOT. PHAN. Genre proposé par Vandelli et qui doit être réuni au *Munchausia* de Linné, ou *Calyplectus* de Ruiz et Pavon, malgré quelque différence dans le nombre des parties de la fleur. *V.* MUNCHAUSIE et CALYPLECTE au Supplément.   (G..N.)

LAGANITE. FOSS. *V.* VÉGÉTAUX FOSSILES.

* **LAGANSA.** BOT. PHAN. Même chose que Calagansa. *V.* ce mot. (B.)

LAGANUM. ECHIN. Nom donné par Gualtiéri à une espèce d'Echinite fossile très-déprimé, discoïde, et sans doute appartenant au genre Clypéastre ou au genre Scutelle. *V.* ces mots.   (AUD.)

LAGAR. MOLL. Dénomination imposée par Adanson (Voy. au Sénég., pl. 13) à une espèce de Nérite dont Gmelin, dans la treizième édition de Linné, a fait sa *Nerita promontorii*. Cette Coquille pourrait bien n'être qu'une des nombreuses variétés de la *Nerita polita*.   (D..H.)

LAGASCA. *Lagasca.* BOT. PHAN. Genre établi par Cavanilles, dédié au premier des botanistes espagnols, et auquel on doit, selon H. Cassini, réunir le *Noccœa* du même auteur. Ce genre qui fait partie de la famille des Synanthérées, nous paraît devoir être placé dans la tribu des Echinopsidées. Cassini le range dans sa tribu des Vernoniées. Ses caractères sont : fleurs formant un capitule hémisphérique environné d'un involucre commun composé de plusieurs folioles unisériées; réceptacle très-étroit et nu; chaque fleuron hermaphrodite, fertile, contenu dans un involucelle monophylle tubuleux, à cinq divisions; corolle infundibuliforme à tube très-court, à cinq divisions égales et régulières ; tube staminal surmonté de cinq petites dents membraneuses ; style renflé dans sa partie supérieure, terminé par deux stigmates allongés et roulés en dehors ; akène allongé, couronné par une aigrette sessile membraneuse, très-courte et fimbriée. Les espèces de ce genre, au nombre de cinq, sont des Plantes herbacées ou sous-frutescentes, à feuilles opposées, le plus souvent roides et coriaces ; les fleurs sont blanches ou rouges, formant des capitules terminaux. Toutes ces espèces sont originaires de l'Amérique méridionale. La plus commune et celle que l'on cultive quelquefois dans les jardins, est la *Lagasca mollis*, Cavan., Ann. Sc. Nat. 6, p. 333, t. 44. C'est une Plante herbacée, vivace, originaire de l'île de Cuba. Ses feuilles inférieures sont opposées, les supérieures alternes, pétiolées, ovales-aiguës, à peine dentées, et poilues ; les capitules sont longuement pédonculés et terminaux. On doit à notre collaborateur Kunth la description de trois espèces nouvelles de ce genre, savoir : *Lagasca rubra*, Kunth, *Nov. Gen.* 4, p. 24, t. 311, *L. helianthifolia*, loc. cit., p. 25, et *L. suaveolens*, loc. cit., p. 25. (A. R.)

* LAGÉCIE. BOT. PHAN. Pour Lagoécie. *V.* ce mot. (B.)

* LAGENA. MOLL. Genre proposé par Klein (*Tent. Meth. Ostrac.*, p. 49) pour des Coquilles du genre Buccin, principalement pour celles qui, selon lui, ont la forme d'une bouteille. On ne doit pas être étonné qu'un genre pareil n'ait été adopté de personne. (D..H.)

LAGENAGA. BOT. PHAN. (Avicenne.) Syn. de Bourrache. *V.* ce mot. (B.)

LAGÉNIFÈRE. BOT. PHAN. Pour Lagénophore. *V.* ce mot. (B.)

LAGÉNITE. POLYP. FOSS. Ce nom désigne dans les anciens oryctographes des Alcyons fossiles qui ont effectivement quelque chose de la forme de petites bouteilles. On l'étendait aussi à des concrétions ou agglutinations arénacées de la même figure. (B.)

LAGÉNOPHORE. *Lagenophora.* BOT. PHAN. Genre de la famille des Synanthérées, Corymbifères de Jussieu, proposé par H. Cassini (Bull. de la Société Philom., décembre 1816) sous le nom de *Lagenifera* qu'il a changé depuis en celui de *Lagenophora*. Voici ses principaux caractères : involucre irrégulier dont les folioles sont un peu inégales, disposées sur deux rangs, oblongues, aiguës, appliquées et coriaces dans leur partie inférieure, étalées, membraneuses et colorées à leur sommet ; réceptacle plane et dépourvu de paillettes ; calathide radiée ; fleurons du centre en petit nombre, réguliers et mâles ; fleurons de la circonférence sur un seul rang, en languettes et femelles ; ovaires de la circonférence très-grands, comprimés des deux côtés, obovales, prolongés en un col court, terminés par un bourrelet sans aigrette. Ce dernier caractère, qui donne aux fruits l'apparence de petites bouteilles à goulots, et qui a fait imaginer le nom générique, est un de ceux qui distinguent le *Lagenophora* du *Bellis*, de l'*Aster* et du *Calendula*. Cassini le place dans la tribu des Astérées, non loin du *Bellis*. Il se compose des deux espèces suivantes : 1° *Lagenophora Commersonii* ou *Calendula Magellanica*, Willd. Cette petite espèce a été découverte au détroit de Magellan par Commerson qui lui donnait, dans ses manuscrits, le nom d'*Aster nudicaulis*. Du Petit-Thouars l'a retrouvée dans l'île de Tristan d'Acugna, et l'a nommée *Calendula pusilla*. 2° *Lagenophora Billardieri*, Plante recueillie à la terre de Van-Diémen par Labillardière qui l'a décrite (*Nov.-Holland. Plant. spec.*) sous le nom de *Bellis stipitata*. (G..N.)

LAGÉNULE. *Lagenula.* MOLL. ? Montfort a proposé de former ce genre

(*Conchyl. Syst.* T. I, p. 311) pour un petit corps fort singulier, figuré depuis long-temps dans le bel ouvrage de Soldani (*Test. microsc.*, tab. 120, vas. 248). Il ressemble à un petit œuf supporté par un pied composé de plusieurs petits calices ajustés les uns aux autres. Il est fort douteux que ce corps, qui se trouve dans les sables de la mer Adriatique, doive être conservé parmi les Mollusques. Néanmoins Montfort le caractérise de la manière suivante : coquille libre, univalve, cloisonnée, droite, intersectée, pyriforme ; sommet aigu ; base aplatie ; bouche ronde ; cloisons inégales, unies ; siphon inconnu. La seule espèce de ce genre est la LAGÉNULE FLEURIE, *Lagenula flosculosa*, Montf. (D..H.)

* LAGÉNULE. INF. Espèce du genre Enchélide. *V.* ce mot. (B.)

LAGÉNULE. *Lagenula*. BOT. PHAN. Genre de la Tétrandrie Monogynie, L., établi par Loureiro (*Flor. Cochinc.*, édit. Willd., p. 3) qui l'a ainsi caractérisé : calice infère, persistant, à quatre folioles ovales, oblongues, réfléchies ; corolle nulle ; nectaire à quatre lobes charnus, dressés et connivens ; quatre étamines dont les filets sont subulés et les anthères ovées, incombantes ; ovaire caché par le nectaire, surmonté d'un style épais, plus court que les étamines, et d'un stigmate simple ; baie petite, en forme de bouteille dont le col est resserré, biloculaire et disperme. Ce genre présente quelque affinité, selon Willdenow, avec le *Sirium* de Linné ; il s'en éloigne cependant par son ovaire supère, tandis qu'il est infère dans le *Sirium myrtifolium* qui, d'ailleurs, a été réuni au *Santalum*.

Le *Lagenula pedata*, Lour., est un Arbrisseau de médiocre grandeur qui croît dans les montagnes de la Cochinchine. Sa tige est grimpante, rameuse et munie de vrilles. Ses feuilles sont pédalées, composées de cinq folioles ovales, crénées et cotonneuses. Les fleurs, disposées en grappes lâches, ont une couleur verte blanchâtre. (G..N.)

LAGERSTROMIE. *Lagerstrœmia.* BOT. PHAN. Ce genre, de la famille des Salicariées et de la Polyandrie Monogynie, a été établi par Linné, et présente les caractères essentiels suivans : calice campanulé à six divisions ; corolle composée de six pétales ondulés et pourvus d'un onglet filiforme ; étamines nombreuses, dont six extérieures plus longues, à anthères orbiculées ; fruit capsulaire à six loges polyspermes. En adoptant ces caractères, à l'exception de ceux du fruit, qui n'étaient pas connus alors, Jussieu (*Gener. Plant.*, p. 331) indiqua l'affinité de ce genre avec le *Munchausia*, *V.* ce mot, et quelques auteurs les ont réunis. On a aussi proposé de lui adjoindre le *Calyplectus* de la Flore du Pérou, qui néanmoins a été conservé par Kunth. Les Lagerstrœmies sont des Arbrisseaux, pour la plupart indigènes des Indes-Orientales ; leurs feuilles sont simples, ayant la forme de celles du Grenadier ; les inférieures sont opposées ; les supérieures alternes, et dans leurs aisselles s'élèvent des pédoncules portant plusieurs fleurs disposées en panicules.

La LAGERSTRŒMIE DES INDES, *Lagerstrœmia indica*, L. ; Lamk., *Illustr. Gen.*, tab. 473, fig. 1, est l'espèce la plus remarquable. C'est le *Tsjinkin* de Rumph (*Herb. Amboin.* 7, p. 61, tab. 28), et le *Sibi* de Kœmpfer (*Amœn. exot.* 855). Ce bel Arbrisseau croît principalement à la Chine et au Japon. Ses tiges sont hautes d'environ deux mètres ; ses rameaux anguleux portent des feuilles alternes, presque sessiles, ovales, entières et rudes sur les bords. Les fleurs sont remarquables par la beauté de leurs corolles dont les onglets sont très-longs et le limbe d'un pourpre éclatant. Une autre espèce non moins belle croît sur les bords des rivières, dans les terrains sablonneux et pierreux de la côte de Malabar. C'est le *Lagerstrœmia Reginœ*, Roxburgh

(*Coromand.* 1, p. 46, tab. 65). Lamarck (Dictionn. Encyclopéd.) en avait fait son genre *Adamboa*, nom dérivé de celui d'*Adamboc* sous lequel Rhéede (Malab. 4, tab. 20 et 21) l'avait décrit et figuré. Les fleurs de cette espèce sont grandes, purpurines et semblables à des Roses. On cultive quelques *Lagerstrœmia*, et surtout le *Lag. indica*, dans les jardins de botanique. Ils se multiplient par rejets, par marcottes et par boutures. On les tient d'abord sur couche et sous châssis; on les place ensuite dans une terre substantielle et dans la serre chaude pendant l'hiver.
(G..N.)

LAGETTO. *Lagetta*. BOT. PHAN. Genre de la famille des Thymélées et de l'Octandrie Monogynie, L., établi par Jussieu et très-voisin des *Daphne* dont il diffère par les caractères suivans : calice tubuleux, épais, coriace, rétréci vers sa gorge où il présente quatre glandes; limbe à quatre divisions; huit étamines presque sessiles, attachées au tube du calice et incluses; ovaire surmonté d'un style et d'un stigmate simple. Le fruit est globuleux, pisiforme, velu en dehors, monosperme et recouvert par la base du calice qui est persistante.

Deux espèces forment ce genre : l'une, LAGETTO BOIS-DENTELLE, *Lagetta lintearia*, Lamk., Ill., t. 289, a été réunie au genre Daphné par Swartz sous le nom de *Daphne Lagetta*. C'est un Arbrisseau de douze à quinze pieds d'élévation, à tige rameuse, portant des feuilles alternes, ovales, allongées, aiguës, glabres sur leurs deux faces, longues d'environ trois pouces. Les fleurs forment des grappes ou panicules rameuses et terminales. Il croît communément sur les montagnes à Saint-Domingue et à la Jamaïque. Le nom de Bois-dentelle sous lequel cet Arbrisseau est communément désigné, vient de l'organisation particulière de son écorce. Lorsqu'on a enlevé la partie externe composée de l'épiderme et de l'enveloppe herbacée, on trouve les couches corticales formées d'un grand nombre de feuillets superposés qui se composent de fibres entrelacées et anastomosées ensemble de manière à former un réseau ou une sorte de tissu qu'on a comparé à celui d'une dentelle. Ce tissu offre assez de solidité pour qu'on puisse en faire dans le pays des ornemens de toilette, des fichus, des garnitures, etc.   (A. R.)

* LAGGION ou SCHEUGGIO. POIS. Syn. de Labre dans le golfe de Gênes.   (B.)

* LAGOCÉPHALE. POIS. Espèce du genre Gobie. *V.* ce mot.   (B.)

LAGOÉCIE. *Lagœcia*. BOT. PHAN. Genre de la famille des Ombellifères et de la Pentandrie Monogynie, établi par Linné, et ainsi caractérisé : calice à cinq découpures multifides et capillaires; cinq pétales bicornes et plus courts que le calice; cinq étamines de la longueur de la corolle; ovaire inférieur surmonté d'un seul style et d'un stigmate simple; akène unique couronné par les découpures calicinales; ombelle simple; involucre général formé de huit à neuf rayons pectinés, pinnatifides et réfléchis; involucres partiels à quatre folioles capillacées, ciliées et enveloppant les petites fleurs. L'unité d'ovaire, de style et de stigmate est une structure tellement exceptionnelle à celle qui caractérise les Ombellifères, que Jussieu n'a placé le genre *Lagœcia* qu'à la fin de cette famille. Il serait intéressant de rechercher les causes physiologiques qui altèrent ainsi dans ce genre la symétrie de la famille, ou, en d'autres termes, de s'assurer si le *Lagœcia* a un seul fruit par l'effet d'un avortement ou d'une soudure naturelle.

Le *Lagœcia cuminoides*, L., est une assez jolie Plante herbacée, dont les feuilles sont pinnées, glabres et pétiolées. Les fleurs sont disposées en ombelle pédonculée, solitaire et formant une tête abondamment velue et munie à sa base d'un involucre rayonné très-remarquable. Elle croît dans les îles de l'archipel Grec et dans l'Orient. On la cultive au Jardin des Plantes de Paris.   (G..N.)

LAGOMYS. mam. *V.* Lièvre.

* LAGONDI. bot. phan. Rumph (*Herb. Amb.*, vol. 4, p. 48 et 50) a désigné sous le nom générique de Lagondium, tiré du mot malais *Lagondi*, deux Plantes des Indes-Orientales que Linné et Burmann ont rapportées au genre *Vitex*. Le *Lagondium vulgare* et le *Lag. littoreum* de Rumph appartiennent, selon Linné, l'un au *Vitex trifolia*, qui a pour synonyme le *Cara Nosi* de Rhéede (*Hort. Malab.*, deuxième partie, p. 13, f. 11), l'autre au *V. Negundo*, qui est le *Bem Nosi* de Rhéede (*loc. cit.*, p. 15, f. 12). Lamarck (Encycl. Méth.) a prouvé depuis que le *Cara Nosi* et le *Bem Nosi* de Rhéede ne sont que des variétés de la même Plante, et cette opinion a été partagée récemment par Hamilton (*Transact. of Linn. Soc.* T. xiv, p. 186). Il a réuni le *Vitex Negundo* de Linné au *V. trifolia*, dont le *Lagondium vulgare* de Rumph est un synonyme, et il a établi le *Vitex paniculata*, auquel il a rapporté le *Lagondium littoreum*. *V.* Vitex.   (g..n.)

LAGONI. géol. Plusieurs localités célèbres des environs de Voltéra, de Sienne en Toscane, présentent un phénomène géologique remarquable, que l'on désigne, dans le pays, sous le nom particulier de Lagoni. On voit des vapeurs très-chaudes, blanchâtres et qui répandent une forte odeur de Soufre, d'Hydrogène sulfuré et de Bitume, s'élever continuellement et souvent avec beaucoup de force et de bruit, du sein d'amas plus ou moins considérables d'eaux noires et bourbeuses; quelquefois, mais rarement, les vapeurs sortent immédiatement des fentes des rochers, qui sont alors peu éloignés des amas vaseux; tout porte à faire croire que les vapeurs qui, en traversant l'eau, la font paraître en ébullition, sont produites par une cause qui gît profondément dans le sein de la terre, et dont le foyer est placé dans des couches au moins inférieures aux terrains secondaires; cette cause, sans doute analogue à celle qui produit les volcans, n'en diffère peut-être que parce que la chaleur souterraine ne s'élève pas assez pour fondre les substances minérales et les rejeter en dehors à l'état liquide. L'analyse des eaux provenues des vapeurs condensées, a fait reconnaître dans celles-ci la présence de sulfates de Fer, de Chaux, de Magnésie, d'Ammoniaque, et notamment celle de l'Acide boracique, quoique les terrains dont paraissent sortir les vapeurs ne contiennent pas tous les élémens de ces substances. Ces terrains sont principalement composés d'une espèce de Psammite calcaire connu sous le nom de Macigno, de Calcaire compacte, brun, coupé par des lits interrompus de Silex corné et d'Argile schisteuse, qui ne paraissent renfermer aucuns vestiges de corps organisés. Suivant Alex. Brongniart qui a visité quelques Lagoni de la Toscane, l'eau et l'humidité qui se rencontrent dans les mêmes lieux est plutôt le résultat de la condensation des vapeurs sorties du sein de la terre, qu'elle n'est une des causes du phénomène. Le même observateur a fait remarquer que les parois des fissures, par lesquelles les vapeurs se dégagent, sont corrodées et altérées, de manière à donner l'idée de la formation des Pierres réniformes des environs de Florence. Il paraît aussi que contre l'assertion contraire de Patrin, les Lagoni ne sont pas dans des terrains volcaniques, ni anciens ni modernes, et non loin des lieux où on les rencontre, on voit en même temps des amas boueux, plus ou moins considérables, qui font remonter l'existence du même phénomène à une époque très-ancienne.   (c. p.)

* LAGONYCHIUM. bot. phan. Genre de la famille des Légumineuses et de la Décandrie Monogynie, L., proposé par Marschall de Bieberstein (*Fl. Taur.-Caucas. Suppl.* 288, et adopté par De Candolle (*Prodr. Syst. Veget.* 2, p. 448) avec

les caractères suivans : fleurs hermaphrodites, avortées pour la plupart ; calice à cinq dents ; pétales libres ; dix étamines hypogynes, à filets non soudés et à anthères dépourvues de glandes ; style tordu au sommet ; légume stipité, indéhiscent, ové-cylindracé, presque didyme, rempli de pulpe, un peu courbé, obtus, uni et ne pouvant se diviser en aucune manière. Ce genre a été réuni par Kunth avec le *Prosopis*. Son fruit ayant beaucoup de ressemblance avec celui de l'*Acacia Farnesiana*, Steven le regarde comme congénère de celui-ci. Une seule espèce le constitue ; elle a été nommée *Lagonychium Stephanianum*, et elle croît dans les plaines arides entre le Caucase et la mer Caspienne. Michaux l'a trouvée aussi en Perse entre Mossul et Bagdad.   (G..N.)

LAGOPÈDE. *Lagopus.* OIS. Espèce du genre Tétras, dont Vieillot a fait le type d'un genre particulier. *V.* TÉTRAS.   (DR..Z.)

* **LAGOPODA.** INS. Linné donne ce nom spécifique à la femelle de la Mégachile du Rosier (*Apis centuncularis*, L.). *V.* MÉGACHILE.   (G.)

LAGOPUS. OIS. *V.* LAGOPÈDE.

LAGOPUS. BOT. PHAN. Ce qui signifie *Pied de Lièvre*. Nom scientifique d'un Plantain, donné par les anciens botanistes à plusieurs autres Plantes, telles qu'un Lotier, l'Anthyllide vulnéraire, le Trèfle des champs et le Gnaphale dioïque. Cette dernière Plante est le *Lagopyrum* (Blé de Lièvre) d'Hippocrate.   (B.)

* **LAGOSERIS.** BOT. PHAN. Genre de la famille des Synanthérées, Chicoracées de Jussieu, et de la Syngénésie égale, L., établi par Marschall de Bieberstein (*Centur. Plant. rar. Ross.*) et caractérisé, dans le troisième volume de sa *Flora Taurico-Caucasica*, d'une manière aussi brève que la suivante : réceptacle couvert de paillettes capillaires ; involucre ceint d'un calicule ; aigrette poilue, sessile. L'auteur de ce genre

l'a composé du *Crepis Nemausensis* de Gouan et de l'*Hieracium purpureum* de Willdenow. Ces deux Plantes, d'après l'opinion de Cassini, forment deux genres distincts quoique très-rapprochés ; dans l'un, les fruits sont uniformes, aigrettés et non ailés ; dans l'autre, les fruits marginaux sont dépourvus d'aigrettes, munis d'ailes longitudinales, et ne ressemblent point aux fruits du centre qui sont aigrettés. En conséquence, et avant qu'il eût connaissance de l'établissement du *Lagoseris* de Marschall, il en avait formé deux genres : l'un, *Pterotheca*, pour le *Crepis Nemausensis*, et l'autre, *Intybellia*, pour l'*Hieracium purpureum*. Si la distinction de ces genres est prise en considération par les botanistes, il sera peut-être convenable de substituer le nom de *Lagoseris* à celui d'*Intybellia* qui lui est postérieur de plusieurs années.   (G..N.)

LAGOTHRICHE. *Lagothrix.* MAM. Genre de Quadrumanes établi par Geoffroy Saint-Hilaire dans la division des Singes Platyrhinins ou Sapajous. *V.* SAPAJOU. (IS. G. ST.-H.)

LAGOTIS. BOT. PHAN. Ce genre, établi par Gaertner (*Act. Petrop.* 14, p. 533, t. 18), est le même que le *Gymnandra* de Pallas, fondé sur le *Rhinanthus Diandra*, L. Selon Jussieu, on doit le réunir au *Bartsia* ; il diffère particulièrement du *Rhinanthus*, en ce qu'il a deux étamines au lieu de quatre. *V.* BARTSIE et RHINANTHE.   (G..N.)

LAGOUAN. BOT. PHAN. On ne sait à quel genre appartient l'Arbre des Philippines ainsi nommé, et qui fournit un très-beau bois rouge, employé dans les constructions.   (B.)

* **LAGRIAIRES.** *Lagriariæ.* INS. Tribu de l'ordre des Coléoptères, section des Hétéromères, famille des Trachélides, établie par Latreille (Fam. Natur. du Règn. Anim.), et ayant pour caractères : le pénultième article des tarses bilobé ; corps allongé, plus étroit en devant, avec le

corselet cylindracé ou carré ; palpes maxillaires terminés par un article plus grand, triangulaire ; antennes simples, filiformes, ou grossissant insensiblement vers le bout, le plus souvent et du moins en partie grenues, et terminées, dans les mâles au moins, par un article plus long que les précédens. Les mœurs de ces Insectes nous sont entièrement inconnues. Latreille dit que Svaudoner a observé les métamorphoses d'une espèce du genre Lagrie, mais il n'a pas publié cette observation. Cette famille se compose des genres Lagrie et Satyre. *V*. ces mots. (G.)

LAGRIE. *Lagria.* INS. Genre de l'ordre des Coléoptères, section des Hétéromères, famille des Trachélides, tribu des Lagriaires, établi par Fabricius, et ayant pour caractères : pénultième article des tarses bilobé ; mandibules bidentées à leur extrémité ; mâchoires membraneuses, à deux divisions presque égales ; palpes maxillaires terminés par un article en forme de hache ; les labiaux beaucoup plus petits, gros à leur extrémité ; labre échancré ; menton fort court, transversal ; antennes presque grenues, grossissant vers leur extrémité et insérées à nu, près d'une échancrure des yeux. Ces Insectes ont été confondus avec divers genres, dont ils se distinguent cependant beaucoup, par Linné qui en avait placé une (*Lagria hirta*) avec les Chrysomèles. Geoffroy l'avait placée avec les Cantharides, et Degéer avec les Ténébrions. Ce genre se compose d'un nombre d'espèces assez limité ; le corps de ces Insectes est oblong, avec la tête et le corselet plus étroits que l'abdomen ; leurs élytres et même tout le reste du corps est ordinairement mou, flexible et souvent pubescent ; les antennes sont composées de onze articles ordinairement assez courts ; dans les mâles, le onzième est plus long ; les yeux sont échancrés ; le corselet est quelquefois carré comme dans une espèce exotique (*Lagria tuberculata*, Fabr.), mais le plus

souvent il est cylindrique, plus étroit que l'abdomen et sans rebords ; les élytres sont assez convexes, plus larges postérieurement ; l'écusson est très-petit ; leurs jambes sont assez allongées, grêles, sans épines bien distinctes à leur extrémité ; l'avant-dernier article des tarses s'élargit en forme de cœur, et les deux crochets du dernier sont simples. Ces Insectes se distinguent des Mélandryes, par les palpes maxillaires qui sont très-grands et en forme de triangle renversé dans ceux-ci ; ils s'éloignent des *Nothus* et des *Calopus*, par la lèvre qui est profondément échancrée dans ces deux genres. Dejean (Cat. des Col., pag. 72) mentionne huit espèces de ce genre ; la plus commune en France et celle qui sert de type est : La LAGRIE HÉRISSÉE, *L. hirta*, Fabr., Oliv., t. 3, n. 49, pl. 1, fig. 2, a, b, c; *Chrysomela hirta*, L.; la Cantharide noire à étuis jaunes, Geoff., Ins., t. 1, p. 344 ; Ténébrion velu, Geoff. Cette espèce se trouve aux environs de Paris. Fabricius a formé avec la femelle une espèce qu'il nomme *L. pubescens*. L'Afrique, l'Amérique et la Nouvelle-Hollande présentent plusieurs espèces de ce genre. *V*. Olivier, Fabricius, Latreille, Schonnherr, etc.   (G.)

* **LAGROLA.** OIS. L'un des noms vulgaires de la Corneille. *V*. COR-BEAU.   (B.)

* **LAGUNA.** BOT. PHAN. Ce nom donné par Cavanilles (*Dissert.*, 5, p. 173, t. 71, f. 1) à un genre de la famille des Malvacées, a été modifié par Schreber et Willdenow en celui de *Lagunœa* qui a prévalu. *V*. LAGU-NÉE.   (G..N.)

LAGUNCULARIA. BOT. PHAN. Genre établi par Gaertner fils (Carp., p. 209, t. 217) pour le *Conocarpus racemosa* de Swartz, et appartenant à la famille des Combrétacées et à la Décandrie Monogynie, L. On peut caractériser ce genre de la manière suivante : calice adhérent avec l'ovaire infère, dont le limbe est court et à cinq dents ; corolle formée de cinq pétales très-petits, insérés à la base des incisions du calice; étamines au nombre de dix, libres et dressées. Ovaire infère un peu comprimé, surmonté d'un style de la même hauteur que les étamines, et d'un stigmate simple. Le fruit est comprimé, strié, couronné par le limbe du calice; il est indéhiscent, uniloculaire et monosperme. La graine est oblongue, formée d'un épisperme mince et membraneux, recouvrant un embryon dont les cotylédons sont roulés en spirale autour de la radicule.

Le *Laguncularia racemosa*, Gaertn., *loc. cit.*, est un Arbuste rameux, diffus, de six à neuf pieds d'élévation. Ses feuilles sont opposées, pétiolées, ovales, très-entières, obtuses, très-glabres. Les fleurs sont petites, tomenteuses, formant des grappes rameuses à rameaux allongés, grêles et disposés à l'aisselle des feuilles ou à l'extrémité des rameaux. Cet Arbuste croît aux Antilles et à Cayenne sur le bord de la mer. Dans cette dernière colonie, il est connu sous le nom vulgaire de Palétuvier soldat. (A. R.)

LAGUNÉE. *Lagunœa* ou *Lagunea*. BOT. PHAN. Genre de la famille des Malvacées et de la Monadelphie Polyandrie, L., établi par Cavanilles (*Dissert.*, 3, p. 371) sous le nom de *Laguna* dont la désinence a été modifiée par Schreber et Willdenow. Il est ainsi caractérisé : calice nu à cinq dents; anthères placées au sommet et à la superficie du tube staminal; cinq stigmates; capsule à cinq loges et à cinq valves portant les cloisons sur leur milieu, séparables et laissant au centre un axe central filiforme. De Candolle (*Prodrom. Syst. Regn. Veget.* T. 1, p. 474) place ce genre à la fin de la famille, et il fait remarquer qu'il offre les mêmes rapports avec l'*Hibiscus* que le *Sida* avec le *Malva*. Le *Solandra* de Murray et le *Triguera* de Cavanilles en sont congénères. On connaît quatre espèces de *Lagunœa*, savoir : 1° *L. lobata*, Willd., *Hibiscus Solandra*, l'Hér., *Stirp. Nov.*, 1, t. 49; 2° *L. sinuata*,

Hornem.; 3° *L. ternata*, Cav.; 4° et *L. aculeata*, Cav., sur laquelle le genre a été constitué. La première et probablement la seconde sont indigènes de l'île de Mascareigne, la troisième du Sénégal et la quatrième de Pondichéry. Quant au *Lagunea squammea*, Venten., Malm., t. 42, il a été replacé par De Candolle dans le genre *Hibiscus* sous le nom d'*H. Patersonii*, et y forme le type de la 2ᵉ section sous le nom de *Lagunaria*. *V.* KETMIE.

Un autre genre *Lagunœa*, établi par Loureiro, doit rentrer dans le genre Renouée. *V.* ce mot. (G. N.)

LAGUNES. GÉOL. Les graviers, les sables et les limons, chariés par les cours d'eau qui viennent déboucher dans le fond du golfe Adriatique, et notamment par la Brenta, l'Adige et le Pô, s'accumulent à l'embouchure de ces fleuves par l'effet de la résistance qu'oppose à leur marche l'action en sens opposés des vagues de la mer; sur plusieurs points de la côte cette accumulation de matériaux a reculé les rivages, et elle a produit de nombreux bancs et fonds sablonneux qui ne sont plus séparés que par des canaux sinueux et peu profonds; ce sont ces flaques d'eau marine entourant des terres basses et formées d'un sol d'attérissement, que l'on désigne spécialement aux environs de Venise, sous le nom de Lagunes; cette ville célèbre, qui semble s'élever du sein de la mer, est construite sur un terrain de cette nature. La formation des Lagunes est comme celle des attérissemens un phénomène géologique qui n'a pas cessé de se produire; on possède beaucoup de documens historiques qui attestent que des lieux qui sont aujourd'hui plus ou moins éloignés de la mer, étaient autrefois baignés par ses eaux. Le port d'Hatria, maintenant Adria, se trouve, par exemple, à 25,000 mètres de la côte, suivant Prony dont le beau travail met à même de suivre siècle par siècle la marche des attérissemens sur ce point. Beaucoup de faits de ce genre ont été cités à tort en preuve de la diminution des eaux de la mer. *V.* MER.   (C. P.)

On peut surtout donner comme un indice certain de cette diminution et sans arguer de la citation banale d'Aigues-Mortes où s'embarqua le roi saint Louis, la côte méridionale de la péninsule ibérique où se voient encore des Lagunes, connues sous le nom d'Albuferas, et qui furent jadis bien plus nombreuses qu'elles ne le sont maintenant. Au temps de Strabon, si rapproché de nous, en comparaison de l'époque où les continens commencèrent à prendre la figure qu'ils conservent aujourd'hui, diverses Lagunes de ce genre se voyaient surtout vers la baie de Cadix, dont l'île était beaucoup plus distante de la côte ferme qu'elle ne l'est actuellement : le Guadalète a métamorphosé tous ces lieux en attérissemens, et Cadix n'est plus séparé du continent que par un simple chenal, appelé de Santi-Pétri. Il en est de même de l'embouchure du Rio-Tinto, où la baie d'Huèlva ne présentera bientôt plus que des Lagunes, et où le port de Palos, célèbre par l'embarquement de Christophe Colomb, est aujourd'hui assez loin du rivage. Le reste des côtes de l'Europe présente les mêmes phénomènes en beaucoup d'endroits. On trouve des Lagunes en dedans des dunes, *V.* ce mot, le long des Landes aquitaniques où le bassin d'Arcachon, qui se ferme, deviendra bientôt une Lagune pareille. Le Zuiderzée en Hollande doit éprouver le même sort, ainsi que le Frischaff et le Curichaff dans la Baltique, mer qui doit à son tour devenir un lac ou plutôt une caspienne. On appelle encore LAGUNES, les amas d'eaux intérieures, plus grands que des étangs et plus petits que des lacs. C'est surtout lorsqu'ils n'ont pas de dégorgeoir qu'on leur donne ce nom.   (B.)

LAGUNEZIA. BOT. PHAN. Nom substitué par Scopoli à celui de *Ra-*

coubea qu'Aublet avait donné à un genre réuni depuis à l'*Homalium.* *V.* ce mot.   (G..N.)

LAGUNOA ou MIEUX **LLAGUNOA.** BOT. PHAN. (Ruiz et Pavon.) Genre de la famille des Sapindacées, section des Dodonéacées de Kunth, nommé plus tard *Amirola* par Persoon et qui se distingue par les caractères suivans: fleurs monoïques; les mâles ont un calice quinquéfide, l'incision inférieure étant plus profonde; point de corolle; huit étamines insérées au centre de la fleur, saillantes par l'incision inférieure; leurs filets sont libres, attachés sur un disque hypogyne et orbiculaire. L'ovaire est à l'état rudimentaire. Dans les fleurs femelles, on trouve un calice persistant, semblable à celui des fleurs mâles; des vestiges d'étamines, pas de disque, un ovaire libre à trois angles et à trois loges dispermes. Le style est subulé, marqué de trois sillons longitudinaux, terminé par un stigmate obtus. Le fruit est une capsule presque globuleuse, à trois angles et comme formée de trois coques, chacune uniloculaire, monosperme par avortement, s'ouvrant par une fente longitudinale. Les graines sont globuleuses, dures, luisantes, composées d'un tégument propre qui recouvre immédiatement un embryon roulé en spirale et dont la radicule est tournée vers le hile.

Ce genre se compose de trois espèces qui croissent dans l'Amérique méridionale. L'une a été décrite par Ruiz et Pavon sous le nom de *Lagunoa nitida;* les deux autres sont décrites dans les *Nova Genera* de Humboldt et Kunth sous les noms de *Lagunoa prunifolia* et *L. mollis.* Ce sont des Arbres à feuilles alternes, simples ou ternées, dentées en scie et membraneuses. Leurs fleurs sont portées sur des pédoncules axillaires; les mâles et les femelles sont souvent réunies sur un même pédoncule.

                    (A. R.)

LAGURE. *Lagurus.* BOT. PHAN.

Genre de la famille des Graminées et de la Triandrie Digynie, L., que l'on reconnaît à ses fleurs disposées en une panicule cylindrique et spiciforme; épillets uniflores; lépicène à deux valves très-longues, étroites, velues sur leurs bords; glume à deux valves, l'extérieure terminée par deux soies à son sommet et portant un peu au-dessus de son dos une arête tordue à sa base; la supérieure entière et mutique. Étamines au nombre de trois; glumelle composée de deux paléoles entières, glabres, un peu renflées à leur base. Fruit allongé, nu, non marqué d'un sillon.

Le *Lagurus ovatus*, L., est une espèce fort commune dans les provinces méridionales de la France. Son chaume est grêle, d'environ un pied à dix-huit pouces de hauteur aux lieux humides; ses feuilles sont velues; sa panicule est très-resserrée et forme une sorte d'épi ovoïde, blanchâtre et très-velu. Bory de Saint-Vincent en a découvert, dans les lieux arides des côtes maritimes de toute la France, une jolie variété, dont l'épi, qui ne laisse pas d'être assez gros, est soutenu par un chaume qui n'excède jamais dix-huit lignes ou deux pouces de hauteur.   (A. R.)

LAGURIER. bot. phan. Même chose que Lagure. *V.* ce mot.   (B.)

LAGURUS. mam. et bot. Comme qui dirait *Queue de Lièvre. V.* Campagnol a courte queue et Lagure.   (B.)

LAHAUJUNG. ois. Espèce du genre Héron. *V.* ce mot.   (dr..z.)

* LAHAYA. bot. phan. Le genre *Hagea* de Ventenat a été désigné par Schultes, sous cette dénomination qui, en effet, est plus conforme au nom du Jardinier Lahaye auquel la Plante a été dédiée. Mais ce changement n'étant pas absolument indispensable, on est généralement convenu de ne pas l'adopter. *V.* Hagée.   (G..N.)

LAICHE. *Carex.* bot. phan. L'un des genres les plus considérables de la famille des Cypéracées et de la Monœcie Triandrie, L., très-facile à reconnaître par ses fleurs unisexuées, ordinairement monoïques, très-rarement dioïques, disposées en chatons globuleux, ovoïdes ou cylindriques et allongés, tantôt unisexués, mâles ou femelles, tantôt androgynes, c'est-à-dire composés de fleurs mâles vers leur sommet et de fleurs femelles à la base; plus rarement les chatons mâles et les chatons femelles sont portés sur deux individus. Les fleurs mâles se composent de deux ou trois étamines placées à l'aisselle d'une écaille. Les fleurs femelles sont formées d'une écaille à l'aisselle de laquelle on trouve un pistil triangulaire ou comprimé, renfermé dans un utricule tronqué et bidenté à son sommet. Le style est court, terminé par deux ou trois stigmates filiformes ou velus. Le fruit est un akène trigone ou lenticulaire, entièrement renfermé dans l'utricule. Les Laiches sont des Plantes herbacées, généralement vivaces et souvent munies d'un rhizome ou souche horizontale rameuse, pouvant s'étendre à de très-grandes distances. Leur chaume est simple, presque constamment à trois angles très-aigus; leurs feuilles sont alternes, engaînantes, munies d'une gaîne entière. Dans les espèces monoïques, les chatons mâles occupent la partie supérieure du chaume et les chatons femelles sont placés au-dessous. Le nombre des espèces de ce genre est extrêmement considérable. Elles se plaisent dans les lieux marécageux, sur le bord des étangs et des ruisseaux; quelques-unes viennent dans les lieux secs et sablonneux, d'autres s'élèvent à une hauteur assez considérable. Presque toutes sont originaires de l'hémisphère boréal et surtout de l'Europe septentrionale.

Parmi ces espèces, une seule mérite quelque attention; c'est la Laiche des sables, *Carex arenaria*, L., Rich., Bot. méd., 1, p. 56. Cette espèce est remarquable par la longueur de sa racine qui est une souche horizontale rampante, grosse comme une plume de Cygne, noueuse et enveloppée de gaînes des feuilles desséchées et devenues brunâtres. Ses rameaux sont redressés, triangulaires, hauts de six à dix pouces, rudes sur les angles; les feuilles sont engaînantes, étroites, aiguës, très-rudes au toucher. Les fleurs sont roussâtres, disposées en une grappe formée de cinq à six épillets ovoïdes allongés; les épillets inférieurs sont formés de fleurs femelles, les supérieurs de fleurs mâles et femelles entremêlées. Les écailles sont ovales, lancéolées, très-aiguës, plus longues que les fruits qui sont triangulaires et terminés par deux petites pointes. Cette espèce croît communément dans les lieux sablonneux. On la sème souvent sur les bords de la mer et dans les dunes où ses longues racines rampantes, qui s'étendent rapidement et en tous sens, servent à fixer la mobilité des sables. Ses racines ont une saveur légèrement aromatique, qui a quelque analogie avec celle de la Salsepareille. Aussi l'a-t-on proposée comme succédanée indigène de cette racine, et est-elle désignée sous le nom de Salsepareille d'Allemagne. On l'emploie en décoction dans le traitement de la maladie syphilitique.

Les feuilles de la plupart des grandes espèces de Laiches si communes au bord des marais, coupent souvent par leur tranchant comme des couteaux, étant très-finement et très-durement dentées. Les botanistes ne doivent pas s'y prendre inconsidérément pour se pencher à la surface des eaux dans lesquelles ils voudraient atteindre quelque Plante éloignée du bord. Dans certains marais des Landes aquitaniques, ces Laiches coupent au point que les bottes des chasseurs de Canards en sont promptement mises hors d'usage.

(A. R.)

LAIE. MAM. La femelle du Sanglier. *V.* COCHON. (B.)

LAINE. *V.* POIL.

LAINE DE FER. MIN. Nom donné par quelques naturalistes à des flocons blancs et laineux d'oxide de Zinc, qui se subliment pendant la fusion de certains minerais de Fer, entre autres ceux des mines d'Auriac et de Cascatel en Languedoc. (G. DEL.)

LAINETTE. BOT. CRYPT. (*Mousses.*) Nom français proposé par Bridel pour le genre *Lasia. V.* ce mot. (A. F.)

LAIT. *Lac.* MAM. BOT. et CHIM. Nous ne considérerons ici ce fluide dont la nature a gratifié toutes les femelles des Mammifères pour la nourriture première de leurs petits, que sous le rapport de sa composition chimique et de ses propriétés. En conséquence nous renvoyons nos lecteurs aux mots MAMMIFÈRES, MAMELLES et SÉCRÉTIONS pour le reste de l'histoire naturelle du Lait, c'est-à-dire pour tout ce qui concerne l'organisation animale qui préside à sa formation, et son utilité dans l'économie vivante. La composition et les propriétés soit physiques soit chimiques du Lait des différens Mammifères, sont tellement variables, que l'on ne peut exprimer avec exactitude d'une manière générale sa pesanteur spécifique, sa couleur, sa saveur, etc. Tout ce que nous pouvons dire de ce liquide en général, c'est qu'il est toujours opaque, d'un blanc plus ou moins pur, plus dense que l'eau, d'une saveur douce et d'une odeur qui varie suivant les Animaux et les substances dont ils se nourrissent. Le Lait de la Vache, celui dont l'Homme fait la plus grande consommation, va principalement fixer notre attention, et nous ferons connaître succinctement les diversités que ce liquide offre dans les femelles de quelques autres Animaux, comme dans la Femme, la Jument, l'Anesse, la Brebis et la Chèvre.

LAIT DE VACHE. Sa couleur est d'un blanc légèrement bleuâtre. Sa densité varie d'après les quantités de beurre et de fromage qu'il contient, et ces quantités ne sont pas constamment les mêmes sur le même individu, quand on retire son Lait à des intervalles de temps entre lesquels les rapports de l'Animal avec les corps extérieurs subissent de nombreux changemens. En général il est formé : 1° de Beurre ; 2° de matière caséeuse ou fromage pur ; 3° d'Eau en très-grande proportion ; 4° d'un Acide libre (lactique, suivant Schéele et Berzélius ; acétique, selon Fourcroy, Vauquelin et Thénard) ; 5° de Sucre de Lait ; 6° de plusieurs Sels neutres, tels que le lactate de Fer, l'acétate et le phosphate de Potasse, les phosphates de Chaux et de Magnésie et le chlorure de Potassium.

Si on l'abandonne à lui-même et à une température de dix à douze degrés, il se sépare en deux parties. La crême, qui y était tenue seulement en suspension, vient occuper la partie supérieure où elle forme une couche plus ou moins épaisse. Le Lait écrêmé ne tarde pas à s'aigrir, surtout si la température est augmentée, et il se divise de nouveau en deux portions dont l'une est un *coagulum* assez consistant, et l'autre un liquide légèrement jaune verdâtre, auquel on a donné les noms de *sérum* et de petit-Lait. C'est de la crême que l'on obtient la plus grande quantité de la matière grassse ou du Beurre. *V.* ce mot. Lorsque par l'agitation on en a séparé celui-ci, il ne reste que le Lait de Beurre qui se compose de sérum et de fromage. Ce dernier peut facilement en être extrait, soit spontanément par l'acescence du liquide, soit par l'action des Acides, de l'Alcohol et de l'Ether qui coagulent le Lait, les premiers en se combinant avec la matière caséeuse, les autres en exerçant sur elle une légère action, ou plutôt en s'emparant de l'eau qui la tenait en solution. Les Alcalis, au contraire, ne le coagulent point ; ils redissolvent même le fromage qui a été séparé par les Acides. Une chaleur élevée graduellement jusqu'à l'ébullition du Lait, ne produit sur lui, s'il est récent, qu'un boursoufflement qui résulte de la formation de plusieurs pellicules à sa surface ;

mais si ce liquide est extrait depuis quelque temps, l'élévation de la température atmosphérique suffit pour le coaguler. Ce phénomène s'observe fréquemment pendant les chaleurs de l'été. Il faut toutefois prendre en considération l'état électrique de l'atmosphère qui paraît aussi exercer une influence très-marquée sur la coagulation du Lait.

La saveur du sérum ou petit-Lait dépend de l'Acide lactique libre et des Sels neutres qu'il tient en dissolution. Sa transparence est altérée par une portion de fromage que l'on enlève en y mêlant du blanc d'œuf et en faisant bouillir le liquide, puis le passant à travers une feuille de papier.

Lait de Femme. Moins épais, moins caséeux que celui de la Vache ; il ne coagule, suivant Parmentier et Deyeux, que par les Acides concentrés. Il a une saveur très-douce, et il est visqueux, mais non gélatineux ni tremblant.

Lait d'Anesse. De même que le précédent, il ne contient que très-peu de fromage. Sa crême, d'une faible consistance, donne un beurre blanc, mou et fade.

Lait de Jument. Il est moins fluide que les Laits de Femme et d'Anesse. On n'y trouve néanmoins que de faibles proportions de fromage et de beurre, et il contient de plus du sulfate de Chaux, d'après Parmentier et Deyeux. On sait que certaines hordes tartares en font un grand usage non-seulement comme aliment, mais encore par la liqueur alcoholique qu'ils en obtiennent et qui leur tient lieu d'eau-de-vie.

Lait de Brebis. Sa densité est, en général, un peu plus grande que celle du Lait de Vache. Le beurre qu'il contient est plus abondant et plus fusible, et son fromage plus gras. Il a en outre une odeur particulière qui le fait aisément reconnaître.

Lait de Chèvre. Le beurre qu'il fournit est ferme, blanc et moins abondant que dans les Laits de Vache et de Brebis. Son fromage est gélatineux et a plus de consistance que celui de ces derniers Animaux. L'odeur de Chèvre qui le caractérise est due, selon Chevreul, aux Acides caproïque et caprique, que ce chimiste y a découverts en assez fortes proportions. Il ajoute qu'en général les Laits des divers Animaux sont odorans en raison du développement de ces Acides contenus dans leurs beurres.

D'autres Quadrupèdes donnent un Lait d'assez bonne qualité pour que l'Homme en ait fait son profit. Le plus remarquable est le Lait de la femelle du Chameau qui forme la base principale de la nourriture des Arabes et des autres tribus errantes des déserts de l'Afrique.   (G..N.)

LAIT VÉGÉTAL. Un grand nombre de Végétaux ont un suc propre, dont l'aspect est absolument semblable au Lait des Animaux, mais qui le plus souvent est doué de qualités amères et odorantes qui décèlent des principes âcres et délétères. Tel est principalement le Lait des Euphorbiacées, des Asclépiadées, des Sapotées, des Urticées, des Papavéracées, etc. L'existence de ce Lait dans toutes les Plantes d'une même famille, l'a fait employer comme caractère essentiel par les botanistes; il est en effet l'indice d'une structure particulière d'organes qui détermine toujours la nature laiteuse de leur suc propre. Il arrive quelquefois que ce Lait est coloré de diverses manières; par exemple, il est orangé dans les Chélidoines.

Le Lait de quelques Euphorbiacées et Apocynées s'épaissit à l'air et se change en une matière particulière à laquelle on a donné le nom de Caoutchouc. *V.* ce mot.

De tous les Laits végétaux le plus célèbre est celui de l'Arbre ou Bois de la Vache, *Palo del Vacca*, sur lequel Humboldt a donné les premiers renseignemens dans les Annales du Mus., T. II, p. 180. L'Arbre qui le produit forme un genre nouveau qui a été nommé *Galactodendrum* par Kunth (*in Humb. et Bonpl.* T. VII, p. 163) et placé dans la famille des Urticées. *V.* GALACTODENDRUM au Supplément.

Boussingault et Rivero ont publié un Mémoire sur la composition chimique de ce Lait. Voici le résultat de leurs expériences : 1° Cire en très-grande quantité; 2° Fibrine; 3° un peu de Sucre; 4° un Sel à base de Magnésie, mais qui n'est pas un acétate; 5° une matière colorante. Il ne renferme ni Albumine ni substance caséeuse. *V.* pour plus de renseignemens, le Mémoire original imprimé à Santa-Fé de Bogota en 1823, et la traduction qui en a été faite dans les Annales de Chimie et de Physique, T. XXIII, p. 219. (G..N.)

Plusieurs Plantes ont, à cause de la blancheur de quelques-unes de leurs parties ou du suc qu'elles donnaient, reçu du vulgaire le nom de Lait. Ainsi l'on a appelé :

LAIT D'ANE, le Laitron commun;

LAIT BATTU, la Fumeterre officinale.

LAIT DE COCHON, l'*Hyoseris radicata.*

LAIT DE COULEUVRE, l'*Euphorbia Cyparissias.*

LAIT D'OISEAU, l'Ornithogale blanc.

LAIT DORÉ, l'*Agaricus deliciosus*

LAIT DE SAINTE-MARIE, le *Carduus marianus*, etc.

On a aussi étendu le même nom à des substances minérales, et appelé :

LAIT DE CHAUX, de l'Eau dans laquelle on a fait dissoudre une certaine quantité de Chaux.

LAIT DE MONTAGNE, la même chose qu'Agaric minéral.

LAIT DE SOUFRE, le liquide opaque et blanc que l'on obtient en versant un Acide dans une dissolution aqueuse d'hydro-sulfate de Potasse, de Soude ou d'Ammoniaque, assez étendue pour tenir quelque temps le Soufre en suspension.   (B.)

LAIT DE LUNE. Nom donné par les anciens minéralogistes à une variété pulvérulente de Chaux carbonatée, appelée *Bergmilch* par les Allemands. *V.* CHAUX CARBONATÉE.
       (G. DEL.)

LAIT DE TIGRE. BOT. CRYPT. (*Champignons.*) Jacques Breyne,

botaniste de Dantzick, donne ce nom à un Champignon qu'on appelle *To-Emi* à la Chine. Cette Plante a été nommée *Lac-Tigridis* à cause du préjugé qui veut qu'elle soit produite par l'urine du Tigre qui se coagule sur le sable. On croit, mais sans fondement, que ce Champignon est voisin de la Truffe à Champignon d'Italie. *V.* Truffe. (A. T.)

LAITANCE ou **LAITE**. POIS. Organe qui représente, dans la quatrième classe des Vertébrés, les testicules; proprement l'attribut du mâle dans le Poisson. *V.* ce mot. (B.)

LAITERON. BOT. PHAN. *V.* Laitron.

LAITEUX. BOT. CRYPT. Famille établie par Paulet pour tous les Champignons qui laissent échapper une humeur laiteuse, de quelque genre qu'ils soient. Il mentionne des Laiteux briquetés, poivrés, cerclés, Moutons, zônés, Chevilles, pointus, etc. Il faut remarquer que le Mouton, loin d'être doux, est précisément l'Agaric meurtrier de Bulliard. (B.)

LAITIER. BOT. PHAN. L'un des noms vulgaires des Polygales, que des botanistes français ont proposé pour désigner ce genre dont aucune espèce n'est cependant laiteuse. (B.)

LAITIER. MIN. On donne ce nom, dans les forges, à une matière vitreuse, opaque et brunâtre, plus fusible et moins pesante que la fonte, et qui recouvre celle-ci dans le creuset, à mesure que la fusion s'opère. Elle est formée de Chaux, de Silice, d'Alumine; d'un peu d'oxide de Fer, et quelquefois d'un peu d'oxide de Manganèse. Par analogie, les minéralogistes ont donné le nom de *Laitier des volcans* aux Obsidiennes, et à des laves vitreuses de couleur noire ou brunâtre, qui avaient l'apparence des Laitiers de forge. (G. DEL.)

LAITON. MIN. *V.* Cuivre.

LAITRON. *Sonchus.* BOT. PHAN. Genre de la famille des Synanthérées, Chicoracées de Jussieu, et de la Syngénésie égale, L., établi par Tour-

nefort qui y réunissait des Plantes séparées ensuite par Vaillant sous des noms génériques que l'on a cru devoir remplacer par ceux de *Picridium* et d'*Urospermum*. *V.* ces mots. Cependant Linné, n'adoptant point les distinctions opérées par Vaillant, plaça d'abord le *Picridium* parmi les *Sonchus*, mais plus tard il l'en éloigna, et commit une erreur plus grave en unissant ce *Picridium* au *Scorzonera*. Le genre *Sonchus*, très-voisin du *Lactuca*, puisqu'il n'en diffère que par ses fruits dépourvus de col, est ainsi caractérisé par Cassini : involucre campanulé, composé de folioles imbriquées, appliquées, oblongues-lancéolées, obtuses, un peu membraneuses sur les bords; réceptacle légèrement concave, tantôt absolument nu, tantôt alvéolé ou garni de papilles; calathide dont les fleurons sont nombreux, en languette et hermaphrodites; ovaires obovales, comprimés, toujours dépourvus de col, quelquefois munis d'une bordure sur chacune des deux arêtes, surmontés d'une aigrette légèrement plumeuse.

Ce genre se compose d'une trentaine d'espèces, en général très-lactescentes, pour la plupart indigènes du bassin de la Méditerranée. Quelques-unes sont répandues et communes dans toute l'Europe; tels sont les *Sonchus arvensis* et *oleraceus*, L. On trouve dans les Alpes, les Pyrénées et les Vosges, deux belles espèces remarquables par leurs calathides de fleurs bleues ou lilas. Ce sont les *Sonchus alpinus* et *Plumieri*, L. Les îles Canaries en nourrissent une espèce (*Sonchus fruticosus*, Willd.) dont la tige est ligneuse et les fleurs d'un jaune doré, grandes et disposées en larges corymbes au sommet des rameaux. On la cultive en Europe où il faut avoir la précaution de la tenir dans les serres d'orangerie pendant l'hiver. (G..N.)

LAITUE. MOLL. Nom vulgaire et marchand du *Murex saxatilis*, espèce du genre Rocher. *V.* ce mot. (B.)

LAITUE. *Lactuca.* BOT. PHAN.

Genre de la famille des Synanthérées, Chicoracées de Jussieu, et de
la Syngénésie égale, L., ainsi caractérisé par H. Cassini : involucre
presque cylindracé, composé de folioles imbriquées, appliquées, les
extérieures ovales, les intérieures
oblongues ; réceptacle plane et sans
appendices ; calathide composée de
demi-fleurons nombreux et hermaphrodites ; ovaires comprimés, orbiculaires ou elliptiques, quelquefois
munis d'une bordure sur les deux
arêtes, toujours pourvus d'un col
articulé par sa base, d'abord court et
gros, terminé par un bourrelet, puis
long et grêle, surmonté d'une aigrette légèrement plumeuse. Vaillant
a le premier fait connaître le caractère essentiel de ce genre, lequel réside dans le fruit prolongé supérieurement en un col, caractère qui le distingue principalement du *Sonchus*
dont il est très-voisin.

Les Laitues sont au nombre d'une
vingtaine d'espèces, indigènes des
climats tempérés de l'hémisphère boréal. Une d'entre elles est employée à
des usages assez importans pour que
nous devions en donner ici une histoire abrégée.

La LAITUE CULTIVÉE, *Lactuca sativa*, L., est une Plante herbacée,
annuelle, ayant la tige dressée, cylindrique, épaisse, simple inférieurement, ramifiée supérieurement.
Ses feuilles inférieures sont sessiles,
embrassantes, obovales, oblongues,
arrondies au sommet, ondulées sur
les bords ; les supérieures sont graduellement plus petites, cordiformes
et denticulées. Les fleurs sont d'un
jaune pâle, petites, nombreuses et
disposées en corymbes. Cette espèce
n'a encore été rencontrée nulle part
à l'état sauvage. Quelques botanistes pensent qu'elle est le résultat de
la culture de certaines espèces (*Lactuca quercina* ou *Lactuca virosa*)
qui, de vénéneuses et narcotiques,
sont devenues, à la longue, douces
et salubres, surtout dans leurs parties qui ne contiennent point de
suc laiteux où semble résider le prin-

cipe vireux. Cette opinion est vraisemblable, car les variétés que la
culture a fait naître sont extrêmement nombreuses, et prouvent combien cette Plante est sujette aux dé-
générescences, et comme il est difficile de reconnaître son véritable type.
Les cent cinquante variétés de Laitue cultivée peuvent être rapportées
à trois races principales qui se perpétuent par leurs graines.

LAITUE POMMÉE, *Lactuca sativa
capitata*. Ses feuilles inférieures sont
très-nombreuses, pressées les unes
contre les autres et formant une tête
arrondie comme dans le Chou ; celles qui occupent l'intérieur étant
étiolées, sont blanches ou légèrement
jaunâtres, tendres et très-aqueuses.

LAITUE FRISÉE, *Lactuca sativa
crispa*. Elle a des feuilles découpées,
crépues sur les bords, et ne formant pas une tête arrondie comme
dans les variétés de la première race.
On regarde comme une variété de
la Laitue frisée la Plante cultivée
aux environs du Mans, sous le nom
de Laitue-Epinard ou Laitue-Chi-
corée, qui est appelée par quelques
botanistes, *Lactuca laciniata* ou
palmata.

LAITUE ROMAINE, *Lactuca sativa
longifolia*. Elle se reconnaît facilement
à ses feuilles allongées, non bosselées
ni ondulées, dressées, et formant un
assemblage oblong peu compacte.

Les usages culinaires des Laitues
sont si vulgaires qu'il serait oiseux de
les indiquer. C'est un aliment très-
rafraîchissant qui convient surtout
aux tempéramens robustes. Quoique
étiolée et remplie de sucs aqueux et
innocens, la Laitue jouit cependant
de propriétés narcotiques assez marquées. L'eau distillée de Laitue est
souvent prescrite par les médecins
dans les potions anodines et calmantes. La culture des Laitues demande
quelques soins. Elles craignent le
froid et veulent une terre meuble,
chaude et amendée avec du terreau
de couches. Afin de retarder le développement de la tige, et pour favoriser l'étiolement des feuilles inté-

rieures, les jardiniers les serrent avec un lien de paille.

Parmi les autres espèces de Laitues qui croissent en France, on remarque le *Lactuca sylvestris*, De Cand., Flor. Franç., Plante qui vient dans les lieux incultes ainsi que le *Lactuca virosa*, et qui jouit comme celles-ci de propriétés narcotiques assez dangereuses. Le *Lactuca perennis*, L., est une belle espèce à fleurs bleues ou violettes que l'on trouve dans les champs cultivés.

(G..N.)

On a étendu le nom de Laitue à des Plantes qui n'en sont pas; ainsi l'on appelle quelquefois vulgairement :

LAITUE D'ANE, les Cardères et divers Chardons.

LAITUE D'ANGUILLES, les Ulves à expansions linéaires, l'*intestinalis* particulièrement dans certains étangs saumâtres des salines de France.

LAITUE DE BREBIS, les Mâches ou Valérianelles.

- LAITUE DE CHÈVRE, les petites espèces d'Euphorbes ou Tithymales.

LAITUE DE CHIEN, le Chiendent ou le Pissenlit vulgaire.

LAITUE DE COCHON ou DE PORC, l'Hypochéride fétide.

LAITUE DE GRENOUILLES, le Potamot crépu.

LAITUE DE LIÈVRE, le Laitron commun.

LAITUE MARINE, les Ulves à expansions larges, et quelquefois les Euphorbes des rivages, ou la Criste, *Crithmum*.

LAITUE DE MURAILLE, le *Sisymbrium Irio*, des Prenanthes et des Laitrons.

(B.)

* LAITUES. BOT. PHAN. Adanson, dans ses Familles des Plantes, nommait ainsi la première des dix sections qu'il a établies dans les Synanthérées. Cette section correspond aux Chicoracées de Vaillant et de Jussieu. *V.* ce mot.

(G..N.)

* LAK. POIS. *V.* ELOPE.

* LAKHBY. BOT. PHAN. *V.* DATTIER.

* LAKINIA. BOT. PHAN. Même chose que Babela au Bengale. *V.* BABELA.

(B.)

LAKTAK. MAM. On ne sait quel est le Phoque du Kamtschatka, qui ne se pêche pas au-dessous du 56° degré, qui a plus de douze pieds de long, qui pèse au moins huit cents livres, et que Kraschenninikow a mentionné sous ce nom.

(B.)

* LALAN. BOT. PHAN. (Rumph.) Marsden écrit *Lallang*. Syn. malais de *Saccharum spicatum* et de *Raphis trivialis*, Lour. Espèce du genre Sucre.

(B.)

LALÉ. BOT. PHAN. Le *Fritillaria imperialis*, L., quand il fut introduit en Europe, était désigné chez les fleuristes flamands, suivant Daléchamp, par ce nom turc qui signifie aussi la Tulipe.

(B.)

* LALE-VIBSIT. BOT. PHAN. (Flacourt.) Paraît être le Poivre blanc, fort commun à Madagascar.

(B.)

* LALIA. BOT. PHAN. (Rumph.) L'un des noms de pays du *Terminalia Catalpa*.

(B.)

* LALLANG. BOT. PHAN. (Marsden.) *V.* LALAN.

LALO. BOT. PHAN. *V.* BAOBAB. C'est aussi la même chose que l'*Hibiscus esculentus* et que Calalou. *V.* ce mot et KETMIE.

(B.)

* LALONDA. BOT. PHAN. (Flacourt.) Jasminée indéterminée de Madagascar.

(B.)

LAMA. MAM. Pour Llama. *V.* ce mot et CHAMEAU.

* LAMA. BOT. PHAN. La Plante épineuse de l'Inde et de l'Arabie qui produit du Mastic, mentionnée par Pline sous ce nom, ne peut être reconnue.

(B.)

LAMAN. BOT. PHAN. *V.* BRÈDES.

* LAMANDA. REPT. OPH. Le grand Serpent de Java, brillant des plus riches couleurs, mentionné sous ce nom par Séba, paraît devoir être un Python.

(B.)

LAMANTIN. *Manatus.* MAM. Genre de Cétacés herbivores, caractérisé par l'existence de chaque côté et à chaque mâchoire de neuf molaires. Les supérieures sont à peu près carrées, les inférieures un peu plus allongées; mais toutes ont leur couronne formée de deux collines transversales qui présentent trois mamelons; en outre chaque dent a deux petits talons, qui sont, à la mâchoire supérieure, de grandeur à peu près égale, tandis qu'à l'inférieure, l'un d'eux, le postérieur, est très-considérable, le second venant au contraire à disparaître presque entièrement. Il n'y a ni incisives ni canines. Au reste, ce système de dentition varie beaucoup avec l'âge. Ainsi les mamelons, et ensuite les collines elles-mêmes, s'usent par la mastication, et il n'en existe plus de traces chez les individus avancés en âge. Les molaires antérieures viennent même à tomber, et c'est, suivant Cuvier, à mesure que les postérieures acquièrent du développement. Ainsi beaucoup d'individus ont seulement trente-deux molaires, ce qui explique le peu d'accord des zoologistes sur le nombre des dents du Lamantin, et concilie très-bien beaucoup d'observations qui paraissaient contradictoires. C'est ainsi que Cuvier avait lui-même, dans son Règne Animal, caractérisé le genre par l'existence de trente-deux dents seulement. Un autre fait très-remarquable, et que l'analogie pouvait faire soupçonner, c'est que le Lamantin n'est pas, à toutes les périodes de sa vie, privé d'incisives. Suivant les observations de Blainville et de Cuvier, on en trouve deux petites à l'une et à l'autre mâchoire. Les membres antérieurs, véritables nageoires, où l'on découvre néanmoins sans peine sous la peau qui les enveloppe, les cinq doigts composés chacun de trois phalanges, sont terminés par quelques ongles plats et arrondis, et qui ont ainsi une ressemblance grossière avec ceux de l'Homme. Ces ongles sont ordinairement au nombre de quatre, le pouce n'étant pas onguiculé; mais on en trouve fréquemment trois et même deux seulement, tandis que sur quelques individus il en existerait, au contraire, jusqu'à cinq. Les membres postérieurs et le bassin paraissent manquer entièrement. C'est en vain que Daubenton en a cherché les vestiges dans un fœtus qu'il a disséqué; et aucun squelette ne les présente non plus, quoique l'analogie dût porter à croire qu'on les trouverait de même que chez le Dugong. Le corps, de forme oblongue, et qu'on a plusieurs fois comparé à une outre, est terminé par une queue plate, large, comme tronquée, et dont la forme rappelle celle d'un éventail. La tête est terminée par un museau charnu, où l'on voit vers la partie supérieure, les narines très petites et dirigées en avant. La lèvre supérieure, échancrée à sa partie médiane, est garnie de poils roides et assez abondans. L'œil est très-petit; il n'y a point de conque auditive, et le trou auriculaire ne s'aperçoit que difficilement; la langue est étroite et assez petite. Les mamelles sont pectorales, ordinairement peu visibles; elles deviennent, au contraire, très-proéminentes au temps de la gestation et de l'allaitement. Buffon avait dit, on ne sait trop sur quel fondement, que la vulve n'est pas située comme dans les autres Animaux au-dessous, mais au-dessus de l'anus. Mais Cuvier a constaté qu'il n'y a à cet égard aucune anomalie. Quant à l'organisation intérieure, tout l'appareil digestif est bien celui d'un Herbivore; les intestins sont boursouflés, et l'estomac est divisé en deux parties et en deux petites poches aveugles. Enfin les dents sont, comme on a pu le voir par notre description, tout-à-fait appropriées au régime végétal, et tellement, qu'elles sont presque entièrement semblables à celles de certains Pachydermes. Le col n'a que six vertèbres, comme l'a dit Daubenton, et encore ces vertèbres sont-elles très-courtes. Il y a seize paires de côtes; mais deux seulement s'unissent au sternum.

Les mœurs des Lamantins ne sont pas moins curieuses que leur organisation. Ces êtres mitoyens, placés au-delà des limites de chaque classe, suivant l'expression de Buffon, ne sont point encore, comme les Dauphins et les Baleines, des Animaux véritablement marins. On ne les trouve pas dans la haute mer, mais seulement au voisinage des îles et des côtes, et vers l'embouchure des fleuves, où ils remontent même quelquefois jusqu'à des distances considérables. La plupart des voyageurs affirment qu'ils restent constamment dans l'eau : il paraît cependant qu'ils viennent à bout de se traîner à terre. Ils vont ordinairement en troupes, serrés les uns contre les autres, les jeunes étant placés au milieu. Ils n'ont aucune défiance, du moins dans les contrées où ils n'ont point encore appris à redouter la puissance de l'Homme. Ils se laissent approcher, toucher même sans aucune crainte, levant la tête hors de l'eau, et il faut, dit-on, les frapper très-rudement pour qu'ils prennent le parti de s'éloigner. La chair de ces Animaux ressemble, suivant plusieurs voyageurs, à celle du Bœuf, suivant d'autres à celle du Veau; leur graisse est pareillement très-bonne. Aussi la pêche du Lamantin se fait-elle très-fréquemment. « Pour le prendre, dit un voyageur qui a vu cette pêche sur les côtes de Saint-Domingue, on tâche de s'en approcher sur une nacelle ou un radeau, et on lui lance une grosse flèche attachée à un très-long cordeau; dès qu'il se sent frappé, il s'enfuit, et emporte avec lui la flèche et le cordeau à l'extrémité duquel on a soin d'attacher un gros morceau de liége ou de bois léger pour servir de bouée et de renseignement. Lorsque l'Animal a perdu par cette blessure son sang et ses forces, il gagne la terre; alors on reprend l'extrémité du cordeau; on le roule jusqu'à ce qu'il n'en reste plus que quelques brasses; et à l'aide de la vague on tire peu à peu l'Animal vers le bord, ou bien on achève de le tuer dans l'eau à coups de lance. » L'attachement de ces Animaux pour leurs compagnons fournit alors un spectacle touchant; ils cherchent à délivrer le blessé du harpon, et on en a vu souvent suivre constamment le cadavre de leur mère ou de leur femelle, pendant qu'on le traînait vers le rivage. On conçoit combien la pêche de ces Animaux est rendue facile par leur peu de défiance. Aussi les pêcheurs exercés peuvent-ils en un jour se procurer un très-grand nombre d'individus.

L'intelligence du Lamantin, son instinct social et doux, font avec ses formes grossières un contraste véritablement bien remarquable, et qui a frappé tous ceux qui lui ont donné quelque attention. « Ces Animaux, a dit Buffon, quoique informes à l'extérieur, sont à l'intérieur très-bien organisés, et si l'on peut juger de la perfection d'organisation par le résultat du sentiment, ces Animaux seront peut-être plus parfaits que les autres à l'intérieur. » Au reste les voyageurs, toujours amis du merveilleux, ont encore exagéré l'intelligence déjà si étonnante du Lamantin, sans doute pour avoir cru trop facilement à de faux récits; mais d'autres ont encore été plus loin. En se rappelant tout ce qu'on a débité sur l'existence des Hommes marins, en songeant au nombre de ceux qui ont dit avoir vu de ces êtres merveilleux, à la manière pleine d'assurance, au ton de vérité dont ils le soutiennent, il est difficile de se persuader que le seul désir de tromper ait donné naissance à toutes leurs assertions. Demaillet, dans le but de prouver l'origine aquatique de l'espèce humaine, a particulièrement dans son ouvrage intitulé *Telliamed*, rassemblé un grand nombre de témoignages attestant la vérité de semblables récits. Il est bien prouvé maintenant que ces fables ont leur source, quelques-unes dans de coupables supercheries; mais la plupart dans quelques ressemblances grossières de l'Homme avec les Lamantins et avec certaines espèces voisines , comme le Dugong. Les longs poils de la lèvre supérieure , qui de loin pouvaient être pris pour des cheveux; la forme des ongles ; surtout les mamelles situées sur la poitrine, et à peu près arrondies comme chez la Femme ; l'habitude qu'ont ces Animaux d'élever hors de l'eau la partie antérieure de leur corps ; sans doute aussi leur peu de défiance, leur douceur, leur intelligence, ont suffi pour faire attribuer les formes humaines à des Animaux si peu semblables à l'Homme ; confusion qui peut paraître bien étonnante, mais qui n'en est pas moins certaine (*V.* Cuvier , Oss. Foss. T. iv). Qu'on lise la description d'un de ces Hommes marins, quelle que soit la manière dont on ait exagéré les ressemblances, on retrouvera presque toujours, avec de l'attention, les caractères d'un Lamantin ou d'un Dugong. Au reste, et nous faisons cette remarque sans chercher à excuser une erreur aussi grossière , prenant ces Animaux pour de véritables Poissons à cause de leur séjour habituel dans la mer, on ne pouvait manquer d'être vivement surpris de leur voir des poils, des ongles, des mamelles ; et si l'Homme les éleva jusqu'à lui, c'est surtout parce qu'il les voyait sortir ainsi des limites de leur classe. Le nom de *Poisson-Femme* , donné en plusieurs lieux au Lamantin, prouve la vérité de cette remarque. Le nom de *Lamantin* lui-même tire peut-être sa source de la même origine : ce mot est dérivé par corruption , comme l'a montré Buffon , du nom de *Manati* ou Manate que les Galibis et les Caraïbes, habitans de la Guiane et des Antilles, donnaient dans leur langue au Lamantin d'Amérique. De ce nom , en y réunissant l'article , les Nègres des îles françaises d'Amérique ont fait *Lamanati* , puis *Lamanti*. Quant au nom de *Manati* lui-même, il paraît avoir été emprunté des Espagnols, et donné au Lamantin, à cause de ses ongles qui donnent à la terminaison de ses nageoires quelque ressemblance

avec une main, ressemblance qui a dû nécessairement paraître fort singulière chez un Animal que l'on considérait comme un Poisson. Les noms de Bœuf, de Vache et de Veau marins ont aussi été donnés en divers lieux au Lamantin , de même qu'au Dugong. Nous pensons que ces dénominations doivent tenir à la remarque qu'on aura faite de quelques ressemblances grossières dans les formes plutôt qu'à la similitude du régime entre ces Ruminans et le Lamantin. En effet , à moins que le genre de nourriture d'un Animal ne présente quelque singularité, le vulgaire le remarque à peine, et, au contraire, tout ce qui frappe ses yeux ne manque pas de fixer son attention. Il est bien certain d'ailleurs que quelques peuples ont trouvé de la ressemblance entre la tête du Bœuf et celle du Lamantin , et même au point d'avoir attribué à l'un des cornes semblables à celles de l'autre. On sait enfin, d'un autre côté, que les Phoques, Animaux carnassiers, ont aussi, et même beaucoup plus généralement, reçu les mêmes noms.

On a beaucoup hésité sur la place que doivent occuper les Lamantins dans la série animale. Presque tous les zoologistes sont seulement tombés d'accord sur un point, sur la nécessité de la réunion du Lamantin et du Morse , quoique celui-ci soit quadrupède et carnassier. Ce rapprochement, contraire à tous les rapports naturels, semblait si heureux , et on était tellement persuadé de sa justesse, que Rai, plaçant le Morse parmi les Carnassiers , à la suite des Chiens, crut devoir y placer aussi le Lamantin; que Klein alla jusqu'à affirmer qu'on devait s'être trompé en refusant à ce Cétacé des pieds de derrière ; et que tous les auteurs systématiques, et Linné lui-même , dans quelques-unes des éditions de son *Systema Naturæ*, placèrent ensemble, dans un même genre , le Lamantin, le Dugong et le Morse. Lacépède fut le premier qui sépara enfin ces trois Animaux , dont il fit avec juste raison des genres particuliers, et Cuvier, adoptant les trois genres Morse, Dugong et Lamantin de Lacépède, en établit en outre, sous le nom de Stellère, un quatrième comprenant l'Animal de Steller d'abord confondu aussi avec les Lamantins. De cette manière, le genre Lamantin reste composé de deux espèces seulement dont l'une habite l'Amérique méridionale, et la seconde l'Afrique.

Le LAMANTIN D'AMÉRIQUE, Cuv., *Manatus americanus*, Desmar.; le grand Lamantin des Antilles, Buff.; le Manate de quelques auteurs. Cuvier a fait connaître avec détail l'ostéologie de cette espèce dans son grand ouvrage sur les Ossemens Fossiles. Elle se trouve répandue dans une partie du littoral de l'Amérique méridionale; elle a quelquefois plus de vingt pieds de longueur, et pèse huit milliers. Il y a un peu moins du quart de la longueur totale entre l'insertion des nageoires et le museau. Toute la peau est grise, légèrement chagrinée; quelques poils isolés se voient en divers points, et surtout vers la commissure des lèvres et à la face palmaire des nageoires où ils sont un peu plus abondans.

Le LAMANTIN DU SÉNÉGAL, Adans., *Manatus Senegalensis*, Desmar. Cette espèce se trouve dans presque toutes les rivières de la côte occidentale d'Afrique. La plupart des caractères qui lui ont été attribués appartiennent également au Lamantin d'Amérique, ou sont erronés. Adanson seul nous a donné une description exacte dont nous extrairons les détails suivans : la longueur du Lamantin du Sénégal n'excède pas huit pieds, et son poids huit cents livres; sa couleur est cendrée-noire; l'iris est d'un bleu foncé, et la prunelle noire. Les femelles ont deux mamelles plutôt elliptiques que rondes, placées près de l'aisselle; la peau est un cuir épais de six lignes sous le ventre, de neuf sur le dos et d'un pouce et demi sur la tête. Les nègres Oualofes ou Yolofes appellent cet Animal *Lereou*. Cuvier a trouvé d'autres caractères

dans la tête osseuse moins allongée à proportion de sa largeur que dans le Lamantin d'Amérique, dans la fosse nasale plus large; les orbites plus écartées; les fosses temporales plus larges et plus courtes; les apophyses zygomatiques du temporal beaucoup plus renflées; enfin dans la partie antérieure de la mâchoire, courbée, et non droite comme dans l'autre espèce.

On n'a point encore bien distingué d'autres espèces de Lamantins. Cependant deux crânes récemment trouvés sur les côtes de la Floride orientale, et décrits (Journ. Ac. Sc. Nat. Philadelphie, vol. 3; et Faun. Améric.) par Harlan, sembleraient indiquer une nouvelle espèce, que ce zoologiste propose de nommer *Manatus latirostris*, dans le cas où son existence se trouverait confirmée ultérieurement. Quant au grand Lamantin de la mer des Indes, de Buffon, il n'est autre que le Dugong; son Lamantin du Kamtschatka est le Stellère; et, suivant Cuvier, son petit Lamantin d'Amérique ne serait qu'un double emploi du grand Lamantin des Antilles.

LAMANTINS FOSSILES. Des ossemens fossiles de Lamantins se trouvent répandus en assez grande abondance sur divers points de la France. Renou, professeur d'histoire naturelle à Angers, en a particulièrement découvert un grand nombre dans le département de Maine-et-Loire, dans les couches de Calcaire coquillier situées près de la rivière de Layon. Ordinairement mutilés, et quelquefois même un peu roulés, ces ossemens ont été trouvés avec d'autres débris d'Animaux marins, de Phoques et de Cétacés. Ils consistent en des fragmens de membres, de vertèbres, de côtes et de tête. Cuvier, qui les a décrits et figurés dans son ouvrage sur les Ossemens Fossiles, où il démontre qu'ils appartiennent à un Lamantin différent des espèces aujourd'hui connues, a fait connaître aussi plusieurs autres fragmens trouvés aux environs de Bordeaux, d'Étampes, de Mantes, à l'île d'Aix et dans quelques autres localités : lui-même en a découvert quelques-uns à Longjumeau. « Il est donc bien certain, dit Cuvier en terminant l'important Mémoire auquel nous avons emprunté ces détails sur les Lamantins fossiles, qu'un Animal du genre des Lamantins, genre aujourd'hui propre à la zône torride, habitait l'ancienne mer qui a couvert l'Europe de ses coquillages à une époque postérieure à la formation de la craie, mais antérieure à celle où se sont déposés nos Gypses, et où vivaient sur notre sol les Paléothériums et les genres leurs contemporains. »

(IS. G. ST.-H.)

LAMARCKEA. BOT. PHAN. Le professeur Richard, dans les Actes de la Société d'Histoire Naturelle de Paris, fit en l'honneur du célèbre auteur de la Flore Française, de l'Histoire des Animaux sans vertèbres, etc., un genre de Solanées qu'il nomma *Marckea.* C'est le même genre que Persoon et Poiret appellent *Lamarckea. V.* MARCKEA. D'un autre côté, le professeur Kœler, séparant le *Cynosurus aureus* des autres espèces du même genre, en a fait un genre nouveau sous le nom de *Lamarckea;* mais ce genre a été nommé *Chrysurus* par Persoon. -

(A. R.)

LAMARKIA. BOT. CRYPT. (*Hydrophytes.*) Le genre formé sous ce nom par Olivi, est devenu le *Spongodium* de Lamouroux. *V.* ce mot.

(E.)

LAMBARDE. POIS. (Risso.) Le Squale Roussette à Nice.

(B.)

LAMBDA. INS. Ce nom d'une lettre grecque a été imposé à une Noctuelle sur les ailes de laquelle on en reconnaît la figure dans deux taches noires.

(B.)

LAMBERTIE. *Lambertia.* BOT. PHAN. Genre de la famille des Protéacées et de la Tétrandrie Monogynie, L., établi par Smith et aujourd'hui adopté par tous les botanistes modernes. Il se compose de jolis Arbustes à rameaux verticillés, portant des feuilles alternes, le plus souvent très-entières ; des fleurs réunies en capitules terminaux solitaires, composés de sept fleurs, environnés d'un involucre dont les folioles sont colorées. Chaque fleur est composée d'un calice tubuleux, à quatre divisions recourbées et tordues en spirale, portant chacune une étamine. L'ovaire est environné de quatre écailles hypogynes, distinctes ou soudées en une petite gaîne. Cet ovaire est à une seule loge et contient deux ovules ; le stigmate est allongé, subulé. Le fruit est un follicule uniloculaire, coriace et presque ligneux, cunéiforme et quelquefois terminé par deux pointes à son sommet ; il contient des graines membraneuses sur les bords. Toutes les espèces de *Lambertia* croissent à la Nouvelle-Hollande. Plusieurs sont cultivées dans les jardins ; telle est surtout la suivante :

LAMBERTIE ÉLÉGANTE, *Lambertia elegans*, Smith, *Lin. Trans.*, 4, p. 214, t. 20. Cette jolie espèce est originaire de la côte orientale de la Nouvelle-Hollande ; elle croît aux environs de Port-Jackson, dans les lieux découverts et rocailleux. Elle peut s'élever à la hauteur de cinq à six pieds ; ses rameaux sont courts, ordinairement ternés, ainsi que ses feuilles qui sont étroites, allongées, cuspidées au sommet, coriaces, persistantes, très-entières, glabres et luisantes à leur face supérieure, tomenteuses et ferrugineuses inférieurement, à bords réfléchis. Les fleurs sont rouges, réunies au nombre de sept dans un involucre écailleux et imbriqué. Le fruit est cunéiforme et terminé par deux cornes écartées l'une de l'autre. Cette espèce fleurit en général au mois d'avril. On la cultive en terre de Bruyère ; elle doit être abritée dans l'orangerie. Elle se multiplie facilement de boutures.

Une autre espèce de ce genre est remarquable par ses involucres constamment uniflores. Rob. Brown l'a nommée pour cette raison *Lambertia uniflora.*

(A. R.)

LAMBICHE. ois. Syn. vulgaire de la Guignette dans les Vosges et sur les bords de la Moselle. *V.* CHEVALIER. (DR..Z.)

LAMBIN. MAM. L'un des noms vulgaires du Paresseux. *V.* BRADYPE. (B.)

LAMBIS. MOLL. Nom sous lequel les marchands désignent particulièrement une espèce de Ptérocère, *Pterocera Lambis* de Lamarck; ils donnent aussi le nom de LAMBIS DE LA GRANDE ESPÈCE au *Strombus latissimus*, Lin., de LAMBIS AILÉ DE LA MOYENNE ESPÈCE au *Strombus Gigas*, Lin., de LAMBIS MARBRÉ au *Strombus lentiginosus*, L., et enfin de LAMBIS NON AILÉ DE LA GRANDE ESPÈCE au *Strombus lucifer*, L. (D..H.)

LAMBRUS ET LAMBRUSQUES. BOT. PHAN. De *Lambrusca*, par corruption de *Labrusca*. Noms vulgaires, dans certains cantons du Midi, de la Vigne sauvage. (B.)

* LAME PROLIGÈRE. *Lamina proligera.* BOT. CRYPT. (*Lichens.*) Acharius, en donnant le nom de Lame proligère à un organe mince, coloré, caduc par vétusté, lisse, que l'on observe dans les apothécions scutelloïdes, dont il forme le disque, a semblé croire qu'il remplissait dans les Lichens le rôle que le placenta remplit dans les Phanérogames. Quoiqu'il ne soit pas prouvé que la Lame proligère renferme exclusivement les gongyles reproducteurs, il est certain néanmoins que la nature a pris un soin extrême de sa conservation. Nos observations particulières nous ont prouvé, contre l'opinion d'Acharius, que la Lame proligère n'était pas seulement dans les fruits scutellés, mais qu'elle pouvait s'observer aussi dans les apothécions de tous les genres de Lichens sous des formes très-variées. Elle est nue dans les Lécidées, les Opégraphes et les Gyrophores, entourée et défendue des chocs extérieurs par un périthécion dans les Verrucariées, et par une marge dans les Lécanores, les Parmélies, etc.

Elle constitue quelquefois l'apothécion tout entier comme dans les Entographes, les Hétérographes, les Opégraphes et les Lécidées, mais elle n'en fait qu'une partie dans la plupart des autres genres. Cet organe serait, suivant nous, une sorte d'ovaire stérile, la nature n'ayant pu atteindre son but entièrement, et les hommes qui étudient les êtres organisés savent très-bien que la nature a ses ébauches. Ce qui fortifie cette assertion, c'est que les autres parties de la Plante paraissent en être dépendantes et avoir pour fonction principale, celle de concourir à sa conservation. Le thalle la reçoit dans la jeunesse et la préserve de tout frottement; la marge des scutelles, le périthécion des Verrucaires, ne paraissent pas avoir d'autre rôle que celui d'empêcher les chocs extérieurs, et l'on remarque que cet organe, renfermé quelquefois dans une double enveloppe, va toujours chercher la lumière en déterminant dans l'apothécion une dilatation plus ou moins complète. Acharius ne reconnaît de Lame proligère que quand cette dilatation est complète, comme cela a lieu dans les fruits scutellés ou patellulés; tel n'est point notre avis. On peut regarder l'apothécion d'une Pyrénule, par exemple, comme une scutelle non déhiscente, et en effet, supposez que la nature en dilate le sommet, alors le périthécion devient le corps de la scutelle et le nucleum de la Lame proligère; il en est de même pour tous les genres à apothécion globuleux, et cette théorie peut aussi s'appliquer aux fructifications linéaires. On conçoit, d'après cette explication, que le nom de Lame proligère n'est plus convenable; nous attendons pour le changer que de nouvelles observations aient confirmé et fortifié notre opinion. La Lame proligère existe dans tous les apothécions scutelloïdes verruculeux, et dans notre genre Plectocarpon qui appartient à notre groupe des Parmélies, ordre des Stictées. *V.* NUCLEUM et PLECTOCARPON. (A. F.)

LAMELLE. *Lamella.* BOT. On donne particulièrement ce nom aux appendices pétaloïdes qui naissent sur certaines corolles : par exemple , dans le Laurier-Rose, les Lychnides, plusieurs Borraginées , etc.

Le mot de *Lamella* est aussi employé par les auteurs de Mycologie , pour désigner la partie des Champignons qu'on a nommée en français feuillet, parce qu'elle y est disposée comme les feuillets d'un livre. *V.* FEUILLET et AGARIC. (G..N.)

LAMELLIBRANCHES. MOLL. C'est à Blainville que l'on doit la création de cette nouvelle dénomination pour rassembler en une seule division tous les Animaux mollusques, dont les branchies par paires très-larges et en lames aplaties, sont placées entre le corps et le manteau; presque tous les Conchifères ou Coquilles bivalves doivent rentrer dans cette division dont nous reparlerons à l'article MOLLUSQUE auquel nous renvoyons. (D..H.)

LAMELLICORNES. *Lamellicornes.* INS. Dernière famille de l'ordre des Coléoptères, section des Pentamères. C'est une de celles qui renferment les Insectes les plus nombreux et les plus grands, et le trait entomologique le plus saillant qui la distingue des autres est d'avoir les antennes terminées en une massue , soit feuilletée, c'est-à-dire composée d'articles en forme de lames disposées en éventail ou à la manière des feuillets d'un livre, s'ouvrant et se fermant de même; soit en peigne et dont les feuillets sont perpendiculaires à l'axe, ou bien composées d'articles cupulaires et emboîtés; le premier ou l'inférieur de la massue étant en forme d'entonnoir, tronqué obliquement et renfermant concentriquement les autres.

La tête des Lamellicornes se prolonge en avant, et cette partie avancée est ce qu'on appelle Chaperon ; plusieurs des Insectes que cette famille comprend sont remarquables par leur taille, les éminences en forme de cornes, de tubercules, que pré-

sentent, dans les mâles, la tête , le corselet, ou ces deux parties simultanément; leur corps est , en général, ovale ou ovoïde ; les antennes sont ordinairement composées de neuf à dix articles, et insérées dans une cavité sous les bords de la tête ; les yeux s'étendent plus en dessous qu'en dessus, ils sont peu saillans; la bouche varie , mais la lèvre est le plus souvent couverte par le menton qui est grand et corné ; les deux premières jambes , et souvent d'autres , sont dentées au côté extérieur et propres à fouir; les articles des tarses sont toujours entiers. Les Lamellicornes se nourrissent , soit de matières végétales décomposées , comme les fientes, le fumier, le tan , etc., soit de feuilles et de racines des Végétaux , soit enfin du miel des fleurs ou des liqueurs exsudées par les Arbres; ceux qui vivent de matières végétales altérées ont presque tous une teinte noire ou brune ; quelques-uns sont même nocturnes; les autres recherchent la lumière; ils sont ornés de couleurs métalliques ou variées, et très-agréables. Leur démarche est en général lourde et leur vol souvent étourdi comme celui des Hannetons. Le canal alimentaire des Lamellicornes se compose en général d'un œsophage très-court qui se dilate aussitôt en un jabot de formes très-variées suivant les genres; d'un ventricule chylifique plus ou moins long, ayant quelquefois sur toute sa surface des papilles conoïdes ou claviformes, ou des traces de plissures, et étant toujours replié sur lui-même un nombre de fois plus ou moins grand , suivant sa longueur relativement à celle de l'Animal entier. Il donne toujours attache à quatre vaisseaux hépatiques de longueur très-variable , et il finit par un intestin grêle , filiforme et terminé par un cœcum plus ou moins distinct. Les larves des Lamellicornes ont un estomac cylindrique, entouré de trois rangées de petits cœcums; un intestin grêle très-court ; un colon énormément gros, boursoufflé, et un rectum médiocre. Les trachées de l'Insecte parfait sont presque vésiculaires.

Les larves des Insectes de cette famille se ressemblent presque toutes. Leur corps est long, presque demi-cylindrique, charnu, mou et ridé; il est blanchâtre, divisé en douze anneaux, et la tête est écailleuse et munie de fortes mandibules. Ces larves ont six pieds écailleux bruns ou roussâtres; de chaque côté du corps on voit neuf stigmates; l'extrémité postérieure du corps de ces larves est courbée en dessous, plus épaisse, et de couleur bleuâtre; elles se tiennent cachées dans la terre ou dans le tan des Arbres; et ces dernières se nourrissent de cette matière ou du terreau; d'autres vivent d'excrémens et de fumier; un grand nombre se nourrit des racines de divers Végétaux, et nous est quelquefois très-nuisible en attaquant ceux que nous cultivons et employons, ou en les déracinant. Ces larves se font toutes, dans leur séjour, une coque ovoïde avec la terre ou les débris des matières qui leur ont servi de nourriture, et qu'elles lient ensemble avec une matière glutineuse qu'elles font sortir de leur corps. Quelques-unes de ces larves ne se changent en nymphes qu'au bout de trois ou quatre ans.

Dans le *Genera Crust. et Ins.* de Latreille, ces Insectes formaient plusieurs familles; dans ses Familles Naturelles du Règne Animal, ce savant auteur a divisé les Lamellicornes en deux tribus: Ce sont les Scarabéides qui répondent aux Lamellicornes ou Pétalocères de Duméril, et les Lucanides ou Serricornes Priocères du même. *V.* Scarabéides et Lucanides. (G.)

* LAMELLINE. *Lamellina.* inf. Nous proposerons sous ce nom significatif de sa figure un genre de Microscopiques, dans l'ordre des Gymnodés; il se compose d'Animaux invisibles à l'œil nu, dont les caractères consistent dans l'aplatissement du corps qui est homogène, plus ou moins approchant de la forme d'un carré long, tronqué aux deux extrémités, de manière à présenter quatre angles droits. Ce seraient de véritables Bacillaires, s'ils n'étaient pas beaucoup plus larges et membraneux, et si des mouvemens sinueux sur la longueur n'y indiquaient une reptation sensible. Le *Monas Lamellula*, Müll., Inf., p. 7, tab. 1, f. 16, 17, Encycl. Vers Ill., pl. 1, fig. 8, fait partie de ce genre, ainsi que les deux êtres singuliers représentés par Joblot, *part.* 2, p. 33, f. 2, M. etc., p. 18, pl. 3, fig. R. L. Tous vivent dans les infusions végétales; on dirait de petites lames de verre vivantes; la première se trouve aussi dans l'eau de mer gardée. Le *Gomium pulvinatum* de Müller appartient aussi à ce genre. (B.)

LAMELLIROSTRES. ois. (Cuvier.) Famille d'Oiseaux qui renferme la plupart des Palmipèdes, et dont le caractère principal consiste en un bec épais, revêtu d'une peau molle plutôt que d'une corne. (DR..Z.)

LAMELLOSODENTATI. ois. (Illiger.) Syn. de Lamellirostres. *V.* ce mot. (B.)

LAMENTIN. mam. Pour Lamantin. *V.* ce mot. (B.)

LAMEO. pois. (Risso.) Le Requin à Nice. *V.* Squale. (B.)

* LAMIAIRES. *Lamiariæ.* ins. Tribu de l'ordre des Coléoptères, section des Tétramères, famille des Longicornes, établie par Latreille (Fam. Natur. du Règn. Anim.), et ayant pour caractères: dernier article des palpes ovalaire et rétréci en pointe vers le bout; tête verticale.

Cette tribu renferme les genres Acrocine, Acanthocine, Lamie, Pogonochère, Monochance, Tétraope, Parmène, Dorcadion et Saperde. *V.* ces mots et Lamie. Le genre *Gnoma* de Fabricius est une réunion de Lamies, de Saperdes et de Callidies à corselet plus long et cylindrique. (G.)

LAMIASTRUM. bot. phan. (Heister.) Syn. de *Galeopsis Galeobdolon*, L. *V.* Galéopside.   (b.)

LAMIE. *Lamia.* pois. Espèce du genre Squale, devenue type de l'un des sous-genres établis par Cuvier. *V.* Squale.   (b.)

LAMIE. *Lamia.* ins. Genre de l'ordre des Coléoptères, section des Tétramères, famille des Longicornes, tribu des Lamiaires, établi par Fabricius aux dépens du grand genre Cerambyx de Linné. Ce genre a été partagé depuis Fabricius en plusieurs sous-genres basés sur des caractères très-secondaires et tirés pour la plupart de la forme et des proportions du corps. Latreille, dans tous ses ouvrages, s'était servi de ces genres pour établir des divisions dans les Lamies de Fabricius. Ce n'est que dans ces derniers temps (Familles Natur. du Règn. Anim.) qu'il a adopté quelques-uns des nombreux genres formés par Thunberg, Megerle et Schonherr; mais comme son ouvrage (*loc. cit.*) ne présente que les caractères des familles, qu'il ne fait qu'énumérer les genres qui entrent dans chacune d'elles, et que la plupart des auteurs qui les ont établis ne l'ont fait que dans leurs collections, nous les considérerons comme n'étant point encore publiés et nous ne les présenterons que comme divisions du genre Lamie. Les caractères essentiels du genre Lamie, dans toute l'extension que nous lui donnons ici, sont : labre très-apparent, s'avançant entre les mandibules; palpes filiformes, terminés par un article ovalaire ou presque cylindrique; antennes quelquefois sétacées, quelquefois composées d'articles très-courts, presque grenus, avec la base environnée par les yeux qui sont allongés en forme de reins; tête verticale; corselet épineux ou rugueux, plus ou moins long; corps cylindrique dans quelques-uns, aplati dans d'autres. Ces Insectes se distinguent des Priones par la forme du labre qui est très-petit

et peu apparent dans ceux-ci; ils s'éloignent des Callichromes et des Cerambyx par leur tête qui est verticale tandis qu'elle est penchée en avant dans ceux-ci, et que le dernier article de leurs palpes est plus grand et en forme de cône renversé. Ces Insectes avaient été placés par Linné avec les Cerambyx; les caractères que Fabricius leur a assignés en les en séparant, ne les distinguent presque pas du genre précédent, ainsi que de ceux des Saperdes et des Gnomes qu'il a aussi établis. Tous ces Coléoptères ont la languette en forme de cœur, avec une échancrure plus ou moins profonde au milieu du bord supérieur. Les mâchoires sont pareillement terminées par deux lobes dont l'intérieur plus petit, en forme de dent. Le tube digestif des Lamies a bien plus d'étendue que dans les autres Longicornes. Léon Dufour (Ann. des Scienc. Natur. T. iv, p. 112, pl. 6, fig. 3) dit qu'il a quatre fois la longueur de l'Insecte (*Lamia Textor*); il n'a pas trouvé de jabot distinct de l'œsophage qui atteint à peine le commencement du corselet; le ventricule chylifique en est séparé par un bourrelet prononcé, siége d'une valvule; il égale en longueur la moitié de tout le tube alimentaire; il est cylindroïde et se replie en deux grandes circonvolutions maintenues par des brides trachéennes excessivement multipliées; sa surface externe est couverte de points papilliformes que la loupe rend à peine sensibles et dont la saillie varie suivant le degré de contraction de l'organe; l'intestin grêle est filiforme; il se renfle en un cœcum allongé; le rectum, distinct de ce dernier par une contracture valvulaire, est long dans la femelle et renfermé dans un étui qui lui est commun avec l'oviducte; il est coudé à son origine, et ce coude est maintenu par deux brides musculaires distinctes, destinées sans doute à faciliter ou à régler ses mouvemens lorsque l'oviducte s'allonge pour la ponte.

Les Lamies font entendre, comme tous les Longicornes, un bruit aigu produit par le frottement des parois intérieures du corselet contre la base du mésothorax. Les larves de la plupart des espèces vivent dans le bois à la manière de celles des autres Longicornes ; c'est là, et surtout dans les chantiers, que l'on trouve l'Insecte parfait. Quelques espèces, qui composent le genre Dorcadion, se tiennent constamment à terre, et Latreille pense que leurs larves vivent dans les racines de divers Végétaux. Ce genre est très-nombreux en espèces ; elles sont répandues dans toutes les parties du monde, et surtout dans les pays boisés, entre les tropiques. L'Amérique méridionale en fournit beaucoup à corps aplati ; ceux qui ont le corps plus ou moins cylindrique appartiennent à l'ancien continent.

I. Corselet ayant de chaque côté un gros tubercule mobile, enfoncé et terminé par une épine ; corps toujours très-aplati, avec les antennes très-grêles, fort longues, et les deux pieds antérieurs ordinairement très-allongés.

Genre : ACROCINE. *V*. ce mot.

II. Corselet sans tubercules mobiles.

† Corps très-aplati, deux fois au moins plus large que haut.

Genre : ACANTHOCINE.

LAMIE CHARPENTIER , *Lamia Œdilis*, Fabr. ; *Acanthocinus Œdilis*, Oliv., *ibid*., pl. 9, fig. 59, A, B, C, D. Cette espèce a le corps d'un gris cendré, avec des points et deux bandes transverses brunes sur les étuis, et quatre petites taches jaunes disposées en une ligne transverse sur le corselet. Il est commun dans le nord de l'Europe, et se trouve rarement en France.

†† Corps non déprimé, à peu près aussi haut que large ; longueur totale ne surpassant point trois fois la largeur ; élytres beaucoup plus larges à leur base que le corselet et diminuant vers leur extrémité ; pates for-

tes ; antennes au moins aussi longues que le corps.

Genre : LAMIE , *Lamia* , Fabr.

LAMIE TRISTE , *L. tristis*, *C. tristis*, Oliv., *ibid.*, pl. 9, f. 62. Elle a un peu plus d'un pouce de long ; son corps est noir, avec une légère teinte cendrée ; les élytres sont grises, chagrinées, avec deux taches très-grandes, noires sur chaque. On la trouve dans le midi de la France et en Autriche sur le Cyprès. Le genre Pogonochère (*Pogonocherus*, Meg.) ne se distingue pas des Lamies par des caractères assez tranchés ; l'espèce qui lui sert de type est la *Lamia hispida*, *Cerambys hispidus*, Fabr., *Pogonocherus hispidus*, Meg.

††† Corps non déprimé ; longueur totale ayant au moins quatre fois la largeur du corps ; élytres presque aussi larges à leur extrémité qu'à leur base ; pates grêles, beaucoup plus minces que celles des Lamies.

Genre : MONOCHAME (*Monochamus*, Meg.).

LAMIE CORDONNIER , *L. Sutor*, Oliv., *ibid.*, pl. 3., fig. 20, a, b, c ; *Monochamus Sutor*, Meg. Longue de près d'un pouce ; élytres parsemées d'un grand nombre de petites taches d'un gris jaunâtre formées par un duvet. Elle se trouve communément en Suisse.

†††† Corps de même que dans la division précédente ; chaque œil divisé en deux par la base des antennes, de sorte que l'Insecte semble en avoir quatre.

Genre : TÉTRAOPE (*Tetraopes*, Sch.).

LAMIE TORNATOR , *L. Tornator*, Fabr. ; *Tetraopes Tornator*, Sch. ; *Ceramb. Tornator*, Oliv., Entom., 4, 67, p. 105, 138, t. 8, f. 52 ; *Cer. tetrophtalmus*, Forst. Elle est longue de quatre lignes, rouge avec quatre points noirs sur le corselet et autant sur chaque élytre, les pates et les antennes sont noires. Elle se trouve dans l'Amérique du nord.

††††† Abdomen ovale ; antennes plus courtes que le corps.

Genres : Parmène (*Parmena*, Meg.) et Dorcadion (*Dorcadion*, Sch.).

Nous ne connaissons pas les caractères qui distinguent le genre *Parmena* du genre *Dorcadion*. L'espèce qui sert de type au premier est la *Lamia fasciata* de Villers, et parmi les Dorcadions, celui qui est le plus commun en France est :

La Lamie fuliginuse, *L. fuliginator*, Fabr., Latr.; *Cer. fuliginator*, Oliv., *ibid.*, pl. 4, f. 21, a, b, c, d; *Dorcadion fuliginator*, Sch. — Noir avec la tête et le corselet chagrinés et les élytres cendrées. Cette dernière couleur passe au brun dans une variété qui habite les lieux élevés; alors chaque élytre offre deux lignes blanchâtres longitudinales. Cette espèce est commune aux environs de Paris.

Quoique le genre Saperde ne soit pas très-bien caractérisé, on l'a conservé. *V*. ce mot.   (G.)

LAMIER. *Lamium*. BOT. PHAN. Genre de la famille des Labiées et de la Didynamie Gymnospermie, établi par Linné et ainsi caractérisé : calice tubuleux à dix stries, à cinq dents inégales et très-aiguës; corolle dont le tube est long, évasé à son orifice, la lèvre supérieure entière, en forme de voûte, et recouvrant les étamines, la lèvre inférieure à trois lobes, deux latéraux plus petits et comme appendiculés, celui du milieu plus grand, un peu concave et échancré; quatre étamines didynames, à anthères velues; ovaire quadrilobé, surmonté d'un style bifide à son sommet.

Une quinzaine d'espèces de Lamiers ont été décrites par les auteurs. Elles se trouvent toutes dans l'hémisphère boréal : une croît dans l'Amérique septentrionale, et les autres en Europe et dans l'Orient. Parmi celles qui sont très-communes en France, dans les champs, les haies et les lieux ombragés, la plus remarquable est le *Lamium album*, vulgairement nommé Ortie blanche, que l'on employait autrefois en médecine contre les scrophules, la

leucorrhée, etc. Les Abeilles se plaisent particulièrement à butiner sur ses fleurs. Les autres espèces françaises, *Lamium amplexicaule*, *L. maculatum*, sont des Herbes à petites fleurs rouges et presque sans agrément.

(G..N.)

LAMINAIRE. *Laminaria*. BOT. CRYPT. (*Hydrophytes*.) Ce genre, type de notre famille des Laminariées, fut d'abord distingué sous le nom de *Laminarius* par Roussel dans sa Flore du Calvados, mais si mal caractérisé qu'on pouvait le considérer comme douteux. Stackhouse l'adopta sans le mieux définir, en lui donnant le nom de *Gigantea* qui ne pouvait être admis. C'est Lamouroux qui le constitua définitivement en lui assignant d'abord pour caractères : racines fibreuses, rameuses. Cette définition n'étant pas suffisante, Agardh la reforma de la sorte : fronde fibreuse, munie de racines et stipitée, membraneuse ou coriace; fructification en graines pyriformes, disposée dans les lames de la fronde. Nous adopterons de tels caractères en y ajoutant que les frondes sont dépourvues de côtes, ce qui éloignera des Laminaires proprement dites les *Laminaria Agarum*, *esculenta* et *costata* des auteurs, outre plusieurs autres que nous possédons et dont nous formerons le genre *Agarum*. *V*. ce mot à l'article Laminariées. Le *Fucus saccharinus* des auteurs est le type de ce genre, dans lequel se rangent beaucoup des plus considérables Hydrophytes de la mer et dont nous connaissons un grand nombre d'espèces qui seront incessamment décrites et figurées dans un travail auquel nous mettons la dernière main en ce moment, et qu'avait projeté feu notre ami et collaborateur Lamouroux. Les Laminaires peuvent être réparties provisoirement en trois sous-genres qui devraient peut-être constituer par la suite autant de genres différens et dont presque toutes les espèces sont propres aux mers septentrionales de l'hémisphère boréal; plusieurs y sont communes aux côtes du nouveau et de l'ancien continent. Ce sont des Plantes coriaces, d'un vert foncé ou roussâtre, muqueuses à leur surface et remplies d'un principe gélatineux et sucré qui se manifeste en efflorescences farineuses et blanchâtres à la surface de la fronde quand on les dessèche sans avoir la précaution de les laver dans l'eau douce avant de les préparer. Toutes demeurent long-temps hygrométriques après la dessiccation.

† FISTULAIRES. *Racines fibreuses; stipe fistuleux, entièrement vide.* Ce sous-genre forme le passage aux Macrocystes où les pétioles de chaque feuille, qui ne sont que des frondes partielles, peuvent être également considérés comme des stipes fistuleux, et de même absolument vides.

LAMINAIRE TROMPETTE, *Laminaria buccinalis*, Lamx., *Fucus buccinalis*, L., Turn., *Fuc.*, pl. 139, dont le stipe énorme, fistuleux, vide, acquiert souvent plusieurs toises de longueur, et plusieurs pouces de diamètre; aminci vers sa base, il se renfle en s'allongeant. La fronde ou lame qui s'y insère est allongée, pinnée ou pinnatifide, épaisse, coriace, noirâtre, avec ses divisions ou pinnules, aiguës. Nous possédons cependant un échantillon où ces pinnules élargies vers l'extrémité y sont obtuses. Jetés à la côte, les stipes, en s'y desséchant, sont quelquefois comme de gros tubes cornés qui imitent la forme de trompettes ou plutôt de cornets à bouquins. Cette Plante, qui se trouve sur les côtes de la pointe méridionale de l'Afrique, y fut remarquée par les navigateurs dès l'époque où l'on doubla le cap de Bonne-Espérance; et les anciens botanistes l'appelaient *Trombœ marinœ*, J. B. H., 3, p. 88, ou *Arundo indica fluitans*, C. B. P. 19.

LAMINAIRE OPHIURE, *L. Ophiura*, N., espèce des plus remarquables, rapportée de Terre-Neuve par des bateaux de pêcheurs et que Lapylaie a appelée *longicruris*, nom qui nous paraît inadmissible, parce que le stipe de ce Laminaire ne saurait être comparé à une cuisse. Sa lame ou fronde serait à peu près celle de la Sucrière, si elle n'était beaucoup moins ondulée et plus mince, étant comme du parchemin; elle acquiert jusqu'à six ou huit pieds de long sur quatre à huit pouces de large. Son stipe fistuleux, absolument vide, de six lignes à dix-huit de diamètre, est cylindrique, ridé, noirâtre, souvent long de quatre pieds, et ressemblant à une Couleuvre.

†† SACCHARINES. *Racines fibreuses, rameuses; stipe solide, corné, devenant comme ligneux.*

* Fronde constamment simple et entière.

La LAMINAIRE SUCRIÈRE, *Laminaria saccharina*, Lamx., *Fucus saccharinus*, L. On a confondu sous ce nom plusieurs espèces fort distinctes, et généralement toutes celles de la section qui nous occupe. Mais quand on examine ces Végétaux avec attention, les différences deviennent frappantes. La véritable Laminaire Sucrière est la plus commune sur nos côtes atlantiques où nous l'avons observée depuis le cap Finistère, en Galice, la baie de Saint-Jean-de-Luz et Biarits, au rocher de Cordouan, Belle-Ile et les côtes de Bretagne, enfin jusqu'à celles du Calvados et de Picardie. On la retrouve sur les côtes d'Angleterre et jusqu'en Norwège. Son stipe arrondi, de la grosseur du doigt, court parallèlement à la longueur de la lame, qui est membraneuse, un peu coriace, d'un roux verdâtre, ovoïde, oblongue ou sublinéaire, atteignant jusqu'à six et neuf pieds de long, lancéolée, aiguë, fort ondulée, même frisée sur les bords, arrondie ou même subcordée au point d'insertion sur ce stipe. Nous en connaissons trois variétés principales : *a*. La Laminaire Sucrière à fronde obronde, très-large par rapport à sa longueur. *β*. Celle qui est oblongue, mais non absolument linéaire. *γ*. Celle qui est linéaire et fort étroite. Il en existe encore une variété *δ*. monstrueuse et qui présente sur l'une de ses pages vers le centre et longitudinalement une superfétation ondulée, crépue, implantée sur l'une des faces de la lame.

Laminaire longipède, *L. longipes*, N. Confondue avec la précédente, elle a son stipe bien plus long sur lequel la lame s'implante en s'allongeant de manière à être aussi aiguë par en bas que par son extrémité supérieure. Sa substance est d'ailleurs beaucoup plus mince, et comme un fragile parchemin. Elle acquiert la même longueur, demeure toujours plus étroite et se trouve, mais beaucoup plus rarement, sur nos côtes atlantiques. Nous en devons au savant Mertens des échantillons recueillis dans les mers du Kamtschatka.

Laminaire cornée, *Laminaria cornea*, N. Toujours confondue avec la Sucrière, n'est jamais aussi large, dépasse fort rarement plus de deux pieds de longueur, a sa fronde arrondie vers son insertion sur le stipe, et sa substance est très-épaisse, dure et comme de la corne quand elle est desséchée ; elle est aussi moins mucilagineuse, plus verte, très-dure, à peine ou point ondulée, et sa solidité fait que des Flustres se fixent plus volontiers à sa surface. Nous en connaissons trois variétés : *α*. entière, plus petite et la plus commune ; *β*. plus longue, plus verte, moins dure et ayant sa fronde comme étranglée aux deux tiers de sa longueur. Turner a figuré cette variété comme l'un des deux états de son *Laminaria saccharina*. *γ*. La Monstrueuse, qui porte une superfétation crépue, mais peu distincte et ordinairement sur l'un des côtés de la fronde.

Laminaire de Lamouroux, *L. Lamourouxii*, N. Au premier coup-d'œil facile à confondre avec les espèces 1 et 2, mais bien plus petite, ne dépassant guère dix-huit pouces à deux pieds ; ayant son stipe allongé, sa fronde lancéolée, elliptique, également atténuée vers son insertion et vers sa pointe. Elle n'est que légèrement crépue sur ses bords. Elle nous a été communiquée par Lamouroux, qui l'avait fort bien distinguée sans lui donner de nom particulier, et par Chauvin, botaniste fort distingué de Caen, qui l'avait reçue de Terre-Neuve.

Nous connaissons encore dans cette section les *Laminaria latifolia* et *fascia* d'Agardh. ; *Lorea*, N., *Phyllitis*, Turn. ; *Stackhousii*, N. (*Phyllitis*, Stack.), *Dermatodea*, Lapyl., *viridissima*, N., *vittata*, N., *Sarniensis*, N., etc.

** Frondes simples dans leur jeunesse, se divisant et se palmant dans l'état adulte.

Laminaire papyrine, *Laminaria papyrina*, N., à fronde entière, ovoïde, oblongue, aiguë, d'un beau vert, se partageant à son extrémité en deux, trois ou quatre divisions aiguës, peu profondes, ayant son stipe un peu comprimé, très-court et d'un beau vert pâle. Cette espèce, fort mince et transparente, paraît être le *L. debilis* d'Agardh, nom inadmissible, car cette Plante n'est pas plus débile qu'une autre ; sa longueur est de trois à huit et dix pouces, sa largeur d'un à cinq ou six. La figure 4 de la Laminaire 9 de Dillen paraît convenir à son état de jeunesse. Nous l'avons trouvée dans la baie de Cadix, et reçue de Corse où la recueillit Souleirol, officier du génie, botaniste très-habile.

Laminaire digitée, *L. digitata*, Lamx., *Fucus digitatus*, L., Turn., *Fuc.*, pl. 152. Sa fronde est d'abord cordée, très-entière et d'une consistance cornée, épaisse, brunâtre. Elle se divise très-profondément par son extrémité. Son stipe est court. Elle devient généralement brune ou noire en se desséchant. Cette espèce est commune sur nos côtes. Lapylaie nous en a communiqué des échantillons recueillis à Terre-Neuve.

Laminaire palmée, *L. palmata*, N., confondue avec la précédente et habitant avec elle nos côtes. Elle devient beaucoup plus grande, sa couleur est plus verte, son stipe est toujours très-long, souvent de la grosseur du pouce et égal à la fronde qui se divise en une multitude de laniè-res, et qui se réfléchit des deux côtés vers l'insertion de manière à présen-ter une dilatation considérable et à se réfléchir par les côtés sur le stipe. Nous en possédons un échantillon venu de Valparaiso sur la côte de l'Amérique méridionale.

LAMINAIRE CONIQUE, *L. conica*, confondue encore avec la *L. digitata;* elle a sa fronde conique et rétrécie vers l'insertion sur le stipe qui est plus long que chez cette Plante, mais plus court que dans la précédente. Ses divisions sont des lanières minces et très-profondes. La figure de cette espèce est à peu près celle d'un éven-tail ouvert dont les branches seraient séparées. Elle est moins fréquente que les autres sur nos côtes.

Nous possédons encore dans cette section les *Laminaria flabelliformis*, grande espèce rapportée des Maloui-nes par Lesson; *bifidans* et *trifidans*, N., de Terre-Neuve; *Delisei*, N., du même pays, espèce fort belle et dont nous devons la connaissance au sa-vant et modeste lichénographe de Vire, etc., etc.

*** Frondes constamment divisées.

LAMINAIRE BIRONCINÉE, *L. birun-cinata*, N. Cette belle espèce, décou-verte récemment par Durville sur les côtes du Chili, à la Conception, a son stipe plein, court, de la grosseur d'une plume d'Oie; sa lame est cor-née, épaisse, oblongue, obtuse, et produit sur les bords des pinnules nombreuses, ronciuées, inégalement dentées.

LAMINAIRE DES BUVEURS, *Lami-naria potatorum*, Lamx., *Fucus po-tatorum*, Lab., *Nov.-Hol.* T. II, pl. 257, Turn., *Fuc.*, pl. 242 (figure ex-cellente). Cette espèce, dont nous de-vons un échantillon magnifique à la générosité du savant Labillardière, est d'une consistance cornée; ses frondes sont extrêmement épaisses, divisées irrégulièrement jusqu'à leur base. Ses expansions solides devien-nent assez larges et sont assez solides pour que les sauvages de la Nouvelle-

Hollande en fassent des vases pour y conserver et transporter de l'eau. Elle a été observée au cap de Van-Diémen.

Les autres espèces de cette section qui nous sont connues sont les *La-minaria Corium*, N., de Valparaiso; *Laminaria radiata*, Agardh, *Fucus radiatus*, Turn., *Fuc.*, pl. 134; *Laminaria reniformis*, Lamx., Ess., pl. 22, t. 1, f. 3. Du cap de Bonne-Espérance, etc.

††† CÉPOÏDES. *Racines bulbeuses.*

La plupart des espèces de ce sous-genre avaient été confondues sous le nom de *Fucus bulbosus*.

LAMINAIRE BULBEUSE, *Laminaria bulbosa*, Lamx.; *Fucus bulbosus*, L., à stipe comprimé, épais, fort allongé, simple, partant d'un bulbe creux, sou-vent énorme, se dilatant en une fron-de conique, flabelliforme, profondé-ment divisé en lanières fort longues, linéaires. Cette espèce ne commence guère à se trouver qu'à partir du gol-fe de Gascogne pour s'élever vers le nord. Elle devient fort grande. Son stipe, très-allongé et uni, outre son énormité, la distingue suffisamment de la suivante. Nous en connaissons deux variétés : *a.* à lanières larges d'un pouce au moins; *β.* à lanières plus nombreuses, fort étroites, larges d'une à trois lignes au plus, et moins coriaces.

LAMINAIRE DE TURNER, *Lamina-ria Turneri*, N.; *Fucus bulbosus*, Tur-ner, *Fuc.*, pl. 153. Confondue avec la précédente, elle en diffère cependant beaucoup par son bulbe bien plus gros et déformé, son stipe court, très-dilaté, ailé ou lobé marginalement au point d'en être entièrement difforme, et par sa fronde en éventail très-ou-vert, se réfléchissant latéralement des deux côtés et plus large que lon-gue. Elle est rare; on ne la trou-ve guère en France qu'aux environs de Cherbourg; mais elle devient plus abondante sur les bords des îles con-tenues dans l'angle formé par la Normandie et la Bretagne, ainsi que sur les côtes d'Angleterre.

LAMINAIRE PONCTUÉE, *L. puncta-*

ta, N., ou *brevipes?* Agardh. Nous avons découvert cette espèce sur les côtes de Belle-Ile, au sud de la Bretagne, dans l'été de 1800. Bonnemaison paraît l'avoir retrouvée sur celles de Quimper dans le Finistère. Sa racine est un petit bulbe semblable à une Ciboule ; son stipe est fort court, dépassant rarement une à trois lignes de longueur. La fronde est d'abord ovoïde, plus ou moins large et amincie aux deux extrémités ; elle se divise avec l'âge en deux ou trois lanières. Sa consistance à demi-papyracée et membraneuse la rend remarquable, ainsi que sa couleur jaunâtre, sa transparence et l'aspect ponctué que lui donnent les fructifications éparses sur toute sa surface. Elle ne dépasse guère dix à quinze pouces de long, sur deux à cinq de large.

La *Laminaria Belvisii* d'Agardh, *Ulva bulbosa*, Beauv., Oware et Ben., pl. 15, appartient à cette section. (B.)

* LAMINARIÉES. BOT. CRYPT. (*Hydrophytes.*) Nous proposons ici l'établissement de cette nouvelle famille parmi les Hydrophytes, aux dépens des Fucacées où elle avait été comprise, et dont elle diffère beaucoup par l'organisation des Plantes que nous proposons d'y comprendre. Leur contexture place les Laminariées entre les Fucacées et les Ulvacées, elle est bien plus simple que dans les premières et fort semblable à celle des secondes; elle consiste en des corpuscules infiniment petits, intercalés dans un réseau fibrillaire qui les contient, et parmi lesquels de plus gros se développent en propagules ou gongyles épars, jamais, comme dans les Fucacées, réunis en tubercules distincts, groupés en quelque partie que ce soit de l'expansion, et surtout aux extrémités. Toutes sont caulescentes, et se fixent contre les rochers aux lieux les plus battus des vagues par des racines bien caractérisées, enlaçantes, souvent très-fortes et comparables, pour l'aspect et la consistance, à celles de beaucoup de Phanérogames. Les tiges, ordinairement très-solides, présentent

dans certains genres une complication fort digne d'examen ; on y reconnaît une substance corticale bien distincte, une substance cornée qui en se desséchant acquiert une dureté considérable et qui très-flexible durant l'état de vie est évidemment formée, comme le bois, de couches concentriques, enfin au centre, une substance médullaire dont la couleur et la consistance est très-différente de celle du reste de la tige. Nous avons examiné ces parties soigneusement avec le microscope, elles sont cependant encore vasculaires et nous n'y avons pu distinguer de trachées. La fructification paraît consister en corpuscules généralement très-petits, dispersés dans le réseau ponctué des frondes, lesquelles, disposées en forme de lames, deviennent dures ou cornées par la dessiccation. C'est parmi les Laminariées qu'on rencontre toutes les espèces dont quelques peuplades maritimes tirent de grossiers alimens. Elles sont plus ou moins mucilagineuses et sucrées, et reprennent l'apparence de la vie après une longue dessiccation ; quelques-unes remouillées répandent une odeur de Violette et de Thé fort sensible ; la plupart se dissolvent en gelée, lorsqu'on les laisse tremper trop longtemps. Elles sont transparentes, et acquièrent en général les plus grandes proportions parmi les Végétaux de la mer. Il est des espèces qui atteignent à dix, à vingt, et même à plusieurs centaines de pieds de longueur. Nous n'en connaissons aucune qui se trouve entre les tropiques. Les espèces simples que nous avons observées sont toutes de l'hémisphère boréal où elles croissent depuis le 30 jusqu'au 70° nord; les espèces rameuses sont propres à l'hémisphère austral, où elles se rapprochent davantage du tropique, pour s'étendre jusqu'aux pointes les plus méridionales des trois continens du sud. On a peine à concevoir comment les Laminaires qui forment le type de cette famille, ont pu être placées, par Agardh, entre les Furcellaires et les Zonaires qui sont les Padines de Lamouroux ; ces deux genres en sont peut-être les plus éloignés de tous ceux dont se compose la classe des Hydrophytes.

Les genres qui composent cette belle famille sont au nombre de six qui peuvent être répartis, ainsi qu'il suit, en deux sections :

† *Supportées par des tiges ramifiées.*

DURVILLÉE, *Durvillœa*, N.; LESSONIE, *Lessonia*, N.; MACROCYSTE, *Macrocystis*, Agardh.

†† *Supportées par des stipes simples.*

AGARE, *Agarum*, N.; LAMINAIRE, *Laminaria*, Lamx.; IRIDÉE, *Iridœa*, N.

Les genres Durvillée et Agare n'ayant pas été décrits dans ce Dictionnaire où nous ne traitions pas des Hydrophytes inarticulées du premier ordre quand notre savant confrère Lamouroux s'y occupait de cette partie de la science, nous allons y suppléer maintenant.

1°. DURVILLÉE, *Durvillœa.* Ce genre véritablement extraordinaire et dont l'espèce unique est fort importante à connaître puisqu'elle fournit un excellent aliment aux habitans des côtes occidentales de l'Amérique du sud, sera dédié à Durville, officier de marine très-distingué et naturaliste fort instruit, qui réunissant, comme par une sorte de miracle, les connaissances nécessaires pour faire plus utilement que ne l'ont jamais pu faire d'autres marins, un voyage de découverte, mérite que son nom ne soit pas attaché à quelque Végétal vulgaire, démembré, peut-être à tort, de quelque autre genre. Nous le caractérisons : expansion coriace, se divisant en lanières subulées, tubuleuses, recouvertes d'un épiderme distinct, et remplies par une moelle celluleuse de nature particulière fort différente de la substance de la Plante, et assez semblable à celle de certains gros Scirpes des marais. Nous n'en connaissons qu'une seule espèce, *Durvillœa utilis*, N. (*V.* planches de ce Dictionnaire),

Fucus antarcticus de Chamisso ; elle est gigantesque. Le Gentil, dans la relation de son voyage, l'avait déjà mentionnée (T. II, pl. 3), et nous avait appris que les marins espagnols qui la nomment *Porro*, reconnaissaient les approches des côtes du Chili, à ses masses flottantes. Leman, dans l'excellent Dictionnaire de Levrault, en avait fait une Laminaire (T. XXV, p. 189), ayant avec beaucoup de sagacité discerné l'analogie qu'elle présentait avec ces Plantes. La racine ne nous est pas suffisamment connue, elle retient la Durvillée à de grandes profondeurs dans la mer. Une expansion épaisse, aplatie mais très-forte, en part pour se diviser en lanières cylindriques, qui atteignent plusieurs brasses de longueur, se fourchent plusieurs fois de manière à rappeler la figure en très-grand du *Fucus Loreus* de nos côtes, ont jusqu'à deux et trois pouces de diamètre à leur base, où se voient aussi quelques petites expansions aplaties, s'amincissent vers leur extrémité qui est pointue. En les voyant flotter on dirait des Serpens ou les bras de quelque énorme Céphalopode. Leur couleur est d'un olivâtre tirant sur le brun, et devient noire pour peu qu'on ne les dessèche pas avec précaution. Leur épiderme, qui paraît fort poli, se recouvre avec l'âge d'un réseau particulier noirâtre qui s'en détache, et présente alors tellement l'aspect d'une Hydrodyctie, que préparé à part, un botaniste exercé y pourrait être trompé. Sous cet épiderme est la substance même de la Plante formée de globules pressés dans une mucosité compacte, lesquels sont contenus dans une multitude de fibres confervoïdes, transparentes, entrecroisées, qu'un grossissement de cinq cents fois rend seul bien visibles au microscope; cette substance a d'une à trois lignes d'épaisseur, selon le diamètre des rameaux. La moelle centrale blanchit à mesure qu'elle se dessèche, mais les alvéoles qui la forment, pénétrées d'eau, sont alors à peine visibles, tandis qu'elles le deviennent beaucoup dans la dessiccation. En considérant la coupe, soit transversale, soit horizontale, du *Durvillœa utilis*, on dirait, à la couleur près, celle de la tige du *Scirpus lacustris* de nos contrées. On vend sur tous les marchés, depuis Lima au Pérou, jusqu'à la Conception au Chili, les rameaux ou lanières de cette singulière Laminariée ; les habitans la viennent acheter, comme un légume, afin de s'en nourrir. Lesson, digne compagnon de Durville, nous en a communiqué des échantillons recueillis aux Malouines. Quand elle est bien préparée pour l'herbier, elle y prend une couleur de noisette foncée, fort agréable et un peu luisante ; replongée dans l'eau elle y reprend l'apparence de la vie, au point de pouvoir être parfaitement étudiée en tout temps, mais elle ne tarde pas à s'y dissoudre en une gelée d'un goût un peu fade, cependant assez agréable, et qu'on sent devoir être nourrissante.

2°. AGARE, *Agarum*. Le caractère de ce genre consiste dans une ou plusieurs nervures très-saillantes, qui parcourent la fronde ou lame dans toute sa longueur, tandis que les Laminaires proprement dites sont totalement énervées, et conséquemment plus rapprochées des Ulvacées dont elles ne diffèrent réellement que par leur tige ou stipe souvent cornée et par leurs racines si remarquables. De telles nervures, qu'on ne retrouve aussi caractérisées que dans certains Fucus proprement dits, dénotent une organisation qui tend à se compliquer, mais la fructification n'en devient guère plus distincte. Le nom d'*Agarum*, que nous avons conservé à ce genre, était celui d'une de ses espèces, chez les algologues qui l'avaient emprunté de quelque langue du Nord où il désigne les Algues marines mangeables. Tous les Agares sont des Plantes boréales ; on n'en a trouvé encore aucune au-dessous du cinquantième degré de latitude nord, si ce n'est quelques échantillons épars de l'*esculentum* qui ont été découverts par le

respectable colonel Dudresnay, explorateur zélé des Hydrophytes de la côte de Saint-Paul-de-Léon en Bretagne. Deux sous-genres doivent être établis pour répartir six ou huit espèces qui peuvent exister dans ce genre.

† *Stipe nu entre l'insertion de la fronde et de la racine.*

* Lame entière munie de plus d'une nervure.

AGARE A CINQ CÔTES, *Agarum quinquecostatum*, N. ; *Laminaria costata*, Agardh ; *Fucus costatus*, Turner, *Fuc.*, pl. 226. Nous ne connaissons cette élégante espèce que par la planche de Turner qui lui donne un stipe comprimé, s'étendant en une lame linéaire à peu près de la forme de notre Laminaire cornée, mais parcourue dans toute sa longueur par cinq nervures très-prononcées. Un seul échantillon en a été rapporté en Europe par Menzies qui le recueillit sur les côtes occidentales de l'Amérique du Nord. On n'en saurait trop recommander la recherche aux voyageurs qui visiteront les mêmes lieux.

** Lame criblée de trous, munie d'une seule nervure.

AGARE CRIBREUSE, *Agarum cribrosum*, N. ; *Laminaria Agarum*, Lamx. ; *Fucus Agarum*, Turn., *Fuc.*, pl. 75; *Flor. Dan.*, tab. 1542. Il existe peut-être deux espèces sous ce nom, du moins nous possédons dans notre collection des échantillons qui, avec les caractères communs donnés à l'espèce qui nous occupe, ont un faciès fort différent. Les uns ont leur fronde ou lame ronde, très-ondulée ou crépée sur les bords, avec la consistance plus épaisse, et les trous qui la criblent inégaux et anguleux. Les autres ont leur fronde oblongue, moins coriace, proportionnellement plus allongée, plus verte, et sont percés de trous ronds tellement réguliers, quoique inégaux en grandeur, qu'on dirait ceux de ces gros cribles de parchemin dont on se sert dans certaines fermes pour tamiser des graines nourricières. L'une et l'autre variétés

nous ont été communiquées par Delise, Chauvin, Lamouroux et Lapi-
laye comme venant de Terre-Neuve.
On les retrouve en Norwège et jusqu'au Kamtschatka.

†† *Stipe muni de pinnules entre l'insertion de la lame et de la racine.*

AGARE MANGEABLE, *Agarum esculentum*, N.; *Laminaria esculenta*,
Lamx.; *Fucus esculentus*, L.; Turn.,
Fuc., pl. 117. Il doit exister encore
plusieurs espèces confondues sous ce
nom. Il est difficile de croire que les
individus longs d'un à deux pieds
que l'on trouve sur nos côtes, et celui
qu'a figuré Turner, appartiennent à
la même espèce que le *Laminaria esculenta* de l'Ecosse et des mers du
Nord, qu'on dit atteindre dix aunes
de long. On assure d'ailleurs qu'il en
existe à stipe rond, à stipe comprimé,
à stipe carré, ce qui, certes, présente d'excellens caractères. Quoi
qu'il en soit, nous en possédons deux
variétés fort distinctes, l'une et l'autre des côtes de Bretagne. Toutes
deux ont leur fronde d'un vert tcn-
dre et linéaire, longue d'un à trois
pieds, et des petites expansions disposées en faisceaux sur les deux côtés
du stipe vers le milieu; mais la variété
α a ces petites expansions ou pinnules
épaisses et subulées vers leur extrémité : β les a planes, larges, dilatées et arrondies.

AGARE DE DELISE, *Agarum Delisei*, N. Nous devons la connaissance
de cette espèce à Delise qui nous a sa-
crifié le seul échantillon qu'il possédait et qu'il avait reçu de Terre-Neuve.
Cet échantillon précieux présente des
pinnules lancéolées, stipitées, en forme de feuilles de Laurier, éparses
sur les deux côtés du stipe dans presque toute sa longueur.

AGARE DE LAPYLAIE, *Agarum Py-
laii*, N. Cette espèce, découverte à
Terre-Neuve par Lapylaie, a sa fronde
ovoïde, très-ondulée, et non linéaire
comme les précédentes. Les pinnules du stipe sont aussi bien plus
grandes, ondulées, cunéiformes, fort
élargies vers leur extrémité où elles

ont souvent plusieurs pouces de largeur. (B.)

LAMINCOUART. BOT. PHAN. L'un
des noms de pays du *Minuartia*. *V*. ce
mot. (B.)

LAMIODONTES. POIS. FOSS.
C'est-à-dire *dents de Lamie*. *V*.
GLOSSOPÈTRES. (B.)

* LAMIOLA. POIS. (Risso.) C'est-
à-dire *petite Lamie*. Le Milandre à
Nice. *V*. SQUALE. (B.)

LAMIUM. BOT. PHAN. *V*. LAMIER.

* LAMOUROUXELLE. BOT.
CRYPT. (*Confervées*.) Nous proposons
l'établissement de ce sous-genre dans
le genre Conferve. *V*. ce mot. (B.)

* LAMOUROUXIA. BOT. CRYPT.
(*Hydrophytes*.) On ne voit pas pourquoi Agardh avait changé le nom de
Claudea, genre dédié par Lamouroux
à son respectable père, pour celui du
fils, et on ne s'explique pas davantage
pourquoi depuis, au lieu de le restituer, il a nommé le même genre
Onelia. *V*. CLAUDÉE. (B.)

* LAMOUROUXIE. *Lamou-
rouxia*. BOT. PHAN. Genre dédié par
Kunth (*in Humboldt Nov. Gen.* 2, p.
335) à notre collaborateur Lamouroux,
dont la science déplore en ce moment
la mort récente et prématurée. Ce
genre faisant partie de la famille des
Rhinanthacées, et de la Didynamie Angiospermie, L., offre les caractères suivans : calice campanulé
à peu près égal, à deux divisions
latérales et bifides. Corolle monopétale à tube court, à gorge très-allongée, renflée et comprimée; limbe à
deux lèvres, la supérieure entière et
en forme de casque, l'inférieure plus
étroite et à trois lobes presqu'égaux :
quatre étamines didynames, dont les
deux plus courtes sont parfois rudimentaires; anthères réniformes; capsule ovoïde, comprimée, à deux loges
contenant des graines membraneuses, recouvertes d'un réseau celluleux. Ce genre se compose de sept
espèces originaires de l'Amérique méridionale, et qui toutes y ont été ob-

servées et recueillies par Humboldt et Bonpland. Ce sont des Plantes herbacées, dressées et rameuses, dont les feuilles sont opposées, dentées en scie ou même pinnatifides. Leurs fleurs sont rouges, grandes, axillaires et solitaires. Sur les sept espèces décrites par Kunth dans l'ouvrage cité précédemment, trois ont été figurées. Ce sont les *Lamourouxia virgata*, Kunth, *loc. cit.*, 2, p. 336, t. 167; *Lamourouxia serratifotia*, Kunth, *loc. cit.*, t. 168, et *Lamourouxia rhinanthifolia*, Kunth, *loc. cit.*, t. 169. (A. R.)

LAMPADIE. *Lampas*. MOLL. Genre établi par Montfort (*Conchyl. Syst.* T. II, pag. 242) pour une petite Coquille microscopique, très-voisine des Cristellaires de Lamarck. Férussac, dans ses Tableaux systématiques, ne l'a point admise comme genre; il l'a placée dans son genre Lenticuline, dans la sous-division des Cristellées. *V.* LENTICULINE et NUMMULITE.

(D..H.)

LAMPAS. MOLL. Nom vulgaire que l'on donne à plusieurs espèces de Strombes. *V.* ce mot. (D..H.)

LAMPAS. BOT. PHAN. D'où Lampette, qui désigne encore dans le Midi l'*Agrostemma Githago*, L., nom par lequel les anciens désignaient les diverses espèces du genre *Lychnis* qui ornent les champs. (B.)

LAMPE ou LAMPE ANTIQUE. MOLL. Espèce du genre Hélice. *V.* ce mot et CAROCOLLE. (B.)

* LAMPER. POIS. La Lamproie qui porte ce nom à Surinam, selon Stadmann, pourrait bien être une espèce particulière, et non la nôtre, comme le dit ce voyageur. (B.)

LAMPÉRY. BOT. PHAN. Rumph (*Herb. Amb.*) a décrit, sous ce nom vulgaire dans les îles de la Sonde, une drupe que l'on suppose appartenir à une Plante de la famille des Rosacées, et de la tribu des Amygdalées. (G..N.)

LAMPETTE. BOT. PHAN. *V.* LAMPAS. On étend aussi ce nom, et par la

même raison, au *Lychnis Flos-Cuculi*, L. (B.)

LAMPILLON. POIS. Pour Lamproyon. *V.* ce mot. (B.)

LAMPOCARYE. *Lampocarya*. BOT. PHAN. Genre de la famille des Cypéracées, établi par R. Brown (*Prodr. Fl. Nov.-Holl.* 1, p. 238) qui lui assigne pour caractères : des épillets uniflores, composés d'écailles imbriquées en tous sens, dont les extérieures sont vides : les étamines varient de trois à six, et leurs filets sont persistans; l'ovaire est dépourvu de soies hypogynes, surmonté d'un style trifide et de trois stigmates indivis. Le fruit est une noix osseuse, lisse, mucronée à son sommet par la base du style qui est persistante. Ce genre établit le passage entre les genres *Cladium* et *Gahnia*, et diffère du premier par ses filets staminaux persistans, et par son style formant une pointe sur le fruit; et du second par son fruit constamment lisse. A ce genre R. Brown rapporte deux espèces : l'une, *Lampocarya aspera*, est tout-à-fait nouvelle; l'autre, *L. hexandra*, est le *Gahnia trifida* de Labillardière. Ces deux espèces croissent à la Nouvelle-Hollande. (A. R.)

LAMPOTTE. MOLL. Les petites Patelles que les pêcheurs mangent sur nos côtes, ou dont ils emploient la chair comme appât. (B.)

LAMPOURDE. *Xanthium*. BOT. PHAN. Genre d'une organisation singulière, formant avec l'*Ambrosia*, l'*Iva* et le *Fransera* une petite famille voisine, quoique suffisamment distincte des Synanthérées. Ce genre présente les caractères suivans : les fleurs sont unisexuées et monoïques; les mâles forment des capitules globuleux, placés vers la partie supérieure des rameaux; leur involucre est composé d'écailles imbriquées sur plusieurs rangs; le réceptacle est ovoïde; chaque fleur est accompagnée d'une écaille de forme variable; son calice manque : sa corolle est tubuleuse, évasée de la base au sommet, à cinq dents et à cinq nervures longitudinales qui se bifurquent à leur sommet pour suivre chacun des bords des dents. Les étamines au nombre de cinq sont monadelphes, et leurs filets réunis forment un tube cylindrique inséré tout-à-fait à la base de la corolle; les anthères sont généralement saillantes au-dessus de la corolle, rapprochées les unes contre les autres, mais libres. Les fleurs femelles sont géminées, très-rarement solitaires, placées à l'aisselle des feuilles dans un involucre ovoïde, qui paraît formé de la soudure de deux involucres renfermant chacun une fleur. Cet involucre se rétrécit supérieurement où il se termine par deux petits cols à travers lesquels on voit sortir et saillir les stigmates. La face externe de cet involucre, qui est persistant, est toute hérissée de poils, dont quelques-uns, beaucoup plus grands, deviennent épineux. Chaque fleur femelle se compose d'un ovaire infère, ovoïde, allongé, dont le limbe est nul ou formé de trois divisions étroites et rapprochées contre le style. La corolle manque entièrement. Le style est d'une longueur variable, très-simple, continu avec le sommet de l'ovaire et terminé par deux stigmates linéaires divergens, glanduleux sur leur face interne. Le fruit est un véritable akène, allongé, terminé en pointe à son sommet, ordinairement marqué de dix lignes ou stries longitudinales. Ces akènes sont entièrement renfermés deux à deux dans les involucres qui se sont accrus et dont une partie des poils sont devenus épineux. Chaque akène contient une graine dressée, portée sur un funicule assez long. Elle se compose du tégument propre qui est mince et membraneux, et d'un embryon homotrope dont la radicule est conique.

Ce genre renferme cinq espèces; ce sont des Plantes herbacées annuelles ou vivaces, à tiges rameuses, quelquefois épineuses, à feuilles alternes, plus ou moins profondément incisées. De ces cinq espèces, trois croissent en France, dans les lieux incultes ou dans les vignes, savoir: *Xanthium strumarium*, *X. spinosum* et *X. orientale*. Ces deux dernières se rencontrent surtout dans les provinces méridionales de la France; des deux autres l'une, *Xanthium echinatum*, Murray, est encore peu connue; on ignore sa patrie; l'autre, *Xanthium catharticum*, Kunth (*in Humb.*), a été trouvée au Pérou dans les environs de Quito. *V.* XANTHIACÉES. (A. R.)

LAMPRIE. *Lamprias*. INS. Genre de l'ordre des Coléoptères, section des Pentamères, famille des Carnassiers, tribu des Carabiques, division des Troncatipennes, établi par Bonelli et ayant pour caractères : palpes extérieurs finissant par un article dont la forme se rapproche de celle d'un cône renversé ou d'un cylindre, et qui est tantôt un peu plus gros que le précédent, tantôt de la même épaisseur; crochets des tarses pectinés en dessous; pénultième article de tous les tarses simple ou point divisé en deux lobes; corselet plus large que long.

Les Cimindes diffèrent des Lampries par des caractères tirés des articles des palpes. Les Lébies s'en distinguent par les tarses. Enfin les Dromies et les Démétries s'en éloignent par la forme de leur corselet. Ces Insectes vivent en général sous les écorces des Arbres, quelquefois ils viennent courir sur les feuilles et sur les tiges, et alors, si on en approche, ils se laissent tomber à terre et ont bientôt disparu aux yeux du chasseur qui ne peut les prendre qu'en dépouillant tout le sol de ses herbes et des petites pierres sous lesquelles ils se cachent. L'espèce qui sert de type à ce genre est :

La LAMPRIE CYANOCÉPHALE, *L. cyanocephala*, Bonell.; *Lebia cyanocephala*, Latr.; *Carabus*, Fabr.; Panz., *Faun. Ins. Germ.*, LXXV, 5. Elle est longue de près de deux lignes et demie; son corps et sa tête sont bleus, son corselet est rouge ainsi que les pates qui n'ont que les genoux de bleus. Elle se trouve à Paris sous les écorces des Arbres. On en trouve une espèce très-voisine en Suède que Dufsmidt a nommée *Chlorocephala;* elle ne diffère de la précédente que par les pates qui n'ont pas les genoux noirs. Elle se trouve également aux environs de Lille. *V.* LÉBIE.

(G.)

* LAMPRILLON. POIS. Même chose que Lamproyon. *V.* ce mot.

(B.)

LAMPRIME. *Lamprima.* INS. Genre de l'ordre des Coléoptères, section des Pentamères, famille des Lamellicornes, tribu des Lucanides, établi par Latreille et ayant pour caractères : antennes coudées, composées de dix articles ; point de labre apparent ; languette divisée en deux pièces allongées et soyeuses ; mâchoires découvertes en dessous jusqu'à leur base ; mandibules grandes et comprimées dans les mâles ; corps convexe, surtout dans les mâles.

Ces Insectes diffèrent des Lucanes et des Platycères par leur menton qui est très-petit et ne recouvre pas les mâchoires, tandis qu'il est grand et ne les laisse pas apercevoir dans ces deux genres ; ils s'éloignent des Sinodendres et des OEsales par des caractères de la même valeur et par la forme du corps. Fabricius a placé la seule espèce qu'il a connue de ce genre avec les Lethrus (*Lethrus œneus*). Schreber a donné (Trans. de la Soc. Linn. de Londres, T. VI, p. 185) une description complète du même Insecte et l'a rangé avec les Lucanes. C'est, en effet, de tous les genres de la famille des Lamellicornes, celui avec lequel ces Coléoptères ont le plus de rapports. Les Lamprimes ont une tête bien découverte, armée de deux mandibules comprimées, droites, dirigées en avant, dentées à leur partie intérieure et supérieure, et très-velues en dedans. Leurs mâchoires sont insérées en dessous ; leur lobe terminal est petit et pointu, et elles portent chacune un palpe filiforme. Les antennes sont composées de dix articles, les quatre derniers forment la massue;

mais le premier article de cette massue est beaucoup plus petit et en forme de dent ; elles sont insérées au-dessus des mandibules, en avant des yeux et sous une petite éminence du devant de la tête. Les yeux sont assez grands et se prolongent un peu au-dessous. Le corselet est très-grand, deux fois plus large que long, convexe, légèrement rebordé et dilaté de chaque côté vers son milieu. L'écusson est arrondi postérieurement ; les élytres sont moins longues que le corselet, convexes, et vont en se rétrécissant jusqu'à l'extrémité. Le sternum du mésothorax est avancé en pointe dirigée vers le prothorax. Les jambes antérieures sont courtes et larges, et offrent au côté intérieur près de l'épine souvent élargie qui les termine, un petit pinceau de poils réunis, pointu et semblable lui-même à une autre épine ; les autres pates sont moins fortes, à peu près de la même longueur. Ces Insectes sont très-brillans et paraissent jusqu'à présent propres à la Nouvelle-Hollande et à l'île de Norfolk, de la mer Pacifique. Leurs mœurs nous sont inconnues, mais elles doivent être les mêmes que celles des Passales. L'espèce qui sert de type à ce genre est :

La LAMPRIME BRONZÉE, *L. œnea,* Latr. ; *Lethrus œneus,* Fabr. ; *Lucanus œneus,* Schreb. (*Trans. of Linn. Societ.* T. VI, pl. 20, fig. 1). Cette espèce est longue de près d'un pouce; ses mandibules sont beaucoup plus longues que la tête, très-velues intérieurement, obliquement tronquées et simplement bidentées à leur extrémité, avec une troisième dent sans échancrure remarquable au bord interne ; le corps est vert ; les élytres sont de la même couleur, plus brillantes, un peu ridées. Les jambes antérieures sont armées de huit dents au côté extérieur; l'épine est en demi-croissant, pointue au bout, avec des dentelures extérieures ; le sternum est moins avancé que dans la *Lamprima aurata* ou *Lucanus œneus,* var., Schreb. La *Lamprima cuprea* a les mandibules beaucoup plus courtes et presques glabres. Ces trois espèces ont le bord antérieur de la tête transversal, un peu échancré ou concave. Son vertex offre une dépression triangulaire.

Ces Insectes étaient très-rares dans les collections en France; ils commencent à devenir plus communs, et les voyageurs de l'expédition autour du monde de la corvette la Coquille, en ont rapporté quelques-uns. (G.)

*LAMPRIS. POIS. (Retzius.) *V.* CHRYSOTOSE.

LAMPROIE. POIS. Espèce du genre Pétromyzon. *V.* ce mot. On a aussi appelé LAMPROIE AVEUGLE, la Myxine. *V.* ce mot. (B.)

*LAMPROSOME. *Lamprosoma.* INS. Genre de l'ordre des Coléoptères, section des Tétramères, famille des Cycliques, tribu des Chrysomélines, établi par Kirby (*Trans. of Lin. Soc.*) et adopté par Latreille (Fam. Naturelles du Règne Anim.). Les caractères de ce genre sont : antennes courtes, pectinées et en scie, insérées au devant des yeux et distantes les unes des autres.

Ces Insectes se distinguent des Chlamys et des Clytres par des caractères tirés de la forme du corps, des pates et des antennes; ils sont en général de petite taille, globuleux; leur tête est entièrement cachée sous le corselet qui est très-bossu et penché en avant; celui-ci est beaucoup plus large postérieurement et finit en pointe joignant l'écusson qui est très-petit. Les élytres sont courtes, extrêmement bombées; elles ont de légères stries de points enfoncés.

On ne connaît pas les habitudes de ces Insectes qui habitent tous les contrées chaudes de l'Amérique méridionale. Ils sont ornés des couleurs les plus brillantes. Dejean (Cat. des Col., p. 125) en mentionne cinq espèces; la plus belle est le *Lamprosoma fulgida*, Déj. Cette espèce est longue de près de deux lignes et large d'une ligne et demie au moins; elle est, en dessus, d'un beau rouge métallique extrêmement luisant,

changeant en jaune, bleu, violet et rouge vif, suivant les angles sous lesquels on présente l'Animal aux rayons lumineux; le dessous est bleu. Kirby décrit une autre espèce sous le nom de *L. bicolor.* (G.)

*LAMPROTORNIS. OIS. (Temminck.) Syn. de Stourne. *V.* ce mot. (DR..Z.)

LAMPROYON. POIS. On appelle ainsi, à peu près indifféremment, les petites espèces du genre Pétromyzon, ainsi que les jeunes Lamproies. *V.* PÉTROMYZON. (B.)

LAMPSANE. *Lampsana.* BOT. PHAN. Genre de la famille des Synanthérées, Chicoracées de Jussieu, et de la Syngénésie égale, L., établi par Tournefort, et adopté par Linné qui a modifié arbitrairement sa dénomination en celle de *Lapsana.* Voici ses caractères : involucre formé de huit folioles oblongues appliquées, accompagnées à la base de quelques écailles surnuméraires, appliquées et ovales; réceptacle nu et plane; calathide composée de demi-fleurons nombreux et hermaphrodites; ovaires obovoïdes, oblongs, un peu comprimés, glabres, lisses, striés et dépourvus d'aigrettes. En constituant ce genre, Tournefort n'y comprenait qu'une seule espèce, le *Lampsana communis.* Linné y réunit, mais à tort, les Plantes qui font partie des genres *Hedypnois, Rhagadiolus* et *Zacintha.* D'un autre côté il en avait séparé le *Lampsana fœtida*, qu'il avait placé, d'après Vaillant, parmi les *Hyoseris.* Haller, Lamarck et De Candolle, ont réuni aux *Lampsana*, l'*Hyoseris minima* de Linné, qui est devenu le type du genre *Arnoseris* de Gaertner. Les genres *Rhagadiolus, Zacintha* et *Arnoseris*, détachés du *Lampsana*, ont été admis par Cassini qui a placé celui-ci, malgré ses akènes dépourvus d'aigrettes, dans la section des Crépidées de la tribu des Lactucées. Il l'a composé des quatre espèces suivantes : 1° *Lampsana communis*, L.; 2° *L. glandulifera*, Cass., ou *L. lyrata*, Willd.; 3° *L. virgata*,

Desfont. ; 4° *L. fœtida*, le type du *Taraxaconastrum* de Vaillant, ou *Leontodontoides* de Micheli. Ce sont des Plantes herbacées indigènes de l'Europe, des bords de la Méditerranée et de la mer Caspienne. La première est très-commune dans les lieux incultes et cultivés de toute l'Europe, où elle fleurit pendant tout l'été. Les habitans de Constantinople la connaissaient autrefois, au rapport de Belon, sous le nom générique aujourd'hui adopté, et ils en faisaient usage comme aliment. On lui a donné le nom vulgaire d'Herbe aux mamelles, parce que son suc était, dit-on, efficace contre les gerçures qui surviennent au sein des nourrices.

Pline et Dioscoride donnaient le nom de *Lampsana*, au *Raphanus Raphanistrum* ; quelques auteurs des premiers âges de la botanique, Cæsalpin et Daléchamp, l'appliquaient aussi à des Crucifères, comme, par exemple, à la Moutarde sauvage, *Sinapis arvensis*. Enfin Lobel et Dodœns l'ont réservé à la Plante de l'ordre des Chicoracées, qui forme le type du genre dont il est question dans cet article.　　　(G..N.)

LAMPT ou LANT. MAM. (Dapper.) Cet Animal africain paraît être le Zébu selon Buffon.　　　(B.)

LAMPUGA. POIS. *Lampugo* selon Rondelet. Nom donné sur les côtes d'Espagne, et particulièrement dans la Biscaye, au *Coryphœna Hippurus*, L., dont on fait, à certaines époques, des pêches considérables pour alimenter des salaisons qui se consomment en carême. A Nice, selon d'autres, c'est la Fiatole.　　　(B.)

LAMPUGE ET LAMPUGNE. POIS. Syn. vulgaires de Liche, espèce de Gastérostée, *V.* ce mot, et du Pompile. *V.* CORYPHOENE.　　　(B.)

LAMPYRE. *Lampyris.* INS. Genre de l'ordre des Coléoptères, section des Pentamères, famille des Serricornes, division des Malacodermes, tribu des Lampyrides, établi par Linné et adopté par tous les entomo-logistes, avec ces caractères : corselet en demi-cercle et cachant entièrement la tête, ou en carré transversal ; bouche très-petite ; palpes maxillaires terminés par un article finissant en pointe ; extrémité postérieure de l'abdomen phosphorique ; yeux très-gros, dans les mâles surtout.

Ces Insectes se distinguent des *Lycus*, avec lesquels ils ont beaucoup d'affinité, par la tête qui est rétrécie et prolongée en bec dans ceux-ci ; ils s'éloignent des *Omalisus* en ce que leurs palpes finissent en pointe, tandis qu'ils sont terminés par un article tronqué dans ces derniers ; enfin les Téléphores et les Mathlines en sont séparés par des caractères tirés des palpes. Le nom de *Lampyris* a été donné par les Grecs à tous les Insectes qui répandent, pendant la nuit, une lumière phosphorique ; les Latins donnaient à ces Insectes les noms de *Cicindela*, *Noctiluca*, *Lucio*, *Luciola*, *Lucernuta*, *Incendula*. Avant que Fabricius eût bien distingué ce genre et lui eût assigné les caractères qui lui sont propres, on l'avait long-temps confondu avec ceux de Téléphores et de Malachies, sous le nom de Cantharis. Geoffroy, en les séparant des Téléphores, les a néanmoins associés avec les *Lycus*, et Linné les a encore confondus avec les *Lycus* et les *Pyrochroa*. Ces Insectes, dont quelques femelles sont connues sous le nom de Vers luisans, et que les voyageurs appellent Mouches lumineuses, Mouches à feu, etc., ont le corps très-mou, particulièrement l'abdomen qui est comme plissé ; il est oblong, ovale, déprimé ; la tête est enfoncée et comme enchâssée dans le corselet ; les antennes sont très-rapprochées à leur base, filiformes, pectinées, plumeuses ou en scie dans plusieurs mâles, avec le troisième article de la longueur du suivant ; la bouche est petite et sans saillie ; les palpes maxillaires sont sensiblement plus grands que les labiaux, avec le dernier article ovoïde et pointu ; les yeux sont globuleux, arrondis, assez grands ; le corselet forme une plaque très-grande, plate, demi-circulaire, rebordée, qui cache entièrement la tête, et qui est à peu près aussi large que les élytres; l'abdomen est composé d'anneaux qui forment autant de plis et qui sont terminés latéralement en angles aigus; les élytres sont coriaces, un peu flexibles; quelques-uns les ont très-courtes, les femelles de quelques autres en sont tout-à-fait dépourvues ainsi que d'ailes, et telles sont les espèces du nord de l'Europe. D'après Dufour (Ann. des Scienc. Nat., t. 3, p. 225), le Ver luisant, qui est la femelle aptère d'un Lampyre d'Europe, a un canal alimentaire dont l'étendue a environ deux fois celle de tout le corps. L'œsophage est d'une brièveté qui le rend imperceptible; il se dilate aussitôt en un jabot court. Le ventricule chylifique est séparé du jabot par un étranglement valvulaire; il est fort long, lisse, c'est-à-dire dépourvu de papilles, mais boursoufflé et cylindroïque dans ses deux tiers antérieurs, intestiniforme dans le reste de l'organe. L'intestin grêle est fort court; celui qui est destiné au séjour des matières fécales en est brusquement distinct; il est flexueux et offre un renflement, peut-être inconstant, qui représente le cœcum et qui dégénère en un rectum allongé.

On a fait, sur la matière lumineuse de ces Insectes, plusieurs expériences qu'il serait trop long de rapporter ici. Beckerhiem en a publié dans les Annales de Chimie (t. 4, p. 19); Carradori a fait des expériences sur le Lampyre italique, et Tréviranus a observé plusieurs espèces de ce genre. Il résulte de toutes ces observations que les Lampyres vivent très-longtemps dans le vide et dans différens Gaz, excepté dans les Gaz acides nitreux, muriatique et sulfureux, dans lesquels ils meurent en peu de minutes. Leur séjour dans le Gaz Hydrogène le rend, du moins quelquefois, détonnant. Privés, par mutilation, de cette partie lumineuse du corps, ils continuent encore de vivre, et la

même partie, ainsi détachée, conserve pendant quelque temps sa propriété lumineuse, soit qu'on la soumette à l'action des différens Gaz, soit dans le vide ou à l'air libre. La phosphorescence dépend plutôt de l'état de mollesse de la matière que de la vie de l'Insecte; on peut la faire renaître en ramollissant cette matière dans l'eau. Les Lampyres luisent avec vivacité dans l'eau tiède et s'éteignent dans l'eau froide, il paraît que ce liquide est le seul agent dissolvant de la matière phosphorique. Toutes les espèces de Lampyres brillent pendant la nuit. La partie lumineuse est placée au-dessous des deux ou trois derniers anneaux de l'abdomen, qui sont ordinairement d'une couleur plus pâle que les autres, et y forment une tache jaunâtre ou blanchâtre. La lumière qu'ils répandent est plus ou moins vive, d'un blanc verdâtre ou bleuâtre, comme celle des différens Phosphores : il paraît qu'ils peuvent varier à volonté son action, ce qui a lieu surtout lorsqu'on les saisit. Ces Insectes sont nocturnes; on voit souvent les mâles voler, ainsi que des Phalènes, autour des lumières, ce qui peut porter à conclure que la lumière les attire et que la nature a doué leurs femelles de cette propriété, afin que les mâles puissent les apercevoir dans la nuit et se livrer à l'acte de l'accouplement. Pendant le jour, ces Insectes restent cachés sous l'herbe; mais si l'on se promène en été après le coucher du soleil, on les aperçoit au pied des buissons, répandant une lumière plus ou moins vive qui, dans des temps où l'ignorance régnait à un haut degré en France, a causé de grandes frayeurs à des voyageurs qui prenaient ces petits Animaux pour des revenans, des feux follets, etc. En Amérique, et même en Italie, les Lampyres produisent un spectacle d'autant plus curieux, que les deux sexes sont ailés; on voit alors l'air sillonné en mille sens divers par des lumières qui vont tantôt s'arrêter sur des Arbres, tantôt se joindre ou bien se perdre dans des buissons ou dans l'herbe.

La larve des Lampyres ressemble beaucoup à la femelle de l'Insecte parfait ; elle est munie de six pates écailleuses placées sur les trois premiers anneaux ; la tête est de forme ovale, très-petite et munie de deux antennes coniques, assez grosses, courtes et divisées en trois articles. La bouche porte deux longues dents écailleuses, minces, courbées et très-pointues. Le corps est composé de douze anneaux ; il est plus large dans son milieu qu'aux extrémités, et sa partie postérieure est tronquée transversalement. La nourriture de cette larve se compose d'herbes et de feuilles de différentes Plantes ; elle marche fort lentement en s'aidant de la partie postérieure de son corps, retire sa tête, et reste immobile dès qu'on la touche. Quand cette larve veut se transformer en nymphe, sa peau se fend de chaque côté du corps, et dans toute l'étendue des trois premiers anneaux ; leur partie supérieure se détache tout-à-fait de dessous, et la larve tire sa tête hors de la peau qui la couvre, à peu près comme on tire la main hors d'une bourse ; les deux fentes latérales donnant à l'Insecte un espace très-grand pour sortir de sa vieille peau, il en vient aisément à bout dans peu de minutes. La nymphe a le corps courbé en arc ou en demi-cercle ; on lui voit encore remuer et allonger la tête, de même que les antennes et les pates. Suivant Degéer, les larves et les nymphes des Lampyres de notre pays jouissent de la propriété d'être lumineuses ; on a dit que quelques mâles n'avaient pas cette propriété ; mais ils en jouissent encore, quoique faiblement. Les femelles des Lampyres d'Europe, observées par Degéer, pondent, sur le gazon ou sur l'herbe où elles vivent, un très-grand nombre d'œufs assez gros, de forme ronde et d'un jaune citrin, enduits d'une matière visqueuse qui sert à les attacher sur les Plantes.

Le nombre d'espèces de Lampyres connus se monte à peu près à soixante. Dejean (Cat. des Col., p. 36) en mentionne trente-huit espèces. Celles qu'on peut considérer comme les types du genre sont :

Le LAMPYRE LUISANT, *L. noctiluca*, Lin., Panz., *Faun. Ins. Germ.*, XLI, 7. Mâle long de quatre lignes, noirâtre ; antennes simples ; corselet demi-circulaire, recevant entièrement la tête, avec deux taches transparentes en croissant ; ventre noir ; derniers anneaux d'un jaune pâle. C'est la femelle de cet Insecte qui est vulgairement désignée par les campagnards sous le nom de Ver luisant ; elle se trouve d'une extrémité de l'Europe à l'autre.

LAMPYRE D'ITALIE, *L. Italica*, Lin., Oliv., Col. II. 28, 12. Nommé dans le pays *Lucciola*. Corselet ne recouvrant pas toute la tête, transversal, rougeâtre, ainsi que l'écusson, la poitrine et une partie des pieds ; tête, étuis et abdomen noirs, les deux derniers anneaux du corps jaunâtres. Les femelles sont ailées. *V.*, pour les autres espèces, Fabricius et Olivier, Col. II, n° 28.

(G.)

LAMPYRIDES. *Lampyrides*. INS. Tribu de l'ordre des Coléoptères, section des Pentamères, famille des Serricornes, division des Malacodermes, établie par Latreille qui lui donne pour caractères (Familles Naturelles du Règne Animal) : corps droit, mou, avec le corselet plat, tantôt demi-circulaire, tantôt carré ou trapézoïde, avancé sur la tête qu'il recouvre totalement ou postérieurement. Les palpes maxillaires au moins sont plus gros vers leur extrémité. Les mandibules sont généralement petites, déprimées, pointues et entières au bout dans la plupart, unidentées au côté interne dans les autres. Le pénultième article des tarses est bilobé ; les crochets du dernier ne sont ni dentés ni appendiculés. Les femelles de quelques-uns sont aptères, ou n'ont que des élytres très-courtes.

† Antennes très-rapprochées à leur

base; bouche petite; tête des uns avancée en museau, celle des autres cachée entièrement ou en majeure partie par le corselet, avec les yeux très-grands dans les mâles; extrémité postérieure de l'abdomen phosphorescente dans plusieurs.

Genres : LYCUS, OMALISÉ, PHENGODE, AMYDÈTE et LAMPYRE. *V.* ces mots.

†† Antennes séparées à leur base par un écart notable; tête point avancée en manière de museau, obtuse ou arrondie en devant, simplement recouverte à sa base avec la bouche et les yeux de grandeur ordinaire.

Genres : DRILE, TÉLÉPHORE et MATLHINE. *V.* ces mots.　　(G.)

LAMUTA. BOT. PHAN. (Rumph.) Syn. de Cynomètre. *V.* ce mot. (B.)

* LAMYRE. *Lamyra.* BOT. PHAN. Dans le Bulletin de la Société Philomatique de novembre 1818, H. Cassini a proposé, sous ce nom, l'établissement d'un genre de la famille des Synanthérées, qu'il a formé aux dépens du *Cirsium.* Ayant ensuite constitué plusieurs autres genres avec des espèces rapportées à juste titre à celui-ci, il ne l'a plus considéré que comme un sous-genre; néanmoins il a continué à lui assigner des caractères distinctifs et à donner à ses espèces le nom générique de *Lamyra.* Nous ne reproduirons point ici tous les détails de l'organisation de ce sous-genre tels qu'ils ont été exposés par l'auteur; ils sont les mêmes que dans le *Cirsium;* mais nous en mentionnerons les caractères essentiels. Les folioles extérieures et intermédiaires de l'involucre sont munies d'un appendice qui offre à sa base interne une protubérance calleuse, tubéreuse, charnue ou fongueuse; les akènes sont lisses, arrondis, sans bourrelet apicilaire, et pourvus d'un péricarpe très-épais et dur après la maturité; leur aréole basilaire large orbiculaire, n'est point oblique; l'aigrette est blanche et formée de poils plumeux à peu près égaux; les corolles

sont presque régulières. Cassini place dans ce sous-genre huit espèces indigènes des régions méditerranéenne et orientale : 1° *Lamyra triacantha,* Cass., ou *Carduus Casabonœ,* L. Cette belle Plante croît dans l'Europe australe, et notamment aux îles d'Hyères; 2° *L. undulata,* Cass., ou *Carduus hispanicus,* Lamk., Encycl. Méth.; 3° *L. diacantha,* Cass., ou *Carduus diacanthus,* Labillardière (*Icon. Pl. Syriac. rar.,* déc. 2, p. 7, t. 3); *Cnicus afer,* Willd.; 4° *L. angustifolia,* Cass.; *Cnicus echinocephalus,* Willd. Cette espèce croît sur le Caucase; 5° *L. pinnatifida,* Cass., ou *Cirsium horridum,* Lagasca, *Gen. et Sp. Pl.,* p. 24. Cette Plante que Lagasca a trouvée en Espagne dans le royaume de Grenade, n'est rapportée qu'avec doute au groupe des *Lamyra;* 6° *L. stipulacea,* Cass., ou *Carduus stellatus,* L.; 7° *L. alata,* H. Cass.; 8° *L. glabella,* Cass. Ces deux dernières espèces sont originaires du royaume de Naples.　　(G..N.)

* LAMYXIS. BOT. CRYPT. (*Champignons.*) Rafinesque-Schmaltz a proposé ce genre dans les Annales de la Nature (1820), pour un Champignon qui se trouve sur les Hêtres dans les monts Catskille aux Etats-Unis; il le dit intermédiaire entre le *Sistotrema* et le Bolet, dont il diffère par ses pores inégaux, polygènes et lacérés; son stipe est latéral, très-court; son chapeau est globuleux, blanc en dessus avec des taches d'un brun rouge briqueté en dessous, et muni vers son bord d'un sillon concentrique. Rafinesque, en donnant à cette Plante le nom de *Sistotrema globularis,* fait douter de la validité de ce genre.　　(A. F.)

LANARIA. BOT. PHAN. Plusieurs Plantes ont reçu cette dénomination, soit à cause du duvet laineux qui les couvre, soit en raison de l'emploi qu'on en fait pour dégraisser les étoffes de laine. Ainsi dans le premier cas, le Bouillon blanc (*Verbascum Thapsus,* L.), et dans le second, le *Gypsophila Struthium,* L., ainsi que la Saponaire, ont été nommés *Lanaria* par les anciens.

Le genre *Argolasia* a été nommé *Lanaria* par Aiton (*Hort. Kew.*). *V.* ARGOLASIE. (G..N.)

LANCE DE CHRIST. BOT. L'un des noms vulgaires de l'Ophioglosse vulgaire et du Lycope commun. (B.)

* LANCEOLARIA. BOT. PHAN. (De Candolle.) *V.* HÉLIOPHILE.

LANCÉOLÉ, LANCÉOLÉE. *Lanceolatus, Lanceolata.* ZOOL. BOT. On emploie cet adjectif, soit en zoologie, soit en botanique, pour désigner toute partie de Plante ou d'Animal qui présente la forme d'un fer de lance. (B.)

LANCERON ou LANÇON. POIS. Nom vulgaire des jeunes Brochets. *V.* ÉSOCE. (B.)

LANCETTE. POIS. Espèce du genre Gobie, *V.* ce mot, et nom vulgaire des Mourines en quelques lieux. (B.)

LANCISIA. BOT. PHAN. Genre de la famille des Synanthérées, établi, en 1719, par Pontédéra sur une Plante assez mal décrite pour que les auteurs qui ont adopté postérieurement le nom proposé par Pontédéra, ne se soient pas accordés relativement à l'espèce de *Cotula* qui lui a servi de type. Adanson a cru que c'était le *Cotula coronopifolia*, L., et cette opinion est aussi celle qui résulte, selon Cassini, de l'obscure description du botaniste italien. Gaertner a donné pour type au *Lancisia* le *Cotula turbinata*, L., dont on a fait le genre *Cenia*. Persoon a composé son *Lancisia*, de Plantes qui appartiennent au *Lidbeckia* de Bergius. Au milieu de ces changemens et de ces fausses applications d'un mot ancien à des choses qui sont d'ailleurs assez convenablement nommées, le meilleur parti est de le rayer des registres de l'histoire naturelle. En conséquence nous renvoyons pour la connaissance des objets, à tous les mots génériques cités dans cet article. (G..N.)

LANCISTÈME. BOT. PHAN. Pour Lacistèmme. *V.* ce mot. (B.)

LANÇON. POIS. L'un des noms vulgaires de l'Équille. *V.* ce mot. On l'étend aussi au jeune Brochet. (B.)

LANCRÉTIE. *Lancretia.* BOT. PHAN. Genre de la famille des Hypéricinées et de la Décandrie Polygynie, L., établi par Delile (Fl. d'Égypte, p. 69, t. 25) qui l'a ainsi caractérisé : calice à quatre ou cinq sépales égaux entre eux; quatre ou cinq pétales; dix étamines libres, dont cinq plus courtes et opposées aux pétales; quatre à cinq styles. Le *Lancretia suffruticosa*, Delile (*loc. cit.*), est l'unique espèce de ce genre : c'est un sous-Arbrisseau à feuilles simples, dentées ou crenées, et à fleurs terminales. Il avait été trouvé autrefois en Egypte par Lippi qui, dans ses manuscrits que possède le professeur de Jussieu, l'avait nommé *Ascyroides africanum*. Lors de l'Expédition d'Egypte, Delile retrouva cette Plante dans les mêmes lieux, et on crut alors qu'elle était particulière aux contrées arrosées par le Nil. Il n'en est pourtant pas ainsi : l'Egypte est la dernière limite du *Lancretia*, qui a pour véritable patrie tout l'intérieur de l'Afrique compris entre la mer Rouge et les côtes occidentales de l'Océan. Cette Plante, peu répandue dans l'Egypte, est au contraire très-commune au Sénégal, d'où J. Gay en a reçu plusieurs échantillons. (G..N.)

* LANDARIUS. OIS. (Frisch.) Syn. du Busard Saint-Martin. *V.* FAUCON. (DR..Z.)

LANDES. *Ericeti.* GÉOL. Étendues de terrain généralement unies, dont le sol arénacé est rendu noirâtre par un peu de détritus végétal que n'emportent point les eaux pluviales, ordinairement stagnantes à leur surface et ne se dissipant guère que par l'évaporation; elles sont stériles ou revêtues seulement de quelques Plantes courtes qui en forment la sombre et misérable verdure. L'ingratitude de la terre, qui ne paierait par aucune récolte abondante les soins que l'Homme se

donnerait pour leur culture, fait ordinairement des pays de Landes des
solitudes, mais non ce qu'en géologie
ainsi qu'en géographie physique on
appelle Désert. *V*. ce mot. Dans les
Landes, le sol n'est point composé
d'une arène mobile que soulèvent
les vents comme ils le font des vagues
de la mer, et qui ne présente plus,
quand le sable a disparu, qu'une surface dépouillée, formée de pierres et de
rochers. Le terrain des Landes est plus
consistant, et s'il n'est pas propre à
toutes sortes de Végétaux, c'est peut-
être moins à sa stérilité qu'à son peu
de profondeur qu'il le doit ; en effet,
à quelques pieds au-dessous de sa
surface, à quelques pouces même,
on trouve une couche dure et compacte, brunâtre, foncée, épaisse de
plusieurs pouces à plusieurs pieds,
formée d'arène quartzeuse, liée
par un ciment où le Fer est souvent
en si grande quantité qu'il peut en
être extrait avec avantage, et fournir
aux besoins de fonderies qui se trouvent en quelques pays de Landes.
Cette couche dure, dont on tire parfois
une assez bonne pierre à bâtir, est nommée ALIOS dans l'Aquitanique. Elle
devient plus dure et une véritable brê-
che quand des cailloux roulés de toutes les grosseurs, antiques galets,
s'y mêlent au point d'y dominer.
Les eaux pluviales n'ayant guère d'é-
coulement sur les Landes, qui, presque partout, sont exactement horizontales, pénétrant le sol après avoir
d'abord stagné à sa surface, sont re-
tenues par l'Alios, et lui portent
peut-être par les principes dont elles
se sont chargées comme dissolvant,
les matériaux du ciment qui en aide
l'augmentation ; car on croit avoir
remarqué en plusieurs endroits que
l'Alios se répare quand on en a
extrait quelques parties. C'est même
un préjugé parmi les habitans que
les Bruyères fournissent, dans cette
circonstance, la matière ferrugineuse
délayée par l'eau, et qui colorant en
rouge, en jaune ou en brun la couche dure, y dépose le métal qu'on
en extrait. Par l'obstacle qu'oppose

l'Alios aux infiltrations, il suffit
de creuser la terre à un, deux ou
trois pieds, pour trouver ordinairement l'eau, et c'est la fraîcheur qui
en résulte qui nourrit les racines d'u-
ne végétation dont la nature est
sans doute déterminée par la longueur qu'il est permis aux racines
d'atteindre, puisque des Arbres qui
auraient besoin de beaucoup de fond,
ainsi que les Végétaux pivotans, n'y
sauraient croître, l'Alios s'opposant à
l'enfoncement, à une profondeur suffisante, de racines considérables. Cependant, en quelques cantons des pays
de Landes où l'Alios est plus profond, ou bien où quelque accident le
brisa, on trouve de beaux Arbres,
entre autres le Pin maritime et de
superbes Roures. Dans une baronie
de Saint-Magne qui appartint à la famille de l'auteur de cet article, on
voyait encore, en 1790, au hameau
nommé Brau, l'un de ces vénérables
Chênes dont le diamètre n'avait pas
moins de douze pieds, et sous lequel
le bon Henri, quand il tenait sa cour
à Nérac, s'était, dit-on, reposé pour
dîner dans une partie de chasse. Cet
obstacle à l'infiltration des eaux
qu'oppose l'Alios, est encore la cause
qu'on trouve dans les Landes beaucoup de lagunes sans issues, formées
par les eaux pluviales, toutes peu profondes, mais remarquables par la pureté de leurs eaux reposant sur un fonds
de sable blanc. Les Poissons, qui n'y
sentent conséquemment jamais la vase, sont réputés délicieux. La plupart
sont des Cyprins, l'Anguille et le Brochet; c'est dans l'une de ces lagunes de
la baronie de Saint-Magne, appelée Lahuco, réputée très-profonde, que nous
avons vu prendre un Congre de trois
pieds de long, qui causa un grand effroi à tous les paysans de corvée aidant à cette pêche et qui l'appe-
lèrent un Serpent d'eau. Un Poisson éminemment marin, trouvé dans
une lagune d'eau douce, à vingt
lieues environ des côtes de l'Océan
et sans qu'on puisse supposer qu'il y
ait eu communication depuis sa naissance, entre Lahuco et le golfe de

Gascogne, est un fait très-remarquable en histoire naturelle. Il est probable qu'il existe encore plus d'un Congre dans la lagune où le second coup de filet ramena celui que nous y avons vu.

On trouve des Landes plus ou moins étendues en Ecosse, aux pays de Galles et de Cornouailles, en Westphalie, en Flandre, en Bretagne, en Sologne et surtout vers les côtes de Gascogne entre la Garonne et l'Adour, où elles ont donné leur nom à un département dont les Landes les mieux caractérisées occupent presque toute la surface. Les parties de la Poméranie, du Brandebourg et de la Pologne, que nous avons visitées, sont aussi, en beaucoup d'endroits, couvertes de Landes, qui partout indiquent l'antique présence de la mer ou le fond mis à sec de quelque grand amas d'eau. La végétation de ces solitudes est ordinairement formée par les *Erica cinerea*, *scoparia*, *tetralix* et *ciliaris*, avec des Ulex si communs qu'ils en ont pris le nom de Landier. Dans le Midi, quelques Cistes s'y mêlent déjà; des Graminées courtes et rigides, le *Festuca ovina*, entre autres, y fournissent une maigre nourriture à des Moutons chétifs. Les Lichens scyphiphores et coralloïdes y sont fort communs aux lieux tourbeux fréquens dans ces Landes. On y trouve encore la végétation propre aux tourbières, et sur les bords des lagunes, quelques Plantes particulières, telles que le *Lobelia Dortmanna*, regardé jusqu'ici comme exclusivement du Nord, et que nous avons rencontré dans les Landes d'Anvers, et dans l'étang de Cazan au revers des dunes aquitaniques.

La surface des grandes Landes est sujette à un mirage qui ne le cède point par ses effets les plus extraordinaires à celui des déserts de l'Egypte et de l'Arabie, sur lequel Monge a donné un excellent Mémoire. En Languedoc, en Provence, dans le Dauphiné, en Espagne, il existe aussi des Landes, mais les Bruyères y disparaissent peu à peu; des Cistes, des Muffliers, des Astragales, et surtout des Labiées aromatiques les remplacent; cependant les Ulex y persistent long-temps vers le sud. Ce sont ces Landes qu'on nomme Garrigues dans quelques cantons de la France méditerranéenne. Il est probable que les Steppes de l'Asie centrale, à la nature de la végétation près, sont, comme les Paraméras de la péninsule Ibérique, d'immenses Landes plus élevées au-dessus du niveau de la mer que celles de la France et de la Germanie.   (B.)

LANDIA. BOT. PHAN. Commerson nommait ainsi un genre de Rubiacées qui ne diffère du *Mussænda*, que parce que toutes les divisions du calice sont égales entre elles. Cette légère différence ne paraît pas suffire pour distinguer un genre; elle exige seulement qu'on en modifie le caractère générique. *V.* MUSSÆNDA.
                       (G..N.)

LANDIER. BOT. PHAN. (Lamarck.) Syn. d'Ajonc (*Ulex*). *V.* ce mot. (B.)

LANDOLPHIE. *Landolphia.* BOT. PHAN. Genre de la famille des Apocynées, et de la Pentandrie Monogynie, L., établi par Palisot-Beauvois (Flore d'Oware et de Benin, t. 1, p. 54, t. 35), dédié au capitaine Landolphe, commandant le vaisseau qui porta Beauvois en Afrique. Ce genre est ainsi caractérisé : calice persistant, composé de cinq à six folioles coriaces, écailleuses, imbriquées, les intérieures plus petites; corolle monopétale, tubulée, le limbe à cinq divisions égales, obliques, le tube velu à son orifice; cinq étamines alternes avec les divisions de la corolle, insérées à l'orifice du tube, à filets courts et à anthères oblongues; style filiforme; stigmate presque divisé; ovaire presque globuleux, comprimé, marqué sur son pourtour, de dix stries; baie charnue, presque globuleuse, déprimée, uniloculaire, renfermant plusieurs graines aplaties, attachées à un axe central. Ce genre offre, selon Beauvois, des ressemblances avec le *Gynopogon* de Forster, mais il en est suffisamment distingué par le fruit.

La LANDOLPHIE D'OWARE, *Landolphia Owariensis*, Beauv., *loc. cit.*, est un Arbrisseau qui croît dans l'intérieur des terres du royaume d'Oware. Ses feuilles sont opposées, ovales-oblongues, entières, lisses et aiguës. Ses fleurs sont terminales, disposées sur une panicule en forme de corymbe. (G., N.)

LANFARON. INS. L'un des noms vulgaires de l'Attélabe de la Vigne dans quelques provinces du Midi. (B.)

LANG. MAM. L'Animal de la Chine, mentionné par le P. Navarette, comme ayant les jambes de devant très-longues et celles de derrière fort courtes, serait-il une espèce de Giraffe ou un Musc ? (B.)

* LANGADIS. REPT. SAUR. Barbot dit qu'on nomme ainsi en Afrique une espèce de Crocodile qui ne vit jamais dans l'eau. (B.)

LANGAHA. REPT. OPH. Genre de la famille des vrais Serpens munis de crochets à venin, dans l'ordre des Ophidiens, établi par Lacépède sur un Serpent découvert à Madagascar par Bruguière qui le fit connaître dans le Journal de Physique, en 1784. Ses caractères sont : des plaques en forme d'anneaux et faisant le tour de la queue derrière l'anus; de petites écailles seulement vers l'extrémité de la queue; tête et ventre garnis de grandes plaques; anus simple, transversal et sans ergot; dents aiguës; des crochets venimeux; naseau long et pointu. On n'en connaît qu'une espèce qui n'existe, à ce qu'il paraît, dans aucune des collections de l'Europe. C'est le *Langaha Madagascariensis*, Lacép.; *Amphisbæna Langaha*, Schneid. Ce Serpent, rougeâtre sur le dos, et qu'on dit être fort à craindre, acquiert trois pieds de long. (B.)

LANGÉOLE. BOT. PHAN. L'un des noms vulgaires de l'Euphraise officinale. (B.)

LANGIT. BOT. PHAN. Nom vulgaire de pays proposé dans le Dictionnaire de Déterville, pour désigner le genre Aylanthe. *V*. ce mot. (B.)

LANGLEIA. BOT. PHAN. (Scopoli.) Syn. de *Casearia*. *V*. ce mot. (B.)

LANGODIUM. BOT. PHAN. (Rumph.) Pour Lagondium. *V*. ce mot. (B.)

LANGOU. BOT. CRYPT. (*Champignons*.) L'un des noms vulgaires du *Boletus Juglandis*, L., qu'on mange en plusieurs cantons de la France. (B.)

LANGOUSTE. *Palinurus*. CRUST. Genre de l'ordre des Décapodes, famille des Macroures, tribu des Langoustines (Latr., Fam. Natur. du Règn. Anim.), établi par Fabricius, et ayant pour caractères : queue terminée par une nageoire composée de feuillets presque membraneux, à l'exception de leur base, et disposée en éventail; pédoncule des antennes intermédiaires beaucoup plus long que les deux filets articulés de leur extrémité; tous les pieds presque semblables, terminés simplement en pointe ou sans pince didactyle; thorax cylindrique; antennes latérales sétacées, fort longues, hérissées de piquans; yeux grands, presque sphériques, situés à l'extrémité antérieure du thorax; leurs pédicules insérés aux extrémités latérales d'un support commun, fixe et transversal.

Les Langoustes diffèrent des Scillares par les antennes et par les yeux; elles s'éloignent des Ecrevisses par des caractères de la même valeur. Les antennes extérieures des Langoustes sont, proportions gardées, beaucoup plus grosses que les correspondantes des autres Macroures : elles sont portées sur un grand pédoncule, très-hérissées de poils et de piquans, et fort longues. Les intermédiaires ont essentiellement la figure des antennes analogues des Brachyures, et n'en diffèrent que parce qu'elles sont plus grandes; elles sont placées un peu au-dessus des précédentes. Les pieds-mâchoires extérieurs ou les derniers ressemblent à de petits pieds avancés et dont les articles inférieurs sont dentelés et velus au côté interne. Le thorax ou le corselet est soyeux, parsemé d'un grand nombre d'épines très-aiguës et d'aspérités. Les épines sont beaucoup plus fortes antérieurement, elles sont en forme de dents, comprimées et très-acérées, surtout les deux qui sont placées derrière les yeux. La poitrine forme une espèce de plastron triangulaire, inégal ou tuberculé, sur les côtés duquel sont insérées les pates qui, à raison de la figure triangulaire de cette pièce, s'écartent graduellement de devant en arrière. Ces pates sont courtes, assez fortes, et se terminent toutes par un doigt simple, crochu, garni de petites épines ou de poils. Elles n'ont point de pinces : les antérieures sont plus courtes que les quatre suivantes et que celles surtout de la troisième paire. Les segmens de la queue sont ordinairement traversés par un sillon dans leur largeur; ils se terminent latéralement en manière d'angle dirigé en arrière et souvent dentelé ou épineux; en dessous, les anneaux sont unis les uns aux autres par une membrane. Ce qui distingue les femelles des mâles, c'est que ceux-ci ont, aux quatre anneaux du milieu de la queue, deux filets membraneux ovales, auxquels les œufs s'attachent après la ponte. Suivant Aristote, la Langouste (*Carabus*) femelle diffère du mâle en ce qu'elle a le premier pied fendu. Comme d'après la manière de compter de ce naturaliste, la première paire de pieds est celle qui est la plus voisine de la queue, son observation est exacte, et effectivement, les femelles ont, vers la base du doigt de ces pieds, une sorte d'ergot qui manque dans le mâle.

Les Grecs ont donné le nom de *Carabos*, à l'espèce de Langouste la plus commune de nos mers; c'est celle que les Latins nommèrent *Locusta*. Belon, Rondelet et Gesner l'ont mentionnée sous ce dernier nom. De-

là, l'origine du mot de Langouste par lequel on désigne dans notre langue cette espèce. Latreille a préféré employer ce mot pour désigner ce genre, que celui de Palinure qui n'est que la traduction littérale du nom assez impropre que Fabricius a donné à ce genre. Les femelles de Langoustes que l'on trouve dans nos mers, portent depuis le mois de mai jusqu'en août; leurs œufs, que l'on nomme *corail*, sont disposés dans l'intérieur de leur corps en deux masses allongées, de la grosseur d'un tuyau de plume et d'un très-beau rouge; ils se dirigent, en divergeant, vers deux ouvertures situées, une de chaque côté, vers la base des pates intermédiaires; ces œufs sont très-petits en sortant du corps de la mère, mais ils croissent insensiblement pendant une vingtaine de jours qu'ils demeurent attachés aux feuillets du dessous de la queue; ce temps écoulé, elle les détache tous ensemble de leur enveloppe, et on les trouve souvent fixés contre des rochers, ou errans et abandonnés aux courans ou aux-vagues. Ce n'est qu'une quinzaine de jours après que ces œufs éclosent. Suivant Aristote, la femelle replie la partie large de la queue pour comprimer ses œufs au moment où ils sortent de son corps, et elle allonge les feuillets inférieurs afin qu'ils puissent les recevoir et les retenir. Après cette dernière ponte, elles en font une seconde en se débarrassant totalement de leurs œufs; alors elles sont maigres et peu estimées, et l'on ne recherche que les mâles. L'accouplement a lieu au commencement du printemps. Aristote décrit aussi les mues qu'il avait très-bien observées, et il dit qu'elles se font au printemps et quelquefois en automne.

Les Langoustes abandonnent nos côtes vers la fin de l'automne ou au commencement de l'hiver, et alors elles gagnent la haute mer et vont se cacher dans les fentes des rochers à de très-grandes profondeurs. Elles vivent de Poissons et de divers Animaux marins, et parviennent, au bout de quelques années, à la longueur d'un pied. Ces Crustacés peuvent vivre très-long-temps, et s'ils parviennent à se réfugier dans quelques lieux peu favorables à la pêche, ils atteignent une grosseur très-considérable. D'après Risso, les mâles vont à la recherche de leurs femelles en avril et en août; dans l'accouplement, les deux sexes sont face à face, et se pressent si fortement, qu'on a de la peine à les séparer, même hors de l'eau. Sur les côtes de Nice on pêche ce Crustacé avec des nasses. On met dans des paniers, des pates de Poulpes brûlées, des petits Poissons, des Crabes, etc., on les descend pendant la nuit dans des endroits rocailleux où les Langoustes se plaisent beaucoup, et on prend, le lendemain matin, celles qui sont dedans. On fait une grande consommation de ces Crustacés sur nos tables, et on les envoie dans l'intérieur et à Paris où ils sont très-recherchés. Pour les faire voyager, on les fait cuire, sans quoi ils se gâteraient en route. En 1804, Latreille a débrouillé (Annal. du Mus. d'Hist. Natur. de Paris, 17ᵉ cahier) le chaos qu'offraient à l'égard des espèces les ouvrages antérieurs. Olivier (Encyclopédie Méthodique, art. PALINURE) a encore jeté quelque lumière sur ce genre qui se compose de huit à neuf espèces : la principale et celle qui est la plus commune en France, est :

La LANGOUSTE COMMUNE, *Palinurus vulgaris*, Latr. ; *Pal. Locusta*, Oliv. ; *Pal. quadricornis*, Fabr., Leach (*Malac. Brit.*, 30): *Langouste*, Belon ; *Pal. Langouste*, Bosc. Elle est grande, rougeâtre, avec le test hérissé de piquans, garni de duvet, et armé, à sa partie antérieure, au-dessus des yeux, de deux dents très-fortes, avancées, comprimées et dentelées en dessous; la queue est tachetée ou ponctuée de blanc jaunâtre; les segmens ont un sillon transversal et interrompu. Les pieds sont entrecoupés de jaunâtre et de rougeâtre. *V.*, pour les autres espèces, Latreille et Olivier (*loc. cit.*)   (G.)

LANGOUSTINES. *Palinuri.* CRUST. Tribu de l'ordre des Décapodes, famille des Macroures, établie par Latreille (*Fam. Natur. du Règn. Anim.*) qui en avait fait une famille dans ses autres ouvrages. Cette tribu, telle qu'il l'adopte (*loc. cit.*), a pour caractères : tous les pieds presque semblables, à tarses coniques ; aucun d'eux ne se terminant par une main parfaitement didactyle; les antennes latérales sont sétacées, longues et épineuses. Cette tribu ne renferme que le genre Langouste. *V.* ce mot.   (G.)

LANGOUZE. BOT. PHAN. Nom vulgaire, à Mascareigne, du Cardamome de Madagascar, qui croît aussi dans cette île.   (B.)

LANGRAYEN. *Ocypterus.* OIS. (Cuvier.) Genre de l'ordre des Insectivores. Caractères : bec court, conique, arrondi, comprimé à la pointe, un peu élargi à la base; mandibule supérieure inclinée vers l'extrémité qui est un peu échancrée; base du bec entourée de soies fortes et longues; narines placées assez près de la base du bec, ovoïdes, ouvertes; pieds courts; quatre doigts, trois en avant, l'intermédiaire plus long que le tarse, les latéraux inégaux, l'externe uni à l'intermédiaire jusqu'à la première articulation; l'interne seulement à l'origine; ailes assez longues, dépassant quelquefois l'extrémité de la queue; les trois premières rémiges étagées, les quatrième, cinquième et sixième les plus longues. L'histoire particulière de ces Oiseaux est encore fort obscure; aucun des voyageurs qui eût pu nous la procurer ne s'en est occupé, et tout ce que nous en savons se borne à des faits qui sont communs aux Oiseaux de plusieurs autres genres, et particulièrement aux Hirondelles. Sonnerat dit qu'elles se rapprochent aussi des Pies-Grièches par le courage et même la témérité qu'elles mettent dans l'attaque et la défense contre des Oiseaux d'une taille et d'une force bien disproportionnées à la leur. Les

Langrayens sont habitans de l'Inde et de l'Océanique.

LANGRAYEN A VENTRE BLANC, *Ocypterus leucogaster*, Valenciennes, Mém. du Mus. T. VI, pl. 7, fig. 9; *Lanius leucorhynchus*, Gmel.; *Lanius Dominicanus*, Gmel.; Pie-Grièche de Manille, Buff., pl. enlum. 9, fig. 1. Parties supérieures brunes; tête et cou ardoisés; rémiges et rectrices d'un gris ardoisé en dessus, blanchâtres en dessous; parties inférieures blanches; queue faiblement fourchue; bec bleu; pieds noirâtres. Taille, six pouces. De Timor et Manille.

LANGRAYEN BRUN, *Artamus fuscus*, Vieill. Front bordé de noir; plumage généralement d'un gris rembruni, plus clair sur la poitrine et les parties inférieures, à l'exception des rémiges qui sont noires; queue grise en dessous et terminée de blanc sale sur les rectrices latérales; bec bleuâtre, noir à la pointe; pieds bruns. Taille, six pouces et demi. Cette espèce pourrait bien être la même que la suivante.

LANGRAYEN ENFUMÉ, *Ocypterus fuscatus*, Valenc., Mém. du Mus. T. VI, pl. 9, fig. 1. Plumage d'un brun enfumé; joues noirâtres; rémiges et rectrices d'un bleu ardoisé; tectrices caudales noires; extrémité des barbes internes des deuxième, troisième et quatrième rectrices, blanche, ce qui forme en dessus une bandelette blanchâtre; bec bleu; pieds noirs. Taille, six pouces trois lignes. Des Moluques.

LANGRAYEN GRIS, *Ocypterus cinereus*, Valenc., Mém. du Mus. T. VI, pl. 9, fig. 2; *Artamus cinereus*, Vieill. Parties supérieures d'un gris bleuâtre; tête grise; joues noires; rémiges ardoisées, d'un blanc grisâtre en dessous, n'atteignant pas l'extrémité de la queue qui est arrondie; rectrices noires, terminées de blanc à l'exception des deux intermédiaires; parties inférieures d'un brun très-clair; bec bleu, noir à la pointe; pieds bruns. Taille, sept pouces trois lignes. De Timor.

LANGRAYEN A LIGNES BLANCHES, *Ocypterus albo-vittatus*, Cuv., Règn. Anim. T. IV, pl. 3, fig. 6; Valenc., Mém. du Mus. T. VI, pl. 8, fig. 1. Parties supérieures d'un brun noirâtre; tête et parties inférieures d'un brun plus clair; rémiges d'un bleu ardoisé, avec les barbes externes des seconde, troisième et quatrième rémiges blanches; rectrices noires, les latérales plus longues, de manière que la queue est fourchue, marquées, à l'exception des intermédiaires, d'une tache blanche à l'extrémité; bec bleu; pieds noirs. Taille, six pouces et demi. Les jeunes ont la majeure partie du plumage roussâtre, tacheté de blanc; les petites tectrices alaires terminées par une tache noirâtre, avec un point blanc; la tache blanche des rectrices lisérée de noir; le bec blanc, avec la pointe brune. De Timor.

LANGRAYEN PETIT, *Artamus minor*, Vieill. Plumage d'un brun roux foncé, avec les joues et le menton noirâtres; rémiges et rectrices noires, ces dernières terminées de blanc; bec bleuâtre; pieds noirs. Taille, cinq pouces. Des terres Australes.

LANGRAYEN TCHA-CHERT, *Lanius viridis*, L.; *Artamus viridis*, Vieill., Buff., pl. enlum. 50, fig. 2. Parties supérieures d'un vert sombre; tête olivâtre; rémiges noirâtres, bordées de vert; rectrices intermédiaires d'un vert sombre, les latérales noirâtres à la base; parties inférieures blanches; bec d'un bleu foncé; pieds noirs. Taille, six pouces. De Madagascar.

LANGRAYEN A VENTRE ROUX, *Ocypterus rufiventer*, Valenc., Mém. du Mus. T. VI, pl. 7, fig. 1. Parties supérieures d'un brun lavé de grisâtre; tête cendrée; rémiges aussi longues que les rectrices, ardoisées; tectrices alaires terminées de blanc; queue arrondie; rectrices d'un bleu noirâtre, terminées de blanc grisâtre; parties inférieures roussâtres; bec bleu; pieds noirs. Taille, six pouces. Du Bengale.

(DR..Z.)

* LANGSDORFFIE. *Langsdorffia.*

BOT. PHAN. Genre de la Monœcie Triandrie , L., établi par Martius (*Eschweg. Journ. von Brasilien*) et adopté par Richard père, qui l'a placé dans la nouvelle famille des Balanophorées, et l'a ainsi caractérisé : fleurs monoïques sur des capitules séparés. Le phoranthe des mâles est ovoïde-conique, revêtu de folioles charnues; les fleurs sont portées sur des pédicelles plus longs que les folioles du phoranthe ; elles ont un calice à trois divisions profondes, étalées, ovales, tronquées et concaves; trois étamines dont le tube anthérifère (*Synème*) est très-court, et les anthères soudées et extrorses. Les fleurs femelles sont sétiformes et très-serrées sur un phoranthe globuleux nu inférieurement; leur ovaire est infère, grêle et presque fusiforme ; le limbe du calice est couvert de verrucosités qui existent sur son bord ; le style est simple, de moitié plus court que l'ovaire, et portant à son sommet des stigmates globuleux. Une seule espèce constitue ce genre curieux. Richard père (*loc. cit.*) l'a nommé *Langsdorffia janeirensis*, et en a publié une très-belle figure accompagnée des détails les plus intéressans. Martius lui avait donné le nom spécifique d'*hypogea*. C'est une Plante herbacée, dont la racine est épaisse, horizontale, rameuse, les pédoncules couverts d'écailles lancéolées, imbriquées et serrées les unes contre les autres. Elle a été découverte dans les forêts ombragées, près de Rio de Janeiro, par Langsdorff et Martius.   (G..N.)

LANGUARD. OIS. Syn. vulgaire du Torcol. *V.* ce mot.   (DR..Z.)

LANGUAS. BOT. PHAN. (Kœnig.) *V.* HELLÉNIE.

LANGUE. ZOOL. Généralement l'organe du goût, la Langue peut encore, par l'effet de la complication de structure qu'elle vient alors à acquérir, et principalement par le grand développement des muscles qui entrent dans sa composition, remplir d'autres fonctions plus ou moins importantes : ainsi chez l'Homme, par exemple, elle contribue à la formation de la parole, à la déglutition et à la mastication. Sa structure devenant au contraire plus simple chez les Animaux inférieurs, elle perd son volume, sa mobilité, se réduit presque à une simple membrane, et les fonctions dont elle s'acquittait secondairement, ou sont transmises à d'autres organes, ou même ne s'exécutent plus.

La Langue est une des parties qui fournissent les meilleurs caractères au zoologiste, soit à cause de son importance physiologique, soit à cause des variations sans nombre qu'elle présente souvent d'un genre à l'autre, sous le rapport de son volume, de sa forme, de sa structure, du degré de liberté dont elle jouit, du nombre et de la disposition de ses papilles; soit enfin parce que sa position, presque externe, la rend un des organes les plus facilement accessibles à l'observation. Aussi, diverses particularités plus ou moins remarquables de son organisation ont-elles servi à caractériser une multitude de genres, et même valu à plusieurs des noms, tels que ceux de *Pteroglossus*, de Glossophage et de Microglosse. Il est à regretter, pour la justesse comme pour la précision de nos systèmes et de nos méthodes, que, souvent molle et charnue, comme chez la plupart des Mammifères, elle ne puisse être toujours conservée par les voyageurs, et manque ainsi très-fréquemment dans les collections zoologiques.

Nous renvoyons, pour la description des muscles qui composent la Langue, aux Mémoires assez récemment publiés (1822 et 1823) de Baur, de Blandin et de Gerdy. Le nombre de ces muscles, la manière dont ils se confondent en plusieurs points, ont long-temps arrêté les anatomistes : on n'avait pu ni bien indiquer leur disposition, ni même déterminer exactement leurs limites, et on avait déclaré le tissu de la Langue véritablement inextricable. Au reste, les résultats où sont parvenus les anatomistes que nous venons de citer, montrent on ne peut mieux la difficulté du sujet. Gerdy a en effet trouvé le nombre de ces muscles ou faisceaux musculaires plus considérable encore qu'on ne l'imaginait : ainsi, il a distingué un muscle lingual superficiel, deux linguaux profonds, des linguaux transverses, des linguaux verticaux, qui forment les muscles intrinsèques; les extrinsèques sont les deux stylo-glosses, les deux hyoglosses, les deux génio-glosses, les deux glosso-staphylins, sans parler des faisceaux hyo-glosso-épiglottiques qui ne sont pas constans.

La membrane du dos ou de la face supérieure de la Langue, ou la membrane gustative, est une continuation de la muqueuse qui tapisse toute la cavité orale, et elle n'en diffère guère que par le développement plus considérable des papilles. Ces papilles sont de plusieurs sortes : les Coniques, ainsi nommées à cause de leur forme, couvrent toute la face supérieure de la Langue; il y a même deux sortes de papilles coniques, les unes toujours molles, flexibles, très-fines, vasculaires, et, selon Blainville, probablement nerveuses; elles occupent surtout la pointe et le bord de la langue : les autres, plus fermes, plus grosses; c'est au milieu qu'elles se trouvent le plus souvent. Les Fungiformes, ainsi nommées à cause de leur forme qui rappelle celle d'un Champignon, sont plus grandes que les coniques, mais peu nombreuses : c'est vers le bout qu'elles se trouvent en plus grand nombre. Enfin les papilles Caliciformes ou à calice, dont le nom indique suffisamment la forme, sont encore en bien moindre nombre, et ne se voient qu'à la partie postérieure de la Langue, où elles se disposent, sur deux lignes obliques, d'une manière ordinairement symétrique. D'autres anatomistes ont aussi divisé les papilles en Filiformes, Fungiformes ou Coniques, et Lenticulaires.

La plupart des Mammifères ressemblent beaucoup à l'Homme pour la structure de la Langue : seulement, les papilles sont de forme et quelquefois de nature différentes. C'est ainsi qu'on trouve chez les Chats, et dans quelques autres genres, des papilles revêtues d'étuis cornés assez semblables à de petits ongles : ce sont ces papilles cornées qui donnent à la Langue du Chat la dureté que chacun lui connaît, et qui, lorsque l'Animal vient à lécher, lui fait produire sur la peau l'effet d'une râpe. La Langue du Porc-Epic a, sur les côtés, de larges écailles terminées par plusieurs pointes; dans d'autres genres, chez plusieurs Cétacés, par exemple, les papilles sont peu ou ne sont point distinctes; mais les Fourmiliers et les Echidnés ont une Langue véritablement bien différente, mince, allongée, et susceptible d'une extension considérable; elle ressemble ainsi à celle de plusieurs Oiseaux et de beaucoup de Reptiles; mais le mécanisme de son extension est tout autre, et la ressemblance est plutôt apparente que réelle.

Le caractère classique de la Langue, chez les Oiseaux, est d'être soutenue par un ou par deux os qui en traversent l'axe, os que les anatomistes ont généralement regardés comme des élémens nouveaux d'organisation, mais dont Geoffroy Saint-Hilaire a trouvé les analogues dans les cornes postérieures de l'hyoïde. Ces os de la Langue, ou, suivant la nomenclature de cet anatomiste, les *glosso-hyaux*, ne manquent réellement dans aucune classe : on voit toujours en effet une ou deux pièces en rapport avec la Langue, et en même temps appuyées sur le *basihyal* ou le corps de l'os hyoïde; ces pièces ne sont autres que les glossohyaux, qui conservent ainsi constamment les mêmes connexions. Les Mammifères ont deux glossohyaux; mais, chez beaucoup d'Oiseaux et chez les Poissons, rien ne s'interposant plus entre ces deux pièces, à cause de l'état rudimentaire des muscles linguaux, elles se rapprochent et se confondent sur la ligne médiane; et il n'y a plus qu'un seul glossohyal. La disposition particulière du glossohyal des Oiseaux tient à l'allongement du col et de toutes les parties cervicales dans cette classe : on conçoit en effet comment la longueur considérable du basihyal et du glossohyal, oblige cette dernière pièce à s'avancer profondément dans la Langue.

La Langue des Oiseaux est d'ailleurs très-rudimentaire et très-peu épaisse. Le glossohyal, quoique très-grêle lui-même, en forme une grande partie, et n'est recouvert que de quelques muscles très-minces et des tégumens; et même si dans quelques genres, comme chez les Perroquets et les Phénicoptères, elle est volumineuse, et paraît un peu plus semblable à celle des Mammifères, c'est encore une simple apparence tenant à la présence d'un amas de tissu cellulaire et de graisse. La Langue du Flammant passe même, à cause de cette structure graisseuse, pour un mets très-recherché. On sait que l'empereur Héliogabale entretenait constamment des troupes chargées de lui procurer en abondance des Langues de Flammans; et aujourd'hui même, il paraît que ces Langues sont encore, en plusieurs lieux, recherchées avec une égale avidité, quoique dans un autre but. Ainsi Geoffroy Saint-Hilaire a souvent vu en Égypte le lac Menzaleh (à l'ouest de Damiette) couvert d'une multitude de barques pleines de Flammans : les chasseurs se procurent ainsi, en arrachant et en pressant les Langues, une substance graisseuse qui remplace pour eux le beurre avec avantage.

La Langue est pareillement assez épaisse chez les Perroquets, ou du moins chez une partie d'entre eux : car, dans cette famille, généralement caractérisée par le volume plus considérable de cet organe, il est un petit genre qui en est presqu'entièrement privé : je veux parler de la section des Microglosses de Geoffroy Saint-Hilaire, ou Aras à trompe de

Levaillant. Ce voyageur, saisissant un rapport qui n'avait véritablement rien de réel, leur avait donné ce nom, parce que, disait-il, leur Langue est une espèce de trompe avec laquelle ils prennent leur nourriture à l'instar de l'Éléphant. Mais Geoffroy ayant eu l'occasion de voir vivant un de ces Aras, a reconnu que cet organe, considéré par Levaillant comme la Langue, était formé de l'appareil hyoïdien et de ses dépendances; la véritable Langue ne consistant plus que dans une petite tubérosité de forme ovale et d'apparence cornée (Mém. du Mus., t. x). L'Autruche n'a pareillement qu'une Langue très-courte, et tellement même qu'on a douté de son existence; il n'y a d'ailleurs aucune papille, de même que chez le plus grand nombre des Passereaux et des Gallinacés; mais l'ordre des Grimpeurs est sans contredit celui qui présente les modifications les plus remarquables. Nous avons déjà parlé des Perroquets: nous ajouterons seulement qu'ils ont des papilles assez semblables aux papilles fungiformes des Mammifères. Les Toucans ont la Langue étroite et garnie de chaque côté de longues soies, qui lui donnent l'apparence d'une véritable plume, d'où le nom de *Pteroglossus*, qu'on a donné au sous-genre Aracari. Celle des Pics n'est pas moins singulière, soit par la présence de plusieurs épines placées sur les bords, soit par une disposition toute particulière de l'hyoïde, dont les cornes antérieures ont acquis un développement prodigieux; d'où résulte, par un mécanisme qu'on fera connaître ailleurs, la possibilité dont jouit le Pic, de faire sortir de son bec sa Langue tout entière.

Nous trouvons chez les Reptiles autant de variations que chez les Oiseaux. Elle est le plus souvent charnue, soit en grande partie, soit même dans son entier. Elle manque, a dit Hérodote, chez le Crocodile, et ce Quadrupède est le seul qui présente cette particularité; depuis, la même observation a été faite également par

Aristote et par tous les voyageurs. Les anatomistes de l'ancienne Académie des sciences ont cependant montré qu'elle existe réellement, mais qu'elle est attachée au palais sur toute sa circonférence, et ils ont accusé d'inexactitude l'historien grec. Son observation est cependant très-juste, comme Geoffroy Saint-Hilaire l'a constaté : la Langue n'est nullement apparente à l'extérieur sur le vivant, et n'existe véritablement que pour l'anatomiste. « Toute la peau, dit Geoffroy Saint-Hilaire (Ann. du Mus., t. II), comprise entre les branches de la mâchoire inférieure se trouve revêtue en dedans d'une chair spongieuse, épaisse et mollasse, qui y est inséparablement attachée dans toute son étendue ; mais ce muscle ou cette Langue est en quelque sorte masqué à l'extérieur par une continuation des enveloppes générales ; c'est une peau jaunâtre, chagrinée, et entièrement semblable à celle du palais. » Cet état rudimentaire de la Langue du Crocodile est même précisément ce qui lui rend nécessaires et ce qui explique les services qu'il reçoit d'un petit Oiseau, qui, dit Hérodote, entre dans sa gueule qu'il tient ouverte, et mange les Insectes qui lui sucent le sang : fait véritablement surprenant, et souvent révoqué en doute, mais dont Geoffroy Saint-Hilaire a eu en Egypte plusieurs fois l'occasion de vérifier l'exactitude. Il a constaté que cet Oiseau, qu'Hérodote désigne sous le nom de *Trochilus*, n'est autre que le *Charadrius ægyptius* d'Hasselquist, et que les petits Animaux dont il délivre le Crocodile sont des Insectes suceurs, et non pas des Sangsues, comme on avait généralement traduit par erreur.

Chez les Salamandres, la Langue est adhérente comme chez le Crocodile, mais seulement par sa pointe et non par ses bords. On sait qu'elle est libre, très-extensible et bifurquée vers sa pointe dans la plupart des Sauriens et des Ophidiens. Les Crapauds et les Grenouilles ont la Langue en partie fixée à la mâchoire

inférieure, et sa portion libre est du moins, dans l'état ordinaire, repliée dans la bouche.

Chez beaucoup de Poissons, la Langue ne consiste plus que dans une simple saillie à la partie inférieure de la bouche, et sa membrane dorsale ne diffère pas ordinairement de la muqueuse qui tapisse tout le reste de la cavité orale : enfin chez d'autres, comme les Cartilagineux, la Langue semble manquer entièrement.

C'est sur les bords, et surtout vers la pointe de la Langue, que réside le sens du goût. Ce sens n'a point, comme les autres sens spéciaux, la vue, l'odorat et l'ouïe, un nerf sensitif particulier. Celui qui transmet à l'encéphale les sensations du goût, le nerf Lingual, n'est en effet qu'une branche de la cinquième paire ; et l'on sait que ce nerf envoie également un rameau à chacun des autres sens : rameau dont la destruction, suivant les expériences de Magendie et les observations pathologiques de Serres, entraîne même celle du sens auquel il appartient.

(IS. G. ST.-H.)

En raison de la figure plus ou moins ressemblante de certains êtres des règnes organiques, ou de quelques-unes de leurs parties avec la Langue, on a vulgairement appelé :

LANGUE D'AGNEAU. (Bot.) Le *Plantago media*, L.

* LANGUE D'ANOLIS. (Bot.) Le *Melastoma ciliata* aux Antilles.

LANGUE DE BOEUF. (Bot.) La Buglosse officinale, le *Pothos cordata* et la Fistuline, genre de Champignons.

LANGUE DE CERF. *Lingua Cervina.* (Bot.) La Scolopendre et la plupart des Fougères à frondes entières, même le *Botrychium Lunaria*.

LANGUE DE CHAT. (Zool.) Une Telline, *Tellina Lingua-Felis.* (Bot.) Le *Bidens tripartita* et un Eupatoire de Saint-Domingue.

* LANGUE DE CHATAIGNIER OU DE CHÊNE. (Bot.) La Fistuline Langue de Bœuf.

LANGUE DE CHEVAL. (Bot.) Le

Ruscus Hyppoglossum, espèce du genre Fragon.

Langue de Chien. (Bot.) La Cynoglosse officinale et d'autres Borraginées, telles que le *Myosotis Lappula*.

Langue de Noyer et **Langue de Pommier.** (Bot.) Divers Agarics parasites à pédicule latéral.

Langue d'Oie. (Bot.) Le *Pinguicula vulgaris*, L.

Langue d'Oiseau ou **Ornithoglosse des vieilles pharmacies.** (Bot.) Le fruit du Frêne et le *Stellaria holostea*.

Langue d'Or. (Zool.) La Telline foliacée.

Langue de Passereau. (Bot.) Le *Stellera passerina* et le *Polygonum aviculare*.

Langue de Serpent. (Bot.) L'Ophioglosse vulgaire et les Clavaires de Linné, dont on a composé le genre *Geoglossum*, ce qui signifie Langue de terre.

Langue de Serpent. (Foss.) De petites Glossopètres.

Langue de Tigre. (Zool.) Une espèce du genre Vénus, *Venus tigrina*.

* **Langue de terre.** (Bot.) *V.* **Langue de Serpent.**

Langue de Vache. (Bot.) La Scabieuse des champs, la grande Consoude en quelques parties de la France, et le *Talinum polyandrum* au Pérou. (B.)

LANGUETTE. pois. Espèce du genre Pleuronecte. *V.* ce mot. On a aussi donné ce nom aux Manches de couteau ou Solens. (B.)

LANGUETTE. *Ligula.* ins. On désigne sous ce nom une partie de la lèvre inférieure; elle fait suite au support ou menton, et donne insertion aux palpes, aux paraglosses, etc. *V.* **Bouche.** (aud.)

LANGUETTE. *Ligula.* bot. Plusieurs organes des Végétaux ont été nommés ainsi par les botanistes. On appelle Languettes ou fleurons ligulés les demi-fleurons des Synanthé-

rées dont le tube est court et épanoui en un limbe oblong, unilatéral, ordinairement terminé par quelques petites dents. Jacquin a donné le nom de Languettes (*Ligulæ*) aux appendices qui, dans les *Stapelia*, partent du bas du capuchon, alternent avec les cornes et sont étalés sur la corolle.

Dans les Graminées, l'appendice membraneux qui couronne la gaîne de la feuille est nommé Languette (*Ligula*, *Collare*).

Le genre *Aizoon* est quelquefois appelé vulgairement **Languette.**

(G..N.)

LANGURIE. *Languria.* ins. Genre de l'ordre des Coléoptères, section des Tétramères, famille des Clavipalpes, établi par Latreille aux dépens du genre Trogossite dans lequel Fabricius l'avait placé, et ayant pour caractères : dernier article des palpes maxillaires allongé, et plus ou moins ovalaire; massue des antennes de cinq articles; corps linéaire. Ces Insectes se distinguent des Clypéastres et des Agathidies par les tarses et par d'autres caractères; ce qui a déterminé Latreille à placer ces derniers dans la famille des Xylophages, quoiqu'ils se rapprochent, sous bien des rapports, du genre Phalacre qui appartient à la famille des Clavipalpes. Les Erotyles, les Triplax et les Tritomes s'en distinguent par leurs palpes maxillaires en hache et par la forme de leur corps; enfin les Phalacres ont la massue des antennes de trois articles et le corps globuleux. Les Languries ont les antennes plus courtes que le corps, insérées devant les yeux, et composées de onze articles dont les cinq derniers forment une massue allongée, comprimée et perfoliée. Leur labre est corné, peu avancé et presque échancré. Les mandibules sont cornées, avancées et terminées par deux dents aiguës. Les mâchoires sont cornées, bifides, avec le lobe extérieur coriacé, un peu velu à sa partie supérieure, et le lobe intérieur plus court et bifide; elles portent chacune un palpe filiforme composé de quatre articles; le premier est très-petit, les deux suivans égaux et le dernier un peu plus long, plus épais, de forme ovale. Les palpes labiaux sont composés de trois articles petits et le dernier est un peu plus long et un peu en massue. La lèvre est presque cordiforme, entière; le menton est en carré transversal, beaucoup plus large que la lèvre, un peu rétréci et arrondi supérieurement. Le corps des Languries est linéaire; leur corselet est arqué et convexe; l'écusson arrondi postérieurement, et les élytres longues, recouvrant les ailes et l'abdomen. Les pates sont grêles, assez longues; leurs tarses ont leurs deux premiers articles allongés, triangulaires; le troisième est plus large, bifide, et le dernier est allongé, un peu arqué et terminé par deux crochets. Les mœurs des Languries nous sont entièrement inconnues; il est fort probable qu'ils vivent dans les Bolets et dans le bois pourri, comme les Triplax, les seuls Insectes de cette famille qui se trouvent en France et dont on connaît les métamorphoses. Ce sont des Insectes assez rares dans les collections, et le genre ne se compose que de cinq ou six espèces. Dejean (Catal. des Col., p. 129) en mentionne deux; la principale, celle qui sert de type au genre, est :

La LANGURIE BICOLORE, *L. bicolor*, Latr., Oliv., Col. T. v, n. 88, pl. 1, fig. 1. Elle est noire, avec le corselet fauve, à l'exception de son dos qui est noir. Cette espèce se trouve à Cayenne. *V.*, pour les autres, Olivier (*loc. cit.*) et Latreille (*Gener. Crust. et Ins.*)   (G.)

* LANIAIRES. MAM. *V.* CANINES et DENTS.

LANIER. OIS. Espèce du genre Faucon. *V.* ce mot.   (DR..Z.)

LANIFERA. BOT. PHAN. (Pline.) Le Cotonnier selon Adanson. (B.)

LANIO. OIS. *V.* LANION.

LANIOGÈRE. *Laniogerus.* MOLL. C'est à Blainville que l'on doit la création de ce nouveau genre. Dès 1816 il fut connu par l'extrait qui en a été publié dans le Bulletin de la Société Philomatique pour cette année. Férussac, dans ses Tableaux systématiques des Animaux mollusques, a adopté ce genre et l'a placé dans les rapports indiqués par son créateur, c'est-à-dire qu'il l'a rangé dans les Gastéropodes, dans la famille des Polybranches à côté des Eolides et des Glauques, entre lesquels il sert de passage. Blainville a reproduit ce genre dans le Dictionnaire des Sciences, dans l'atlas duquel il est figuré; il en a montré les rapports à l'article MOLLUSQUE du même ouvrage en le rangeant tout près des Glauques et des Cavolines. Voici les caractères que Blainville assigne à ce genre : corps nu, allongé, convexe en dessus, plane en dessous, terminé par une sorte de queue, la tête assez distincte; quatre tentacules fort petits; les branchies en forme de longues lanières molles, flexibles, disposées en un seul rang de chaque côté du corps; l'anus et les organes de la génération à droite dans un tubercule commun; si on veut comparer ces caractères à ceux du genre Glauque, on verra que les Laniogères s'en distinguent très-bien, quoique très-voisines. On n'en connaît encore qu'une seule espèce que Blainville a vue dans le Muséum britannique; il la nomme :

LANIOGÈRE D'ELFORT, *Laniogerus Elfortianus*, Blainville, Dict. des Sc. Nat. T. xxv, pag. 243, planches du même ouvrage, douzième cahier, fig. 4 à 6; *an Laniogerus Blanvillii*, Féruss., Tab. syst. ?   (D..H.)

LANION. *Lanio.* OIS. Genre établi par Vieillot, et dont les deux espèces font partie de notre genre Batara. *V.* ce mot.   (DR..Z.)

LANISTE. *Lanistes.* MOLL. Genre proposé par Montfort (*Conchil. Syst.* T. II, pag. 125) pour une Coquille du genre Ampullaire. *V.* ce mot. (D..H.)

LANIUS. OIS. (Linné.) *V.* PIE-GRIÈCHE.

LANNERET. ois. Le Lanier mâle.
V. FAUCON. (B.)

LANSA. BOT. PHAN. Dans les îles de l'archipel Indien, on donne ce nom au *Lansium* de Rumph, que plusieurs auteurs donnent comme synonyme du *Cookia* de Sonnerat. *V.* LANSIUM et COOKIE. (G..N.)

LANSAC. BOT. PHAN. Petite et jolie variété de Poire d'automne. (B.)

LANSIUM. BOT. PHAN. Rumph (*Herb. Amb.* 1, p. 151, t. 54 et 55) a décrit et figuré sous ce nom plusieurs Arbres de l'archipel Indien, qui ont été rapportés au genre *Cookia* de Sonnerat. *V.* ce mot. Cette détermination paraît n'avoir pas été connue du docteur Jack, puisqu'il a publié dans le quatorzième volume des Transactions de la Société Linnéenne de Londres, une notice sur le genre *Lansium*, sans mentionner comme synonyme le genre *Cookia;* il l'a placé dans la famille des Méliacées, et lui a attribué des caractères un peu différens de ceux assignés au *Cookia* par les auteurs. Ces caractères sont : un calice à cinq divisions profondes ; une corolle à cinq pétales arrondis ; le tube staminifère urcéolé, ayant l'orifice entier; dix anthères incluses ; ovaire à cinq loges, surmonté d'un style court, en colonne, et d'un stigmate plane à cinq rayons; baie coriace extérieurement, à cinq loges et à cinq graines qui avortent dans presque toutes les loges, excepté dans une ou deux seulement ; semences enveloppées d'un tégument pulpeux et sapide ; albumen nul; cotylédons inégaux et peltés. Le *Lansium domesticum*, figuré par Rumph (*loc. cit.*, t. 54), Plante des îles Malaises, est la seule espèce que le docteur Jack admette, quoiqu'il semble disposé à lui joindre encore le *Lansium montanum* de Rumph (*loc. cit.*, t. 56). Cependant celui-ci offre quelques différences dans les parties de la fleur, et paraît être congénère du *Milnea* de Roxburgh. (G..N.)

LANT. MAM. *V.* LAMFT.

LANTANIER. *Lantana.* BOT. PHAN. Ce genre de la famille des Verbénacées et de la Didynamie Angiospermie, L., établi par Plumier, sous le nom de *Camara*, est ainsi caractérisé : calice très-court, tubuleux, à quatre dents peu marquées ; corolle dont le tube oblique, renflé au milieu, est beaucoup plus long que le calice, et dont le limbe est horizontal, à quatre lobes inégaux ; quatre étamines didynames, non saillantes; style indivis ; drupe bacciforme, à un seul noyau ; celui-ci partagé en deux loges dont chacune est monosperme. Le *Carachera viburnoides* de Forskahl a été réuni par Vahl au *Lantana.* Adanson en avait détaché une espèce sous le nom générique d'*Oftia* qui a été changé par Médicus en celui de *Spielmannia. V.* ce mot.

Les *Lantana* sont des Arbustes, rarement des Herbes, à rameaux anguleux, quelquefois munis d'aiguillons. Leurs feuilles sont simples, opposées ou le plus ordinairement ternées, crénelées, rugueuses et âpres au toucher. Les fleurs forment des capitules axillaires, pédonculés, accompagnés de bractées; leurs corolles sont colorées de plusieurs nuances, tantôt violettes, tantôt orangées, jaunes ou blanches. On en connaît à peu près trente espèces presque toutes indigènes des pays chauds de l'Amérique. Plusieurs sont cultivées en Europe où elles produisent un effet très-agréable à cause de leur feuillage toujours vert et de leurs charmans capitules de fleurs. Nous nous bornerons à la description succincte des espèces suivantes qui surpassent en beauté leurs congénères.

Le LANTANIER A FLEURS VARIÉES, *Lantana Camara*, L. ; *Camara flore non spinoso*, Plum., Gen. 32, Ic. 71, f. 1, est un Arbrisseau d'environ un mètre de hauteur, dont le tronc tortueux se divise en rameaux dépourvus d'aiguillons. Ses feuilles sont opposées, pétiolées, ovales, aiguës, un peu velues et ridées. Ses fleurs sont d'abord jaunes, mais elles passent ensuite au rouge écarlate. Les feuilles de cet Arbrisseau sont aromatiques, et l'on s'en sert, en Amérique, aux mêmes usages auxquels nous employons celles de la Mélisse dont elles offrent la forme, la saveur et l'odeur.

Le LANTANIER PIQUANT, *Lantana aculeata*, L., figuré dans les Planches de ce Dictionnaire, est un peu plus élevé que le précédent, mais il se distingue surtout par les aiguillons crochus qui couvrent ses branches. Ses feuilles sont opposées, pétiolées, ovales presque en cœur, aiguës, crénelées, ridées et rudes au toucher. Les fleurs sont semblables à celles du *Lantana Camara*. Cet Arbrisseau est, ainsi que le précédent, originaire de l'Amérique méridionale.

D'autres espèces de *Lantana* se font remarquer par l'odeur agréable et la jolie couleur des fleurs. Telles sont entre autres les *L. odorata* et *involucrata*. Ces Plantes exigent en Europe la serre chaude ou tempérée. Quoique d'une texture fibreuse, peu succulente et par conséquent peu délicate, elles ne peuvent supporter le moindre air de gelée. Cependant le *Lantana aculeata* n'est pas aussi sensible aux effets du froid que les autres espèces. Une terre bonne et consistante, et des arrosemens fréquens leur sont nécessaires. On a soin de les dépoter deux fois par an, à cause de la grande quantité des racines dont l'accroissement est très-rapide. Lorsqu'on les met à l'air, pendant l'été, il faut leur donner une exposition ombragée. Leur multiplication est facile, soit par le moyen des graines semées en pots sur couche, soit par les boutures qui reprennent aisément lorsqu'on les fait dans une terre peu légère, et dans des pots placés dans une couche tempérée et ombragée.

(G.-N.)

* LANTEBU. BOT. PHAN. Syn. macassar d'*Aira arundinacea*, espèce du genre Canche. (B.)

LANTERNE. CONCH. Nom vulgaire et marchand de la Mye tronquée et des Anatines. (B.)

* LANTERNE. *Laternea*. BOT. CRYPT. (*Champignons*.) Ce genre établi par Poiteau et Turpin, pour une Plante qu'ils ont observée à l'île de la Tortue, a reçu de ces naturalistes les caractères suivans : volva de forme ovoïde, se déchirant en deux ou trois lobes; trois branches ou petites colonnes cylindriques, réunies par leur sommet; conceptacle en forme de cul de lampe, située au-dessous de la voûte produite par la rencontre de la partie supérieure des branches, servant de placenta aux corps reproducteurs. Ce genre se compose d'une seule espèce nommée par les auteurs *Laternea triscapa;* il a des rapports d'organisation avec les Clathres et notamment avec le genre *Colonnaria*, établi par Rafinesque-Schmaltz. La grandeur de ce singulier Champignon est de deux pouces et demi sur deux de diamètre; il a la forme d'un trépied sacré; les branches, blanches à leur base, se teignent dans leur partie supérieure, ainsi que le cul de lampe qui en dépend, d'un beau rouge vermillon, semblable à celui qu'on remarque sur les Clathres. Cette Plante, d'une substance sèche et spongieuse, se trouve à l'ombre des grands Arbres sur les débris de Végétaux. Plusieurs mycologues n'ont pas admis ce genre qu'ils rangent parmi les Clathres. (A. F.)

LANTERNE ROUGE. BOT. CRYPT. L'un des noms vulgaires du Clathre cancellé. (B.)

LANTOR. BOT. PHAN. Pour Lontar, dans les anciens voyageurs, d'où J. Bauhin avait emprunté ce nom. (B.)

LAOMÉDÉE. *Laomedea*. POLYP. Genre de l'ordre des Sertulariées, de la division des Polypiers flexibles, qui a pour caractères : Polypier phytoïde, rameux; cellules stipitées ou substipitées, éparses sur les tiges et les rameaux. Il renferme une dixaine d'espèces dont les formes générales n'ont pas toujours beaucoup d'analogie entre elles; le seul caractère fondamental consiste dans le peu de longueur du pédoncule qui supporte les cellules; plusieurs même ont ce pédoncule assez allongé, ce qui les rapproche des Clyties dont quelques Laomédées diffèrent à peine. Les unes ont des tiges paroides, branchues, se fixant aux rochers par des radicules filiformes; d'autres sont volubiles, grimpantes et parasites sur les Thalassiophytes et autres productions marines; il y en a d'articulées, d'autres qui ne le sont pas. La forme des cellules varie suivant les espèces; elles sont en général campaniformes, à ouverture entière ou dentée; deux ou trois espèces ont leurs cellules presque tubuleuses. Les pédoncules sont simples, annelés ou contournés en vis. Les ovaires sont gros, vésiculeux et presque toujours axillaires. La substance des Laomédées est membrano-cornée, quelquefois légèrement crétacée; leur grandeur varie beaucoup; leur couleur est fauve ou brunâtre. Elles se trouvent dans toutes les mers. Les espèces rapportées à ce genre, sont : *Laomedea antipathes, Sauvagii, simplex, Lairii, dichotoma, spinosa, geniculata, gelatinosa, muricata* et *reptans*. (E. D..L.)

LAPAGÉRIE. *Lapageria*. BOT. PHAN. Genre de la famille des Asparaginées, et de l'Hexandrie Monogynie, L., dédié par Ruiz et Pavon (*Flor. Peruv.* 3, p. 64) à l'épouse de Napoléon, née Joséphine Lapagerie, qui encouragea par son exemple la culture des Végétaux exotiques, dans ses beaux jardins de Malmaison. Ce genre offre un calice coloré, pétaloïde, campaniforme, formé de six sépales égaux; six étamines attachées à la base des sépales ayant les filets subulés; les anthères dressées, oblongues, aiguës; l'ovaire libre, allongé, à trois côtes, à une seule loge, contenant un grand nombre d'ovules attachés à trois trophospermes longitudinaux et disposés sur deux rangées; le style est allongé, peu distinct du sommet de l'ovaire, terminé par un stigmate renflé et légèrement trilobé. Le fruit est une baie ovoïde, allongée, triangulaire, marquée de trois sillons longitudinaux qui correspondent aux trois trophospermes. Ce genre ne renferme qu'une seule espèce, *Lapageria rosea*, Ruiz et Pavon, *loc. cit.*, p. 65, tab. 297. C'est une Plante sarmenteuse et grimparce dont la tige est rameuse, cylindrique, noueuse, nue vers sa partie inférieure, portant supérieurement des feuilles alternes, cordiformes, aiguës, très-entières, marquées de trois ou cinq nervures longitudinales. Les fleurs sont très-grandes, d'une belle couleur rose, axillaires et portées sur un pédoncule assez long et tout couvert d'écailles.

Cette belle Plante croît dans les forêts du Chili, aux environs de la Conception. Les habitans mangent ses fruits dont la pulpe est douce et agréable. Ses racines, fibreuses et fasciculées, sont employées aux mêmes usages que la Salsepareille, c'est-à-dire qu'elles sont sudorifiques et diurétiques. (A. R.)

LAPATHON ET LAPATHUM. BOT. PHAN. Les anciens donnaient ce nom à plusieurs Plantes potagères ou à d'autres qui jouissaient de propriétés laxatives. Telles étaient plusieurs espèces que les botanistes modernes ont rapportées au genre *Rumex*; ils nommaient encore ainsi l'Epinard et le Bon-Henri (*Chenopodium Bonus-Henricus*). Le genre *Lapathum* de Tournefort a été réuni par Linné au *Rumex*. Dans la Monographie de ce dernier genre publiée en 1819 par Campdéra, le *Lapathum* de Tournefort est considéré comme un sous-genre caractérisé par le calicule naissant de l'articulation du pédoncule et n'ayant jamais ses divisions réfléchies. *V.* PATIENCE et RUMEX. (G..N.)

LAPEREAU. MAM. Le petit du Lapin, et non du Lièvre, comme il est dit dans le Dictionnaire de Levrault. (B.)

LAPEIROUSIA. BOT. PHAN. Thunberg (*Prodr. Flor. Capens.*) a ainsi altéré le nom du *Lapeyrousia*, genre établi en l'honneur de Picot de Lapeyrouse. *V.* LAPEYROUSIE. (G..N.)

LAPEYROUSIE. *Lapeyrousia.*
BOT. PHAN. Deux genres de Plantes
ont reçu ce nom. Le premier a été
formé par l'abbé Pourret (*Act. Tolos.*) sur des Plantes de la famille des
Iridées et dont le *Gladiolus denticulatus* et l'*Ixia corymbosa*, L., sont les
types. Ce genre, auquel on avait assigné pour caractères essentiels : une
corolle hypocratériforme, le limbe à
six divisions plus courtes que le tube,
trois stigmates bifides, une capsule
membraneuse et polysperme, n'a pas
été généralement adopté. En conséquence ses espèces doivent rentrer
dans les genres Glayeul et Ixie. *V.*
ces mots.

En 1800, Thunberg publia dans
la seconde partie de son *Prodromus Plantarum Capensium*, un genre
de la famille des Synanthérées et de
la Syngénésie frustranée, L., auquel
il donna le nom de *Lapeyrousia.*
Adoptant ce genre, Cassini en a ainsi tracé les caractères d'après les descriptions imparfaites de Linné fils et
de Thunberg : involucre formé d'é-
cailles disposées sur plusieurs rangs,
imbriquées, scarieuses supérieurement; les intérieures surmontées
d'un grand appendice étalé, lancéolé et scarieux; réceptacle plane et
garni de papilles; calathide dont les
fleurs du centre sont nombreuses,
régulières, hermaphrodites; celles de
la circonférence en languettes et
neutres; akènes surmontés d'une aigrette très-courte, mince et annulaire.
Cassini place avec doute ce genre
dans la tribu des Inulées, près des
genres *Rosenia* et *Leysera.* Il a pour
type une Plante découverte au cap
de Bonne-Espérance par Thunberg,
laquelle ayant été communiquée à
Linné fils, fut nommée par celui-ci
Osmites calycina. L'Héritier (*Sert.
Angl.*) l'a décrite de nouveau en la
rapportant au genre *Relhania.* (G..N.)

* **LAPHI.** MAM. *V.* CERF COMMUN.

LAPHIATI. REPT. OPH. Même chose qu'Aulique, espèce du genre Couleuvre. *V.* ce mot.   (B.)

LAPHRIE. *Laphria.* INS. Genre
de l'ordre des Diptères, famille des
Tanystomes, tribu des Asiliques, établi par Meigen, et ayant pour caractères : épistome barbu ; tête point
globuleuse, ni entièrement occupée
par les yeux, même dans les mâles ;
tarses terminés par deux pelotes et
deux crochets; dernier article des
antennes presque ovale, sans stylet
saillant. Ces Insectes diffèrent des
Asyles et des autres genres de la
même famille, en ce que ceux-ci ont
tous le dernier article des antennes
terminé par un stylet ou par une soie.
Les Laphries ont la tête transversale;
on voit entre les yeux et au-dessus de
la trompe, qui est dirigée en avant et
en haut, un paquet de poils roides.
Les antennes sont plus longues que la
tête, en massue composée de trois articles dont le premier plus long que
le second, et le dernier presque ovale, en forme de palette; les yeux sont
grands, saillans. Le corselet est très-
grand, convexe, presque toujours
velu; il se rétrécit en avant et forme
un cou qui supporte la tête. Les ailes
sont grandes; l'Insecte les porte couchées horizontalement sur l'abdomen;
dans le repos, elles le dépassent. Les
pates sont très-fortes, surtout les
cuisses qui sont quelquefois dentées
intérieurement; les jambes sont arquées, elles supportent un tarse composé de cinq articles dont le premier
est grand, les trois suivans beaucoup
plus petits, et le dernier profondément bilobé est terminé par deux crochets et deux pelotes. Tous ces organes sont très-velus. L'abdomen est
moins large que le corselet et très-velu
dans quelques espèces. Les mœurs de
ces Insectes ne sont pas connues; il
est probable que leurs larves ressemblent à celles des Asyles et qu'elles
vivent comme elles dans la terre; ce
genre se compose de sept à huit espèces; la principale est :
La **LAPHRIE DORÉE**, *L. aurea*,
Fabr., Coqueb., *Illustr. Icon. Ins.
Dec.* 5, tab. 25, fig. 9. Cette belle espèce
a dix lignes de long; sa tête est couverte de longs poils d'un jaune doré;

le corselet est noir , avec des poils bruns ; l'abdomen est brun, avec l'extrémité des anneaux bordée en dessus de poils d'un jaune doré. Les ailes sont d'un brun jaunâtre le long du bord extérieur. Les pates sont grandes, velues; les cuisses sont noires ou brunes ; les jambes et les tarses sont jaunes, excepté le dernier article qui est brun. Cette espèce se trouve en Europe et aux environs de Paris. (G.)

LAPIA. BOT. PHAN. Nom malais d'un Arbre d'Amboine employé pour la construction des toits. C'est le *Lignum muscosum* de Rumph. Le même auteur désigne aussi sous le même nom le Sagoutier. *V*. ce mot.
(G..N.)

LAPIN. MAM. Espèce du genre Lièvre. *V*. ce mot. On a étendu ce nom à des Animaux fort différens. Ainsi l'on a appelé ·

LAPIN, le *Strix Cunicularia*, Oiseau du genre Chouette; un Poisson de l'île de Tabago, selon Lachesnaye-des-Bois, et une Coquille du genre Porcelaine, *Cypræa stercoraria*.

LAPIN D'ALLEMAGNE , le Souslik.

LAPIN D'AMÉRIQUE , l'Agouti.

LAPIN D'AROE , le Kanguroo Philandre.

LAPIN DE BAHAMA , le Monax.

LAPIN DU BRÉSIL , le Cobaie Apéréa ou Cochon d'Inde.

LAPIN CHINOIS ET DES INDES , le même Rongeur, le Gerbo , et l'Utias qui est le Capromys de Desmarest et de ce Dictionnaire.

LAPIN DE JAVA , l'Agouti, fort mal à propos, puisque c'est un Animal américain.

LAPIN A LONGUE QUEUE, le Tolaï , espèce de Lièvre.

LAPIN DE NORWÈGE, le Lemming.
(B.)

* LAPIS-LAZULI. MIN. *V*. LAZULITE.

LAPLACÉE. *Laplacea.* BOT. PHAN. Genre nouveau de la famille des Ternstrœmiacées , et de la Polyandrie Monogynie, établi par Kunth (*in Humb. Nov. Gener.* 5 , p. 208) qui lui a donné pour caractères : un calice persistant, composé de quatre sépales orbiculaires et imbriqués , dépourvu de bractées; une corolle de neuf pétales hypogynes et presque égaux; des étamines en très-grand nombre, disposées sur trois rangées, insérées à la base des pétales et ayant leurs filets libres et distincts; un ovaire sessile et supérieur à cinq loges contenant chacune trois ovules ; les styles , au nombre de cinq, sont réunis entre eux ; la capsule est à cinq loges , s'ouvrant en cinq valves septifères sur le milieu de leur face interne ; chaque loge contient trois graines pendantes et attachées à l'axe central : ces graines sont surmontées d'une aile allongée.

Ce genre est très-voisin des *Ternstrœmia* et *Freziera* , dont il se distingue surtout par son calice de quatre sépales , sa corolle de neuf pétales et ses graines ailées.

La seule espèce qui le compose , *Laplacea speciosa*, Kunth , *loc. cit.* 5 , p. 209 , tab. 461 , est un grand et bel Arbre qui croît au Pérou , dans les forêts , entre Gonzanama et Loxa. Ses rameaux sont terminés chacun par un bourgeon roulé; ses feuilles sont éparses , très-entières , coriaces et non ponctuées. Ses fleurs sont blanches , très-grandes, odorantes, pédonculées et solitaires à l'aisselle des feuilles. (A. R.)

* **LAPLACÉES.** *Laplaceæ.* BOT. PHAN. De Candolle appelle ainsi sa quatrième tribu dans la famille des Ternstrœmiacées, tribu qu'il caractérise ainsi : calice dépourvu de bractées , formé de trois à quatre sépales; pétales surpassant plusieurs fois en nombre celui des sépales ; étamines nombreuses , ayant les filets libres , les anthères attachées par la base; styles soudés en un seul; fruit à cinq loges ; graines pourvues d'un endosperme charnu ou corné. Cette tribu ne se compose que des deux genres

Cochlospermum et *Laplacea*, l'un et l'autre établis par Kunth. (A. R.)

LAPLYSIE. MOLL. *V*. APLYSIE, et pour LAPLYSIE VERTE *V*. ACTÆON.

* LAPON. MAM. Syn. d'Hyperboréen, espèce du genre Homme. *V*. ce mot.

* LAPONE. OIS. Espèce du genre Chouette. *V*. ce mot. (B.)

LAPOURDIER. BOT. PHAN. L'un des noms vulgaires de la Bardane dans le Midi. (B.)

LAPPA. BOT. PHAN. Les anciens botanistes, tels que Mathiole, Daléchamp et C. Bauhin, nommaient ainsi la Plante que l'on désigne en français sous le nom de Bardane. *V*. ce mot. Tournefort admit le nom générique de *Lappa* en excluant toutefois les Plantes que les anciens avaient mal à propos associées à la Bardane, et qui constituent le genre *Xanthium*. Cependant Linné préféra rétablir le nom d'*Arctium*, par lequel Dioscoride et les Grecs désignaient le *Lappa*. Cette dernière dénomination a été adoptée par Jussieu, Lamarck et De Candolle, parce que c'est un terme de comparaison pour les fruits chargés d'aspérités crochues, semblables à celles des folioles de l'involucre de la Bardane, fruits qu'on nomme lappacés (*fructus lappacei*.). (G..N.)

LAPPAGO. BOT. PHAN. Le genre de Graminées ainsi nommé par Schreber, a pour type le *Cenchrus racemosus* de Linné. Haller l'avait antérieurement nommé *Tragus*, nom qui a été adopté par Palisot de Beauvois dans son Agrostographie. *V*. TRAGUS. (A. R.)

LAPPAGUE. BOT. PHAN. Pour Lappago et Tragus. *V*. ces mots. (B.)

LAPPULA. BOT. PHAN. Plusieurs Plantes dont les fruits sont hérissés de pointes, et plus ou moins ressemblans avec les calathides de la Bardane (*Lappa*), avaient été nommées *Lappula* par les anciens. Linné employa ce nom comme spécifique pour diverses espèces, et entre autres pour

un *Myosotis* dont Mœnch constitua le genre *Lappula*. Ce genre a été rétabli par Lehmann et Reichenbach sous le nom d'*Echinospermum*. *V*. ce mot. (G..N.)

LAPPULIER. BOT. PHAN. Quelques botanistes français ont employé ce nom pour désigner le genre *Triumfetta*. *V*. ce mot. (B.)

LAPSANA. BOT. PHAN. (Linné.) *V*. LAMPSANE.

LAQUE. BOT. INS. On appelle ainsi une substance résineuse qui découle de plusieurs Arbres lactescens originaires de l'Inde, par suite de la piqûre d'un petit Insecte nommé *Coccus Lacca*. Les Arbres sur lesquels on récolte la Laque sont les *Ficus indica*, *Ficus religiosa*, *Croton lacciferum* et plusieurs autres. C'est afin d'y déposer ses œufs que le *Coccus Lacca* perce les jeunes branches des Arbres que nous venons de nommer; on en voit bientôt sortir un suc résineux qui se concrète en formant une croûte irrégulière. Dans le commerce, on distingue trois sortes de Laque : celle en bâton, celle en grains et celle en plaques ou Laque plate. La première, ou la Laque en bâton, est celle qui est encore adhérente aux branches de l'Arbre. Elle forme une croûte irrégulière plus ou moins épaisse; lorsqu'on l'en détache, on voit que sa partie interne est garnie d'un grand nombre de petites cellules dans lesquelles il n'est pas rare de trouver encore le petit Insecte qui l'a formée. Elle est rouge, semi-transparente, à cassure très-résineuse, d'une saveur un peu astringente, et répandant une odeur assez agréable quand on la brûle. Selon Hatchett, qui en a fait l'analyse, elle se compose : de Résine, 68; matière colorante, 10; Cire, 6; Gluten, 5,5; corps étrangers, 6,5; perte, 4,0.

La seconde variété qu'on nomme Laque en grains est celle que l'on a détachée des branches; elle est généralement en petits fragmens d'une couleur moins foncée que la précédente. On y a trouvé : Résine, 88,5; matière colorante, 2,5 ; Cire , 4,5 ; Gluten, 2 ; perte, 2,5.

Enfin, la Laque plate est celle que l'on a fondue dans l'eau bouillante et qui a été ensuite coulée sur des pierres lisses et polies. Hatchett y a trouvé : Résine, 90,9 ; matière colorante, 0,5 ; Cire, 4 ; Gluten, 2,8 ; perte, 1,8.

Cette Résine était autrefois employée en médecine comme tonique et astringente. Mais son usage est depuis long-temps abandonné. Aujourd'hui on s'en sert pour la préparation des poudres dentifrices, pour la fabrication de la cire à cacheter dont elle est une des parties constituantes. (A. R.)

* LAQUIL. BOT. PHAN. Nom de pays du *Colletia serratifolia*. (B.)

LAR. MAM. Nom spécifique linnéen du Gibbon. *V*. ORANG. (B.)

LAR. OIS. Syn. ancien de Mouette. *V*. MAUVE. (DR..Z.)

LARBRÉE. *Larbrea*. BOT. PHAN. Genre de la famille des Paronychiées, établi par Aug. Saint-Hilaire pour la *Stellaria aquatica* de Linné, qui diffère essentiellement du genre *Stellaria* par l'insertion périgynique de ses étamines, caractère qui semblerait l'éloigner de la famille des Caryophyllées. Ce genre peut être ainsi caractérisé : calice tubuleux, urcéolé à sa base, divisé en cinq lobes ; corolle formée de cinq pétales bipartis et périgynes, de même que les étamines qui sont au nombre de cinq ; ovaire uniloculaire et polysperme, contenant des graines attachées à un trophosperme central ; capsule s'ouvrant à son sommet en six valves.

La *Larbrea aquatica*, St.-Hil., est une petite Plante vivace dont les tiges sont rameuses, les feuilles opposées, les fleurs très-petites, blanches, pédonculées et axillaires. Elle croît dans les lieux tourbeux, aux environs de Paris. (A. R.)

LARD ET LARES. MOLL. Noms vulgaires et marchands du *Murex Me-*

longena, L., espèce du genre Pyrule de Lamarck. (B.)

LARDÈRE, LARDERELLE ET LARDIER. OIS. Noms vulgaires de la petite Mésange bleue, qu'en d'autres cantons on nomme aussi Larderiche, Lardeire et Lardoire. (B.)

LARDITE. MIN. Ou Pierre de lard ; Pierre à magots, synonyme de Pagodite. On a aussi donné ce nom à des Pierres d'une autre nature, qui par leur aspect et leurs veines blanches et rouges avaient quelque ressemblance avec le lard. Tels sont certains morceaux de Quartz que l'on trouve dans les montagnes du Forez. (G. DEL.)

LARDIZABALE. *Lardizabala*. BOT. PHAN. Ce genre de la famille des Ménispermées, et de la Diœcie Monadelphie, L., a été établi par Ruiz et Pavon (*Fl. Peruv. Prodr.* p. 143, t. 57), et adopté par De Candolle (*Syst. Veget. univ*. T. 1, p. 511) qui l'a ainsi caractérisé : fleurs dioïques ou polygames ; calice dont les sépales sont disposés sur deux ou trois rangées, alternes, les extérieurs plus grands ; six pétales, sur deux rangées, plus petits que le calice, placés sur un réceptacle qui s'élève un peu du fond du calice. Les fleurs mâles ont des étamines dont les filets sont réunis en cylindre, et portent six anthères ovées, distinctes et déhiscentes extérieurement. Les fleurs femelles ont leurs anthères avortées, mais les étamines y sont cependant distinctes ; elles renferment trois à six ovaires distincts, surmontés de stigmates sessiles capités et persistans ; ces ovaires deviennent des baies charnues, oblongues, à six loges polyspermes. Ce genre se compose de trois espèces indigènes des forêts du Chili et du Pérou. Ce sont des Arbrisseaux grimpans, glabres, dont les feuilles deux ou trois fois ternées, sont portées sur un pétiole articulé dans les ramifications. Les fleurs mâles forment des grappes axillaires, ou des faisceaux rameux ; les pédoncules des fleurs femelles sont uniflores. La pulpe de leurs baies est douce et comestible. Le *Lardizabala biternata*, R. et Pav., a été très-bien figuré dans le Voyage de Lapeyrouse, T. vi, p. 265, t. 67, et 8. On peut en dire autant des *L. triternata*, Ruiz et Pav., et *L. trifoliata*, dont les figures 91 et 92 du premier volume des *Icones Selectæ* de Benj. Delessert, sont excellentes. (G..N.)

* **LARDIZABALÉES.** *Lardizabaleæ.* BOT. PHAN. Dans son *Prodromus Regni Vegetabilis*, T. i, p. 95, De Candolle a ainsi nommé la première section de la famille des Ménispermées, section caractérisée par les fleurs le plus souvent dioïques, le nombre symétrique des parties des fleurs mâles, les carpelles distincts, nombreux, polyspermes, pluriloculaires, et par les feuilles composées. Elle renferme les genres *Lardizabala*, *Stauntonia* et *Burasaia*. *V.* ces mots. (G..N.)

LARDOIRE. OIS. *V.* LARDÈRE.

LARE. OIS. Traduction du mot *Larus*. Syn. de Mauve. *V.* ce mot. (DR..Z.)

LARES. MOLL. *V.* LARD.

LAREX. BOT. PHAN. On trouve, dans quelques anciens, ce nom employé pour Larix. *V.* MÉLÈZE. (B.)

* **LARGE-RAIE.** POIS. Espèce de Tænianote, sous-genre de Scorpœnes. *V.* ce mot. (B.)

LARGES-DOIGTS. REPT. SAUR. Syn. d'*Anolis principalis*. *V.* ANOLIS. On étend quelquefois ce nom aux Geckos. (B.)

* **LARGUP.** OIS. Espèce des genres Cormoran et Huppe. *V.* ces mots. (B.)

* **LARINUS.** INS. Nom donné à un genre établi aux dépens des Lixes, et qui n'a pas été adopté. (G.)

LARIX. BOT. PHAN. *V.* MÉLÈZE.

* **LARME.** INF. (Gleichen.) Espèce du genre Cercaire. *V.* ce mot. (B.)

LARME DE CHRIST ET **LARMES DE JOB.** BOT. PHAN. Ces noms vulgaires du Coix ont été quelquefois étendus aux graines du Staphylier. *V.* ce mot. (B.)

LARME DE LA VIERGE. BOT. PHAN. Nom vulgaire de l'*Ornithogalum arabicum*. Plante africaine que nous avons retrouvée dans l'Andalousie méridionale. (B.)

* **LARMES DE GÉANTS.** POLYP. FOSS. Ce nom a été donné par d'anciens auteurs à des articulations de la colonne de Crinoïdes ou Encrine. *V.* CRINOÏDE. (E. D..L.)

LARMES MARINES. ANNEL. Nom sous lequel l'abbé Dicquemare a décrit et figuré dans le Journal de Physique pour l'année 1776 de petites masses gélatineuses de la grosseur d'un grain de raisin, terminées par une longue queue et ressemblant assez bien à des Larmes bataviques. Ces corps singuliers renfermaient des Animaux filiformes qui paraissaient être des petites Annelides. Bosc a supposé que les Larmes marines étaient le frai de quelque Poisson ou de quelque Mollusque; l'observation pourra seule éclaircir ce point; mais, à en juger par l'analogie, on pourrait croire que ces vessies glaireuses ne sont autre chose que les cocons de quelque Annelide dans l'intérieur duquel vivraient pendant un assez long temps les jeunes individus, comme cela se remarque dans les Sangsues et les Lombrics (*V.* Annal. des Sc. Nat. T. iv et v). Ces corps ont été trouvés au Hâvre; ils adhéraient par leur pédicelle à des Plantes marines. (AUD.)

* **LARMIER.** BOT. PHAN. L'un des noms vulgaires du genre Coix. *V.* ce mot. (B.)

LARMILLE. BOT. PHAN. On appelle en quelques cantons, Larmille des champs, le Grémil officinal; et Larmille des Indes, le Coix Larme de Job. (B.)

LAROCHEA. BOT. PHAN. (De Candolle et Haworth.) *V.* CRASSULE.

224 **LAR**

LARONDE. *Larunda*. CRUST. Genre établi par Leach et correspondant à celui de Cyame. *V*. ce mot. (G.)

LARRATES. *Larratæ*. INS. Nom donné par Latreille à une tribu de l'ordre des Hyménoptères, famille des Fouisseurs, à laquelle il donne pour caractères (Fam. Natur. du Règne Anim.): labre entièrement caché ou peu découvert; abdomen ovoïdoconique ou conique; mandibules ayant une profonde échancrure au côté intérieur. Cette tribu (auparavant famille) se distingue de toutes les autres par l'échancrure que présente le bord inférieur des mandibules, qui, à raison de la saillie en forme de dent ou de pointe d'un de leurs angles, ont reçu de Jurine le nom d'éperonnées. Leurs antennes ne sont guère plus longues que la tête et sont insérées à la base d'un chaperon court et transversal; elles sont de treize articles dans les mâles, et de douze dans les femelles; les mandibules sont fort étroites, allongées, arquées, croisées avec l'extrémité pointue et entière; les palpes sont filiformes, les maxillaires ont six articles et les labiaux quatre; la languette est évasée en forme de cœur, échancrée ou bifide, et offre souvent de chaque côté une petite division; la tête est large et aplatie en devant, et les yeux ovales, entiers et souvent convergens, au moins dans les mâles. Tous ont trois yeux lisses très-distincts; le corselet est allongé, tronqué ou très-obtus postérieurement; les ailes supérieures offrent deux ou trois cellules cubitales complètes; l'abdomen est porté sur un très-court pédicule; les pieds sont courts, garnis de petites épines et propres à fouir la terre. Les femelles sont armées d'un aiguillon assez fort. Ils sont très vifs et très-agiles, et on les trouve sur le sable et sur les fleurs.

A. Trois cellules cubitales fermées. Les genres : PALARE, LARRE et LYROPS

B. Deux cellules cubitales fermées.

LAR

Les genres : MISCOPHE, DINÈTE. *V*. ces mots. (G.)

LARRE. *Larra*. INS. Genre de l'ordre des Hyménoptères, section des Porte-Aiguillons, famille des Fouisseurs, tribu des Larrates, établi par Fabricius. Ses caractères sont : ailes supérieures ayant une cellule radiale petite, légèrement appendicée, et trois cellules cubitales, dont la première plus grande, la seconde recevant les deux nervures récurrentes et la troisième presque demi-lunaire, n'atteignant point le bout de l'aile; antennes ayant la même forme dans les deux sexes; le second article presque en forme de cône renversé; côté interne des mandibules sans saillie ni dents; languette sans divisions latérales distinctes. Les Larres ressemblent beaucoup aux Pompilles, tant par leurs formes générales et leurs couleurs, que par leurs habitudes; ils s'en distinguent cependant par leur tête qui est plus large, par leurs mandibules et par leurs pates qui sont plus courtes; ils se rapprochent encore plus des Astates, mais ceux-ci sont beaucoup plus grands et leurs mandibules n'offrent point d'éperon. Illiger avait déjà observé que les Larres de Fabricius ne sont point les Insectes que Latreille nomme ainsi, avec la plupart des entomologistes; mais les Hyménoptères qui forment son genre Stize. Jurine a fait aussi la même remarque; Fabricius a séparé des Larres de Latreille, quelques espèces très-semblables aux autres quant à la physionomie, mais dont la bouche présente quelques différences; c'est le genre Lyrops, Jurine ne l'a pas admis. Ces Hyménoptères se trouvent dans les terres sablonneuses des pays chauds, ils affectionnent les fleurs d'Ombellifères, et surtout celles des Carottes. Les femelles piquent fortement. L'espèce qui se trouve le plus souvent en France et dans le Midi, est :

Le LARRE ICHNEUMONIFORME, *L. Ichneumoniformis*, Fabr., Panz.

(*Faun. Ins. Germ.*, fasc. 76, tab. 18, *mas.*); il a près de huit lignes de long; son corps est d'un noir obscur sans taches : son abdomen est d'un noir luisant avec les deux premiers anneaux fauves. Coquebert (*Ill. Icones Insect.*, deuxième décad., pl. 12, fig. 10) en a donné une bonne figure. Le *Larra anathema* de la même planche n'en est peut-être qu'une variété.

(G.)

LARREA. BOT. PHAN. Genre de la Décandrie Monogynie, L., appartenant à la première section des Rutacées de Jussieu ou aux Zygophyllées de Brown, très-voisin des Fabagelles. Il présente les caractères suivans : calice à cinq divisions profondes et inégales ; cinq pétales alternes plus longs et onguiculés ; dix étamines, dont les filets s'insèrent chacun en dehors et à la base d'une écaille bifide ; ovaire sur un court support, globuleux, marqué de cinq sillons peu appareus, à cause du poil qui couvre sa surface, à cinq loges dont chacune renferme cinq ou six ovules suspendus à l'angle interne ; cinq styles soudés en un seul pentagone et aigu, mais qui finissent par se séparer et se réfléchir au sommet. Le fruit, à cinq angles, se sépare à la maturité en autant de coques indéhiscentes, qui renferment une graine solitaire par avortement, ovoïde-oblongue, lisse et pendante ; l'embryon verdâtre est enveloppé d'un périsperme blanc, plus épais que lui, et offre une radicule tournée en haut. Les espèces de ce genre, au nombre de trois, croissent dans l'Amérique méridionale, dans les États de Buenos-Ayres. Ce sont des Arbrisseaux à feuilles opposées et munies à leur base d'une double stipule, tantôt découpées jusqu'au pétiole en plusieurs folioles, tantôt simples et divisées plus ou moins profondément en deux lobes. Leurs fleurs jaunes sont portées sur des pédoncules, qui, solitaires à chaque nœud, naissent entre deux stipules. On peut les voir toutes trois figurées dans les *Icones* de Cavanilles, tab. 559 et 560. (A. D. J.)

* LARUNDA. CRUST. (Leach.) *V.* CYAME.

LARUS. OIS. *V.* MAUVE.

LARVA. OIS. *V.* MACAREUX.

* LARVAIRE. *Larvaria.* POLYP. FOSS. Genre appartenant à l'ordre des Milléporées ou peut-être à celui des Escharrées, et dont les caractères sont : Polypier libre, cylindrique, percé dans son centre, diminuant de grosseur aux deux bouts, couvert de pores simples, disposés par rangées circulaires et régulières, et composés d'anneaux qui tendent à se détacher les uns des autres. Defrance a établi ce genre pour de petits corps cylindriques, poreux, fragiles, percés dans leur centre, que l'on trouve fossiles dans les couches du Calcaire grossier des environs de Paris, à Bracheux et près de Beauvais, au milieu d'un sable quartzeux rempli de Coquilles analogues à celles du Calcaire grossier. Ces corps ne paraissent point avoir été adhérens et semblent être formés d'anneaux qui tendent à se détacher à la manière des pièces articulaires de la colonne des Crinoïdes. Leur surface externe est couverte de pores disposés régulièrement par rangées circulaires. Ces pores traversent l'épaisseur du polypier et s'aperçoivent également dans l'intérieur du canal qui le parcourt suivant sa longueur. Ce genre renferme trois espèces décrites par Defrance, dans le Dictionnaire des Sciences Naturelles, tom. 25 : ce sont les *Larvaria reticulata, limbata, merinula.* (E. D..L.)

LARVES. *Larva.* INS. Nom sous lequel on désigne les Insectes dans leur second âge ou à leur sortie de l'œuf. Les Chenilles et toute espèce de Ver qui deviendra un jour Insecte sont des Larves. L'œuf est le premier degré du développement, la Larve est le second état, la nymphe le troisième et l'Insecte parfait le quatrième ou dernier. Quelque variées que soient les formes dans ces quatre états, on reconnaît qu'elles sont dues au développement successif des parties, comme cela se voit dans tous les Animaux, qu'ils soient ovipares ou vivipares. Il nous a paru nécessaire de présenter dans un seul et unique cadre ces diverses périodes. Nous en traiterons au mot MÉTAMORPHOSES.

(AUD.)

* LARY. MAM. Nouvelle espèce du genre Ecureuil. *V.* ce mot au Supplément. (IS. G. ST.-H.)

LARYNX. ZOOL. L'anatomie humaine a défini le Larynx l'appareil de la voix, et cette définition a passé dans plusieurs ouvrages d'anatomie comparée, quoiqu'elle ne fût nullement admissible pour une grande partie des Vertébrés eux-mêmes. Dans la grande classe des Oiseaux la voix ne se produit pas à l'origine de la trachée-artère, mais à sa terminaison, et cette classe est précisément celle dont la voix a le plus d'étendue, de force et d'éclat. Une autre classe, celle des Poissons, est entièrement muette. On serait donc conduit, par la définition que nous venons de citer, à supposer que l'appareil laryngien manque chez les Poissons, et se trouve transposé chez les Oiseaux. Or, il est bien certain que le Larynx existe chez les Oiseaux, comme partout ailleurs, à l'origine de la trachée-artère, quel que soit le lieu de la formation de la voix; et Geoffroy Saint-Hilaire est parvenu à démontrer qu'il ne manque nullement chez les Poissons, et que si on l'a méconnu dans cette classe, c'est en partie à cause de son développement plus considérable. Ainsi il s'en faut bien qu'on puisse regarder l'appareil laryngien comme un organe spécial pour la voix : tout ce qu'on peut dire, c'est qu'il offre dans un grand nombre, mais non dans la totalité des Animaux, une réunion de moyens favorables à la voix.

Nous arrivons ici à la conclusion où nous mène toujours l'étude d'un organe quelconque. Rien de fixe dans l'organisation, rien de constant hors la connexion : la forme, la fonction même sont toujours fugitives d'un Animal à l'autre; si ce n'est lorsqu'elles viennent à dépendre de la connexion, comme il arrive fréquemment, et comme nous en avons un exemple dans le Larynx lui-même. Ainsi les rapports de position de cet organe en font une dépendance de l'appareil respiratoire, et constamment, en effet, on le voit concourir plus ou moins directement à la respiration; une autre fonction, celle de la production de la voix, venant seulement à s'ajouter à celle-ci, et devenant même la principale dans certains cas, ceux particulièrement où les fonctions respiratoires du Larynx sont moins importantes et moins directes. Geoffroy Saint-Hilaire a de même et tout récemment montré qu'une grande partie des organes de l'audition n'étaient que des organes appartenant essentiellement à la respiration, mais tombés hors d'usage; ainsi, les deux fonctions de la production et de la perception de la voix, qui s'opèrent par un mécanisme si merveilleux et par des appareils si admirablement combinés, ne sont l'un et l'autre que des fonctions comme surajoutées à la respiration, et exécutées par des portions de l'appareil respiratoire, devenues inutiles, et tombées dans les conditions rudimentaires.

Il nous suffit, dans cet article, d'avoir démontré que le Larynx n'est point proprement l'organe de la voix, et qu'ainsi son existence est possible chez les Animaux même dont la respiration n'est pas aérienne; et nous nous bornerons ici à ces considérations générales. L'histoire anatomique du Larynx chez les Oiseaux et chez les Poissons, se lie trop intimement à celle de la trachée-artère pour que nous puissions les séparer, sans nous exposer ou à faire de nombreuses répétitions, ou à mettre de l'obscurité dans notre exposition. D'ailleurs, comme l'a dit Geoffroy Saint-Hilaire, et comme il suit de ce qui précède : « En nous dépouillant de tout préjugé pour nous en rapporter au témoignage de nos sens, nous ne pouvons apercevoir dans cet organe qu'une première couronne de la trachée-artère, à la vérité dans un ordre si régulier et dans un système si bien combiné, que toutes ses parties tendent à devenir au profit de l'appareil respiratoire le vestibule de celui-ci. » *V.* TRACHÉE-ARTÈRE.

(IS. G. ST.-H.)

* **LASALLIA.** BOT. CRYPT (*Lichens.*) Ce genre a été consacré à la mémoire de feu Lasalle, jardinier de Fontainebleau, par le docteur Mérat, dans sa Flore des environs de Paris, où il est ainsi caractérisé : feuille cartilagineuse, entière, lacuneuse, attachée inférieurement par une espèce de pédicule central, portant des scutelles d'abord concaves, puis planes, à disque uni, pourvues d'un rebord analogue à la croûte. Le genre *Lasallia* correspond à notre genre *Umbilicaria. V.* GYROPHORÉES. Une seule espèce croît en France : c'est le *Lasallia pustulata, Lichen pustulatus,* Linn.; *Umbilicaria pustulata* d'Hoffmann. Il abonde sur les rochers de Fontainebleau, et dans plusieurs autres localités de la France. (A.F.)

* **LASCADIUM.** BOT. PHAN. Genre de la famille des Euphorbiacées et de la Monœcie Polyandrie, L., établi par Rafinesque-Schmaltz (*Flor. Ludov.,* p. 114) qui l'a ainsi caractérisé : fleurs monoïques; calice dont le limbe est entier; corolle nulle; fleurs mâles offrant environ douze étamines, dont les filets sont courts, les anthères épaisses; fleurs femelles ayant un ovaire trilobé, surmonté d'un style à trois divisions profondes; capsule ovée, lisse et à trois graines. Ce genre, adopté par Adrien de Jussieu(*Euphorbiacearum Genera,* p. 62), demande une description plus complète du fruit et de la graine. Il ne se compose que d'une seule espèce, *Lascadium lanuginosum,* Raf., qui croît dans la Louisiane. C'est un Arbrisseau rameux et lanugineux sur toute sa superficie. Ses feuilles sont alternes, portées sur de longs pétioles; ses fleurs sont terminales, les

mâles en grand nombre groupées autour d'une feuille qui occupe le centre. (G..N.)

* **LASCENO.** BOT. PHAN. (Garidel.) Syn. vulgaire de *Myagrum perenne,* L. (B.)

LASER. *Laserpitium.* BOT. PHAN. Ce genre, de la famille des Ombellifères, et de la Pentandrie Digynie, L., présente les caractères suivans : calice à peine perceptible, à cinq petites dents; corolle à cinq pétales presque égaux, ouverts et pliés à leur sommet de manière à paraître échancrés en cœur; diakène ovale ou oblong, garni de huit ailes membraneuses et longitudinales placées entre les stries ou côtes primaires des fruits. Les fleurs forment une ombelle composée, grande et bien garnie. L'involucre et les involucelles sont polyphylles. Ce genre a beaucoup de rapports avec les *Ligusticum;* aussi a-t-on transporté réciproquement et comme promené plusieurs espèces d'un genre à l'autre. Mœnch en a séparé le *Laserpitium Siler,* L., pour former le genre *Siler* qui n'a pas été admis. Celui que Crantz et Gaertner ont constitué sous ce dernier nom a pour type l'*Angelica aquilegifolia,* Lamk., que plusieurs auteurs avaient placé parmi les *Laserpitium.* Sprengel (*Umbell. Spec.,* p. 41) avait d'abord réuni au *Cnidium,* sous le nom de *C. Fontanesii,* les *Laserp. peucedanoides,* Desf., et *L. atlanticum* de Poiret, mais dans la suite (*in Schult. System. Veget.,* p. 555) il fit de cette Plante une espèce de *Ligusticum.* Le genre *Aciphylla* de Forster (*Char. Gen.,* p. 136, tab. 68) avait été réuni aux Lasers par Linné fils, malgré les différences notables que fournissaient ses caractères. Sprengel en a fait encore une espèce de *Ligusticum. V.* LIVÈCHE. Après tous ces changemens et beaucoup d'autres qu'il est inutile d'indiquer ici, le genre *Laserpitium* se trouve réduit à une quinzaine d'espèces qui croissent presque toutes dans les pays montueux du midi de l'Europe. Parmi celles qui sont indigènes de France, on distingue : le *Laserpitium latifolium*, L., que l'on trouve dans la forêt de Fontainebleau, sur le côteau près de la Seine; le *Laserpitium Siler*, L., Ombellifère dont les feuilles, deux ou trois fois ailées, sont remarquables par leur longueur, et qui est fort commune entre les fentes des rochers des Alpes, du Jura et des départemens méridionaux. On rencontre aussi dans les Alpes deux autres espèces, *L. hirsutum*, Lamk., et *L. Prutenicum*, L., qui se distinguent par l'élégance de leur feuillage découpé en pinnules extrêmement fines, pointues, trifides ou pinnatifides.

(G..N.)

LASIA. BOT. PHAN. Le genre publié sous ce nom par Loureiro (*Flor. Cochinchin.*, éd. Willd.) doit être réuni au *Pothos. V.* ce mot. (G..N.)

LASIA. BOT. CRYPT. *V.* LASIE.

* LASIANTHE. *Lasianthus.* BOT. PHAN. Genre de la famille des Rubiacées, et de la Tétrandrie Monogynie, L., établi par le docteur Jack (*Transact. of the Linn. Soc.*, vol. 14, p. 125) qui lui a donné pour caractères essentiels : un calice à quatre divisions profondes et linéaires ; une corolle infundibuliforme poilue; quatre étamines ; quatre stigmates linéaires, épais ; baie à quatre noyaux. Ce genre se compose de deux sous-Arbrisseaux à fleurs axillaires, à bractées opposées, et à fruits en baies bleues. Le *Lasianthus cyanocarpus*, Jack, caractérisé par ses bractées grandes et cordiformes, croît sur la côte ouest de Sumatra. L'autre espèce, *Lasianthus attenuatus*, Jack, se distingue par ses feuilles glabres en dessus, et par ses bractées lancéolées. Cet Arbrisseau est indigène de l'intérieur de Bencoolen.

Le nom de *Lasianthus* avait été employé par Linné pour désigner un Arbrisseau de l'Amérique septentrionale, dont il fit ensuite une espèce d'*Hypericum*, mais qu'il plaça définitivement dans le genre *Gordonia*.

De Candolle (*Prodr. Syst. Univ. Veget.* 1, p. 528) s'est servi de ce mot pour la première section qu'il a établie dans ce genre. *V.* GORDONIE.

(G..N.)

LASIANTHÈRE. *Lasianthera.* BOT. PHAN. Palisot-Beauvois (Flore d'Oware et de Benin, 1, p. 85, t. 51) a décrit et figuré, sous le nom de *Lasianthera africana*, une Plante de la Pentandrie Monogynie, L., sousfrutescente, sarmenteuse, dont les feuilles sont ovales-oblongues, entières et cuspidées. Les fleurs sont portées sur des pédoncules axillaires, divisés en quatre ou cinq rayons inégaux en ombelle et formant une petite tête globuleuse ; elles ont un calice fort petit, à cinq dents, et accompagné d'une ou deux petites bractées subulées ; la corolle est un peu plus longue que le calice ; son tube est court, et le limbe à cinq lobes profonds, lancéolés ; cinq étamines insérées à la base de la corolle, dont les filets sont larges et alternes avec les lobes de celles-ci ; les anthères oblongues, couvertes de longs poils blanchâtres; style court. Le fruit est inconnu. L'auteur de ce genre l'avait rapporté à la famille des Apocynées ; mais ce rapprochement n'étant justifié par aucune considération déduite de la structure de la fleur, De Candolle (*Prodr. Syst. univ. Regn. veg.*, t. 1, p. 636) en a formé le second genre des Lééacées, seconde tribu de la famille des Ampélidées. *V.* LÉÉACÉES. (G..N.)

LASIE. *Lasius.* INS. Genre de l'ordre des Hyménoptères, détaché par Fabricius du genre Fourmi, mais que Latreille y réunit en le considérant comme une division de ce dernier genre. *V.* FOURMI. (G.)

LASIE. *Lasia.* BOT. CRYPT. (*Mousses.*) Genre établi par Palisot de Beauvois dans le Prodrome de l'OEthéogamie, p. 25. Il est caractérisé par une coiffe velue et hérissée de longs poils ; un opercule conique, aigu ; seize dents simples, lancéolées, membraneuses ; une urne droite, ovale, à tube médiocre droit ; gaîne tuberculeuse enveloppée dans un périchèse. Le *Lasia* a été créé aux dépens du genre *Pterygynandrum* de Bridel, qui est le *Pterogonium* de Schwægrichen. Tel qu'il a été conservé par les auteurs, le *Lasia* renferme cinq espèces : le *L. acicularis*, *Macromitrium aciculare* de Bridel, qui est devenu le *Schlotheimia acicularis* du même auteur, et dont la patrie est l'Ile-de-France ; le *L. marginata* de Bridel, aussi de l'Ile-de-France ; le *L. Smithii* de Bridel, c'est le *Leptodon Smithii* de Mohr, *Hypnum Smithii* de Dickson. (A. F.)

* LASIOBOTRYS. BOT. CRYPT. (*Hypoxylées*.) Sprengel et Kunze ont créé ce genre. Il est basé sur le *Dothidea Loniceræ* de Fries, dont il ne semble pas devoir être séparé, les différences qu'il présente avec ses congénères ne semblant pas suffisantes. *V.* DOTHIDÉE. (A. F.)

LASIOCAMPE. *Lasiocampa.* INS. Schranck donne ce nom à un genre de Lépidoptères formé aux dépens des Bombyx. (G.)

* LASIONITE. MIN. (Fuchs, Journal de Schweigger, T. XVIII, p. 286, et T. XXIV, p. 121.) Substance en cristaux capillaires, trouvée dans les fissures d'un Fer hydroxidé, dans la mine de Saint-Jacob, près d'Amberg (Haut-Palatinat). Elle est composée, suivant une analyse de Fuchs : de 56, 56 d'Alumine ; 54,72 d'Acide phosphorique et 28 d'Eau. Ce n'est probablement qu'une variété d'hydrophosphate bi-alumineux ou Wavellite. *V.* ce mot. (G. DEL.)

* LASIOPE. BOT. PHAN. Genre de la famille des Synanthérées, Corymbifères de Jussieu, et de la Syngénésie superflue, L., établi par H. Cassini (Bull. de la Soc. philom., sept. 1817) qui l'a ainsi caractérisé : involucre formé de folioles lancéolées et irrégulièrement imbriquées ; réceptacle ponctué, plane et absolument nu ; calathide dont les fleurs du centre sont nombreuses, égales, la-

biées et hermaphrodites ; celles de la circonférence sur un double rang, les intérieures non radiantes, femelles, les extérieures radiantes, à deux languettes et femelles ; anthères munies, au sommet et à la base, de longs appendices ; ovaires cylindracés, hérissés, surmontés d'une aigrette plumeuse. Ce genre a été placé, par son auteur, près du *Chaptalia*, dans la tribu des Mutisiées. Il est remarquable par la diversité des corolles de la calathide ; celles du milieu du disque sont presque régulières, tandis que les autres du même disque, mais plus excentriques, sont profondément labiées. Les fleurs du rang intérieur de la circonférence sont intermédiaires, par leur structure, entre celles du disque et celles de la rangée extérieure ; elles possèdent des rudimens d'étamines ; celles-ci manquent totalement dans les fleurs extérieures dont les corolles présentent deux languettes, l'une très-longue, à peine tridentée, l'autre petite et bifide. Le style du *Lasiopus* est celui des autres Mutisiées, c'est-à-dire divisé au sommet en deux languettes extrêmement courtes, semi-orbiculaires.

Le *Lasiopus ambiguus*, Cass., est l'unique espèce du genre. Cette Plante est remarquable par les poils laineux dont le collet de la racine ainsi que la hampe sont hérissés. Ses feuilles radicales sont elliptiques, obtuses, légèrement sinuées sur les bords, glabres en dessus, tomenteuses en dessous. Ses fleurs forment une grande calathide terminale, jaune dans le centre et orangée à la circonférence. Sonnerat l'a recueillie au cap de Bonne-Espérance, et l'a nommée avec doute, dans l'Herbier de Jussieu, *Arnica crocea*; mais cette dénomination paraît être erronée.

(G. N.)

LASIOPÉTALE. *Lasiopetalum.* BOT. PHAN. Genre établi par Smith (*Lin. Soc. Trans.*, 4, p. 216), d'abord placé dans la famille des Éricinées, puis rapproché des Rhamnées, mais qui aujourd'hui fait partie du groupe des Lasiopétalées dans la famille des Buttnériacées. Gay, dans son Mémoire sur les Lasiopétalées, a limité les caractères du genre qui nous occupe; et plusieurs espèces qui y avaient été rapportées, sont devenues les types de deux genres nouveaux, sous les noms de *Thomasia* et de *Seringia*. Nous allons donc exposer les caractères du genre Lasiopétale, tels qu'ils ont été donnés par cet habile observateur. Ce sont des Arbustes peu élevés, à rameaux effilés. Leurs feuilles, dépourvues de stipules, sont alternes, pétiolées, linéaires, allongées, entières, à bords roulés en dessous, ayant la face supérieure glabre et l'inférieure pubescente. Les fleurs sont disposées en épis ou en grappes opposées aux feuilles. Chacune d'elles porte une bractée tripartite et persistante appliquée contre son calice. Le calice est coloré, pétaloïde, persistant, subcampanulé, à cinq divisions. La corolle se compose de cinq pétales très-petits et presque glanduliformes. Les étamines, au nombre de cinq, ont leurs filets libres; leurs anthères ovoïdes, allongées, à deux loges s'ouvrant chacune par une petite fente terminale. L'ovaire est simple, sessile, à trois loges contenant chacune deux ovules redressés, attachés à la partie inférieure de l'angle interne. Le style est court et se termine par un stigmate trilobé. Le fruit est une capsule recouverte par le calice persistant; elle est à trois loges et à trois valves dont les bords rentrans forment les cloisons.

Ce genre ainsi caractérisé ne renferme plus que deux espèces, l'une et l'autre originaires de la Nouvelle-Hollande, savoir : *Lasiopetalum ferrugineum*, Smith, et *L. parviflorum*, Rudge.

Le *Lasiopetalum ferrugineum*, Smith, Gay, Las., 16, t. 3, est très-fréquemment cultivé dans les jardins. C'est un Arbuste de trois à cinq pieds d'élévation, qui croît dans différentes parties des côtes de la Nouvelle-Hollande. Ses feuilles sont alternes,

quelquefois très-rapprochées et comme opposées, linéaires, lancéolées, aiguës, très-entières, à bords réfléchis, glabres en dessus, tomenteuses et ferrugineuses à leur face inférieure, longues d'environ trois à quatre pouces, larges de quatre à cinq lignes. Les fleurs sont blanchâtres, disposées en épis opposés aux feuilles. Cette espèce se cultive dans la terre de Bruyère. Elle doit être rentrée dans l'orangerie pendant l'hiver.

Parmi les diverses espèces d'abord rapportées à ce genre, quatre appartiennent aujourd'hui au genre *Thomasia* de Gay, savoir : *Lasiopetalum purpureum*, Ait.; *Lasiop. solanaceum*, Sims; *Lasiop. triphyllum*, Labill., et *Lasiop. quercifolium*, Andrews. Une autre constitue le nouveau genre *Seringia* du même auteur, c'est le *Lasiopetalum arborescens* d'Aiton. *V.* SERINGIE et THOMASIE. (A. R.)

*** LASIOPÉTALÉES.** BOT. PHAN. Section ou tribu établie par Gay (Mém. Mus. T. VII) dans la famille des Byttnériacées, et qui se compose des genres *Seringia*, *Lasiopetalum*, *Thomasia*, *Guichenotia* et *Keraudrenia*. *V.* BYTTNÉRIACÉES. (A. R.)

***LASIOPOGON.** BOT. PHAN. Genre de la famille des Synanthérées, Corymbifères de Jussieu, et de la Syngénésie superflue, L., établi par Cassini (Bull. de la Soc. philom., mai 1818) qui l'a ainsi caractérisé : involucre formé d'écailles presque sur un seul rang, appliquées, linéaires, coriaces, membraneuses sur les bords, surmontées d'un appendice étalé, très-obtus, scarieux, luisant et coloré; quelques bractées foliacées, dont le sommet est arrondi ou tronqué, forment une sorte de second involucre extérieur; réceptacle plane, nu et fovéolé; calathide dont les fleurs centrales sont en petit nombre, régulières et hermaphrodites, celles de la circonférence sur plusieurs rangs, nombreuses, tubuleuses et femelles; ovaires ovoïdes un peu comprimés, très-glabres, surmontés d'une aigrette dont les poils sont excessivement plumeux. Ce dernier caractère est ce qui distingue surtout le *Lasiopogon* du *Gnaphalium*, dont il est très-voisin. La Plante sur laquelle ce genre a été constitué fut décrite et figurée par Desfontaines (*Flor. atlant.* T. II, p. 267, t. 231), sous le nom de *Gnaphalium muscoides.* Cassini l'a nommée *Lasiopogon lanatum.* Elle est herbacée, toute couverte de poils laineux; sa tige est très-courte, grêle, filiforme, rameuse supérieurement, garnie de feuilles alternes, sessiles, linéaires, spathulées et très-entières; ses fleurs sont solitaires au sommet des ramuscules. Elle a été trouvée dans le royaume de Tunis.

(G..N.)

* LASIOPTERA. BOT. PHAN. Les *Thlaspi campestre* et *hirtum*, L., ont été séparés, sous ce nom générique, par Andrzeiowski. Brown et De Candolle ont placé ces deux Plantes parmi les *Lepidium.* *V.* ce mot. (G..N.)

LASIOPYGE. *Lasiopyga.* MAM. Division proposée par Illiger dans le genre Guenon. Elle était caractérisée principalement par l'absence des callosités aux fesses, comme l'indique le nom même de Lasiopyge, et cependant renfermait avec la Guenon Douc qui seule mérite ce nom, d'autres espèces; aussi ce genre, fondé d'ailleurs sur un caractère sans importance, n'a-t-il pas été adopté. *V.* GUENON.   (IS. G. ST.–H.)

* LASIOSPERME. *Lasiospermum.* BOT. PHAN. Genre de la famille des Synanthérées, Corymbifères de Jussieu, et de la Syngénésie superflue, L., établi par Lagasca (*Gen. et Sp. Plant.*, p. 31) et adopté par Cassini avec les caractères suivans : involucre hémisphérique formé d'écailles régulièrement imbriquées, appliquées, ovales ou oblongues, très-obtuses, coriaces, membraneuses sur les bords; réceptacle légèrement plane, garni de paillettes oblongues, lancéolées; calathide dont les fleurs centrales sont nombreuses, ré-

gulières, hermaphrodites; celles de la circonférence non radiantes, sur un seul rang, en languettes, et femelles; akènes subglobuleux, hérissés de longs poils et dépourvus d'aigrette. Cassini place ce genre dans la tribu des Anthémidées, près de l'*Anacyclus* dont il diffère par ses fruits hérissés de longues soies. Le *Lasiospermum pedunculare*, Lagasc., *Santolina eriosperma*, Pers., est l'unique espèce de ce genre. Cette Plante herbacée a une tige rameuse, haute de trois à quatre décimètres; ses feuilles sont sessiles, linéaires et bipinnées; ses calathides sont très-petites, jaunes et solitaires au sommet de la tige et des rameaux. Elle est originaire de certaines montagnes de l'Italie.

Fischer (Catalogue du jardin de Gorenki, 1812) a indiqué un autre genre de Synanthérées sous le nom de *Lasiopermum.* C'est le *Lasiospora* de Cassini. *V.* LASIOSPORE. (G..N.)

* LASIOSPORE. *Lasiospora.* BOT. PHAN. Ce genre de la famille des Synanthérées, Chicoracées de Jussieu, et de la Syngénésie égale, L., a été indiqué par Fischer (Catalogue du jardin de Gorenki., 1812) sous le nom de *Lasiospermum;* mais comme Lagasca a employé la même dénomination pour un genre dont il a de plus donné les caractères, Cassini a cru convenable de modifier le nom imposé par Fischer en celui de *Lasiospora.* Voici les caractères qu'il lui a imposés : involucre presque cylindracé ou campanulé, formé d'écailles appliquées et disposées sur deux rangs, les extérieures courtes, ovales, lancéolées, coriaces, supérieurement appendiculées, les intérieures longues, lancéolées, carenées sur le dos, membraneuses sur les bords; réceptacle plane, fovéolé, absolument nu; calathide dont les demi-fleurons sont étalés en forme de rayons, nombreux et hermaphrodites; akènes légèrement stipités, oblongs, cylindracés, non prolongés en un col, munis de côtes longitu-

dinales, hérissés de très-longs poils laineux, simples et appliqués, surmontés d'une aigrette plumeuse. Ce genre tient le milieu entre le *Scorzonera* et le *Gelasia*; il a l'aigrette du premier et l'involucre du second ; mais la principale différence réside dans les longs poils qui couvrent ses fruits.

Les *Scorzonera eriosperma* et *ensifolia* de Marshall-Bieberstein, *Fl. Taur.-Cauc.*, et *Scorzonera hirsuta*, D. C., Fl. Fr., sont les espèces admises par Fischer dans son genre *Lasiospermum*. Cassini les a nommées *Lasiospora angustifolia*, *ensifolia* et *hirsuta*; il leur a joint le *Scorzonera cretica* de Willdenow, sous le nom de *Lasiospora cretica*. Les deux premières croissent dans le Caucase et dans les régions comprises entre cette chaîne et la mer Caspienne; la troisième habite les lieux pierreux du midi de l'Europe; enfin la quatrième a été trouvée dans l'île de Crète par Tournefort. (G..N.)

* LASIOSTÊME. *Lasiostemum*. BOT. PHAN. Genre de la famille des Rutacées, section des Cuspariées, établi par Nées d'Esenbeck et Martius dans leur travail sur le groupe qu'ils nomment Fraxinellées (*Act. Cur. nat. Bonn.*, 11, p. 149). Ce genre offre pour caractères : un calice monosépale, à cinq divisions profondes, aiguës et étalées; une corolle campaniforme, formée de cinq pétales libres; cinq étamines hypogynes, alternes avec les pétales, dressées, presqu'égales, trois seulement étant fertiles et anthérifères, deux autres stériles et privées d'anthères. Ovaire hémisphérique, à cinq lobes, entouré par un disque hypogyne ; style filiforme, terminé par un stigmate très-petit, obtus. Le fruit se compose de cinq carpelles ou coques monospermes.

Ce genre ne renferme qu'une seule espèce, *Lasiostemum sylvestre*, Nées et Mart., *loc. cit.*, t. 26. C'est un Arbre ou un Arbrisseau à feuilles alternes, pétiolées, composées de trois fo-

lioles digitées, glanduleuses et ponctuées, et à fleurs disposées en grappes simples, longues et pédonculées. Il a été rapporté du Brésil par le prince de Neuwied. Auguste de Saint-Hilaire, dans son travail sur les Rutacées (Mém. Mus., x, p. 380 et suiv.), ayant examiné avec un grand soin les différens genres mentionnés par Nées et Martius dans leurs Fraxinellées, a prouvé que leur genre *Lasiostemum* était une véritable espèce de *Galipea* qui devait retenir le nom de *Galipea sylvestris*, et se placer entre les *G. febrifuga* et *G. heterophylla*. *V.* GALIPEA. (A. R.)

LASIOSTOMA. BOT. PHAN. Schreber appelle ainsi le genre Rouhamon d'Aublet qui est une véritable espèce du genre *Strychnos*. *V.* VOMIQUIER. (A. R.)

LASS. BOT. PHAN. Le genre *Pavonia* de Cavanilles avait été désigné sous ce nom usité au Sénégal, par Adanson. *V.* PAVONIE. (G..N.)

*LASTRÉE. *Lastræa*. BOT. CRYPT. (*Fougères.*) Nous avons, dans ce Dictionnaire (T. VI, p. 588), proposé l'établissement de ce genre, en le dédiant à Delastre de Châtellerault, botaniste rempli de sagacité, auquel nous devons des observations microscopiques parfaitement bien faites et de la plus haute importance. Il doit faciliter l'étude de ces nombreux Polypodes entre lesquels il devenait indispensable d'établir des coupes, et dès qu'on en aura saisi les caractères, il paraîtra des plus naturels dans la famille des Polypodiacées, telle que nous la circonscrivons. Sa fructification consiste en sores parfaitement nues, c'est-à-dire dépourvues d'induse quelconque, et constituées par des paquets arrondis, implantés sur les nervures des pinnules, mais jamais à leur extrémité. Dans le genre *Polypodium*, au contraire, de tels paquets sont constamment terminaux, c'est-à-dire qu'ils se développent à l'extrémité d'une nervure fructifère et toute particulière, plus courte que les nervures stériles. De cette différence d'implantation des soies qui pourra paraître un caractère bien léger à certains botanistes qui n'y auront pas réfléchi, résulte cependant une organisation totalement différente dans les Végétaux où nous la faisons remarquer. En effet, que l'on considère un Polypode, selon notre définition, on y trouvera des nervures stériles disposées en un réseau particulier, s'anastomosant les unes aux autres, qui présentant conséquemment vers le bord des frondes une limite au parenchyme celluleux, ne lui permettent guère de s'extravaser, s'il est permis d'employer cette expression, pour varier à l'infini la forme des frondes. Il arrive ici ce qui a lieu chez certaines Phanérogames, où les nervures limitent les feuilles comme condamnées à demeurer entières ou à se lober tout au plus, ainsi que dans les Passiflores par exemple, où lorsque le parenchyme tend à se répandre en dehors des nervures, celles-ci le contiennent et le gênent au point de produire ces avortemens par lesquels le feuillage de certaines espèces présente des formes si bizarres. Les Polypodes, soumis aux mêmes lois, ont, en général, leurs frondes entières, lobées ou tout au plus pinnatifides ; ils n'en ont guère de tripinnées que lorsque la pinnule stipitée représente la répétition de la fronde entière. Ce réseau de nervures stériles contient, entre certaines de ses mailles, une nervure simple, s'échappant d'un angle des anastomoses et portant à son extrémité qui n'aboutit à aucune autre, la fructification terminale, ce qui représente un pédoncule axillaire. Dans les Lastrées, au contraire, les nervures sont ou simples, ou alternes ; mais libres par leur extrémité, jamais anastomosées, et conséquemment ne formant nul réseau limitant, qui force le parenchyme cellulaire à se renfermer dans des circonscriptions déterminantes de la forme. Aussi peut-il s'étendre librement le long de ces nervures indépendantes et les accompagner, au point que nulle des deux parties constitutives de la

fronde n'apportant le moindre obstacle à son développement, celle-ci peut varier à l'infini ; c'est conséquemment parmi les Lastrées que nous trouvons presque tous les Polypodes bipinnés, tripinnés et décomposés de nos prédécesseurs. On n'y voit jamais de nervures dont l'extrémité supporte les sores et qui représentent un pédoncule ; on pourrait dire que la fructification est fixée aux ramules même de la Plante. En effet les sores des Lastrées se trouvent vers le milieu des nervures indifféremment.

Les espèces de Lastrées sont fort nombreuses ; celles que produit l'Europe sont l'*Oreopteris*, le *Thelipteris*, le *Phægopteris*, le *Dryopteris* et le *Calcarea*. Parmi les exotiques, nous citerons celle que, d'après Linné, on nomma *Polypodium unitum*, et deux belles espèces dont l'une nous a été communiquée par Poiteau et l'autre par Balbis. 1°. *Lastræa Poiteana*, à fronde bipinnatifide ; pinnules secondaires légèrement recourbées en croissant, libres seulement vers leur extrémité, connées et unies par leur base au point de n'y être distinguées que lorsqu'on regarde la Fougère à travers le jour. Les nervures tertiaires supportent les fruits vers le milieu de leur longueur ; elles sont parfaitement simples, opposées et légèrement arquées. Cette espèce, originaire de la Guiane, est une belle Fougère, large, longue, du moins les échantillons que nous avons vus ont de deux à trois pieds ; ils sont d'un vert sombre. 2°. *Lastræa Balbisiana*, N., à stipe long (de huit à quinze pouces), nu, tétragone, sulqué sur une ou deux de ses faces ; fronde subquinquangulaire, bipinnée ; pinnules primaires opposées ; pinnules secondaires alternes, les inférieures pinnatifides, les supérieures confluentes ou simplement profondément dentées, à divisions aiguës ; nervures tertiaires opposées, les quaternaires alternes, dont la première, et rarement la seconde, supportent un petit paquet de sores vers le milieu de leur étendue. Cette espèce élégante et d'un beau vert se trouve dans les Antilles ; elle pourrait bien être le *Polypodium portoricence* de Sprengel, qui n'est pas tellement propre à Porto-Rico que ce nom puisse être adopté. (B.)

LASYNÉMA. BOT. PHAN. Pour *Lysinema*. *V*. ce mot. (G..N.)

* LATA. BOT. PHAN. On ne sait à quoi rapporter le fruit de la Guiane mentionné sous ce nom par l'Ecluse, et que ce botaniste a fait connaître dans son *Exotica*. (B.)

LATANIER. *Latania*. BOT. PHAN. Ce genre, de la famille des Palmiers et de la Diœcie Monadelphie, L., se reconnaît aux caractères suivans : ses fleurs sont dioïques. Les fleurs mâles sont enveloppées dans une spathe formée de plusieurs folioles imbriquées. Le spadice est rameux ; chaque rameau, environné à sa base d'une écaille spathiforme, se divise à son sommet en plusieurs épis ou chatons cylindriques, écailleux. Chaque écaille porte une fleur à son aisselle. Le calice est sessile, à six divisions profondes, dont trois extérieures plus courtes ; les étamines sont au nombre de quinze à seize, ayant leurs filets monadelphes réunis en un tube épais, et leurs anthères oblongues et biloculaires ; le fruit globuleux, un peu charnu, contenant trois noyaux triangulaires. La graine renferme un endosperme corné, plein, contenant un très-petit embryon placé dans sa partie supérieure. Gaertner a décrit ce genre sous le nom de *Cleophora*. Mais le nom de *Latania* donné par Commerson et adopté par Jussieu et par Lamarck, doit être préféré comme étant le plus ancien.

Ce genre se compose de deux ou trois espèces originaires des îles de France et de Mascareigne. La première qui ait été connue est le LA-TANIER DE BOURBON, *Latania borbonica*, Lamk., Dict. C'est un Palmier dont le stipe cylindrique droit, assez élevé, se couronne d'une belle touffe de grandes feuilles pétiolées, palmées en forme d'éventail ; les folioles sont nombreuses, roides, ensiformes, aiguës, glauques, pubescentes sur leur côte longitudinale et souvent pliées en deux suivant leur largeur. Cette espèce croît aux lieux maritimes et sablonneux de Mascareigne. Il est très-probable que le *Latania chinensis* de Jacquin, Fragm. Bot., 1, p. 16, t. 11, f. 1, est la même espèce. On en connaît encore deux autres, savoir : 1° *Latania rubra*, Jacq., *loc. cit.*, t. 8, que Gaertner a décrit et figuré sous le nom de *Clophora lontaroides* (*De Fr. et Sem.*, 2, p. 185, t. 120, f. 1) ; 2° et *Latania Commersonii*, Sprengel. (A. R.)

LATAX. MAM. Syn. de Loutre. (B.)

* LATÉPORE. *Latepora*. POLYP. FOSS. Genre de l'ordre des Tubiporées, dans la division des Polypiers entièrement pierreux, établi par Rafinesque dans le Journal de Physique (1819 ; tom. 88, 429) pour des corps pierreux, composés de tubes cloisonnés ; cloisons à plusieurs rangs réguliers de pores latéraux. L'auteur n'en mentionne qu'une espèce, le *Latepora alba*, dont le nom indique la couleur, qui a ses tubes soudés, lisses, à cinq ou six côtés, et qu'il a découverte dans les Etats-Unis d'Amérique. (E.D..L.)

LATÉRALISÈTES ou CHÉLO-TOXES. INS. Duméril nomme ainsi une famille de Diptères dont les caractères sont d'avoir le suçoir nul ou caché, une trompe rétractile dans une cavité du front, des antennes avec un poil isolé, latéral, simple ou barbu. Cette famille comprend une grande partie des Diptères athéricères de Latreille. (G.)

LATÉRIGRADES. *Laterigradæ*. ARACHN. Tribu de l'ordre des Pulmonaires, famille des Dipneumones, établie par Latreille et ayant pour caractères : les quatre pieds antérieurs toujours plus longs que les autres, tantôt la seconde paire surpassant la première, tantôt les deux presque de la même longueur. L'Animal les étend dans toute leur longueur, ainsi que les quatre autres, et peut marcher de côté, à reculons ou en avant. Les mandibules de ces Aranéides sont ordinairement petites et leur crochet est replié transversalement. Leurs yeux sont toujours au nombre de huit, souvent très-inégaux et formant, par leur réunion, un segment de cercle ou un croissant; les deux latéraux postérieurs sont plus reculés en arrière ou plus rapprochés des bords latéraux du corselet que les autres. Les mâchoires sont, dans le grand nombre, inclinées sur la lèvre. Le corps est d'ordinaire aplati, en forme de Crabe, avec l'abdomen grand, arrondi ou triangulaire.

Ces Araignées portent le nom d'Araignées-Crabes, parce qu'elles marchent souvent à reculons ou de côté comme ces Crustacés; elles se tiennent tranquilles, les pieds étendus sur les Végétaux; elles ne font point de toiles, et jettent simplement quelques fils solitaires tendant à arrêter leur proie, sur laquelle elles se jettent; elles se forment une habitation entre les feuilles, dont elles rapprochent, contournent et fixent les bords avec de la soie. Leur cocon est orbiculaire et aplati, et elles le gardent assidûment entre quelques feuilles jusqu'à la naissance des petits.

Cette tribu se compose des genres Thomise, Philodrome, Micromate et Sténélope. *V*. ces mots.   (G.)

* **LATHAGRIUM**. BOT. CRYPT. (*Lichens.*) Acharius a donné ce nom au cinquième sous-genre de son genre *Collema*. Il est ainsi défini : thalle foliacé; lobes membraneux, larges, lâches, nus, d'une couleur verte noirâtre. Les *Collema nigrescens*, *flaccidum*, *dermatinum*, etc., rentrent dans ce sous-genre. *V*. COLLEMA. (A. F.)

LATHRÆA. BOT. PHAN. *V*. CLANDESTINE.

LATHROBIE. *Lathrobium*. INS. Genre de l'ordre des Coléoptères, section des Pentamères, famille des Brachélytres, tribu des Fissilabres, établi par Gravenhorst, et ayant

pour caractères · tête entièrement dégagée et distinguée du corselet par un étranglement en forme de col ; labre profondément échancré; palpes filiformes, terminés brusquement par un article beaucoup plus petit que le précédent, pointu, souvent peu distinct, les maxillaires beaucoup plus longs que les labiaux ; antennes insérées au devant des yeux, en dehors du labre et près de la base des mandibules ; tarses antérieurs dilatés.

Ces Insectes, qui ont les plus grands rapports avec les Staphylins proprement dits, s'en distinguent par l'insertion des antennes et par la forme du corps ; ils s'éloignent des Pœdères, auxquels ils semblent réunir les Staphylins, par la forme du labre qui n'est pas échancré dans ceux-ci, et par leurs palpes. Les Lathrobies vivent sous les débris de matières animales et végétales, sous les pierres et dans les lieux frais et humides; ils se nourrissent de débris de Végétaux et d'Animaux, sont très-agiles et fuient en relevant leur abdomen comme pour en menacer leur ennemi. Déjean (Cat. des Col., p. 24) mentionne vingt-sept espèces de ce genre; elles sont toutes propres à l'Europe; la plus commune à Paris est :

Le LATHROBIE ALLONGÉ, *L. elongatum.*, Grav. (Col. Micropt., p. 55), Latr.; *Staphilinus elongatus*, Lin.; *Pœderus elongatus*, Fabr., Panz. (*Faun. Ins. Germ.*, fasc. 9, fig. 12). Il est noir, brillant; les élytres sont d'un roux sanguin à leur extrémité; les pates sont d'un roux pâle. *V*., pour les autres espèces, Gravenhorst (*loc. cit.*), Fabricius, Olivier, etc.   (G.)

LATHYRIS. BOT. PHAN. Nom scientifique de la grande Epurge, espèce du genre Euphorbe. *V*. ce mot.   (B.)

* **LATHYRUS**. BOT. PHAN. *V*. GESSE.

LATIALITE. MIN. (Gismondi.) Même chose qu'Haüyne. *V*. ce mot.   (B.)

LATIRE. *Latirus.* MOLL.. Démembrement des Fuseaux établi à tort en genre par Montfort (Conchyl. Syst. T. II, p. 551), sur le simple caractère d'un ombilic infundibuliforme, plus grand qu'il ne l'est ordinairement dans les Fuseaux. *V.* ce mot. (D..H.)

LATIROSTRES. OIS. Famille de la méthode de Vieillot, qui comprend les genres Spatule et Savacou. *V.* ces mots. (DR..Z.)

* **LATONIE.** REPT. OPH. Espèce d'Elaps de Daudin. *V.* VIPÈRE. (B.)

* **LATOSATIS.** BOT. PHAN. Du Petit-Thouars (Hist. des Orchid. des îles australes de l'Afriq.) a nommé ainsi une espèce de son genre *Satorchis,* laquelle, dans le langage linnéen, serait nommée *Satyrium latifolium.* Cette Orchidée est indigène de l'île de Mascareigne, et elle est figurée par l'auteur (*loc. cit.*, t. 10). (G..N.)

LATRIDIE. *Latridius.* INS. Genre de l'ordre des Coléoptères, section des Tétramères, famille des Xylophages, tribu des Trogossitaires, établi par Herbst, et dont les caractères sont : palpes très-courts, les maxillaires très-peu saillans ; mandibules petites, point saillantes ; antennes notablement plus longues que la tête, composées de onze articles, dont le second est plus grand que les suivans ; massue des antennes de trois articles ; articles des tarses entiers ; corps étroit et allongé. Ces Insectes sont en général très-petits ; leur corps est étroit en devant et s'élargit jusqu'à la partie postérieure de l'abdomen. Ils diffèrent des *Sylvanus* de Latreille par leurs antennes, par les formes du corps ; ils s'éloignent des Méryx du même par les palpes maxillaires qui sont saillans dans ceux-ci.

Ces Insectes vivent sur les vieux bois, sur les murs, dans l'intérieur des maisons. Ils ont été placés, par Paykull et Fabricius, parmi les Dermestes, et parmi les Ips par Olivier. Dejean (Cat. des Col., p. 102) en mentionne douze espèces : la plus commune de celles qui se trouvent à Paris est :

Le LATRIDIE DES FENÊTRES., *L. fenestralis.*, Latr. ; *L. longicornis,* Herbst (Col. 5, tab. 44, fig. 1). Il est d'un fauve obscur, pubescent, avec les antennes et les pieds fauves ; la poitrine et l'abdomen sont noirâtres ; le corselet est plus étroit, arrondi postérieurement, avec une fossette au milieu ; les élytres sont striées ; les stries sont formées de points enfoncés et alignés. Olivier l'a décrit (Col., t. 2, n° 18, pl. 3, fig. 21) sous le nom d'Ips enfoncé. (O.)

LATRODECTE. *Latrodectus.* ARACHN. Nom donné par Walkenaer à un genre d'Araignée, que Latreille réunit au Théridion. *V.* ce mot. (C.)

* **LATRUNCULI.** FOSS. Selon Defrance, c'est le nom que Luid a donné à des espèces de vertèbres fossiles qui ont à peu près la forme des dames de trictrac. (A. R.)

LAU. POIS. L'un des noms vulgaires du *Zeus Faber. V.* ZÉE. (B.)

LAUDANUM. BOT. PHAN. Pour *Ladanum. V.* ce mot. (B.)

* **LAUGÈLE.** POIS. La Vandoise, espèce d'Able, porte ce nom dans sa jeunesse en quelques cantons. (B.)

LAUGÉRIE. *Laugeria.* BOT. PHAN. Ce genre, de la famille des Rubiacées et de la Pentandrie Monogynie, L., a été établi par Jacquin (*Am.*, 64 ; t. 177) ; mais, suivant Schrader, Persoon et Kunth, il ne diffère pas sensiblement du *Guettarda* et doit y être réuni. En effet, les seules différences qui ont été signalées entre ces deux genres consistent dans le nombre des divisions de la corolle, des étamines et des loges du noyau, caractères d'une faible importance dans la vaste famille des Rubiacées. *V.* GUETTARDE. (A. R.)

LAUMONITE. MIN. Zéolithe efflorescente, Zéolithe de Bretagne. Substance minérale d'un blanc légèrement nacré, tendre et fragile, pesant spécifiquement 2, 3, et divisible en prismes rhomboïdaux d'environ 86° 30', dont la base est inclinée sur l'arête aiguë de 113° 30'. C'est un silicate double d'Alumine et de Chaux, avec Eau ; contenant en poids 22 parties d'Alumine, 52 de Silice, 9 de Chaux, et 17 d'Eau. Elle donne de l'Eau par la calcination, et se résout en gelée dans l'Acide nitrique. Ses cristaux sont susceptibles de s'altérer par leur exposition à l'air, et finissent même par tomber en poussière. Au chalumeau, ils se boursoufflent en commençant à fondre, et donnent un émail blanchâtre qui par un feu prolongé se transforme en un verre demi-transparent. Ses formes les plus ordinaires sont le prisme primitif, et le même terminé par des sommets dièdres ou modifié sur les arêtes latérales. Ses variétés de structure sont la bacillaire, la lamellaire et l'aciculaire. Ce Minéral a été observé pour la première fois par Gillet de Laumont, dans la mine de Plomb d'Huelgoët en Bretagne, dont le filon traverse un terrain intermédiaire. On la trouve aussi avec la Chaux phosphatée limpide au Saint-Gothard, dans la Wacke à Schemnitz en Hongrie et dans les Roches amygdaloïdes du Vicentin, de Féroë, d'Irlande et d'Ecosse.   (G. DEL.)

* LAUNAYE. *Launœa.* BOT. PHAN. Genre de la famille des Synanthérées, Chicoracées de Jussieu, et de la Syngénésie égale, L., établi par H. Cassini (Dict. des Sciences Nat., t. 25, p. 321) qui l'a ainsi caractérisé : involucre formé de folioles régulièrement imbriquées, appliquées, obtuses au sommet, membraneuses sur les bords, les extérieures ovales et les intérieures oblongues ; réceptacle plane et nu ; calathide dont les demi-fleurons sont au nombre de douze environ et hermaphrodites ; akènes (non encore mûrs) très-allongés, non sensiblement amincis vers le haut, pourvus d'un bourrelet apicilaire pubescent, et surmontés d'une longue aigrette composée de poils très-légèrement plumeux à leur par-

tie supérieure. L'auteur de ce genre l'a placé entre le *Picridium* et le *Sonchus,* en faisant observer que cette place est encore incertaine, puisque ses caractères essentiels distinctifs ne sont établis que sur des fruits non parvenus à l'état de maturité. Le *Launœa bellidifolia,* H. Cass., est l'unique espèce du genre. Cette Plante a été recueillie à Madagascar, par Commerson. Elle est herbacée, entièrement glabre; sa tige, couchée horizontalement, est simple, très-longue, grêle, pourvue d'articulations très-éloignées les unes des autres, et à chacune desquelles existent deux petites feuilles en forme d'écailles, exactement opposées. Dans l'aisselle de l'une de ces petites feuilles, naît un rudiment de rameau portant une rosette d'environ cinq feuilles inégales et analogues à celles du *Bellis perennis,* L. Dans l'aisselle de l'autre petite feuille ou bractée squammiforme, s'élève un rameau pédonculiforme, garni d'écailles et terminé par la calathide.   (G..N.)

LAUPANKE ou PANKE. BOT. PHAN. (Feuillée.) Syn. du Francoa de Cavanilles.   (B.)

* LAUPÉ. BOT. PHAN. Nom de pays du genre Godoya de la Flore du Pérou.   (B.)

LAURÉLIE. *Laurelia.* BOT. PHAN. Jussieu a nommé ainsi le genre *Pavonia* de Ruiz et Pavon, parce qu'il existait déjà un autre genre dédié à Pavon par Cavanilles. Ce genre *Laurelia* appartient à la famille des Monimiées et à la Monœcie Dodécandrie, L. Les fleurs mâles et les fleurs femelles réunies pêle-mêle sont pédonculées et forment des grappes courtes et axillaires. Elles se composent d'un calice ou plutôt d'un involucre monosépale, campanulé, très-évasé et presque plane dans les fleurs mâles, où il se divise supérieurement en une dixaine de lobes réguliers et disposés sur deux rangs ; dans les fleurs femelles il est plus allongé, ses divisions sont beaucoup plus nombreuses, très-inégales, disposées sur quatre ou cinq rangs. Les étamines sont au nombre de quinze, ayant la plus grande analogie avec celles des Lauriers; leurs filets sont courts, épais, munis vers leur base d'une grosse glande sur chacun de leurs côtés; leur anthère est cordiforme, allongée, introrse, à deux loges s'ouvrant chacune par toute leur face interne au moyen d'une valve qui s'enlève de la base vers le sommet. Dans l'involucre femelle on trouve un nombre extrêmement considérable de pistils filiformes qui en garnissent presque entièrement la paroi interne. Ces pistils, recouverts de longs poils soyeux, se composent d'un ovaire très-allongé, à une seule loge contenant un ovule dressé, surmonté d'un très-long style que termine un stigmate glabre. Après la fécondation, les divisions ou lobes externes de l'involucre se détachent, et on le voit se resserrer vers son sommet contre la partie supérieure des styles qui est saillante. Quand les fruits sont tout-à-fait mûrs, cet involucre péricarpoïde se rompt irrégulièrement en quatre ou cinq valves. Les fruits sont encore filiformes, très-velus, munis du style qui est persistant; ils sont monospermes et indéhiscens. Leur graine contient dans un endosperme charnu un très-petit embryon dressé, placé vers sa base.

Ce genre ne se compose que d'une seule espèce, *Laurelia aromatica*, Juss., Ann. Mus , 14, p. 119; *Pavonia sempervirens*, Ruiz et Pavon, Syst. C'est un grand Arbre originaire du Chili. Ses feuilles sont opposées, persistantes, coriaces, elliptiques, aiguës, irrégulièrement dentées, glabres et d'un vert clair. Les fleurs sont rougeâtres, disposées en grappes et portées sur des pédoncules tomenteux. Au Chili on se sert du bois de Laurel pour faire des planches et des charpentes. Ses feuilles froissées entre les doigts répandent une odeur très-aromatique. (A. R.)

LAURELLE. BOT. PHAN. Nom substitué dans le Dictionnaire de Dé-

terville à celui de Cansjère. *V.* ce mot. On l'applique en quelques parties de la France méridionale au Nérion.   (B.)

LAUREMBERGIA. BOT. PHAN. (Bergius.) Syn. de Serpicule.   (B.)

LAURENCIE. BOT. CRYPT. (*Hydrophytes.*) Genre parfaitement caractérisé, établi par Lamouroux dans son excellent Essai sur les Thalassiophytes, et qu'on reconnaît à sa fructification formée de tubercules globuleux, un peu gigartins, situés à l'extrémité des rameaux ou de leurs divisions, et formant parfois des dilatations obtuses et renflées en massues ou en grappes tuberculeuses. Il arrive souvent, dit Lamouroux, qu'à l'époque de la maturité des graines, les enveloppes du tubercule se déchirent, et que les capsules sont mises à nu. Ce genre appartient à la famille des Floridées, où il est si naturel et si bien tranché qu'on a peine à concevoir comment Agardh ne l'a point adopté et a pu surtout en placer les espèces dans son genre *Chondria* formé sur des caractères si vagues et d'espèces tellement disparates, qu'on ne le saurait adopter, du moins tel que nous le présente l'algologue suédois. Les Laurencies ont quelque chose de gélatineux tant qu'elles sont dans l'eau, aussi la plupart adhèrent d'abord au papier quand on les prépare, mais elles acquièrent ensuite quelque chose de corné, reviennent quand on les mouille, se ramollissent et se détériorent, mais ne se dissolvent pas aussi facilement en gelée que les Iridées, les Gélidies, etc. On prétend en outre qu'elles ont, à certaines époques de l'année, une saveur très-poivrée, même âcre et brûlante, qui les rend propres, chez certains peuples du Nord, à remplacer le Piment des pays chauds, dans les grossiers assaisonnemens de leurs mets. Sur vingt espèces environ qui nous sont connues, trois ou quatre paraissent être propres à la Méditerranée, autant à nos côtes océaniques, le reste est distribué dans les mers tempérées des deux mondes. Nous en possédons une espèce nouvelle de Bahama, communiquée par Chauvin, zélé botaniste de Caen. Nous la mentionnerons ici particulièrement avec les deux espèces les plus communes de nos bords, par exemple :

1°. LAURENCIE DE CHAUVIN, *Laurencia Chauvini*, N., d'un jaunâtre tirant sur le rose, assez rigide dans l'état de dessiccation; à expansions de deux à cinq pouces de long, grêles, munies de rameaux alternes, décroissans de longueur vers l'extrémité de la Plante, comme ailés à leur tour par les ramules également alternes, ordinairement simples, de longueur égale, sensiblement renflés à leur extrémité; même lorsque la fructification ne s'y est pas encore développée; elle a quelque chose d'hypnoïde. La base des tiges est ordinairement toute dépouillée de rameaux et produit quelquefois des expansions tout-à-fait simples. Elle croît sur les coquilles et sur les rochers.

2°. LAURENCIE PINNATIFIDE, *Laurencia pinnatifida*, Lamx.; *Fucus pinnatifidus*, Turn., pl. 20, la plus commune sur nos côtes, et dont le *Fucus osmunda* de Gmelin n'est pas une variété comme on l'a cru, cette Plante étant une autre Laurencie bien distincte. 3°. *Laurencia obtusa*, Lamx., *Fucus obtusus*, parfaitement représentée dans Turner, pl. 21, qui, répandue sur toutes nos côtes, a été retrouvée jusqu'à la Nouvelle-Hollande. 4°. Le *Fucus cyanospermus* de Delile, dans sa Flore d'Egypte, appartient au genre qui nous occupe.   (B.)

LAURENTEA. BOT. PHAN. (Ortéga.) Syn. de *Sanvitalia*. *V.* ce mot.   (A. R.)

LAURENTIA. BOT. PHAN. La Plante que Micheli avait décrite et figurée sous ce nom, a été réunie au genre *Lobelia* par Linné. Adanson, ayant séparé celui-ci en deux genres, a conservé le nom employé par Micheli, pour les espèces dont le fruit est biloculaire. *V.* LOBÉLIE.   (G. N.)

LAURÉOLE. *Laureola*. BOT. PHAN. *V.* DAPHNÉ.

* LAURET. MAM. Même chose que Gaubet. *V.* BOURRET.   (B.)

LAURIER. *Laurus*. BOT. PHAN. Très-grand genre, type de la famille des Laurinées, appartenant à l'Ennéandrie Monogynie, L., et dont les espèces nombreuses font l'ornement et souvent la richesse des pays qu'elles habitent. Ces espèces, qui sont des Arbres ou des Arbrisseaux généralement ornés dans toutes les saisons d'un épais et vert feuillage, croissent principalement dans l'archipel Indien; le continent et les îles de l'Amérique équatoriale et les diverses contrées de l'Asie. Il est peu de genres qui offrent autant d'intérêt que celui des Lauriers, soit à cause de la beauté des espèces qui le composent et dont plusieurs sont cultivées dans les jardins, soit surtout à cause de l'utilité et de l'importance d'un grand nombre d'entre elles, dans l'économie domestique, les arts et la thérapeutique. En effet c'est à ce genre que nous sommes redevables du Camphre, de la Cannelle, du Sassafras, des baies de Pichurim, du fruit de l'Avocatier et d'une foule d'autres produits non moins intéressans. Nous croyons devoir entrer dans des détails assez étendus sur ce genre et en décrire quelques espèces remarquables. Etudions d'abord les caractères génériques des Lauriers. Leurs fleurs sont hermaphrodites ou incomplétement unisexuées, c'est-à-dire que l'on retrouve toujours les rudimens du sexe qui avorte. Le calice est monosépale, subcampaniforme ou étalé, à quatre ou cinq divisions profondes, généralement concaves. Les étamines sont au nombre de neuf, quelquefois de six seulement ou de douze, insérées à la base des divisions calicinales. Les filets sont libres, planes, offrant à leur base un ou deux appendices irréguliers, d'apparence glandulaire et le plus souvent stipités. Les anthères sont adnées, à deux loges introrses, s'ouvrant chacune par un ou deux petits panneaux qui se roulent de la partie inférieure vers la supérieure. L'ovaire est libre, ovoïde ou allongé, à une seule loge contenant un ovule pendant. Le style est un peu oblique et recourbé, marqué d'un sillon longitudinal et glanduleux qui vient aboutir à un stigmate latéral, évasé et un peu concave. Le fruit est une drupe sèche ou charnue, souvent accompagnée du calice qui forme à sa base une sorte de cupule. La graine est renversée. Son tégument est mince, son embryon est sans endosperme, ayant ses deux cotylédons extrêmement épais ; sa radicule conique et très-courte, quelquefois recouverte et cachée par deux prolongemens de la base des cotylédons, comme on l'observe par exemple dans le Laurier ordinaire.

Les Lauriers, ainsi que nous l'avons dit précédemment, sont ou de grands Arbres ou des Arbrisseaux d'un port élégant. Leurs feuilles alternes et généralement persistantes sont lisses, et répandent, lorsqu'on les froisse entre les doigts, une odeur très-aromatique. Leurs fleurs sont, en général, verdâtres, petites et de peu d'apparence, tantôt placées à l'aisselle des feuilles, tantôt diversement réunies à l'extrémité des rameaux.

Ce genre est très-polymorphe. On doit lui réunir les genres *Ocotea*, *Aniba* et *Aiovea* d'Aublet qui sont de véritables espèces de Laurier, ainsi que le genre *Persea* de Plumier comme Linné l'avait déjà fait précédemment. En effet, le caractère principal qui a servi à distinguer les genres *Ocotea* et *Persea* conservés par plusieurs botanistes modernes, consiste surtout dans l'anthère que l'on dit être à quatre loges. Mais dans ces deux genres, l'anthère n'est réellement qu'à deux loges, qui s'ouvrant chacune au moyen de deux panneaux superposés ont fait croire à un grand nombre d'observateurs que l'anthère était à quatre loges. Plus récemment le célèbre R. Brown a proposé (*Prodrom. Flor. Nov.-Holl.*, 1) de

faire un genre particulier du *Laurus Cinnamomum*, qui fournit la Cannelle, sans indiquer toutefois les caractères de ce genre.

Les nombreuses espèces de ce genre, dont nous mentionnerons les plus intéressantes, peuvent être réparties en deux sections, suivant que leurs feuilles sont persistantes ou caduques.

§ I. Feuilles persistantes.

LAURIER D'APOLLON, *Laurus nobilis*, L., Lamk., Ill., t. 321, f. 1. Cette espèce, la seule qui soit indigène de l'Europe, est un Arbre élégant, toujours vert, acquérant de vingt-cinq à trente pieds de hauteur et même plus dans les contrées méridionales. Ses feuilles sont alternes, elliptiques, lancéolées, aiguës, courtement pétiolées, sinueuses sur les bords, fermes, luisantes, glabres, d'un vert assez vif en dessus, plus ternes à la face inférieure. Les fleurs sont unisexuées et dioïques. Les mâles sont axillaires, disposées par petits faisceaux de deux à quatre, portées sur un pédoncule commun court. Chaque faisceau offre un involucre composé de quatre bractées squammiformes, concaves, obtuses, brunes et caduques. Le calice est monosépale, à quatre divisions profondes, obtuses, étalées, concaves; douze étamines à peu près de la longueur du calice, disposées sur trois rangées, quatre extérieures opposées aux divisions calicinales, quatre moyennes alternes et enfin quatre plus intérieures. Les fleurs femelles offrent la même disposition que les mâles. Les fruits sont des drupes ovoïdes, de la grosseur d'une petite Cerise, charnues extérieurement, d'une couleur rouge et presque noire quand ils sont parvenus à leur état parfait de maturité. Le Laurier d'Apollon est surtout très-commun en Orient, dans les îles de la Grèce et sur les côtes de Barbarie; des forêts en sont formées aux Canaries. Il s'est parfaitement naturalisé en Italie et même dans les provinces du midi de la France. Mais à Paris , et à plus forte raison dans le nord de la France, il souffre du froid et ne prend qu'un faible accroissement. Aussi le place-t-on toujours contre des murs bien exposés au midi. Il est peu d'Arbres qui ait été autant célébré par les poëtes de l'antiquité. Ovide nous peint la nymphe Daphné changée en Laurier pour se dérober aux transports amoureux d'Apollon. Depuis ce temps le Laurier fut consacré au dieu de la poésie et de la musique. On en ceignait la tête des poëtes, des triomphateurs et des athlètes vainqueurs dans les jeux olympiques; et dans le moyen âge, l'usage de ceindre d'une couronne de Laurier muni de ses baies la tête des jeunes docteurs, a fait donner à cette cérémonie le nom de *Baccalauréat* (*Bacca Lauri*). Le Laurier est utile en médecine. Ses feuilles, froissées entre les doigts, exhalent une odeur agréable, et lorsqu'on les brûle, elles répandent une fumée suave. Maintenant on ne les emploie guère que pour aromatiser les ragoûts. Quant aux fruits ou baies de Laurier, leur péricarpe contient une assez grande quantité d'Huile volatile très-odorante; tandis que leur amande fournit par l'expression une Huile grasse que l'on emploie quelquefois pour pratiquer des embrocations sur diverses parties du corps. Elle est verdâtre, d'une consistance butyreuse, et son odeur offre faiblement celle des feuilles de Laurier.

LAURIER CANNELLIER , *Laurus Cinnamomum*, L.; Rich., Bot. Méd., 1, p. 181. Le tronc du Cannellier s'élève, dans un bon terrain, jusqu'à une hauteur de vingt-cinq à trente pieds; il a quelquefois dix-huit pouces de diamètre. Son écorce extérieure est grisâtre et presque rouge en dedans. Ses feuilles sont opposées, courtement pétiolées, ovales, lancéolées, longues de quatre à cinq pouces, larges d'environ deux pouces, fermes, coriaces, très-entières, glabres et luisantes à leur face supérieure, cendrées en dessous, marquées de trois à cinq nervures longi-

tudinales et parallèles. Les fleurs sont petites , jaunâtres , disposées en une sorte de panicule rameuse et lâche, placée à l'aisselle des feuilles supérieures. Le fruit est une drupe ovoïde, de la grosseur d'une petite noisette, entourée à sa base par le calice persistant, de sorte qu'elle ressemble un peu à un petit gland de Chêne environné de sa cupule. Le Cannellier habite l'île de Ceylan, où on le cultive dans un espace d'environ quatorze lieues, qui s'étend entre Matusa et Negambo et qu'on nomme pour cette raison champ de la Cannelle. Il croît aussi à la Chine et au Japon. Sa culture s'est également introduite aux îles de France et de Mascareigne, aux Antilles, à Cayenne et dans quelques autres parties du Nouveau-Monde. Le célèbre Poivre assure qu'il existe à la Cochinchine une espèce de Cannelle supérieure même à celle de Ceylan. Le Cannellier vient d'être introduit en Egypte. Il y a quelques années que Mehemed Ali Pacha , vice-roi du pays , fit acheter à Paris, dans le magnifique jardin de Boursaut, deux très-beaux pieds de Cannellier, qui furent transportés au Caire. Ils s'y sont si bien multipliés, qu'ils y ont formé des plantations considérables, qui bientôt pourront verser leur produit dans le commerce. Le Cannellier ne fournit pas seulement l'écorce aromatique et excitante connue sous le nom de Cannelle; ses racines et ses grosses tiges renferment une très-grande quantité de Camphre entièrement semblable à celui qu'on extrait du Laurier Camphrier.

LAURIER CAMPHRIER , *Laurus Camphora*, L.; Rich., Bot. Méd., 1, p. 184. C'est un Arbre assez élevé, ayant à peu près le port d'un Tilleul; il croît dans les lieux montueux des régions orientales de l'Inde et particulièrement au Japon et à la Chine. Ses feuilles sont alternes , pétiolées, ovales, arrondies, acuminées, entières , coriaces, glabres et luisantes en dessus , glauques en dessous. Les fleurs disposées en corymbes longuement pédonculés, sont d'abord renfermées dans des boutons écailleux, strobiliformes , axillaires , ovoïdes , composés d'écailles scarieuses, rousses , pubescentes, obtuses, terminées par une petite pointe, et frangées sur les bords. Les fruits ressemblent à ceux du Cannellier, mais ils sont un peu plus petits. Le Camphre , qui est une Huile volatile concrète d'une nature particulière , existe en abondance dans toutes les parties de cet Arbre. Au moment où l'on vient de l'en extraire par la distillation , il est impur, en grains irréguliers, d'une couleur grise et assez semblable au sel marin. C'est dans cet état qu'on le transporte en Europe pour y être purifié. Long-temps la Hollande fut en possession exclusive de rafiner le Camphre ; mais aujourd'hui cette opération se fait également en France. Le procédé consiste à mêler le Camphre avec de la Chaux et à le faire sublimer dans un appareil convenable. Dans son état de pureté , le Camphre est une substance concrète, blanche, hyaline, légère, grasse au toucher , cristallisable en prismes hexaèdres , d'une odeur très-pénétrante et *sui generis*. Semblable aux Huiles volatiles dans sa composition , il jouit aussi des mêmes propriétés chimiques. Ainsi il se volatilise à l'air et finit par disparaître sans laisser aucun résidu. Soumis à l'action du feu , il se fond, puis se change en une vapeur dont la tension et la densité sont peu considérables; il se dissout facilement dans l'Alcohol , les Huiles et les Gaz acides. L'Eau le précipite de sa solution alcoholique , mais en retient elle-même une petite portion en suspension. Par l'action de l'Acide nitrique , le Camphre se transforme en un Acide particulier que Bouillon-Lagrange a nommé Acide camphorique. Le Camphre entre souvent dans les préparations officinales dont l'Eau est le véhicule; mais comme il n'y est que très-peu soluble , on l'y rend miscible par l'intermède d'un jaune d'œuf ou d'un mucilage. Le Camphre est un médicament extrê-

mement précieux et très-énergique. Il est à la fois excitant et sédatif. On l'emploie surtout dans les affections spasmodiques et nerveuses , dans les fièvres putrides, etc. Il s'administre tantôt en poudre , tantôt en suspension dans un liquide quelconque. Sa dose varie suivant l'âge du malade et les effets qu'on se propose de produire.

LAURIER ROUGE , *Laurus borbonia*, L. Cette espèce est originaire de l'Amérique septentrionale, où elle ne forme qu'un Arbre de petite taille, dont les feuilles sont alternes, elliptiques, lancéolées, aiguës , vertes et glabres supérieurement, d'une teinte glauque à leur face inférieure. Les fleurs sont petites , formant des grappes ou panicules axillaires , dont les pédoncules sont rouges. Les drupes sont d'une teinte bleuâtre, enveloppées en partie par le calice qui est rouge, épais et cupuliforme. On cultive quelquefois cette espèce dans les jardins. Elle demande à être rentrée dans l'orangerie pendant l'hiver. Son bois est dur et susceptible d'un beau poli ; on l'emploie à la fabrication des meubles.

LAURIER AVOCATIER, *Laurus Persea*, L.; *Persea gratissima* , Gaertner fils, *de Fruct.* 3, p. 222. Cette espèce est connue sous le nom vulgaire d'Avocatier ou de Poirier Avocat. Elle est originaire du continent de l'Amérique méridionale, et elle a été transportée successivement aux Antilles, à l'Ile-de-France, etc. C'est un Arbre qui peut atteindre une élévation considérable et dont les branches et les rameaux forment une vaste cime. Ses feuilles sont alternes, pétiolées, rapprochées les unes des autres à la partie supérieure des jeunes rameaux, ovales, acuminées, un peu sinueuses , vertes et lisses en dessus, glauques et blanchâtres en dessous, longues de quatre à six pouces et larges de deux à trois. Les fleurs sont petites , verdâtres, formant à l'aisselle des feuilles, des grappes plus courtes que les feuilles. Ces fleurs sont hermaphrodites. Il leur succède des fruits charnus longuement pédonculés, ayant la forme et la grosseur d'une poire de beurré, mais plus allongés. Leur noyau est ovoïde et très-gros. Ces fruits sont très-recherchés. Leur écorce est assez épaisse, leur chair fondante, absolument semblable au beurre pour la consistance, d'une saveur toute particulière, qui, dit-on, approche à la fois de celle de l'artichaut et de la noisette. On sert en général ces fruits en même temps que le bouilli ; on les coupe par tranches ou quartiers. Quelquefois on les assaisonne avec du jus de citron, des épices ou des aromates, d'autres fois avec du sucre.

A cette première section appartiennent encore plusieurs autres espèces non moins intéressantes, mais que nous nous contenterons seulement d'indiquer. Telles sont les suivantes :

LAURIER CASSE, *Laurus Cassia*, L., qui croît aux Indes-Orientales, et que pendant long-temps on n'a considéré que comme une simple variété du Cannellier. Son écorce est connue en Europe, sous les noms de *Cassia lignea*, de *Xylocassia* ou de Cannelle du Malabar. Elle est moins aromatique, moins agréable et moins estimée que la Cannelle de Ceylan. Néanmoins elle fait partie de plusieurs préparations pharmaceutiques très-compliquées.

LAURIER A LONGUES FEUILLES ou MALABATHRUM, *Laurus Malabathrum*, Lamk. Egalement originaire de l'Inde, ce Laurier avait aussi été confondu avec le vrai Cannellier; mais il en diffère surtout par ses feuilles extrêmement longues et plus étroites que celles du Cannellier. Ce sont ces feuilles que l'on trouve mentionnées dans les anciennes pharmacopées sous les noms de *Malabathrum* et de *folium Indicum*. Elles sont aromatiques et excitantes.

LAURIER CULILAWAN, *Laurus Culilavan*, L. Il croît aux Moluques, à Amboine et dans quelques autres parties de l'Inde. Son écorce désignée par Rumphius sous le nom de *Cortex caryophylloides*, est connue dans le commerce sous celui de Can-

nelle Giroflée. Elle est moins estimée que la Cannelle de Ceylan.

LAURIER PICHURIM, *Laurus Pichurim*, Rich. Pendant fort longtemps on n'a su à quel Arbre rapporter les fruits connus dans le commerce, sous les noms de Muscades de Para ou Fèves Pichurim. Mais nous nous sommes assurés que ces fruits sont ceux de cette espèce de Laurier, qui croît dans l'Amérique méridionale.

§ II. Feuilles caduques.

LAURIER SASSAFRAS, *Laurus Sassafras*, L.; Rich., Bot. Méd., 1, p. 182. Arbre de trente à quarante pieds de hauteur, originaire des forêts de l'Amérique septentrionale, mais qu'on cultive très-bien en pleine terre sous le climat de Paris, où il acquiert une hauteur presqu'aussi considérable. Son port est à peu près celui d'un Erable. Ses feuilles sont alternes, pétiolées, grandes, pubescentes, d'une figure très-variée, tantôt ovales, presqu'obtuses, atténuées vers la base et entières, tantôt à deux ou trois lobes, et cordiformes. Elles sont vertes supérieurement et blanchâtres à leur face inférieure. Les fleurs sont dioïques, jaunâtres, formant de petites panicules qui partent du centre d'un bourgeon renfermant aussi les feuilles. Le fruit est une petite drupe ovoïde, de la grosseur d'un pois et de couleur violette, entourée à sa base par le calice qui est persistant. C'est principalement la racine de cet Arbre, et surtout son écorce, que l'on emploie en médecine sous le nom de *Sassafras*. Le commerce nous l'apporte en morceaux de la grosseur du bras, brunâtres et comme ferrugineux à l'extérieur, d'une saveur et d'une odeur aromatiques, plus développées dans l'écorce que dans le bois. On fait aussi usage de l'écorce des jeunes branches. Le Sassafras est un médicament sudorifique, que l'on emploie dans la goutte, la syphilis, le rhumatisme et les maladies chroniques de la peau. On l'administre ordinairement en infusion, en le mêlant aux autres médicamens sudorifiques.

Le LAURIER FAUX BENJOIN, *Laurus Benzoin*, L. Il est originaire de l'Amérique septentrionale. Pendant long-temps on a cru qu'il fournissait le Benjoin, que l'on sait aujourd'hui provenir du *Styrax Benzoin*. (A.R.)

On a étendu le nom de Laurier à divers Végétaux dont les feuilles présentent par leur consistance ou leur forme quelques rapports avec celles des Arbres dont il vient d'être question, ainsi l'on a appelé :

LAURIER ALEXANDRIN, chez les anciens, le *Ruscus Hypoglossum*. *V.* FRAGON.

LAURIER AMANDIER, le *Prunus Lauro-cerasus*, L., parce qu'on emploie ses feuilles pour donner par infusion au lait un goût d'amande amère.

LAURIER AROMATIQUE, le Brésillet du genre *Cœsalpinia*.

LAURIER CERISE, le *Prunus Laurocerasus*. *V.* CERISIER.

LAURIER ÉPINEUX, une variété du Houx, *Ilex*.

LAURIER EPURGE, le *Daphne Laureola*.

LAURIER GREC, le *Melia Azedarach*.

LAURIER IMPÉRIAL OU AU LAIT, la même chose que le Laurier Cerise.

LAURIER DES IROQUOIS, le *Laurus Sassafras*.

LAURIER A LANGUETTE, la même chose que le Laurier Alexandrin.

LAURIER D'ESPAGNE, le *Prunus Lauro-cerasus*, d'autant plus improprement que cet Arbre originaire des bords de la mer Noire, très-cultivé dans le midi de la France, est absolument étranger à la péninsule Ibérique. Nous n'en avons rencontré que quelques pieds cultivés au jardin de botanique de Madrid, et à Saint-Ildéfonse, où ils passaient pour avoir été introduits au temps de Philippe V.

LAURIER DE MER, un *Phyllanthus* aux Antilles.

LAURIER NAIN, le *Vaccinium uliginosum* en Sibérie.

LAURIER DE PORTUGAL, le *Prunus Lusitanica*, espèce du genre Cerisier.

LAURIER ROSE, le *Nerium Oleander* et jusqu'à l'*Epilobium spicatum*, L.

LAURIER ROSE DES ALPES, le *Rhododendrum alpinum*.

LAURIER ROUGE OU ODORANT, le *Plumeria rubra*. *V.* FRANCHIPANIER.

LAURIER DE SAINT-ANTOINE, l'*Epilobium spicatum*. *V.* EPILOBE.

LAURIER SAUVAGE, le *Myrica cerifera*, au Canada.

LAURIER TIN, le *Viburnum Tinus*.

LAURIER DE TRÉBISONDE, le *Prunus Lauro-cerasus*, L.

LAURIER TULIPIER OU TULIPIFÉRE, les Magnoliers. (B.)

LAURIERS (FAMILLE DES). *Lauri*. BOT. PHAN. *V.* LAURINÉES.

LAURIFOLIA. BOT. PHAN. Ce nom irrégulier avait été donné par les anciens botanistes à divers Arbres exotiques, particulièrement au *Winterania aromatica*, au *Syderoxylum mite*, au *Garcinia Mangostana*, etc. (B.)

LAURINE. BOT. PHAN. Variété d'Olive. (B.)

LAURINÉES. *Laurineæ*. BOT. PHAN. Famille naturelle de Plantes Dicotylédones Apétales, à étamines périgynes, qui a emprunté son nom et ses principaux caractères du genre Laurier. Les Plantes qui forment cette famille sont toutes des Arbres ou des Arbrisseaux à feuilles alternes, très-rarement opposées, entières ou lobées, persistantes ou caduques. Le seul genre *Cassytha* s'éloigne des autres genres de cette famille par sa tige herbacée, rampante et dépourvue de feuilles. Les fleurs sont généralement petites, verdâtres et de peu d'apparence, hermaphrodites ou unisexuées, disposées en panicules ou en ombelles simples. Leur calice est monosépale, offrant de quatre à six divisions, quelquefois à peine marquées et imbriquées avant leur épanouissement. Les étamines généralement au nombre de douze sont périgynes et disposées sur deux rangs ; quelques-unes de ces étamines avortent ou sont stériles ; leurs filets offrent ordinairement à leur base une ou deux grosses glandes globuleuses et pédonculées. Les anthères sont adnées à la partie supérieure des filets; elles sont à deux loges s'ouvrant chacune par un ou deux panneaux ou valves, qui s'enlèvent de la base vers le sommet. L'ovaire est libre, globuleux ou ovoïde, à une seule loge, contenant un ovule pendant du sommet de la loge; le style est simple, terminé par un stigmate simple, dilaté et souvent membraneux. Le fruit est une sorte de baie sèche ou de drupe, contenant une graine dépourvue d'endosperme, dont les deux cotylédons sont excessivement épais et charnus. La radicule est tournée vers le hile. Les genres qui appartiennent à cette famille sont les suivans : 1° *Laurus*, L., auquel on doit réunir, comme nous l'avons dit à l'article LAURIER, les genres *Ocotea*, *Aniba*, *Ajovea* d'Aublet, et *Persea* de Plumier ; 2° *Agatophyllum*; 3° *Euryandra*, R. Brown ; 4° *Cryptocarya*, Br.; 5° *Litsæa* de Jussieu, qui comprend le *Tetranthera* de Jacquin, l'*Hexanthus* de Loureiro, et le *Tomex* de Thunberg; 6° le *Pterygium* de Correa auquel on doit réunir le *Shorea* de Roxburgh, le *Dryobalanops* et le *Dipterocarpus* de Gaertner fils ; 7° le *Cassytha*, malgré son port qui est celui d'une Cuscute. On rapproche encore de cette famille le *Gomortega* de Ruiz et Pavon, malgré son fruit qui est une noix à trois loges monospermes, et le *Gyrocarpus* de Jacquin. Quant aux genres *Myristica* et *Virola*, d'abord placés dans cette famille, ils en ont été retirés pour former un ordre naturel particulier sous le nom de Myristicées. *V.* ce mot.   (A. R.)

LAURIOL. OIS. Syn. ancien du Loriot d'Europe.   (DR..Z.)

LAUROPHYLLE. *Laurophyllus.*

BOT. PHAN. Thunberg (*Prodr.*, p. 1, 31, et *Flor. Capens.*, p. 557) a constitué sous ce nom un genre placé dans la Tétrandrie Monogynie, L., quoique la Plante soit polygame ou dioïque. Il lui a donné les caractères suivans : calice tétraphylle; corolle nulle ; ovaire supère; style unique. Fleurs mâles sur des individus différens. De tels caractères sont trop incomplets pour qu'on puisse avoir quelque idée précise sur ses affinités. L'espèce unique dont il se compose (*Laurophyllus Capensis*), est un Arbre élevé, qui croît dans le pays des Hottentots, non loin du cap de Bonne-Espérance. Ses feuilles sont alternes, éparses, dentées en scie, oblongues, un peu aiguës et pétiolées. Les fleurs sont petites et disposées en panicules.   (G..N.)

LAUROSE. BOT. PHAN. Nom substitué par quelques botanistes à celui de Nérion, plus généralement adopté. *V.* NÉRION.   (B.)

LAURUS. BOT. PHAN. *V.* LAURIER.

* LAUSA. BOT. PHAN. Une espèce ou variété de Cocos dans Rumph.   (B.)

* LAUTON. MAM. *V.* GUENON MAURE au mot GUENON.

LAUVINES ou LAVANGES. GÉOL. *V.* AVALANCHES.

LAUXANIE. *Lauxania.* INS. Genre de l'ordre des Diptères, famille des Athéricères, tribu des Muscides, établi par Latreille et Fabricius, et ayant pour caractères : antennes plus longues que la tête, avec le dernier article plus allongé que les précédens et linéaire ; cuillerons petits ; balanciers nuls ; ailes couchées sur le corps qui est peu allongé et arqué. Les Lauxanies diffèrent des Sépédons et des Loxocères, par des caractères tirés de la forme des antennes et de celle du corps : ils s'éloignent des Tétanocères par des caractères de la même valeur. Le corps de ces Diptères est court, arqué en dessus, avec la tête comprimée transversalement;

leur abdomen est triangulaire et aplati ; le premier article de leurs antennes est plus long que le suivant ; elles
ne sont point insérées sur la partie la
plus élevée de la tête ; les ailes sont
plus longues que le corps et courbées
postérieurement. Ces Insectes habitent les bois ; leurs larves et leurs habitudes nous sont inconnues. Fabricius
en a décrit trois espèces, dont deux
habitent l'Amérique méridionale, et
la troisième les environs de Paris et
l'Allemagne ; cette dernière est :

Le LAUXANIE RUFITARSE, *L. rufi-
tarsis*, Latr., *L. cylindricornis*, Fabr.,
Cocqueb. (*Illustr. Icon. Ins.*, déc. 3,
tab. 24, fig. 4); il est long d'environ
deux lignes, noir luisant, poilu,
avec les ailes et les tarses d'un roux
jaunâtre.   (G.)

LAVANDE. *Lavandula*. BOT.
PHAN. Genre de la famille des Labiées et de la Didynamie Gymnospermie, L., qui se compose d'un grand
nombre d'espèces très-odorantes, généralement sous-frutescentes, portant des feuilles entières ou plus ou
moins profondément découpées, et
des fleurs violacées, disposées en
épis cylindriques et pédonculés. Ces
fleurs offrent un calice tubuleux,
strié, denté au sommet, accompagné d'une petite bractée arrondie ;
la corolle est à deux lèvres, la supérieure émarginée, l'inférieure à
trois lobes obtus ; les étamines sont
courtes et renfermées dans l'intérieur
de la corolle. Plusieurs espèces de La-
vandes croissent en France ou sont
cultivées dans les jardins. Telles sont
les suivantes :

LAVANDE OFFICINALE, *Lavandula
vera*, D. C., Fl. Fr., Suppl., 398.
C'est un petit Arbuste d'un à deux
pieds d'élévation, ayant sa tige frutescente à sa base et ses rameaux herbacés, grêles, pubescens et blanchâtres, portant inférieurement des
feuilles opposées, sessiles, lancéo-
ées, étroites, aiguës, pubescentes ;
terminés supérieurement par un pédoncule nu, dont la partie supérieure est garnie de verticilles très-rap-

prochés de petites fleurs violettes formant un épi cylindrique. Chaque
verticille est accompagné de deux
bractées obovales-obtuses, longuement mucronées. La Lavande est
originaire des provinces méridionales de la France ; elle est surtout
très-commune en Espagne, où elle
couvre de vastes espaces de terrains arides. On la cultive dans les
jardins. Cette Plante a une odeur
forte et camphrée ; c'est avec elle
qu'on prépare l'eau spiritueuse de
Lavande, principalement employée
dans la toilette.

LAVANDE SPIC, *Lavandula Spica*,
D. C., *loc. cit.* Cette espèce ainsi que
la précédente, bien distinguée par
les botanistes anciens, avait été
confondue par les modernes. Mais
De Candolle a de nouveau prouvé
qu'elles devaient être séparées. Elles
ont l'une et l'autre le même port,
mais la Lavande Spic se distingue de
la précédente par ses feuilles élargies
au sommet et comme spathulées, par
ses calices non cotonneux et par la
forme de ses bractées. On la cultive
également dans les jardins. Les par-
fumeurs de la Provence en retirent
une huile volatile très-odorante, connue sous le nom vulgaire d'huile
d'Aspic; elle est encore fort commune
en Espagne.

LAVANDE STÉCHAS, *Lavandula
Stœchas*, L. Cette espèce croît dans
les contrées méridionales de la France, dans les endroits pierreux et incultes; l'Espagne et les Canaries en
sont couvertes. Elle y forme un Arbuste de deux à trois pieds de hauteur. Ses feuilles sont persistantes,
linéaires, étroites. Ses fleurs forment
un épi ovoïde, dont les bractées,
surtout celles du sommet, sont beaucoup plus grandes que les fleurs et
colorées en violet.

On cultive encore dans les jardins
les *Lavandula pinnata* et *L. multifida*, dont les feuilles sont profondément découpées et multifides. (A. R.)

LAVANDIÈRE. OIS. Syn. de
Bergeronnette grise dans son plu-

mage d'été. *V.* Bergeronnette.
(DR..z.)

LAVANDIÈRE. pois. Syn. de Callionyme Lyre. *V.* Callionyme. (b.)

LAVANDOU. bot. phan. (Linscot.) Nom de pays du petit Galanga des boutiques. (b.)

LAVANDULA. bot. phan. *V.* Lavande.

LAVANÈSE. bot. phan. *V.* Galéga.

LAVARET. pois. *V.* Saumon, sous-genre Ombre.

LAVATÈRE. *Lavatera.* bot. phan. Genre de la famille des Malvacées, et de la Monadelphie Polyandrie, établi par Linné, et ainsi caractérisé : calice intérieur divisé en cinq folioles soudées par la base ; calice extérieur ou involucre composé de trois ou six folioles soudées jusqu'à leur milieu, ou, si l'on veut, involucre monophylle, à trois ou six découpures peu profondes ; corolle à cinq pétales, cordiformes, planes, ouverts, plus grands que le calice et adhérens entre eux par la base ainsi qu'au tube staminal ; étamines nombreuses, à filets monadelphes inférieurement ; fruit multiple, composé de dix à vingt carpelles capsulaires, monospermes, disposés circulairement autour d'un axe plus ou moins developpé. Les Lavatères sont des Arbrisseaux ou des Herbes très-élevées, garnis de poils étoilés très-nombreux, et à fleurs axillaires blanches ou rougeâtres. Dans son *Prodromus Syst. Vegetab.* T. i, p. 438, le professeur De Candolle en a fait connaître vingt-six espèces qu'il a disposées en quatre sections de la manière suivante :

§ I. Stegia. Cette première section était considérée dans la Flore Française, comme un genre distinct. Le réceptacle ou l'axe du fruit se développe en un disque qui recouvre les ovaires. Des deux espèces qui la constituent, l'une d'elles (*Lavatera trimestris,* L., *Stegia Lavatera,* D. C., Fl, Fr.) est une Plante très-élégante,

haute de trois décimètres, à feuilles alternes, pétiolées, presqu'arrondies, cordiformes, les supérieures très-anguleuses. Ses fleurs sont fort grandes, d'un rouge vif, quelquefois de couleur de chair, avec des raies pourprées. Elle croît dans les lieux chauds du bassin de la Méditerranée, la Syrie, l'Espagne, quelques localités du midi de la France, etc.

§ II. Oléia. Cette section a été élevée au rang de genre par Médikus et Mœnch. Le réceptacle du fruit, central, conique et saillant, la caractérise facilement. Elle se compose de quatorze espèces appartenant pour la plupart à la région méditerranéenne. Plusieurs croissent aux Canaries, et une seule (*L. Julii*) a été trouvée par Burchell au cap de Bonne-Espérance. Parmi les belles Plantes que renferme cette section, nous citerons : 1° le *Lavatera Olbia,* L., Arbrisseau d'un aspect charmant lorsqu'il est en fleur et qui, sous ce rapport, convient à la décoration des jardins où il peut passer toute l'année en pleine terre. Ses tiges sont hautes de plus d'un mètre, et se divisent en rameaux longs, effilés, et garnis de feuilles alternes pétiolées, assez grandes, molles, blanchâtres et un peu cotonneuses ; les inférieures à cinq, les supérieures à trois lobes dont celui du milieu est fort grand et pointu. Les fleurs sont purpurines ou violettes, presque sessiles, et solitaires dans les aisselles supérieures des feuilles. Cette Plante croît dans le midi de l'Europe. 2°. Le *Lavatera Thuringiaca,* L.; sa tige est herbacée, droite, cotonneuse, haute de six à sept décimètres. Ses feuilles sont pétiolées, légèrement cotonneuses, les inférieures à cinq lobes, les supérieures à trois, dont celui du milieu est le plus long. Ses fleurs sont portées sur des pédoncules solitaires, deux fois plus longs que le pétiole. Cette espèce est indigène de l'Europe méridionale. Durville l'a également recueillie aux environs d'Odessa. Le *Lavatera acerifolia* est encore une très-jolie espèce de cette section ; elle croît naturellement à Ténériffe, et on la cultive avec assez de facilité dans les jardins de botanique.

§ III. AXOLOPHA. Le réceptacle se termine en autant de crêtes membraneuses qu'il y a de carpelles au fruit. Cette section ne renferme que trois espèces dont la plus remarquable est le *Lavatera maritima*, figuré par Cavanilles (*Dissert.* 2, t. 52, f. 3). Cette Plante croît sur les rochers de la France méridionale et de l'Espagne.

§ IV. ANTHEMA. Sous ce nom, Médikus a encore fait un genre distinct, mais ce n'est qu'une simple section caractérisée par son réceptacle petit, fovéolé, non saillant, ni développé en forme de crêtes. Cinq espèces, essentiellement méditerranéennes, c'est-à-dire, indigènes des îles ou du littoral de la Méditerranée, constituent cette section. On distingue, parmi ces Plantes, la *Lavatera arborea*. Cette espèce a une tige arborescente, des feuilles anguleuses, pliées, un peu cotonneuses, des fleurs portées sur des pédicelles axillaires plus courts que le pétiole. Elle sort des limites géographiques que nous avons assignées aux Plantes de cette section, car on prétend qu'elle se trouve aussi en Angleterre et aux Canaries.

Deux espèces (*Lavatera lanceolata*, Willd., et *Lav. tripartita*, D. C.) ne sont pas assez bien connues pour être exactement classées. (G..N.)

LAVÉNIE. *Lavenia*. BOT. PHAN. Espèce linnéenne de *Verbesina* devenue type du genre *Adenostemma* de Forster, pour lequel Swartz a voulu rétablir l'ancien nom de *Lavenia*. *V.* ADÉNOSTÈME. (B.)

LAVER. BOT. PHAN. (Lonicer.) Syn. d'*OEnanthe fistulosa*. (Dodoens.) Syn. de Cresson et de *Sium latifolium*, L. (B.)

LAVES. MIN. Ce nom, tiré du mot allemand *laufen* (couler), s'applique en général à toutes les substances minérales en masse qui ont éprouvé l'action des feux volcaniques, et sont sorties de la terre en se répandant à sa surface sous la forme de courans embrasés. Il désigne, non une roche particulière, mais un ensemble de roches provenant d'un même mode de formation et ayant entre elles des rapports remarquables de composition et de structure. Nous ne les considérerons ici que sous le point de vue minéralogique, c'est-à-dire relativement aux caractères spécifiques qu'elles empruntent, soit de la contexture, soit de la nature de leurs parties composantes, et nous renvoyons à l'article VOLCANS pour tout ce qui tient à leur histoire géologique, aux causes des éruptions, à la vitesse et à la grandeur des courans, à la fluidité et à la chaleur des Laves, enfin à l'origine encore problématique des matières altérables par le feu qu'elles renferment accidentellement.

D'après un beau travail de Cordier sur la nature des substances volcaniques, les Laves ne sont composées que d'un très-petit nombre de substances minérales, formant un tissu de grains ou cristaux microscopiques que caractérise la présence constante du Fer titané. Les autres principes essentiels sont le Feldspath et le Pyroxène. L'Amphibole y est très-rare. Quelques Minéraux s'y montrent accidentellement en cristaux isolés et fort nets ; tels sont l'Amphigène, l'Olivine, le Mica, etc. Les diverses sortes de contexture des Laves rappellent presque toutes leur formation par voie de fusion ignée ; les principales sont les contextures cellulaire, vitreuse, porphyroïde, amygdalaire et variolaire. Suivant Cordier, les substances volcaniques peuvent se rapporter à huit types généraux de composition, dont chacun fournit deux espèces dans lesquelles le Feldspath et le Pyroxène prédominent chacun à leur tour. De-là deux grandes divisions dans le tableau méthodique de ces substances : les Laves feldspathiques et les Laves pyroxéniques. Chacune de ces divisions se partage en deux groupes, composés l'un des roches non altérées, l'autre de celles qui ont subi une décomposition ou altération quelconque.

1ᵉʳ type. Laves composées exclusivement de cristaux microscopiques, entrelacés, d'un égal volume, réunis par juxtaposition et offrant des vacuoles plus ou moins rares.

Lave feldspath. Leucostine.

L. pyroxén. Basalte.

2ᵉ type. Laves composées de verre boursouflé, presque toujours mélangées de cristaux microscopiques plus ou moins abondans.

L. feldsp. Pumite ou Pierre Ponce.

L. pyrox. Scorie.

3ᵉ type. Laves composées de verre massif, presque toujours mélangées de cristaux microscopiques.

L. feldsp. Obsidienne.

L. pyrox. Gallinace.

4ᵉ type. Laves composées de cristaux et de grains vitreux microscopiques non adhérens.

L. feldsp. Spodite. Cendres blanches volcaniques.

L. pyrox. Cinérite. Cendres rouges volcaniques.

5ᵉ type. Laves composées de grains vitreux, souvent entremêlés de cristaux microscopiques d'un volume très-inégal, faiblement adhérens ou cimentés par des substances étrangères.

L. feldsp. Alloïte. (Tuf blanc ponceux.)

L. pyrox. Pépérite. (Tuf volcanique rouge ou brunâtre.)

6ᵉ type. Laves formées de cendres volcaniques plus ou moins décomposées, réunies par des cimens très-variés.

L. feldsp. Trass.

L. pyrox. Tufa.

7ᵉ type. Laves provenant de la décomposition des roches leucostiniques et basaltiques; pâte argiloïde avec matières infiltrées; aspect terreux.

L. feldsp. Téphrine.

L. pyrox. Wacke.

8ᵉ type. Laves provenant de la décomposition des Pumites et Scories; aspect terreux.

L. feldsp. Asclérine.

L. pyrox. Pouzzolite.   (G. DEL.)

LAVETTE ou LAYETTE. OIS. Syn. vulgaire d'Alouette commune dans quelques cantons méridionaux de la France.   (B.)

LAVIGNON. *Lavignonus.* CONCH. Cuvier a proposé sous cette dénomination un sous-genre de Mactres qui réunit plusieurs des Lutraires de Lamarck. *V.* LUTRAIRE. Férussac, dans ses Tableaux Systématiques, a élevé ce sous-genre au titre de genre dans la famille des Mactracées. Nous pensons que si on conserve cette coupe, elle doit être considérée comme sous-genre des Myes de Lamarck. *V.* ce mot.

Ce nom de Lavignon est emprunté des pêcheurs de nos côtes qui le donnent vulgairement aux mêmes coquillages que l'on trouve enfoncés dans le sable.   (D..H.)

LAVISANUS. BOT. Pour Levisanus. *V.* ce mot.   (B.)

LAVOIR DE VÉNUS. BOT. PHAN. Syn. de Cardère. *V.* ce mot et ABREUVOIR.   (B.)

* LAVRADIE. *Lavradia.* BOT. PHAN. Ce genre, de la famille des Violacées, et de la Pentandrie Monogynie, L., fut établi par Vellozo dans l'ouvrage que Vandelli, professeur à Coimbre, publia sous le titre de *Floræ Lusitanicæ et Brasil. Specimen,* et dont Rœmer fit imprimer une édition à Nuremberg. Les caractères tracés par ces auteurs étaient tellement énigmatiques que la plupart des botanistes ont méconnu les affinités de ce genre. Plusieurs en ont même altéré la dénomination en écrivant tantôt *Lauradia,* tantôt *Leuradia.* Cependant Rob. Brown (*Botany of Congo,* p. 22) indiqua la place de ce genre dans les Violacées, en proposant avec doute de le réunir au *Conohoria* d'Aublet. Tel était l'état des connaissances que l'on possédait sur le *Lavradia* lorsque notre savant compatriote Auguste Saint-Hilaire, rapporta du Brésil la Plante de Vellozo et quatre autres espèces nouvelles. Un des premiers travaux qui

signalèrent son retour fut le Mémoire très-étendu, intitulé : Monographie des genres *Sauvagesia* et *Lavradia* (Mém. du Mus. T. XI), dans lequel il fit connaître aussi complétement que possible le genre en question. Voici la manière dont il l'a caractérisé : calice à cinq divisions profondes, étalées, persistantes et fermées dans le fruit; cinq pétales extérieurs, hypogynes, égaux, très-ouverts, ovés ou ovales-lancéolés, caducs; point de filets hypogynes; corolle intérieure monopétale, ovée, conique, dentée au sommet, persistante, insérée sur un très-court gynophore; cinq étamines ayant la même insertion, opposées aux divisions calicinales, alternes avec les pétales extérieurs, ayant leurs filets très-courts, adhérens à la base de la corolle intérieure, les anthères fixées par la base, elliptiques, biloculaires, et s'ouvrant latéralement par une suture longitudinale; style terminal, dressé, terminé par un très-petit stigmate; ovaire supère, uniloculaire dans la partie supérieure, triloculaire inférieurement; capsule enveloppée par les divisions du calice de la corolle intérieure et par les étamines, ovée, aiguë, à trois valves, uniloculaire et vide dans la partie supérieure, triloculaire par l'introflexion des valves, et polysperme; graines disposées sur deux rangs, très-petites, pourvues d'un tégument crustacé, d'un périsperme charnu, d'un embryon droit, axile, dont la radicule est plus grande que les cotylédons et regarde l'ombilic.

Le genre *Lavradia* diffère du *Sauvagesia* par la forme conique de ses corolles extérieure et intérieure dont les pétales sont lancéolés au lieu d'être obovés; par l'absence de filets placés au-dessus des pétales dans le *Sauvagesia*; par ses anthères elliptiques, quelquefois membraneuses, tandis que celles de l'autre genre sont étroites et linéaires; enfin, par la singulière organisation du fruit.

Les Lavradies sont des sous-Arbrisseaux très-glabres. Leurs feuilles sont simples, très-courtes, pétiolées, munies de stipules géminées, ciliées et persistantes. Les fleurs sont blanches ou roses, axillaires ou terminales, disposées en grappes ou rarement en panicules, et toujours accompagnées de bractées.

Aug. Saint-Hilaire a nommé *Lavradia Vellozii* l'espèce qui peut être considérée comme type du genre. Les quatre espèces nouvelles ont reçu les noms de *Lavradia ericoides* (*loc. cit.*, tab. 2, B); *Lav. elegantissima* (*loc. cit.*, tab. 3). C'est la Plante que, dans l'aperçu de son voyage au Brésil, l'auteur avait nommée *Sauvagesia elegantissima*; *L. glandulosa* (tab. 4, fig. A); et *L. capillaris* (tab. 5). Ces Plantes sont indigènes de l'empire Brésilien. Le *L. glandulosa* est limité aux pâturages marécageux et assez élevés des provinces de Saint-Paul et des Mines. Les *L. Vellozii* et *capillaris* ne se trouvent que dans la chaîne de montagnes nommée Serra do Espinhaço par D'Eschwege.

(G..N.)

LAWSONIA. BOT. PHAN. *V.* HENNÉ.

LAXMANNIE. *Laxmannia.* BOT. PHAN. Plusieurs genres ont été désignés sous ce nom par les botanistes. Forster le donna primitivement à un genre de Composées qui fut réuni au *Bidens* et au *Spilanthus* par Roxburgh. Rob. Brown (*Prodr. Flor. Nov.-Holland.*; p. 285), admettant cette réunion, nomma *Laxmannia* un genre de la famille des Asphodélées et de l'Hexandrie Monogynie, L. Ayant reconnu plus tard que le genre de Forster méritait d'être conservé, au lieu de le rétablir sous son ancien nom, il préféra lui imposer celui de *Petrobium*. D'autres *Laxmannia* ont encore été proposés. Celui de S. G. Gmelin était fondé sur le *Crucianella stylosa*. Fischer a voulu aussi séparer sous ce nom générique le *Geum potentilloides* dont Seringe (*in De Cand. Prodrom. Syst. Veget.* T. II) a fait le type de la section qu'il a nommée *Sieglogeum*. Enfin, selon Steudel, le nom de *Laxmannia* a été employé par Raeusch pour une autre Plante qu'il a nommée *Laxm. anuenda*. Quoique le genre de R. Brown n'ait pas l'antériorité sur celui de Forster, il devient nécessaire, dans l'intérêt de la science, de l'admettre seul sous le nom de *Laxmannia*, parce qu'il a été décrit avec toute l'exactitude désirable, ce que l'on ne peut dire du genre de Forster. En conséquence, nous renvoyons aux mots PÉTROBIUM, BENOITE et CRUCIANELLE pour les autres *Laxmannia*, et nous exposons les caractères donnés par l'illustre auteur du *Prodromus Flor. Novæ-Hollandiæ* : périanthe à six divisions colorées, conniventes à la base et persistantes ; six étamines dont les filets sont subulés, glabres, insérés sur les divisions du périanthe, et les anthères peltées, presque arrondies ; ovaire n'ayant qu'un petit nombre de loges ; style simple ; stigmate obtus ; capsule renfermée dans le calice persistant, à trois loges et à trois valves portant les cloisons sur leur milieu ; graines peltées, à ombilic nu ; embryon dorsal parallèle à l'ombilic.

Ce genre est voisin du *Sowerbea* et de l'*Aphyllanthes*. Il se compose de deux espèces qui croissent au port Jackson et sur les côtes méridionales de la Nouvelle-Hollande. R. Brown les a nommées *Laxmannia gracilis* et *Laxm. minor*. Ce sont des Plantes herbacées, vivaces, ayant le port des *Polycarpæa* ou *Hagea*. Leur racine est fibreuse. Leurs tiges sont rameuses, filiformes et garnies de feuilles pointues ; les radicales agglomérées ; les caulinaires alternes et comme insérées sur le milieu d'une gaîne courte, scarieuse, laineuse sur les bords et fendue au sommet. Ses fleurs sont presque sessiles, petites, pourprées ou blanches, et pourvues d'une bractée ; leur capitule est petit, porté sur un pédoncule terminal et en forme de hampe. (G..N.)

* LAZÉAZE. BOT. PHAN. (Fla-

court.) Un Nénufar de Madagascar qui paraît être le *Nymphœa alba*. (B.)

LAZULITE. MIN. Vulgairement Lapis-Lazuli et Pierre d'azur, *Lazurstein*, W. Substance minérale d'un bleu d'azur, opaque, fusible, soluble en gelée dans les Acides, composée de six atômes de silicate d'Alumine et d'un atôme de silicate de Soude, ou en poids, de Silice, 44 ; Alumine, 35 ; Soude, 21 ; ayant pour forme primitive un dodécaèdre rhomboïdal. Sa cassure est mate, à grain très-serré ; sa dureté suffisante pour qu'elle étincelle par le choc du briquet. Sa pesanteur spécifique est de 2,76 à 2,94. Les seules variétés connues sont : le Lazulite cristallisé, le granulaire et le compacte. Il est souvent entremêlé de veines blanches de Feldspath, de Chaux carbonatée, et de veines jaunes de Fer pyriteux. Cette substance appartient au sol primordial. On la trouve en filons dans le Granite et le Calcaire granulaire en Sibérie, près du lac Baïkal ; dans la petite Bukarie, le Thibet, la Chine ; et enfin dans le Chili. Le Lazulite, lorsqu'il est d'un beau bleu et exempt de taches blanches, est recherché par les artistes qui taillent et polissent les Pierres ; on en fait des coupes, des tabatières, des plaques pour être employées en revêtement. Mais son principal usage est de fournir à la peinture cette belle couleur bleue, connue sous le nom d'Outremer, qui est presque inaltérable. Pour la préparer, on broie cette Pierre, et on la réduit en poudre fine que l'on mêle avec de la résine pour en former une pâte. Puis à l'aide du lavage, on extrait de ce mélange une poudre qui, étant desséchée, donne l'Outremer.

(G. DEL.)

* LÉACHIE. *Leachia*. MOLL. (Lesueur.) *V.* CALMARET.

* LÉACHIE. *Leachia*. BOT. PHAN. Genre de la famille des Synanthérées, Corymbifères de Jussieu et de la Syngénésie frustranée, L., établi par H. Cassini (Diction. des Sc. Natur. ,

t. 25, p. 388) qui lui a imposé des caractères très-détaillés parmi lesquels nous choisissons les suivans comme étant les plus essentiels : involucre double; l'extérieur plus court, étalé, dont les folioles soudées à la base, un peu coriaces, ovales, lancéolées et obtuses, sont placées presque sur un seul rang; l'intérieur campanulé, formé de folioles appliquées, soudées à leur base, égales, larges, ovales, lancéolées, colorées, coriaces à la base, membraneuses sur les bords; calathide, dont les fleurons du centre sont nombreux, réguliers, hermaphrodites; ceux de la circonférence neutres, au nombre de huit, sur un seul rang, en languettes cunéiformes et tridentées; réceptacle hémisphérique, garni de paillettes linéaires, membraneuses et colorées; ovaires obovoïdes-comprimés, arqués en dedans, surmontés de deux squammulules opposées, très-courtes, larges, charnues et irrégulièrement barbellulées; akènes pourvus sur chaque côté d'une bordure cartilagineuse, irrégulièrement découpée et qui s'est développée après la fleuraison.

Mœnch avait autrefois distingué ce genre du *Coreopsis* et lui avait imposé la dénomination vicieuse de *Coreopsoides*. Le *Coreopsis lanceolata*, L., en est le type. On cultive au Jardin des Plantes de Paris cette jolie espèce qui est originaire de la Caroline. C'est une Plante herbacée, à tiges dressées, hautes de près d'un mètre, et garnies de feuilles opposées, presque sessiles, lancéolées et très-entières. Les calathides des fleurs sont jaunes, solitaires au sommet de longs pédoncules terminaux.

Cassini a ajouté deux espèces décrites par Linné et par Persoon sous les noms de *Coreopsis auriculata* et de *C. crassifolia*. La première est le *Leachia trifoliata*, la seconde le *L. crassifolia*, Cass.   (G..N.)

LÉÆBA. BOT. PHAN. Ce genre, établi par Forskahl (*Flora Ægyptiana*, p. 172), a été réuni au *Menispermum* par Delile (*Flora*

Ægypt. illustr., 30, t. 51, f. 2). De Candolle (*Syst. Veget.*, 1, p. 529) a placé cette espèce dans le genre *Cocculus*.   (G..N.)

LEANGIUM. BOT. CRYPT. (*Champignons.*) Ce genre, d'abord créé par Link, a ensuite été réuni au *Didymium* qui diffère à peine du *Diderma*, auquel quelques auteurs le réunissent. Son principal caractère était d'avoir un péridium composé d'une enveloppe simple, mais un examen attentif a démontré qu'elle était double dans les *Diderma floriforme* et *stellare*, types du genre; c'est pourquoi Link l'avait fait disparaître. Nées, Ehrenberg et d'autres cryptogamistes l'ont rétabli depuis, après s'être assurés, d'abord, que l'enveloppe était simple dans le *Diderma physaroides*, et que dans les deux autres *Diderma* que nous venons de nommer, les graines étaient portées sur une columelle qui n'était point une deuxième enveloppe, mais bien un organe particulier qui simulait une double membrane, fait qui explique l'erreur de Link.   (A. F.)

LÉARD. BOT. PHAN. Le Peuplier noir dans certains cantons de la France centrale.   (B.)

LÉBAKH. BOT. PHAN. Nom de pays du Balanite de Delile.   (B.)

LEBBECK. BOT. PHAN. Vulgairement Bois noir à l'Ile-de-France. Espèce du genre Acacie. *V.* ce mot.   (B.)

LÉBECKIE. *Lebeckia.* BOT. PHAN. Genre de la famille des Légumineuses, constitué par Thunberg et placé par les auteurs systématiques dans la Diadelphie Décandrie, L., quoiqu'il ait des étamines monadelphes. Voici ses caractères essentiels : calice découpé en cinq lobes aigus, presque égaux et à sinus arrondis; dix étamines toutes réunies en une gaîne fendue antérieurement; légume cylindrique. Les Lébeckies sont des Arbrisseaux ou Arbustes indigènes du cap de Bonne-Espérance, ayant le port des Genêts, à feuilles simples ou trifoliées, quelquefois nulles. De Candolle (*Prodr. Syst. Veget.*, 2, p. 136) en a décrit onze espèces dont plusieurs étaient placées dans les genres *Spartium* et *Genista* par Linné; telles sont les *Lebeckia contaminata* et *sepiaria*. Lamarck a réuni aux Cytises, sous les noms de *Cytisus sericeus* et de *C. capensis*, les *Lebeckia sericea* et *L. cytisoides*. Cette dernière a, d'un autre côté, été placée par Linné dans son genre *Ebenus*.   (G..N.)

LÉBÉRERZ. MIN. Mot allemand qui veut dire Minerai hépatique, et par lequel on a désigné certaines variétés compactes de Mercure sulfuré et de Cuivre pyriteux.   (G. DEL.)

LÉBERFELS. MIN. Roche hépatique. D'après Beurard, Trapp intermédiaire pénétré de Fer oxidé. (G. DEL.)

LÉBÉRIS. REPT. OPH. Espèce du genre Vipère. *V.* ce mot.   (B.)

LÉBERKIES. MIN. C'est-à-dire *Pyrite hépatique*. Nom donné par Werner à certaines variétés de Fer sulfuré passant à l'état d'hydrate; et par Léonhard, au Fer sulfuré magnétique.   (G. DEL.)

LÉBÉROPAL. MIN. (Werner.) Syn. de Ménilite ou de l'Opale résinite de Ménil-Montant, près de Paris.   (G. DEL.)

LÉBERSPATH. MIN. (Werner.) Variété de Baryte sulfatée pénétrée de matière bitumineuse. *V.* BARYTE SULFATÉE FÉTIDE.   (G. DEL.)

LÉBÉTINE. REPT. OPH. Espèce du genre Vipère. *V.* ce mot.   (B.)

* LÉBÉTINE. *Lebetina*. BOT. PHAN. Genre de la famille des Synanthérées, Corymbifères de Jussieu, et de la Syngénésie superflue, L., établi par Cassini (Dict. des Sc. nat. T. XXV, p. 394), et placé par ce botaniste dans la tribu des Tagétinées. Voici ses principaux caractères : involucre double; l'extérieur plus court, composé d'environ douze bractées presque sur un seul rang, dressées, linéaires, subulées, pinnatifides et glanduleu-

ses sur la nervure; l'intérieur cylindracé, un peu élargi de bas en haut, formé d'environ vingt folioles égales, presque sur un seul rang, soudées inférieurement, appliquées, glanduleuses et appendiculées au sommet; réceptacle conoïde, alvéolé, garni de fimbrilles courtes, épaisses et charnues; calathide dont les fleurons du centre sont nombreux, hermaphrodites, à corolle un peu irrégulière, ceux de la circonférence au nombre de douze, en languettes et femelles; ovaires cylindracés, striés, velus et surmontés d'une aigrette double; l'extérieure courte, composée d'environ dix paillettes oblongues, spathulées; l'intérieure composée d'autant de paillettes filiformes, légèrement plumeuses dans leur partie supérieure. Le genre *Lebetina* est très-voisin du *Dissodia*, mais il en diffère suffisamment par la structure de l'involucre, du réceptacle et de l'aigrette. L'espèce sur laquelle il a été constitué, a reçu le nom de *Lebetina cancellata*. C'est une Plante herbacée, très-odorante, comme les *Tagetes*, dont la tige est dressée, rameuse et garnie de feuilles éparses, sessiles et profondément pinnatifides. Ses fleurs sont jaunes et accompagnées de bractées qui forment un assemblage analogue à l'involucre de l'*Atractylis cancellata*. Cette Plante est cultivée, sans indication d'origine, au Jardin des Plantes de Paris. Cassini propose avec doute de joindre à cette espèce les *Dissodia porophylla*, *coccinea* et *Cavanillesii* de Lagasca. Cette dernière Plante a été érigée en un genre distinct nommé par les uns *Willdenovia*, *Adenophyllum* et *Schlechtendalia* par les autres. *V.* ces mots.

             (G..N.)

LÉBIAS. POIS. Genre établi par Cuvier (Règn. Anim. T. II, p. 799) dans la famille des Cyprins, de celle des Cysnidrosomes de Duméril. Ses caractères consistent dans les dents comprimées et dentées; leur corps est aplati, très-déprimé, couvert d'écailles; la bouche est petite; la membrane branchiostège à cinq rayons;

une seule dorsale. Du reste, ce sont des Poissons fort voisins des Pœcilies. Deux espèces qui n'étaient pas décrites, dont on ignore la patrie et qui se trouvent conservées dans les galeries du Muséum, composaient ce genre auquel notre savant et laborieux ami Lesueur, de l'Académie de Philadelphie, vient d'en ajouter une troisième, observée vivante dans les eaux douces de la Floride ; c'est le *Lebias ellipsoides*. D. 11, A. 10, V. 10, P. 11, C. 20. (B.)

LÉBIE. *Lebia*. INS. Genre de l'ordre des Coléoptères, section des Pentamères, famille des Carnassiers, tribu des Carabiques troncatipennes, établi par Latreille et ayant pour caractères : crochets des tarses dentelés en dessous; le dernier article des palpes filiforme ou presque ovalaire, tronqué à son extrémité, mais jamais sécuriforme ; antennes filiformes; articles des tarses presque triangulaires ou cordiformes, le penultième bifide ou bilobé; corps court et aplati; tête ovale, peu rétrécie postérieurement : corselet court, transversal, plus large que la tête, prolongé postérieurement dans son milieu ; élytres larges, presque carrées. Latreille avait divisé ce genre en trois sections basées sur les proportions du corselet, et la considération du pénultième article des tarses. Bonelli a converti ces divisions en autant de genres nouveaux, auxquels il en a ajouté un de plus ; les quatre genres qu'il a établis sont les Lébie, Lamprie, Dromie et Démétriade ; ces genres furent adoptés par Latreille, dans l'Iconographie des Insectes d'Europe et dans ses Familles Naturelles du Règne Animal. Dejean (Catal. général des Col., etc., t. 1, p. 253) a réuni les deux premiers genres de Bonelli, ceux de Lébie et de Lamprie, parce que les caractères que cet auteur donnait à ces genres pour les distinguer, n'existent pas dans toutes les espèces; ainsi Bonelli donnait pour caractères au genre Lamprie d'avoir le pénultième article des tarses simple, les antennes li-

néaires et le dernier article des palpes tronqué; les caractères qu'il attribuait à son genre Lébie étaient d'avoir le pénultième article des tarses bifide, les antennes plus minces à leur base, et le dernier article des palpes moins tronqué que dans les Lampries. Dejean, qui possède vingt-trois espèces de ces deux genres, en les examinant toutes attentivement, s'est convaincu qu'il était impossible d'admettre le genre Lamprie, car même dans le *Lamprias cyanocéphala*, qui est le type du genre, le pénultième article des tarses n'est point simple, comme le dit Bonelli, mais il est distinctement bifide, et il y a des espèces où il est difficile de décider s'il est bifide ou bilobé, mais il n'est simple dans aucune; et quant aux autres caractères ils sont si peu sensibles qu'il ne croit pas qu'ils soient suffisans pour servir de caractères à un genre. Le genre Lébie, tel qu'il est restreint par Dejean (*loc. cit.*), se distingue des Dromies et des Démétriades, par le corselet qui est presque aussi long que large dans ces derniers genres, tandis qu'il est toujours plus large que long dans le premier; il se distingue des Cymindes par la forme des palpes, et des Brachynes par leur languette, leur corps très-aplati, et l'absence de ces organes de crépitation qui sont particuliers à ces derniers Carabiques. Les Lébies ont le dernier article des palpes filiforme ou presque ovalaire, plus ou moins tronqué à l'extrémité, mais jamais sécuriforme; leurs antennes sont filiformes et plus courtes que le corps qui est large et aplati; leur tête est ovale et peu rétrécie postérieurement, le corselet est court, transversal, plus large que la tête, et prolongé postérieurement dans son milieu ; ce caractère est tout-à-fait particulier à ce genre, et il le distingue de tous ceux avec lesquels il a quelques rapports; les élytres sont larges, légèrement convexes, tronquées à l'extrémité et en forme de carré peu allongé. Les mâles ont les trois premiers articles des tarses antéricurs dilatés et garnis en dessous de poils assez courts et serrés. Ces Insectes se trouvent en général sous les écorces. On en rencontre quelquefois sous des pierres. Presque toutes les espèces connues sont d'Europe ou d'Amérique. Celle qui sert de type au genre, est :

Le Lébie petite croix, *L. Crux minor*, Latr., Gyl., Dej. (*loc. cit.*, p. 261); *Carabus Crux minor*, Fabr.; *Car. Crux major*, Oliv., III, 35, p. 96, n. 152, t. 4, f. 42, a, b; le Chevalier rouge, Geoff. Elle est longue de deux lignes et demie à deux lignes trois quarts; noire, avec la base des antennes et le corselet fauves; les élytres sont d'un fauve pâle avec une tache scutellaire et une grande bande postérieure transverse et dilatée à la suture, noires; les pieds sont fauves avec les genoux et les tarses noirs. Elle se trouve en Europe, et est rare à Paris. *V.* pour les autres espèces, Latreille, Fabricius, Olivier, et l'excellent ouvrage du comte Dejean, que nous avons déjà cité plus haut.

(G)

* LEBRETONIE. *Lebretonia.* BOT. PHAN. Genre de la famille des Malvacées, et de la Monadelphie Polyandrie, L., établi par Schrank (*Plant. rar. Hort. Mon.*, tab. 90), adopté et ainsi caractérisé par De Candolle (*Prodrom. Syst. Regn. Veget.* 1, p. 446) : calice à cinq divisions profondes, entouré d'un petit involucre à cinq divisions profondes et plus courtes que celles du calice intérieur; cinq pétales tordus pendant l'estivation, à limbe étalé; dix styles; carpelles au nombre de cinq ou de quatre par avortement, monospermes, indéhiscens. Ce genre est, selon De Candolle, très-voisin de la seconde section des *Pavonia* qui se compose de Plantes indigènes, comme le *Lebretonia*, de l'Amérique équinoxiale. La Plante qui a servi de type au genre a été nommée *L. coccinea* par Schrank. Ses fleurs sont grandes, d'un rouge écarlate; ses feuilles ovées, acuminées, dentées en scie, sont pubescentes en dessus et cotonneuses en

dessous. Nées et Martius (*Nov. Act. Bonn.* XI, p. 98) en ont publié une seconde espèce à laquelle ils ont donné le nom de *L. latifolia*. Enfin, De Candolle a réuni avec doute au *Lebretonia*, le *Schouwia semi-serrata* de Schrader (*Gœtting. Ann.*, 1821, p. 717).

(G..N.)

* LECANACTIS. BOT. CRYPT. (*Lichens.*) Ce genre a été fondé par Eschweiler dans son *Systema Lichenum*, pag. 14, et placé dans la cohorte des Graphidées. Il est ainsi caractérisé : thalle crustacé, attaché, uniforme; apothécion oblong et allongé d'une manière difforme, immergé, noir; périthécium inière et latéral, avec une marge concrète formée par le thalle, à nucléum nu, à disque plane un peu convexe; thèques fusiformes, cylindriques, en anneau. Le type de ce genre est l'*Opegrapha astroidea* de l'*English Bot.*, vol. 26, tab. 1847. L'*Arthonia lyncea*, que l'on trouve si fréquemment dans les environs de Paris, rentre dans le genre *Lecanactis*, qui nous semble bien voisin des Arthonies. Eschweiler en possède six espèces nouvelles toutes américaines; il ne donne les caractères spécifiques d'aucune d'elles, et il nomme l'espèce figurée *Lecanactis lobata*. (A. F.)

* LÉCANANTHE. *Lecananthus.* BOT. PHAN. Genre établi par W. Jack (*Mal. Mis.* 2) et adopté par W. Carey et Wallich dans le *Flora Indica*, 2, p. 319. Ce genre, qui fait partie de la famille des Rubiacées et de la Pentandrie Monogynie, offre les caractères suivans : calice adhérent avec l'ovaire, élargi, campanulé, coloré, et à cinq divisions inégales; corolle monopétale, à tube court, à limbe à cinq divisons; ovaire à deux loges contenant un petit nombre d'ovules attachés à un trophosperme convexe qui tient à la cloison; style bifide surmonté de deux stigmates linéaires.

Ce genre se compose d'une seule espèce, *Lecananthus erubescens*, W. Jack., *loc. cit.* C'est un petit Arbuste dressé, ayant à peu près le port d'un

Cephaelis. La tige est à quatre angles dont deux plus saillans; les feuilles opposées, ovales, lancéolées, rétrécies et aiguës aux deux extrémités, entières; les stipules sont larges et ligulés. Les fleurs sont réunies en une sorte de capitule, entouré d'un involucre. Cette Plante a été trouvée par Wallich aux environs de Seringapore.   (A. R.)

LECANARIA. BOT. CRYPT. (*Lichens.*) C'est le nom donné par Acharius à la première section du genre *Parmelia* tel que cet auteur l'avait d'abord établi dans sa Méthode; elle renfermait les Parmélies à thalle crustacé, uniforme, dont la marge de l'apothécion est discolore. Ce sous-genre constitue en entier notre genre Lécanore, mais ne fait qu'une partie du *Lecanora* d'Acharius qui renfermait les espèces à thalle figuré en folioles soudées ou en squammes. *V.* SQUAMMARIÉES et LÉCANORE. (A. F.)

*** LÉCANOCARPE.** *Lecanocarpus.* BOT. PHAN. Genre de la famille des Amaranthacées, et de la Monandrie Monogynie, L., récemment établi par les frères Nées d'Esenbeck (*Plant. Hort. med. Bonn. Icon. Select.*, p. 1, 4) qui lui ont imposé les caractères essentiels suivans : fleur hermaphrodite; calice pentaphylle, herbacé; corolle nulle; une ou deux étamines opposées aux folioles calicinales et à anthères didymes; style simple, persistant, surmonté de deux stigmates; caryopse (*cystis*) orbiculaire, déprimée, bordée; graine unique, horizontale. Ce genre est voisin de l'*Amaranthus*, mais l'hermaphroditisme de ses fleurs, le nombre de ses étamines, et la structure de son fruit l'en distinguent suffisamment. Il ne renferme qu'une seule espèce qui croît dans le Napaul. C'est le *Lecanocarpus cauliflorus*, Nées (*loc. cit.*), dont voici la synonymie : *Amaranthus cauliflorus*, Link, *Enum. Hort. Berol.*, vol. II, p. 389; *Amaranthus diandrus*, Spreng., *Neue. Entd.* 3, p. 20; *Agroglochin chenopodioides*, Schrad., *Catal. Hort. Gœtt.*; et *Bli-*

tanthus nepalensis, Reichenbach, *Cat. Hort. Dresd.* C'est une Plante herbacée, verte, à feuilles alternes, pétiolées, sans stipules, à fleurs disposées en capitules axillaires, sessiles dans les angles que font les divisions dichotomiques des capitules, très-petits au moment de la floraison; les fruits se développent beaucoup dans leur maturation. Les auteurs ont joint à la description très-détaillée de cette Plante une bonne figure qui représente l'espèce et l'analyse complète de ses organes.

Le nom d'*Agroglochin*, imposé par Schrader, est antérieur pour sa publication à celui de *Lecanocarpus;* cependant les auteurs de ce genre qui l'avaient fait graver depuis long-temps sous ce dernier nom, n'ont pas cru devoir le changer.   (G..N.)

LÉCANORE. *Lecanora.* BOT. CRYPT. (*Lichens.*) Le genre Lécanore, tel que nous l'avons restreint, se compose des Lichens à thalle crustacé, tartareux ou lépreux, sous-cartilagineux, uniforme, avec et sans limites; l'apothécium est orbiculaire, épais, sessile, marginé, à disque plane convexe, à marge discolore; la lame proligère est colorée. Ainsi caractérisé notre genre *Lecanora* exclut les Patellaires à marge concolore de De Candolle; il rejette aussi les *Lecanora* d'Acharius, dont le thalle est figuré; celles-ci rentrent dans notre groupe des Squammariées. L'habitat des *Lecanora* est très-varié. Elles envahissent les parois, les murs, les pierres, les rochers, la terre, l'épiderme des troncs d'Arbres, les vieux bois et même les feuilles vivantes de certains Arbres exotiques. On peut porter à environ cent cinquante le nombre des espèces connues de ce genre; nous en avons décrit treize nouvelles espèces, qui sont figurées dans notre Essai sur les Cryptogames des écorces exotiques officinales. Environ une cinquantaine de Lécanores se trouvent en France; parmi les espèces inédites de notre collection se distinguent les suivantes : *Lecanora* *coccinea*, N. , *V.* planches de ce Dictionnaire et notre Essai sur les Cryptogames des écorces exotiques officinales, tab. 27, fig. 7, pag. 120 : thalle granuleux , fendillé dans la partie fructifère seulement, sans limites , d'un blanc grisâtre ; apothécions sous-immergés, pressés; à disque concave , de couleur écarlate, à marge très-épaisse. Cette belle Plante a le port d'une Urcéolaire , mais son organisation ne permet pas de la séparer des Lécanores. Elle croît en Amérique, sur l'écorce de divers Figuiers. *Lecanora epiphylla*, N. (*V.* Essai, etc., tab. 1 , fig. 28, pag. 93). Thalle interrompu, sous-squammuleux , blanchâtre, assez épais ; apothécions à marges très-épaisses , ferrugineuses, à disque creusé, pâle. On trouve cette Plante sur les feuilles des Arbres de Cayenne. *Lecanora tartarea*, Ach. , *Syn. Meth. Lich.* , p. 172 ; *Verrucaria tartarea* , Hoffm. ; *Fl. Germ.* , p. 173 ; *Patellaria tartarea*, De Cand., Fl. Fr. *Sp.* 989; à thalle tartareux granulé, d'un blanc cendré; apothécions épars , à disque plane un peu convexe, ruguleux, couleur de brique pâle, à marge infléchie , ensuite flexueuse. C'est cette espèce si commune sur les roches et sur la terre, qui sert, dans le Nord, à teindre les étoffes. (A. F.)

* **LÉCANORÉES.** BOT. CRYPT. (*Lichens.*) Cette tribu, établie dans notre Méthode Lichénographique (p. 33), renferme les Lichens dont l'apothécion est patellulé, sessile , muni d'un rebord et d'une lame proligère colorée, et dont le thalle crustacé, amorphe, est adhérent. Ce support est ordinairement limité, assez souvent orbiculaire , d'une épaisseur variable. Les Lecanorées vivent sur les écorces , les vieux bois et les pierres, s'étendent sur la terre humide, incrustent les Mousses et les débris de Végétaux. Les feuilles vivantes de plusieurs Arbres exotiques en nourrissent un petit nombre d'espèces très-remarquables. Cinq genres composent ce groupe; ce sont les genres

Myriotrema, *Urceolaria* , *Echinoplaca*, *Lecidea* et *Lecanora*. *V.* ces mots; le troisième au Supplément. Les Lécanorées se lient aux Variolaires et aux Squammariées par le genre Lécanore. (A. F.)

LECCEA. POIS. Syn. de Caranx, *V.* ce mot, chez les pêcheurs du golfe de Gênes. (B.)

* **LÉCHÉE** ou **LÉQUÉE.** *Lechea.* BOT. PHAN. Ce genre, établi par Linné qui le plaçait dans la Triandrie Trigynie, avait été rapporté à la famille des Caryophyllées par Jussieu. Dunal (*in De Cand. Prod. Syst. Veg.*, 1, p. 285) l'a réuni aux Cistinées , et en a ainsi tracé les caractères : calice à trois sépales, accompagné de deux bractées ou sépales extérieurs; trois pétales lancéolés; étamines variant en nombre depuis trois jusqu'à douze, mais offrant ordinairement le nombre ternaire ; ovaire à peu près trigone ; trois stigmates à peine distincts; capsule à trois valves qui portent sur leur milieu les cloisons ou de fortes nervures, auxquelles sont attachées des graines en petit nombre, et munies d'un albumen charnu, d'un embryon dorsal droit, à radicule infère et à cotylédons ovés-oblongs.

Ce genre renferme six espèces , toutes indigènes de l'Amérique septentrionale, parmi lesquelles nous citerons le *Lechea minor*, Pursh, Lamk., Illustr. , t. 52, et le *L. racemulosa*, Michx. Lamarck (Illustr. , t. 281, f. 5) a donné de celui-ci une bonne figure sous le nom de *Gaura*. Ce sont des Plantes herbacées, à fleurs nombreuses et petites et à rameaux inférieurs différens des florifères. Le *Lechea chinensis* de Loureiro paraît être, selon De Candolle, une espèce de Commelinée. (G..N.)

* **LECHEGUANA.** INS. Nom donné par les Brésiliens et par Félix d'Azzara à une Guêpe qui se trouve au Brésil et au Paraguay, et dont le miel a quelquefois des propriétés délétères. Auguste de St.-Hilaire a failli être empoisonné par ce miel; ce savant donne les détails de cet empoisonne-

ment dans les Annales des Sciences Naturelles (T. IV, p. 34). Cette Guêpe est nouvelle et appartient au genre Poliste de Latreille qui l'a nommée *Polistes Lecheguana*. *V*. POLISTE. (G.)

LÉCHENAULTIE. *Lechenaultia*. BOT. PHAN. Genre de la famille des Goodénoviées, établi par R. Brown (*Prodrom.* 1, p. 581) en l'honneur du botaniste et voyageur français Léchenault de la Tour. Il se compose de quatre espèces, toutes originaires de la Nouvelle-Hollande. Ce sont des petits Arbustes ou quelquefois des Plantes herbacées, vivaces, glabres, portant des feuilles étroites, très-entières, et des fleurs, soit axillaires, soit terminales. Leur calice est adhérent; leur corolle monopétale est fendue longitudinalement d'un côté. Les anthères sont cohérentes entre elles au moment de l'épanouissement des fleurs. Les grains de pollen sont composés. Le stigmate est caché au fond d'un indusium bilabié. La capsule est prismatique, biloculaire, à quatre valves dont deux opposées portent la moitié de la cloison sur leur face interne. Les graines sont cubiques ou cylindracées, dures.

Ce genre est très-voisin de l'*Anthotium*, mais il en diffère, ainsi que de tous les autres genres de cette famille, par son pollen composé de quatre petites masses sphériques. (A. R.)

* LECHEOIDES. BOT. PHAN. *V*. HÉLIANTHÈME.

LÈCHEPATTE. MAM. L'un des noms vulgaires, mais très-impropre, de l'Unau. (B.)

LÉCHUZA. OIS. Syn. vulgaire de Chevèche. *V*. CHOUETTE. (DR..Z.)

LÉCHYAS. BOT. PHAN. Le fruit de la Chine désigné sous ce nom par d'anciens voyageurs, paraît être le Litchi. (B.)

LÉCIDÉE. *Lecidea*. BOT. CRYPT. (*Lichens*.) Ce genre, le quatrième de notre groupe des Lécanorées, a été fondé par Acharius dans son *Methodus Lichenum*, et conservé sans modification importante dans les autres ouvrages de cet auteur; il figure dans l'ordre premier des Lichens Idiothalames homogènes, et est ainsi caractérisé : réceptacle universel, variable, crustacé, étendu, attaché, uniforme, non figuré, foliacé, stuppeux; réceptacle partiel, scutelliforme, sessile, couvert en entier par une membrane cartilagineuse, contenant un parenchyme solide et similaire dans toutes ses parties; disque marginé. Nous avons cru devoir modifier ces caractères, et nous considérons seulement comme *Lecidea* les Lichens à thalle difforme dont l'apothécion patellulé est muni d'une marge de la même couleur que le disque. Nous écartons ainsi de notre genre les Lécidées d'Acharius dont le thalle est figuré en folioles libres ou soudées; nous formons avec ces Plantes notre genre *Circinaria*, et nous rétablissons le genre *Placodium*. Nous excluons ainsi les espèces renfermées dans le sous-genre *Lepidoma*. *V*. ce mot. Nous avons eu entre les mains, sous le nom de *Cyrtelia*, plusieurs Lichens venant d'Acharius; ils nous ont prouvé que ce lichénographe avait songé à démembrer le genre *Lecidea* dont il aurait distrait les espèces à apothécions immarginés, qui de noirs quand ils sont secs, deviennent rubiconds lorsqu'on les humecte. Les Lécidées naissent sur les écorces, les vieux bois, les pierres, la terre humide, etc.; leur thalle est fort variable; elles aiment l'humidité, et leur consistance est plus molle que celle des Lécanorées. Eschweiler place ce genre parmi les Verrucariées; ce rapprochement ne nous semble point heureux. L'organisation des *Lecidea* ne permet pas de les isoler des Lécanorées, avec lesquelles elles ont, par leur scatelle et par leur structure, un rapport très-intime. Nous nous bornerons à faire connaître les espèces suivantes :

LÉCIDÉE AURIGÈRE, *Lecidea aurigera*, N., Essai sur les Crypt. des Écorc. exot. officin., tab. 28, fig. 1, p. 106. Thalle membraneux, cendré, limité de brun, couvert de tubercules ovoïdes, lisses, couleur gris cendré à l'extérieur, jaune doré à l'intérieur, s'ouvrant dans la vieillesse de la Plante; apothécions noirs, épars, ronds, souvent difformes; à disque concave, un peu plane, nu, ayant une marge épaisse. Cette belle espèce se fixe sur les écorces des Quinquinas de l'Amérique du sud.

LÉCIDÉE DE DU PETIT-THOUARS, *Lecidea Thouarsii*, N. (*V.* planches de ce Dictionnaire). Thalle sous-orbiculaire, mollasse, à laciniures arrondies et incisées, crustacé vers le centre, stuppeux vers ses extrémités, roussâtre; apothécions globuleux, difformes, couleur de brique pâle, immarginés. La Lécidée d'Aubert Du Petit-Thouars incruste les Mousses et les Fougères des genres *Trichomanes* et *Hymenophyllum* dans les lieux montagneux de Mascareigne. Elle y a été trouvée par le botaniste auquel nous nous sommes fait un ⬛⬛⬛ de la dédier.

* LÉCIDÉES. BOT. CRYPT. (*Lichens.*) Deuxième sous-ordre de la famille des Lichens Gastérothalames de la Méthode proposée par Fries (Act. de Stockh., 1821.). Ce groupe renferme les *Trachylia*, *Lecidea*, *Opegrapha*, *Gyrophora*. Il correspond presque exactement aux Lichens Idiothalames homogènes à apothécions marginés d'Acharius. Le mot Gastérothalames signifie apothécions ventrus ou bombés. (A. F.)

* LECISCIUM. BOT. PHAN. Ce nom a été donné par Gaertner fils (*Carpologia*, p. 221) à un genre qui ne peut être admis définitivement, dans l'ignorance absolue où l'on est des parties de la fleur. Le fruit, qui est une drupe, a été figuré (*loc. cit.*, t. 220, f. 5) sous le nom de *L. drupaceum*. Il l'avait reçu du professeur Desfontaines, et il était nommé *Chrysophyllum* dans sa collection. (G..N.)

LECRISTICUM. BOT. PHAN. Vieux synonyme d'*Agnus-castus. V.* VITEX. (B.)

* LÉCYTHIDÉES. *Lecythideæ.* BOT. PHAN. Petite famille de Plantes, voisine à la fois des Myrtées et des Malvacées, et qui se compose des genres *Lecythis*, *Couroupita*, *Couratari*, *Pirigara* et *Bertholletia*. Elle offre les caractères suivans : le calice turbiné adhérent par sa base avec l'ovaire; son limbe offre de quatre à six divisions persistantes; la corolle est formée de quatre à six pétales un peu inégaux, élargis par leur base où ils se soudent latéralement, de manière à représenter une corolle monopétale rotacée. Les étamines sont excessivement nombreuses, monadelphes, formant un urcéole monophylle très-grand, d'abord circulaire, percé dans son centre d'un trou pour le passage du style, et déjeté d'un côté en une languette très-grande, élargie, concave, découpée et frangée à son sommet qui est très-obtus, ayant toute sa face supérieure recouverte d'anthères cordiformes et biloculaires. L'ovaire est adhérent au calice par ses deux tiers inférieurs; son tiers supérieur est libre, conique, recouvert d'une couche épaisse, jaunâtre, en forme de disque épigyne. Le style est épais, très-court, terminé par un stigmate lobé. Coupé transversalement, l'ovaire présente de deux à six loges, chacune contenant une ou plusieurs graines dressées ou attachées à l'angle interne de la loge. Le fruit est une capsule ligneuse, souvent d'un volume considérable, d'une forme variable suivant les espèces et les genres, quelquefois remplie intérieurement d'une sorte de pulpe fibreuse, ordinairement à deux, quatre ou six loges contenant une ou plusieurs graines; celles-ci se composent d'un tégument propre, recouvrant un gros embryon dont l'organisation varie dans les cinq genres dont se compose cette famille. Ainsi dans les genres *Couroupita* et *Couratari*, la radicule est cylindrique, très-longue, recourbée autour des deux cotylédons qui sont planes et chiffonnés. Dans le *Pirigara* la radicule est excessivement courte et les deux cotylédons très-épais. Dans le *Lecythis* et le *Bertholletia* l'embryon est

tout-à-fait indivis et semble monocotylédon. *V*. chacun de ces genres.

(A. R.)

LECYTHIS. BOT. PHAN. Genre placé par Jussieu dans la famille des Myrtées dont il se rapproche en effet beaucoup, mais qui en diffère néanmoins par plusieurs caractères qui ont engagé le professeur Richard à en former un groupe particulier sous le nom de Lécythidées. *V*. ce mot. Les Lecythis sont tous des Arbres ou des Arbrisseaux à feuilles alternes, persistantes, très-entières, non parsemées de points glanduleux. Leurs fleurs, qui sont parfois très-grandes, blanches ou purpurines, forment des espèces de grappes simples ou rameuses, placées soit au sommet des ramifications de la tige, soit à l'aisselle des feuilles. Elles offrent un calice turbiné, adhérent par sa base avec l'ovaire infère, divisé supérieurement en six lanières étroites. La corolle se compose de six pétales un peu inégaux, obtus, soudés ensemble par leur base au moyen des filets staminaux et représentant ainsi une corolle monopétale rotacée. Les étamines sont extrêmement nombreuses, monadelphes, formant un urcéole circulaire, déjeté d'un côté en une languette large et concave, dont toute la face supérieure est garnie d'anthères presque sessiles et dont le sommet est découpé et frangé. L'ovaire est semi-infère, à deux, quatre ou six loges contenant chacune une seule graine, très-rarement plusieurs. Le style est court, épais, terminé par un stigmate lobé. Le fruit est une capsule ligneuse ou une pyxide, ovoïde, déprimée, offrant vers la réunion de ses deux tiers inférieurs, avec son tiers supérieur, une ligne circulaire sur laquelle on remarque les six lobes du calice s'ouvrant en cet endroit par un opercule formé de toute la partie supérieure et dont la face inférieure est conique et présente quatre enfoncemens qui correspondent aux loges dont ils sont la paroi supérieure. Les graines sont ovoïdes, allongées. Elles se composent d'un

épisperme membraneux qui recouvre un embryon dont l'organisation singulière a été décrite de la manière suivante par le professeur Richard dans son Analyse du fruit, p. 84. L'amande du Lecythis est un corps charnu, amygdalin, tellement solide et homogène, qu'il est extrêmement difficile d'en distinguer les deux extrémités, c'est-à-dire de reconnaître la radicule et le corps cotylédonaire. Par la germination, un des bouts forme d'abord une petite protubérance qui, après avoir rompu l'épisperme, se prolonge ensuite en racine; l'autre donne naissance à une gemmule écailleuse qui, en se développant, forme la tige. La ressemblance de cette amande avec celle du *Pekea* nous porte à la regarder aussi comme un gros corps radiculaire ou comme un embryon qui semble consister dans la seule radicule. Ce corps, après la germination, paraît comme un renflement bulbiforme ou tubéreux du bas de la jeune tige. L'amande de la graine du *Bertholletia*, nommée *Tonka* par les Cayennois, ressemble à celle du Lecythis.

Les espèces de ce genre que l'on nomme vulgairement *Quatela*, au nombre d'environ huit à dix, sont toutes originaires de l'Amérique méridionale, à l'exception d'une seule espèce, *Lecythis lanceolata*, Poiret, qui croît à Madagascar. Leurs fruits, qui sont très-solides, durs et épais, forment des vases ou gobelets que l'on désigne sous le nom vulgaire de *Marmite de Singe*. Willdenow a réuni à ce genre le *Couroupita* d'Aublet, sous le nom de *Lecythis bracteata*, mais ce genre doit rester distinct. *V*. COUROUPITA.

(A. R.)

* LÉDA. *Leda*. ZOOL.? BOT.? (*Arthrodiées*.) Genre de la division des Conjugées, établi par nous dans ce Dictionnaire, T. I, p. 595, pour des êtres ambigus, dont les espèces connues avaient été confondues parmi les Conferves, et plus tard dans le genre Zygnéma des algologues modernes. Ce genre Zygnéma, que quel-

ques observateurs superficiels s'obstinent à conserver tel que le fit Agardh, est cependant si évidemment partagé en plusieurs autres, qu'il faut une singulière obstination pour n'en pas adopter les coupes. Quoi qu'il en soit, les espèces singulières en seront facilement reconnues par les deux propagules ovoïdes contenues dans chaque locule proligère. Le véritable *Conferva ericetorum*, souvent confondu avec le *nebulosa*, qu'on a regardé à tort comme sa variété totalement aquatique, rentre dans ce genre où un véritable accouplement a lieu comme dans les autres Conjugées par l'union de deux filamens. — Le *Zygnema bipunctatum* β, Lyngbye, est le type du genre, encore que le savant danois ait confondu cette espèce avec une autre dont il a fait son *Zygnema bipunctatum, unipunctatum*, rapprochement bien bizarre par l'énoncé même. (B.)

LÈDE. BOT. PHAN. Pour Lédon. *V.* ce mot. On appelle quelquefois vulgairement LÈDE le Ciste ladanifère ou autre espèce du même genre. (B.)

* LÉDOCARPON. BOT. PHAN. Ce genre, de la Décandrie Pentagynie, a été établi par le professeur Desfontaines (Mém. du Mus. d'Hist. Nat. T. IV, p. 250, tab. 13) qui l'a placé dans la famille des Géraniacées, et lui a imposé les caractères suivans : calice persistant, profondément découpé en cinq segmens ovales, lancéolés et aigus, entouré d'un involucre composé de feuilles subulées bi ou trifurquées; corolle hypogyne, étalée, à cinq pétales arrondis au sommet, alternes avec les divisions calicinales; dix étamines plus courtes que la corolle, cinq alternativement un peu plus longues que les autres, à filets persistans et à anthères oblongues obtuses, biloculaires, déhiscentes longitudinalement; ovaire supère, soyeux, surmonté de cinq styles épais; capsule ovale, obtuse, soyeuse, à cinq loges, à cinq valves bifides, portant les cloisons sur leur milieu; graines nombreuses, atta-

chées à l'axe central des loges. L'auteur de ce genre a reconnu de grands rapports avec son organisation et celle des *Oxalis*; c'est ce qui l'a déterminé à le placer parmi les Géraniées. Il a toutefois exprimé l'analogie du port de la Plante avec celui de certains Hélianthèmes qui s'en distinguent cependant par leurs feuilles toujours entières. Après avoir comparé attentivement les caractères du nouveau genre avec ceux des Géraniacées et des Cistinées, nous croyons qu'il serait mieux placé auprès de ces dernières.

Le *Ledocarpon Chiloense*, Desf. (*loc. cit.*), est la seule espèce du genre. C'est un Arbrisseau indigène du Chili, à tige droite, divisée en rameaux grêles, portant des feuilles opposées ou plutôt verticillées, sans stipules, soyeuses, partagées jusqu'à la base en trois parties étroites, aiguës et repliées sur les bords. Les fleurs sont terminales au sommet des rameaux. (G..N.)

LÉDON. *Ledum.* BOT. PHAN. Genre de la famille de Rhodoracées et de la Décandrie Monogynie, L., offrant pour caractères : un calice très-petit, étalé, à cinq dents; une corolle formée de cinq pétales sessiles; dix étamines, rarement cinq, ayant des anthères allongées, dressées, à deux loges, s'ouvrant chacune par un pore. L'ovaire est ovoïde, appliqué sur un disque hypogyne à cinq lobes, à peine distinct de la base de l'ovaire. Celui-ci offre cinq loges contenant chacune un très-grand nombre d'ovules attachés à un trophosperme axillaire et saillant. Le style est long, cylindrique, terminé par un stigmate très-petit, à cinq mamelons obtus. Le fruit est une capsule ovoïde, à cinq loges polyspermes, s'ouvrant de la base vers le sommet en cinq valves dont les bords rentrans forment les cloisons. Les graines sont très-grêles et comme filiformes. Ce genre se compose de deux espèces originaires des contrées boréales de l'Europe et de l'Amérique, et qui, l'une et l'autre, sont cultivées dans les jardins pour leur élégance.

Le LÉDON DES MARAIS, *Ledum palustre*, L., croît en Allemagne, en Pologne et dans le nord de la France. C'est un petit Arbuste rameux, d'environ un pied de hauteur, portant des feuilles éparses, très-rapprochées, linéaires, lancéolées, courtement pétiolées, à bords rabattus en dessous, glabres et un peu bombées à leur face supérieure, toutes couvertes inférieurement d'un duvet tomenteux et roussâtre. Les fleurs sont blanches, longuement pédonculées, réunies en grand nombre au sommet des ramifications de la tige. La capsule est ovoïde, allongée, surmontée par la base du style, et à cinq loges polyspermes.

Le LÉDON A LARGES FEUILLES, *Ledum latifolium*, L. Cette espèce, qui est originaire de l'Amérique septentrionale, est vulgairement connue sous le nom de *Thé de Labrador*. Elle est plus grande que la précédente, dont elle offre le port. Ses feuilles, rapprochées les unes des autres vers la sommité des branches, sont ovales, lancéolées, à bords rabattus, glabres en dessus, tomenteuses et rousses à leur face inférieure. Les fleurs sont plus grandes, disposées comme dans l'espèce précédente vers le sommet des rameaux. L'infusion des feuilles a une saveur astringente et aromatique; on la substitue au Thé dans quelques parties de l'Amérique septentrionale.

Le *Ledum thymifolium* forme un genre distinct sous le nom de *Leiophyllum*. *V.* LÉIOPHYLLE. (A. R.)

LÈDRE. *Ledra*. INS. Genre de l'ordre des Hémiptères, section des Homoptères, famille des Cicadaires, tribu des Cicadelles, établi par Fabricius, et adopté par Latreille (Règne Anim.) qui lui donne pour caractères : les deux premiers articles des antennes presque de longueur égale; corselet dilaté uniquement sur les côtés. Ce genre se distingue de l'Ætalion de Latreille, par

l'insertion des antennes qui sont inférieures dans le dernier et frontales dans le premier. Il s'éloigne des Membraces de Fabricius par la forme du corselet; la tête est aplatie et forme une espèce de chaperon à trois pointes mousses dont une dans le milieu, et les deux autres sur les côtés; elle porte deux antennes insérées entre les yeux : l'écusson est distinct; le corselet est dilaté sur les côtés; le bord postérieur est anguleux, concave à la base de l'écusson; l'abdomen est allongé. L'espèce qui sert de type à ce genre est :

Le LÈDRE A OREILLES, *Ledra aurita*, Fabr., Latr.; *Cicada aurita*, Linn; la Cigale grand Diable, Geoff. (Ins., t. 1, p. 422, pl. 9, fig. 1), Panz., Schæff. Cet Insecte est long de près de cinq lignes; il est d'un brun verdâtre, pointillé de noir, lavé d'un peu de rouge. Le dessus du corps et les pates sont d'un jaune verdâtre; les élytres sont transparentes avec les nervures brunes. On trouve cet Insecte sur le Chêne aux environs de Paris et en Allemagne; il est assez rare.   (G.)

LEDUM. BOT. PHAN. *V.* LÉDON.

* LÉÉACÉES. *Leeaceæ.* BOT. PHAN. C'est le nom que De Candolle (*Prodr. Syst. Veg. univ.*, 1, p. 635) a donné à la seconde tribu qu'il a établie dans la famille des Ampélidées ou Viniférées, et qu'il a caractérisée ainsi : corolle monopétale; étamines alternes? avec les pétales, et souvent monadelphes; fruits et graines dont la structure est peu connue; les pédoncules des fleurs ne se convertissent point en vrilles. Cette tribu ne renferme que les deux genres suivans : *Leea*, L., et *Lasianthera*, Beauv. *V.* ces mots.   (G..N.)

LÉÉE. *Leea.* BOT. PHAN. Ce genre, établi par Linné, a été placé dans la famille des Ampélidées ou Viniférées par De Candolle (*Prodr. Syst. Veg.*, 1, p. 635) qui l'a ainsi caractérisé : calice à quatre dents; corolle à cinq petites divisions recourbées en dehors; étamines formant un urcéole quinquélobé, à l'extérieur duquel les filets sont soudés et placés entre les divisions de la corolle; anthères ovées, glabres; style simple; baie à quatre ou six loges, dont quelques-unes avortent; graines solitaires (selon Gaertner) dans les loges, dressées, munies d'un albumen cartilagineux, quinquélobé, et d'un embryon cylindrique, acuminé, arqué, légèrement excentrique. De Candolle réunit à ce genre l'*Aquilicia* de Linné, que Jussieu plaçait dans les Méliacées; l'urcéole staminifère dont il est pourvu justifie en effet ce dernier rapprochement, ou du moins établit une grande affinité entre les Méliacées et les Viniférées. On connaît sept espèces de *Leea*, toutes indigènes des Indes-Orientales. (G..N.)

* LÉÉLITE. MIN. (Clarke, Annal. de Philos. 1818). Substance minérale encore peu connue, trouvée à Gryphytta en Westmannie; elle est de couleur rouge et d'un éclat semblable à celui de la corne. Sa pesanteur spécifique est de 2,71. Elle est formée, d'après Clarke, de Silice, 75; Alumine, 22; Manganèse, 2,5; Eau, 0,50. (G. DEL.)

LEERSIA. BOT. CRYPT. (*Mousses*.) Ce genre, créé par Hedwig, n'a point été conservé, le nom de *Leersia* ayant été précédemment employé par Swartz pour un genre de la famille des Graminées. *V*. ENCALYPTA et LÉERSIE. (A. F.)

LÉERSIE. *Leersia*. BOT. PHAN. Ce genre, de la famille des Graminées, et de la Triandrie Digynie, L., établi par Swartz, avait été nommé *Asprella* par Schreber, et plus antérieurement *Homalocenchrus* par Haller. Néanmoins, le nom de *Leersia*, qui rappelle un botaniste dont les travaux ont eu une heureuse influence sur les progrès de l'agrostographie, a été plus généralement adopté. Le *Leersia* se distingue facilement à ses épillets uniflores, uniquement composés d'une glume bivalve sans lépicène. La valve externe est plus grande, comprimée, carenée et en forme

de nacelle; l'intérieure est étroite, également très-comprimée. L'ovaire est surmonté de deux stigmates plumeux. Le nombre des étamines varie d'une à six dans le petit nombre d'espèces qui forment ce genre.

L'espèce la plus commune est le *Leersia oryzoides*, Swartz, ou *Phalaris oryzoides* de Linné. C'est une Plante vivace et rampante qui croît dans le voisinage des eaux, et qui a été observée en Europe, en Asie et dans l'Amérique septentrionale. Ses chaumes, dont les nœuds sont velus, ont une hauteur d'environ deux pieds. Ses fleurs forment une panicule dressée. (A. R.)

LÉFLINGE. BOT. PHAN. Pour Lœflinge. *V*. ce mot. (B.)

LEGNOTIS. BOT. PHAN. (Swartz.) Syn. de Cassipourier. *V*. ce mot. (B.)

LEGOUZIA. BOT. PHAN. (Durande.) Syn. de *Campanula Speculum*, Prismatocarpe de l'Héritier. *V*. ce mot. (B.)

* LEGUAN ET LEGUANA. REPT. SAUR. Noms vulgaires des Iguanes à Saint-Domingue. (B.)

LÉGUME. *Legumen*. BOT. PHAN. On appelle ainsi le fruit des Légumineuses plus généralement désigné en français sous le nom de Gousse. (A. R.)

LÉGUMINEUSES. *Leguminosæ*. BOT. PHAN. Famille de Plantes dicotylédones polypétales, à étamines périgynes. Lorsque l'on ne considère les Légumineuses qu'en masse, cette famille paraît être, au premier abord, une des plus naturelles du règne végétal. Mais lorsqu'on l'examine plus attentivement, lorsque l'on étudie en détail l'organisation particulière des genres nombreux qui la composent, on est frappé des différences remarquables qu'ils présentent, et dès-lors disparaît cette uniformité qu'on avait cru apercevoir dans ce groupe de Végétaux. Tâchons, sans entrer dans des détails que ne comporte pas la nature de cet ouvrage, de faire néanmoins connaître assez exactement l'organisation générale des Légumineuses.

On peut rapporter à trois types principaux la structure des fleurs dans la famille des Légumineuses , ce qui forme trois grandes sections ou tribus désignées sous les noms de Papilionacées , de Cæsalpiniées ou Cassiées et de Mimosées. Etudions successivement l'organisation de chacun de ces trois groupes.

1°. PAPILIONACÉES. —Le calice est monosépale , tubuleux ou turbiné , ordinairement à cinq dents ou à cinq divisions plus ou moins profondes , quelquefois inégales et comme disposées en deux lèvres ; quelquefois le calice est accompagné extérieurement d'une ou de plusieurs bractées ; il est généralement persistant. La corolle est composée de cinq pétales onguiculés , inégaux , et a reçu le nom de corolle papilionacée. L'un de ces pétales est supérieur , en général plus grand que les autres , qu'il embrasse et recouvre avant l'épanouissement de la fleur ; il porte le nom d'*étendard ;* deux sont latéraux , égaux et semblables , tantôt appliqués contre les deux inférieurs , tantôt ouverts , ce sont les *ailes ;* deux enfin sont inférieurs , rapprochés l'un contre l'autre , de même forme , souvent soudés par leur bord inférieur ; on les appelle la *carène.* Quelquefois la soudure des pétales est plus grande et ils sont tous les cinq réunis en tube par leur partie inférieure de manière à représenter une corolle monopétale , c'est ce que l'on observe entre autres dans plusieurs espèces de Trèfles et en particulier dans le Trèfle des prés. Les étamines , au nombre de dix , sont généralement diadelphes , c'est-à-dire soudées par leurs filets en deux faisceaux ; l'un inférieur , composé de neuf filets , forme un tube fendu supérieurement ; l'autre , supérieur , composé d'une seule étamine ; rarement les étamines sont monadelphes ; plus rarement encore elles sont entièrement libres et distinctes les unes des autres. Les anthères sont cordiformes ou globuleuses , à deux loges s'ouvrant chacune par un sillon longitudinal. L'insertion des étamines et des pétales est , en général , périgynique dans un grand nombre de genres de la famille des Légumineuses , c'est-à-dire qu'elle se fait à la paroi interne du calice qui forme un tube quelquefois allongé , et au sommet duquel se fait l'insertion ; mais un nombre non moins considérable de genres présentent une insertion évidemment hypogynique. Dans le genre *Dalea* , les ailes et les deux pétales inférieurs sont attachés à la partie supérieure du tube staminal. L'ovaire , dont la forme varie beaucoup , est à une seule loge , et contient depuis une jusqu'à un nombre très-considérable d'ovules attachés à un trophosperme qui occupe la suture supérieure du fruit. Le style est plus ou moins allongé , oblique et formant quelquefois un angle plus ou moins aigu avec le sommet de l'ovaire. Le stigmate est simple , glanduleux , quelquefois accompagné d'un bouquet de poils plus ou moins volumineux. Le fruit est une gousse dont nous indiquerons plus loin l'organisation et les variétés.

2°. CÆSALPINIÉES. — Le calice est à trois , quatre ou cinq divisions profondes , étalées , caduques : la corolle se compose de cinq pétales inégaux ou quelquefois presque égaux , et ne formant jamais une corolle papilionacée. Quelquefois les pétales manquent entièrement. Les étamines , au nombre de dix , sont , en général , libres et distinctes ; assez souvent plusieurs de ces étamines avortent ou sont stériles et à l'état rudimentaire. Le fruit est généralement une gousse.

3°. MIMOSÉES. —Le calice est monosépale , tubuleux ou campanulé , régulier , à quatre ou cinq dents ou à quatre ou cinq divisions quelquefois très-profondes , colorées et pétaloïdes. Il est accompagné extérieurement d'un calicule cupuliforme à quatre ou cinq dents , ou simplement d'une ou de plusieurs bractées régulières ou irrégulières. La corolle

manque. Les étamines sont extrêmement nombreuses, rarement au nombre de cinq ou de dix, monadelphes
par la base de leurs filets ou libres et
distinctes. Les anthères sont ordinairement globuleuses, didymes, à deux
loges. L'ovaire est souvent stipité
à sa base. Le fruit est une gousse. Le
caractère que nous venons de tracer
des Mimosées diffère de celui qu'on
en donne généralement. Tous les autres botanistes décrivent les Plantes
de ce groupe comme pourvues d'un
calice monosépale et d'une corolle
monopétale régulière. Mais nous
croyons que cette manière d'envisager l'organisation des Mimosées est
peu naturelle et contraire à ce que
l'on observe dans les deux autres
groupes de cette famille. En effet, le
prétendu calice, que nous considérons comme un calicule, manque
quelquefois ou du moins ne consiste
qu'en une seule écaille ou bractée,
ainsi qu'on le voit dans le *Mimosa
pudica;* or, dans les autres groupes,
nous avons fait remarquer que l'on
trouve quelquefois en dehors du véritable calice une bractée calicinale.
Quant à la prétendue corolle monopétale régulière, elle nous paraît devoir être assimilée au calice. En effet,
on n'a pas d'autre exemple de corolle
monopétale régulière dans aucun des
genres nombreux qui forment les
deux autres sections. Quant à la corolle pseudo-monopétale de quelques
espèces de Trèfle, elle ne peut être
citée comme une preuve d'analogie,
car la réunion des pétales par leur
base en un tube n'a lieu que par l'intermédiaire du tube staminal, ce qui
n'a pas lieu pour les Mimosées. Dans
notre manière de voir, les Mimoses
seraient donc apétales. Or, c'est ce
qui a lieu pour plusieurs genres appartenant aux Papilionacées ou aux
Cæsalpiniées.

Nous avons dit précédemment que
le fruit des Légumineuses en général était une gousse ou légume;
c'est même de cette particularité que
ce groupe de Végétaux a emprunté son nom. Mais cette gousse offre

les différences les plus grandes,
et c'est principalement d'après cet
organe que sont établis la plupart
des genres de cette famille. Ainsi généralement les gousses sont allongées, comprimées, uniloculaires,
polyspermes et bivalves. Mais quelquefois elles sont globuleuses et monospermes; d'autres fois elles sont
cylindriques et presque filiformes.
Dans certains genres, elles offrent un
grand nombre d'articulations qui se
séparent les unes des autres à l'époque de la maturité. Dans d'autres,
elles sont partagées en deux ou en un
très-grand nombre de loges par de
fausses cloisons. Quelquefois l'intérieur des gousses est rempli d'une
substance pulpeuse et charnue. D'autres fois elles restent indéhiscentes.
Les graines des Légumineuses sont
ou globuleuses, ou lenticulaires, réniformes ou anguleuses. Leur tégument propre recouvre une amande
qui tantôt se compose uniquement
de l'embryon, et tantôt se compose
d'un endosperme charnu, quelquefois simplement membraneux,
qui recouvre en totalité l'embryon.
Celui-ci a sa radicule tantôt droite
et tantôt recourbée sur la fente qui
sépare les deux cotylédons. Les
Légumineuses ne varient pas moins
dans leur port et la disposition de
leurs organes de la végétation, que
dans ceux de la fructification. Ainsi depuis le Pois et la Lentille qui
sont des Herbes annuelles jusqu'aux
Robinia, aux *Gymnocladus,* etc.,
qui sont de grands Arbres, on
trouve dans cette famille tous les
degrés intermédiaires de grandeur
et de durée. Les feuilles sont alternes, très-rarement opposées,
articulées, simples ou le plus souvent composées et offrant tous les degrés et toutes les modifications possibles. Ces feuilles sont accompagnées
de deux stipules, que l'on retrouve
également à la base des folioles dans
les feuilles composées. C'est surtout
dans cette famille que l'on observe
ces mouvemens d'irritabilité si remarquables et si connus dans la Sen-

sitive , et ceux qui paraissent être sous l'influence de la lumière, et que Linné a désignés sous le nom de sommeil des Plantes. Dans les Mimosées, surtout celles de la Nouvelle-Hollande, les feuilles manquent et sont réduites à leur pétiole qui est dilaté , foliiforme, et ressemble tout-à-fait à une feuille simple. *V.* Acacia. Les Légumineuses peuvent présenter en quelque sorte tous les modes d'inflorescence. Ainsi leurs fleurs sont axillaires ou terminales , solitaires, géminées , fasciculées, en épis, en grappes ou en panicules.

Les genres de cette famille sont extrêmement nombreux. De Candolle, dans le second volume de son *Prodromus*, en compte 283, auxquels se rapportent plus de 3,000 espèces. Les botanistes ont donc dû chercher de tout temps à grouper ces genres pour en faciliter la recherche et la classification systématique. Ainsi, Jussieu, qui a décrit quatre-vingt-dix-huit genres de cette famille (*Gen. Plant.*), les a divisés en onze sections dont les caractères sont tirés de la régularité ou de l'irrégularité de la corolle, de la disposition des étamines et de la structure de la gousse.

Robert Brown, dans ses *General Remarcks*, a divisé les Légumineuses en trois grands groupes, ainsi que nous l'avons nous-même exposé plus haut, savoir : les Mimosées , les Lomentacées ou Cæsalpiniées et les Papilionacées. Cette division a également été adoptée par Kunth dans le sixième volume des *Nova Genera.* Ce célèbre botaniste a de plus subdivisé les Papilionacées en plusieurs autres sections naturelles. A peu près à la même époque le docteur Bronn a publié une très-bonne dissertation sur les Légumineuses, où il étudie les différentes modifications d'organisation que présentent leurs diverses parties et une classification naturelle des genres. Mais la classification la plus récente et à la fois la plus complète est celle que le professeur De Candolle a présentée dans le second volume de son *Prodromus.* Nous allons faire connaître cette classification en indiquant les genres dont se compose chacun des groupes qui y ont été établis.

Dans le nombre des genres caractérisés et décrits par De Candolle , plusieurs sont nouveaux et établis par le savant professeur de Genève. Il divise la famille des Légumineuses en quatre sous-ordres , savoir : 1° les Papilionacées; 2° les Swartziées; 3° les Mimosées; 4° les Cæsalpiniées. Chacun de ces sous-ordres , mais particulièrement le premier et le dernier, est ensuite subdivisé en plusieurs tribus, dont chacune offre des sous-tribus. C'est en multipliant ainsi le nombre des divisions et des subdivisions que le professeur De Candolle arrive à une classification , au moyen de laquelle on peut parvenir assez facilement aux genres excessivement nombreux qui forment cette famille. Voici l'énumération de ces genres :

Ier Sous-ordre, — Papilionacées.

1re Tribu : Sophorées.

Myrospermum , Jacq. ; *Sophora* , L. ; *Edwardsia*, Salisb. ; *Ormosia*, Jacks. ; *Virgilia* , Lamk. ; *Macrotropis*, D. C. ; *Anagyris*, Tourn. ; *Thermopsis*, R. Brown ; *Baptisia*, Vent. ; *Cyclopia*, Vent. ; *Podalyra*, Lamk. ; *Chorizema* , Labill. ; *Podolobium* , R. Brown ; *Oxylobium* , Andr. ; *Callistachys* , Vent. ; *Brachysema* , R. Br.; *Gompholobium* , Smith; *Burtonia* , R. Brown; *Jacksonia* , R. Brown ; *Viminaria* , Smith ; *Sphærolobium*, Smith; *Motus* . Smith; *Dillwynia*, Smith ; *Eutaxia* , R. Br. ; *Sclerothamnus* , R. Br. ; *Gastrolobium* , R. Br. ; *Euchilus* , R. Br. ; *Pultenœa* , Smith ; *Daviesia* , Smith ; *Mirbelia* , Smith.

2e Tribu : Lotées.

Génistées.

Hovea , Rob. Brown ; *Platylobium* , Smith ; *Platychilum* , Delaunay ; *Bossiœa* , Vent. ; *Goodia* , Salisbury ; *Scottea* , R. Br. ; *Templetonia* , R. Br.; *Rafnia* , Thunb. ; *Vascoa*, De Cand. ; *Borbonia* , L. ; *Achyronia* , Wendl. ;

Liparia, L.; *Priestleya*, De Cand. ; *Hallia*, Thunb.; *Heylandia*, D. C. ; *Crotalaria*, L.; *Hypocalyptus*, Th. ; *Viborgia*, Sprengel; *Loddigesia*, Sims; *Dichilus*, De Cand.; *Lebeckia*, Thunb. ; *Sarcophyllum*, Thunb. ; *Aspalathus*, L.; *Ulex*, L.; *Stauracanthus*, Link; *Spartium*, L. ; *Genista*, L., Lamk. ; *Cytisus*, D. Cand.; *Adenocarpus*, D. C.; *Ononis*, L.; *Requienia*, D. C., Leg.; *Anthyllis*, L.

Trifoliées.

Medicago, L.; *Trigonella*, L.; *Pocockia*, Sering.; *Melilotus*, L.; *Trifolium*, L.; *Dorycnium*, Tourn. ; *Lotus*, L. ; *Tetragonolobus*, Scop.; *Cyamopsis*, D. C.

Clitoriées.

Psoralea, L.; *Indigofera*, L.; *Clitoria*, L.; *Neurocarpum*, Desv.; *Martiusia*, Schult.; *Cologania*, Kunth; *Galactia*, Brown; *Odonia*, Bertoloni; *Vilmorinia*, D. C.; *Grona*, Lour.; *Collœa*, D. C.; *Otoptera*, D. C; *Pueraria*, D. C.; *Dumasia*, D. C.; *Glycine*, D. C.; *Chœtocalyx*, D. C.

Galégées.

Petalostemum, Rich.; *Dalea*, L.; *Glycyrhiza*, L.; *Galega*, Lamk.; *Tephrosia*, Pers.; *Amorpha*, L. ; *Eysenhardtia*, Kunth; *Nissolia*, Jacq.; *Mullera*, L.; *Lonchocarpus*, Kunth ; *Robinia*, D. C.; *Poitœa*, Vent.; *Sabinœa*, D. C. ; *Coursetia*, D. C.; *Sesbania*, Pers. ; *Agati*, Rhéed.; *Glottidium*, Desv.; *Piscidia*, L.; *Daubentonia*, D. C.; *Corynella*, D. C.; *Caragana*, Lamk.; *Halimodendron*, Fisch.; *Diphysa*, Jacq.; *Calophaca*, Fisch.; *Colutea*, R. Br.; *Sphœrophysa*, D. C.; *Swainsona*, Salisb.; *Lessertia*, D. C.; *Sutherlandia*, R. Br.

Astragalées.

Phaca, L.; *Oxytropis*, D. C.; *Astragalus*, D.C.; *Guldenstœdtia*, Fisch.; non Neck.; *Bisserula*, L.

5ᵉ Tribu : HÉDYSARÉES.

Coronillées.

Scorpiurus, L.; *Coronilla*, Neck.; *Astrolobium*, Desv.; *Ornithopus*,

Desv.; *Hippocrepis*, L.; *Securigera*, D. C.

Euhédysarées.

Diphaca, Lour.; *Pictetia*, D. C.; *Ormocarpum*, Beauv.; *Amicia*, Kunth; *Poiretia*, Vent.; *Myriadenus*, Desv.; *Zornia*, Gmel.; *Stylosanthes*, Swartz; *Adesmia*, D. C.; *Æschynomene*, L.; *Smithia*, Ait.; *Lourea*, Neck.; *Uraria*, Desv.; *Nicholsonia*, D. C.; *Desmodium*, D. C.; *Dicerma*, D. C.; *Taverniera*, D. C.; *Hedysarum*, L.; *Onobrychis*, Tourn.; *Eleiotis*, D. C.; *Lespedeza*, Rich., *in Michx.*; *Ebenus*, L.; *Flemingia*, Roxb.

Alhagées.

Alhagi, Tourn.; *Alysicarpus*, Neck.; *Bremontiera*, D. C.

4ᵉ Tribu : VICIÉES.

Cicer, L.; *Faba*, Tourn.; *Vicia*, Tourn.; *Ervum*, L.; *Pisum*, Tourn.; *Lathyrus*, L.; *Orobus*, L.

5ᵉ Tribu : PHASÉOLÉES.

Abrus, L.; *Sweetia*, D. C.; *Macranthus*, Poir.; *Rothia*, Pers.; *Teramnus*, Browne; *Amphicarpœa*, Elliot; *Kennedya*, Vent.; *Rhynchosia*, Lour.; *Fagelia*, Neck.; *Wisteria*, Nuttal; *Apios*, Boerh.; *Phaseolus*, L.; *Soja*, Mœnch ; *Dolichos*, L.; *Vigna*, Savi; *Lablab*, Adans.; *Pachyrhizus*, Rich.; *Parochetus*, Hamilt.; *Dioclea*, Kunth; *Psophocarpus*, Neck.; *Canavalia*, D. C.; *Mucuna*, Adans.; *Cajanus*, D. C.; *Lupinus*, L.; *Cylista*, Ait.; *Erythrina*, L.; *Rudolphia*, Willd.; *Butea*, Roxb.

6ᵉ Tribu : DALBERGIÉES.

Derris, Lour.; *Endespermum*, Plum.; *Pongamia*, Lamk.; *Dalbergia*, L.; *Pterocarpus*, L.; *Drepanocarpus*, Meyer; *Ecastaphyllum*, Rich.; *Amerimnum*, Browne; *Brya*, Browne; *Deguelia*, Aublet.

IIᵉ Sous-ordre. — SWARTZIÉES.

Swartzia, Willd.; *Baphia*, Afzélius.

IIIᵉ Sous-ordre. — MIMOSÉES.

Entada, Adans.; *Mimosa*, Adans.;

Gagnebina, Neck.; *Inga*, Plum.; *Schrankia*, Willd.; *Darlingtonia*, D. C.; *Desmanthus*, Willd.; *Adenanthera*, L.; *Prosopis*, L.; *Lagonychium*, Bieb.; *Acacia*, Willd.

IVe Sous-ordre.—CÆSALPINIÉES.

1re Tribu : GÉOFFRÉES.

Arachis, L. ; *Voandzeia*, Du Petit-Thouars ; *Peraltea*, Kunth : *Brongniartia*, Kunth; *Andira*, Lamk.; *Geoffroya*, Jacq ; *Brownea*, Jacq.; *Dipterix*, Schreb.

2e Tribu : CASSIÉES.

Moringa, Burm.; *Gleditschia*, L.; *Gymnocladus*, Lamk.; *Anoma*, Lour.; *Guilandina*, Juss.; *Coulteria*, Kunth ; *Cæsalpinia*, Plum.; *Poinciana*, L.; *Mezoneuron*, Desf. ; *Reichardia*, Roth.; *Hoffmanseggia*, Cav.; *Melanosticta*, D. C.; *Pomaria*, Cav ; *Homaloxylon*, L.; *Parkinsonia*, Plumier ; *Cadia*, Forsk.; *Zuccagnia*, Cav.; *Ceratonia*, L.; *Hardwickia*, Roxb.; *Jonesia*, Roxb.; *Tachigalia*, Aubl.; *Baryxylum*, Lour.; *Moldenhavera*, Schrad.; *Humboldtia*, Vahl ; *Heterostemon*, Desf.; *Tamarindus*, L.; *Cassia*, L.; *Labichea*, Gaudichaud ; *Metrocynia*, Petit-Thouars : *Afzelia*, Smith ; *Schotia*, Jacq.; *Copaifera*, L.; *Cynometra*, L.; *Intsia*, Petit-Thouars; *Eperua*, Aubl.; *Parivoa*, Aubl.; *Anthonota*, Beauv.; *Outea*, Aubl.; *Vouapa*, Aubl.; *Hymenæa*, L.; *Schnella*, Raddi; *Bauhinia*, Plum.; *Cercis*, L.; *Palovea*, Aubl.; *Aloexylon*, Lour.; *Amaria*, Mutis ; *Bowdichia*, Kunth ; *Crudya*, Willd.; *Dialium*, Burm.; *Codarium*, Soland.; *Vatairea*, Aubl.

3e Tribu : DÉTARIÉES.

Detarium, Juss.; *Cordyla*, Lour.

Genres obscurs.

Phyllolobium, Fisch.; *Amphinomia*, D. C.; *Sarcodum*, Lour.; *Varennea*, D. C.; *Crafordia*, Rafin.; *Ammodendron*, Fisch.; *Lacara*, Spreng.; *Harpalyce*, Mocino ; *Diploprion*, Viv.; *Riveria*, Kunth.

Après avoir tracé les caractères des Légumineuses et des groupes qui y ont été établis, après avoir énuméré les genres qui composent chacun de ces groupes, il nous paraît nécessaire de dire quelques mots des Légumineuses considérées sous les rapports économique et médical. Cette famille, avons-nous dit dans notre Botanique Médicale, vol. II, p. 589, par le grand nombre de médicamens et de substances nutritives qu'elle fournit, mérite un intérêt particulier de la part du médecin et de l'économiste. En exposant les caractères de la famille, nous avons fait remarquer les différences souvent fort tranchées qu'elle présente; ces différences, nous les retrouvons également dans les propriétés médicales des Légumineuses et dans leur mode d'action sur l'économie animale. En effet, nous trouvons dans la famille des Légumineuses : 1° des médicamens purgatifs; 2° des substances toniques et astringentes ; 3° des résines et des baumes ; 4° des agens aromatiques et excitans : 5° des principes sucrés ; 6° des matières colorantes ; 7° des huiles ; 8° des gommes ; 9° et enfin des matières nutritives.

La propriété purgative est celle que l'on observe le plus généralement dans les Légumineuses, et en même temps celle qui existe dans le plus grand nombre de leurs organes. Les feuilles et les fruits des *Cassia obovata*, *C. acutifolia*, et *C. lanceolata*, forment les espèces de Séné du commerce. La pulpe douce et sucrée, contenue dans les gousses du Canéficier (*Cassia fistula*, L.) et du Caroubier, est un des laxatifs les plus doux; celle des Tamarins est légèrement acide, mais agit de la même manière. Presque toutes les autres espèces de Casses possèdent cette vertu purgative, et dans les différentes contrées où elles croissent on les substitue au Séné d'Egypte. L'analyse chimique que Lassaigne et Chevallier ont faite du Séné de la Palte nous a appris que son action purgative est due à un principe particulier, extractiforme, que ces jeunes chimistes ont nommé

Cathartine. Il serait curieux de rechercher si cette substance existe dans les feuilles du Baguenaudier qui jouissent des mêmes propriétés, et qui souvent sont mélangées aux Sénés.

Les principes astringens ne sont pas rares dans la famille qui nous occupe. La plupart des espèces du genre Acacie, lorsque leurs gousses sont encore vertes, fournissent un extrait d'une saveur fort astringente, en grande partie composée de tannin; tels sont le Cachou et le suc d'Acacia. C'est à cette classe qu'appartiennent encore le Sang-Dragon, le bois de Campêche employé dans la teinture, et qui, à cause de sa saveur astringente, a été recommandé par les médecins anglais, comme un excellent tonique. Nous pourrions également citer ici le Pois-Chiche, à cause de l'Acide oxalique qu'il exsude naturellement, s'il n'était pas rationnel de le ranger parmi les substances nutritives.

L'écorce d'un grand nombre de Légumineuses a une saveur amère et astringente, et jouit de propriétés toniques. Les diverses espèces du genre *Geoffrœa* sont dans ce cas. On les a employées soit dans le traitement des fièvres intermittentes, soit comme anthelmintiques.

Si maintenant nous passons aux principes résineux et balsamiques, nous les trouverons abondans dans plusieurs Végétaux de cette famille. Les baumes du Pérou et de Tolu découlent de deux espèces du genre Myroxylon ; la Résine Animé est produite par l'*Hymenœa Courbaril*.

Plusieurs Légumineuses sont remarquables par leur odeur forte et leur saveur aromatique, et doivent être placées parmi les agens excitans. Les différentes espèces de Mélilot, le Fénugrec, sont très-odorantes et employées surtout comme sudorifiques et détersives. La Fève Tonka, qui répand une odeur si agréable, est la graine d'une Légumineuse américaine, nommée par Aublet *Coumarouna odorata*. La racine de quelques espèces est diurétique et sudorifique ; telles sont celles de Bugrane et d'Astragale sans tige.

La racine de la Réglisse a une saveur douce, sucrée et mucilagineuse, que l'on retrouve aussi dans celle de l'*Abrus precatorius* en Amérique, qui porte le nom de Réglisse des Antilles et dont les graines luisantes et dures, d'un beau rouge, marquées d'une tache noire, servent à faire des colliers, des bracelets et d'autres ornemens. Cette saveur sucrée existe encore dans la racine du Trèfle des Alpes, dans les feuilles de l'*Astragalus glycyphyllos*, etc. L'*Hedysarum Alhagi*, qui croît en Égypte, se couvre d'une exsudation sucrée, que l'on recueille, et qui porte le nom de Manne Alhagi.

La gomme existe dans un grand nombre de Légumineuses, des genres Astragale et Acacie. Ainsi la gomme Adragante est produite par les *Astragalus gummifer*, Labill. ; *Astr. creticus*, L. ; et *Astr. verus* d'Olivier. La gomme Arabique et la gomme du Sénégal découlent spontanément des *Acacia vera*, *A. arabica*, *A. Senegal*, et probablement de plusieurs autres espèces encore mal connues. Nous ferons la même remarque à l'égard de l'huile grasse qui se trouve en abondance dans les graines de l'Arachis et du *Moringa oleifera*.

La famille des Légumineuses est riche en principes colorans. Le plus précieux de tous est, sans contredit, l'Indigo, que l'on retire des espèces du genre *Indigofera*, mais qui existe aussi dans d'autres Plantes de la même famille et même de familles différentes. Nous devons encore mentionner ici les différens bois de teinture, tels que le bois du Brésil et le bois de Sapan, produits par deux espèces du genre Cæsalpinie, le bois de Campêche par l'Hématoxylon, et le Santal rouge par le *Pterocarpus Santalinus*. Ces différens genres appartiennent à la section des Cæsalpiniées et fournissent un principe colorant rouge. Les diverses espèces de Genêt, au contraire, donnent une belle teinte jaune.

La famille des Légumineuses n'est pas moins importante par le grand nombre de substances alimentaires qu'elle nous fournit. En effet, les graines de toutes les espèces de cette famille qui ont les cotylédons épais et charnus, sont en grande partie formées de fécule amilacée et servent utilement à la nourriture de l'Homme. Qui ignore en effet que les Pois, les Haricots, les Fèves, etc., appartiennent à cette famille ?

Enfin, si nous récapitulons les différens matériaux qui existent dans les Légumineuses; si nous faisons attention aux différences qu'ils présentent dans leur nature et leur mode d'action, nous ne pourrons nous empêcher de conclure que cette famille s'écarte sensiblement des lois d'analogie dans les propriétés médicales, et que malgré des ressemblances assez grandes entre la nature de quelques-uns de ses produits, cette famille doit être comptée parmi celles qui s'éloignent des lois générales de l'analogie entre la structure des organes et les propriétés médicales.

(A. R.)

* LÉIANITE. MIN. Nom donné par Delamétherie à une roche qui est le *Polierschiefer* des minéralogistes allemands. Il y a réuni les Pierres à faux, lesquelles sont des roches mélangées de parties distinctes et de Tripoli. (G..N.)

* LEIBNITZIE. *Leibnitzia.* BOT. PHAN. Genre de la famille des Synanthérées, Corymbifères de Jussieu, et de la Syngenésie superflue, L., établi par H. Cassini (Dict. des Sc. Nat. T. XXV, p. 420) qui l'a placé près du *Leria* dans la tribu des Mutisiées. Voici ses principaux caractères : involucre ovoïde, cachant entièrement les fleurs, formé d'écailles très-inégales, imbriquées, appliquées, étroites, oblongues-lancéolées, épaisses, coriaces, carenées, membraneuses sur les bords, obtuses et colorées au sommet; réceptacle large, plane et nu; calathide dont les fleurons du disque sont nombreux, hermaphrodites, à

deux lèvres, l'extérieure tridentée, l'intérieure divisée en deux jusqu'à la base; ceux de la circonférence presque sur un seul rang, biligulés et femelles; akènes oblongs, comprimés, allongés en col, surmontés d'une aigrette composée de poils très-légèrement plumeux.

Le *Leibnitzia cryptogama*, H. Cass., *Tussilago Anandria*, L., est une Plante herbacée qui croît dans les champs montueux près du fleuve Jénisée en Sibérie. De sa racine s'élèvent immédiatement des hampes et des feuilles. Celles-ci varient de forme et de grandeur; les unes sont lyrées, les autres non lyrées. Les hampes, hautes de deux à trois décimètres, portent des calathides solitaires dont les folioles de l'involucre sont rougeâtres au sommet. Cette Plante fut d'abord nommée *Anandria* par Siegesbeck, qui, n'ayant pas aperçu ses étamines, en tira un argument contre la théorie de la fécondation sexuelle. Cependant, quelques années plus tard, Tursen, un des disciples de Linné, publia, sous sa présidence, dans les Aménités Académiques, une dissertation sur cette Plante, où il prouva l'existence des étamines, et proposa de la réunir au *Tussilago*. Linné inséra, dans son *Hortus Upsaliensis*, de nouvelles observations sur l'*Anandria*. Il prétendit que cette Plante, exposée au soleil et dans un terrain plus sec, changeait de caractères et qu'elle devenait semblable à l'espèce décrite par Gmelin (*Fl. Sibirica*, T. II, p. 143, t. 67, f. 2). En conséquence il en fit deux variétés dépendantes, selon lui, de l'exposition plus ou moins chaude et de la nature du terrain. Néanmoins l'auteur de la Flore de Sibérie fit connaître des observations toutes contraires à celles de Linné, et ajouta comme une preuve de plus en faveur de la diversité des deux espèces, la différence des contrées de la Sibérie qu'elles habitent. La Plante de Gmelin est indigène des environs d'Irkutsk et d'Okotsk. Elle a été adoptée comme espèce distincte par

Willdenow sous le nom de *Tussilago lyrata*, et par Cassini sous celui de *Leibnitzia phænogama*. Celui-ci a confirmé les observations de Tursen, relativement à la présence des étamines dans les Plantes de ce genre ; il est vrai qu'elles sont d'une petitesse extrême et analogues à celles d'une espèce d'Eupatoire, nommée par Cassini *E. microstemon*, en raison de l'exiguité de ses organes mâles. *V*. Bulletin de la Société Philomatique, 1822, p. 143. (G..N.)

LEICHE. *Scymnus*. POIS. Sous-genre de Squale. *V*. ce mot. (B.)

*LEIGHIE.*Leighia*. BOT. PHAN. H. Cassini a proposé, sous ce nom, un sous-genre des *Helianthus*, caractérisé d'après la structure de l'involucre et de l'aigrette. Le premier de ces organes est formé de folioles régulièrement imbriquées, appliquées, surmontées chacune d'un grand appendice très-étalé, analogue aux feuilles. L'aigrette est composée de squamellules sur un seul rang, persistantes, dont deux grandes opposées, triquètres, filiformes, et les autres petites et en forme de paillettes. Ce sous-genre a, selon l'auteur, beaucoup d'affinité avec le *Viguiera* de Kunth. Il renferme les espèces suivantes : 1° *Leighia elegans*, H. Cass., qui est peut-être l'*Helianthus squarrosus* de Kunth (*Nov. Gener. et Spec. Æquin.* T. IV, p. 222, t. 377) ou l'*H. linearis* de Cavanilles. On cultive cette Plante au Jardin du Roi à Paris. 2°. *Leighia bicolor*, Cass.; *Helianthus angustifolius*, L. et Michx., espèce indigène de la Virginie. 3°. *Leighia microphylla*, Cass.; *Helianthus microphyllus*, Kunth (*loc. cit.* T. IV, p. 220, t, 375). Cette espèce a été trouvée au Pérou par Humboldt et Bonpland. (G..N.)

LEIMANTHIUM ou LEIMANTHEMUM. BOT. PHAN. Willdenow a constitué ce genre sur plusieurs espèces placées dans les genres *Helonias* et *Melanthium* par les auteurs. *V*. ces mots. (G..N.)

LEIMONITES. OIS. (Vieillot.) Famille qui comprend les genres Stourne, Etourneau et Pique-Bœuf, dont les espèces se distinguent par le bec droit, très-entier, obtus à l'extrémité qui est un peu aplatie et renflée. (DR..Z.)

* LEINCHERIA ET LEINKERIA. BOT. PHAN. Scopoli et Necker ont substitué ces noms à celui de *Roupala*, employé par Aublet, et que Schreber, R. Brown et Kunth ont encore changé en celui de *Rhopala*. *V*. ce mot. (G..N.)

LÉIOBATE. *Leiobatus*. POIS. (Rafinesque et Blainville.) *V*. RAIE.

* LÉIOCÈRES. MAM. Sous-genre d'Antilope. *V*. ce mot. (B.)

LÉIODE. *Leiodes*. INS. Genre de l'ordre des Coléoptères, section des Hétéromères, famille des Taxicornes, section des Crassicornes (Latr., Fam. Natur. du Règn. Anim.), établi par Latreille et ayant pour caractères : antennes découvertes à leur insertion ou n'ayant point la base cachée par le bord latéral et avancé de la tête, et terminées par une massue de cinq articles ; articles des tarses entiers ; jambes épineuses; corps presque hémisphérique.

Ces Insectes avaient d'abord été confondus avec les Sphéridies qui sont des Pentamères ; Latreille en a, le premier, formé un genre propre. Illiger, n'ayant pas connaissance de son travail, a donné au même genre le nom d'*Anisotoma*, et il y a compris les Phalacres de Paykull. Fabricius a réuni les Léiodes, les Phalacres et les Agathidies sous la même dénomination d'Anisotome. Ce genre, tel qu'il est restreint par Latreille, diffère de celui des Epitrages de cet auteur par la position des antennes et par d'autres caractères tirés des mandibules et des mâchoires; il s'éloigne des Tétratomes, par les antennes qui, dans ceux-ci, ont la massue composée seulement de quatre articles. Les Léiodes ont les mandibules avancées au-delà du labre ; les palpes courts; le dernier article des maxil laires est presque cylindrique , et le même des labiaux presque ovoïde ; les mâchoires ont deux lobes dont l'externe étroit , linéaire et presque en forme de palpe.

Les Insectes de ce genre habitent les Champignons, les vieux bois et les écorces d'Arbres morts. Ils sont assez rares. L'espèce qu'on trouve en France est :

Le LÉIODE FERRUGINEUX , *L. ferruginea*, Latr.; *Anisotoma ferruginea*, Fabr. Il est entièrement rouge , jaunâtre ; les élytres sont striées. *V.*, pour les autres espèces, Fabricius, Panzer et Latreille. (o.)

* LÉIODERMA. BOT. CRYPT. (Persoon.) Sous-genre de Tremelles. *V.* ce mot. (B.)

* LÉIODERMES. REPT. OPH. Famille établie dans notre Tableau erpétologique , et qui ne contient que le genre Cœcilie sur les confins des Ophidiens et des Batraciens. La peau non écailleuse en est le caractère. (B.)

* LÉIODINE. *Leiodina.* INF. Genre de Microscopiques, formé de quelques espèces détachées du genre Cercaire, si incohérent dans Müller. De l'ordre des Gymnodés , il fait partie de la famille des Urodiés. Déjà avancées dans l'organisation , les Léiodines ont une ouverture buccale bien prononcée, mais cette ouverture est dépourvue de cirres. Une queue bifide termine le corps qui se compose d'une sorte de fourreau lâche et comme-musculaire, se contractant ou s'allongeant au moyen d'anneaux peu distincts, mais qui ne leur ont pas moins mérité chez d'anciens micrographes le nom de Chenilles aquatiques. Nous en connaissons trois espèces : 1° *Leiodina Crumena*, N.; *Cercaria Crumena*, Müll., Inf., tab. 20, f. 4-6 ; Encycl., pl. 9, f. 19-21. Ventrue, ayant sa partie antérieure ouverte en forme de cône , sans aucune trompe ni organe qui en sorte, mais avec un organe interne, antérieur et cordiforme toujours agité, qui paraît servir à la respiration et non à la déglutition , com-

me le dit Müller. Elle habite l'eau de mer. 2° *Leiodina vermicularis*, N. ; *Cercaria vermicularis* , Müll., pl. 20, f. 8, 20; Encycl., pl. 9, f. 30-32. Des eaux douces où croît la Lenticule et dans les infusions d'écorce. 3°. *Leiodina forcipata*, N. ; *Cercaria forcipata* , Müll. , pl. 20, f. 21-23 ; Encycl., pl. 9, f. 33-35. Ces deux dernières projettent hors de l'ouverture buccale une sorte de trompe rétractile et bifide, mais nue et sans apparence de cirres ni d'organes rotatoires. (B.)

LÉIOGNATHE. *Leiognathus.* POIS. Le genre formé sous ce nom par Lacépède ne saurait être conservé, selon Cuvier. L'espèce qu'y rapportait le continuateur de Buffon pourrait bien n'être qu'un double emploi de son Cœsio Poulain, et doit rentrer dans le genre Zée. *V.* ce mot. (B.)

* LEIOLOBIUM. BOT. PHAN. De Candolle (*Prodr. Syst. Veget. univ.*, 2, p. 343) a ainsi nommé la seconde section du genre *Hedysarum. V.* SAINFOIN. (G..N.)

* LÉIOPALÆA. BOT. CRYPT. (Acharius.) Sous-genre de Verrucaires. *V.* ce mot. * (B.)

* LEIOPHYLICA. BOT. PHAN. Nom donné par De Candolle (*Prodr. Syst. Veget.*, 2, p. 37) à la seconde section qu'il a établie dans le genre *Phylica. V.* ce mot. (G..N.)

* LÉIOPHYLLE. *Leiophyllum.* BOT. PHAN. Ce genre, de la famille des Rhodoracées et de la Décandrie Monogynie, L., a été établi par Persoon pour le *Ledum thymifolium*. Plus tard, Desvaux (Journ. de Bot.) l'a nommé *Dendrium*, et Pursh *Ammyrsine*. Mais le nom de Persoon doit être préféré, à cause de son antériorité. Voici quels sont ses caractères : le calice est à cinq divisions très-profondes et régulières ; la corolle est comme campanulée, formée de cinq pétales simplement contigus par leur base. Les étamines, au nombre de dix, sont dressées et saillantes; les anthères sont presque globuleuses, à deux loges s'ouvrant par un sillon

longitudinal. L'ovaire est prismatique, appliqué sur un disque hypogyne lobé. Il offre trois loges contenant chacune un grand nombre d'ovules attachés à l'angle interne. Le style est un peu oblique, terminé par un stigmate très-petit, à trois mamelons obtus. Le fruit est une capsule ovoïde, presque globuleuse, terminée à son sommet par le style persistant, enveloppée en partie par le calice et s'ouvrant en trois valves par le sommet.

Ce genre a été formé, ainsi que nous l'avons dit précédemment, aux dépens du genre *Ledum* dont il diffère, 1° par son calice à cinq divisions profondes ; 2° par ses anthères globuleuses s'ouvrant par un sillon longitudinal et non par un pore ; 3° par son ovaire à trois loges et son style oblique ; 4° par sa capsule à trois loges et à trois valves s'ouvrant par le sommet et non par la base.

Une seule espèce compose ce genre, c'est le *Leiophyllum thymifolium*, Pers., ou *Ledum thymifolium*, Ait., *Ammyrsine buxifolia*, Pursh. C'est un petit Arbrisseau ayant le port d'un Diosma, rameux, élevé d'environ un pied, dont les feuilles éparses sont petites, obovales, obtuses, coriaces, glabres et luisantes sur les deux faces. Les fleurs sont très-petites, blanches, pédonculées, réunies en grand nombre au sommet des rameaux. Il croît dans les lieux humides de l'Amérique septentrionale.   (A. R.)

LÉIOPOMES. pois. Famille établie par Duméril dans l'ordre des Holobranches, sous-ordre des Thoraciques, que caractérisent les ventrales au-dessous des pectorales ; un corps épais, comprimé ; les mâchoires garnies de dents et les opercules lisses. Des espèces maritimes la composent et y sont distribuées dans les genres Chéiline, Labre, Girelle, Rason, Chromis, Plésiops, Ophicéphale, Chéilion, Chéilodiptère, Hologymnose, Monodactyle, Trichopode, Osphronème, Hiatule, Coris, Gomphose, Filou, Plectorhynque, Pogonias, Spare, Diptérodon et Mulet. (B.)

* **LÉIOPOTERIUM**. bot. phan. Nom donné par De Candolle (*Prodr. Syst. Veget.*, 2, p. 549) à la première section qu'il a établie dans le genre *Poterium*. *V.* ce mot. (G..N.)

* **LEIOREUMA**. bot. crypt. (*Lichens.*) L'*Opegrapha Lyellii* (*English Botan.*, vol. 27, tab. 1876) a servi à établir ce genre. Eschweiler, qui en est l'auteur (*Systema Lichenum*, p. 13), le caractérise de la manière suivante : thalle crustacé, attaché, uniforme (souvent coloré); apothécion allongé, linéaire, oblong, immargé, sous-ramuleux ; périthécium latéral, plane, élargi, faisant corps avec la marge formée par le thalle ; nucléum à quatre faces, à disque plane, canaliculé (noir), voilé de blanc dans la jeunesse ; thèques grandes dans plusieurs espèces, ovales-cylindriques, en anneaux. Le genre *Leioreuma* est le deuxième genre de la première cohorte des Graphidées.   (A. F.)

LÉIOSTOME. pois. (Lacépède.) *V.* Sciène.

* **LEIOSTROMA**. bot. crypt. (*Champignons.*) Nom proposé par Fries pour remplacer celui de *Thelephora*, généralement employé par les botanistes.   (A. F.)

* **LÉIOTRIQUES**. mam. Première section du genre Homme. *V.* ce mot.   (B.)

LEISTE. *Leistus*. ins. Nom donné par Frœlich au genre Pogonophoré de Latreille. *V.* ce mot.   (G.)

* **LEJEUNIA**. bot. crypt. (*Hépatiques.*) Ce genre a été créé dans les Annales des Sciences physiques de Bory de Saint-Vincent et Drapiez, par mademoiselle Libert qui, à Malmédy, s'occupe avec succès des parties les plus difficiles de la botanique. Il est fondé sur deux Jungermannes parfaitement figurées dans le recueil précité ; l'une était le *Jungermannia minutissima* de Hooker, l'autre le *Jungermannia serpillifolia* de Dickson, qui toutes deux croissent dans les Ardennes sur l'écorce des Arbres. (A. F.)

LÉLÉBA. bot. phan. Syn. de Cay-Hop, *V.* ce mot, à Amboine. (b.)

* LÉMA. pois. On ne saurait reconnaître les deux Poissons d'Amboine auxquels Ruysch a donné ce nom de pays. (b.)

LEMA. *Lema.* ins. Genre établi par Fabricius, et correspondant à celui de Criocère. *V.* ce mot. (g.)

LÉMANÉE. *Lemanea.* bot. crypt. (*Chaodinées.*) Genre que nous avons institué en 1808 dans les Annales du Muséum d'Histoire naturelle (T. xii, p. 177, pl. 21) aux dépens des Conferves de Linné, et dont nous avions alors bien mal saisi les caractères. Trompés par une figure de Vaillant qui induisit en erreur les botanistes, et par des observations faites trop légèrement sur le sec, nous avions cru à l'existence d'un filament interne et n'avions pas vu le mucus dont les filamens des véritables Lémanées sont remplis, et qui lui-même, pénétré de ramules formées d'articles ovoïdes, présente au microscope l'organisation d'un Nostoc, d'un Chœtophore, ou des ramules de Batrachosperme. On dirait l'une de ces Plantes intérieurement ensérée dans la substance membraneuse et nue dont se forment les filamens rigides et non muqueux des Lémanées, qu'on pourrait considérer comme des Batrachospermes retournés. Nous ignorons absolument le mode de reproduction de ces Plantes. Vaucher a été comme nous induit en erreur par des êtres parasites, et particulièrement par la présence de l'une de nos Audouinelles, quand il a parlé de bourrelets et de verticilles. Mais il avait mieux que nous démêlé la structure interne et caractéristique dont nous devons la démonstration à l'infatigable Mougeot. Agardh adopta notre genre Lémanée, et nous pensons que les raisons qui ont déterminé Lyngbye, d'après l'exemple de Link, à changer son nom pour celui de *Nidularia*, sont insuffisantes. Le nom du savant et modeste Léman mérite bien qu'on le conserve dans la botanique, et parce qu'il existe un

naturaliste étranger, Lehmann, auquel Sprengel dédia un genre *Lehmannea*, nous ne voyons pas pourquoi notre compatriote n'obtiendrait point un honneur dont la différence d'orthographe ne ferait pas un double emploi de nom. Nous persévérerons donc à maintenir le nom de Lémanée, en reportant aux Batrachospermes nos *L. batrachospermosa, sertularina* et *Dillenii.* Mieux observé aujourd'hui, notre genre demeurera composé du *Lemanea Corallina*, N., qui est le *Conferva fluviatilis* de Linné, du *L. incurvata* qui fut le *Conferva torulosa* des auteurs, et du *L. fucina,* espèce fort rare et certainement très-distincte de toutes les autres, encore qu'Agardh nous ait paru la confondre avec notre *Corallina.* Agardh, dans son *Systema*, en ajoute deux espèces sous les noms de *subtilis* et de *variegata :* la première originaire des rivières d'Ostro-Gothie, et la seconde des fleuves de l'Amérique septentrionale. (b.)

* LÉMANINES. bot. phan. Sous-genre de Batrachospermes. *V.* ce mot. (b.)

LÉMANITE. min. Jade de Saussure, des bords du lac Léman. *V.* Jade. (g. del.)

LEMIA. bot. phan. Ce genre, proposé par Vandelli (*Flor. Lusit. Bras.*, p. 36, t. 2) ne diffère pas du *Portulaca* de Linné. *V.* Pourpier. (g..n.)

LEMING ou LEMMING. mam. Espèce et sous-genre de Campagnols. *V.* ce mot. (b.)

LEMMA. bot. crypt. (*Marsiléacées.*) Quelques auteurs ont voulu substituer ce nom emprunté de Théophraste à celui de Marsilée, *Marsilea.* On ne peut guère deviner ce qu'était le Lemma des anciens; il paraît que c'était quelque Fucacée ou Ulve croissant sur les écailles d'Huître. (b.)

LEMMER-GEYER. ois. Syn. de Gypaète barbu. *V.* Gypaète. (b.)

LEMMING. mam. *V.* Leming.

LEMNA. bot. phan. *V*. Lenticule.

LEMNESCIA. bot. phan. Schreber et Willdenow ont inutilement proposé ce nom pour remplacer celui de *Vantanea* employé par Aublet. *V*. ce mot. (g..n.)

* LEMNIA. rept. batr. La Grenouille qui porte ce nom dans Séba, et que cet auteur dit être la nourriture habituelle d'un Serpent du même nom, n'est pas déterminée. (b.)

LEMNISQUE. rept. oph. Espèce du genre Couleuvre. *V*. ce mot. (b.)

LÉMONIATIS. min. La Pierre précieuse ainsi nommée chez les anciens, notamment dans Pline, est l'Emeraude selon Wallerius. (b.)

LÉMONIE. *Lemonia*. bot. phan. Sous ce nom générique l'abbé Pourret (*Act. Tolos.*, vol. 3, p. 13) a séparé les espèces de *Gladiolus* dont le périanthe est campanulé, le tube court, légèrement courbé, les divisions presque égales et ovales. Personne n'a fait de ce genre qu'une simple division du *Gladiolus*. *V*. Glayeul. (g..n.)

* LÉMOSTHÈNE. *Lemosthenus*. ins. Genre de l'ordre des Coléoptères, section des Pentamères, famille des Carnassiers, tribu des Carabiques Thoraciques, établi par Bonelli et réuni par Latreille (Règn. Anim. T. iii) au genre Dolique. *V*. ce mot. (g.)

LÉMOULEMON. ins. A Cayenne, on désigne sous ce nom un Insecte qui paraît appartenir à la famille des Capricornes. (g.)

LÉMUR. mam. *V*. Lémuriens et Maki.

LÉMURIENS. *Lemurini*. mam. Seconde famille de l'ordre des Quadrumanes établie par Geoffroy Saint-Hilaire : elle comprend les genres Indri, Maki, Loris, Nyctièbe, Galago, Tarsier, et en général tous ces Animaux connus sous le nom vulgaire de faux Singes, à cause de leurs nombreux rapports avec la première famille de l'ordre, ou celle des vrais Singes. On a déjà, dans ce Dictionnaire, remarqué plusieurs fois que Linné, le législateur de la zoologie, guidé par un sentiment exquis des rapports des êtres, avait comme deviné tout ce qu'une étude approfondie a révélé à ses successeurs. La famille des Lémuriens correspond en effet exactement au genre *Lemur* de Linné, de même que celle des Singes à son genre *Simia*. Les Lémuriens se distinguent facilement par leurs dents incisives qui ne sont plus, comme chez les Singes, au nombre de quatre à chaque mâchoire, par l'ongle de leur deuxième doigt des pieds de derrière, qui est en alène, et par leurs narines terminales et sinueuses, d'où le nom de *Strepsirrhinins* donné aussi à cette famille par Geoffroy Saint-Hilaire. (is. g. st.-h.)

LENA-NOËL. bot. phan. C'est-à-dire Bois de Noël, et qu'on prononce Legna. Nom du *Convolvulus scoparius* qui donne le bois de Rose aux Canaries. (b.)

LENDOLA. pois. L'un des synonymes vulgaires d'Exocet. *V*. ce mot. (b.)

* LENGON. bot. phan. On ne peut reconnaître de quel fruit gros comme une Noix veut parler sous ce nom Flacourt, dans sa relation de Madagascar. Il noircit l'intérieur de la bouche et parfume l'haleine. (b.)

* LENGUADO. pois. (Delaroche.) Syn. de *Pleuronectes Sola*, L., aux îles Baléares. *V*. Pleuronecte. (b.)

LÉNIDIE. *Lenidia*. bot. phan. Le genre de Dilléniacées, ainsi nommé par Du Petit-Thouars, avait déjà été nommé *Wormia* par Roth. Ce dernier nom doit être conservé. *V*. Wormie. (a.r.)

* LÉNOK. pois. (Pallas.) Espèce de Saumon des torrens de la Sibérie orientale. (b.)

LENS. ins. *V*. Lente.

LENS. bot. phan. *V*. Lentille.

LENTAGINE. bot. phan. L'un des noms vulgaires du *Viburnum Tinus*. *V*. Viorne. (b.)

LENTAGO. bot. phan. Espèce du genre Viorne dans Linné. Césalpin donnait ce nom au *Viburnum Tinus*. (b.)

LENTE. pois. (Risso.) Le *Sparus Cetti* à Nice. (b.)

LENTE. *Lens*. ins. Nom donné aux œufs du Pou de la tête de l'Homme. *V*. Pou. (g.)

* LENTÉ. bot. phan. (Garidel.) Le *Medicago falcata* dans quelques cantons du midi de la France. (b.)

LENTIBULARIA. bot. phan. Syn. d'Utriculaire. *V*. ce mot. (b.)

* LENTIBULARIÉES. *Lentibulariæ*. bot. phan. Petite famille appartenant à la classe des Plantes dicotylédones monopétales hypogynes, établie par le professeur Richard, adoptée par Poiteau et Turpin (Fl. Paris, 1, p. 26) et par R. Brown (*Prodr. Flor. Nov.-Holland.*, 1, p. 429). Cette famille, qui ne se compose que des seuls genres Utriculaire et Pinguiculaire jusqu'alors placés dans les Primulacées, offre les caractères suivans : le calice est persistant, monosépale, à deux ou trois divisions disposées en deux lèvres ; la corolle est monopétale, irrégulière, éperonnée, à deux lèvres. Les étamines, au nombre de deux, sont insérées tout-à-fait à la base de la corolle et incluses. Les anthères sont terminales et uniloculaires. L'ovaire est sessile, à une seule loge, contenant un grand nombre d'ovules très-serrés les uns contre les autres sur un trophosperme globuleux, central et dressé. Le style est simple et très-court ; le stigmate est membraneux, composé de deux lamelles inégales. Le fruit est une capsule uniloculaire, polysperme, ayant un trophosperme ou placenta central et s'ouvrant soit par son sommet au moyen d'une fente longitudinale, soit comme une boîte à savonnette, c'est-à-dire par le moyen d'un opercule. Les graines sont très-petites, dé-

pourvues d'endosperme et renfermant un embryon ordinairement indivis et comme monocotylédon.

Les Plantes qui composent cette famille sont de petites Herbes qui vivent au milieu des eaux ou dans les lieux humides, tourbeux ou inondés. Leurs feuilles sont disposées en rosette à la base des tiges, ou caulinaires, divisées en lobes capillaires, radiciformes et vésiculeuses. Cette petite famille se distingue surtout des Primulacées par son port, par ses étamines qui ne sont pas opposées aux lobes de la corolle et ses graines dépourvues d'endosperme. (a. r.)

LENTICULA. bot. phan. Syn. de Lenticule. *V*. ce mot. (b.)

LENTICULAIRES ou PIERRES LENTICULAIRES. moll. Nom que l'on donne quelquefois aux Lenticulites et aux Nummulites. On donne particulièrement le nom de Pierres lenticulaires à celles qui contiennent un grand nombre de ces corps agrégés par un circuit solide. (d..h.)

LENTICULE. *Lemna*. bot. phan. Il n'est personne qui n'ait remarqué à la surface des eaux dormantes dans les fossés et les marres, ces petites efflorescences d'un vert clair, ayant à peu près la forme de Lentilles, et que pour cette raison on nomme vulgairement Lentilles d'eau. Ce sont autant de petites Plantes phanérogames qui forment un genre particulier dans la famille des Nayades, et qui a reçu successivement les noms de *Lenticula*, *Hydrophace* et *Lemna*. Comme ces Plantes sont d'une grande ténuité et que l'organisation de leurs fleurs, à cause de leur extrême petitesse, est encore fort peu connue, nous croyons devoir la décrire avec quelque détail, l'ayant étudiée complétement dans toutes ses parties, dans une des espèces que l'on rencontre le plus communément.

La *Lemna gibba*, L., *Sp*. 1377, est une petite Plante annuelle, flottante à la surface des eaux où elle ressemble en quelque sorte à des petites feuilles lenticulaires dépourvues de tige et de pétioles; tantôt elles sont isolées, tantôt elles sont réunies et groupées. Ces petites frondes qui composent toute la Plante, remplissent à la fois les usages de tiges et de feuilles. Elles sont, ainsi que nous l'avons dit, lenticulaires, très-renflées et gibbeuses à leur face inférieure qui est séparée de la supérieure par un rebord mince et saillant. Vers la partie la plus étroite de la fronde on observe de chaque côté du rebord une fente ou fissure par laquelle on voit sortir soit une autre fronde, de laquelle il doit en sortir une troisième un peu plus tard, soit les fleurs et quelques radicules qui descendent perpendiculairement. Les fleurs sont monoïques et renfermées d'abord complétement dans une spathe sessile, monophylle, comprimée, irrégulièrement cunéiforme, mince, membraneuse et comme réticulée. Cette spathe se fend sur l'une de ses faces pour laisser saillir les étamines et le style. Chacune d'elles renferme une fleur femelle, qui se compose d'un pistil unique et d'une à deux fleurs mâles également composées d'une seule étamine. Ces étamines ou fleurs mâles offrent un filet cylindrique plus long que le pistil, terminé à son sommet par deux anthères juxta-posées, globuleuses, uniloculaires et s'ouvrant chacune par un sillon longitudinal. Le pistil offre un ovaire ovoïde comprimé, à une seule loge contenant de deux à cinq ovules dressés. Le style est gros, cylindrique, terminé par un stigmate tronqué et concave. Le fruit est une petite capsule arrondie, quelquefois comprimée, contenant une ou plusieurs graines et restant indéhiscente. Ces graines qui sont ovoïdes-arrondies, marquées d'une suture saillante ou raphé, se composent d'un tégument propre assez épais et d'un embryon monocotylédon, qui forme à lui seul toute la masse de l'amande. Plusieurs autres espèces de ce genre croissent également dans nos eaux dormantes; telles sont les *Lemna trisulca*, *L. mi-*

nor, *L. polyrhiza* qui est la plus grande, et *L. arhiza* qui est plus petite.

(A. R.)

LENTICULINE et LENTICULITE. moll. Ce genre, que l'on confondait autrefois avec les Camérines ou Nummulites, a été créé par Lamarck pour de petits corps lenticulaires polythalames qui ne diffèrent des Nummulites que par les cloisons qui s'étendent jusqu'au centre de la coquille et par l'ouverture qui reste visible lorsque celle des Nummulites disparaît constamment. Ces caractères ont paru suffisans à la plupart des zoologistes pour conserver les deux genres et les placer dans des familles différentes. Une étude comparative des espèces de ces deux genres, et surtout de celles qui ne sont pas pétrifiées, aurait fait apercevoir une structure absolument semblable dans les deux genres; si quelques légères différences se remarquent quelquefois, elles se lient toujours par des nuances insensibles. Nous traiterons de ces corps au mot NUMMULITES.

(D..H.)

*LENTIGO. moll. Klein (*Method. Ostrac.*, p. 100) propose de réunir dans le genre qu'il nomme ainsi, toutes les Coquilles dont les tubercules aplatis et arrondis ressemblent plus ou moins à des Lentilles. De pareils genres ne méritent pas même d'être examinés.

(D..H.)

LENTILIER. *Lenticulus.* pois. Syn. d'Achire. *V.* ce mot. (B.)

LENTILLAC. pois. L'un des noms vulgaires de l'Emissole, espèce de Squale. *V.* ce mot. (B.)

LENTILLADE. pois. Ce nom s'applique, sur les côtes de la Méditerranée, à plusieurs espèces de Raies, particulièrement à l'Oxyrinque (B.)

LENTILLE. *Lens.* bot. phan. Ce genre, établi par Tournefort, a été réuni par Linné aux espèces d'Ers (*Ervum*) dont il ne diffère que par sa gousse plus comprimée, à une ou deux graines lenticulaires et non globuleuses. *V.* Ers. (A. R.)

LENTILLEN. BOT. PHAN. L'un des noms vulgaires du *Lathyrus sativus*. *V.* GESSE. (B.)

LENTISQUE. *Lentiscus.* BOT PHAN. Espèce du genre Pistachier. On a quelquefois fort improprement appelé l'individu mâle, LENTISQUE DU PÉROU, et le *Phyllirea angustifolia* LENTISQUE BATARD OU FAUX LENTISQUE. (B.)

LENTOS. BOT. PHAN. (Gouan.) Syn. vulgaire d'*Ononis Natrix*. *V.* ONONIDE. (B.)

***LENZINITE.** MIN. (John.) Substance blanche, d'un aspect mat et terreux, tendre, légèrement translucide et opaline, douce au toucher et happant à la langue. Pesant spécifiquement 2,10, elle est composée, suivant John de Berlin, de Silice, 37; Alumine, 57, et Eau, 25. Elle est regardée par Brongniart comme une variété de son espèce Collyrite. On la trouve en morceaux isolés à Kall, dans l'Eifeld. (G. DEL.)

LEO. MAM. *V.* LION au mot CHAT.

LEOCARPUS. BOT. CRYPT. (*Champignons.*) Petits Champignons presque globuleux, munis d'un péridium simple, membraneux ou crustacé, fragile, et qui s'ouvre pour donner passage aux séminules; celles-ci sont entassées sur des filamens fixés intérieurement et à la base. Ce genre a été créé par Link qui, quelque temps après, l'a réuni au *Physarum* dont il est en effet très-voisin, ainsi que du *Diderma V.* ces mots. (A. F.)

LEOCROCOTTE. MAM. La crédule antiquité donnait ce nom à un Animal fabuleux qu'on supposait provenu de l'accouplement de l'Hyène mâle avec la Lionne. (H.)

*** LÉODICE.** *Leodice.* ANNEL. Genre de l'ordre des Néréidées, famille des Eunices, établi par Savigny (*Syst.* des Annelides, p. 13 et 48) aux dépens du genre Eunice de Cuvier qu'il a érigé en famille, et ayant pour caractères distinctifs : trompe

armée de sept mâchoires, trois du côté droit, quatre du côté gauche; les deux mâchoires intérieures et inférieures très-simples. Antennes découvertes : les extérieures longues, filiformes; les mitoyennes et l'impaire de même. Branchies pectinées. Front à deux ou à quatre lobes. Ce genre offre plusieurs traits de ressemblance avec ceux de Lysidice, d'Aglaure et d'OEnone; il diffère essentiellement des deux derniers par un nombre moindre de mâchoires, et il se distingue des Lysidices par la longueur des antennes, les branchies pectinées et le front lobé. Un examen plus attentif fournit encore d'autres caractères : le corps des Léodices est linéaire, cylindrique, composé de segmens courts et nombreux; le premier segment n'étant point rétréci ni saillant sur la tête, et le second étant plus court que le troisième. Les pieds sont dissemblables, c'est-à-dire qu'on voit des cirres tentaculaires, allongés, subulés, non articulés, rarement nuls, et des pieds proprement dits ambulatoires, pourvus de cirres; ces pieds ont deux faisceaux distincts, outre un paquet de soies coniques, qui sort de la base du cirre supérieur; les soies sont simples ou terminées par un appendice. Quant aux cirres ils ont plus ou moins de saillie; les supérieurs sont plus pointus, les inférieurs sont généralement gibbeux à leur base extérieure. La dernière paire de pieds diffère essentiellement des autres, en ce qu'elle est convertie en deux filets terminaux. Les branchies sont filiformes, légèrement annelées, pectinées d'un côté, surtout vers le tiers ou le milieu du corps; les dents qui les composent sont longues, filiformes, et décroissent par degrés de la base au sommet de la tige commune; elles sont tournées du côté de la rame. La tête est plus large que longue, rétrécie par derrière, divisée par devant en quatre ou deux lobes, parfaitement libre, et découverte ainsi que les antennes. Les yeux sont grands et situés entre les antennes

mitoyennes et les antennes extérieures. Les antennes sont complètes,
plus longues que la tête; les mitoyennes grandes, filiformes, composées
quelquefois d'articles grenus; l'impaire exactement semblable aux mitoyennes, plus longue ; les extérieures ressemblant de même exactement
aux mitoyennes, plus courtes. La
bouche offre une trompe qui ne dépasse pas le front, et qui est pourvue
de mâchoires, au nombre de sept,
trois à droite et quatre à gauche ; les
extérieures s'appliquant complète-
ment sur les intérieures dans le repos. Les deux premières, à commencer par les intérieures ou les postérieures, sont semblables l'une à l'autre, étroites, avancées, non dentées,
pointues, crochues à leur bout, exactement opposées et articulées sur une
double tige plus courte qu'elles; les
secondes sont encore presque semblables entre elles, larges, aplaties,
obtuses, profondément crénelées, opposées, ou à peu près, et articulées
sur le dos des premières, dont elles
ne dépassent pas le bout lorsqu'elles
sont fermées ; les troisièmes sont demi-circulaires, concaves, profondément crénelées ; celle du côté droit
est plus petite, plus finement crénelée, plus rentrée que sa correspondan-
te, et située aussi un peu plus haut,
presque vis-à-vis la quatrième et dernière mâchoire du côté gauche, qui
est également demi-circulaire, crénelée et courbée en voûte. La lèvre
inférieure est beaucoup plus large
que la première paire de mâchoires.
Ces mâchoires si compliquées et la
double tige qui les supporte, ne répondent visiblement, suivant Savigny, qu'aux deux mâchoires supérieures des Aphrodites ; la lèvre, par
sa position, serait l'analogue de leurs
mâchoires inférieures. Savigny décrit
huit espèces qu'il range dans deux
tribus, de la manière suivante :

† Deux cirres tentaculaires derrière la nuque. Cirres supérieurs de tous
les pieds, beaucoup plus longs que
les rames, peu ou point dépassés par
les branchies.

1ʳᵉ Tribu : *Leodicæ simplices.*

La Léodice gigantesque, *L. gigantea*, Sav., ou l'*Eunice gigantea*,
Cuv., qui est la même espèce que la
Nereis aphroditois de Pallas (*Nova
Act. Petrop.* T. 11, p. 229, tab. 5,
fig. 1-7), est la plus grande des Annelides connues; son corps est long
de quatre pieds et davantage. On la
trouve dans la mer des Indes.

La Léodice antennée, *L. anten-
nata*, Sav. (ouvrage d'Egypte, pl. 5,
fig. 1); elle est très-commune, sur
les côtes de la mer Rouge, dans les
cavités des Madrépores, des Coquilles, etc.

Les autres espèces de cette tribu
sont : les *Leodice gallica*, Sav.; *L.
norwegica*, Sav., ou la *Nereis norwegica* de Linné; *L. pinnata*, Sav.,
ou la *Nereis pinnata* de Müller; et *L.
hispanica*, Sav.

†† Point de cirres tentaculaires.
Cirres supérieurs aussi courts ou plus
courts que les rames, dépassés de
beaucoup par les branchies.

2ᵉ Tribu : *Leodicæ marphysæ.*

La Léodice opaline, *L. opalina*,
Sav., ou la *Nereis sanguinea* de Montagu (*Trans. Linn. Soc.* T. xi, p.
26, tab. 3, fig. 1); on la trouve sur
les côtes de l'Océan.

La Léodice tubicole, *L. tubicola*, Sav., ou la *Nereis tubicola* de
Müller (*Zool. Dan.* part. 1, page 60,
tab. 18, fig. 1-6). Elle a été trouvée
dans les mers du Nord, et offre cette
particularité remarquable d'habiter
constamment des tubes solides et
transparens comme de la corne.
(AUD.)

LEONCITO. MAM. Ce nom signifie proprement Lionceau en espagnol, il paraît que les habitans de
l'Amérique méridionale l'ont appliqué à une petite espèce de Singe. *V.*
Tamarin. (R.)

LÉONIE. *Leonia.* BOT. PHAN.
Genre de la Pentandrie Monogynie,
L., établi par Ruiz et Pavon (*Flor.
Peruv. et Chil.* 2, p. 69, t. 222), et

ainsi caractérisé : calice très-court, à cinq dents arrondies, scarieuses sur les bords et caduques ; corolle six fois plus grande que le calice, à cinq pétales concaves et obovales ; urcéole membraneux, très-petit, à cinq dents, chacune surmontée d'une anthère biloculaire ; style très-court, terminé par un stigmate aigu ; baie ou drupe globuleuse, à plusieurs loges monospermes. Le professeur De Jussieu (*Ann. du Mus. d'Hist. Nat.*, 15, p. 349) pense que ce genre doit être réuni au *Theophrasta*, et par conséquent qu'il doit prendre place à la fin de la famille des Apocynées.

Le *Leonia glycicarpa*, Ruiz et Pav., *loc. cit.*, est un Arbre de douze à quinze mètres de haut, qui croît dans les forêts des Andes du Pérou. Son tronc est cendré ; ses branches, formant une cime épaisse, sont couvertes de feuilles alternes, très-grandes, ovales, oblongues, acuminées, coriaces, très-entières, fortement veinées en dessous, luisantes supérieurement. Les fleurs sont disposées en grappes ou en panicules axillaires, et munies de bractées très-petites, ovales et membraneuses. (G..N.)

LEONICENIA. BOT. PHAN. Scopoli et Necker (*Elem. Bot.*, 784) ont donné ce nom générique à une Plante rapportée au *Fothergilla* par Aublet, et que l'on doit, selon Jussieu, placer dans les Mélastomées. (G..N.)

LEONICEPS. MAM. (Klein.) Syn. de Pinche. (B.)

LEONOTIS. BOT. PHAN. Persoon (*Enchirid.*, 2, p. 127) a donné ce nom à une division du genre *Phlomis*, caractérisée par la lèvre supérieure de la corolle très-longue, dressée, concave, l'inférieure très-courte, trifide et marcescente. Cette section a été élevée au rang de genre par R. Brown (*Prodr. Flor. Nov.-Holl.* et *in Hort. Kew.*, 2ᵉ édit., 3, p. 409) qui, en outre, a formé aux dépens des *Phlomis* un troisième genre nommé *Leucas*. Le *Leonotis* correspond à l'ancien genre *Leonurus* de Tournefort. Il se compose de trois espèces originaires du cap de Bonne-Espérance et des Indes-Orientales, savoir : 1° *Leonotis Leonurus*, ou *Phl. Leonurus*, L. ; 2° *L. Leonotis*, ou *Phl. Leonotis* L. ; et *L. nepetifolia* ou *Phl. nepetifolia*, L. V., pour plus de détails sur ces Plantes remarquables par leur beauté, le mot PHLOMIDE. (G..N.)

LÉONTICE. *Leontice*. BOT. PHAN. Genre de la famille des Berbéridées, composé d'un petit nombre d'espèces herbacées vivaces, qui croissent en Orient ou dans l'Amérique septentrionale. Leur calice est caduc, composé de six sépales disposés sur deux rangs et alternativement plus petits ; leur corolle de six pétales ovales, dépourvus de glandes, mais munis sur leur onglet chacun d'une petite écaille ; les étamines au nombre de six ont les filets très-courts, l'ovaire libre est surmonté d'un style ovoïde, allongé, court, oblique, que termine un stigmate simple. Le fruit est une capsule vésiculeuse, ovoïde, mince et membraneuse, à une seule loge contenant trois à quatre graines globuleuses insérées au fond de la capsule, qui est tantôt indéhiscente, et tantôt se rompt irrégulièrement. Les graines se composent, outre le tégument, d'un endosperme charnu, creux dans son centre et contenant un embryon dressé.

Les Léontices ont ordinairement une souche charnue, tubéreuse, d'où s'élèvent des feuilles radicales pétiolées, divisées en lobes nombreux. Leur tige porte une ou plusieurs feuilles. Leurs fleurs forment des épis ou des panicules. Le professeur Richard, dans la Flore de Michaux, avait retiré de ce genre le *Leontice thalictroides*, pour en faire un genre particulier sous le nom de *Caulophyllum*. Mais ce genre, qui a été adopté par Willdenow et Nuttall, ne l'a pas été par De Candolle qui en fait simplement une section du genre Léontice.

La Plante nommée par Linné *Leontice Leontopetaloides*, n'est autre

chose que son *Tacca pinnatifida.*
(A. R.)

* LÉONTICOIDES. BOT. PHAN. Nom donné par De Candolle (*Syst. Veget. Nat.*, 2, p. 114) à la première section du genre *Corydalis*, laquelle renferme seulement les *Corydalis verticillaris* et *Corydalis oppositifolia*, indigènes de la Perse et de l'Asie-Mineure. (G..N.)

LÉONTOBOTANOS. BOT. PHAN. Syn. d'Orobanche. *V.* ce mot. (B.)

LEONTODON. BOT. PHAN. *V.* LION-DENT.

LÉONTODONTOIDÉES ou FAUX LION-DENTS. BOT. PHAN. Première section établie par De Candolle (*Syn.*, p. 258, et Flor. Fr. T. IV, 17) dans le genre *Hieracium*, si nombreux en espèces. *V.* ÉPERVIÈRE. Ce nom est renouvelé de Micheli et de Séb. Vaillant. (B.)

* LEONTONYX. BOT. PHAN. Genre de la famille des Synanthérées, Corymbifères de Jussieu, et de la Syngénésie superflue, L.?, établi par H. Cassini (Dict. des Sc. Nat., vol. 25, p. 466) qui l'a ainsi caractérisé : involucre oblong, formé de folioles imbriquées, appliquées, oblongues, lancéolées, coriaces, membraneuses, terminées par un appendice oblong, tubulé, arqué en dehors, roide, épais et coriace; réceptacle plane et nu ; calathide oblongue, composée de fleurons égaux, nombreux, réguliers, hermaphrodites, offrant à la circonférence trois ou quatre fleurs femelles, à corolle plus grêle et tubuleuse ; ovaires cylindriques, ornés de papilles, surmontés d'une aigrette longue et formée de poils légèrement plumeux dans leur partie supérieure. Les calathides nombreuses forment un capitule irrégulier, entouré d'un involucre de bractées foliacées. Ce genre, constitué aux dépens du *Gnaphalium* de Linné, a de grands rapports avec celui-ci, ainsi qu'avec le *Leontopodium*, autre démembrement du *Gnaphalium* ; il se rapproche également des *Helichrysum. V.* ces mots pour

la comparaison des caractères génériques.

Les deux espèces qui composent ce genre sont : 1° *Leontonyx tomentosa*, Cass., ou *Gnaphalium squarrosum*, L. ; 2° *L. colorata*, Cass., ou *Gn. tinctum*, Thunb. Elles croissent au cap de Bonne-Espérance. (G..N.)

LEONTOPETALON ou LEONTOPETALUM. BOT. PHAN. C'était le nom employé par les anciens botanistes pour désigner la Plante de l'Italie et de l'Orient à laquelle Linné donna celui de *Leontice Leontopetalum.* Tournefort l'avait admis comme nom générique, et il y avait réuni le *Chrysogonum* de Dioscoride, mais la dénomination de *Leontice* quoique postérieure a prévalu. Le mot de *Leontopetalum* est employé par De Candolle (*Syst. Veget. Nat.*, 2, p. 24) pour désigner la première section de ce genre. (G..N.)

* LÉONTOPHTALME. *Leontophtalmum.* BOT. PHAN. Genre de la famille des Synanthérées, Corymbifères de Jussieu, et de la Syngénésie superflue, L., établi par Willdenow (*Magaz. der nat. freund. zu Berl.* 1. *Jahr.* 1807, p. 140) et ainsi caractérisé par Kunth (*Nov Gener. et Spec. Plant. æquin.* T. IV, p. 296) : involucre accompagné à sa base de quatre bractées coriaces et inégales, composé de folioles imbriquées, oblongues, arrondies au sommet, scarieuses et striées ; réceptacle garni de paillettes lancéolées, carenées, un peu plus longues que l'ovaire, et découpées en deux, trois ou quatre dents; calathide dont les fleurons du centre sont nombreux, tubuleux, hermaphrodites, et ceux de la circonférence en languettes cunéiformes, et femelles; akènes surmontés d'une aigrette formée de paillettes nombreuses, linéaires, subulées, scarieuses, blanchâtres, planes, égales, et persistantes. Kunth a placé ce genre dans la tribu des Hélianthées à laquelle Cassini l'a également rapporté. Le *Leontophtalmum peruvianum*, Kunth, *loc. cit.*, tab. 409, en,

est l'unique espèce. Elle a été rapportée du Pérou par Humboldt et Bonpland. C'est un Arbuste à feuilles opposées, entières, coriaces, à fleurs terminales, solitaires, jaunes et longuement pédonculées. (G..N.)

LÉONTOPODE. *Leontopodium.* BOT. PHAN. Sous ce nom, employé par les anciens pour désigner des Plantes de familles diverses, parmi lesquelles on remarque quelques Synanthérées, Persoon avait formé un sous-genre parmi les *Gnaphalium.* En 1817, R. Brown proposa de l'élever au rang de genre, mais il n'en donna point les caractères. Nous allons exposer les plus essentiels parmi ceux qui ont été tracés par Cassini d'abord dans le Bulletin de la Société Philomatique, de septembre 1819, puis rectifiés dans le Dictionnaire des Sciences Naturelles, vol. 25, p. 473 : involucre arrondi, composé de folioles inégales, imbriquées, appliquées, ovales-oblongues, coriaces, laineuses extérieurement, glabres intérieurement, pourvues d'une large bordure scarieuse et irrégulièrement découpée; réceptacle hémisphérique, profondément alvéolé, à cloisons charnues, tronquées au sommet; calathide globuleuse dont les fleurons du disque sont réguliers, mâles avec un rudiment d'ovaire; les fleurons de la circonférence tubuleux et femelles. Le faux ovaire des fleurs mâles est privé d'ovule, oblong, grêle, un peu pubescent, pourvu d'un bourrelet basilaire, surmonté d'une aigrette longue, composée de poils légèrement plumeux. L'ovaire des fleurs femelles de la circonférence a une forme à peu près semblable à celle du faux ovaire, seulement il est obovoïde et comprimé; son aigrette est également longue et composée de poils soudés par la base, légèrement plumeux dans leur partie supérieure. Le capitule de fleurs offre au centre une calathide qui est sessile, renferme dans son milieu un grand nombre de fleurons, et n'a qu'un seul rang de fleurs femelles, tandis que les calathides ex-

térieures sont portées sur de courts pédoncules, que les fleurons de leur disque sont peu nombreux, et que ceux de la circonférence forment plusieurs rangées. En proposant d'établir le *Leontopodium*, R. Brown l'avait placé entre le genre *Antennaria* où il avait été confondu par Gaertner, et le genre *Gnaphalium.* Mais quand ce dernier eut été subdivisé de nouveau par Cassini, les démembremens qui en ont résulté, tels que les *Leontonyx, Filago*, etc., présentèrent surtout de grandes affinités avec le genre en question. Le *Leontopodium* fait partie de la tribu des Inulées, et ne se compose que d'un petit nombre d'espèces. On en comptait cinq dans le sous-genre formé par Persoon, mais R. Brown et Cassini n'admettent que les deux espèces suivantes : 1° *Leontopodium alpinum*, Cass., *Filago Leontopodium*, L.; *Antennaria Leontopodium*, Gaertn.; *Gnaphalium Leontopodium*, Pers. Cette Plante est herbacée, cotonneuse et remarquable par les trois bractées, dont une très-grande, qui entourent le capitule des fleurs. Elle est assez abondante sur les sommets des Alpes, des Pyrénées et du Jura. 2°. Le *Leontopodium sibiricum*, H. Cass.; *Gnaphalium leontopodioides*, Pers., a été confondu avec la précédente espèce, mais il s'en distingue surtout par son capitule composé seulement de trois calathides, par ses bractées linéaires, lancéolées, et par ses aigrettes plus grandes et plus fortes. Cette espèce croît en Sibérie, près du lac Baïkal. (G..N.)

LÉONTOSÈRE. MIN. On ne connaît plus la Pierre précieuse ou l'Agathe, à laquelle les anciens donnaient ce nom, laquelle, selon quelques-uns, avait la propriété « de vaincre la rage des bêtes féroces, » et selon le crédule Pline, de chasser les Scorpions. (B.)

LEONTOSTOMON. BOT. PHAN. (Gesner.) Syn. de l'Ancolie des jardins. (G..N.)

LÉONURE. *Leonurus.* BOT. PHAN.

Genre de la famille des Labiées et de la Didynamie Gymnospermie, L., ainsi caractérisé par R. Brown (*Prodrom. Flor. Nov.-Holland.*, p. 504 ; et *in Aiton Hort. Kew.*, 2ᵉ édit., vol. 3, p. 405) : calice à cinq dents ; corolle dont la lèvre supérieure est entière, l'inférieure à trois découpures, celle du milieu indivise ; anthères à lobes parallèles et rapprochés ; stigmates à deux divisions égales. Le *Leonurus* est très-voisin des genres *Phlomis*, *Leucas* et *Leonotis*, car il n'en diffère essentiellement que par la structure du stigmate qui, dans ces derniers, n'offre qu'une très-courte division supérieure, et par le rapprochement des lobes des anthères, lesquelles, au contraire, sont très-rapprochées dans les genres que nous venons de citer. Tournefort avait constitué sous le nom de *Leonurus* un genre différent de celui dont nous parlons ici et qui a été établi par Linné. Ce genre de Tournefort est maintenant le *Leonotis* de Persoon et Robert Brown. *V*. ce mot. C'est sans doute ce qui a engagé Lamarck, dans la première édition de la Flore Française, à rétablir pour celui-ci le nom de *Cardiaca*, anciennement admis par Tournefort. Mœnch l'a subdivisé en trois genres nommés *Cardiaca*, *Chaiturus* et *Panzeria* ; mais les deux premiers ne sont considérés par De Candolle (Flore Française, 2ᵉ édit.) que comme de simples sections.

Environ dix espèces de *Leonurus* ont été décrites par les auteurs. Ce sont des Plantes herbacées, assez élevées, et qui croissent pour la plupart dans l'Europe orientale et la Russie asiatique. L'espèce suivante est la plus remarquable.

Le Léonure Cardiaque, *Leonurus Cardiaca*, L., vulgairement Agripaume, est une Plante haute de six à neuf décimètres et même davantage lorsqu'on la cultive. Sa tige, un peu rameuse, porte des feuilles pétiolées, d'un vert foncé en dessus, les inférieures larges, presque arrondies et partagées en trois lobes princi-paux dentés ou incisés sur les bords. Les supérieures sont plus étroites, découpées en lobes simples et pointus ; enfin celles qui occupent le haut de la tige sont quelquefois entières. Les fleurs d'un rouge clair, mêlé de blanc, forment des faisceaux très-denses en forme de verticilles dans les aisselles des feuilles. La lèvre supérieure de la corolle est velue. Cette Plante croît dans les lieux incultes et le long des haies de l'Europe. Son nom de Cardiaque vient de ce qu'elle était employée autrefois pour guérir la cardialgie des enfans.   (G..N.)

LÉOPARD. *Leopardus*. MAM. Espèce du genre Chat. *V*. ce mot. (B.)

LÉOPARD. MOLL. *V*. BOUCHE D'ARGENT et TURBO. Les marchands de Coquilles donnent aussi ce nom à une Porcelaine ainsi qu'à un Cône.
(B.)

* LÉOPOLDINIE. *Leopoldinia*. BOT. PHAN. Genre de la famille des Palmiers, et de la Monœcie Hexandrie, L., nouvellement établi par Martius (*Gen. et Sp. Palm. Brasil.*, p. 58 ; t. 52 et 53) qui l'a ainsi caractérisé : fleurs monoïques rassemblées sur un même régime paniculé et très-rameux, sessiles dans de petites fossettes, et accompagnées de bractées ; spathe nulle. Les fleurs mâles sont pourvues d'un calice à trois folioles imbriquées, d'une corolle à trois pétales, et de six étamines. Les fleurs femelles ont un calice et une corolle, comme dans les mâles, un ovaire triloculaire, des stigmates sessiles, excentriques. Le fruit est une baie drupacée, sèche, à fibres réticulées, ne contenant qu'une seule graine munie d'un albumen égal, et d'un embryon latéral et presque basilaire. Le Palmier, sur lequel ce genre a été constitué, est indigène du Brésil. Sa tige, revêtue d'un réseau de fibrilles, n'est pas très-élevée ; son bois est tendre, rougeâtre. Il a des frondes pinnées, non épineuses, un régime très-rameux, couvert d'un duvet ferrugineux. Les fleurs sont

petites, rougeâtres, et les fruits d'un vert jaunâtre. (G..N.)

LEORIS. MAM. *V.* LORIS.

LEOTIA. BOT. CRYPT. (*Champignons.*) Hill est le créateur de ce genre conservé avec des modifications par tous les mycologues. Persoon, dans sa Mycologie Européenne, le caractérise ainsi: chapeau ovale ou orbiculaire dont le bord élevé entoure le stipe. Cet auteur décrit neuf espèces dont voici les principales : 1° *Leotia circinans,* Pers., charnue (grande), roux-cannelle, à chapeau orbiculaire, convexe. Cette Plante se trouve dans les pineraies, en Allemagne et en Suisse; elle croît sur la terre et se groupe circulairement. Le chapeau des jeunes espèces est sousvisqueux, pâle-livide, de trois à quatre lignes de largeur; à marge sous-ondulée; le stipe est couleur de suie; à base noirâtre. 2°. *Leotia Clavus,* Pers.; chapeau assez grand, hémisphérique, jaune-rouge; stipe fuligineux, verdâtre ou sous-olivâtre, atténué en dessous; la substance en est un peu ferme; le chapeau sous-globuleux, assez grand comparativement à la grandeur des stipes ; celui-ci est lisse, couvert de quelques squammes en fort petit nombre; il noircit par la dessiccation. Mougeot et Nestler l'ont trouvé sur le bois de Sapin, au bord des ruisseaux.

Le genre *Leotia* de Hill, qui comprenait plusieurs Helvelles et des Pezizes, a été réuni au premier de ces genres par quelques auteurs. D'autres botanistes l'ont partagé et ont créé comme genres les trois principales coupes ou sous-genres formés primitivement par Persoon, savoir : *Mitrula, Leotia* et *Verpa.*
(A. F.)

* LÉPACHYS. BOT. PHAN. Sous ce nom, Rafinesque (Journ. de Physique, août 1819) a établi un nouveau genre de la famille des Synanthérées. Les caractères qu'il lui a imposés sont trop vagues pour qu'on puisse le distinguer du *Rudbeckia,* aux dépens duquel il a été formé. H. Cas-

sini propose d'en faire une section de ce dernier genre, sous le nom de *Lepachys* ou d'*Obelistheca* (autre dénomination employée par Rafinesque pour le même genre), section qui serait caractérisée par l'absence de l'aigrette. (G..N.)

* LÉPADELLE. *Lepadella.* INF. Genre de la famille des Brachionides, dans l'ordre des Crustodés, dont les caractères sont : test univalve en carapace, indifféremment denté, ou échancré par derrière; organes digestifs obscurs, mais rapprochés de la partie antérieure quand ils sont distincts, les ciliaires ne formant pas de rotifères radiés complets; queue terminale bifide. Ce genre faisait partie des Brachions de Müller, mais ne pouvait demeurer confondu sous un même nom avec des espèces bivalves ou utriculaires, non plus qu'avec des Anourelles, ou espèces sans queue, car une queue ne laisse pas que d'être un caractère fort considérable, lorsqu'elle s'articule déjà, ce qui marque une complication d'organisation importante à signaler. Les Lépadelles vivent dans les eaux douces, parmi les Lenticules et les Charagnes. Protégées par une petite carapace translucide, elles y nagent avec rapidité à la manière des petits Crustacés. Le *Brachionus lamellaris,* Müll., p. 340, tab. 47, fig. 8-11, Encycl., pl. 27, fig. 22-25 ; le *Trichoda cornuta,* Müll., p. 208, tab. 30, f. 1-3, Encycl., pl. 15, f. 24-26, et le *Brachionus patella,* Müll., p. 541, pl. 48, f. 18-19, Encycl., pl. 27, f. 26-30, sont les espèces qui peuvent le mieux donner l'idée de ce qu'on doit entendre par une Lépadelle. (B.)

LÉPADITES. MOLL. FOSS. *V.* BALANE.

LÉPADOGASTRE. *Lepadogaster.* POIS. Genre formé par Gouan, adopté par tous les ichthyologistes, placé par Cuvier dans la famille des Discoboles, de l'ordre des Malacoptérygiens Subbrachiens, et par Duméril dans sa famille des Plectoptères, de l'ordre des Téléobranches. Ses caractères sont dans l'ampleur des pectorales descendues à la face inférieure du tronc, où elles prennent des rayons plus forts, se replacent un peu en avant et s'unissent l'une à l'autre sous la gorge par une membrane transverse dirigée en avant; une autre membrane transverse dirigée en arrière, adhérente au bassin, et se prolongeant sur les côtes pour s'attacher au corps, leur tient lieu de ventrales. Du reste le corps est lisse et sans écailles; la tête est large et déprimée, le museau saillant et extensible; les ouies sont peu fendues, garnies de quatre ou cinq rayons. Les Lépadogastres sont de petits Poissons marins qui n'ont qu'une dorsale molle vis-à-vis une anale pareille. Leur intestin est court, droit, sans cœcum; la vessie natatoire manque; cependant, dit Cuvier, ils n'en nagent pas moins avec vivacité le long des rivages. Ils sont fort voisins des Cyclopières. Les espèces que nous en connaissons sont réparties en deux sous-genres.

† Porte-Ecuelles de Cuvier, Lépadogastères de Lacépède, *Lepadogaster*, Gouan, où la membrane représentant les ventrales règne circulairement sous le bassin et forme un disque concave, et chez qui, d'un autre côté, les os de l'épaule forment en arrière une légère saillie qui complète un second disque avec la membrane qui unit les pectorales. La plupart se trouvent près de nos côtes.

* *Où la dorsale et l'anale sont distinctes de la caudale.*

Le Gouanien, *Lepadogaster Gouanii*, Lacép., Pois. T. i, pl. 23, f. 3-4; le Porte-Ecuelle, Encycl. Pois., pl. 86, fig. 356; *Lepadogaster rostratus* de Schneider; Poisson d'une forme baroque, avec deux filamens déliés auprès des narines; le corps verdâtre, couvert de petits tubercules bruns, ayant la tête en cœur, plus grosse que le corps, où entre de gros yeux se voient en dessus deux taches brunes en forme de croissant. Cette espèce atteint de dix pouces à un pied de

long, et se tient dans les galets des rivages du golfe de Lyon et de Gênes.

Le Lépadogastre Balbisien figuré par Risso, pl. 4, fig. 9, et le *Lepadogaster Candollii* du même auteur, petit Poisson qui n'a guère que trois pouces, complètent cette section.

** *Où les nageoires dorsale, caudale et anale n'en font qu'une.*

Le *Lepadogaster Willdenowii*, fort bien figuré par Risso, pl. 4, f. 10, très-petit Poisson de la mer de Nice, dépourvu d'appendice aux narines, est la seule espèce connue de cette section. La couleur de son dos est celle de la feuille morte, nuancée de brunâtre avec de très-petits points rouges.

†† Gobiésoces, *Gobiesox* de Lacépède, qui n'ont point ces doubles rebords par lesquels les ventrales et les pectorales forment un double disque. Ils ont une seule dorsale, et leur anale, distincte de la caudale, est courte. On en connaît trois espèces :

Le Testar, Gobiésoce de Lacépède, T. ii, pl. 19, f. 1; *Cyclopterus nudus?* L.

Le *Lepadogaster dentex* de Schneider, Poisson peu connu, médiocrement représenté par Lacépède, d'après un dessin de Plumier; originaire des rivières de l'Amérique méridionale; le *Cyclopterus bimaculatus* de Pennant, Bouclier à double tache, Encycl. Pois., pl. 86, fig. 355, très-petite espèce des côtes d'Angleterre, et le *Cyclopterus littoreus* de Schneider, complètent ce sous-genre. (B.)

LEPANTHES. *Lepanthes.* bot. phan. Genre de la famille des Orchidées, établi par Swartz (*Flor. Ind.-Occident.*, 3, p. 1557) pour quelques espèces auparavant placées dans le genre *Epidendrum*, dont elles diffèrent par les caractères suivans : les trois divisions extérieures du calice sont ovales, acuminées, un peu concaves, étalées et soudées ensemble par leur base; les deux intérieures sont très-petites, difformes, rapprochées du gynostème. Le labelle est nul ; mais le gynostème qui est cylindrique, présente deux petites ailes falciformes, placées à son sommet ou à sa base ; le stigmate est une petite fossette glanduleuse située au-dessous de l'anthère ; celle-ci est terminale, operculée, à deux loges contenant chacune une seule masse pollinique solide et globuleuse. Le fruit est une capsule pédicellée, arrondie et trigone. Ce genre, encore assez imparfaitement connu, nous paraît avoir de grands rapports avec le *Stelis*. Il se compose de petites Plantes parasites croissant sur l'écorce des autres Arbres. Leur tige est simple, courte, monophylle ; les fleurs très-petites, disposées en un épi qui naît de la gaîne de la feuille. Dans sa Flore des Indes-Occidentales, Swartz décrit quatre espèces de ce genre, observées par lui à la Jamaïque. Ces quatre espèces avaient d'abord été signalées par le même auteur comme faisant partie du genre Epidendre, dans le Prodrome de sa Flore. (A. R.)

LÉPAS. MOLL. Nom scientifique des Balanes dans Linné, et nom vulgaire et marchand des Patelles. *V.* BALANE et PATELLE. Les marchands de Coquilles nomment LÉPAS EN BATEAU, le *Patella rustica* ; LÉPAS FENDU, l'*Emarginula fissura* ; LÉPAS DE MAGELLAN, le *Fissurella picta* ; LÉPAS EN TREILLIS, le *Fissurella græca*, etc. (B.)

LÉPECHINIE. *Lepechinia.* BOT. PHAN. Genre de la famille des Labiées et de la Didynamie Gymnospermie, L., établi par Willdenow (*Enumer. Hort. Berol.*, n. 21) qui lui a donné pour caractères essentiels : un calice dont la lèvre supérieure est bifide, l'inférieure divisée en trois lobes presqu'égaux ; deux étamines écartées. Ce genre, qui a été réuni à l'*Horminum* de Linné par Persoon, se compose de deux espèces, savoir : *Lepechinia spicata* et *L. clinopodifolia*. Celle-ci croît en Sibérie ; la première, qui était cultivée au jardin de Berlin, et dont Willdenow a donné

une bonne figure, a été rapportée du Mexique par Humboldt et Bonpland. (G..N.)

* **LÉPIA.** BOT. PHAN. Nom donné par De Candolle à la cinquième section du genre *Lepidium*. *V.* LÉPIDIER. Desvaux (Journ. de Bot., 3, p. 165) s'en était servi pour désigner un genre composé d'espèces appartenant, pour la plupart, à cette section. Dans Hill (*Exot.*, n. 20) ce nom est synonyme de *Zinnia pauciflora*, L. (G..N.)

LÉPICAUNE. BOT. PHAN. Lapeyrouse (Hist. abrégée des Plantes des Pyrénées) a donné ce nom à un genre de la famille des Synanthérées, établi antérieurement par Mœnch sous celui de *Catonia*. De même que ce dernier auteur, il lui donnait pour types les *Hieracium blattarioides* et *amplexicaule*, L. ; mais il y faisait aussi entrer plusieurs autres espèces d'*Hieracium*, tels que les *H. intybaceum*, *grandiflorum*, *prunellæfolium*, etc. Ce genre a été adopté par Cassini, qui en a exclu plusieurs de ces espèces et l'a restreint aux *H. blattarioides* et *grandiflorum*. Ne lui trouvant aucune affinité avec les Epervières, il l'a placé entre le *Barckhausia* et le *Crepis*. A l'article EPERVIÈRE (*V.* ce mot), nous avons exprimé l'opinion universellement reçue sur ce nouveau genre. (G..N.)

* **LÉPICÈNE.** *Lepicena.* BOT. PHAN. Le professeur Richard a donné ce nom aux deux écailles les plus extérieures de chaque épillet dans la famille des Graminées. C'est la même partie que Linné nommait calice, Jussieu glume, et Palisot de Beauvois bale. La Lépicène contient une, deux ou un nombre plus ou moins considérable de fleurs. En général elle est formée de deux écailles ou valves ; mais quelquefois elle ne se compose que d'une seule. Enfin cet organe peut offrir un grand nombre de modifications dans sa forme, sa consistance, sa longueur, relativement aux fleurs qu'il recouvre, la présence ou l'absence de soies ou

d'arêtes. Ces diverses modifications ont été mises en usage par les agrostographes pour l'établissement des genres dans la vaste famille des Graminées. *V*. ce mot.   (A. R.)

LÉPIDAGATHYS. BOT. PHAN. Genre de la famille des Acanthacées et de la Didynamie Angiospermie, L., proposé par Willdenow (*Species Plant*. T. III, p. 400) qui l'a ainsi caractérisé : calice polyphylle imbriqué ; corolle dont la lèvre supérieure est très-petite, l'inférieure tripartite ; capsule triloculaire. Ce genre, trèsvoisin des Acanthes, a été constitué sur une Plante des Indes-Orientales dont les échantillons n'étaient pas en bon état. Aussi a-t-il besoin d'une révision attentive avant d'être admis définitivement. Le *Lepidagathis cristata*, W., a une tige ligneuse, des feuilles opposées, sessiles, linéaires, obtuses et très-entières; ses fleurs sont agglomérées en capitules.   (G..N.)

* **LÉPIDAPLOA.** BOT. PHAN. C'est le nom donné par Cassini à un des groupes qu'il a formés dans le genre *Vernonia*. Il lui assigne, pour le différencier essentiellement des *Vernonia* proprement dits, un involucre formé d'écailles dont les extérieures ont le sommet étroit, subulé et nullement coloré, tandis que, dans ces derniers (*V. Novæ-Boracensis, præalta*, etc.), les écailles intérieures de l'involucre ont le sommet arrondi, large et coloré. Ce sous-genre se compose d'une douzaine d'espèces indigènes de l'Amérique méridionale. *V.* VERNONIE.   (G..N.)

* **LEPIDIASTRUM.** BOT. PHAN. Sous ce nom, De Candolle a désigné la septième section du genre *Lepidium*. *V*. LÉPIDIER.   (G..N.)

* **LÉPIDIE.** *Lepidia*. ANNEL. Savigny (Syst. des Anim., p. 45, note) propose ce nom pour désigner un nouveau genre qu'il suppose pouvoir être établi sur une espèce d'Annélide, la *Nereis stellifera* de Müller (*Zool. Dan.*, part. 2, tab. 62, fig. 1-3). Savigny n'a pas vu l'Animal, mais il juge, d'après la figure et la description, qu'on devrait trouver des antennes et qu'il existe une grosse trompe couronnée de tentacules ; deux mâchoires cornées ; des cirres tentaculaires au nombre de six ; des cirres supérieurs en forme d'écailles elliptiques, appliquées transversalement sur le dos ; deux faisceaux de soies, ou plutôt deux lames réunies pour chaque pied, et les cirres inférieurs très-courts. Ce genre offre plusieurs points de ressemblance extérieure avec les Aphrodites. Il appartient, dans la Méthode de Savigny, à l'ordre des Néréidées et à la famille des Néréides.   (AUD.)

LÉPIDIER. *Lepidium*. BOT. PHAN. Genre de la famille des Crucifères et de la Tétradynamie siliculeuse, L., ainsi caractérisé par De Candolle (*Syst. Veg. Nat.*, 2, p. 527) : calice à quatre folioles égales ; quatre pétales entiers : six étamines tétradynames, libres, et dont les filets ne présentent aucune dent; silicule ovale, déprimée, déhiscente, à valves carénées, tantôt ne présentant aucun appendice, tantôt ailée vers le sommet, à cloison membraneuse, étroite, égale aux valves ou quelquefois plus courte que celles-ci, et alors la silicule est échancrée, surmontée d'un style filiforme, ordinairement très-court; graines solitaires et pendantes dans chaque loge, triquètres ou comprimées, à cotylédons oblongs ou linéaires, incombans. Ce genre est le type de la neuvième tribu établie par De Candolle sous le nom de Lépidinées ou de Notorhizées angustiseptées. Les auteurs l'ont souvent confondu avec le *Thlaspi* ou en ont fort mal défini les caractères. Dans la seconde édition de l'*Hortus Kewensis*, R. Brown a fixé les limites du *Lepidium* et y a réuni des espèces que Linné plaçait dans les genres *Thlaspi* et *Cochlearia*. En adoptant cette réforme, De Candolle y a fondu les genres *Kandis* d'Adanson, *Cardaria* et *Lepia* de Desvaux. Le *Lepidium* se distingue facilement du *Thlaspi* par ses loges constamment monospermes et par ses cotylédons incombans au lieu d'être accombans ; il diffère du *Sene-biera* par ses silicules déhiscentes, à valves carenées, tandis qu'elles sont indéhiscentes et à valves concaves dans ce dernier genre ; enfin ses loges monospermes empêchent de le confondre avec l'*Eunomia* dans lequel les loges sont dispermes.

Les Lépidiers sont des Plantes herbacées ou à peine sous-frutescentes. Leurs tiges sont cylindriques, rameuses, à feuilles simples, de formes diverses ; ils ont de petites fleurs blanches et disposées en grappes terminales, longues et dressées. Plus que la plupart des autres Crucifères, ces Plantes se trouvent dispersées sur toute la surface du globe, car dix espèces croissent en Europe, quinze dans les provinces d'Asie voisines de l'Europe, sept au cap de Bonne-Espérance, neuf dans la Nouvelle-Hollande, et onze en Amérique. Ces espèces ont été distribuées de la manière suivante en sept sections par le professeur De Candolle.

§ 1. CARDARIA. Desvaux (Journal de Bot., 3, p. 163) en avait fait un genre. Elle est caractérisée par sa silicule ovale en cœur, presque déprimée, à valves concaves sans ailes sur le dos, et surmontée d'un style filiforme. Elle forme le passage au moyen du caractère fourni par la concavité des valves, entre le *Senebiera* et le *Lepidium* ; mais son port semblable à celui de ce dernier genre est une raison pour ne pas l'en éloigner. L'unique espèce qui le constitue est le *Lepidium Draba* que Linné, dans sa seconde édition, avait transporté parmi les *Cochlearia*. Cette Plante, qui est très-commune dans les champs cultivés de l'Europe australe, se rencontre aussi à Montmartre et à la plaine des Sablons dans les environs de Paris ; mais elle y est peu abondante.

§ 2. ELLIPSARIA. La silicule est elliptique, à valves carenées, et surmontée d'un style filiforme. Les es-

pèces de cette section ressemblent par leur port à celles de la précédente ; leur silicule ne diffère de la silicule des *Lepia*, une des sections suivantes, que parce qu'elle est stylifère ; au reste, les *Ellipsaria* servent de lien entre le *Cardaria* et les autres *Lepidium*. Quatre espèces, dont trois sont indigènes du bassin de la Méditerranée, et une de la Sibérie, composent cette section. Nous nous contenterons de les indiquer : *Lepidium Chalepense*, L. ; *L. oxyotum*, Labill. ; *L. glastifolium*, Desf., *Flor. Atl.*, t. 147 ; et *L. amplexicaule*, Willd.

§ 3. BRADYPIPTUM. Cette section offre une silicule elliptique, entière ou presque échancrée, à valves carenées, munie d'un style court, à peine saillant ; le calice est persistant ou ne tombe que très-tard ; les feuilles caulinaires ne sont ni amplexicaules, ni auriculées. Elle renferme trois espèces, savoir : *Lepidium cœspitosum*, Desv., indigène d'Arménie ; *L. coroponifolium*, Fisch., de la Russie orientale, et *L. Humboldtii*, D. C., qui croît dans les hautes montagnes du Pérou, près de Chillo, et qui a été réuni par Kunth au *Senebiera*, sous le nom de *S. dubia*.

§ 4. CARDAMON. Le genre *Nasturtium* de Boerhaave et de Médikus, qu'il ne faut pas confondre avec un autre genre de Crucifères formé par Brown et qui a reçu la même dénomination, compose cette section. Elle est caractérisée par sa silicule presque orbiculée, échancrée au sommet, à valves carenées-naviculaires, un peu ailées sur le dos, munie d'un style très-court caché dans l'échancrure ; cotylédons divisés en trois lobes. On ne compte que deux espèces dans cette section, savoir : le *Lepidium sativum*, L. ; et le *L. spinescens*, D. C. La première offre assez d'intérêt pour mériter une courte description.

Le LÉPIDIER CULTIVÉ, *Lepidium sativum*, L., vulgairement Cresson alénois et Nasitort, est une petite Plante annuelle dont la tige est dressée, cylindrique, glauque, rameuse, haute d'environ trois décimètres. Ses feuilles inférieures sont pétiolées, bipinnatifides, glabres et glauques, à segmens incisés ; les inférieures sont presque simples et sessiles. Les fleurs sont blanches, très-petites, portées sur de courts pétioles, et forment des épis courts à l'extrémité supérieure des rameaux. Cette Plante croît naturellement en Perse et dans d'autres contrées de l'Orient. On la cultive dans les jardins potagers de l'Europe, d'où elle s'échappe et naît spontanément aux environs. Une variété dont les feuilles sont sinueuses et crépues, est fort commune partout. La saveur du Cresson alénois est chaude, légèrement âcre et piquante. C'est un antiscorbutique et un assaisonnement agréable dans les salades ; quelquefois même on le mange sans mélange d'autres Herbes potagères.

§ 5. *Lepia*. Cette section, dont plusieurs espèces formaient un genre auquel Desvaux donnait le nom ci-dessus employé et qui a été désigné sous celui de *Lasioptera* par Andrzeiowski, offre les caractères suivans : silicule presque orbiculée, échancrée au sommet, à valves naviculaires, munies au sommet d'ailes souvent adnées au style, lequel est très-court et renfermé dans l'échancrure ; cotylédons entiers. Les *Lepidium campestre* et *hirtum*, qui croissent en Europe, étaient des *Thlaspi* de Linné. Les *L. leiocarpum*, D. C., et *L. spinosum*, L., se trouvent dans l'Orient ; le *L. rotundum* est une Plante indigène de la Nouvelle-Hollande.

§ 6. *Dileptium*. Ce nom est emprunté à Rafinesque-Schmaltz (*Flor. Ludov.*, p. 85) qui a fait un genre particulier de cette section. Elle est caractérisée par sa silicule presque elliptique, échancrée au sommet, à valves carenées, non ailée sur le dos ni au sommet, et n'ayant presque point de style. Les fleurs sont très-petites, quelquefois à deux ou quatre étamines, ou plus rarement manquant de pétales. On y compte plus de vingt espèces indigènes de toutes

les parties du monde, et parmi lesquelles nous indiquerons comme les plus remarquables : le *Lepidium virginicum*, L., de l'Amérique septentrionale ; le *L. ruderale*, qui se trouve dans les lieux stériles de presque toute l'Europe, depuis l'Italie et la France méridionale jusqu'à Pétersbourg, et depuis l'Angleterre jusqu'à Constantinople ; le *L. perfoliatum* de l'Europe orientale et de l'Asie qui lui est contiguë. Cette espèce est facile à distinguer à ses feuilles inférieures multifides, tandis que les supérieures sont très-entières et amplexicaules ; le *L. piscidium* des îles de la mer du Sud, qui sert aux habitans à enivrer le Poisson ; enfin plusieurs espèces indigènes de la Nouvelle-Hollande, du cap de Bonne-Espérance et de l'Amérique méridionale, telles que les *L. hyssopifolium, foliosum, Novæ-Hollandiæ, subdentatum, Chichicara, Bonariense*, etc.

§ 7. *Lepidiastrum*. La silicule est ovée ou elliptique, très-entière et nullement échancrée, terminée en pointe par le stigmate presque sessile, à valves carenées et sans appendices. Cette section se compose de onze espèces, parmi lesquelles on distingue le *L. latifolium* et le *L. Iberis*, indigènes d'Europe, et le *L. oleraceum*, Forst., de la Nouvelle-Zélande. La saveur de cette espèce est légèrement âcre et même agréable, approchant de celle de l'Epinard ou de la Laitue. Ce fut à l'aide de cet antiscorbutique que l'équipage du capitaine Cook fut guéri de la maladie qui le désolait pendant une longue traversée.

Plusieurs espèces de *Lepidium* établies par Linné sont devenues les types des genres *Eunomia, Teesdalia, Hutchinsia* de De Candolle et R. Brown. *V.* ces mots.   (G..N.)

* LÉPIDINÉES. *Lepidineæ*. BOT. PHAN. C'est le nom donné par De Candolle (*Syst. Veg. Nat.*, vol. 2, p. 521) à la neuvième tribu des Crucifères. Elle est ainsi caractérisée : silicule oblongue, ovée, didyme ou obcordée, à cloison très-étroite, à

valves carenées ou très-concaves ; graines solitaires ou en petit nombre dans chaque loge, ovées, non bordées ; cotylédons planes, rarement trilobés ou découpés, incombans. D'après ce dernier caractère et celui de la cloison très-étroite des silicules, cette tribu a été encore nommée Notorhizées angustiseptées (*Notorhizeæ angustiseptæ*). Par la structure des cotylédons et la forme des graines, elle est voisine des Thlaspidées. Elle se lie aussi avec les Camélinées et les Isatidées, au moyen des genres *Senebiera* et *Æthionema*.   (G..N.)

* LÉPIDION. POIS. (Risso.) Espèce du genre Gade.   (B.)

LÉPIDION. BOT. PHAN. (Dioscoride.) Syn. de Passerage ou Lépidier. *V*. ce dernier mot.   (B.)

LÉPIDIOPTÈRES. *Lepidioptera*. INS. Nom donné par Clairville aux Insectes à ailes farineuses, plus connus sous le nom de LÉPIDOPTÈRES. *V*. ce mot.   (G.)

LEPIDIUM. BOT. PHAN. *V*. LÉPIDIER.

LÉPIDOCARPODENDRON. BOT. PHAN. (Boerhaave.) Syn. de Protéa. *V*. ce mot. Adanson nommait *Lepidocarpus* une section du même genre.   (B.)

* LEPIDOCARYUM. BOT. PHAN. Genre de la famille des Palmiers, et de la Polygamie Diœcie, L., nouvellement établi par Martius (*Gen. et Spec. Palm. Brasil.*, p. 49, t. 45-47) qui lui a imposé les caractères suivans : régime (*Spadix*) enveloppé de plusieurs spathes incomplètes ; fleurs distiques, disposées en chatons légèrement comprimés, et accompagnées de petites spathes. Les fleurs mâles sont composées d'un calice campanulé à trois petites dents ; d'une corolle à trois pétales ; de six étamines dont les anthères sont ovées-oblongues, et adnées par leur dos au filet. Les fleurs hermaphrodites offrent un calice comme dans les mâles ; une corolle monopétale, trifide ; six étamines ; trois stigmates connés, linéai-

res, dressés ; une baie drupacée, renfermant une seule graine munie d'un albumen homogène, d'un embryon latéral logé dans la fossette circulaire ombilicale. Le type de ce genre est un Palmier du Brésil, dont le stipe est petit, composé à l'intérieur d'un bois dur et rougeâtre, revêtu des débris des pétioles, à frondes terminales, flabelliformes, irrégulièrement fendues ; les régimes placés entre les frondes, portant des fleurs roses et rougeâtres. Les fruits sont en forme de cônes, et d'une couleur brune-rougeâtre.   (G..N.)

* LÉPIDOKROIT. MIN. Variété de Fer hydraté en petits rognons, à texture fibreuse et écailleuse, d'un éclat métalloïde et d'un brun-rougeâtre, accompagnant dans quelques localités le Fer hydraté aciculaire ou fibreux.   (G. DEL.)

LÉPIDOLÈPRE. *Lepidoleprus*. POIS. Genre formé par Risso, et voisin des Gades, adopté par Cuvier, qui le place sous le nom de Grenadier dans la première famille de l'ordre des Malacoptérygiens Subbrachiens. Ses caractères consistent dans les sous-orbiculaires s'unissant en avant entre eux et avec les os du nez pour former un museau déprimé qui avance au-dessus de la bouche, et sous lequel celle-ci conserve sa mobilité. La tête entière et tout le corps sont garnis d'écailles dures et hérissées de petites épines. Les ventrales sont petites et un peu jugulaires ; les pectorales médiocres ; la première dorsale est courte et haute ; la deuxième dorsale et l'anale sont très-longues et s'unissent en pointe à la caudale. Les dents aux mâchoires sont fines et courtes. Les deux espèces connues de ce genre vivent dans les plus grandes profondeurs de la Méditerranée ; elles sont connues sous le nom de Trachyrynche et de Cœlorhynche. Risso, qui les a fait connaître, les a figurées pl. 7, fig. 21 et 22.   (B.)

LÉPIDOLITHE ou LILALITHE. MIN. Variété de Mica, en masses composées de petites écailles ou lamelles , ordinairement de couleur violette , et dont on faisait une espèce particulière , avant que Cordier eût démontré son identité avec le Mica.

(G. DEL.)

* **LÉPIDOMA.** BOT. CRYPT. (*Lichens.*) Sous-genre du *Lecidea* de la Méthode lichénographique d'Acharius; il est caractérisé par un thalle crustacé effiguré; il correspond au genre *Psora* du même auteur, genre que nous avons cru devoir rétablir. Le sous-genre *Lepidoma* du *Synopsis Lichenum* et de la Lichénographie universelle, a reçu de l'extension et renferme les espèces du sous-genre *Saphenaria*, qui est notre *Circinaria*.

(A. F.)

* **LÉPIDONOTE.** *Lepidonota.* ANNEL. Genre établi par Leach aux dépens des Aphrodites de Linné et ayant pour type l'*Aphrodita squammata*, L. Savigny l'avait précédemment distingué sous le nom de Polynoé. *V.* ce mot. (AUD.)

LÉPIDOPE. *Lepidopus.* POIS. Genre établi par Gouan , adopté par Cuvier, sous le nom de Jarretière, dans la famille des Tœnioïdes , de l'ordre des Acanthoptérygiens , et par Duméril qui le place dans sa famille des Pétalosomes. Ses caractères consistent dans l'allongement du corps qui est aplati et garni d'une dorsale fort prolongée. Les mâchoires sont pointues, et les dents aussi fortes et aiguës que dans les Trichiures. L'anale est fort remarquable, étant composée d'un seul rayon; elle est courte et située vers l'extrémité de la queue. Deux petites écailles pointues, mobiles, situées sous les pectorales, y tiennent lieu de ventrales. On en connaît deux espèces qui furent d'abord confondues; l'une et l'autre vivent dans la Méditerranée.

Le GOUANIEN, type du genre, *Lepidopus Gouanianus*, Lac., Pois. T. II, p. 520; la Jarretière, Encycl. Pois., pl. 84, f. 564, a sa mâchoire inférieure plus avancée que la supérieure où sont trois longues dents crochues, outre celles qui la garnis-

sent. Cette espèce n'atteint jamais deux pieds de longueur; sa couleur générale est argentée, avec des reflets azurés et la nuque bleue. L'anus occupe le milieu du corps. B. 7, D. 53, V. 1, A. 1. La seconde espèce connue a été décrite plusieurs fois comme une espèce nouvelle, et toujours sous des noms nouveaux; elle est bien plus grande, atteignant plus de quatre pieds et resplendissante de la plus belle teinte d'argent. Risso l'a dédiée à Péron ; c'est le *Trichiurus caudatus* d'Euphrasen et *ensiformis* de Vandelli; le *Vandellius lusitanicus* de Shaw et le *Ziphotheca tetradens* de Montagu. (B.)

* **LÉPIDOPHORUM.** BOT. PHAN. Le genre formé sous ce nom par Necker (*Elem. Bot.*, n. 22), aux dépens des *Anthemis* de Linné, n'a pas été adopté. (G..N.)

* **LÉPIDOPHYLLE.** *Lepidophyllum.* BOT. PHAN. Genre de la famille des Synanthérées, Corymbifères de Jussieu et de la Syngénésie superflue, L., établi par Cassini (Bulletin de la Soc. Philom. , décemb. 1816) qui l'a ainsi caractérisé : involucre oblong , cylindracé, formé d'écailles imbriquées, appliquées; les extérieures ovales, les intérieures oblongues, très-obtuses, coriaces, à bords membraneux, ciliés ou frangés ; réceptacle petit, plane et nu ; calathide cylindracée, dont le disque ne se compose que d'un petit nombre de fleurs (4 à 6) régulières, hermaphrodites; la circonférence de deux ou trois fleurs distantes en languettes et femelles; ovaires oblongs, striés, surmontés d'une aigrette longue, formée de poils inégaux, paléiformes et plumeux. Ce genre est placé, par son auteur, dans la tribu des Astérées, près du *Baccharis*, avec lequel il a beaucoup d'affinité; il se rapproche aussi du *Brachyris* de Nuttall, dont il est peut-être congénère. Une seule espèce le constitue : c'est le *Lepidophyllum cupressiforme*, Cass., *Baccharis cupressiformis*, Pers., Arbrisseau rapporté de la Patagonie par

Commerson, et qui est surtout re-marquable par ses feuilles extrême-ment petites, rapprochées et dispo-sées sur quatre rangées longitudina-les.   (G..N.)

* **LÉPIDOPILUM.** BOT. CRYPT. (*Mousses.*) Sous-genre établi dans le *Pilotrichum* de Palisot-Beauvois pour les espèces dont la coiffe est héris-sée de paillettes. Le *Pilotrichum sca-brisetum* de Richard et de Schwæ-grichen, qui croît sur les Arbres de la Guiane, est la seule espèce qui fi-gure dans ce sous-genre. *V.* PILO-TRICHUM.   (A.F.)

LÉPIDOPOMES. POIS. Famille d'Holobranches de l'ordre des Ab-dominaux, et dont les caractères correspondent exactement aux gen-res *Mugil* et *Exocetus* de Linné, que l'auteur de la Zoologie analytique élevant ainsi dans l'ordre méthodi-que, divise en Exocet, Mugilomore, Chanos, Mugiloïde et Muge.   (B.)

LÉPIDOPTÈRES. *Lepidoptera.* INS. Ordre d'Insectes établi par Lin-né, et auquel Fabricius a donné le nom de GLOSSATES (*Glossata.*) Il for-mait, dans tous les ouvrages de La-treille, le dixième ordre; mais de-puis que ce savant a converti ses My-riapodes en classes (Fam. Nat. du Règne Anim.), il ne forme plus que le neuvième ordre de la classe des Insectes : il est ainsi caractérisé : quatre ailes membraneuses, couver-tes d'une poussière farineuse formée de petites écailles; une trompe rou-lée en spirale à la bouche.

Les Lépidoptères sont les Insec-tes les plus beaux et ceux que la nature a le plus favorisés sous le point de vue des ornemens; ces Ani-maux sont, parmi les Insectes, ce que les Oiseaux-Mouches et les Co-libris sont parmi les Oiseaux. Doués d'une très-grande facilité pour le vol, ils semblent destinés à régner sur les fleurs, et on dirait qu'à eux seuls est attribué le droit de choisir leur nourriture dans leur corolle, en pom-pant, avec leur longue trompe, le suc qu'elle contient. Leurs ailes sont,

en général, ornées des couleurs les plus variées et les plus brillantes : l'or, l'argent, l'azur, l'émeraude et la pourpre s'y mélangent de mille et mille manières pour produire des dessins de la plus grande beauté, et, tandis que la nature n'a donné aux ailes des autres Insectes que la surfa-ce rigoureusement nécessaire à l'exé-cution de leurs mouvemens, il sem-ble qu'elle s'est plue à s'écarter de cette règle en faveur des Lépidoptè-res, en augmentant beaucoup l'éten-due de leurs ailes, afin d'avoir la faculté de produire des dessins plus grands et d'exercer davantage son pinceau. Elle a employé, pour l'or-nement de ces Insectes privilégiés, un genre de peinture que l'on con-naît sous le nom de mosaïque. Des écailles en nombre infini, diverse-ment colorées, implantées sur les deux surfaces de leurs ailes et dispo-sées par imbrication, comme les tui-les d'un toit, avec une harmonie admirable, composent, par leur réu-nion, ces dessins si diversifiés et si élégans qui surprennent et charment les regards ; enfin la nature a été si prodigue d'ornemens à l'égard des Lépidoptères, qu'elle a voulu, con-tre son habitude, que ces Animaux en eussent jusque dans leur enfance, ou sous la forme de chenille et sou-vent encore sous celle de chrysalide. Il semble que cette sorte de supré-matie que la nature paraît avoir don-née aux Papillons a dirigé Degéer et Olivier dans leurs distributions méthodiques des Insectes, puisqu'ils ont placé les Lépidoptères à la tête de la classe des Insectes.

La bouche des Lépidoptères ne diffère pas organiquement de celle des Insectes broyeurs ou pourvus de mâchoires. Savigny et Latreille ont démontré qu'elle était composée des mêmes pièces, mais que ces pièces étaient appropriées aux fonctions qu'elles étaient destinées à remplir; ainsi, plusieurs sont restées rudi-mentaires, tandis que d'autres ont pris un accroissement excessif. Cette bouche est composée d'un labre souvent presque invisible, conique ou subulé; de deux mandibules cornées, très-petites, rudimentaires, poilues ou garnies de petites écailles, fixes et d'aucun usage; de deux mâchoires cornées, en forme de filets tubulaires, ordinairement fort longs, soudés inférieurement et à demeure, jusqu'à la naissance des palpes, avec la lèvre pareillement fixée et fermant la cavité buccale, se réunissant audelà, par leur bord interne, pour former une trompe (*lingua*, Fab.)ou, pour la distinguer nominalement des autres parties désignées ainsi, nommée par Latreille spiritrompe (trompe en spirale), dont l'intérienr presente trois canaux; de deux palpes maxillaires souvent presque imperceptibles, d'un à trois articles insérés près du coude des mâchoires, et de deux palpes labiaux ou inférieurs, de trois articles très-garnis de poils ou d'écailles, remontant de chaque côté de la spiritrompe et lui formant une sorte d'étui. La lèvre est formée d'une seule pièce plate et triangulaire.

Les antennes des Lépidoptères sont variables et toujours composées d'un grand nombre d'articles; elles sont toujours simples dans ceux qui volent le jour, c'est-à-dire les Diurnes, et elles se terminent par un bouton plus ou moins renflé. Dans les espèces qui font le passage des Diurnes aux Nocturnes, elles prennent la forme d'une massue allongée ou d'un fuseau, et lorsqu'on arrive aux espèces qui ne paraissent que la nuit, elles ressemblent à un fil ou à une soie tantôt simple et tantôt pectinée, et souvent même plumeuse, soit dans les deux sexes, soit dans les mâles seulement. On découvre, dans plusieurs espèces, deux yeux lisses cachés entre les écailles et situés entre les yeux ordinaires; ils sont demi-sphériques, à facettes et souvent assez gros. La trompe n'est d'aucun usage et manque quelquefois dans plusieurs Lépidoptères crépusculaires ou nocturnes. Les trois segmens dont le tronc des Insectes Hexapodes est composé se réunissent ici en un seul corps; ils sont intimement unis, et l'antérieur est très-court et transversal, comme cela a lieu dans la plupart des Hyménoptères et des Diptères; il ne varie jamais de forme, et les différences que les Lépidoptères présentent, tant sur leur dos que dans les autres parties, proviennent des écailles et des poils du dos qui imitent quelquefois une huppe ou une crête. L'abdomen est composé de six à sept anneaux; il est attaché au corselet par une très-petite portion de son diamètre, et n'offre ni aiguillon ni tarière comme les Hyménoptères; il n'y a que quelques femelles comme celles des *Cossus* qui aient les derniers anneaux rétrécis et prolongés pour former un oviducte en forme de queue pointue et rétractile. Le dessus de l'abdomen offre, dans quelques espèces, des écailles et des poils relevés et formant des sortes de doublures. Les quatre ailes des Lépidoptères sont simplement veinées, de grandeur et de position variables : les premières ou les supérieures sont toujours plus grandes que les inférieures; dans plusieurs espèces une portion de ces organes, plus ou moins spacieuse, est tout-à-fait nue et transparente. Les écailles sont implantées, au moyen d'un pédicule, sur leur surface et disposées en recouvrement avec une symétrie remarquable; leur figure n'est pas constamment la même, et le plus souvent elles sont oblongues, arrondies à leur base du côté du pédicule qui les attache à l'aile, et tronquées à l'autre extrémité avec plusieurs petites dents. Les ailes inférieures sont souvent plissées à leur bord interne et semblent former un canal propre à recevoir et à garantir l'abdomen. Les quatre sont quelquefois relevées perpendiculairement dans le repos, et c'est ce qui a lieu pour les Papillons diurnes; dans d'autres, elles sont horizontales ou inclinées en manière de toit : c'est le cas des Lépidoptères crépusculaires et nocturnes. La nature a pourvu ces Insectes d'un organc propre à retenir les ailes dans cette situation : c'est une espèce de frein ou de crochet attaché aux ailes inférieures et passant dans une boucle des supérieures.

Les pates des Lépidoptères sont au nombre de six; ils out des tarses composés de cinq articles et terminés par deux crochets : dans plusieurs Lépidoptères diurnes, les deux pieds antérieurs sont beaucoup plus petits, inutiles au mouvement et repliés de chaque côté sur la poitrine, en manière de cordons ou de palatines; ils sont terminés par des tarses gros, velus, dont les articles sont moins distincts et sans crochets apparens au bout. Quelquefois ce caractère n'est propre qu'à l'un des sexes. Les Lépidoptères qui ont les pates antérieures ainsi organisées ont été nommés Tétrapes ou Tétrapodes. Les Lépidoptères ne présentent jamais que deux sortes d'individus, des mâles et des femelles; ils sont toujours ailés, et on ne peut en excepter que très-peu dont les femelles sont aptères. Les mâles des Lépidoptères, surtout les nocturnes, découvrent leurs femelles d'une distance très-considérable, et à l'aide de l'odorat, qui paraît être chez ces Animaux d'une finesse exquise. Les deux sexes restent pendant quelque temps unis; souvent la femelle, qui est toujours plus grosse, entraîne dans les airs le mâle qui reste attaché à elle. Celles-ci pondent leurs œufs, souvent très-nombreux, sur les substances ordinairement végétales dont leurs larves doivent se nourrir, et elles périssent bientôt. L'intestin des Lépidoptères est composé d'un premier estomac latéral ou jabot, d'un second estomac boursouflé, d'un intestin grêle assez long et d'un cœcum près du cloaque.

Les larves des Lépidoptères, que l'on connaît sous le nom de Chenilles, sont composées de douze anneaux non compris la tête; elles ont de chaque côté neuf stigmates, elles sont munies de six pieds écailleux ou à crochets, qui correspondent à ceux

de l'Insecte parfait; elles ont, en outre, quatre à dix pieds membraneux, dont les deux derniers ou les postérieurs sont situés à l'extrémité du corps et près de l'anus. Le corps de ces larves est en général allongé, mou, presque cylindrique et coloré diversement, tantôt hérissé de poils, de tubercules, ou d'épines, et tantôt nu ou ras; leur tête est revêtue d'un derme corné ou écailleux; on voit, de chaque côté, six petits grains luisans, qui paraissent être de petits yeux lisses; elle a, de plus, deux antennes très-courtes et coniques, et une bouche composée de deux fortes mandibules, de deux mâchoires, d'une lèvre et de quatre palpes; comme ces larves sont destinées à vivre de matières coriaces, telles que des feuilles, des racines et même du bois, la nature les a pourvues d'organes assez forts pour remplir ces fonctions pendant qu'elles sont dans cet état; mais aussitôt que ces Animaux sont appelés par elle à devenir habitans des airs et à se nourrir du nectar des fleurs et de matières fluides, elle change ces fortes mandibules et ces mâchoires dures et puissantes en longs filets, minces et déliés, réunis entre eux, formant une trompe tortillée sur elle-même et dont la fonction n'est plus que de sucer. La matière soyeuse dont elles font usage, s'élabore dans deux vaisseaux intérieurs, longs et tortueux, dont les extrémités supérieures viennent, en s'amincissant, aboutir à la lèvre; la filière qui donne issue aux fils de la soie, est un mamelon tubulaire et conique situé au bout de la lèvre. Les chenilles qui n'ont, en tout, que dix à douze pieds, ont été appelées à raison de la manière dont elles marchent, Géomètres ou Arpenteuses. Elles se cramponnent avec leurs pates écailleuses au plan de position, et, élevant les articles intermédiaires du corps en forme d'anneau ou de boucle, elles rapprochent les dernières pates des précédentes, dégagent celles-ci, s'accrochent avec les dernières, et portent leur corps en avant pour recommencer la même manœuvre. Quelques-unes de ces chenilles dites en bâton, se fixent, dans le repos, aux branches des Végétaux par les seuls pieds de derrière, se tiennent immobiles et ressemblent à une petite branche. D'autres chenilles ayant quatorze à seize pates dont quelques-unes des membraneuses intermédiaires sont plus courtes, portent le nom de demi-Arpenteuses ou fausses Géomètres. Les pieds membraneux des chenilles sont souvent terminés par une couronne de petits crochets plus ou moins complète. Leur intestin est composé d'un gros canal sans inflexions, dont la partie antérieure est quelquefois un peu séparée en manière d'estomac et dont la partie postérieure forme un cloaque ridé ; il donne attache à quatre vaisseaux biliaires très-longs et s'insérant fort en arrière. *V.*, pour plus de détails, l'article MÉTAMORPHOSES et les ouvrages de Lyonnet sur l'anatomie de la Chenille du *Cossus*, et de Hérold (Hist. du Développ. des Pap. 1815). La plupart des chenilles se nourrissent des feuilles des Végétaux ; d'autres en rongent les racines, les boutons, les fleurs et les graines ; les parties ligneuses les plus dures des Arbres ne résistent pas à quelques espèces et entre autres à celles qui produisent le genre de Nocturnes que l'on nomme *Cossus*. D'autres chenilles rongent nos draps et nos étoffes de laine ; elles n'épargnent pas même le cuir, le lard, la cire et différentes graisses. Plusieurs vivent exclusivement d'une seule matière, mais d'autres s'accommodent indifféremment de plusieurs sortes de nourritures et ont mérité le nom de Polyphages. Quelques chenilles se réunissent en société sous une tente de soie qu'elles filent en commun ; d'autres se fabriquent des fourreaux fixes ou portatifs ; plusieurs se logent et se creusent des galeries dans le parenchyme des feuilles. Toutes ces chenilles ne sortent que la nuit, mais le plus grand nombre se

plaît à la lumière. Les chenilles changent ordinairement quatre fois de peau avant de passer à l'état de chrysalide ou de nymphe. *V.* ces mots. La plupart filent alors une coque où elles se renferment ; une liqueur souvent rougeâtre que les Lépidoptères jettent par l'anus au moment de leur métamorphose, attendrit un des bouts de la coque et facilite leur sortie ; communément encore, une des extrémités du cocon est plus faible ou présente une issue propice par la disposition des fils. Quelques chenilles lient avec leur soie des molécules de terre, des feuilles ou les parcelles des substances où elles ont vécu, et s'en forment ainsi une coque grossière. Les chrysalides des Lépidoptères diurnes sont à nu et fixées par l'extrémité postérieure du corps. Toutes ces chrysalides ou nymphes de Lépidoptères offrent un caractère particulier ; elles sont emmaillottées ou en forme de momies. Ces chrysalides éclosent en peu de jours ; souvent même les Lépidoptères donnent deux générations par année ; quelques autres passent l'hiver, et l'Insecte ne subit sa dernière métamorphose qu'au printemps ou dans l'été de l'année suivante. L'Insecte parfait sort de la chrysalide à la manière ordinaire ou par une fente qui se fait sur le dos du corselet.

Les larves des Ichneumonides et des Chalcidites ; ainsi que celles de quelques Diptères, détruisent beaucoup de chenilles et de chrysalides, et nous délivrent ainsi de ces Insectes qui, sous leur état de chenilles, font de grands dégâts dans les jardins et surtout à nos Arbres fruitiers. Il serait trop long d'exposer ici les différentes méthodes qu'on a employées pour faciliter l'étude des Lépidoptères : aucune d'elles n'est satisfaisante, et les organes de la manducation étant beaucoup plus simples que dans les autres ordres, offrent moins de ressources ; il serait à souhaiter que les naturalistes fissent aux ailes des Lépidoptères l'application des principes établis par Jurine, relativement à celles des Hyménoptères. Les auteurs iconographes que l'on peut consulter pour la détermination des espèces d'Europe, sont Esper, Hubner, Engramelle, Godard, etc. Quant aux exotiques ils ont été traités par Cramer, Stoll, Donovan, Abbot, Lewin, Harris, Godard, Fabricius. Valh. Ochsenheimer est très-important pour l'épuration de la synonymie, et quoiqu'il ait établi un grand nombre de genres sans en donner les caractères, il n'en est pas moins recommandable. Latreille partage les Lépidoptères en trois familles qui correspondent aux trois genres composant cet ordre dans la méthode de Linné. Ce sont les Diurnes, les Crépusculaires et les Nocturnes. *V*. ces mots. (G.)

LÉPIDOSPERME. *Lepidosperma*. BOT. PHAN. Genre de la famille des Cypéracées, voisin des genres *Cladium* et *Scleria*, établi par Labillardière et adopté par R. Brown (*Prodr. Flor. Nov.-Holl.*) qui en a décrit un grand nombre d'espèces nouvelles. Toutes sont des Plantes herbacées, vivaces, originaires de la Nouvelle-Hollande, ayant des chaumes simples, dépourvus de feuilles, excepté à leur base. Leurs fleurs forment des panicules, plus rarement des épis divisés et terminaux. Les épillets contiennent une ou deux fleurs et se composent d'écailles imbriquées en tous sens et dont un grand nombre sont vides. Autour de l'ovaire on trouve six squammules hypogynes, planes, un peu épaissies, et légèrement soudées par leur base. Le style est caduc. Le fruit est un akène renflé et obtus. Ce genre ne diffère des *Cladium* que par la présence de ses soies hypogynes, et des *Scleria* que par le nombre de ses soies ou écailles hypogynes, par ses épillets toujours hermaphrodites. Dans sa Flore de la Nouvelle-Hollande, Labillardière a décrit et figuré sept espèces de ce genre, savoir : *Lepidosperma elatior*, t. 11 ; *L. gladiata*, t. 12 ; *L. longitudinalis*, t. 13 ; *L. globosa*, t.

14 ; *L. filiformis*, t. 15 ; *L. squammata*, t. 16 ; *L. tetragona*, t. 17. Le nombre des espèces caractérisées par R. Brown est de dix-neuf. (A. R.)

LÉPIDOTE. POIS. Pour Lépidope dans le Dictionnaire de Déterville. Les anciens paraissent avoir désigné par ce nom le Binny. *V*. CYPRIN. (B.)

LÉPIDOTE. BOT. CRYPT. (Beauvois.) *V*. LYCOPODE.

LEPIDOTIS. MIN. La Pierre mentionnée sous ce nom par Pline, imitait l'éclat et les reflets des écailles de Poisson ; un tel caractère ne suffit pas pour reconnaître ce dont prétendit parler le crédule compilateur Romani. (B.)

*LEPIDOTOSPERMA. BOT. PHAN. (Rœmer et Schultes.) Pour Lépidosperme. *V*. ce mot. (G..N.)

* LEPIGONUM. BOT. PHAN. Sous ce nom générique, Wahlenberg a séparé les espèces d'*Arenaria*, dont la capsule est à trois valves, les feuilles munies de stipules. Quelques-unes, qui croissent dans les endroits salés, sont des Plantes grasses, et Haworth en a constitué son genre *Stipularia*. Persoon et Seringe (*in De Cand. Prodr.*, 1, p. 400) ne considèrent ce genre que comme une section des *Arenaria*, section qu'ils nomment *Spergularia*. *V*. SABLINE. (G..N.)

LEPIMPHIS. POIS. Rafinesque, dans son *Itiologia Siciliana*, établit sous ce nom un genre voisin des Coryphœnes qu'il caractérise par un corps conique et comprimé ; la tête comprimée et anguleuse en dessus ; une seule dorsale ; les ventrales falciformes et réunies à leur base par une lame écailleuse. Il en existe deux espèces dont l'une, commune dans le golfe de Palerme, y est nommée *Pesce Capone*; c'est le *Lepimphis Hippuroides*, qui acquiert jusqu'à dix-huit pouces de long; l'autre est le *Lepimphis ruber*, et n'a guère qu'un pied; on le nomme *Munacada* dans le pays. Ce genre n'est pas définitivement adopté. (B.)

LEPIOTOE. bot. crypt. (Hill.)
Syn. d'Agaric. Adopté pour un sous-
genre par Persoon et par Fries. *V.*
Agaric. (a. f.)

* LEPIPTERUS. pois. Rafinesque
(*Itiol. Sic.*, p. 16) établit sous ce nom
un genre qu'il avait appelé *Lepterus*
dans un ouvrage précédent et qui paraît devoir rentrer dans les Holocen-
tres. Il ne contient qu'une espèce
nommée *Fetola*, qui appartient à la
famille des Percoïdes, et se trouve
dans la mer de Catane où sa chair est
peu estimée. (b.)

* LÉPIRE. *Lepirus.* ins. Genre de
Charansons, établi par Germar, et
adopté par Latreille (Fam. Natur. du
Règne Anim.). Nous ne connaissons
pas ses caractères; l'espèce qui sert
de type à ce genre est le *Curculio
Colon* de Fabricius. (g.)

LÉPIRONIE. *Lepironia.* bot.
phan. Genre de la famille des Cypéracées et de l'Hexandrie Monogynie,
L., établi par le professeur Richard
dans le *Synopsis Plantarum* de Persoon, avec les caractères suivans : les
fleurs forment un épi latéral, sessile,
ovoïde, allongé, pointu, formé d'é-
cailles imbriquées très-étroitement,
cartilagineuses, les plus inférieures
vides et sessiles, les supérieures uniflores; chacune de ces écailles, qui
est large et obtuse, renferme environ
seize paléoles, très-rarement douze
ou quatorze, dont les deux extrémités plus larges, comprimées et carenées, forment une sorte de glume qui
enveloppe les autres ; celles-ci sont
planes, étroites, d'une largeur inégale, et paraissent être en quelque sorte
des étamines avortées. Le nombre
des étamines varie de trois à six ;
leurs filets sont courts; les anthères
très-longues, linéaires, surmontées
d'une petite pointe. L'ovaire est comprimé, lenticulaire ; le style est court,
surmonté de deux stigmates filiformes. Le fruit est un akène lenticulaire, osseux, terminé en pointe. On ne
connaît qu'une seule espèce de ce
genre, *Lepironia mucronata*, Rich.,
loc. cit., Plante vivace, originaire de

Madagascar, ayant ses chaumes simples, dépourvus de feuilles, hauts de
deux à trois pieds, articulés intérieurement comme ceux de plusieurs espèces de Joncs, terminés à leur sommet par une pointe roide et très-aiguë, et portant latéralement un seul
épi de fleurs à environ un pouce au-
dessous de leur sommet. (a. r.)

LÉPISACANTHE. *Lepisacanthus.*
pois. Genre de la famille des Percoïdes à dorsale double, dans l'ordre
des Acanthoptérygiens; fort remarquable en ce qu'il tient aux Sciènes,
aux Trigles et aux Gastérostées par
divers points de conformation. Le
corps est court, gros et entièrement
cuirassé d'énormes écailles anguleuses, âpres et carenées; quatre ou
cinq grosses épines tiennent lieu de la
première dorsale; les ventrales sont
composées d'une énorme épine chacune, à la base interne de laquelle se
trouvent quelques rayons mous,
presque imperceptibles; la tête est
grosse, cuirassée; le front bombé,
la bouche grande, les mâchoires garnies seulement d'un velours très-ras
au lieu de dents. La membrane branchiostège est à huit rayons, et l'on
distingue quelque apparence de dentelures aux opercules. On n'en connaît qu'une espèce des mers du Japon, qui fut décrite pour la première
fois par Houttuyn comme un *Gaste-
rosteus*, ensuite par Thunberg sous
le nom de *Sciæna cataphracta*, et figurée par Schneider, pl. 24, sous le
nom de *Monocentris carinata*. Sa taille n'est que de cinq à six pouces, et
ses grandes écailles ciliées sont terminées par un aiguillon. (b.)

* LÉPISCLINE. bot. phan. Genre
de la famille des Synanthérées, Corymbifères de Jussieu, et de la Syngénésie égale, L., établi par Cassini
(Bull. de la Société Philomat., février
1818) qui l'a caractérisé ainsi : involucre ovoïde, cylindracé, formé d'é-
cailles imbriquées, appliquées; les
extérieures ovales, scarieuses; les
intérieures oblongues et coriaces inférieurement, arrondies, concaves,

scarieuses et colorées supérieurement ;
réceptacle petit , plane, garni d'écailles oblongues , larges , obtuses, tronquées ou dentées au sommet ; calathide oblongue, composée de fleurs
nombreuses , égales , régulières et
hermaphrodites ; offrant très-souvent
à la circonférence une ou deux fleurs
femelles dont la corolle est plus grêle ; ovaires oblongs , pourvus d'un
bourrelet basilaire , surmontés d'une
aigrette dont les poils sont légèrement plumeux. Ce genre est placé
par son auteur dans la tribu des Inulées , section des Inulées-Gnaphaliées. Il se compose de deux espèces
rapportées par Linné à son genre
Gnaphalium, savoir : 1° *Lepiscline
cymosa*, Cav., ou *Gnaphalium cymo-
sum*, L.; 2° *L.? nudifolia*, Cass., ou
Gn. nudifolium, L. Ces deux Plantes croissent au cap de Bonne-Espérance. La dernière avait été placée
par Gaertner dans son nouveau genre *Anaxeton*, mais Cassini prétend
que celui-ci est formé de Plantes qui
ne sont nullement congénères, que le
type (*Gn. fœtidum*), de l'aveu même
de Gaertner , lui est même étranger
par les caractères , que son *Anaxeton
arboreum* est la Plante sur laquelle
Necker avait constitué son genre *Ar-
gyranthus* , etc. Ces motifs ont déterminé Cassini à ne point adopter le nom
générique donné par Gaerner , et à
le réserver pour un genre particulier
qui serait composé uniquement de
l'*Anaxeton crispum* de cet auteur.
V. ce mot.   (G..N.)

LÉPISME. *Lepisma*. INS. Genre
de l'ordre des Thysanoures, famille
des Lépismènes, établi par Linné , et
adopté par tous les entomologistes.
Les caractères de ce genre sont : yeux
très-petits , fort écartés , composés
d'un petit nombre de grains ; corps
aplati et terminé par trois filets de la
même longueur, insérés sur la même
ligne et ne servant point à sauter.
Les Lépismes ont le corps allongé
et couvert de petites écailles souvent
argentées et brillantes; il est mou et
déprimé. Leurs antennes sont en forme de soies et partagées , dès leur
base, en un grand nombre d'articles.
La bouche est composée d'un labre ,
de deux mandibules presque membraneuses , de deux mâchoires à
deux divisions avec un palpe de cinq
à six articles , et d'une lèvre à quatre
découpures et portant deux palpes de
quatre articles. Le tronc est de trois
pièces ; l'abdomen , qui se rétrécit
peu à peu vers son extrémité postérieure , a , le long de chaque côté du
ventre , une rangée de petits appendices portés sur un court article et
terminés en pointe soyeuse ; les derniers sont plus longs; de l'anus sort
une espèce de stylet écailleux, comprimé , et de deux pièces : viennent
ensuite les trois soies articulées qui
se prolongent au-delà du corps. Les
pieds sont courts et ont des hanches
très-grandes , fortement comprimées
en manière d'écailles. Ces Insectes se
distinguent des Machiles de Latreille
(*V*. ce mot) par des caractères tirés
de la forme du corps , et surtout en
ce que ces derniers ont la faculté de
sauter, ce que ne peuvent pas les Lépismes : ce sont de petits Animaux
qu'Aldrovande et Geoffroy avaient
nommés *Forbicinés*, et que l'on compare à de petits Poissons à raison de
la manière dont ils se glissent en courant et des couleurs brillantes de
quelques espèces ; ils se cachent ordinairement dans les boiseries , les fentes des châssis qu'on n'ouvre que rarement, ou sous les planches un peu
humides , etc.; d'autres se tiennent
sous les pierres. Ces petits Animaux
courent très-vite, et il est difficile de
les saisir sans enlever une partie des
écailles dont leur corps est couvert ;
ils paraissent fuir la lumière. La
mollesse des organes masticateurs de
ces Insectes annonce qu'ils ne peuvent ronger des matières dures ; cependant Linné et Fabricius ont dit
que l'espèce commune se nourrit de
sucre et de bois pourri : suivant le
premier, elle ronge les livres et les
habits de laine; Geoffroy pense qu'elle mange les individus du Psoque
pulsateur, connu sous le nom de Pou

de bois. L'espèce qui sert de type au genre est :

Le Lépisme du sucre, *L. saccharina*, Linn., Fabr., Latr.; la Forbicine plate, Geoff. (Ins. H. XX, 3), Schæff. (Elém. Entom. LXXV). Long de quatre lignes, d'une couleur argentée et un peu plombée, sans tache. Il est très-commun en Europe et est originaire d'Amérique.   (G.)

* LÉPISME. *Lepisma*. BOT. PHAN. De Candolle (Théorie élément. de la Botan., p. 408) donne ce nom à une sorte d'écailles membraneuses ou un peu charnues qui se trouvent à la base des ovaires dans les Pivoines, les Ancolies, etc., et qui paraissent être tantôt des étamines avortées, tantôt des expansions du tórus. Dans ce dernier cas, les Lépismes très-développés entourent quelquefois les ovaires en entier, par exemple, dans la variété du *Pœnia Moutan* appelée *papaveracea.*   -   (G..N.)

LÉPISMÈNES. *Lepismenæ*. INS. Famille de l'ordre des Thysanoures, établie par Latreille, et renfermant le genre Lépisme de Linné. Les caractères de cette famille sont : antennes divisées, dès leur naissance, en un grand nombre d'articles; des palpes très - distincts et saillans à la bouche; abdomen muni de chaque côté, en dessous, d'une rangée d'appendices mobiles, en forme de fausses pates, et terminé par des soies articulées, dont trois plus remarquables. Ces Insectes se tiennent cachés dans les lieux où la lumière du jour ne pénètre pas; ils sont très-agiles, quelques-uns exécutent, à l'aide de leur queue, des sauts assez longs. Les Lépismènes renferment les genres Machile et Lépisme. *V*. ces mots.   (G.)

LÉPISOSTÉE. *Lepisosteus*. POIS. Genre très-remarquable de la famille des Clupés, dans l'ordre des Malacoptérygiens abdominaux selon la méthode de Cuvier, et de la famille des Siagonotes de Duméril. « De tous les Poissons, dit Lacépède (T. V, p. 335), les Lépisostées sont ceux qui ont reçu les armes défensives les plus sûres. Les écailles dures, épaisses et osseuses, dont toute leur surface est revêtue, forment une cuirasse impénétrable à la dent de presque tous les habitans des eaux, comme l'enveloppe des Ostracions, le bouclier des Acipensères, la carapace des Tortues, et la couverture des Caïmans. A l'abri sous leur tégument privilégié, plus confians dans leurs forces, plus hardis dans leurs attaques que les Esoces, les Synodes et les Sphyrènes avec lesquels ils ont de très-grands rapports; ravageant avec plus de sécurité le séjour qu'ils préfèrent; exerçant sur leurs victimes une tyrannie moins contestée; satisfaisant avec plus de facilité leurs appétits violens; ils sont d'autant plus voraces, et porteraient dans les eaux qu'ils habitent une dévastation à laquelle très-peu de Poissons pourraient se dérober, si ces mêmes écailles défensives, qui par leur impénétrabilité ajoutent à leur audace, ne diminuaient pas leur grandeur et leur inflexibilité, la rapidité de leurs mouvemens, la facilité de leurs évolutions, l'impétuosité de leurs élans, et ne laissaient pas ainsi à leur proie quelque ressource dans l'adresse et l'agilité. Mais cette même voracité les livre souvent entre les mains de leurs ennemis; elle les porte à mordre sans précaution à l'hameçon préparé pour leur perte; et cet effet de leur tendance naturelle à soutenir leur existence leur est d'autant plus funeste par son excès, qu'ils sont très-recherchés à cause de la bonté de leur chair. » Les caractères du genre Lépisostée consistent dans un museau très-prolongé formé de la réunion des intermaxillaires, des maxillaires et des palatins, au vomer et à l'ethmoïde; la mâchoire inférieure l'égale en longueur, et l'un et l'autre hérissés sur toute leur surface intérieure de dents en râpe, ont le long de leur bord une série de longues dents pointues. Leurs ouies sont réunies sous la gorge par une membrane commune qui a trois rayons de chaque côté. Ils sont revêtus d'écailles d'une dureté pierreuse ; la dorsale et l'anale sont vis-à-vis l'une de l'autre et fort en arrière. Les deux rayons extrêmes de la queue et les premiers de toutes les autres nageoires sont garnis d'écailles qui les font paraître dentelés. Leur estomac se continue en un intestin mince, deux fois replié, ayant au pylore beaucoup de cœcums courts; leur vessie natatoire est celluleuse et occupe la longueur de l'abdomen (Cuv., Règ. Anim. 2, p. 181). Ce sont des Poissons d'eau douce très-forts et presqu'inattaquables. Il est très-douteux qu'il s'en trouve dans les deux Indes comme on l'a avancé. Leur patrie constatée est jusqu'ici les fleuves et les lacs de l'Amérique; on en connaît trois espèces :

Le GAVIAL, *Lepisosteus Gavial*, Lac., Pois. T. v, p. 335; Caïman, Encycl. Pois., pl. 71, f. 292; *Esox osseus*, L., Gmel., *Syst. Nat.* XIII, T. 1, p. 1389. Ce Poisson présente une grande ressemblance avec le Crocodilien dont on lui a donné le nom comme spécifique. On dirait le Gavial privé de pates ; tout son corps est couvert d'écailles rhomboïdales qui semblent avoir été disposées par l'art; sa longueur est de deux pieds et plus ; sa couleur verdâtre en dessus, violâtre en dessous, et les nageoires tirent sur le rougeâtre. D. 6, P. 11, V. 6, A. 5,7, O. 12.

. La SPATULE, *Lepisosteus Spatula*, Lac., Pois., *loc. cit.*, p. 6, f. 2(bonne). L'extrémité du museau de ce Poisson est plus large que le reste des mâchoires ; la longueur de sa tête est à peu près égale à celle de la moitié du corps; les opercules sont rayonnées et composées de trois pièces. Le palais est hérissé de petites dents; chaque mâchoire est garnie de deux rangées de dents courtes, inégales, crochues et serrées. L'œil est très-près de la bouche. Outre les deux rangs de dents de chaque mâchoire, celle d'en haut est armée de deux séries de dents plus longues, sillonnées, éloignées les unes des autres

et distribuées irrégulièrement. Ces dents plus longues sont reçues dans une cavité opposée où elles s'implantent. Au-devant des orifices des narines, deux de la mâchoire inférieure transversent la supérieure, de sorte que lorsque la bouche est fermée, elles montrent leur pointe au-dessus du museau. P. 13, V. 7.

Le Roblo, *Lepisosteus Roblo*, Lac., Pois., *loc. cit.*, p. 339; *Esox chiliensis*, Gmel., *loc. cit.*, p. 1392, habite les côtes du Chili, acquiert jusqu'à un mètre selon Lacépède, a la chair délicate et fort transparente. Les Chiliens qui le font saler en font un certain commerce. B. 10, D. 14, P. 11, V. 6, A. 8, C. 22.　　(B.)

* LÉPISURE. POIS. (Lacépède.) Espèce du genre Diacope. *V*. ce mot.
(B.)

* LÉPOCÈRE. *Lepocera*. POLYP. Genre de l'ordre des Caryophyllaires, dans la division des Polypiers entièrement pierreux, établi par Rafinesque (Journ. de Phys., 1819, T. LXXXVIII, p. 429) qui le caractérise par une écorce très-distincte, et par sa bouche qui est à peine radiée. Le naturaliste américain fait mention des espèces suivantes : *L. amblocra*, *xylopris*, *rugosa*, *lævigata*; il n'en donne point la description. Nous présumons qu'elles se trouvent dans les Etats-Unis.　　(E. D..L.)

LEPODUS. POIS. Rafinesque a établi sous ce nom, aux dépens des Scares, un genre qui contient l'espèce appelée *imperialis* par Cupani, et *Saragus* dans les mers de Sicile. Il n'a pas encore été adopté.　　(B.)

LÉPORINS. MAM. Famille de Rongeurs, établie par Desmarest dans le vingt-quatrième volume de la première édition de Déterville, qui contient seulement les deux genres Lièvre et Pika. *V*. ces mots.　　(B.)

LÉPRAIRE. *Lepraria*. BOT. CRYPT. Pour Lèpre, *Lepra*. *V*. ce mot. (B.)

LÈPRE. *Lepra*. BOT. CRYPT. (*Lichens*.) Avant que le genre *Lepra* fût fixé, le mot qui sert à le désigner fut employé par Haller, Wiggers, Persoon et De Candolle pour nommer des Plantes dont les unes sont placées maintenant dans les Collema, les Urcéolaires, les Lécanores, les Isidium et les Lécidées, et les autres reléguées dans des genres qui ne figurent plus dans la famille des Lichens. *V.* PALMELLA et SPOROTRICHUM. Acharius, dans sa Méthode, avait fait deux genres du *Lepra*, le *Pulveraria* pour les espèces à thallus pulvérulent ou nul (considérant alors les gongyles comme des apothécions), et le *Lepraria* pour les espèces à thallus crustacé. Plus tard, dans la Lichénographie et le *Synopsis*, il les a réunis, et c'est ce genre qu'il nomme *Lepraria*, que nous adoptons sous le nom de *Lepra*, plus ancien. Bory de Saint-Vincent, en l'an V de la république, constitua le premier ce genre sous le nom de *Phytoconis* dont Linné avait fait ses Byssus pulvérulens. Nous le caractérisons ainsi : thalle crustacé, lépreux, uniforme sans limites; apothécion nul; gongyles nus, libres et agglomérés, épars sur la surface de la Plante. Bien que plusieurs espèces de *Lepra* aient été réparties dans les Lécanores et les Lécidées et que plusieurs autres aient figuré dans les Conferves, il serait hasardeux d'en conclure que toutes doivent disparaître du genre. Les Lèpres se trouvent sur les murs, les pierres et les vieilles écorces; on les rencontre rarement sur les écorces d'Arbres sains; elles se plaisent dans les lieux sombres et humides; plusieurs sont odorantes. Le thalle, si l'on peut donner ce nom à l'agglomération des gongyles, est d'une consistance molle et spongieuse, il varie beaucoup : sa couleur est ordinairement assez vive; voici l'ordre des nuances par degré de fréquence : jaune et jaune-soufre, verte, blanche, grise, rose et blanchâtre. Le *Lepra* est le *Pulina* et le *Conia* d'Adanson; son nom lui a été donné à cause de la ressemblance de cette sorte de Lichens avec

les affections cutanées connues sous le nom de dartres. Nous ne ferons connaître que l'espèce suivante qui est cosmopolite : *Phytoconis candellaris*, Bory, *Lepra flava*, N.; *Lepraria flava*, Ach., *Lich. univ.*, p. 663; *Pulveraria flava* de Floerke; *Lichen flavidus* de Schreber, etc., à croûte effuse, égale, mince, un peu ridée, très-jaune, composée de granules globuleux, nus. Nous avons des échantillons de cette Plante, venant d'un grand nombre de régions du globe. Le genre *Lepra* commence l'ordre des vrais Lichens dans notre méthode; il est placé dans le groupe des Coniocarpées.   (A. F.)

LEPRONCUS. BOT. CRYPT. (*Lichens.*) Ce genre créé par Ventenat sur une des divisions du genre Lichen de Linné, renferme les Lichens lépreux de cet auteur. Il est ainsi caractérisé : poussière éparse sur une croûte lépreuse (organe mâle selon quelques naturalistes); tubercules ordinairement convexes, sphéroïdes, linéaires, oblongs (organes femelles); il renferme les Opégraphes, les Patellaires, etc.; enfin, tous les Lichens à thalle adhérent, amorphe, ayant des tubercules ou des scutelles dont la marge est peu prononcée. Le genre *Leproncus* n'a pu être adopté.   (A. F.)

LEPROPINACIA. BOT. CRYPT. (*Lichens.*) Genre artificiel, non adopté, créé par Ventenat dans la famille des Lichens; il renferme des Patellaires, des Urcéolaires et même des Verrucaires. *V.* ces mots.   (A. F.)

***LEPROSIS.** BOT. CRYPT. (*Lichens.*) Necker avait proposé ce nom pour remplacer celui de Lichens. *V.* ce mot.   (A. F)

LEPTA. BOT. PHAN. Loureiro (*Flor. Cochinchin.*, édit. Willdenow, 1, p. 104) a établi sous ce nom un genre de la Tétrandrie Monogynie, L., auquel il a donné les caractères suivans : calice très-petit, à quatre divisions profondes, étalées; quatre pétales presque triangulaires striés, courbés en dedans; quatre étamines à filets subulés et insérés sur les angles du réceptacle; ovaire presqu'arrondi; style à peu près nul; stigmate obtus; baie à quatre lobes monospermes. Ce genre est à peine connu; aussi a-t-il été rapporté à divers autres genres par les auteurs. Ainsi Jussieu l'a réuni au *Skimmia* de Thunberg, Sprengel à l'*Ilex*, Smith au *Vitis* et Poiret à l'*Othera*. Dans le second volume de son *Prodromus Syst. Veget.*, De Candolle l'a placé à la fin de la famille des Célastrinées. Une seule espèce le constitue; c'est le *Lepta triphylla*, Lour., Arbrisseau très-rameux, à feuilles ternées, lancéolées et très-entières. Ses fleurs sont blanches, petites et dispersées en grappes axillaires. Il croît dans les forêts de la Cochinchine.   (G..N.)

LEPTADENIE. *Leptadenia.* BOT. PHAN. Dans son travail sur les Asclépiadées, publié dans le premier volume des Mémoires de la Société Wernérienne, R. Brown appelle ainsi un nouveau genre de cette famille qui se compose de deux ou trois espèces volubiles, cendrées, à feuilles planes et opposées et à fleurs disposées en ombelles placées latéralement à côté des pétioles. Leur calice est à cinq divisions profondes; leur corolle monopétale, presque rotacée, ayant le tube très-court, la gorge munie d'écailles; les étamines sont libres, à anthères simples à leur sommet; les masses polliniques sont droites, attachées par leur base et rétrécies à leur sommet. Le fruit n'est pas connu.
                (A. R.)

***LEPTALEUM.** BOT. PHAN. Genre de la famille des Crucifères, établi par De Candolle (*Syst. Veget. Nat.*, 2, p. 510) qui l'a ainsi caractérisé: calice fermé, composé de sépales linéaires, égaux à la base; pétales linéaires, du double plus longs que le calice; quatre étamines alternes avec les pétales, dont deux plus longs; silique cylindracée, indéhiscente? biloculaire, à valves convexes, et à cloi-

son étroite; deux stigmates aigus, réunis en un seul; semences nombreuses disposées en un seul rang. Ce genre fait partie de la tribu des Sisymbriées de De Candolle. Il est caractérisé par un aspect très-grêle, particulier, et par ses quatre étamines formées peut-être chacune par la soudure de deux, une dernière étant avortée. En adoptant cette théorie, on n'éloignerait pas le *Leptaleum* de la Tétradynamie de Linné, classe qui renferme toutes les autres Crucifères. Par ses fleurs il ressemble au *Malcomia*, par son stigmate à l'*Hesperis*, et par son calice et sa silique au *Sisymbrium*. Deux espèces, dont l'une était placée dans ce dernier genre, constituent le *Leptaleum*. De Candolle les a décrites sous les noms de *L. filifolium* et *L. pygmæum*, et elles ont été figurées dans les *Icones Selectæ* de Benj. Delessert (T. II, tab. 68). La première croît en Sibérie et la seconde en Perse.   (G..N.)

*** LEPTAMNIUM ET LEPTAMNUS.** BOT. PHAN. Ces noms ont été donnés par Rafinesque-Schmaltz à un genre formé aux dépens des Orobanches, et qui est le même que l'*Epifagus* de Nuttall. *V.* ce mot et ORO-BANCHE.   (G..N.)

*** LEPTANDRE.** *Leptandra.* BOT. PHAN. Nuttall (*Gen. of North. Amer.*, 1, p. 7) a proposé d'établir un genre nouveau pour la *Veronica virginica* de Linné, genre qui, selon ce botaniste, se distinguerait des Véroniques par son calice à cinq divisions, sa corolle tubuleuse, campanulée, ses étamines très-saillantes et sa capsule dont les loges sont polyspermes. Mais ces différens caractères sont de fort peu d'importance et d'ailleurs se rencontrent soit isolément, soit réunis dans plusieurs autres espèces qui appartiennent sûrement au genre Véronique. Nous pensons donc que le genre proposé par le célèbre botaniste américain ne peut être adopté. *V.* VÉRONIQUE.   (A. R.)

LEPTANTHE. *Leptanthus.* BOT.

PHAN. Ce genre, de la Triandrie Monogynie, L., voisin du *Pontederia*, a été établi par Richard (*in Michx. Flor. Boreali-Amer.*, 1, p. 24); mais il est identique avec le genre *Heteranthera*, constitué antérieurement par Beauvois, dans le 4ᵉ volume des Actes de Philadelphie. *V*. Hétéranthère. Le *Leptanthus gramineus* se distingue des autres espèces par des caractères qui ont paru suffisans pour en former un genre particulier auquel Willdenow a donné le nom de *Schollera*. *V*. ce mot.   (G..N.)

LEPTASPIS. *Leptaspis*. BOT. PHAN. C'est un genre de Graminées établi par R. Brown (*Prodr.*, 1, p. 211) et qui offre des fleurs monoïques. Les mâles ont une lépicène uniflore, bivalve, une glume plus grande, composée de deux paillettes membraneuses; l'externe ovale concave; l'interne plus étroite, linéaire, plane; point de soies hypogynes. Les fleurs femelles ont la lépicène semblable à celle des mâles; la valve externe de la glume est très-renflée, presque globuleuse, avec une petite ouverture à son sommet; l'interne très-petite et linéaire. Point de soies hypogynes; le style est terminé par trois stigmates velus. Le fruit est renfermé dans la valve externe de la glume, qui est vésiculeuse. Ce genre se compose d'une seule espèce, *Leptaspis Banksii*, Brown, *loc. cit.* Cette Plante, originaire de la Nouvelle-Hollande, a le port du *Pharus latifolius*, dont elle se rapproche aussi beaucoup par son organisation, n'en différant que par l'organisation de la valve externe de sa glume.   (A. R.)

LEPTE. *Leptus*. ARACHN. Genre de l'ordre des Trachéennes, famille des Microphthires de Latreille (Fam. Nat. du Règn. Anim.), auquel ce savant donne pour caractères : six pates; un suçoir avancé; des palpes apparens, courts et presque coniques; corps très-mou et ovale. Ces Arachnides ont le corps ovale, renflé, la partie antérieure présente comme une tête, ayant de chaque côté un point noir,

les yeux probablement; la peau qui couvre le corps est souple, bien tendue et luisante; l'Animal la fronce et la ride quelquefois. Ce genre s'éloigne des Coris par le corps qui est mou, tandis qu'il est écailleux dans ces derniers. Ils diffèrent des Atomes, en ce que ceux-ci n'ont point de suçoirs ni de palpes visibles. Ces petites Arachnides sont parasites; l'espèce la plus commune, *Leptus Phalangii*, vit sur le Faucheur (*Phalangium Opilio*); souvent elle ne s'y tient fixée que par son suçoir. Une autre espèce est très-commune en automne sur les Graminées et d'autres Plantes; c'est :

Le Lepte automnal, *Leptus autumnalis*, Latr., *Acarus autumnalis*, Shaw (Miscell. Zool., t. 2, pl. 42). Il est très-petit et d'une couleur rouge; il grimpe et s'insinue dans la peau, à la racine des poils, et cause des démangeaisons très-vives; il est connu vulgairement sous le nom de Rouget par les habitans des campagnes; notre savant ami Quoy, naturaliste et médecin distingué, nous a appris qu'il est très-commun, à l'époque des vendanges, dans le département de la Charente-Inférieure, où il est connu sous le nom de Vendangeron. Latreille a apaisé les démangeaisons qu'il cause en lavant les endroits irrités avec de l'eau mêlée d'un peu de vinaigre.   (G.)

LEPTEMON. BOT. PHAN. (Rafinesque.) Syn. de Crotonopsis. *V*. ce mot.   (B.)

LEPTÉRANTHE. *Lepteranthus*. BOT. PHAN. Necker (*Elem. Bot.*, n. 150) a proposé de distinguer, sous ce nom générique, toutes les espèces Linnéennes de Centaurées, dont les écailles de l'involucre sont recourbées, plumeuses des deux côtés, et dont les akènes fertiles sont pourvus d'une aigrette soyeuse. La section des *Centaurea*, à laquelle Persoon donne le nom de *Phrygia*, correspond à ce genre de Necker, qui a pour type le *Centaurea Phrygia* de Linné, espèce qui croît dans les hautes montagnes de l'Europe. Cassini a adopté ce genre, ainsi que le *Jacea*, formé aux dépens des Centaurées. Non-seulement ces deux genres ne sont à nos yeux qu'un seul et unique groupe, mais ils ne nous semblent pas devoir être séparés du *Centaurea*. *V*. ce mot.

(G..N.)

LEPTERUS. POIS. (Rafinesque.) *V*. LEPIPTERUS.

* **LEPTIDIUM.** BOT. PHAN. Nom donné par de Gingins (*in De Cand. Prodr.*, 1, p. 504) à la cinquième section qu'il a établie dans le genre Violette. *V*. ce mot.　　(G..N.)

* **LEPTINELLE.** *Leptinella.* BOT. PHAN. Genre de la famille des Synanthérées, Corymbifères de Jussieu, et de la Syngénésie nécessaire, L., établi par H. Cassini (Bullet. de la Soc. Philomat., août 1822) qui l'a ainsi caractérisé : involucre hémisphérique, formé d'environ dix écailles appliquées, sur deux ou trois rangs, très-larges, membraneuses et scarieuses sur le bord supérieur; réceptacle nu, conoïde : calathide tantôt unisexuelle, tantôt monoïque; le disque composé de fleurons nombreux, réguliers et mâles ; la circonférence composée de fleurs en languettes et femelles. Les fleurs mâles renferment un rudiment d'ovaire qui est petit, dépourvu d'aigrette, et surmonté d'un style long, simple, terminé au sommet par une troncature orbiculaire. L'ovaire des fleurs femelles est grand, obovale, avec une bordure sur les deux côtés ; il est dépourvu d'aigrette. Le style est long, surmonté de deux stigmates larges et divergens.

H. Cassini a placé ce genre dans la tribu des Anthémidées près des genres *Hippia*, *Cotula* et *Gymnostyles* ou *Soliva*. Il en a décrit deux espèces (*Leptinella scariosa* et *L. pinnata*) qui sont de très-petites Plantes herbacées dont la patrie est inconnue. Enfin, il a indiqué avec doute, comme congénères de son *Leptinella*, les *Hippia peduncularis* et *Bogotensis* de Kunth.

(G..N.)

LEPTIS. *Leptis.* INS. Genre de l'ordre des Diptères que Fabricius nomme ainsi dans son Système des Antliates et qu'il appelait auparavant *Rhagio.* Latreille, qui a établi un genre d'Arachnides, sous le nom de Lepte, n'adopte pas la première dénomination de Fabricius et continue d'appeler Rhagie (*Rhagio*) les Insectes du genre Leptis de ce dernier. *V*. RHAGIE.　　(G.)

LEPTOCARPE. *Leptocarpus.* BOT. PHAN. R. Brown appelle ainsi un nouveau genre qu'il a établi dans la famille des Restiacées et qu'il caractérise de la manière suivante : les fleurs sont unisexuées, dioïques, disposées en faisceaux ou en chatons. Leur périanthe est formé de six écailles glumacées. Dans les fleurs mâles on compte trois étamines, dont les anthères sont simples et peltées ; dans les fleurs femelles, un ovaire uniloculaire, monosperme, surmonté d'un style simple et de deux ou trois stigmates filiformes. Le fruit est un akène crustacé, couronné par la base du style. Ce genre se compose d'espèces qui croissent à la Nouvelle-Hollande et au cap de Bonne-Espérance. Ce sont des Plantes herbacées dont les chaumes, dépourvus de feuilles, sont simples et environnés à leur base de gaînes fendues. Les fleurs, comme nous l'avons dit, sont disposées en faisceaux ou en chatons, différence qui en entraînant quelques autres dans l'organisation, pourrait, selon R. Brown, déterminer à former un genre particulier de chacun de ces groupes. Dans l'ouvrage que nous avons cité précédemment, Brown donne les caractères de sept espèces de ce genre, observées par lui à la Nouvelle-Hollande. Parmi ces espèces, on remarque le *Leptocarpus simplex* qui est le *Restio simplex* de Forster, et le *Leptocarpus tenax* ou *Schœnodum tenax fœmina* de Labillardière, Nouv.-Holl., t. 229. Selon Brown, le *Schœnodum tenax mas* du même auteur appartient à un autre genre qu'il nomme *Lyginia*. Il faut encore rapporter au genre *Leptocarpus* les *Restio imbricatus* de Thunberg, *distachyos* de Rottboel, et quelques autres espèces également originaires du cap de Bonne-Espérance.   (A. R.)

* **LEPTOCARPÉE.** *Leptocarpæa.* BOT. PHAN. Le professeur De Candolle, dans le second volume de son *Systema Vegetabilium*, appelle ainsi un genre nouveau qu'il forme dans la famille des Crucifères, pour le *Sisymbrium Loeselii*, L. Ce genre a pour caractères : une silique trèsgrêle et cylindrique, dressée; un stigmate sessile et bilobé; un calice étalé, formé de quatre sépales égaux; des graines fort petites, disposées sur une ou deux rangées. Les fleurs sont jaunes et inodores; les cotylédons sont probablement incombans. Ce genre nous paraît devoir être réuni au *Sisymbrium*.   (A. R.)

LEPTOCARYON. BOT. PHAN. (Dioscoride.) Syn. de Noisette.   (B.)

LEPTOCÉPHALE. *Leptocephalus.* POIS. Genre établi par Gronou, placé dans l'ordre des Malacoptérygiens apodes, et conséquemment de la famille des Anguiformes, qui est la seule qu'on y trouve. Ses caractères consistent dans l'ouverture des branchies situées de chaque côté en partie sous la gorge; dans la petitesse de la dorsale et de l'anale qui sont à peine visibles, et s'unissent à la pointe de la queue; dans le corps qui est comprimé comme un ruban. La tête est extrêmement petite, ayant le museau pointu; on n'en connaît encore qu'une espèce: le MORRISIEN, Lac., Pois. T. II, p. 3, f. 2; *Leptocephalus Morrisii*, Gmel., *Syst. Nat.* XIII, T. 1, p. 1150; vulgairement le HAMEÇON DE MER, petit Poisson des côtes d'Angleterre, long de quatre ou cinq pouces, d'une forme bizarre, lancéolé aux deux extrémités. Le *Leptocephalus Spallanzani* de Risso appartient aux Sphagébranches. *V.* ce mot.   (B.)

LEPTOCERAS. BOT. PHAN. R. Brown (*Prodr. Flor. Nov.-Holl.*, p.

3a5) a ainsi nommé la seconde section du genre *Caladenia*, qui, par ses caractères assez saillans, sera probablement par la suite érigée en genre distinct. *V.* CALADÉNIE.   (G..N.)

* **LEPTOCÈRE.** *Leptocera.* INS. Genre de l'ordre des Coléoptères, section des Tétramères, famille des Longicornes, tribu des Cérambycins, établi par Dejean (Catal. des Coléopt., p. 108) et dont il ne donne pas les caractères. La seule espèce qui forme ce genre est le *Cerambyx scriptus* de Fabricius. Il se trouve à l'Île-de-France.

Le même nom a aussi été donné à un genre de Charançons mentionné par Latreille (Familles Naturelles du Règne Animal) et dont ce savant ne donne pas les caractères.   (G.)

LEPTOCHLOA. BOT. PHAN. Genre de la famille des Graminées, et de la Triandrie Digynie, L., établi par Palisot-Beauvois (Agrostographie, p. 71, tab. 15, f. 1) qui l'a ainsi caractérisé : panicule simple, à épillets alternes et simples, et à locustes disposées d'un même côté; lépicène (glume, Palis.) renfermant trois à cinq fleurs, et dont les valves sont lancéolées, aiguës et presque égales aux fleurs; glume inférieure (paillette, Beauv.) naviculaire et aiguë, la supérieure bifide et dentée; caryopse libre, sillonnée.

Ce genre est, selon Beauvois, un de ceux qui ont le plus de rapport avec le *Poa*, dont il se distingue par le port, sa panicule simple, ses rameaux grêles et ses locustes disposés du même côté. Les espèces qui lui ont été rapportées par l'auteur sont au nombre de trois, savoir : 1° *Leptochloa capillacea*, Beauv., ou *Cynosurus capillaceus*; 2° *L. filiformis*; 3° et *L. virgata*.

Chr. Godofr. Nées d'Esenbeck (*Sylloge Plantarum novarum*, Ratisbonne, 1824), en donnant la description très-détaillée d'une nouvelle espèce, *Leptochloa procera*, que le prince de Neuwied a rapportée du Brésil, et qui est cultivée au jardin de Bonn, a fait en même temps une petite monographie de ce genre. Il a indiqué comme synonymes génériques le *Leptostachys* de Meyer et l'*Oxydenia* de Nuttall. Quelques espèces placées dans le *Rhabdochloa* par Palisot-Beauvois doivent encore faire partie du *Leptochloa*; et, d'un autre côté, on doit éliminer de celui-ci les *L. cynosuroides*, *tenerrima* et *monostachya* de Rœmer et Schultes. En définitive, il a composé le *Leptochloa* des Plantes suivantes : 1° *L. filiformis*; 2° *L. procera*, Nées, qui a peut-être pour synonyme le *Festuca filiformis* de Lamarck; 5° *L. virgata*; 4° *L. chinensis*, Nées ; 5° *L. domingensis*, Nées, ou *Rhabdochloa domingensis*, Palis.-Beauv.; 6° *L. gracilis*, Nées, ou *Chloris gracilis*, Kunth; 7° *L. dubia*, Nées, ou *Chloris dubia*, Kunth; 8° *L. digitaria*, Nées, ou *Chloris digitaria*, Kunth. (G..N.)

* LEPTOCORISE. INS. Genre de l'ordre des Hémiptères, section des Hétéroptères, famille des Géocorises, tribu des Longilabres, mentionné par Latreille (Fam. du Règn. Anim., p. 421) et dont les caractères nous sont inconnus. Il est voisin du genre Alyde. (G.)

* LEPTOCRAMBE. BOT. PHAN. Nom donné par De Candolle à la seconde section du genre *Crambe*, laquelle correspond au genre *Rapistrum* de Médikus et de Mœnch. *V.* CRAMBE. (G..N.)

LEPTODACTYLES. *Leptodactyla.* MAM. Illiger forme sous ce nom une petite famille entre les Makis et les Marsupiaux pour le genre Aye-Aye. *V.* ce mot. (B.)

* LEPTODERMIS. *Leptodermis.* BOT. PHAN. Genre de la famille des Rubiacées et de la Pentandrie Monogynie, L., établi par Wallich (*in Fl. Ind.*, 2, p. 191) qui lui donne les caractères suivans : calice supérieur; corolle monopétale, infundibuliforme; étamines courtes et incluses; ovaire accompagné d'une bractée ca-

liciforme, tubuleuse et bilobée; cet ovaire est à cinq loges contenant chacune un seul ovule dressé. Le stigmate est à cinq lobes. Le fruit est une capsule à cinq loges monospermes, s'ouvrant en cinq valves.

Ce genre ne se compose que d'une seule espèce, *Leptodermis lanceolata*, Wall., *loc. cit.* C'est un Arbrisseau à feuilles opposées, presque décussées, lancéolées, aiguës, entières, portées sur un court pétiole. Les fleurs sont blanches, inodores, ternées et placées au sommet des rameaux. Il croît dans les montagnes du Napaul. (A. R.)

LEPTODON. BOT. CRYPT. (*Mousses.*) Weber et Mohr (*Tab. Syn. Musc.*) avaient proposé ce nom pour le genre *Lasia* de Palisot-Beauvois; ce dernier nom ayant la priorité a dû prévaloir. *V.* LASIA. (A. F.)

LEPTOGASTER. INS. (Meingen.) Syn. de Gonype. *V.* ce mot. (B.)

* LEPTOGIUM. BOT. CRYPT. (*Lichens.*) Sixième sous-genre établi parmi les Collémas par Acharius; il renferme huit espèces, et est ainsi caractérisé : thalle foliacé; lobes arrondis, membraneux, d'une consistance très-tendre, nus, d'un griscendré, presque diaphanes; apothécions sous-pédicellés. Il serait bien désirable qu'un lichénographe habile fît une Monographie du genre *Collema* dont la France possède un grand nombre. Pouzolz a récolté en Corse, à San-Bonifacio, le *Collema azureum* de Swartz qui n'avait encore été trouvé qu'à la Jamaïque par ce dernier botaniste, et par nous sur les Quinquinas péruviens. Ce beau Lichen rentre dans la section dont il est ici question. (A. F.)

LEPTOLÈNE. *Leptolæna.* BOT. PHAN. Du Petit-Thouars dans son Histoire des Végétaux des îles australes d'Afrique, p. 41, appelle ainsi un genre nouveau de Plantes, qu'il établit dans sa petite famille des Chlénacées. Ce genre se compose d'une seule espèce, *Leptolæna multi-*

flora, *loc. cit.*, T. II. C'est un petit Arbuste élégant, originaire de Madagascar. Ses rameaux sont grêles; ses feuilles alternes, courtement pétiolées, ovales-oblongues, entières, un peu ondulées sur les bords, glabres, accompagnées à leur base de deux stipules très-caducs. Les fleurs sont blanches, réunies en corymbe terminal. Chaque fleur offre un involucre monophylle épais à six dents; le calice est plus long que l'involucre, formé de trois sépales concaves; la corolle est composée de cinq pétales rétrécis à leur base et rapprochés de manière à former un tube. Les étamines, au nombre de dix, sont monadelphes par leur base où elles constituent un urcéole entier. L'ovaire est à trois loges contenant chacune deux ovules; le style est épais, terminé par un stigmate trilobé. Le fruit est une capsule uniloculaire et monosperme par avortement, entièrement recouverte par l'involucre qui est charnu. La graine se compose d'un tégument propre qui est coriace, d'un endosperme corné et d'un embryon dont la radicule cylindrique est tournée vers le hile. Cet Arbrisseau, commun autour de Foulepointe, fleurit en août. Le genre *Leptolœna* est très-voisin du *Sarcolœna;* cependant il en diffère : 1° par le calice plus long que l'involucre; 2° par ses étamines seulement en nombre double des pétales; 3° et par son fruit uniloculaire et monosperme.   (A. R.)

LEPTOMÈRE. *Leptomera.* CRUST. Genre de l'ordre des Lœmodipodes, famille des Filiformes (Latr., Fam. Natur. du Règn. Anim.), établi par Latreille et ayant pour caractères : pieds au nombre de quatorze, disposés en une série continue depuis la tête jusqu'à l'extrémité postérieure du corps, y compris les deux premiers qui sont annexés à la tête. Ces pieds sont très-grêles; corps composé d'une tête et de six segmens.

Ces Crustacés se distinguent des genres Proton et Chevrolle, parce que ceux-ci n'ont que dix pieds, les premiers en série continue, et les seconds en série interrompue. Le Crustacé qui forme le type de ce genre est la *Squilla ventricosa* de Müller (Zool. Dan., tab. 56, fig. 1-3); Herbst (Cancr. T. XXXVI, fig. 11). Latreille rapporte aussi à ce genre l'espèce représentée par Slabber (Mém., tab. 10, fig. 2) qui a un appendice en forme de lobe à tous les pieds, les deux premiers exceptés, et le *Cancer pedatus*, Montagu (*Trans. Linn.* T. XI, pl. 2, fig. 6) qui en a tous les pieds pourvus, moins ceux de la première et des trois dernières paires.   (G.)

LEPTOMÉRIE. *Leptomeria.* BOT. PHAN. Genre de la famille des Santalacées, très-voisin des *Thesium*, établi par Rob. Brown (*Prodr.* 1, p. 353), et qui peut être ainsi caractérisé : calice adhérent avec l'ovaire infère et terminé par un limbe rotacé, à quatre ou cinq divisions profondes et persistantes; disque épigyne à quatre ou cinq lobes; étamines au nombre de cinq, insérées en dehors des lobes du disque; stigmate lobé. Le fruit est une drupe couronnée par le limbe du calice. Ce genre se compose de petits Arbustes à feuilles éparses, petites et quelquefois nulles. Leurs fleurs sont également fort petites, disposées en épis. Le genre *Comandra* proposé par Nuttall, pour le *Thesium umbellatum*, nous paraît devoir être réuni à ce genre. Le *Leptomeria* auquel Brown réunit le *Thesium drupaceum* de Labillardière, diffère des *Thesium* par la présence d'un disque épigyne. (A. R.)

*** LEPTOMITUS.** BOT. CRYPT. (*Confervées?*) Genre récemment établi par Agardh (*Syst. Alg.*, p. 23 et 49) qui lui donne pour caractères : des filamens hyalins ou peu colorés, arachnoïdes, obscurément aciculés, libres, droits, et non entrelacés. Ce sont, au dire de l'auteur, les ébauches de la végétation sur les corps inondés. Il en mentionne dix espèces, toutes excessivement petites, à

peine visibles à l'œil désarmé et ne se manifestant guère que comme un duvet pâle. Les unes croissent sur les Hydrocharides de l'eau douce , d'autres sur les Céramiaires de la mer. Mademoiselle Libert en a découvert une espèce fort élégante dans les environs de Malmédy ; nous l'avons communiquée à Agardh qui lui a conservé le nom de *Libertiæ* par lequel nous la désignâmes le premier.
(B.)

LEPTON. BOT. PHAN. La Plante désignée sous ce nom dans Pline paraît être la petite Centaurée. *V*. ERYTHRÉE.
(B.)

* LEPTONÈME. *Leptonema*. BOT. PHAN. Genre de la famille des Euphorbiacées , et de la Diœcie Pentandrie, L., nouvellement établi par notre collaborateur Adrien de Jussieu (*De Euphorb. Generib.*, p. 19, pl. 4, f. 12) qui l'a ainsi caractérisé : fleurs dioïques ; calice à cinq divisions profondes. Les fleurs mâles sont pourvues de cinq ou rarement six étamines dont les filets sont libres , capillaires , saillans , les anthères grosses , courbées , à loges distinctes pendant la préfleuraison et ensuite redressées. Les fleurs femelles présentent trois à cinq styles profondément divisés en deux , surmontant un ovaire à trois ou cinq loges dispermes. Le fruit est capsulaire, globuleux, déprimé, à trois ou plus fréquemment cinq coques bivalves et dispermes. Le placenta porte trois à cinq cloisons, et forme supérieurement autant d'expansions (*massulæ*) pendantes dans les loges , et sous-lesquelles on voit les funicules qui suspendent les ovules. Ce genre ne se compose que d'une seule espèce que Poiret (Dict. Encycl.) avait décrite sous le nom d'*Acalypha venosa*. C'est un Arbuste de Madagascar, à feuilles alternes, stipulacées , longuement pétiolées , presque entières et velues. Les pédoncules des fleurs sont solitaires et axillaires , plus longs et uniflores dans les individus femelles , multiflores dans les mâles, et accom-

pagnés de plusieurs bractées linéaires.
(G..N.)

* LEPTONIA. BOT. CRYPT. (*Champignons.*) Quinzième sous-genre d'Agaric dans la Méthode de Fries. *V*. AGARIC.
(B.)

LEPTOPE. *Leptopus*. INS. Genre de l'ordre des Hémiptères, section des Hétéroptères , famille des Géocorises, tribu des Oculées, établi par Latreille, et ayant pour caractères : bec court, arqué et épineux en dessous ; antennes en forme de soies ; cuisses antérieures grandes et épineuses. Ce genre se distingue de celui de Salde par le bec qui est long dans ce dernier. Les Pélogonies de Latreille s'en distinguent par les antennes et par la forme du corps. L'espèce sur laquelle Latreille a établi ce genre est :

Le LEPTOPE LITTORAL , *L. littoralis*, Latr. Il est long de deux lignes, ovale, d'un cendré obscur, avec quelques taches sur les élytres et leur bord extérieur , blanchâtres. Leurs appendices membraneux sont pâles avec les nervures obscures , les pieds sont d'un jaunâtre pâle. Cette espèce a été trouvée en Espagne par Léon Dufour. Le *Leptopus lapidicola* en est très-voisin ; il a été découvert dans le département du Calvados par Bâsoches.
(G.)

LEPTOPHYTE. *Leptophytus*. BOT. PHAN. Ce nom a été donné par H. Cassini (Bullet. de la Société Philom., janvier 1817) à une section du genre *Leysera* , laquelle se distingue des espèces considérées comme types de celui-ci par sa calathide discoïde au lieu d'être radiée, par son involucre oblong, cylindracé, formé d'écailles dressées, entièrement appliquées , non appendiculées, très-aiguës au sommet, tandis que les vrais *Leysera* ont l'involucre campaniforme, formé d'écailles surmontées d'un appendice étalé et arrondi au sommet. Le *Leptophytus* diffère en outre du *Leysera* par sa tige herbacée. L'auteur de ce sous-genre a donné une très-longue description de tous les organes floraux, description que nous ne pouvons retracer ici, en ayant fait connaître les caractères les plus saillans. Une seule espèce le constitue; c'est le *Gnaphalium leyseroides*, Desf., Flor. Atlant., auquel Cassini, d'après un principe qui lui est particulier, a donné le nom de *Leptophytus leyseroides*. Il a néanmoins indiqué celui de *Leysera discoidea* pour ceux qui admettent qu'une espèce doit porter le nom du genre principal auquel l'auteur du *Leptophytus* convient lui-même qu'il doit être rapporté. *V.* au surplus le mot LEYSÈRE.　　(G..N.)

LEPTOPODE. POIS. Sous-genre de Coryphœne. *V.* ce mot.　　(B.)

* LEPTOPODE. *Leptopoda.* BOT. PHAN. Genre de la famille des Synanthérées et de la Syngénésie superflue, L., établi par Nuttall (*Gener. of North Amer. Plants*) qui lui a donné les caractères suivans : involucre court, formé de folioles aiguës, disposées sur un seul rang; réceptacle nu et hémisphérique; fleurs du disque nombreuses, régulières, hermaphrodites, ayant une corolle à tube court, et à limbe glanduleux, quadri ou quinquédenté; un ovaire cylindracé, glabre, surmonté d'une aigrette composée de huit à dix paillettes oblongues, obtuses, un peu découpées; fleurs des rayons nombreuses, neutres, disposées sur un seul rang, et présentant une corolle à languette tridentée et élargie vers le sommet. Ce genre est très-voisin de l'*Helenium*, dont il ne diffère que par son involucre simple et par les fleurs neutres de la circonférence. Il a aussi beaucoup de rapports avec les genres *Gaillardia* ou *Galardia* et *Balduina*, mais il en est suffisamment distinct par des caractères que, dans la crainte d'être prolixe, nous ne pouvons énumérer ici; il suffira de jeter les yeux sur les descriptions de ces genres. *V.* BALDUINE et GALARDIE.

Le *Leptopoda Helenium*, Nuttall, *Galardia fimbriata*, Michx., est une Plante herbacée dont la tige est simple,

haute d'environ un mètre, garnie dans sa partie moyenne de feuilles décurrentes, les inférieures très-longues, linéaires, lancéolées, les supérieures moins longues, sessiles et linéaires. La calathide composée de fleurs jaunes est solitaire au sommet de la tige. Cette Plante croît dans les terrains marécageux et découverts de la Caroline et de la Géorgie.　　(G..N.)

LEPTOPODIE. *Leptopodia.* CRUST. Genre établi par Leach. *V.* MACROPODIE.　　(G.)

* LEPTOPORA. BOT. CRYPT. (*Champignons.*) Genre formé aux dépens des Bolets; il renferme les espèces qui ont leurs pores situés à la partie supérieure de la Plante. Rafinesque-Schmaltz en fait connaître plusieurs nouvelles espèces; ce genre est encore mal caractérisé : les *Leptopora nivea*, *stercoraria* et *difformis*, de l'Amérique boréale, sont les types de ce genre créé par Rafinesque. (A. F.)

* LEPTORAMPHE. OIS. Division formée par Duméril (Zool. An., p. 47) parmi les Passereaux pour ceux qui ont le bec long, étroit, sans échancrure et souvent flexible. (B.)

LEPTORCHIS. BOT. PHAN. Sous ce nom, Du Petit-Thouars (Hist. des Orchidées des îles australes d'Afr.) a établi un genre qui correspond au *Malaxis* de Swartz. Les deux espèces dont il se compose et qui croissent dans les îles de France et de Bourbon, ont été nommées par l'auteur, selon sa nomenclature particulière, *Flavileptis* et *Erythroleptis*. *V.* ces mots.　　(G..N.)

LEPTORIMA. POLYP. ? Rafinesque établit sous ce nom un genre qu'il est impossible de rapporter avec certitude, soit au règne végétal parmi les Hydrophytes, soit au règne animal, mais qu'on peut supposer appartenir aux Polypiers jusqu'à ce qu'il ait été de nouveau examiné. L'auteur le dit voisin de son genre *Phytelis* (*V.* ce mot) et le caractérise ainsi : corps parasite, irrégulier, coriace, crustacé, friable, poreux en dessus. Il en mentionne trois espèces :

L'*undulata*, rose, lobé, ondulé, à pores rouges, très-petits et égaux ;

Le *nivea*, blanc, lisse, à pores petits et inégaux ;

L'*oculata*, rougeâtre, lisse, à bord convexe et sans pores, mais garni au milieu de grands pores inégaux, plus grands, entourés d'un cercle blanchâtre.

Ces trois espèces des mers de Sicile sont parasites sur les Zostères et les Fucacées. (B.)

LEPTORKIS. BOT. PHAN. Pour Leptorchis. *V*. ce mot. (B.)

* LEPTORMUS. BOT. PHAN. (De Candolle.) Sous-genre d'Héliophile. *V*. ce mot. (B.)

LEPTOSOMES. POIS. Famille de l'ordre des Holobranches Thoraciques, composée d'espèces à branchies complètes, ayant les ventrales situées sous les pectorales ; le corps très-mince, aussi haut que long, et les yeux latéraux. Elle répond aux genres Chœtodon et Zée, et contient tous ceux qu'en ont formés les ichthyologistes. (B.)

LEPTOSOMUS. OIS. (Vieillot.) Syn. de Vouroudriou. (B.)

* LEPTOSOPHOS. MIN. La Roche ainsi nommée dans Pline paraît être un Porphyre. (B.)

LEPTOSPERME. *Leptospermum*. BOT. PHAN. Genre de la famille des Myrtinées, et de l'Icosandrie Monogynie, L., composé d'un assez grand nombre d'espèces qui sont toutes des Arbustes ou des Arbrisseaux originaires de la Nouvelle-Hollande, ayant les feuilles généralement petites, coriaces, persistantes, alternes, pointillées et odorantes ; les fleurs terminales, solitaires ou groupées et réunies plusieurs ensemble. Leur calice est turbiné à sa base où il adhère avec l'ovaire infère ; son limbe est à cinq divisions égales ou régulières ; la corolle se compose de cinq pétales égaux, étalés en forme de rose et obtus. Les étamines sont nombreuses,

un peu réunies ensemble par la base de leurs filets. L'ovaire est infère, à cinq loges contenant chacune un grand nombre d'ovules ; le style est simple, terminé par un stigmate un peu élargi, déprimé et à peine bilobé. Le fruit est une capsule globuleuse, ligneuse, ombiliquée, couronnée par le limbe calicinal, à trois, quatre ou cinq loges, contenant chacune un très-grand nombre de graines allongées, très-menues et s'ouvrant par son sommet en autant de valves septifères sur le milieu de leur face interne. Ce genre très-rapproché des *Melaleuca* en diffère surtout par ses étamines non réunies en plusieurs faisceaux, par son fruit capsulaire et non charnu. Plusieurs des espèces de ce genre sont cultivées dans les jardins, et demandent à être rentrées dans l'orangerie. Nous citerons les suivantes :

LEPTOSPERME THÉ, *Leptospermum Thea*, Willd., petit Arbuste d'un à deux pieds d'élévation, rameux et quelquefois étalé. Ses feuilles sont éparses, très-rapprochées, petites, linéaires, allongées, entières, aiguës, coriaces, persistantes, glabres, ponctuées. Les fleurs sont blanches, petites, axillaires. Les capsules sont déprimées, à cinq côtes, à cinq loges s'ouvrant en cinq valves par la moitié supérieure. Les feuilles de cette espèce ont une saveur et une odeur aromatiques et agréables. A la Nouvelle-Hollande on les emploie en infusion théiforme ; et Cook dit que leur usage a été fort utile pour les gens de son équipage.

LEPTOSPERME A BALAIS, *Leptospermum scoparium*, Forst., Gen., t. 36. Cette espèce, plus grande que la précédente dont elle est très-voisine, s'élève à une hauteur de trois à quatre pieds. Ses feuilles sont plus roides, un peu plus larges et très-aiguës. Les fleurs sont blanches ; ses capsules ligneuses, déprimées, à cinq loges. Les feuilles de cette espèce s'emploient aux mêmes usages que celles du Leptosperme Thé.

LEPTOSPERME SOYEUX, *Leptosper-*

mum sericeum, Labill., Nouv-Holl., 2, t. 147. C'est un Arbrisseau de cinq à six pieds d'élévation, dont les feuilles éparses et très-rapprochées sont obovales, aiguës, petites, couvertes sur leurs deux faces de poils blancs et soyeux. Les fleurs sont grandes et blanches. La capsule est également soyeuse. Ces trois espèces et plusieurs autres que l'on cultive encore dans les jardins, doivent être rentrées en orangerie. On les cultive dans la terre de bruyère, et on les multiplie de graines.   (A. R.)

LEPTOSTACHYA. BOT. PHAN. (Adanson, d'après Micheli.) Syn. de Phryma. *V.* ce mot.   (B.)

* LEPTOSTACHYS. BOT. PHAN. Le genre de Graminées constitué sous ce nom par Meyer (*Essequeb.*, p. 73) est le même que le *Leptochloa* de Palisot-Beauvois. *V.* ce mot. (G..N.)

LEPTOSTOME. *Leptostomum.* BOT. CRYPT. (*Mousses.*) Ce genre créé par R. Brown, dans les Actes de la Soc. Linnéenne de Londres, 10, p. 130, T. XXIII, f. 2, et conservé par Schwægrichen dans la deuxième partie du premier Supplément d'Hedwig, p. 346, figure dans la troisième classe : Mousses à péristome, ordre premier, Acrocarpes de la Méthode de Bridel. Le péristome est simple, membraneux, annulaire, plane, indivis, prenant naissance de la membrane interne de la capsule; celle-ci est oblongue, amincie à sa base en une sorte d'apophyse conoïde; sa coiffe est glabre, lisse et caduque. Cinq espèces de Mousses, qui toutes croissent sur les rochers dans les Etats-Unis et la Nouvelle-Hollande, composent ce genre qui n'a pas été adopté par la totalité des botanistes. Hooker place les quatre premières espèces, celles dont les poils des feuilles sont simples, parmi les Gymnostomes, et l'unique espèce qui forme la section dont les poils des feuilles sont rameux parmi les Brys ; on est certain que le genre *Leptostomum* a de l'analogie avec les Brys et les Gymnostomes ; néanmoins il en est distinct puisqu'il est muni d'un péristome qui manque dans les Gymnostomes, et que ce péristome, indivis dans le genre qui nous occupe, est divisé dans les Brys. Nous pensons donc que le Leptostome doit être conservé. Les deux espèces suivantes sont très-remarquables : 1° Leptostome grêle, *Leptostomum gracile* (Menzies, Brown, Brid.), à feuilles ovales-oblongues un peu aiguës, à poil simple égalant la moitié de la feuille; à capsules oblongues, équilatérales, inclinées; on la trouve dans les ombrages humides de la Nouvelle-Zélande près de la baie de Duski; 2° Leptostome de Menzies, *Leptostomum Menziesii* (Brown, Brid.); *Gymnostomum Menziesii* (Hook.), à feuilles oblongues, lancéolées, aiguës, à poil simple, quatre fois plus court que les feuilles, à capsules oblongues inclinées, recourbées en arc. Cette Mousse forme des touffes d'un vert agréable sur la terre, dans diverses parties des Etats-Unis. Menzies est le premier qui l'a fait connaître. (A. F.)

* LEPTOSTROMA. BOT. CRYPT. (*Hypoxylées.*) Fries a établi ce genre (Class. 11, Ord. 11, 16), fort voisin de l'*Hysterium*. Il n'en diffère en effet que par ses conceptacles sans ouvertures, ne renfermant point de liquide gélatineux. Parmi les dix espèces qui ont été décrites, nous citerons le *Leptostroma filicinum*, qui se trouve dans la Flore Française, sous le nom de *Hypoderma striæforme* avec sa variété qui croît sur la Fougère femelle, variété qui fait partie des Cryptogames de la belle collection de Mougeot et Nestler, où elle a reçu le nom de *Sclerotium Pteridis*, et le *Leptostroma vulgare*, nommé *Sclerotium nitidum* dans le même recueil. Ehrenberg a aussi un genre *Leptostroma*; mais Fries ne pense pas que ce soit le sien, et propose pour ce *Leptostroma* le nom d'*Ectrouroma*, caractérisé par ses conceptacles contigus. Ce dernier botaniste croit que le genre *Schizo-*

derma d'Ehrenberg est son genre *Leptostroma*. *V*. SCHIZODERME. (A. F.)

* LEPTOTHECA. BOT. CRYPT. (*Mousses*.) Genre établi par Schwægrichen (*Spec. Musc. suppl.*, 2, p. 155, t. 157) qui l'a ainsi caractérisé : péristome double, à seize dents ; l'intérieur muni de cils très-courts. Ce genre est très-distinct par son port ; mais, selon l'auteur, il se rapproche tellement du *Leptostomum*, qu'on ne peut l'en distinguer que par un caractère artificiel. Il ne se compose que d'une seule espèce trouvée près du port Jackson dans la Nouvelle-Hollande, par Gaudichaud, et nommée en son honneur *Leptotheca Gaudichaudi*. Walker Arnott (Mém. Soc. Hist. Nat. T. ii) place cette Mousse parmi les *Bryum*. (G..N.)

LEPTOTHRIUM. BOT. PHAN. (Kunth.) Syn. d'Isochile. *V*. ce mot. (B.)

* LEPTOTHYRIUM. BOT. CRYPT. (*Hypoxylées*.) Ce genre est intermédiaire entre les genres *Leptostroma* et *Xyloma*. Il a été fondé par Kunze. Persoon pense qu'il doit être réuni au *Xyloma*. La seule espèce connue est le *Leptothyrium Lunariæ* qui se fixe sur les feuilles de la Lunaire, dont le réceptacle est en forme d'écusson, sillonné longitudinalement, et recouvre des sporidies fusiformes. (A. F.)

* LEPTUBERIA. BOT. CRYPT. (*Lichens*.) Rafinesque-Schmaltz a fondé ce genre pour des Lichens à thalle crustacé amorphe. Il n'est pas suffisamment caractérisé pour que nous puissions l'adopter. (A. F.)

LEPTURE. *Leptura*. INS. Genre de l'ordre des Coléoptères, section des Tétramères, famille des Longicornes, tribu des Lepturètes, établi par Linné qui y comprenait beaucoup d'Insectes appartenant à présent à d'autres genres. Fabricius a beaucoup restreint ce genre et Latreille l'a adopté avec ces caractères : yeux un peu échancrés, n'entourant pas la base des antennes ; tête rétrécie en manière de cou, immédiatement après les yeux ; antennes longues, grêles, à articles cylindracés ; corselet rétréci de la base à l'extrémité, uni, ou n'ayant ni épines ni tubercules. Les Leptures, telles qu'elles sont caractérisées ici, diffèrent des Desmocères et des Vesperus (*V*. ces mots), en ce que les Insectes de ces deux genres ont la tête prolongée, mais non rétrécie en arrière ; elles se distinguent des Stencores (*Rhagium*, Fabr.) par leur corselet qui est lisse et mutique, tandis qu'il porte de chaque côté un tubercule en forme d'épine dans ce dernier genre. Enfin elles diffèrent des Toxotes et des Pachytes par la forme de leur corps qui est allongé, tandis qu'il est court et pour ainsi dire triangulaire dans ces derniers genres et que leur corselet porte de chaque côté un tubercule bien distinct.

Le genre Lepture de Linné comcomprenait tous les Insectes dont Geoffroy a formé depuis son genre Stencore et quelques Callidies et autres genres voisins. Ce dernier a signalé d'une manière précise les coupes génériques qui appartiennent à la famille des Longicornes ; la coupe à laquelle il donne le nom de Lepture est composée des Saperdes, des Callidies, des Clytres et d'une partie des Molorques de Fabricius. Degéer s'est rapproché, à cet égard, de Linné ; il a épuré le genre Lepture en n'y laissant que les espèces dont les antennes sont posées devant les yeux. Il réunit les Leptures et les Priones de Geoffroy en autant de petites familles dont Fabricius a converti plusieurs en autant de genres ; mais il ne confond pas, comme l'avaient fait tous les précédens, les Donacies avec ces espèces.

Les Leptures ont la tête ovale, penchée, plus large postérieurement que l'extrémité antérieure du corselet, ou distinguée de cette partie par un étranglement. Leurs yeux sont entiers ou légèrement échancrés, saillans ; les antennes sont insérées entre eux, filiformes, de la longueur du corps. Les palpes sont courts et ont le dernier article presque triangulaire et comprimé; le lobe extérieur de leurs mâchoires est allongé et rétréci à sa base, et la languette profondément bifide. Le corps' des Leptures est allongé; leur corselet est conique, rétréci en devant, plus étroit que l'abdomen. Les élytres diminuent de largeur depuis la base jusqu'à l'extrémité; elles sont aussi longues que l'abdomen. Enfin les pates sont longues. Le canal digestif des Leptures est composé d'un trèscourt jabot; le ventricule chylifique débouche presque aussitôt de la tête; il est à peu près droit, hérissé de papilles courtes et obtuses, assez prononcées surtout à sa partie antérieure; l'intestin grêle est replié sur luimême, filiforme, et se renfle en un cœcum oblong, terminé par un court rectum. Les vaisseaux hépatiques sont au nombre de six; ils s'insèrent séparément à la base du ventricule chylifique, font un grand nombre de circonvolutions et vont se réunir en deux faisceaux de trois chaque qui aboutissent au commencement du cœcum. Les larves des Leptures vivent dans le bois pourri et ressemblent essentiellement à celles des autres Longicornes; les Insectes parfaits se trouvent dans les bois, sur les fleurs et sur les troncs des Arbres. Dejean (Cat. des Col., p. 112) mentionne quarante-six espèces de Leptures, presque toutes d'Europe; la plus commune à Paris est :

La LEPTURE TOMENTEUSE, *L. tomentosa*, Fabr., Oliv. (Col. T. IV, n. 69, pl. 2, fig. 13). Elle est noire; son corselet est couvert d'un duvet jaunâtre. Les élytres sont testacées, avec l'extrémité noire et tronquée; les pates sont noires. *V.* pour les autres espèces, Latreille, Fabricius, Olivier, Gylhenhal, etc.   (G.)

LEPTURE. *Lepturus.* BOT. PHAN. Genre établi par R. Brown dans la famille des Graminées, pour le *Rottboella repens* de Forster, et qu'il caractérise ainsi : fleurs disposées en épi cylindrique articulé; chaque article portant une seule fleur placée dans une petite fossette du rachis. La lépicène est univalve, cartilagineuse, contenant une ou deux fleurs, et quelquefois le rudiment d'une troisième. La glume est incluse, membraneuse, mutique, à deux valves : lorsqu'il y a deux fleurs, l'une et l'autre sont hermaphrodites, mais l'externe est pédicellée, chacune offre deux petites paléoles, trois étamines, deux styles portant chacun un stigmate plumeux. Le *Lepturus repens* est une petite Graminée rampante sur les rivages sablonneux de la Nouvelle-Hollande. Ses rameaux sont ascendans, ses feuilles distiques, linéaires, roides.   (A. R.)

LEPTURÈTES. *Lepturetæ.* INS. Tribu de l'ordre des Coléoptères, famille des Longicornes, établie par Latreille qui la caractérise ainsi : antennes insérées hors des yeux qui sont entiers ou simplement un peu échancrés, mais non étroits, allongés et lunulés. Ces Insectes ont, en général, la tête ovoïde ou ovalaire, rétrécie brusquement à sa base, en manière de col; leur corselet est conique ou trapézoïde. L'abdomen est ordinairement presque triangulaire. Le corps est souvent arqué, avec les pates longues. Les antennes sont fréquemment rapprochées entre les yeux. Latreille divise ainsi cette tribu:

I. Tête prolongée derrière les yeux, avant le cou, en conservant la même largeur; yeux toujours un peu échancrés; antennes souvent courtes, à articles obconiques; abdomen plus carré que triangulaire.

A. Corselet mutique ou sans tubercules pointus sur les côtés. Les genres : DESMOCÈRE, VESPERUS.

B. Un tubercule pointu, en forme d'épine sur le milieu des côtés du corselet. Le genre : STENCORE.

II. Tête rétrécie en manière de cou, immédiatement après les yeux; antennes longues, grêles, à articles cylindracés; abdomen presque triangulaire. Les genres TOXOTE (*Toxote* et

Pachyte, Dej.), LEPTURE. *V*. tous ces mots.   (G.)

LEPTURUS. ois. (Brisson.) Syn. de Phaéton. *V*. ce mot.   (B.)

LEPTURUS. BOT. PHAN. *V*. LEP-TURE.

LEPTYNITE. MIN. Nom donné par Haüy à un Roche composée de Feldspath subgranulaire dans un état d'atténuation qui lui donne un aspect analogue à celui du Grès. C'est le Weisstein des minéralogistes allemands. Elle a beaucoup de rapports avec la Pegmatite. Ses teintes sont ordinairement blanches, quelquefois verdâtres. Le Minéral qui s'y trouve le plus fréquemment disséminé est le Grenat. On y trouve aussi le Mica, et plus rarement l'Amphibole et le Corindon.   (G. DEL.)

* LEPUROPETALON. BOT. PHAN. Genre de la Pentandrie Trigynie, L., établi par S. Elliot (*Sketch of Botany of South-Carolina and Georgia*), et caractérisé de la manière suivante : calice à cinq divisions profondes; cinq pétales squammiformes, insérés sur le calice ; capsule libre supérieurement, uniloculaire et bivalve. Le *Lepuropetalon spathulatum*, Ell., *Pyxidanthera spathulata*, Muhlemberg, Catal., est la seule espèce du genre : on la trouve dans le sud des États-Unis d'Amérique.   (G..N.)

LEPUS. MAM. *V*. LIÈVRE.

* LEPUSCULI. BOT. CRYPT. (*Champignons*.) Le Bouc a nommé ainsi plusieurs Agarics que l'on tenterait vainement de déterminer.   (A. F.)

LEPUSCULUS. MAM. (Klein.) Syn. de Lapin.   (B.)

LÉPYRODIE. *Lepyrodia*. BOT. PHAN. Genre de la famille des Restiacées, établi par Rob. Brown, et caractérisé par des fleurs hermaphrodites ou uniséxuées, et dioïques ; un calice formé de six écailles glumacées, presque égales, saillant au-dessus de la bractée, à l'aisselle de laquelle il est placé. Dans les fleurs mâles on compte trois étamines, à anthères simples et peltées, avec un rudiment de pistil. Dans les fleurs femelles l'ovaire est surmonté de trois styles et le fruit est une capsule triloculaire à trois lobes et à trois angles saillans par lesquels elle s'ouvre. Chaque loge contient une seule graine. Ce genre est rapproché de l'*Elegia* du même auteur, et par son calice accompagné de bractées, et par ses fleurs mâles dont le calice est semblable à celui des fleurs femelles. Il se compose de quatre espèces qui ont été observées à la Nouvelle-Hollande.   (A. R.)

LÈQUE. BOT. PHAN. *V*. LÉCHÉE.

LERCHÉE. *Lerchea*. BOT. PHAN. Genre de la Monadelphie Pentandrie, établi par Linné qui lui a donné pour caractères essentiels : un calice à cinq dents; une corolle infundibuliforme, quinquéfide ; cinq anthères insérées sur un tube formé par la réunion des filets; un style ; une capsule triloculaire et polysperme. Ce genre, qui est trop peu connu pour qu'on puisse en déterminer les affinités naturelles, ne se compose que d'une seule espèce, *Lerchea longicauda*, L. C'est un Arbrisseau sans élégance, dont les branches sont comme articulées et portant des feuilles opposées, lancéolées, accompagnées de stipules. Les fleurs sont très-petites, et forment un épi terminal très-allongé. Cette Plante croît dans les Indes-Orientales.

Haller (*Hort. Gotting.*, 2, p. 21 et 22) a donné le nom de *Lerchea* à des espèces de *Salsola* et de *Chenopodium*.   (G..N.)

* LÈRE. MAM. On ne sait quelle est la Chauve-Souris brésilienne à laquelle Marcgraaff a donné ce nom.   (B.)

LEREOU. MAM. L'un des noms de pays du Lamantin en Afrique, particulièrement au Sénégal.   (B.)

LÉRIE. *Leria*. BOT. PHAN. Genre de la famille des Synanthérées, et de la Syngénésie superflue, L., établi par De Candolle (Annales du Mus. d'Hist. Nat. T. XIX), adopté par

Kunth et Cassini qui en ont modifié les caractères. Parmi ceux qu'a proposés ce dernier botaniste, voici les plus essentiels : involucre presque cylindrique ou campaniforme, formé d'écailles nombreuses, disposées sur plusieurs rangs, inégales, imbriquées, linéaires, aiguës, membraneuses sur les bords et au sommet ; réceptacle plane et absolument nu ; calathide dout les fleurs offrent une grande diversité dans leurs formes. Celles du centre possèdent une corolle variable, à cinq découpures inégalement profondes, formant ordinairement deux lèvres dont l'intérieure est partagée en deux jusqu'à la base et l'extérieure à trois segmens plus ou moins longs ; le tube des anthères est muni au sommet de cinq appendices arrondis ou tronqués et à la base de dix appendices très-longs et filiformes. Les fleurs des rangées internes de la circonférence ont la corolle courte, très-grêle, tubuleuse et comme terminée au sommet par une très-petite languette ; *point d'étamines. Les fleurs de la rangée externe de la circonférence ont la corolle tubuleuse, étroite, à languette longue, linéaire, irrégulièrement dentée au sommet ; point d'étamines ni de languette intérieure. Le style est semblable à celui des autres genres de Mutisiées, tribu dans laquelle Cassini place le *Leria*. Les akènes sont légèrement pédicellés, oblongs, parsemés de papilles, surmontés d'un col très-grêle et d'une aigrette dont les soies sont à peine plumeuses.

En décrivant le genre *Leria*, Kunth ne s'accorde pas parfaitement pour les caractères avec Cassini ; il n'admet que deux sortes de fleurs, celles de la circonférence femelles, en rayons, ayant la corolle à deux languettes, et toutes les autres hermaphrodites et à corolles bilabiées. Cette dissidence dans l'énoncé des caractères génériques porte Cassini à conjecturer que la Plante qui a servi de type à Kunth n'est pas identique avec la sienne, quoique cet habile botaniste (*Nov. Gener. et Spec. Plant.*

æquin., 4, p. 5) ait indiqué comme synonyme le *Tussilago nutans* de Linné. C'est la Plante qui peut être considérée comme l'espèce fondamentale du genre *Leria*. De Candolle lui en avait associé cinq autres, dont une seulement (*Tussilago albicans*, Swartz) est sa congénère, selon Cassini. Le *Tussilago* de Linné, aux dépens duquel le nouveau genre a été constitué, était un groupe monstrueux que plusieurs botanistes se sont appliqués à diviser. On serait tenté de croire que le *Thyrsanthema*, un des quatre groupes formés par Necker avec le *Tussilago*, est le même que le *Leria* ; mais quelle confiance doit-on accorder à cet auteur, puisque ses quatre genres « sont des énigmes impossibles à deviner, parce que Necker n'a indiqué aucune des espèces qui les composent, et que leurs descriptions caractéristiques contiennent les plus grossières absurdités? » Tels sont les considérans d'un jugement, un peu sévère à la vérité, mais assez juste, que Cassini a porté contre le novateur de Manheim. De Candolle avait placé le genre *Leria* dans ses Labiatiflores. La diversité des corolles ne peut être un argument contre l'existence de cette tribu ; leur labiation, il est vrai, est quelquefois si peu manifeste qu'on pourrait y voir les passages des corolles labiées aux corolles régulières. Mais ce caractère, combiné avec ceux fournis par les autres organes floraux, a servi utilement à Cassini pour distinguer les Mutisiées et Nassauviées qui ne sont autre chose que les Labiatiflores de De Candolle ou Chænantophores de Lagasca. *V.* ces mots.

Les genres avec lesquels le *Leria* offre le plus d'affinités sont le *Chaptalia* de Ventenat et le *Leibnitzia* de Cassini. Nous n'en ferons point ressortir les différences, parce qu'elles pourront être facilement senties par la lecture des caractères de ces genres dont nous avons seulement exprimé les plus essentiels.

On ne connaît avec certitude que deux espèces de *Leria*. Cassini les a nommées *L. lyrata* et *L. integrifolia*, et leur a donné comme synonymes douteux les *Tussilago nutans* (*L. nutans*, D. C. et Kunth) et *albicans* des auteurs linnéistes. Ces Plantes sont indigènes des Antilles et de l'Amérique méridionale.   (G..N.)

* LERNACANTHE. zooL. Sous-genre de Lernée. *V*. ce mot.   (B.)

* LERNANTHROPE. zooL. Sous-genre de Lernée. *V*. ce mot. (B.)

LERNÉE. *Lernœa*. zooL. L'un des genres dont il est le plus difficile de déterminer la place dans nos méthodes de classification, et qui semble former le type d'un ordre particulier qu'on ne saurait rapporter avec certitude à ce qu'on nomme les Vers intestinaux où les place Cuvier (Règn. Anim. T. IV, p. 36), ou bien aux Vers mollusques de Linné où ce législateur, qui créa le genre dont il est question, l'avait intercalé. Duméril, ne sachant qu'en faire, selon l'observation de Blainville, l'omit dans sa Zoologie analytique. Dès 1809, Lamarck eut l'idée de rapprocher les Lernées des Sangsues et des Lombrics ; il les plaça vers le commencement de sa classe des Annelides. Enfin ce savant a senti la nécessité de le retirer encore de ce groupe pour en former un particulier, qui marche à la suite de sa classe des Vers en terminant sa grande série des Animaux inarticulés sous le nom d'Epizoaires. *V*. ce mot. Tous ces changemens prouvent que non-seulement les Lernées n'étaient pas faciles à colloquer, mais qu'elles étaient encore assez mal connues. Leur histoire était une sorte de chaos, malgré tout ce qu'on en avait écrit et les figures qu'on avait données d'une douzaine d'espèces, quand Blainville publia d'abord, dans le vingt-sixième volume du Dictionnaire de Levrault, un de ces articles qui peuvent être considérés comme des dissertations préférables par leur importance à tant d'ouvrages qui ne contiennent rien de neuf que les figures, mais qui n'en sont pas

moins mis en avant comme des titres à l'Institut. Dans ce savant travail, qui n'est modestement donné que comme l'extrait d'un travail plus étendu qui a paru depuis dans un Journal, Blainville convient qu'on sait encore fort peu de chose sur l'organisation des Lernées, qui n'ont guère été examinées jusqu'ici que par des naturalistes qui, se bornant à décrire les formes extérieures des êtres, ne passaient guère outre, et ne pénétraient jamais dans ces détails anatomiques sur lesquels on sent aujourd'hui la nécessité de baser la science.

Les Lernées sont munies d'une enveloppe transparente, jaunâtre ou brunâtre, flexible, quoique plus ou moins résistante ; et elle nous a paru, dans trois espèces que nous avons eu occasion d'examiner, surtout à la partie supérieure du corps, comme celle à peu près des Ecrevisses que l'on surprend au moment où elles viennent de changer d'enveloppe. La forme de ces Animaux varie beaucoup, elle est très-bizarre, mais elle commence déjà à présenter cette symétrie qui se remarque à partir des Epizoaires, comme un des caractères les plus importans de l'animalité. On y distingue un partie antérieure plus petite, plus étroite, que Blainville appelle sans difficulté un thorax, où la tête est quelquefois tant soit peu sentie. Cette partie offre les premières traces des véritables appendices dans les crochets dont la bouche est armée et même dans certains rudimens d'antennes qui motivent le rapprochement qui existe dans la méthode de Lamarck (Anim. sans vert. T. III) entre les Epizoaires et les Insectes. Ces antennes, comme d'essai, sont déjà subarticulées, et l'on trouve jusqu'à des traces d'yeux sessiles ou stemmates. Ces parties et d'autres rapports lient encore les Lernées aux Crustacés branchiopodes par les Calyges, selon la remarque de Cuvier. « Quant aux appendices de toutes les espèces que j'ai pu examiner avec soin, dit Blainville, j'ai trouvé que la bouche était constamment pourvue d'une paire de crochets mobiles convergens, quelquefois de deux et même d'une sorte de lèvre inférieure. Pour les véritables, qui se joignent au thorax, ils sont généralement peu nombreux. Dans les espèces que leur grandeur m'a permis de disséquer, j'ai trouvé que la couche musculaire qui double l'enveloppe extérieure, le plus ordinairement fort simple et composée de fibres longitudinales soyeuses, se subdivise en portions latérales pour les appendices et sub-appendices. Le canal intestinal est complet, c'est-à-dire étendu de la bouche à l'anus. Il paraît même qu'il fait quelquefois des replis ou circonvolutions. La bouche, médiocre, située ordinairement à la partie inférieure du céphalothorax, est au milieu d'un espace dont la peau est molle; elle est constamment accompagnée, à droite et à gauche, d'un crochet court, aigu et corné; mais on ne le voit souvent qu'à l'aide d'une très-forte loupe. Le canal intestinal se termine en arrière dans un tubercule ou mamelon plus ou moins saillant et médian. Je n'ai pu disséquer le système circulatoire; mais il est certain qu'il existe, ou du moins les auteurs qui ont observé ces Animaux vivans en parlent d'une manière certaine. On ne peut cependant pas dire qu'il y ait d'autres organes de respiration que les subappendices de la peau. Les organes de la génération ne sont pas connus plus complétement. On sait seulement que dans toutes les espèces du groupe il existe de chaque côté du tubercule anal une sorte de sac de forme un peu variable et qui est rempli par une infinité de corpuscules quelquefois ronds, d'autres fois anguleux ou même discoïdes, qui sont indubitablement des œufs, comme nous l'apprend une observation curieuse du docteur Surrirai qui habite le Hâvre. D'après cette observation, ces Animaux naissent sous une forme qu'ils perdent par la suite en avançant en âge; et cette forme est beaucoup moins anomale que celle que l'Ani-

mal finit par acquérir, de sorte que c'est une métamorphose en sens inverse de ce qui a lieu ordinairement. Nous ignorons du reste s'il existe des sexes distincts. On ne peut non plus rien dire du système nerveux, mais il paraît qu'il doit exister. »

Les Lernées sont des parasites qu'on trouve sur les Poissons, soit de rivière, soit de mer; elles sont pour les autres habitans des eaux ce que les Taons sont pour ceux de la terre et de l'air; elles en attaquent les parties les plus sensibles, y pénètrent, s'y fixent et s'y nourrissent, causant souvent d'insupportables douleurs à leurs victimes au point d'en rendre plusieurs comme furieux. Les Lernées se fixent jusqu'entre les écailles; mais c'est autour des yeux, aux plis des nageoires où la peau est plus fine, dans la bouche même et dans les ouies, qu'elles choisissent leur domicile; elles s'y enfoncent en suçant et rongeant jusqu'au point d'y disparaître. Blainville, élevant le genre Lernée à la dignité de famille, y établit huit genres que nous conserverons ici.

1. LERNÉOCÈRE, *Lerneocera*. Corps plus ou moins allongé, renflé dans son milieu ou ventru, droit ou contourné, couvert d'une peau lisse et presque cornée antérieurement; terminé en avant, à la suite d'un long cou, par un renflement céphalique bien distinct, armé de trois cornes immobiles, branchues à l'extrémité, deux latérales et une supérieure; trois petits yeux lisses à la partie antérieure de la tête; bouche inférieure en suçoir; aucune trace d'appendice au corps. Nous citerons comme type de ce genre le *Lernœa branchialis*, L., Gmel., *Syst. Nat.*, XIII, T. I, p. 3144; Müll., *Zool. Dan.*, tab. 118, f. 4; Encycl. Vers, pl. 78, f. 2, qui se tient sur les branchies des Morues dans les mers du Nord où les Groenlandais la recherchent pour s'en nourrir. Les *Lernœa cyclopterina*, Müll., *Prodr.*, 2745, Gmel., *loc. cit.*, p. 3147; — *Surririensis*, Blainv., *loc. cit.*, n. 3; — et *Cyprinacea*, L., Gmel.,

loc. cit., p. 3144; Encycl. , pl. 78, f. 6 , sont les autres Lernéocères connues.

2. LERNÉOPENNE, *Lerneopenna*. Corps allongé, cylindrique, subcartilagineux, terminé antérieurement par un renflement céphalique, circulaire, tronqué , garni dans sa circonférence d'un grand nombre de mamelons au milieu desquels est probablement la bouche, et pourvu d'une paire de cornes courtes , obliques en arrière , postérieurement terminées en pointe et ayant de chaque côté des filets coniques , creux, bien rangés et imitant les barbes d'une plume , à la partie antérieure et supérieure desquels sont deux filamens très-fins et très-allongés , servant probablement d'ovaires.

Les espèces de ce genre sont les *Lerneopenna Bocconii*, Blainv. , *loc. cit.*, n. 1; *Lernæa cirrhosa*, Lamark., Journ. de Phys., 1787, 11, 6 ; Encycl. , pl. 78, f. 5; *Pennella* d'Oken ; — *L. Holteni*, Blainv., u. 2; *Lernæa Exoceti*, *Act. Holm.*, 1802 ; — et *L. sagitta*, Blainv., n. 3 ; *Pennatula sagitta*, Gmel., *loc. cit.*, p. 3863 , Ell., *Act. Angl.*, 53, tab. 20, f. 6.— Le *Pennatula mirabilis*, L. et Müll. , *Zool. Dan.*, est regardé par Gmelin comme l'état adulte de cette dernière, qui ne serait alors qu'un individu imparfait.

3. LERNÉE proprement dite, *Lernæa*. Corps peu allongé, subcylindrique ou déprimé , sans traces de divisions ou de rudiment d'appendices sur les côtés ; un renflement céphalique plus ou moins distinct; la bouche inférieure pourvue d'une paire de crochets ; l'abdomen terminé par deux sacs ovifères plus ou moins prolongés.

Les espèces de ce genre sont les *Lernæa clavata*, Müll., *Zool. Dan.*, Gmel., *Syst. Nat.*, *loc. cit.* , p. 3145; Encycl., p. 78, f. 4; Blainv., *loc. cit.*, n. 1. — *L. Basteri*, Blainv., n. 2 , — et *L. cyclophora* , Blainv., n. 3.

4. LERNÉOMYZE , *Lerneomyzes*. Corps ovoïde ou déprimé, avec une sorte de céphalothorax en forme de cou étroit, cylindrique , terminé antérieurement par une bouche bilabiée, pourvue en effet de mandibules en crochets et d'une lèvre inférieure ; un suçoir plus ou moins protractile à la racine inférieure de l'abdomen ; deux sacs ovigères peu allongés. Les espèces qui appartiennent à ce genre n'ayant d'appendices qu'à la bouche, on sent qu'elles ne peuvent guère se déplacer et circuler à volonté , et qu'elles doivent demeurer fixées où elles se développèrent, et seulement tourner sur elles-mêmes par le moyen de leur bouche qui sert comme de pivot au seul mouvement qu'il leur soit donné d'exercer.

Les espèces de ce genre sont les *Lernea uncinata*, Müll., *Zool. Dan.*; Gmel., *loc. cit.*, p. 3145; Encycl., pl. 78 , fig. 7; — *L. pinnarum* , Gmel. , *loc. cit.*, p. 3147; — *Lerneomyzon pyriformis*, Blainv., *loc. cit.* n. 3; — *L. pernettiana*, Blainv., n. 4, Pernetty, Voyag. aux Mal. , pl. 5, 6 ; —et *Lerneomyzon elongata*, Blainv., n. 5.

5. LERNENTOME, *Lernentoma*. Genre qui répond à celui que Lamarck (Anim. sans vert. T. III, p. 233) établit sous le nom d'Entomode. *V.* ce mot. Blainville le caractérise de la sorte : corps en général carré , subdéprimé , avec des espèces de bras ou d'appendices de forme variable et inarticulés de chaque côté ; la tête plus ou moins distincte , pourvue de cornes et de crochets à la bouche ; les sacs ovifères le plus souvent claviformes. Ce groupe renferme les espèces les plus bizarres sous le rapport des singuliers appendices qui hérissent le corps et qui servent à fixer l'Animal de manière à ce qu'il soit presque immobile.

Les espèces de Lernentomes sont : les *Lernea radiata* , Müll., *Zool. Dan.*; Gmel., *loc. cit.*, p. 3146 ; Encyclop., pl. 78 , fig. 9; *Entomoda radiata*, Lamk.; *loc. cit.*, n. 4; —*L. Gobina*, Müll., Gmel., Encyclop., pl. 78, fig. 8; *Entomoda*, n. 3, Lamk.; —*L. nodosa*, Müll., Gmel., Encycl., pl. 78, fig. 10; —*L. Asellina*, Müll.,

Gmel., Encycl., pl. 78, fig. 2 ;— *Lernentoma Triglæ*, Blainv., n. 5;—*Lernea cornuta*, Müll., Gmel., Encycl., pl. 78, fig. 10;— et *Lernentoma Dufresnii*, Blainv., n. 7.

6. LERNACANTHE, *Lernacantha*. Corps gros, court, assez déprimé, pourvu de chaque côté d'appendices rudimentaires, aplatis, digités et cartilagineux; la tête séparée du thorax par un sillon et portant de chaque côté un rudiment d'antennes; bouche inférieure accompagnée d'une paire de mâchoires ou de palpes; les sacs ovifères gros, courts et aplatis.

Le *Lernacantha Delarochiana*, Blainv., décrit antérieurement par Delaroche sous le nom de Chondracante du Thon, est la seule espèce de ce genre.

7. LERNÉOPODE, *Lerneopoda*. Corps lisse, assez allongé, divisé en abdomen ovale et céphalothorax aplati et couvert d'un bouclier crustacé; une paire de palpes courts, gros, coniques et subarticulés, accompagnant la bouche; deux paires de pieds articulés, subonguiculés sous le thorax; des sacs ovifères courts et subcylindriques.

Les espèces de ce genre sont : les *Lerneopoda Brongniartii*, Blainv., *loc. cit.*, n. 1; —et *L. Salmonea*, L., Gmel., *loc. cit.*, p. 3144; Encycl., pl. 78, fig. 13–16, *Entomoda*; n. 1, Lamk.

8. LERNANTHROPE, *Lernanthropus*. Corps ovale, assez allongé, divisé en deux parties; un bouclier céphalothoracique, et un abdomen prolongé en arrière par une large écaille débordant l'extrémité du tronc; deux très-forts crochets verticaux sous le front; trois paires de très-petits appendices crochus et transverses sous le thorax proprement dit; une paire de bras simples, renflés, et une seconde paire bifide et comme branchiale sous l'abdomen; les sacs ovifères longs et cylindriques.

Une seule espèce, le *Lerneanthropus Musca*, Blainv., compose ce nouveau genre formé sur des individus trouvés dans un petit Diodon apporté de Manille.

Blainville pense que le *Lernea Huchonis*, Gmel., *loc. cit.*, p. 3145, et quelques autres espèces imparfaitement décrites par divers naturalistes, pourront, étant mieux examinées, rentrer dans les genres ci-dessus mentionnés ou bien en constituer de nouveaux.   (B.)

* LERNENTOME. ZOOL. Sous-genre de Lernée. *V*. ce mot.   (B.)

* LERNÉOCÈRE. ZOOL. Sous-genre de Lernée. *V*. ce mot.   (B.)

* LERNÉOMYZE. ZOOL. Sous-genre de Lernée. *V*. ce mot.   (B.)

* LERNÉOPENNE. ZOOL. Sous-genre de Lernée. *V*. ce mot.   (B.)

* LERNÉOPODE. ZOOL. Sous-genre de Lernée. *V*. ce mot.   (B.)

LEROT ou LIRON. MAM. Espèce du genre Loir. *V*. ce mot.

On a appelé LÉROT A QUEUE DORÉE un Echimys, et LÉROT VOLANT une espèce de Taphien. *V*. ces mots.   (B.)

LEROUXIE. *Lerouxia*. BOT. PHAN. Le docteur Mérat, dans sa Flore des environs de Paris, a établi sous ce nom un genre nouveau pour la *Lysimachia nemorum*, L., qui croît dans les bois un peu humides. Le caractère principal de ce genre consiste dans la capsule qui s'ouvrirait en boîte à savonnette, ce qui ferait rentrer ce prétendu genre parmi les *Anagallis*. *V*. LYSIMACHIE.   (A. R.)

LERQUE. BOT. PHAN. Pour Lerchée. *V*. ce mot.   (B.)

LERWÉE. MAM. L'Antilope mentionné sous ce nom (*Antilope Lerwia*) par Shaw, et vulgairement appelé Fisch-Tall, est le Kob selon Pallas; mais Cuvier n'admet pas ce rapprochement. *V*. ANTILOPE DU SÉNÉGAL.   (B.)

LESAN-EL-A'SFOUR; BOT. Delile nous apprend que les fruits du *Fraxinus Ornus* portent ce nom au Caire, où leur saveur aromatique les fait rechercher, et où on les vend dans les boutiques pour être mis dans divers assaisonnemens. (B.)

* LESBIA. ois. (Gmelin.) Syn. de Bruant Mitilène. *V*. ce mot. (DR..Z.)

LESBIE. *Lesbius*. pois. Du Dictionnaire de Déterville. Pour Lébias. *V*. ce mot. (B.)

LESCHE DE MER ou ASCHÉE. annel. Nom vulgaire employé par les pêcheurs de nos côtes pour désigner une espèce d'Annelide qui leur sert d'appât. *V*. Arénicole. (AUD.)

LESKEA. bot. crypt. (*Mousses*.) Hedwig a créé ce genre sous le nom de *Leskia* changé, sans doute par erreur, en celui de *Leskea* qui a prévalu. Ses caractères sont : péristome double; l'extérieur à seize dents subulées, infléchies; l'intérieur formé par une membrane divisée en seize lanières égales; coiffe cuculliforme. Les nombreuses espèces qui forment ce genre ont le port des Hypnes, avec lesquels on les a long-temps confondues. La plupart des botanistes l'ont adopté. Néanmoins, Palisot-Beauvois a refusé de le reconnaître et ne voit en lui qu'un *Hypnum*. Il est certain qu'il n'en diffère guère que par les dents du péristome interne, infléchies dans le *Leskea*, et réfléchies dans l'*Hypnum*, caractère propre seulement à l'établissement d'un sous-genre. On compte près de soixante-dix espèces de *Leskea*, dont la septième partie environ est propre à la France. Un plus grand nombre se trouve dans l'Amérique septentrionale; quelques-unes seulement croissent dans le Mexique et le Pérou. On distingue parmi ces dernières : 1° le *Leskea involvens*, Hedw., *Spec. Musc.*, p. 231; Fée, Essai sur les Cryptogam. des Écorc. exot. officin., p. 143, tab. 34, fig. 6.; à tige rampante, capillaire, bipinnée, dont les rameaux sont droits, les feuilles distiques, étalées, ovales, aiguës, très-entières, à nervure pellucide, s'effaçant avant d'arriver au sommet; capsule ovale, penchée; opercule en bec recourbé. Cette Plante

a le port de l'*Hypnum proliferum* et de l'*Hypnum gratum*, avec des proportions beaucoup moindres; ses rameaux ne sont pas bipinnés; les feuilles sont ponctuées. Elle croît fréquemment sur les troncs et les branches du *Cinchona condaminea*, près de Loxa. 2°. *Leskea densa*, Hook. et Kunth, *Syn. Plant. Orb. nov. spec.*, p. 1; Fée, *loc. cit.*, p. 143, tab. 34; fig. 7; à tiges en touffes rampantes, rameuses, à feuilles ovales, imbriquées en tous sens, sous-acuminulées, très-entières, sans nervures, à capsule oblongue, cylindracée, droite, munie d'un opercule conique, acuminé. Cette Plante croît au Pérou, sur les vieilles écorces des Quinquinas. (A. F.)

LESKIA. bot. crypt. *V*. Leskea.

LESPÉDÈZE. *Lespedeza*. bot. phan. Genre de la famille des Légumineuses, et de la Diadelphie Décandrie, L., établi par le professeur Richard (*in Michaux Fl. Bor. Am.*, 2, p. 70) pour quelques espèces auparavant placées parmi les Sainfoins dont elles diffèrent par les caractères suivans : le calice est à cinq divisions profondes, presque égales, linéaires, lancéolées ou même subulées; la corolle est papilionacée; les étamines diadelphes; l'ovaire est stipité, ovoïde, comprimé, ayant un style filiforme, terminé par un stigmate conoïde et capitulé. Le fruit est une gousse très-petite, lenticulaire et monosperme. Michaux, dans sa Flore de l'Amérique septentrionale, rapporte à ce genre quatre espèces. Leur tige est sous-frutescente, leurs feuilles rarement simples, plus souvent trifoliées. Toutes croissent dans les diverses parties de l'Amérique septentrionale. Ces espèces sont : 1° *Lespedeza sessiliflora* ou *Hedysarum junceum*, Walt.; *Medicago virginica*, L., qui croît dans la Virginie et la Caroline; 2° *Lespedeza procumbens*, Michx., tab. 39; espèce très-voisine de l'*Hedysarum violaceum*, L.; 3° *Lespedeza capitata*, dont les fleurs forment des capitules sessiles et terminaux; 4° *Lespedeza polystachia*, Michx., *loc. cit.*, tab. 40, ou *Hedysarum hirtum*, L. *V.* SAINFOIN.

(A. R.)

LESSERTIE. *Lessertia.* BOT. PHAN. Ce genre, de la famille des Légumineuses et de la Diadelphie Décandrie, L., a été dédié au protecteur de la botanique à Paris, à l'honorable Benjamin Delessert, par De Candolle (*Astragalogia*, p. 37) qui lui a imposé les caractères essentiels suivans : calice divisé jusqu'à la moitié de sa longueur en cinq découpures; étendard plane; carène obtuse; dix étamines dont une libre et les neuf autres réunies en un faisceau; style velu dans la partie antérieure et près du sommet, nu dans la partie postérieure, et surmonté d'un stigmate capité; légume scarieux, indéhiscent, comprimé ou renflé, plus petit vers le sommet. Ce genre ne se composait dans l'origine que de deux espèces placées par Linné dans les *Colutea*. R. Brown, en l'admettant dans la seconde édition de l'*Hortus Kewensis*, y réunit, sous le nom de *L. diffusa*, le *Galega dubia* de Jacquin (*Ic. rar.*, 3, t. 576). Le *Prodromus Syst. Veget.*, dont le deuxième volume vient de paraître, contient la description de dix-sept espèces de Lesserties dont sept seulement sont rapportées avec certitude à ce genre; les dix autres étant, pour la plupart, des Plantes décrites comme des *Colutea* par Thunberg.

Les Lesserties sont des Plantes herbacées ou rarement sous-frutescentes, toutes indigènes du cap de Bonne-Espérance. Leurs feuilles sont pennées avec impaire. Leurs fleurs sont purpurines, portées sur des pédoncules axillaires, et disposées en grappes penchées. Parmi les espèces bien déterminées, nous citerons les *Lessertia annua* et *Lessertia perennans*, qui sont les types du genre, *Lessertia falciformis*, dont le professeur De Candolle (Mémoires sur les Légumineuses, VI, t. 46) a publié tout récemment la description et la figure.

(G..N.)

* **LESSONIE.** *Lessonia.* BOT. CRYPT. (*Hydrophytes.*) Genre très-remarquable de cette belle famille des Laminariées, dont nous avons proposé la formation, p. 191 du présent volume de ce Dictionnaire, et de la première section que particularisent des tiges fort distinctes, qui se ramifient dans les Lessonies. Les racines sont puissantes, rameuses, s'accrochent sur les rochers par les fentes de ceux-ci, y deviennent souvent dures, très-grosses, en amas considérables qui, rejetés à la côte avec les tiges, quand le Végétal a cessé de vivre, y forment de grands amas d'un détritus mollasse et turfeux. Ces tiges, dont la base doit être comparée à un véritable tronc, peuvent acquérir des dimensions énormes. Nous en avons examiné qui, semblables à d'assez fortes branches d'Arbres, n'avaient pas moins que deux à trois pouces de diamètre, ou la grosseur du bras; leur substance dure et flexible, mais cependant résistante, était recouverte d'une écorce rugueuse et bosselée, présentant des nœuds d'où les vieilles branches étaient tombées, d'un brun foncé quand on les imbibait, et pouvant alors se couper avec un instrument tranchant, mais devenant d'une extrême dureté par la dessiccation, d'une teinte d'ardoise noirâtre et en tout semblable à de la corne. Le retrait y était considérable, et des coupes transversales que nous en avions faites, dont le diamètre n'était pas moindre que deux pouces, se réduisaient à un. Sur ces coupes ou tranches que nous conservons précieusement dans notre herbier, on distingue plus que dans tout autre Hydrophyte des couches concentriques en tout semblables à celles du bois des Dicotylédones les mieux caractérisées, et au centre un canal médullaire plus foncé et plus mou. A l'extrémité de ces tiges, comme d'une cime d'Arbre, partent des rameaux souvent fort entrelacés, plus ou moins comprimés dans les espèces qui nous sont connues, rugueux à leur surface corticiforme et constamment dichotomes.

Cette disposition dichotomique provient de la manière dont se développent les frondes par lesquelles ces rameaux sont terminés. Ces frondes sont un peu moins épaisses que celles des Laminariées de la seconde section ; allongées dans leur jeunesse, elles finissent par se fisser pour se diviser en deux feuilles qui à leur tour se doivent diviser encore ; mais cette division ne s'opère point par l'extrémité de la lame, comme la chose arrive pour les Laminaires proprement dites. Elle a lieu premièrement à l'insertion même de la fronde sur la ramule qui la supporte et qu'on peut considérer comme un pétiole. Elle y commence d'abord comme par un trou ou déchirure mitoyenne qui se prolonge ensuite longitudinalement, de sorte que, parvenue à l'extrémité, elle forme deux lames distinctes de ce qui d'abord n'en était qu'une seule. Le même phénomène a lieu dans les Macrocystes ; mais ici les frondes ou feuilles terminales ne se fissent pas intérieurement seulement en deux, mais en trois, quatre et même jusqu'en six grandes divisions. La fructification de ces Plantes consiste, comme dans le reste des Laminariées, en des groupes ou propagules graniformes, compactes et dispersés dans l'étendue des lames et qui finissent par leur donner une certaine rudesse au tact. Avant le développement de ces groupes, la lame est lisse, brunâtre et plus ou moins mince et transparente. Elle devient ensuite épaisse et opaque. Les Lessonies sont dans toute l'étendue du mot des Arbres marins qui paraissent acquérir de grandes dimensions. Nous en possédons trois espèces dont aucun auteur n'avait encore parlé ; ces espèces sont :

Lessonia fuscescens, N., à tige arborescente, inférieurement simple, se divisant à son extrémité en rameaux nombreux, cylindriques, qui à leur tour se fourchent en ramules entrelacées, fort comprimées, noirâtres, supportant des frondes linéaires ou ovales-allongées, acuminées inférieurement et supérieurement, à bords légèrement ou fort obscurément dentés quand ces bords ne sont pas d'une intégrité parfaite. Cette espèce nous fut d'abord communiquée par Lesson qui l'avait recueillie à la Conception du Chili et par Durville qui l'a rapportée des îles Malouines, où elle croît en grande quantité à quelque distance du rivage. Elle sera figurée dans la relation du voyage de *la Coquille*.

Lessonia nigrescens, N., à tige divisée, produisant dans toute son étendue des rameaux alternes qui se divisant à leur tour en ramules fourchées par la division des lames, forment le long du Végétal des paquets de frondes ou feuilles linéaires longues d'un pied à dix-huit pouces, larges d'un pouce au plus, très-entières, plus consistantes que dans la précédente, et d'une couleur noirâtre qui devient très-foncée par la dessiccation. Elle est originaire du cap Horn, et nous fut communiquée en 1824 par notre collaborateur Lamouroux et par Chauvin, zélé botaniste de Caen, qui la nommait *Laminaria ramosissima*.

Lessonia quercifolia, N. Nous n'en connaissons que les derniers rameaux qui, moins comprimés que dans les espèces précédentes, et couverts d'une sorte de villosité due peut-être à la présence de quelque Céramiaire ou d'un petit Polypier flexible n'en sont pas moins dichotomes. Les lames ou frondes qui s'y implantent sont oblongues, irrégulièrement dentées sur les bords de manière à présenter obscurément la figure d'une feuille de Chêne qui serait étroite par rapport à sa longueur. Sa surface devient plus rugueuse que celle des espèces précédentes, les gongyles y étant beaucoup plus gros et égalant en volume des grains de moutarde. Elle nous fut communiquée anciennement par Lesueur qui la rapporta de son voyage aux Terres Australes. Nous la croyons de la Nouvelle-Hollande ; du moins Chauvin nous en a-t-il en 1825 communiqué un échantillon donné comme venant de ce pays.

(B.)

LESTÈVE. *Lesteva.* INS. Genre de l'ordre des Coléoptères, section des Pentamères, famille des Brachélytres, tribu des Aplatis (Fam. Nat. du Règn. Anim. de Latr.), établi par Latreille, et presque en même temps par Gravenhorst qui lui a donné le nom d'*Antophagus*, et ayant pour caractères : antennes insérées devant les yeux et sous un rebord, presque de la même grosseur, avec la plupart des articles en cône renversé, et le dernier presque cylindrique; palpes filiformes. Ces Insectes se distinguent des Aloéchares par l'insertion des antennes qui, dans ces derniers, n'est pas recouverte par un rebord de la tête. Dans les Protéines les antennes vont en grossissant vers l'extrémité ainsi que dans les Omalies et les Oxytèles.

Les antennes des Lestèves sont insérées devant les yeux sous un rebord de la tête; elles sont presque filiformes, composées de onze articles dont le dernier est presque cylindrique; tous ces articles sont presque de la même grosseur. Les palpes sont filiformes; les maxillaires sont de quatre articles; le troisième un peu plus gros que les autres, le dernier beaucoup plus grêle, allongé, plus long que les trois autres réunis; les labiaux de trois articles; la tête est libre, entièrement séparée du corselet; le corps est déprimé, avec le corselet allongé, presque en cœur, tronqué et rétréci postérieurement. Les élytres recouvrent ordinairement la plus grande partie de l'abdomen et les ailes; les tarses ont leurs articles allongés, et le dernier beaucoup plus court que les précédens réunis. Les Lestèves se trouvent sur les fleurs et sur les Arbres; quelques-unes fréquentent particulièrement les fleurs de l'Epine blanche (*Cratægus oxyacantha*). On en connaît une douzaine d'espèces, toutes européennes et de petite taille. Leurs métamorphoses nous sont inconnues.

La LESTÈVE ALPINE, *Lesteva alpina*, Latr. (*Gener. Crust. et Ins.* T. 1, p. 297, n° 2); *Staphilinus alpinus* (Fabr., Oliv., Entom. T. III, Staphyl., p. 32, n° 45, pl. 6, fig. 55); *Antophagus alpinus*, Graven. (Coléopt. Micr., p. 188, n. 2). Cette espèce est longue de deux lignes et-demie; la tête est noire, avec les antennes brunes et lisses à leur base; la bouche est un peu testacée; le front est très-enfoncé; le corselet est brun, ponctué, un peu bordé; les élytres sont d'un testacé pâle, luisant; le dessous du corps est noir; les pates sont d'un testacé pâle. Cet Insecte se trouve en Laponie, ainsi que dans les hautes montagnes de l'Allemagne et de la Russie.   (G.)

LESTIBOUDOISE. *Lestibudesia.* BOT. PHAN. Genre établi par Du Petit-Thouars (Plant. des Iles Austr., 1, p. 53, tab. 16) dans la famille des Amaranthacées, et adopté par R. Brown (*Prodr. Flor. Nov.-Holl.* 1, p. 413), avec les caractères suivans : calice à cinq divisions profondes; étamines au nombre de cinq, réunies par leur base et monadelphes; anthères à deux loges; ovaire uniloculaire, polysperme; style court ou nul; stigmates filiformes, recourbés, au nombre de trois à quatre; capsule polysperme s'ouvrant transversalement en boîte à savonnette. Ce genre est très-voisin des *Cclosia* dont il ne diffère guère que par ses trois à quatre stigmates filiformes, tandis que le stigmate est simple ou seulement bilobé dans les vraies Célosies. Du Petit-Thouars en a fait connaître une seule espèce qu'il nomme *Lestibudesia spicata*. Elle est originaire de Madagascar. Rob. Brown en a décrit une seconde espèce qu'il nomme *Lestibudesia arborescens*, parce que sa tige est frutescente et volubile. Elle croît à la Nouvelle-Hollande. Le même auteur dit qu'on doit réunir au même genre les *Celosia paniculata*, *virgata* et *trigyna*.   (A. R.)

LESTIBUDÉE. *Lestibudæa.* BOT. PHAN. Necker appelait ainsi un genre nouveau qu'il formait avec le *Calendula graminifolia*; mais ce genre n'a pas été adopté.   (A. R.)

LESTITIS. BOT. PHAN. Syn. d'Aristoloche Clématite.   (B.)

LESTRIS. OIS. (Illiger.) Syn. de Labe ou Stercoraire.   (B.)

LET-CHI ou **LIT-CHI.** BOT. PHAN. Fruit délicieux d'une espèce d'Euphoria, très-cultivée maintenant à Mascareigne et à l'Ile-de-France.   (B.)

LÉTHIFÈRE. REPT. OPH. Sous-division établie par Blainville, dans le genre Vipère, à laquelle appartient l'Haïe, dont le venin, dit-on, fait mourir dans le sommeil.   (B.)

LÈTHRE. *Lethrus.* INS. Genre de l'ordre des Coléoptères, section des Pentamères, famille des Lamellicornes, tribu des Scarabéides, division des Arénicoles (Latr., Fam. Nat. du Règne Anim.), établi par Scopoli et adopté par Fabricius et tous les entomologistes avec ces caractères : palpes labiaux terminés par un article de la longueur au moins des précédens; mandibules cornées, fortes, avancées et arquées autour du labre qui est aussi saillant; antennes de onze articles, le neuvième étant en forme d'entonnoir et enveloppant les deux derniers; tête prolongée en arrière; abdomen fort court. Ces Insectes ont de grands rapports avec les Géotrupes ou les Scarabés de Fabricius; mais ils en diffèrent par la massue des antennes, qui dans ces derniers est formée d'articles libres et en feuillets. Les Lèthres ont le corps arrondi et convexe; les mâles ont les mandibules plus grandes, avec une branche ou une forte dent au côté extérieur. Leurs élytres sont voûtées et inclinées autour de l'abdomen, et les pates postérieures reculées en arrière. Ces Coléoptères volent le soir après le coucher du soleil; ils contrefont les morts quand on les prend, au rapport de Fischer (Ann. des Scienc. Natur., t. 1, p. 221). Le Lèthre Céphalote est un Insecte très-nuisible aux endroits cultivés, parce qu'il cherche de préférence les bourgeons et les feuilles à peine apparen-

tes, et les coupe net avec les pinces tranchantes de ses mandibules. En Hongrie, où il fait beaucoup de mal aux vignes, on l'appelle Schneider, c'est-à-dire Tailleur. Il grimpe très-bien, et après avoir coupé les bourgeons de la Plante, il revient sur ses pas en marchant à reculons, et emporte son butin dans le trou qu'il habite. Chaque trou est creusé dans la terre, il est occupé par un couple; mais à l'époque des amours, il arrive souvent qu'un mâle étranger vient troubler la tranquillité du ménage et cherche à s'introduire dans l'habitation; alors il se livre un combat acharné entre le mâle propriétaire et l'usurpateur. La femelle ne reste pas inactive; elle bouche l'ouverture du trou, soutient son compagnon, et le poussant sans cesse par le derrière, elle entretient l'animosité du combat; l'action ne cesse qu'après la mort ou la fuite de l'agresseur. Fischer (*loc. cit.*) décrit quatre espèces de ce genre, toutes propres à la Russie; celle qui est la plus commune et la seule connue avant lui est :

Le **LÈTHRE CÉPHALOTE**, *L. Cephalotes*, Fabr., Latr., Oliv. (Col. 1, 2, 1, 1), Fischer (Entomogr. de la Russie, T. 1, p. 133, tab. 13, fig. 1). Long de huit à neuf lignes, large de cinq à six, tout noir avec le thorax et les élytres lisses. Il se trouve dans les champs arides de la Tartarie, de la Hongrie et de la Russie; en Sibérie près du Volga, et près de Charkow. Il vit dans les fumiers secs, et autour des racines, des Plantes vivaces et des sous-Arbrisseaux. Le *Lethrus œneus* de Fabricius appartient au genre Lamprime. *V.* ce mot.   (G.)

LETTSOMIE. *Lettsomia.* BOT. PHAN. Genre de la famille des Convolvulacées et de la Pentandrie Monogynie, L., établi par Roxburgh et adopté par Wallich dans le second volume de la *Flora Indica* de Carey où il en a décrit un grand nombre d'espèces nouvelles. Voici comment il le caractérise : calice pentasépale;

corolle campanulée ou infundibuliforme ; ovaire à deux loges ; stigmate bilobé ; fruit sec ou charnu , à deux loges, chacune contenant une ou deux graines dont l'embryon est dressé , recourbé , et les cotylédons chiffonnés. Ce genre se compose de Plantes herbacées , vivaces , lactescentes , s'étendant beaucoup , et munies de feuilles simples et de fleurs axillaires.

Dans la *Flora Indica* citée précédemment, le docteur Wallich a décrit, avec un soin minutieux, douze espèces de ce genre qu'il range en deux sections, suivant qu'elles ont la corolle campanulée ou infundibuliforme. Parmi ces espèces , plusieurs sont nouvelles ; les autres avaient déjà été décrites sous les noms de *Convolvulus* ou d'*Ipomœa* ; telles sont : 1.° *Lettsomia nervosa* ou *Convolvulus nervosus*, Burm., *Flor. Ind.* ; 2° *Lettsomia setosa* ou *Ipom. strigosa*, Roth ; 3° *Lettsomia pomacea* ou *Ipom. zeylanica*, Gaertn.

Il existe encore un autre genre *Lettsomia*, proposé par Ruiz et Pavon dans leur Flore du Chili et du Pérou, fort différent de celui de Roxburgh., mais qui n'a pas été adopté.

(A. R.)

LEUCADE. *Leucas*. BOT. PHAN. Genre de la famille des Labiées et de la Didynamie Gymnospermie, L., indiqué par Burmann (*Thesaur. Zeyl.*, p. 140) et établi par R. Brown (*Prodr. Flor. Nov.-Holl.* , p. 504) avec les caractères suivans : calice tubuleux à dix stries , terminé par huit à dix dents quelquefois inégales ; corolle dont le casque ou la lèvre supérieure est concave , entière , barbue ; la lèvre inférieure à trois petits segmens ; celui du milieu plus grand ; anthères didymes , nues , à lobes écartés ; stigmate bilabié , la branche supérieure très-courte. Linné réunissait ce genre avec les *Phlomis* ; dont il présente , entre autres caractères , celui qui est tiré de la structure du stigmate. Mais comme il en diffère par le calice et la corolle, et que d'un autre côté il a quelques rapports avec le genre *Leonurus*, le professeur Des-

fontaines (Mém. du Muséum, T. XI, p. 1) l'a adopté et en a publié la monographie. R. Brown a indiqué comme type le *Phlomis Zeylanica*, L., et lui a adjoint plusieurs autres espèces des contrées équatoriales décrites par Swartz, Vahl, Retz et Willdenow. Il a, en outre, fait connaître une espèce de la Nouvelle-Hollande, sous le nom de *L. flaccida*. Sept nouvelles espèces indigènes des Indes-Orientales ont été décrites avec soin et figurées par Desfontaines qui les a nommées : 1° *Leucas helianthemifolia*, 2° *L. ternifolia*, 3° *L. lamiifolia*, 4° *L. lanceœfolia*, 5° *L. marrubioides*, 6° *L. procumbens*, 7° et *L. capitata*.

(G..N.)

LEUCADENDRON. BOT. PHAN. Ce genre, de la famille des Protéacées , avait été réuni aux *Protea* par Linné. Adanson lui avait donné le nom de *Conocarpos*. Salisbury , dans son *Paradisus Londinensis*, en a publié plusieurs espèces qu'il a distribuées dans les genres *Protea*, *Euryspermum* et *Chasme*. Enfin R. Brown, examinant de nouveau la famille des Protéacées (*Trans. Linn.*, vol. 10, p. 50), a rétabli le genre *Leucadendron* qu'il a caractérisé ainsi : fleurs réunies en tête, dioïques par l'avortement ou l'imperfection des organes sexuels. Ses fleurs femelles possèdent un stigmate oblique, en massue, émarginé, hispidule. Le fruit est une noix ou samare monosperme , renfermée dans les écailles du strobile formé par les fleurs. Ce genre se compose d'environ quarante espèces, qui diffèrent principalement des *Protea*, auxquels on les rapportait autrefois, par leurs fleurs dioïques. La séparation des sexes soupçonnée par Linné dans son *Protea parviflora* avait été observée très-positivement par Lamarck dans le *Protea pinifolia* qui est devenu le type du genre *Aulax*, voisin du *Leucadendron*. R. Brown et d'autres savans botanistes anglais ont confirmé cette structure par l'examen d'un grand nombre de Plantes vivantes. Tous les Leucadendrons sont indigènes de l'Afrique australe, et surtout des environs du cap de Bonne-Espérance. Ce sont des Arbrisseaux, rarement des Arbres, souvent couverts d'un duvet soyeux. Leurs feuilles sont très-entières. Leurs fleurs sont disposées en capitules terminaux et solitaires, enveloppées, le plus souvent, par des bractées imbriquées ou des feuilles verticillées et colorées. (G..N.)

LEUCÆRIA. BOT. PHAN. (De Candolle.) Pour *Leucheria*. *V*. ce mot. (B.)

LEUCANTHÈME. *Leucanthemum*. BOT. PHAN. Ce nom, qui paraît avoir désigné chez les anciens la Camomille romaine, a été donné par Tournefort à un genre de Composées que Linné réunit à son *Chrysanthemum*. *V*. ce mot. (G..N.)

LEUCAS. BOT. PHAN. *V*. LEUCADE. Ce nom avait aussi été donné au *Dryas octopetala*, *V*. DRYADE, et par Césalpin au *Lamium*. (B.)

* LEUCATHON. BOT. PHAN. L'un des noms de l'OEnanthe dans Dioscoride. (B.)

* LEUCEORUM. BOT. PHAN. (Pline.) Même chose que Dorypétron. *V*. ce mot. (B.)

* LEUCHERIE. *Leucheria*. BOT. PHAN. Ce genre, de la famille des Synanthérées, a été établi par Lagasca, dans sa dissertation sur les Chœnantophores, publiée en 1811. En le plaçant auprès du *Chaptalia* et du *Clarionea*, parmi les Labiatiflores qui correspondent à cette tribu, le professeur De Candolle (Ann. du Muséum, T. XIX, 1812) a présenté ce genre sous une dénomination légèrement modifiée; il l'a nommé *Leucœria*. Voici les caractères qui peuvent être déduits de la description fournie par Lagasca : involucre presque hémisphérique, dont les écailles sont probablement disposées sur un seul rang; réceptacle plane, ponctué, portant près de ses bords une rangée circulaire de petites écailles (squammules) analogues à celles de l'involucre, et qui séparent les fleurs marginales des autres fleurs ; calathide sans rayons, composée de fleurons hermaphrodites, nombreux, dont les corolles offrent deux lèvres, l'intérieure bipartite et roulée en spirale ; akènes non prolongés en col, surmontés d'une aigrette légèrement plumeuse. Dans l'exposition des caractères que fournit le réceptacle, nous nous sommes conformés au sentiment de Cassini; car Lagasca considère les petites écailles de cet organe comme les écailles intérieures de l'involucre. L'auteur de ce genre n'a pas décrit les espèces qui le composent ; il a indiqué seulement ses affinités avec les genres *Perezia* et *Lasiorrhiza*, ce qui revient au même que celles assignées par De Candolle. Les Leucheries sont des Plantes herbacées, ordinairement cotonneuses, blanchâtres, à feuilles alternes, sessiles, pinnatifides, à calathides terminales, souvent disposées en corymbes, composées de fleurs purpurines ou jaunâtres. Elles habitent l'Amérique méridionale. (G..N.)

* LEUCICHTE. POIS. Espèce de Saumon du sous-genre Corégone. (B.)

* LEUCISCUS. POIS. *V*. ABLE.

LEUCITE. MIN. Syn. d'Amphigène. *V*. ce mot. (G. DEL.)

LEUCOCHRYSOS. MIN. La Gemme ainsi nommée par Pline et dont il distinguait deux espèces, celle à veine blanche et l'enfumée, peut être indifféremment un Quartz hyalin, quelque Topaze ou une Chrysolithe, etc. (B.)

LEUCODON. BOT. CRYPT. (*Mousses*.) Un péristome simple, externe, membraneux, à seize dents fendues en deux; une coiffe cuculliforme distinguent ce genre voisin des *Pterigynandrum* et des *Neckera*. Dix espèces, dont la plupart sont exotiques, le composent : elles sont rameuses, à rameaux cylindriques qui se courben par la sécheresse; les folioles du périchèse sont longues et engaînantes; la capsule est droite, pédicellée; le péristome est remarquable par ses dents blanchâtres, caractère qui lui a valu le nom de *Leucodon*. Elles croissent sur les Arbres. Bridel a adopté ce genre fondé par Schwægrichen. Parmi les espèces françaises, on distingue le Leucodon de Ramond, *Leucodon Ramondi*, *Pterigynandrum Ramondi*, D. C., Flor. Franç.; à tige droite, divisée en rameaux cylindriques, grêles; à feuilles ovales-lancéolées, striées; à pédicelles très-courts; à capsule ovale. On la trouve dans les Pyrénées, sur les troncs d'Arbres, où elle a été découverte par Ramond. Cette Plante a quelque rapport avec l'espèce suivante dont elle diffère cependant par sa tige non rampante, divisée à sa base en rameaux; par ses feuilles très-entières, un peu tournées d'un seul côté: par ses pédicelles très-courts, et par son péristome; à denticulations ténues, ovales, très-entières, striées. Le Leucodon queue d'Ecureuil, L. *Sciuroides*, Schwægr., décrit dans la Flore Française, sous le nom de *Dicranum Sciuroides*, très-commun dans toute la France. Sa tige est rampante et rameuse; ses rameaux sont fastigiés, ascendans et arqués; les feuilles sont imbriquées, ovales, acuminées; la capsule est oblongue et ovale. Cette Mousse, si commune, a été pour les botanistes un tel sujet de controverse que la synonymie en est encore vacillante. Palisot-Beauvois en a fait un *Cecalyphum*; Ehrhart, Smith, Swartz, De Candolle, un *Dicranum*; c'est un *Fissidens* suivant Hedwig: un *Fuscina* d'après l'opinion de Schrank; un *Pterigynandrum* pour Bridel, qui, depuis, a changé d'opinion; un *Pterogonium* pour Turner; un *Trichostomum* pour Palisot-Beauvois; enfin, cette Mousse était un *Hypnum* pour Linné.

(A. P.)

* LEUCODRABA. BOT. PHAN. (De Candolle.) Sous-genre de Drave. *V.* ce mot.   (B.)

LEUCOGRAPHIS. BOT. PHAN. La Plante ainsi nommée par Pline, peut être le *Carduus Leucographus*, L., qui est un *Circium*. Selon d'autres, mais sans fondement, c'était un *Solidago*.   (B.)

LEUCOION ou **PERCE-NEIGE.** *Leucoium.* BOT. PHAN. Ce nom, fort ancien dans la langue de la botanique, a été employé par Théophraste et par Dioscoride. Le premier nommait *Leucoium* la Plante bulbeuse à laquelle les botanistes modernes ont conservé le même nom générique. Dioscoride, au contraire, appelait ainsi certaines espèces de Crucifères qui toutes appartiennent au genre *Cheiranthus*. Nous ne nous occuperons dans cet article que du genre *Leucoium* des modernes. Ce genre appartient à la famille des Narcissées et à l'Hexandrie Monogynie, L. Ses fleurs, ainsi que l'indique son nom, sont blanches, pédonculées, réunies plusieurs ensemble dans une spathe monophylle et terminale. Le calice est adhérent par sa base avec l'ovaire infère. Son limbe est comme campanulé, à six divisions très-profondes, ovales, oblongues, un peu épaissies et verdâtres à leur extrémité supérieure; trois de ces divisions sont un peu plus courtes que les trois autres. Les étamines, au nombre de six, sont dressées et incluses, insérées sur une sorte de bourrelet ou de disque épigyne garnissant le sommet de l'ovaire; les anthères sont introrses et à deux loges. L'ovaire est ovoïde infère, à trois loges contenant chacune un assez grand nombre d'ovules attachés à l'angle interne et disposés sur deux rangées. Le style est de la longueur des étamines, quelquefois un peu renflé en massue, terminé par un stigmate extrêmement petit et entier. Le fruit est une capsule globuleuse à trois loges et à trois valves.

Les espèces de ce genre croissent, en général, dans les montagnes, et fleurissent souvent lorsque la terre est encore couverte de neige. De-là les noms de *Nivéole* et de *Perce-Nei-*

ge, sous lesquels on les désigne assez communément. Ce sont de petites Plantes à bulbe ovoïde, à feuilles linéaires et à hampe généralement comprimée et ensiforme. Les deux suivantes sont souvent cultivées dans les jardins.

LEUCOION DU PRINTEMPS, *Leucoium vernum*, L. Cette petite espèce, qui est indigène d'Europe, a ses feuilles linéaires très-étroites ; sa hampe, haute de cinq à six pouces, terminée par une spathe membraneuse, monophylle, d'où sortent une ou deux fleurs blanches, variées de vert.

LEUCOION D'ÉTÉ, *L. æstivum*, L. Beaucoup plus grande que la précédente dans toutes ses parties, cette espèce est également indigène d'Europe. Ses feuilles sont linéaires ; sa hampe d'un pied à un pied et demi d'élévation, est comprimée et ensiforme. Ses fleurs, plus grandes, ayant chaque division marquée d'une tache verte, sont pédonculées et sortent au nombre de quatre à huit d'une spathe monopétale et terminale. Ces deux espèces se cultivent en pleine terre.

(A. R.)

* LEUCOLÆNA. BOT. PHAN. Sous ce nom, R. Brown (*Gener. Remarks on the Bot. of Terra Australis*, p. 25) a indiqué un nouveau genre qui appartient à la famille des Ombellifères, mais dont il n'a point donné les caractères. Il a seulement parlé des diversités d'inflorescences que présentent les espèces, quoique d'ailleurs elles soient très-rapprochées par le port, et les parties essentielles de la fructification. Le nombre des rayons de leurs ombelles, celui des fleurs qui comprend les rayons, sont très-variables, puisque certaines espèces ont une ombelle composée de plusieurs rayons, tandis que chez d'autres elle n'en a que trois, deux et même un seul. Ce singulier genre pourrait, selon Sprengel, être rapporté au Trachymène de Rudge. *V.* ce mot.

(G..N.)

* LEUCOLITHE. MIN. *V.* DIPYRE.

* LEUCOMÉRIDE. *Leucomeris.* BOT. PHAN. Genre de la famille des Synanthérées, tribu des Carduacées, et de la Syngénésie égale, L., récemment établi par D. Don (*Prodrom. Floræ Nepalensis*, p. 169) qui l'a ainsi caractérisé : involucre oblong, cylindracé, formé de plusieurs folioles coriaces, appliquées et imbriquées ; réceptacle petit et marqué de fossettes ; calathide composée de quatre fleurons hermaphrodites, dont le tube est très-long, filiforme, le limbe à cinq divisions réfléchies ; anthères blanches, à moitié saillantes hors du tube de la corolle, munies de deux longues soies à la base ; stigmate saillant, bifide ; akènes cylindracés, entièrement velus, surmontés d'une aigrette très-longue, composée de poils légèrement plumeux. L'auteur de ce genre n'a point indiqué ses affinités immédiates, et l'a seulement placé entre les genres *Liatris* et *Eupatorium*. Il ne se compose que d'une seule espèce qui a reçu le nom de *Leucomeris spectabilis*, et qui a été trouvée dans le Napaul et le Sirinagur par Wallich. C'est un Arbrisseau dressé, à rameaux anguleux, couvert d'un duvet blanchâtre. Ses feuilles sont alternes, elliptiques-oblongues, aiguës, entières, coriaces, atténuées à la base, vertes en dessus, et couvertes en dessous d'un duvet blanchâtre. Les fleurs sont pédonculées et disposées en corymbes terminaux.

(G..N.)

* LEUCOMYCES. BOT. CRYPT. (*Champignons.*) Battara a donné ce nom à des Champignons du genre Agaric remarquables par leur blancheur. On les a rapportés aux *Agaricus asper* et *rubescens* (*Leucomyces gemmatus*) ; *A. volvaceus* (*L. supernefuscus*), *A. ovoideus* (*L. pectinatus*), *A. phaloides* (*L. speciosior*). On ne sait point exactement quels sont les *Leucomyces reniformis* et *pectinatus alter.*

(A. F.)

LEUCONARCISSUS. BOT. PHAN (C. Bauhin.) Syn. d'*Anthericum serotinum*, L.

(B.)

* LEUCONOTIS. BOT. PHAN. Genre de la famille des Apocynées de R. Brown, et de la Tétrandrie Monogynie, L., établi par le docteur Jack (*Transact. of the Linn. Societ.*, vol. 14, p. 121) qui l'a ainsi caractérisé : calice infère; à quatre divisions profondes; corolle dont le tube est plus étroit supérieurement, et le limbe à quatre segmens; quatre étamines incluses, alternes avec les segmens de la corolle; ovaire simple, à deux loges dispermes; style unique court; stigmate conique au sommet et en forme d'anneau à la base; baie renfermant une à trois graines sans albumen, et munie d'un embryon renversé. Ce genre semble à l'auteur tenir le milieu entre le *Cerbera* et le *Carissa*. Il ne renferme qu'une seule Plante, *Lenconotis anceps*, qui croît à Sumatra. C'est un Arbrisseau lactescent, à feuilles opposées, sans stipules, à fleurs disposées en corymbes dichotomes et axillaires. (G..N.)

* LEUCONYMPHÆA. BOT. PHAN. Boerhaave (*Hort. Lugd. Bot.*, 364) nommait ainsi le genre *Nymphæa* tel qu'il a été limité par Necker, Richard et De Candolle. *V.* ce mot. (G..N.)

LEUCOPHRE. *Leucophra.* INF. Genre fort naturel et parfaitement caractérisé de l'ordre des Trichodés, dans la classe des Microscopiques, institué par Müller qui lui donna pour caractères : corps transparent, garni de cils de toutes parts, c'est-à-dire comme velu, et hérissé sur toute la superficie de poils courts, soyeux, ce qui les distingue de nos Péritriques qui n'en ont que tout autour, des véritables Trichodés qui n'en présentent qu'un faisceau, et des Mystacodelles qui les ont distribués en deux séries. Lamarck n'a pas distingué ces Animaux et les a confondus avec le genre formé par Müller sous le nom de Trichode. *V.* ce mot. Ce sont pour la plupart des êtres invisibles à l'œil désarmé, et qui pour la forme ont des analogues dans l'ordre des Gymnodés dont ils diffèrent cependant beaucoup par les cils ou poils dont ils sont couverts. La plupart sont marins; peu vivent dans les infusions. Nous en connaissons près d'une trentaine d'espèces distribuées en cinq sections ou sous-genres.

† ENCHÉLIDIENS. En forme de poire. Les espèces de cette section sont les *Leucophra acuta*, Müll., Inf., p. 151, pl. 22, f. 11-12; Encycl., Vers ill., pl. 11, f. 5-5, etc.; *Leucophra acuta*, Müll., pl. 22, 1. 8-9; Encycl., pl. 11, fig. 1, 2. De l'eau de mer fraîche ou corrompue.

†† VOLVOCIENS. Corps obrond. Les *Trichoda horrida*, Müll., pl. 24, f. 5; Encycl., pl. 12, f. 26, qu'on trouve dans l'eau des Moules mangeables; *T. vesiculifera*, Müll., pl. 22, f. 2-3; Encycl., pl. 10, f. 23-24; Joblot, Micr., pl. 2, f. B-8, qui vit dans diverses infusions végétales; *T. Mamilla*, Müll., Inf., pl. 21, f. 3-5; Encycl., pl. 10, f. 3-3, de l'eau où croît la Lenticule, sont les espèces les mieux caractérisées de cette section, où rentre probablement le *Leucophra posthuma*, Müll., pl. 21, fig. 13; Encycl., pl. 10, 13.

††† PARAMÉCIENS. Corps allongé, avec un indice de sillon vers la partie amincie. Les *Leucophra notata*, Müll., pl. 22, f. 13-16; Encycl., pl. 11, f. 6-9, de l'eau marine; *Conflictor*, Müll., pl. 21, f. 1-2; Encycl., pl. 10, f. 1-2, et le Poisson en forme de bouteille de Joblot, pl. 12, f. Y, appartiennent à ce sous-genre.

†††† KOLPODIENS. Plus ou moins trigones, en forme de ce que les anciens micrographes nommaient des Pandeloques. Les *Leucophra pertusa*, Müll., pl. 21, f. 15-16; Encycl., pl. 10, f. 15-16, de l'eau des marais, et *fluida*, Müll., *Zool. Dan.*, tab. 73, f. 1-6; Encycl., pl. 11, f. 24-29, de l'eau des Moules, font partie de cette quatrième section.

††††† PROTÉOIDES. A corps variable; sont les *Leucophra dilatata*, Müll., pl. 21, f. 19-21; Encycl., pl. 10, fig. 19-21, et *fracta*, Müll., pl. 21, f. 17-18; Encycl., pl. 10, f. 17-18. Ils nagent à la manière des Planaires,

mais en changeant un peu de forme. Les *Leucophra crinita*, Müll., pl. 27, f. 21; Encycl., pl. 14, f. 18; *Trichoda Larus*, Müll., pl. 51, f. 5-7; Encycl., pl. 16, f. 6-8; *Leucophra bursata*, Müll., pl. 21, f. 12; Encycl., pl. 10, f. 12; *T. nodulata*, Müll., *Zool. Dan.*, tab. 80, f. A-1; Encycl., pl. 11, f. 13-21, et cet Animal si polymorphe, représenté par Joblot, pl. 12, fig. A-X, sous les noms de Chenille, Chausse, Guêtre, Cornet-à-Bouquin, etc., sont des espèces ambiguës de ce genre fort singulier. (B.)

LEUCOPHTALMOS. MIN. La Gemme ainsi nommée par Pline paraît être une Sardoine. (B.)

LEUCOPHYLLE. *Leucophyllum*. BOT. PHAN. Genre de la famille des Antirrhinées et de la Didynamie Angiospermie, établi par Humboldt et Bonpland (*Plant. æquin.*, 2, p. 95, t. 109) pour un Arbuste très-rameux, couvert dans toutes ses parties d'un duvet blanc et tomenteux. Le *Leucophyllum ambiguum*, loc. cit., croît au Mexique auprès d'Aclopan à une hauteur d'environ mille cinquante toises au-dessus du niveau de la mer. Ses feuilles sont alternes, très-entières. Ses fleurs sont solitaires à l'aisselle des feuilles et de couleur violette. Leur calice est à cinq divisions profondes et égales. Leur corolle monopétale, tubuleuse et subcampaniforme, plus longue que le calice, ayant son limbe à deux lèvres, la supérieure bilobée, l'inférieure à trois divisions, dont celle du milieu est la plus large. Les étamines sont didynames et incluses. Les anthères sont à deux loges écartées. Le style est terminé par un stigmate simple. Le fruit est une capsule biloculaire et polysperme. (A. R.)

* LEUCOPHYTE. *Leucophyta*. BOT. PHAN. Dans ses Observations sur les Composées, R. Brown a indiqué la formation de ce genre qui appartient à la famille des Synanthérées, et à la Syngénésie séparée, L. Cassini le place dans la tribu des Inulées, section des Inulées-Gnaphaliées. Voici les principaux caractères que ce dernier botaniste lui a attribués : involucre composé d'environ dix folioles, à peu près égales, appliquées, obovales-oblongues, scarieuses, non colorées, coriaces dans leur milieu, laineuses extérieurement et au sommet; réceptacle nu et très-petit; calathide formée de trois fleurs égales, régulières et hermaphrodites; ovaires obovoïdes, glanduleux, surmontés d'une aigrette blanche, composée d'un seul rang de paillettes égales, libres supérieurement, soudées à la base, linéaires-laminées, garnies des deux côtés dans leur partie supérieure de longues barbes épaisses. Les calathides nombreuses et sessiles forment un capitule globuleux, entouré d'un involucre général court, composé de bractées à peu près égales et appliquées. En indiquant ce genre, R. Brown l'avait placé entre les genres *Calocephalus* et *Craspedia* ou *Richea*. Mais Cassini lui a trouvé plus de rapports avec le *Stœbe* et le *Disparago*; il en a décrit une seule espèce qu'il a nommée *Leucophyta Brownii*, en l'honneur du savant botaniste qui l'a découverte dans la Nouvelle-Hollande, près le port du roi George, et sur la côte australe, au détroit de Bass. Cette espèce est un Arbuste cotonneux, blanc ou blanchâtre, quelquefois même verdâtre. Sa tige est très-rameuse, garnie de feuilles alternes, sessiles, linéaires, obtuses et très-entières. Les capitules se composent de fleurs jaunes. (G..N.)

LEUCOPOGON. *Leucopogon*. BOT. PHAN. Genre établi par R. Brown dans la famille des Epacridées, aux dépens du genre *Styphelia*, et caractérisé de la manière suivante : chaque fleur est accompagnée extérieurement de deux bractées; le calice est à cinq divisions profondes et égales; la corolle est infundibuliforme, à tube court, à limbe quinquéfide et barbu longitudinalement. Les cinq étamines sont incluses. L'ovaire est globuleux, à deux ou cinq loges; le style est court, simple, terminé par un stigmate très-petit. Le disque qui porte l'ovaire forme un rebord légèrement lobé; rarement ce disque manque en totalité. Le fruit est une drupe charnue, quelquefois presque sèche et coriace. Toutes les espèces de ce genre habitent les diverses parties de la Nouvelle-Hollande et de la terre de Van-Diémen. R. Brown, dans son Prodrome, en décrit quarante-huit espèces. Ce sont, en général, de très-petits Arbustes à feuilles éparses, coriaces, persistantes, très-entières, le plus souvent étroites et lancéolées. Leurs fleurs sont fort petites, disposées en épis ou en grappes axillaires ou terminales. R. Brown a placé dans ce genre le *Styphelia lanceolata* de Smith; le *Styph. Richei*, Labill., *Nov. - Holl.*, t. 60; le *Styph. obovata*, Labill., t. 67; le *Styph. trichocarpa*, Labill., t. 66; le *Styph. ericoides*, Smith; le *Styph. virgata*, Labill., t. 64; le *Styph. collina*, Labill., t. 65; le *Styph. amplexicaulis*, Rudge. Les autres espèces sont des Plantes tout-à-fait nouvelles, observées par cet illustre botaniste dans les différentes régions de la Nouvelle-Hollande qu'il a visitées.

(A. R.)

LEUCOPSIS. INS. Pour Leucospis. *V.* ce mot. (G.)

* LEUCOPTÈRES. OIS. Espèces des genres Glaucope, Foulque et Sterne. *V.* ces mots. (B.)

* LEUCORODIA. OIS. Nom scientifique d'une espèce du genre Spatule. *V.* ce mot. (B.)

*. LEUCORYX. MAM. Ou Oryx blanc, espèce d'Antilope. *V.* ce mot. (B.)

LEUCOSCEPTRUM. BOT. PHAN. Smith (*Exot. Bot.*, 2, p. 113, t. 116) a décrit et figuré sous le nom de *Leucosceptrum canum* une Plante formant un genre nouveau qui appartient à la Didynamie Angiospermie, L., et à la famille des Verbénacées. Ses tiges sont couvertes d'un duvet blanc, et se divisent en rameaux comprimés et quadrangulaires. Elles portent des feuilles opposées, oblongues, elliptiques, presque lancéolées, dentées en scie, aiguës à leur sommet, rétrécies en pétioles à leur base; veinées, glabres et blanchâtres en dessous. Les fleurs forment un bel épi terminal, et chacune d'elles est accompagnée d'une petite bractée blanchâtre. Le calice est court, tubuleux, à cinq segmens obtus, inégaux; la corolle, plus longue que le calice, a un tube court et un limbe presque bilabié, à cinq lobes inégaux, obtus; les quatre étamines sont didynames, saillantes, inclinées et très-longues; les anthères arrondies; l'ovaire quadrilobé, portant un style plus long que les étamines. Le fruit se compose de quatre akènes luisans et tronqués. Cette Plante a été trouvée dans les forêts du Napaul. (G..N.)

LEUCOSIE. *Leuçosia.* CRUST. Genre de l'ordre des Décapodes, famille des Brachyures, tribu des Orbiculaires (Lat., Fam. Nat. du Règn. Anim.), établi par Fabricius et ayant pour caractères : test rond, bombé, comme globuleux; yeux placés dans un court rétrécissement de sa partie antérieure; petits, à pédicules courts, presque immobiles dans leurs fossettes entre lesquelles en sont d'autres qui cachent de très-courtes antennes. Pieds-mâchoires extérieurs pointus, formant ensemble un triangle dont la pointe est en haut. Les pieds de ces Crustacés vont en diminuant graduellement à partir des serres qui sont ordinairement longues et cylindriques dans les mâles surtout. Les autres pieds sont onguiculés, courts, souvent grêles; la queue est composée de quatre à cinq tablettes, celle de la femelle est grande, presque orbiculaire, et recouvre la poitrine.

Ces Crustacés diffèrent des *Maïa* et des *Inachus* par des caractères tirés du nombre de feuillets de la queue; ils se distinguent des Coristes par la forme du corps et les antennes, et des *Ixa* de Leach, parce que ces derniers ont de chaque côté du test une grosse éminence cylindrique et mousse ou une pointe grosse et longue. Suivant Bosc et Risso, les Leucosies font leur séjour dans les moyennes profondeurs de la mer, dans les écueils des rochers calcaires, parmi les Flustres et les Madrépores, et y vivent solitaires et cachées. Elles attendent, pour sortir, que le hasard leur amène quelque proie facile à saisir. La démarche de ces Animaux est lente, et on ne les voit guère courir que dans le danger. Suivant Risso, la femelle de la Leucosie Noyau a deux ou trois cents œufs rougeâtres, qui éclosent pendant l'été. Ces Crustacés sont, en général, de grandeur moyenne ; on ne les mange pas. Latreille a fait plusieurs coupes dans ce genre ; il les base sur le plus ou moins grand nombre de tubercules et épines du test et sur sa forme plus ou moins globuleuse. L'espèce qui se trouve dans nos mers est :

La Leucosie Noyau, *L. Nucleus*, Fabr., Bosc, Latr., Risso, Herbst (*Cancr.*, tab. 2, fig. 14); *Cancer Macrocheles*, Rondel., Aldrov. Elle est globuleuse avec de petits grains épars sur les côtés et à l'extrémité postérieure et une petite éminence en forme de dents de chaque côté, en avant et au-dessus des deux serres. Elle a une épine aiguë, recourbée de chaque côté, au-dessus de la naissance des deux pates postérieures, et deux dents au bord postérieur du test ; les doigts sont très-longs, grêles, filiformes et pointus. Cette espèce habite la Méditerranée.

On trouve communément à l'état fossile la Leucosie Craniolaire qui vit sur la côte de Malabar. *V.* CRUSTACÉS FOSSILES.   (G.)

LEUCOSIE. *Leucosia*. BOT. PHAN. Ce genre de la Pentandrie Monogynie, L., a été établi par Du Petit-Thouars (*Genera Nov. Madag.*, n. 79) et placé dans la famille des Térébinthacées. Selon R. Brown, il doit être réuni au *Chailletia* qui constitue un ordre distinct sous le nom de Chailletiées ou de Chailletiacées. *V.* ce mot au Supplément. Dans le 2ᵉ vo-

lume de son *Prodrom. Syst. Veg.*, p. 58, De Candolle a conservé ce genre, et l'a ainsi caractérisé d'après Du Petit-Thouars : calice quinquéfide ; cinq pétales ; cinq étamines ; ovaire adhérent au calice ? contenant trois ovules ; style unique ; fruit trigone, renfermant un noyau rugueux et osseux. L'espèce unique qui compose ce genre a été nommée *Leucosia Thouarsiana* par Rœmer et Schultes. Sprengel, adoptant l'opinion de Brown, l'a désigné sous le nom de *Chailletia Leucosia*. C'est un Arbrisseau petit et très-grêle. Ses feuilles sont munies d'un petit nombre de nervures scabres et cotonneuses, blanchâtres en dessous. Il croît dans l'île de Madagascar.   (G..N.)

* LEUCO-SINAPIS. BOT. PHAN. Sous-genre établi par De Candolle parmi les *Sinapis*. *V.* MOUTARDE.   (B.)

LEUCOSPERME. *Leucospermum*. BOT. PHAN. Ce genre, de la famille des Protéacées, fut réuni par Linné aux *Protea*. Salisbury en forma son genre *Leucadendrum* qu'il faut bien distinguer du *Leucadendron* de R. Brown. C'est ce dernier botaniste qui a donné le nom de *Leucospermum* au genre dont il est ici question, et qui l'a ainsi caractérisé : calice irrégulier, labié, dont trois des divisions (rarement toutes) sont réunies par leurs onglets, tandis que les lames staminifères sont distinctes ; style filiforme, caduc, surmonté d'un stigmate épaissi, glabre, quelquefois inéquilatéral ; noix renflée, sessile, lisse ; capitule des fleurs en nombre indéfini ; involucre polyphylle, imbriqué.

Le *Leucadendron conocarpodendron*, L., *Spec. Plant.*, éd. 1, p. 93, ou *Protea conocarpa*, Thunb., espèce la plus anciennement connue, peut être considérée comme le type du genre *Leucospermum*. R. Brown (*Transact. Linn. Soc. of London*, vol. IX, p. 95) en a décrit dix-huit espèces qui toutes croissent dans l'Afrique australe, principalement aux environs du cap de Bonne-Espérance.

Ce sont des Arbrisseaux, ordinairement très-petits, quelquefois arborescens, le plus souvent hérissés ou cotonneux. Leurs feuilles sont entières ou munies au sommet de dentelures calleuses. Les capitules sont terminaux; ils se composent de fleurs jaunes, tantôt très-distinctes, imbriquées et accompagnées de bractées, et endurcies, tantôt réunies en faisceaux sur un réceptacle à peu près plane, et munies de paillettes caduques.   (G..N.)

* LEUCOSPHOEROCEPHALUS. BOT. CRYPT. (*Champignons.*) Battara donne ce nom à divers Agarics de couleur blanche, à chapeau bombé. Il n'est guère possible de déterminer exactement quelles sont les espèces qui y correspondent suivant la nomenclature moderne. On désigne pourtant parmi eux l'*Agaricus campestris.*   (A. F.)

LEUCOSPIS. *Leucospis.* INS. Genre de l'ordre des Hyménoptères, section des Térébrans, famille des Pupivores, tribu des Chalcidites, établi par Fabricius, et ayant pour caractères : cuisses des pieds postérieurs très-grandes ; abdomen paraissant appliqué contre l'extrémité postérieure du corselet, comprimé dans toute sa hauteur, arrondi postérieurement, avec la tarière recourbée sur le dos; les ailes supérieures sont doublées. Ces Insectes se distinguent des Chalcides par l'abdomen, qui, dans ceux-ci, est attaché au corselet par un pédicule très-apparent. Ils se distinguent des Eulophes par les pieds postérieurs, qui, dans ces derniers, n'ont ni les cuisses à la fois très-renflées et lenticulaires, ni les jambes très-arquées. Ces Hyménoptères ont la tête triangulaire, comprimée, appliquée contre le thorax; les antennes sont insérées entre les yeux, coudées, composées de douze articles, dont les dix derniers forment une tige conico-cylindrique; les palpes sont courts, un peu renflés au bout; les maxillaires sont composés de quatre articles dont le pénultième est allongé, les labiaux de trois; les mandibules sont bidentées; la languette est très-échancrée, le corselet a son premier segment grand, carré; les ailes supérieures ont une cellule cubitale incomplète, et une cellule radiale très-étroite et fort allongée; les pates postérieures sont propres pour le saut; la jambe est arquée et terminée par une forte pointe, elle reçoit dans sa courbure la cuisse qui est renflée; enfin, l'abdomen est ovalaire, comprimé postérieurement, paraissant sessile, le premier anneau tenant au corselet par une bonne partie de sa largeur, et le point central du mouvement n'étant qu'au second anneau. Dans les femelles, il porte une tarière de trois filets qui prend naissance à la poitrine, et remonte sur le dos dans une rainure.

Ces Insectes placent leurs œufs dans les nids des Abeilles maçonnes et dans quelques guêpiers. L'espèce la plus commune est :

Le LEUCOSPIS DORSIGÈRE, *Leucospis dorsigera*, Fabr., la femelle; Latr.; *L dispar*, Fabr., le mâle (Panz., *Faun. Ins. Germ.* LVIII, XV). Noir; abdomen presque une fois aussi long que le corselet, avec trois bandes et deux petites taches jaunes; une ligne transverse sur l'écusson et deux autres à la partie antérieure du corselet de cette même couleur. Longueur, environ sept lignes. On trouve cette espèce dans les parties méridionales de la France et aux environs de Paris. *V.* pour les autres espèces, la Monographie de Klüg (Actes des Cur. de la Nat. de Berlin) et Jurine.   (G.)

* LEUCOSPORUS. BOT. CRYPT. (*Champignons.*) Première série des espèces du genre Agaric de Fries. *V.* AGARIC. C'est aussi le nom de la quatrième série des Bolets. *V.* ce mot.   (A. F.)

LEUCOSTICTOS. MIN. Même chose, ou à peu près, que Leptosophos. *V.* ce mot.   (B.)

LEUCOSTINE. MIN. C'est-à-dire Roche à petits points blancs. De Lamé-

theric a le premier donné ce nom aux Porphyres rouges, à base de Pétrosilex, contenant de petits cristaux de Feldspath blanc. Cordier, dans son Tableau méthodique des Laves, l'applique à celles de ces Roches qui sont pétrosiliceuses, et composées de cristaux microscopiques entrelacés, d'un égal volume, réunis par juxtaposition et offrant entre eux des vacuoles plus ou moins rares. Il en distingue trois variétés : la Leucostine compacte ou Phonolite, la Leucostine écailleuse ou Dolérite, et la Leucostine granulaire ou Domite. *V*. les mots ROCHES et LAVES.
(G. DEL.)

LEUCOTHOÉ. *Leucothoe.* CRUST. Genre de l'ordre des Amphipodes, famille des Crevettines, établi par Leach aux dépens des *Gammarus* de Latreille, et n'en différant que par le pouce des mains antérieures, qui est biarticulé. Ce genre a été formé sur un petit Crustacé des mers Britanniques; c'est le *Cancer articulosus* de Montagu (*Trans. Linn.* T. VII, tab. 6, fig. 6). *V*. CREVETTES et CHEVRETTES.
(G.)

LEURADIA. BOT. PHAN. (Poiret.) Pour *Lavradia. V*. ce mot. (C..N.)

LEUTRITE. MIN. Pierre marneuse d'un blanc-grisâtre très-phosphorique, avec laquelle on amende les terres à Leutre, près d'Iéna, en Saxe.
(G. DEL.)

LEU-TZE. OIS. Espèce du genre Cormoran. *V*. ce mot. (DR..Z.)

LEUZÉE. *Leuzea.* BOT. PHAN. Ce genre de la famille des Synanthérées, Cinarocéphales de Jussieu, et de la Syngénésie égale, L., a été dédié au savant et respectable Delcuze par De Candolle (Flore Française, deuxième édition) qui l'a ainsi caractérisé : involucre imbriqué, sphérique, composé d'écailles sans piquans, arrondies, scarieuses et lacérées au sommet; réceptacle hérissé de soies soudées par la base; fleurons nombreux, réguliers et hermaphrodites; akènes tuberculeux, surmontés d'une aigrette longue et plumeuse. Ce genre a été

constitué aux dépens des *Centaurea* de Linné. Adanson avait déjà proposé sa formation sous le nom de *Rhacoma;* mais il y avait réuni une Plante qui forme le type du *Rhaponticum.* Les genres auprès desquels le *Leuzea* doit être placé sont, selon De Candolle, le *Saussurea* et le *Cinara;* mais Cassini indique une plus grande affinité entre le genre en question et les genres *Rhaponticum* et *Fornicium.* Il offre, en effet, l'involucre du premier et l'aigrette du second. Le genre *Hookia* de Necker, indiqué par De Candolle, comme renfermant le *Leuzea*, est plus voisin de l'*Alfredia* et du *Rhaponticum.*

La LEUZÉE CONIFÈRE, *Leuzea conifera*, D. C., Fl. Fr. et Ann. du Muséum d'Hist. Natur. T. XVI, *Centaurea conifera*, L., est une Plante herbacée, dont la tige haute environ de deux décimètres, est droite, cotonneuse, garnie de feuilles verdâtres supérieurement, cotonneuses en dessous, les radicales pétiolées, ovales, lancéolées, presque simples, les caulinaires plus étroites et pinnatifides. La calathide, très-grande et terminale, se compose de fleurs purpurines; son involucre, formé d'écailles luisantes et jaunâtres, a été comparé par C. Baudin à un cône de Pin; d'où le nom spécifique de *conifera* imposé par Linné. Cette Plante croît dans les montagnes de la France méridionale.
(G..N.)

LÉVANTINE. CONCH. Nom vulgaire et marchand de diverses Coquilles du genre Vénus. (B.)

LÉVENHOOKIE. *Levenhookia.* BOT. PHAN. Genre de la famille naturelle des Stylidiées, lequel se compose d'une seule espèce, *Levenhookia pusilla*, Brown (*Prodr. Flor. Nov.-Holl.*, 1, p. 573). C'est une très-petite Plante ayant le port et la grandeur du *Radiola millegrana*, des feuilles alternes pétiolées, très-rapprochées les unes des autres au sommet des ramifications de la tige, et de très-petites fleurs fasciculées au milieu des feuilles. Le calice est à cinq divisions inégales disposées en deux lèvres. La corolle est tubuleuse, son limbe est quinquéparti et irrégulier. Le labelle est concave, plus élevé que la colonne staminifère, articulé avec le tube, et mobile dans cet endroit. La colonne staminifère est dressée, attachée au tube au-dessous de l'articulation du labelle. Les anthères ont leurs deux loges placées l'une au-dessous de l'autre. Les deux stigmates sont capillaires et la capsule est à une seule loge. Cette petite Plante présente un phénomène d'irritablité très-remarquable. Nous avons dit que son labelle ou division inférieure de sa corolle était articulé avec la colonne staminifère. Lorsqu'une cause quelconque irrite cette partie, elle se redresse avec rapidité. On sait qu'un phénomène analogue s'observe dans le *Stylidium* où la colonne staminale est également irritable.   (A. R.)

* LEVERIAN. ois. Espèce du genre Couroucou, *V*. ce mot, et synonyme de Balbusar. *V*. AIGLE. (B.)

LÉVIATAN. REPT.? Dans plusieurs passages de la Bible et particulièrement dans le livre de Job, il est parlé d'un Animal amphibie nommé Léviatan. Les uns ont cru reconnaître, dans la description incomplète de cet Animal, le Crocodile, d'autres la Baleine, quelques-uns une espèce de Serpent. Mais on manque de données positives pour pouvoir déterminer, en histoire naturelle, à quelle espèce aujourd'hui connue appartient le Léviatan des livres sacrés. (A. R.)

LEVINA. BOT. PHAN. (Adanson.) Syn. de *Prasium*. *V*. ce mot.   (B.)

LEVISANUS. BOT. PHAN. Ce mot servait à désigner une Plante que Linné réunit à son *Protea*. D'un autre côté, Schreber l'a substitué à celui de *Staavia* déjà proposé par Thunberg. *V*. ce mot.   (G. N.)

LEVISILEX. MIN. Nom donné par de Lamétherie à la variété de Silex appelée Nectique, à cause de sa grande légèreté.   (G. DEL.)

LEVISTICUM. BOT. PHAN. Nom

scientifique et spécifique de la Livêche. *V*. ce mot.   (B.)

LEVRAUT ET LEVRETEAU. Le petit du Lièvre. *V*. ce mot. (B.)

LEVRETTE. MAM. Femelle du Levrier.   (B.)

LEVRETTE. INS. Nom donné par Geoffroy à une espèce de Coléoptère de son genre Becmare ou Rhinomacre, décrit sous le n. 1er, et qu'il est fort difficile de déterminer. (G.)

LEVRICHE. MAM. Femelle du Levron.   (B.)

LEVRIER. *Canis Graius*. MAM. (Linné.) Race ou plutôt espèce du genre Chien. *V*. ce mot.   (B.)

* LEVRIER A STRIES. INS. (Geoffroy.) Espèce du genre Lycte.   (B.)

* LEVRIERS. POIS. Les pêcheurs donnent ce nom aux Brochets mâles, plus allongés que les femelles. *V*. ESOCE.   (B.)

LEVRON. MAM. Très-petite variété de Levrier, originaire d'Italie.   (B.)

* LÉVYNE. MIN. (Brewster, Edimb. Journ. T. II, p. 332). Substance blanche, demi-transparente, d'un éclat vitreux, fragile, ayant pour forme primitive un rhomboïde de 79° 29. Le clivage est peu sensible; la cassure est imparfaitement conchoïdale. Cette substance observée pour la première fois par Heuland, a été soumise à un examen optique par Brewster qui lui a donné le nom de Lévyne, en l'honneur du jeune minéralogiste Lévy, auquel on doit la première description de ce minéral. Chauffée dans le tube de verre, elle donne beaucoup d'eau, et devient opaque. On la trouve à Dalsnypen, dans une des îles Féroë, dans les cavités d'une Amigdaloïde qui contient aussi de la Stilbite.   (G. DEL.)

LÉWISIE. *Lewisia*. BOT. PHAN. Pursh (*Flora Americæ septentr.*, p. 368) a décrit sous le nom de *Lewisia rediviva*, une Plante de la Polyandrie

Monogynie, L., dont il n'a pas fixé les caractères génériques, mais pour lesquels il a renvoyé au volume onzième des Transactions de la Société Linnéenne de Londres. C'est en vain que nous avons recherché ces caractères à la source ci-dessus indiquée; nous sommes donc obligés de donner ici la description complète de cette Plante. Elle a une racine fusiforme, rameuse et de couleur de sang. Ses feuilles sont radicales, linéaires, presque charnues, légèrement obtuses. La hampe ne porte qu'une ou deux fleurs attachées à un pédicelle géniculé à la base. Le calice est coloré, scarieux, composé de sept à neuf folioles, étalées, ovales, aiguës, concaves, veinées, les intérieures plus étroites. La corolle est formée de quatorze à dix-huit pétales blancs, lancéolés, étalés, presque du double plus longs que le calice. Les étamines, en nombre égal à celui des pétales, ont leurs filets opposés à ceux-ci, et insérés sur eux. L'ovaire est supère, ové, glabre, surmonté d'un style filiforme, plus long que les étamines, et supérieurement bifide. La capsule est oblongue triloculaire; chaque loge renferme deux graines lenticulaires, noires et luisantes. Cette Plante croît sur les bords de la rivière de Clark, dans l'Amérique septentrionale.   (C..N.)

* LEYCESTERIE. *Leycesteria.* BOT. PHAN. Nouveau genre de la famille des Rubiacées, et de la Pentandrie Monogynie, L., établi par Wallich (*Flor. Ind.* 2, p. 181), et qui a pour caractères : un calice supérieur, à cinq divisions inégales; une corolle infundibuliforme, renflée et gibbeuse à sa base, ayant son limbe divisé en cinq lobes presque égaux; les étamines sont saillantes; le stigmate capité. Le fruit est une baie couronnée par le calice, à cinq loges polyspermes. Les graines sont lisses et luisantes. Ce genre, dit Wallich, sert à établir le passage entre les Rubiacées et les Caprifoliacées.

La seule espèce qui le compose, *Leycesteria formosa*, Wall., *loc. cit.*, est un charmant Arbuste, originaire des montagnes du Napaul. Ses feuilles sont opposées, ovales, lancéolées, échancrées et subcordiformes à leur base. Les fleurs sont purpurines et disposées en longues grappes. (A. R.)

LEYSÈRE. *Leysera.* BOT. PHAN. Genre de la famille des Synanthérées, Corymbifères de Jussieu, et de la Syngénésie superflue, L., établi par Vaillant, sous la dénomination d'*Asteropterus*, qu'ont proposée de nouveau Adanson et Gaertner, bien postérieurement à la publication et à l'admission universelle du *Leysera* de Linné. Voici ses caractères essentiels : involucre campanulé, formé d'écailles nombreuses, régulièrement imbriquées, appliquées, ovales ou oblongues, coriacés, pourvues d'une bordure membraneuse, terminées par un appendice étalé, scarieux et incolore; réceptacle plane, muni d'une rangée de paillettes situées entre les fleurs du centre et celles de la circonférence. Les fleurs du centre sont nombreuses, régulières, hermaphrodites; leur ovaire est pédicellé, long, grêle, cylindrique, surmonté d'une aigrette composée de dix paillettes dont cinq très-longues, plumeuses au sommet, et cinq plus courtes alternant avec les précédentes. Les fleurs de la circonférence sont femelles et pourvues d'une corolle à languette oblongue tridentée; d'un ovaire long, grêle, cylindrique, surmonté d'une aigrette courte en forme de couronne, divisée presque jusqu'à sa base en segmens inégaux et irréguliers. Ce genre fait partie de la tribu des Inulées, section des Inulées-Gnaphaliées de Cassini. On doit considérer comme type fondamental, le *Leysera Gnaphalodes*, L., Arbuste indigène du cap de Bonne-Espérance, et que l'on cultive au Jardin des Plantes de Paris. Linné avait ajouté à son genre *Leysera* comme seconde espèce le *Callicornia* de Burmann; et Cassini y réunit encore le *Gnaphalium leyseroides* de Desfontaines, mais il en forma un sous-genre, sous le nom de *Leptophytus*. Néanmoins, on devra nommer cette espèce *Leysera discoidea*. *V*. LEPTOPHYTE. Quant au *Leysera paleacea* de Linné et de Gaertner, il fait partie du *Rethania* de l'Héritier, et Necker en avait constitué son genre *Michauxia*. Les espèces de *Leysera* décrites par Thunberg, le sont avec trop peu de détails pour être adoptées. D'ailleurs, l'une d'elles a été érigée en un genre particulier par De Candolle qui l'a nommée *Syncarpha*. *V*. ce mot. (G..N.)

LÉZARD. *Lacerta* REPT. SAUR. Le genre ainsi nommé par Linné peut être considéré comme n'existant plus, une partie des Animaux qu'y comprenait ce naturaliste ayant passé dans l'ordre des Batraciens, et le reste, qui forme l'ordre des Sauriens, ayant été réparti non-seulement dans des genres nouveaux, mais encore dans des familles fort distinctes et très-caractérisées. Les Lézards, tels que les comprennent aujourd'hui les erpétologistes, ont pour caractères : une langue mince, extensible, terminée en deux longs filets; le palais armé de deux rangs de dents; un collier sous le cou formé par une rangée transversale de larges écailles séparées de celles du ventre par un espace où il n'y en a que de petites comme sous la gorge; un corps allongé; des pieds munis de cinq doigts armés d'ongles non opposables, séparés et inégaux; une queue cylindrique, sans crête, ni carène. La fente de l'anus est transversale, des plaques garnissent le dessous du corps; une partie des os du crâne s'avance sur les tempes et sur les orbites, en sorte que le dessus de la tête est muni d'un bouclier osseux ou couvert de grandes écailles; le tympan y est à fleur et membraneux; la paupière, composée d'une seule pièce orbiculaire et fendue longitudinalement, s'ouvre ou se ferme au moyen d'un petit sphincter. Ces Animaux n'ont ni ailes comme les Dragons, ni goître comme les Iguanes; la disposition des dents les distingue

suffisamment des Améivas et des Sauvegardes qui d'ailleurs ont leur queue comprimée. Les Lézards, compris sous les caractères ci-dessus énoncés, sont encore assez nombreux, et forment avec les Couleuvres les genres de Reptiles dont on trouve le plus d'espèces en Europe et notamment en France. Ce sont des Animaux agiles, élégans dans leurs formes, courageux, innocens, et dont les couleurs sont souvent très-brillantes. Ils s'engourdissent durant l'hiver qu'ils passent blottis dans des trous; ils paraissent d'autant plus vifs que la chaleur est plus grande, aimant à s'allonger sur la pierre nue à l'ardeur du soleil dont en été ils semblent savourer les rayons, en tirant comme certains Serpens leur langue qu'ils promènent et agitent autour de leur mâchoire; aussi, dans quelques cantons, les croit-on venimeux et redoute-t-on cette langue que le vulgaire nomme un dard; en d'autres lieux, au contraire, on ne fait pas de mal à ce Reptile, on le nomme l'ami de l'Homme, dans la pensée où l'on est que lorsque les Serpens cherchent à mordre les habitans de la campagne en s'en approchant traîtreusement, le Lézard les avertit du danger en faisant du bruit, ou se jetant sur l'agresseur pour le combattre. Il n'y a sorte de conte qu'on ne fasse sur cet Animal, qui du reste est doux, s'apprivoise aisément, fuit à la moindre apparence du plus petit danger, mais qui se voyant réduit à la défense, montre autant d'adresse que de résolution. Nous en avons vu plusieurs saisir bravement au museau des Chiens d'arrêt qui les avaient surpris dans quelque pelouse sèche, et ne pas lâcher prise malgré les secousses violentes et les efforts que faisaient ces Chiens pour se délivrer. Tous ont la vie fort dure; il faut leur casser les reins pour les tuer ou leur enfoncer quelque épine dans l'un des naseaux. Ils vivent long-temps sans manger ni boire; mais ils boivent très-certainement, encore qu'on ait avancé le contraire Il peuvent parvenir à un âge fort avancé. Les Moucherons, les Insectes, les petits Mollusques terrestres, des Reptiles moins grands qu'eux, et des œufs des petits Oiseaux qu'ils recherchent en grimpant aux Arbres, forment leur nourriture habituelle; mais ils veulent une proie vivante. Ils sont à leur tour dévorés par les Serpens et surtout par les Oiseaux de proie, qui font un grand dégât parmi eux. Ils paraissent doués d'une certaine intelligence et enclins à la curiosité. On les voit souvent suspendre leur fuite pour regarder l'objet qui causa leur effroi, lorsqu'ils ont acquis la certitude que ce n'était pas quelque ennemi dévorant. Nous en avons observé plusieurs fois humant, pour ainsi dire, les rayons du jour, entendant tomber près d'eux quelque chose, ou voyant une feuille s'agiter, venir reconnaître les objets qui avaient appelé leur attention, et retourner ensuite à leur première place après s'être tranquillisés par une scrupuleuse investigation. On les voit d'autres fois dans l'attitude de l'attention relever leur jolie tête le plus qu'ils peuvent pour dominer un plus grand horizon, et regarder autour d'eux sans trop s'effrayer de la présence de l'Homme; mais l'aspect d'un Chien les fait fuir de très-loin. Ils changent de peau comme les autres Reptiles. C'est lorsqu'ils sont remis des fatigues que leur cause cette opération qu'ils se livrent aux plaisirs de l'amour qui pour eux paraît être une passion très-vive; elle les rend querelleurs, et l'on voit souvent les mâles se battre avec acharnement pour la possession d'une femelle, avec laquelle ils vivent fidèlement après l'avoir conquise; les individus de chaque couple s'écartent peu l'un de l'autre. L'accouplement est intime; les œufs qui en résultent ont leur coque blanchâtre et membraneuse; ils sont confiés à la chaleur du soleil qui les fait éclore, et grandissent à mesure que le petit Lézard s'y développe. Au moment de la naissance de cet Animal, il s'en trouve qui sont le double de ce qu'ils

étaient quand ils furent pondus. Avant de s'engourdir pour passer l'hiver, ils changent encore une fois de peau. On ne les trouve jamais dans l'eau, dont ils n'approchent guère, et que même ils semblent craindre, s'y noyant aisément. Leur queue est excessivement fragile; le moindre coup suffit pour la casser, et la détacher même assez près de son insertion. Séparée du corps, elle continue de s'agiter long-temps et de manifester quelque sensibilité, tandis que le Lézard qu'on en a privé fuit, sans paraître trop s'embarrasser de ce qu'il a perdu. Nous avons vu de ces queues ainsi abattues demeurer tranquilles et comme fatiguées après s'être d'abord fort tourmentées en tout sens; mais quand on les piquait, elles s'agitaient de nouveau. Le Lézard qui a perdu sa queue la reproduit en partie, ou du moins pendant la cicatrisation elle s'allonge et croît. Il arrive quelquefois qu'elle se bifurque; la moindre mutilation suffit pour faire fourcher cette partie dans les petites espèces dont on rencontre fréquemment des individus à deux queues, mais alors l'une des extrémités est toujours plus petite que l'autre et comme implantée. La chair des Lézards passe pour sudorifique, ce qui fait qu'on ne la mange point; cependant elle est assez bonne, et nous avons vu, dans une année de disette qui affligea l'Andalousie, de pauvres habitans s'en nourrir presque uniquement et s'en bien trouver. Cuvier ayant réuni aux Lézards les Takydromes de Daudin, on doit les répartir en deux sous-genres.

† TAKYDROMES, c'est-à-dire prompts coureurs. Ils ont la queue excessivement longue en proportion du corps, des rangées d'écailles carrées même sur le dos; leur forme générale est presque ophioïde; ils n'ont point de tubercules poreux sous les cuisses, mais on leur trouve deux vésicules aux côtés de l'anus. Daudin, qui distingua ces Animaux, en mentionna deux espèces, le Takydrome brun à quatre raies, et le Nacré à six

raies, figurés dans la planche 39 de l'Histoire des Reptiles, qui fait partie du Buffon de Sonnini. Bosc soupçonne l'existence d'une troisième. On n'indique le lieu natal d'aucune.

†† Lézards proprement dits, qui n'ont point de vésicules à l'anus, mais où règne sous chaque cuisse une rangée de petits grains ou de tubercules formés d'écailles rudes au toucher, et munis de pores. Les espèces européennes connues de ce sous-genre, qui s'élèvent maintenant à quinze espèces au moins, avaient été presque toutes confondues sous le nom de *Lacerta agilis* par Linné, et depuis ce naturaliste, Daudin, le premier, en débrouilla la confusion. Mais les espèces qu'établit cet erpétologiste, bien tranchées quand on en examine quelque individu parfaitement caractérisé, présentent des dégradations individuelles de l'une à l'autre qui les rendent fort difficiles à reconnaître en beaucoup d'occasions. Nous citerons comme les plus dignes d'arrêter l'attention des naturalistes par leur beauté ou par leurs rapports avec l'Homme :

Le Grand Lézard vert, Lac., Quadr. Ovip., p. 309, pl. 20, Encycl. Rept. Lézard, pl. 6, f. 5; *Lacerta occellata*, Daudin; *Lacerta agilis* γ, Linn., Gmel., *Syst. Nat.*, XIII, T. 1, p. 1071; *Seps viridis*, Laurent. Amph., n. III. La plus belle espèce du genre, assez commune dans le midi de la France, en Italie, en Barbarie, en Espagne et généralement dans tout le bassin de la Méditerranée : mais il est douteux que cet Animal se trouve jusqu'au Kamtschatka, car l'ayant observé avec soin dans plusieurs des contrées où il se plaît, il nous a paru extrêmement sensible au froid. En ayant même trouvé plusieurs fort beaux individus, au mois de janvier, engourdis dans les troncs des racines d'Olivier, que nous faisions déraciner pour notre chauffage durant le siége de Badajoz, en Estramadure, tous ceux que nous laissâmes exposés à l'air y mouraient, encore que le froid de la nuit n'ait

jamais fait descendre le thermomètre de Réaumur à un demi-degré au-dessus de zéro, tandis que ceux que nous fîmes dégourdir et que nous nourrissions par délassement dans la grange qui nous servait d'asile, se portèrent à merveille, et purent profiter de la liberté que nous leur donnâmes au retour des premiers rayons printaniers. Le Lézard vert est déjà fort commun dans les Landes aquitaniques, où il se tient dans les Bruyères au bord des bois. On en trouve communément des individus d'un pied à quinze pouces de longueur; nous en avons tué qui avaient jusqu'à deux pieds de l'extrémité du museau à celle de la queue, mais ils sont rares. Nous n'en avons jamais rencontré à queue double. Ce bel Animal un peu trapu, mais cependant d'une forme encore élégante, a son dos noir, et non couleur d'or, d'émeraude, d'azur, de rouge, comme le dit Lacépède qui l'a décrit un peu trop poétiquement ; mais ce dos est formé de très-petites écailles semblables à ces perles en verroterie dont on forme de petites bourses élégantes; sur ce fond, des ronds en perles d'un vert d'émeraude ou jaunâtre, sont distribués avec profusion, et l'harmonie de ce vert cristallin et du noir brillant sur lequel il éclate, n'a pas besoin d'être exagérée pour être admirable. La tête est brillamment marbrée de vert et de noir, ainsi que le dessus des cuisses et des pates; la queue est brunâtre, et tout le dessous d'un jaune verdâtre. Le Lézard dont il est question est innocent, mais hardi; il fuit au moindre bruit, non lâchement, s'arrêtant de distances en distances pour observer la cause de sa crainte, et si on le presse de trop près il se jette sur l'assaillant en faisant entendre un certain soufflement qui rappelle en petit celui que font entendre les Oies en colère. Comme on en trouvait beaucoup aux environs d'une baronie de Saint-Magne où nous avons passé les premiers temps de notre jeunesse, et que nous en avons été souvent violemment mordus en leur faisant la petite guerre que l'enfance livre à tout ce qui fuit, nous pouvons affirmer que leur dent ne produit aucun mauvais effet après la douleur du moment. Il suffit d'avoir vu un seul grand Lézard vert, pour s'étonner que Linné ait pu confondre cette espèce avec le Lézard gris.

Le Lézard vert, *Lacerta viridis*, Daud. T. III, p. 34; *Lacerta agilis*, γ, L., Gmel., *loc. cit.*; *Seps varius*, Laurent. Amph., n. 110, tab. 5, f. 2. Plus petit que le précédent d'un tiers environ, plus svelte; le fond de ses parties supérieures est d'un beau vert, et les taches ou les bigarrures en sont noires, ce qui est le contraire de l'espèce précédente. Le dessous est également d'un jaune verdâtre, mais plus brillant. Il suffit d'avoir vu cet Animal pour ne pas le regarder comme une variété du *Lacerta occellata*. Il se trouve aux mêmes lieux, où nous en avons observé quelques individus dont le dessous était bleuâtre. Cette espèce est l'une des deux que nous avons trouvées le plus communément aux environs de Fontainebleau, dans les lieux découverts à la base des collines de grès. L'autre espèce que nous y avons observée est en dessus d'un vert tirant sur le bleu si répandu sur la robe de beaucoup de Sauriens du Nouveau-Monde; c'est le *Lacerta Brongnartii* de Daudin; en le comparant au Lézard que Latreille décrivit sous le nom de Verdelet, *Lacerta viridula*, comme un Animal de l'histoire de Pavana, nous avons peine à croire qu'il n'y ait pas eu quelque erreur dans l'étiquette du bocal qui contenait l'individu décrit par notre savant confrère, et nous regardons ces deux Animaux comme identiques.

Le Lézard des souches, *Lacerta stirpium*, Daud., pl. 35, fig. 2, fort commun au bois de Boulogne, dans les environs de Paris; ce Lézard plus petit que les précédens, plus grand que le gris, de la couleur du dernier sur le dos, sur les flancs et en dessous, long de six à huit pouces,

et très-agile, semble être un véritable hybride.

Le Lézard gris des murailles, *Lacerta agilis*, α, L., Gmel., *loc. cit.*, p. 1070, Lac., Quadr. Ov., p. 298, Encycl. Rept. Lézard, pl. 6, fig. 2. Répandu dans toute l'Europe, mais surtout dans le midi de la France, ce petit Animal s'y fait remarquer par sa vivacité; il est d'ailleurs presque domestique, vivant dans les murs de toutes nos habitations. C'est particulièrement contre ceux des jardins où l'on appuie des espaliers, et dont les moellons offrent des trous qui lui peuvent servir de refuge, qu'il semble se plaire; il y vient guetter les Insectes destructeurs des fruits, et nous l'y avons surpris insinuant sa petite langue dans les blessures faites aux raisins par le Diptère qu'il venait de saisir. Leur multitude dans les pays de vignobles où les propriétés sont enceintes de pierres sèches et sur les côteaux pierreux est incroyable. Nous en avons observé plusieurs variétés très remarquables, qui mieux examinées seraient peut-être autant d'espèces. La première, la plus belle, mince, plus agile, sans aucune tache, d'un brun cannelle clair avec le dessous blanchâtre; la seconde plus grande avec deux lignes longitudinales d'un brun noir sur le dos, et les flancs variés de verdâtre et de noir; la troisième avec trois lignes longitudinales noires, dont celle du milieu est la plus étroite; la quatrième avec les lignes et de grosses taches noires dispersées, entrecoupées, et le dessous couleur d'acier, beaucoup plus grosse d'ailleurs et moins leste; la cinquième enfin avec des lignes et de grosses taches noires, et le dessous du corps lavé d'une teinte rougeâtre souvent très-vive et piquetée de noir.

Nous avons perdu un travail fait en Espagne sur ces Reptiles, où nous avions décrit et figuré avec le plus grand soin les Lézards que notre séjour nous permit d'y observer. Nous y avions retrouvé le *Lacerta maculata* de Daudin, découvert par Bosc aux environs de la Corogne, et nous pouvons répondre qu'il est certainement une espèce bien distincte, encore que Cuvier ne le regarde que comme une variété.

Le Tiliguèra de Sardaigne qu'on a rapporté au genre Lézard, paraît être à Cuvier une espèce douteuse; ce n'est peut-être que le *Lacerta viridis*. Le *L. dumetorum* de Surinam, *Bosciana* de Saint-Domingue, *Teyou* du Paraguay, sont les espèces américaines constatées de ce genre.

Les AMÉIVAS, qui ont été confondus par quelques-uns avec les Animaux dont il vient d'être question, rentrent comme sous-genre parmi les Tupinambis. *V*. ce mot.

On a étendu le nom de Lézard à des Reptiles qui n'en sont pas, et même à un Mammifère : ainsi l'on a appelé LÉZARD ÉCAILLÉ, le Pangolin; LÉZARD DE MER, le Callyonyme Lyre, un Esoce et un Saumon; LÉZARD D'EAU, les Batraciens du genre Triton; LÉZARD LEGUAN, les Iguanes, et un variété de Galéote appelée *Kemhaantjès*, c'est-à-dire Coq de bataille.   (B.)

LÉZARDELLE. BOT. PHAN. Ce nom a été employé par plusieurs botanistes français pour désigner le genre *Saururus*. *V*. ce mot.   (B.)

*** LÉZARDET.** REPT. SAUR. Nom donné par Daudin, à une division du genre Agame où il plaçait comme espèce unique le *Lacerta marmorata*, L., qui forme aujourd'hui le genre Marbré de Cuvier. *V*. MARBRÉ. Daudin a aussi donné ce même nom à une espèce de Tupinambis. *V*. ce mot. On l'applique vulgairement aux petits Lézards gris.   (O.)

LHERZOLITE. MIN. Pyroxène en roche de Charpentier (Jour. des Min., t. 32, p. 301). Le Lièvre a ainsi nommé une Roche composée de Pyroxène lamellaire, grenu ou compacte, observée en grandes masses par Charpentier, près de l'étang de Lherz, et sur tout le terrain qui s'étend depuis la vallée de Vicdessos, jusqu'à celle de la Garonne. Elle forme des assises puissantes dans le sol primordial, et alterne avec le Calcaire primitif. La Lherzolite compacte a été confondue avec la Serpentine; elle en diffère en ce qu'elle est plus dure, et ne contient ni Talc ni Feldspath.
                              (G. DEL.)

LIABON. *Liabum.* BOT. PHAN. Sous cette dénomination, Adanson (Familles des Plantes, vol. 2, p. 131) avait constitué un genre de la famille des Synanthérées, qui avait pour type une Plante de la Jamaïque décrite et figurée par P. Browne sous le nom de *Solidago*. Linné réunit cette Plante à son genre *Amellus*, et plus tard, Swartz, dans ses *Observationes Botanicæ*, adopta cette réunion. Willdenow ignorant sans doute ou n'ayant aucun égard à la dénomination proposée par Adanson, établit son *Starkea* qui est identique avec le *Liabum*. Enfin le genre *Andromachia*, proposé par Humboldt et Bonpland (*Plant. Æquin.*, vol. 2, p. 104), est encore le même sous un nouveau nom. Il est certain que si on veut ici être sévère dans l'application de la loi de l'antériorité, le nom de *Liabum* doit être préféré à tous les autres; mais alors comment pourra-t-on changer, sans occasioner beaucoup de confusion, le nom d'*Andromachia* donné à la plupart des espèces par Kunth (*Nov. Gener. et Spec.* T. IV, p. 97-103)? Cette considération nous semble assez puissante pour empêcher de ressusciter un mot bizarre qui désignait un genre très-mal caractérisé et composé de Plantes non congénères. C'est un motif semblable qui a fait préférer le nom de *Drepania* proposé par Jussieu pour un genre de Chicoracées à celui de *Tolpis* antérieurement donné par Adanson. Cassini a une toute autre opinion relativement au nom du genre dont il est ici question. Il adopte maintenant le *Liabum*, et il substitue les noms de *L. Brownei* et *L. Jussiæi* à ceux d'*Andromachia Poiteavi* et d'*A. Jussievi* qu'il avait lui-même donnés à ces Plantes. La première est le *Starkea umbellata*, Willd. *V*., pour les détails génériques et les usages remarquables d'une espèce indigène du Pérou, le mot ANDROMACHIA. (G..N.)

LIAGORE. *Liagora*. POLYP. *Dichotomaria*, Lamk. Genre de l'ordre des Tubulariées dans la division des Polypiers flexibles. Caractères : polypier phytoïde, rameux, fistuleux, lichéniforme, encroûté d'une légère couche de matière crétacée. Beaucoup de naturalistes ont regardé comme des Plantes marines ces êtres que Lamouroux range dans son genre Liagora, et qu'il croit devoir rapporter au règne animal. Turner, Gmelin, Desfontaines et Roth en firent des Fucus. Mais Gmelin et Esper en avaient déjà fait des Tubulaires. Les Liagores ont le port, la forme et même la couleur de certains Lichens ; elles sont couvertes d'une légère incrustation de carbonate calcaire ; leur substance intérieure est gélatineuse et assez ferme. Leurs tiges et rameaux sont cylindroïdes dans l'état de vie ou lorsqu'on les a mis tremper dans l'eau ; ils se resserrent, s'aplatissent et se plissent de diverses manières par la dessiccation. Lamouroux attribue à toutes les Liagores une tige fistuleuse. Nous ne savons si ce caractère existe dans les espèces que nous n'avons point examinées ; mais nous l'avons vainement cherché sur les *Liagora versicolor* et *articulata* que nous avons étudiés ; celles-ci ont leur tige pleine. Nous avons soumis ces espèces à différens essais pour reconnaître leur organisation. mises dans l'Acide nitrique très-affaibli ; leur croûte calcaire ne tarde pas à être enlevée avec une effervescence assez vive ; il reste un axe gélatineux assez solide, ayant tout-à-fait l'aspect de certaines Plantes marines décolorées et macérées dans l'eau de la mer, après qu'elles ont été détachées depuis quelque temps. En examinant au microscope des fragmens de Liagores dépouillées de leur incrustation crétacée, on aperçoit à la surface et spécialement aux extrémités des rameaux, des espèces de bouquets branchus, infiniment petits, implantés dans la substance gélatineuse de l'axe ; ils ont beaucoup de ressemblance avec ce que l'on remarque à la surface des grandes Corallinées dépouillées aussi de leur matière crétacée par les Acides, mais ils sont bien moins distincts. Mises sur les charbons allumés, les Liagores, dépouillées ou non de leur incrustation, ne donnent en brûlant aucune odeur animale. On n'aperçoit sur leur surface aucune trace de pores ; leur couleur varie : elle est blanche, rougeâtre, jaune ou verte ; elles vivent dans les mers des climats chauds. Lamouroux a rapporté les Liagores aux Tubulariées. Il nous semble qu'elles auraient plus de rapports avec les Corallinées, si toutefois elles appartiennent véritablement au règne animal. Ce genre renferme les *Liagora versicolor*, *ceranoides*, *physcioides*, *aurantiaca*, *farinosa*, *albicans*, *distenta*, *articulata*, toutes originaires des mers des pays chauds de la zône tempérée ou des tropiques. On n'en trouve aucune espèce au-dessus du quarantième degré nord.

Agardh comprend ce genre dans son *Systema Algarum*, et le place dans l'ordre des Floridées. (E. D..L.)

LIAIS (PIERRE DE). MIN. On donne ce nom, dans l'art de la bâtisse, à une Pierre calcaire à grain fin, à cassure terreuse, formant dans les terrains tertiaires des environs de Paris, des bancs de sept à quinze pouces d'épaisseur : elle est recherchée comme très-propre à être employée pour les rampes, les chapiteaux, les colonnes, les balustrades, etc. Elle est facile à tailler et assez tenace pour conserver les moulures. (G. DEL.)

LIANE. BOT. Ce nom vulgaire, employé dans toutes les colonies françaises par les premiers flibustiers et passé dans la langue française, désigne tout Végétal sarmenteux dont les rameaux débiles choisissant d'au tres Végétaux pour support, grimpent le long des troncs d'Arbres, s'enlacent dans leurs rameaux et finissent quelquefois par les étouffer sous une verdure plus épaisse encore que la leur. Quelques-unes se serrent au bois comme notre Lierre; d'autres sont moins étreignantes, comme nos Clématites et nos Liserons des haies; d'autres enfin sont accrochantes, comme nos Ronces. Ces Ronces, ces Liserons, ces Clématites, ces Lierres, notre Brione et notre Tamnus seraient des Lianes aux Antilles, à la Guiane et dans l'île de Mascareigne. Mais aucune des Plantes qui dans nos haies ou dans nos buissons remplissent un tel rôle, n'égale en force ou en étendue les Lianes des pays chauds. Nous en avons vu couvrir de proche en proche des parties assez considérables de certaines forêts, et finir par les confondre en une seule masse de feuillage. Le nòm de Liane vient évidemment de lien, parce que les rameaux des Lianes lient étroitement les objets qu'elles saisissent. Beaucoup de Plantes non-seulement de genres divers, mais encore de familles et de classes différentes sont des Lianes. Il en existe parmi les Herbes et les Arbustes; des Fougères même rampent en Lianes. Les Glumifères sont les seuls Végétaux qui n'en adoptent jamais les formes. Parmi les Lianes les plus communes et dont les noms sont presque consacrés, nous citerons les :

Liane a l'Ail, le *Bignonia alliacea*, L., aux Antilles.

* Liane amère, l'*Abuta candicans* à Cayenne.

* Liane a l'Âne, l'*Omphalea diandra* à la Guiane.

* Liane d'Asie jaune, le *Tetrapteris inæqualis* de Cavanilles, selon Surian.

* Liane Avancaré, une espèce du genre *Phaseolus*.

Liane a barrique, le *Rivinia octandra* à Saint-Domingue; l'*Ecastaphyllum Brownii* à la Martinique.

Liane a Batate, le *Convolvulus Batatas*.

Liane a Bauduit, le *Convolvulus brasiliensis*, employé comme purgatif dans toutes les Antilles par les anciens flibustiers.

Liane blanche, le *Rivinia lævis* à la Martinique; un *Bignonia* à Saint-Domingue.

Liane de Boeuf, l'*Acacia scandens* à Saint-Thomas.

Liane Bondieu, l'*Abrus precatorius*, L.

* Liane a bouton, un *Duranta*, aussi nommé Castor et Ronda par les anciens naturels de Saint-Domingue.

Liane brulante, une Aroïde qui paraît appartenir au genre *Dracontium*, et qui contient un lait âcre à Saint-Domingue. A la Martinique, c'est le *Tragia volubilis*.

Liane brulée, le *Gouania domingensis* aux Antilles.

Liane a Cabrit, un *Tabernæmontana* à Saint-Domingue, un Eupatoire grimpant à Mascareigne.

Liane a Cacone, le *Passiflora maliformis*, selon Turpin, et le *Dolichos urens*, suivant Nicolson.

Liane a caleçon, les Bauhinies, le Murucuja, l'Aristoloche bilobée, et la plupart des Passiflores dont les feuilles ont deux plus grands lobes.

Liane carrée, le *Paullinia pinnata* à la Guiane; un *Serjania* à Saint-Domingue.

* Liane a cercle, le *Petræa volubilis* à Cayenne.

Liane de Chat ou Griffe de Chat, le *Bignonia Unguis Cati* à Saint-Domingue et à la Guiane.

* Liane a Chiques, le *Tournefortia nitida* à Saint-Domingue.

Liane a Citron. Adanson appelle ainsi une Plante grimpante du Sénégal nommée Tobl ou Toll par les naturels et dont le fruit ressemble au Citron par sa saveur acide.

Liane a Cochon. On ignore quelle Plante des Antilles Nicolson désigne ainsi. A Mascareigne et à l'Ile-de-France nous avons entendu nommer ainsi par les nègres diverses espèces ou variétés de *Dioscorea* et un *Cissampelos* sauvage.

Liane en coeur, le *Cissampelos*

Pareira à Saint-Domingue ; les grandes espèces de Liserons qui couvrent les forêts à Mascareigne et surtout à l'Ile-de-France.

LIANE CONTRE-POISON, la Feuillée grimpante.

LIANE CORAIL, un *Cissus* aux Antilles, selon Surian ; le *Poivrœa* à l'Ile-de-France où cette belle Liane paraît avoir été portée de Madagascar.

LIANE A CORDES, le *Bignonia viminea*.

LIANE A COULEUVRE, la Feuillée grimpante.

LIANE COUPANTE. Encore que nulle Graminée n'offre le port des Lianes, on a, selon Aublet, donné ce nom à l'*Arundo farcta*, dont le feuillage embarrasse les jambes quand on parcourt les marais de la Guiane, et coupe les bottes comme le ferait un couteau.

LIANE A COUREUX, aussi nommée *Timac* à Saint-Domingue, paraît être une Térébinthacée encore peu connue.

LIANE A CRABES, le *Bignonia œquinoctialis* aux Antilles ; le *Convolvulus Pes-Capræ* à l'Ile-de-France.

LIANE CRAPE, même chose que Liane à cordes.

LIANE CROC DE CHIEN, le *Ziziphus iguaneus* à Saint-Domingue.

LIANE A CROCHETS, l'Ourouparia d'Aublet à la Guiane.

LIANE A EAU, un Gouet grimpant qui fournit assez d'eau quand on le coupe par tronçons pour désaltérer les chasseurs.

LIANE A ENIVRER LE POISSON, le *Robinia Nicou* à la Guiane.

* LIANE ÉPINEUSE, le *Pisonia aculeata* à la Martinique ; le *Paullinia asiatica* à l'Ile-de-France.

LIANE FRANCHE, le *Securida volubilis* à la Martinique ; le *Dracontium pertusum* sur la Terre-Ferme ; le *Bignonia Kerera* d'Aublet à Cayenne ; un *Smilax* à l'Ile-de-France.

LIANE A GELER ou A GLACER, un *Cissampelos* aux Antilles.

* LIANE A GRAND BOIS ou DES GRANDS BOIS. On ne sait trop quelle

Plante est désignée sous ce nom aux Antilles. A l'Ile-de-France, c'est un Liseron qui s'élève à une hauteur extraordinaire dans les forêts.

* LIANE A GRAND CERF, le *Pavonia spicata* de Cavanilles, selon Surian.

LIANE JAUNE, le *Bignonia viminea* et l'*Ipomœa tuberosa* aux Antilles.

LIANE A LAIT, l'*Orelia* d'Aublet à la Guiane.

LIANE LAITEUSE, divers Apocins et le *Cynanchum hirsutum* aux Antilles.

LIANE MAUGLE, l'*Echites biflora*.

* LIANE A MALINGRE, le *Convolvulus umbellatus*.

LIANE A MÉDECINE, même chose que Liane à Bauduit.

* LIANE MIBIBAL, le *Banisteria convolvulifolia*.

LIANE MIBIPI, diverses Bignones.

LIANE MINCE, le *Rajania scandens*.

LIANE A MINGUET, le *Cissus sicyoides*, selon Turpin, à Saint-Domingue.

* LIANE MALABARE, une variété de *Dioscorea* à l'Ile-de-France.

LIANE OUARIT, même chose que Liane à Minguet.

LIANE PALÉTUVIER, l'*Echites biflora* à Cayenne.

LIANE A PANIER, le *Bignonia œquinoctialis* à Cayenne et plusieurs autres espèces du même genre.

LIANE PAPAYE, l'*Omphalea diandra* aux Antilles.

LIANE DE PAQUE, le *Securidaca volubilis* à la Martinique.

* LIANE DE LA PASSION, diverses Passionnaires, particulièrement celles qui ont les plus grandes fleurs.

LIANE A PATATES ou LIANE A RAVES, l'Iguame, selon Surian.

LIANE PERCÉE, le *Dracontium pertusum*.

LIANE A PERSIL, le *Serjania triternata* à Saint-Domingue, et le *Kœlreutera triphylla* à la Martinique.

LIANE A PISSER, un *Rivinia* aux Antilles, selon Surian ; un *Smilax* à l'Ile-de-France.

LIANE PURGATIVE, même chose que Liane à Bauduit.

LIANE QUINZE JOURS, le *Cissampelos Carapeba* à la Martinique.

LIANE A RAISINS, un *Coccoloba* à Saint-Domingue, et les *Rivinia* à la Martinique.

* LIANE A RAPE, le *Bignonia echinata* à Cayenne.

LIANE A RÉGLISSE , l'*Abrus precatorius.*

LIANE ROUGE. Ce nom est appliqué indifféremment au *Bignonia alliacea*, au *Ziziphus volubilis* et au *Tetracera aspera.*

* LIANE RUDE OU DE SAINT-JEAN, le *Petræa volubilis.*

LIANE A SANG. On n'a pas encore reconnu l'espèce désignée par Nicolson sous ce nom. On soupçonne que c'est un Millepertuis.

LIANE A SAVON , le *Momordica operculata* selon Turpin, le *Gouania domingensis* selon Poiteau , un *Banisteria* suivant Poupée-Desportes.

LIANE A SAVONNETTE, le *Feuillea scandens.*

LIANE A SOIE, le *Paullinia curassavica* à Saint-Domingue.

LIANE A SERPENT , diverses Aristoloches, particulièrement l'*Anguicida* des botanistes.

* LIANE DE SIROP , le *Columnea scandens.*

LIANE TOCOYENNE, le *Bignonia æquinoctialis* à la Guiane.

LIANE A TONNELLES , les diverses espèces de Quamoclit aux Antilles, et d'Ipomées aux îles de France et de Mascareigne.

* LIANE A TULIPES , à l'Ile-de-France la seule espèce de Passiflore qui croisse naturellement à la lisière des forêts.

LIANE A VERS, le *Cactus triangularis* selon Nicolson

* LIANE VULNÉRAIRE, même chose que Liane d'Asie jaune.   (B.)

LIARD. BOT. PHAN. L'un des noms vulgaires du Peuplier chez les pépiniéristes.   (B.)

* LIAS. GÉOL. Les terrains oolithiques, si abondans dans tout le nord-ouest de l'Europe et dont notamment les montagnes du Jura sont formées, reposent principalement en Angleterre comme en France sur une série puissante de couches nombreuses et alternantes de Calcaire marneux, généralement gris ou bleuâtre et d'Argile schisteuse de couleur également foncée. C'est à l'ensemble de ces couches remarquables par le grand nombre et la variété des corps organisés fossiles qu'elles renferment, que les géologues anglais ont les premiers donné le nom particulier de *Lias* qu'ils prononcent comme si nous écrivions *Layasse*. Cette expression courte, facile à écrire et à lire dans toutes les langues, insignifiante par elle-même et que pour cela seul il était très-bon de conserver, est heureusement adoptée aujourd'hui par la plupart des géologues du continent pour désginer les dépôts sédimenteux qui leur paraissent, par leur position relative et leurs Fossiles, être semblables à ceux primitivement bien observés et bien décrits en Angleterre comme y constituant le premier membre de la grande formation oolithique (*Oolite formation*). Ce sont donc les descriptions spéciales du Lias de l'Angleterre qui doivent nous servir de terme de comparaison et fournir le type de ce que les uns appelleront une formation particulière indépendante , tandis que d'autres y verront , soit effectivement le commencement des terrains oolithiques , soit la terminaison des formations qui ont précédé ; question qui paraît être indifférente en elle-même, mais qui tient cependant aux diverses manières d'envisager les principes fondamentaux de la science géologique ; question qui au surplus est étrangère au sujet qui nous occupe. (*V.* TERRAIN.) Notre but , pour le moment, doit être de bien caractériser ce que les Anglais ont appelé *Lias*, afin qu'il soit facile de rapporter les portions de l'enveloppe de la terre que l'on peut observer partout ailleurs qu'en Angleterre et spécialement en France à la même cause et à la même époque de fondation.

Le Lias est un dépôt sédimenteux composé de particules également fines et légères, dans lequel l'Argile.

domine essentiellement ; les assises inférieures ou les plus anciennes sont même presque uniquement formées de lits argileux puissans que séparent de loin en loin quelques bancs de Calcaire marneux, comparativement très-minces. C'est en s'élevant dans la formation que l'on voit les couches solides du Calcaire devenir plus nombreuses, au point que dans le tiers supérieur environ du dépôt, considéré dans son ensemble, et qui dans quelques carrières ou sur les falaises, présente des coupes de plus de cent pieds de puissance, les couches de Calcaire marneux et celles d'Argiles qui alternent avec lui sont en nombre égal, ayant chacune au plus un pied d'épaisseur, ce qui donne à ces coupes l'aspect de murs régulièrement rubannés. Effectivement, bien que la couleur dominante de tout le système soit le gris-bleu plus ou moins foncé, la teinte des bancs calcaires est plus pâle que celle des couches d'Argile qui, presque toujours humides, paraissent le plus souvent noires ou d'un violet foncé; ces dernières sont plus rarement jaunâtres, quelquefois elles sont teintes en couleur de rouille à leur tranche visible et dans les fissures par des eaux ferrugineuses; la grande quantité de matière charbonneuse disséminée et de Bitume que quelques-unes renferment les rend réellement noires et semblables à de la boue. Le Calcaire est assez généralement d'un gris plus ou moins bleu; cependant dans plusieurs localités, celui des parties inférieures devient plus épais, et sa couleur est le blanc un peu cendré. Les Anglais nomment ce Calcaire *White Lias*, pour le distinguer du *Blue Lias*, expression composée qui est plus habituellement employée que celle de *Lias* seule pour désigner spécialement les couches solides de la formation. Quelle que soit sa couleur, le Calcaire du Lias est généralement compacte, dur, sans cavité, homogène dans ses parties et donnant une cassure conchoïde; quelques variétés peuvent prendre un beau poli

et être employées comme marbres ; quelques-unes sont surtout remarquables par un grand nombre de petites Ammonites changées en Spath calcaire blanc et par d'autres qui ont conservé une partie noire de leur test dont l'intérieur est rempli de cristaux de Chaux carbonatée. Le Lias blanc peut servir de Pierre lithographique. L'Argile interposée est schisteuse; elle se divise facilement en feuillets minces parallèlement au plan des couches. Celles-ci sont presque toujours horizontales, et on les voit, notamment en Angleterre, recouvrir, sans perdre cette situation, d'autres couches inclinées ou contournées dépendant de la formation houillière, dont elles ne sont généralement séparées dans ce pays que par les assises également horizontales de Marne gypsifère et muriatifère et de Grès diversement coloré (*Red marl and new red sand stone* des Anglais, Grès bigarré des Français, et *Bunter sand stein* des Allemands); les Argiles inférieures du Lias se lient même d'une manière si nuancée avec les assises supérieures des Marnes gypsifères en Angleterre et en France, qu'il semble douteux, au premier aspect, que d'autres formations puissantes, telles que le *Quadersandstein* et le *Muschelkalk* des Allemands, puissent être interposées, d'une manière directe, quelque part entre les deux systèmes argileux, ainsi que des géologues célèbres le croient encore; et jusqu'à ce qu'une superposition évidente vienne constater le fait, il paraîtra plus prudent d'admettre que ces dernières formations sont, comme paraît le croire maintenant l'illustre géologue des deux mondes, plus contemporaines et équivalentes du Calcaire oolithique du Lias que d'une origine antérieure à celle de ces deux dépôts. Dans tous les cas, le Lias nous paraît réunir beaucoup des caractères qui annoncent un dépôt lent et tranquille de matières apportées de loin et probablement en partie par des courans continentaux affluant dans la mer, et cela d'une manière périodiquement régulière, ce qu'indique d'une part l'absence de matériaux grossiers et pesans et l'état de conservation des Végétaux terrestres et des Animaux marins, et d'autre part les alternances si multipliées de couches calcaires et argileuses de même nature. Sous tous ces rapports, les circonstances qui ont présidé à la formation du Lias se sont répétées à plusieurs époques très-différentes de l'âge de la terre, et par cette raison il est très-souvent difficile de distinguer autrement que par une étude détaillée des Fossiles, et mieux encore par la superposition réelle, le Lias proprement dit de systèmes calcareo-argileux très-puissans qui avec le même aspect séparent en plusieurs assises le terrain oolithique en le recouvrant (*Oxfort clay*, Argile de Dives, *Kimmeridge clay*, Argile d'Honfleur).

On évalue en Angleterre à près de huit cents pieds la puissance totale du Lias. Les Minéraux qu'il contient sont peu nombreux; le Fer à l'état de sulfure y est le plus abondant; il s'y présente en rognons ou nodules dont la décomposition donne lieu à la production de cristaux de Chaux sulfatée et à l'oxide de Fer qui colore fortement un grand nombre de sources; le Plomb et le Zinc sulfurés, la Baryte et la Strontiane sulfatées sont encore des Minéraux du Lias; quelques restes de corps organisés s'y trouvent changés en Silex. La Silice à l'état de Quartz s'y voit cristallisée dans quelques cavités; mais les Silex en bancs ainsi que le Grès et le Sable y sont rares.

Les Fossiles du Lias sont très-nombreux et très-variés; presque toutes les couches contiennent des fragmens plus ou moins gros de tiges de Végétaux dicotylédons et monocotylédons qui sont changés en Lignites et pénétrés de Pyrites. L'examen de quelques feuilles bien conservées a fait reconnaître la présence de Fougères et de Joncs, Plantes terrestres et marécageuses; les débris d'Animaux ont presque tous appar-

tenu évidemment à des êtres marins de toutes les classes jusqu'aux Reptiles inclusivement. On cite plusieurs Zoophytes, parmi lesquels une espèce de *Turbinolia* de Lamarck, cinq espèces distinctes d'Encrines du genre Pentacrinite, dont plusieurs ont été conservées entières, une variété d'Oursins (*Cidaris*), une immense quantité de Coquilles univalves et bivalves des genres Ammonite, Nautile, Bélemnite, Hélicine, Trochus, Tornatille, Mélanie, Modiole, Unio? Cardite, Astarté, Arche, Cucullée, Térébratule, Spirifer, Gryphée, Smitre, Peigne, Plagiostome, Lime, Perne, etc., parmi lesquelles il faut distinguer comme plus caractéristiques l'*Ammonites Bucklandi*, la *Gryphœa incurva*, le *Plagiostoma gigantea*. Les zoologistes ont reconnu plus de vingt espèces d'Ammonites qui sont, ainsi que les autres Fossiles, plutôt groupées avec ordre qu'accumulées pêle-mêle dans toutes les couches. Ainsi, nous avons remarqué dans plusieurs localités l'Ammonite de Buckland très-abondante et presque unique dans un certain banc de Calcaire dont la surface était presque toute recouverte d'une manière régulière par des individus de même dimension, disposés sur le plat et à égales distances; d'autres couches renferment plus essentiellement des Entroques, d'autres des Bélemnites, d'autres des Gryphées, etc. Bien, nous le répétons, que cette espèce de distribution doive seulement être vue en masse pour paraître vraie, il importe de ne pas négliger cette observation, et nous citerons encore, pour lui donner plus d'importance, l'existence d'une couche d'Argile bitumineuse, tenace, dont l'épaisseur est d'environ deux pieds et demi, qui ne contient presque pas de Fossiles caractérisés et qui paraît comme marbrée, parce qu'elle est remplie de corps finement branchus qu'on ne peut mieux comparer qu'à des espèces de Fucus, quoique ces corps ne se distingnent de la masse que par une couleur plus foncée; nous avons vu cette même couche sur une grande étendue des côtes de l'Angleterre, sur celles opposées de la Normandie, et dernièrement de Bonnard l'a retrouvée dans les terrains de la Bourgogne, qu'il rapporte avec raison au Lias.

On cite encore comme ayant été trouvés dans ce système des becs de Sèches, plusieurs espèces de Poissons, des os et des écailles de Tortues; mais les Fossiles les plus remarquables, ceux qui dans ces derniers temps ont le plus mérité de fixer l'attention et qui ont donné lieu aux recherches des plus habiles géologues, ce sont ces gigantesques Sauriens dont l'organisation totalement étrangère à la nature actuelle, a présenté pour le Lias et pour la classe des Reptiles sous l'investigation des savans anglais, un phénomène analogue et non moins étonnant à celui observé antérieurement avec tant d'art et de persévérance dans le Gypse des environs de Paris et pour la classe des Mammifères par notre plus illustre anatomiste. Ces Animaux antiques et maintenant perdus appartenaient à deux genres bien distincts qui ont reçu les noms d'Ichtyosaure (*Ichtyosaurus*) et de Plésiosaure (*Plesiosaurus*). Les premiers, les Ichtyosaures, avec les caractères des Reptiles Sauriens, présentaient celui d'avoir quatre membres propres à la natation et disposés de la même manière que les deux membres antérieurs des Cétacés; organisation qui semble annoncer que ces singuliers Animaux ne pouvaient que nager et non marcher à terre, quoique d'un autre côté pourvus de poumons et non de branchies, ils fussent obligés de respirer l'air atmosphérique. Parmi les pièces les plus remarquables de leur squelette par leur forme anomale, les vertèbres de toutes les espèces peuvent toujours être reconnues lorsqu'on les rencontre isolément; elles ressemblent à des disques étroits dont les deux faces articulaires sont concaves comme celles des vertèbres de Poissons. On a

trouvé des caractères pour établir dans ce genre quatre espèces qui diffèrent essentiellement les unes des autres par la forme de leurs dents, par la longueur de leur museau et par les proportions de leur taille; l'espèce la plus commune, l'*I. communis*, pouvait atteindre plus de vingt pieds, ainsi que l'*I. platyodon*, caractérisé par ses dents déprimées; cependant on trouve un assez grand nombre de petits individus qui ont de un à trois pieds seulement, et que l'on ne saurait rapporter qu'avec doute à ces deux espèces gigantesques dont se distingue encore parfaitement l'*I. tenuirostris* par la longueur de son museau, la petitesse de ses dents et le grand nombre de ses vertèbres dorsales et caudales. Nous avons vu pendant le voyage que nous avons fait en Angleterre, l'année dernière, le plus bel échantillon qui existe de cette espèce; il était encore en la possession de miss Mary Anning qui a recueilli sur les côtes de Lyme Regis presque tous les Fossiles du Lias qui depuis sont devenus célèbres par les travaux auxquels ils ont donné lieu. Cette jeune Anglaise, par son zèle et son intelligence, a su créer avec ces objets un commerce aussi utile pour la science qu'il est honorable et lucratif pour elle. Elle nous a permis de prendre un dessin que nous nous sommes empressés de communiquer à Conybeare et Cuvier. L'Ichtyosaure à long museau qu'il représente est presque complet, et il avait au moins douze pieds de longueur, des dents fines et très-courtes sur des mâchoires grêles, étroites, longues de plus de deux pieds. (*V.* ICHTYOSAURE.)

Les Plésiosaures, moins rapprochés des Poissons, plus semblables en tout aux Reptiles que les Ichtyosaures, n'avaient pas les vertèbres discoïdes de ces derniers, mais ils leur ressemblaient par les quatre membres également organisés pour la natation, à la manière de ceux des Cétacés, quoique présentant des différences notables dans le nombre et la forme des os de ces parties ; la forme des vertèbres a permis de distinguer dans ce genre cinq espèces qui ont été nommées *Plesios. trigonus*, *P. pentagonus*, *P. carniatus*, *P. dolichodeirus* et *P. recentior*, dont toutes, à l'exception de la dernière, appartiennent au Lias. Le plus remarquable, le mieux connu est le *P. dolichodeirus* découvert par Conybeare, qui en a fait le sujet de l'une des dissertations les plus importantes du dernier numéro des Transactions de la Société géologique de Londres ; ce Reptile, qui, comme l'*Ichtyos. communis*, paraît avoir atteint plus de vingt pieds de longueur, avait un col plus long que tout le reste du corps, et composé de plus de trente vertèbres, nombre supérieur à celui des vertèbres du col de tous les autres Animaux ; ce col flexible, comme l'est le corps des Serpens, se terminait par une tête très-petite qui présentait les caractères essentiels de celle des Lézards. L'organisation singulière de cet Animal avait, pour ainsi dire, été devinée, d'après de simples fragmens, par Conybeare, avant que la découverte d'un squelette presque entier trouvé encore à Lyme Regis par miss Mary Anning, soit venue confirmer les savantes conjectures du géologue anglais. Ce beau Fossile, acheté, dit-on, la somme de cent louis par le duc de Buckingham, a été mis par lui, dans le pur intérêt de la science, à la disposition des membres de la Société géologique de Londres, pour qu'ils puissent le faire dessiner et le décrire. Nous avons eu l'occasion d'examiner avec soin cette magnifique pièce qui occupe un espace de plus de douze pieds de long sur six de large, et nous avons pu reconnaître qu'il fallait un aussi habile naturaliste que le secrétaire de la Société, Th. Webster, pour mettre autant de soin et d'exactitude que l'on en remarque dans l'exécution du dessin qui a été inséré dans les Transactions de la Société géologique, et dont une copie beaucoup réduite se voit dans les planches de notre Dictionnaire. Le

plus bel échantillon de la même espèce de Plésiosaures, après celui dont nous venons de parler, est celui que possède maintenant le Muséum d'Histoire Naturelle de Paris ; nous avons presque été témoins de sa découverte faite sur la plage de Lyme Regis par des matelots de ce petit port, qui, après l'avoir extrait avec tout le soin possible, sous la surveillance de miss Mary Anning, venaient de le céder à cette dernière. L'un des premiers à l'examiner, nous nous sommes trouvés heureux de pouvoir ne pas laisser échapper une occasion favorable d'être de quelque utilité aux savans de notre pays en faisant hommage au Muséum d'Anatomie comparée d'une pièce unique qui aurait pu toujours manquer à sa belle collection sans le hasard qui nous a fait devancer les amateurs et les savans anglais. A l'exception du col et de la tête qui manquent, le reste du corps est presque entièrement conservé, et cette partie a même sur le Fossile du duc de Buckingham cet avantage, que les vertèbres dorsales ne sont pas déplacées. N'ayant pas possédé assez à temps ce dernier individu du *Plesiosaurus dolichodeirus*, l'auteur des Recherches sur les Ossemens fossiles n'a pu en insérer la description et le dessin dans le dernier volume de son ouvrage, mais il vient, par anticipation, de joindre ce dessin au discours préliminaire de la nouvelle édition qu'il prépare. (Discours sur les révolutions de la surface du globe, etc., G. Cuvier, 1825, p. 357, pl. 111.)

Tous les Reptiles dont nous venons de parler se trouvent ensemble soit dans les couches solides, soit dans les couches argileuses du Lias, et quelquefois même les portions d'un même squelette sont enveloppées dans des couches de nature différente ; les os qui paraissent avoir appartenu à un même individu sont généralement réunis, au point que la découverte d'une seule vertèbre ou d'une seule phalange autorise à rechercher dans le même lieu les autres parties de l'Animal, parce que les recherches ont souvent, comme nous l'avons appris de miss Mary Anning elle-même, été couronnées du succès; les os sont brisés ou plutôt comme écrasés par le poids des masses supérieures, car ils sont rarement usés ou roulés; si l'on en trouve dans cet état sur les plages, il est plus que probable que, détachés des couches qui les renfermaient, ils ont éprouvé l'action moderne des vagues; cependant beaucoup de ces os sont recouverts par de petites Huîtres et de petites Gryphées qui adhèrent fortement à leur surface, observations qui semblent indiquer que les squelettes déposés entiers sur un fond vaseux n'ont été recouverts que lentement par de nouvelle vase au milieu de laquelle ils ont pu être écrasés par l'accumulation ou le tassement de dépôts postérieurs. Lyme Regis, que nous avons cité déjà plusieurs fois, est une petite ville du Dorsetshire sur la côte sud de l'Angleterre opposée à celle de la Normandie, entre Caen et Bayeux; les falaises qui dans ce lieu ont plus de cent mètres de hauteur à pic sont presque entièrement formées par les assises rubannées du Lias qui supportent les couches inférieures de la Craie et du Sable vert, dont elles ne sont séparées sur quelques points seulement que par des Sables oolithiques ferrugineux que l'on regarde comme la représentation de toute la formation oolithique calcaire. Ce lieu qui a fourni le type des descriptions du Lias est devenu célèbre par le grand nombre de Fossiles et surtout d'Ichtyosaures et de Plésiosaures qui y ont été trouvés et qui enrichissent la plupart des collections de l'Angleterre et de Paris; tel est l'Ichtyosaure décrit par sir Everard Home et figuré avec le plus grand luxe par Clift sous le nom de *Proteo-Saurus;* il appartient au Musée britannique. La Société géologique de Londres, le Musée des chirurgiens, les collections de l'Université d'Oxfort, celles de l'Académie de Bristol, les cabinets particuliers de Buckland, Conybeare, Johnston, Cumberland, de la Bèche, possèdent

également un grand nombre de squelettes et d'ossemens détachés qui proviennent de la même localité.

Le Lias se présente sur nos côtes avec les mêmes caractères qu'à Lyme Regis, entre Caen et Bayeux, aux environs de Port-en-Bessin; les Falaises de Dives qui paraissent plutôt appartenir à une époque postérieure (*Oxfort clay*), ressemblent tellement aussi à celles de Lyme que l'on pourrait facilement les rapporter à la même formation, et que peut-être même dans le premier lieu les deux dépôts argileux se trouvent réunis et en contact immédiat, les couches inférieures du Calcaire oolithique manquant. Les couches du Calcaire de Vieux-Pont, celles du pays plat compris entre Carentan et Valognes représentent parfaitement le Lias des environs de Bristol, et ce que l'on a appelé pendant long-temps en France le Calcaire à Gryphées arquées, le Calcaire de Bourgogne, notamment des environs d'Autun et d'Avalon, fournit un autre exemple authentique du Lias en France. *V.* TERRAIN.   (C.P.)

LIATRIDE. *Liatris.* BOT. PHAN. Genre de la famille des Synanthérées, et de la Syngénésie égale, L., établi par Schreber, et que l'on peut caractériser de la manière suivante : l'involucre est cylindrique ou plus ou moins renflé, composé d'écailles foliacées, imbriquées sur plusieurs rangées, appliquées les unes contre les autres par leur base, un peu écartées et quelquefois recourbées dans leur partie supérieure; le réceptacle est plane, offrant des alvéoles superficielles, mais du reste dépourvu de soies et d'écailles; tous les fleurons sont réguliers, hermaphrodites et fertiles; la corolle est tubuleuse, son limbe est étroit, semi-quinquéfide, régulier; le tube staminal est inclus, terminé à son sommet par cinq dents; le style est implanté sur un disque épigyne annulaire; le style est long, grêle, terminé par deux stigmates très-longs et très-grêles. Le fruit est cylindracé, strié, surmonté d'une aigrette sessile et plumeuse.

Toutes les espèces de ce genre sont originaires de l'Amérique septentrionale. Ce sont des Plantes herbacées, vivaces, élégantes, à racine souvent renflée et bulbiforme. Leur tige est dressée, généralement simple, ainsi que leurs feuilles qui sont éparses. Les fleurs sont constamment purpurines, disposées en épis ou en grappes à l'extrémité de la tige. Les espèces de *Liatris* avaient d'abord été placées dans le genre *Serratula*, dont elles ont en effet tout le port. Nous décrirons ici l'espèce qui a servi de type à ce genre : la *Liatris squarrosa*, Willd., qui a été jusqu'à présent fort mal décrite même par H. Cassini.

Liatris squarrosa, Willd. Sa racine est bulbeuse et arrondie, à peu près de la grosseur d'une petite noix. Sa tige est dressée, simple, haute d'environ un pied et demi, striée longitudinalement et pubescente; les feuilles sont alternes, linéaires, lancéolées, un peu ondulées, pubescentes et rudes au toucher, et offrant une seule nervure longitudinale ; les capitules sont pédonculés, solitaires à l'aisselle des feuilles supérieures et formant par leur réunion (6 à 8) une sorte d'épi ou de grappe terminale; l'involucre est ovoïde, composé d'écailles foliacées, imbriquées, linéaires, lancéolées, aiguës, recourbées dans leur moitié supérieure, striées longitudinalement et couvertes de poils rudes ; le réceptacle est un peu convexe et très-nu ; les fleurons sont tous hermaphrodites et fertiles ; plus longs que l'involucre; tous ceux de la circonférence sont fortement recourbés en dehors, caractère qui n'a pas encore été noté ; ceux du centre, bien moins nombreux, sont dressés ; les divisions du limbe sont linéaires, étroites, velues sur leur face interne excepté à leur sommet; le tube staminal est inclus, terminé à son sommet par cinq dents obtuses, et à sa base par dix dents plus courtes; l'ovaire est surmonté d'un disque épigyne saillant, du milieu duquel s'élève un style grêle, terminé par deux

stigmates linéaires, très-longs et velus. Le fruit est cylindrique, un peu renflé vers son sommet, marqué de stries longitudinales, velu et terminé par une aigrette plumeuse et sessile, un peu plus longue que le tube de la corolle.   (A. R.)

* **LIATRIDÉES.** *Liatrideæ.* BOT. PHAN. Le professeur Richard, dans la classification du Jardin Médical de Paris, avait proposé ce nom pour un groupe qu'il établissait parmi les Synanthérées, et qui se composait des genres *Tarchonanthus*, *Vernonia* et *Liatris*. Mais le même botaniste a plus tard abandonné cette classification.   (A. R.)

LIAVERD. BOT. PHAN. L'un des noms vulgaires de l'*Iris Pseudo-Acorus*, L.   (B.)

LIBADION. BOT. PHAN. Syn. de petite Centaurée. *V.* ERYTHRÉE. (B.)

LIBANC ou **LIVANE.** OIS. Nom vulgaire du Pélican. *V.* ce mot.   (DR..Z.)

LIBANION ou **LIBYCE.** BOT. PHAN. Syn. de Buglosse. *V.* ce mot. (B.)

LIBANOTIDE. *Libanotis.* BOT. PHAN. Le mot de *Libanotis* était employé par Tabernæmontanus et par d'autres vieux botanistes pour désigner une Plante que Linné réunit à son genre *Athamanta*. Plusieurs auteurs modernes ont voulu restituer à ce dernier genre le nom primitif de *Libanotis*. Haller, Crantz, Scopoli et Lamarck ont nommé ainsi le type du genre, c'est-à-dire l'*Athamanta cretensis*. *V.* ATHAMANTHE. (G..N.)

* **LIBAS.** BOT. PHAN. (Thévenot.) Syn. de *Rheum Ribes*, L., dans quelques parties de l'Orient. *V.* RHEUM.   (B.)

* **LIBELLA.** POIS. (Gaza.) Syn. de *Squalus Zigœna.* *V.* SQUALE. (B.)

LIBELLES ou **ODONATES.** INS. Nom donné par Fabricius à l'une des trois familles d'Insectes de l'ordre des Névroptères dont il a fait une classe. Leicharting, Link et quelques autres auteurs ont donné le nom de Libelloïdes ou Libelluloïdes à tout l'ordre des Névroptères, et Latreille a désigné sous le nom de Libellulines, les Insectes que Fabricius a nommés Odonates. *V*. ce mot et ceux de LIBELLULINES, LIBELLULE et AGRION.

(G.)

LIBELLULE. *Libellula*. INS. Genre de l'ordre des Névroptères, section des Subulicornes, famille des Libellulines, établi par Linné, restreint par Fabricius, Latreille et tous les entomologistes, et renfermant les Insectes qui ont pour caractères : ailes étendues horizontalement dans le repos; tête presque globuleuse, avec les yeux très-grands, contigus ou très-rapprochés; la division mitoyenne de la lèvre beaucoup plus petite que les latérales qui se joignent en dessus par une suture longitudinale, en fermant exactement la bouche.

Ces Insectes diffèrent des Æshnes par la lèvre qui, dans ce dernier genre, a le lobe intermédiaire plus grand et les deux autres écartés, armés d'une dent très-forte et d'un appendice en forme d'épine. Ils s'éloignent des Agrions en ce que ceux-ci ont les ailes élevées perpendiculairement dans le repos; ces deux genres ont toujours l'abdomen cylindrique, tandis qu'il est déprimé dans les Libellules. Leur tête est grosse; leurs yeux sont grands, contigus postérieurement : on voit entre eux et les antennes une élévation vésiculeuse et trois petits yeux lisses, peu apparens, disposés autour de cette partie élevée; les ailes sont horizontales et étendues; l'abdomen est ordinairement long, déprimé et ayant trois faces comme une épée. Les larves et les nymphes ont cinq appendices réunis en forme de queue pointue à l'extrémité postérieure du corps qui est court et déprimé. La mentonnière est voûtée, en forme de casque, avec les deux serres en forme de volets.

On connaît vulgairement les Libellules sous le nom de Demoiselles; leur corps est en général orné de couleurs assez agréables, et leurs ailes, vues à certains jours, présentent des reflets de toutes les teintes : plusieurs espèces les ont même colorées en partie. Vander Linden (*Monographia Libellulinarum Europæ*, Bruxelles, 1825) en mentionne quatorze espèces; la plus commune et celle qui peut servir de type au genre, est :

La LIBELLULE DÉPRIMÉE, *Libell. depressa*, L., Villers, Oliv. (Encycl. Méthod.), Panz. (*Faun. Germ.*, *fasc.* 88, n. 22, mas), Latr.; *L. Friedrichdalensis*, Müll.; la Philinte, Geoff. (mas); l'Eléonore, *ejusd.* (fœm.); Réaumur (Mém., tab. 35, fig. 1, fœm.). Son abdomen est large, déprimé, bleu en dessus dans les mâles, olivâtre dans les femelles, et ayant une tache jaune de chaque côté. Les ailes sont transparentes, avec une grande tache d'un jaune brun à leur base et une petite tache oblongue noire au bout. Les membranes accessoires sont blanches. *V*., pour les autres espèces, Olivier (Encycl.), Latr., Fabr. et Vander Linden (*loc. cit.*)

(G.)

LIBELLULINES. *Libellulinæ*. INS. Famille de l'ordre des Névroptères, tribu des Subulicornes, établie par Latreille, et comprenant le grand genre Libellule de Linné. Les caractères de cette famille sont : trois articles aux tarses, des mandibules et des mâchoires cornées, très-fortes et dentées; abdomen n'étant point terminé par des filets ou par des soies; organes sexuels du mâle situés sur le dessous du second anneau abdominal. Ces Insectes sont, dans leur classe, ce que les Hirondelles sont parmi les Oiseaux. Doués d'une très-grande force musculaire dans les ailes, ils ont généralement un vol très-rapide pendant lequel ils saisissent les Insectes dont ils se nourrissent; ils sont très-carnassiers, fondent sur leur victime comme les Oiseaux de proie, et la dévorent en planant dans les airs. Les formes des Libellulines sont sveltes; elles sont ornées de couleurs variées et agréables, et le tissu de leurs ailes ressemble à une gaze éclatante. Les mœurs des Libellules ont été observées par Degéer, Réaumur, Geoffroy et autres auteurs.

Comme ils ont tous adopté le genre Libellule tel que l'a établi Linné, les détails qu'ils donnent sur leurs habitudes conviennent aussi bien au genre Libellule proprement dit qu'aux autres genres établis par Latreille à ses dépens; c'est pourquoi nous allons donner dans cet article un exposé succinct des observations de ces auteurs.

Ces Névroptères ont la tête grosse, arrondie, ou en forme de triangle large; elle porte deux grands yeux lisses sur le vertex; les antennes sont insérées sur le front et derrière une élévation vésiculeuse; elles sont composées, dans le plus grand nombre, de cinq à sept articles ou du moins de trois, dont le dernier est composé et s'amincit en forme de stylet; le labre est demi-circulaire et voûté; les mandibules sont très-fortes, dentées et écailleuses; les mâchoires sont terminées par une pièce de la même consistance, elles sont dentées, épineuses et ciliées au côté interne, elles portent chacune un palpe d'un seul article, appliqué sur le dos et imitant la galète des Orthoptères; la lèvre est grande, voûtée, à trois feuillets ou divisions, sans palpes; on voit dans l'intérieur de la bouche une sorte d'épiglotte ou de langue vésiculeuse et longitudinale. Le corselet de ces Insectes est gros et arrondi, il porte quatre ailes grandes, très-réticulées, souvent transparentes, très-brillantes; quelquefois elles sont horizontales dans le repos, d'autres fois elles sont élevées perpendiculairement; leurs pieds sont courts et courbés en avant, et leur abdomen est en général très-allongé, en forme d'épée, c'est-à-dire aplati en dessus et anguleux en dessous, ou en forme de baguette plus ou moins cylindrique. Au-dessous du second anneau sont les organes sexuels chez les mâles; les femelles les ont au dernier anneau; aussi leur accouplement est-il très-remarquable et très-singulier. C'est depuis le printemps jusqu'au milieu de l'automne que ces Insectes se livrent à l'amour; on voit alors les mâ-

les chercher des femelles avec lesquelles ils puissent s'unir, et l'on rencontre souvent sur les Plantes ou en l'air deux Libellules, dont l'une qui est le mâle vole la première, et a l'extrémité de son corps posé sur le cou de la suivante qui est la femelle. Quand un mâle veut se joindre à une femelle, il vole autour d'elle et tente toujours de se trouver au-dessus de sa tête; dès qu'il en est assez près, il la saisit avec ses pates et s'y cramponne fortement, il contourne en même temps son corps pour en amener le bout sur le cou de la femelle, et il l'y attache de manière qu'elle ne puisse plus se détacher de lui, au moyen des pièces qu'il porte au bout du dernier anneau, et que Vander Linden nomme *appendices anales*. Quand ces Animaux sont ainsi joints, ils vont se poser sur une branche, et quand la femelle, excitée par les préludes dont nous venons de parler, se décide à céder, elle contourne son corps, le porte sous le ventre du mâle et approche l'extrémité de son abdomen où sont placés les organes générateurs du deuxième anneau du mâle, et alors la jonction s'opère. Pendant tout le temps que dure l'accouplement, le mâle tient toujours sa femelle par le cou et ils cherchent, dans cette position, la solitude. Quelquefois il arrive qu'un mâle jaloux vient les troubler et cherche à débusquer celui qui est attaché à la femelle; alors le couple importuné par les coups de dents de ce mâle, est obligé de quitter la place, et d'aller, sans se séparer, se poser sur une autre branche. Quand il fait très-chaud, l'accouplement est plus long et ils restent bien plus longtemps ensemble que quand l'atmosphère est froid. Ils restent toujours unis plusieurs heures de suite, et quand ils sont dérangés, ils s'accouplent de nouveau quelques minutes après.

C'est dans l'eau que les femelles vont déposer leurs œufs qu'elles ne gardent pas long-temps après avoir été fécondées; ils sortent de leur corps par l'ouverture où s'est intro-

duit l'organe du mâle, et qui est située près de l'anus; ces œufs sont
réunis et forment une espèce de grappe. Les larves et les nymphes vivent
dans l'eau jusqu'à ce qu'elles aient
pris tout leur accroissement et qu'elles soient prêtes à se changer. Elles
sont assez semblables aux Insectes
parfaits, aux ailes près. Les larves,
qui ne diffèrent pas beaucoup des
nymphes, parviennent à cet état lorsqu'elles sont encore jeunes, et l'on
n'aperçoit dans celles-ci que quatre
petits corps plats et oblongs au plus:
ce sont les fourreaux des ailes. Leur
tête, sur laquelle on ne découvre pas
encore les yeux lisses, est remarquable
par la forme singulière de la pièce qui
remplace la lèvre inférieure, c'est une
espèce de masque recouvrant les mandibules, les mâchoires, et presque
tout le dessus de la tête; il est composé d'une pièce principale, triangulaire, tantôt voûtée, tantôt plate, et
que Réaumur nomme mentonnière.
Cette pièce s'articule, par une charnière, avec un pédicule ou sorte de
manche annexé à la tête. Aux angles
latéraux et supérieurs de cette pièce
principale, sont insérées deux autres
pièces transversales, mobiles à leur
base, soit en forme de lames assez
larges et dentelées, soit sous la figure
de crochets ou de serres. Réaumur a
donné le nom de *volets* à ces différentes pièces. C'est au moyen de cet
appareil que les larves et les nymphes attrapent leur proie; elles sont
très-carnassières et se tiennent continuellement à l'affût; pour ne pas
être découvertes, elles se tiennent
cachées à moitié dans la boue, et leur
corps en est presque toujours sali.
Aperçoivent-elles un Insecte à leur
portée, elles déploient leur menton
d'une manière très-preste et saisissent
leur proie avec les tenailles de son
extrémité postérieure. Les volets varient selon les espèces auxquelles appartiennent les nymphes et les larves; ils servent à distinguer celles des
Libellules de celles des Æshnes.
Outre ce masque, qui recouvre toute
la tête des larves et des nymphes,

leur bouche présente quatre dents
qui sont analogues aux mandibules
et aux mâchoires de l'Insecte parfait; l'intérieur de leur bouche offre,
comme dans ceux-ci, un avancement arrondi, presque membraneux, situé sous les dents, qui est
le palais, et que Réaumur appelle
langue. Leur corps est plus ou moins
court, quelquefois large et déprimé,
d'autres fois allongé et cylindrique,
l'extrémité postérieure de leur abdomen présente tantôt cinq appendices
en forme de feuillets, de grandeur
inégale, pouvant s'écarter ou se rapprocher, et composant alors une
queue pyramidale; tantôt trois lames
allongées et velues, ou des espèces de
nageoires. Ces Insectes les épanouissent à chaque instant, ouvrent leur
rectum, le remplissent d'eau, puis le
ferment, et éjaculent bientôt après,
avec force, une espèce de fusée de
cette eau mêlée de grosses bulles
d'air. C'est par ce jeu que ces Animaux favorisent leurs mouvemens.
Le tube digestif va en ligne droite
depuis la bouche jusqu'à l'anus,
mais il a trois renflemens que Réaumur regarde comme trois estomacs.
L'intérieur du rectum présente, suivant Cuvier, douze rangées longitudinales de petites taches noires,
rapprochées par paires, semblables
aux feuilles ailées des botanistes. Vues
au microscope, chacune de ces taches est un composé de petits tubes
coniques ayant la structure des trachées, et d'où partent de petits rameaux qui vont se rendre dans six
grands troncs de trachées principales
parcourant toute la longueur du
corps. Les nymphes des Libellulines
vivent dans l'eau pendant dix ou onze
mois; elles changent de peau plusieurs fois pendant cet intervalle. Les
nymphes qui sont prêtes à changer
de forme sont reconnaissables à la
figure des fourreaux des ailes qui se
détachent l'un de l'autre, et qui,
dans quelques espèces, changent de
position. C'est depuis le milieu du
printemps jusqu'au commencement
de l'automne que leur dernière méta-

morphose a lieu ; elles sortent alors de l'eau, restent quelque temps à l'air pour se sécher, ensuite elles vont se placer sur une branche d'Arbre ou une tige de jonc, où elles se cramponnent avec leurs pates en se plaçant toujours la tête en haut. Quelques-unes se métamorphosent quelques heures après être sorties de l'eau, d'autres restent un jour entier avant de commencer. Les mouvemens par lesquels elles préparent leur transformation sont intérieurs, et le premier effet sensible qu'ils produisent est de faire fendre le fourreau sur le corselet. C'est par-là que la Libellule fait sortir la tête et les pates, et pour achever de les tirer de l'enveloppe, elle se renverse la tête en bas et n'est soutenue dans cette attitude que par ses derniers anneaux qui sont restés engagés dans leur ancienne couverture et forment une espèce de crochet qui empêche l'Insecte de tomber. Quand l'Insecte est resté assez long-temps dans cette posture, il se retourne, saisit avec les crochets de ses pates la partie antérieure de son fourreau, s'y cramponne et achève d'en tirer l'extrémité de son corps. Dans cet état, les ailes sont étroites, épaisses, plissées comme une feuille d'Arbre prête à se développer ; ce n'est que deux heures après qu'elles sont assez solides et développées pour que l'Animal puisse s'en servir et voler. C'est alors qu'on voit ce joli Insecte s'élever dans les airs avec grâce et légèreté, faire cent tours et détours sans se reposer, et se livrer bientôt après à l'amour.

Linné avait formé, comme nous l'avons dit plus haut, le genre Libellule avec les Insectes qui composent la famille dont nous traitons ; dans la Méthode de Fabricius, cette famille forme l'ordre des Odonates (*V.* Libelles), qu'il divise en trois genres. Réaumur avait senti la nécessité de diviser le grand genre Libellule, et il l'avait partagé en trois divisions ; Degéer en fait deux familles ; l'une comprend les Libellules et les Æshnes, et l'autre les Agrions de Fabricius. Latreille n'a rien changé aux coupes établies par Fabricius, et il partage cette famille en trois genres comme l'a fait cet auteur. Vander Linden, médecin à Bruxelles, vient de publier une Monographie des Libellulines d'Europe dans laquelle il suit exactement la classification de Latreille. Nous devons à l'amitié de ce dernier savant, la communication de ce petit ouvrage qui est fort rare à Paris. L'auteur se sert d'une manière secondaire de deux caractères qu'il a découverts dans ces Insectes : 1°. Les mâles des Libellules et des Æshnes ont trois pièces saillantes à l'extrémité de l'abdomen, qui leur servent à saisir les femelles ; ces pièces sont au nombre de quatre dans les Agrions. Vander Linden leur donne le nom d'appendices de l'anus (*appendices anales*) comme nous l'avons dit plus haut. 2°. Le bord interne des ailes a, dans plusieurs espèces, une membrane mince, quelquefois colorée et qui n'a jamais de nervures ; il la nomme membranule accessoire (*membranula accessoria*). L'existence et la couleur de cette membranule accessoire lui sert de caractère pour distinguer les espèces. Il divise en outre les genres en coupes basées sur la forme des yeux et sur la forme et la couleur des ailes. Presque en même temps que l'auteur dont nous venons de parler, Toussaint de Charpentier (*Horæ entom.*, etc., *Wratislaviæ*, 1825) a publié une Monographie des Libellulines d'Europe, dans laquelle il s'est servi aussi des appendices de la queue pour caractériser les espèces ; il a figuré ces appendices dans une planche assez bien gravée. *V.* Libellule, Æshne et Agrion.   (G.)

LIBELLULOIDES. *Libelluloides.* INS. Link et Lecharting donnent ce nom aux Insectes de l'ordre des Névroptères. *V.* ce mot et Libelles.

(G.)

LIBER ou LIVRET. BOT. PHAN. C'est la partie la plus intérieure de l'écorce. Le Liber, ainsi nommé parce qu'il se compose de plusieurs feuillets superposés, que l'on a comparés à ceux d'un livre, est placé entre les couches corticales et les couches ligneuses. Ces feuillets ou lames du Liber se composent d'un réseau vasculaire, dont les aréoles allongées sont remplies d'un tissu cellulaire. Il arrive fréquemment que les diverses couches du Liber sont intimement soudées les unes avec les autres, et qu'elles ne peuvent se séparer. Mais on parvient presque constamment à les isoler en faisant macérer le Liber dans l'eau, qui finit par détruire le tissu cellulaire qui unissait ensemble les lames minces qui le composent. Le Liber est la partie vivante de l'écorce, mais on lui a attribué un rôle qu'il ne joue pas dans l'accroissement des tiges. On a dit que c'était lui qui chaque année se changeait en bois, de manière qu'à chaque printemps il s'en forme une couche nouvelle, à mesure que la couche de l'année précédente s'endurcit et devient ligneuse. La plupart des physiologistes s'appuient sur une expérience de Duhamel, qui paraît inexacte, puisqu'aucun expérimentateur n'a pu, en la répétant, arriver au même résultat. Duhamel avait dit que, lorsque l'on passait une anse de fil d'argent dans la couche de Liber, et qu'on ramenait les deux bouts sur l'écorce, le fil d'argent finissait, au bout d'un ou deux ans, par se trouver dans le bois, d'où l'on tirait la conséquence que ce Liber s'était transformé en Aubier. Mais cette observation est inexacte, car toutes les fois que l'on a réellement engagé le fil d'argent dans le Liber, on l'y a toujours retrouvé à quelqu'époque que l'on en ait fait l'examen. Ce n'est pas le Liber qui forme le bois, ainsi qu'on l'a généralement dit jusqu'à présent. Mais voici comment a lieu ce phénomène. Chaque année au moment où la végétation recommence, il se forme entre la face interne de l'écorce et la face externe du bois un fluide visqueux et organisé que l'on a nommé *Cambium*; c'est ce fluide qui est en quel-

que sorte un tissu cellulaire liquide, qui forme à la fois chaque année une nouvelle couche ligneuse et une nouvelle lame de Liber. Le Liber se renouvelle et se répare. Ainsi lorsqu'on en a enlevé une plaque sur un Arbre en pleine végétation, et que l'on garantit la plaie du contact de l'air, on voit suinter des diverses parties mises à nu, le fluide visqueux nommé *Cambium* qui s'organise petit à petit et finit par remplacer la plaque d'écorce. *V.* aux mots ACCROISSEMENT des VÉGÉTAUX, CAMBIUM, quelques autres détails sur cet objet. (A. R.)

* LIBERTIE. *Libertia.* BOT. PHAN. Deux genres ont été établis sous ce nom, en l'honneur de mademoiselle Libert de Malmédy, femme véritablement savante et modeste, à qui la Flore Française est redevable de la découverte d'un grand nombre d'espèces intéressantes ou nouvelles. L'un de ces genres a été fondé par Dumortier (*Observat. Botanicæ, Tournay,* 1823), pour quelques espèces d'*Hemerocallis*, telles que *H. cœrulea, Andrewsii, Japonica, cordata,* dont Trattinnick a fait le genre *Hosta,* et Sprengel le genre *Funkia.* Le second genre est celui que Lejeune, botaniste distingué, auteur de la Flore de Spa, vient de proposer dans le douzième volume des *Nova Acta* de l'Académie des Curieux de la nature de Bonn. Ce genre appartient à la famille des Graminées, et l'auteur que nous venons de citer lui attribue les caractères suivans : fleurs disposées en panicule simple et penchée; épillets ovoïdes acuminés, composés de huit à dix fleurs écartées; lépicène bivalve, à valves inégales; glume à deux écailles, l'extérieure ovale lancéolée, terminée par trois soies à son sommet, et offrant sur son bord, de chaque côté, une petite oreillette membraneuse; écaille supérieure ovale, obtuse, ciliée; paléoles de la glumelle oblongues et spathulées. Le fruit est allongé et profondément marqué d'un sillon. Ce genre se compose d'une seule espèce,

Libertia Arduennensis, Lejeune, *loc. cit.*, t. 65. Elle croît dans les moissons, aux environs de Spa. Si l'on examine avec soin le caractère de ce genre et la figure que Lejeune a donnée de sa Plante, on verra qu'elle a absolument le port d'un Brome, et qu'elle s'en rapproche aussi beaucoup par ses caractères. En effet le genre *Libertia* ne nous semble être qu'une espèce de Brome, où par accident l'arète dorsale a avorté, ce qui a déterminé l'allongement des trois nervures principales au-delà du sommet de la paillette et la formation de trois soies. Il serait important, avant d'adopter le nouveau genre, de savoir si la Plante a été de nouveau retrouvée ou si elle n'est qu'une variété accidentelle.   (A.R.)

* LIBIBALTE. POIS. On ne connaît plus le Poisson désigné sous ce nom dans Athénée comme se trouvant dans le Bosphore.   (B.)

LIBIDIBI. BOT. PHAN. Un *Cæsalpinia* sert, sous ce nom, à tanner le cuir dans quelques cantons de la Terre-Ferme en Amérique.   (B.)

* LIBINIA. *Libinia.* CRUST. Genre de l'ordre des Décapodes, établi par Leach et réuni par Latreille au genre *Maia.* Le Crustacé qui sert de type à ce genre est le *Maia lunulata*, Latr., Risso (Crust., pag. 49, tab. 1, fig. 4). *V.* MAIA.   (G.)

LIBISTICUM. BOT. PHAN. (Fuchs.) Syn. de Livêche. *V.* ce mot.   (B.)

LIBOT. MOLL. Lamarck a eu bien raison de ne rapporter qu'avec doute le Libot d'Adanson (Voyag. au Sénég., pag. 27, pl. 2) au *Patella umbella* de Linné. Il existe des différences notables, si l'on compare la description du Libot à celle de l'espèce que nous venons de citer; l'une est bleue en dedans, d'un noir grisâtre en dehors, tandis que l'autre est constamment rose. Ce qui a pu produire l'erreur, c'est que, dans sa Synonymie, Adanson cite la fig. 21 de la pl. 538 de Lister, qui est douteuse, et que les auteurs rapportent généralement au

Patella umbella. Le Libot d'Adanson est donc une espèce qui n'a point encore été reconnue.   (D..H.)

LIBYCE. BOT. PHAN. *V.* LIBANION.

LIBYTHÉE. *Libythea.* INS. Genre de l'ordre des Lépidoptères, famille des Diurnes, tribu des Papillonides nacrés, établi par Fabricius aux dépens du grand genre *Papilio* de Linné, et dont les caractères sont : antennes terminées en bouton allongé, presque en forme de massue; palpes supérieurs très-avancés, en forme de bec; pates antérieures très-courtes et repliées en palatine dans les mâles, ces pates semblables aux suivantes et pareillement ambulatoires dans les femelles. Ces Papillons ont les ailes anguleuses, comme dans les Vanesses; ils tiennent beaucoup des Nymphales par leurs ailes inférieures qui sont, comme dans ces derniers, courbées sous l'abdomen pour lui former un canal dans lequel il se loge; ils s'en rapprochent encore par la manière dont leurs chrysalides sont suspendues; mais tous leurs pieds sont propres au mouvement dans les femelles, et leurs palpes supérieurs fort remarquables par leur longueur. La chenille de l'espèce de France (*L. Celtis*), est, après les premières mues, verte avec le dos plus coloré et marqué d'une ligne blanche longitudinale, sur les côtes de laquelle sont de petites taches noires, distribuées par couples sur les anneaux; chaque côté du ventre a, en outre, une ligne semblable, surmontée parfois d'une raie incarnate, également longitudinale; la tête est jaunâtre; les pates antérieures et membraneuses sont noires; le corps est légèrement velu; cette chenille a du rapport avec celles des genres *Pieris* et *Satyrus*, elle vit sur le Micocoulier commun (*Celtis australis*), et quelquefois sur le Cerisier. Elle est sujette à être piquée par l'*Ichneumon compunctor*. La chrysalide est ovale-obtuse, presque sans éminences angulaires, verte avec quelques traits blancs; elle se suspend perpendiculairement et par la queue au bord des feuilles. Ce genre renferme huit espèces dont six sont nouvelles et ont été décrites pour la première fois dans l'Encyclopédie Méthodique, par Godard. La plus connue et celle qui vit en France est: La LIBYTHÉE DU MICOCOULIER, *L. Celtis*, God., Latr., Fabr.; *Papilio N. Celtis*, Fabr., Esper (part. 1, p. 168, tab. 87, cent. 37, fig. 2 et 3); l'Echancré, Engram. (Pap. d'Eur., t. 1, p. 313, pl. 1, 3ᵉ Suppl., fig. 5 a-f-bis). Les ailes supérieures ont le bord postérieur très-anguleux, avec une échancrure très-marquée. Leurs deux faces, ainsi que la supérieure des secondes ailes, sont d'un brun foncé avec des taches d'un jaune orangé ou fauve. On voit près de la côte des premières ailes, et tant en dessus qu'en dessous, une tache blanche; le dessous des secondes est roussâtre, leurs bords sont arrondis. Elle habite le Tyrol, l'Italie et le midi de la France.   (G.)

LICAMA. MAM. On ne sait quelle est l'Antilope désignée par ce nom cafre par quelques voyageurs; on a cru y reconnaître le Bubale.   (B.)

LICANIE. *Licania*. BOT. PHAN. Vulgairement Caligni. Ce genre de la Pentandrie Monogynie, établi par Aublet (Guian., 1, p. 119, t. 45), a été placé dans la famille des Rosacées, tribu des Chrysobalanées. Schreber en a changé le nom en celui de *Hedychrea*, et cette substitution inutile a été adoptée par plusieurs auteurs. Voici ses caractères essentiels : calice muni extérieurement de deux petites bractées, et ayant un limbe quinqué-fide; corolle nulle; cinq étamines opposées aux lobes du calice ou trois seulement par suite d'avortement, selon Richard, insérées sur l'entrée du tube calicinal; un seul ovaire dans le fond du calice, surmonté d'un style courbé latéral? Le fruit est une drupe en forme d'olive, charnue, contenant un noyau monosperme. Une seule espèce, *Licania incana*, Aubl., constitue ce genre. C'est un Arbuste indigène de la Guiane, à feuilles oblongues, acuminées, blan-châtres en dessous, à petites fleurs disposées en épis terminaux. (G..N.)

LICARIA. BOT. PHAN. Un Arbre de la Guiane a été mentionné sous le nom de *Licaria guianensis* par Aublet (Guian., p. 313, t. 121) qui n'en a pas vu les organes de la fructifica-tion. Cet Arbre s'élève à plus de vingt mètres; son écorce est ridée et roussâtre; ses feuilles sont alternes, ovales, acuminées, entières, glabres et pétiolées. Le bois est peu compacte, jaunâtre, et exhale une odeur de rose. Lamarck présume que c'est une es-pèce de Laurier.   (G..N.)

LICATI. BOT. PHAN. Pour Licaria. *V.* ce mot.

LICCA ET LICEA. POIS. L'un des noms vulgaires du Lyzan sur la côte de Nice. *V.* GASTÉROSTÉE.   (B.)

LICE. MAM. La Chienne de chasse qui porte et nourrit des petits.   (B.)

LICEA. POIS. *V.* LICCA.

LICEA. BOT. CRYPT. (*Champignons.*) Genre formé par Schrader, com-posé de petites Plantes fugaces, que l'on trouve sur le bois mort et les murs des caves. On les caractérise : fongosités à péridium membraneux fragile; poussière séminale privée de filamens, s'ouvrant irrégulière-ment en sommet. Deux espèces seu-lement sont décrites dans la Flore des environs de Paris; mais onze figurent dans les diverses mycolo-gies. Celle qui a servi de type est le *Licea circumcissa*, Pers., Syn. 169, *Sphærocarpus sessilis* de Bul-liard, Champ., p. 132, t. 417, fig. 5. Cette petite Plante est friable; elle naît sur le bois mort, d'abord arron-die, jaune, puis brune en dehors, jaune doré en dedans et s'ouvrant en boîte à savonnette, caractère qui lui a valu son nom. Elle se trouve vers la fin de l'automne; 2° Licée des cônes, *Licea strobilina*, Alb. et Schw., n° 303, t. 6, fig. 3. Péridiums roux, puis bruns, serrés les uns contre les autres, arrondis - oblongs; ils s'ouvrent irrégulièrement. La poussière est jaune sale, quelquefois blanchâtre. La base des péridiums persiste après l'éruption des poussières et ressemble à un petit guêpier. Cette espèce croît à la surface des écailles des vieux cônes de Sapins. Le genre *Licea* est très-voisin des *Tubulina* et *Lycogala*; il appartient à l'ordre des Champignons angiocarpes de Persoon, gastromyciens de Link. (A.F.)

LICHANOTUS. MAM. (Illiger.) Syn. d'Indri. *V.* ce mot. (B.)

LICHE. *Lichia.* POIS. Sous-genre de Gastérostée. *V.* ce mot. Il ne faut pas le confondre avec Leiche, *Scymnus*, qui est un sous-genre de Squales. (B.)

LICHEN. BOT. CRYPT. Genre Linnéen devenu la nombreuse famille des Lichens. *V.* ce mot. (B.)

*LICHEN-AGARICUS. BOT. CRYPT. (*Hypoxylons*.) Micheli a donné ce nom à des Plantes qu'il jugeait être intermédiaires entre les Lichens et les Champignons. De Candolle a adopté le Lichen-Agaric, sous le nom de *Sphæria. V.* ce mot et XYLARIA. (A.F.)

LICHENASTRUM. BOT. CRYPT. (*Hépatiques.*) Micheli et Linné ont nommé *Jungermannia* (*V.* ce mot) le genre que Dillen, dans son Histoire des Mousses, avait appelé *Lichenastrum. V.* HÉPATIQUES. (A.F.)

LICHENÉES ou LIKENÉES. INS. Ce nom a été donné à quelques chenilles de Noctuelles (*N. Fraxini, Sponsa, Nupta, Promissa*, etc.), parce qu'elles se nourrissent de Lichen. Celle du *Noctua Sponsa*, Phalène Likenée rouge de Geoffroy, porte le nom de Lichenée du Chêne. *V.* NOCTUELLE. (G.)

LICHENOÏDES. BOT. CRYPT. (*Lichens*.) Dillen, dans son *Historia Muscorum*, avait placé sous ce nom tous les Lichens crustacés ou à expansions membraneuses, planes ou rameuses. Il réunissait ainsi la presque totalité des genres connus, moins les espèces fruticuleuses et filamenteuses. Micheli a aussi un genre *Lichenoides* qui comprend les *Verrucaria* et autres genres voisins des modernes. Enfin Hoffmann a employé le même mot pour les Lichens à expansions laciniées; ainsi les Ramalinées des auteurs sont pour lui des *Lichenoides*. Son *Lichenoides flammeum* est le *Dufourea flammeum* d'Acharius qui rentre dans notre genre *Pycnothelia*, lequel fait partie des Cénomycées. (A.F.)

* LICHÉNOPORE. *Lichenopora.* POLYP. Genre de Polypier proposé par Defrance, dans le Dictionnaire des Sciences Naturelles, pour de petits corps qu'il n'a connus qu'à l'état fossile, et que nous avons découverts à l'état vivant sur les masses madréporiques de la Méditerranée. Ce petit genre est suffisamment caractérisé, et nous ne doutons pas qu'il ne soit adopté par le plus grand nombre des zoologistes. Defrance assigne les caractères suivans à ce genre : Polypier pierreux, fixé, orbiculaire, avec ou sans pédicule, poreux à la surface supérieure où se trouvent des crêtes ou des rangées rayonnantes de tubes. Ces petits Polypiers se rencontrent principalement dans les sables coquilliers de Hauteville et d'Orglande, département de la Manche, ainsi qu'aux environs de Paris, à Parnes, à Mouchy-le-Châtel, à Chaumont, etc. Ils sont petits, orbiculaires, souvent bordés par une marge lisse, relevée et très-mince, ce qui leur donne de la ressemblance avec un petit plat; en dessous, ils sont presque lisses et offrent constamment des traces de leur adhérence; l'espèce vivante est constamment fixée par son centre, quelquefois par toute la face inférieure; elle est souvent isolée, d'autres fois groupée, de manière cependant que chaque individu puisse se séparer et se distinguer facilement; nous nommerons l'espèce vivante, LICHÉNOPORE DE LAMOUROUX, *Lichenopora Lamourouxii;* nous la consacrons à la mémoire du savant professeur de Caen, que la mort a

trop tôt enlevé aux Sciences Naturelles qu'il a illustrées dans plusieurs de leurs parties les plus difficiles. Cette espèce qui a les plus grands rapports avec celle que Defrance a nommée Lichénopore crépu, est adhérente par presque toute sa base à l'exception du bord qui se relevant est libre; il est d'un blanc violâtre, surtout au centre où sont placés les pores tubuleux qui sont disposés les uns à côté des autres de manière à former des rayons assez réguliers qui se dirigent vers le centre; l'intervalle des rangées de tubes est criblé de pores ovales ou arrondis. Ce Polypier n'acquiert pas plus de deux lignes de diamètre. LICHÉNOPORE CRÉPU, *Lichenopora crispa*, Def., Dict. Scienc. Nat. T. XXVI, pag. 267. Celle-ci ne se trouve qu'à l'état fossile, aussi bien dans les falunières de Valognes que dans celles des environs de Paris, et notamment à Parnes, à Chaumont et à Mouchy-le-Châtel; elle a les mêmes dimensions que la précédente; comme elle, elle est marginée, mais les pores s'étendent jusque sur le bord, ce qui n'a pas lieu dans les Lichénopores de Lamouroux; elle est plus aplatie, les tubes forment un plus grand nombre de rayons, ils sont moins prolongés, l'intervalle des crêtes est plus étroit et ne présente point de pores. Les deux autres espèces qui appartiennent à ce genre sont : le LICHÉNOPORE TURBINÉ, *Lichenopora turbinata*, Def., qui est pédiculé, et le LICHÉNOPORE DES CRAIES, *Lichenopora cretacea*, Def., qui se trouve sur les Oursins de Meudon, et d'autres corps de la craie. Il est dépourvu de tubes. (D..H.)

LICHENS. BOT. CRYPT. Les Lichens sont, après les Champignons, les Plantes les plus communes de la Cryptogamie. On les trouve sur presque toutes les parois ; les troncs d'arbres, les pierres, les vieux bois, la terre humide, se couvrent de ces parasites qui, se fixant sur le marbre le plus dur et souvent même sur le fer, y laissent des traces éternelles d'une existence passagère. Toutes sont terrestres; un seul genre, très-rapproché des Hépatiques, l'Endocarpon vit quelquefois sur des roches qui se trouvent dans un état continuel d'irrigation. Les feuilles de plusieurs espèces de Plantes vivaces des climats voisins des tropiques se chargent souvent aussi de Lichens qui les rendent très-remarquables. (*V.* SQUAMMARIÉES.)

Rien n'est plus varié que la forme de ces singuliers Végétaux ; tantôt ce sont des croûtes imperceptibles, des lignes fugaces ; tantôt des folioles élégamment disposées, des expansions arborescentes ou des filamens d'une dimension considérable. Les organes auxquels les botanistes ont donné le nom de fruit, sont aussi de forme très-diversifiée; on en voit de sessiles et de stipités, de linéaires et d'arrondis, de globuleux et d'aplatis. Ils sont simples ou composés, immergés dans leur support ou superficiels, etc. La couleur que le thalle affecte, est fort rarement la couleur verte; le jaunâtre, le gris cendré, le gris paille, sont les nuances les plus communes. La nature a mis plus de luxe dans les couleurs dont elle a embelli les apothécions ; plusieurs d'entre eux sont rouges pourpres; l'orangé, le jaune, le rose les décorent souvent; placés sur un fond assez ordinairement pâle, ils ressortent agréablement et donnent quelquefois à ces petites Plantes une véritable élégance.

Les Lichens sont des Plantes polymorphes, avides d'humidité qui fonce leur couleur, d'une consistance jamais charnue, sans racines véritables, n'adhérant aux corps que pour y chercher un support, ne tirant leur nourriture que de l'air, pourvues de parties regardées comme fruits (apothécions) presque toujours sessiles, toujours arrondies, ne s'ouvrant à aucune époque de la vie de la Plante, ayant une durée beaucoup plus longue que celle des Champignons et même que celle des Hypoxylons, douées de la propriété de végéter aussitôt que le thermomètre est au-dessus de zéro, et que l'air est humide, quelle que soit d'ailleurs la saison où ces conditions aient lieu.

De ces divers caractères un seul est absolu, c'est la présence d'un thalle; si quelques espèces en sont privées, et ce fait est très-rare, on doit le regarder comme un véritable avortement ou bien penser que cet organe est d'une telle ténuité que nos yeux ne peuvent le voir.

En considérant la famille des Lichens dans son ensemble et avec une scrupuleuse attention, on s'assure bientôt qu'elle est sans limites, et que ses genres, et même ses espèces, sont assez difficiles à trancher: de-là l'embarras d'établir une méthode sans anomalies. Il est à remarquer que les familles qui semblent être les plus naturelles, sont aussi celles qui semblent se fondre davantage avec les familles voisines; il faut excepter de cette règle les grandes tribus phanérogamiques, telles que les Crucifères, les Synanthérées et quelques autres. Quant aux Cryptogames et aux Agames, l'échelle n'est point interrompue et les transitions sont ménagées; les Fougères, par exemple, touchent aux Hépatiques par l'*Hymenophyllum*, aux Palmiers et aux Cycadées par les Fougères en arbre; les Mousses se fondent avec les Jongermannes par les *Andræa*; les Hépatiques ont des espèces lichénoïdes et des espèces muscoïdes; les Algues offrent les Nostochs qui sont des *Collema* imparfaits, et certaines Corniculaires sont assez voisines des Conservées.

Les botanistes français, d'après De Candolle, ont long-temps rejeté de la famille des Lichens la division des Hypoxylées, connue sous le nom d'Hypoxylons lichénoïdes, qu'Acharius et les botanistes allemands ont toujours regardés comme étant de véritables Lichens, et cette opinion, très-répandue aujourd'hui, est devenue la nôtre; en effet on donne comme caractère essentiel des Hypoxylons lichénoïdes de laisser échapper une pulpe séminifère qui reste aussi dans le conceptacle; quel caractère est plus vague? Et lors même qu'il serait constant que cette pulpe s'échappe dans toutes les espèces, outre la difficulté de s'en assurer sur des Plantes aussi petites que les Verrucaires et les Opégraphes, serait-il possible d'adopter une définition qui devrait rigoureusement faire rejeter de la famille des Lichens le genre *Sphærophoron*, et quelques autres véritables Lichenées dont les apothécions se comportent comme les conceptacles d'une Hypoxylée? Nous regardons cette question comme jugée, et nous croyons inutile de la discuter plus au long.

Ce n'est guère que vers la fin du siècle passé, et plus particulièrement de nos jours, que l'on a commencé à étudier l'organisation des Lichens; voici en peu de mots ce qu'un examen attentif a démontré de plus positif.

On reconnaît à la première vue dans un Lichen deux parties distinctes, dont l'une n'est qu'une modification de l'autre, et qui toutes deux paraissent jouer le même rôle dans la reproduction de la Plante. La plus apparente est le thalle ou fronde composé de deux parties nommées corticale et médullaire; la première est la couche supérieure, la deuxième la couche inférieure. Dans les Lichens crustacés uniformes cette dernière manque; dans les *Collema* elle est à peine distincte. Ces deux substances constituent à elles seules le thalle que l'on regarde comme le réceptacle universel des Lichens.

Quelques-formes qu'affecte le thalle, qu'il soit plane ou redressé, on ne peut jamais le considérer comme une vraie tige. Hedwig a vainement essayé de le prouver. Le thalle est une espèce de réceptacle général des gongyles ou des apothécions, ayant la forme d'une croûte ou d'une tige sans qu'on puisse raisonnablement les y comparer. Les apothécions sont des réceptacles particls de gongyles, et paraissent remplir le rôle que les conceptacles remplissent dans les Fucacées. Ces organes varient beaucoup leurs formes, ils sont carpomorphes, mais il est prouvé que ce ne sont point des fruits. On les divise en apothécions vrais et en apothécions secondaires. Les apothécions vrais sont au nombre de quinze. *V.* plus loin le tableau que nous en donnons, et qui fait connaître les principaux caractères qui les différencient ; les apothécions secondaires ou accessoires sont les cyphelles situés à la partie inférieure du thalle des Stictes, *V.* ce mot ; les pulvinules, espèce de ramifications ou de végétations parasites qui se fixent à la surface supérieure du thalle de quelques Gyrophores et du genre Érioderme ; les soredies, petits tas de poussière, composés de gongyles nus. Acharius comptait parmi eux les Céphalodes dont nous croyons devoir faire un apothécion véritable. Quoique l'organe carpomorphe des Lichens (l'apothécion) ne joue pas le rôle que le fruit joue dans les Phanérogames, il est cependant d'une structure plus compliquée que celle du thalle et doit être, suivant nous, considéré comme une ébauche imparfaite d'un réceptacle séminifère. La partie la plus importante de cet organe est la lame proligère ; nous avons émis une opinion nouvelle à l'égard du rôle qu'elle est destinée à remplir, *V.* LAME PROLIGÈRE ; elle paraît former le disque dans les Lichens scutellés, et le nucléum dans les espèces à apothécions globuleux, etc. Vient ensuite le périthécium qui se présente sous la forme d'une enveloppe crustacée cartilagineuse, diaphane dans les genres *Porina* et *Endocarpon*. Lorsqu'un apothécion est pourvu tout à la fois de nucléum et de périthécium, il est appelé *Thalamus*. Enfin on désigne par le nom de *Spora* ou *Theca* les vaisseaux transparens qui se trouvent entre la lame et le noyau ; on ne peut les découvrir qu'à l'aide du microscope ; ces organes ont fourni au docteur Eschweiler, par les différences de formes qu'ils présentent, l'un des caractères distinctifs de ses genres. Il est probable que la reproduction des Lichens s'opère par les gongyles : ce sont des corps globuleux, opaques, épars dans les différentes parties du thalle et du Lichen, surtout dans la partie corticale et la lame proligère. On leur a refusé le nom de séminules, parce que ces noms supposent toujours la fécondation sexuelle. Hedwig a cru voir des sexes dans les Lichens ; il nomme spermatocystidie les gongyles qui deviennent transparens par la macération, et croit qu'ils renferment des organes mâles (*V.* PROPAGULES). Les gongyles qui restent opaques sont, suivant cet auteur, des capsules vides et flétries. Ce système n'a plus de sectateurs aujourd'hui.

Il vient de paraître à Francfort (*Naturgescheihte der Flechten*, par W. Wallroth, un vol. gros in-8°, 1824) une histoire naturelle des Lichens. Cet ouvrage de plus de 700 pages ne traite encore que du thalle, de sorte que nous n'osons rien dire de l'ensemble de la théorie qu'il propose. Il nous semble pourtant que l'auteur est trop minutieux dans ses détails et qu'il a créé un trop grand nombre de termes nouveaux, tous fort difficiles à retenir. Que deviendra la science si pour connaître une seule famille du Règne Végétal, il faut étudier 1500 pages de petit texte, et se familiariser avec une terminologie barbare ? Quoiqu'il ne soit pas dans notre usage de citer des phrases latines, nous croyons ne pouvoir nous dispenser de transcrire la phrase suivante : elle mettra le lecteur à même de porter un jugement aussi certain que si le livre entier lui était connu ; il verra quels sont les dangers qui menacent la langue botanique, si de telles innovations pouvaient être admises.

« *Patellaria fusco-lutea. Lecidea*, Ach., Syn., p. 42. *Blastemate acolyto verrucoso chlorogonimicio tephrophœno, facile in massam chlorophœnam fatiscente ; cymatiis plano-convexiusculis marginem excludentibus, ex speirematum ubertate varia , nunc dilute fuscescentibus , nunc lividis intusque melanophœnis. »*

Les anciens n'ont fait connaître dans leurs écrits que deux ou trois Lichens. On les trouve parmi les espèces foliacées et filamenteuses. Ce ne fut que fort long-temps après la renaissance des lettres que les Bauhin et leurs contemporains ont décrit plusieurs espèces qui, devenues assez nombreuses, ont été séparées en genres et en sous-genres par Dillen et Micheli. Dillen a quatre genres : 1. *Tremella* (*Collema* et *Nostoch* des auteurs); 2. *Usnea*; 3. *Coralloïdes* (*Cenomyce*, *Sphærophoron*, *Stereocaulon*, etc.); 4. *Lichenoides* (*Lecanora*, *Parmelia*, *Sticta*, *Gyrophora*, etc.). Son genre Lichen appartient aux Hépatiques; ce sont des Marchantes. Micheli n'a que des sous-genres au nombre de trente-huit; mais ils sont si bien établis que la plupart ont servi plus tard à Hoffmann et à Acharius pour la création de leurs genres.

Adanson, Ventenat, et avant lui Hoffmann dont les travaux sont si justement appréciés des naturalistes, ont formé des genres qui ont été plus ou moins bien reçus des botanistes; il serait intéressant, mais peut-être trop long d'analyser leurs travaux; nous allons arriver de suite à Acharius, qui est regardé comme le premier de tous les lichénographes. Personne mieux que lui n'a connu l'organisation des Lichens à l'étude desquels il a voué sa vie entière. On lui a reproché d'avoir lui-même détruit les méthodes qu'il avait élevées, mais en examinant ses ouvrages, on s'aperçoit que ce reproche n'est pas entièrement mérité, car son idée primitive n'a changé que dans les détails et point dans le fond. Nous ne parlerons point du *Prodromus* qui ne doit être considéré que comme un essai. Sa méthode de Lichens a commencé une réputation à laquelle la Lichénographie universelle a mis le sceau. On trouve çà et là quelques mutations qui prouvent la versatilité des opinions de l'auteur ; ce qui d'abord avait été établi sous-genre dans un ouvrage est devenu un genre dans un autre ouvrage du même auteur, et *vice versâ* ; mais rien n'est mieux circonscrit que les genres qu'il a créés. Son système est entièrement basé sur les considérations suivantes : les Lichens ont des apothécions non formés par leur thalle (Idiothalames), formés par le thalle (Homothalames), en partie seulement formés par le thalle (Cœnothalames); ils n'ont point d'apothécions (Athalames), ils sont homogènes, hétérogènes et hypérogènes (Composés); enfin leurs formes sont différenciées : de-là les dénominations de Phymatodes, Discoïdes, Céphaloïdes, Scutellés, Peltés, etc.; de-là les classes et les ordres suivans :

Classe Ire. —IDIOTHALAMES.

Ordre 1er : Homogènes.

Spiloma (*Coniocarpon*, D. C., Flor. Fr.); *Arthonia*; *Solorina*; *Gyalecta*; *Lecidea*; *Calycium* (subdivisé plus tard en quatre genres par Acharius); *Gyrophora*; *Opegrapha*.

Ordre II : Hétérogènes.

Graphis; *Verrucaria*; *Endocarpon*.

Ordre III : Hypérogènes.

Trypethelium; *Glyphis*; *Chiodecton*.

Classe II.—COENOTHALAMES.

Ordre 1er : Phymatodes.

Porina; *Thelotrema*; *Pyrenula*; *Variolaria*; *Sagedia*; *Polystroma*.

Ordre II : Discoïdes.

Urceolaria; *Lecanora*; *Parmelia*; *Borrera*; *Cetraria*; *Sticta*; *Peltidea*; *Nephroma*; *Roccella*; *Evernia*; *Dufourea*.

Ordre III : Céphaloïdes.

Cenomyce; *Bæomyces*; *Isidium*; *Stereocaulon*; *Sphærophoron*; *Rhizomorpha*.

Classe III.—HOMOTHALAMES.

Ordre 1er : Scutellés.

Alectoria; *Ramalina*; *Collema*.

Ordre ii : Peltés.

Cornicularia; Usnea.

Classe IV. — Athalames.

Lepraria.

Le seul reproche important que l'on puisse adresser à cette savante méthode est de détruire les affinités naturelles.

Depuis quelques années, et postérieurement à Acharius, il a paru plusieurs ouvrages sur les Lichens; presque tous sont dus aux Allemands, dont aucun n'a adopté sans modifications le système d'Acharius. Nous allons parler des principaux.

Fries, dans les Actes de l'Académie de Stockholm, année 1821, proposa une méthode entièrement basée sur le thalle; cette méthode, qui n'est point irréprochable, groupe cependant assez bien quelques genres, mais en omet un grand nombre de très-importans. En voici un extrait :

I. Coniothalames.

1. Lépraires : *Lepraria*, *Pulveraria*, *Pityria*, *Isidium*. 2. Variolaires : *Spiloma*, *Conioloma*, *Coniangium*, *Variolaria*.

II. Mazediates.

1. Calycium : *Pyrenotea*, *Calycium*, *Strigula*, *Coniocybe*. 2. Sphærophores : *Rhizomorpha*, *Thammonyces*, *Sphærophoron*, *Roccella*.

III. Gastérothalames.

1. Verrucaires : *Verrucaria*, *Thelotrema*, *Trypethelium*, *Endocarpon*. 2. Lécidées : *Trachylia*, *Lecidea*, *Opegrapha*, *Gyrophora*, *Graphis*.

IV. Hyménothalames.

1. Discoïdes : *Biatora*, *Collema*, *Parmelia*, *Peltidea*. 2. Céphaloïdes : *Bæomyces*, *Cenomyce*, *Stereocaulon*, *Usnea*.

Les genres *Alectoria*, *Borrera*, *Cetraria*, *Chiodecton*, *Cornicularia*, *Dufourea*, *Evernia*, *Glyphis*, *Nephroma*, *Polystroma*, *Ramalina*, *Sagedia*, *Porina*, *Solorina*, *Stereocaulon*, *Sticta*, *Urceolaria*, ont été omis ou réunis à des genres voisins; il en est d'autres qui n'ont pas de places déterminées dans le système à cause des affinités qu'ils ont avec plusieurs des sections établies. On peut encore reprocher à cet auteur d'avoir fondé ou conservé plusieurs genres qui ne reposent point sur des caractères solides; tels sont le *Pulveraria* qui doit rentrer dans le genre *Lepraria*, le *Conioloma* fondé sur la variété β du *Spiloma tumidulum*, et qui doit rester dans ce dernier genre; le *Coniangium*, qui doit toujours faire partie des *Lecidea*, etc., etc.

Le *Systema Lichenum* de Eschweiler, publié en 1824, établit aussi des groupes ou des cohortes. Ce botaniste a étudié l'organisation des Lichens en observateur habile et exercé; mais on doit lui reprocher d'avoir cherché ses caractères génériques dans la structure interne, ce qui ayant nécessité l'emploi du microscope, ne permet pas de l'étudier sans le secours de cet instrument. Ce botaniste ne nous semble point aussi heureux que Fries dans le rapprochement de ses genres; nous lui reprocherons d'avoir fait trop de sections dans le genre *Opegrapha*, et de s'être éloigné beaucoup trop d'Acharius qui devrait toujours servir de guide. Cependant nous nous plaisons à reconnaître que ce lichénographe est un habile anatomiste, et que sa méthode est ingénieuse. Elle est fondée sur le nucléum qui est nu ou couvert d'un périthécium; la couche médullaire est celluleuse ou filamenteuse.

Cohorte I. — Graphidées.

Thalle crustacé; apothécion oblong ou allongé, sous-immergé, ridé ou canaliculé.

Diorygma, *Leiorreuma*, *Graphis*, *Opegrapha*, *Oxistoma*, *Scaphis*, *Lecanactis*, *Sclerophyton*, *Pyrochroa*.

Cohorte II. — Verrucariées.

Thalle crustacé; apothécion arrondi, globuleux ou patelluliforme, plane-ouvert.

Variolaria, Porina, Thelotrema, Verrucaria, Pyrenula, Pyrenastrum, Limboria, Urceolaria, Lecidea, Biatora.

Cohorte III. — TRYPÉTHÉLIACÉES.

Thalle crustacé; apothécion de forme diverse, immergé, à verrues formées par la substance médullaire du thalle.

Arthonia, Porothelium, Medusula, Ophthalmidium, Trypethelium, Astrothelium, Glyphis, Chiodecton, Conioloma.

Cohorte IV. — PARMÉLIACÉES.

Thalle foliacé dans un grand nombre d'espèces, rarement crustacé ou gélatineux; couche corticale supérieure dans les espèces crustacées, intimement jointe avec la couche médullaire dans les espèces gélatineuses; apothécion scutelliforme; lame discoïde, marginée par le thalle.

Lecanora, Collema, Cornicularia, Parmelia, Sticta, Hagenia.

Cohorte V. — DERMATOCARPES.

Thalle foliacé, membraneux, couvert par une couche corticale supérieure; apothécion sous-arrondi ou immergé, ostiolé ou libre et manquant de marge.

Solorina, Dermatocarpon, Gyrophora, Endocarpon, Capitularia, Peltidea.

Cohorte VI. — PLOCARIÉES.

Thalle cylindrique en buisson, couvert de toutes parts par une couche corticale; apothécion arrondi, immergé dans le thalle ou libre et privé de marge.

Isidium, Plocaria, Sphærophoron, Roccella, Stereocaulon, Dufourea.

Cohorte VII. — USNÉACÉES.

Thalle fruticuleux, quelquefois lacinié, comprimé, couvert de toutes parts par une couche corticale; apothécion scutelliforme, à lame discoïde, marginée par le thalle.

Evernia, Cetraria, Usnea.

L'un des caractères principaux de cette méthode se tire de la forme et de la disposition des thèques, ainsi que de l'anneau qui les entoure le plus souvent. Ces organes, regardés comme fructifères, ont besoin d'être grossis deux cents fois pour que leurs formes soient mises à découvert; il faut ramollir le Lichen et lui rendre sa souplesse, faire des coupes et les soumettre au microscope. On conçoit sans peine ce que cette nécessité présente de difficultés; elle est telle que le découragement doit en être la suite nécessaire.

Quelque parfait que puisse être un système, il est toujours artificiel et doit présenter plus ou moins d'anomalies; puisqu'il en doit être ainsi, nous pensons que les auteurs systématiques ne sauraient trop se persuader combien il est important de rendre l'étude de la science facile et de la mettre à la portée de tous les esprits. La méthode de Cassini sur les Synanthérées, celle d'Eschweiler sur les Lichens, peuvent avoir toutes deux le mérite de l'exactitude; il est douteux cependant qu'elles soient suivies et qu'elles fassent aimer la science.

Depuis Eschweiler, Chevallier a donné, dans son Histoire générale des Hypoxylons, une méthode partielle qui comprend les genres qui figurent dans notre groupe des Verrucariées et des Graphidées. Il nous a semblé que cet auteur était obscur et peu d'accord avec lui-même. Nous examinerons son travail à l'article VERRUCARIÉES. *V.* ce mot et POROPHÉRÉES

C'est de la méthode naturelle seule que l'on doit attendre le perfectionnement des diverses branches de la botanique. Nous avons dirigé tous nos efforts pour grouper convenablement les genres de Lichens en conservant la presque totalité des genres d'Acharius. Le thalle nous a fourni nos divisions les plus importantes; l'apothécion nous a servi à établir les genres; il ne fallait rejeter aucun de ces moyens, mais les combiner tous deux. Un organe isolé ne peut, suivant nous, suffire pour établir une méthode durable. En histoire naturelle comme en morale les idées exclusives entravent la marche de l'esprit humain et rendent toutes les théories vicieuses.

La présence du thalle étant le caractère absolu qui fait reconnaître un Lichen, nous n'avons pas cru pouvoir nous dispenser de le choisir pour première base d'une Méthode. Voici les modifications de formes que cet organe est susceptible d'affecter.

THALLE
- Adhérent dans toutes ses parties..
  - Difforme.
  - Figuré en folioles soudées.
- Libre, appliqué ou fixé seulement par une de ses parties.
  - A surfaces dissemblables.
    - Membraneux.
    - Gélatineux.
    - Coriace.
  - A surfaces semblables.
    - Lacinié tendant à s'aplatir.
    - Ramifié tendant à s'arrondir..
      - Fistuleux.
      - Solide.
    - Filamenteux.
      - Fistuleux.
      - Solide.

On voit que les grandes subdivisions données par ce tableau rappellent les sections du genre Lichen de Linné qui partageait les Lichens en crustacés, foliacés, coriaces, ombiliqués, ramifiés, filamenteux, tirant ainsi du thalle la principale consi-dération sur laquelle ses sous-genres étaient fondés.

La seconde base de notre Méthode est fournie par l'apothécion dont les formes extérieures sont très-variées. Nous avons adopté pour leurs différens noms, les noms créés par Acharius.

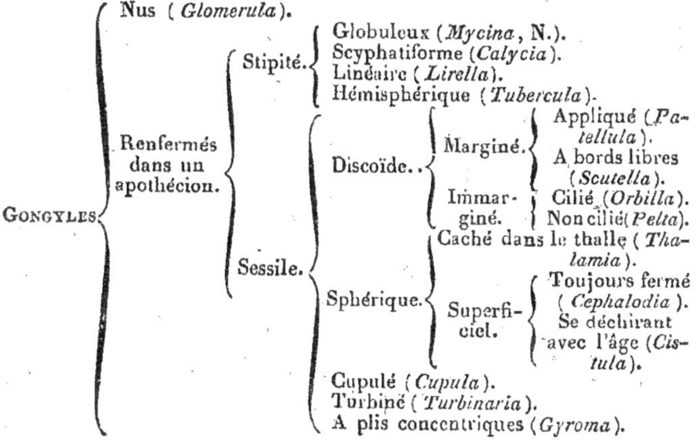

GONGYLES
- Nus (*Glomerula*).
- Renfermés dans un apothécion.
  - Stipité.
    - Globuleux (*Mycina*, N.).
    - Scyphatiforme (*Calycia*).
    - Linéaire (*Lirella*).
    - Hémisphérique (*Tubercula*).
  - Sessile.
    - Discoïde..
      - Marginé.
        - Appliqué (*Patellula*).
        - A bords libres (*Scutella*).
      - Immarginé.
        - Cilié (*Orbilla*).
        - Non cilié (*Pelta*).
    - Sphérique.
      - Caché dans le thalle (*Thalamia*).
      - Superficiel.
        - Toujours fermé (*Cephalodia*).
        - Se déchirant avec l'âge (*Cistula*).
    - Cupulé (*Cupula*).
    - Turbiné (*Turbinaria*).
    - A plis concentriques (*Gyroma*).

En combinant les formes principales du thalle et celles de l'apothécion, il est possible d'établir dix-huit groupes qui s'enchaînent. Ce sont là les principaux types de la famille, les grands genres, s'il est permis d'adopter cette manière de s'exprimer. En les disposant en cercle on rapproche ainsi les Bœomycées des Cénomycécs.

Les points de contact qui se trouvent entre les Lichens et les autres familles cryptogamiques, nous ont conduit aux divisions suivantes.

ORDRE NATUREL DES LICHENS.

† Thalle adhérent amorphe.
a. Apothécion stipité.

§ I. — *Faux Champignons.*
Apothécion arrondi, charnu.

BOEOMYCÉES.
Bœomyces, Achar.
Apothécion creusé, non charnu.

CALYCIOÏDES.
Calycium, Ach. ; *Acolium*, N.
β. Apothécion sessile.

§ II. — *Faux Hypoxylons.*
Apothécion linéaire.

GRAPHIDÉES.
Arthonia, Ach. ; *Heterographa*, N. ; *Enterographa*, N. ; *Opegrapha*, Ach. ; *Graphis*, Ach. ; *Sarcographa*, N. ; *Fissurina*, N.
Apothécion hémisphérique.

VERRUCARIÉES.
* Glyphidées.
Glyphis, Ach.

** Trypéthéliacées.
Chiodecton, Ach. ; *Trypethelium*, Ach.

*** Porinées.
Parmentaria, N. ; *Pyrenula*, Ach. ; *Porina*, Ach. ; *Verrucaria*, Ach. ; *Thelotrema*, Ach. ; *Ascidium*, N.

**** Thécariées.
Thecaria, N.

Genre obscur.
Polystroma, Ach.

§ III. — *Vrais Lichens.*
Gongyles nus.

CONIOCARPÉES.
Lepraria, Ach. ; *Coniocarpon*, De Cand.
Apothécion s'évasant en coupe.

VARIOLAIRES.
Gassicurtia, N. ; *Variolaria*, Ach.
Apothécion marginé discoïde.

LÉCANORÉES.
Myriotrema, N. ; *Echinoplaca*, N. ; *Urceolaria*, N. ; *Lecidea*, Ach. ; *Lecanora*, Ach.
†† Thalle figuré en folioles soudées.

SQUAMMARIÉES.
* Espèces qui croissent sur les écorces, la terre ou les pierres.
Psora, D. C. ; *Squammaria*, D. C. ; *Placodium*, D. C.
** Espèces qui croissent sur les feuilles.
Nematora, N. ; *Racoplaca*, N. ; *Phyllocharis*, N. ; *Craspedon*, N. ; *Melanophthalmum*, N. ; *Aulaxina*, N.

††† Thalle libre.
* Surfaces dissemblables.
α. Appliqué.
A. Étendu en folioles membraneuses.
Apothécion scutelloïde marginé libre vers les bords.

PARMÉLIACÉES.
Parmelia, Ach. ; *Circinaria*, N. ; *Sticta*, Schreb. ; *Plectocarpon*, N. ; *Delisea*, N.
B. Thalle étendu en folioles gélatineuses à l'état humide.

COLLÉMATÉES.
Collema.

c. Thalle étendu en folioles coriaces.
Apothécion arrondi, onguiculé, réniforme, attaché par le côté.

PELTIGÈRES.
Erioderma, N. ; *Solorina*, Ach. ; *Peltigera*, N. , *Peltidea* et *Nephroma*, Ach.

β. Thalle fixé au centre.

Apothécion sous-patellulé à surface rugueuse ou marquée de stries.

Gyrophora, Achar. ; *Umbilicaria*, Pers.

** Thalle à surfaces semblables.

A. Tendant à s'aplatir, lacinié.

Apothécion scutelloïde.   .

RAMALINÉES.

Cetraria, Ach. ; *Roccella*, Ach. ; *Borrera*, Ach. ; *Evernia*, Ach. ; *Ramalina*, Ach.

B. Tendant à s'arrondir.

1. Filamenteux, traversé par une nerville.

Apothécion scutellé, immarginé, cilié.

USNÉES.

Usnea, Ach.

2. Non traversé par une nerville, quelquefois légèrement comprimé.

CORNICULAIRES.

Alectoria, Ach. ; *Cornicularia*, Schr. ; *Cœnogonium*, Ehrenb.

c. Thalle dendroïde.

1. Solide.

Apothécion globuleux émettant une poussière noire.

SPHÆROPHORES.

Isidium, Ach. ; *Sphærophoron*, Pers. ; *Stereocaulon.*

2. Fistuleux.

Apothécion hémisphérique, charnu.

CÉNOMYCÉES.

Cladonia, D. C. ; 63. *Scyphophorus*, D. C. ; *Pycnothelia*, Duf.

Appendix.

Apothécion arrondi, immergé.

Thalle foliacé, coriace.

§ IV. *Fausses hépatiques.*

Endocarpon.

Incertæ sedis.

Tricharia.

Nous renvoyons le lecteur aux différens articles que nous avons faits pour chacun de ces genres, afin qu'on puisse connaître à fond les raisons qui out motivé les modifications apportées dans la Méthode d'Acharius.

Il n'est pas encore possible de donner avec exactitude la géographie botanique des Lichens ; comme l'humidité et une chaleur tempérée sont nécessaires au développement de ces Végétaux, on doit en conjecturer que dans les lieux trop chauds ou trop froids il n'y en a qu'un petit nombre. Il est à remarquer que dans les États-Unis et dans toute l'Amérique septentrionale, les espèces que l'on trouve sont, à peu d'exceptions près, les mêmes que les nôtres. Nous avons fait la même remarque à l'égard des espèces récoltées dans les îles Malouines par Gaudichaud et Durville. Acharius a décrit huit cents Lichens et plus de cinq cents variétés. Nos travaux sur les écorces officinales ont augmenté de deux cents espèces ce nombre déjà si considérable ; si on ajoute à ce total les espèces décrites, depuis Acharius, dans divers ouvrages isolés, et celles qui se trouvent dans notre collection, et dans les herbiers non moins riches de Delise, Léon Dufour, Bory de Saint-Vincent, Persoon, et dans ceux de plusieurs botanistes étrangers, on peut hardiment porter à deux mille quatre cents espèces, les Lichens qui pourraient entrer dans un nouveau Synopsis, et ce nombre est encore loin de la réalité. Que de pays restent encore à explorer ! Que de choses inconnues dans des contrées que l'on croit connaître !

Les Lichens ne sont point sans importance pour l'Homme. La médecine leur doit un médicament précieux dont les effets ne sont plus contestés. Le Lichen d'Islande est un puissant analeptique ; on en prépare des décoctions, des pâtes, des gelées, des pastilles, un chocolat, et sous toutes ces formes son administration a été suivie d'heureux effets. Ce n'est pas le seul Lichen qui serve en médecine ; on a indiqué les *Usnea barbata* et *florida* comme propres à faire croître les cheveux ; le *Scyphophorus pixydatus* contre la coqueluche des enfans ; le *Peltigera aphtosa* est émétique ; le *Peltigera canina* a été réputé excellent pour combattre la rage. Nous sommes loin de garantir toutes les vertus exagérées attribuées aux Lichens, mais leur importance n'est pas seulement dans les services qu'ils peuvent rendre à l'Homme malade ; l'art du teinturier leur doit plus encore que la médecine. Plus les Lichens paraissent s'éloigner de la forme crustacée, plus ils sont propres aux usages médicinaux ; plus ils s'en rapprochent, au contraire, plus ils conviennent à la teinture. C'est particulièrement dans le nord de l'Europe qu'ils servent à cet usage. Les paysans de la Westrogothie sont les premiers qui ont découvert une matière colorante dans la Lécanore tartareuse ; ils l'ont employée pendant des siècles à la teinture en rouge de plusieurs petits ouvrages faits au tour, qui est, pour eux, l'objet d'un commerce assez lucratif. Ce ne fut que quelque temps après l'établissement de leurs manufactures de drap, qu'ils ont imaginé d'employer ce Lichen, et par suite plusieurs autres, à la teinture des étoffes de laine. Il y a en Angleterre et en Hollande, des fabriques de couleurs dont la matière première ne consiste qu'en Lichens récoltés sur les rochers de la Suède et de la Norwège. L'Orseille et la Parelle d'Auvergne sont deux objets assez importans du commerce français.

Presque tous les Lichens, placés sous l'eau ou à la lumière, dégagent de l'Oxigène comme les feuilles des autres Végétaux. On observe en rompant le thalle des Lichens, que sa substance, de blanche qu'elle était, devient verte peut-être par la combinaison de l'Oxigène de l'air. Ils passent au jaune, dans les herbiers, en vieillissant.

Plusieurs Lichens fournissent de la gomme et un principe amer dont on les débarrasse en ajoutant à l'eau des macérations faites à froid, une petite quantité de carbonate de Soude ou de Potasse. C'est la présence de ce mucilage qui les rend propres à servir à la nutrition. Les habitans de l'Islande préparent avec le *Cetraria Islandica*, un gruau et une farine nommée *ficellgræs* ; en Sibérie on fait avec la Pulmonaire de Chêne, une bierre assez agréable. Le *Cladonia rangiferina* est le pâturage le plus commun, dans les parties les plus septentrionales de l'Europe. Les Lapons lui doivent la conservation de leur bétail, seule richesse des âpres climats qu'ils habitent. Leurs champs, sans verdure, seraient bientôt sans Animaux, si le Renne ne paissait les Lichens que son instinct lui fait trouver sous la neige ou sur les écorces du peu d'Arbres qui semblent végéter à regret sur cette terre désolée. S'il n'est pas prouvé que la terre ait été créée pour l'Homme, la nature lui a du moins donné l'intelligence nécessaire pour que la terre devînt son domaine. (A. F.)

* **LICHINA.** BOT. CRYPT. (*Hydrophytes.*) Agardh a formé sous ce nom un genre aux dépens du *Gigartina* de Lamouroux et du *Gelidium* de Lyngbye. Il lui attribue pour caractères : un tubercule solitaire percé d'un pore, et il en mentionne deux espèces, *Lichina pygmœa* et *confinis*. Nous avons la certitude que ces deux espèces pour lesquelles l'algologue suédois ne cite point le synonyme de *Gigartina pygmœa* de Lamouroux (Ess., pl. 49, tab. 4, f. 12-13), Plante qu'il renvoie à son *Chondria Kaliformis*, sont cependant la Plante de feu notre ami sous deux formes, et simplement des variétés du *Gelidium pygmœum* de Lyngbye (*Hydroph.*, p. 41) ; *Fucus pygmœus* α et β de Turner (pl. 204) qu'Acharius (*Prodr. Lich.*, p. 208) avait pris pour un Lichen, et nommé *Stereocaulon confine*. Cette Plante, l'une des plus petites de la classe des Hydrophytes, n'en est pas moins assez dure et résistante. Elle est très-commune sur les rochers des

côtes septentrionales de l'Europe, aux limites de la haute marée et dans les lieux que n'atteignent que durant peu de temps les plus hautes vagues ou la petite pluie qui résulte de leur brisement. Nous l'avons observée à Belle-Ile en mer formant une zône noirâtre sur les flancs coupés à pic de la côte, aux limites de l'eau. Lesson nous en a communiqué un échantillon rapporté de la Conception, au Chili, qui ne nous semble différer en rien de l'espèce européenne. (B.)

LICHTENSTEINIA. BOT. PHAN. Deux genres ont été établis sous ce nom par les auteurs allemands. Wendland a ainsi caractérisé l'un d'eux : calice double, l'extérieur et l'intérieur à trois ou cinq dents ; corolle monopétale, tubuleuse ; cinq étamines réunies à leur sommet et plus longues que la corolle ; disque inséré sur le calice ; ovaire supérieur à un seul style ; baie renfermant cinq graines. Ce genre, qui appartient à la Pentandrie Monogynie, L., est voisin des *Loranthus* et ne renferme qu'une seule espèce qui est indigène du cap de Bonne-Espérance. C'est un Arbrisseau à feuilles opposées, ovales, et à fleurs rouges disposées en bouquets axillaires.

L'autre genre a été constitué par Willdenow dans le premier volume du Magasin des curieux de la nature de Berlin, et caractérisé de la manière suivante : calice nul ; six pétales ondulés et canaliculés ; six étamines hypogynes ; ovaire supérieur surmonté de trois styles ; capsule triloculaire contenant plusieurs graines attachées aux sutures des valves. Ce genre, de l'Hexandrie Trigynie, se compose de deux espèces qui croissent au cap de Bonne-Espérance. Willdenow leur a donné les noms de *Lichtensteinia lævigata* et *undulata*. (G..N.)

LICIET. BOT. PHAN. Pour Lyciet. *V.* ce mot. (B.)

LICINE. *Licinus.* INS. Genre de l'ordre des Coléoptères, section des l'entamères, famille des Carnassiers,

tribu des Carabiques Thoraciques, établi par Latreille, et ayant pour caractères : dernier article des palpes extérieurs presque en forme de hache ; antennes point moniliformes ; mandibules très-obtuses à leur extrémité. Ces Insectes diffèrent des Harpales, et de tous les petits genres que celui des Féronies de Latreille comprend, par la manière dont se terminent leurs mandibules et leurs palpes extérieurs ; l'évasement du bord antérieur de leur tête est un caractère qu'ils n'ont de commun qu'avec les Badistes et les Dicèles, et qui distingue ces genres de tous les autres. Les Licines ont la tête assez grosse, aplatie, leurs antennes sont filiformes, composées d'articles presque cylindriques ; la languette est saillante ; elle a, de chaque côté du bord supérieur, une oreillette membraneuse et pointue. L'échancrure du menton n'a point de dentelures ; le bord antérieur et supérieur de la tête est cintré, le labre est échancré, ainsi que les mandibules qui sont tronquées et très-obtuses. Le corselet est aussi large ou presque aussi large que l'abdomen, souvent presque carré avec les angles arrondis ; les deux premiers articles des tarses antérieurs sont dilatés dans les mâles et forment une palette arrondie, garnie en dessous de papilles nombreuses et serrées. Les larves des Licines sont presque semblables à celles des Harpales ; seulement elles sont plus aplaties et plus allongées. On trouve l'Insecte parfait sous les pierres, et le plus souvent dans les terrains calcaires et élevés. Leur couleur est toujours noire. On peut diviser ce genre en deux sections ; dans la première se rangent ceux qui sont aptères ; tel est :

Le LICINE SILPHOIDE, *L. silphoides*, Clairv. (Entom. Helv., t. 2, pl. 15, b. B.) ; *Carabus silphoides*, Fabr. Long d'environ huit lignes, noir avec le corselet presque carré, échancré en devant ; élytres ponctuées, presque ridées, et ayant chacune neuf lignes imprimées. On le trouve dans plusieurs départemens de la France et

en Allemagne. Parmi les espèces ailées nous citerons :

Le LICINE ÉCHANCRÉ, *L. emarginatus*, *Carabus cassideus*, Fabr.; Carabe échancré, Oliv. (Entom. T. III,
n° 55, pl. 13, fig. 150). Il se trouve
aux environs de Paris et en Allemagne.   (G.)

LICOCHES. MOLL. L'un des noms
vulgaires des Limaces. *V.* ce mot.
                            (B.)

LICONDO. BOT. PHAN. (Linschott.)
Grand Arbre du Congo qui ne peut
être que le Baobab. *V.* ce mot. (B.)

LICOPHRE. *Licophris.* POLYP.
Lorsque l'on examine avec soin le
corps auquel Montfort (*Conchil.
Syst.* T. 1) a donné ce nom, on se
demande pourquoi les auteurs qui
en ont parlé l'ont toujours conservé
parmi les Mollusques; ce corps a
tant de rapports avec les Orbitolites
de Lamarck qui sont des Polypiers,
qu'il est impossible de les séparer
génériquement à moins de le faire
sur le seul caractère des inégalités
qui se voient dans l'un et qui n'existent pas dans l'autre; si on fait attention en outre au passage insensible
des espèces depuis les plus tuberculeuses jusqu'aux plus planes, comme
celle des environs de Paris, et à l'embarras où l'on serait de fixer une
limite entre elles, on sera forcé de
convenir que le Licophre forme l'extrémité d'une série dont l'Orbitolite
de Grignon serait le commencement.
Toute cette série doit incontestablement appartenir à un seul et même
genre auquel nous renvoyons. *V.*
ORBITOLITE.   (D..H.)

LICORNE. *Monoceros.* MAM. Les
naturalistes modernes, à peu près d'un
accord unanime, placent la Licorne
presque au rang de ces êtres fabuleux que l'imagination des poëtes
s'est plue à créer, et ne lui supposent
guère une existence plus réelle qu'au
Griffon, à l'Hippogriffe ou aux mer-
veilleuses Syrènes. On a peine en effet à se défendre de cette opinion,
quand on se rappelle que la Licorne
n'a été vue par aucun zoologiste, ni

par aucun voyageur dont l'instruction et la bonne foi bien connues
missent le témoignage hors de doute;
que les récits qui attestent son existence, n'ont pour la plupart aucune
authenticité; que toutes les prétendues cornes de ce Quadrupède, qu'on
a dit avoir découvertes, et qu'on a
montrées en divers lieux, se sont
trouvées, à l'examen, n'être que des
cornes d'Orix, ou des dents de
Narwhal, et quelquefois même de
l'ivoire tourné; enfin que de nombreuses et actives recherches ont été
faites à plusieurs reprises, et toujours sans succès. Cependant la question n'est point encore décidée d'une
manière tellement certaine, que nous
ne croyions devoir rapporter quelques-uns des nombreux faits qui
viennent à l'appui de l'opinion contraire; opinion qui paraît encore
être celle de plusieurs naturalistes
très-recommandables.

L'existence d'un Animal unicorne,
ou, comme on peut le dire, ayant ses
deux cornes réunies sur la ligne médiane, n'est d'ailleurs pas, comme on
l'a dit, anatomiquement impossible;
et c'est ce que semblent prouver plusieurs faits propres, soit à nos races
domestiques de Moutons et de Chè-
vres, soit même au jeune âge de
l'Antilope *Caama.*

Tous les anciens parlent de l'existence de la Licorne, comme d'un
fait dont il n'y a pas à douter. « Elle
a, dit Pline (livre VIII, des Animaux terrestres), la tête du Cerf,
les pieds de l'Eléphant, la queue du
Sanglier, la forme générale du Cheval ; une corne noire, longue de
deux coudées, sort du milieu de son
front; elle habite le pays des In-
diens-Orséens, qui lui font la chasse; mais on ne peut, dit-on, la
prendre vivante. » Au reste les anciens lui attribuaient aussi pour patrie l'Afrique centrale, et regardaient
sa corne comme une arme redouta-
ble, ainsi que nous l'apprennent
plusieurs auteurs; et c'est aussi dans
l'Asie et dans l'Afrique centrales
qu'elle habiterait suivant les rela-

tions modernes. Les Arabes nomment *Champhur* un Animal qui, dit-on, ressemble à l'Ane, mais qui porte une corne au milieu du front; et la Brebis de Madagascar, de la taille d'une Chèvre, a de même une seule corne. On croit aussi généralement dans une grande partie de l'Afrique, comme nous l'apprend Sparrmann dans son Voyage au Cap, à l'existence d'un Animal unicorne qui ressemblerait beaucoup au Cheval. Le naturaliste suédois ajoute même, d'après un voyageur qu'il nous représente comme instruit et comme très-digne de foi, qu'il existe dans une plaine du pays des Hottentots-Chinois, sur la surface unie d'un rocher, un dessin grossièrement tracé, il est vrai, et tel, dit-il, qu'on peut l'attendre d'un peuple sauvage et sans arts, mais où l'on reconnaît cependant sans peine la Licorne. Enfin les Hottentots-Chinois auraient donné au même voyageur des détails sur la chasse de cet Animal fort rare, extrêmement léger à la course, méchant et furieux. Si Sparrmann avait vu lui-même ce dessin, et s'il avait appris directement des naturels du pays les détails très-circonstanciés qu'il rapporte, son seul témoignage ne permettrait plus guère de doute.

Un voyageur italien, nommé Barthéma, dit avoir vu à la Mecque, « dans une cour murée, deux Licornes, qu'on lui montra comme de grandes raretés; » il en donne une description assez détaillée, et ajoute « qu'elles avaient été données au sultan de la Mecque par un roi d'Ethiopie, comme la plus belle chose et le plus riche trésor qui fût au monde. » (*V. Itinerario* de L. de Barthéma, 1517). Suivant un Hollandais, nommé Cloete, une Licorne fut tuée, en 1791, par une troupe de Hottentots, à seize journées de Cambado, et à trente journées (en voyageant avec un chariot de Bœufs) de la ville du Cap. Ce Cloete offrait même de fournir une peau de Licorne, si on voulait lui donner une somme qui valût un voyage de trente

jours; et il ajoutait que la figure de cet Animal se trouve gravée sur plusieurs centaines de rochers par les Hottentots qui habitent les bois. Ainsi se trouve confirmé le fait que rapporte Sparrmann; fait également vérifié par Barrow qui dit avoir vu plusieurs fois de semblables figures à côté de plusieurs autres qui représentaient d'une manière parfaitement reconnaissable divers Animaux réels de l'Afrique centrale. Nous pouvons même ajouter ici que Delalande et son compagnon de voyage Verreaux ont pareillement, dans la même contrée, recueilli divers indices qui tendraient aussi à prouver l'existence de la Licorne; ils l'ont vue figurée en manière d'ornement sur un manche de poignard avec un Singe et un autre Quadrupède; et plusieurs Hottentots leur ont assuré qu'ils l'avaient eux-mêmes observée. Enfin plus récemment encore, divers documens, recueillis par Férussac dans le Bull. des Sc. Nat. (avril 1824, n. 3, p. 375), nous sont encore venus à la fois et de l'Afrique et de l'Asie centrales. Un esclave des environs de Koldagi a raconté de son propre mouvement, au voyageur Ed. Rüppel, qu'il existe dans son pays un Animal de la grandeur d'une Vache, mais de la forme svelte de la Gazelle, dont le mâle porte sur le front une longue corne droite qui manque à la femelle; cet Animal porterait dans le pays le nom de Nilukma. Cet esclave, qui n'avait jamais été questionné sur la Licorne, a d'ailleurs donné diverses preuves de sincérité; il a, par exemple, fait une description très-exacte et très-fidèle de l'Oie de Gambie. A peu près dans le même temps le major Lattar qui avait un commandement dans les montagnes de l'est du Népaul, faisait constater par un rapport officiel, que la Licorne, Animal regardé comme fabuleux, existe réellement dans l'intérieur du Thibet; et il en donnait une description détaillée. Enfin l'on a envoyé à la Société de Calcutta une grande corne en spirale provenant d'une Licorne, avec le dessin, la description et des observations sur les mœurs de ce Quadrupède, dont tous les habitans de B'hote, que le commerce et la dévotion conduisent chaque année au Népaul, attestent unanimement l'existence. Ce Quadrupède qu'ils nomment *Chiro*, habiterait la contrée boisée connue des indigènes sous le nom de Changdung (*V.* Gazette du gouver. de Calcutta, Asiat. Journ., décembre 1824, et Bull. Sc. Nat., *loc. cit.*).

Tous ces témoignages si remarquables, tous ceux nombreux encore, mais moins authentiques, que nous pourrions ajouter; la manière véritablement étonnante dont la plupart s'accordent entre eux pour leurs détails, ne suffisent pas sans doute, comme nous le verrons, pour démontrer l'existence de la Licorne, mais ils montrent du moins qu'on ne doit pas trop légèrement prononcer qu'il ne faut voir en elle qu'un être fabuleux. Attribuer uniquement à l'amour du merveilleux cette multitude de témoignages en faveur d'un même fait; regarder comme entièrement fausses et comme dénuées de tout fondement des choses attestées de nos jours par les grossiers habitans de l'Arabie, du Népaul et de la Cafrerie, après l'avoir été par Aristote, par Élien, par Pline, n'est d'ailleurs nullement possible, nullement rationnel. Aussi la plupart des naturalistes modernes, tout en se refusant à admettre l'existence de la Licorne, ont-ils bien senti que quelque chose de réel devait avoir donné naissance à une croyance aussi généralement répandue, et ont-ils cherché à l'expliquer, pensant bien qu'une opinion formée de tant d'élémens divers, pourrait bien être fondée sur l'exagération, mais non pas sur le mensonge seul. De-là diverses conjectures dont il est important de faire connaître les principales.

On voit sur divers monumens égyptiens des figures de l'Orix dessinées si exactement de profil, qu'une seule corne est apparente, la seconde se trouvant entièrement cachée par celle qui se trouve du côté du spectateur. N'est-il pas possible que la vue d'une semblable figure ait donné l'idée de la Licorne? Cette conjecture a d'autant plus de vraisemblance que les formes et les proportions qu'on lui attribue, sont à peu près celles de l'Orix, et que ses cornes sont parfaitement semblables à celles de cette Antilope; et elle se concilie d'ailleurs très-bien avec l'hypothèse de Pallas. Cet illustre naturaliste ayant remarqué (*Spicilegia Zool.*, fasc. XII) que le nombre des cornes n'était pas constamment le même chez les Antilopes, et ayant vu dans la même espèce des individus qui en avaient trois, et d'autres qui n'en avaient qu'une seule, fut conduit à penser que la Licorne pourrait bien n'être qu'une variété unicorne de quelque espèce de ce genre, et particulièrement de l'Orix. Sans vouloir donner toutes les preuves qui pourraient venir à l'appui de cette opinion, nous ferons remarquer seulement que tout ce qui a été dit pour démontrer l'existence de la Licorne, se concilie admirablement bien avec elle. La patrie de l'Orix est précisément la région de l'Afrique où l'on suppose généralement qu'elle existerait; et quant aux différences de taille, de couleur et de patrie que lui attribuent quelques-unes des descriptions qu'on en a données, elles s'expliquent très-bien, puisqu'il existe d'autres espèces plus ou moins voisines de l'Orix, comme sont l'Algazel et le Leucorix, et qui peuvent de même par anomalie devenir unicornes. On concevra de même l'observation que nous avons rapportée d'une Licorne de l'Inde à corne en spirale, observation à laquelle son authenticité semblait donner de l'importance. Si en effet les Licornes ne sont que des variétés unicornes d'Antilope, pourquoi n'en existerait-il pas à corne en spirale, aussi bien qu'à corne droite? On a dit, il est vrai, que si la corne présentée à la Société de Calcutta, avait été une corne d'Antilope, elle eût été reconnue pour telle par les membres de cette Société : mais nous croyons qu'on peut répondre à cette objection, la seule qu'on puisse faire. On sait en effet, et c'est Pallas lui-même qui l'a remarqué le premier, que la corne, chez les Antilopes qui n'en ont par anomalie qu'une seule, acquiert un développement considérable, et prend une forme et une direction différentes de ce qui a lieu dans l'état normal. Enfin il n'est pas jusqu'à l'extrême rareté de la Licorne qui ne vienne à l'appui de l'hypothèse de Pallas ; hypothèse qui réunit tous les caractères de la vérité, et qui semble nous mettre en droit de conclure que très-probablement la Licorne, telle que les anciens l'imaginaient, n'existe pas dans la nature. Nous disons probablement ; car tant que la prétendue Licorne n'aura pas été vue elle même par des naturalistes, tant qu'on n'aura pas bien constaté qu'elle n'est réellement qu'une Antilope anomale, quelque vraisemblable que puisse être la conjecture de Pallas, on devra toujours la regarder comme un peu hypothétique ; imitant ainsi, à quelques égards, la réserve de son illustre auteur, qui, dix ans après la publication de ses *Spicilegia*, écrivait encore à Sparrmann : « Je suis depuis long-temps très-persuadé que les récits des anciens, concernant la Licorne, n'étaient pas dénués de tout fondement, mais que peut-être les Antilopes unicornes, dont j'ai parlé, *fasc.* XII *Spicilegiorum*, y avaient donné lieu, où que jadis lorsque l'intérieur de l'Afrique était plus fréquenté par les voyageurs européens, ils connaissaient quelque autre espèce particulière d'Animaux unicornes, qui nous sont à présent inconnus. »

Le Narwhal a aussi, par comparaison, été nommé Licorne de mer.

(IS. G. ST.-H.)

LICORNE. POIS. Nom donné quelquefois aux Balistes du sous-genre Monacanthe. *V.* BALISTE. (B.)

LICORNE. *Monoceros.* MOLL. De

Blainville, dans le Dictionnaire des Sciences Naturelles, T. XXVI, attribue la création de ce genre à Montfort ; cependant nous trouvons dans la Philosophie Zoologique de Lamarck le genre *Monoceros*, établi dans la famille des Purpuracées ; entre les Pourpres et les Concholepas où est sa place naturelle. Nous le retrouvons, dans l'Extrait du Cours, dans la famille des Purpurifères, sous la même dénomination et dans les mêmes rapports. Montfort a dû puiser à cette source pour la formation de ce genre dont il a traduit le nom en français et changé la dénomination de *Monoceros* en celle d'*Unicornus*. Ce genre, extrait des Pourpres, a ensuite été adopté par le plus grand nombre des conchyliologues. Cuvier, Férussac, de Blainville l'ont admis comme sous-genre des Pourpres dont il présente la forme générale et la columelle aplatie. Voici les caractères que lui donne Lamarck : coquille ovale ; ouverture longitudinale se terminant inférieurement par une échancrure oblique ; une dent conique à la base interne du bord droit. Le seul caractère important qui sépare ce genre des Pourpres est la dent conique, constante, plus ou moins longue, qui se voit à la base du bord droit. Cette dent, dont on ne connaît pas le mode de formation, pourrait être produite, à ce que pense de Blainville, par l'organe de la génération, dont le passage est vers cet endroit. Cette idée pourrait se confirmer, car les Licornes ne sont pas les seules Coquilles qui aient une saillie sur le bord droit. Nous en avons reconnu une presque semblable ou du moins très-analogue dans trois espèces du genre Turbinelle de Lamarck, et un véritable Fuseau rapporté dernièrement par l'expédition de la corvette *la Coquille* présente ce caractère aussi constamment et d'une manière aussi tranchée que les Licornes. Ce caractère, s'appliquant à plusieurs genres, devient beaucoup moins certain pour celui qui nous occupe, et pourrait apporter de la confusion dans divers genres, si on voulait en faire l'application exacte et rigoureuse. On doit donc entendre par *Monoceros* les Coquilles qui, avec tous les caractères des Pourpres, ont de plus une dent sur le bord droit. Ce genre est peu nombreux en espèces; Lamarck en décrit cinq, et Brocchi une fossile en Italie.

LICORNE TUILÉE, *Monoceros imbricatum*, Lamk., Anim. sans vert. T. VII, 251, n. 2; Encycl., pl. 396, fig. 1, a, b; *Buccinum Monoceros*, Brug., Dict. Encycl., n. 11; Martini, Conchil. Cab. T. III, pl. 69, fig. 761; Favanne, Conch., pl. 27, fig. d, 1. On trouve cette Coquille, la plus commune du genre, figurée dans le magnifique ouvrage de Martyns; une autre espèce que Lamarck y rapporte également, s'y voit pl. 50, c. Si on les compare avec le soin nécessaire, on voit qu'elles appartiennent à deux espèces très-distinctes, et la seule figure qui représente la Licorne tuilée dans cet ouvrage est celle de la planche 10, e. C'est une Coquille ovale à spire courte, composée de quatre à cinq tours dont le dernier est très-grand. Ils sont couverts de côtes transverses, couvertes d'écailles serrées, ce qui rend la coquille rude au toucher. Elle est de couleur brun fauve, plus ou moins foncé, selon les individus; en dedans elle est blanche; sa columelle est arquée comme dans les Pourpres, et aplatie de même. A la base de la lèvre droite se voit une dent courbée, grande, pointue, dont la base assez large se continue en dedans par une côte saillante. C'est dans les mers Magellaniques que se trouve cette Coquille, qui a quelquefois jusqu'à trois pouces de longueur.

Les autres espèces sont le *Monoceros cingulatum*, Lamk., Anim. sans vert. T. VII, p. 250, n. 1; Encyclop., pl. 4, a, b, qui est extrêmement rare; le *Monoceros striatum*, Lamk., *loc. cit.*, n. 3; *Monoceros Narval*, Encycl., pl. 596, fig. 3, a, b; le *Monoceros glabratum*, *ibid.*, *loc. cit.*, n. 4, et Encycl., pl. 596, fig. 5, a, b, espèce fort remarquable et recherchée,

et le *Monoceros crassilabrum*, Lamk., *loc. cit.*, n. 5; Encycl., pl. 596, fig. 2, a, b. Brocchi a nommé, dans sa Conchyliologie subapennine, pl. 4, fig. 12, *Buccinum Monachantes*, l'espèce qui se trouve fossile dans le Plaisantin.   (D..H.)

* LICORNET. POIS. Espèce du genre Rason. *V.* ce mot.   (B.)

LICUALA. BOT. PHAN. Thunberg (*Act. Holm.*, 1782, p. 284) a établi ce genre qui appartient à la famille des Palmiers et à l'Hexandrie Monogynie. Dans son *Genera Palmarum*, Martius l'a ainsi caractérisé : fleurs sessiles, hermaphrodites, enveloppées de plusieurs spathes incomplètes; calice à trois divisions profondes; corolle à trois pétales légèrement soudés; six étamines réunies à la base en urcéole; ovaire triloculaire surmonté d'un style simple et de deux stigmates; drupe monosperme; embryon latéral. Ce genre ne renferme qu'une seule espèce que Rumph (*Herb. Amb.*, 1, t. 9) avait décrite et figurée sous le simple nom de *Licuala*; Lamarck en a fait une espèce de *Corypha*. Cette Plante (*Licuala spinosa*, Thunb.) a une tige courte et grêle, formée d'un bois très-dur. Ses frondes sont terminales, palmées-radiées, à pétioles épineux et à pinnules frangées. Elle croît dans les Indes-Orientales et principalement dans les Moluques.   (G..N.)

LIDA-BOAYA. BOT. PHAN. L'un des noms de pays chez les Malais d'*Aloe vera*, L., espèce du genre Aloès.   (B.)

LIDBECKIE. *Lidbeckia*. BOT. PHAN. Genre de la famille des Synanthérées, Corymbifères de Jussieu, et de la Syngénésie superflue, L., établi par Bergius (*Descript. Pl. Cap.*, p. 306, t. 5, f. 9) et adopté par Cassini qui lui attribue les caractères suivans : involucre formé de folioles un peu inégales, disposées irrégulièrement sur trois rangs, appliquées, oblongues-lancéolées, coriaces, glabres et ciliées sur les bords; réceptacle hérissé de poils inégaux; fleurs du disque nombreuses, régulières, hermaphrodites, ayant un ovaire oblong, muni de côtes longitudinales et de deux bourrelets, l'un à la base, l'autre au sommet, dépourvu d'aigrette, et surmonté d'un nectaire très-élevé, épais, cylindracé, sur lequel le style est articulé. Les fleurs de la circonférence sont disposées sur un seul rang, en languettes et neutres; elles possèdent seulement un rudiment d'ovaire long et membraneux. Les botanistes ne se sont accordés ni sur les caractères de ce genre, ni sur sa composition. Leurs descriptions ne sont souvent qu'une suite d'erreurs copiées servilement les unes sur les autres, et ce que plusieurs ont nommé *Lidbeckia* offrait l'assemblage de quelques espèces sans affinités. Ainsi les fleurs de la circonférence ont été décrites comme femelles, l'involucre comme monophylle, le réceptacle comme absolument nu, etc., etc. L'organe nommé nectaire par Cassini était généralement considéré comme un des articles du style qui était censé en posséder deux dont l'inférieur était plus court. En rectifiant ces erreurs, Cassini a placé dans le *Lidbeckia* d'abord le *L. pectinata*, Berg., et le *L. lobata*, Willd., qu'il a nommé *L. quinqueloba*. Ce genre avait été confondu avec le *Cotula* par Linné. Willdenow admit sa distinction, mais il y réunit le *Cotula turbinata*, L., type du genre *Cenia* de Commerson et de Jussieu. C'est un genre semblable que Lamarck, dans ses Illustrations des genres, constitua sous le nom de *Lancisia* autrefois proposé par Pontédéra pour une autre Plante du genre *Cotula*. Ce dernier nom a été encore appliqué par Persoon au vrai *Lidbeckia*; mais il en a séparé le *Cenia*.

Les Lidbeckies appartiennent à la tribu des Anthémidées de Cassini. Ce sont des Plantes herbacées, à tiges simples ou peu rameuses, à feuilles pinnatifides ou quinquélobées, et à fleurs imitant celles des Chrysanthèmes. Elles croissent au cap de Bonne-Espérance.　(G..N.)

LIDMÉE. MAM. On ne sait quelle est l'Antilope que le voyageur Shaw entend désigner sous ce nom.　(B.)

* **LIEBERKUHNE.** *Lieberkuhna.* BOT. PHAN. Genre de la famille des Synanthérées, Corymbifères de Jussieu, et de la Syngénésie superflue, L., établi par Cassini qui l'a ainsi caractérisé : involucre composé de folioles imbriquées, oblongues-lancéolées, membraneuses et étalées dans leur partie supérieure; réceptacle plane et nu; calathide radiée; fleurons du centre peu nombreux, hermaphrodites, ayant une corolle ordinairement labiée, à lèvre intérieure profondément divisée en deux, et à lèvre extérieure divisée en trois au sommet ou jusqu'à la moitié; fleurons de la circonférence femelles, ayant une corolle à tube long et à languette longue, large et terminée par deux ou trois dents. Les akènes sont très-allongés, amincis de bas en haut, surmontés d'une aigrette de poils nombreux, inégaux et très-légèrement plumeux. L'auteur de ce genre le place dans la tribu des Mutisiées entre les genres *Leria* et *Leibnitzia* dont il ne diffère que par de faibles caractères. Il est seulement composé des deux espèces suivantes : 1° *Lieberkuhna bracteata*, Cass., ou *Perdicium piloselloides*, Vahl, *Act. Soc. nat. Hafn.* T. II, p. 38, tab. 5; 2° *L. nudipes*, Cass., ou *Tussilago pumila*, Swartz, *Flor. Ind. Occid.*, vol. 3, p. 1350. Ce sont de petites Plantes herbacées dont la première est indigène des environs de Montévidéo et la seconde des hautes montagnes de la Jamaïque.　(G..N.)

LIÉGE. BOT. CHIM. Cette couche épidermoïde du bois d'une espèce de Chêne (*V.* ce mot) a été examinée chimiquement par Chevreul qui l'a traitée successivement par l'Eau et par l'Alcohol. Indépendamment de plusieurs principes colorans, de l'Acide gallique, des substances résineuses et de quelques Sels à base de Fer et de Chaux, il y a découvert deux substances particulières qu'il a nommées

Cérine et Subérine. La première cristallise en petites aiguilles blanches, offre quelques rapports avec la cire, mais s'en distingue essentiellement en ce que, mise dans l'eau bouillante, elle se ramollit sans se liquéfier et qu'elle se précipite au fond du vase. Elle ne paraît pas susceptible d'être dissoute par l'eau de Potasse. La Subérine est le tissu propre du Liége. Par l'action de l'Acide nitrique, cette substance produit un Acide particulier qui a reçu le nom de Subérique. *V*. Acide. (G..N.)

On appelle Liége des Antilles ou Bois de Liége, une espèce de *Bombax*. *V*. Fromager. (B.)

LIÉGE FOSSILE ou DE MONTAGNE. min. L'un des noms vulgaires de l'Asbeste. (B.)

LIEN. rept. oph. Espèce du genre Couleuvre. *V*. ce mot. (B.)

* **LIEN-SIEN.** bot. phan. *V*. Campsis.

LIERNE. bot. phan. L'un des noms vulgaires de la Clématite des haies. (B.)

LIERRE. *Hedera.* bot. phan. Genre placé par Jussieu dans la famille des Caprifoliacées, mais qui forme le type d'un ordre naturel nouveau que nous avons nommé Hédéracées. *V*. ce mot au Supplément. Ce genre offre les caractères suivans : le calice est turbiné, adhérent, terminé par cinq dents très-courtes ; la corolle se compose de cinq pétales lancéolés, sessiles, égaux, étalés ou rabattus ; les étamines, au nombre de cinq, sont dressées ; leurs anthères sont cordiformes, obtuses, à deux loges. L'ovaire est semi-infère, à cinq loges contenant chacune un seul ovule qui naît de la partie la plus supérieure de la cloison et est renversé. Le style est court, cylindrique, simple, terminé par un stigmate à cinq lobes à peine marqués. Le fruit est globuleux, charnu, pisiforme, couronné par les dents du calice, contenant cinq petits noyaux osseux et monospermes. Ce genre se compose d'un petit nombre d'espèces, environ huit, dont une seule est partout commune en Europe ; une autre vient des Canaries, une troisième de Ceylan, et les cinq autres ont été observées dans l'Amérique méridionale, particulièrement à la Jamaïque. Mais il est très-probable que, parmi ces espèces, quelques-unes doivent être rapportées à un autre genre, et particulièrement à l'*Aralia*.

Les espèces de Lierre sont, en général, des Arbrisseaux grimpans, à feuilles alternes, entières ou lobées, et à fleurs petites, blanchâtres, disposées en cimes ou en panicules. Parmi ces espèces, nous croyons ne devoir parler ici que de la plus commune.

Lierre grimpant, *Hedera Helix*, L., Bull., t. 133, Arbrisseau sarmenteux et grimpant, s'élevant en s'accrochant sur les Arbres, les vieilles murailles et pouvant acquérir dans les provinces méridionales de l'Europe une grosseur considérable. Ainsi, parmi ceux qui existent à la promenade *del Prato* à Florence, on en trouve qui n'ont guère moins d'un pied de diamètre. Bory de Saint-Vincent nous dit en avoir vu de presque aussi gros dans nos provinces septentrionales, particulièrement contre un mur de jardin, sur la route de Bayeux à Port-en-Bessin, côtes du Calvados ; il a remarqué qu'aucun Lichen ne croît sur l'écorce du Lierre, même des plus vieux individus. C'est au moyen de petits suçoirs ou radicelles courtes et serrées, naissant de tous les points de la surface en contact avec les corps étrangers, que le Lierre s'accroche et s'élève sur les Arbres et les édifices. Ses feuilles sont alternes, pétiolées, d'une figure très-variée. Ainsi, elles sont quelquefois cordiformes, entières : quelquefois à deux, trois ou cinq lobes plus ou moins profonds ; toujours elles sont glabres et luisantes. Leurs fleurs sont petites, verdâtres, disposées en cimes ou ombelles simples. Les fruits sont globuleux, pisiformes, ombiliqués, noirs ou jaunes suivant les variétés.

Le Lierre, comme nous l'avons dit, croît naturellement dans toutes les contrées de l'Europe. Il se plaît de préférence dans les bois couverts et humides. Cet Arbrisseau, emblême de l'amitié, produit un fort joli effet dans les paysages. On le plante aussi fréquemment le long des murs, dont il cache la nudité par son feuillage toujours vert. Dans les contrées méridionales, et particulièrement dans le Levant, on extrait des vieux troncs de Lierre, au moyen d'incisions pratiquées à leur écorce, une substance grisâtre, gommo-résineuse, connue sous le nom de *Gomme de Lierre*. Les fruits du Lierre sont légèrement purgatifs; quelques médecins en ont prescrit l'usage dans l'ictère, l'hydropisie. Les feuilles sont employées pour entretenir sur les cautères une fraîcheur agréable.   (A. R.)

On a étendu le nom de LIERRE à des Végétaux qui n'appartiennent pas à ce genre; ainsi l'on a appelé:

LIERRE AQUATIQUE ou D'EAU, le *Lemna trisulca*. *V.* LENTICULE.

LIERRE DU CANADA, le *Rhus Toxicodendron*, L.

LIERRE A CINQ FEUILLES, le *Cissus quinquefolius*, L.

LIERRE TERRESTRE, le Glécome. *V.* ce mot.   (B.)

LIEU. POIS. L'un des noms vulgaires du Gade Pollack. *V.* GADE. (B.)

*LIEURE. OIS. Syn. vulgaire du grand Coq de Bruyère. *V.* TÉTRAS.   (DR..Z.)

LIÈVRE. *Lepus*. MAM. Ce genre, l'un des plus remarquables, des plus naturels et en même temps des plus nombreux en espèces de tout l'ordre des Rongeurs, présente un caractère très-digne d'attention, et qui lui est propre, dans ses incisives supérieures au nombre de quatre; les inférieures sont, comme à l'ordinaire, au nombre de deux seulement. Il y a six molaires de chaque côté à la mâchoire supérieure, et cinq seulement à l'inférieure. Ces molaires, sans racines, sont à la supérieure, deux fois environ plus lar-

ges que longues; l'antérieure est un peu moindre que les suivantes, et la postérieure est encore beaucoup plus petite; elles ont toutes leur couronne divisée en deux parties par une ligne transversale, excepté l'intérieure qui présente seulement sur son bord plusieurs festons, et la postérieure qui est tout-à-fait simple. A la mâchoire inférieure, les molaires ont, comme à la supérieure, leur couronne divisée en deux parties; mais elles diffèrent en ce qu'elles sont aussi longues que larges. Les incisives sont longues, larges, aplaties en devant. Des quatre incisives de la mâchoire supérieure, les deux principales sont longues, fortes, divisées sur toute leur longueur par un sillon profond, en deux parties bombées dont l'externe est la plus large; enfin, taillées en biseau à leur face postérieure. Les deux autres incisives sont beaucoup plus petites et placées immédiatement derrière les deux antérieures; elles sont arrondies, mais un peu plus larges que longues. Une autre observation fort remarquable est celle de l'existence momentanée de six incisives chez les jeunes individus. « Les Lapins, dit Geoffroy Saint-Hilaire (Système dentaire des Mammifères et des Oiseaux), naissent et meurent avec quatre incisives, mais non pas avec les quatre mêmes. Ils naissent avec la première et la seconde paire, puis, c'est-à-dire quelques jours après, arrive une autre paire, une troisième paire de dents. Ces nouvelles dents finissent par acquérir un volume, et par prendre, en s'approchant de très-près et par derrière de la première paire, une direction qui provoque et qui décide la chute de la dernière paire intermédiaire. La chute de celle-ci ne se fait toutefois point sans un engagement, sans une sorte de lutte. Les deux paires de dents sont momentanément en présence; il y a coexistence, durant quelque temps, des dents qui vont tomber et de celles qui arrivent pour en prendre la place. Les Lapins ont donc six incisives durant une petite période qui est de deux à cinq jours. Dans ce moment de leur existence, ils ajoutent ainsi à bien d'autres rapports qu'ils ont avec les Kanguroos, un caractère de plus, le même nombre de dents incisives. »

Les membres antérieurs, plus grêles et beaucoup plus courts que les postérieurs, sont terminés par cinq doigts armés d'ongles robustes, assez longs et un peu arqués; le troisième doigt est le plus long; le pouce, qui se voit vers le bas du métacarpe, et ne pose par sur le sol, est très-petit; son ongle est d'ailleurs semblable à celui des autres doigts. Les membres postérieurs sont tétradactyles. Tous les doigts dans toute leur étendue, et même la plante et la paume, sont couverts de poils comme le reste du corps, caractère remarqué par les anciens, et qui a valu à une espèce du genre le nom de Dasypode. La queue, ordinairement très-velue, est courte, et même quelquefois, comme chez le Tapeti, presque nulle. Les oreilles, presque nues en dedans et couvertes de poils ras en dehors, sont très-mobiles et très-grandes; la lèvre supérieure est entièrement fendue sur la ligne médiane, et l'intérieur de la bouche est recouvert de poils, caractère bien remarquable, et qui n'a pas échappé non plus à Aristote et aux anciens. Les yeux sont assez grands et latéraux, et les narines sont étroites, plus larges en dehors qu'en dedans; on voit à leur partie supérieure un repli transversal qui peut, en s'abaissant, recouvrir leurs orifices. Il y a généralement de six à dix mamelles, et elles sont les unes pectorales, les autres abdominales. Le Lièvre et le Lapin en ont l'un et l'autre dix, dont quatre seulement sont pectorales. Les diverses parties du canal alimentaire sont très-développées, et le cœcum a surtout un volume considérable; il est plusieurs fois aussi grand que l'estomac, et sa cavité est divisée par une valvule spirale qui correspond à des étranglemens assez nombreux. Nous ne parlerons pas ici des organes génitaux du mâle, déjà décrits dans l'article GÉNÉRATION de notre savant collaborateur Dumas. Nous remarquerons seulement que la verge est dirigée en arrière comme cela se voit aussi chez beaucoup d'autres Rongeurs; le gland est tantôt cylindrique comme chez les Lièvres proprement dits, et tantôt mince et recourbé en alène, comme chez les Lagomys. Mais nous devons arrêter un peu plus long-temps notre attention sur les organes femelles. Le corps de l'utérus est séparé en deux cornes fort allongées, dont chacune a son orifice particulier dans le vagin; ou plus exactement, et comme l'a dit Geoffroy Saint-Hilaire, le corps est petit, rudimentaire, à peu près nul; tandis que les cornes ont au contraire acquis un développement considérable. Sous ce rapport, comme le remarque ce naturaliste, les organes sexuels de l'espèce humaine et ceux du Lapin sont aux deux bouts de l'échelle. Le corps de l'utérus est en effet très-volumineux, et les cornes sont très-rudimentaires chez la femme. Cette disposition de la matrice chez les femelles de ce genre explique très-bien comment la superfétation est possible chez elles, c'est-à-dire comment elles peuvent concevoir lorsqu'elles sont déjà pleines. Aristote, qui avait connaissance de ce fait, dont il parle dans plusieurs passages, en avait même cherché une explication. La femelle du Dasypode, dit-il, est sujette à la superfétation, à cause de la grande abondance du sperme du mâle, abondance qui se manifeste par la quantité de poils dont il est couvert.

† LIÈVRES proprement dits, *Lepus*.

Le genre Lièvre, si l'on en sépare quelques espèces, les Lagomys, qui doivent former un genre à part, et que nous décrirons à la fin de cet article, forme l'un des genres les plus naturels de l'ordre des Rongeurs. On retrouve constamment chez eux, non-seulement les caractères principaux, mais même beaucoup d'autres qui n'ont qu'une importance bien secondaire, ,et particulièrement ceux de coloration. Toutes les espèces sont d'un gris roussâtre tiqueté; l'œil se trouve toujours compris dans une tache, le plus souvent blanche, mais toujours plus pâle que les parties environnantes. Nous désignerons pour abréger, sous le nom de tache oculaire, cette tache dont nous aurons à parler dans la description de chaque espèce. La queue est toujours blanche en dessous, le dessus étant noir, si ce n'est dans quelques espèces comme chez le Lapin d'Amérique, et dans l'espèce à laquelle nous donnons le nom de Lièvre à queue rousse. A l'exception de la gorge qui est ordinairement de la couleur générale du corps ou de celle des membres antérieurs, le dessous du corps est ordinairement blanc, les oreilles sont toujours noires à leur extrémité. Le pelage est très-fourni et se compose de poils soyeux et laineux fort abondans. La plus grande partie de la tête n'est couverte que de poils soyeux; la nuque et le derrière du col n'ont au contraire que des poils laineux, très-courts et doux au toucher : cette partie, dont l'étendue est variable, est généralement d'une couleur uniforme et différente de celle des parties voisines.

Peu d'espèces sont aussi fécondes que celles de ce genre. Susceptibles d'engendrer dès la première année, les femelles ne portent que trente jours environ et mettent bas plusieurs petits qu'elles allaitent pendant trois semaines. Ces petits naissent couverts de poils, et, contre l'opinion des anciens, les yeux ouverts. Plusieurs espèces se creusent des terriers plus ou moins profonds; et toutes sont des espèces nocturnes. Nous n'insisterons pas sur leur timidité qui est devenue proverbiale, et que notre inimitable La Fontaine a si bien peinte : timidité qui tient probablement à l'extrême susceptibilité de l'appareil de l'audition. Tout le monde connaît également l'extrême agilité de ces Animaux et leur grande facilité pour le saut. Au reste ils sa-

vent aussi employer la ruse pour éviter la poursuite du chasseur et dérouter les Chiens. On en a vu souvent, par exemple, se réfugier au milieu d'un troupeau de Brebis, comme s'ils savaient n'avoir rien à en redouter. Certaines espèces de ce genre habitent les bois et la plaine; d'autres les montagnes et les pays sablonneux. Elles se nourrissent toutes de diverses substances végétales, et chacun sait combien le goût de leur chair varie suivant la nature de celles-ci. Les individus qui vivent sur les bords des étangs, dans les plaines basses et dans le fond des bois, de même que ceux qu'on élève en domesticité, ne valent ordinairement pas ceux qui habitent les montagnes, les lisières des bois ou les vignes. Les Grecs et les Romains faisaient grand cas de la chair de ces Animaux; les Orientaux l'estiment au contraire fort peu, et elle était même défendue dans la loi de Moïse qui supposait possible chez eux la rumination. Le commentateur d'Aristote, Camus, a donné comme des preuves de cette proposition, la ressemblance qui existe entre les organes de la génération des Lièvres et ceux des Ruminans, et l'existence en Norwège de Lièvres cornus. On a en effet plusieurs fois prétendu avoir vu, et on a été jusqu'à figurer de prétendues cornes de Lièvres. Mais une chose plus remarquable, est l'idée d'un Allemand qui a été conduit dans ces derniers temps à croire que le Lièvre devait ruminer, par l'opinion qu'il avait, que le cœcum est une poche destinée à un genre particulier de rumination. Cette singulière opinion le porta à faire des observations sur des Lapins, et il aurait vu ces Animaux rendre des déjections d'une nature particulière qu'ils reprenaient ensuite pour les remâcher et les avaler de nouveau.

Les espèces qui composent le genre des Lièvres proprement dits, présentent tous les caractères que nous avons indiqués, et se distinguent particulièrement des Lagomys par leurs longues oreilles, par leur queue, par la longueur de leurs membres de derrière , par l'imperfection de leur clavicule , et par l'espace sous-orbitaire percé en réseau dans le squelette. Ces espèces sont très-nombreuses , et souvent, à cause de leur grande ressemblance, difficiles à distinguer. On donne généralement le nom de Lapins à ceux qui ressemblent à notre Lapin par leurs oreilles un peu arrondies et plus courtes que dans le reste du genre. Les autres conservent le nom de Lièvres.

Le Lièvre commun , *Lepus timidus* , L. , est l'espèce la plus connue de cette première section. Il se trouve dans presque toute l'Europe tempérée, et même, dit-on, dans l'Asie-Mineure et dans la Syrie. Il est généralement fauve roussâtre, avec le dessous du corps blanc ; la partie externe du membre postérieur est d'un roux moins vif et quelquefois presque gris ; le membre antérieur, le col, la poitrine, les joues étant au contraire roux. Les oreilles, variées de roux, de noir, de fauve et de blanc , sont blanches à leur partie externe et noires à leur extrémité. Le dessous de la tête est blanc ; la tache oculaire est blanche ou blanchâtre, et va de la base de l'oreille à la narine; la nuque et le dessus du col sont d'un roux plus ou moins vif : la queue, blanche en dessous , noire en dessus, est longue de trois pouces environ. On voit assez fréquemment des Lièvres entièrement blancs par l'effet de la maladie albine. Cette espèce, qui ne se creuse pas de terriers , vit solitaire ; et comme le remarque Fr. Cuvier (dans son article *Lièvre*, du Dictionnaire des Sciences Naturelles), « c'est peut-être à cet instinct que l'on doit attribuer la liberté dont jouit son espèce entière, tandis que le sociable Lapin est devenu partout domestique. » Nous ne croyons pas devoir parler de la chasse du Lièvre que tout le monde connaît, et qui se trouve décrite partout ; nous remarquerons seulement qu'on détruit annuellement un nombre considérable de ces Animaux, et que l'espèce est cependant toujours extrêmement nombreuse.

Le Lièvre a queue rousse, *Lepus ruficaudatus* , N. Nous nommerons ainsi une nouvelle espèce envoyée tout récemment du Bengale par le célèbre voyageur Duvaucel, et qui ressemble beaucoup au Lièvre commun. Elle se distingue néanmoins très-facilement par sa queue plus longue, et rousse en dessus au lieu d'être noire, par sa tache oculaire moins prononcée et sa joue d'un roux très-mélangé de noir, par son poil beaucoup plus rude, et par sa taille un peu moins considérable. Le Muséum ne possède de cette espèce qu'un seul individu dont les oreilles sont en mauvais état; nous avons seulement pu reconnaître que la tache noire de leur extrémité est assez étendue. Ses mœurs nous sont entièrement inconnues.

Le Moussel, *Lepus nigricollis*, Fr. Cuv., Dict. des Sc. Natur. Le dessus du corps est roux tiqueté, avec les flancs , les cuisses , la portion la plus antérieure et la portion la plus postérieure du dos, d'un gris pareillement tiqueté, en sorte que la partie rousse se trouve entourée de gris ; la queue, blanche en dessous, est d'un gris un peu brunâtre en dessus. Le membre antérieur est roux en dehors; la gorge et la partie inférieure de celui de derrière , sont d'un roussâtre clair. Le dessus de la tête est roux tiqueté ; le dessous étant blanc, comme celui du corps , et les joues grises. L'oreille, blanche à sa base, est roussâtre par derrière, avec son extrémité d'un brun noirâtre. Enfin , le dessus du col et la nuque sont d'un noir brunâtre, cette tache se prolongeant sur le milieu du dos , et formant presque un collier entier. Cette espèce, de la taille d'un gros Lapin , a été découverte au Malabar par Leschenault. Elle habite aussi plusieurs autres parties de l'Inde, et particulièrement Java , d'où elle a été envoyée par Duvaucel et Diard.

Le Lièvre d'Égypte , *Lepus Ægyptius* , Geoff. St.-Hil. Cette espèce est presque entièrement fauve en dessus;

son pelage est seulement tiqueté en quelques endroits, comme sur la tête; la gorge, la poitrine et les membres sont aussi de cette couleur. Le dessous du corps, de la tête et de la queue est blanc; la queue est noire en dessus; les oreilles sont d'un roux brunâtre, avec leur extrémité noirâtre; le dessous des doigts est brun, et la tache oculaire, qui va de l'oreille à la narine, est d'un fauve très-clair. Cette espèce, de la taille du Lapin, mais dont les oreilles sont proportionnellement plus longues que chez le Lièvre lui-même, a été découverte en Égypte par Geoffroy Saint-Hilaire.

Le Lièvre du Cap, *Lepus Capensis*, L. Quoiqu'il ait été réuni à l'espèce précédente par G. Cuvier et par Desmarest, nous croyons cependant avec Geoffroy Saint-Hilaire et Fr. Cuvier, qu'il doit en être distingué. Il est généralement d'un gris un peu roussâtre, avec la gorge et les membres roux, et le dessous des pieds brun. Le dessous du corps et de la queue est blanc; le tour de l'œil et le dessus de la tête n'étant que blanc roussâtre: le dessus du col est grisâtre; le bout du museau est roussâtre, et l'oreille d'un gris brun piqueté de roussâtre, avec l'extrémité noire; la queue est noire en dessus. Cette espèce, de la taille du Lièvre, est très-remarquable par ses oreilles et ses membres extrêmement allongés. Delalande en a rapporté du Cap plusieurs individus.

Le Lièvre des rochers, *Lepus saxatilis*, F. Cuv., Dict. des Sc. Nat., a la même patrie et à peu près les mêmes proportions que le précédent; mais sa taille est un peu moindre. Il est roussâtre en dessus, gris roussâtre sur les membres, gris sur les flancs et la gorge; le dessus du col est d'un roux vif, ainsi qu'une portion des oreilles dont l'extrémité est noire, avec la partie interne d'un gris piqueté de noir et de fauve; la tête est aussi à peu près de cette couleur; la tache oculaire est d'un gris cendré; le dessous de la tête, du corps et de la queue est blanc; le dessus de la queue est noir, et le dessous des pates est brun. Delalande, qui a découvert au Cap cette belle espèce, et qui l'a rapportée au Muséum, nous a appris qu'elle est rare, et vit dans les montagnes.

Le Lièvre variable, *Lepus variabilis*, Pall., est une des espèces les plus remarquables à cause des changemens de couleur qu'il subit selon les saisons. En hiver, il est entièrement blanc, avec le bout de l'oreille noir, et les deux couleurs de son pelage sont alors précisément celles qui se retrouvent chez presque toutes les espèces qui blanchissent en hiver, comme sont l'Hermine parmi les Mammifères; le Lagopède et le Tétras des Saules parmi les oiseaux. En été, il est en dessus d'un gris fauve, avec les membres d'un roux pâle uniforme, la gorge d'un blanc roussâtre, et le dessous du corps, de la tête et de la queue entièrement blancs. L'oreille est blanche à sa partie externe, avec le bout noir et le bord jaune, et le tour de l'œil est blanc; la queue, blanche en dessous, est noire en dessus. Un fait qu'il est important de remarquer, est la manière irrégulière dont les changemens périodiques de couleur paraissent s'opérer; les uns étant déjà en partie blancs sur le corps, tandis qu'ils sont encore roux sur les pates, et réciproquement; d'où il résulte que ces Animaux présentent sous le rapport de leur coloration, une multitude de variations. Cette espèce, dont la fourrure d'hiver est assez répandue dans le commerce, mais n'est pas très-estimée, habite tout le nord de l'Europe, ainsi que les Alpes et le Groënland. Pallas, qui a donné une excellente histoire de cette espèce (*V. Glires*), dit qu'on ne trouve pas de Lièvres variables conservant en été leur pelage blanc. Il paraît cependant qu'il en existerait dans le Groënland. Le même naturaliste a au contraire trouvé en Russie une variété qui ne blanchit en hiver que fort incomplétement; c'est celle qu'il a désignée sous le nom de *Lepus hybridus*.

Le LIÈVRE GLACIAL, *Lepus glacialis*,, Suppl. au Voy. du Cap. Parry. Nous ne connaissons cette espèce que par la Faune américaine de Harlan, qui la caractérise ainsi : pelage blanc ; oreilles noires à l'extrémité, plus longues que la tête ; ongles forts, larges et déprimés. Les jeunes sont d'un gris blanchâtre, et la femelle met bas huit petits à la fois. Cette espèce, à laquelle on doit peut-être rapporter le Lièvre variable du Groënland, habite également cette contrée.

Le TOLAÏ, *Lepus Tolaï*, Pall. Nous empruntons à Pallas les détails que nous allons donner sur cette espèce encore peu connue. Elle ressemble beaucoup, pour la taille et les proportions, à notre Lièvre et au Lièvre variable; mais sa tête est plus oblongue, plus comprimée, plus étroite. Le dos et la tête sont mêlés de gris et de brun pâles, le dessous du corps étant blanc, et le dessous du col jaunâtre. Les oreilles ont le bord supérieur noir, et les membres sont jaunâtres ; la queue est noire en dessus et blanche en dessous. Le Tolaï conserve en hiver le même pelage : seulement ses couleurs deviennent plus pâles dans cette saison. Il habite la Sibérie, la Mongolie, la Tartarie, et se trouve jusqu'au Thibet. Il diffère beaucoup du Lièvre variable par ses habitudes. Quand, par exemple, on lui fait la chasse, il court droit devant lui, et ne tarde pas à se réfugier, soit dans des fentes de rochers, soit dans d'autres cavités. Le Lièvre variable fait, au contraire, de nombreux détours, fuyant à la manière de notre Lièvre. Le Tolaï, nommé par Cuvier Lapin de Sibérie, tient en quelque sorte le milieu entre la section des Lièvres et celle des Lapins. Nous passons maintenant à l'histoire de celle-ci.

Le LAPIN ORDINAIRE, *Lepus Cuniculus*, L. Cette espèce, originaire d'Espagne, mais maintenant répandue dans toutes les parties chaudes ou tempérées de l'Europe, et presque partout où les Européens ont formé des établissemens, est généralement d'un roux-grisâtre tiqueté, avec les pates et le derrière du cou roux, et le dessous du corps, de la tête et de la queue blanc. Les oreilles, grisâtres en dehors, sont en dedans d'un roux tiqueté ; elles ont un liséré noir à la partie supérieure. Le Lapin, quoique fort semblable au Lièvre par les couleurs de son pelage, est une espèce bien distincte, et dont les mœurs sont même très-différentes. Sa fécondité est plus grande encore, et il élève ses petits dans un terrier qu'il se creuse. Les petits ne sortent que lorsqu'ils sont déjà très-forts et tout-à-fait en état de se suffire à eux-mêmes. Alors même ils s'en éloignent fort peu, et se font un nouveau terrier près de celui où ils sont nés. Le Lapin a été partout réduit en domesticité ; aussi l'espèce présente-t-elle un nombre considérable de variétés. On trouve des individus gris, de blancs, de noirs et de jaunes. Chez d'autres individus, ces diverses couleurs se trouvent mélangées. On nomme *Lapin riche* une variété remarquable par sa couleur d'ardoise plus ou moins foncée, et *Lapin d'Angora* une autre variété dont le poil est très-long et très-doux.

Le LAPIN DES SABLES, *Lepus arenarius*, N. Nous nommerons ainsi une nouvelle espèce découverte par Delalande dans les sables du pays des Hottentots : elle est en dessus d'un gris-cendré tiqueté, avec les membres, la gorge, les flancs, le tour de l'œil et le bout du museau roux. La tache du derrière du cou est grise et fort petite ; le dessous de la tête est d'un blanc roussâtre, et le dessous du corps est blanc ; la queue, pareillement blanche en dessous, est noire en dessus. Les oreilles sont de même couleur que chez le Lapin, seulement avec une tache noire plus étendue à son extrémité. Cette espèce, d'un quart plus petite que notre Lapin, ressemble beaucoup, par les couleurs de son pelage, au Lièvre du Cap, dont elle diffère au contraire beaucoup par ses formes.

Le **Tapeti**, Azzara, *Lepus Brasiliensis*, L., a le dessus du corps varié de roux et de noir, le derrière du col d'un roux vif, le dessus de la tête et les oreilles d'un roux brunâtre, la joue d'un roux noirâtre, et la tache oculaire fauve. La poitrine est roussâtre; le dessous de la tête est blanc, et cette couleur se prolonge en tache jusqu'au-dessous de l'oreille; le dessous du corps est aussi de cette couleur. Mais le caractère le plus remarquable est l'extrême brièveté de la queue, qui paraît nulle et se confond avec le poil des cuisses. Cette espèce, de la taille de notre Lapin des sables, habite l'Amérique méridionale. Elle vit dans les bois, et se réfugie sous les troncs d'Arbres, sans se creuser de terriers.

Le **Lapin d'Amérique**, *Lepus Americanus*, Gmel.; *L. Hudsonius*, Pall., habite l'Amérique septentrionale, et ressemble beaucoup au précédent par les couleurs de son pelage; mais il en diffère par sa queue longue environ de deux pouces, et roussâtre en dessus; et par ses membres plus allongés. Ses oreilles, qui sont aussi plus longues, sont roussâtres et lisérées de noir, et ses pates, surtout les postérieures, en grande partie blanches. Sa taille est d'ailleurs égale à celle du Tapeti avec lequel il a été confondu par plusieurs auteurs, et par Cuvier lui-même. Plusieurs naturalistes ont dit que cette espèce blanchit en hiver; selon Warden, elle devient seulement blanchâtre, au contraire de son Varying-Hase qui devient entièrement blanc.

Le **Lapin de Virginie**, *Lepus Virginianus*, Harlan, Faun. Amér., p. 196. C'est ce même Varying-Hase de Warden. Harlan le caractérise ainsi : brun-grisâtre en été, blanc en hiver, avec le tour des yeux de couleur fauve-rougeâtre dans tous les temps. Les oreilles et la tête sont presque de même longueur, et la queue est très-courte. C'est, dit Harlan, probablement de cette espèce que parle Lewis dans sa Notice des Animaux du pays du Missouri, lors-

qu'il dit qu'une espèce de Lièvre variable existe communément dans la baie d'Hudson, la province de New-York, la Virginie, la Pensylvanie, etc. (*V*. Journal de Ph. et de Méd. de Boston, t. ii, p. 2.) Au reste, le Lapin de Virginie nous est encore trop imparfaitement connu, pour que nous ne conservions aucun doute sur son existence réelle, comme espèce distincte.

Lièvres fossiles.

On a trouvé dans la caverne de Kirkdale quelques os appartenant à une espèce de ce genre, et particulièrement un calcanéum, quelques os du métatarse, une portion de mâchoire inférieure, etc Ces fragmens viennent d'une espèce très-voisine de notre Lièvre, si ce n'est de notre Lièvre lui-même. (*V*. Cuv., Oss. Foss., T. v). On a trouvé aussi dans les brèches osseuses de Cette, de Gibraltar et d'Uliveto près de Pise (*V*. Cuv., Oss. Foss, T. iv), plusieurs ossemens appartenant aussi à ce genre. Ainsi on a trouvé dans celles de Gibraltar une mâchoire venant d'une petite espèce de Lapin; dans celles de Cette, un grand nombre de fragmens venant, les uns d'une espèce de la taille et de la forme de notre Lapin sauvage, les autres d'une espèce d'un tiers plus petit; et enfin, dans celles d'Uliveto, une mâchoire qui ne présente, comme une portion des ossemens de Cette, aucune différence avec notre espèce commune; « ce qui, au reste, comme le remarque l'illustre auteur des Recherches sur les Ossemens fossiles, ne prouve pas davantage pour un lieu que pour l'autre une identité d'espèce. »

†† **Lagomys** ou **Pika**, *Lagomys*.

Pallas a le premier distingué des Lièvres proprement dits les trois petits Animaux qui constituent ce genre; et il en avait formé (*Glires*, p. 28), sous le nom de *Lepores ecaudati*, une section à part, dont Cuvier a fait depuis avec raison un genre sous le nom de *Lagomys.* Leurs principaux caractères sont d'avoir les oreilles petites, les jambes à peu près égales, le trou sous–orbitaire simple, les clavicules presque complètes, et la queue nulle. Le sillon de leurs grandes incisives supérieures est beaucoup plus prononcé encore que chez les Lièvres, de sorte que chacune d'elles paraît double. Les molaires, comme Fr. Cuvier l'a constaté, ne sont qu'au nombre de cinq de chaque côté, à chaque mâchoire, la dent postérieure des Lièvres venant à manquer. Au reste, nous avons dit combien elle est petite et de peu d'importance dans ce genre lui-même. Enfin la dernière molaire inférieure n'a sa couronne formée que d'une seule surface elliptique, sans aucun sillon, et les membres sont plus courts que chez les Lièvres. Tous les Lagomys ont été trouvés en Sibérie.

Le Sulgan, *Lepus pusillus*, Pall., *Gl.*, p. 31 ; *Lagomys pusillus*, Desm. Nous décrivons cette espèce ainsi que les suivantes d'après Pallas. Sa taille est de six pouces neuf lignes, et son pelage très–doux, très-fourni, très-long, est mélangé de brun et de gris, avec l'extrémité des pieds d'un jaunâtre pâle, le dessous du corps d'un blanc sale, et la gorge, les lèvres et le nez tout-à-fait blancs. Les oreilles à peu près triangulaires sont bordées de blanc. Ce petit Animal vit solitaire et si retiré qu'on le prend très-difficilement, et qu'il est même très rare de le voir, malgré les cris aigus qu'il fait entendre au coucher et au lever du soleil, et quoiqu'il décèle ainsi sa présence. Il habite le plus souvent la lisière des bois, et se nourrit particulièrement des fleurs, des feuilles et de l'écorce du *Cytisus supinus*, du *Robinia frutescens* et du *Cerasus pumila*, ainsi que du Pommier sauvage.

Le Pika, *Lepus alpinus*, Pall., *Glir.*, p. 45 ; *Lagomys alpinus*, Desm., est généralement roux-jaunâtre avec quelques longs poils noirs ; le dessus du corps est d'un fauve pâle, le tour

de la bouche cendré, le dessous des pieds bruns, et les oreilles rondes et de couleur brune. Sa longueur est de neuf pouces sept lignes. Cette espèce très-commune, et très-connue des chasseurs de Sibérie, n'avait échappé aux recherches des naturalistes avant Pallas, que parce qu'elle habite les montagnes les plus escarpées et les rochers les plus inaccessibles, choisissant toutefois des lieux boisés, humides, et où elle trouve en abondance de l'herbe. Ces Animaux vivent soit dans des terriers qu'ils se creusent, soit dans les fentes des rochers, soit même dans des troncs d'Arbres. Ils vivent tantôt deux ou plusieurs ensemble, tantôt, au contraire, seuls. Vers le milieu du mois d'août, ils préparent et font sécher avec grand soin pour leur provision d'hiver, de l'herbe et des feuilles qu'ils entassent ensuite, et mettent à l'abri, soit sous des rochers, soit dans des troncs d'Arbres. Ils se réunissent ordinairement plusieurs pour ce travail, et proportionnent la quantité de leurs provisions au nombre des individus qui doivent s'en nourrir. Les tas qu'ils forment ainsi ont souvent la hauteur d'un homme, et un diamètre de plus de huit pieds. Cet instinct admirable, ce soin de l'avenir ont rendu ces petits Animaux célèbres dans toutes les contrées qu'ils habitent. Au reste, il arrive souvent que leur travail presque incroyable, et la peine immense qu'ils se sont donnée pour la préparation et le transport d'une aussi grande quantité d'herbages, sont tout-à-fait perdus pour eux ; car ces amas sont, à cause de leur hauteur, très-fréquemment découverts par les chasseurs qui vont à la recherche de la Zibeline, et fournissent alors à la nourriture de leurs chevaux.

L'Ogoton ; *Lepus Ogotona*, Pall., p. 59 ; *Lagomys Ogotona*, Desm., est généralement d'un gris pâle, avec les pieds jaunâtres et le dessous du corps blanc. Les oreilles sont ovales ; on remarque à leur base quelques poils blancs. Cette espèce, un peu plus grande que le Sulgan, se trouve particulièrement au-delà du lac Baïkal, dans la Mongolie et dans les montagnes pierreuses de la Sélenga. Elle sort rarement pendant le jour. Son cri est un sifflement très-aigu, qui se distingue très-facilement de celui du Pika et de celui du Sulgan. Elle se nourrit d'écorce d'Aubépine et de Bouleau, mais surtout de diverses Plantes qui croissent dans les sables, et d'une espèce de Véronique qui végète même sous la neige. Comme l'espèce précédente, elle fait des provisions pour l'hiver, formant des tas de forme hémisphérique d'un pied environ de hauteur. On en voit dès le mois de septembre une grande quantité; mais au printemps, lors de la fonte des neiges, tous ont disparu, et il reste à peine quelques débris. Ce petit Animal fait, dit Pallas, la principale nourriture du Chat Manul. Il a aussi pour ennemis diverses espèces d'Oiseaux de proie diurnes et nocturnes, et plusieurs petits Quadrupèdes carnassiers, comme l'Hermine.

Lagomys fossiles.

Cuvier (Oss. Foss. T. IV) a décrit divers ossemens fossiles de Lagomys trouvés dans les brèches osseuses de Corse et de Sardaigne. On a trouvé dans les premières un crâne ressemblant beaucoup à celui du Pika; cependant l'orbite du Lagomys fossile est plus grand et le crochet de la base antérieure de l'arcade zygomatique plus saillant. Dans celles de Sardaigne on a trouvé des dents et des portions de mâchoire annonçant une espèce plus grande que l'Ogoton, mais un peu moindre que le Pika et le Lagomys fossile de Corse. Il était naturel de soupçonner qu'elle ne différait pas de cette dernière ensevelie dans une île voisine; mais il n'en est rien. Les parties supérieures de la tête ne sont pas semblables, non plus que le trou sous-orbitaire; et l'arcade zygomatique n'est pas inclinée de même.

Outre les Lagomys, on avait encore placé parmi les Lièvres quelques Animaux encore peu connus, et qui doivent être rapportés à des genres bien différens. Tels sont le Cuy, petit Animal du Chili, de la taille d'un petit Rat, à queue presque nulle, qui aurait bien les dents des Lièvres, mais qui n'a que quatre doigts aux pieds de devant, et qui en a, au contraire, cinq à ceux de derrière; le Pampa, qui paraît être, comme l'a reconnu Desmarest, un véritable Agouti (*V*. Chloromys); et le Viscache, Quadrupède fort répandu dans l'Amérique méridionale, et qui n'a, comme le Pampa, que quatre doigts en avant et trois en arrière (*V*. Viscache). Enfin l'Hélamys du Cap a reçu le nom de Lièvre sauteur, et l'Alagtaga celui de Lièvre volant. Le Lièvre des Indes paraît être le Gerbo (*V*., pour tous ces mots, Gerboise.), et le Lapin d'Aroé est le Kanguroo Filandre. (*V*. Kanguroo.)

(IS. G. ST.-H.)

LIÈVRE. moll. Nom vulgaire et marchand d'une fort grande Porcelaine, le *Cyprœa testudinaria*, L. (B.)

LIÈVRE DE MER. pois. moll. On a indifféremment donné ce nom à des Poissons tels que le *Blennius ocellaris* et le Cycloptère Lump, ainsi qu'aux grosses Aplysies. *V*. ces mots.

(B.)

LIÈVRITE. min. (Werner.) *V*. Fer calcaréo-siliceux.

LIGAMENT. zool. conch. On appelle ainsi en anatomie les parties blanches, tendineuses et résistantes qui servent à unir les os entre eux et à solidifier les articulations. Ce mot a également été employé en conchyliologie pour désigner la partie qui réunit et maintient les deux valves des Conchifères. C'est dans ce dernier sens seulement que nous entendons ce mot. *V*. Coquille. (D..H.)

LIGAN. ins. C'est une espèce d'Abeille indéterminée de la grandeur de celles d'Europe, qui fait son nid dans les Arbres creux aux Philippines. (G.)

* LIGANS. REPT. SAUR. Le grand Lézard africain de quatre pieds de long mentionné par Barbot comme un manger délicieux pour les nègres, est peut-être quelque Iguane, dont le nom serait une corruption de Léguan. (B.)

LIGAR. MOLL. Nom donné par Adanson (Voy. au Sénég., p. 158, pl. 10, fig. 6) à une Coquille du genre Turbo, Turritelle de Lamarck; c'est la *Turritella terebra* de cet auteur.

(D..H.)

* LIGATULE. BOT. CRYPT. Nom proposé par Bridel pour désigner en français son genre Desmatodon qui n'a pas été adopté. *V*. TRICHOSTOME.

(B.)

LIGHTFOOTIE. *Lightfootia.* BOT. PHAN. Genre établi par l'Héritier (*Sertum Angl.*, p. 4) pour la *Lobelia tenella*, L., Mant., ou *Campanula tenella*, L., Suppl. Ce genre diffère des Campanules par les caractères suivans : le calice est adhérent par sa base avec l'ovaire, divisé supérieurement en cinq lanières; la corolle est monopétale à cinq divisions très-profondes, ce qui fait que la corolle paraît formée de cinq pétales ; les étamines, au nombre de cinq, ont leurs filets élargis et comme squammiformes. L'ovaire est semi-infère, à trois ou cinq loges contenant un grand nombre d'ovules. Le style est simple, terminé par un stigmate à trois ou cinq lobes étoilés. Le fruit est une capsule couronnée par les lobes du calice, à trois ou cinq loges et s'ouvrant en trois ou cinq valves.

L'Héritier (*loc. cit.*) figure deux espèces de ce genre : *Lightfootia oxicoccoides*, t. 4, ou *Lobelia tenella*, L., Mant., qui croît au cap de Bonne-Espérance, et *Lightfootia subulata*, t. 5, également du Cap.

Il y a encore plusieurs autres genres *Lightfootia*. Ainsi Schreber a fait, sous ce nom, un genre de Rubiacées qui doit être réuni au *Rondeletia*. Un autre genre *Lightfootia* a été établi par Swartz. Il est voisin du *Prockia*. Mais le genre de l'Héritier doit seul retenir le nom du botaniste Lightfoot, à cause de son antériorité. Il sera donc nécessaire de donner un autre nom au genre de Swartz. (A. R.)

LIGIE. *Ligia.* CRUST. Genre de l'ordre des Isopodes, section des Terrestres, famille des Cloportides, établi par Fabricius aux dépens des Cloportes de Linné, et ayant pour caractères : antennes latérales ou apparentes, terminées par une pièce composée d'un grand nombre de petits articles; extrémité postérieure du corps ayant deux pointes fourchues; quatorze pates semblables, onguiculées, attachées par paires aux sept premiers segmens du corps; queue composée de six segmens garnis en dessous de dix lames ou écailles disposées par imbrication sur deux rangs longitudinaux. Fabricius avait placé d'abord l'espèce la plus connue de ce genre avec ses *Cymothoa;* et ce n'est que dans le Supplément de son Entomologie systématique qu'il l'en a distinguée. Quoi qu'il en soit, les Ligies sont faciles à distinguer des Aselles, des Idotées, des Sphéromes, etc., par leurs antennes dont les intermédiaires sont très-peu apparentes, tandis qu'elles le sont beaucoup dans tous ces genres. Elles s'éloignent des Philoscies, des Cloportes et des Porcellions, par des caractères de la même valeur et par les appendices de l'extrémité postérieure du corps. La bouche des Ligies est composée d'un labre, de deux mandibules, d'une languette et de deux paires de mâchoires. Le labre, presque membraneux, en demi-ovale transversal, un peu voûté au milieu, est fixé au bout de l'extrémité antérieure de la tête, qui représente une espèce de surlabre ou de chaperon transversal. Les mandibules, qui sont crustacées, sont beaucoup plus épaisses à leur base, robustes, comprimées et brusquement arquées. Le côté interne de leur extrémité est élargi, concave dans son milieu, avec la pointe supérieure comme écailleuse, noirâtre, et divisée en quatre dentelures obtuses. La mandibule gauche diffère de la droite par ses dentelures qui sont plus prononcées. La languette est située immédiatement en dessous et dans l'entre-deux des mandibules ; elle se compose de deux pièces réunies en demi-cercle. Les deux mâchoires supérieures sont presque membraneuses, dirigées obliquement et convergeant ensemble ; elles sont divisées jusqu'à la base en deux pièces allongées et étroites, presque linéaires, comprimées, et dont l'une supérieure et un peu plus interne ; celle-ci est plus petite et terminée par quelques longs cils réunis en faisceau pointu et dirigé brusquement en manière de crochet, vers l'extérieur de la bouche. Cette division représente, en quelque sorte, le palpe flagelliforme des pieds-mâchoires des Crustacés Décapodes; l'autre division est écailleuse et dentelée à son extrémité supérieure, avec quelques cils au-dessous sur le bord interne. Les mâchoires suivantes sont membraneuses, en forme de valvules qui emboîtent la face postérieure des mâchoires précédentes, leur bout est arrondi et sans dentelures. Les deux pieds-mâchoires sont membraneux, très-comprimés, pareillement concaves sur leur face antérieure ou interne et divisés en six articles; le premier est beaucoup plus grand, en forme de carré long, de sorte que les deux premiers articles étant contigus l'un à l'autre, et par une ligne droite, au bord interne, imitent une sorte de lèvre ; leur extrémité supérieure et interne se prolonge comme une division labiale ; les autres articles composent, par leur réunion, une pièce triangulaire ou conique ; obtusément dentelée au côté interne, et munie extérieurement de quelques petites épines géminées ou ternées. On pourrait regarder cette pièce comme représentant un palpe inséré près de la base extérieure de la dilatation terminale de cette fausse lèvre. Telles sont les parties qui composent la bouche des Ligies ; à l'exemple de Latreille, nous avons un peu insisté

sur leur organisation parce que Fabricius n'avait donné que des descriptions très-incomplètes de ces organes. Les Ligies ont la tête emboîtée dans une échancrure du premier segment du corps ; elle est en forme de cône transversal. Les yeux sont assez grands, arrondis, concaves et composés d'un très-grand nombre de facettes hexagones ; les antennes sont placées sur une ligne transversale à la partie antérieure de la tête et près de la base du chaperon ; elles sont très-rapprochées et semblent partir d'une base commune ; les latérales ou extérieures sont sétacées, de la longueur de la moitié du corps dans l'espèce commune, de six articles, la plupart cylindriques, dont les deux premiers fort courts, et les trois derniers allongés ; le sixième ou le terminal est le plus long, composé, dans cette même espèce, de treize petits articles et terminé insensiblement en pointe. Les antennes mitoyennes s'insèrent au côté interne des précédentes, elles sont très-petites, filiformes, de deux articles comprimés, dont le dernier est obtus. Les segmens du corps sont beaucoup plus larges que longs, au nombre de treize; dans les derniers, l'angle antérieur se prolonge en arrière, en manière de pointe ; les pates sont portées par les sept premiers segmens antérieurs; elles sont insérées sur les côtés inférieurs du corps, et elles ont çà et là quelques petites épines ; elles sont composées de six articles dont le premier se dirige vers la poitrine et forme ensuite, avec le suivant, un coude ou un angle. Le dernier article des pates est écailleux, pointu au bout avec une petite dent au-dessous. Les dernières pates sont un peu plus longues et vont en arrière. Ce que l'on nomme la queue chez les Crustacés, est formé par les six segmens postérieurs ; ils sont plus courts que les précédens, excepté le dernier qui est presque carré, avec le bord postérieur arqué, arrondi au milieu, échancré et unidenté de chaque côté; il donne attache à deux styles, plus ou moins longs, dirigés en arrière, et composés chacun d'une pièce comprimée, tranchante sur les bords, et ayant à l'extrémité deux pointes coniques, allongées et presque égales; l'intérieure est seulement un peu plus longue, et offre à son extrémité un très-petit article allant en pointe. On voit sur la surface inférieure de chacun de ces six segmens, deux feuillets membraneux, transparens, qui sont en triangle curviligne, et servent de nageoires et de branchies. Les feuillets de la paire supérieure sont plus petits. Les deux suivans, dans les mâles, portent à leur base interne et inférieure, un appendice membraneux, long et linéaire. Quoique les Ligies soient très-communes sur nos côtes, leurs mœurs nous sont encore inconnues; nous savons seulement qu'elles fréquentent assez les embouchures des rivières et des fleuves, et qu'elles se cachent sous les pierres ou les amas d'objets et de Plantes rejetées par la mer. Elles se roulent sur elles-mêmes ainsi que les Cloportes, auxquelles elles ressemblent sous beaucoup d'autres rapports; elles sont très-agiles, grimpent avec facilité sur les rochers et sur les constructions maritimes dans les endroits humides, et si elles aperçoivent le moindre danger elles se laissent tomber en repliant leurs pates sous le corps qu'elles mettent en boule. L'espèce la plus commune sur nos côtes et que l'on trouve aussi sur celles d'Espagne, est :

La Ligie océanique, *L. oceanica*, Fabr., Latr. (*Gen. Crust. et Ins.*, Leach.; *Oniscus oceanicus*, Linn.; Cloporte océanique, Oliv., Baster (Subst. ii, tab. 13, fig. 4); *Ligia oceanica*, Pennant (Zool. Hist. T. iv, tab. 18, fig. 2). Antennes extérieures de moitié plus courtes que le corps, ayant leur dernier segment composé de treize articles; styles de la queue à peu près égaux entre eux, et aussi longs que cette queue. Corps long d'environ un pouce, jaunâtre. On peut rapporter à ce genre, les *Onis-*

cus *assimilis*, Linn., Baster.; *Oniscus agilis*, Panz.; *Oniscus hypnorum*, Cuvier, etc., etc.　　　　　(G.)

LIGNEUX. bot. chim. Fourcroy donnait ce nom, que De Candolle a proposé de remplacer par celui de Lignine qui est plus correct, à un principe immédiat formant la base de tous les corps Ligneux. Il est incolore, inodore, insipide, plus dense que l'Eau, en filamens ou fibres très-flexibles et d'une grande ténacité. Ce principe résiste à la plupart des agens chimiques; il est parfaitement insoluble dans l'Eau soit à froid soit à chaud, dans l'Alcohol, l'Ether, les huiles fixes et volatiles. Les Alcalis et le Chlore, lorsqu'ils sont étendus de beaucoup d'Eau, ne lui font éprouver presqu'aucune altération. Pour l'intelligence des phénomènes que ce corps présente lorsqu'il est soumis à l'action de l'Acide sulfurique, de l'Acide nitrique et du Feu, il est nécessaire d'en connaître la composition. Selon Gay-Lussac et Thénard, le Ligneux du Chêne est formé : d'Oxigène 41, 78; de Carbone 52, 53; d'Hydrogène 5, 69; ou de Carbone 52, 53, d'Hydrogène et d'Oxigène dans les proportions nécessaires pour former l'Eau 47, 47. Cette composition est très-analogue à celle de l'Acide acétique ainsi qu'à celle de plusieurs autres principes végétaux; mais pourtant quelle différence dans leurs propriétés physiques! Quoi de moins analogue en apparence que du bois et de l'Acide acétique! Pour expliquer cette différence de propriétés que présentent des substances dont la composition est presqu'identique, Gay-Lussac a émis l'hypothèse, qu'un arrangement de particules différent dans les deux corps est la seule cause des propriétés qui les distinguent l'un de l'autre. La théorie de Gay-Lussac sur la composition des corps organiques est aussi très-favorable à l'explication des changemens ou transformations que ces corps subissent par les agens chimiques. En effet, si les élémens qui composent les corps organiques sont en proportions telles qu'on puisse considérer ceux-ci comme formés d'Eau, d'Hydrogène carboné ou d'autres combinaisons binaires unies à du Carbone ou à d'autres corps simples ou combinaisons de corps simples, on conçoit que la plus légère soustraction ou addition d'une de ces combinaisons binaires devra faire varier la composition et les propriétés des corps organiques. C'est ce qui résulte des curieuses expériences de Braconnot de Nancy, relatives à l'action des Acides sur le Ligneux. En traitant à froid dans un mortier de verre, par l'Acide sulfurique concentré, du Ligneux pur tel que des vieux chiffons de toile de chanvre, ce chimiste a obtenu une masse mucilagineuse tenace, exempte de matière charbonneuse et qui était soluble dans l'Eau. Après avoir neutralisé l'Acide par de la craie ou mieux par de la litharge, il a filtré, fait évaporer la liqueur, et le résidu était une substance à laquelle il a donné le nom de gomme artificielle, nom impropre, selon Chevreul, puisqu'elle ne produit point d'Acide saccholactique. Cependant cette substance a entièrement l'aspect vitreux, le goût fade et inodore de la gomme arabique. Elle rougit la teinture de Tournesol, mais l'Acide qu'elle renferme n'est pas le sulfurique, puisque sa solution n'est pas précipitée par les Sels de baryte. Si l'on fait bouillir, pendant dix heures, la substance gommeuse en question dans l'Acide sulfurique étendu, on la transforme en sucre et en un Acide que Thénard présume être de l'Acide hyposulfurique uni à une matière organique, et que Braconnot a nommé végéto-sulfurique. Le sucre a une grande ressemblance avec celui de raisin. Il cristallise en petites lames réunies en globules; sa saveur est fraîche et franche; il se dissout dans l'eau et dans l'Alcohol bouillant, et se convertit en Alcohol au moyen de la levure; 100 parties de Ligneux donnent 114,7 de sucre. L'Acide nitrique agit aussi à l'aide de la chaleur

sur le Ligneux, de manière à produire une substance blanche qui ressemble à celle obtenue par l'Acide sulfurique. La Potasse caustique, chauffée avec le Ligneux, le ramollit et le dissout presque instantanément; et si l'on étend d'eau cette solution, on peut en précipiter par l'Acide sulfurique une substance que Braconnot a nommée Ulmine artificielle. Celle-ci, après avoir été lavée et séchée, est noire comme du Jayet, très-fragile, peu sapide, inodore, insoluble dans l'eau froide, mais soluble dans l'eau bouillante qu'elle colore en brun. Elle se conduit avec les bases salifiables comme un Acide faible. Le Ligneux, distillé dans une cornue, donne lieu à un dégagement d'eau, d'Acide acétique, d'huile empyreumatique, d'Acide carbonique, et d'Hydrogène carboné. Le résidu est du charbon qui a la forme du Ligneux et dont la quantité est de 18 à 19 parties pour 100.

Les usages du Ligneux sont fort importans dans l'économie publique. C'est ce corps qui réuni en couches nombreuses et concentriques dans les Arbres dicotylédons, et en fibres disséminées dans les Monocotylédons, constitue le bois propre à la confection des ouvrages de charpente, de menuiserie, etc., etc. *V.* Bois. Le Ligneux des Plantes herbacées, disposé en faisceaux longs, flexibles, faciles à séparer du tissu cellulaire adjacent, sert à fabriquer les cordes et les fils dont on compose les tissus. *V.* particulièrement les mots Chanvre, Lin et Phormium. L'emploi secondaire de ces tissus pour la fabrication du papier, est tellement connu que nous ne croyons pas devoir en parler ici. Les singulières transformations dont Braconnot a montré que le Ligneux est susceptible augmenteront probablement un jour les avantages de cette substance pour la société. (G..N.)

* LIGNIDIUM. BOT. CRYPT. (*Champignons.*) Ce genre établi par Link se présente sous forme de conceptacles

globuleux portés sur une membrane étalée ; ils sont simples, membraneux, irrégulièrement déchirés, renfermant des flocons adhérens, distincts des sporidies ou séminules qui sont réunies. Il est voisin des *Pittocarpium*, *Strongylium*, *Enteridium* et *Diphtherium*; il figure dans la série des Mycétodéens, ordre des Gastromyciens. Deux espèces sont décrites par les auteurs ; ce sont : 1° le *Lignidium muscicola* que Fries a fait connaître dans ses Observations mycologiques et qui forme sur plusieurs *Hypnum* de petites taches blanc-grisâtres de quatre à six lignes de large ; 2° le *Lignidium flavum* qui est le type du genre (Link, *Berol. Mag.* 3, p. 24, T. II, fig. 37); il naît sur le bois mort; ses conceptacles sont gris-jaunâtres à l'extérieur; les flocons intérieurs jaunes; les séminules brunes.   (A. F.)

* **LIGNINE.** BOT. CHIM. (De Candolle, Théorie Élém. de la Botanique.) Syn. de Ligneux. *V.* ce mot.
                                        (G..N.)

LIGNIPERDE. *Ligniperda.* INS. Nom donné par Pallas (*Spicilegia Zoologica*) au Bostriche Tarière. *V.* BOSTRICHE.   (G.)

LIGNITE. GÉOL. En parlant de la Houille (*V.* ce mot), il ne nous a pas paru possible de séparer entièrement l'histoire de ce dernier combustible de celle du Lignite ni de celles de l'Anthracite et de la Tourbe, parce que toutes ces expressions, sans être synonymes, ne désignent cependant, à dire vrai, que des modifications, de l'état charbonneux, auquel ont passé les substances végétales enfouies à des époques plus ou moins reculées, sous les couches dont la terre s'est successivement enveloppée depuis l'existence des corps organisés. Pour le minéralogiste le Lignite pourrait être uniquement tout charbon fossile, d'un noir plus ou moins foncé, quelquefois d'un brun clair, brûlant avec flamme, sans beaucoup de fumée, sans se boursoufler et se prendre en une masse, comme le font la plupart des Houilles, sans se fon-

dre et couler comme le font les Bitumes, répandant une odeur désagréable, âcre et piquante, présentant essentiellement dans son tissu l'organisation fibreuse du bois, et laissant enfin pour résidu, après la combustion, une cendre pulvérulente, assez semblable, par son aspect et sa composition, à celle des Végétaux ; quel que soit d'ailleurs le gisement du combustible, ainsi caractérisé; le Lignite alors pourrait se rencontrer dans le même lieu, dans la même couche, dans la même masse avec de l'Anthracite, de la Houille et de la Tourbe; mais d'un autre côté, pour le géologue, qui tient moins compte des variétés de forme, de couleur, de propriété des substances, que de la place qu'elles occupent dans le sein de la terre, le Lignite pourrait être, au contraire, toutes matières charbonneuses quels que soient leurs caractères extérieurs, mais qui sont propres exclusivement à certains terrains, tandis qu'il regarderait comme Anthracite, comme Houille, comme Tourbe, des matières quelquefois semblables aux premières, et seulement distinctes par leur gisement ; il résulte de ces deux manières de voir que le Lignite, considéré minéralogiquement, serait toute autre chose que le Lignite considéré géologiquement, et que la même expression deviendrait commune à deux idées très-distinctes, inconvénient grave, auquel on se proposerait imparfaitement de remédier, en distinguant l'espèce minéralogique de l'espèce géologique, si toutefois encore le mot espèce pouvait être ici employé pour ne signaler dans un cas que certains modes d'altération d'une même substance, et dans l'autre que les diverses circonstances de gisement de cette substance altérée de plusieurs manières ; nous sommes loin de penser que l'on puisse en agir ainsi, parce que nous croyons qu'on ne saurait trop attacher d'importance à conserver aux mots, toujours la même valeur, surtout dans l'étude des différentes branches de l'Histoire Na-

turelle, qui sont trop intimement
liées entres elles, pour que le langage scientifique ne doive pas rigoureusement être le même pour toutes. Or quelle parité, quel rapport
d'idée pourrait-on établir entre ce
que l'on appelle une espèce de Mammifère, d'Oiseau, de Plante, de Minéral, qui sont des corps finis et caractérisés par leur forme, leur organisation, leur composition, avec ce
que l'on appellera, par exemple, l'espèce géologique du Lignite qui comprendra la collection de diverses
nuances d'altération, subies par les
Végétaux trouvés dans le sein de la
terre, depuis telle couche jusqu'à telle
autre couche presqu'arbitrairement!
Les coupes, les divisions facilitent, il
est vrai, l'étude, mais la géologie est
une science de généralités qui, comme la physiologie, repousse par sa
nature l'emploi de toute nomenclature trop systématique; elle se compose essentiellement de faits et d'observations qu'il est plus nécessaire de
coordonner et lier entre eux, qu'il
n'est utile de les isoler, et qui ne
peuvent, dans tous les cas, être distribués méthodiquement dans des ordres, des genres et des espèces distinctes, comme on peut le faire pour
des êtres et des corps nombreux, tels
que des Oiseaux, des Insectes, des
Plantes, des Minéraux, etc., qu'il
s'agit de distinguer les uns des autres.
L'inconvénient que nous venons de
signaler, celui de prendre dans une
acception toute différente le mot Lignite, existe réellement, ainsi que
l'on peut s'en convaincre en étudiant
les ouvrages des minéralogistes comparativement à ceux des géologues,
et nous croyons que pour l'éviter il
faut d'une part ne pas vouloir désigner sous ce nom une espèce minérale douée de propriétés et de qualités particulières, et par conséquent
caractérisée d'une manière précise, et
que d'une autre part on ne doit pas
non plus comprendre sous cette dénomination, et comme espèce géologique, tous les charbons fossiles qui
se rencontrent dans certaines cou-

ches de la terre exclusivement; en
conservant au mot Lignite le sens
consacré par l'usage, dans le langage
habituel des géologues, quelqu'arbitraire, quelque peu philosophique
qu'il paraisse, on ne s'expose pas du
moins à donner des idées fausses, comme il peut arriver qu'on le fasse si l'on
cherche à couvrir le vague qui ne
peut être réellement dissipé, par une
apparence d'exactitude et de précision
qui n'est que trompeuse. Nous entendons, d'après cela, par Lignite, avec la
plupart des géologues: 1° les bois et les
Plantes carbonisés dans le sein de la
terre, qui ont conservé leur forme
originelle ou au moins l'organisation
ligneuse, dans quelques formations
qu'ils se rencontrent; 2° les couches
régulières, les amas constans ou ac-
cidentels de matière charbonneuse,
pure ou mélangée, dont l'organisation
végétale peut n'être plus aperçue dans
toutes les parties, mais qui se rencontrent dans les terrains de formation postérieure à celle des terrains
houilliers bien caractérisés (*V.* HOUIL-
LE). Quoique pouvant se rencontrer
dans presque tous les terrains, chacune des diverses variétés principales
de matière charbonneuse prédomine
cependant dans des systèmes de couche dont l'âge est différent, et la
distinction minéralogique des charbons de terre désignés d'après leurs
caractères extérieurs, leurs propriétés
et leurs usages par les noms d'Anthracite, de Houille, de Lignite et de
Tourbe, s'accorde assez bien, d'une
manière générale, avec l'ancienneté
de formation et les circonstances de
gisement de ces variétés. Ainsi l'Anthracite appartient principalement
aux plus anciens terrains de transition; la Houille moins ancienne abonde dans les premiers terrains secondaires. Le Lignite, déjà commun dans
les derniers de ceux-ci, paraît plus
exclusivement propre aux terrains
tertiaires dont les assises les plus modernes renferment la Tourbe proprement dite. Voigt paraît être le
premier qui, sous le rapport géologique, ait cherché à faire bien res-

sortir l'accord de certains caractères extérieurs des Lignites, avec leurs gisemens, et qui ait proposé de les séparer des Houilles proprement dites. Cette distinction, bonne comme considération générale, admise par Werner, qui désignait les Lignites, sous le nom de *Braunkohle*, dont il distinguait plusieurs variétés, adoptée et établie en France, par Daubuisson et Alex. Brongniart, est maintenant généralement reçue; ce dernier savant qui a fortement appuyé sur la nécessité de la distinction, a proposé dernièrement, comme résultat de ses observations sur cet important sujet, de classer tous les gisemens de Lignites connus sous quatre types principaux que l'on désignerait, suivant lui, par les dénominations de : 1° Lignite du Lias; 2° Lignite de l'île d'Aix ; 3° Lignite soissonnois; 4° Lignite superficiel.

Le Lignite du Lias comprendrait non-seulement les bois fossiles carbonisés que renferment les couches calcaréo-argileuses, inférieures au Calcaire oolithique, mais aussi ceux que contiennent non moins fréquemment les dépôts de même nature qui séparent la grande formation des Calcaires du Jura en plusieurs groupes, ou qui la recouvrent, tels que les Argiles de Dives (*Oxfort clay*), les Argiles d'Honfleur (*Kimmeridge clay*). Le Lignite de cette période qui commence après le dépôt du Calcaire alpin et s'arrête à celui des sables ferrugineux et sables verts (*Iron* et *Green Sand*) exclusivement, se trouve le plus ordinairement en fragmens disséminés ou en petits amas qui sont visiblement les débris de Végétaux monocotylédones et dicotylédones, parmi lesquels on a reconnu quelques feuilles de Fougères; presque toujours les morceaux isolés et qui paraissent avoir été fracturés et balottés avant leur enfouissement sont pénétrés de sulfure de Fer, et souvent leur surface est recouverte par de grandes Huîtres ou de petites Gryphées qui y adhèrent fortement. Les bancs solides de Calcaire marneux en renfer-

ment moins que les couches argileuses ; on ne connaît aucune exploitation importante de ce Lignite, dont les usages sont presque nuls.

Le Lignite de l'île d'Aix, ainsi nommé d'après le gisement bien constaté, sur les côtes de Bretagne, près de Rochefort, de bois carbonisés en amas et même en couches dans les sables qui séparent le terrain oolitique de la Craie, réunirait naturellement tous les dépôts de la même époque, qui sont très-abondans sur les côtes sud de l'Angleterre, notamment dans le sable ferrugineux d'Hastings, où le Lignite se trouve le plus fréquemment en bancs réguliers, considérables, qui alternent plusieurs fois avec ceux de Grès et d'Argile, à la manière des charbons de terre auxquels il ressemble par les caractères extérieurs, et par les exploitations auxquelles il donne lieu. Ce Lignite est souvent accompagné de cristaux de Quartz hyalin qui tapissent les fissures, et des cavités qui paraissent avoir été pratiquées dans le bois dont il provient, par des larves ou des Vers marins, sont remplies de Silex Calcédoines. Le Fer sulfuré se rencontre avec lui de même qu'avec le Lignite du Lias, et l'on a recueilli notamment à l'île d'Aix, au milieu des amas de bois, et dans les couches sableuses et marneuses qui les enveloppent, des nodules d'une matière résineuse, brune ou d'un jaune orangé, qui, d'après l'analyse qui en a été faite, paraît contenir beaucoup moins d'Acide succinique, que n'en contient le succin des formations supérieures à la Craie. Presque toutes les tiges reconnaissables dans le Lignite de l'île d'Aix, annoncent des Végétaux dicotylédones, dont quelques-uns au milieu de la masse charbonneuse ont été changés en Silex. On a reconnu dans le même lieu de véritables *Fucus*; les fossiles caractéristiques sont marins ; mais ils se trouvent plutôt dans les couches supérieures au Lignite qu'avec celui-ci même; ce sont des Bélemnites, des Nautiles (*N. triangu-*

laris), des Sphérulites, les Ichthio-
sarcolites de Desmarest, les *Gryphœa Aquila* et *Columba*, le *Pecten
quinquecostatus*, etc., et quelques
ossemens qui paraissent avoir appartenu à des Reptiles et des Poissons.

Le Lignite soissonnois, postérieur
à la Craie, mais antérieur au Calcaire grossier parisien et peut-être même en partie du même âge, appartiendrait presqu'exclusivement, d'a-
près Brongniart, à l'époque de la
formation de l'Argile plastique qu'il
faut regarder comme la plus importante pour la production des Lignites,
puisque le savant dont nous analy-
sons dans ce moment les opinions
particulières, croit devoir rapporter
à la même époque, non-seulement
toutes les couches carbonifères qui
donnent lieu à de nombreuses exploitations dans les vallées de l'Aisne,
aux environs de Soissons et de Laon,
auprès de Château-Thierry, d'Eper-
nay, etc.; tous les dépôts de combus-
tibles charbonneux du bassin de Paris,
et qui ont été découverts à Auteuil, à
Marly, à Mantes, à Dieppe, mais encore une grande partie des gîtes
puissans de charbon de terre, exploités depuis long-temps dans le midi
de la France, comme de véritable
Houille, tels que ceux des mines de
Saint-Paulet près du Pont-Saint-Es-
prit, de Mimet, de Saint-Savourin,
Gréasque, Gardannes, La Cadière,
Fuveau, Peynier, Roquevaire, Mar-
tigues, etc., dans le département des
Bouches-du-Rhône, entre Marseille,
Aix et Toulon, ceux des mines d'E-
treverne en Savoie; tous les charbons
exploités dans la grande vallée de la
Suisse qui sépare le Jura des Alpes;
tels que ceux de Vernier, près Genève, de Paudex, de Moudon, près
Lausanne, de Saint-Saphorin, près
Vevay, de Kœpfnach près Horgen
sur le lac de Zurich, d'OEningen,
près du lac de Constance, etc., dépôts
qui font tous partie du grand amas
de roches d'agrégation, connu sous le
nom de Molasse, et dont la formation paraît en effet correspondre à
celle de notre Argile plastique pari-

sienne jusques et y compris peut-être
celle de notre Gypse à ossemens.

Le Lignite soissonnois aurait donc
pour caractère principal de former
souvent des couches puissantes qui
alternent avec des Grès, des Sables et
des Argiles, et de se présenter sur
une grande étendue, dans les terrains qui sont immédiatement supérieurs à la Craie; il est souvent mélangé avec ces Argiles et ces Sables,
de manière que l'on ne saurait reconnaître dans le tissu de toutes ses parties une organisation végétale; il semble être, au contraire, le plus souvent
comme la plupart des Houilles, le
produit de la trituration de parties
charbonneuses qui n'auront été
transportées et déposées qu'après cette opération; il renferme du Succin
dans lequel l'Acide succinique est en
quantité notable; du Mellite, du Bitume pétrole, et parmi les Minéraux
proprement dits du Zinc et du Fer
sulfuré, du Gypse en cristaux, de la
Chaux carbonatée, de la Strontiane
sulfatée, du Silex agate, du Quartz
hyalin. Les fossiles végétaux et animaux qui l'accompagnent sont très-
variés et très-abondans; parmi les
premiers on n'a pas reconnu de Plantes marines, mais des Plantes terrestres continentales ou marécageuses,
point de Fougères, ni de tiges ni de
feuilles de Plantes semblables à celles
qui caractérisent les véritables Houilles; les grands Végétaux y sont ordinairement croisés et couchés dans
tous les sens; bien que dans plusieurs localités on cite des troncs
d'Arbres volumineux qui ont conservé une position verticale. Les Animaux observés dans les divers gîtes
de Lignite soissonnois, ne sont pas
en moins grand nombre que les Végétaux.

L'*Anthracotherium* de Cuvier (Recherches sur les ossemens fossiles,
T. III, p. 398), des os de Mastodontes
et une tête de Castor, ont été trouvés, le premier dans les Lignites de
Cadibona, et les autres dans le Lignite de Kœpfnach, près Horgen sur
le lac de Zurich. Les Mollusques re-

cueillis se rapportent presque tous à des Animaux des eaux douces, et quelques-uns à des Animaux marins; les uns et les autres se voient quelquefois mêlés dans les mêmes couches, tandis que d'autres fois des lits, uniquement remplis de Coquilles d'eau douce, alternent à plusieurs reprises avec des lits d'apparence marine (Soissonnois). Parmi les Coquilles d'eau douce on a distingué cinq espèces de Planorbes, autant de Paludines, des Physes, des Mélanies, des Ménalopsides, des Néritines, des Ancyles, des Cyrènes, et parmi les Coquilles marines des Cérithes, des Ampullaires, des Huîtres.

La dénomination de Lignite superficiel de Brongniart, serait réservée à tous les fragmens ou amas de bois charbonneux, plus ou moins altéré, qui, sans avoir les caractères de la Tourbe (*V.* ce mot), seraient plus modernes que le Lignite soissonnois, et même que tous les bancs solides des derniers dépôts d'eau douce des terrains parisiens, ceux enfin qui font seulement partie des couches meubles superficielles et dont les bois accumulés dans l'île de Chatou, près Saint-Germain-en-Laye, ceux du Port-à-l'Anglais sur les bords de la Seine au-dessus de Paris, peuvent donner un exemple; ces Lignites forment des amas quelquefois considérables d'Arbres entiers accumulés les uns sur les autres au milieu d'un limon sablonneux, qui renferme des Coquilles d'eau douce, des débris d'Insectes aquatiques et d'Animaux terrestres, des fruits, etc., assez semblables à ceux qui existent maintenant sur le sol environnant, mais souvent aussi des ossemens de grands Mammifères, dont les espèces n'existent plus sur ce même sol, circonstance qui donne à ces dépôts un caractère antédiluvien et qui autorise à les regarder comme d'une origine antérieure à l'état actuel du globe.

Après avoir indiqué d'une manière générale quels sont les phénomènes géologiques de la distribution des matières charbonneuses plus nouvelles que la Houille, dans les divers strates de l'écorce de la terre, nous devons tracer quelques-uns des caractères principaux qui ont engagé les minéralogistes à reconnaître, parmi les Lignites, plusieurs variétés, dont les propriétés méritent d'être connues, parce qu'elles font rechercher ces variétés pour des usages dont quelques-uns sont très-importans pour les arts et l'agriculture. Ces principales variétés sont :

Le Lignite piciforme, *Pechkohle* des Allemands, qui, comme l'indique son nom, a l'aspect luisant de la Poix; la structure fibreuse du bois paraît à l'extérieur de quelques fragmens, mais le plus souvent cette structure a disparu et le Lignite ne présente plus qu'une masse compacte qui donne, en se cassant, des surfaces conchoïdes; quelquefois il se divise en feuillets ou bien en fragmens parallélipipédiques à la manière de quelques variétés de Houille dont il est difficile de le distinguer, d'autant plus que sa couleur est le noir luisant et qu'il brûle avec facilité et sans répandre l'odeur désagréable de la plupart des autres Lignites. C'est cette variété que l'on exploite dans les mines de Provence, que nous avons, d'après Brongniart, rapportée au Lignite soissonnois, dans celles de la Suisse, dans les Ardennes à Ruette, dans la vallée de l'Inn en Autriche, à Cadibona dans le golfe de Gênes, à Sarzane en Ligurie, etc. A cette même variété appartient le Jayet que sa dureté, sa couleur noire foncée, sa texture dense et homogène rendent susceptible de prendre un beau poli et d'être taillé sur une meule pour être transformé en objets d'ornemens, tels que des boutons, des pendans d'oreilles, des colliers, des chapelets, des rosaires, etc., et en général des parures de deuil. Le Jayet se rencontre en fragmens ou en nodules dans le Lignite piciforme commun, et peut-être avec toutes les autres variétés de Lignite, mais accidentellement; les exploitations des environs de Roquevaire,

Marseille et Toulon ; celles de Bales-
tat dans les Pyrénées, de Saint-Colombe, Peyrat et la Bastide, sont, en
France, celles qui fournissent le plus
de Jayet au commerce, et qui en ont
fourni une assez grande quantité à une
époque où la mode faisait rechercher
les bijoux de cette espèce. Les mines
de Saint-Colombe qui ont employé
jusqu'à 1200 ouvriers, n'en occupent
plus maintenant qu'environ 160.
L'Espagne, la Saxe, la Prusse, ont
des mines de Jayet dont on fait le
même usage qu'en France. Quelques
auteurs, et notamment Voigt et Brongniart, rapportent à la variété de
Lignite piciforme, le *Candel Coal* ou
charbon chandelle des Anglais, quoique l'on assure que cette sous-variété existe dans les couches des terrains houilliers de Newhaven (*V.*
Houille compacte).

Le Lignite terne, d'un noir plus
ou moins foncé, mais toujours terne,
répandant en brûlant une fumée
épaisse et presque toujours âcre et
fétide, présente une structure, tantôt
massive, tantôt schisteuse, mais rarement ligneuse ; il est le plus souvent
en couches et souillé par des matières terreuses et des sables. Les exploitations de Sainte-Marguerite, près
Dieppe ; la plupart des gîtes du Soissonnois, les mines de Piolenc, dans
le département de Vaucluse, de Leip-
sick en Allemagne, celles de Tœplitz
et des environs de Carlsbad en Bohême, fournissent des exemples de
cette variété de Lignite, dont les
principaux usages sont de plusieurs
sortes ; lorsqu'il est en masses solides, qu'il n'est pas par trop impré-
gné d'infiltrations pyriteuses, il peut
servir pour faire cuire la Chaux et
pour toute opération analogue ; lorsqu'il manque de cohérence, et que
les Pyrites qu'il contient se décomposent facilement à l'air, on l'emploie
pour fabriquer des sulfates de Fer
et d'Alumine ; on le répand encore
sur les terres pour les amender
(Sainte-Marguerite, Soissonnois) ; une
sous-variété qui est terreuse, pulvérulente, d'un brun noir, que l'on

trouve principalement à Brulh, et qui
dans le commerce est connue sous le
nom de terre de Cologne, est employée dans les peintures grossières.
On distingue bien encore plusieurs
autres variétés sous les noms de Lignite fibreux, cylindroïde, bacillaire,
mais elles sont de trop peu d'importance sous les rapports géologiques
et techniques, pour que nous devions nous arrêter à les décrire ici.
(c. p.)

LIGNIVORES ou XYLOPHA-
GES. ins. Duméril donne ce nom à
une famille de l'ordre des Coléoptères qui correspond à celle que Latreille nomme Longicornes. *V.* ce
mot. (g.)

LIGNONIA. bot. phan. Le genre
Paypayrola d'Aublet a reçu de Scopoli ce nouveau nom qui a été adopté par Rœmer et Schultes. Jussieu et
Lamarck se sont contentés de modifier la dénomination primitive en
celle de *Payrola*. *V.* ce mot. (g..n.)

LIGTU. bot. phan. Nom de pays
devenu scientifique pour désigner
une espèce du genre *Alstroemeria*. *V.*
ce mot. (b.)

LIGULA. int. *V.* Ligule.

LIGULAIRE. *Ligularia.* bot.
phan. Genre de la famille des Synanthérées, Corymbifères de Jussieu,
et de la Syngénésie superflue, L.,
établi par H. Cassini (Bulletin de la
Société Philom., septembre 1816) qui
l'a ainsi caractérisé : involucre cylindracé, formé de folioles égales,
disposées sur un seul rang, contiguës, libres, appliquées, oblongues, lancéolées, aiguës au sommet, membraneuses sur les bords ;
à la base de l'involucre on observe
une ou deux bractées linéaires subulées ; réceptacle plane absolument nu ;
calathide radiée, dont les fleurons du
centre sont nombreux, hermaphrodites, ceux de la circonférence sur
un seul rang, en languettes et femelles ; corolles des fleurs femelles
portant à la base quelques longs filets qui sont des rudimens d'étami-

nes ; ovaires supportés par un léger pédicelle, oblongs, striés, glabres, pourvus d'un bourrelet au sommet, et surmontés d'une aigrette composée de poils légèrement plumeux. Les styles ont leur partie supérieure et la face extérieure des stigmatophores hérissées de papilles ; les bourrelets stigmatiques sont confondus en une seule masse, à l'exception de la base où ils sont partagés par un léger sillon. Ce genre a été placé par son auteur, dans la tribu des Adénostylées, entre les nouveaux genres *Senecillis* et *Celmisia*. Il se distingue des *Cineraria* par la présence des bractées qui se trouvent à la base de l'involucre, par les étamines rudimentaires de ses fleurs femelles, et par les caractères du style. L'espèce que Cassini considère comme type de ce nouveau genre, est le *Cineraria sibirica*, L. Cette Plante croît en Sibérie, dans le Levant et sur les montagnes de l'Europe australe. Cassini soupçonne en outre que le *Cineraria caspica* de Marschall est une seconde espèce de *Ligularia*.

Un autre genre de Plantes a été formé sous le nom de *Ligularia* par Duval (Plantes grasses du jardin d'Alençon, p. 11). Il avait pour type le *Saxifraga sarmentosa*, Willd. ; mais Haworth ne l'a considéré, avec juste raison, que comme une section du genre Saxifrage. *V.* ce mot.

Rumph s'était autrefois servi du mot *Ligularia* pour désigner la Plante nommée par Linné *Euphorbia neriifolia*.   (G..N.)

LIGULE. *Ligula*. INT. Genre de Vers intestinaux de l'ordre des Cestoïdes. Caractères : 1° avant le développement complet, corps aplati, continu, très-long, parcouru sur ses deux faces par un sillon longitudinal et médian ; point de tête ni d'organes génitaux visibles ; 2° après l'entier développement, corps aplati, continu, très-long ; tête munie de deux fossettes latérales très-simples ; ovaires formant une ou deux séries longitudinales, avec des lemnisques saillans (organes génitaux mâles) situés sur la ligne médiane. Pallas confondait ces Animaux avec les Tœnias, et Linné avec les Fascioles. L'organisation des Ligules est d'une extrême simplicité. Lorsque l'on examine celles qui vivent dans les Poissons, ou, d'après l'hypothèse de Rudolphi, celles dont le développement n'est pas complet, il semble que l'on ait sous les yeux une bandelette d'Albumine coagulée, dont la surface plus ou moins ridée est parcourue sur chacune de ses faces par un sillon longitudinal et médian. Que l'on dissèque cette masse, qu'on la soumette à la macération, qu'on en examine des portions minces au microscope, quelques recherches que l'on puisse faire, on ne trouve toujours qu'une substance blanchâtre, assez ferme, sans fibres, vaisseaux ou organes quelconques. Cependant les Ligules, même en cet état, sont des Animaux vivans dont les mouvemens sont très-sensibles. Lorsqu'on les met dans l'eau, elles se meuvent de diverses façons et nagent à la manière de Sangsues. La portion que l'on regarde comme la tête est en général plus épaisse et plus pointue que la postérieure ; on ne peut y apercevoir rien qui ressemble à des suçoirs ; les plis y sont plus réguliers que sur le reste du corps ; les bords sont épais, plissés, et souvent ondulés. Même dans cet état, les Ligules parviennent à de grandes dimensions ; on en a observé de plus de trois pieds de long et d'un demi-pouce de large. L'organisation de ces grands individus n'était pas plus apparente que dans les plus petits.

Il n'est pas rare de trouver dans les intestins des Oiseaux aquatiques des Ligules absolument semblables à celles des Poissons, c'est-à-dire dont la structure n'est pas plus complexe ; souvent aussi elles présentent, dans une étendue plus ou moins grande, une série d'ovaires très-distincts. Ces ovaires ont la forme d'un petit sac et sont placés très-près les uns des autres sur une ou deux rangées lon—

gitudinales qui occupent toujours le centre du corps; chaque ovaire paraît communiquer à l'extérieur par une petite ouverture, et toutes ces ouvertures sont placées du même côté. Rudolphi a observé sur le *Ligula sparsa*, un petit corps cylindrique sortant par l'ouverture de chaque ovaire. Il le regarde comme l'organe génital mâle. On distingue facilement la présence des ovaires dans les Ligules, par une ligne brune longitudinale plus apparente du côté où sont placées les ouvertures de communication avec l'extérieur. Du côté opposé, on aperçoit ordinairement sur la ligne médiane, une bandelette très-étroite, un peu saillante, limitée de chaque côté par un petit sillon. Ses œufs sont ovalaires, de couleur brune, et très-nombreux. La plupart des Ligules des Oiseaux sont marquées antérieurement de lignes transversales, rapprochées, régulières; quelques Ligules paraissent véritablement articulées dans cette partie; le reste du corps est ou irrégulièrement ridé, ou tout-à-fait lisse.

Bremser a observé sur une Ligule trouvée dans le Cormoran commun (*Ligula interrupta*) une tête distincte où l'on remarquait une fossette linéaire sur chaque côté; ces fossettes ressemblaient à celles des Bothriocéphales solides et noueux; la tête était très-mince, presque triangulaire et aiguë en avant. Nous avons trouvé dans le même Oiseau une Ligule qui offrait également à son extrémité antérieure deux fossettes linéaires. C'est la seule espèce où l'on ait encore remarqué ces organes. Si l'on excepte les ovaires et les suçoirs de l'extrémité antérieure, la structure des Ligules des Oiseaux est la même que celle des Ligules des Poissons. Ces seules différences d'organisation entre les Ligules des Poissons et celles des Oiseaux, la circonstance d'habitation constamment dans l'abdomen chez les Poissons, dans l'intérieur des voies digestives chez les Oiseaux aquatiques; de plus, une observation singulière relativement aux Bothrio-

céphales solides et noueux (*V.* ces espèces), ont porté Rudolphi à avancer que les Ligules étaient destinées par la nature à passer une partie de leur vie dans les Poissons; que là, elles étaient entièrement dépourvues d'organes génitaux, et par conséquent infécondes; que, parvenues dans les voies digestives des Oiseaux qui s'étaient nourris de Poissons affectés de Ligules, elles y prenaient un nouveau degré d'accroissement, leurs organes génitaux se développaient, et qu'elles pouvaient alors se multiplier par germes. Cette hypothèse, quoique fondée sur des faits d'observation exacte, paraît fort étrange, et, si elle est l'expression d'une loi de la nature relative à ces êtres, c'est une nouvelle singularité ajoutée à toutes celles que nous présentent les Vers intestinaux. Il paraît certain également que les Ligules des Poissons, arrivées à une époque de leur existence, sortent de l'abdomen de ces Animaux en s'insinuant entre les muscles du dos et en perforant la peau.

L'on a dit que l'on a vu des Ligules encore vivantes dans des Poissons bouillis et servis sur table; c'est une exagération d'observateurs superficiels et peu scrupuleux. Il n'y a pas d'êtres vivans qui puissent résister à l'action prolongée de l'eau bouillante. D'ailleurs, la vie des Ligules est assez fugace; elles ne tardent pas à mourir lorsqu'on les place dans l'eau à une température modérée. Les Ligules ont été trouvées dans l'abdomen des Poissons qui vivent passagèrement ou habituellement dans l'eau douce, et particulièrement les espèces du genre Cyprin. On les trouve également dans les voies digestives des Oiseaux aquatiques et piscivores. On a trouvé une Ligule dans les intestins grêles d'un Veau marin nourri depuis quelque temps avec des Brêmes. Il existe dans un lac du royaume de Naples nommé *Lago fucino*, une espèce de Cyprin voisin du Barbeau, et que l'on nomme dans le pays *Lasca* et *Lascagna*. Ce Poisson contient assez fréquemment des Ligules rapportées au *Ligula simplicissima* par Rudolphi; on nomme ces Vers *Macaronni piatti*. On les mange avec délices.

Les espèces de Ligules sont peu nombreuses et assez difficiles à distinguer entre elles. Leurs différences spécifiques ne consistent guère que dans la position des ovaires, pour celles qui en sont pourvues. Quant aux autres, Rudolphi les réunit toutes sous le nom de *Ligula simplicissima.* (E. D..L.)

*LIGULE. *Ligula.* CONCH. Lamarck avait d'abord donné le nom de Donacille, et ensuite celui d'Amphidesme à un genre que Montagu (*Test. Brit.* p. 22) avait antérieurement établi sous le nom de Ligule; il était juste, par l'antériorité, de conserver celui de Montagu; c'est ce que Férussac a fait dans ses Tableaux systématiques. Ce genre, sur lequel Férussac a donné quelques détails à l'article AMPHIDESME de ce Dictionnaire, a été placé par cet auteur dans la famille des Mactracées, à l'imitation de Lamarck. Blainville, en faisant une sous-division des Lucines, aurait dû aussi en rapprocher les Erycines qui ont, avec elles, beaucoup d'analogie; mais on voit d'après la citation des figures faites par Blainville, qu'il connaissait peu ce genre, puisqu'il renvoie à la planche 286, fig. 1, a, b, c, de l'Encyclopédie, qui présente la Lucine lactée de Lamarck, laquelle est le type du genre *Loripes* de Poli. Latreille, dans son dernier ouvrage, loin de confondre les Amphidesmes avec un autre genre, en fait une famille à part sous le nom d'Amphidesmites. Il y joint, avec quelque réserve, les genres *Listera*, *Lyonsia* et *Cryptodon* de Turton. Cette nouvelle famille de Latreille est la huitième de la première section du quatrième ordre.

Lamarck décrit seize espèces d'Amphidesmes, desquelles il faudra retrancher quelques-unes qui sont des Lucines ou qui appartiennent à d'autres genres. Férussac a fait voir à l'article AMPHIDESME que les Amphidesmes lactée et lucinale de Lamarck étaient une seule et même Coquille, la *Tellina lactea* de Linné, qui se trouve encore dans le genre Lucine sous le nom de *Lucina lactea*. L'Amphidesme donacile a la plus grande analogie, quant à la charnière, avec la *Crassatella glabrata*; elle devrait donc se placer plutôt avec elle qu'avec les autres Amphidesmes. Sowerby, dans son *Genera*, a manifesté une opinion différente, c'est-à-dire qu'il a placé et l'Amphidesme donacile, et la *Crassatella glabrata* dans le genre Erycine auquel elles servent de type. Cette opinion, que nous n'adoptons pas, prouve cependant l'analogie de ces deux Coquilles. Il est à présumer, d'après cela, que les autres espèces ont besoin d'être examinées avec une nouvelle attention, puisque dans les six premières trois doivent en être ôtées. Les Amphidesmes ont beaucoup d'analogie avec les Erycines; nous pensons même qu'il sera convenable de les réunir lorsqu'un plus grand nombre d'espèces vivantes d'Erycines seront venues à la connaissance des zoologistes. La principale différence entre ces genres, c'est que dans les Erycines le ligament interne est placé entre les deux dents cardinales, tandis que dans les Amphidesmes ou Ligules les dents cardinales sont placées à côté de la fossette. Voici les caractères que Lamarck assigne à ce genre : coquille transverse, inéquilatérale, subovale ou arrondie, quelquefois un peu bâillante sur les côtés; charnière ayant une ou deux dents et une fossette étroite en gouttière pour le ligament intérieur; ligament double, un externe court, un autre interne fixé dans les fossettes.

LIGULE PANACHÉE, *Ligula variegata*, *Amphidesma variegata*, Lamk., Anim. sans vert. T. v, p. 490, n° 1; *Amphidesma variegatum*, Sow. (*The Genera of Recent and Fossil Shells*, 9e cahier, fig. 1); *Tellina*, Encyclop. pl. 291, fig. 3. Coquille ovale, oblongue, mince, peu convexe, d'un blanc pourpré ou violâtre, présentant des taches de rouge brun, irrégulières, comme écrites; toujours finement striée transversalement; les stries sont très-fines et se perdent vers les crochets qui sont petits, à peine saillans. En dedans, cette Coquille offre une grande tache d'un rouge brun foncé qui diminue insensiblement vers les bords qui sont lisses. Il y a sur chaque valve deux dents cardinales fort petites; l'impression du manteau a une échancrure très-profonde comme dans les Tellines, et sur le côté postérieur on remarque un pli sinueux comme dans ce dernier genre. (D..H.)

LIGULE. *Ligula*. BOT. PHAN. On donne ce nom, dans les Graminées, à la petite lamelle ou languette qui naît du sommet ou bord libre de la gaîne de la feuille. Quelquefois la Ligule est formée par des poils. Ce petit organe fournit assez souvent d'excellens caractères pour distinguer certaines espèces. (A. R.)

* LIGULÉE (COROLLE). BOT. PHAN. Cette sorte de corolle s'observe dans la famille des Synanthérées; c'est quand la corolle monopétale commence par un tube et qu'elle va ensuite en s'élargissant et formant une languette plane et latérale, comme dans toutes les Chicoracées et dans les fleurs de la circonférence dans les Radiées; la fleur qui offre une semblable corolle est appelée un demi-fleuron. (A. R.)

LIGURITE. MIN. Viviani a remarqué une substance verte, transparente, à cassure vitreuse, disséminée dans une Roche talqueuse des bords de la Stura, en Ligurie. Cette substance, d'après l'examen qu'en a fait Vauquelin, ne serait qu'une modification du Titane silicéo-calcaire. Elle est formée, suivant Viviani, de Silice, 57,45; Alumine, 7,36; Chaux, 25,50; Magnésie, 2,56; Oxide de Fer, 5,00; Oxide de Manganèse, 0,50. Elle est plus dure que la Chrysolithe orientale, et sa pesanteur spécifique est de 5,49. (G. DEL.)

LIGURIUS. MIN. (Exode, chap. 28, vers. 19.) L'une des douze pierres qui ornaient le rational du grand-prêtre Aaron, et que l'on croit être la même chose que le Lyncurius. *V*. ce dernier mot. (G. DEL.)

LIGUSTICUM. BOT. PHAN. *V*. LIVÈCHE.

LIGUSTROIDES. BOT. PHAN. (Linné.) Syn. de Volkamérie. *V*. ce mot. (B.)

LIGUSTRUM. BOT. PHAN. *V*. TROÈNE.

LIGUUS. MOLL. (Montfort.) *V*. RUBAN, AGATHINE et HÉLICE.

LIKENÉE. INS. *V*. LICHENÉE.

LILACÉES. BOT. PHAN. Ventenat (Tabl. Règn. Végét., 2, p. 306) appelait ainsi une famille naturelle de Plantes qu'il formait avec les genres de la famille des Jasminées ayant le fruit capsulaire. Tels sont les genres *Nyctanthes*, *Lilac*, *Fontanesia*, *Fraxinus*. Mais cette famille ne diffère par aucun caractère des Jasminées. *V*. ce mot. (A. R.)

LILÆA. BOT. PHAN. *V*. LILÉE.

LILAK. BOT. PHAN. Pour Lilas. *V*. ce mot. (B.)

* LILALITHE. MIN. *V*. LÉPIDOLITHE.

LILAS. *Syringa*, L. BOT. PHAN. *Lilac*, Tourn. Genre de la famille des Jasminées et de la Diandrie Monogynie, L., qui se compose d'un petit nombre d'espèces, mais qui toutes sont des Arbrisseaux d'un port élégant que l'on cultive dans les jardins, surtout à cause de l'odeur suave que répandent leurs fleurs. Les Lilas ont leurs feuilles opposées, entières, pétiolées, dépourvues de stipules; leurs fleurs violettes tendres, disposées en grappes rameuses ou en thyrses redressés. Leur calice est monosépale, turbiné, à quatre dents très-courtes; leur corolle est monopétale, régulière, hypocratériforme, à tube allongé, un peu renflé dans sa partie supérieure, à limbe offrant quatre lobes étalés et obtus, et légèrement concaves. Les étamines, au nombre de deux, sont sessiles dans la partie supérieure du tube, qu'elles ne dépassent pas. L'ovaire est à deux loges contenant chacune deux ovules pendans. Le style est simple, terminé par un stigmate profondément biparti et à divisions linéaires et subulées. Le fruit est une capsule allongée, comprimée, à deux loges contenant chacune une seule graine plane et s'ouvrant en deux valves naviculaires, emportant chacune la moitié de la cloison.

Lilas commun, *Syringa vulgaris*, L. Cet Arbrisseau élégant, que nous cultivons en si grande abondance dans nos jardins, est originaire de la Perse et du Levant. Il fut introduit vers 1562 en Allemagne par Augier-Ghislen de Busbecq, ambassadeur de Ferdinand Ier, empereur d'Autriche, auprès du sultan Soliman II. Ce fut Matthiole qui, dans ses Commentaires sur Dioscoride, en parla pour la première fois et en donna la première figure. Le Lilas peut s'élever à une hauteur de dix à douze pieds et quelquefois même audelà. Ses feuilles sont opposées, pétiolées, cordiformes, aiguës, très-entières, glabres sur leurs deux faces. Les fleurs sont d'une couleur violette extrêmement claire, nuance que l'on désigne sous le nom de couleur lilas. Elles forment des thyrses dressés, coniques, composés d'un très-grand nombre de fleurs serrées, et elles répandent une odeur extrêmement suave. On a des variétés à fleurs rougeâtres et d'autres à fleurs d'un blanc très-pur. Quelquefois les feuilles sont variées de blanc ou de jaune. Cet Arbrisseau ne craint pas les froids les plus rigoureux de nos climats. Il est extrêmement rustique et vient presqu'également bien dans toutes les espèces de terrain et à toutes les expositions. Ses fleurs s'épanouissent en général dès les premiers jours du mois de mai, et sont dans notre climat l'annonce du printemps. On multiplie le Lilas par tous les procédés possibles; ainsi par graine,

par greffe, par marcottes et surtout par éclats.

Lilas de Perse, *Syringa Persica*, L. Cette espèce, originaire des mêmes contrées, est beaucoup plus petite que la précédente dans toutes ses parties. Sa tige s'élève à une hauteur de trois à quatre pieds. Ses rameaux sont grêles, effilés, tombans; ses feuilles sont lancéolées, entières; ses fleurs, plus petites, formant des grappes beaucoup plus grêles. Il y a une variété à feuilles laciniées et pinnatifides, que l'on désigne quelquefois sous le nom de Lilas à feuilles de Persil.

Lilas Varin, *Syringa Rothomagensis*. C'est une simple variété obtenue à Rouen en 1777 par Varin, jardinier habile, qui dirigeait le jardin botanique de cette ville. Elle provient de graines de Lilas de Perse à feuilles laciniées. C'est la même variété que l'on a nommée en Angleterre *Syringa sinensis*. Elle tient le milieu entre le Lilas ordinaire et le Lilas de Perse. Elle forme un Arbrisseau buissonneux et touffu, de cinq à six pieds d'élévation. Ses feuilles sont cordiformes, allongées; ses fleurs, très-grandes, forment des grappes moins bien fournies que celles du Lilas commun; mais d'une couleur plus vive. Lorsque cette variété est bien conduite, elle forme des touffes d'une beauté surprenante. Ceux qui existent dans les parterres du Jardin du Luxembourg font chaque année l'admiration de tout Paris pendant le mois de mai.

On a quelquefois appelé **Lilas de terre,** l'*Hyacinthus Muscari*, et l'*Hyacinthus monstrosus*, L., et **Lilas des Indes,** le *Melia Azedarach*.

(A. R.)

LILÉE. *Lilœa*. bot. phan. Genre de la famille des Joncaginées et de la Monœcie Monandrie, L., établi par Bonpland (*Pl. œquin.* 1, p. 221, t. 65) pour une petite Plante aquatique originaire des environs de Santa-Fé de Bogota dans la Nouvelle-Grenade, qu'il a nommée *Lilœa subulata*. Elle a en quelque sorte le port d'un Jonc, c'est-à-dire qu'elle forme une touffe de feuilles cylindriques, subulées, engaînantes par leur base. Les fleurs sont monoïques. Les mâles forment des chatons ovoïdes, allongés, composés d'écailles imbriquées en tous sens, à l'aisselle de chacune desquelles on trouve une seule étamine. Les fleurs femelles sont de deux sortes; les unes forment des épis ovoïdes, allongés, longuement pédonculés, composés d'une trentaine de fleurs sessiles, comprimées, rapprochées et imbriquées. Ces fleurs, entièrement dépourvues d'enveloppes florales, se composent d'un ovaire comprimé, à une seule loge et à une seule graine, d'un seul style court, et d'un stigmate capitulé. Les autres sont solitaires, distinctes, presque sessiles, et naissant du collet de la racine. Celles-ci sont ovoïdes, allongées, élargies vers leur sommet où elles se terminent par deux appendices lamelleux qui forment un bord incomplet. Le style est excessivement long et capillaire. Le fruit est un akène contenant une graine dressée, composée d'un embryon monocotylédon recouvert par un tégument propre, mince et membraneux.

(A. R.)

LILIACÉES. *Liliaceæ.* BOT. PHAN. Nous avons déjà dit à l'article Asphodélées, que les deux familles naturelles de Végétaux désignées par Jussieu sous les noms de Liliacées et d'Asphodélées devaient être réunies en une seule, qui retiendrait le nom de Liliacées, comme étant le plus ancien et le plus généralement connu. En effet, ceux qui compareront dans le *Genera Plantarum*, les caractères assignés à ces deux familles, s'apercevront facilement qu'ils se ressemblent tellement, qu'il est presque impossible de saisir entre eux la moindre différence qui soit de quelque importance. Cette difficulté tient non pas à la manière dont les caractères de ces deux groupes sont tracés, mais à l'organisation des genres qui les composent, laquelle n'offre pas de différences propres à l'établissement de deux familles. En effet, la struc-

ture du calice est la même; les étamines sont en même nombre et insérées de la même manière; l'ovaire, le style et le stigmate, enfin le fruit et la graine présentent une même organisation. Cependant nous convenons que pour un œil exercé il existe quelque différence de port, d'aspect extérieur entre les Liliacées et les Asphodélées, et que leur mode de germination n'est pas absolument semblable. Ainsi dans les Asphodélées, le cotylédon reste engagé dans l'intérieur de la graine et tient à la gaîne qui enveloppe la gemmule au moyen d'un prolongement filiforme. Ce mode de germination est en effet celui qu'on observe le plus fréquemment dans les Asphodélées, mais néanmoins tous les genres de cette famille ne germent pas de cette manière, par exemple le *Veltheimia*. Et d'ailleurs, cette différence dans la germination lorsqu'elle n'est pas liée à une différence d'organisation, peut-elle être regardée comme suffisante pour former deux familles naturelles? Nous ne le pensons pas, et à l'exemple de Ventenat, nous croyons ne devoir former qu'une seule famille des Liliacées et des Asphodélées de l'illustre auteur du *Genera Plantarum*.

Les Liliacées forment une vaste famille de Plantes monocotylédones, à étamines périgynes dont les genres Lis, Tulipe, Aloës et Asphodèle, peuvent être considérés comme les types. Ces Plantes, qui font l'ornement de nos parterres par la beauté et l'éclat de leurs fleurs, et souvent par l'odeur suave qu'elles répandent, varient singulièrement dans leur port. Ainsi quelquefois leur racine est surmontée par un bulbe dont la forme et l'organisation varient beaucoup, ainsi qu'on peut le voir en comparant le bulbe écailleux du Lis avec le bulbe presque solide de certaines Tulipes; dans une foule d'autres genres, la racine est dépourvue de bulbe et se compose de fibres capillaires ou plus ou moins volumineuses. Les feuilles sont quelquefois toutes radicales, planes ou cylindriques et creuses, ou épaisses et charnues. La tige, lorsqu'elle existe, est généralement simple, mais le plus souvent les fleurs sont portées sur une hampe nue, simple ou rameuse. Les fleurs varient beaucoup dans leur grandeur et leur disposition. Ainsi tantôt elles sont solitaires et terminales, tantôt disposées en épis plus ou moins allongés, plus ou moins denses, tantôt elles forment des grappes rameuses ou des ombelles simple. Toujours ces fleurs, qui sont sessiles ou pédonculées, sont accompagnées à leur base d'une bractée et quelquefois enveloppées dans une spathe composée d'une ou de plusieurs folioles. Le calice est coloré et pétaloïde, formé de six sépales, tantôt entièrement distincts, tantôt soudés ensemble par leur base, ou même dans une partie plus étendue de leur longueur, de manière à ce qu'ils forment un tube plus ou moins allongé, ainsi qu'on le remarque dans les *Aloes*, les *Lachenalia*, *Tritoma*, *Veltheimia*, etc. Ces six sépales sont disposés sur deux rangées, de manière que trois sont intérieurs et trois extérieurs; le plus souvent ils sont égaux et la fleur est régulière, rarement ils sont inégaux et la fleur est irrégulière. Les étamines sont au nombre de six. Leurs filets sont grêles ou élargis à leur base, quelquefois bifides ou trifides à leur sommet, monadelphes dans le *Cyanella Capensis*. L'insertion est le plus souvent périgynique, c'est-à-dire que les filets sont attachés sur les sépales, tantôt vers leur base, tantôt vers leur milieu ou vers leur partie supérieure; mais dans un assez grand nombre de genres, ces étamines sont bien réellement hypogyniques, c'est-à-dire qu'elles ne sont nullement insérées sur le calice, c'est ce que l'on observe dans les Lis, les Aloës, les Aulx, le Tritoma, etc. L'ovaire est entièrement libre, sessile au fond de la fleur, à trois côtes et à trois loges, contenant chacune un nombre variable d'ovules toujours disposés en

deux rangées longitudinales. Dans le *Veltheimia*, il y a deux ovules seulement dans chaque loge. Le style est simple, marqué de trois sillons longitudinaux; il manque quelquefois, et alors le stigmate est sessile. Celui-ci est toujours à trois lobes plus ou moins marqués. Le fruit est libre et supère, quelquefois charnu, mais le plus souvent sec et déhiscent, ovoïde, ou globuleux, à trois côtes plus ou moins saillantes, séparées par des sillons longitudinaux, à trois loges, contenant ordinairement plusieurs graines et s'ouvrant en trois valves septifères sur le milieu de leur face interne. Les graines, dont la forme varie, sont recouvertes d'un tégument tantôt noir et crustacé, tantôt simplement membraneux. Elles contiennent dans un endosperme blanc et charnu, un embryon cylindrique, axile, et dont la radicule correspond au hile. Cet embryon est quelquefois contourné sur lui-même, ainsi qu'on l'observe dans les Aulx par exemple.

Les genres qui composent cette famille sont assez nombreux, ainsi que le montrera l'énumération suivante :

§ I. Fleurs en épi; racines fibreuses; calice tubuleux.

Aletris, L.; *Veltheimia*, Gleditsh; *Tritoma*, Curtis; *Aloë*, L.

§ II. Fleurs en épi; racines fibreuses; calice à cinq divisions profondes.

Anthericum, L.; *Phalangium*, Tourn.; *Asphodelus*, L.; *Yucca*, L.; *Stypandra*, L.; *Sowerbæa*, Smith; *Laxmannia*, Brow.; *Borya*, Labill.; *Johnsonia*, Br.; *Xanthorrhœa*, Smith; *Arthropodium*, R. Br.; *Chlorophytum*, Kerr.; *Cæsia*, R. Br.; *Tricoryne*, R. Br.

§ III. Fleurs en épi; racine bulbeuse; calice tubuleux à sa base.

Basilœa, Juss.; *Hyacinthus*, Tournefort; *Muscari*, Tourn.; *Phormium*, Forst.; *Massonia*, Thunb.; *Lachenalia*, Jacq.

§ IV. Fleurs solitaires, en épi ou en ombelle; racine bulbeuse; calice à six divisions.

Cyanella, L. ; *Albuea*, L.; *Scilla*, L. ; *Ornithogalum*, L.; *Allium*, L.; *Lilium*, L.; *Tulipa*, L.; *Erythronium*, L. ; *Methonica*, Juss. ; *Uvularia*, L.; *Fritillaria*, L.; *Imperialis*, Juss. — (A. R.)

LILIAGO. BOT. PHAN. Les anciens botanistes donnaient ce nom à diverses Liliacées. Cordus l'avait appliqué particulièrement à une Plante dont Tournefort fit son genre *Phalangium* et que Linné plaça parmi les *Anthericum ;* ce mot ne fut plus employé que comme spécifique. *V.* PHALANGÈRE. (G..N.)

LILIASTRUM. BOT. PHAN. Tournefort avait formé, sous cette dénomination proscrite par Linné, un genre que ce dernier naturaliste réunit aux *Anthericum*, mais qui, selon Jussieu, doit faire partie du genre *Phalangium. V.* ce mot. (G..N.)

LILIO-ASPHODELUS. BOT.(Tournefort.) Syn. d'Hémérocalle. *V.* ce mot. (B..N.)

LILIO-HYACINTHUS. BOT. PHAN. Sous ce nom générique, qui n'a pas été adopté, Tournefort avait séparé des *Scilla*, les espèces à bulbes écailleuses. *V.* SCILLE. (G..N.)

LILIO-NARCISSUS. BOT. PHAN. Tournefort nommait ainsi un genre dont les espèces ont été placées par Linné parmi les Amaryllis. *V.* ce mot. (G..N.)

LILIUM. BOT. PHAN. *V.* LIS.

LILIUM LAPIDEUM. POLYP. Les anciens oryctographes ont donné ce nom à l'*Encrinites moniliformis* de Müller. *V.* ENCRINITES. (E.D.L.)

LILLOIS. MAM. Variété de petits Chiens qui provient du croisement du Doguin et du Roquet. (B.)

LIMACE. *Limax.* MOLL. Animaux Mollusques gastéropodes de la famille des Limaciens de Lamarck, dans l'ordre des Pulmonés terrestres. Les Limaces, comme les Hélices, furent connues des anciens; Aristote et Pline les mentionnèrent; d'autres auteurs, tels que Ray, Muralt, Har-

der, Redi, Swammerdam, cherchant, par une étude plus approfondie, à éclairer l'histoire des Limaces et des Limaçons, donnèrent sur leurs mœurs, leur accouplement et leur anatomie des détails curieux qui ne furent pas toujours exempts d'erreurs. Lister, dans son Synopsis, donna, d'après Redi, plusieurs planches où des détails anatomiques sont représentés. Dans leur indication, on remarque plusieurs erreurs que le grand Swammerdam, dont les travaux sont antérieurs, ne commit pas. Lister fut le seul de son époque qui rattacha les Limaces à son système général de conchyliologie; les autres auteurs jusqu'à Bruguière ne les mentionnèrent pas, ou les éloignèrent des Mollusques, dans la classe des Vers nus; en un mot, ne les regardèrent pas comme voisines des Hélices. Nous devons en excepter cependant d'Argenville, qui plaça les Limaces à la fin de ses Coquilles terrestres qui font, à la fin de son système, une partie séparée. Nous en excepterons également Müller qui, dans son Histoire des Vers terrestres et fluviatiles, commença ses Testacés, par les Limaces qu'il fit suivre des Hélices et dont il décrivit un assez bon nombre d'espèces. Linné, dans son Système, ne suivit pas le bon exemple de Müller; il établit, comme on le sait, trois classes dans les Vers : les Intestinaux, les Mollusques et les Testacés. Ce fut dans la classe des Mollusques, avec les Téthis, les Doris et les Aplysies, que fut placé le genre Limace, lorsque les Hélices, qui ont par l'organisation tant d'analogie avec elles, furent portées parmi les Testacés à côté des Nérites et des Turbos. Les auteurs qui suivirent le système linnéen à la lettre, comme Bruguière et les auteurs anglais du même temps, adoptèrent entièrement cet arrangement défectueux. Cuvier, qui, dès 1798, proposa dans son Tableau élémentaire d'histoire naturelle d'heureux changemens dans la classe des Mollusques, plaça les Limaces en tête des Gastéropodes, mais les tint en‑ core assez éloignées des Hélices. La‑ marck, dans son Système des Ani‑ maux sans vertèbres, suivit l'opinion de Cuvier. Le défaut de coquille des Limaces fut la cause de l'erreur dans laquelle tombèrent aussi bien Linné et Bruguière que les deux savans zoologistes que nous venons de citer.

Draparnaud, dans son Histoire des Mollusques terrestres et fluviatiles de la France, fut le premier qui repro‑ duisit l'opinion de Müller, c'est‑à‑ dire qu'il remit, à l'exemple de ce savant, les Limaces près des Hélices. Lamarck ne manqua pas de saisir cet heureux rapprochement; aussi voyons‑nous que, dans sa Philoso‑ phie zoologique, il rapprocha sa fa‑ mille des Limaciens de celle des Co‑ limacées, et qu'ainsi se trouvèrent beaucoup mieux en rapport les deux genres Limace et Hélice. De Roissy, dans le Buffon de Sonnini, ayant presque entièrement adopté le pre‑ mier système de Lamarck, laissa les Limaces avec les Mollusques nus, et par conséquent fort loin des Héli‑ ces. Il faut dire que l'ouvrage de Rois‑ sy est antérieur de plusieurs années à la Philosophie zoologique, et que se publiant dans le même temps que l'ouvrage de Draparnaud, son savant auteur n'aura pu profiter des travaux de ce dernier. Comme nous l'avons fait remarquer, Cuvier, après avoir éloigné les Limaces des Hélices, fit voir, par son excellent Mémoire ana‑ tomique sur ces deux genres, qu'il existait à peine des différences suffi‑ santes pour les séparer à l'avenir, quoi‑ qu'en apparence ils fussent fort dissem‑ blables. Cuvier, ayant reconnu dans les travaux des premiers naturalistes des erreurs et des lacunes, entreprit, malgré les travaux de Swammerdam sur le même sujet, de rendre com‑ plétement l'anatomie de ces Mollus‑ ques en donnant de meilleures figu‑ res que ses devanciers, ainsi qu'une description anatomique très exacte et plus complète. Cuvier a rendu un grand service à la science. D'après cela, il est facile de penser que la

nouvelle opinion de Cuvier dut rece‑ voir son application dans la classifi‑ cation qu'il proposa dans le second volume du Règne Animal. Nous trou‑ vons, en effet, les Limaces dans les Pulmonés terrestres, à côté des Héli‑ ces, et il établit le passage des deux genres par les deux sous‑genres Testa‑ celle et Parmacelle qui ont des coquil‑ les rudimentaires, comme au reste Lamarck l'avait fait dans l'Extrait du Cours, quoiqu'il conservât toujours les Limaces et les Hélices dans deux fa‑ milles et dans deux sections différen‑ tes, mais voisines. Cet arrangement resta le même dans son grand et der‑ nier ouvrage sur les Animaux sans ver‑ tèbres. Férussac, dans ses Tableaux systématiques, adopta entièrement l'opinion de Cuvier; seulement, au lieu de faire des Limaces et des Hé‑ lices des genres, il en fit des familles. Il sépara aussi du genre Limace les Arions sur la simple différence d'un pore muqueux à l'extrémité du corps. Ce genre, ce nous semble, ne saurait être adopté autrement que comme sous‑genre ou comme une simple section dans le genre. Notre opinion à cet égard est conforme à celle de Blainville, dans son article MOLLUS‑ QUE du Dictionnaire des Sciences Naturelles. Latreille, dans son der‑ nier ouvrage intitulé : Familles Na‑ turelles du Règne Animal, a rappro‑ ché, à l'exemple de Cuvier et de Fé‑ russac, les Limaces des Hélices, quoiqu'il en ait fait, comme ce der‑ nier, deux familles dont l'arrange‑ ment offre des différences de peu d'importance. (*V.* PULMONÉS et NU‑ DILIMACES.)

Le corps des Limaces étant très‑ contractile, doit être d'une forme très‑variable; cependant on lui re‑ connaît une forme ovale, allongée, plus obtuse antérieurement que pos‑ térieurement, où il se termine en pointe carenée, quelquefois arrondie. Le dos des Limaces est bombé, con‑ vexe, plus que demi‑cylindrique, plus épais antérieurement où l'on re‑ marque un disque charnu, épais, ovale, plus ou moins grand, plus ou moins fortement séparé du reste de la peau, et sous lequel la tête peut se rétracter. Cette partie se nomme cuirasse. La face inférieure de la Limace est entièrement plane ; elle est aussi grande que l'Animal et lui sert à la progression ; ce pied déborde un peu sur les côtés le corps de l'Animal, et surtout en avant ; à sa jonction avec la tête, on remarque un sillon assez profond qui le sépare. Quoiqu'un peu renflée, la tête se distingue fort peu du reste du corps ; elle porte deux paires de tentacules contractiles ; ils sont cylindriques et terminés par un renflement. Le renflement de la première paire est seulement transparent, celui de la paire supérieure laisse voir un point noir qui est l'œil. Ils sont, sous le rapport de la structure et de la manière dont ils se contractent, absolument semblables à ceux des Hélices. La bouche est placée en avant, et en dessous de la tête, c'est une ouverture infundibuliforme, plissée dans son contour et qui présente à la lèvre supérieure une dent cornée, solide. Sur le côté droit du corps se voient trois ouvertures : la première, assez peu apparente, en général, est placée à la base du tentacule droit ; elle se voit sur une sorte de bourrelet ; elle donne passage aux organes de la génération. La seconde, beaucoup plus grande, est placée dans une échancrure du bord du bouclier du côté droit ; elle donne passage à l'air qui entre ou sort de la cavité branchiale. La troisième ouverture est fort petite ; elle est percée sur le bord antérieur de l'orifice de la respiration ; c'est la terminaison de l'intestin ou l'anus.

La peau des Limaces est chagrinée, rugueuse, très-semblable à celle des Hélices ; elle est fort épaisse, très-sensible, très-contractile, continuellement invisquée par une humeur muqueuse, abondante, qui sort d'une grande quantité de cryptes muqueux dont un plus considérable et plus enfoncé, placé à l'extrémité postérieure, en donne une quantité assez notable dans plusieurs espèces. Tou-

tes les Limaces n'ont pas ce crypte, ce qui a porté Férussac à distinguer comme genre celles des Limaces qui le présentent. La locomotion s'opère, dans les Limaces, de la même manière que dans les Hélices. Les muscles, disposés sous la peau, y forment une couche dont il n'est point facile de distinguer les faisceaux. Cette couche musculaire est plus épaisse à la face inférieure, où est le pied, que partout ailleurs. Outre ce système musculo-cutané des Limaces, elles offrent encore des muscles propres au mouvement de certaines parties. C'est ainsi que la masse buccale, les tentacules et la verge en ont qui leur sont particuliers. Les tentacules sont des cylindres creux, formés par la peau revêtue en dedans de fibres musculaires, circulaires. La contraction de ces fibres suffit probablement pour produire l'allongement de ces parties ; leur contraction s'opère par un muscle longitudinal qui part du grand muscle médian de l'Animal, se bifurque, envoie une partie de ses fibres au tentacule supérieur et l'autre à l'inférieur. Ce muscle contient le nerf optique dans son milieu ; il s'insère en s'épanouissant un peu à l'origine du renflement des tentacules. Les muscles propres de la masse buccale ont une disposition entièrement semblable à celle des Hélices, c'est-à-dire qu'il y a plusieurs muscles courts, assez épais, qui sont destinés à la mastication. Ils se réunissent à un long faisceau musculaire, qui est destiné à retirer en arrière et sous le bouclier toute la tête et ses dépendances. Nous parlerons du muscle propre de la verge lorsque nous décrirons les organes de la génération. La bouche est assez grande ; elle est armée à son bord supérieur d'une dent cornée qui diffère de celle des Hélices en ce qu'elle n'est pas dentée ; la partie inférieure présente une langue épaisse, allongée, munie d'une plaque assez dure ; dans la cavité buccale, et de chaque côté, aboutissent les canaux excréteurs des glandes salivaires. Ces glandes, dans les Limaces, sont beaucoup plus courtes que dans les Hélices. De la bouche naît un œsophage fort étroit, assez court, qui se renfle bientôt en un vaste estomac qui présente un cul-de-sac à son extrémité postérieure. C'est vers cet endroit que viennent aboutir les canaux biliaires qui sont fort considérables ; cet estomac, dans sa position naturelle, se dirige d'avant eu arrière et de droite à gauche ; l'intestin est beaucoup plus étroit ; il naît postérieurement de l'estomac ; il fait plusieurs circonvolutions, accompagné et enveloppé des lobes du foie. Il se replie en avant pour se terminer, comme nous l'avons vu, près de l'orifice pulmonaire. Le foie est fort grand, divisé en deux lobes, l'un droit et l'autre gauche et postérieur. Celui-ci contient l'ovaire. Les orifices des canaux biliaires sont si grands, dit Blainville, qu'il suffit d'insuffler l'estomac pour gonfler tous les lobes hépatiques avec la plus grande facilité.

Le système de la circulation se compose d'artères et de veines. Le cœur est placé presque sur le milieu de la cavité du poumon ; il est enveloppé d'un péricarde qui adhère à la paroi supérieure de cette cavité. La coquille que renferme la cuirasse est placée de manière à protéger cet organe, puisqu'elle est située immédiatement au-dessus. Le cœur est ovale, et sa pointe se dirige en arrière et en dessous. L'oreillette s'y insère par sa face supérieure. Celle-ci a la forme d'un croissant dont les pointes s'étendent en avant et rassemblent toutes les veines pulmonaires qui y aboutissent au bord externe et convexe. On n'a point encore découvert de valvules à l'entrée de l'aorte. Ce vaisseau important se distribue d'une manière presque semblable à celle des Hélices. Il n'y a même de différence sensible que dans la position du second tronc qui se rend au foie, à l'intestin et aux autres viscères. Ce changement de position est dû à la manière dont les organes de la Limace sont rassemblés, au lieu d'être portés dans une coquille spirale. Cuvier fait observer que la couleur des artères de la Limace est d'un beau blanc de lait, ce qui les fait reconnaître facilement, et produit l'effet d'une injection des plus délicates. Quand on examine par dedans l'enveloppe générale de la Limace, dit Cuvier dans son excellent Mémoire, on voit de chaque côté un grand vaisseau longitudinal qui grossit en avant. Il reçoit beaucoup de branches de l'enveloppe même, et l'on voit sur sa longueur des trous par lesquels il lui en vient des viscères ; les trois principaux sont tout-à-fait à sa partie antérieure. Ces deux vaisseaux sont les deux veines caves ; ils embrassent chacun de leur côté le contour de la cavité pulmonaire ; dans tout ce cercle par lequel la cuirasse ou manteau se joint au dos proprement dit, il en part, dans ce circuit, une infinité de petites branches, qui sont les artères pulmonaires et qui donnent naissance à ce beau réseau dont la cavité de la respiration est tapissée ; réseau qui reproduit à son tour des veinules, lesquelles aboutissent toutes, en dernière analyse, dans l'oreillette du cœur.

Le réseau vasculaire dont nous venons de parler tapisse la cavité pulmonaire qui est presque ronde ; il couvre de mailles à peu près semblables les parois de cette cavité, à l'exception de l'endroit occupé par le péricarde. Le bouclier et la plaque osseuse qu'il contient, dans le plus grand nombre des Limaces, sont placés au-dessus de cette cavité, de manière à la protéger. Sa face inférieure est formée par une sorte de cloison musculeuse qui la sépare des viscères, et que l'on a comparée à un diaphragme. Nous avons dit précédemment où était placée l'ouverture qui fait communiquer la cavité pulmonaire à l'air atmosphérique. Cet orifice est susceptible de contraction et de dilatation, suivant les besoins de l'Animal. Il paraît que les mouvemens sont produits par les muscles communs de la peau, car jusqu'à présent personne n'a décrit de fibres propres pour les opérer. Les radicules veineuses qui naissent du réseau pulmonaire se réunissent, d'après Cuvier, en plusieurs troncs qui aboutissent séparément dans l'oreillette, ce qui a déterminé sa forme en croissant. D'après Blainville, elles formeraient un seul tronc qui se rendrait isolément à l'oreillette. Cuvier nomme organe de la viscosité et Blainville organe de la dépuration urinaire un organe qui entoure le péricarde et forme autour de lui un cercle presque complet. Il est revêtu au-dehors d'une membrane lisse et grisâtre à l'intérieur. Il est composé d'un grand nombre de lames très-minces qui adhèrent aux parois par un de leurs bords ; le canal excréteur fait le même contour que l'organe lui-même ; il s'adosse au rectum pour sortir à côté de lui sur le bord de l'ouverture de la respiration.

Les organes de la génération diffèrent peu, en général, de ceux des Hélices ; cependant ceux-ci ont de plus les vésicules multifides et la poche du dard. Dans la Limace ils se composent, 1° d'un ovaire situé dans le lobe postérieur du foie dans lequel il est presque entièrement caché ; il est granuleux, et on en voit naître par des radicules un canal ou oviducte d'abord très-mince et très-étroit, reployé sur lui-même un très-grand nombre de fois. Son diamètre augmente insensiblement en se rapprochant de l'organe que Cuvier nomme matrice. 2°. Cette matrice dont les parois sont épaisses, est boursoufflée et composée intérieurement de cellules assez régulières qui sont remplies d'une abondante viscosité. Après plusieurs inflexions, le testicule se change en un canal plus étroit, cylindrique, à parois lisses, épaisses, et qui se renfle un peu avant de se terminer dans le cloaque. 3°. Une sorte de vessie ou un sac à une seule ouverture se voit à côté du canal déférent du testicule ; ses parois sont épaisses ; elles se rétrécissent en un col très-court qui s'insère dans le canal déférent, peu

avant qu'il n'entre dans la cavité commune de la génération. Cette petite poche, dont on ignore les usages, est habituellement remplie d'un fluide jaunâtre et épais. Ces différentes parties constituent l'appareil femelle de la génération. Nous ferons remarquer que l'organe que Cuvier nomme matrice, Blainville le désigne sous le nom de seconde partie de l'oviducte ou de testicule. L'appareil mâle est composé d'un testicule peu différent de celui des Hélices ; il est pourvu d'un canal déférent qui, au point où la matrice et l'oviducte se réunissent, se joint intimement à eux ainsi que le testicule. Un organe granuleux, en forme de bande blanche, se remarque le long de la matrice et l'accompagne en grossissant ; cette partie que Blainville compare à l'épididyme, se prolonge au-delà de la portion boursoufflée de l'oviducte. C'est seulement dans cet endroit qu'on en voit naître un canal qui, d'après de Blainville, se recourbe en se prolongeant assez loin pour aboutir à la base de la verge. La verge est plus courte que dans l'Hélice, elle est plus large en arrière qu'en avant, où elle s'amincit peu à peu. Elle est creuse dans toute sa longueur ; elle forme par conséquent un long sac dont les parois assez épaisses sont musculaires ; les fibres qu'on y remarque sont annulaires ; ces fibres annulaires ont le même usage que celles des tentacules, c'est-à-dire que lorsque le pénis entre en action, il sort en se renversant et se retournant absolument comme les tentacules ; il est fixé à sa base par un muscle épais, assez court, qui lorsque les organes de la génération et surtout la verge ont rempli leurs fonctions, la retire en dedans et en la retournant, agissant de même que le muscle rétracteur des tentacules. Ce muscle s'insère postérieurement sur la cloison charnue que nous avons vu précédemment séparer la cavité respiratrice de la cavité viscérale.

Le système nerveux ne différant pas essentiellement de celui des Hélices, nous renvoyons à ce mot pour les détails que nous en avons donnés. On doit sentir cependant que la distribution de quelques filets a dû se trouver légèrement modifiée dans les Hélices par la position des viscè es.

Les organes des sens chez les Limaces paraissent être aussi peu actifs que chez les Hélices. Le toucher y est également d'une grande délicatesse. La vue semble nulle, quoique Swammerdam ait trouvé toutes les parties qui constituent l'œil. Elles sont dépourvues de l'audition ; mais elles goûtent et elles odorent, puisqu'elles sont attirées par une nourriture qui leur plaît et qu'elles se rassemblent en assez grand nombre sur les Plantes ou les matières qu'elles préfèrent. Cependant le goût doit être assez obtus, si on en juge d'après l'état de la langue et d'une partie de la bouche qui sont cornées. Les Limaces, comme les Hélices, cherchent en automne un abri contre le froid ; elles paraissent y être moins sensibles que les Hélices, car on en voit encore lorsque toutes celles-ci ont disparu ; elles s'enfoncent dans la terre, se cachent dans les vieux murs, et elles paraissent préférer les vieux troncs d'Arbres pourris dans l'intérieur desquels il y a de l'humus produit de leur pourriture. Arrivées dans l'endroit qu'elles jugent convenable, elles se contractent autant qu'elles le peuvent dans le sens de la longueur ; quelquefois elles le sont au point de présenter une forme presque hémi-phérique. Elles passent l'hiver dans un état presque complet d'engourdissement ; cet état cesse insensiblement à mesure que la chaleur revient, et elles sortent de leurs trous lorsque déjà les Plantes ont commencé à pousser. C'est aussi à cette époque, vers le commencement de mai, que les Limaces s'accouplent. On n'a point encore de détails suffisans sur leur accouplement. Les anciens avaient eu connaissance de quelques-uns des faits qui y sont relatifs, puisque Redi, et, d'après lui, Lister, ont figuré des Limaces dans ce moment. Depuis il n'y a eu que les observations encore incomplètes de

Werlich ; elles sont insérées dans l'Isis de Oken, et Férussac, dans son grand ouvrage, les a rapportées dans leur entier. Nous ne pouvons les reproduire ici, mais nous engageons beaucoup les naturalistes qui sont à portée de faire ces sortes de recherches d'observer le plus exactement possible l'accouplement des Limaces ; c'est un fait très-intéressant et qui manque encore pour plusieurs points. Les Limaces pondent peu de temps après l'accouplement, ordinairement à la fin de mai ou au commencement de juin. Elles déposent leurs œufs, qui sont jaunâtres et arrondis, dans des endroits abrités du soleil : elles en placent quelques-uns dans le même endroit et vont chercher un autre lieu pour en déposer quelques autres. Ces œufs, d'abord assez transparens, deviennent opaques à mesure que l'embryon qu'ils renferment se développe ; il sort de l'œuf plus ou moins promptement, suivant l'état de chaleur de l'atmosphère.

Les Limaces habitent toutes les régions de l'Europe et l'Amérique septentrionale. On en trouve aussi aux deux extrémités de l'Afrique ainsi qu'à la Nouvelle-Hollande. Les espèces de Limaces sont fort difficiles à distinguer entre elles, quoiqu'elles soient en moins grand nombre que les Hélices ; elles se confondent facilement par des nuances insensibles de couleur et de formes du corps. Les travaux sur ce genre et sur l'établissement des espèces manquent encore d'un point capital, c'est la connaissance anatomique de l'organe excitateur qui pourra seule servir définitivement à leur distinction. Swammerdam, le premier, d'après les habitudes des Limaces, les avait distinguées en deux groupes : les domestiques et les agrestes. Blainville maintint ces divisions en les désignant par les noms de Limaces rouges et de Limaces grises. Férussac proposa un nouveau genre pour les Limaces rouges, et conserva le nom de Limace pour les grises. Outre le caractère bien sensible du point muqueux des Limaces rouges, elles présentent encore d'autres différences assez notables, c'est ainsi qu'elles ont toujours la peau uniformément colorée, que l'extrémité du corps n'est point sensiblement carenée comme dans les Limaces grises; enfin elles manquent de l'organe excitateur; ce qui suppose, comme l'observe Blainville, un mode différent d'accouplement. Ces différences seront plus facilement appréciées, en consultant l'article ARION de ce Dictionnaire où Férussac a indiqué les espèces qu'il y rapporte. Nous conservons néanmoins l'opinion de Blainville, et nous divisons comme lui le genre Limace en deux sections. L'article ARION de Férussac est la première. Nous allons indiquer les principales espèces de la seconde après avoir donné les caractères généraux du genre : Animal ayant le corps ovale-oblong, complétement gastéropode; la peau partout fort épaisse, mais surtout à la partie antérieure du dos, où elle forme un écusson plus ou moins circonscrit ou bouclier coriace contenant dans son épaisseur un rudiment de coquille plus ou moins évident; cavité pulmonaire située au-dessous de l'écusson et ayant son orifice plus ou moins avancé sur le bord droit; anus au bord postérieur de cette ouverture; terminaison des organes de la génération par une ouverture commune située à la racine du tentacule antérieur droit. (Blainv.)

LIMACE CENDRÉE, *Limax cinereus*, Lin., Gmel., pag. 3100, n. 4; Drap., Moll. terrest. et fluv. de la France; Lamk., Anim. sans vert. T. VI, p. 40, n. 3; *Limax antiquorum*, Fér., Hist. des Moll. terrest. et fluv., p. 68, pl. 4, fig. 1 et 4, et pl. 8, a, fig. 1.

LIMACE TACHETÉE, *Limax variegatus*, Drap., *loc. cit.*, p. 127, n. 9; *Limax flavus*, Lin., *Syst. Nat.*, pag. 3102, n. 7; *Limax variegatus*, Fér., *loc. cit.*, pl. 5, fig. 1 à 6.

LIMACE AGRESTE, *Limax agrestis*, Lin., Gmel., p. 3101, n. 6; Lamk., Anim. sans vert., *loc. cit.*, n. 4; Drap., *loc. cit.*, pl. 9, fig. 9; Fér.,

loc. cit., p. 73, pl. 5, fig. 7 à 10.

LIMACE DES FORÊTS, *Limax sylvaticus*, Drap., *loc. cit.*, pl. 9, fig. 10; Féruss., Tab. du genre Limace dans l'Hist. des Moll. terrest. et fluv., p. 22, n. 8.

LIMACE JAYET, *Limax Gagates*, Drap., *loc. cit.*, pl. 9, fig. 1; Férus., *loc. cit.*, p. 76, pl. 6, fig. 1, 2.

LIMACE MARGINÉE, *Limax marginatus*, Drap., *loc. cit.*, pl. 9, fig. 7; *Limax marginatus*, Lin., Gmel., p. 3102, n. 10; Roissy, Buff. de Sonnini, tom. 5 des Moll., p. 182. (D..H.)

LIMACE GORGE DE PIGEON. BOT. CRYPT. Paulet donne ce nom à un Agaric de sa famille des Glaireux, qui paraît être l'*Agaricus clypeatus*, L. (B.)

LIMACE PIERREUSE ou **LIMACE DE MER.** POLYP. et MOLL. Nom vulgaire d'une variété du *Madrepora pileus*, L., dont Lamarck a fait son *Fongia Limacina*. *V.* FONGIE. On a aussi appelé les Aplysies et les Doris LIMACES DE MER. (E. D..L.)

LIMACELLE. Limacella. MOLL. Genre que Blainville a établi pour un Mollusque de la famille des Limacinés qu'il a eu occasion d'observer dans la collection du Muséum Britannique. Quoique ce Mollusque ait la forme des Limaces, il en diffère cependant en ce que le pied est séparé du manteau par un sillon qui fait tout le tour du corps. Voici les caractères que Blainville a donnés à ce genre dans son article MOLLUSQUE du Dictionnaire des Sciences Naturelles : corps allongé, subcylindrique, pourvu d'un pied aussi long et aussi large que lui, dont il n'est séparé que par un sillon, enveloppé dans une peau épaisse, formant à la partie antérieure du dos une sorte de bouclier protecteur de la cavité pulmonaire dont l'orifice est à son bord droit; les orifices de l'appareil générateur distans; celui de l'oviducte a la partie postérieure du côté droit, et communiquant par un sillon à la terminaison de l'organe mâle située à la racine du tentacule droit. La seule espèce connue de ce genre avait d'abord été nommée par Blainville LIMACELLE LACTESCENTE, *Limacella lactescens;* mais depuis, il lui a substitué le nom de LIMACELLE D'ELFORT, *Limacella Elfortiana,* espèce qui n'est ni décrite ni figurée.

La singularité des caractères de cet Animal a paru telle à Blainville, qu'il a ajouté l'observation suivante que nous extrairons textuellement. « Cette combinaison de caractères nous paraît si anomale, que nous doutons réellement que nous ayons bien observé le Mollusque sur lequel nous avons établi ce genre. »   (D..H.)

* LIMACES. *Limaces.* MOLL. Famille de Mollusques gastéropodes pulmonés, terrestres, déjà établie sous le nom de Limaciens (*V.* ce mot) par Lamarck, à laquelle Férussac, en y faisant des changemens assez notables, a donné le nom de Limaces. Cette famille, qui fait partie de l'ordre des Géophiles de cet auteur, est divisée de la manière suivante :

A. Entièrement cuirassées; tentacules contractiles.

1. DICÈRES.

Onchides ; Onchidies.

2. TÉTRACÈRES.

Vaginule, Philomique, Eumèle, Véronicelle.

B. Cuirassées antérieurement; quatre tentacules rétractiles.

Limacelle, Arion, Limace, Parmacelle.

C. Unitestacées avec cuirasse sans collier.

Plectrophore.

D. Unitestacées, sans cuirasse avec collier.

Testacelle.

L'arrangement de cette famille conduit insensiblement des Limaces aux Limaçons par l'intermédiaire des Plectrophores et des Testacelles qui avoisinent les Hélicarions et les Vitrines. Cet ordre nous semble le plus naturel, et nous l'adopterions de préférence à tout autre s'il ne contenait quelques genres très-incertains de

Rafinesque. Nous renvoyons pour plus de détails aux différens genres qui entrent dans la composition de cette famille.   (D..H.)

LIMACIA. BOT. PHAN. Ce genre de Loureiro (*Fl. Cochinch.*, édit. Willd. 2, p. 761) a été réuni au *Cocculus* par De Candolle (*Syst. Veget. Nat.* 1, p. 526) qui a donné le nom de *Cocculus Limacia* à l'unique espèce dont il était composé. Jussieu (Ann. du Mus. d'Hist. Natur., vol. XI, p. 161) avait indiqué ce rapprochement en établissant que les genres *Epibaterium* de Forster et *Limacia* de Loureiro étaient identiques. Or les deux espèces d'*Epibaterium* font aussi partie des *Cocculus. V.* ce dernier mot.

Le nom de *Limacia* a encore été donné par Dietrich au *Rumea* de Poiteau.   (G..N.)

* LIMACIENS. MOLL. Famille établie par Lamarck, dans la Zoologie philosophique, pour les genres Onchide, Limace, Parmacelle, Vitrine et Testacelle. Lamarck a reproduit la même famille, sous le même nom et sans aucun changement, dans l'Extrait du Cours, ainsi que dans les Animaux sans vert. T. VI, pag. 42. En consultant les mots suivans LIMAÇONS, LIMACELLES, LIMACES, LIMACINÉS et PULMONÉES, on aura une idée suffisante des changemens apportés à cette famille par les divers auteurs.

        (D..H.)

LIMACINE. *Limacina.* MOLL. Cuvier (Règn. Anim. T. II) a créé pour cet Animal, très-voisin des Clios, un genre qu'il a nommé ainsi. Lamarck, en l'adoptant, a fait sentir que ce nom, en rappelant l'idée d'une Limace, ne pouvait convenir, puisque la Limacine est pourvue d'une coquille spirale, régulière. Blainville a changé ce nom pour celui de Spiratelle que nous adoptons et auquel nous renvoyons.   (D..H.)

* LIMACINÉS. *Limacina.* MOLL. Famille établie par de Blainville (article MOLLUSQUE du Dict. des Sciences Nat.), pour les Hélices et les Limaces des auteurs. Blainville a été con-

duit à la réunion de ces deux familles, probablement par la difficulté de placer plutôt dans l'une que dans l'autre, certains genres qui, par les transitions qu'ils présentent, laissent dans le doute à l'égard de la famille à laquelle ils doivent appartenir; Blainville a distribué de la manière suivante, la famille des Limacinés.

† Le bord antérieur du manteau renflé en bourrelet et non en bouclier; une coquille.

Ambrette, Bulime, Agathine, Clausilie, Maillot qui comprend les genres *Partule* et *Vertigo;* Tomogère, Hélice.

†† Le bord antérieur du manteau élargi en une espèce de bouclier; coquille nulle ou presque membraneuse.

Vitrine qui renferme les genres *Helicolimax* et *Hélicaron*, Férus ; Testacelle, Parmacelle, Limacelle, Limace, Onchidie qui comprend le genre *Véronicelle*, Blainv. *V.* tous ces mots.

(D..H.)

*** LIMACODE.** *Limacodes.* INS. Genre de l'ordre des Lépidoptères, famille des Nocturnes, tribu des faux Bombyx, établi par Latreille (Fam. Natur. du Règn. Anim.), et répondant à une sous-division de la première division des Bombyx de cet auteur (*Gener. Crust.*, etc., t. 4, p. 219). Les caractères de ce genre sont : antennes peu ou point pectinées dans les deux sexes; ailes en toit; chenilles rampantes, ayant les pieds écailleux rétractiles; les membraneux suintant une liqueur gluante. Latreille rapporte à ce genre les *Hepialus, Testudo, Asellus* et *Bufo* de Fabricius et plusieurs autres. (G.)

LIMAÇON. MOLL. C'est sous cette dénomination que Férussac a réuni en famille, les genres qui pour la plupart constituent la famille des Colimacés de Lamarck. *V.* ce mot. Cependant il y a des différences notables, puisque le genre Hélice de Férussac, à lui seul, renfermait presque tous ceux des Colimacés de Lamarck. Voici de quelle manière cette famille est distribuée dans les Tableaux systématiques des Animaux Mollusques :

A. Une cuirasse et un collier. TÉTRACÈRES. Hélicarion, Fér.; Hélicolimace, Fér.

B. Un collier sans cuirasse.

1. TÉTRACÈRES. Hélice.

2. DICÈRES. Vertigo, Partule. *V.* ces mots. (D..H.)

LIMAÇONNE. INS. (Goedart.) La chenille du *Bombyx fascelina* de Fabricius. (B.)

*** LIMAÇONS.** MOLL. Cette expression, synonyme d'Hélice dans le plus grand nombre des auteurs, a pourtant été employée par d'autres d'une manière plus générale pour désigner toutes les Coquilles enroulées, soit marines, soit terrestres, dont la forme, plus ou moins globuleuse, présentait quelques rapports avec celle des véritables Hélices. D'Argenville est un de ceux qui généralisèrent le plus. Adanson l'appliqua à la première section de ses Coquillages univalves sous le nom de Limaçons univalves; il y rangea douze genres divisés en cinq familles ; l'une d'elles, la troisième, comprend le genre Limaçon qui ne renferme que des Coquilles véritablement terrestres, lorsque tous les autres genres de la section des Limaçons ne comprennent que des Coquilles d'eau douce ou marines. Les auteurs plus modernes, en conservant le mot de Limaçon, le restreignirent beaucoup, et ne l'appliquèrent plus qu'aux seules Coquilles terrestres. (D..H.)

*** LIMACTIUM.** BOT. CRYPT. (Fries.) *V.* AGARIC.

LIMACULE. POIS. FOSS. Luid paraît désigner sous ce nom une sorte de Glossopètre. *V.* ce mot. (B.)

LIMANDE. POIS. Espèce du genre Pleuronecte. *V.* ce mot. (B.)

LIMAS. MOLL. Vieux syn. français de Limace. *V.* ce mot. (B.)

LIMAX. MOLL. *V.* LIMACE.

LIMBARDE. *Limbarda.* BOT. PHAN. Genre de la famille des Synanthérées, Corymbifères de Jussieu, et de la Syngénésie superflue, L., établi par Adanson, et adopté par H. Cassini qui l'a ainsi caractérisé : involucre presque hémisphérique, formé de folioles membraneuses, imbriquées, entièrement appliquées, nullement appendiculées, linéaires-lancéolées et coriaces ; réceptacle large, plane, marqué de fossettes, et hérissé de papilles; calathides radiées dont les fleurs centrales sont nombreuses, régulières, hermaphrodites, celles de la circonférence nombreuses, disposées à peu près sur un seul rang, en languettes et femelles; anthères pourvues à la base de longs appendices subulés et découpés ; akènes oblongs, cylindriques, hérissés de longs poils, surmontés d'une aigrette composée de poils légèrement plumeux. Ce genre fait partie de la tribu des Inulées, section des Inulées prototypes de Cassini. Il a été constitué aux dépens des *Inula*, et ne diffère de ce dernier genre que par la structure de l'involucre qui est surmonté d'un appendice étalé et foliacé dans les vraies Inules. Le *Limbarda tricuspis*, Cassini, ou *Inula crithmoides*, L., est le type du genre. C'est un Arbuste rameux, garni de feuilles linéaires, épaisses, charnues, persistantes pendant l'hiver, tridentées au sommet, dans l'aisselle desquelles naissent de petits faisceaux de feuilles disposées en rosette et appartenant à un rameau non développé. Les calathides sont jaunes et solitaires au sommet des rameaux. Cette Plante n'est pas rare sur les bords de la Méditerranée. On mange ses feuilles confites dans le vinaigre. Cassini réunit avec doute, au genre *Limbarda*, l'*Inula viscosa* de Desfontaines.   (G..N.)

LIMBE. *Limbus*. BOT. PHAN. Dans un calice monosépale ou une corolle monopétale, on donne le nom de Limbe à la partie évasée qui offre les divisions. Le Limbe est surtout distinct quand le calice ou la corolle sont tubuleux à leur base. Ainsi dans la corolle du Lilas, du Jasmin, etc.,

le tube est la partie inférieure rétrécie et cylindrique, le Limbe est la partie plane et étalée, qui présente quatre ou cinq lanières. *V*. CALICE et COROLLE.   (A. R.)

LIMBILITE ou LIMBITE. MIN. (Saussure, Journal de Physique, T. XLIV, p. 241). Substance d'un jaune-brunâtre, assez tendre, fusible en émail noir, et disséminée en grains irréguliers dans les laves de la colline de Limbourg, en Brisgau. Elle a beaucoup de rapports avec la Chusite du même auteur, trouvée dans la même roche basaltoïde, et qui n'en diffère que par sa fusibilité en émail blanc. Haüy et la plupart des minéralogistes n'ont vu dans ces substances que des altérations de l'Olivine ou Péridot granuliforme.   (G. DEL.)

LIMBORCHIA. BOT. PHAN. (Scopoli.) Syn. du *Coutoubea* d'Aublet. *V*. ce mot.   (G..N.)

LIMBORIA. BOT. CRYPT. (*Lichens*.) Genre établi par Acharius (*Act. de Stockholm*, 1814, p. 246; qui l'a ainsi caractérisé : conceptacles noirs ou gris en forme de petites coupes, dont le bord est découpé et irrégulier, semblables à une couronne. Ils ne sont point stipités comme les *Calycium* dont ils se rapprochent beaucoup par le reste de l'organisation ; le thallus forme une croûte très-mince, uniforme, adhérente aux bois et aux écorces d'Arbres. La place de ce genre, parmi les Lichens, n'est pas sans objection, car, selon des naturalistes dont l'autorité est très-respectable, il serait mieux classé parmi les Urédinées de la famille des Champignons. En le considérant comme appartenant aux Lichens, notre collaborateur Fée l'a réuni, ainsi que le *Coniocybe* et le *Cyphelium* d'Acharius, en un seul genre, qu'il nomme *Aculium*. Persoon (*Act. Weter.*, 1810, p. 11) a décrit et figuré l'espèce principale sous le nom générique de *Schizoxylum*.   (G..N.)

LIME. *Lima*. CONCH. Ce genre, créé par Bruguière dans les planches de l'Encyclopédie, n'avait point été caractérisé par lui; Lamarck, dans ses premiers travaux, lui imposa, le premier, les caractères génériques, et depuis il fut admis par la plupart des zoologistes. Bruguière avait placé ce genre à la suite des Peignes, et c'est avec eux en effet qu'il a le plus de rapport. Lamarck, dans le Système des Animaux sans vertèbres, 1801, le mit également en rapport avec ce genre et les Houlettes. Lorsque cet auteur établit des familles parmi les Mollusques dans sa Philosophie zoologique, il comprit dans celle des Byssifères la Lime, la Houlette et d'autres genres qu'il sépara des Peignes qui furent placés dans la famille des Ostracés. Cet arrangement resta absolument le même dans l'Extrait du Cours publié en 1811 ; mais dans son dernier ouvrage il apporta quelques changemens, institua la famille des Pectinides qu'il forma d'une partie des genres de ses Ostracés et des Byssifères de l'Extrait du Cours, et rétablit ainsi les rapports naturels des Limes avec les Peignes, les Houlettes et les Plagiostomes. Cuvier, Règne Animal, conserva le genre Huître à peu près tel que que Linné l'avait fait. Les Limes, les Peignes, etc., s'y trouvèrent compris à titre de sous-genres. Férussac n'adopta pas, à cet égard, le sentiment de Cuvier ; il préféra l'opinion de Lamarck ; il admit la famille des Pectinides, et le genre Lime y fut compris. Blainville, dans son article MOLLUSQUE du Dictionnaire des Sciences Naturelles, admit par le fait la famille des Pectinides de Lamarck, en lui donnant le nom de Subostracés ; il la réforma en en éloignant deux genres : celui de la Lime y resta. Latreille conserva l'opinion de Cuvier en élevant au titre de famille le genre Huître de ce zoologiste ; il le divisa en deux tribus, dont la seconde répond assez bien aux Pectinides de Lamarck : c'est dans cette tribu des Ostracés que se trouvent les Limes.

D'après ce que nous venons d'exposer, il est facile de voir qu'il n'existe que deux opinions sur le genre qui nous occupe. Doit-il rester dans les Ostracés ou faire partie des Pectinides ? Toute la question est là ; si on considère les différens caractères des Limes, et si on les compare à ceux des Peignes, on leur trouvera beaucoup plus de rapports qu'avec les Huîtres. Si, avec Poli, on s'attache plus spécialement à l'Animal, on lui trouvera bien des rapports avec les Huîtres et les Avicules ; mais on lui en trouvera plus encore avec les Peignes. La coquille des Limes s'éloigne certainement beaucoup de celle des Huîtres proprement dites ; elle est régulière, solide, non foliacée, non adhérente, si ce n'est par le byssus que porte l'Animal. Elle a des oreillettes cardinales comme les Peignes ; seulement elles sont plus courtes, et le ligament est placé de même dans une fossette cardinale triangulaire. La principale différence entre ces genres, différence que Latreille a parfaitement saisie, puisque c'est sur elle qu'il l'a séparé en deux familles voisines, est l'existence du byssus dans les Limes, lorsqu'il manque presque toujours dans les Peignes. Nous croyons que Latreille a donné à ce caractère trop d'importance, et nous conservons l'opinion de Lamarck, en laissant ce genre dans la famille des Pectinides. Poli, dans son bel ouvrage des Testacés des Deux-Siciles, a donné l'anatomie d'une espèce de Lime que l'on trouve assez fréquemment dans la Méditerranée ; il lui a reconnu tant de ressemblance avec l'Animal de l'Avicule qu'il n'a pas cru devoir les séparer en deux genres. Dans sa méthode, ces deux genres réunis forment celui qu'il nomme Glaucodermes ; il ne peut être admis tel qu'il est ; car la différence entre les coquilles seules est si grande, qu'elle a suffi depuis long-temps à tous les auteurs pour les séparer. Voici de quelle manière Blainville caractérise ce genre : corps médiocrement comprimé, subsymétrique, enveloppé dans un manteau, fendu dans presque toute sa circonférence, très-finement frangé sur ses bords et sans aucun indice de siphon ; bouche entourée de lèvres frangées et de deux paires d'appendices labiaux ; un appendice abdominal (le pied) rudimentaire avec un byssus. Coquille ovale, plus ou moins oblique, presque équivalve, subauriculaire, régulièrement bâillante à la partie antérieure du bord inférieur ; les sommets antérieurs et écartés ; charnière buccale, longitudinale, sans dents ; ligament arrondi, presque extérieur, inséré dans une excavation de chaque valve ; impression musculaire centrale, partagée en trois parties distinctes. Les espèces de ce genre sont peu nombreuses : Lamarck en donne six vivantes dans différentes mers, et Defrance en cite onze espèces fossiles, parmi lesquelles il y en a quelques-unes de douteuses par la difficulté qu'on a de les dégager, pour la plupart, de la pierre dure qui les enveloppe. Parmi les Coquilles du genre Plagiostome, il y en a plusieurs qui sont également douteuses à cause de leur mauvais état de conservation habituel. Comme dans les Plagiostomes il ne doit pas y avoir de bâillement pour le passage d'un byssus, toutes les fois que le côté antérieur des valves est caché ou cassé, il est impossible de décider le genre. Cela est si vrai que le Plagiostome semilunaire, que l'on rapporte comme type du genre, est pourtant une véritable Lime, comme nous en sommes certains d'après un individu bien conservé de notre collection. La Coquille nommée par Sowerby (*Mineral Conchology*, pl. 132), *Lima gibbosa*, n'est point une Lime ; car, possédant plusieurs individus de cette espèce, les deux valves réunies et dans un parfait état de conservation, nous pouvons affirmer qu'il n'existe pas le moindre bâillement entre les valves pour le passage d'un byssus. Il est donc nécessaire de la rapporter parmi les Plagiostomes. On voit par ces observations combien il importe d'examiner avec soin et sur des individus qui offrent un bon état de conservation les caractères génériques.

LIME COMMUNE, *Lima squamosa*, Lamk. ; *Ostrea Lima*, Gmel., n° 95, Chemnitz, Conch. T. VII, tab. 68, fig. 651 ; Encyclop., pl. 206, fig. 4 ; D'Argenville, Conch., pl. 24, fig. E.

LIME SUBÉQUILATÉRALE, *Lima glacialis*, Lamk., Anim. sans vert. T. VI, pag. 157, n. 3 ; *Ostrea glacialis*, L., Gmel., n. 96 ; Knorr, Vergn. T. VI, tab. 56, fig. 5 ; Encyclop., pl. 206, fig. 2 et 3.

LIME ENFLÉE, *Lima inflata*, Lamk., Anim. sans vert., *loc. cit.*, n. 1 ; Lister, *Synop. Conch.*, tab. 177, fig. 14 ; Encyclop., pl. 206, fig. 5..   (D..H.)

* LIME. MOLL. *V*. CANCELLAIRE.

LIME. BOT. PHAN. Ce mot qui est syn. de Limon, désigne aussi quelquefois le *Phalaris aspera* ou Alpiste rude et un *Cynosurus*.   (B.)

LIME-BOIS *Xylotrogi*. INS. Tribu de l'ordre des Coléoptères, section des Pentamères, famille des Serricornes, division des Malacodermes, à laquelle Latreille donne pour caractères (Fam. Nat. du Règn. Anim.) : corps toujours long, étroit et ordinairement linéaire, avec la tête presque orbiculaire ou presque globuleuse, dégagée ou distincte du corselet par un étranglement brusque, en forme de col. Les mandibules sont courtes, épaisses et dentées. Les antennes sont filiformes ou amincies vers le bout. Les tarses sont filiformes, leur pénultième article est rarement bilobé. Les élytres sont quelquefois très-courtes. Le nom français de Lime-Bois a été établi la première fois par Cuvier qui, dans son Tableau élémentaire de l'Histoire Naturelle des Animaux, traduisit ainsi le mot Lymexylon qui désigne, dans Fabricius, un genre de Coléoptères. Duméril (Zool. Anal.) donne le nom de Ruine-Bois, aux Insectes de cette tribu. Sous la forme de larve, ces Insectes vivent dans le bois et le percent dans tous les sens ; ils sont quelquefois très-nuisibles aux bois de constructions navales qu'ils gâtent entièrement (*V*. LYMEXYLON). Latreille divise cette tribu en cinq genres, ce sont les genres Atractocère, Hylécœte, Lymexylon, Cupès et Rhysode. *V*. ces mots.   (G.)

LIMÉNITIS. INS. Fabricius a formé sous ce nom un genre de Coléoptères diurnes qui comprend le Papillon du Peuplier, le Papillon Sibylle et quelques autres analogues. *V*. NYMPHALE.   (G.)

LIMÉOLE. *Limeum.* BOT. PHAN. Ce genre, de la famille des Portulacées et de l'Heptandrie Digynie, L., est ainsi caractérisé : calice à cinq folioles ovales, acuminées, membraneuses sur les bords ; corolle à cinq pétales égaux, ovales, obtus, plus courts que le calice ; sept étamines non saillantes, à filets dilatés et cornés à la base ; ovaire supère, globuleux, surmonté de deux styles à stigmates obtus ; fruit sphérique divisible en deux parties que Gaertner regardait comme des graines nues, et qui sont hémisphériques, scabres en dehors, concaves à leur face intérieure. Le *Limeum africanum*, L., est le type du genre. C'est une Plante qui a le port de la Corrigiole et qui croît dans l'Afrique orientale et australe. Une seconde espèce a été ajoutée par Linné fils qui lui a donné le nom de *L. aphyllum* auquel Thunberg a substitué celui de *L. capense*, parce qu'il nommait une autre espèce nouvelle *L. æthiopicum*.

Le *L. humile* de Forskahl est la même Plante que l'*Andrachne telephioides*, L.   (G..N.)

* **LIMETTIER.** BOT. PHAN. On donne ce nom à une des sections du genre Oranger. *V*. ORANGER. (A. R.)

* **LIMIA.** BOT. PHAN. Ce genre, établi par Vandelli, rentre dans le *Vitex* de Linné. *V*. ce mot. (G..N.)

LIMICOLES. *Limicolæ.* OIS. Illiger a formé sous ce nom une famille des Oiseaux qui vivent dans les terres limoneuses ; tels sont les Courlis, les Bécasses, les Barges, etc. (G..N.)

LIMICULA. OIS. Nom scientifique substitué par Vieillot à celui de *Li-*

mosa, imposé par Brisson au genre Barge. *V*. ce mot.   (G..N.)

* **LIMIRAVEN.** BOT. PHAN. L'Arbre de Madagascar désigné sous ce nom par Flacourt, nous paraît être un Fromager, *Bombax*.   (B.)

* **LIMNACÉS.** MOLL. De Blainville a nommé ainsi la famille des Limnéens de Lamarck. *V*. ce mot.   (D..H.)

* **LIMNADIE.** *Limnadia.* CRUST. Genre de l'ordre des Phyllopodes, famille des Aspidiphores de Latreille (Fam. Nat. du Règn. Anim.), établi par notre collaborateur Adolphe Brongniart qui lui donne pour caractères : corps entièrement renfermé dans un test bivalve ; deux yeux rapprochés ; quatre antennes, deux petites simples, deux grandes divisées en deux branches ; vingt-deux paires de pates. Ces Crustacés diffèrent des *Apus* par la forme du test, et par leurs grandes antennes qui manquent dans ces derniers ; ils s'éloignent des *Branchipus* par la présence du test, par la position des yeux, les antennes bifides et le nombre double des pates. Les *Daphnia* s'en distinguent facilement par leur tête saillante hors du test ; et les genres Cypris, Cythérée et Lyncées en sont suffisamment distingués par la forme de leurs antennes et le nombre des pates. Cependant quelques espèces de Lyncées s'en rapprochent par leurs formes extérieures. Ce genre avait été confondu par Hermann fils, avec les Daphnies, et il en avait donné une courte description sous le nom de *Daphnia gigas*. Adolphe Brongniart en a rencontré un grand nombre d'individus, et ayant remarqué qu'ils différaient par beaucoup de caractères du genre dans lequel Hermann les avait placés, il les a étudiés avec soin et a établi le genre qui nous occupe. Le corps des *Limnadia* est entièrement renfermé dans un test bivalve, ovale, transparent, jaunâtre, lisse et n'offrant que quelques zônes parallèles à son bord lisse ; l'Animal contenu dans ce test est allongé et recourbé à sa par-

tie postérieure; sa tête n'est pas séparée du reste du corps. Les yeux, placés à sa partie antérieure, ne sont pas sphériques, mais leurs côtés internes sont presque plans, tandis que leurs côtés externes sont très-convexes; ils sont très-rapprochés, contenus dans une même protubérance de la tête et composés d'une infinité de petits globules inégaux qui reçoivent chacun un nerf envoyé du cerveau. Au-dessous des yeux et sur la ligne moyenne, on voit une crête peu saillante qui offre de chaque côté une petite antenne simple, élargie à son extrémité et crénelée sur ses bords; plus en dehors se trouvent deux grandes antennes aussi longues que la moitié du corps, d'abord simples et composées de huit articles et ensuite divisées en deux branches, chacune formée de douze articles. La bouche est située en dessous de ces antennes et composée de deux mâchoires et de deux mandibules. Les mâchoires forment par leur réunion, une sorte de bec ordinairement replié sous la tête; les mandibules sont renflées en forme de poire, arquées et tronquées à leur extrémité inférieure; leur partie supérieure est insérée au sommet de la tête derrière les yeux, tandis que les deux extrémités planes se rejoignent à l'entrée de la bouche et sont réunies par leur bord antérieur. Ces mandibules broient les alimens d'une manière très-remarquable, en exécutant chacune, autour des points d'insertion comme d'un axe, des mouvemens oscillatoires qui augmentent et diminuent alternativement l'angle compris entre les deux extrémités planes qui les terminent inférieurement. On voit à la partie supérieure de la tête un petit appendice vasculaire droit et incolore, dont l'usage est inconnu. Le corps ou tronc de ces Crustacés se compose de vingt-trois anneaux dont les vingt-deux premiers portent chacun une paire de pates branchiales; le dernier segment forme la queue qui est terminée par deux filets divergens. Les pates se divisent à une petite distance de leur insertion en deux branches dont l'une, interne, porte quatre appendices branchiaux très-ciliés, et l'autre, externe, est simple; avant de se diviser la pate présente à sa face externe, un appendice cylindrique, légèrement renflé et qui paraît avoir un canal dans son milieu. Cet appendice est recouvert par un long filet qui, dans les onzième, douzième et treizième paires de pates, s'étend beaucoup dans la cavité qui se trouve entre le dos de l'Animal et la carène du test, et après lesquels les œufs adhèrent. Les dix premières pates sont, à peu près, de la même longueur et égales aux grandes antennes; les suivantes diminuent rapidement jusqu'aux dernières qui sont très-courtes. Le cerveau est situé à la partie antérieure de la tête sous les yeux, il s'étend entre les bases des deux grandes antennes et embrasse une petite partie de l'œsophage; il est réniforme, grumeleux, grisâtre; sa convexité donne naissance aux deux nerfs optiques; on ne peut distinguer ni cordon nerveux ni aucune autre partie du système nerveux. Le tube digestif est simple dans toute son étendue, et n'offre ni cœcum ni vaisseau bilieux; il est seulement renflé dans son milieu, commence entre les deux mâchoires, passe sous le cerveau, se porte en arrière et se courbe encore une fois pour suivre la direction du corps. Le vaisseau dorsal, placé entre l'intestin et le dos, se termine dans la tête. A la partie antérieure on trouve un autre vaisseau assez considérable qui s'étend entre le canal intestinal et la base des pates. Adolphe Brongniart pense que c'est le tronc pulmonaire. Les œufs de ces Crustacés sont situés dans l'intérieur du corps, sur les côtes du canal intestinal et dans le premier article des pates jusqu'à la base de ce canal récurrent dont on a parlé en décrivant les pates. Ils sont arrondis, transparens et d'une grosseur variable, et ils ne sont pas réunis en masses, mais épars. Beaucoup d'individus offrent, en outre, une masse d'œufs très-considérable, agglomérés dans la cavité du test; ces œufs sont beaucoup plus développés que les autres, jaunâtres, et ont tous une partie enfoncée soit au centre soit à l'un des bords; ils adhèrent tous par des filamens très-déliés aux filets des dernières pates. Ces œufs ainsi placés sortent de la cavité du test par deux routes différentes; quand l'Animal est tranquille il les pond un à un par la partie antérieure du corps où ils arrivent peu à peu à l'aide du mouvement des branchies; ils sortent alors en dessous des mandibules; quand au contraire l'Animal est inquiété ou placé dans un espace qui ne lui convient pas, il les rejette en masse par la partie postérieure du test. Ce qu'il y a de plus curieux à éclaircir dans l'histoire de ces Animaux, c'est leur mode de génération. Sur plus de mille individus qu'Adolphe Brongniart a observés à Fontainebleau, il n'en a pas trouvé un seul qui n'ait des œufs soit sur le dos soit dans l'intérieur du corps. On ne peut expliquer ce phénomène qu'en supposant que ces Crustacés sont susceptibles de fournir plusieurs générations par une seule fécondation; alors il faudrait penser que la génération qui existait lorsqu'Adolphe Brongniart les a trouvés à Fontainebleau, n'avait pas besoin d'être fécondée et consistait uniquement en femelles; ou bien on pourrait les regarder comme hermaphrodites avec fécondation mutuelle ou avec fécondation propre. On ne connaît pas les matières dont se nourrissent ces Crustacés; ceux qui ont été conservés vivans, étant privés de toute nourriture, ont mangé leurs œufs. Ils nagent sur le dos, comme la plupart des Entomostracés, mais d'une manière continue comme les *Apus* et non par sauts comme les *Daphnia*. Leurs grandes antennes paraissent être leur principal organe de natation, leurs pates ne remuant que pour remplir les fonctions de branchies. Ils changent de peau assez souvent. La seule

espèce connue jusqu'à présent est:

La LIMNADIE D'HERMANN, *Limnadia Hermanni*, Ad. Br. (Ann. du Mus. d'Hist. Nat., t. 6, pl. 13); *Daphnia gigas*, Herm. (Mém. Aptér., p. 134, t. 5); elle est longue de quatre lignes, d'une couleur blanchâtre transparente. (G.)

LIMNÆA. MOLL. Genre formé par Poli pour les Animaux des Mulettes et des Anodontes. *V.* ces mots. (D..H.)

LIMNANTHEMUM. BOT. PHAN. Pour Limnanthus. *V.* ce mot. (G..N.)

LIMNANTHUS. BOT. PHAN. Sous ce nom, Necker (*Elem. Bot.*, n. 651) avait rétabli le genre *Nymphoides* de Tournefort, réuni par Linné à son *Menyanthes*; mais le nom de *Villarsia*, substitué par Gmelin, ayant été admis par plusieurs auteurs et notamment par Ventenat, R. Brown et De Candolle, c'est au mot VILLARSIE que seront exposés les caractères génériques. (G..N.)

LIMNÉE. *Limnea*. MOLL. Et non *Lymnée*. Genre de la famille des Pulmonés aquatiques de Cuvier et de celle des Limnéens de Lamarck, définitivement établi et caractérisé par ce dernier zoologiste. Aucun des conchyliologues qui ont précédé Lamarck n'a pensé à faire des Limnées un genre séparé; ainsi après avoir été confondues, tantôt avec les Hélices, les Bulimes, et plus généralement avec les Buccins, dénomination qui leur fut consacrée par Lister, Geoffroy, Müller, etc.; elles furent enfin rassemblées sous de bons caractères dans le Système des Animaux sans vertèbres; on doit s'étonner que les naturalistes, qui précédèrent cette époque, n'aient pas senti la nécessité de ce genre, car Müller, Geoffroy et Lister lui-même qui connaissaient l'Animal, ne pouvaient, sans rompre les rapports les plus évidens, les ranger parmi les autres Coquilles soit terrestres soit marines. Bruguière surtout qui avait commencé à opérer quelques réformes dans le système linnéen, pouvait mieux que personne établir ce genre; mais entraîné pas le caractère trop

vague qu'il avait imposé aux Bulimes, il y confondit les Limnées comme beaucoup d'autres Coquilles
étrangères à ce genre. Le genre Limnée créé, Draparnaud le premier
l'adopta, et ce savant, qui joignait
à une connaissance exacte des Mollusques, un esprit judicieux qui lui
en faisait saisir les rapports, ne
manqua pas de rapprocher les Limnées des Physes et des Planorbes, ce
que Lamarck n'avait pas fait dans
son premier ouvrage. Cet illustre naturaliste ne tarda pas à sentir la justesse
de l'idée de Draparnaud ; aussi peu
de temps après l'époque que nous
venons de mentionner, dans l'Extrait
du Cours, il rapprocha, comme Cuvier l'avait aussi indiqué, les Limnées des autres Pulmonés aquatiques.
D'autres zoologistes, tels que Blainville et Férussac, adoptèrent entièrement cette manière de voir. Les rapports qui unissent les Limnées aux
autres genres voisins sont donc justes
puisqu'après quelque divergence toutes les opinions se sont réunies en une
seule, celle de Draparnaud. Les Limnées sont des Coquilles lacustres, généralement minces, subvitrées, assez
fragiles, qui se plaisent surtout dans
les eaux stagnantes où souvent elles
se multiplient considérablement. Les
Limnées habitent toutes les régions
de la terre vers les pôles, comme
sous la zône torride et dans les deux
hémisphères. L'Animal observé depuis long-temps a été anatomisé par
Cuvier, dont l'excellent travail est
inséré parmi les Mémoires des Annales du Muséum. Blainville en
fit aussi la dissection, et ses recherches confirment celles de Cuvier;
enfin nous-mêmes l'avons également
faite et nous avons vu tout ce que
ces deux anatomistes avaient d'abord
observé. Nous allons entrer dans
quelques détails abrégés sur la structure de ces Animaux. Le corps des
Limnées, contenu dans une coquille
plus ou moins allongée, souvent
ovale, ventrue et toujours en spirale,
prend lui-même ces diverses formes
suivant l'espèce ; il ressemble en

cela à tous les autres Mollusques trachélipodes auxquels celui-ci appartient, il remplit ordinairement complétement la coquille, quelquefois
même il a de la peine à y être entièrement contenu ; il est pourvu
d'un large pied ovale, lié par un pédoncule au reste du corps ; il s'y insère sous le col et le manteau qui
l'enveloppe aussi bien que la partie
antérieure de son corps, se fixe à
l'insertion du pied en prenant plus
d'épaisseur vers son bord libre ; la
tête est large, non séparée du reste
par un col pourvu de deux tentacules contractiles ; les yeux non pédonculés y sont insérés à la base ; au côté
interne ces tentacules sont triangulaires, épais, peu allongés. Un voile
charnu, échancré dans le milieu, forme deux larges appendices, un de
chaque côté, ce qui donne beaucoup
d'ampleur à la tête ; la bouche est
antérieure, mobile, et la masse est
obtuse, considérable, elle prend des
formes assez différentes ; Cuvier dit
qu'elle a de la ressemblance avec une
bouche humaine, Blainville qu'elle
a la forme d'un T renversé ; cette
bouche est armée de deux dents ou
mieux d'une dent divisée en deux
parties par une échancrure moyenne;
au fond s'aperçoit une langue charnue très-grosse, et au-dessus l'ouverture de l'œsophage ; celui-ci peu
renflé est accompagné de deux glandes salivaires dont les canaux excréteurs aboutissent aux parties latérales
de la bouche ; il continue à s'avancer
sans augmenter de volume et parvient à un estomac très-charnu, très-
épais, comparable pour la structure
au gésier d'un Oiseau ; l'intestin qui
en sort est gris, d'une grosseur uniforme et assez long ; il fait plusieurs
grandes circonvolutions dans le foie,
reçoit à l'orifice pylorique les vaisseaux biliaires, et se termine à l'anus;
le foie est très-grand, grenu, il occupe la presque totalité des tours de
spire. La cavité de la respiration est
plus profondément enfoncée que dans
les Hélices, et son orifice extérieur
en diffère aussi par une languette

qui peut le boucher et qui se contourne en gouttière dans le temps de la respiration ; du reste elle a beaucoup de ressemblance avec celle de ces dernières pour la distribution des vaisseaux. Le système veineux et artériel pour la circulation générale ne présente rien de particulier ; ils sont en tout analogues à ce qui se remarque dans les Mollusques du même ordre. Les organes de la génération ont également beaucoup de ressemblance avec ceux des Hélices, et sont presque aussi compliqués; ils se composent d'un organe mâle et d'un organe femelle ; l'organe mâle comprend deux parties : un organe excitateur qui sort au-dessous du tentacule droit à la base duquel vient aboutir un canal déférent qui prend son origine au testicule. L'organe femelle se compose d'un ovaire, d'un oviducte, d'une poche à viscosité, et d'un orifice extérieur. L'ovaire est granuleux, jaunâtre, accolé au foie avec lequel il remplit les premiers tours de spire; il en naît l'oviducte, conduit membraneux, d'abord assez large, contourné plusieurs fois, se rétrécissant ensuite beaucoup; il traverse une partie du foie, gagne le testicule à travers lequel il passe pour gagner ensuite le renflement cylindrique ou la poche à viscosité; elle est plissée transversalement et assez régulièrement ; elle est destinée à recevoir les œufs et à les invisquer de matière glaireuse avant qu'ils ne puissent être pondus; le renflement se termine à un canal plus étroit qui reçoit celui d'une petite poche ou vessie dont l'usage ne paraît pas encore bien connu; peu après, il aboutit à l'orifice extérieur qui se voit très-profondément placé à l'endroit où le pédoncule des pieds se réunit au corps. Les deux orifices de la génération se trouvant fort éloignés, cela nécessite de la part des Limnées un mode d'accouplement singulier qui n'est pas le même que celui des Hélices ; dans ce genre deux individus suffisent; ici il en faut trois, celui du milieu agissant lui seul comme mâle

et comme femelle, les deux autres n'agissant que comme mâle ou comme femelle seulement. Souvent à ces deux individus viennent s'accoupler d'autres, ce qui quelquefois con-titue de fort longues traînées flottantes à la surface des eaux, dont tous les individus agissent à la fois comme mâle et comme femelle excepté les deux des extrémités. Le système nerveux a beaucoup de ressemblance avec celui des autres Mollusques trachélipodes ; l'anneau œsophagien ou le cerveau est composé supérieurement de deux ganglions réunis par un tronc médian transversal, inférieurement de trois autres ganglions dont les deux latéraux sont intimement liés aux deux premiers ; de ces ganglions partent des filets dont la distribution générale ne présente rien de particulier ; elle est semblable à ce qui existe dans les Mollusques du même ordre. Les Limnées sont généralement de couleur brun-foncé ou brun-verdâtre ; leur peau lisse sans tubercules, molle et visqueuse, paraît plus sensible encore que celle des Hélices ou des Limaces, car au moindre attouchement elles se contractent, rentrent toutes leurs parties dans la coquille, et devenant d'une pesanteur spécifique plus considérable, elles tombent au fond de l'eau; comme elles sont forcées de venir respirer l'air en nature, elles ne peuvent rester très-long-temps au fond de l'eau, mais pour revenir à la surface elles sont obligées de ramper sur le fond jusqu'à ce qu'elles atteignent le bord, ou de ramper le long des tiges des Plantes aquatiques, ce qu'elles font avec assez de rapidité; lorsqu'elles sont à la surface, elles se tiennent dans une position renversée, la face inférieure du pied dirigée en haut et la coquille en bas plongée dans l'eau. Il paraît que dans cette position l'Animal peut ramper à la surface de l'eau; on suppose alors qu'une couche très-mince de liquide sert de point d'appui aux efforts musculaires de son pied, mais cela est difficile à concevoir, car on sait que l'eau ne peut servir de point d'appui pour opérer des mouvemens que lorsqu'elle est frappée promptement et par une surface assez large, et cette condition si nécessaire à la natation est loin de se rencontrer ici. Voici les caractères qui conviennent à ce genre : Animal ovale, plus ou moins spiral; les bords du manteau épaissis sur le cou; le pied grand, ovale; la tête pourvue de deux tentacules triangulaires, aplatis, auriformes; les yeux sessiles au côté interne de ces tentacules; bouche avec deux appendices latéraux considérables, et armée d'une dent supérieure bifide; l'orifice de la cavité pulmonaire en forme de sillon, percé au côté droit, et bordé inférieurement par une sorte d'appendice auriforme pouvant se plier en gouttière; orifices des organes de la génération distans; celui de l'oviducte à l'entrée de la cavité pulmonaire; celui de l'organe mâle sous le tentacule droit (Blainv.). Coquille oblongue, quelquefois turriculée, à spire saillante; ouverture entière, plus longue que large; bord droit tranchant; la partie inférieure remontant sur la columelle et y formant un pli très-oblique en rentrant dans l'ouverture; point d'opercule. Les espèces de ce genre sont très-difficiles à caractériser; on ne peut se servir que des proportions des diverses parties du test, pour celles dont les Animaux ne sont pas connus ou pour les fossiles; on doit recourir aux Animaux lorsqu'il est possible de le faire, ce qui présente d'autres difficultés que tous les observateurs ne sont pas à même de vaincre. Nous ne citerons pas parmi les espèces de ce genre la Limnée columnaire, que l'on a reconnu être une Coquille terrestre que Férussac a placée dans la section des Agathines.

Limnée des étangs, *Limnea stagnalis*, Lamk., Anim. sans vert. T. VI, pag. 159, n. 2; *Helix stagnalis*, Linné, Gmel., pag. 3657, n. 128; *Buccinium stagnale*, Müll., Verm., p. 132, n. 327.; *Limneus stagnalis*, Drapar., Moll., pl. 2, fig. 35 et 36;

Favanne, Conchil., pl. 61, f. 16; Encycl.; pl. 459, fig. 6, a, b. Coquille la plus commune et la plus grande du genre, qui se trouve abondamment dans nos étangs et nos rivières; elle est ovale, aiguë, composée de sept tours dont le dernier est très-grand et subanguleux supérieurement; elle est mince, transparente, de couleur cornée, substriée longitudinalement; la spire est conique, très-aiguë, l'ouverture est grande, évasée; la columelle se joint au bord droit par un très-gros pli; longueur, plus de deux pouces.

Limnée des marais, *Limnea palustris*, Lamk., Anim. sans vert. T. VI, pag. 160, n. 3; *Helix fragilis*, Gmel., pag. 3658, n. 129; *Helix palustris*, *ibid.*, pag. 3658, n. 131; *Helix Corvus*, *ibid.*, pag. 3665, n. 203; *Lymneus palustris*, Drapar., Moll., pl. 2, fig. 40, 41 et 42, et pl. 3, fig. 12.

(D..H.)

LIMNÉENS. MOLL. Cette famille fut créée par Lamarck, dans l'Extrait du Cours de zoologie, 1811. Il y avait réuni le genre Conovule, que depuis il en sépara avec juste raison. Les genres qui la composent aujourd'hui sont réunis par de très-bons caractères, tirés principalement de l'organisation de l'appareil de la respiration. Quoique vivans dans l'eau, les Animaux de ces genres sont obligés de venir à la surface respirer l'air qui porte son influence sur un réseau vasculaire semblable à celui des Colimacés. *V.* Hélice.

Les anciens auteurs donnaient le nom de Buccins, à la plupart des Coquilles qui sont placées aujourd'hui dans cette famille. Lister donnait aux Planorbes, le nom de Pourpres, et il les avait assez bien circonscrits; cependant Linné rangea indistinctement les Planorbes et les Limnées parmi les Hélices, ce qui réunissait dans un même genre des Animaux fort différens et des Coquilles d'un aspect qui devait laisser peu de doutes sur leur origine. Müller, en créant le genre Planorbe, a rempli une indication très-juste; aussi tous les conchyliologues, excepté les savans anglais, qui se sont tenus à la lettre de Linné, l'ont adoptée. On doit s'étonner, après la création de ce premier genre, que personne n'ait songé à établir une coupe pour les Linnées qui se trouvaient dans le même cadre d'observations; et Müller, qui avait si judicieusement séparé les Planorbes, confondit celles-ci avec les Buccins. Bruguière les retira des Hélices de Linné, les rangea dans son genre Bulime, où elles n'étaient pas mieux placées, et où elles restèrent jusqu'à l'époque où Lamarck, dans le Système des Animaux sans vertèbres, créa le genre Limnée, qu'il éloigna d'abord des Planorbes, mais qu'il en rapprocha bientôt après. Dans l'intervalle, un genre très-analogue aux Limnées, qui avait été créé depuis long-temps par Adanson, sous le nom de Buline, fut reproduit par Draparnaud, sous celui de Physe, qui fut généralement adopté. Les trois genres Limnée, Physe et Planorbe, constituent aujourd'hui pour Lamarck, la famille qui nous occupe, ayant reporté aux Auricules les Conovules qui ne s'en distinguent pas suffisamment comme genre. Cuvier n'a point adopté cette famille; cependant les trois genres qui la constituent, ont servi de base au groupe des Pulmonés aquatiques dans lequel il a réuni plusieurs genres, dont l'organisation n'est point encore bien connue. Férussac adopta la famille des Limnées de Lamarck. Il y groupa plusieurs genres nouveaux et bien incertains de Rafinesque, et y ajouta le genre Ancyle de Geoffroy, c'est même le seul changement important que ce savant ait apporté dans les Limnées. Lamarck avait placé les Ancyles parmi les Calyptraciens, il est vrai avec toute la réserve convenable pour un genre aussi peu connu, quant à l'organisation de son Animal. Il y avait été conduit, sans doute, par l'analogie des formes du test. Quelques considérations sur ce genre que Férussac donna à l'article Ancyle de ce Dictionnaire nous portèrent à adopter son opinion dans

notre ouvrage sur les Coquilles fossiles des environs de Paris avant la publication de l'important article Mollusque du Dictionnaire des Sciences Naturelles par Blainville.

Ce savant zoologiste émet une opinion fondée sur des observations nouvelles qui confirment l'opinion de Lamarck, puisque les Ancyles se trouvent reportées parmi les Scutibranches, dans la première famille des Otidés qui renferment les genres Haliotide et Ancyle qui précèdent la famille des Calyptraciens. Blainville, dans l'article précité, a changé le nom de Limnéens pour celui de Limnacés. Elle renferme, comme dans l'ouvrage de Lamarck, les trois genres Limnée, Physe et Planorbe. *V.* ces mots et Ancyle. (D..H.)

LIMNESIUM. bot. phan. (Siegesbeck.) Syn. de *Knautia;* (Cordus) de Gratiole; (Daléchamp) de petite Centaurée, *Erythræa.* (B.)

LIMNETIS. bot. phan. Le genre de Graminées ainsi nommé par Persoon est le même que le *Spartina* de Schreber ou *Trachynotia* de Richard. Le nom de *Spartina* étant le plus ancien doit être préféré. *V.* Spartine. (A. R.)

LIMNIA. bot. phan. Syn. de *Claytonia sibirica*, L. (B.)

* **LIMNICHUS.** ins. Genre de Coléoptères établi par Ziegler et très-voisin des *Byrrhus*. Nous ne connaissons point ses caractères. La principale espèce est le *Limnichus sericeus* de Duft, *Byrrhus pygmeus* de Sturm. Il se trouve en Autriche. (G.)

LIMNITES. min. Pierres sur lesquelles on voit des lignes sinueuses qui, selon Leman (Dict. de Déterville), ressemblent aux traits d'une carte de géographie. (B.)

* **LIMNIUM.** conch. Oken, dans son Système général de Zoologie, p. 236, a proposé ce genre pour l'*Unio pictorum.* On sent bien qu'un tel démembrement n'a pu être adopté. *V.* Mulette. (D..H.)

LIMNIUS. ins. Nom donné par

Illiger à un genre de Coléoptère que Latreille avait déjà établi. *V*. Elmis.
(G.)

*LIMNOBIE. *Limnobia*. ins. Genre de l'ordre des Diptères, famille des Némocères, tribu des Tipulaires, établi par Meigen et ayant pour caractères : trompe fort courte, avec deux grandes lèvres; point de petits yeux lisses; pates longues; dernier article des palpes guère plus long que le précédent, sans divisions articulaires apparentes; antennes sétacées, simplement velues, entièrement moniliformes depuis le troisième ou le quatrième article; le premier de ces articles très-sensiblement plus long que le suivant; surface des ailes glabre; longueur des quatre premiers pieds peu différente. Meigen, dans ses premiers ouvrages, avait donné à ce genre le nom de *Limonia*, et Latreille l'avait employé dans son *Genera*, le Dictionnaire d'Histoire Naturelle et dans tous ses autres ouvrages. Ce n'est que dans ces derniers temps (Fam. Natur. du Règn. Anim.) qu'il l'a changé à l'exemple de Meigen. Cet auteur ayant plutôt égard à la forme des antennes qu'à celle des palpes, a rapporté à son genre *Limnobia* la *Tipula rivosa* de Linné, que Degéer figure et qui est placée par Latreille avec son genre *Pedicia* (*V*. ce mot). Nous pensons, avec ce dernier, qu'il faut en séparer cette espèce et celles qui lui sont analogues, et restreindre le genre Limnobie aux espèces qui ont les palpes terminés par un article simple. En adoptant les genres *Erioptera* et *Trichocera* de Meigen que Latreille réunissait (Dict. d'Hist. Nat.) au genre Limonie en en faisant des divisions, nous laisserons donc dans le genre Limnobie les espèces qui composent sa première division et nous traiterons des deux autres genres à leur lettre ou au supplément.

Les Limnobies se distinguent des genres Cténophore, Pédicie, Tipule et Néphrotome par les palpes qui sont terminés par un article grand et composé de nœuds ou de petits articles, tandis qu'il est simple dans les premiers; elles s'éloignent des Trichocères et autres genres voisins par les antennes qui n'ont pas plus de dix articles dans ceux-ci, et par d'autres caractères tirés des pates, des ailes, etc. Ce sont des Diptères qui ont les formes générales des Tipules et qui vivent comme elles dans les lieux humides et ombragés. Degéer a donné des détails fort curieux sur les mœurs d'une espèce de ce genre (*Limnobia replicata*). Sa larve vit de feuilles de Mousse qui se trouvent dans l'eau, et ressemble à une chenille épineuse: son corps est long d'environ un pouce et large d'une ligne et demie; il est cylindrique et sans pates, et composé de onze anneaux; la tête est très-petite; elle offre deux antennes et deux yeux noirs ou taches qui les représentent. Les mandibules sont dentelées, et la lèvre inférieure porte deux petits palpes. Quand on l'inquiète, elle roule son corps en cercle. Elle se fixe sur les Plantes au moyen de quatre crochets écailleux placés dans une cavité du dernier anneau du corps; et quand elle veut changer de place, elle s'accroche par les dents et ensuite par ces crochets, et avance ainsi en pliant son corps comme le ferait une chenille serpentante. La nymphe flotte à la surface de l'eau; elle est allongée, presque cylindrique, d'un brun tirant un peu sur le vert; plus pâle en dessous, parsemée de petits points noirs avec des bandes plus obscures. Cette nymphe porte au-devant de son corselet deux cornes allongées, tubulaires, qui sont les organes de la respiration; elle a toujours soin de tenir leurs extrémités hors de l'eau, afin de respirer, et si on la retourne, et que ses cornes ne soient plus placées ainsi, elle se démène et se courbe de diverses manières jusqu'à ce qu'elle ait repris sa première position. Le dernier anneau de l'abdomen et même plusieurs autres présentent des crochets qui servent à cette nymphe pour s'accrocher aux tiges des Mousses et autres Plantes aquatiques. L'Insecte parfait éclot six jours après que la larve a passé à l'état de nymphe. Il sort par une fente qui se fait au-devant du corselet sur la tête et sur une portion de la poitrine. Les Limnobies sont très-communes au printemps dans les prés et au bord des fossés et des rivières. On en trouve beaucoup aux environs de Paris. La plus commune est :

La LIMNOBIE PEINTE , *Limnobia picta*, Meig. ; *Tipula picta*, Fabr. , Schell. (Dipt., t. 58, fig. 1). Antennes noires, avec le dernier article fauve; corselet cendré; abdomen jaunâtre, avec trois lignes noirâtres; ailes cendrées avec des lignes annulaires dans leur milieu et des taches marginales noirâtres.

La LIMNOBIE A AILES PLIÉES , *Limnobia replicata*, dont nous avons parlé plus haut, est décrite par Linné et Fabricius. Degéer l'a figurée dans son Histoire des Insectes , T. VI, pl. 20. *V*., pour les autres espèces, Fabricius et surtout Meigen.

(G.)

LIMNOBION. *Limnobium.* BOT. PHAN. Genre de la famille des Hydrocharidées, établi par le professeur Richard , dans son travail sur cette famille (Mém. Inst. Sc. Phys. 1811, p. 72), pour l'*Hydrocharis Spongia* de Bosc. Ce genre offre les caractères suivans : les fleurs sont dioïques, réunies dans une spathe pédonculée, diphylle et multiflore. Le calice est à six divisions très-profondes et étalées; les trois intérieures sont pétaloïdes, plus longues et plus étroites. Dans les fleurs mâles , les étamines, au nombre de neuf, sont monadelphes et à anthères linéaires; dans les fleurs femelles on trouve trois appendices courts, placés chacun en face des divisions intérieures; les stigmates, au nombre de six , sont bipartis. Le fruit est une péponide ovoïde, polysperme , renfermant des graines obovoïdes à tégument couvert de fibrilles.

Ce genre se compose d'une seule espèce, *Limnobium Boscii*, Rich. ,

loc. cit., t. 8 ; *Hydrocharis Spongia*, Bosc , Ann. Mus., 9, p. 396, t. 30. C'est une Plante aquatique originaire des lieux tourbeux de la Caroline inférieure. Ses feuilles sont pétiolées, radicales , subcordiformes, entières, marquées de cinq nervures longitudinales. Les feuilles inférieures sont remarquables par le grand développement du tissu cellulaire de leur face inférieure qui forme une sorte de coussinet spongieux propre à soutenir ces feuilles à la surface de l'eau.

(A. R.)

LIMNOCHARE. *Limnocharis.* ARACHN. Genre de l'ordre des Trachéennes, famille des Hydrachnelles, établi par Latreille aux dépens du genre *Hydrachna* de Müller. Ce genre se distingue de celui d'Hydrachne par ses palpes qui sont simples , tandis qu'ils ont un appendice mobile dans ce dernier genre. Tous les autres caractères sont les mêmes dans ces deux genres, et leurs mœurs sont parfaitement semblables aussi. L'espèce qui sert de type à ce genre est l'*Acarus aquaticus*, L.; *Acarus aquaticus holosericeus*, Deg. (Ins., 7, IX, 15, 20); *Trombidium aquaticum*, Hermann (Mém. Apt., I, 11). *V.* HYDRACHNE et HYDRACHNELLES.   (G.)

LIMNOCHARIDE. *Limnocharis.* BOT. PHAN. Genre établi par Humboldt et Bonpland (*Pl. Æquin.*), adopté par le professeur Richard qui l'a placé dans sa nouvelle famille des Butomées. Ses fleurs sont hermaphrodites, pédonculées, disposées en sertule ou ombelle simple et enveloppées dans une spathe polyphylle. Le calice est à six divisions très - profondes ; trois extérieures vertes minces , et trois intérieures colorées , pétaloïdes et plus grandes. Les étamines sont au nombre d'une vingtaine, entourées d'un grand nombre de filamens stériles. Les pistils varient de six à vingt réunis au centre de la fleur. Ils sont dressés, allongés , terminés en pointe recourbée au sommet, uniloculaires , contenant un grand nombre d'ovules attachés à un réseau vasculaire, qui tapisse la paroi interne de l'ovaire. Le fruit est également allongé, sec, indéhiscent, contenant des graines recourbées en forme de fer à cheval et recouvertes d'un tégument propre strié transversalement. L'embryon a également la forme d'un fer à cheval.

Ce genre se compose de deux espèces originaires de l'Amérique méridionale. Ce sont deux Plantes aquatiques, vivaces, ayant les feuilles radicales et engaînantes ; des fleurs blanches ou jaunâtres, disposées en sertule ou ombelle simple au sommet d'une hampe. L'une, *Limnocharis Plumierii*, Rich., *loc. cit.*, t. 20 et 19, n. 2, est le *Limnocharis emarginata*, Humb. et Bonpl., *Pl. Æq.*, t. 34, ou *Alisma flava*, L., déjà mentionné dans le Catalogue de Plumier sous le nom de *Damasonium maximum Plantaginis folio*, t. 115. Elle croît à St.-Domingue et sur le continent de l'Amérique méridionale. L'autre, *Limnocharis Humboldtii*, Rich., *loc. cit.*, t. 19, f. 1, est le *Stratiotes nymphoides*, Willd., Sp, 4, p. 821. Il a été trouvé par Humboldt et Bonpland aux environs de Caracas.   (A. R.)

LIMNOPEUCE. BOT. PHAN. (Vaillant.) *V.* HIPPURIS.

LIMNOPHILE. *Limnophila.* BOT. PHAN. Genre de la famille des Scrophularinées et de la Didynamie Angiospermie, L., établi par R. Brown (*Prodr. Fl. Nov.-Holl.*, 442) pour l'*Hottonia indica*, L., et auquel il donne les caractères suivans : calice tubuleux, à cinq divisions égales ; corolle infundibuliforme ; limbe à cinq lobes égaux ; étamines didynames incluses ; anthères rapprochées et réunies par paires ; style terminé par un stigmate dilaté et oblique ; capsule biloculaire, à deux valves biparties, la cloison étant formée par les bords rentrans des valves. La *Limnophila gratioloides*, R. Brown, *loc. cit.*, est une Plante qui croît dans les lieux aquatiques. Ses feuilles sont opposées, profondément incisées, souvent tripartites et semblant en quel-

que sorte verticillées. Ses fleurs sont axillaires, pédonculées et accompagnées de deux bractées. Elle croît non-seulement dans l'Inde, mais à la Nouvelle-Hollande.   (A. R.)

LIMNORIE. *Limnoria.* CRUST. Genre de l'ordre des Isopodes, section des Aquatiques, famille des Cymothoadées (Latr., Fam. Nat.), établi par Leach, réuni aux Cymothoas de Fabricius par Latreille (Règn. Anim.) et adopté par ce dernier (Fam. Nat., etc.) avec ces caractères : corps cylindro-linéaire ; yeux grenus et formés de petits yeux lisses (ocelles), rapprochés. Les quatre antennes insérées sur la même ligne, de la longueur, au plus, de la tête, de quatre articles ; tous les pieds simplement propres à la marche ; dernier segment abdominal grand, suborbiculaire. Ce genre se distingue du genre Cymothoa proprement dit par la tête qui est plus étroite que le premier segment dans ce dernier et par ses yeux qui sont peu apparens. La seule espèce connue de ce genre est :

La LIMNORIE TÉRÉBRANTE, *L. terebrans*, Leach. Elle est longue d'environ une ligne à une ligne et demie du pied anglais. Son corps est cendré, avec les yeux d'un noir tirant un peu sur la couleur de poix. On la trouve en quelques parties des côtes d'Angleterre, où elle se loge dans les trous qu'elle fait. *V.* CYMOTHOA et CYMOTHOADES.   (G.)

LIMODORE. *Limodorum.* BOT. PHAN. Orchidées, Juss., Gynandrie Monandrie, L. Ce genre, établi par Tournefort et adopté par la plupart des botanistes, renferme un très-grand nombre d'espèces qui, d'après les travaux des auteurs modernes, doivent aujourd'hui être réparties en plusieurs genres distincts. Le type de ce genre et l'espèce qui a servi à son établissement est le *Limodorum abortivum*; c'est donc surtout d'après cette espèce que doit être tracé le caractère de ce genre. Toutes celles qui y ont été réunies et qui n'offrent pas les mêmes signes caractéristiques de-

vront être portées dans d'autres genres. Or voici ces caractères tirés de
l'espèce que nous avons nommée tout
à l'heure. L'ovaire n'est pas tordu en
spirale. Les trois divisions externes
du calice sont semblables, dressées
et presque conniventes ; les deux
intérieures et latérales sont plus étroites ; le labelle est sessile, dressé, entier, terminé à sa base par un éperon
plus ou moins allongé. Le gynostème est très-long, semi-cylindrique,
c'est-à-dire plane sur son côté antérieur et convexe postérieurement ;
l'anthère est terminale, operculiforme,
contenant deux masses polliniques,
pultacées, agglutinées entre elles du
côté interne. Le stigmate est placé
immédiatement au-dessous de l'anthère.

Tels sont les caractères des véritables Limodores. Ils ne conviennent
qu'à un très-petit nombre de celles
qui y ont été placées. Ainsi plusieurs doivent être mises parmi
les *Bletia*. *V.* ce mot. D'autres
ont formé le genre *Geodorum* de
Jackson. Quelques autres ont servi à
l'établissement des genres *Calypso*,
Calapogon, etc. Ainsi, parmi les espèces du genre *Bletia*, on a placé les
Limodorum Tankervillæ, L.; *L. al-
tum*, *L. purpureum*, L. Dans le genre
Geodorum, on trouve les *Limodorum
nutans*, *L. recurvum*. Le *Limodorum
bulbosum* forme le genre *Calypso*, et
dans le genre *Calapogon*, R. Brown
a placé le *Limodorum tuberosum* et
quelques autres espèces analogues.

Le *Limodorum abortivum*, Willd.,
Sp., *Orchis abortiva*, L., qui forme
le type du genre, est une grande
Plante vivace qui croît dans les forêts
ombragées et montueuses ; sa racine
se compose de grosses fibres cylindriques et charnues ; sa tige, haute
de deux à trois pieds, porte des feuilles très-courtes, embrassantes et
presque semblables à des écailles.
Les fleurs sont d'un pourpre obscur,
formant en petit nombre un épi à la
partie supérieure de la tige.

Dans le Prodrome de la Flore du
Napaul, Don a décrit sous le nom de

Limodorum roseum une espèce nouvelle qui a beaucoup de rapports avec
l'espèce précédente. (A. R.)

LIMON. BOT. PHAN. Fruit du Limonier. *V.* ce mot. (B.)

LIMON. GÉOL. *V.* MATIÈRE et
TERRAIN.

LIMONELLIER. BOT. PHAN. Pour
Limonie. *V.* ce mot. (B.)

+ LIMONH. OIS. (Flacourt.) Les
Tourterelles et les Pigeons à Madagascar. (B.)

LIMONIA. INS. et BOT. *V.* LIMONIE.

LIMONIASTRUM. BOT. PHAN.
(Heister.) Syn. de *Statice monopetala*. (B.)

* LIMONIATIS. MIN. Il est impossible de reconnaître quelle Pierre,
semblable à son *Smaragdus*, le compilateur Pline entendit désigner sous
ce nom. (B.)

LIMONIE. *Limonia*. INS. Nom
donné par Meigen et par Latreille
aux Diptères qu'ils ont nommés depuis Limnobie. *V.* ce mot. (G.)

LIMONIE. *Limonia*. BOT. PHAN.
Ce genre, établi par Linné, fait partie de la famille des Aurantiées. Dans
son travail sur cette famille, Correa
de Serra a retiré plusieurs des espèces
qui y avaient été rapportées pour en
faire des genres nouveaux qui ont été
généralement adoptés. Ainsi le *Limonia monophylla* forme le genre
Atalantia, le *Limonia pentaphylla*
et *L. arborea* le genre *Glycosmis*, et
le *Limonia trifoliata* le genre *Tripha-
sia*. Les espèces qui forment aujour-
d'hui le véritable genre *Limonia* offrent les caractères suivans : le calice est à quatre ou cinq divisions profondes ; la corolle se compose de
quatre ou cinq pétales sessiles ; les
étamines sont libres et distinctes,
rarement au nombre de quatre à
cinq, plus souvent en nombre double des pétales. Le fruit est une
baie pulpeuse à quatre ou cinq loges monospermes. De Candolle,
dans le premier volume de son *Prodromus systematis*, rapporte à ce

genre onze espèces, la plupart originaires de l'Inde et de la Chine. Ce sont des Arbres ou des Arbrisseaux souvent munis d'épines, ayant des feuilles simples, trifoliées ou pinnées, des fleurs blanches ou roses, exhalant une odeur suave analogue à celle des autres Arbres de la même famille.

Parmi ces espèces nous citerons la *Limonia acidissima*, L., Lamk., Ill., t. 353, f. 1, originaire de l'Inde, mais qu'on cultive également en Amérique. C'est un Arbrisseau élégant et toujours vert, dont les feuilles sont imparipinnées et les fleurs blanches disposées en panicules courtes et axillaires. Ses fruits, qui sont jaunes et globuleux, répandent une odeur très-suave qui approche beaucoup de celle de l'Anis. Leur pulpe est très-acide et très-agréable. On en fait des boissons rafraîchissantes, ou on les confit au sucre.   (A. R.)

LIMONIER. BOT. PHAN. On appelle ainsi une division du genre Oranger, que l'on désigne plus communément sous le nom de Citronnier. *V.* ORANGER.   (A. R.)

* LIMONITE. MIN. (Hausmann, Manuel de Minéralogie, t. 1, p. 285.) Substance noire, opaque, à cassure conchoïdale, ayant l'éclat de la cire et donnant une poussière d'un jaune d'ocre; médiocrement dure; pesant spécifiquement 2,603. Au chalumeau, sa couleur n'éprouve aucun changement remarquable; par un feu prolongé, elle fond sur les bords en une scorie noirâtre. Par la calcination, elle donne une poussière rouge. Elle paraît être une combinaison ou un mélange de Fer limoneux et de Fer phosphaté représenté par les proportions suivantes : hydrate de Fer, 74,509; phosphate de Fer, 24,870; oxide de Manganèse, 1,5; total, 100,679. On la trouve avec le Fer limoneux commun (*Thoneisenstein*) en petites masses ou en lits très-minces dans les terrains d'alluvion.
          (G. DEL.)

LIMONIUM. BOT. PHAN. On a beaucoup disserté pour savoir quelle était la Plante ainsi nommée par Dioscoride. Les uns ont voulu que ce fût la Pyrole (*Pyrola rotundifolia*, L.), d'autres le *Beta sylvestris*; quelques-uns le *Senecio Doria*. Mais la plupart des botanistes s'accordent pour le *Statice Limonium*, L., dont Tournefort avait fait un genre sous le nom de *Limonium. V.* STATICE.
          (A. R.)

LIMOSA. OIS. (Brisson.) Syn. de Barge. *V.* ce mot.   (B.)

LIMOSELLE. *Limosella.* BOT. PHAN. Ce genre, de la Didynamie Angiospermie, L., avait été désigné par Vaillant sous le nom de *Plantaginella.* Jussieu l'avait placé parmi les Primulacées, mais il a été rapporté aux Scrophularinées par De Candolle et R. Brown qui en ont ainsi exprimé les caractères : calice à cinq divisions peu profondes, égales; corolle campanulée, à tube court et à cinq petites divisions égales; quatre étamines presque égales, quelquefois réduites au nombre de deux; stigmate capité; capsule à deux valves séparées par une cloison parallèle et imcomplète. Ce genre renferme des Plantes herbacées, très-petites, rampantes et qui croissent dans les localités marécageuses. Leurs feuilles sont fasciculées, à pétioles dilatés et presque engaînans à la base. Les fleurs sont solitaires et portées par des hampes. On n'en connaît qu'un très-petit nombre d'espèces, dont la plus remarquable, *Limosella aquatica*, L., croît dans les lieux inondés de l'Europe. On la trouve fréquemment aux environs de Paris et surtout à Bondy.   (G.-N.)

LIMULE. *Limulus.* CRUST. Genre de l'ordre des Xyphosures de Latreille (Fam. Nat. du Règne Anim.), que cet auteur rangeait (Règne Anim. par Cuvier) dans son ordre des Branchiopodes, section des Pœcilopes; ce genre a été établi par Müller; il a pour caractères, suivant Latreille : point de siphon; la base des pieds (ceux du céphalothorax ou de la division antérieure du corps) qui, les deux derniers exceptés, servent à la locomotion et à la préhension, est hérissée de petites épines et fait l'office de mâchoires. Test dur, divisé en deux boucliers offrant en dessus deux sillons longitudinaux, et recouvrant tout le corps, qui se termine postérieurement par une pièce très-dure, ensiforme et mobile.

Le corps des Limules est divisé en deux parties : la première ou l'antérieure, que Latreille nomme céphalothorax, est recouverte par un bouclier lunulé débordant, et portant deux yeux très-écartés l'un de l'autre, entre lesquels Cuvier a observé trois petits yeux lisses rapprochés; au-dessous de la carapace dont nous venons de parler, sont insérés, sur une saillie conique, en forme de bec ou de labre, deux corps semblables à deux petites serres de Crabe, didactyles ou monodactyles, selon les sexes, composées de deux articles que Latreille considère comme les antennes et que Savigny assimile à la seconde paire de pieds-mâchoires des Crustacés, ainsi qu'aux mandibules des Arachnides, et auxquels il donne le nom de mandibules succédanées, ou fausses mandibules. A la suite de ces antennes se trouvent six paires de pieds, dont les deux derniers réunis forment un grand feuillet portant les organes sexuels, et dont les dix autres libres, et tous, à l'exception des deux premiers, didactyles. Ces pieds sont composés de six articles : le radical, ou la hanche, est hérissé de piquans ou épines dont le nombre est très-considérable aux deux ou trois premières paires de pieds. Ces articles tiennent lieu de mâchoires; l'article suivant, ou le premier de la cuisse, offre aussi quelques épines. La dixième paire de pieds diffère des autres par divers caractères, et surtout par les hanches, qui ne sont point maxillaires, et par l'extrémité antérieure du dernier article de la jambe, qui se termine par quatre petites lames mobiles, droites, allongées, pointues, égales et rapprochées en un faisceau longitudinal; la partie extérieure de cette même extrémité de la jambe donne attache

au dernier article, qui est terminé, comme les autres, par deux doigts mobiles qui diffèrent un peu des précédens. Le pharynx débouche entre les hanches de toutes ces pates; l'œsophage se dirige en avant, l'estomac des Limules étant situé, comme dans les Crustacés décapodes, vers le bord antérieur du test. La seconde partie du corps des Limules, ou la postérieure, est recouverte par un bouclier qui a, en dessus, la forme d'un trapézoïde échancré postérieurement, avec les bords latéraux armés d'épines mobiles et alternantes; en dessous et dans un creux en forme de boîte presque carrée, sont cinq paires de feuillets ou de larges pieds natatoires, dont la face postérieure est garnie de branchies. L'anus est placé à la racine de la pointe qui termine le corps : cette pointe est cornée, très-dure, droite, trigone, très-pointue et souvent armée, sur le dos, de petites dentelures; elle s'insère dans une cavité, au milieu de l'échancrure postérieure de la seconde pièce du test, et elle est articulée avec elle par le moyen d'une tête dont les deux côtés sont dilatés et appuyés sur deux saillies de cette pièce. Le cœur, comme dans les Stommapodes, est un gros vaisseau garni, en dedans, de colonnes charnues régnant le long du dos et donnant des branches des deux côtés; un œsophage ridé, remontant en avant, conduit dans un gésier très-charnu, garni intérieurement d'une veloutée cartilagineuse toute hérissée de tubercules, et suivi d'un intestin large et droit. Le foie verse la bile dans l'intestin par deux canaux de chaque côté. Une grande partie du test est remplie par l'ovaire dans les femelles, et par les testicules dans les mâles.

L'Ecluse et Bontius sont les premiers naturalistes qui aient mentionné et figuré des Limules; Müller les confond avec les *Apus*; Fabricius les en a distingués, mais il les a placés dans son ordre des Kleistagnathes ou Décapodes brachiures de Latreille; enfin Lamarck, ayant conservé le nom de Limule au genre *Apus*, appelle Polyphème le genre dont nous traitons. Ces Animaux vivent dans les mers des pays chauds; pendant l'été ils viennent le soir, presque toujours par couples, sur les plages sablonneuses ou marécageuses. La femelle, qui est plus gros, porte sur son dos le mâle, sans que celui-ci y soit en état d'accouplement ni violemment attaché : leurs mouvemens sont fort lents et très-circonscrits, et lorsqu'ils marchent, on ne voit aucune des pates ; dès qu'on les touche, ils s'arrêtent et relèvent leur queue pour se défendre. Ils restent toute la nuit à moitié hors de l'eau, et ne cherchent à se sauver que quand ils sentent que le danger commence à être imminent. Leur queue est très-redoutée dans l'Inde et en Caroline, parce qu'on est dans l'opinion que la piqûre est venimeuse ; les sauvages se servent de cette pointe en guise de fer de flèche. La chair des Limules est bonne à manger, et leurs œufs sont très-délicats ; on sert sur les tables, à la Chine et au Japon, l'espèce qui lui est propre, et qui arrive, avec l'âge, à une longueur de deux pieds. Ces Animaux se trouvent dans les mers des deux Indes ; depuis l'équateur jusqu'au quarantième degré de latitude ; ils sont communs dans le golfe du Mexique, sur les côtes de Caroline, aux Moluques et dans les mers du Japon et de la Chine. Les Américains appellent ces Crustacés *King-Krab* ; les nègres des bords de la mer se servent du test vide pour puiser de l'eau ou pour d'autres usages domestiques. On connaît quatre ou cinq espèces de ce genre ; nous citerons :

Le Limule Polyphème, *L. Polyphemus*, Fabr., Linn ; *Limulus Cyclops*, Fabr. (jeune); *Monoculus Polyphemus*, Linn.; *Limulus Sowerbii*, Leach (Zool. Miscell., pl. 84). Il varie, selon l'âge, pour la taille et la couleur. Les vieux sont d'un brun noirâtre, et les jeunes d'un jaunâtre qui tire sur le brun. L'arête du milieu du dos a, sur chaque pièce du test,

trois épines ; le stylet, formant la queue, est à peu près de la longueur du corps. Cette espèce se trouve sur les côtes sablonneuses d'une grande partie de l'Amérique.

Les Limules sont rares à l'état fossile ; jusqu'à présent on n'en a trouvé que dans certaines couches d'une antiquité moyenne, à Solenhofen et Pappenheim. La seule espèce connue et à laquelle Desmarest a donné le nom de Limule de Walch, *Limulus Walchii*, dans son Histoire Naturelle des Crustacés fossiles, p. 139, tab. 11, fig. 6 et 7, est le *Cancer perversus* de Knorr et Walch. (Monum. du déluge, T. 1, p. 156, pl. 14). Elle ne diffère des espèces vivantes que par le rebord de la première pièce de la carapace, qui est arrondi, au lieu de former un angle aigu devant la bouche, et par d'autres caractères tirés de la forme et des épines du test.   (G.)

LIN. *Linum*. BOT. PHAN. Genre de la Pentandrie Pentagynie, L., d'abord placé dans la famille des Caryophyllées, mais qui forme aujourd'hui le type d'un ordre naturel nouveau nommé Linacées. *V*. ce mot. Le genre Lin se compose d'un très-grand nombre d'espèces. Ce sont des Plantes herbacées, ou de petits Arbustes à feuilles alternes, très-rarement opposées, entières ; leurs fleurs, terminales et diversement disposées, sont jaunes, bleues ou blanches; leur calice est régulier, formé de cinq sépales incombans ; leur corolle est comme campanulée, composée de cinq pétales onguiculés entiers, d'abord incombans et tordus en spirale avant leur épanouissement ; les étamines, au nombre de cinq, sont monadelphes tout-à-fait par leur base, et offrent entre chacune d'elles un petit appendice filiforme, qui semble être un filament d'étamine avortée ; l'ovaire est légèrement stipité, globuleux, à six ou dix loges quelquefois incomplètes, c'est-à-dire communiquant ensemble deux par deux, à cause de l'imperfection de trois ou de cinq des cloisons : chaque loge

contient un seul ovule attaché à la
partie supérieure de la loge et renversé. Les styles sont au nombre de
trois à cinq, terminés chacun par un
stigmate allongé; le fruit est une capsule globuleuse, à six ou dix loges
complètes ou incomplètes et monospermes, s'ouvrant en trois ou cinq
valves qui se séparent presque toujours en deux; les graines sont généralement ovoïdes, comprimées, lisses,
composées d'un tégument propre,
d'un endosperme généralement mince
et d'un embryon ayant la même direction que la graine.

Les espèces de ce genre sont assez
nombreuses; De Candolle, dans le
premier volume de son *Prodromus
systematis*, en énumère cinquante-six.
Ces espèces croissent, pour la plupart,
sur les bords du bassin méditerranéen;
plusieurs se trouvent dans l'Amérique méridionale et l'Amérique septentrionale, et quelques-unes en
Afrique et au cap de Bonne-Espérance. Ce genre est surtout fort intéressant à cause d'une de ses espèces,
le Lin usuel, dont nous allons parler
ici avec quelques détails.

Lin usuel, *Linum usitatissimum*,
L. C'est une Plante annuelle, originaire du plateau de la Haute-Asie,
mais abondamment cultivée, depuis
un temps presque immémorial, dans
les diverses contrées de l'Europe, où
elle est devenue indigène. Sa racine
est grêle, pivotante, poussant une
tige simple, cylindrique, d'un, de
deux ou de trois pieds de hauteur,
seulement rameuse vers son sommet,
et tout-à-fait glabre, ainsi que les
autres parties de la Plante. Les feuilles
sont éparses, sessiles, lancéolées, aiguës, très-entières, marquées de trois
nervures longitudinales, et d'un vert
glauque; les fleurs sont d'un bleu
tendre, terminales au sommet des
ramifications de la tige; les étamines et les stigmates sont au nombre de cinq, et le fruit est une capsule globuleuse, environnée à sa base
par le calice et contenant des graines
ovoïdes, comprimées, lisses et luisantes. Cette Plante offre un très-

grand intérêt et est l'objet d'une culture extrêmement soignée, à cause
des fibres de sa tige, avec lesquelles
on fait les tissus de fil les plus fins et
les dentelles les plus précieuses. On
cultive cette Plante dans deux intentions, ou pour obtenir ses graines
qui sont employées en médecine et
dans les arts, ou pour obtenir la filasse de ses tiges. Dans le premier
cas, les soins du cultivateur doivent
tendre à choisir les variétés qui produisent le plus grand nombre de
capsules, et, dans le second, celles
dont les tiges sont les plus longues.
On distingue un assez grand nombre de variétés de Lin dans les pays
où ce Végétal est cultivé; les principales sont les suivantes : 1°. Le *Lin
froid* ou *grand Lin* est celui dont les
tiges acquièrent la plus grande hauteur et qui donne un très-petit nombre de capsules. C'est la variété la
plus précieuse et celle que l'on préfère dans plusieurs contrées de la
Flandre, de la Belgique, et même
aux environs de Lille, où la récolte
d'un hectare planté de cette espèce
se vend quelquefois jusqu'à 6,000 et
7,000 francs.

2°. Le *Lin chaud* ou *Têtard*, beaucoup moins élevé que le précédent.
Sa tige est rameuse et porte un grand
nombre de capsules; aussi doit-on le
préférer quand on a pour but principal la récolte des graines.

3°. Enfin on nomme *Lin moyen*
une variété qui tient le milieu entre
les deux premières, c'est-à-dire
qu'elle s'élève un peu moins que le
grand Lin et donne un peu moins de
capsules que le Têtard. Cette variété
est surtout cultivée dans les provinces
méridionales.

En général, la culture du Lin est
assez chanceuse et demande de grandes précautions. Il lui faut un terrain
substantiel et fertile, frais, mais non
trop humide; les engrais doivent y
être abondans et renouvelés à chaque
récolte. Il faut préparer le terrain
par des labours fréquens. On sème
le Lin à deux époques différentes,
comme on fait pour le Blé, c'est-à-

dire avant et après l'hiver ; ce qui forme le Lin d'hiver et le Lin d'été : il n'est pas indifférent de choisir l'une ou l'autre de ces deux époques. Ainsi, dans un pays chaud et dans un terrain un peu sec et sablonneux, on fera bien de semer le Lin avant l'hiver, afin que les pluies de l'automne soient profitables au développement de la semence; au contraire, dans les pays un peu froids et dans les terrains très-substantiels, on pourra, sans inconvénient, attendre la fin de l'hiver. Le choix de la semence est une chose fort importante; les agronomes s'accordent généralement à reconnaître qu'elle dégénère lorsqu'on la sème plusieurs années de suite dans le même terrain : on doit donc la renouveler chaque année, et la tirer des pays où l'on sait qu'elle est la meilleure pour le terrain où on la doit cultiver et pour le but qu'on se propose. Celle qui vient du nord de l'Europe est généralement la plus estimée; cependant il est des cultivateurs qui ne renouvellent pas leur semence, et qui néanmoins obtiennent, chaque année, de belles récoltes. Mais, pour arriver à ce résultat, il faut avoir le soin de choisir, dans chaque variété que l'on cultive, les graines les plus grosses et les plus saines : par ce moyen, on peut se dispenser de changer de semence; ce qui est une économie pour le cultivateur. Il faut noter ici que, comme la graine de Lin est très-huileuse, elle s'altère et se rancit rapidement, et ne peut être conservée plus d'une année lorsqu'on veut la faire servir de semence. Le Lin se sème comme le Blé, c'est-à-dire à la volée. Le terrain doit avoir été disposé par planches un peu bombées. La quantité moyenne de semence est d'environ vingt-cinq livres pour dix mille pieds carrés de terrain. On brise les mottes et on herse de même que dans la culture des Céréales. Lorsque le jeune plant commence à pousser, il faut le sarcler avec soin et fréquemment, parce que, sans cette précaution, il serait bientôt étouffé par les mauvaises herbes, qui poussent avec plus de rapidité. Dans les temps de sécheresse et dans les localités où cela est possible, il n'est rien de plus avantageux que de pouvoir arroser le Lin par le moyen des irrigations. Lorsque le Lin est parvenu à sa maturité, époque variable suivant les localités et le temps où a été fait le semis, et que l'on reconnaît au dessèchement des tiges et des feuilles et à l'ouverture spontanée des capsules, il faut commencer la récolte : celle-ci se fait en arrachant à la main et par poignées les tiges de Lin, dont on fait de petites bottes qu'on laisse quelque temps sur le terrain, en ayant soin de les placer debout ; mais il ne faut pas les y laisser trop long-temps, pour ne pas perdre la graine qui tombe des capsules entr'ouvertes. Il faut battre ces tiges sur de grands draps ; les graines se détachent très-facilement. Quelquefois on bat le sommet des tiges sur un banc, avec un maillet de bois, qui brise les capsules et met les graines à nu. Cette graine doit être ensuite vannée et criblée, pour la débarrasser de tous les fragmens de capsules qui y sont mélangés.

Les tiges du Lin doivent être rouies et préparées comme celles du Chanvre; on les fait ensuite sécher, et on les peigne pour obtenir la filasse.

Les graines de Lin sont fort usitées en médecine. Outre l'huile grasse qu'elles contiennent en abondance, ces graines renferment aussi un mucilage extrêmement visqueux et épais : leur décoction est éminemment émolliente; elle convient dans tous les cas d'irritation interne et externe. On fait, avec ces graines réduites en farine, des cataplasmes émolliens très-fréquemment usités. Pour extraire l'huile des graines, il faut d'abord attendre trois ou quatre mois, parce qu'on a remarqué qu'elle y était plus abondante au bout de ce temps qu'au moment où elles viennent d'être récoltées ; on les passe ensuite à un moulin qui en extrait l'huile. Celle-ci est employée à différens usages ; ainsi , on peut s'en servir pour l'éclairage. On l'emploie beaucoup dans la peinture à l'huile , parce qu'elle jouit de la propriété de se sécher assez rapidement.

Une autre espèce de Lin encore intéressante, c'est le Lin vivace ou Lin de Sibérie , *Linum perenne* , L. Il ressemble beaucoup au précédent ; mais ses racines sont vivaces, et la partie inférieure de ses tiges finit par devenir ligneuse. Cette espèce, originaire de la Sibérie, est cultivée, dit-on, en Suède et dans quelques parties de l'Allemagne ; mais, en France, on ne la voit guère que dans les jardins. Cependant sa culture pourrait offrir de grands avantages ; car elle réussit très-bien dans les terres maigres et sablonneuses : Lullin de Châteauvieux l'a cultivée avec succès aux environs de Genève. Selon Bosc, la méthode la plus avantageuse serait de la placer par lignes et d'éloigner les touffes d'environ trois pieds les unes des autres. On pourrait planter entre chacune d'elles des Choux, des Navets, ou d'autres Légumes. On a remarqué que, lorsque le Lin végète à l'ombre, sa filasse est plus fine ; néanmoins on prétend qu'elle ne vaut pas celle du Lin annuel. Quelques auteurs ont dit que le Lin de Sibérie ne dure que trois ans ; nous pouvons assurer qu'il en existait autrefois plusieurs pieds dans le jardin de la Faculté de médecine de Paris , qui ont duré plus de dix ans.

Il croît en France un assez grand nombre d'espèces de Lin, qui quelquefois offrent des fleurs très-grandes, d'une belle couleur jaune ou bleue : tels sont, par exemple, le Lin campanulé et le Lin de Narbonne. On cultive quelquefois dans les jardins une très-belle espèce, *Linum trigynum*, Bonpl., Pl. rar. de Malm., 38, t. 17. C'est un Arbuste assez élevé, originaire des Indes-Orientales. Sa tige est dressée, rameuse, ligneuse dans sa partie inférieure ; ses feuilles sont elliptiques et mucronées au sommet; ses fleurs sont jaunes, très-grandes , groupées à l'aisselle des feuilles. Cette espèce se cultive dans la serre.

À l'exemple de Gmelin , les botanistes modernes font un genre distinct du *Linum Radiola*, L., sous le nom de Radiola. *V*. ce mot. (A. R.)

On a quelquefois étendu le nom de Lin à des Plantes qui n'appartiennent pas à ce genre, et même à des êtres qui ne sont pas du domaine de la Botanique ; ainsi l'on a appelé :

LIN D'AMÉRIQUE , l'*Agave americana* , L.

LIN ÉTOILÉ, le *Lysimachia stellata* , L.

LIN INCOMBUSTIBLE , l'Asbeste ou Amianthe.

LIN DE LIERRE ou MAUDIT , la Cuscute.

LIN DE MARAIS ou DE PRÉS , les Linaigrettes.

LIN MARITIME ou DE MER, des Fucus et des Conferves.

LIN SAUVAGE, l'*Anthirrinum Pelisserianum*. (B.)

LIN DE LA NOUVELLE-ZÉLANDE. BOT. PHAN. Nom vulgaire du *Phormium tenax*. *V*. PHORMION.
(A. R.)

LINACÉES. *Linaceæ*. BOT. PHAN. Petite famille de Plantes qui se compose du seul genre *Linum* de Linné, auparavant placé dans la famille des Caryophyllées. Ce petit groupe se distingue par les caractères suivans : son calice est persistant , à trois, quatre ou cinq divisions profondes, imbriquées latéralement. La corolle se compose de quatre à cinq pétales onguiculés à leur base, tordus en spirale avant l'épanouissement de la fleur. Les étamines, au nombre de quatre à cinq, sont monadelphes à la base de leurs filets , entre chacun desquels on trouve assez souvent un petit appendice subulé , qui semble être un filet d'étamine avortée. Les anthères sont à deux loges introrses, s'ouvrant par une suture longitudinale , et attachées presque par leur base. L'ovaire est globuleux, sessile, à six, huit ou dix loges , dont la moitié sont séparées par des cloisons incomplètes partant de l'axe central, mais n'atteignant pas jusqu'aux parois : chaque loge contient un seul ovule suspendu. Le fruit est une capsule globuleuse, souvent terminée par une petite pointe formée par la base du style : cette capsule offre autant de loges monospermes que l'ovaire ; elle s'ouvre, par son sommet, en quatre ou cinq valves, qui se partagent ensuite chacune en deux. Les graines sont, en général, lisses et luisantes ; leur tégument propre est légèrement charnu à sa face interne, et recouvre un embryon ayant la même direction que la graine, c'est-à-dire dont la radicule correspond au hile.

Les Linacées, qui sont des Plantes herbacées, annuelles ou vivaces, ou de petits Arbustes à feuilles alternes, excepté dans une seule espèce (*Linum catharticum*, L.), se distinguent surtout des Caryophyllées, qui ont les feuilles opposées, par la structure de leur ovaire et de leur capsule, et par leurs graines dépourvues d'endosperme. Cette petite famille forme en quelque sorte le passage entre les Caryophyllées, les Malvacées et les Géraniacées.   (A. R.)

LINAGROSTIS. BOT. PHAN. Syn. d'Eriophore. *V*. ce mot.   (B.)

LINAIGRETTE. BOT. PHAN. Quelques botanistes français ont employé ce nom pour désigner le genre Eriophore. *V*. ce mot.   (B.)

LINAIRE. *Linaria.* BOT. PHAN. Ce genre de la famille des Scrophularinées et de la Didynamie Angiospermie, L., fut établi par Tournefort, et réuni par Linné aux *Antirrhinum*. Constitué de nouveau par tous les botanistes modernes, il présente les caractères suivans : calice irrégulier, à cinq divisions; corolle personnée, munie d'un éperon à la base; limbe bilabié, la lèvre supérieure bifide, réfléchie, l'inférieure trifide ; la gorge fermée par le palais (partie moyenne de la lèvre supérieure); quatre étamines didynames,

incluses, avec une cinquième rudimentaire; anthères à lobes écartés ; stigmate obtus; capsule ovée, déhiscente par le sommet. Ce genre se compose d'un très-grand nombre d'espèces dont la plupart sont indigènes du bassin de la Méditerranée. Quelques-unes croissent dans l'Amérique septentrionale et dans les régions tempérées de l'Amérique méridionale. Ce sont des Plantes herbacées ou rarement ligneuses, à feuilles alternes : les inférieures quelquefois opposées ou verticillées. Les fleurs sont assez élégantes, accompagnées de bractées, disposées en épis, ou solitaires dans les aisselles des feuilles. On en trouve de toutes les couleurs; mais le plus souvent elles sont jaunes, et parfois blanches, bleuâtres ou légèrement purpurines. Parmi celles qui sont très-répandues en France, nous citerons, comme espèce fondamentale, la LINAIRE VULGAIRE, *Linaria vulgaris*, Lamk., ou *Antirrinum Linaria*, L. Elle a des feuilles lancéolées, linéaires et une tige dressée : les fleurs forment de beaux épis de fleurs jaunes qui terminent les tiges. Ce fut sur cette Plante que Linné observa le phénomène intéressant de la régularisation des fleurs, phénomène qu'il désigna sous le nom de Pélorie. *V*. ce mot. Mais cet accident (si toutefois l'on doit nommer ainsi l'état normal de la fleur) se présente bien plus fréquemment sur la *Linaria spuria* qui croît abondamment dans les champs cultivés de l'Europe. Si, quelque temps après la moisson, on observe les fleurs de cette espèce, on en trouve une grande quantité qui offrent tous les intermédiaires entre la fleur personnée et la fleur parfaitement régulière, et cela souvent sur le même individu. Il semblerait que ce phénomène est déterminé par les altérations que la Plante a subies de la part des hommes par les travaux de la culture, ou de celle des Animaux qui broutent et mutilent cette Linaire jusque près de sa racine.

Mœnch a constitué sous le nom

d'*Elatine*, un genre aux dépens des Linaires, et dont le *L. Elatine* est le type. Ce genre n'a pas été adopté. (G..N.)

LINARIA ois. Nom scientifique du Sizerin. *V.* GROS-BEC. (B.)

* LINCKIE. *Linckia.* BOT. CRYPT. (*Chaodinées.*) Le nom de *Linckia* avait été imposé par Micheli aux Nostochs, quand ce savant sentit qu'on devait les séparer des Tremelles. Mais Vaucher ayant adopté un nom spécifique donné par Linné pour nom générique, celui de Micheli se trouvait sans emploi. Les algologues modernes l'ont appliqué à des Plantes dont les filamens simples, terminés en pointe cilifère, partant et divergeant d'un centre commun, sont ou du moins paraissent inarticulés, marqués tout au plus de macules, de forme irrégulière dans leur intérieur, et formant, au milieu du mucus qui les environne, des corps hémisphériques et irréguliers, gélatineux, mais d'une certaine solidité. Les Linckies ont de grands rapports avec les Chœtophores, et n'en diffèrent que parce que leurs filamens ne sont pas rameux, et que des articulations n'y sont pas distinctes. Peut-être ces caractères ne sont-ils pas réels, et de meilleurs instrumens que ceux que nous possédons pourraient un jour les faire disparaître. De Candolle en faisait des Batrachospermes. Lyngbye, qui est cependant un observateur exact, a, malgré les caractères imposés par lui-même au genre dont il est question, compris parmi les espèces qu'il y admet des Plantes qui ne peuvent y demeurer. Telles sont ses *Linckia Zosterœ*, *ceramicola* et *punctiformis*, trop visiblement articulées pour n'être pas des Chœtophores. *V.* ce mot.

Nous citerons comme exemple les espèces suivantes : *Linckia atra*, Lyngb., *Tent.*, p. 195, t. 67, D. 1, 2, 3, 4; *Linckia viridis*, Lyngb., *loc. cit.*, t. 67, D. 5, 6, 7, toutes deux parasites des Céramiaires dans les eaux de la mer; et le *Linckia*

dura, Lyngb., *loc. cit.*, p. 197, t. 67, qui habite les eaux douces. Les deux Plantes que Lyngbye regarde comme des variétés de cette dernière sont évidemment des espèces que nous avons examinées et caractérisées. (B.)

LINCONIE. *Linconia.* BOT. PHAN. Genre de la Pentandrie Digynie, établi par Linné (*Mant.*, p. 147), dont la place est encore incertaine dans la série des ordres naturels, mais que De Candolle (*Prodr. Syst. 2*, p. 45) rapproche de la famille des Bruniacées. Voici ses caractères : l'ovaire est infère, couronné par le limbe du calice qui est à cinq dents obtuses; la corolle se compose de cinq pétales concaves, persistans, insérés au sommet du tube du calice et alternant avec ses dents; les cinq étamines sont persistantes et placées entre les pétales; l'ovaire est à deux loges contenant chacune deux ovules : il est surmonté de deux styles filiformes, divergens, et devient un fruit composé de deux coques membraneuses, monospermes, terminées par les styles persistans, et s'ouvrant par leur côté interne; les graines sont ovoïdes.

Les espèces de ce genre sont peu nombreuses; ce sont de petits Arbustes, ayant le port des Bruyères, des feuilles roides, subulées et comme verticillées, et des fleurs agrégées. Ce genre, dont Swartz a le mieux fait connaître l'organisation, se rapproche beaucoup du genre *Staavia*. Des quatre espèces qui le composent, trois croissent au cap de Bonne-Espérance, savoir : *Linconia alopecuroidea*, L.; *L. thymifolia*, Sw.; et *L. cuspidata*. Ces deux dernières espèces avaient été placées parmi les *Diosma* par Thunberg. La quatrième, *Linconia Peruviana*, Lamk., qui croît au Pérou et dont on ne connaît pas le fruit, n'appartient probablement pas à ce genre. De Candolle présume qu'elle pourrait être une espèce du genre *Margyricarpus*. (A. R.)

LINDÈRE. *Lindera.* BOT. PHAN. Thunberg (*Flor. Japon.*, p. 145, t. 21) a établi ce genre qui appartient à l'Hexandrie Monogynie, L., mais dont les caractères n'ont pas été assez bien établis pour qu'on ait pu le placer convenablement dans la série des ordres naturels. La seule espèce dont il se compose a été nommée par Thunberg *Lindera umbellata.* C'est un Arbrisseau dont la tige est garnie de rameaux alternes, flexueux, glabres, très-étalés; les feuilles ramassées au sommet des rameaux sont pétiolées, ovales-oblongues, pointues, entières, vertes et glabres en dessus, velues et pâles en dessous. Les fleurs sont petites et disposées en ombelles simples, solitaires et terminales; chacune de ces fleurs est dépourvue de calice; la corolle est à six pétales obtus et jaunâtres; les six étamines ont leurs filets insérés sur l'ovaire et plus courts que la corolle; l'ovaire est supère, ovale, glabre, surmonté d'un style droit à deux stigmates réfléchis; le fruit est capsulaire et à deux loges. Cet Arbrisseau croît au Japon sur le mont *Fakonna*, où il fleurit dans les mois d'avril et mai. Les Japonais le nomment *Kuro-nosji*, et fabriquent avec son bois des brosses molles pour se nettoyer les dents.

Adanson avait donné le nom de *Lindera* à un genre d'Ombellifères, formé sur le *Myrrhis daucoides* de Morison ou *Chœrophyllum coloratum* de Linné.   (G..N.)

LINDERNIE. *Lindernia.* BOT. PHAN. Ce genre de la famille des Scrophularinées, et de la Didynamie Angiospermie, L., est ainsi caractérisé : calice à cinq divisions presqu'égales; corolle tubuleuse, à deux lèvres, dont la supérieure est très-courte et échancrée, l'inférieure trifide; quatre étamines didynames, dont les deux inférieures ont le filet denté et plus long que l'anthère; style unique surmonté d'un stigmate échancré; capsule biloculaire, à deux valves séparées par une cloison parallèle et portant un grand nombre

de graines. Ces caractères, qui ont été tracés par Linné et modifiés par Jussieu, ne conviennent absolument qu'au *Lindernia pyxidaria*, petite Plante à feuilles opposées et à fleurs axillaires, qui croît dans les localités aquatiques de certaines contrées d'Europe et de l'Amérique septentrionale. R. Brown (*Prodr. Fl. Nov.-Holland.*, p. 440) a fait entrer dans ce genre trois espèces de la Nouvelle-Hollande qui présentent quelques différences dans la structure de la corolle, dont la lèvre supérieure est rétuse et l'inférieure bicarenée à la base, et dans les anthères qui sont soudées deux à deux. Il a exclu des *Lindernia* le *L. dianthera* de Swartz et le *L. japonica* de Thunberg. Depuis cette indication, Kunth (*Nov. Gen. et Sp. Pl. œquin.*, n. 11, p. 369) a réuni la Plante de Swartz au genre *Herpestis. V.* ce mot.   (G..N.)

LINDLEYE. *Lindleya.* BOT. PHAN. Genre de la famille des Rosacées, établi par Kunth (*in Humb. Nov. Gen.*, 6, p. 239) et caractérisé ainsi : fleurs hermaphrodites; calice turbiné à la base; limbe à cinq divisions; corolle de cinq pétales insérés à la gorge du calice; disque annulaire portant les étamines, également inséré à la gorge du calice; étamines au nombre de quinze à vingt, ayant les anthères lancéolées, biloculaires, recourbés brusquement à leur base; l'ovaire est libre et à cinq loges contenant chacune deux ovules collatéraux, fixés par un point un peu au-dessous de leur sommet, et pendans; les styles, au nombre de cinq, sont terminés par autant de stigmates renflés en massue; le fruit est une capsule recouverte par le calice, ovoïde, pentagone, ligneuse, à cinq sillons et à cinq loges s'ouvrant en cinq valves, portant chacune une des cloisons sur le milieu de leur face interne : chaque loge contient une ou deux graines, membraneuses et comme ailées sur leurs bords.

Ce genre est très-voisin du *Vauquelinia*, autre genre nouveau établi

28*

par notre savant collaborateur. Il forme en quelque sorte le passage entre les Spiréacées et les Pomacées, et se compose d'une seule espèce, *Lindleya Mespiloides*, Kunth, *loc. cit.*, 6, p. 237, t. 562 *bis*. C'est un Arbre qui a le port de notre Pommier et qui est très-rameux. Ses feuilles sont éparses, simples, entières, crénelées, accompagnées de stipules pétiolaires et géminées; ses fleurs sont blanches, pédonculées, axillaires et solitaires vers le sommet des rameaux. Cet Arbre est très-commun au Mexique. On le trouve à une hauteur de onze cents toises au-dessus du niveau de la mer, et ses fleurs s'épanouissent en mai. (A. R.)

LINDPIDJI. BOT. PHAN. Nom javanais d'une petite espèce de Palmier qui paraît être un *Areca*, et qui croît dans quelques forêts de Java, particulièrement au canton presque désert et volcanique appelé Bagnia-Vaugi. (B.)

LINDSÉE. *Lindsæa*. BOT. CRYPT. (*Fougères.*) Ce genre établi par Dryander dans le 3ᵉ volume des Transactions de la Société Linnéenne de Londres, a été décrit par Smith (*in Act. Taurin.* 5, p. 413) et par la plupart des botanistes, avec les caractères suivans : sores disposés en une ligne continue et parallèle au bord de la fronde ; induse linéaire, continu, attaché du côté du disque, libre extérieurement. Ce genre avait été confondu anciennement avec les *Adianthum*, dont les fructifications sont disposées en masses distinctes et sont couvertes par des membranes lunulaires attachées au bord de la fronde, et qui s'ouvrent du côté du disque. On a décrit un nombre assez considérable d'espèces toutes indigènes des contrées intratropicales des deux continens. Plusieurs de celles qui ont servi de type pour l'établissement du genre ont été publiées sous le nom générique d'*Adianthum*, par Aublet, et croissent dans la Guiane; telles sont les *Lindsæa sagittata*, *falcata* et *Guianensis*. Les autres ha-

bitent principalement les Indes-Orientales, les îles de France et de Mascareigne, la Nouvelle-Hollande, etc. Leurs frondes ont des nervures qui partent de la base des pinnules, et se bifurquent plusieurs fois, ou, en d'autres termes, qui sont plusieurs fois dichotomes. (G. N.)

LINE. MAM. *V.* ECUREUIL COMMUN.

*LINÉAIRE. ZOOL. BOT. Cet adjectif s'emploie indifféremment en zoologie ou en botanique pour exprimer la figure en forme de ligne de quelque partie d'un Animal ou d'une Plante. On dit conséquemment d'une feuille qu'elle est linéaire. Ce mot est souvent devenu spécifique. (B.)

LINETTE. POIS. L'un des noms vulgaires du *Trigla Hirundo*. *V.* TRIGLE. (B.)

* LING. POIS. L'un des noms de pays d'une variété allongée de Morue. *V.* GADE. (B.)

* LINGALINGAHAN. BOT. PHAN. (Camelli.) Probablement l'*Acalypha spiciflora*. (B.)

* LINGHIROUTS VAHON-RANOU. BOT. PHAN. (Flacourt.) Probablement un Agave ou un Aloès dont la racine passe pour un excellent vermifuge à Madagascar. * (B.)

*LINGO. BOT. PHAN. (Rochon.) Liane de Madagascar employée dans la teinture des pagnes. C'est probablement le *Nauclea citrifolia* de Lamarck. (B.)

LINGOUM. BOT. PHAN. C'est le nom sous lequel Rumphius (*Amb.*, 2, tab. 70) décrit le *Pterocarpus Draco*, Arbre d'où découle le Sang Dragon. *V.* PTÉROCARPE. (A. R.)

LINGUA CERVINA. BOT. PHAN. BOT. CRYPT. (*Fougères.*) *V.* LANGUE DE CERF. (B.)

LINGUARD ET LINGUE. POIS. Nom vulgaire d'une Lotte et du Gade Morue. (B.)

LINGUATULE. *Linguatula*. INT. Genre de Vers intestinaux établi par

Froëlich et adopté par Lamarck : il renferme quelques Animaux dont la tête est munie de plusieurs suçoirs. Zeder, et après lui Rudolphi, ont appelé ce genre Polystome. *V.* ce mot. Schrank a également décrit sous le nom de *Linguatula* quelques Entozoaires que Rudolphi rapporte aux genres Filaire et Trichocéphale. *V.* ces mots et AMULAIRE.   (E. D..L.)

LINGUE. POIS. *V.* LINGUARD.

* LINGUELLE. *Linguella.* MOLL. C'est à Blainville que l'on doit l'établissement de ce genre, pour un Mollusque nu de l'ordre des Inférobranches, dans un mémoire dont on trouve l'extrait dans le Bulletin de la Société Philomatique, et reproduit en partie à l'article LINGUELLE du Dictionnaire des Sciences Naturelles. Le seul Animal que Blainville ait observé est conservé dans la collection du Muséum britannique. Ce savant a caractérisé ainsi le genre qu'il forme actuellement : corps nu, ovale, très-déprimé, linguiforme; le manteau débordant le pied de toutes parts, si ce n'est antérieurement, où la tête est à découvert et pourvue de deux paires de tentacules dont une supérieure et l'autre labiale; les organes de la respiration en forme de lamelles obliques, n'occupant que les deux tiers postérieurs du manteau; l'anus inférieur est situé au tiers postérieur du côté droit; l'orifice des organes de la génération dans un même tubercule au tiers antérieur du même côté. Ce genre ne se compose jusqu'à présent que d'une seule espèce. Blainville l'a nommée LINGUELLE D'ELFORT, *Linguella Elfortiana;* elle est figurée dans le douzième cahier des planches du Dictionnaire des Sciences Naturelles. Sa longueur est d'un pouce et demi environ; elle est ovale, très-déprimée surtout en arrière; le pied est un grand disque charnu qui occupe tout le ventre; le manteau qui est fort ample le déborde tout autour; c'est sous le bord saillant et libre de ce manteau que se trouvent les branchies, formées d'une série de lames

très-fines, serrées, obliques, qui ne commencent qu'au tiers antérieur du manteau; la tête est très-grosse, courbée en dessus, placée entre le pied et le manteau où elle fait saillie; elle est limitée en avant par une ligne demi-circulaire; le manteau la recouvre en partie, mais il n'y adhère que sur la ligne médiane; de chaque côté de cette adhérence, se voit en avant un tentacule creux à son extrémité, comme pédiculé au-dessous et plus vers la bouche; on voit de chaque côté un autre tentacule qui est labial; la bouche ovalaire, transverse, offre de gros plis convergens; au-dessus se voit une lèvre épaisse, bombée dans la ligne médiane, finement dentelée et comme festonnée. Blainville n'ayant pu disséquer l'Animal, on ignore s'il est pourvu de mâchoires, et on ne connaît rien de son organisation intérieure; cependant d'après la description on est à même de fixer les rapports des Linguelles qui, quoique différentes pour plusieurs points des Phillidiens, doivent pourtant se placer non loin d'elles dans le système.
(D..H.)

LINGUISUGES. Latreille désigne ainsi (Hist. Natur. génér. et particulière des Ins. T. II, p. 107) une division de ses Insectes édentés dont l'extrémité de la lèvre inférieure forme une langue distincte. Cette division comprend les Hyménoptères. *V.* ce mot.
(G.)

LINGULE. *Lingula.* MOLL. Séba avait figuré depuis long-temps la Lingule complète avec son pédicule, mais il l'avait considérée comme une espèce d'Anatife; ce qui est cause, probablement, du peu d'attention que l'on donna à sa citation, car Linné et Gmelin après lui, n'ayant vu sans doute que des valves séparées de cette Coquille, en firent une Patelle. Rumphius, par les mêmes motifs que Linné, se trompa également; il pensait que c'était l'osselet de quelque espèce de Limace, ce que Favanne avança aussi d'après lui. Chemnitz, qui vit la Coquille complète, la plaça parmi les Pinnes : il ignorait probablement l'existence du pédicule, sans quoi il n'aurait pas commis une pareille erreur. Bruguière fut le premier qui établit un genre particulier pour cette Coquille qui était restée long-temps incertaine entre des familles et des genres très-différens. Bruguière avait établi ce genre dans les planches de l'Encyclopédie, mais il ne put le caractériser, la mort l'ayant enlevé aux sciences avant qu'il eût pu achever son ouvrage. Ce fut Lamarck qui, le premier, caractérisa ce genre dans le Système des Animaux sans vertèbres. Cuvier, auquel nous empruntons la plupart de ces détails, fit l'anatomie de ces Mollusques, et les trouva si différens des autres Acéphales qu'il fit alors pressentir qu'il serait nécessaire d'en faire un ordre à part avec les Orbicules et les Térébratules, ce que Lamarck ne tarda pas à réaliser dans sa Philosophie Zoologique en établissant la famille des Brachiopodes qu'il composa des trois genres que nous venons de mentionner. Félix de Roissy, dans le Buffon de Sonnini, suivit l'idée de Cuvier et de Lamarck, mais il alla plus loin qu'eux en réunissant aux trois genres des Brachiopodes les Cirrhopodes des auteurs, c'est-à-dire les Anatifes, les Balanes, Coronules, etc., qui, certainement, s'en éloignent d'une manière notable. Lamarck, dans l'Extrait du Cours, laissa la famille des Brachiopodes composée telle qu'elle se trouvait dans la Philosophie Zoologique. Cuvier (Règne Animal) laissa également les Brachiopodes composés des mêmes genres. Lamarck, dans son dernier ouvrage, n'apporta non plus aucun changement à la famille des Brachiopodes, et le genre Lingule la terminant, se trouve le dernier des Acéphales, et par conséquent sur la limite de ceux-ci et des véritables Mollusques. Férussac, dans ses Tableaux Systématiques, proposa quelques changemens dans les Brachiopodes ; il les distribua en plusieurs familles parce qu'il y joignit les genres Cranie,

Thécidée et Magas ; il aurait pu y réunir, ce nous semble, les Spirifères de Sowerby. Blainville, dans son article MOLLUSQUE, du Dictionnaire des Sciences Naturelles, fit aussi de grands changemens dans cette famille. Outre les trois genres de Lamarck et de Cuvier, ainsi que ceux admis par Férussac, on y trouve, à titre de divisions des Térébratules, les genres faits à leurs dépens par Sowerby, et, de plus, les genres Strophomène de Rafinesque, Plagiostome, Dianchore et Podopside. Blainville, dans l'opinion où il est que les Lingules sont fort voisines des Patelles, quant aux points principaux de l'organisation, termine la classe des Céphalés par celles-ci, et commence la classe suivante, les Acéphalés, par les Lingules, voulant ainsi établir un passage presque insensible entre ces deux classes par ce rapprochement qui paraît singulier. Latreille, dans ses Familles Naturelles, a divisé les Brachiopodes en deux ordres et en plusieurs familles ; dans le premier ordre, les Pédonculés, on trouve une première famille, les Équivalves, ne comprenant qu'un seul genre, qui est celui de la Lingule ; la seconde famille, les Inéquivalves, se compose aussi d'un seul genre, les Térébratules. Le second ordre, les Sessiles, ne renferme qu'une seule famille établie sous le nom de Fixivalves ; elle se compose des genres Orbicule, Cranie, et avec doute, des genres Radiolite et Sphérulite. En examinant la famille des Ostracés du même auteur, on retrouve plusieurs des genres que Blainville avait fait entrer dans les Brachiopodes, tels que Producte, Podopside, Dianchore, Plagiostome ; cette vacillation fait voir que ces genres ont besoin d'être examinés avec tout le soin nécessaire pour décider de leur véritable place. Blainville, qui a eu occasion d'observer l'Animal de la Lingule, au Muséum Britannique, ne se trouve pas entièrement d'accord avec la description faite par Cuvier. Le point le plus capital est ce qui est relatif au cœur. Cuvier a reconnu deux de ces organes, et Blainville pense que ce que Cuvier a considéré comme deux cœurs, n'était autre chose que deux oreillettes qui aboutissaient à un ventricule médian qui donnait naissance à une artère-aorte; ceci n'est, nous croyons, qu'une présomption fondée sur une analogie qui peut tromper. Il nous semble, comme le dit Blainville lui-même, que le fait est assez important pour avoir besoin d'être vérifié.

Nous ne pouvons entrer ici dans tous les détails anatomiques d'organisation des Lingules. Ces détails sont aujourd'hui connus de tout le monde, depuis la publication de l'excellent Mémoire de Cuvier, dans le premier volume des Annales du Muséum; nous y renvoyons avec toute la confiance que doivent inspirer les travaux d'un aussi célèbre zoologiste. Voici les caractères que l'on doit donner aujourd'hui à ce genre : coquille subéquivalve, aplatie, ovale, oblongue, tronquée à son sommet, un peu en pointe à sa base, élevée sur un pédicule charnu, tendineux, fixé aux corps marins ; charnière sans dents ; Animal déprimé, ovale, un peu allongé, compris entre les deux lobes d'un manteau fendu dans toute sa moitié antérieure ou céphalique, et portant des branchies pectinées, adhérentes à la face interne ; bouche simple, ayant de chaque côté un long appendice tentaculaire, cilié dans tout son bord externe, et se rétractant en spirale dans la coquille. On ne connaît encore qu'une seule espèce vivante de ce genre; il est rare de la rencontrer avec son pédicule qui est quelquefois fort long. Sowerby, dans son *Mineral Conchology*, a rapporté à ce genre des Coquilles fossiles dont il a fait trois espèces, et qui pourraient bien n'être que des variétés d'une même espèce, comme l'observe très-judicieusement Defrance. Il serait aussi possible que ces petites Coquilles, assez mal figurées, appartinssent au genre Moule, et fussent des espèces

jeunes ou dont les crochets seraient médians.

LINGULE ANATINE, *Lingula Anatina*, Lamk., Anim. sans vertèbres, T. VI, p. 258, n. 1; Séba, Mus. T. III, pl. 16, fig. 4; *Patella unguis*, L., 13e édit., n. 95; Cuvier, Annales du Mus. T. I, p. 69; toute la planche qui est en regard; Encyclop. Méth., pl. 250, fig. 1, a, b, c.

Les espèces fossiles de Sowerby sont :

LINGULE MYTILOÏDE, *Lingula mytiloides*. (*Mineral Conchology*, pl. 19, fig. 1, 2.)

LINGULE MINCE, *Lingula tenuis*, ib., fig. 3.

LINGULE OVALE, *Lingula ovalis*, ib., pl. 19, fig. 4.   (D..H.)

LINKIE. *Linkia*. BOT. PHAN. Ce nom a été donné par Persoon (*Enchirid.*, 1, p. 219) au genre *Desfontainia* de la Flore du Pérou. Il existait, en effet, deux genres dédiés au célèbre professeur du Jardin du Roi, et admis sous les noms de *Fontanesia* et de *Louichea*. *V.* ces mots. Celui qui fait le sujet de cet article a été placé dans la famille des Solanées et dans la Pentandrie Monogynie, L.; on lui assigne les caractères suivans : calice à cinq divisions profondes, linéaires, lancéolées ; corolle campanulée dont le tube est pentagone ; cinq étamines à anthères sagittées ; ovaire supère surmonté d'un seul style; baie à cinq loges polyspermes. L'espèce qui a servi de type à ce genre est le *Linkia spinosa*, Pers., *Desfontainia spinosa*, Ruiz et Pavon, qui croît dans les grandes forêts du Pérou. C'est un Arbrisseau de trois à quatre mètres de hauteur, très-rameux, à feuilles opposées, ovales, dentées, à fleurs solitaires portées sur des pédoncules axillaires. Les habitans du Pérou en forment des haies vives ; ses fleurs, d'une belle couleur rouge, lui donnent une certaine élégance. Ses feuilles ont une saveur amère et teignent le papier en jaune. Une seconde espèce a été décrite et figurée par Humboldt et Bonpland (Plantes équinoxiales, T. 1, p. 157, t. 45) sous le nom de *Desfontainia splendens.* Elle croît sur les hautes montagnes du Pérou. (G..N.)

LINLIBRISIN. BOT. PHAN. Même chose que Julibrisin. *V.* ce mot. (B.)

LINNÉE. *Linnœa.* BOT. PHAN. Genre de Plantes dédié par Gronovius à l'immortel auteur du *Systema Naturæ.* Ce genre fait partie de la famille des Caprifoliacées et de la Pentandrie Monogynie, L. Il se compose d'une seule espèce, *Linnœa borealis*, L. C'est une petite mais élégante Plante vivace, ou plutôt un petit Arbuste rampant et étalé sur le sol. Sa tige est très-grêle, cylindrique, rameuse, assez longue, étalée ; ses rameaux sont redressés, velus, ainsi que la tige, les feuilles, et en général toutes les parties vertes de la Plante. Les feuilles sont opposées, courtement pétiolées, ovales ou elliptiques, dentées seulement vers leur partie supérieure, d'un vert clair. Les fleurs sont placées au sommet des rameaux qui s'allongent et sont nus, dans leurs trois quarts supérieurs; ils se divisent supérieurement en deux pédoncules grêles, terminés chacun par une seule fleur. A la base des deux pédoncules on trouve deux petites bractées subulées et opposées. Le calice est adhérent avec l'ovaire. Son limbe se compose de cinq divisions linéaires, dressées. La corolle est monopétale, en cloche allongée, à cinq lobes obtus; les étamines, au nombre de quatre, sont incluses et un peu inégales. L'ovaire, qui offre trois loges, contenant chacune deux ovules suspendus, est surmonté d'un stigmate un peu renflé et à trois lobes peu marqués. Le fruit est une petite baie globuleuse, couronnée par le limbe du calice.

Cette petite Plante, d'un port charmant, croît dans toutes les régions boréales de l'Ancien et du Nouveau-Continent. On la trouve dans les Alpes; elle est très-commune en Allemagne; elle vient également dans l'Amérique septentrionale, aux îles Aleutiennes, au Kamtschatka, en Sibérie, etc. On la cultive dans les jardins de botanique, mais on l'y conserve difficilement. (A. R.)

LINOCARPUM. BOT. PHAN. Micheli (*Genera*, t. 21) donnait ce nom générique à une Plante que Linné réunit aux *Linum*, mais que les botanistes modernes regardent comme un genre distinct, sous le nom de *Radiola*, qui lui avait été imposé par Rai. *V.* RADIOLE. (G..N.)

LINOCIERA. BOT. PHAN. Genre de la famille des Jasminées et de la Diandrie Monogynie, L., établi par Vahl (*Enumer.*, 1, p. 46) qui l'a ainsi caractérisé : calice à quatre dents; corolle à quatre pétales ; deux étamines à anthères sessiles ; ovaire supérieur surmonté d'un seul style; baie sèche, à deux loges monospermes. Ce genre a été décrit par Swartz dans son *Prodromus* sous le nom de *Thouinia*, qui ayant été appliqué à d'autres Plantes, n'a pu être conservé pour le genre dont il est ici question. Jussieu et Lamarck le regardent comme congénère du *Chionanthus*, avec lequel il n'offre qu'une légère différence dans le fruit. Il se compose de trois ou quatre espèces indigènes des Antilles et des Indes-Orientales. Celles qu'on doit considérer comme types sont : 1° *Linociera ligustrina*, Vahl, ou *Thouinia ligustrina*, Swartz, *Prodr.* C'est un Arbrisseau qui croît dans les lieux arides de la Jamaïque. On dit que cette espèce a été également trouvée à la Nouvelle-Hollande. 2° *Linociera latifolia*, Vahl et Gaertn. fils, *Carpol.*, t. 215 ; *Chionanthus domingensis*, Lamarck. Elle habite l'île de Saint-Domingue. (G..N.)

LINODESMON. BOT. PHAN. (Gesner.) Syn. de Cuscute. *V.* ce mot. (B.)

LINODRYS. BOT. PHAN. (Dioscoride.) C'est-à-dire *Lin-Chêne.* Une Germandrée qui pourrait bien être le *Teucrium Chamœdrys* des botanistes modernes. (B.)

LINOIDES. BOT. PHAN. (Dillen.) Syn. de *Linum Radiola*, L. (B.)

LINOPHYLLUM. bot. phan. Nom donné par les botanistes anciens à plusieurs Plantes dont les feuilles étroites rappelaient celles de quelques espèces de Lin; tel est le *Thesium Linophyllum*, L., etc. (a. r.)

LINOSOSTIS. bot. phan. Même chose qu'Hermubotane. *V.* ce mot. (b.)

LINOSPARTUM. bot. phan. Ce nom, appliqué par les anciens au *Stipa tenacissima*, est donné par Adanson au *Lygeum Spartum*, L. (b.)

LINOSYRIS. bot. phan. Espèce du genre Chrysocome. *V.* ce mot. (b.)

LINOTTE. ois. L'une des espèces les plus communes du genre Gros-Bec, qui s'élève fort bien en domesticité, et dont les chants sont presque aussi agréables que ceux du Serin. *V.* Gros-Bec. On appelle Linotte plusieurs autres espèces du même genre. (b.)

LINSCOTSIA. bot. phan. (Adanson.) Syn. du genre *Limeum* de Burmann et Linné. *V.* Liméule. (g..n.)

LINSENERZ. min. C'est-à-dire *Minerai lenticulaire*. Nom donné par Blumenbach au Fer hydraté globuliforme, et par Werner au Cuivre arséniaté en octaèdres obtus. (g. del.)

LINTERNUM. bot. phan. (Cœsalpin.) Syn. d'Alaterne. *V.* ce mot. (b.)

LINTHURIE. *Linthuris*. moll. Montfort, dans la Conchyliologie systématique, T. i, p. 254, propose sous ce nom un genre de Coquilles cloisonnées dont il a donné la figure à sa manière, c'est-à-dire avec des additions, et qui ne peut raisonnablement se rapporter qu'au genre Cristellaire de Lamarck. *V.* ce mot. (d..h.)

LINUM. bot. phan. *V.* Lin.

LINYPHIE. *Linyphia*. arachn. Genre de l'ordre des Pulmonaires, famille des Aranéides, section des Dipneumones, tribu des Orbitèles,

établi par Latreille, et ayant pour caractères : mâchoires carrées, droites, presque de la même largeur; yeux disposés de la manière suivante: quatre au milieu, formant un trapèze dont le côté postérieur plus large est occupé par deux yeux beaucoup plus gros et plus écartés; les quatre autres groupés par paires; une de chaque côté, et dans une direction oblique. Ces Arachnides diffèrent des *Pholcus* par les yeux et par la forme du corps; elles s'éloignent des Ulobores par les quatre yeux de devant qui sont placés à intervalles égaux dans ces dernières; enfin, des caractères de la même valeur les distinguent des Tétragnathes et des Epeïres. Les Linyphies vivent sur les buissons, les Genevriers, les Pins ou bien les fenêtres et les coins de murailles; elles y construisent une toile horizontale pendue entre les branches, si c'est sur un arbre, mince et dont l'étendue varie à raison de la proximité ou de l'éloignement des points d'attache. Pour la maintenir parfaitement horizontale, elles tendent par dessus des fils perpendiculaires et obliques qu'elles fixent aux lieux environnans. L'Animal se tient ordinairement au milieu de sa toile, dans une position renversée, ayant le ventre en haut; un Insecte a-t-il le malheur de se laisser engager dans ce filet, la propriétaire accourt, le perce avec ses mandibules à travers la toile, et ensuite y fait une déchirure afin de le faire passer et de le sucer, ce qu'elle fait sans l'envelopper de soie, l'Insecte étant mort ou affaibli par l'effet du venin. Les mâles ressemblent si peu à leurs femelles qu'on ne les croirait pas de la même espèce; ils se trouvent toujours placés dans la même toile que les femelles, pendant le mois de septembre; leurs pates sont beaucoup plus grêles et plus allongées; leur abdomen est aussi beaucoup plus long; leurs palpes sont terminés par un gros bouton qui se sépare en deux quand on le presse, et présente deux pièces écailleuses en forme de valves de Coquilles, du milieu desquelles on voit sortir d'autres pièces; on y remarque surtout des pièces en forme de crochet et un tuyau court et annelé. Les mâles sont bien plus heureux que ceux des Epeïres et des autres Araignées, puisque, d'après Degéer, ils sont reçus par leurs femelles qui ne font aucun mouvement qui puisse leur donner sujet de craindre pour leurs jours. Les deux sexes, au moment de l'accouplement, sont dans une position renversée, le ventre de l'un vis-à-vis le thorax de l'autre; ils entrelacent leurs pates, et le mâle introduit le bouton de l'extrémité de ses palpes dans l'ouverture sexuelle de la femelle, et l'y laisse une ou deux minutes; puis le retire et recommence le même jeu avec ses deux palpes alternativement. Pendant tout ce temps, son ventre a un mouvement de vibration. A l'époque de la ponte, le ventre des femelles grossit beaucoup; le cocon dans lequel elles mettent leurs œufs est composée d'une soie lâche; elles le placent auprès de leur toile; les œufs sont d'un rougeâtre tirant sur le jaune; ils ne sont point agglutinés entre eux. Ce genre se compose de plusieurs espèces. La principale et celle qui a fourni à Degéer les observations que nous venons de rapporter, est :

La LINYPHIE TRIANGULAIRE, *Linyphia triangularis*, Latr., Walck. (Hist. des Aranéides, fasc. 5, tab. 9, la femelle); *Aranea resupina sylvestris*, Degéer. Les yeux sont placés sur des taches noires; le tronc est d'un brun roussâtre clair, avec trois lignes noires; l'abdomen est ovale, court ou presque globuleux, avec une bande brune, marquée de petites taches blanches, découpée sur les bords le long du milieu du dos; elle est longue de six à sept millimètres, et fait son nid dans les bois. Elle est fort commune à Paris, au bois de Boulogne.   (G.)

* LINZA. BOT. CRYPT. (*Hydrophytes.*) Espèce du genre Ulve. *V.* ce mot.   (B.)

* LINZE. POLYP. Guettard (Mém. T. IV, p. 140) nous dit que « c'est un genre de corps marins composé de fibres longitudinales qui se ramifient et forment par leurs ramifications des mailles; qui est membraneux et parsemé de petits trous visibles seulement à la loupe. » Il n'a pas été adopté par les naturalistes.   (E. D..L.)

LION. MAM. Espèce du genre Chat. *V.* ce mot. On a étendu le nom de ce Carnassier, qualifié de roi des Animaux, à un Lézard, à un Crustacé de la Méditerranée du genre *Galathœa*, au Couguar qu'on appelait Lion d'Amérique, au Miriméléon (Lion des Fourmis), au *Phoca jubata* (Lion marin), aux larves des Hémérobes (Lion des Pucerons), etc. (B.)

LIONCEAU. MAM. Les jeunes Lions des deux sexes.   (B.)

LIONDENT. *Leontodon.* BOT. PHAN. Ce genre, de la famille des Synanthérées, Chicoracées de Jussieu, et de la Syngénésie égale, L., présente les caractères suivans : involucre campanulé, composé de folioles inégales, irrégulièrement imbriquées, appliquées, oblongues ou lancéolées; réceptacle marqué de petites fossettes plus ou moins profondes; calathide formée de demi-fleurons en languettes, nombreux et hermaphrodites; akènes oblongs, surmontés d'un bourrelet et d'une aigrette composée de paillettes et de poils soyeux. Linné réunissait à ce genre le *Taraxacum*, que Tournefort en avait séparé et qui en a été de nouveau démembré par les botanistes modernes.

Le nombre des espèces de Liondents s'élève à plus de quinze, parmi lesquelles nous citerons comme les plus communes en France les *Leontodon autumnale*, *L. hastile* et *L. hispidum* de Linné. Presque toutes sont indigènes de l'Europe et surtout de la région méditerranéenne. (G..N.)

LIONNE. MAM. La femelle du Lion. *V.* ce mot et CHAT.   (B.)

* LIOPHLÉE. INS. Genre de l'ordre des Coléoptères, tribu des Cureu-

liohites , établi par Latreille (Fam. Nat. du Règn. Anim.) et dont nous ne connaissons pas les caractères. (G.)

LIORHYNQUE. *Liorhynchus.* INT. Genre de l'ordre des Nématoïdes. Caractères : corps élastique , cylindrique ; tête dépourvue de tubercules , munie d'une trompe rétractile et lisse. Ce genre , établi par Rudolphi, ne renferme que trois espèces dont deux sont imparfaitement connues , peut-être même devrait-il être supprimé ou au moins rétabli avec d'autres caractères. Dans son *Synopsis*, Rudolphi ne se dissimule point que ce genre est très-artificiel ; il n'a pas jugé à propos cependant de rien changer à ce qu'il avait institué dans l'Histoire des Entozoaires ; la plupart des auteurs l'ont adopté tel qu'il est ; nous suivrons son exemple. L'Animal sur lequel ce genre a d'abord été fondé est un petit Nématoïde long de deux ou trois lignes et pas plus gros qu'un cheveu ; Rudolphi l'a trouvé une seule fois et en abondance dans les intestins grêles d'un Blaireau ; personne ne l'a retrouvé depuis. Tout ce qu'il put observer , c'est que cet Animalcule avait un intestin de couleur noirâtre et que sa tête était munie d'une trompe courte et lisse qu'il faisait rentrer et sortir , et au moyen de laquelle il se fixait aux villosités des intestins. Il a rapporté à ce genre un autre Ver trouvé dans l'estomac d'un Phoque et décrit avec peu de détails, comme un Ascaride, par Müller et Fabricius. Gmelin et Zeder en ont fait un Echinorhynque. Il est douteux à quel genre il appartient véritablement. Enfin Rudolphi rapporte encore aux Liorhynques un Ver trouvé par Zeder dans l'estomac de l'Anguille. Ce dernier auteur le nomma d'abord *Goezia inermis*, ensuite *Cochlus inermis*, et la description qu'il en a donnée est loin d'être exacte. Celle qu'en a donnée Rudolphi dans le *Synopsis* (p. 307) est beaucoup meilleure ; il regrette de n'avoir pu observer ce Ver vivant. Nous l'avons trouvé deux fois et en abondance dans l'estomac d'Anguilles pêchées dans l'Orne ; nous l'avons observé vivant ; ayant étudié son organisation autant qu'a pu le permettre la délicatesse de ces Animaux , nous pouvons ainsi ajouter quelques observations à celles de Rudolphi. Les plus grands que nous ayons vus ont un pouce de longueur et leur diamètre égale celui d'un fil de grosseur moyenne ; ils sont blancs , rigides et difficiles à casser ; leur grosseur est à peu près égale dans toute leur étendue ; ils sont néanmoins un peu atténués à leurs extrémités. La peau est couverte d'anneaux nombreux , très-finement et très-élégamment denticulés en arrière ; dans les quatre cinquièmes postérieurs de l'Animal , les anneaux forment à peine une saillie sur la peau, mais en avant où ils sont plus écartés et moins nombreux, ils sont beaucoup plus saillans et leurs denticules plus évidentes ; ils jouissent également d'une plus grande mobilité. Lors des mouvemens de l'Animal, on les voit s'écarter et se rapprocher continuellement. Ils forment des anneaux complets et non des tours de spirale, comme l'a cru Zeder, qui pour cela avait nommé ce Ver *Cochlus*. Nous n'avons pu découvrir de fibres musculaires dans l'enveloppe cutanée ; mais l'analogie de mouvement et de ressemblance avec les autres Nématoïdes ne permet pas de douter qu'il n'existe deux plans de fibres , un extérieur transversal , l'autre sous-jacent et longitudinal. Au-devant du premier anneau antérieur se trouve la tête ou si l'on veut la trompe. Elle est de forme conique , tout-à-fait lisse , nue et très-mobile ; on la voit s'allonger en pain de sucre ou se raccourcir et prendre une forme hémisphérique ; mais elle ne rentre point dans le corps comme la trompe des Echinorhynques ; elle n'est point rétractile, mais seulement contractile. La bouche , très-petite ouverture arrondie, punctiforme , située à l'extrémité antérieure de la tête, n'a point de lèvres, comme l'a cru Zeder et après lui

Rudolphi. La queue des femelles est droite et terminée par une papille très-aiguë ; celle des mâles est roulée en spirale et son extrémité est plus obtuse. L'intestin s'étend sans courbures de la bouche à l'anus ; il est d'abord très-étroit et dans la partie antérieure de la cavité vésicale que les organes génitaux ne remplissent point ; il ne paraît point adhérent ; on le voit suivre les mouvemens de la tête ; il s'élargit ensuite et vient, après s'être rétréci de nouveau, se terminer à l'anus, petite ouverture transversale placée à peu de distance de l'extrémité postérieure. Les mâles sont moins longs que les femelles, et, toutes proportions gardées , beaucoup plus grêles. La verge (*apiculum*) est unique, courbée, longue, cylindrique, et sort à une très-petite distance de l'extrémité postérieure ; nous n'avons pu distinguer si c'est par l'anus ou par une ouverture particulière. Nous n'avons pu voir non plus les replis de la peau en forme d'ailes que Rudolphi dit exister sur les parties latérales de la queue et entre lesquels la verge ferait saillie. Nous n'avons rien aperçu qui pût en faire soupçonner l'existence, et cependant nous avons examiné au moins une vingtaine de mâles. L'organe génital mâle extérieur se compose d'une vésicule séminale peu longue et d'un conduit préparateur plus gros que la vésicule à son origine et qui finit en s'amincissant d'une manière insensible. Ces deux parties se distinguent l'une de l'autre par un rétrécissement très-prononcé ; réunis, ils ont à peine deux fois la longueur de l'Animal et forment plusieurs replis autour de l'intestin. Les organes génitaux de la femelle sont disposés comme dans tous les Nématoïdes. Nous n'avons pu apercevoir extérieurement de valve ; elle est sans doute cachée par le repli d'un des anneaux , mais en ouvrant l'Animal et en suivant les ovaires, nous les avons vus se réunir pour former l'utérus qui se termine par un vagin assez long ; ces deux derniers organes sont toujours situés dans la partie antérieure de la cavité viscérale. Nous n'avons pu voir encore à quel point le vagin aboutit intérieurement , car il s'est toujours trouvé détaché dans les manœuvres que nous avons faites pour ouvrir, au moyen d'une aiguille émoussée , la peau qui est fort résistante. Les ovaires sont très-blancs , assez gros , et d'une dimension égale dans les deux tiers de leur étendue , puis ils se rétrécissent subitement et se terminent par un conduit filiforme , excessivement ténu ; leur longueur égale à peu près trois fois celle de l'Animal ; ils ne diffèrent point pour la forme des ovaires des Filaires. Les œufs sont elliptiques, transparens sur leurs bords et marqués d'une grande tache opaque dans leur milieu. Les espèces rapportées à ce genre sont les *Liorhynchus truncatus*, *gracilescens* et *denticulatus*. (F. D..L.)

LIOU-LIOU. INS. A Cayenne on donne ce nom à un Insecte de la famille des Cicadaires.   (G.)

* **LIPALITHE.** MIN. Nom donné par Lenz à une variété de Quartz qui se rapproche de la Calcédoine ou du Silex pyromaque (John , Recherches chimiques, T. IV, p. 190). (G. DEL.)

LIPARE. *Liparus.* INS. Genre de l'ordre des Coléoptères, section des Tétramères, famille des Rhynchophores , tribu des Charansonites de Latreille (Familles Naturelles du Règne Animal), établi par Olivier et ayant pour caractères : massue des antennes de quatre articles commençant au huitième ; menton proportionnellement plus grand que dans les genres Charanson , Brachyrhine , Brachycère , etc. Museau, trompe libre ou non reçue dans un sillon ou enfoncement du présternum ; point de pieds sauteurs ; jamais de forts crochets aux jambes ; pénultième article des tarses bilobé ; antennes coudées. Ces Insectes se distinguent des Brachyrhines, des Rhynchènes, etc., par des caractères tirés de la forme des antennes et du nombre d'articles qui forment la massue ; ils s'éloignent des *Bronchus* et des *Plinthes* en ce que ceux-ci ont la massue des antennes composée de trois articles. Les Lipares vivent presque toujours à terre; leurs mœurs ne sont pas encore bien connues; Dejean (Cat. des Col., p. 88) mentionne neuf espèces de ce genre qui sont toutes propres à l'Europe; celle qui est la plus commune à Paris et qui sert de type au genre, est:

Le LIPARE GERMAIN, *L. germanus*, Oliv. (Col. T. v, n. 83, pl. 32, fig. 495, et pl. 4, fig. 43). Très-noir; corselet pointillé, marqué de deux points d'un gris fauve, formés par des poils; élytres chagrinées, réunies, tantôt sans taches, tantôt mouchetées de roussâtre; cuisses plus ou moins dentées. On le trouve au pied des murs dans l'herbe. (G.)

* LIPAREA. BOT. PHAN. (Théophraste.) Syn. de *Colutea arborescens*, L. *V.* BAGUENAUDIER. (B.)

LIPARENA. BOT. PHAN. (Poiteau.) Syn. de Drypètes. *V.* ce mot. (B.)

LIPARIE. *Liparia.* BOT. PHAN. Genre de Plantes de la famille des Légumineuses, et de la Diadelphie Décandrie, L., établi par Linné (*Mant.*, 156), mais qui a été modifié par De Candolle (*Prodr.*, 2, p. 121) qui l'a caractérisé de la manière suivante: le calice a son tube court, son limbe à cinq lobes, dont quatre supérieurs lancéolés, aigus, presque égaux, et un inférieur très-long, elliptique et pétaloïde. La corolle est glabre; l'étendard est ovale-oblong; les ailes allongées, l'une recouvrant l'autre avant leur épanouissement; la carène est droite, aiguë et étroite; les étamines diadelphes; l'ovaire sessile est très-court; le style filiforme. La gousse est ovoïde et contient un petit nombre de graines.

Ce genre, ainsi caractérisé, ne renferme plus qu'une seule espèce; *Liparia sphœrica*, L. (*Mant.*, 268), placée par Lamarck parmi les *Borbonia*. C'est un Arbuste originaire du Cap, glabre dans toutes ses parties, à l'exception des pédicelles et de l'ovaire qui sont très-velus. Ses feuilles sont

lancéolées, aiguës et piquantes à leur sommet, très-entières, marquées d'un grand nombre de nervures et dépouvues de stipules. Ses fleurs, d'un jaune orangé, forment un capitule globuleux.

Les autres espèces placées par Linné dans ce genre n'en offrent pas les caractères. Le professeur De Candolle en a fait un genre particulier qu'il a nommé *Priestleya. V.* ce mot.

(A. R.)

LIPARIS. POIS. Espèce du genre Cycloptère. *V.* ce mot. (B.)

LIPARIS. *Liparis.* INS. Ce nom a été donné par Ochsenheimer à un genre de Lépidoptères qu'il a formé avec les *Arctia Monacha, dispar, Salicis, Chrysorrhœa, auriflua*, etc. *V.* ARCTIE. (G.)

* LIPARIS. *Liparis.* BOT. PHAN. Genre de la famille des Orchidées et de la Gynandrie Monandrie, L., proposé par le professeur Richard dans son travail sur les Orchidées d'Europe, et adopté par J. Lindley (*Bot. Regist.*, 882). Ce genre a été formé aux dépens des *Malaxis*, et a pour type le *Malaxis Loeselii* de Swartz. Voici ses caractères: le calice est étalé; le labelle est supérieur, sessile, entier, un peu creusé en gouttière; le gynostème est allongé, recourbé, membraneux sur ses bords dans sa partie supérieure; l'anthère est terminale, operculée, contenant deux masses polliniques solides, ovoïdes, partagées en deux par un sillon longitudinal. Ce genre diffère surtout du *Malaxis* par son gynostème allongé et membraneux sur ses bords, et par ses masses polliniques divisées. Outre le *Malaxis Loeselii*, on doit encore y rapporter les espèces suivantes: *Malaxis liliifolia, M. flavescens*, Du Petit-Thouars; *M. purpurascens*, Du Petit-Thouars; le *Cymbidium bituberculatum*, Hooker, *Exot. Flor.*, 116; le *Malaxis disticha*, Du Petit-Thouars; *M. cœspitosa*, Du Petit-Thouars, et le *Cymbidium reflexum*, Brown.

Ces espèces sont généralement de petites Plantes, ayant la tige renflée et bulbiforme à sa base ; des feuilles presque toujours radicales et au nombre de deux , tantôt membraneuses , tantôt charnues ; de petites fleurs jaunâtres. Elles sont terrestres ou parasites. (A. R.)

LIPIN. MOLL. Dénomination imposée par Adanson (Voy. au Sénég , p. 125, pl. 8, fig. 18) à une Coquille nommée *Murex afer* par Linné, et placée dans le genre Fuséau , sous le nom de *Fusus afer*, par Lamarck. (Anim. sans vert. T. VII, p. 131 , n. 29.) (D..H.)

* LIPOCARPHA. BOT. PHAN. Ce nom a été donné par R. Brown (*Botany of Congo* , p. 40) au genre qu'il avait nommé *Hypœlyptum* , d'après Vahl , dans son *Prodromus Floræ Novæ-Hollandiæ*. C'est pour éviter qu'on le confonde avec l'*Hypœlyptum* de Richard , autre genre très-voisin , qu'il a cru nécessaire de proposer ce changement de dénomination. Le genre *Lipocarpha* appartient à la famille des Cypéracées et à la Triandrie Monogynie. R. Brown le caractérise ainsi : écailles imbriquées , uniflores ; périanthe membraneux , à deux valves presque égales , opposées aux écailles ; point de soies hypogynes ; style bifide caduc ; akène renfermé dans le périanthe. Les Plantes de ce genre ont des chaumes sans nœuds , triquètres , munis de feuilles à la base ; leurs fleurs forment des épis terminaux , agrégés , capituliformes et entourés par un involucre.

L'*Hypœlyptum argenteum* de Vahl peut être considéré comme le type de ce genre , et doit prendre le nom de *Lipocarpha argentea*. Cette Plante croît sur la côte ouest d'Afrique , ainsi que dans l'Amérique méridionale. On devra lui réunir l'*Hypœlyptum microcephalum* de la Nouvelle-Hollande, sous le nom de *L. microcephala*. (G..N.)

LIPONIZ. OIS. (Vieillot.) Syn. de Roucoul. *V.* ce mot. (DR..Z.)

* LIPOTRICHE. BOT. PHAN.

Genre de la famille des Synanthérées, Corymbifères de Jussieu , et de la Syngénésie superflue , L., établi par R. Brown (*Observ. on the Compositæ* , p. 118) qui l'a ainsi caractérisé : involucre dont les écailles sont imbriquées sur deux rangs et presque égales ; réceptacle convexe , garni de paillettes foliacées distinctes ; capitule radié ; fleurons du disque hermaphrodites, ayant les stigmates munis d'un appendice aigu et hispidule ; demi-fleurons de la circonférence , sur un seul rang , en languettes , et femelles ; akènes à peu près uniformes , turbinés , surmontés d'une aigrette soyeuse et caduque.

Ce genre est voisin du *Melananthera* de Richard et Brown ; il offre aussi de l'affinité avec l'*Eclipta* de Linné, le *Wedelia* de Jacquin et le *Diomedea* de Cassini : ce dernier le place dans sa section des Hélianthées prototypes. L'auteur l'a établi sur une Plante non décrite , et pour laquelle il n'a proposé aucun nom spécifique. Elle est indigène de l'Afrique équinoxiale. Ses feuilles sont opposées , indivises ; ses fleurs sont jaunes et portées sur des pédoncules terminaux. (G..N.)

LIPPIE. *Lippia*. BOT. PHAN. Ce genre, de la famille des Verbénacées et de la Didynamie Angiospermie, L., fut établi et imparfaitement caractérisé par Linné. Examiné de nouveau par Kunth (*Nov. Gen. et Spec. Plant. æquinoct.*, 2, p. 262) , il a été augmenté de plusieurs Plantes rapportées à d'autres genres , et caractérisé de la manière suivante : calice à quatre ou cinq dents , se fendant ensuite en deux segmens ; corolle dont le tube est évasé supérieurement ; le limbe plane et bilabié ; la lèvre supérieure échancrée , bilobée , l'inférieure trifide ; quatre étamines didynames non saillantes ; stigmate capité , rarement linéaire et latéral ; drupe petite, sèche, couverte par le calice , séparable en deux loges monospermes. Ce genre se compose d'environ vingt espèces indigènes de l'Amérique, et surtout des contrées méridionales ; plusieurs faisaient partie des genres *Verbena* de Linné , *Zapania* de Lamarck , et *Aloysia* d'Ortega. Parmi ces espèces, nous citerons les suivantes : 1° *Lippia nodiflora* , Mich. , ou *Verbena nodiflora* , L. , qui croît dans l'Amérique du Nord et dans l'île de Cuba ; 2° *Lippia asperifolia*, Rich. et Kunth, ou *Verbena globulifera* de l'Héritier (*Stirp.* 1,t.12); 3° *Lippia hirsuta*, Kth., Mutis et Linné ; 4° *Lippia citrodora* , ou *Verbena triphylla* , l'Hérit. , *loc. cit.* T. 11 Cette dernière Plante est très-remarquable par ses jolis thyrses de fleurs , et par ses feuilles qui répandent une odeur fort agréable de citron lorsqu'on les froisse entre les mains. Les autres espèces sont des Arbrisseaux , des sous-Arbrisseaux ou des Herbes, à feuilles simples, opposées , quelquefois dentées en scie , ou crénelées. Les fleurs sont blanchâtres, accompagnées de bractées , et disposées en capitules ou en panicules ordinairement axillaires, quelquefois terminaux.

Le *Lippia ovata* , L. , *Mant.* , réuni d'abord aux *Selago* , est devenu le type du genre *Microdon* de Choisy. *V*. ce mot.   (G..N.)

LIPPISTES. *Lippistes*. MOLL. Genre proposé par Montfort pour une Coquille marine que Fichtel avait placée parmi les Argonautes, mais qui doit bien plutôt appartenir aux Dauphinules dont elle a les caractères. *V*. DAUPHINULE.   (D..H.)

LIPURA. MAM. Illiger a donné ce nom à un genre qu'il forme de l'*Hyrax hudsoneus* de Schreber , espèce dont l'existence est encore douteuse.   (IS. G. ST.-H.)

LIQUIDAMBAR. *Liquidambar*. BOT. PHAN. Genre de Plantes autrefois placé dans la famille des Amentacées, mais qui aujourd'hui appartient à la nouvelle famille des Myricées établie par le professeur Richard. Ce genre offre pour caractères : des fleurs unisexuées et monoïques ; les mâles forment de petites grappes rameuses et se composent d'un très-grand nombre d'étamines dépourvues entièrement de calice , de corolle et même d'écailles qui en tiennent lieu ; ces grappes sont accompagnées d'un involucre tétraphylle et caduc. Les fleurs femelles forment des chatons globuleux , également accompagnés d'un involucre de quatre folioles. Ces fleurs sont très-serrées et soudées entre elles. Leur calice est évasé, monosépale , tronqué et inégal à son bord ; il renferme deux ovaires uniloculaires , soudés par leur base avec le calice et terminés chacun par un long style et par un stigmate recourbé. Le fruit se compose de deux capsules uniloculaires , terminées par une longue pointe recourbée à leur sommet, s'ouvrant par leur côté interne et renfermant plusieurs graines pariétales et ailées.

Le LIQUIDAMBAR RÉSINEUX , *Liquidambar styraciflua* , L. , est un grand Arbre originaire de l'Amérique septentrionale ; mais que l'on cultive également très-bien en pleine terre dans le climat de Paris. Par son port et son feuillage il ressemble beaucoup à un Erable et surtout au Sycomore. Mais ses feuilles sont généralement alternes , pétiolées , à cinq lobes lancéolés , profonds et inégalement dentés. On retire de cet Arbre une substance balsamique connue sous le nom de *Liquidambar*. On l'obtient soit par des incisions faites au tronc et par lesquelles elle découle naturellement, soit en faisant bouillir les branches dans l'eau. Le premier est le plus pur et le plus estimé. Il est liquide, consistant, d'une couleur ambrée, d'une odeur agréable et d'une saveur âcre et aromatique. Le second est plus épais ; il a une couleur rouge brunâtre assez foncée ; son odeur est également agréable. Ce baume est peu employé en médecine. On lui substitue généralement le baume du Pérou. Il est stimulant et aromatique. Pendant fort long-temps on s'en est surtout servi pour parfumer les gants. Quelquefois on le mélange dans le commerce avec le styrax liquide.

On cultive encore une autre espèce de ce genre, originaire d'O-
rient : c'est le *Liquidambar orientalis*, L. Il diffère du précédent par
ses feuilles beaucoup plus petites et
dont les lobes sont plus profondément dentés.

Quant au *Liquidambar asplenifo-
lia*, il forme le genre *Comptonia*. *V*.
ce mot.   (A. R.)

LIQUIRITIA. BOT. PHAN. Mœnch
a rétabli sous ce nom imposé par
Brunfels un genre formé d'une espèce de Réglisse, mais que les botanistes n'ont pas adopté.   (B.)

* **LIRCEUS.** *Lirceus.* CRUST. Genre de l'ordre des Isopodes établi par
Rafinesque (*Annals of Natur.*, n 1),
ayant pour caractères : quatre antennes, dont les deux supérieures seulement sont très-longues, formées de
quatre grands articles qui augmentent en dimension vers le haut, et de
plusieurs autres petits, terminaux ;
les deux inférieures plus courtes que
la tête qui est arrondie ; yeux ronds,
latéraux ; pates pourvues d'un ongle
terminal ; corps pinnatifide, formé de
sept segmens, sans écailles latérales ;
queue grande, arrondie, utriculée
en dessous avec des appendices cachés. L'espèce qui a servi à Rafinesque pour établir ce genre est le *Lirceus fontinalis* de cet auteur. C'est un
Animal très-voisin des Aselles, long
d'un quart de pouce, à dos convexe,
à queue semi-trilobée, dont la couleur est noirâtre. Il vit dans les sources des environs de Lexington. (G.)

LIRELLE. BOT. CRYPT. On donne
ce nom à l'apothécion ou au réceptacle des Opégraphes. Il est sessile,
linéaire, flexueux ; s'ouvrant par une
fente longitudinale.   (G..N.)

LIRI. MOLL. Nom donné par Adanson à une petite Coquille qu'il rapporte à son genre Lépas, et qui n'est
probablement autre chose qu'un Ca-
bochon. Gmelin (Linné, 13ᵉ édit., p.
3714, n. 110) lui a donné le nom de
Patella perversa.   (D..H.)

* **LIRICONITE.** MIN. (Jameson.)

Même chose que Lirocone. *V*. ce
mot.   (B.)

LIRIODENDRON. BOT. PHAN. *V*.
TULIPIER.

LIRION. BOT. PHAN. (Théophraste.) Syn. d'*Amaryllis lutea*, L., et
nom grec du Lis.   (B.)

LIRIOPE. BOT. PHAN. Le genre
ainsi nommé par Loureiro ne paraît
pas devoir être séparé du *Sanseviera*.
On doit encore faire rentrer dans celui-ci le *Salmia* de Cavanilles, nommé aussi *Pleomele* par Salisbury, et
qui se compose des *Aletris fragrans*
et *hyacinthoides*, L. *V*. SANSEVIÉ-
RE.   (G..N.)

* **LIRIOZOA.** POLYP. *V*. TULI-
PAIRE.

LIRIOZOON ou **LIRIOZOUM.**
POLYP. Le genre formé sous ce nom
par De Molle, et dans lequel ce baron
confondait des Encrines et Isis, n'a
pas été adopté.   (E. D..L.)

LIRIS. INS. Genre d'Hyménoptè-
re, établi par Fabricius, et correspondant au genre Stize (*V*. ce mot)
de Latreille ; il y a joint aussi quelques espèces des genres Larre et Lyrope. (*V*. ces mots.)   (G.)

* **LIROCONE.** MIN. Ce nom désigne dans le système minéralogique
de Mohs, l'un des genres de l'ordre
des Malachites, composé de deux espèces, ayant pour caractère commun, de donner par la trituration
une poussière d'un vert très-pâle. Ces
espèces sont : le Lirocone prismatique (Cuivre arséniaté octaèdre obtus)
et le Lirocone hexaèdre (Fer arséniaté).   (G. DEL.)

LIRON. MAM. Syn. de Lérot. *V*.
ce mot.   (B.)

LIS. *Lilium.* BOT. PHAN. Genre
de Plantes monocotylédones, type
de la famille des Liliacées, et que
l'on reconnaît aux caractères suivans : son calice coloré et pétaloïde est formé de six sépales disposés en cloche évasée ; ces sépales sont égaux et marqués sur le
milieu de leur face interne d'un sillon

glanduleux et longitudinal. Les étamines au nombre de six sont dressées et égales; les anthères sont allongées, presque linéaires et à deux loges. L'ovaire est libre, obovoïde, un peu déprimé, marqué de six côtes saillantes, à trois loges contenant un grand nombre d'ovules disposés sur deux rangées longitudinales. Le style est long, terminé par un stigmate renflé et à trois lobes. Le fruit est une capsule ovoïde à six côtes saillantes, à trois loges polyspermes s'ouvrant en trois valves septifères sur le milieu de leur face interne. Les graines sont planes; elles contiennent un embryon cylindrique, placé au milieu d'un endosperme blanc. Les espèces de ce genre sont assez nombreuses, et un grand nombre se cultivent dans nos jardins dont elles font l'ornement. Leur bulbe offre un caractère très-propre à les faire distinguer; il se compose d'écailles charnues et imbriquées les unes sur les autres. La tige qui acquiert quelquefois une hauteur de cinq à six pieds est cylindrique, simple, chargée de feuilles étroites, linéaires, éparses ou verticillées. Les fleurs sont très-grandes, formant un épi à la partie supérieure de la tige; elles sont dressées ou renversées, blanches ou plus souvent jaunes ou rouges. Nous allons mentionner ici les espèces que l'on cultive le plus souvent dans les jardins.

Lis blanc, *Lilium candidum*, L, Red., Lil., t. 199. Le Lis blanc qui est l'espèce le plus répandue et l'une des plus belles du genre, est originaire du Levant, mais aujourd'hui il est en quelque sorte indigène de toutes les contrées méridionales de l'Europe. Son bulbe est de la grosseur du poing, composé d'un très-grand nombre d'écailles imbriquées, charnues, étroites et dont les plus intérieures se terminent supérieurement en une feuille radicale. Celles-ci sont très-allongées et étalées, étroites. La tige qui naît du centre du bulbe est cylindrique, haute d'environ trois pieds, simple, glabre,

toute couverte de feuilles éparses, très-rapprochées, linéaires, aiguës, un peu sinueuses sur les bords; les fleurs au nombre de cinq à huit forment un épi à la partie supérieure de la tige. Elles sont très-grandes, blanches, pédonculées et dressées. Cette belle espèce fleurit aux mois de juin et de juillet. On en cultive plusieurs variétés dans les jardins, telles sont: 1° le Lis a fleurs doubles; 2° le Lis ensanglanté, dont les sépales sont marqués de lignes ou taches pourpres; elles existent aussi sur les feuilles, la tige et jusque sur les écailles du bulbe; 3° le Lis a feuilles panachées. La culture du Lis et de ses variétés est fort simple et n'exige pas de grands soins. La terre de bruyère est celle qui lui convient le mieux, mais il se plaît également dans les autres espèces de terrains. Tous les trois ou quatre ans on doit déplanter les oignons pour en séparer les cayeux. Le Lis blanc est non-seulement une des plus grandes et des plus belles espèces que nous cultivons dans nos jardins; mais il l'emporte sur elles par son parfum exquis. Cependant son odeur est aussi suave que délicieuse dans un jardin, qu'elle devient dangereuse lorsqu'on la respire dans l'intérieur d'un appartement. On a vu les accidens les plus graves et même la mort survenir chez des individus qui étaient restés exposés aux émanations dès fleurs du Lis, pendant une nuit. De tout temps le Lis a été cultivé avec soin et chanté par les poëtes de tous les siècles comme l'emblème de la pureté virginale. Ils nous l'ont représenté comme devant son origine à quelques gouttes de lait échappées du sein de Junon, et tombées sur la terre au moment où la déesse repousse Hercule encore enfant, qui avait profité du sommeil de l'épouse de Jupiter pour se nourrir de son lait. Les médecins ont fait usage des diverses parties du Lis blanc. Les écailles de son bulbe, qui sont légèrement âcres, cuites dans l'eau, ou mieux encore sous les cendres, ont été employées

pour faire des cataplasmes légèrement excitans et propres à hâter la
suppuration dans les abcès froids. On
a fait avec ses fleurs une eau distillée
très-odorante, que l'on employait
autrefois comme antispasmodique,
mais qui aujourd'hui est à peu près
inusitée.

LIS BULBIFÈRE, *Lilium bulbiferum*,
L., Sp.; Red., Lil., t. 210. De son bulbe, qui est également écailleux et
imbriqué, s'élève une tige d'environ
deux à trois pieds, couverte de feuilles éparses et étroites, d'un vert plus
foncé que dans l'espèce précédente,
offrant à leur aisselle des bulbilles
ovoïdes, d'un vert foncé, sessiles et
écailleux; ses fleurs aussi grandes
que celles de l'espèce précédente sont
dressées et forment un épi comme
dans le Lis blanc; quelquefois la tige
n'en porte qu'une ou deux; elles sont
d'un jaune rougeâtre, et marquées de
petites taches brunes et disséminées.
Cette espèce croît dans les montagnes un peu élevées en France, en
Allemagne, en Italie, etc. On la cultive dans les jardins.

Le Lis ORANGÉ, *Lilium croceum*,
Desf., est considéré par quelques auteurs comme une simple variété de
l'espèce précédente. Il en diffère néanmoins par sa tige plus élevée, par
ses fleurs beaucoup plus nombreuses,
et par l'absence totale de bulbilles à
l'aisselle des feuilles. Il croît plus
particulièrement en Allemagne, et
se cultive également dans les jardins.

LIS MARTAGON, *Lilium Martagon*,
L., Red., Lil., t. 146. Cette jolie espèce se trouve dans les bois montueux d'une grande partie de la
France. Sa tige s'élève à une hauteur
d'environ deux pieds; elle porte des
feuilles lancéolées, étroites, aiguës,
verticillées ordinairement par six.
Ses fleurs sont purpurines marquées
de taches noires; elles sont renversées et ont leurs sépales fortement
roulés en dehors. Ces fleurs répandent une odeur assez désagréable;
mais la Plante forme un très-bel effet
et on la cultive fréquemment dans les
jardins. Elle réussit mieux dans la

terre de bruyère, et fleurit en mai et
juin.

LIS DE POMPONE, *Lilium Pompo-
nium*, L., Sp; Red., Lil., t. 7. Il est
originaire des montagnes du midi de
la France. Sa tige ne s'élève guère au-
delà d'un pied à un pied et demi.
Ses feuilles sont lancéolées, étroites,
éparses et très-rapprochées les unes
des autres. Ses fleurs plus petites que
dans les espèces précédentes sont
renversées, d'un beau rouge ponceau, et ont leurs sépales roulés en
dehors. Cette espèce, qui fleurit vers
le mois de juillet, se cultive dans les
jardins.

LIS TIGRÉ ou LIS DE LA CHINE, *Lilium tigrinum*, Bot. Mag., t. 1257.
Cette espèce est originaire de la Chine,
du Japon et de la Cochinchine, et il
n'y a guère plus d'une vingtaine
d'années qu'elle a été introduite dans
les jardins d'Europe par les Anglais.
Sa tige qui peut s'élever jusqu'à une
hauteur de cinq à six pieds, porte des
feuilles éparses, lancéolées, étroites,
beaucoup plus courtes vers la partie
supérieure. Ses feuilles offrent à leur
aisselle des bulbilles noirâtres, comme dans le Lis bulbifère. Les fleurs
sont extrêmement grandes, d'un rouge un peu orangé avec des taches
d'un pourpre foncé. Ces fleurs quelquefois très-nombreuses forment une
sorte de grappe simple à la partie supérieure de la tige. Cette belle espèce aujourd'hui assez commune est
très-rustique, et se cultive en pleine
terre.

LIS SUPERBE ou MARTAGON DU CA-
NADA, *Lilium superbum*, L., Sp.;
Red., Lil., t. 103. Il y a environ un
siècle que ce Lis, qui doit être considéré comme la plus belle espèce du
genre, a été introduit en Europe par
Pierre Collinson, membre de la Société royale de Londres. Son bulbe,
quoiqu'assez petit, donne naissance
à une tige qui souvent s'élève à six
et même sept pieds. Ses feuilles lancéolées et étroites forment des verticilles de huit à dix feuilles. Ses fleurs
d'un rouge orangé, ayant leur fond
jaune et tigré de taches pourpres,

sont extrêmement nombreuses ; renversées, et forment un thyrse élégant qui souvent ne se compose pas de moins d'une trentaine de fleurs. Le Lis superbe est originaire du Canada ; on doit le cultiver dans la terre de bruyère et surtout à l'exposition du nord. On le multiplie par le moyen des cayeux, que l'on enlève tous les trois ou quatre ans, en déplantant les oignons. Plusieurs autres espèces de ce genre mériteraient d'être citées ici, à cause de la beauté de leurs fleurs ; telles sont : le *Lilium Japonicum*, Thunb. ; le *Lilium Philadelphicum*, L. ; *Lilium Chalcedonicum*, L. ; *Lilium Pyrenaicum*, Gouan, etc.

(A. R.)

On a étendu le nom de Lis à des Plantes qui souvent n'offrent même presque aucun trait de ressemblance avec les Plantes de ce beau genre ; ainsi l'on a appelé :

Lis Asphodèle, le genre Hémérocalle et le *Crinum americanum*.

Lis épineux, le *Catesbœa spinosa*, L.

Lis d'étang, le *Nymphœa alba*, L.

Lis des Incas, l'*Alstrœmeria Lichtu*.

Lis-Jacinthe, le *Scilla Lilio-Hyacinthus*.

Lis du Japon, l'*Amaryllis Sarniensis*, L., et l'*Uvaria Japonica*.

Lis de mai, le *Convallaria majalis*.

Lis des marais, les Iris, particulièrement le *Pseudo-Acorus*.

Lis de Mathiole, le *Pancratium maritimum*.

* Lis de mer, les Encrines.

Lis du Mexique, l'*Amaryllis Belladona*.

Lis Narcisse, l'*Amaryllis Atamasco* et le *Pancratium maritimum*, L.

Lis orangé, l'*Hemerocallis fulva*, L.

* Lis de Perse, le *Fritillaria Persica*.

Lis de Saint-Bruno, le *Phalangium liliastrum*.

Lis de Saint-Jacques, l'*Amaryllis formosissima*.

Lis de Saint-Jean, Le *Gladiolus communis*.

Lis de Surate, l'*Hibiscus Suratensis*.

Lis de Suze. Même chose que Lis de Perse.

Lis des teinturiers, la Gaude et la Lysimaque vulgaire.

Lis Turc, l'Ixie de la Chine.

Lis des vallées. Même chose que Lis de mai.

Lis vermeil. Même chose que Lis Asphodèle.

Lis vert, le *Colchicum autumnale*.   (B.)

LISEROLLE. *Evolvulus.* bot. phan. Genre de la Pentandrie Digynie, et de la famille des Convolvulacées, qui se compose en général de petites Plantes herbacées étalées, rameuses, non lactescentes, rarement dressées, portant des feuilles alternes et entières, des fleurs blanches ou bleues axillaires et pédonculées, ayant un calice à cinq divisions profondes, une corolle monopétale rotacée, à cinq lobes plissés, un ovaire à deux loges contenant chacune deux ovules ; cet ovaire est surmonté de deux styles profondément bifides, dont chaque division porte un stigmate simple. Le fruit est une capsule ovoïde enveloppée par le calice persistant et s'ouvrant ordinairement en deux valves. Les espèces de ce genre, au nombre d'une vingtaine environ, croissent en grande partie dans l'Amérique méridionale ; d'autres dans l'Inde, et quelques-unes dans la Nouvelle-Hollande. Aucune de ces espèces ne mérite d'intérêt et n'est cultivée dans nos jardins.   (A. R.)

LISERON. *Convolvulus.* bot. phan. Grand genre formant le type de la famille des Convolvulacées, et appartenant à la Pentandrie Monogynie, L. Il se compose d'un nombre très-considérable d'espèces, qui croissent dans toutes les contrées du globe, mais qui augmentent vers les régions méridionales. Ce sont des Plantes herbacées, annuelles ou vivaces, ayant souvent une racine tubéreuse et charnue, une tige volubile ou rampante, des feuilles alternes généralement simples et entières, quelquefois incisées, des fleurs parfois très-grandes et colorées, diversement disposées, nues ou accompagnées de deux bractées plus ou moins grandes. Leur calice est à cinq divisions profondes et égales ; la corolle est monopétale, régulière, infundibuliforme ou campanulée à cinq lobes plissés par le milieu ; les étamines au nombre de cinq sont incluses ; l'ovaire est à deux, rarement à trois loges contenant chacune deux ovules redressés. Le style est simple et inclus terminé par deux ou trois stigmates globuleux ou allongés. Le fruit est une capsule enveloppée par le calice, à une, deux ou trois loges contenant chacune une ou rarement deux graines et s'ouvrant en général en deux ou trois valves. Dans le Prodrome de la Flore de la Nouvelle-Hollande, Rob. Brown a séparé des Liserons, pour en former un genre particulier sous le nom de *Calystegia*, le *Convolvulus sepium*, *C. Soldanella*, *C. spithameus*, L., et deux espèces nouvelles qu'il nomme *Calystegia marginata* et *Calystegia reniformis*. Ce genre ne diffère des vrais Liserons que par son calice enveloppé de deux bractées foliacées, très-grandes, et par son ovaire à deux loges séparées l'une de l'autre par une cloison incomplète. Mais ces caractères nous paraissent insuffisans pour former un genre particulier, car beaucoup d'autres espèces de vrais *Convolvulus*, sont également munies de deux bractées, un peu plus petites, il est vrai, et l'ovaire dans un grand nombre d'autres espèces offre tous les passages entre l'unilocularité et la bilocularité. La distinction entre le genre *Convolvulus* et le genre *Ipomœa*, est assez difficile. Selon les uns le premier se distingue parce qu'il offre deux ou trois stigmates distincts, tandis qu'il n'y a qu'un stigmate à deux ou trois lobes dans les *Ipomœa*. Mais le professeur Kunth a autrement circonscrit ces deux genres. Il place parmi les *Convolvulus*, toutes les espèces dont les étamines sont in-

cluses, et forme le genre *Ipomœa* de toutes celles qui les ont saillantes au-dessus du tube de la corolle. Il résulte de-là évidemment que ces deux genres n'en forment qu'un seul, qui peut se diviser en deux sections principales, représentant chacune les genres *Convolvulus* et *Ipomœa* des auteurs modernes. Nous avons dit précédemment que le nombre des espèces de ce genre était très-considérable. Plusieurs d'entre elles méritent un intérêt particulier, parce qu'elles nous fournissent des médicamens ou des alimens utiles ; ce sont celles-là seulement que nous mentionnerons ici :

Liseron Jalap, *Convolvulus Jalapa*, L., Rich., Bot. Méd., t. 1, p. 281. Cette espèce est originaire des environs de Xalappa au Mexique, d'où est venu le nom de Jalap, sous lequel on la connaît. Elle croît également dans d'autres parties de l'Amérique méridionale et septentrionale ; car il est prouvé aujourd'hui que la Plante désignée par Michaux, sous le nom d'*Ipomœa macrorhiza*, dans sa Flore de l'Amérique boréale, est bien la même que celle du Mexique, dont le professeur Desfontaines a donné la description et la figure dans le troisième volume des Annales du Muséum. Sa racine est fusiforme ou arrondie, blanche, charnue, lactescente, donnant naissance à plusieurs tiges herbacées, sarmenteuses, striées, de la grosseur d'une plume à écrire, parsemée de petits tubercules, s'élevant à une hauteur de quinze à vingt pieds et s'enroulant autour des corps voisins. Ses feuilles sont alternes, pétiolées, subcordiformes, entières, aiguës, quelquefois divisées en deux, trois ou cinq lobes plus ou moins profonds, glabres à leur face supérieure, velues inférieurement. Les fleurs sont grandes, violacées, solitaires à l'aisselle des feuilles où elles sont portées sur des pédoncules assez longs. Le calice est persistant, à cinq divisions profondes. La corolle est infundibuliforme, évasée. Les étamines sont incluses. La capsule est ovoïde, arrondie, enveloppée par le calice, ordinairement à quatre loges contenant chacune une ou deux graines anguleuses. C'est la racine de cette Plante que l'on emploie en médecine sous le nom de Jalap. Nous avons parlé des propriétés de ce médicament au mot JALAP, auquel nous renvoyons.

LISERON SCAMMONÉE, *Convolvulus Scammonea*, L., Rich., Bot. Méd., 1, p. 282. Cette espèce qui croît en Syrie et dans plusieurs contrées de l'Orient, a une racine vivace, allongée, épaisse, charnue, lactescente, d'où s'élèvent des tiges grêles, volubiles, un peu velues, de quatre à cinq pieds de hauteur. Elles portent des feuilles alternes, pétiolées, hastées, aiguës, glabres et entières. Les fleurs sont rougeâtres, plus petites que dans l'espèce précédente, réunies au nombre de trois à six sur un pédoncule ramifié et placé à l'aisselle des feuilles. Le calice est également persistant. C'est de la racine de cette Plante que l'on retire la substance gommo-résineuse connue sous le nom de *Scammonée d'Alep*. Pour l'obtenir on pratique à la partie supérieure des racines, mise à nu, des incisions plus ou moins profondes. Il s'en écoule un liquide blanc et lactescent que l'on reçoit dans de petites coquilles où il se concrète. La Scammonée d'Alep est en morceaux peu volumineux, d'un gris foncé, à cassure résineuse, d'une odeur forte et désagréable, d'une saveur âcre et amère. Selon l'analyse de Bouillon-Lagrange et Vogel, elle se compose de 60 parties de Résine; 3 de Gomme; 2 d'Extrait, et de 35 parties de débris végétaux et autres substances étrangères. Cette Gomme résine que l'on appelle aussi *Diagrède* est un purgatif drastique très-violent que l'on ne doit employer qu'avec beaucoup de circonspection et à des doses très-faibles, telle que celle de 4 à 6 grains, que l'on peut augmenter graduellement.

LISERON MÉCHOACAN, *Convolvulus Méchoacana*, L. Ce Liseron est originaire de l'Amérique méridionale; on le connaît sous les noms vulgaires de *Bryone d'Amérique*, *Patate purgative*, *Rhubarbe blanche*, *Scammonée d'Amérique*. Sa racine est tubéreuse, charnue, blanche et pleine d'un suc lactescent. Ses tiges sont longues, anguleuses, sarmenteuses, flexibles, portant des feuilles alternes pétiolées, cordiformes, entières, des fleurs blanches ou rouges, axillaires, pédonculées et solitaires, grandes comme celles du Liseron Jalap. On trouve cette espèce au Brésil, au Mexique et dans d'autres parties de l'Amérique méridionale. C'est la racine de cette Plante qui est connue et employée en médecine sous le nom de *Méchoacan*. Cette racine, telle qu'on la trouve dans le commerce, est coupée en rouelles ou en morceaux irréguliers. Généralement elle est privée de son écorce. Elle est blanche et comme farinacée, sans odeur, ayant une saveur faiblement âcre. Assez souvent cette substance est falsifiée avec la racine de Bryone, que l'on y mêle. La racine de Méchoacan est faiblement purgative. On en fait aujourd'hui assez rarement usage; sa dose doit être plus élevée que celle du Jalap. On l'administre de la même manière.

LISERON TURBITH, *Convolvulus Turpethum*, L. Le Turbith est originaire de Ceylan. Ses racines, comme celles de toutes les espèces précédentes, sont grosses, charnues, allongées, blanches en dedans et lactescentes. Ses tiges sont également grêles et volubiles, ses feuilles cordiformes, anguleuses et un peu crénelées, blanches et cotonneuses, portées sur un pétiole ailé. Ses fleurs, grandes et blanches, sont réunies au nombre de trois à quatre sur des pédoncules axillaires. La racine de cette Plante est connue, dans les pharmacies, sous le nom de *Turbith végétal*. On l'y trouve sous la forme de tronçons cylindriques, longs de quatre à cinq pouces, sur un pouce de diamètre, et dont on a quelquefois enlevé la partie centrale; ils offrent à leurs deux extrémités un grand nombre de petits pertuis qui sont autant de vaisseaux coupés transversalement, de sorte que selon la remarque de Guibourt (Hist. des Drog. simpl.), cette racine ressemble, au premier abord, à la tige d'une Plante monocotylédonée. Le Turbith végétal est fortement purgatif, mais on l'emploie très-rarement aujourd'hui.

Les quatre espèces que nous venons de décrire, savoir : le Jalap, la Scammonée, le Méchoacan et le Turbith, sont exotiques. Elles sont remarquables par leur propriété purgative, qui est plus ou moins intense. Il est important de remarquer que la même propriété se trouve également dans plusieurs de nos espèces indigènes, qui ont aussi une racine tubéreuse et charnue; c'est ce que l'on remarque surtout pour les *Convolvulus sepium*, *Convolvulus Soldanella*, *Convolvulus arvensis* et plusieurs autres. En effet cette action purgative est due à un principe résineux, dont la quantité variable indique le degré d'action dans les racines des diverses espèces de Liserons. Ainsi dans la racine de Jalap, d'après l'analyse faite par le docteur Félix Cadet-Gassicourt, cette résine est dans la proportion d'un dixième; tandis qu'il n'y en a qu'un vingtième dans celle du *Convolvulus arvensis*, d'après le travail récemment publié par Chevallier. Il résulte de-là qu'en doublant la dose de la racine du petit Liseron des champs, on peut obtenir des résultats entièrement analogues à ceux que produit le Jalap. Mais cette propriété purgative tenant, ainsi que nous venons de le voir, à la présence d'un principe résineux, pourra ne pas exister dans quelques espèces du genre, lorsque ce principe lui-même n'y existera pas. C'est ce que prouvent plusieurs Liserons et principalement les deux suivans, dont les racines sont employées comme aliment.

Liseron Patate, *Convolvulus Batatas*, L. Vulgairement *Patate* ou *Batate*. La Patate originaire de l'Inde est aujourd'hui cultivée et naturalisée dans presque toutes les parties chaudes du globe. Ses racines tubéreuses et charnues sont fusiformes, rouges, violacées en dehors, blanches intérieurement; cependant il y a des variétés à racines jaunes ou blanches extérieurement. Ses tiges sont très-grêles, herbacées, volubiles; celles qui s'étalent à terre s'y enracinent de distance en distance ; elles portent des feuilles alternes, pétiolées, cordiformes ou hastées, quelquefois trilobées. Les fleurs qui sont blanches en dehors, presque nues à leur face interne, sont portées sur de longs pédoncules axillaires, au sommet desquels elles sont réunies plusieurs ensemble. Les Patates sont un légume sain et agréable; elles sont un peu farineuses et sucrées. Dans les pays chauds leur culture n'exige ni frais, ni soins très-multipliés ; on les traite comme nous faisons ici pour la Pomme de terre. Mais dans nos climats cette culture demande de grandes précautions. Voici le procédé généralement usité : on prépare vers la mi-avril une couche de trois pieds et demi de large, sur deux d'épaisseur, en fumier de cheval bien chaud, que l'on recouvre d'environ six pouces de terre. Lorsque la couche a perdu sa trop grande chaleur, on place dans la terre qui la recouvre et à deux ou trois pouces de profondeur, des tranches de racine de Patate, comme pour la Pomme de terre. Ces morceaux doivent être à environ huit pouces de distance les uns des autres. Quand les jets qui ne tardent pas à en naître, ont acquis environ un pied de longueur, on les enlève, on en retranche toutes les feuilles à l'exception de celle qui les termine, et on les plante presqu'horizontalement dans une planche bien profondément labourée et à environ deux pieds de distance les uns des autres. La Patate jusqu'au moment de sa récolte qui se fait vers le milieu d'octobre, n'exige d'autres soins que d'être purgée des mauvaises herbes et d'être arrosée de temps en temps , mais abondamment. On calcule que chaque pied peut produire environ deux livres de racines. En général les terres légères sont celles qui conviennent le mieux à la Patate. Il y a encore plusieurs autres modes de culture qu'il n'est pas de notre sujet de faire connaître ici avec détails.

Le LISERON COMESTIBLE, *Convolvulus edulis*, décrit par Thunberg dans sa Flore du Japon et dont ce naturaliste n'a pas observé les fleurs, ne nous paraît pas différer de la Patate. Ses racines se mangent au Japon comme celles de la Patate.

Quelques espèces de Liserons sont cultivées dans les jardins comme Plantes d'agrément; tels sont : le LISERON TRICOLORE, *Convolvulus tricolor*, L., connu sous les noms de Belle de jour et de Liset. Il est originaire de Portugal et d'Espagne. C'est une Plante annuelle d'un pied environ d'élévation, le plus souvent étalée. Ses feuilles sont lancéolées; ses fleurs solitaires, campanulées, bleues sur les bords du limbe de la corolle, blanches au milieu et jaunes à la gorge. On cultive encore le LISERON SATINÉ, *Convolvulus Cneorum*, également originaire de la Péninsule. C'est un joli petit Arbuste de deux pieds de hauteur, portant des feuilles lancéolées et satinées, couvertes d'un duvet argenté. Ses fleurs qui sont blanches, lavées de rose, s'épanouissent pendant la plus grande partie de l'été.

On a aussi, mais mal à propos, nommé LISERON RUDE, le *Smilax aspera*, L.   (A. R.)

* LISERONS. BOT. PHAN. Syn. de Convolvulacées. *V.* ce mot.   (B.)

LISET BLANC ET BLEU ou LISETTE ET LISERET. BOT. PHAN. Vieux noms des *Convolvulus sepium* et *tricolor*. *V.* LISERON.   (B.)

LISETTE, COUPE-BOURGEON, BÊCHE. INS. On a donné ces noms à des Insectes des genres *Attelabus*, *Eumolpus*, *Pyralis*, etc., qui font beaucoup de tort aux boutons de Vignes, aux greffes des Pêchers et autres Arbres fruitiers. *V.* ATTELABE, EUMOLPE, PYRALE et VIGNE.   (G.)

LISIANTHE. *Lisianthus*. BOT. PHAN. Ce genre, de la famille des Gentianées, et de la Pentandrie Digynie, L., est ainsi caractérisé : calice presque campanulé, divisé au sommet en cinq segmens courts se recouvrant et diaphanes sur les bords; corolle infundibuliforme dont le limbe offre cinq divisions étalées, égales, la gorge imberbe; cinq étamines un peu inégales, à anthères sagittées; style long, surmonté d'un stigmate à deux lamelles; capsule biloculaire, à cloisons formées par l'introflexion des valves; graines anguleuses, non bordées. Les Lisianthes sont des Plantes herbacées, rarement ligneuses, à feuilles presque sessiles, à fleurs offrant plusieurs modes d'inflorescence, tantôt solitaires, tantôt en ombelles, en corymbes, en panicules ou en épis. Le nombre des espèces s'élève aujourd'hui à une trentaine environ; elles sont toutes indigènes de l'Amérique méridionale et des Antilles, excepté les *Lisianthus carinatus* et *trinervius* de Lamarck qui croissent à Madagascar. Aublet a décrit et figuré, dans ses Plantes de la Guiane, plusieurs Lisianthes remarquables par leur beauté et la saveur amère qu'ils partagent avec les autres Gentianées. Tels sont les *Lisianthus purpurascens*, *alatus* et *grandiflorus*. Enfin, c'est aux auteurs de la Flore du Pérou et à Kunth que l'on doit la connaissance de la plupart des autres espèces.
(G..N.)

LISIMACHE. BOT. PHAN. Pour Lysimaque. *V.* ce mot.   (B.)

LISIZA. POIS. Syn. de Japonais, espèce du genre Cotte, *V.* ce mot, sous-genre Aspidophore.   (B.)

* LISONGÈRE. OIS. Ce mot qui signifie en espagnol Flatteur, dans le sens gracieux, a été appliqué par Pernetty, dans son Voyage aux Malouines, à un Oiseau-Mouche. *V.* COLIBRI.   (B.)

LISOR. conch. Blainville(Dictionnaire des Sciences Naturelles) pense que le Lisor d'Adanson (Voyag. au Sénég., pl. 17, fig. 16) a été rapporté à tort, par Gmelin, au *Mactra stultorum*, et que c'est probablement une Vénus et peut-être la *Venus læta*. Nous ne partageons pas l'opinion de Blainville, car en lisant la Description d'Adanson, p. 231, nous voyons que le ligament est intérieur, placé dans une fossette entre des dents lamelleuses, et qu'il y a de plus, à la charnière, des dents latérales, également lamelleuses, caractères qui conviennent essentiellement aux Mactres et non aux Vénus. Si on joint à cela la ressemblance dans la couleur, la disposition des rayons et le bâillement des valves, on sera porté à croire que le Lisor est bien la même Coquille que le *Mactra stultorum*. (D..H.)

LISPE. moll. Adanson (Voy. au Sénég., pl. 11, fig. 2) a placé sous ce nom, dans son genre Vermet, une agrégation de tubes calcaires contournés irrégulièrement, et qui appartient plutôt aux Serpules qu'à ce genre. Linné lui a donné le nom de *Serpula glomerata. V.* Serpule. (D..H.)

LISPE. *Lispa*, ins. Genre de l'ordre des Diptères, famille des Athéricères, tribu des Muscides, division des Créophiles, Latr. (Fam. Nat. du Règn. Anim.), ayant pour caractères : une trompe distincte; cuillerons grands, recouvrant en majeure partie les balanciers; côtés de la tête non prolongés en manière de cornes portant les yeux; ailes couchées sur le corps; antennes insérées près du front, plus courtes que la tête, en palette allongée, avec une soie plumeuse; second article un peu plus long que le troisième. Ces Diptères s'éloignent des Mouches et autres genres voisins, parce que ceux-ci ont les ailes écartées; ils diffèrent du genre *Achias* par la tête qui, dans ceux-ci, est prolongée de chaque côté. La seule espèce qui com-

pose ce genre se trouve fréquemment sur le sable des bords des mares où elle court très-vite.

Lispe tentaculaire, *Lispa tentaculata*, Degéer, Latr. Elle ressemble à la Mouche domestique pour la taille et la couleur; son corps est d'un noirâtre cendré avec le devant de la tête blanchâtre, les palpes jaunâtres et l'abdomen marqué de plusieurs taches d'un blanchâtre soyeux, dont deux très-distinctes sur son dernier anneau; ses ailes sont transparentes et sans taches; les palpes sont grands, très-déliés à leur base, et s'élargissant ensuite en forme de spatule ciliée sur les bords. Elle se trouve dans toute la France et à Paris. (G.)

* LISSA. pois. (Delaroche.) Nom donné aux îles Baléares à une variété du *Mugil cephalus*, L. *V.* Muge. (B.)

LISSANTHE. *Lissanthe*. bot. phan. Genre établi par Rob. Brown (*Prodr. Flor. Nov.-Holl.* 1, p. 540) dans la famille des Épacridées, et la Pentandrie Monogynie, L., pour quelques espèces placées d'abord dans le genre *Styphelia*, dont elles diffèrent par les caractères suivans. le calice est nu ou accompagné de deux bractées; la corolle est infundibuliforme; son limbe est à cinq divisions étroites, dépourvues de poils. L'ovaire est à cinq loges et devient une drupe charnue, renfermant un noyau osseux et solide.

Les espèces de ce genre, au nombre de six, sont de petits Arbustes dressés, ayant des feuilles éparses, très-petites, persistantes, entières; des fleurs blanches et petites formant des grappes ou des épis axillaires; quelquefois elles sont solitaires à l'aiselle des feuilles.

Parmi ces espèces, on distingue le *Lissanthe daphnoides*, R. Brown, *loc. cit.; Styphelia daphnoides*, Smith, *New.-Holl.* 48, dont les feuilles sont elliptiques, lancéolées, mucronées au sommet; les fleurs axillaires, le calice accompagné de deux bractées; la corolle infundibuliforme. (A. R.)

* LISSE. *Lissa*. crust. Genre de

l'ordre des Décapodes, famille des Brachyures, tribu des Triangulaires, établi par Leach (*Misc. Zool.* T. 11, tab. 85) et ayant pour caractères selon lui : premier article des antennes extérieures cylindrique, plus gros et plus long que le second ; quelques poils en massue sur les antennes ; serres beaucoup plus grosses et un peu plus longues que les autres pates qui sont toutes noduleuses, ainsi que les bras qui diminuent progressivement de grandeur depuis la seconde paire jusqu'à la cinquième ; ongles minces, lisses au bout ; carapace fortement noduleuse, sans épines, avec le front avancé et échancré au bout ; orbites des yeux ayant une fissure en dessus et en arrière ; yeux portés sur de courts pédoncules.

Latreille n'a pas adopté ce genre ; il le réunit à ses *Inachus.* La seule espèce que nous connaissions et qui sert de type au genre est le *Lissa Chiragra*, Leach (*loc. cit.*); *Cancer Chiragra*, Herbst, tab. 17, fig. 96; *Inachus Chiragra*, Fabr., Latr.; *Maia Chiragra*, Bosc. Elle se trouve dans la Méditerranée.   (G.)

* LISSOCHILE. *Lissochilus.* BOT. PHAN. Genre nouveau établi par Robert Brown, publié par J. Lindley (*Collect.* t. 51) et faisant partie de la famille des Orchidées et de la Gynandrie Monandrie, L. Voici ses caractères tels qu'ils ont été donnés par Lindley, *loc. cit.* Les trois folioles intérieures du calice sont très-grandes, étalées et en forme d'ailes ; les trois extérieures sont beaucoup plus petites et réfléchies. Le labelle est concave à sa base et redressé dans sa partie supérieure ; il s'unit inférieurement avec les deux côtés du gynostème. L'anthère est terminale et operculiforme, elle renferme deux masses polliniques bilobées dans leur partie inférieure, et attachées au sommet du stigmate par un appendice lamelleux qui leur est commun à toutes les deux. Ce genre ne se compose encore que d'une seule espèce, *Lissochilus speciosus*, Lindley, dont

ce jeune et savant botaniste a donné une excellente figure à la planche 51 de ses *Collectanea.* Il y rapporte avec doute le *Satyrium giganteum*, Lin., Suppl., 402. C'est une Plante non parasite, ayant la tige renflée et bulbiforme inférieurement ; les feuilles longues, planes, charnues, sans nervures et ensiformes ; les fleurs jaunes, grandes, disposées en un long épi terminal. Cette espèce croît au cap de Bonne-Espérance.   (A. R.)

* LISSONOTE. *Lissonotus.* INS. Genre de l'ordre des Coléoptères, section des Tétramères, famille des Longicornes, tribu des Cérambycins, établi par Dalman et adopté par Latreille (*Fam. Nat. du Règn. Anim.*) qui ne donne pas ses caractères. L'espèce qui sert de type à ce genre est le *Lissonotus equestris, Callidium equestris*, Fabr. Schœnnher en cite quatre espèces dont il fait une petite famille dans son genre Cerambyx.   (G.)

LISSOSTYLIS. BOT. PHAN. Pour Lyssostylis. *V.* ce mot.   (B.)

* LISTERA. BOT. PHAN. Robert Brown, dans la seconde édition du Jardin de Kew, a fait un genre *Listera* qui a pour type les *Ophrys ovata* et *Ophrys cordata* de Linné. Mais ces espèces ne diffèrent pas génériquement de l'*Ophrys nidus avis*, L., qui constitue le type du genre *Neottia.* Le professeur Richard, dans son travail sur les Orchidées d'Europe, a donc cru devoir réunir le genre *Listera* au *Neottia. V.* NÉOTTIE.

Adanson avait donné le nom de *Listera* à un genre qu'il avait formé dans la famille des Légumineuses et qui correspond à peu près au genre *Spartium* de Linné ; mais ce nom de genre n'a pas été adopté.   (A. R.)

LISTRONITE. CONCH. Luid donne ce nom à une Coquille fossile qui a des stries rayonnantes à sa surface, et dont les deux valves sont également bombées. Il est à présumer que ce n'est pas une Huître véritable ; mais

à quel genre rapporter ce corps ?
(D..H.)

LITTA. bot. phan. Syn. de *Vohiria* d'Aublet. *V.* ce mot. (b.)

LITCHI ou LETCHI. bot. phan. Nom vulgaire d'une espèce du genre *Euphoria*. *V.* ce mot. (a. r.)

LITHACNE. bot. phan. Genre de la famille des Graminées, et de la Monœcie Triandrie, L., établi par Palisot-Beauvois (Agrostographie, p. 135) qui lui a imposé les caractères suivans : chaume rameux; épis simples, dissemblables, celui qui termine l'axe à épillets uniflores et mâles; lépicène nulle; glumes (paillettes, Palisot-Beauv.) très-aiguës; trois étamines; les épis axillaires sont composés d'épillets uniflores et femelles, ceux-ci ont les valves de la lépicène très-aiguës; les glumes coriaces, dont la valve inférieure est tronquée, naviculaire et gibbeuse; les écailles tronquées, frangées; le style est simple, et les stigmates sont plumeux. Ce genre ne se compose que d'une seule espèce que Swartz plaçait dans le genre *Olyra* sous le nom d'*Olyra pauciflora*. Cette Graminée croît dans les forêts de la Jamaïque. (G..N.)

LITHAGROSTIS. bot. phan. (Gaertner.) Syn. de *Coix Lachryma-Jobi*. (b.)

LITHANTHRAX. min. Syn. grec de Charbon de pierre (*Steinkohle* des Allemands), employé par Boetius de Boot et Wallerius. On a confondu sous ce nom la Houille et le Jayet.
(G. DEL.)

LITHARGE. min. chim. On désigne par ce nom, dans le commerce, le protoxide de Plomb fondu et cristallisé en lames jaunes par le refroidissement. Elle est souvent colorée en rouge par un peu de Minium; mais elle redevient jaune lorsqu'on la chauffe dans un tube de verre fermé, le Minium se réduisant à l'état de protoxide. Toute la Litharge du commerce provient de l'exploitation des mines de Plomb argentifères.

Elle contient presque toujours une petite quantité d'Acide carbonique qu'elle enlève à l'air humide et qui s'y trouve à l'état de sous-carbonate de Plomb.

LITHARGE D'ARGENT. Protoxide de Plomb fondu, qui, ne contenant pas de Minium, n'est point rougeâtre, et a un brillant argenté.

LITHARGE D'OR. Protoxide de Plomb fondu, qui a une couleur jaune assez éclatante. (G. DEL.)

LITHÉOSPHORE. min. Targioni et Licetus ont donné ce nom à la Pierre phosphorescente de Bologne, et dans ces derniers temps, de Lamétherie l'a pareillement appliqué à la Baryte sulfatée radiée. (G. DEL.)

* LITHINE. min. chim. Oxide de Lithium. *V.* ce mot. (G. DEL.)

* LITHIUM. min. Nouveau Métal qui, par ses propriétés, doit être placé entre le Barium et le Sodium, et qui, en s'unissant à l'Oxigène dans la proportion de 100 à 78,2, produit un Oxide alcalin appelé *Lithion* par les Suédois et *Lithine* par les Français. Davy l'ayant obtenu à l'état métallique, a trouvé qu'il possède des propriétés analogues à celles du Sodium et du Potassium. La Lithine a été découverte en 1818 par Avfwedson dans la Pétalite, le Triphane et la Tourmaline verte. Berzelius l'a retrouvée depuis dans la Rubellite; elle est blanche, très-caustique, sans odeur; elle verdit fort et sent le sirop de Violettes; fond à un degré de température qui n'est pas très-élevé, et forme des sels neutres avec tous les Acides. Sa tendance à attaquer le Platine par la chaleur fournit un moyen de reconnaître sa présence dans les Minéraux. Pour cela, il suffit de traiter le Minéral au chalumeau par le carbonate de Soude sur une feuille de Platine. S'il y a de la Lithine, elle est mise à nu et colore le Platine en jaune brunâtre tout autour de la masse fondue. (G. DEL.)

LITHIZONTOS. min. Variété d'Escarboucle, suivant Pline, d'une couleur bleue assez faible, et que l'on soupçonne être une variété de Grenat, plutôt que de Corindon bleuâtre. *V.* ESCARBOUCLE. (G. DEL.)

LITHOBIBLION. MIN. Nom donné par Wallerius aux empreintes de feuilles sur les pierres et aux feuilles fossiles elles-mêmes.   (G. DEL.)

LITHOBIE. *Lithobius.* INS. Genre de la classe des Myriapodes, ordre des Chilopodes, famille des Æquipèdes de Latreille (Fam. Natur. du Règn. Anim.), établi par Leach, et ayant pour caractères : antennes sétacées, composées d'articles presque coniques, dont les deux premiers sont plus grands; lèvre largement échancrée en devant, avec le bord supérieur dentelé et les yeux grenus; quinze paires de pieds; plusieurs des demi-segmens supérieurs cachés sur les autres. Ces Animaux se distinguent des Scutigères par les pieds qui, dans ceux-ci, sont inégaux; ils s'éloignent des Scolopendres et des Crytops par les anneaux du corps, qui, dans ceux-ci, ont tous les demi-segmens dorsaux découverts. Léon Dufour (Ann. des Sc. Nat. T. II, p. 81) a donné l'anatomie de ce genre; d'après ce savant, les organes de la digestion se composent : 1° de deux glandes salivaires; 2° d'un tube alimentaire droit, de la longueur de l'Animal; et 3° d'une paire de vaisseaux hépatiques. Les organes générateurs mâles sont composés : 1° de deux testicules composés chacun d'une paire de glandes allongées, pointues et parcourues par une rainure médiane; ils ont été pris par Tréviranus pour des masses graisseuses; 2° de trois vésicules séminales, deux latérales et une intermédiaire. Cette particularité qu'offre seul le Lithobie, d'avoir trois vésicules séminales, est fort remarquable, et Léon Dufour dit qu'il n'en a jamais rencontré que dans ce genre en nombre impair; 3° d'une verge qui est placée dans le dernier segment dorsal du corps du *Lithobius.* Les organes femelles se composent : 1° de l'ovaire qui consiste en un seul sac allongé qui contient des œufs globuleux et blancs; 2° des glandes sébacées de l'oviducte; et 3° de la vulve qui est flanquée à droite et à gauche par une pièce crochue, bi-articulée, terminée par une pointe bifide et armée à sa base de deux dents courtes. Les Lithobies vivent à terre, sous des pierres, comme les Scolopendres; on en rencontre souvent en été sous les tas de Plantes, le bois pourri, etc. Leach en décrit trois espèces dont deux se trouvent en Angleterre. Celle que nous trouvons en France et qui sert de type au genre est :

Le LITHOBIE FOURCHU, *L. forficatus*, Leach, Latr.; *Scolopendra forficata*, L., Tréviranus (Verm. Schrit. Anat. tab. 4, fig. 6-7); *L. forficata* et *coleophatra?* Panz. (*Faun. Ins.*, fasc. 50, fig. 13-12); la Scolopendre à trente pates, Geoff. Longueur, un pouce au plus, lisse, luisante, tantôt d'un brun de poix, tantôt d'un roux qui tire sur l'ambre. Elle se trouve fréquemment en été dans les jardins du midi de la France et de Paris.   (C.)

* **LITHOBRYON.** BOT. CRYPT. (*Lichens.*) Dillen nomme *Lithobryon coralloides* le *Cladonia ceranoides* d'Acharius.   (A. F.)

LITHOCALAMES OU **STÉLÉCHITES.** BOT. FOSS. On trouve ce mot dans les anciens oryctographes pour désigner ce qu'ils regardaient comme des tiges de Bambous ou de Roseaux fossiles.   (B.)

LITHOCARDIUM. CONCH. Les moules des Bucardes fossiles dans les anciens oryctographes.   (B.)

LITHOCARPES. BOT. FOSS. Syn. de fruits fossiles. *V.* CARPOLITHES.   (B.)

* **LITHOCIA.** BOT. CRYPT. (*Lichens.*) Troisième sous-genre du genre *Verrucaria* d'Acharius (*Syn. Meth. Lich.,* p 93). Il renferme les espèces à thalle sous-tartareux, crustacé, contigu, fendu en aréoles ou pulvérulent. Il est

ainsi nommé, parce que la presque totalité des espèces se fixent sur les pierres. (A.F.)

LITHODE. *Lithodes*. CRUST. Genre de l'ordre des Décapodes, famille des Brachyures, tribu des Triangulaires, établi par Leach et Latreille en même temps et ayant pour caractères : pieds-mâchoires extérieurs étroits, avancés, allongés et semblables à de petits pieds; yeux rapprochés à leur base; les quatre antennes saillantes; serres plus courtes que les pieds suivans, les deux pieds postérieurs très-petits, repliés et point propres à la marche. Ces Crustacés ressemblent beaucoup aux Inachus, aux Parthenopes et aux Maïas; mais ils en diffèrent surtout par la forme de leurs deux pieds postérieurs et par d'autres caractères tirés des antennes, de la carapace et des autres parties du corps. Leur carapace est triangulaire, très-épineuse, renflée postérieurement de chaque côté par le grand développement des régions branchiales et terminée en avant par un rostre bifurqué, garni de fortes pointes sur les côtés. Les yeux sont gros, rapprochés et portés sur de courts pédoncules; les antennes extérieures ont à peu près la moitié de la longueur du corps; elles sont insérées sous les yeux, et leurs deux premiers articles sont plus longs que les autres; les intermédiaires sont avancées, assez longues, divisées en deux soies comprimées, multiarticulées. L'abdomen est membraneux, composé de six plaques crustacées. L'espèce qui sert de type à ce genre et qui se trouve dans nos mers est :

Le LITHODE ARCTIQUE, *L. arctica*, Latr.; *Lithodés Maia*, Leach (*Moll. Brit.*, tab. 24); *Cancer Maja*, L.; *Inachus Maja*, Fabr.; *Parthenope Maja*, id. et Herbst (*Cancr.*, tab. 15, fig. 87); Crabe épineux, Ascan. (*Icon. rar. natur.*, tab 40). Long de trois pouces, tout hérissé d'épines; serres et trois pieds suivans chargés de tubercules épineux; doigts des pinces ayant de petits faisceaux; il se

trouve dans les mers du nord de l'Europe. (G.)

* LITHODÉMON. MIN. Syn. de Jayet. (B.)

* LITHODENDRON. POLYP. Genre établi par Schweigger. Caractères : polypier calcaire, rameux, portant des cellules lamelleuses; rameaux écartés, cylindriques; cellules cyathiformes. Il comprend les Oculines et les Caryophylles à tige rameuse de Lamarck. (E.D..L.)

LITHODENDRUM. POLYP. C'est-à-dire Arbre-Pierre. D'anciens oryctographes nommaient ainsi des Polypiers coralloïdes ou cornés. (E.D..L.)

LITHODOME. *Lithodomus*. CONCH. Cuvier (Règn. Anim. T. II) a proposé un sous-genre sous ce nom pour des Coquilles du genre Modiole qui ont la propriété, comme beaucoup d'autres Mollusques acéphales, de percer la pierre ou les Polypiers pierreux. On a prétendu que ces Modioles se creusaient des loges aussi bien dans le Granite ou les Roches non calcaires que dans les Pierres calcaires. Ce fait n'est pas encore bien certain; quoi qu'il en soit, ce sous-genre ne saurait être conservé, puisque l'anatomie des Animaux ne diffère en rien de celle des autres Modioles et que la coquille elle-même ne présente pas de différences suffisantes pour légitimer cette coupe. *V.* MODIOLE et LITHOPHAGES. (D..H)

LITHOFUNGUS. POLYP. On trouve ce nom dans les anciens oryctographes pour désigner des Polypiers fossiles qui présentent quelques rapports de forme avec des Champignons. (B.)

LITHOGÉNÉSIE ou FORMATION DES PIERRES. Partie de la Lithologie qui a pour objet la recherche des causes qui ont donné naissance aux substances pierreuses et des lois qui président à leur formation. (C.DEL.)

LITHOGLOSSE. *Lithoglossum*.

POIS. FOSS. L'un des synonymes de Glossopètres. *V.* ce mot. (B.)

LITHOGLYPHITES. MIN. Nom générique donné par Wallerius à des Pierres qui présentent la forme de différens objets connus. En ce sens, il est synonyme de Pierre figurée. On l'a regardé aussi comme l'équivalent du Bildstein des Allemands ou du Talc graphique d'Haüy. (G. DEL.)

LITHOLOGIE. Partie de la Minéralogie qui s'occupe plus spécialement des Pierres. Ce dernier mot n'ayant plus une acception bien déterminée, le nom de Lithologie a été presque entièrement abandonné. (G. DEL.)

LITHOMARGE. MIN. *V.* ARGILE.

LITHOMORPHYTES. MIN. Même chose que Lithoglyphites. *V.* ce mot. (B.)

* **LITHONTHLASPI.** BOT. PHAN. (Columna.) Syn. de *Thlaspi saxatile*, L. (B.)

LITHONTRIBION. BOT. PHAN. (Daléchamp.) Syn. d'Herniaire glabre. (B.)

* **LITHOPHAGE.** *Lithophagus.* INS. Genre de l'ordre des Coléoptères, section des Tétramères, famille des Xylophages, tribu des Trogossitaires, établi par Latreille (Fam. Natur. du Règn. Anim.), et dont il ne donne pas les caractères. Il avoisine les Mycétophages et les Agathidies.

Le nom de Lithophage ou Mangeur de pierres a été donné par Desbois (Dict. des Animaux) à un petit Ver qui se trouve dans l'ardoise; Deshois dit que ce Ver s'en nourrit, qu'il a quatre mâchoires qui lui servent de dents, et qu'il subit des métamorphoses dans une petite enveloppe qu'il se fabrique dans la pierre dont il suce le suc. Personne, à notre connaissance, n'a encore retrouvé cet Animal remarquable, et nous craignons bien qu'on ne doive le ranger parmi les Animaux créés par l'imagination. Latreille (Nouv. Dict. d'Hist. Nat.) demande si ce serait la chenille d'une espèce de Tinéite. (G.)

LITHOPHAGES. CONCH. Les Mollusques Lithophages ne se rencontrent que parmi les Acéphales ou Conchifères. On a réuni sous cette dénomination tous ceux qui ont la singulière propriété de ronger les pierres calcaires, pour se loger et se mettre à l'abri des chocs extérieurs. Presque toutes les familles des Conchifères ont des genres qui préfèrent soit le bois, soit la pierre. Nous en parlons à mesure que l'occasion se présente; nous ne les considérons pas non plus ici comme une famille particulière, mais comme offrant une propriété qui leur est commune. On a eu des opinions fort différentes sur la manière dont ces Animaux peuvent percer les pierres; quelques personnes pensent que l'Animal choisit les pierres dans l'état de mollesse, parce qu'elles ont vu des Pholades dans quelques dépôts vaseux blancs, peu consistans, qu'elles auront regardés comme une pierre commençante; mais cette opinion ne peut supporter le moindre examen approfondi; car s'il faut une pierre tendre à l'Animal, lorsqu'il s'y introduit, il faut qu'elle reste dans le même état pendant toute la durée de la vie; si elle vient à durcir il ne trouve plus les conditions convenables pour vivre, il doit nécessairement périr; il serait impossible alors de trouver vivant un Lithophage quelconque dans une pierre dure, ce qui est loin d'être vrai. On a supposé que l'Animal, par des mouvemens multipliés et les frottemens nombreux des aspérités de sa coquille contre les parois de son étroite prison, était dans le cas d'augmenter lentement la cavité qui le contient, mais ce moyen tout mécanique trouve des objections puissantes : 1° les Perforans se trouvent souvent dans des pierres d'une dureté et d'une densité quelquefois plus grande que la coquille elle-même, qui est d'ailleurs souvent fort mince; 2° les aspérités quelconques de la coquille ne sauraient servir à augmenter la cavité qui la contient, puisque l'on devrait les trouver

émoussées ou usées par les frottemens, et il n'en est pas ainsi; que
toutes s'y trouvent dans une très-
belle conservation, même dans les
lames ou les aspérités les plus délicates, qui quelquefois les couvrent.
Un grand nombre de Coquilles per-
forantes sont entièrement lisses, et
sont dans l'impossibilité de se retourner dans la cavité qui les contient par une crête pierreuse qui s'enfonce dans la rainure que laissent
les crochets des deux valves. Fleuriau de Bellevue qui a fait un grand
nombre de recherches sur ces Animaux, a observé que les Pholades
étaient constamment enveloppées
d'une liqueur épaisse, noire, qui
sans doute était une liqueur corrosive. Ayant observé aussi que ces
Animaux étaient phosphorescens, il
pensa que ce pouvait bien être à l'A-
cide phosphoreux qu'était due la
propriété de corroder les pierres, qui
est particulière aux Lithophages.
Supposer aux Perforans une liqueur
corrosive, il faut également en supposer la sécrétion et son organe sécréteur; je dis supposer parce qu'on
a cherché inutilement l'organe sécréteur. Fleuriau a pensé que ce
devait être le pied qui en devait
fournir le plus; mais si l'on fait attention que les Saxicaves, par exemple, et les Modioles ont cet organe
entièrement rudimentaire, que les
Animaux de ce premier genre ont
le manteau à peine ouvert à l'endroit
du pied, on se demandera, pour ceux-
là au moins, où pourrait être placé
l'organe sécréteur. Si l'organe qui
produit la liqueur corrosive des Lithophages n'est pas connu, il ne s'ensuit pas qu'il n'existe pas, et cette
seule objection raisonnable contre
l'opinion de Fleuriau de Bellevue, ne
me semble pas suffisante pour la détruire. Il est à présumer que la liqueur sécrétée est acide, car les Lithophages vivent toujours dans les
pierres calcaires. On n'a point encore
une observation constatée qu'ils puissent vivre dans des pierres d'une nature différente, et ce fait confirme

beaucoup l'opinion du savant observateur que nous venons de citer.
Nous n'admettrons donc pas l'opinion de Blainville, qui pense que la
macération de la pierre par le mucus
de l'Animal, est dans le cas de la
dissoudre lentement; il donne à l'appui de son opinion les Patelles qui se
creusent sur les rochers une place
qu'elles adoptent; mais il faut dire
que c'est sur une pierre calcaire tendre que cela se remarque; il faudrait
que le même phénomène se répétât
sur les calcaires les plus durs, et l'observation manque. Il serait difficile
de concevoir au reste, même à un
chimiste, comment un morceau de
pierre calcaire exposé à une longue
macération dans un mucus de Mollusque qui ne contiendrait aucun
principe dissolvant, pourrait cependant se ramollir, ou se dissoudre, ou
se désagréger. On voit par ces doutes
nombreux que la question qui nous
occupe est loin encore d'être résolue;
il manque une foule de conditions
avant d'arriver à une solution complète : ce serait d'examiner les mu-
cosités des Lithophages, par les
moyens chimiques, de chercher sur un
grand nombre et dans tous les genres
les organes de sécrétion qui sont
probablement placés dans les bords
du manteau, s'assurer que ces Animaux ne peuvent vivre que dans les
pierres calcaires, etc. C'est ainsi que
l'on pourrait prétendre résoudre une
question intéressante et importante
tout à la fois.   (D..H.)

* LITHOPHILE. *Lithophilus*. INS.
Genre de Coléoptères de la famille des
Taxicornes, tribu des Diapériales,
établi par Megerle, et dont nous ne
connaissons pas les caractères. La
seule espèce de ce genre est le *Tritoma coronata* de Fabricius.   (O.)

LITHOPHILE. *Lithophila*. BOT.
PHAN. Genre de la famille des Amaranthacées, et de la Monadelphie
Diandrie, L., établi par Swartz (*Flor.
Ind. - Occid.*, 1, p. 48) et qui, très-
rapproché du *Gomphrena*, s'en distingue par les caractères suivans : ses

fleurs forment des épis terminaux, ovoïdes ou allongés, composés d'un très-grand nombre de fleurs imbriquées et sessiles ; chaque fleur est accompagnée de trois bractées squammacées, minces, membraneuses et scarieuses, enveloppant la fleur en totalité. Le calice est mince et membraneux, comprimé, à cinq divisions un peu inégales, glabres ou couvertes de poils lanugineux. Les étamines, au nombre de deux, partant d'une sorte de tube membraneux qui embrasse la base de l'ovaire et se termine par les deux filets staminaux qui sont opposés. Les anthères sont oblongues, dressées, jaunes, à une seule loge. L'ovaire est arrondi et presque lenticulaire, surmonté d'un style très-court que terminent deux stigmates subulés et divergens. Le fruit est un akène membraneux et un peu vésiculeux. Swartz n'a décrit qu'une seule espèce de ce genre, *Lithophila muscoides*, *loc. cit.* Cette petite Plante forme des touffes d'un à deux pouces d'élévation sur les Roches maritimes de toutes les Antilles. Swartz ne l'avait trouvée que dans la petite île déserte de Navazra. Nous en possédons des échantillons recueillis par le professeur Richard, à Sainte-Croix, à Antigue, Spanishtown, Saint-Eustache, etc. Les feuilles radicales sont linéaires, étroites, entières, un peu obtuses, glabres, excepté vers leur base où elles sont chargées de longs poils soyeux. Les tiges, qui sont le plus souvent étalées, sont longues d'un à deux pouces ; elles portent dés feuilles opposées, plus courtes que les radicales. Les fleurs entourées de bractées scarieuses et blanches forment un petit épi ovoïde allongé. (A. R.)

*** LITHOPHILLES.** *Lithophillæ.* ARACHN. *V.* DRASSE.

LITHOPHOSPHORE. MIN. Ou Pierre phosphorescente. Synonyme de la Baryte sulfatée radiée de Bologne. (G. DEL.)

LITHOPHYLLES. BOT. FOSS. Dans quelques oryctographes, ce mot désigne les empreintes de feuilles dans les couches calcaires. (B.)

LITHOPHYTE ET LITHOXYLE. POLYP. D'anciens auteurs désignent communément par ces mots les Polypiers dendroïdes pierreux. (E.D..L.)

LITHOPHYTES. POLYP. C'est-à-dire Plante-Pierre. Cuvier (Règn. Anim. T. IV, p. 80) adopta ce nom emprunté des anciens naturalistes pour désigner un groupe de Polypiers dont l'axe intérieur est de substance pierreuse et fixé. Il comprend les Isis, les Madrépores et les Millépores. *V.* ces mots. (E.D..L.)

LITHOPORE. POLYP. *V.* MILLÉPORE.

LITHOSIE. *Lithosia.* INS. Genre de l'ordre des Lépidoptères, famille des Nocturnes, tribu des Tinéites, établi par Fabricius, et ayant pour caractères : antennes et yeux écartés, les premières simples dans la plupart ; spiritrompe très-distincte et allongée ; palpes inférieurs plus courts que la tête, cylindriques, recourbés, de trois articles dont le dernier plus court que les précédens ; palpes supérieurs cachés ; ailes couchées horizontalement sur le corps ou en toit arrondi. Chenilles vivant à nu, à seize pates. Les Lithosies se distinguent des Ecailles et des Callimorphes dont Latreille avait fait des sections de son genre Lithosie dans la première édition du Dictionnaire d'Histoire Naturelle de Déterville, par la manière dont ces deux genres portent leurs ailes, par les palpes et par les chenilles qui sont toujours renfermées dans des tuyaux. Les Yponomeutes s'en rapprochent beaucoup, mais elles en diffèrent par les palpes inférieurs qui sont plus longs que la tête. Ochsenheimer range avec ses *Eyprepia*, qui comprennent plusieurs espèces d'Arcties et les Callimorphes de Latreille, quelques-unes des Lithosies de ce dernier. Olivier (Encycl. Méth.) ne distingue pas les Lithosies des Bombyx. Ce genre, tel qu'il est restreint aujourd'hui, répond presque entièrement à celui de

Lithosie de Fabricius, ainsi qu'aux Sétines (*Setina*) de Schrank. Les Lithosies sont des Nocturnes ornées de couleurs assez variées et très-agréables ; leur forme est étroite et allongée. Elles se tiennent tranquilles pendant le jour sur le tronc des Arbres ou sur la tige des Plantes. Leurs chenilles ont de grands rapports avec celles des Arcties et des Callimorphes; elles sont allongées, cylindriques, velues et rayées ou tachetées de rouge ou d'autres couleurs. Elles se nourrissent de Lichens et de Plantes phanérogames. Latreille divise ce genre ainsi qu'il suit :

† *Antennes des mâles pectinées.*

LITHOSIE-CHOUETTE, *L. grammica*, Fabr., Latr. ; la Phalène-Chouette, Geoffr.; l'Ecaille-Chouette, Engram. (Pap. d'Eur., pl. 156, fig. 202). Ailes jaunes, les supérieures rayées de noir ; les inférieures avec une bande noire sur le bord postérieur.

†† *Antennes simples dans les deux sexes, tout au plus ciliées dans les mâles.*

LITHOSIE GENTILLE, *L. pulchella*, Fabr., Latr.; *Bombyx pulchella*, Oliv. ; la Gentille, Engram. (*Ibid.*, pl. 221, fig. 309). Ailes blanches, les supérieures ponctuées de noir et de rouge sanguin, les inférieures ayant une bande noire le long du bord inférieur. Sa chenille vit sur l'Héliotrope d'Europe. Du midi de la France ; extrêmement rare à Paris. (G.)

LITHOSMUNDA. BOT. FOSS. On a quelquefois désigné sous ce nom les empreintes de Fougères des houillières. (B.)

LITHOSPERMUM. BOT. PHAN. *V*. GREMIL.

LITHOTHLASPI. BOT. PHAN. Pour Lithonthlaspi. *V*. ce mot.

LITHOXILE. POLYP. et BOT. FOSS. *V*. LITHOPHYTE.

LITHOXYLE. BOT. PHAN. Syn. de bois pétrifié. (B.)

* LITHRODES. MIN. (Karstein.) *V*. ELÆOLITHE.

LITORNE. OIS. Espèce du genre Merle. *V*. ce mot. (B.)

LITSÉE. *Litsœa*. BOT. PHAN. Genre établi par Lamarck, adopté par Jussieu et faisant partie de la famille des Laurinées et de la Diœcie Polyandrie, L. Le même genre a été nommé *Tetranthera* par Jacquin et *Hexanthus* par Loureiro. Voici ses caractères : ses fleurs sont dioïques, disposées en ombelle et accompagnées à leur base d'un involucre de quatre à six folioles caduques. Leur calice est monosépale ; son limbe, quelquefois entier, offre le plus souvent de quatre à six divisions égales. Dans les fleurs mâles, on compte de six à quinze étamines ayant leurs anthères quadriloculaires, et des glandes placées à la base de leurs filamens intérieurs. Le pistil est à l'état rudimentaire. Dans les fleurs femelles, on trouve les étamines stériles, un ovaire surmonté d'un stigmate dilaté et lobé. Le fruit est une baie nue, c'est-à-dire non environné par le calice. Ce genre se compose d'environ une douzaine d'espèces originaires d'Asie ou de l'Amérique méridionale. Ce sont de grands Arbres portant des rameaux et des feuilles alternes, très-entières, coriaces et dépourvues de stipules ; des fleurs réunies plusieurs ensemble dans un involucre, et formant ainsi des espèces de capitules, tantôt axillaires et solitaires, tantôt disposées en corymbes ou en ombelles. Parmi ces espèces nous distinguerons :

Le LITSÉE DE LA CHINE, *Litsœa chinensis*, Lamk., Dict. ; *Tetranthera laurifolia*, Jacq., *Hort. Schœn.*; *Sebifera glutinosa*, Lour. C'est un grand et bel Arbre que l'on connaît aussi sous le nom de *faux Cerisier de la Chine*, et qui depuis long-temps est cultivé à l'Ile-de-France. Ses feuilles sont alternes, ovales, un peu obtuses, très-entières, finement réticulées à leur face supérieure, un peu glauques inférieurement. Les fleurs sont axillaires, portées sur des pédoncules velus et dichotomes. Le fruit est une baie globuleuse, à peu près de la grosseur d'une petite cerise, et dont la chair a une saveur camphrée et désagréable.   (A. R.)

LITTÆA. BOT. PHAN. Le *Bonapartea juncea* de la Flore du Pérou avait reçu de Brunnhof le nom de *Littæa geminiflora.*   (G..N.)

LITTORELLE. *Littorella.* BOT. PHAN. Genre de la famille des Plantaginées, et de la Monœcie Tétraudrie, L., composé d'une seule espèce, *Littorella lacustris*, L., Lamk., Ill., t. 258. C'est une petite Plante qui croît sur le bord des étangs, dans les endroits récemment recouverts par l'eau. Elle forme de petites touffes dressées, qui par leur port semblent plutôt annoncer une Plante monocotylédone qu'un Végétal à embryon bilobé. Les feuilles sont toutes radicales, effilées, cylindriques, dilatées et à bords membraneux à leur base. Les fleurs sont monoïques et axillaires, réunies ensemble de manière que l'on trouve à l'aisselle d'une même feuille une fleur mâle longuement pédonculée, placée entre deux fleurs femelles sessiles. Le pédoncule de la fleur mâle est cylindrique, presque de la longueur des feuilles, offrant vers sa partie inférieure une petite écaille obtuse et roulée. La fleur elle-même est tout-à-fait terminale ; elle offre un calice divisé presque jusqu'à sa base en quatre lanières linéaires, obtuses, dressées ; la corolle est monopétale tubuleuse, un peu évasée vers sa partie supérieure, qui dépasse le calice et se termine par quatre lobes obtus et réguliers. Les étamines, au nombre de quatre, sont, ainsi que la corolle, hypogynes ; leurs filets sont subulés, quatre fois plus longs que la corolle ; les anthères sont cordiformes, bifides à leur partie inférieure par laquelle elles sont attachées à leur filet et renversées en dehors de manière qu'elles semblent pendantes et attachées par leur sommet. Un petit rudiment de pistil occupe le centre de la fleur. Les fleurs femelles sont sessiles. Chacune d'elles est accompagnée d'une écaille ou bractée obtuse qui l'enveloppe presqu'en totalité. Le calice est divisé presque jusqu'à sa base en trois lanières étroites et aiguës. La corolle est monopétale, urcéolée, immédiatement appliquée sur l'ovaire, rétrécie à son sommet qui se termine par un limbe irrégulièrement tronqué. L'ovaire est ovoïde, sessile, à une seule loge, contenant un seul ovule dressé. Le style se termine et se confond avec le stigmate qui est six ou sept fois plus long que la fleur, subulé, légèrement velu et glanduleux. Le fruit est un petit akène ovoïde, recouvert en totalité par les enveloppes florales qui sont persistantes. Son péricarpe est dur et presque osseux. Sa graine, qui est dressée, se compose d'un tégument mince et membraneux, adhérent avec un endosperme blanc, charnu, contenant dans son centre un embryon dressé presque cylindrique. Le *Littorella lacustris* avait d'abord été décrit par Linné lui-même sous le nom de *Plantago uniflora*, mais cette Plante forme bien réellement un genre. *V.* PLANTAIN.   (A. R.)

* LITTORINE. *Littorina.* MOLL. Férussac, dans ses Tableaux Systématiques des Animaux mollusques, a divisé le genre Paludine des auteurs en cinq sous-genres dont le dernier a reçu le nom de Littorine. Ce sous-genre, sans présenter une division très-naturelle, est pourtant utile à conserver en ce qu'il réunit un assez grand nombre de petites Coquilles fluviatiles ou marines que l'on plaçait tantôt dans les Cyclostomes, tantôt dans les Turbos ou d'autres genres dont elles s'éloignent également. *V.* PALUDINE.   (D..H.)

*LITUACÉES. *Lituaceæ.* MOLL. Blainville, à l'article MOLLUSQUE du Dictionnaire des Sciences Naturelles, a donné ce nom à une famille de Coquilles cloisonnées dont il réunit les genres sous les caractères suivans: Animal à peu près inconnu, si ce n'est dans la Spirule ; coquille polythalame ou cloisonnée, symétrique, enroulée dans une plus ou moins grande partie de son étendue, mais constamment droite vers sa partie terminale, de manière que l'ouverture n'est jamais modifiée par l'avant-dernier tour. Cette famille, d'après la forme des cloisons, se trouve partagée en deux sections : la première comprend les Coquilles dont les cloisons sont sinueuses ; elle renferme les deux genres Ammonocératite et Hamite ; la seconde section renferme les Coquilles à cloisons simples. Les genres qui la composent sont : Spirule qui comprend comme sous-genres les Hortoles et les Spirolines auxquelles sont rapportées les Lituites, Lituole, Scaphite et Ichthyosarcolite. Le genre Scaphite est placé évidemment hors de ses rapports. *V.* ce mot, ainsi que ceux des genres que nous venons de citer.   (D..H.)

LITUITE. *Lituites.* MOLL. Genre établi par Denis de Montfort dans sa Conchyliologie Systématique (T. 1, pag. 278) pour un corps pétrifié, assez rare dans les collections, qui est fort voisin des Spirules, et qui en diffère cependant par plusieurs points importans. Depuis la création de ce genre que Lamarck n'a point mentionné, les auteurs systématiques ont eu sur lui des opinions différentes ; ainsi Cuvier l'a admis au nombre des sous-genres que renferme son grand genre Nautile ; il l'a mis en rapport avec les Hortoles qu'on ne saurait en séparer, avec les Spirolines et les Nodosaires, l'éloignant assez des Spirules. Férussac les en rapprocha, mais les confondit avec les Spirolines. Dans le troisième groupe de son genre Spiroline, Blainville saisit avec plus de justesse leurs rapports, il en fit une des sections du genre Spirule, et nous pensons que dans cette opinion les Lituites ne sont pas assez séparées des Spirules. Les Lituites ne diffèrent des Hortoles que par l'enroulement des ours de spire qui commencent la coquille ; dans la Lituite, les tours sont

contigus ; dans l'Hortole, ils sont séparés comme dans les Spirules ; mais les genres Lituite et Hortole diffèrent des Spirules par des caractères bien tranchés ; le premier est la continuation de la coquille en ligne droite, ce qui ne se présente pas dans la Spirule ; le second est la position du siphon : dans les Spirules, il est marginal ; dans les deux genres qui nous occupent, il est constamment au centre des cloisons. Ces motifs nous semblent suffisans pour admettre le genre Lituite de Montfort en y rapportant les Hortoles du même auteur, et de le rapprocher des Spirules dont il est très-voisin, ainsi que des Spirolines. Les caractères de ce genre peuvent être exprimés ainsi : coquille libre, cloisonnée, contournée en spirale à son sommet ; tours contigus ou séparés, le dernier se continuant en ligne droite ; cloisons simples, régulières, percées au centre par un siphon. Nous rapportons à ce genre le LITUITE AUGURAL, *Lituites Lituus*, D. M., Conchyl. Syst. T. 1, pag. 278, et le LITUITE CROSSÉ, *Lituites convolvans*, N. ; *Hortolus convolvans*, Montfort, *loc. cit.,* pag. 282, qui, avec une même forme, ne diffère de l'espèce précédente que par la séparation des tours de spire qui forment son sommet.
                          (D..H.)

LITUOLE. *Lituola.* MOLL. Genre de la famille des Lituolées (*V.* ce mot), établi par Lamarck pour des Coquilles multiloculaires microscopiques de la Craie. C'est dans sa Philosophie Zoologique qu'il fut d'abord établi sous la dénomination de Lituolite qui fut changée en celle de Lituole dans l'Extrait du Cours, et maintenue dans les Animaux sans vertèbres. Les caractères donnés à ce genre s'éloignent si essentiellement de ceux donnés par Montfort à ses Lituites, que nous croyons que c'est à tort qu'on a cherché à réunir ces deux genres essentiellement différens par le volume d'abord, la régularité des cloisons dans l'un, leur irrégularité dans l'autre, et l'existence d'un siphon central dans les Lituites, lorsque les Lituoles ne présentent jamais cette partie, et n'offrent que trois ou six trous à la dernière cloison. Voici les caractères que Lamarck assigne aux Lituoles : coquille multiloculaire, partiellement en spirale, discoïde, à tours contigus, le dernier se terminant en ligne droite; loges irrégulières; cloisons transversales et simples sans siphon; la dernière percée de trois à six trous. On ne connaît encore les Lituoles qu'à l'état fossile; elles sont petites, multiloculaires, divisées par des cloisons assez peu régulières; elles commencent à s'enrouler comme de très-petits Nautiles à tours contigus et unis, et finissent en ligne droite; les cloisons ne sont pas percées d'un siphon; la dernière cloison offre de trois à six trous, les autres en sont dépourvues; les deux seules espèces de ce genre sont les suivantes :

Lituole nautiloide, *Lituola nautiloidea*, Lamk., Anim. sans vert. T. VII, p. 604, n. 1; *Lituola nautiloides, ibid.*; Encyclop., pl. 465, fig. 6; *Lituolites nautiloidea, ibid.*; Ann. du Mus. T. v, pag. 243, n. 1, et T. VIII, pl. 62, fig. 12; on la trouve fossile dans la Craie de Meudon, elle n'a pas plus de quatre millimètres de longueur.

Lituole diforme, *Lituola deformis*, Lamk., *loc. cit.*, n. 2; *Lituola deformis, ibid.*; Encyclop., pl. 466, fig. 1, a, b; *Lituolites deformis, ibid.*; Ann. du Mus., n. 2, et T. viii, pl. 62, fig. 13, a, b; elle se trouve avec la précédente, et n'en est peut-être qu'une variété; cependant elle paraîtrait avoir constamment la dernière cloison complète, non perforée : elle n'est longue que de deux millimètres. (D..H.)

LITUOLÉES. moll. Lamarck avait d'abord proposé cette famille sous le nom de *Lituolacées* dans sa Philosophie Zoologique. Outre les genres Lituolite, Spirolinite et Spirule, il y joignait les Orthocères, les Hippurites et les Bélemnites. Depuis (Extrait du Cours), il changea le nom de Lituolacées en celui de Lituolées, et il a séparé de cette famille avec juste raison les trois derniers genres que nous venons de citer. Elle resta donc composée de trois genres seulement qui furent conservés dans le même ordre dans les Animaux sans vertèbres. Cuvier n'a point admis cette famille. Dans son Regne Animal, on trouve le grand genre Nautile divisé en plusieurs sous-genres; l'un d'eux, *Lituus*, comprend comme sous-divisions les genres Lituite, Hortole, Spiroline, Nodosaire et Hortocératite. Férussac (Tableaux Systématiques des Animaux mollusques) a conservé cette famille de Lamarck dans laquelle il n'a apporté que peu de changemens. Il la compose des quatre genres Canope, Lituole, Spiroline et Spirule. Le genre Spiroline est divisé en trois groupes : 1°. Coquille à sommet contourné. Genre : Nogrobe, Montf. 2°. Tours détachés. Genre : Hortole, Montf. 3°. Tours contigus. Genres : Spiroline, Lamk., et Lituite, Montf. A l'exception du genre Canope, sur lequel nous conservons quelques doutes, on peut admettre, avec quelque changement, la division de Férussac pour cette famille. *V.* aussi les noms de genres que nous venons de citer. (D..H.)

LITUOLITE. *Lituolites*. moll. On a donné ce nom aux Lituoles à l'état fossile ou de pétrification. Ces terminaisons en *ite*, que l'on avait établies pour distinguer les espèces fossiles des vivantes dans un même genre, sont abandonnées avec juste raison. *V.* Lituole. (D..H.)

LIVÈCHE. *Ligusticum.* bot. phan. Genre de la famille des Ombellifères, et de la Pentandrie Digynie, L., offrant pour caractères : ombelle et ombellules formées de plusieurs rayons, et munies d'involucres et d'involucelles polyphylles; calice à cinq dents à peine visibles; cinq pétales ovales, lancéolés, entiers, égaux, courbés en dedans; cinq étamines; ovaire surmonté de deux styles rapprochés, un peu courts et à stigmates simples; akène ovale-oblong, marqué de chaque côté de cinq sillons profonds, et conséquemment présentant cinq angles ou côtes épaisses et un peu saillantes. Ce genre a beaucoup de rapports avec le *Laserpitium*, le *Selinum* et l'*Angelica*; il ne diffère même du premier qu'en ce que ses fruits ne sont pas relevés de côtes aussi saillantes et membraneuses. La faiblesse de ce caractère a été cause qu'on a transporté successivement plusieurs Plantes d'un genre à l'autre. Ainsi les *Laserpitium simplex*, L., *Dauricum*, Jacq., *peucedanoides*, Desfont., *silicifolium*, Jacq., et *verticillatum*, Waldst. et Kit., paraissent devoir être réunis aux *Ligusticum*. Sprengel a proposé d'y rapporter encore les genres *Gingidium* et *Aciphylla* de Forster, les *Athamantha Cervaria* et *Libanotis*, L., *alata* de Marschall, et *multiflora* de Sibthorp. D'un autre côté, il en a démembré le *L. tenuifolium* de Ramond, pour en former le genre *Walrothia*. *V.* ce mot.

La LIVÈCHE COMMUNE, *Ligusticum Levisticum*, L., a été placée parmi les *Angelica* par Allioni, Lamarck et De Candolle. Les autres espèces naissent dans les pays montueux de l'Europe méridionale.   (G..N.)

LIVIE. *Livia.* INS. Genre de l'ordre des Hémiptères, section des Homoptères, famille des Hyménélytres, tribu des Psyllides, établi par Latreille aux dépens du genre Psylle de Geoffroy, et ayant pour caractères : antennes de dix articles, très-grosses à leur base; tête carrée et allongée ; premier segment du corselet très-distinct. Ces Insectes ressemblent beaucoup aux Psylles; mais ils en diffèrent par les antennes qui sont d'une même venue dans ces derniers, par la tête qui est courte et par le premier segment du corselet qui est petit et peu distinct; ils s'éloignent des Pucerons, parce que ceux-ci n'ont que six à sept articles aux antennes et des Thrips qui ont huit articles à ces mêmes antennes. Les antennes des Livies sont de la longueur

des deux tiers du corps; elles sont insérées au-devant des yeux dans une échancrure latérale; les trois premiers articles sont très-grands et les suivans grenus, très-serrés et difficiles à distinguer ; le dernier est terminé par deux soies divergentes dont l'inférieure plus courte. La tête est grande, aplatie et carrée avec un enfoncement longitudinal et profond au milieu. Les yeux sont grands et placés sur les côtés; on voit derrière chacun d'eux un petit œil lisse. Le dessous de la tête est creux dans tout le milieu de sa longueur. Le corselet est grand, peu convexe; le premier segment est court, transversal ; l'écusson est triangulaire et obtus. Les élytres sont un peu coriaces, en toit assez aigu ; elles sont marquées de deux nervures principales, épaissies à l'angle externe de la base et dilatées au bord extérieur qui est fort arqué. L'abdomen est conique; son extrémité est munie, dans les femelles, d'une tarière logée entre deux pointes coniques; les pates sont courtes et grosses. Les femelles déposent leurs œufs, qui sont peu nombreux, ovales et assez grands, dans les boutons des fleurs du Jonc articulé; ce qui produit une monstruosité qui a la forme d'une balle de Graminée très-grande. La larve et les nymphes ressemblent, quant à la figure, à celles des Psylles du Figuier. Elles sont oblongues, fort obtuses aux deux extrémités et très-déprimées ; les antennes sont très-apparentes, annelées et coniques. Les larves ne diffèrent des nymphes que parce qu'elles n'ont pas les rudimens d'élytres de celles-ci. Leur démarche, sous ces deux états, est lourde et lente; elles demeurent constamment enfermées dans l'intérieur des galles qu'elles ont produites sur le Jonc, se nourrissent du suc de cette Plante, et rendent par l'anus une matière farineuse, très-blanche, au milieu de laquelle elles semblent prendre plaisir à vivre. L'Insecte parfait s'y tient aussi fort tranquillement et saute, de même que les Psylles, plus qu'il ne marche. La

seule espèce connue de ce genre est :
La Livie des Joncs, *L. Juncorum*,
Latr. (*Gener. Crust. et Ins.* T. III, p.
170), *Psylla Juncorum*, *ibid.* (Hist.
Nat. des Fourmis, p. 322, pl. 12, fig.
3). Elle a un peu plus d'une ligne de
long; ses antennes ont les trois premiers articles rouges, les suivans
blancs et les deux derniers noirs; la
tête est rouge; le corselet est rougeâtre; les élytres sont transparentes et
les ailes d'un blanc bleuâtre; l'abdomen est rougeâtre à sa naissance,
jaune à la fin; la tarière est noire et
les pates d'un blanc jaunâtre. Cet Insecte fréquente les lieux marécageux
des environs de Paris et de plusieurs
parties de la France.   (G.)

LIVISTONE. *Livistona.* BOT.
PHAN. Dans son *Prodromus Floræ
Novæ-Hollandiæ*, p. 267, R. Brown
a fondé ce genre de la famille des Palmiers et de l'Hexandrie Monogynie,
L., et lui a assigné les caractères suivans : fleurs hermaphrodites; périanthe double, l'un et l'autre tripartites; six étamines dont les filets sont
distincts et dilatés à la base; trois
ovaires cohérens par leur face intérieure, surmontés de styles réunis et
d'un stigmate indivis; baie monosperme (unique par avortement de
deux ovaires); albumen creux dans
son centre; embryon dorsal. Ce genre doit être placé, selon R. Brown,
entre le *Corypha* et le *Chamærops*.
Les deux espèces qui le constituent
sont : 1° *Livistona inermis*, Palmier
élevé de six à douze mètres, et dont
les stipes sont dépourvus d'épines.
2°. *L. humilis*, qui ne s'élève qu'à
un ou deux mètres, et dont les troncs
sont épineux. Ces deux Palmiers
croissent dans les contrées intertropicales de la Nouvelle-Hollande.
Leurs frondes sont palmées, à pinnules bifides et séparées par des filamens. R. Brown indique en outre
comme appartenant à ce genre le
Latania chinensis, Jacq. (*Fragm.
Bot.*, p. 16, t. 11, f. 1).   (G..N.)

LIVON. MOLL. Le *Turbo Pica* de
Linné et de Lamarck a été ainsi nommé par Adanson (Voy. au Sénég., pl.
12, fig. 7). *V.* TURBO.   (D..H.)

* LIVONÈCE. *Livoneca.* CRUST.
C'est un des genres que Leach a établis avec tant de prodigalité dans la
famille des Cymothoadés et que Latreille n'a pas adopté. *V.* CYMOTHOA-
DÉS.   (G.)

* LIVOT. OIS. L'un des noms vulgaires de la Buse. *V.* FAUCON. (B.)

LIVRÉ. BOT. PHAN. Grosse variété
de Poires acerbes qui ne se mangent
que cuites.   - (B.)

LIVRÉE. MAM. On nomme ainsi
une disposition particulière des couleurs du pelage chez plusieurs Mammifères dans leur jeune âge, comme chez
les Lionceaux, les jeunes Tapirs et les
Faons de la plupart des Cerfs. Les
couleurs d'un jeune Animal en livrée
rappellent constamment celles que
présentent d'une manière permanente
d'autres espèces du même genre; et
on pourrait même pour celles-ci, au
lieu de dire, comme on le fait ordinairement, qu'elles n'ont pas de Livrée dans leur jeune âge, admettre
qu'elles la conservent pendant toute
la durée de leur vie. Cette remarque
peut servir à expliquer, pour certains
cas, comment deux espèces très-voisines peuvent différer beaucoup sous
le rapport de leur pelage, quoique
ordinairement toutes les espèces d'un
même genre naturel aient un système
de coloration analogue. *V.* MAMMI-
FÈRES.   (IS. G. ST.-H.)

LIVRÉE. MOLL. Nom vulgaire de
l'*Helix nemoralis*, l'une des Coquilles
les plus communes des campagnes de
la France.   (B.)

LIVRÉE. INS. Les amateurs et les
jardiniers donnent ce nom à la chenille du *Bombyx Neustria*. Elle se
nourrit des feuilles de divers Arbres
fruitiers.   (G.)

LIVRÉE D'ANCRE. INS. Geoffroy
donne ce nom à l'Insecte que Fabricius décrit sous le nom de *Trichius
fasciatus*. *V.* TRICHIE.   (G.)

* LIVRET. BOT. PHAN. *V.* LIBER.

LIXE. *Lixus*. ins. Genre de l'ordre des Coléoptères, section des Tétramères, famille des Rhynchophores, tribu des Charansonites, établi par Fabricius, et ayant pour caractères : pénultième article des tarses bilobé ; antennes coudées, insérées près du milieu d'un avancement antérieur et en forme de trompe de la tête, composées de onze articles dont les quatre derniers au moins composent une massue allongée et en fuseau. Ces Insectes s'éloignent des Brentes, des Attelabes, des Rhynchènes et des Charansons proprement dits par des caractères tirés des antennes, de la forme du corps et des pates. Ils ont, en général, une forme allongée, rétrécie aux deux extrémités ; leur corps est souvent couvert de petites écailles ou d'un duvet grisâtre ou cendré. La trompe est assez longue et avancée ; les élytres sont très-dures, pointues au bout ; les tarses sont terminés par des ongles robustes au moyen desquels ils s'accrochent fortement aux doigts lorsqu'on les saisit ; ils vivent ordinairement sur les Plantes de la famille des Composées, comme les Jacées, les Chardons et autres. Ils marchent très-lentement. D'après Léon Dufour, l'appareil digestif des Lixes débute dans l'arrière-bouche, par deux vaisseaux salivaires d'une ténuité capillaire, flexueux, repliés et assez longs. Le canal alimentaire a près de trois fois la longueur du corps ; l'œsophage est grêle, suivi d'un jabot ellipsoïde d'une consistance presque calleuse parcourue à l'intérieur par huit colonnes composées de soies imbriquées et destinées à broyer encore les alimens. Le ventricule chylifique, d'abord dilaté et boursouflé, devient cylindrique, comme un intestin, se replie et s'enfle de nouveau, et peu avant l'insertion des vaisseaux hépatiques, on voit un espace hérissé de papilles. L'intestin grêle est long, flexueux ou replié ; il se dilate en un cœcum allongé, terminé par un rectum filiforme. La larve d'une espèce de notre pays a été observée par De-

géer. C'est cette espèce que Linné a nommée *Curculio paraplecticus*, parce qu'il croyait que cette larve étant mangée par les Chevaux avec la Plante dans laquelle elle se nourrit, leur donnait la maladie appelée paraplégie, et que les Suédois nomment *Staikra*, comme la Plante. C'est dans l'intérieur des tiges de la Phellandrie aquatique, Ombellifère qui croît dans les marais, que vit cette larve ; elle se nourrit de la moelle qui se trouve dans la partie submergée de ces tiges ; elle est longue d'environ sept lignes ; toute blanche, avec la tête écailleuse et d'un brun jaunâtre ; la bouche est garnie de très-petits poils et composée de deux mandibules cornées, fortes et très-pointues ; de deux petites lèvres, de deux mâchoires et de quatre palpes ; cette larve se transforme en nymphe au commencement de juillet ; celle-ci est nue, sans coque et de la même couleur que la larve ; les élytres et les pates sont appliquées sur les côtés, et la trompe est courbée sous la poitrine ; elle vit toujours dans la tige, et quand elle est prête à se transformer en Insecte parfait, elle remonte toujours dans cette tige, au-dessus du niveau de l'eau, la ronge en partie avec les dents et fait une ouverture ovale qui lui sert de passage. Dejean (Cat. des Col., p. 97) mentionne vingt et une espèces de Lixes ; celle qui est la plus commune à Paris, et dont nous venons de donner l'histoire, est :

Le LIXE PARAPLECTIQUE, *L. paraplecticus*, Fabr., Oliv (Col. T. v, n. 83, pl. 21, fig. 299). Il est long de plus de six lignes, noirâtre, couvert d'un duvet court, serré, d'un jaune gris ; trompe mince, cylindrique, de la longueur du corselet ; élytres terminées chacune par une pointe aiguë ; cuisses simples. Cette espèce se trouve à Paris ; parmi les autres espèces de ce genre il y en a une qui a reçu le nom de *Lixus odontalgicus*, parce qu'on lui a attribué une vertu odontalgique. *V.*, pour les autres espèces, Latreille, Olivier, Fabricius, etc.   (G.)

* LIZARI. bot. phan. *V*. Ezari.

LLAGUNOA. bot. phan. *V*. Lagunoa.

LLAMA. mam. D'où, par corruption, Lama. Espèce du genre Chameau. *V*. ce mot. (b.)

* LLAVEA. bot. crypt. (*Fougères*.) Lagasca (*Gen. et Spec.*, p. 33) a donné ce nom à un nouveau genre qu'il a ainsi caractérisé : fructifications en forme de pointes ou de petites lignes obliques sur la nervure, recouvertes entièrement dans leur jeunesse par un induse membraneux, continu, qui s'ouvre de dedans en dehors ; capsules pédicellées, munies d'un anneau qui se détache avec élasticité. Ce genre, qui a beaucoup de rapport avec l'*Asplenium*, ne se compose que d'une seule espèce indigène de l'Amérique méridionale et à laquelle Lagasca a donné le nom de *Llavea cordifolia*. (g..n.)

LLITHI. bot. phan. (Feuillée.) Nom de pays du *Laurus caustica*, Willd. Arbre du Chili qui n'appartient peut-être pas au genre dans lequel on l'a placé. (b.)

LLOQUI. bot. phan. Nom de pays du Pindéa de la Flore du Pérou. (b.)

* LLORENTEA. bot. phan. *V*. Lorentea. (b.)

* LLUZ. pois. (Delaroche.) Syn. de *Gadus Merlucius*, L., aux îles Baléares. *V*. Gade. (b.)

* LO. mam. Syn. de Lynx. C'est le Los des Danois. *V*. Chat. (b.)

LOASA. *Loasa*. bot. phan. Genre établi par Adanson, d'abord placé dans la famille des Onagres, mais dont Jussieu a fait le type d'un ordre naturel nouveau qu'il a nommé Loasées. *V*. ce mot. Les caractères du Loasa sont les suivans : ce sont des Plantes herbacées, rameuses, ayant beaucoup de ressemblance dans leur port avec les Bryones, ordinairement couvertes de poils très-cuisans. Leur tige est volubile ou sarmenteuse ; leurs feuilles alternes ou opposées, dentées ou incisées, et partagées en

lobes plus ou moins profonds et quelquefois pinnatifides. Les fleurs sont portées sur des pédoncules qui offrent en quelque sorte toutes les positions, c'est-à-dire qui sont tantôt axillaires, tantôt terminaux, latéraux ou opposés aux feuilles. Ces fleurs, qui sont jaunes ou d'un rouge pâle, sont solitaires ou réunies en grappes pauciflores. Leur calice adhérent avec l'ovaire infère a cinq lobes profonds et égaux. La corolle se compose de cinq pétales onguiculés, concaves, égaux, étalés, attachés au limbe du calice. En dedans de la corolle sont cinq écailles dressées, alternes avec les pétales, et offrant à leur sommet deux ou trois lobes. Les étamines sont fort nombreuses ; dix d'entre elles plus extérieures, stériles et dépourvues d'anthères, sont placées par paires en face de chaque écaille ; les autres, plus courtes, sont disposées en cinq faisceaux opposés aux pétales. Les anthères sont dressées, à deux loges s'ouvrant par un sillon longitudinal. L'ovaire est infère, à une seule loge, contenant trois trophospermes pariétaux. Le style est droit, divisé à son sommet en trois branches rapprochées. Le fruit est une capsule oblongue, couronnée par le limbe du calice, offrant une seule loge polysperme et dont les graines sont attachées à trois trophospermes longitudinaux qui correspondent aux sutures. Cette capsule s'ouvre par son sommet en trois valves. Les graines qu'elle renferme sont très-nombreuses et fort petites, ayant un tégument lâche et réticulé à l'extérieur, mince et membraneux intérieurement. Elles contiennent, au milieu d'un endospermè charnu, un embryon presque cylindrique dont la radicule est tournée vers le hile.

Toutes les espèces de ce genre sont originaires de l'Amérique méridionale et particulièrement du Pérou. Linné n'en a décrit qu'une seule, *Loasa hispida*. Lamarck, dans le Dictionnaire de Botanique de l'Encyclopédie Méthodique, en a fait connaître cinq espèces nou-

velles qui lui avaient été communiquées par Jussieu. Ce dernier botaniste, dans le cinquième volume des
Annales du Muséum, p. 25, donne
une petite Monographie de ce genre
dont il porte les espèces au nombre
de douze. Enfin, le professeur Kunth
(*in Humb. Nov. Gener.* 6, p. 115) en
décrit quatre espèces nouvelles, dont
trois originaires du Pérou, et une
seule de la Nouvelle-Grenade. (A. R.)

LOASÉES. *Loaseæ.* BOT. PHAN.
Le professeur Jussieu, dans le cinquième volume des Annales du Muséum d'Histoire Naturelle de Paris, a
proposé d'établir une famille particulière pour les genres *Loasa* et
Mentzelia. Cette famille a été adoptée
par Kunth (*in Humb. Nov. Gener.* 5,
p. 115) qui y a réuni les genres *Turnera* de Linné, *Piriqueta* d'Aublet
et un genre nouveau qu'il nomme
Klaprothia. Voici quels sont les caractères de la famille des Loasées : le
calice est monosépale, tubuleux, libre ou adhérent avec l'ovaire infé-
fère ; son limbe est à cinq divisions ;
la corolle se compose de cinq pétales
réguliers, planes ou concaves, quelquefois plus petits que les lobes du
calice ; la gorge du calice est garnie
de cinq écailles ou d'un bord membraneux et découpé qui manque dans
quelques genres. Les étamines sont
généralement très-nombreuses, quelquefois en même nombre que les pétales ; assez souvent les plus extérieures sont plus grandes ; elles sont insérées au calice ; les anthères sont
allongées, introrses, à deux loges
s'ouvrant par un sillon longitudinal :
l'ovaire est libre ou infère, à une
seule loge offrant intérieurement
trois trophospermes longitudinaux,
quelquefois saillans en forme de cloisons et portant plusieurs ovules péritropes ou suspendus. Cet ovaire
est surmonté de trois longs styles
grêles, quelquefois réunis et soudés
en un seul, et terminés chacun par un
stigmate simple ou sous forme de
pinceau. Le fruit est une capsule couronnée par les lobes du calice, quand

l'ovaire était infère, nue, quand il
était libre et supère ; uniloculaire, à
trois trophospermes longitudinaux,
correspondant au milieu de la face
interne des valves dans tous les genres, excepté dans le *Loasa* où ils sont
placés vis-à-vis les sutures. Cette
capsule s'ouvre par son sommet seulement en trois valves incomplètes.
Les graines sont très-nombreuses,
péritropes ou pendantes. Dans le
genre *Turnera*, elles sont accompagnées d'un arille membraneux, incomplet et unilatéral, que nous n'a-
vons point observé dans les autres
genres ; leur tégument propre est
généralement réticulé ; il renferme au
centre d'un endosperme charnu, un
embryon ayant la même direction que
la graine, c'est-à-dire dont le bout
de la radicule est tourné vers le hile.

Les Loasées sont des Herbes rameuses, souvent couvertes de poils
hispides et dont la piqûre est brûlante comme celle des Orties ; leurs
feuilles sont éparses ou opposées,
entières ou diversement lobées ; leurs
fleurs, assez souvent jaunes et grandes, sont tantôt solitaires, tantôt
diversement groupées. Cette famille,
qui ne se compose que d'un petit
nombre de genres, a été divisée par
Kunth (*in Humb. Nov. Gener.* 5, p.
115) en deux sections caractérisées
de la manière suivante :

§ I. *Loasées vraies.*

Etamines indéfinies ; ovaire adhérent avec le calice ; trophospermes
placés devant les sutures du péricarpe :

Loasa, Adans., L.; *Mentzelia*, L.;
Klaprothia, Kunth.

§ II. *Turnéracées.*

Etamines définies ; ovaire libre ;
trophospermes placés sur le milieu
de la face interne des valves ; graines arillées ?

Turnera, L.; *Piriqueta*, Aublet.
Il n'est pas très-facile de déterminer la place que les Loasées doivent
occuper dans la série des ordres naturels : voici ce que dit à cet égard le

célèbre botaniste à qui l'on en doit la formation. Cette famille se rapproche des Onagraires, mais en diffère par des caractères tranchés, et surtout par ceux tirés de son ovaire et de son fruit. Elle a, comme les Myrtées, des étamines nombreuses et un seul style; mais elle en est distinguée par son port et la structure de son fruit ; sa corolle polypétale, ses étamines nombreuses et son fruit uniloculaire, l'éloignent des Campanulacées qui sont monopétales, multiloculaires et à étamines définies. On ne peut la rapprocher des Cucurbitacées quoique celles-ci aient des graines également attachées à des trophospermes pariétaux, puisqu'elles ont de plus des fleurs à sexes séparés, sans pétales, et des étamines très-peu nombreuses. Si on la compare enfin avec les Nopalées ou Cactées, on trouvera peut-être une affinité plus caractérisée par ce style et cette loge uniques, et par l'adhérence des graines ou des placentas qui les portent aux parois du fruit. Ce rapport se fortifiera par l'examen comparatif de la fleur du *Loaza* avec celle du *Cactus Pereskia* dans laquelle on trouve une conformation extérieure presque semblable, deux espèces de pétales et des étamines nombreuses qui ont la même structure.   (A. R.)

 * **LOBAG.** BOT. PHAN. On ne sait positivement à quel Végétal appartient cette racine des Philippines citée par Camelli comme un excellent antidote contre le venin des Serpens. Jussieu pense que ce peut être l'Ophioxylum.   (B.)

LOBARIA. BOT. CRYPT. (*Lichens.*) Hoffmann a créé ce genre dans ses Plantes lichénoïdes pour la presque totalité des Lichens membraneux et foliacés placés depuis, par Acharius (*Lichenograph. univ.*), dans les *Cornicularia, Imbricaria, Physcia, Platisma* et *Lobaria*, subdivisions du genre *Lichen* tel qu'il avait été partagé d'abord dans son *Prodromus*. De Candolle a établi, à l'aide de ces sections, autant de genres distincts, qui n'ont

point été adoptés. La méthode des Lichens avait conservé un genre *Lobaria* qui n'est pas le même que celui d'Hoffmann. Il ne comprend qu'un petit nombre d'espèces à folioles coriaces, membraneuses, libres, lobées, à lobes larges, arrondis, hérissés en dessous, fructifères, à scutelles éparses, sous-sessiles. De Candolle a conservé ce genre qu'on ne retrouve plus dans la Lichénographie universelle ni dans le *Synopsis.* Des cinq espèces qui figurent dans la Flore Française, trois ont été réunies aux Stictes; ce sont les *Lobaria herbacea, pulmonaria* et *scrobiculata*, et deux se retrouvent parmi les Parmélies, sous les mêmes noms spécifiques; ce sont les *Lobaria perlata* et *glomulifera. V.* PARMÉLIE et STICTE.   (A. F.)

LOBE ET **LOBÉ.** *Lobus*, *Lobatus.* BOT. PHAN. Une feuille, une corolle, un pétale et en général un organe plane quelconque est appelé *lobé* quand il est partagé par des sinus plus ou moins profonds, en un certain nombre de divisions qu'on nomme des Lobes ; ainsi on dit feuille bilobée, trilobée, multilobée. On a également donné le nom de *Lobes* ou feuilles séminales aux cotylédons de l'embryon. C'est dans ce sens qu'on dit *embryon unilobé* ou *bilobé.* (A. R.)

 LOBELIA. BOT. PHAN. *V.* LOBÉLIE.

LOBÉLIACÉES. *Lobeliaceæ.* BOT. PHAN. A l'article CAMPANULACÉES, nous avons déjà dit que le groupe de Végétaux établi sous le nom de Lobéliacées nous paraissait devoir demeurer réuni aux Campanulacées. *V.* ce mot.   (A. R.)

LOBÉLIE. *Lobelia.* BOT. PHAN. Genre de la famille des Campanulacées, section des Lobéliacées, composé d'un nombre très-considérable d'espèces qui croissent dans presque toutes les parties du globe, mais plus spécialement dans l'Amérique méridionale et le cap de Bonne-Espérance. Ce sont des Plantes herbacées, annuelles ou plus souvent vivaces, ou des Arbustes portant des feuilles simples, alternes, dentées; des fleurs bleues, blanches ou rouges, disposées en grappes terminales ou quelquefois solitaires et axillaires. Presque toutes les espèces de Lobélies sont lactescentes, ainsi qu'on le remarque dans un grand nombre d'autres Plantes de la famille des Campanulacées. Plusieurs sont extrêmement âcres et vénéneuses. Les caractères de ce genre sont les suivans : le calice est adhérent avec l'ovaire infère; son limbe est à cinq divisions égales. La corolle est monopétale, irrégulière, tubuleuse; son limbe est à cinq lobes inégaux, disposés en deux lèvres : l'une supérieure, formée de deux divisions; l'autre inférieure, de trois divisions. Les étamines, au nombre de cinq, sont réunies entre elles par les filets et les anthères, et forment un tube généralement saillant, terminé par des poils, et au travers duquel passent le style et le stigmate; celui-ci est généralement bilobé. Le fruit est une capsule, libre seulement par sa partie supérieure, couronnée par les lobes calicinaux, offrant une, deux ou rarement trois loges polyspermes et s'ouvrant par son sommet en deux valves septifères sur le milieu de leur face interne. Nous allons donner ici la description de quelques-unes des espèces les plus remarquables, soit par la beauté de leurs fleurs qui les a fait introduire dans nos jardins, soit par leurs usages et leurs propriétés. Nous ferons seulement remarquer ici que sur plus de cent espèces qui composent ce genre, trois seulement croissent en Europe, savoir : *Lobelia Dortmanna*, dans les marais du Nord, mais qui a été trouvée jusque dans l'étang de Cazau dans l'Aquitanie par Bory de Saint-Vincent. *V.* LANDES. *Lobelia urens*, dans les régions moyennes, et *L. laurentia*, en Italie et dans le midi de l'Espagne.

LOBÉLIE CARDINALE, *Lobelia cardinalis*, L. Cette espèce, qui est originaire de la Virginie, est herbacée et vivace. Sa tige, qui est simple, s'élève à une hauteur de deux à trois

pieds et porte des feuilles ovales-lancéolées, aiguës et sessiles. Ses fleurs, qui sont grandes et d'une belle couleur écarlate, forment à la partie supérieure de la tige un épi de huit à douze pouces de longueur. Cette belle espèce est aujourd'hui fort commune dans les jardins. Elle peut passer l'hiver en pleine terre, en ayant soin de la couvrir; mais néanmoins il est plus prudent de la rentrer dans l'orangerie. Il faut, pour cette espèce, un terre franche et légère. On la multiplie facilement de graines, de boutures au printemps ou d'éclats en automne.

LOBÉLIE ÉCLATANTE, *Lobelia fulgens*, Bonpl., Pl. Nav. et Malm. T. VII. Cette espèce, l'une des plus belles de ce genre, a été trouvée près de Valladolid, au Mexique, par Humboldt et Bonpland. Sa tige est simple, dressée, cylindrique, purpurescente et un peu velue; ses feuilles sessiles, lancéolées, aiguës, irrégulièrement dentées et légèrement velues; ses fleurs grandes, disposées en un long épi et du pourpre le plus pur et le plus intense. La Lobélie éclatante est aujourd'hui assez commune; elle doit être rentrée en orangerie pendant l'hiver.

LOBÉLIE A LONGUES FLEURS, *Lobelia longiflora*, L., Jacq., *Hort. Vind.*, t. 27. Cette espèce est annuelle et croît dans presque toutes les Antilles. Sa tige est rameuse, haute d'environ un pied, velue et un peu rude; ses feuilles sont lancéolées, velues à leur face inférieure, profondément et irrégulièrement dentées. Les fleurs, solitaires à l'aisselle des feuilles, sont blanches. Leur tube, long de trois à quatre pouces, se termine par un limbe ouvert, à cinq divisions inégales. La Lobélie à longues fleurs, que l'on cultive quelquefois ici dans les serres, est extrêmement vénéneuse. Son suc est très-âcre et caustique.

LOBÉLIE TUPA, *Lobelia Tupa*, L. Originaire de la côte occidentale de l'Amérique méridionale, cette espèce a sa tige dressée, haute de cinq à six pieds, rameuse, portant des feuilles sessiles et un peu décurrentes, ovales-lancéolées, aiguës, légèrement cotonneuses et blanchâtres. Ses fleurs, qui forment un long épi terminal, sont d'un rouge vif, longues d'environ deux pouces. Cette espèce est l'une des plus vénéneuses du genre. Toutes ses parties sont remplies d'un suc blanc et laiteux d'une extrême âcreté. Son odeur seule, suivant plusieurs voyageurs, suffit pour provoquer le vomissement.

LOBÉLIE SYPHILITIQUE, *Lobelia syphilitica*, L., Rich., Bot. Méd., 1, p. 346. Originaire des forêts de l'Amérique septentrionale, cette Lobélie présente une tige herbacée, simple, droite, haute d'environ deux pieds, anguleuse, velue, surtout inférieurement; ses feuilles sont alternes, sessiles, rapprochées, lancéolées, aiguës, légèrement pubescentes, irrégulièrement dentées, et un peu sinueuses sur les bords. Ses fleurs, violacées et solitaires à l'aisselle des feuilles, forment à la partie supérieure de la tige un épi très-allongé, entrecoupé de feuilles. Toute la Plante est lactescente et répand une odeur un peu vireuse, lorsqu'on la froisse entre les doigts. Sa racine, qui se compose d'une touffe de fibres grêles et blanchâtres, a une saveur âcre que l'on a comparée à celle du Tabac. Elle a été analysée par Boissel (Bull. Pharm., décemb, 1824) qui y a trouvé : 1° une matière grasse de consistance butyreuse; 2° du sucre incristallisable et infermentescible; 3° une matière mucilagineuse; 4° du malate acide de Chaux ; 5° du malate de Potasse ; 6° des traces d'une matière amère très-facilement altérable ; 7° des muriate et sulfate de Potasse, etc., et du ligneux. Donnée à faible dose, la décoction de cette racine excite la transpiration cutanée ; à dose un peu plus élevée, elle augmente les déjections alvines, et enfin agit quelquefois comme émétique, si elle est plus concentrée. Cependant, d'après Boissel, l'extrait qu'il a fait prendre à plusieurs Animaux n'a ja-

mais provoqué le vomissement. Cette racine jouit chez les médecins de l'Amérique septentrionale d'une très-grande réputation dans le traitement de la syphilis, et ils l'administrent quelquefois seule, d'autres fois en lui associant l'usage du mercure. Les Canadiens l'employaient depuis longtemps et en faisaient un secret que le docteur Johnson parvint à leur arracher. Il le communiqua au voyageur Kalm, qui le fit connaître en Europe vers l'année 1756. Mais on l'y emploie très-peu, malgré les essais tentés il y a une cinquantaine d'années par Dupau qui dit avoir constaté son efficacité dans un grand nombre de cas. Le *Lobelia urens*, L., qui croît dans les bois humides aux environs de Paris, possède à peu près les mêmes propriétés ; mais on n'en fait pas usage.   (A. R.)

LOBIER. BOT. CRYPT. Paulet donne ce nom à un Bolet subéreux qu'il décrit comme nouveau dans son genre Xylometron.   (B.)

LOBIOLES. BOT. CRYPT. (*Lichens.*) On nomme ainsi les subdivisions du thalle en petites pièces ou lanières dont la forme imite celle des feuilles.   (A. F.)

LOBIPÈDE. OIS. Genre établi par Cuvier (Règn. Anim.) pour le *Tringa hyperborœa*. V. TRINGA.   (DR..Z.)

*LOBOITE. MIN. Cette substance pierreuse, regardée d'abord comme une espèce particulière, n'est qu'une variété d'Idocrase, voisine de l'Égeran. Elle a été dédiée au comte de Lobo, qui en avait donné le premier une description. On la trouve à Frugard, en Uplande, non loin des mines de Dannemora. Elle est composée, d'après Berzelius, de Silice, 36; Alumine, 17,50 ; Chaux, 37,65; Magnésie, 2,52; Fer oxidé, 5,25. (G. DEL.)

LOBULAIRE. *Lobularia.* POLYP. Genre de l'ordre des Alcyonées, dans la division des Polypiers sarcoïdes, formé aux dépens des Alcyons de Linné, ainsi caractérisé : corps commun, charnu, élevé sur sa base, rarement soutenu par une tige courte, simple, ou munie de lobes variés; surface garnie de Polypes épars; Polypes entièrement rétractiles, ayant huit cannelures au dehors et huit tentacules pectinés. Il a été établi par Savigny, et ne renferme encore que trois espèces qui vivent dans les mers de l'Europe. Les Animaux habitant ces masses polypeuses, ont été observés et décrits par plusieurs auteurs; Lamouroux a donné une description détaillée, avec figures, de celui du *Lobularia digitata* (*Alcyonium lobatum*), dans son Histoire des Polypiers, p. 528 et suivantes. Les figures données par Ellis, Spix et Lamouroux, ne se ressemblent guère; nous pensons néanmoins que ces différences ne peuvent être rapportées à aucune inexactitude, mais dépendent de l'état du Polype, à l'instant où il a été dessiné. Ainsi, par exemple, la figure de l'Animal du *Lobularia digitata*, donnée par le dessinateur Spix, et copiée par Lamouroux, pl. 14, fig. 1, A, nous semble représenter le Polype comme nous l'avons observé lorsqu'il est déjà mort depuis quelque temps, mais nullement desséché et encore saillant hors de sa cellule; ses tentacules sont contractés, on ne peut plus les dérouler sans dilacération. Les Polypes des Lobulaires sont placés à la surface du corps charnu qui les soutient; ils sont très-nombreux, entassés sans ordre, et logés dans des cellules à ouverture crénelée et profondes de quelques lignes; elles communiquent, par leur fond, avec des canaux longitudinaux plus étroits, qui parcourent toute la longueur du Polypier. Le corps du Polype est renfermé dans un sac membraneux, fortifié, à l'extérieur, par huit bandelettes filiformes, longitudinales, fixées, d'une part, au bord de la cellule, et de l'autre à la base des tentacules. Par sa contraction, le sac peut faire saillir au dehors le corps du Polype dont l'extrémité antérieure est munie de huit tentacules couverts, sur une de leurs faces, de papilles mobiles. Au milieu des ten-

tacules se trouve la bouche, petite ouverture arrondie, entourée d'appendices très-irritables. Toute cette partie supérieure de l'Animal est fixée à un corps cylindrique beaucoup plus petit, se terminant en arrière par huit filamens tortueux, intestiniformes, dont l'extrémité paraît libre et flottante dans le fluide qui remplit le sac. Les mouvemens de ces Polypes sont lents; les œufs sont gros, sphériques et rougeâtres lors de leur maturité. Il nous semble que c'est à tort que Lamarck pense que le corps mollasse qui supporte les Polypes des Lobulaires, ne doit pas être considéré comme un Polypier. Son tissu a le plus grand rapport avec l'écorce des Gorgones. Comme cette écorce, il est formé d'une substance gélatineuse empâtant une infinité de petits grains calcaires; si l'on place dans l'Acide nitrique affaibli un fragment de Lobulaire digitée, frais ou desséché, il se produit une effervescence assez vive, et bientôt la portion gélatineuse, plus considérable que la portion calcaire, reste à nu. Nous n'avons pu y découvrir de traces de fibres, et moins encore de ces filamens roides que l'on voit dans l'intérieur des Alcyons desséchés. L'ouverture des cellules est crénelée ou étoilée comme celle de plusieurs Gorgones; mais au lieu d'un axe corné, la partie centrale des Lobulaires est composée de canaux irréguliers, longitudinaux, dont les parois sont formées d'une substance semblable à celle de l'extérieur du Polypier; elle contient néanmoins une plus petite quantité de granulations calcaires; dans l'état vivant, ces tubes sont remplis d'un liquide transparent. Ajoutons que les Polypes des Lobulaires ont les plus grands rapports de forme et d'organisation avec ceux des Gorgones; et que la masse qui les soutient est, comme l'écorce et l'axe de ces dernières, le résultat évident du travail des Polypes.

Le genre Lobulaire comprend les *Lobularia digitata*, *conoidea* et *palmata*.　　　　(E. D..L.)

LOBULAIRE. *Lobularia*. BOT. PHAN. Ce genre, établi par Desvaux (Journ. de Botanique, 5, p. 172) aux dépens des *Alyssum*, n'est considéré que comme une section de ce dernier genre par De Candolle (*System. Veget. Nat.* 2, p. 318). Cette section a pour type l'*Alyssum maritimum*, Lamarck, ou *Clypeola maritima*, L. (G..N.)

LOBULE *Lobulus*. BOT. PHAN. Dans les embryons à deux cotylédons inégaux, le professeur Mirbel appelle *Lobule* le cotylédon le plus petit et qui semble à l'état rudimentaire. L'embryon de la Macre (*Trapa natans*, L.) offre l'exemple le plus marqué dans l'inégalité des deux cotylédons. (A. R.)

* LOCHE. MOLL. Nom vulgaire des Limaces et des Arions. *V*. ces mots. (B.)

LOCHERIA. BOT. PHAN. (Necker.) Syn. de Sigesbeckie. *V*. ce mot. (B.)

LOCHES. POIS. Nom générique français adopté par Cuvier pour le genre Cobite. *V*. ce mot. On appelle vulgairement LOCHE de MER, l'Aphye. *V*. GOBIE. (B.)

LOCHNERIA. BOT. PHAN. Ce nom générique a été imposé par Scopoli au *Perim-Kara* de Rhéede (*Hort. Malab.* 4, tab. 24) qui est maintenant une espèce du genre *Elæocarpus*. (G..N.)

LOCOMOTION. ZOOL. Ce mot présente en physiologie un sens assez étendu; il signifie non-seulement la faculté que possèdent les Animaux de se transporter d'un lieu dans un autre, mais encore la fonction en vertu de laquelle ils meuvent, sous la dépendance de leur volonté, ou leur corps en totalité, ou simplement quelques-unes de leurs parties. La Locomotion est en quelque sorte le complément de la sensibilité dans le règne animal, puisque c'est par le moyen de leur faculté locomotrice que les Animaux peuvent exécuter les différens mouvemens qui doivent concourir à leur conservation. La Locomotion s'exécute au moyen d'or-ganes dont l'ensemble constitue l'appareil locomoteur. Cet appareil se compose des organes actifs et des organes passifs du mouvement. Les premiers sont l'*encéphale* où réside la volition ou la volonté d'exécuter tel ou tel mouvement, les *nerfs* qui la transmettent aux *muscles* qui l'exécutent sous leur influence. Les *os* ou parties dures qui prêtent un point d'appui aux muscles et favorisent ainsi les mouvemens en sont les organes passifs.

La Locomotion considérée dans son sens le plus étendu, c'est-à-dire comme signifiant la faculté qu'ont les Animaux de pouvoir à volonté se transporter d'un lieu dans un autre, ne s'exécute pas de la même manière dans la série des Animaux. Ainsi l'Homme, les Quadrupèdes, certains Reptiles et Insectes *marchent;* les Oiseaux, les Chauve-Souris, et un grand nombre d'Insectes *volent;* les Poissons *nagent;* les Ophidiens, les Vers *rampent*, etc., etc. Ces différens modes de Locomotion seront traités aux mots MARCHE, PROGRESSION, NATATION, REPTATION et VOL. (A. R.)

LOCULAR. BOT. PHAN. Espèce du genre Froment. *V*. ce mot. (B.)

LOCUSTA. INS. Nom scientifique des Sauterelles. *V*. ce mot. Les anciens donnaient aussi ce nom à quelques Crustacés du genre Palœmon. *V*. ce mot. (G.)

LOCUSTA. BOT. PHAN. Nom scientifique de la Valériane devenue type du genre Fédia. *V*. ce mot. (B.)

LOCUSTAIRES. *Locustariæ*. INS. Famille de l'ordre des Orthoptères sauteurs, établie par Latreille et ayant pour caractères : antennes sétacées; tarses à quatre articles; élytres et ailes en toit; pates postérieures propres au saut. Cette famille renferme la division des *Gryllus Tettigonia* de Linné. La division des *Gryllus Locusta* appartient au genre Criquet proprement dit. Latreille, dans ses ouvrages antérieurs, ne rangeait dans cette famille que le

genre des Sauterelles (*Locusta*); il
l'a subdivisé depuis (Fam. Nat. du
Règne Anim.), et à présent la famille
des Locustaires renferme cinq genres
rangés dans les trois divisions suivantes :

A. Des élytres et des ailes ordinaires dans les deux sexes.

Les genres : SAUTERELLE, CONO-
CÉPHALE, PENNICORNE.

B. Mâles ailés, femelles aptères ou
n'ayant que des élytres très-courtes.

Le genre : ANISOPTÈRE.

C. Les deux sexes presque aptères,
n'offrant au plus que des élytres très-
courtes, en forme d'écailles arrondies et voûtées.

Le genre : EPHIPIGÈRE. *V.* tous
ces mots.   (G.)

LOCUSTE. *Locusta.* BOT. PHAN.
Quelques agrostographes appellent
ainsi l'assemblage de fleurs réunies
dans une lépicène et que l'on désigne plus généralement sous le nom
d'Epillet. *V.* EPILLET.   (A. R.)

LOCUSTELLE. OIS. Espèce du
genre Sylvie. *V.* ce mot.   (B.)

* LODALITHE. MIN. (Sévergin ,
Mém. de l'Acad. imp. des Sc. de Pétersbourg , T. I, p. 358.) Ce n'est ,
suivant Léonhard, qu'une variété de
Feldspath.   (G. DEL.)

LODDE. POIS. Espèce du genre
Salmone. *V.* ce mot.   (B.)

LODDIGÉSIE. *Loddigesia.* BOT.
PHAN. Genre de la famille des Légumineuses et de la Monadelphie Décandrie, L., établi par Sims (*Botanical Magazine*, t. 965), et adopté par
De Candolle (*Prodromus Syst. Veg.*
2, p. 136) qui l'a ainsi caractérisé :
calice un peu renflé, à cinq dents
aiguës; corolle dont l'étendard est de
plusieurs fois moins long que les
ailes et la carène : dix étamines toutes
réunies par leurs filets; ovaire oblong,
comprimé, à deux ou quatre ovules.
Ce genre fait partie des Génistées ou
de la première section de la tribu des
Lotées. Il est placé non loin des *Cro-
alaria*, avec lequel il offre de tels
rapports que la plupart des jardiniers
ont donné ce nom à la seule espèce
qui le constitue , et qui a été nommée
par Sims *Loddigesia oxalidifolia.*
C'est un petit Arbrisseau très-rameux
et glabre, indigène du cap de Bonne-
Espérance. Ses feuilles sont pétiolées,
accompagnées de stipules subulées ,
et composées de trois folioles obcor-
dées mucronées. Ses fleurs au nombre de trois à huit forment une petite
ombelle , et sont de couleur blanche,
avec une teinte purpurine au sommet
de la carène.   (G..N.)

LODICULARIA. BOT. PHAN. Palisot de Beauvois, dans son Agrostographie, a établi sous ce nom un
genre particulier pour la *Rottboella
fasciculata* de Desfontaines, qui ne
diffère des autres espèces du genre
Rottboella que par la longueur et la
forme des paléoles de la glumelle. Ce
caractère ne paraît pas suffisant pour
l'établissement d'un genre. *V.* ROTT-
BOELLA.   (A. R.)

LODICULE. *Lodicula.* BOT. PHAN.
Palisot de Beauvois appelle ainsi les
deux petites écailles les plus intérieures des fleurs dans les Graminées,
et que le professeur Richard avait
nommées antérieurement Glumelle.
V. ce mot.   (A. R.)

LODOICÉE. *Lodoicea.* BOT. PHAN.
Il n'est personne qui ne connaisse ces
énormes fruits , souvent d'une forme
si bizarre , et que l'on nomme vulgairement *Cocos des Maldives.* Pendant
long-temps on n'a su à quel Arbre ils
appartenaient , ni même quelle était
au juste leur patrie , puisqu'on les
croyait généralement originaires des
îles Maldives ; mais Commerson et
surtout Labillardière nous ont , les
premiers, donné des renseignemens
certains à cet égard , et nous ont appris que l'Arbre qui les produit croît
naturellement dans les îles Sechelles,
sur le rivage de la mer, et que leurs
fruits, souvent transportés à d'énormes distances par les flots , viennent
aborder sur des rivages lointains. C'est
ainsi que l'on a cru que les Maldives
étaient leur lieu natal; on en a vu

même arriver sur des points encore plus éloignés de leur véritable patrie. Commerson, dans ses manuscrits, en avait formé un genre sous le nom de *Lodoicea ;* ce genre a été adopté par Labillardière (Ann. Mus. Par. 9, p. 140) qui en a fait connaître le caractère avec détail.

Le Cocotier des Sechelles , *Lodoicea Sechellarum*, Labill., *loc. cit.*, t. 15 , est un Palmier dont le stipe droit et cylindrique peut acquérir une hauteur de quarante pieds et au-delà. Il est marqué d'empreintes formées par les feuilles qui s'en détachent chaque année. Celles-ci , portées sur de longs pétioles , forment au sommet du stipe une vaste couronne composée ordinairement de quinze à vingt feuilles. Les pétioles sont longs de sept à huit pieds, élargis et membraneux à leur base ; les feuilles sont ovales, subcordiformes à leur base , offrant à leur contour un grand nombre de divisions profondes et plissées en forme d'éventail. Les fleurs sont unisexuées et séparées sur deux individus distincts. Le régime de fleurs mâles se compose d'un petit nombre de chatons cylindriques longs d'environ deux pieds et demi sur un diamètre de trois à quatre pouces. Ils se composent de larges écailles étroitement imbriquées, se divisant en dessus vers le quart de leur largeur en deux lames verticales qui enveloppent presqu'en totalité un faisceau composé d'environ une trentaine de fleurs imbriquées. Ces fleurs sont disposées sur deux rangées et séparées les unes des autres par une petite écaille. Chaque fleur se compose d'un calice de six sépales étroits allongés , creusés en forme de gouttière , et de vingt-quatre à trente-six étamines attachées sur un réceptacle commun. Le régime de fleurs femelles est un peu rameux , et porte un petit nombre de fleurs sessiles. Leur calice est composé de cinq à sept sépales très-larges et étroitement appliqués sur le pistil. L'ovaire presque sphérique est surmonté de trois ou quatre stigmates allongés et aigus. Le fruit est une noix d'un pied

et demi de long, contenant , selon Labillardière , sous une partie fibreuse , trois ou quatre noyaux qui réussissent rarement tous. Ces noyaux qui sont connus sous le nom de *Cocos des Maldives*, sont très-gros, noirs, osseux , épais , terminés à leur partie supérieure par deux ou trois lobes saillans , séparés les uns des autres par des enfoncemens profonds. C'est entre ces lobes qu'on trouve une ouverture oblongue , garnie de fibres sur ses bords , et donnant issue à l'embryon au moment de la germination. L'amande renfermée dans cette noix est dure. L'embryon est placé dans une petite cavité située à la partie supérieure de l'amande ou endosperme.

Ce beau Palmier a été transporté par Sonnerat à l'Ile-de-France. Son amande est un aliment assez médiocre , et ses feuilles , très-consistantes , sont utilement employées pour couvrir les maisons.   (A. R.)

LOEFLINGIE. *Lœflingia.* bot. phan. Ce genre établi par Linné , et placé par ce naturaliste dans sa Triandrie Monogynie , fait maintenant partie de la nouvelle famille des Paronychiées d'Auguste Saint-Hilaire. On le rangeait autrefois parmi les Caryophyllées , famille aux dépens de laquelle une partie de celle des Paronychiées a été constituée. Dans l'exposition des genres qui composent cette dernière, le professeur A.-L. de Jussieu (Mémoires du Muséum d'Histoire Naturelle, T. 11 , p. 386) impose les caractères suivans au *Lœflingia :* calice divisé très-profondément en cinq divisions bidentées à la base ; corolle à cinq pétales très-petits et connivens ; trois étamines ; style unique surmonté d'un style (selon Linné) ou plutôt de trois (d'après Auguste Saint-Hilaire); capsule uniloculaire à trois valves et polysperme. Ce genre fait partie de la première section des Paronychiées , section à laquelle Auguste Saint-Hilaire a donné le nom de Scléranthées; mais, ainsi que le *Minuartia*, il diffère des autres genres voisins par l'existence de sa corolle et ses capsules polyspermes. Auguste Saint-Hilaire entrevoit donc la possibilité d'établir encore, au moyen de ces deux genres, un petit groupe dans la section des Scléranthées et qui rapprocherait singulièrement les familles des Paronychiées et des Caryophyllées, puisque les deux genres que nous venons de citer ne se distinguent de ces dernières que par leurs étamines et leurs corolles périgynes. On ne connaît que deux ou trois espèces de Lœflingies. Celle qui doit être considérée comme type, a été nommée *Lœflingia hispanica* par Linné (*Act. Holm.* 1758, T. 1, f. 1) qui l'a dédiée au célèbre voyageur Lœfling, auquel on en doit la première description. Cette Plante est herbacée, et pousse du collet de sa racine, des tiges grêles, pubescentes, visqueuses, très-rameuses, longues de un à deux décimètres, couchées et étalées sur la terre. Les feuilles sont petites, linéaires, subulées, opposées et ramassées ou fort rapprochées les unes des autres au sommet des rameaux et de leurs divisions. Les fleurs sont petites, axillaires, sessiles et solitaires. La *Lœflingia hispanica* croît naturellement, comme son nom spécifique l'indique, partout en Espagne et en Portugal. Nous l'avons reçue d'un botaniste qui l'a recueillie en France, dans le département des Pyrénées-Orientales. Cavanilles (*Icones*, 2, p. 59, t. 148, f. 2) a donné la description et la figure d'une seconde espèce sous le nom de *Lœflingia pentandra* qui croît aussi en Espagne sur les bords de la Méditerranée, et qui diffère principalement de la précédente par ses étamines au nombre de cinq. Examinée de nouveau avec plus de soin, elle doit sans doute constituer un genre distinct des vraies *Lœflingia*. (G..N.)

LOESELIE. *Lœselia.* BOT. PHAN. Ce genre, établi par Linné, avait été placé par ce naturaliste, ainsi que par la plupart des auteurs qui ont suivi son système, dans la Didynamie Angiospermie; mais une connaissance plus positive de ses organes sexuels l'a fait reporter dans la Pentandrie Monogynie par Rœmer et Schultes. La place qu'il doit occuper dans les familles naturelles n'était pas non plus bien exactement déterminée. Jussieu l'avait rangé, d'après le caractère donné par Linné, à la fin des Convolvulacées. Gaertner en ayant décrit le fruit avec son exactitude accoutumée, l'auteur du *Genera Plantarum* reconnut ensuite (Annales du Mus. d'Hist. Nat, t. 5, p. 259) que le genre *Lœselia* devait faire partie des Polémoniacées, et qu'il était extrêmement voisin de l'*Hoitzia*, peut-être même identique avec lui. Voici les caractères essentiels d'après Gaertner et Lamarck : calice tubuleux à quatre ou cinq dents aiguës, droites et courtes ; corolle à cinq divisions profondes, oblongues et ciliées ; cinq étamines, dont quatre insérées sur le tube, et la cinquième, plus courte, insérée sur le milieu d'une des divisions de la corolle ; un seul style filiforme terminé par un stigmate en massue ; capsule à trois valves s'ouvrant par le sommet, chacune portant une cloison sur son milieu, et renfermant une ou deux graines dans chaque loge.

Le *Lœselia ciliata*, L. et Lamarck (*Illustr.*, t. 527), est encore la seule espèce connue. C'est une Plante herbacée dont la tige est quadrangulaire, rameuse, garnie de feuilles opposées, ovales, un peu pointues, dentées en scie et rétrécies à la base. Les fleurs naissent sur des pédoncules axillaires, et sont accompagnées de deux sortes de bractées, les unes extérieures, imbriquées en forme de cône, opposées, ovales, arrondies, veinées, presque sessiles, et bordées de dents sétacées ; les autres intérieures, situées à la base des calices, membraneuses et ciliées. Cette Plante croît près de la Vera-Cruz en Amérique. (G..N.)

* **LOGANÉES.** *Loganeæ.* BOT. PHAN. Robert Brown (*Prodr. Fl. Nov.-Holl.* 1, p. 455), en parlant du genre *Logania*, fait voir ses rapports avec les genres *Geniostoma*, *Anasser*

de Jussieu, *Fagræa* et *Usteria*, et dit que ces divers genres doivent probablement former un ordre distinct, intermédiaire entre les Apocynées et les Rubiacées. Plus tard, dans ses Remarques générales, le même botaniste développe davantage cette idée, et ôtant tout-à-fait le *Logania* de la famille des Gentianées dont il l'avait d'abord rapproché, il le place plus près des Apocynées où avec les genres *Geniostoma* de Forster dont l'*Anasser* de Jussieu est à peine distinct, *Usteria*, *Gærtnera* de Lamarck, *Pagamœa* d'Aublet et peut-être le *Fagræa*, il forme une section distincte ou une petite famille, que l'on peut appeler Loganées. Mais le célèbre botaniste anglais n'indique pas les caractères de cette nouvelle famille, qui selon lui est destinée à combler le vide qui existe entre les Apocynées et les Rubiacées, plusieurs des Plantes qui lui appartiennent étant munies de stipules. (A R.)

LOGANIE. *Logania*. BOT. PHAN. Ce genre est le même que l'*Euosma* d'Andrews, nom qui n'a pas été généralement adopté. Robert Brown qui a établi le genre *Logania*, le plaça d'abord (*Prodr. Nov.-Holl.*) à la fin des Gentianées, à cause de quelque rapport avec les genres *Mitrasacme* et *Exacum*. Mais plus tard (*Gener. Remarks*) il le rapprocha des Apocynées où avec quelques autres genres il forme une section ou une petite famille qu'il nomma Loganées. *V.* ce mot. Ce genre a été ainsi caractérisé : calice à cinq divisions profondes ; corolle monopétale subcampanulée, à gorge velue et limbe quinquéparti ; cinq étamines plus courtes que le limbe ; ovaire surmonté d'un style persistant, terminé par un stigmate ovoïde capitulé ; capsule s'ouvrant en deux parties et offrant deux trophospermes attachés sur le milieu de chaque partie, et finissant par devenir libres ; graines attachées par le milieu de leur face inférieure. Brown décrit onze espèces de ce genre, toutes originaires de la Nouvelle-

Hollande. Ce sont de petits Arbustes ou des Plantes herbacées, portant des feuilles très - entières, souvent munies de stipules qui se soudent et forment une gaîne interpétiolaire Les fleurs sont blanches, terminales ou axillaires, tantôt solitaires, tantôt en grappes ou en corymbes. A ce genre Robert Brown rapporte l'*Exacum vaginale* de Labillardière, sous le nom de *Logania latifolia*, et l'*Euosma albiflora* d'Andrews, sous celui de *Logania floribunda*. (A. R.)

LOGE. BOT. PHAN. On appelle ainsi la cavité simple ou multiple que présente un ovaire ou un péricarpe, une anthère, etc., lorsqu'on les coupe transversalement : c'est dans ce sens qu'on dit ovaire à une, deux, quatre, cinq Loges, etc. (A. R.)

***LOGFIA.** BOT. PHAN. Genre de la famille des Synanthérées, proposé par Cassini (Bullet. de la Soc. Philom., septembre 1819) qui lui a imposé les caractères suivans : involucre formé de cinq écailles sur un seul rang, égales, appliquées, munies d'une large bordure membraneuse, gibbeuses et ossifiées dans leur partie inférieure ; quelques écailles rudimentaires sont situées à l'extérieur ; réceptacle plane, muni de cinq paillettes situées entre les deux rangées de fleurons extérieurs ; calathide ovoïde pyramidale, pentagone, dont les fleurs du centre, au nombre de cinq, sont régulières et hermaphrodites, celles de la circonférence au nombre de dix sur deux rangées, tubuleuses et femelles ; ovaires des fleurs centrales oblongs, droits et surmontés d'une aigrette composée de poils caducs et à peine plumeux ; ovaires des fleurs de la circonférence oblongs, arqués en dedans et dépourvus d'aigrette. Ce genre est un démembrement du *Filago* de Linné, et ne se compose que de deux espèces assez communes en France, et particulièrement aux environs de Paris. Ce sont les *F. montana* et *F. gallica*. Cette dernière espèce est la seule à laquelle se rapportent précisément les caractères génériques exposés plus haut, car la première se rapproche beaucoup, de l'aveu de Cassini lui-même, du genre *Oglifa*, autre anagramme du mot *Filago*. L'auteur de ces subdivisions génériques paraît être revenu à des idées plus en harmonie avec celles qui dominent chez la plupart des classificateurs; il ne considère plus que comme des sous-genres du *Filago*, ces groupes que d'abord il avait établis comme très-distincts.

(G..N.)

LOGHANIA. BOT. PHAN. (Scopoli et Necker.) Syn. du Ruyschia de Jacquin. *V.* ce mot. (G..N.)

* LOGOLIS. BOT. PHAN. (Gaertner.) *V.* GYMNANDRA.

LOIR. *Myoxus.* MAM. Ce genre de Rongeurs, qui appartient à la grande famille des Rats, a néanmoins quelques rapports avec celle des Écureuils, soit par ses caractères zoologiques, soit surtout par ses habitudes; il fait même partie, dans quelques ouvrages systématiques, du genre *Sciurus.* Il a quatre molaires de chaque côté, et, comme presque tous les autres Rongeurs, deux incisives à chaque mâchoire. Ces incisives sont longues, fortes, plates à leur partie antérieure, et comprimées et anguleuses à la postérieure; les supérieures sont coupées carrément; les inférieures sont pointues. Les molaires se divisent dès leur base en racines, et leur couronne plate offre des lignes transverses saillantes et creuses. A la mâchoire supérieure, la première molaire est formée de trois tubercules, dont deux sont externes, et l'un interne. Les autres sont plus grandes et de forme carrée. Quant aux molaires inférieures, elles diffèrent peu des supérieures. Les membres sont à peu près égaux. Le postérieur est terminé par cinq doigts armés d'ongles aigus et comprimés; le pouce, assez court, est susceptible de s'écarter des autres doigts, et est même un peu opposable dans quelques circonstances. L'antérieur n'est au contraire que tétradactyle, le

pouce ne consistant plus que dans un tubercule allongé, sur lequel cependant on aperçoit encore un rudiment d'ongle; les quatre autres doigts sont d'une longueur moyenne. La paume est nue et a cinq tubercules, et la plante, pareillement nue, en a six : toutes ces parties et le dessous des doigts sont également recouverts d'une peau très-douce. La queue est bien différente de celle des Rats; elle est toujours couverte de poils abondans, et quelquefois même presque aussi touffue que celle d'un Écureuil. La langue est douce et assez longue; l'oreille est membraneuse, la pupille ronde et même très-contractile; et il y a entre les deux narines un petit mufle. Les moustaches sont longues, les lèvres épaisses et velues; la supérieure est fendue, et l'inférieure forme une sorte de gaîne d'où sortent les incisives, à cause d'une disposition particulière des bords qui se réunissent l'un à l'autre en arrière de ces dents. Il y a dans ce genre, ou du moins dans les espèces les plus connues, huit mamelles, dont quatre sont pectorales, et quatre ventrales. Mais un des faits les plus curieux de l'organisation de ce genre, est l'absence du cœcum, qui existe chez tous les autres Rongeurs soit de la famille des Rats, soit de toute autre famille, et qui a même généralement dans cet ordre un volume considérable. Cette anomalie est d'ailleurs d'autant plus remarquable que ces Animaux sont très-frugivores. Leur nourriture consiste en fruits de toute espèce, qu'ils vont chercher sur les Arbres où la forme de leurs ongles leur permet de grimper avec beaucoup de facilité. Cependant, quoique leur régime soit essentiellement végétal, quand ils viennent à rencontrer des nids, ils font souvent leur proie des œufs et même des jeunes Oiseaux qu'ils y trouvent. Ce sont pour la plupart de petits Animaux nocturnes, dont le pelage est généralement peint de couleurs, sinon brillantes, du moins agréables et harmonieusement disposées. Ils vivent sur les Arbres, à la manière des Ecureuils, et peuvent comme eux, mais toutefois avec moins de facilité, sauter de branches en branches. Ils sont ainsi presque toujours à l'abri de l'attaque des Animaux carnassiers ; cependant lorsqu'ils ne peuvent l'éviter, ils se défendent avec courage, et font à leurs ennemis de cruelles morsures ; on prétend même que les plus grosses espèces du genre ne redoutent pas la Belette. C'est à la fin du printemps que l'accouplement a lieu ; et les petits, ordinairement au nombre de cinq environ, naissent en été. A l'approche de l'hiver, les Loirs font dans leur retraite une petite provision de noisettes, de châtaignes et d'autres fruits, et lorsque la température n'est plus que de 7° environ, ils tombent, comme la Marmotte, dans un engourdissement qui dure autant que les froids. Ils se réveillent cependant de temps à autre, soit lorsque le froid devient vif, soit lorsqu'il y a long-temps qu'ils n'ont pris de nourriture. C'est pendant ces intervalles de veille, et aussi après leur engourdissement, qu'ils consomment leurs provisions. De nombreuses et intéressantes observations ont été faites dans ces derniers temps sur la léthargie hibernale des Loirs par Mangili (Ann. du Mus. T. x), par de Saissy, par Edwards (Influence des agens physiques sur la vie), et par d'autres physiologistes ; nous en ferons connaître quelques-unes. La respiration est suspendue et renouvelée à des intervalles réguliers ; mais ces intervalles varient suivant la température ; à 5° un individu observé par Mangili respirait 22 ou 24 fois de suite en une minute, après 4 minutes de repos. En outre la température de l'Animal baisse beaucoup ; ainsi un Lérot, qui en été avait 36°, 5, n'avait plus au mois de décembre que 21°, suivant les observations de Saissy. Cet abaissement de la température pendant la saison froide a été très-bien expliqué par le savant physiologiste Edwards ; il a montré que les Animaux hibernans (*V.* ce mot)

produisent habituellement moins de chaleur que les autres Animaux à sang chaud ; et qu'ils sont, sous ce rapport, d'une manière permanente dans les mêmes conditions que tous les jeunes Animaux.

On n'a encore bien distingué dans ce genre que quatre espèces, dont une seule est étrangère.

Le Loir, Buff., VIII, 24; *Myoxus Glis*, Gm., qui a donné son nom au genre, est l'espèce la plus grande ; il a près de six pouces du bout du museau à l'origine de la queue. Il est généralement gris cendré en dessus, avec le dessous et la partie interne des membres d'un blanc un peu roussâtre; la queue est entièrement d'un cendré brunâtre. Le tour de l'œil est noirâtre, et le dessus de la tête est d'un gris plus pâle que le reste du corps ; enfin les pates sont blanches avec une tache brune sur le métacarpe et sur le métatarse. Les oreilles sont courtes, à peu près demi-circulaires, et la queue, à peu près de la longueur du corps, est touffue et distique. Cette espèce habite les forêts de l'Europe méridionale ; elle se fait un lit de mousse, soit dans le tronc d'un Arbre creux, soit dans une fente de rocher, mais toujours dans un lieu sec. La chair des Loirs a le goût de celle du Cochon d'Inde ; et elle était estimée chez les Romains, au point qu'ils les élevaient et les engraissaient pour leurs tables, comme nous faisons des Lapins. On est même maintenant encore en Italie dans l'usage de les manger. On se les procure en faisant dans un lieu sec, une fosse que l'on tapisse de mousse, et où l'on met des faines ; les Loirs s'y rendent en grand nombre, et on les trouve engourdis vers la fin de l'automne; c'est précisément le temps de les manger.

Le Lérot, Buff., VIII, 25; *Myoxus Nitela*, Gm., a le dessus de la tête, du corps et du premier tiers de la queue, d'un roux vineux, avec les flancs gris et le dessous de la tête, du corps et de la queue, ainsi que la lèvre supérieure, blancs. L'œil se trouve placé dans une grande tache noire qui se prolonge jusqu'au-dessous de l'oreille. Les membres sont blancs, à l'exception de la partie supérieure de celui de derrière, qui est noire. La queue, toute blanche en dessous, noire en dessus dans ses deux derniers tiers, et toute blanche à son extrémité, est plus longue que le corps, et terminée par des poils longs et assez abondans. Enfin le Lérot a les oreilles plus ovales que le Loir, et sa longueur est moindre d'un cinquième environ. Cette espèce habite tous les climats tempérés de l'Europe, et même la Pologne; elle est plus nombreuse et plus répandue que celle du Loir, et se trouve souvent dans les jardins, et quelquefois même dans les maisons. Il se niche dans les trous des murailles, et aussi dans les Arbres creux. Il est souvent très-nuisible par l'habitude qu'il a de courir sur les espaliers, et d'entamer les meilleurs fruits au moment où ils commencent à mûrir; il détruit ou gâte particulièrement beaucoup de pêches. Il est d'ailleurs entièrement inutile à l'homme, et ne se mange pas comme le Loir, sa chair étant désagréable et de mauvaise odeur. Le Lérot porte en beaucoup de lieux le nom de Loir ou de Loirot.

Le Muscardin, *Myoxus Muscardinus*, Gm., *Mus Avellanarius*, Lin., est entièrement d'un beau fauve roussâtre, avec le dessous de la tête, la gorge et la poitrine blancs, et le dessous du corps blanc roussâtre. Cette jolie espèce, de la taille du Mulot, a les oreilles courtes et la queue un peu plus longue que le corps, et terminée par des poils assez longs et abondans; elle est répandue dans presque toute l'Europe méridionale ou tempérée, où elle se trouve ordinairement dans les bois, quelquefois aussi dans les jardins. Elle se retire l'hiver dans les vieux troncs d'Arbres, se faisant d'ailleurs un nid à la manière de l'Ecureuil. Ce nid, placé ordinairement assez bas, est fait d'herbes entrelacées; il a environ six pouces de diamètre, et n'est ouvert que par le haut. L'espèce du Muscardin est moins nombreuse que celle du Lérot; on prétend qu'elle renferme deux variétés, dont l'une, la seule qui se trouve en France, n'a aucune odeur, et l'autre a au contraire l'odeur du musc; quoi qu'il en soit la chair de tous les individus est désagréable.

Le Lérot du Sénégal, *Myoxus Coupeii*, Fr. Cuv, Mamm. Lith.; le Loir murin, *Myoxus murinus*, Desm., Mamm Suppl. Ce Loir, un peu plus gra_ que le Muscardin, et qui a la queue plate, mais garnie de poils longs et abondans, a le dessus du corps et la queue d'un cendré un peu roussâtre, avec le dessous blanc grisâtre. Les pates sont blanchâtres, et les oreilles un peu ovales. Fr. Cuvier a donné à cette espèce le nom de *Myoxus Coupeii*, nom du voyageur qui a rapporté du Sénégal l'individu type de sa description; mais nous pensons qu'elle ne diffère pas du *Myoxus murinus*, espèce publiée à peu près dans le même temps par Desmarest d'après d'autres individus rapportés du cap de Bonne-Espérance par Delalande. Le *Myoxus murinus* différerait, il est vrai, par sa couleur cendrée noirâtre, et qui ne tire nullement sur le roussâtre, comme celle du *M. Coupeii*. Mais on sait que les Animaux noirs ou noirâtres prennent à la longue, par l'action de la lumière, une teinte de brun ou de roux; et il est bien possible que la couleur du *M. Coupeii* ne soit que l'effet de ce changement; d'autant plus qu'il est d'ailleurs en mauvais état et que la pointe seule de ses poils est roussâtre, tout ce qui n'est pas exposé à l'action de la lumière étant au contraire exactement de même couleur que chez le *M. murinus*. Les habitudes de cette espèce sont peu connues; Fr. Cuvier nous apprend seulement qu'elle est, comme les espèces européennes, soumise à un sommeil léthargique. Nous savons cependant et nous pouvons ajouter qu'elle se trouve assez fréquemment au Cap dans les maisons. On trouve aussi au Sénégal de petits Loirs, dont lacouleur générale et les proportions sont celles du *M. murinus*, mais dont la taille est moindre; le ventre est aussi plus blanc. Nous en avons vu plusieurs individus entièrement semblables, et nous pensons qu'il pourrait bien constituer une espèce distincte.

Le *Myoxus Drias* de Schreber, dont le pelage est en dessus d'un gris fauve, et qui habiterait la Russie et la Géorgie, n'est, suivant G. Cuvier, qu'une variété du Loir; et, suivant Fr. Cuvier, qu'un Lérot dont la queue n'a pas pris tout son accroissement. Quant au Dégu de Molina, *Sciurus Degus*, Gm., petit Animal du Chili, dont le pelage est d'un blond obscur avec une ligne noirâtre sur l'épaule, qui vit en société dans des terriers, et qui n'hiberne pas, cette espèce est encore très-douteuse. On a aussi rapporté à ce genre la Gerbille du Tamarisc (*V*. GERBOISE), les Ecureuils Guerlinguets, et le Rat à queue dorée de Buffon. Cette espèce, qu'on avait nommée aussi Lérot à queue dorée, et Loir épineux, a été reportée depuis dans le genre *Echimys* de Geoffroy Saint-Hilaire; *V*. ECHIMYS HUPPÉ. On a aussi quelquefois désigné le Gerbo, sous le nom de Loir de montagne, et le Polatouche sous celui de Loir volant, *V*. GERBOISE et POLATOUCHE. Enfin, suivant Desmarest, il serait au contraire possible qu'on dût rapporter à ce genre le *Musculus frugivorus*, et le *Musculus dichrurus* de Rafinesque (*V*. RAT), ainsi que le *Mus floridanus* d'Ord, espèce que Harlan (*Fauna Americana*, p. 141) place parmi les Campagnols.   (IS. G. ST.-H.)

LOIROT. MAM. Le Lérot porte le nom de Loirot dans quelques parties de la France. *V*. LOIR.   (IS. G. ST.-H.)

LOISELEURIA. BOT. PHAN. (Desvaux.) *V*. AZALÉE.

LOKANDI. BOT. PHAN. Nom générique proposé par Adanson pour le *Karim-niota* de Rhéede. Ce genre a reçu plusieurs autres noms, entre

autres celui de *Niota* qui lui a été imposé par Lamarck et qui a été adopté par les auteurs modernes. *V*. NIOTA.   (G..N.)

LOLIGO. MOLL. *V*. CALMAR.

*** LOLIGOIDÉES.** *Loligoideœ.* MOLL. Nom proposé par Lesueur pour désigner les Calmars dont il fait une famille. *V*. ce mot, T. III, p. 63. (B.)

*** LOLIGOPSIS.** MOLL. *V*. CALMARET.

LOLIUM. BOT. PHAN. *V*. IVRAIE.

*** LOLOTIER.** BOT. PHAN. (Proyart.) Syn. de Papayer, *Carica Papaya*, L., sur les côtes d'Afrique, au nord du Zaïre, où l'on nomme son fruit Lolo et non Papaye.   (B.)

LOMAN. MOLL. Nom donné par Adanson (Voy. au Sénég., pl. 6, fig. 7) au *Conus textilis* de Linné et de Lamarck. Il est connu sous le nom vulgaire de Drap d'or. C'est une espèce qui varie beaucoup, avec laquelle on en a fait plusieurs. (D..H.)

LOMANDRA. BOT. PHAN. Genre de la famille des Joncées et de l'Hexandrie Trigynie, L., établi par Labillardière (Nouv.-Holl., 1, p. 93) et auquel R. Brown a donné le nom de *Xerotes*, en lui assignant les caractères suivans : les fleurs sont dioïques; leur calice coloré est à six divisions profondes; dans les fleurs mâles, les trois divisions intérieures, et quelquefois les trois internes, sont soudées ensemble par leur base; les six étamines sont attachées au périanthe, et offrent des anthères peltées; on trouve un pistil rudimentaire au centre de la fleur. Dans les fleurs femelles, les six sépales sont distincts et persistans; les étamines sont privées d'anthères; l'ovaire est à trois loges monospermes, surmonté de trois styles un peu soudés par leur partie inférieure. Le fruit est une capsule cartilagineuse, à trois loges, s'ouvrant en trois valves, septifères sur le milieu de leur face interne et contenant chacune une graine peltée. Labillardière, dans sa Flore de la Nouvelle-

Hollande, avait décrit seulement deux espèces de ce genre. R. Brown, dans son Prodrome, en caractérise vingt-quatre sous le nom de Xérotes. Il réunit à ce genre les *Dracœna obliqua* et *filiformis* de Thunberg. Toutes ces espèces sont originaires de la Nouvelle-Hollande. Ce sont des Herbes vivaces, roides, sèches, ayant un port tout particulier. Leur racine est fibreuse ; leur tige très-courte ou plus souvent nulle. Leurs feuilles sont étroites, planes, linéaires, quelquefois canaliculées, très-rarement filiformes, dilatées à leur base en forme de gaîne scarieuse, et quelquefois dentées vers leur partie supérieure. Les fleurs sont disposées en panicule, en grappe, en épi ou en capitule au sommet de la tige. Le tégument propre de la graine est quelquefois lâchement adhérent et simule une sorte d'arille. L'embryon est droit, cylindrique, placé à la base d'un endosperme cartilagineux. Ce genre, par plusieurs de ses caractères, se rapproche de la famille des Palmiers. Les deux espèces décrites et figurées par Labillardière sont les *Lomandra rigida*, *loc. cit.*, 1, p. 93, t. 120, et *Lomandra longifolia*, *loc. cit.*, 1, p. 92, t. 119. (A. R.)

LOMARIA. BOT. CRYPT. (*Fougères.*) Ce genre qui ne nous paraît différer en rien de celui que Robert Brown a établi depuis sous le nom de *Stegania*, fut fondé par Willdenow ; il se rapproche surtout des *Blechnum* avec lesquels il fut d'abord confondu, et quelques espèces même qu'on doit peut-être rapporter à ce genre, furent laissées parmi les *Blechnum* par Willdenow : tel est le *Blechnum boreale* ou *Osmunda spicans* de Linné qui, par ses caractères, forme le passage entre les *Lomaria* ou *Stegania* de R. Brown et les vrais *Blechnum*. Ce genre peut être ainsi caractérisé : capsules entourées d'un anneau élastique, disposées en une série continue le long du bord de la fronde fertile, et finissant par couvrir toute leur surface

inférieure ; tégument marginal continu, membraneux et scarieux, souvent divisé en lanières s'ouvrant en dedans. Dans toutes les espèces de ce genre les frondes fertiles sont plus grêles, à pinnules étroites et comme contractées ; le tégument s'étend ordinairement jusqu'à la nervure moyenne, et finit par être déjeté en dehors, par le développement des capsules. On voit que les *Lomaria* diffèrent des *Blechnum* en ce que le tégument naît du bord même de la fronde dans les premiers, tandis que, dans les seconds, il prend toujours naissance à quelque distance du bord de la fronde qui n'est pas contractée comme dans les *Lomaria*. Quant aux genres *Lomaria* et *Stegania*, nous ne voyons pas de caractères propres à les distinguer, la seule différence qu'on pourrait observer entre eux, consistant en ce que dans les *Stegania* le tégument est ordinairement parfaitement continu et entier, tandis que dans les vrais *Lomaria* il est divisé en lanières nombreuses et scarieuses. Si on admettait cette distinction, les *Stegania*, parmi lesquels on devrait probablement ranger le *Blechnum boreale*, habiteraient presque tous les climats froids et tempérés des deux hémisphères, tandis que les vrais *Lomaria* seraient beaucoup plus fréquens dans les régions équatoriales, quelques espèces seulement s'étendant jusque dans les régions tempérées de l'hémisphère austral ; en réunissant ces deux genres dont les caractères distinctifs sont si légers, on voit que les *Lomaria* se rencontrent sur presque tous les points du globe, mais ils sont plus fréquens dans la zône intertropicale et dans l'hémisphère austral que dans nos régions boréales où le *Lomaria borealis* (*Blechnum boreale*, Willd.) est le seul représentant de ce genre. Toutes les espèces de ce genre ont la fronde une seule fois pinnatifide, à divisions longues, étroites et entières ; leurs nervures sont pinnées, et les nervules ne sont ordinairement qu'une ou deux fois bifurquées ; quelques espèces seulement présentent une tige droite et assez élevée pour qu'on puisse les ranger au nombre des Fougères arborescentes ; tels sont le *Lomaria Boryana*, Willd., de l'île Maurice, et le *Lomaria robusta* (*Pteris palmæformis*, Du Pet.-Th.) de l'île Tristan d'Acugna. (AD. B.)

* **LOMASPORA.** BOT. PHAN. (De Candolle.) *V.* ARABIS. (B.)

LOMATIE. *Lomatia*. BOT. PHAN. Genre de la famille des Protéacées, établi par R. Brown dans son travail général sur cette famille (*Lin. Trans.*, 10, p. 199) pour quelques espèces d'*Embothrium*, dont Knight et Salisbury ont fait leur genre *Tricondylus*. Le genre *Lomatia* présente des fleurs jaunes-rougeâtres, dépourvues d'involucre, disposées en grappes terminales, quelquefois axillaires, allongées ou courtes et corymbiformes. Le calice est irrégulier, formé de sépales distincts et tournés du même côté. Les étamines sont placées dans une petite fossette que présente la partie supérieure de la face interne de chaque sépale. Les trois glandes hypogynes sont placées d'un seul côté ; l'ovaire est pédicellé, allongé, polysperme. Le style est persistant, terminé par un stigmate oblique, dilaté, orbiculaire et un peu plane. Le fruit est un follicule ovoïde, allongé, s'ouvrant par une suture longitudinale et contenant un assez grand nombre de graines planes, terminées par une aile membraneuse dans leur partie supérieure. Robert Brown a décrit cinq espèces de ce genre, toutes originaires de la Nouvelle-Hollande. Ce sont des Arbustes portant des feuilles alternes, généralement divisées à la manière des feuilles des Ombellifères, très - rarement simples et entières et quelquefois de figures variées sur le même individu.

Les espèces de ce genre sont : 1° la *Lomatia silaifolia*, Br. ou *Embothrium silaifolium*, Smith, *New-Holl.* 2°. *Lomatia tinctoria*, Br. ou *Embothrium tinctorium*, Labill., *Nov.-Hol.*, t. 42 et 43. Ses graines, infusées dans l'eau, fournissent une belle

couleur rouge. 3°. *Lomatia polymorpha*, Br. 4°. *Lomatia ilicifolia*, id. 5°. *Lomatia longifolia*, id., ou *Embothrium myricoides*, Gaertn., Carp., 215, t. 218. (A. R.)

* **LOMATION.** BOT. CRYPT. (*Hydrophytes.*) Ce nom, donné à un genre de Fucus inédit par Targioni Tazetti, est devenu spécifique pour une Délesserie très-rare que nous soupçonnons devoir rentrer parmi nos Iridines. *V.* ce mot. (B.)

LOMATOPHYLLE. *Lomatophyllum*. BOT. PHAN. Genre proposé par Willdenow dans le Magasin des Curieux de la Nature de Berlin pour y placer le *Dracœna marginata* d'Aiton, ou *Aloes purpurea* de Lamarck. Ce genre est trop imparfaitement caractérisé pour pouvoir être adopté. (G..N.) !

LOMBA. BOT. PHAN. La Plante que Rumph a décrite et figurée sous ce nom (vol. 6, t. 59, f. 1) est le *Piper peltatum*. *V.* POIVRIER. (A. R.)

LOMBRIC. REPT. OPH. Le Serpent figuré sous ce nom (pl. 65) dans l'Encyclopédie par ordre de matières est un Orvet. *V.* ce mot. (B.)

LOMBRIC. *Lumbricus*. ANNEL. Nom sous lequel la plupart des naturalistes désignent un genre d'Annelides très-anciennement admis, et qui a pour type le *Lumbricus terrestris*, communément Ver de terre. Savigny, dont nous avons adopté la méthode pour la classe des Annelides, substitue au nom générique de Lombric celui d'Enterion. (*V.* ce mot.) Il applique celui de Lombrics, *Lumbrici*, à une famille, et emploie la dénomination de Lombricines, *Lumbricinæ*; pour désigner un ordre. (AUD.)

LOMBRICAIRE. BOT. CRYPT. (*Hydrophytes.*) Pour Lumbricaire. *V.* ce mot. (B.)

* **LOMBRICINES.** *Lumbricinæ*. ANNEL. Savigny (Syst. des Annelides, p. 99) désigne sous le nom d'Annelides Lombricines, *Annelides Lumbricinæ*, le troisième ordre de cette

classe. Toutes ces Annelides ont pour caractères : point d'yeux, d'antennes ni de pieds ; point de mâchoires, de cirres, de branchies ; des soies mobiles rangées sur les côtés du corps. La bouche est nue ou tentaculée ; les soies sont rarement métalliques et très-rarement rétractiles ; elles ne sont point groupées par faisceaux, mais isolées, ou tout au plus rapprochées par paires, qui, dans leur disposition sur les côtés des segmens, représentent assez bien les rames des Annelides Néréidées. Elles varient pour la forme et sont quelquefois hérissées de petites épines mobiles. L'anus s'ouvre derrière ou dessous le dernier segment. Cet ordre comprend deux familles très-distinctes, les Échiures et les Lombrics. *V.* ces mots. (AUD.)

*LOMBRICOIDE. REPT. OPH.? Espèce du genre Cœcilie. *V.* ce mot. (B.)

* LOMBRICS. *Lumbrici*. ANNEL. Savigny (Syst. des Annel., p. 100 et 103) nomme ainsi une famille de l'ordre des Lombricines, et lui assigne les caractères suivans : branchies nulles ; l'organe respiratoire ne dépassant point la surface de la peau ; bouche rétractile, à deux lèvres, sans aucun tentacule ; pieds ou appendices latéraux remplacés par des soies non fasciculées, distribuées sur tous les segmens, et formant, par leur disposition, des rangées longitudinales sur le corps ; soies non rétractiles, sans éclat métallique ; point de soies à crochets. L'anatomie démontre que l'intestin est dépourvu de cœcum et qu'il va droit à l'anus ; il reçoit dans son trajet plusieurs des fibres musculaires propres aux anneaux du corps, ce qui constitue autant de petits diaphragmes. La circulation est assez facile à découvrir ; on voit naître du canal intestinal et de la surface interne de l'enveloppe extérieure, une infinité de petits vaisseaux veineux qui s'entrecroisent avec de nombreuses artérioles. Ces veines se réunissent en un tronc commun placé longitudinalement sous le ventre, et il en part

antérieurement cinq petits canaux qui aboutissent à un canal dorsal, qu'on peut considérer comme un cœur. De petites artères naissent de celui-ci et viennent former un réseau avec les veines de la périphérie du corps. La respiration paraît s'effectuer à la surface de la peau. Quant aux organes générateurs, ils existent sur le même individu et les appareils de l'un et de l'autre sexe se voient vers le tiers antérieur du corps. Les Lombrics pondent des cocons ou des œufs qui ont la plus grande analogie avec ceux des Sangsues. Léon Dufour les a décrits avec soin (Ann. des Sc. Nat. T. v, p. 17). Cette famille comprend deux genres, celui d'Entérion qui correspond au genre Lombric proprement dit, et celui d'Hypogéon. *V.* ces mots. (AUD.)

LOMÉCHUSE. *Lomechusa*. INS. Genre de l'ordre des Coléoptères, section des Pentamères, famille des Brachélytres, tribu des Microcéphales, établi par Gravenhorst et ayant pour caractères : antennes formant une massue perfoliée ou en fuseau, à partir du quatrième article, souvent plus courte que la tête et le corselet. Palpes terminés en alène ; tête s'enfonçant dans le corselet jusqu'aux yeux ; point d'épines aux jambes. Ces Insectes diffèrent des genres Tachine et Tachypore par les jambes qui, dans ceux-ci, sont épineuses ; ils s'éloignent des Aléochares et autres genres voisins par des caractères de la même valeur. Ces Insectes sont très-petits ; on les trouve, comme les autres Brachélytres, sous les pierres, les tas d'herbes ou de feuilles pourries, etc. L'espèce qui sert de type au genre est :

La LOMÉCHUSE PARADOXE, *L. paradoxa*, Grav., Latr. ; *Staphylius emarginatus*, Oliv. (Col. T. III, n. 42, pl. 2, fig. 12). Elle est jaunâtre et les bords du corselet sont relevés. Elle se trouve à Paris. Latreille rapporte à ce genre les *Aleochara bipunctata*, *lanuginosa*, *nitida*, *fumata*, *nana* de Gravenhorst. (G.)

LOMENTACÉES. *Lomentaceæ.*
BOT. PHAN. On appelle ainsi l'une
des grandes tribus de la famille des
Légumineuses, à laquelle quelques
auteurs donnent aussi le nom de Cé-
salpinées. *V.* LÉGUMINEUSES. (A. R.)

* **LOMENTAIRE.** *Lomentaria.*
BOT. CRYPT. (*Confervées.*) Genre très-
naturel, formé par Lyngbye dans son
Tentamen d'algologie danoise, p. 100,
et que nous avons soigneusement
examiné. Cet examen nous a déjà
montré qu'il ne peut demeurer parmi
les Floridées où le plaçait Lamouroux, comme une troisième section
de son genre *Gigartina*, en soupçon-
nant néanmoins qu'il en pourrait
être distingué. Cette erreur de place-
ment était justifiable par l'aspect
des Lomentaires, dont les couleurs,
la grosseur des tubes et la consistance offrent en effet quelques rapports avec ce qu'on observe dans la
famille qui unit les Fucacées aux Ulvacées, mais l'on a peine à concevoir
comment Agardh a pu confondre de
tels Végétaux, tubuleux, et si évidemment articulés, avec des Acantho-
phores, des Bryopsides, des Lauren-
ties et des Furcellaires, dans son
genre *Chondria* si monstrueusement
composé de Plantes qui n'appartiennent seulement pas à des familles
semblables. Il fallait que l'algologue
de Lund n'en eût eu que des échantillons desséchés, où il ne pût distinguer l'organisation confervoïde si
bien rendue dans la figure 3 de la
planche 30 de Lyngbye, et qui a
échappé à Turner, dont le dessin est
au reste un peu exagéré. Les caractères du genre qui nous occupe
consistent en des filamens ronds, tubuleux, subgélatineux, obtus, doubles, dont le tube ou filament intérieur très-distinct, rempli par la
substance colorante, est articulé de
distance en distance au moyen de
cloisons transversales doubles, les
deux tubes (l'extérieur et l'intérieur) se rétrécissant au point d'intersection, de sorte que l'article paraît
plus ou moins renflé vers le milieu,

et quelquefois même ovoïde. La fructification qui ne nous a jamais paru
gigartine, consiste en gemmules con-
tenues dans quelques-unes des articulations de la Plante vers l'extrémité, ou dans l'étendue des rameaux.
Les Lomentaires sont des Plantes
élégantes, verdâtres, ou plus souvent pourprées, dont on trouve plusieurs espèces en dehors des tropiques, sur les rochers que la mer
laisse à sec soit à toutes les marées,
soit seulement dans les syzigies. Quelques-unes adhèrent fortement au
papier dans la préparation, d'autres
n'y tiennent que peu. L'espèce la
plus commune et en même temps
la plus remarquable de nos rivages est le *Lomentaria purpurea*, N.,
Lomentaria articulata, Lyngb., *loc.
cit.*, t. 10; *Chondria articulata*,
Agardh, *Sp.*, p. 357; *Ulva articulata*,
De Cand., Flor. Fr. T. II, p. 7; *Fucus articulatus*, Turn., *Hist.*, pl. 106;
Gigartina articulata de Lamouroux.
Le nom tiré des articulations de cette
Plante devait être rejeté puisque
toutes les Lomentaires sont essentiellement articulées. (B.)

LOMENTUM. BOT. PHAN. Willdenow nommait ainsi les gousses qui
sont articulées, c'est-à-dire séparées
en deux ou plusieurs loges monospermes par des articulations transversales. *V.* GOUSSES. (A. R.)

* **LOMENTUM.** BOT. CRYPT.
(*Champignons.*) Les Champignons qui
ont leur superficie comme parsemée de
farine ont été appelés Lomentacés, et
leurs parcelles farineuses nommées
Lomenta par quelques mycologues.
(A. F.)

LOMONITE. MIN. (Werner.) Pour
Laumonite. *V.* ce mot. (B.)

LOMPE. POIS. *V.* CYCLOPTÈRE.

LONADE. *Lonas.* BOT. PHAN. Ce
genre, de la famille des Synanthérées,
Corymbifères de Jussieu, et de la Syngénésie égale, L., a été proposé par
Adanson et adopté par Jussieu, Gaertner, De Candolle et Cassini qui l'ont
ainsi caractérisé : involucre hémisphérique, formé d'écailles imbriquées,

appliquées, oblongues, arrondies au sommet, concaves et membraneuses sur les bords; réceptacle élevé, conoïde, garni de paillettes analogues aux folioles de l'involucre; calathide globuleuse, composée de fleurons égaux, nombreux, réguliers et hermaphrodites; ovaires obovoïdes, glabres, portant sur leur face inférieure une glande saillante, surmontée d'une aigrette en forme de couronne continue, membraneuse et irrégulièrement dentée. Ce genre appartient à la tribu des Anthémidées, et il est voisin de l'Hyménolèpe dont il diffère par la structure du réceptacle et de l'aigrette. *V.* HYMÉNOLÈPE. L'espèce sur laquelle il a été fondé avait été rapportée par Linné, de même que l'*Hymenolepis leptocephala*, au genre *Athanasia*, dans lequel, selon Cassini, l'aigrette est composée de paillettes articulées, imitant les petits os ou phalanges qui composent les doigts des Animaux. Une structure si singulière mérite bien qu'on ne confonde pas avec les Plantes qui en sont douées, celles dont l'aigrette est formée de simples paillettes ou d'une membrane en forme de couronne. Le *Lonas inodora*, Gaertn., *L. umbellata*, H. Cass., est une Plante herbacée dont la tige est rameuse, les feuilles pinnatifides, glauques; les calathides jaunes, disposées en ombelles terminales. Elle croît dans le bassin de la Méditerranée. A cette espèce Cassini a ajouté la description d'une nouvelle, sous le nom de *Lonas minima*, qui n'en est peut-être qu'une variété. (G..N.)

LONCHÈRES. MAM. Illiger nomme ainsi un genre où il place diverses espèces à épines de la famille des Rats, et particulièrement l'Echimys huppé. *V.* ECHIMYS. (IS. G. ST.-H.)

LONCHITIS. BOT. CRYPT. (*Fougères.*) Ce genre peu nombreux, établi par Linné, appartient à la section des Polypodiacées; son caractère essentiel est d'avoir les capsules disposées en groupes lunulés, placés au fond des sinus des crénelures des feuilles, sur le bord même de la fronde, et recouvertes par un tégument marginal également de forme lunulée, s'ouvrant en dedans. L'espèce qui a servi de type à ce genre, le *Lonchitis hirsuta*, L., est assez commune à la Martinique et dans les autres îles des Antilles; c'est une très-grande Fougère à pétiole velu, blanchâtre; la fronde est trois fois pinnatifide, à pinnules oblongues, profondément crénelées, à crénelures obtuses, et dont les sinus portent sur leur bord des groupes de capsules recouverts par un tégument membraneux, légèrement hérissé de poils. On connaît encore quelques espèces de ce genre, mais beaucoup plus rares; la plupart sont de l'Amérique équinoxiale, une habite l'île de Mascareigne où la découvrit Bory de Saint-Vincent : aucune des espèces connues n'est arborescente. (AD. B.)

LONCHIURE. *Lonchiurus.* POIS. Sous-genre de Sciènes. *V.* ce mot. (B.)

* LONCHOCARPE. *Lonchocarpus.* BOT. PHAN. Kunth (*in Humb. Nov. Gen.*, 6, p. 383) a établi sous ce nom un genre nouveau dans la famille des Légumineuses. Ce genre, adopté par De Candolle (*Prodr. Syst.*, 2, p. 259), est formé d'espèces auparavant dispersées dans les genres *Dalbergia*, *Robinia*, *Amerimnum*, etc. Voici les caractères qui lui ont été assignés : son calice campaniforme et un peu resserré dans sa partie supérieure, se termine par cinq dents à peine marquées. La corolle, qui est papilionacée, offre un étendard orbiculaire, émarginé, subcordiforme, étalé et presque réfléchi; les ailes sont à peu près de la longueur de l'étendard et de la carène et adhérentes à cette dernière; les dix étamines diadelphes ou quelquefois monadelphes. L'ovaire est courtement stipité, contenant de sept à neuf ovules. Le stigmate est obtus ou un peu globuleux. La gousse, un peu stipitée, est allongée, lancéolée, plane, membraneuse, indéhiscente, contenant de quatre à huit graines réniformes dont la radi-

cule est infléchie. Kunth avait placé dans ce genre les *Robinia sericea*, Poiret ; *Robinia violacea*, Beauv. ; *Dalbergia pentaphylla*, Poiret ; *Dalb. domingensis*, Turpin ; *Amerimnum scandens*, Willd. ; *Amerim. latifolium*, Willd. ; et deux espèces entièrement nouvelles qu'il a nommées *Lonchocarpus punctatus* et *Lonch. macrophyllus*. Le professeur De Candolle (*loc. cit.*) adopte ces huit espèces de Kunth, et y ajoute onze autres espèces dont quelques-unes sont tout-à-fait nouvelles. Toutes ces espèces sont des Arbres dépourvus d'épines, croissant dans les Antilles ou l'Amérique méridionale. Leurs feuilles sont imparipinnées, composées de folioles opposées et pétiolulées. Leurs fleurs sont purpurines. Ce genre est encore peu exactement limité. Il renferme des espèces à étamines monadelphes, diadelphes ou semi-diadelphes, mais toutes ces espèces s'accordent assez pour le port. (A. R.)

* LONGANE. BOT. PHAN. Fruit du Longanier, espèce du genre Euphoria. *V.* ce mot. (B.)

* LONGCHAMPIA. BOT. PHAN. Sous ce nom, le *Gnaphalium Leyseroides*, Desfont., *Flor. Atl.*, 2, p. 267, a été érigé en un genre distinct par Willdenow, dans le Magasin des Curieux de la Nature de Berlin. Cassini n'ayant sans doute pas connaissance de ce genre a formé, sur la même Plante, un sous-genre de *Leysera* qu'il a nommé Leptophyte. *V.* ce mot. (G..N.)

LONGICAUDES. OIS. L'une des sections établies par Blainville parmi les Gallinacées. (DR.. Z.)

LONGICAULES ou MACROURES. CRUST. Duméril emploie ces mots pour désigner une famille de l'ordre des Décapodes que Latreille désigne simplement sous le nom de Macroures. *V.* ce mot. (G.)

* LONGICONE. OIS. *V.* GROS-BEC.

LONGICORNES. *Longicornes*. INS. Famille de l'ordre des Coléoptères, section des Tétramères, établie par

Latreille et ayant pour caractères : les trois premiers articles des tarses garnis de brosses en dessous, et les deux intermédiaires larges, triangulaires ou en cœur : le troisième article étant profondément divisé en deux lobes. Mâchoires n'ayant point de dent cornée à leur côté interne ; languette triangulaire ou cordiforme, échancrée ou bifide ; antennes filiformes ou sétacées, de la longueur du corps, ou plus longues ; tantôt insérées dans une échancrure des yeux ; tantôt en dehors. Pieds longs, grêles avec les tarses allongés ; corps allongé. Les larves de Longicornes sont apodes ou presque apodes ; elles vivent dans l'intérieur des Arbres ou sous leurs écorces : leur corps est mou, blanchâtre, plus gros en avant, avec la tête écailleuse pourvue de mandibules fortes et sans autres parties saillantes : elles percent souvent les Arbres très-profondément ou les criblent de trous ; d'autres rongent les racines des Plantes ; en général elles causent de grands dommages. Les femelles des Longicornes ont l'abdomen terminé par un oviducte tubulaire et corné ; leurs antennes sont assez généralement plus courtes que celles des mâles. Ils produisent un petit son aigu en frottant les parois intérieures du corselet contre le pédicule de la base de l'abdomen. Plusieurs sont nocturnes, quelques-uns fréquentent les fleurs, d'autres se trouvent sur le vieux bois et les troncs d'Arbres. Latreille (*Fam. Nat. du Règne Anim.*) divise cette famille en cinq tribus dans l'ordre suivant : Prioniens, Cérambycins, Nécydalides, Lamiaires et Lepturètes. *V.* ces mots. (G.)

* LONGINA. BOT. CRYPT. L'un des vieux syn. de *Blechnum boreale*, Swartz ; *Osmonda spicans*, L. (B.)

LONGIPALPES. *Longipalpati*. INS. Latreille (*Gen. Crust. et Ins.* T. 1, p. 196) désignait ainsi une petite division des Carabiques qui renfermait les genres *Drypta*, *Galerita* et *Zuphium*. Il ne l'a pas conservée dans ses ouvrages postérieurs, et il s'est servi de ce mot (Fam. Nat. du Règne Anim.) pour désigner une tribu de la famille des Brachélytres qui a pour caractères : tête dégagée et étranglée postérieurement ; labre entier ; palpes maxillaires presque aussi longs que la tête, avec le quatrième ou dernier article caché ou peu apparent. Cette tribu renferme quatre genres qui sont : les genres Pédère, Stilique, Stène, Evaesthèle. *V.* ces mots.   (G.)

*LONGIPÈDES. ois. (Scopoli.) Syn. d'Echassiers et espèce du genre Fourmilier. *V.* ce mot.   (B.)

, LONGIPENNES. ois. (Cuvier.) Syn. de grands Voiliers. *V.* ce mot. (B.)

LONGIROSTRES. ois. (Cuvier.) Famille de l'ordre des Echassiers qui comprend les Oiseaux munis d'un long bec ; tels sont les Bécasses, les Courlis, les Ibis, etc.   (A. R.)

LONG-NEZ. zool. On a donné ce nom comme spécifique à un Singe, à un Serpent du genre Thyphlops ainsi qu'à un Squale. *V.* ces mots.   (B.)

* LONGOUZE. bot. phan. (Flacourt.) Nom malegache d'une espèce d'Amome qui croît aussi aux îles de France et de Mascareigne. Lamarck l'appelle *Amomum madagascariense.* (B.)

LONGUE-ÉPINE. pois. (Bonnaterre.) Syn. d'Attinga. *V.* Diodon. (B.)

LONGUE-MITRE. bot. crypt. *V.* Macromitrium.

* LONGUP. ois. *Garrulus gabriculatus.* Espèce du genre Corbeau. *V.* ce mot.   (B.)

LONICERA. bot. phan. *V.* Chèvrefeuille.

LONIER. moll. Gmelin, dans la 13ᵉ édit. du *Syst. Naturæ*, a donné au Lonier d'Adanson (Voy. au Sénég., pl. 12, fig. 6) le nom de *Trochus griseus. V.* Troque.   (D..H.)

LONTARUS. bot. phan. Ce genre, de la famille des Palmiers, est le même que le *Borassus. V.* ce mot.   (A. R.)

*LOOSA. bot. phan. (Linné.) Pour Loasa. *V.* ce mot.   (B.)

LOPÉZIE. *Lopezia.* bot. phan. Genre établi par Cavanilles, dans la famille des Onagres, et de la Monandrie Monogynie, L., très-facile à reconnaître aux caractères suivans : le calice est adhérent par sa base avec l'ovaire qui est infère ; son limbe est étalé, à quatre divisions très-profondes et un peu inégales ; sa corolle se compose de cinq pétales inégaux ; deux supérieurs, onguiculés et coudés à leur base et offrant deux bosses glanduleuses, les deux latéraux sont plus grands et également onguiculés, l'inférieur est le plus petit : chaque fleur n'offre qu'une seule étamine dressée, placée vers la partie supérieure ; son filament est plane et comme canaliculé à sa base où il embrasse la partie inférieure du style. L'ovaire est infère, globuleux, à quatre loges contenant chacune quatre ovules attachés deux à deux et superposés par paire. Le style est plus court que l'étamine, terminé par un stigmate simple. Le fruit est une baie presque sèche, s'ouvrant seulement par son sommet en quatre dents qui correspondent aux cloisons. Les graines sont suspendues et contiennent un embryon dépourvu d'endosperme et renversé comme les graines.

On connaît quatre à cinq espèces de ce genre, toutes originaires du Mexique. Ce sont en général des Plantes herbacées, annuelles, à l'exception d'une seule espèce qui est vivace et sous-frutescente à sa base, et que pour cette raison, Rœmer et Schultes ont appelée *Lopezia frutescens.* Toutes les Lopézies ont les feuilles alternes, dentées ; les fleurs violacées, petites, pédonculées et axillaires.

L'espèce la plus commune dans les jardins est le *Lopezia mexicana,* Vahl, Enum. 1, p. 3, ou *Lopezia racemosa,* Cavan., *Icon.* 1, p. 12, T. XVIII. C'est une Plante élégante annuelle, dont la tige rameuse est haute d'environ un pied, un peu anguleuse et velue ; les feuilles sont alternes, ovales, aiguës, marquées de dents éloignées, glabres ; les fleurs sont purpurines, portées sur de longs pédoncules axillaires et uniflores. Cette espèce, que l'on a long-temps cultivée en serre, végète très-bien en pleine terre. On la plante dans les parterres.   (A. R.)

* LOPHA. *Lopha.* INS. Genre établi par Megerle, et que Latreille réunit à celui de Bembidion. *V.* ce mot.   (G.)

LOPHANTUS. BOT. PHAN. Linné et Forster avaient employé ce nom pour désigner deux genres dont l'un a été réuni aux *Hyssopus*, et l'autre aux *Waltheria :* on ne s'en sert plus que comme spécifique dans ces genres ainsi que pour la principale espèce de *Metrosideros. V.* ces mots. (G..N.)

LOPHAR ET LOPHARIS. POIS. Le Poisson de la Propontide, connu sous le nom de Lophar, dont Linné avait fait un *Perca*, que Lacépède avait rapporté à son genre Centropome, et dont Rafinesque (*Itiol. Sic.*, p. 17) a formé un genre sous le nom de *Lopharis*, a pour caractères : les ventrales réunies par une membrane transversale. *V.* PERCHE.   (B.)

* LOPHARINA. BOT. PHAN. Nom sous lequel Necker (*Elem. Bot.*, n. 356) a formé un genre composé des espèces d'*Erica* qui ont les anthères surmontées d'une arête en forme de crête. Ce caractère qui est peut-être bon pour distinguer une section, n'a pas assez de valeur pour motiver l'établissement d'un genre. *V.* BRUYÈRE.   (G..N.)

LOPHERINA. BOT. PHAN. (Dict. des Sc. Nat.) Pour Lopharina. *V.* ce mot.   (G .N.)

LOPHIDIUM. BOT. PHAN. Le genre de Fougères établi sous ce nom par Richard, rentre dans le *Schizœa* de Smith. *V.* ce mot.   (B.)

LOPHIE. *Lophius.* POIS. Genre de l'ordre des Branchiostèges de Linné, qui n'entre que par force dans la famille des Percoïdes, de l'ordre des Acanthoptérygiens de Cuvier, devant former une quatrième tribu qu'on pourrait nommer les Bau-

droies et qu'il remplit seul ; ce genre a pour caractères généraux : outre un squelette cartilagineux, et la peau sans écailles , des pectorales supportées comme par deux bras, soutenus chacun par deux os comparables au radius et au cubitus ; des ventrales placées fort en avant des pectorales ; des opercules et des rayons branchiostèges enveloppés dans la peau, et les ouïes ne s'ouvrant que par un trou percé en arrière des pectorales. « Ce sont, dit Cuvier (Règn. Anim. T. 1, p. 389), des Poissons voraces , à estomac large, à intestin court, qui peuvent vivre très-long-temps hors de l'eau, à cause du peu d'ouverture de leurs ouïes. » Trois sous-genres y sont établis.

† Les LOPHIES proprement dites , qui ont la tête extrêmement large et déprimée, épineuse en beaucoup de points , ayant la gueule très-fendue , armée de dents pointues, la mâchoire inférieure garnie de nombreux barbillons, deux dorsales distinctes, et quelques rayons libres et mobiles sur la tête ; la membrane des ouïes forme un cul-de-sac ouvert dans l'aisselle, soutenue par six rayons très-allongés, mais l'opercule petit. Leur intestin a deux cœcums très-courts vers son origine, la vessie natatoire manque. On n'en connaît qu'une espèce ; le *Lophius viviparus* de Schneider, et le *Lophius Ferguson* de Lacépède , ne paraissent que de simples variétés, ou ayant été établies sur des individus mal préparés.

La BAUDROYE ou BAUDROIE, vulgairement Galanga , Crapaud ou Diable de mer, et Raie pêcheresse; *Lophius piscatórius*, L., Gmel , *Syst. Nat.* XIII, T. 1, p. 1479 ; Bloch., pl. 87; Encycl., Pois., pl. 8, f. 26; Lac., Pois. T. 1, p. 304, pl. 13, f. 1 ; le *Rana marina*, et le *Rana piscatrix* des anciens , que les formes bizarres et comme monstrueuses de ce Poisson avaient beaucoup frappés , et sur lequel ils débitèrent des contes absurdes, perpétués chez les pêcheurs qui disent particulièrement la Baudroye l'ennemie du Requin et capable de le vaincre.

« Une tête démesurée (dit Bosc) avec des nageoires ventrales et pectorales en forme de main frappent d'abord ceux qui observent une Lophie Baudroye pour la première fois ; sa mâchoire inférieure est plus avancée que la supérieure ; sa bouche est très-grande et continuellement ouverte, tout l'intérieur est garni de dents inégales et nombreuses, semblables à celles des mâchoires ; la langue est courte et épaisse ; les narines sont placées derrière la lèvre supérieure et présentent comme la forme d'un verre à pate mobile. Les yeux sont placés à la partie supérieure de la tête, et très-rapprochés l'un de l'autre ; entre eux s'élève un long filament terminé par une membrane assez large et bilobée à la base de laquelle on en trouve une autre petite et triangulaire. Ce filament est suivi, dans la direction du dos, de trois ou cinq autres d'autant plus petits qu'ils s'éloignent plus de la tête, avec des membranes moins larges, simples, et des fils le long de leur tige ; des barbillons vermiformes garnissent les côtés du corps, de la queue et de la tête, au-dessus de laquelle paraissent quelques tubercules ou aiguillons particulièrement entre les yeux et la première nageoire du dos. Il y a deux dorsales dont la première a sa membrane bien plus courte que les rayons qui la fixent. La couleur de ce Poisson est obscure en dessus, blanchâtre en dessous ; la caudale ainsi que les pectorales sont bordées de noir, la peau est unie, flasque, sans écaille ni ligne latérales. » La Baudroye se trouve dans toutes les mers d'Europe ; dans la Méditerranée elle dépasse rarement dix-huit pouces à deux pieds de longueur ; dans l'Océan elle devient plus grande ; nous en avons vu prendre sur les côtes d'Arcachon de plus d'un mètre de longueur. Lacépède dit qu'il y en a de plus d'une toise, et Pontoppidan assure qu'on en voit en Norwège qui ont jusqu'à quinze pieds. Partout la figure étrange de cet Animal le rend un objet de dé-

goût, on ne le porte guère sur aucun marché, les pauvres même dédaignent sa chair et la disent malfaisante ; nous pouvons assurer, en ayant fait plusieurs fois usage, qu'elle est blanche, d'un goût fort agréable et saine. Geoffroy de Saint-Hilaire a lu à l'Institut un Mémoire fort intéressant sur l'anatomie de cette espèce et particulièrement sur les filamens singuliers qui la caractérisent ; ce Mémoire enrichit l'excellent recueil des Annales, rédigé par Audouin et Brongniart, nos collaborateurs. « Ce Poisson, dit enfin Lacépède, n'ayant ni armes défensives dans ses tégumens, ni force dans ses membres, ni célérité dans sa natation, est, malgré sa grandeur, contraint d'avoir recours à la ruse pour se procurer sa subsistance, de réduire sa chasse à des embuscades, auxquelles d'ailleurs sa conformation le rend très-propre ; il s'enfonce dans la vase, se couvre de Plantes marines, se cache entre les pierres, et ne laisse apercevoir que l'extrémité de ses filamens qu'il agite en divers sens, auxquels il donne toutes les fluctuations qui peuvent les faire ressembler davantage à des Vers ou autres appâts. Les autres Poissons attirés par cette apparente proie, s'approchent, et sont engloutis par le seul mouvement de la Lophie Baudroye, dans son énorme gueule, et y sont retenus par les innombrables dents dont elle est armée. » Ce Poisson n'est ni rare ni commun, et les pêcheurs disent qu'il croît avec beaucoup de promptitude, B. 6, D. 10, 11, p. 24, 26, v. 5, A. 9, 13, C. 6, 8.

†† Chironectes, qui ont comme les Baudroyes ou Baudroies, des rayons libres sur la tête, dont le premier est grêle, terminé souvent par une houppe, et dont les deux suivans, augmentés d'une membrane, sont quelquefois très-renflés et d'autres fois réunis en une nageoire. Leur corps et leur tête sont comprimés, leur bouche ouverte verticalement ; leurs ouïes sont munies de quatre rayons ne s'ouvrant que par un canal

et un petit trou derrière les pectorales; leur dorsale occupe presque tout le dos, des appendices charnus garnissent souvent tout leur corps. Leur vessie natatoire est grande; leurs intestins sont médiocres et sans cœcums. Ils peuvent remplir d'air leur vaste estomac à la manière des Tétrodons et gonfler leur ventre comme un ballon; à terre leurs nageoires paires, en forme de pates, les aident à ramper, beaucoup mieux qu'on ne croirait un Poisson susceptible de le faire : aussi les trouve-t-on parfois assez loin de l'eau sur le rivage où l'on assure qu'ils peuvent demeurer hors de leur élément jusqu'à deux ou trois jours, ce qui n'empêche point qu'on n'en rencontre dans la haute mer parmi les bancs flottans des Fucacées, où nous en avons souvent pêché, particulièrement entre des paquets de *Sargassum bacciferum*. Il n'en existe guère que dans les mers intertropicales. Linné n'en connaissait qu'une espèce; aujourd'hui l'on en voit au moins une douzaine dans les collections. Ce sont des Poissons beaucoup moins grands que les Baudroies proprement dites, qui ne présentent aucun aiguillon, qui sont comprimés dans un sens différent, c'est-à-dire verticalement, dont les couleurs, sans être brillantes, sont variées et ajoutent à la bizarrerie des formes.

L'Histrion, *Lophius Histrio*, L., Gmel., *loc. cit.*, p. 1481; Bloch, pl. 111; Encycl., Pois., pl. 9, f. 28; *Guaperva*, Marcgraaff, *Bras.* 150. Cette espèce à qui la bizarrerie de la forme et de ses mouvemens a mérité le nom qui la désigne, se trouve indifféremment dans les mers de l'Amérique et des Indes; elle acquiert de neuf à dix pouces de longueur. Sa couleur générale est d'un jaune orangé diapré de taches brunâtres. D. 1-1-12, P. 10-11, V. 5, A. 7, C. 10.

Le Riquet a la Houppe, *Lophius tricornis*, Cuv.; *L. hispidus*, Schn., 142, variété de l'Histrion; Lacépède, Pois. T. 1, p. 323, pl. 14, f. 1. Nous pouvons affirmer que ce Poisson n'est pas

une variété d'âge du précédent, mais bien une espèce beaucoup plus petite, que nous avons retrouvée assez fréquemment à l'Ile-de-France, où Commerson l'avait dessinée. C'est ce dessin très-exact qu'a reproduit Lacépède. Sa couleur de nankin, ses taches autrement disposées et d'un brun glauque ou bleuâtre, sa taille beaucoup plus petite, la membrane qui termine son filet antérieur trifurquée, et surtout les alentours de sa bouche dépourvus de toute espèce de filets, la caractérisent suffisamment. Nous en avons conservé des individus durant plusieurs jours dans des vases, ayant soin de ne pas laisser l'eau se corrompre, et comme on le fait des Cyprins dorés. Ils demeuraient quelquefois des journées entières dans une immobilité qui les eût fait croire morts, mais tout-à-coup ils nageaient de la façon la plus singulière, et comme s'ils eussent marché gravement dans le fluide dont ils étaient environnés; d'autres fois, se gonflant, ils venaient à la surface de l'eau où ils demeuraient exondés aux trois quarts. Ayant une fois graduellement ajouté de l'eau douce à l'eau de mer, où nous conservions un de ces Poissons, il finit par vivre dans l'eau douce la plus pure sans y paraître souffrir, pendant plus de huit jours après lesquels il mourut probablement d'inanition. D. 1-1-11, P. 12, V. 5, A. 6, C. 10.

L'Uni, *Lophius lævigatus*, Bosc, est l'un des Chironectes les plus communs, et cependant il avait échappé à tous les ichthyologistes. Il est aussi l'un des plus petits. Nous l'avons retrouvé à notre départ d'Europe et à notre retour dons les parages des îles du cap Vert, parmi les Sargasses, et nous en avons également conservé un individu vivant pendant quelque temps. D. 1-3-12, P. 10, V. 6, A. 6, C. 10.

Le Commersonien, Lac., *loc. cit.*, pl. 14, f. 3; le Chironecte, Lac., *loc. cit.*, f. 2; les *Lophius striatus* et *marmoratus* de Schaw, avec le Hérissé et le Lisse de Lacépède, Ann. du Mus. T. IV, pl. 45, f. 3 et 4, sont d'autres espèces de ce sous-genre sur lequel Cuvier a donné un Mémoire dans le tome premier, p. 118, des Annales du Muséum.

††† MALTHÉES, qui ont la tête extraordinairement élargie et aplatie, principalement sur la saillie et le volume du sub-opercule ; les yeux fort en avant ; la bouche sous le museau, médiocre et protractile ; les ouïes soutenues par six ou sept rayons, et ouvertes à la face dorsale par un trou au-dessous de chaque pectorale ; une seule petite dorsale molle, ce qui fait encore une exception aux caractères de l'ordre où le savant Cuvier place les Lophies. Le corps est hérissé de tubercules osseux, des barbillons y règnent tout le long sur les côtés ; mais la tête est dépourvue de rayons libres, ce qui indique dans les Malthées des mœurs très-différentes de celles des Lophies dont se composent les deux sous-genres précédens. Il n'y existe d'ailleurs ni vessie natatoire ni cœcum.

La CHAUVE-SOURIS, *Lophius Vespertilio*, L., Gmel., *loc. cit.*, p. 1480; Bloch, pl. 110; Encycl. Pois., pl. 9, f. 27; *Guacucuja*, Marcgr., *Brasil.*, p. 145. L'un des plus vilains Poissons de la mer, presqu'en losange, hérissé de pointes, avec un museau tellement pointu qu'on l'a quelquefois nommé petite Licorne ; on trouve cette espèce de Lophie dans les mers d'Amérique, particulièrement aux Antilles, où elle acquiert un à deux pieds de long. D. 5-7, P. 19, V. 5, 6, A. 6, C. 11, 15.

La LOPHIE DE FAUJAS, Lac., *loc. cit.*, p. 318, pl. 11, f. 2 et 3; *Lophius stellatus*, Wahl, *Soc. Copenh.* T. IV, pl. 3, f. 3 et 4. Cette espèce, venue au Muséum de Paris de la Collection de La Haye, n'a guère que quatre pouces de long. Très-aplatie, sa partie antérieure est comme discoïde, terminée par un prolongement du corps en forme de queue ; lisse en dessous, toute hérissée de tubercules en dessus, elle est encore garnie au pourtour et à la bouche qui est un peu en dessous de la partie antérieure d'autres mamelons hérissés qui

rappellent les piquans des Mélocactes. B. 5, D. 5, P. 5, V. 12, A. 5, C. 7.

Les Lophies rentrent si difficilement dans la famille où elles ne semblent avoir été placées par l'illustre Cuvier qu'avec doute, et tout en offrant entre eux des rapports frappans, les sous-genres qui s'y rapportent présentent de si grandes différences, soit dans la direction de la compression de leur corps, soit dans la situation de leur bouche, l'absence ou la présence des appendices et de la vessie natatoire, la nudité ou l'aspérité de leur peau et leur aspect néanmoins toujours étrange, qu'il serait peut-être à propos d'en former une famille distincte, bien plus rapprochée qu'on ne l'a fait des Cartilagineux, ainsi que le pensait Linné; et dans laquelle les Lophies proprement dites, les Chironectes et les Malthées seraient élevées à la dignité de genre. Nous soumettons nos doutes à cet égard au savant qui prépare une grande histoire des Poissons où tous les points douteux de leur histoire seront éclaircis.   (B.)

* LOPHIODON. MAM. *V.* PALÆOTHERIUM.

LOPHIOLA. BOT. PHAN. Le nom de *Lophiola aurea* a été donné par Gawler à une Plante qui rentre dans le genre *Conostylis* de Brown, et qui a été nommée par Pursh *C. americana. V.* CONOSTYLE.   (G..N.)

*LOPHIOLÈPE. *Lophiolepis*. BOT. PHAN. C'est le nom d'un sous-genre que Cassini a établi parmi les *Cirsium*, et qui est essentiellement caractérisé par les appendices des écailles de l'involucre, lesquels sont longs, arqués en dehors et bordés de petites épines. Ces caractères le distinguent des vrais *Cirsium* dont les appendices de l'involucre sont courts, droits et sans épines ; des *Picnomon* chez lesquels ces appendices sont longs, étalés, arqués en dehors, épais, roides, et armés d'épines très-longues ; et des *Orthocentron* (dernier sous-genre du *Cirsium*), qui ont les appendices longs, étalés, droits, roides, subulés et spinescens. On voit donc, par ces faibles différences, que les sous-genres en question se fondent les uns dans les autres. L'*Orthocentron*, en effet, est tellement intermédiaire entre les *Lophiolepis* et les vrais *Cirsium*, qu'il nous semble réunir ces sous-genres, et ne former avec eux qu'une seule et indivisible association.

Les quatre espèces assignées avec certitude au *Lophiolepis*, sont : 1° *Cirsium ciliatum* ou *Cnicus ciliatus*, Willd.; 2° *Cirsium arachnoideum*, Marschall-Bieberstein ; 3° *Cirsium nutans*, qui est peut-être le *Cnicus fimbriatus* de Marschall ; 4° et *Cirsium lanceolatum*, De Cand.; ou *Carduus lanceolatus*, L.; mais cette dernière Plante n'est placée qu'avec doute parmi les *Lophiolepis*. Outre ces espèces, Cassini indique comme appartenant probablement à ce sous-genre, les *Cirsium eriophorum*, De Cand.; *Cirs. serrulatum*, *fimbriatum*, *laniferum* et *lappaceum* de Marschall-Bieberstein.   (G..N.)

LOPHIRA. BOT. PHAN. Gaertner fils (*Carp.* 52, tab. 188, fig. 2) a décrit et figuré sous le nom de *Lophira alata*, Banks, *Mss.*, le fruit d'un genre auquel il attribue les caractères suivans : le calice est libre, persistant, formé de cinq folioles impaires, linéaires, roides, fortement veinées et réticulées; l'une d'elles étant plus grande que les autres est obtuse et forme une sorte de languette ; les étamines sont en grand nombre; l'ovaire est libre, surmonté d'un style simple, subulé, terminé par un stigmate à deux divisions linéaires aiguës. Le fruit est une sorte de noix coriace, recouverte par le calice, à une seule loge indéhiscente, contenant une seule graine dressée, dont l'embryon, dépourvu d'endosperme, a la radicule inférieure et les cotylédons charnus et épais. Cette espèce, la seule que l'on connaisse, est un Arbre originaire des forêts de l'Afrique australe; ses feuilles alternes sont longues, lancéolées, cordifor-

mes, roides et dépourvues de stipules. Ses fleurs sont disposées en grappes.

Ce genre paraît avoir quelques rapports avec les Erables, dont il s'éloigne par plusieurs caractères importans.   (A. R.)

*LOPHIUM. BOT. CRYPT. (*Hypoxylons.*) Ce genre, créé par Fries, a pour type l'*Hysterium mytilinum* de Persoon, qui est l'*Hypoxylon ostraceum* de Bulliard. Il est voisin des *Hysterium*, mais il en diffère pourtant par ses thèques qui sortent du réceptacle. Il est caractérisé ainsi qu'il suit : réceptacles comprimés, presque membraneux, s'ouvrant par une fente longitudinale ; thèques droites, s'échappant sous forme pubescente. Il ne renferme encore que deux espèces.   (A. F.)

LOPHIUS. POIS. *V.* LOPHIE.

LOPHOBRANCHES. POIS. Quatrième ordre de la classe des Poissons dans la Méthode de Cuvier où les branchies se divisent en petites houppes rondes, disposées par paires le long des arcs branchiaux, structure dont on ne retrouve aucun autre exemple chez les Poissons. Ces parties sont d'ailleurs enfermées sous un grand opercule attaché de tous côtés par une membrane qui ne laisse qu'un petit trou pour la sortie de l'eau. Ils ont tout le corps cuirassé et d'un aspect étrange. Ce sont les genres Syngnathe, Hippocampe, Sélénostome et Pégase. *V.* ces mots.
       (B.)

* LOPHONOCÈRE. INS. Genre de l'ordre des Coléoptères, famille des Longicornes, tribu des Cérambycins, mentionné par Latreille (Fam. Nat. du Règne Anim.) et dont nous ne connaissons pas les caractères. (G.)

LOPHONOTES. POIS. La famille établie sous ce nom par Duméril, parmi ses Holobranches, a pour caractères : les ventrales situées sous les pectorales; le corps épais, comprimé, et la dorsale très-longue. Elle contient les genres Tœnianote, Coryphœne, Centrolophe, Hémiptéronote, Coryphœnoïde et Chevalier. *V.* ces mots. (B.)

LOPHOPHORE. ois. Temminck a changé ainsi le nom du genre du Monaul établi par Vieillot, qui, ayant l'antériorité, doit être adopté. *V.* Monaul. (A. R.)

LOPHORHYNQUE. ois. *V.* Cariama.

LOPHORINE. ois. Vieillot a voulu faire sous ce nom un genre particulier pour le Superbe, *Paradisea superba;* mais ce genre n'a pas été adopté. (A. R.)

LOPHOTE. *Lophotes.* pois. Genre appartenant à la famille des Tœnioïdes de Cuvier dans l'ordre des Acanthoptérygiens de sa Méthode ichthyologique, et à la famille des Pétalosomes de Duméril. Il fut établi par Giorna dans les Actes de l'Académie de Turin (1805-1808, p 19, pl. 2) d'après un individu mal conservé. Cuvier ayant eu occasion de revoir ce Poisson et d'en observer un individu de quatre pieds de long pris dans les mers de Gênes, nous en a donné une description plus exacte, et une figure parfaite dans les Annales du Muséum, T. xx, fig. 17. On ne peut donc mieux faire pour donner une idée de cet Animal que de laisser parler lui-même le savant qui l'a scrupuleusement caractérisé : « Les Lophotes, dit-il (Règn. Anim. T. 11, p. 247) ont le corps allongé et finissant en pointe, la tête courte, surmontée d'une crête osseuse, très-élevée ; rayon épineux, bordé en arrière d'une membrane, et à partir de ce rayon une nageoire basse à rayons presque tous simples, régnant également jusqu'à la pointe de la queue qui a une caudale distincte, et en dessous de cette pointe est une très-courte anale. Les pectorales sont médiocres, armées d'un premier rayon épineux, et sous elles on distingue à peine des ventrales de quatre ou cinq rayons excessivement petites. Les dents sont pointues et peu serrées ; la bouche est dirigée vers le haut, et

l'œil est fort grand. On compte six rayons aux branchies ; la cavité abdominale occupe presque toute la longueur du corps. » On n'en connaît encore qu'une espèce qui est le *Lophotus Lacepedianus*, qui n'a été trouvé jusqu'ici que dans la Méditerranée. (B.)

LOPHYRE. rept. saur. Sous-genre d'Agame. *V.* ce mot. (B.)

LOPHYRE. *Lophyrus.* moll. Poli, dans son grand ouvrage des Testacés des Deux-Siciles, a donné ce nom aux Animaux des Oscabrions. *V.* ce mot. (D..H.)

LOPHYRE. *Lophyrus.* ins. Genre de l'ordre des Hyménoptères, section des Térébrans, famille des Porte-Scies, tribu des Tenthrédines, établi par Latreille, et correspondant à la première division du genre *Hytoloma* de Fabricius, et à la première famille du genre *Ptérone* de Jurine. Ce genre est ainsi caractérisé : antennes des mâles de seize articles au moins, en peignes ou en panaches ; celles des femelles simplement en scie, plus grêles vers leur extrémité ; labre très-apparent ; mandibules tridentées ; ailes ayant une grande cellule radiale ; trois cellules cubitales presque égales, la première et la seconde recevant chacune une nervure récurrente, et la troisième atteignant le bout de l'aile.

Les Lophyres se distinguent des Tenthrèdes, des Athalies, des Mégalodontes, et autres genres voisins, par les articles des antennes et par les cellules des ailes. Ce sont des Hyménoptères de taille moyenne, et qui appartiennent à l'Europe. L'espèce qui sert de type à ce genre est :

Le Lophyre du Pin, *L. Pini,* Latr., Jurine ; *Hylotoma Pini,* Fab.; le mâle (Panz. ; *Faun. Ins. Germ., fasc.* 87, tab. 17, le même sexe) ; *Hylotoma dorsata,* Fabr.; la femelle (Panz., *loc. cit., fasc.* 62, tab. 9). Le mâle est long de quatre lignes, noir, avec les antennes très-barbues ; les jambes et les tarses sont d'un jaune sale, tirant sur le brun. Les femelles sont plus-grandes et plus grosses, d'un gris jaunâtre, avec la tête et les tarses noirs; les barbes des antennes sont très-courtes. La larve de cette espèce vit en société sur les branches du Pin : elle est blanchâtre, avec la tête d'un brun jaunâtre et quatre rangs de taches noires. La nymphe est renfermée dans une coque ovale assez dure dont une des extrémités se détache, à la sortie de l'Insecte parfait, en manière de calotte, et y reste attachée comme un couvercle de boîte. Cette espèce se trouve à Paris. On peut rapporter à ce genre les *Pteronus Laricis* de Jurine et *Hylotoma Juniperi* de Fabricius.

(G.)

LOPHYROPES. *Lophyropa.* CRUST. *V.* LOPHYROPODES.

LOPHYROPODES. *Lophyropoda.* CRUST. Ordre (ci-devant famille sous le nom de Lophyropes) établi par Latreille, et se composant du genre *Monoculus* de Linné et de quelques espèces de celui qu'il nommait *Cancer.* Latreille les a désignés collectivement (Règn. Anim. de Cuv.) par la dénomination de *Branchyopodes*; ce sont les *Entomostracés* de Müller. Schœffer, Hermann, Jurine père et fils, Ramdhor, Prévost, Brongniart fils et Strauss ont ajouté beaucoup aux observations de cet auteur, et complété en grande partie l'histoire qu'il nous avait donnée de ces Animaux. Les caractères de cet ordre sont : un œil sessile et immobile; tête confondue avec le thorax; corps protégé par un test; pieds au nombre de six ou huit, en y comprenant les pieds-mâchoires, ces pieds étant natatoires dans le plus grand nombre, branchifères, sans onglet sensible au bout, et garnis de soies, de poils, etc., mais non foliacés comme ceux de l'ordre des Aspidiphores. Ces Animaux habitent le plus souvent les eaux douces; leurs œufs forment tantôt deux paquets ou deux grappes situées à la base de l'abdomen; tantôt ils sont rassemblés, au-

dessous du test, sur le dos de l'Animal.

Latreille divise cet ordre en deux familles; ce sont les Univalves et les Ostracodes. *V.* ces mots. (G.)

LOPHYRUS. REPT. MOLL. INS. *V.* LOPHYRE.

* LOPIMIE. *Lopimia.* BOT. PHAN. Genre de la famille des Malvacées et de la Monadelphie Polyandrie, L., établi par Martius (*Nova Act. Bonn.* XI, p. 96) qui l'a ainsi caractérisé : involucelle plus long que le calice, à vingt folioles sétacées et conniventes; corolle plane; colonne staminale un peu recourbée (*subdeflexa*); trente à quarante anthères ; dix stigmates ; capsule à cinq coques enduites d'un mucilage visqueux. Ce genre a le port des *Sida*; il se rapproche aussi du *Pavonia* et de l'*Urena*, mais il s'en distingue facilement par la viscosité de son fruit avant la dessiccation. Une seule espèce à laquelle Martius a donné le nom de *Lopimia malacophylla*, constitue ce nouveau genre. Link et Otto l'ont décrite et figurée dans leur Recueil des Plantes rares du jardin de Berlin (T. I, p. 67, t. 30) sous le nom de *Sida malacophylla.* C'est un Arbrisseau pubescent, à feuilles orbiculaires presque cordiformes, et à doubles dentelures sur les bords ; les fleurs sont solitaires dans les aisselles des feuilles, et de couleur écarlate. Cette Plante croît dans les lieux marécageux de la province de Bahia au Brésil. (G..N.)

LOQUE. BOT. PHAN. L'un des noms vulgaires de la Douce-Amère, et dans les Cévènes, selon Bosc, du *Carlina acaulis*, dont on mange les réceptacles charnus en guise d'Artichauts. (B.)

Les habitans de la province de Jaen de Bracamoros, dans l'Amérique méridionale, donnent aussi le nom de *Loque* au *Kageneckia glutinosa* de Kunth. *V.* KAGENECKIE.

(G..N.)

LORANTHE. *Loranthus.* BOT.

PHAN. Genre d'abord placé dans la famille des Caprifoliacées, mais formant aujourd'hui le type d'une nouvelle famille nommée Loranthées. Les Loranthes sont tous des Végétaux parasites, vivaces et ligneux, fort analogues pour le port et l'organisation à notre Gui qui appartient à la même famille. Leur tige est généralement rameuse et cylindrique; leurs feuilles le plus souvent opposées, rarement alternes, coriaces, persistantes, très-entières, marquées de nervures longitudinales; les fleurs, dioïques dans la seule espèce qui croisse en Europe, sont hermaphrodites dans toutes les autres. Ces fleurs sont quelquefois très-petites et verdâtres, d'autres fois fort grandes et colorées; elles sont rarement solitaires, le plus souvent groupées en épis, en grappes, ou en panicules terminales et axillaires. Chaque fleur est accompagnée d'une ou deux petites bractées squammiformes, ou d'un calicule tantôt court et en forme de cupule, tantôt recouvrant l'ovaire en totalité. Le calice est adhérent avec l'ovaire infère; son limbe est quelquefois à peine marqué; d'autres fois il forme un petit rebord membraneux et saillant très-manifeste. La corolle, dont la longueur varie depuis une ligne jusqu'à deux pouces, se compose de quatre à huit pétales linéaires, tantôt libres et distincts les uns des autres, tantôt soudés entre eux dans une étendue plus ou moins considérable de leur longueur. La corolle, considérée dans son ensemble, est allongée, tubuleuse, assez souvent oblique, et renflée dans sa partie inférieure. Chaque pétale porte sur sa face interne une étamine dont le filet est attaché plus ou moins haut sur cette face interne. Les filets sont subulés, dressés; l'anthère est allongée, à deux loges, s'ouvrant par un sillon longitudinal et du côté interne. Cette anthère, échancrée à sa base, est très-caduque, et ne tient au filet que par le sommet de celui-ci. L'ovaire est turbiné, infère, couronné par un disque épigyne, saillant, annulaire; il offre une seule loge qui contient un seul ovule renversé. Le style est cylindrique, simple, généralement de la longueur des étamines et quelquefois plus long; il se termine par un stigmate renflé et simple. Le fruit est une baie généralement ovoïde ou globuleuse, ombiliquée à son sommet, contenant dans une pulpe charnue, visqueuse et gluante, une seule graine renversée. Celle-ci se compose d'un tégument propre qui n'est pas distinct de l'endocarpe et d'un endosperme charnu qui contient dans sa partie supérieure un embryon axile, cylindrique, dont la radicule, tournée vers le hile, lui donne une direction semblable à celle de la graine; cette radicule est entièrement recouverte par une lame de l'endosperme, en sorte que l'embryon est totalement intraire. Quelquefois on trouve dans une même amande deux et jusqu'à quatre embryons, circonstance qui se remarque également dans le Gui.

Le nombre des espèces de ce genre est extrêmement considérable, et il serait fort à désirer que quelque botaniste en entreprît une bonne monographie; car il règne une assez grande confusion parmi ces espèces, qui croissent dans toutes les régions chaudes du globe, une seule étant originaire d'Europe (*Loranthus Europœus*, Jacq.) Linné, dans la première édition du *Species Plantarum*, publiée en 1753, n'en décrivit qu'une seule espèce (*Lor. americanus*). En 1762, dans la seconde édition du même ouvrage, il en fit connaître cinq, trois originaires de l'Amérique méridionale, une de la Chine et une de l'Inde. Lamarck, dans l'Encyclopédie, en décrit vingt-cinq espèces, dont plusieurs entièrement nouvelles. Ce nombre est porté à vingt-six par Willdenow (*Sp. Plant.* 1799). Persoon, dans son *Synopsis*, en mentionne quarante-trois espèces, parmi lesquelles quinze avaient été décrites, et un grand nombre figurées dans le troisième volume de la

Flore du Chili et du Pérou de Ruiz et Pavon. Plus récemment notre collaborateur, le professeur Kunth, en a décrit vingt-huit espèces nouvelles, dans les *Nova Genera* de Humboldt et Bonpland, trouvées par ces célèbres voyageurs dans les diverses parties de l'Amérique méridionale qu'ils ont visitées. Si l'on ajoute à ce nombre quelques autres espèces décrites isolément par plusieurs botanistes, on verra qu'il peut être évalué à environ quatre-vingts, sans compter plusieurs espèces nouvelles et inédites qui existent dans les herbiers.

Nous avons déjà dit qu'une seule espèce de ce genre croissait en Europe; c'est le *Loranthus Europæus*, Jacq., Vind., 23o; Austr., t. 3o. Il croît, parasite, sur le tronc des Chênes, des Poiriers, des Pommiers et des Châtaigniers; c'est un petit Arbuste ayant le port du Gui. Sa tige est ligneuse, dichotome et comme articulée; ses feuilles sont assez généralement opposées, quelquefois alternes sur le même individu; elles sont elliptiques, obtuses, entières, un peu coriaces, glabres et veinées, surtout inférieurement. Les fleurs sont dioïques, formant un épi solitaire au sommet de chaque rameau. Le calice a son limbe légèrement denté; la corolle est formée de six pétales portant chacun une étamine. Le fruit est une baie globuleuse, pisiforme, jaunâtre, presque translucide, contenant une seule graine au milieu d'une pulpe gluante. Cette Plante a d'abord été observée en Autriche par Jacquin; elle est aujourd'hui assez commune sur les Arbres du parc de Schœnbrunn. Pallas l'a retrouvée en Sibérie. Elle existe également en Italie, dans les Calabres, où elle croît principalement sur les Châtaigniers. Plus récemment, le fils du professeur Savi de Pise l'a trouvée dans la chaîne de l'Apennin, au nord de Pise.

Le LORANTHE CUCULLAIRE, *Loranthus cucullaris*, Lamk., Diction. d'Hist. Nat., 1, p. 444, T. XXIII, est une des espèces les plus belles et les plus singulières de ce genre. C'est la même que le professeur Richard a indiquée sous le nom de *Loranthus bracteatus*, dans les Actes de la Société d'Histoire Naturelle de Paris. Elle est parasite; ses feuilles sont opposées, sessiles, lancéolées, entières, falciformes, aiguës et veinées. Ses fleurs sont portées sur un pédoncule axillaire long d'un pouce, bifurqué à son sommet, et dont chaque branche porte trois fleurs recouvertes en partie par une large bractée cordiforme, repliée en deux, coriace, persistante et rouge. Chaque fleur est accompagnée d'un calicule monophylle, ovoïde, ayant son bord tridenté; ce calicule est plus long que le calice propre, qui est adhérent avec l'ovaire, et terminé par un limbe court et entier. La corolle se compose de six pétales distincts fortement roulés en dehors dans leur partie supérieure. Cette espèce est originaire de la Guiane. D'après une analyse soignée que nous en avons faite, nous ne serions pas éloignés d'en faire le type d'un genre distinct par sa large bractée cuculliforme et son calicule recouvrant l'ovaire en totalité.

(A. R.)

LORANTHÉES. *Loranthecæ*. BOT. PHAN. Cette famille naturelle de Plantes, qui a pour types le *Loranthus* et le *Viscum*, a d'abord été indiquée par le professeur Richard sous le nom de Viscoïdées, dans son Analyse du Fruit, p. 33. Un peu plus tard, Jussieu l'a décrite sous celui de Loranthées (Ann. Mus. 12, p. 285), nom qui a été généralement adopté. Cette famille peut être caractérisée de la manière suivante: les fleurs sont généralement hermaphrodites, très-rarement unisexuées et dioïques; le calice est adhérent avec l'ovaire infère; son limbe forme un rebord souvent peu distinct, quelquefois légèrement denté. Ce calice est accompagné extérieurement, soit de deux bractées, soit d'un second calice cupuliforme, ou enveloppant et cachant quelquefois entièrement le véritable calice. La corolle se compose de quatre à huit pétales insérés vers le sommet de l'ovaire; ces pétales sont quelquefois entièrement distincts les uns des autres , d'autres fois soudés entre eux dans une étendue plus ou moins considérable, de manière à représenter une corolle monopétale. Les étamines sont en même nombre que les pétales; elles sont sessiles ou portées sur des filets quelquefois très-longs, et chacune d'elles est attachée au milieu de la face interne de chaque pétale. Leur anthère est allongée, à deux loges, s'ouvrant par un sillon longitudinal. Les anthères du Gui , par leur singulière organisation, s'éloignent de celles des autres Loranthées. L'ovaire est généralement infère, quelquefois seulement semi-infère; il offre une seule loge qui ne contient qu'un ovule renversé. Cet ovaire est couronné par un disque épigyne étendu , sous forme d'anneau , en dedans de l'insertion de la corolle; le style est souvent long et grêle, quelquefois manquant entièrement ; le stigmate est souvent simple. Le fruit est généralement charnu , contenant une seule graine renversée , adhérente avec la pulpe du péricarpe qui est gluante et visqueuse. Cette graine renferme un endosperme charnu , dans lequel on trouve un embryon cylindrique , ayant la radicule supérieure, c'est-à-dire tournée vers le hile. La graine étant renversée, cette radicule est quelquefois un peu saillante en dehors, par une ouverture qui se trouve à l'endosperme, ainsi qu'on le voit dans le Gui par exemple. Il arrive quelquefois qu'un même endosperme renferme plusieurs embryons.

Les Loranthées sont pour la plupart des Plantes vivaces et parasites, quelques-unes sont terrestres. Leur tige est ligneuse et ramifiée; les feuilles sont simples et opposées, entières ou dentées, coriaces et généralement persistantes, sans stipules. Les fleurs sont diversement disposées, tantôt solitaires, le plus souvent groupées en épis, en grappes; ou

en panicules axillaires ou terminales.

Les genres rapportés à cette famille par Jussieu sont, outre le *Loranthus* et le *Viscum*, le *Rhizophora*, L. , l'*Aucuba* de Thunberg, le *Chloranthus* de l'Héritier, le *Codonium* de Vahl. Mais Robert Brown a modifié cette réunion de genres. Ainsi il en a retiré avec juste raison le *Rhizophora* , qui a un ovaire à deux loges polyspermes, des graines dépourvues d'endosperme , et un embryon dont la germination hâtive se fait quand la graine est encore renfermée dans son péricarpe , et que celui-ci tient encore à la Plante-mère. Il en a formé un ordre naturel nouveau , sous le nom de Rhizophorées , auquel il a réuni les genres *Bruguiera* et *Carallia*. Plus récemment le même botaniste a fait du genre *Chloranthus* de l'Héritier le type d'une nouvelle famille qu'il a nommée Chloranthées , famille qui a été adoptée par J. Lindley. Mais nous ne partageons pas entièrement la manière de voir du célèbre botaniste anglais sur l'organisation de ce genre. Il le décrit comme tout-à-fait dépourvu de périanthe, tandis que nous pensons qu'il a un périanthe double. En effet, dans le *Chloranthus inconspicuus* , la seule espèce qui nous soit connue, nous avons trouvé un ovaire infère, c'est-à-dire adhérent avec le calice. Celui-ci forme du côté externe un petit rebord entier qui en est véritablement le limbe. La corolle se compose de quatre pétales soudés ensemble par leur base, les deux moyens étant entièrement réunis et n'en formant qu'un seul; chacun de ces pétales porte à sa face interne une anthère sessile allongée, à deux loges, s'ouvrant par un sillon longitudinal. Robert Brown, au contraire, ne mentionne pas le limbe calicinal, et pour lui les pétales ne sont que des filets d'étamines dilatés et pétaloïdes. Mais nous ne saurions adopter cette manière de voir, et l'analogie vient à l'appui de notre opinion. En effet, il est évident que, dans ce genre, l'ovaire est infère; ce que prouve l'insertion épigyne de la corolle : en second lieu, ce genre est bien certainement pourvu d'une corolle. L'analogie le prouve encore. En effet, l'organe que nous avons considéré dans ce genre, comme la corolle, est absolument analogue et semblable pour sa position à la corolle des autres Loranthées ; comme elle, elle porte les étamines. Mais il existe entre le *Chloranthus* et les Loranthées une différence bien plus importante ; c'est la position de l'embryon. Dans toutes les premières, cet embryon est placé au sommet de l'endosperme, et sa radicule est tournée vers le hile. Dans le *Chloranthus*, au contraire, l'embryon a une position et une direction tout-à-fait opposées, c'est-à-dire qu'il est placé à la partie inférieure de l'endosperme, et que sa radicule est tournée vers la partie inférieure du péricarpe, tandis que les cotylédons sont dirigés vers le hile. Cette différence est la seule de quelque importance qui existe en're le *Chloranthus* et les Loranthées. Suffit-elle pour séparer ce genre et en faire une famille distincte? Nous ne saurions nous prononcer dans cette question.

La famille des Loranthées se distingue surtout des Caprifoliacées, auxquelles elle était d'abord réunie, par sa corolle le plus souvent polypétale, par ses étamines opposées aux divisions de la corolle, par son ovaire constamment uniloculaire, contenant un seul ovule renversé. Cette famille doit être placée entre les Caprifoliacées et les Rubiacées. Robert Brown, au contraire, la rapproche des Protéacées, parce qu'il considère également les Loranthées comme apétales.   (A. R.)

* LORÉE. *Lorea.* BOT. CRYPT. (*Hydrophytes.*) Notre collaborateur Lamouroux paraissait avoir le dessein de former un genre du *Fucus loreus*, L., qui est l'*Himantalia lorea* de Lyngbye ; il indique ce genre sous le nom de *Lorea* dans son article Fucus du présent Dictionnaire, ainsi

qu'au mot HIMANTALIA. Cependant le genre auquel Lyngbye a donné cette dernière dénomination nous paraît très-bon, et surtout parfaitement nommé, *Lorea* étant un adjectif tel qu'en employait souvent Stackhouse qui, en fait de nomenclature, n'est pas un modèle à suivre. Nous caractériserons conséquemment avec Lyngbye le genre dont il est question, soit qu'on adopte l'un ou l'autre nom : fronde comprimée, dichotome, partant d'une base cyathiforme, dont la fructification consiste en des tubercules nombreux, épars sur toute la surface de la Plante.

Nous connaissons deux espèces de ce genre : *Himantalia lorea*, Lyngbye, *Tent.*, p. 36, tab 8, A ; *Fucus loreus*, L., Turn., tab. 196 (médiocre) ; Stackh., Nér. Brit., tab. 10 (bonne), dont le *Fucus elongatus*, L., est un double emploi, et dont la base cyathiforme ou turbinée a été décrite et figurée à part dans la Flore de Norwège sous le nom d'*Ulva pruniformis*. Cette Plante, commune sur les rochers que la mer découvre rarement, sur toutes les côtes océanes de l'Europe, et dont nous avons vu particulièrement des individus énormes, à Belle-Ile-en-Mer, sur la rive dite de la Mer sauvage, s'accroche dans les fentes par un empâtement d'où s'élève comme une capsule très-évasée, fermée d'un diaphragme, d'un à deux pouces de longueur et de diamètre, du centre de laquelle sort une fronde en manière de lanière légèrement comprimée, épaisse comme le doigt, et se divisant régulièrement à l'infini, de distance en distance, en dichotomies, jusqu'aux extrémités de la Plante qui est consistante, enduite d'une certaine viscosité, longue de deux à dix pieds, très-flexible, mais capable de résister aux plus grands efforts de la vague courroucée. Il arrive cependant que les lanières, qu'on dirait de cuir, sont parfois détachées de la base cyathiforme ou turbinée ; alors pelotonnées par la lame, elles sont rejetées sur le rivage en grands amas, inextricables. La couleur générale est olivâtre, tirant sur le bistre, toute piquetée de noirâtre quand la Plante est en fructification.

L'expédition de la *Coquille* nous a rapporté une seconde espèce de ce genre que nous nommerons *Himantalia Durvillœi;* elle vient des côtes de la Conception au Chili. Egalement dichotomes, les divisions en sont plus rapprochées, la base de la tige est plus grosse, et les extrémités s'aplatissent au point de devenir foliacées ou membraneuses, sans néanmoins s'élargir. (B.)

* LORENTEA. BOT. PHAN. Ortega avait constitué sous ce nom un genre connu antérieurement sous celui de *Sanvitalia. V.* ce mot. Lagasca s'est servi de la même dénomination pour désigner un nouveau genre de la famille des Synanthérées que Cassini établit également, mais un peu plus tard, et qu'il nomma *Chtonia.* Il appartient à la tribu des Tagétinées, et selon Cassini, on doit le placer entre les genres *Pectis* et *Cryptopetalon,* dont il ne diffère que par la structure de l'aigrette. Ces légères différences ne paraissent pas suffisantes pour autoriser des distinctions génériques. *V.* PECTIS. (G..N.)

LORI. OIS. Pour Lory. *V.* ce mot.
(DR..Z.)

LORICAIRE. *Loricaria.* POIS. Dernier genre de l'ordre des Malacoptérygiens abdominaux, de la famille des Siluroïdes de Cuvier et de celle des Olophores, parmi les Holobranches abdominaux de Duméril, établi par Linné dans l'ordre des Abdominaux. Il a pour caractères : des plaques anguleuses et dures cuirassant entièrement le corps et la tête, se distinguant des Silures cuirassés par la bouche placée sous le museau; cette bouche présente quelque analogie avec celle qui distingue parmi les autres Siluroïdes le sous-genre Synodonte. Les Loricaires ont encore des intermaxillaires petits, suspendus sous le museau, et des mandibulaires transverses et non réunis, portant des dents longues, grêles, flexibles et terminées en crochet; un voile circulaire, large et membraneux, entoure l'ouverture de cette bouche; les os pharyngiens sont garnis de nombreuses dents en pavé. Les vrais opercules sont immobiles comme dans les Asprèdes; mais deux petites plaques extérieures paraissent en tenir lieu. La membrane branchiostège a quatre rayons. Le premier rayon de la dorsale, des pectorales et même des ventrales, sont de fortes épines. On n'y trouve ni cœcum, ni vessie aérienne. Les Poissons de ce genre sont répartis dans les deux sous-genres suivans.

†HYPOSTOMES, qui ont une deuxième petite dorsale munie d'un seul rayon comme dans les Callichtes. Leur voile labial est simplement papilleux et porte un petit barbillon de chaque côté. Ces Poissons n'ont pas de plaque sous le ventre. Leurs intestins, roulés en spirale, sont très-grêles et douze à quinze fois plus longs que tout le corps. On les pêche dans les rivières de l'Amérique méridionale.

Le *Loricaria cataphracta* de Schneider, qui n'est pas celui de Linné; le *Loricaria Plecostomus,* L., Gmel., *Syst. Nat.,* XIII, T. 1, p. 1363; Bloch, pl. 374; *Guacuri* de Marcgraaff, *Brasil.,* 166; Encycl. Pois., pl. 65, f. 260; Lac., Pois. T. v, pl. 4, f. 2, représenté par Séba, T. III, t. 29, f. 11, et une autre espèce inédite que nous avons entrevue dans les galeries du Muséum, complètent ce sous-genre.

†† LORICAIRES proprement dites, qui n'ont qu'une dorsale située en avant; le voile labial garni sur les bords de plusieurs barbillons et quelquefois hérissé de villosités : le ventre garni de plaques en dessous, et les intestins de grosseur médiocre.

Le CUIRASSÉ, *Loricaria cataphracta,* L., Gmel., *loc. cit.,* p. 1363; *cirrhosa* de Schneider et *setigera* de Lacépède; le Plécoste, Encycl. Pois., pl. 65, f. 269, Bloch, pl. 375, f. 2, représenté par Séba, T. III, tab. 29, fig. 14, a sa nageoire caudale fourchue, ayant le premier rayon de son lobe supérieur très-allongé, et dépassant quelquefois même le corps en longueur, caractère qui est imparfaitement indiqué dans plusieurs figures faites sur des individus desséchés qui avaient été mutilés. C'est encore un Poisson des eaux de l'Amérique méridionale. Le *Loricaria maculata* de Bloch, pl. 575, f. 1, dont Lacépède a représenté une variété, T. V, pl. 4, f. 1, appartient encore à ce sous-genre.   (B.)

* LORICAIRE. *Loricaria.* POLYP. Genre de l'ordre des Cellariées dans la division des Polypiers flexibles, établi par Lamouroux aux dépens des Sertulaires. Caractères : Polypier phytoïde, comprimé, articulé, très-rameux; rameaux nombreux, presque dichotomes ; chaque articulation composée de deux cellules adossées, jointes dans toute leur longueur ; ouvertures latérales situées dans les parties supérieures des cellules, semblables à une cuirasse très-étroite à sa base. Ce genre, que Lamouroux a séparé des Crisies, à cause de la forme singulière des cellules des Polypiers qu'il y rapporte, ne renferme encore que les *Loricaria europæa* et *americana.*   (E. D..L.)

* LORICAIRE. *Loricaria.* BOT. CRYPT. (*Hydrophytes.*) Nous trouvons dans l'article FUCACÉES de feu notre collaborateur Lamouroux (T. VII, p. 71 de ce Dict.) ce nom proposé comme celui d'un genre nouveau formé aux dépens des Fucus, mais dont les caractères ne sont pas même indiqués. Il eût répondu probablement à celui pour lequel dans l'article Fucus (*ibid.*, p. 73) il propose le nom de *Lorea* (*V.* ce mot); on ne peut admettre ce nom, puisque Loricaire était antérieurement consacré en zoologie.   (B.)

LORICÈRE. *Loricera.* INS. Genre de l'ordre des Coléoptères, section des Pentamères, famille des Carnassiers, tribu des Carabiques, division des Thoraciques, établi par Latreille, et ayant pour caractères : antennes courtes, ayant les troisième, quatrième et cinquième articles plus courts et plus gros que les autres et velus; derniers articles des palpes intermédiaires et postérieurs, presque cylindriques; côté interne des premières jambes fortement échancré.

Ce genre diffère des Pogonophores, Omophorons et Nébries, par les jambes antérieures qui, dans ceux-ci, n'ont point d'échancrure intérieure ; ils s'éloignent des Elaphres et genres voisins par des caractères tirés des antennes, des yeux et des formes du corps. Ces Insectes sont allongés et très-voisins par la forme des Harpales ; la tête est petite, ovale, et terminée en arrière par un cou un peu déprimé ; les yeux sont saillans; le corselet est presque orbiculaire, tronqué et rebordé ; les pates sont assez longues et les tarses sont terminés par deux ongles égaux. Les Loricères se trouvent sous les pierres, dans les lieux humides et au bord des rivières. Nous en avons trouvé beaucoup à Amiens, sous la Mousse et au pied des Arbres, dans les bois. L'espèce qui sert de type au genre, et qui se trouve dans le nord de la France et à Paris, est :

La LORICÈRE BRONZÉE, *Loricera ænea*, Latr. ; *Carabus pilicornis*, Fabr. Longue de trois lignes; d'un noir bronzé en dessous, d'une belle couleur d'airain en dessus ; élytres striées, ayant chacune trois points enfoncés disposés en ligne dans le sens de la longueur.   (G.)

LORIOT. *Oriolus.* OIS. Genre de l'ordre des Omnivores, dont les caractères sont : le bec en cône allongé, comprimé horizontalement à sa base, tranchant; la mandibule supérieure relevée par une arête, échancrée à sa pointe ; les narines latérales, nues, percées à peu près horizontalement dans une grande membrane ; trois doigts devant et un derrière ; le tarse plus court que le doigt du milieu, ou de même longueur; l'externe réuni à ce dernier ; les ailes médiocres, avec la première rémige très-courte, et la deuxième moins longue que la troisième; celle-ci étant la plus longue de toutes. Les Loriots ont ainsi des rapports assez intimes avec les Merles, dont ils se distinguent d'ailleurs facilement par la grosseur de leur bec et la brièveté de leur tarse. Ces caractères sont surtout prononcés dans certaines espèces; et ordinairement le degré d'exagération de l'un d'eux correspond à celui de l'autre; en sorte que quelques Loriots qui ont le bec un peu plus grêle, ont aussi le tarse un peu plus allongé; tel est particulièrement le Prince-Régent qui se trouve ainsi un peu plus voisin des Merles. Les Loriots se rapprochent aussi des Troupiales à d'autres égards et particulièrement par la disposition de leurs couleurs; Linné, Latham et Gmelin avaient même réuni les uns et les autres dans leur genre *Oriolus;* mais Daudin, Vieillot, Temminck et Cuvier ont reconnu que les Troupiales s'éloignent sous beaucoup d'autres rapports des vrais Loriots, et les en ont séparés pour en former un genre particulier sous le nom d'*Icterus :* dans la méthode de Cuvier, les Loriots et les Ictères ou Troupiales sont même placés dans des familles toutes différentes. Le genre *Oriolus* se trouve ainsi composé uniquement d'espèces de l'ancien continent et de l'Australasie, tandis que tous les Troupiales sont au contraire répandus seulement dans l'Amérique. Ainsi nous voyons encore ici, comme dans le plus grand nombre des cas, les divisions que commandent les caractères zoologiques des êtres, correspondre à celles qu'indiquerait leur distribution géographique. Les Loriots vivent dans les bois, ordinairement par couples, mais ils se réunissent par famille pour leurs voyages périodiques; ils se tiennent habituellement sur les branches les plus élevées des Arbres, et attachent à leur extrémité leur nid qu'ils forment de brins de paille et de chanvre artistement entrelacés avec des rameaux; et dans lequel ils

mettent ensuite des plumes, des toiles d'Araignées et de la Mousse. Ils se nourrissent également ou d'Insectes et de Vers, ou de différentes sortes de baies, et paraissent même plutôt frugivores qu'insectivores. Presque toutes les espèces se ressemblent par leur plumage; ce qu'au reste on observe à l'égard de presque tous les genres vraiment naturels. Les couleurs des mâles sont le jaune et le noir, et celles des femelles, le jaune verdâtre et le noirâtre. Les jeunes mâles ressemblent à ces dernières dans leur premier âge, et ils ne revêtent complétement le plumage propre à leur sexe qu'à la troisième année.

Loriot de la Chine. *V.* Loriot rieur.

Loriot Coudougnan ou Coudougan. *V.* Loriot rieur.

Loriot Coulavan, Buff., Pl. enl. 50, *Oriolus chinensis*, Lath., a le bec de même forme que chez le Loriot d'Europe, mais plus gros et les couleurs du plumage généralement semblables à celles de cette espèce. Il se distingue d'ailleurs facilement par une large bande noire qui s'étend d'un côté du bec à l'autre, en passant sur les yeux et l'occiput, et par les couvertures des ailes qui sont jaunes. De la Chine, des îles de la Sonde, et surtout de la Cochinchine.

Loriot d'Europe, *Oriolus Galbula*, L., est l'un des plus beaux Oiseaux de France. Sa taille est à peu près celle du Merle. Le corps et la tête sont, chez le mâle, en dessus et en dessous, d'un beau jaune, à l'exception d'une petite tache noire qui va du bord inférieur de la mandibule supérieure à l'œil. Les ailes sont noires avec une tache jaune sur leur milieu, et un petit liséré blanc-jaunâtre à l'extrémité des pennes. La queue est noire dans ses deux premiers tiers, jaune à son extrémité; les deux pennes médianes n'ont cependant qu'un liséré jaune. Le bec est rouge. La femelle est en dessus d'un vert olivâtre, en dessous d'un gris mêlé de jaunâtre, avec de petites lignes brunes. Enfin le croupion est jaune, les ailes brunâtres, et la queue d'un brun-vert olivâtre avec un peu de jaune à son extrémité. Cette espèce est, lors de son passage, assez commune dans différentes parties de l'Europe, et particulièrement en France et en Hollande; elle arrive dans nos contrées vers le milieu du printemps et les quitte en automne.

LORIOT GRIVELÉ, *Oriolus maculátus*, Vieill. De Java. Il paraît n'être qu'un jeune âge.

LORIOT D'OR ou LORIODOR, Vaill., Ois. d'Afr., 160; *Oriolus auratus*, Vieill. Généralement d'un beau jaune avec une tache noire autour de l'œil; les pennes des ailes noires avec une bordure jaune; les deux médianes de la queue noires, avec l'extrémité jaune; les suivantes jaunes sur une plus grande étendue, et l'externe entièrement jaune. Bec d'un brun rouge foncé. Cette espèce habite le sud de l'Afrique et la Côte-d'Or.

LORIOT DE PARADIS, *Oriolus aureus*, Gmel.; *Oriolus paradiseus*, Dumont, a été long-temps placé parmi les Oiseaux de Paradis, sous le nom de Paradis orangé, à cause de l'éclat de son plumage; mais il a été reporté enfin parmi les Loriots par Levaillant, Vieillot et Temminck. Il est à peu près de la taille du Loriot d'Europe. La gorge, les bords du bec, une grande partie de l'aile et la queue, à l'exception d'une petite tache jaune placée à l'extrémité, sont noirs; la tête, le col, et la parure que forment les plumes très-allongées du col, sont d'une belle couleur orangée; le reste du corps est généralement jaune. La femelle de ce magnifique Oiseau est généralement olivâtre; et il paraît que les jeunes mâles lui ressemblent dans leur premier âge. L'espèce habite les Moluques.

LORIOT PRINCE-RÉGENT, *Oriolus Regens*, Quoy et Gaim. Cette espèce, que l'éclat et la richesse de son plumage rapprochent du Loriot de Paradis, dont au contraire il s'éloigne par ses formes, est généralement d'un beau noir velouté, avec le dessus de la tête et du col couvert de plumes courtes, très-serrées, d'un jaune orangé, et les pennes secondaires d'un beau jaune éclatant. Quoy et Gaimard ont donné dans la Zoologie du Voyage autour du monde une très-bonne figure de cette espèce; et on en voit maintenant au Muséum un bel individu donné par Garnot et Lesson. Elle habite la Nouvelle-Hollande.

LORIOT RIEUR, Vaill., Ois. d'Afr., 263, *Oriolus melanocephalus*, Gmel. Tête et poitrine noires; couvertures des ailes jaunes; bout des pennes alaires jaune; toute la queue étant aussi de cette couleur, à l'exception d'une portion des pennes médianes qui est noire. Le Coudougnan ne différerait pas spécifiquement du Loriot rieur, suivant plusieurs ornithologistes; il paraît cependant avoir la queue noire sur une beaucoup plus grande étendue, et le bec plus petit. Le Loriot rieur habite l'Inde, et le Coudougnan l'Afrique méridionale.

LORIOT VARIÉ, *Oriolus variegatus*, Vieill. Habite la Nouvelle-Hollande, et est ainsi décrit par Vieillot : le front noir; le dessus du corps, le col et la gorge mélangés de blanc, de noir et de verdâtre; les flancs jaunes, le dessous du corps blanc avec des taches noires; la queue noirâtre avec une bordure d'un gris bleuâtre, et une grande tache blanche au bout des huit pennes latérales.

LORIOT A VENTRE BLANC, Temm., Pl. col. 214, *Oriolus xanthonotus*, Horsf. Habite Java. Le mâle est d'un jaune vif sur le dos, les scapulaires, les couvertures du dessous de la queue et l'extrémité interne de toutes les pennes latérales de la queue; d'un beau noir sur la tête, le col, la poitrine, les ailes et la queue; tout le ventre est blanchâtre avec de petites taches noires sur le milieu des plumes. Ce Loriot, le plus petit de tous, n'a que six pouces six lignes de long.

LORIOT VERT, *Oriolus viridis*, Vieill.; *Gracula viridis*, Lath. A près de dix pouces de long. Il est généralement d'un vert pâle avec des taches brunes et noirâtres à la gorge, le dessous du corps blanchâtre avec des stries noirâtres; les ailes et la queue noirâtres; le bec de couleur de corne et les pieds noirs. De l'Australasie. (IS. G. ST.-H.)

LORIPÈDE. *Loripes.* CONCH. L'Animal de la Lucine lactée qui a servi à Poli pour l'établissement de ce genre est probablement semblable à celui des autres Lucines autant qu'il est possible d'en juger par l'identité des caractères des coquilles comparés entre eux; nous ne pensons pas d'après cela qu'il soit nécessaire de séparer en deux genres des Coquilles analogues jusqu'au moment où la connaissance de l'Animal d'une autre Lucine soit venue confirmer ou détruire l'analogie que nous croyons maintenant suffisamment fondée. *V.* LUCINE. (D..H.)

* **LORIPES.** MOLL. (Ocken.) *V.* CYPRINE.

LORIQUE. BOT. PHAN. Le tégument propre de la graine ou l'épisperme est quelquefois formé de deux lames dont l'une est extérieure, souvent crustacée comme dans le Ricin que Gaertner nommait *Testa*, et Mirbel *Lorique. V.* EPISPERME. (A. R.)

LORIS. *Loris.* MAM. Genre de Quadrumanes Lémuriens, très-remarquable par les formes sveltes du corps; par les membres grêles et allongés; par la tête arrondie, en même temps que le museau est relevé, et le nez prolongé en bouloir; par les yeux ronds, d'une extrême grandeur, et seulement séparés par une cloison osseuse très-mince, l'ouverture du canal lacrymal étant d'ailleurs placée hors de l'orbite. Les oreilles sont arrondies, et les narines s'ouvrent sur les côtés d'un mufle glanduleux, divisé sur la ligne médiane par un sillon qui se prolonge sur toute la lèvre supérieure, où se voit même une légère échancrure. La queue est tout-à-fait nulle, du moins à l'extérieur, car il

existe cinq vertèbres coccygiennes. Les membres diffèrent principalement de ceux des Makis par leur plus grande longueur et leur extrême gracilité : ils sont tous pentadactyles et terminés par une véritable main, c'est-à-dire qu'ils ont tous le pouce distinct et opposable; celui du pied de derrière est surtout très-allongé et très-séparé des autres doigts. Les ongles sont tous larges et plats, excepté celui du second doigt du membre postérieur qui est étroit, pointu et arqué, caractère qui se trouve généralement chez tous les Lémuriens, et particulièrement chez les Makis. Le tibia est plus long que le fémur, et le tarse et le métatarse sont égaux. Le système dentaire a beaucoup de rapports avec celui des Galagos. La mâchoire supérieure a de chaque côté deux petites incisives séparées des deux autres par un intervalle vide; une canine, et six mâchelières, dont les trois premières ne sont que de fausses molaires; les trois dernières ont deux pointes en dehors, et un large talon avec deux tubercules en dedans; la moyenne est la plus grande des trois, et la troisième la plus petite. A la mâchoire inférieure, il y a de chaque côté trois incisives allongées et pointues, contiguës à celle de l'autre côté, et surtout remarquables par leur position proclive; une canine qui passe en arrière et non pas en avant de la canine supérieure, et cinq mâchelières, dont deux fausses molaires; les deux premières vraies molaires ont quatre tubercules pointus, la dernière en a cinq. Chaque mâchoire se trouve ainsi avoir dix-huit dents, nombre qui se trouve également chez les Galagos et chez les Makis.

L'organisation intérieure du Loris n'est pas bien connue encore; cependant on doit à Daubenton la connaissance de plusieurs faits intéressans. On devait s'attendre, chez un Animal dont le corps est si allongé et si grêle, à trouver un grand nombre de vertèbres : il en existe en effet quinze dorsales et neuf lombaires. Les mamelles, pectorales comme chez tous les Quadrumanes, sont au nombre de quatre, mais il paraît qu'il n'existe que deux glandes mammaires. Les organes de la génération ressemblent, à beaucoup d'égards, à ceux des Makis; mais le clitoris est surtout remarquable chez la femelle; il sort de l'extrémité inférieure de la vulve, et il est si gros qu'il semble occuper une partie de cette ouverture : il a autant de grosseur que le pénis du mâle, et autant de longueur au dehors de la vulve; son extrémité est partagée en deux petites branches entre lesquelles se trouve placé l'orifice du canal de l'urètre, comme l'a constaté Daubenton, en injectant par le clitoris de l'air dans la vessie. « De tous les Animaux que nous avons disséqués, dit l'illustre collaborateur de Buffon (T. XIII, p. 218), la femelle du Lóris est la seule dont l'urètre suive le corps du clitoris, et perce le gland comme dans la verge et le gland des mâles. » Les anatomistes ont à peine fait attention à ce fait, découvert il y a quatre-vingts ans par Daubenton; il en est peu, cependant, qui méritent autant d'être remarqués. Ainsi se trouve démontrée, de la manière la plus complète et la plus certaine, l'analogie du clitoris avec le pénis du mâle; en effet, tandis que chez certains Oiseaux, nous voyons le pénis rudimentaire comme le clitoris de la femelle, et imperforé comme lui (*V.* Clitoris; et Geoffroy Saint-Hilaire, Mém. du Mus. d'Hist. Nat. IX), le clitoris réalise au contraire, chez le Loris, toutes les conditions d'un véritable pénis; rapport bien remarquable, surtout quand on songe que le Loris est un Quadrumane, c'est-à-dire un des Mammifères que son organisation rapproche le plus de l'Homme; et d'autant plus important que l'unité de composition organique ne peut reposer sur une base solide qu'autant que l'analogie de l'organe femelle et de l'organe mâle est démontrée. Si, en effet, il n'y avait pas unité de composition pour tous les individus de la même espèce, comment l'admettre pour l'universalité des êtres?

Le Loris grèle, *Loris gracilis*, Geoff. St.-Hil.; le Loris, Buff., XIII, XXX, p. 210; *Tardigradus*, Séba, est la seule espèce de ce genre établi par Geoffroy-Saint-Hilaire (Mag., Encyc. T. VII, 1796), sous le nom de *Loris*, adopté depuis par tous les zoologistes, excepté par Illiger qui l'a nommé *Stenops*. — Il habite Ceylan, et le nom de *Loris* ou *Loeris* est celui que les Hollandais lui ont donné. Son pelage est généralement roussâtre; mais il a le tour des yeux roux; une tache blanche sur le front; le bout du museau, les côtés de la tête, la mâchoire inférieure, le dessous du col de couleur blanchâtre; la poitrine et le ventre mêlés de blanchâtre et de cendré; enfin, la face interne des membres et les pieds, de couleur grise, teinte de blanchâtre ou de jaunâtre. Sa taille est à peu près celle de l'Ecureuil; son poil est très-fin, très-doux et laineux. Ses habitudes sont peu connues. On sait cependant qu'il est fort lent dans ses mouvemens; qu'il dort presque tout le jour, et qu'il se nourrit de fruits, d'œufs, d'Insectes.

G. Fischer (*V.* Lettre à Geoffroy sur une nouvelle espèce de Loris) a décrit comme une nouvelle espèce, un Quadrumane qu'on ne considère généralement que comme une variété d'âge du Loris grêle de Geoffroy. Il lui avait donné le nom de *Loris ceylanicus*. Le Loris du Bengale de Buffon, et quelques autres espèces nommées quelquefois aussi Loris, appartiennent au genre Nycticèbe de Geoffroy Saint-Hilaire. *V.* ce mot.

(IS. G. ST.-H.)

LORMAN. crust. L'un des noms vulgaires du Homard dans le midi de la France.   (B.)

LORMUZE. rept. saur. L'un des noms vulgaires du Lézard gris. (B.)

LOROGLOSSE. *Loroglossum*. bot. phan. Le professeur Richard, dans son travail sur les Orchidées d'Europe, a fait sous ce nom un genre nouveau pour les *Satyrium hircinum* et *antropophorum* de Linné, placés par Swartz dans le genre *Orchis*. Voici les caractères du genre *Loroglossum :* le calice est en forme de casque ; le labelle est allongé, à trois divisions étroites, dont la moyenne est bifide ; l'éperon est très-court ; le gynostème et l'anthère ont la même forme que dans le genre Orchis, mais les deux masses polliniques sont attachées sur un même rétinacle, renfermé dans une petite poche, comme dans les vrais Sérapias, tandis que dans les espèces d'Orchis, qui toutes sont éperonnées, chaque masse pollinique est insérée sur un rétinacle particulier. Les espèces de ce genre ont absolument le port des Orchis. Comme eux, elles offrent deux gros tubercules ovoïdes, blancs, charnus, une tige portant des feuilles engaînantes, et des fleurs disposées en un épi dense au sommet de la tige. Le *Loroglossum hircinum*, Rich., *loc. cit.* ; *Satyrium hircinum*, L., croît dans les bois couverts et sablonneux, où il se fait reconnaître par son odeur de bouc extrêmement forte et désagréable. Sa tige a environ un pied et demi à deux pieds de hauteur. Ses fleurs sont d'un vert pâle, tachetées de pourpre. Son labelle est excessivement long et étroit ; la division moyenne, qui a environ un pouce et demi de longueur, est bifide à son sommet. Le *Loroglossum antropophorum*, Rich. ; *Satyrium antropophorum*, L, est moins grand que le précédent. Il croît sur les pelouses découvertes à Fontainebleau, et dans beaucoup d'autres parties de la France. Ses fleurs sont légèrement purpurines, et leur labelle, par sa figure singulière, a quelque ressemblance avec un homme pendu.   (A. R.)

LORY. ois. Sous-genre de Perroquets. *V.* ce mot.   (B.)

LOSET. moll. Adanson (Voy. au Sénég., pl. 9, fig. 33) nomme ainsi une petite Coquille qui doit appartenir au genre Fuseau, et que Gmelin a placé dans les Murex, sous le nom de *Murex fusiformis* (*Syst. Nat.*, p. 3549, n. 88).   (D..H.)

LOSS. mam. *V.* Elan, au mot Cerf.

LOSSAN et LOSSON. ins. L'un des noms vulgaires de la Calandre du Blé.   (B.)

LOTALITE ou LOTALALITE. min. (Sewergin, Actes de l'Acad. de Pétersbourg, T. xv, p. 485.) Variété de Diallage verte, trouvée près de Lotala en Finlande.   (G. DEL.)

LOTE ou LOTTE. pois. Espèce de Gade devenue le type d'un sous-genre. *V.* Gade. On a encore appelé Lote vivipare, la Blennie ; Lote de Hongrie, le grand Silure commun ou Glanis ; Lote Barbotte ou Lote franche, le Cobite ; grande Lote, la Lingue, etc.   (B.)

LOTEA. bot. phan. Ce genre, proposé par Médicus et Mœnch, ne forme plus qu'une section des *Lotus* de De Candolle et Seringe. *V.* Lotier.   (G..N.)

LOTEN. bot. crypt. Adanson nommait ainsi un genre composé de toutes les espèces de *Byssus* de Micheli et de Dillen. Ces espèces filamenteuses font maintenant partie d'un grand nombre de genres distincts dans les familles des Algues et des Champignons.   (G..N.)

*LOTÉES *Loteæ*. bot. phan. C'est le nom donné par De Candolle, dans le second volume de son *Prodromus*, et dans le sixième Mémoire sur les Légumineuses, à la seconde tribu de cette famille. Elle est caractérisée par sa corolle papilionacée ; ses étamines monadelphes ou diadelphes ; son légume continu, uniloculaire ou rarement biloculaire par l'introflexion de l'une des sutures ; son embryon homotrope dont les cotylédons sont planiuscules, et se développent par la germination en feuilles munies de stomates. Cette tribu contient un très-grand nombre de genres répartis en cinq sous-tribus, savoir : 1° Génistées ; 2° Trifoliées ; 3° Clitoriées ; 4° Galégées ; 5° Astragalées. *V*, pour l'énumération des genres le mot LÉGUMINEUSES.   (G..N.)

LOTIER. *Lotus.* BOT. PHAN. Genre de la famille des Légumineuses, et de la Diadelphie Décandrie, L., caractérisé de la manière suivante par Seringe (*in De Candolle Prodrom. Syst. Veget.*, 2, p. 209) : calice tubuleux à cinq divisions profondes ; ailes de la corolle presque égales à l'étendard ; carène en forme de bec ; style droit ; stigmate subulé ; légume cylindracé ou comprimé, dépourvu d'ailes ou de bordures foliacées. Ces caractères excluent du genre *Lotus* plusieurs Plantes que Linné y avait réunies. C'est ainsi que le *Dorycnium* de Tournefort et le *Tetragonolobus* de Scopoli ont été rétablis par Seringe (*loc. cit.*), qui a placé dans le premier de ces genres plusieurs espèces linnéennes de *Lotus*, telles que les *L. rectus*, *græcus* et *hirsutus*, et, dans le second, les espèces remarquables par leurs légumes munis de bordures foliacées : telles sont les Plantes que Linné nommait *L. tetragonolobus* et *L. siliquosus*. Le genre Lotier, débarrassé de ces Plantes hétéromorphes, renferme encore une cinquantaine d'espèces pour la plupart indigènes du bassin de la Méditerranée. Quelques-unes habitent d'autres contrées assez éloignées, telles que les Indes-Orientales, le cap de Bonne-Espérance, la Nouvelle-Hollande, la Nouvelle-Zélande et l'Amérique du nord. Ce sont des Plantes herbacées, à feuilles palmées, trifoliées, à stipules foliacées. Les fleurs, de couleur jaune, rarement blanchâtres ou roses, au nombre de une à six, sont portées sur des pédoncules axillaires et accompagnées d'une feuille florale.

Seringe (*loc. cit.*) a disposé les espèces de *Lotus* en trois sections. La première, à laquelle il a donné le nom de *Krokeria*, qui était employé par Mœnch comme générique, se distingue à son légume renflé, succulent, courbé, et à ses fleurs au nombre de une à deux seulement. Elle ne se compose que d'une seule espèce, le LOTIER COMESTIBLE, *L. edulis*, L., Plante qui croît naturellement dans le midi de l'Europe et en Egypte. Elle a des tiges légèrement couchées, velues, des feuilles à trois folioles, obovales ; des fleurs jaunes, axillaires, solitaires ou géminées. Leurs gousses sont tendres, succulentes, d'une saveur douce, analogue à celle des petits Pois, et se mangent dans quelques pays. Sa culture étant facile sous le climat de Paris, Bosc a conseillé de l'employer pour nourrir les bestiaux et surtout les Cochons.

La seconde section formait le genre *Lotea* de Médicus et Mœnch. Elle est caractérisée par son légume long et comprimé ; ses fleurs presqu'en ombelles. On y a réuni cinq espèces dont la principale est le *L. ornithopodioides*, L., Plante célèbre, en ce que c'est sur elle que Garcia ab horto découvrit le phénomène du sommeil des Plantes.

La troisième section, que Seringe nomme *Eulotus*, a un légume long, cylindracé, et des fleurs en corymbes. Elle renferme plus de quarante espèces, parmi lesquelles deux seulement méritent de fixer notre attention.

Le LOTIER DE SAINT-JACQUES, *Lotus jacobæus*, L., a une tige presque ligneuse, glaucescente, des feuilles composées de trois folioles linéaires, mucronées, des bractées et des stipules aussi linéaires ; les fleurs supportées par des pédoncules plus longs que la feuille, disposées en corymbes ; et des légumes cylindriques, glabres. Les corolles sont d'un pourpre noir avec l'étendard jaunâtre. On cultive cette Plante pour l'ornement des jardins, en raison de ses couleurs variées ainsi que de l'élégance de son port, mais elle exige d'être rentrée pendant l'hiver dans l'orangerie. Elle est originaire de Saint-Jacques, l'une des îles du cap Vert.

Le LOTIER CORNICULÉ, *Lotus corniculatus*, L., est une espèce extrêmement abondante en Europe. Les diverses stations où elle se trouve la font varier tellement qu'il est souvent très-difficile de se persuader que c'est la même Plante. Dans les champs et sur le bord des routes, elle est glabre, ses tiges sont couchées et ses folioles obovées. Dans les lieux humides, ses tiges sont velues, fistuleuses, et s'élèvent à une grande hauteur. Elle a des feuilles ovales et grasses dans les localités maritimes. Enfin elle présente quelquefois des tiges filiformes et des feuilles linéaires, lancéolées. Ces divers états de la même Plante ont été considérés comme des espèces distinctes par quelques botanistes. (G..N.)

Le nom de Lotier, corruption de celui de Laitier, est aussi donné vulgairement au *Polygala vulgaris*, L. (B.)

*LOTO. MIN. Nom donné en Toscane à la poussière sablonneuse, mêlée de paillettes de Mica, qui se rassemble sur le bord et au fond des lagunes, dont l'eau donne par évaporation de l'Acide borique. Elle n'est que le résidu du lavage du Macigno, qui est traversé par les vapeurs aqueuses, chargées d'Acide borique. Elle est composée, suivant Klaproth, de Silice, d'Alumine, d'Oxide de Fer, de Soufre et de sulfate de Chaux. (G. DEL.)

* LOTOIDES. BOT. PHAN. Sous ce nom De Candolle (*Prodrom. Syst. Veget. Nat.* 2, p. 156) a désigné la cinquième section du genre Cytise, à laquelle il donne les caractères suivans : calice dont le tube est court, obconique, la lèvre supérieure bipartite, l'inférieure tridentée ; la corolle à peine plus longue que le calice. Cette section renferme quatre espèces qui sont des sous-Arbrisseaux à tiges rameuses couchées, et à fleurs jaunes, peu nombreuses et réunies en tête ; la plus remarquable de ces Plantes est le *Cytisus argenteus*, L., jolie espèce assez commune dans les lieux incultes de tout le bassin de la Méditerranée. (G..N.)

LOTOIRE. *Lotorium*. MOLL. Moutfort, qui, dans sa Conchyliologie systématique, a proposé un très-grand nombre de genres, avait établi celui-ci à tort pour un démembrement des Murex de Linné que Lamarck avait établi sous le nom de Triton. *V.* ce mot. (D..H.)

* LOTONONIS. BOT. PHAN. De Candolle (*Prodrom. Syst. Veg.* 2 , p. 166) nomme ainsi la seconde section du genre *Ononis*, laquelle offre des stipules non adnées ou à peine adnées au pétiole, foliacées comme dans les *Lotus ;* mais des étamines monadelphes comme dans les *Ononis.* Elle se compose de vingt-huit espèces toutes indigènes du cap de Bonne-Espérance, et dont le plus grand nombre n'appartient qu'avec doute au genre Ononide. *V.* ce mot. (G..N.)

LOTOR. MAM. Syn. de Raton. *V.* ce mot. (B.)

LOTORIUM. MOLL. *V.* LOTOIRE.

LOTOS. BOT. PHAN. Dans les ouvrages des naturalistes, des poëtes et des historiens de l'antiquité, il est souvent fait mention des diverses espèces de Lotos, dont les fruits servaient d'alimens. Les descriptions fort incomplètes qui en ont été données, ont néanmoins suffi pour faire voir qu'un assez grand nombre de Végétaux différens entre eux avaient porté le nom de Lotos chez les anciens, et aujourd'hui ou admet assez généralement qu'ils peuvent être rangés en trois classes, savoir : les Lotos arborescens, les Lotos aquatiques et les Lotos herbacés ou terrestres. Les Végétaux, où l'on a cru reconnaître ces divers Lotos, sont :

1°. LOTOS EN ARBRE. Homère parle de l'Arbre des Lotophages, dont le fruit, doux comme le miel, faisait oublier aux étrangers leur patrie. Théophraste en parle dans le même sens, et en donne la description suivante : le Lotus est de la grandeur du Poirier, ou un peu plus petit ; ses feuilles découpées ressemblent à celles de l'Yeuse. Il y en a plusieurs variétés distinguées par le fruit. Celui-ci, de la grosseur d'une fève, naît parallèlement sur les branches, à la manière des baies du Myrte, et mûrit comme les grappes de Raisin en changeant de couleur. On en fait un vin qui s'aigrit au bout de trois jours. Du reste, le fruit est très-abondant sur l'Arbre, et l'Arbre lui-même est commun sur la côte de Carthage, où l'on raconte que l'armée d'Ophellus, privée de toute autre nourriture, vécut plusieurs jours des seules drupes du Lotus. C'est dans l'île des Lotophages que le fruit acquiert la saveur la plus exquise ; mais le bois de l'Arbre, qui est noir et dont on fait des flûtes, est préférable, au contraire, dans la Cyrénaïque. (Fée, Fl. de Virg., p. 82.) Athénée, qui nous a donné aussi une description de cet Arbre, dit que son fruit porte un noyau très-petit, et prend à l'époque de sa maturité parfaite une couleur pourprée, et acquiert la grosseur d'une olive. Un passage de Polybe, qui dit avoir vu l'Arbre des Lotos, a commencé à mettre sur la voie pour arriver à sa détermination botanique. Le Lotos des Lotophages, est-il dit dans cet historien, est un Arbrisseau rude et armé d'épines. Ses feuilles sont petites, vertes et semblables à celles du *Rhamnus*. Ses fruits, encore tendres, ressemblent aux baies du Myrte; mais lorsqu'ils sont mûrs, ils égalent en grosseur les olives rondes, se teignent d'une couleur rougeâtre et renferment un noyau osseux. Clusius et Jean Bauhin soupçonnèrent que le Lotos des Lotophages devait être une espèce de Jujubier. Cette opinion fut ensuite adoptée par Shaw, dans son Voyage, où il en donna une figure incomplète. Mais c'est au professeur Desfontaines, qui a visité les lieux où les anciens faisaient croître l'Arbre des Lotos, que l'on doit la confirmation de ce fait. Il a prouvé que cet Arbre était véritablement un Jujubier, et dans le beau Mémoire qu'il a publié à ce sujet (Mém. Acad. Sc., année 1788, t. 21), il l'a décrit et figuré sous le nom de *Zizyphus Lotus*. Cette opinion du savant auteur de la Flore Atlantique a été généralement

adoptée par tous les commentateurs, et tous les auteurs qui se sont occupés d'antiquités botaniques. Nous avons déjà, à l'article JUJUBIER de ce Dictionnaire, donné la description du *Zizyphus Lotus;* nous croyons donc inutile de revenir ici sur les caractères botaniques de cette espèce.

Pline parle aussi d'un autre Lotos qui croît en Italie où il porte le nom de *Celtis* et dont les fruits ressemblent à des cerises. Beaucoup d'auteurs pensent que le naturaliste de Rome a voulu désigner ainsi l'Arbre que les modernes ont appelé *Celtis australis*, et dont les fruits ont une saveur acerbe et peu agréable.

2°. LOTOS AQUATIQUES. On en distinguait trois espèces qui croissaient dans les eaux du Nil. Ces Plantes étaient en grande vénération chez les Egyptiens qui en ornaient leurs édifices et en paraient le front de leurs divinités. L'une de ces espèces, que les anciens appelaient *Cyamus egyptiacus* et qu'Hérodote désigne sous le nom de Lis rosé, avait une racine épaisse, charnue, qui servait d'aliment. Sa fleur rose était deux fois plus grande que celle du Pavot ; son fruit, que l'on comparait à un rayon circulaire de miel, renfermait, dans des alvéoles creusées à sa face supérieure, une trentaine de fèves arrondies, propres à servir d'aliment. Il est impossible de ne pas reconnaître dans cette description le Nelumbo, *Nymphæa Nelumbo*, L., ou *Nelumbium speciosum*, Willd. Mais nous devons ajouter que cette espèce n'existe plus dans les eaux du Nil ; elle en a disparu et n'y forme plus ces masses de verdure, au milieu desquelles les habitans des rives du Nil allaient respirer un air frais et parfumé. Aujourd'hui le Nelumbo ne se trouve plus que dans l'Inde.

Une seconde espèce de *Lotus* est celle que les anciens appelaient simplement *Lotos*. Sa racine, dit Hérodote, est tubéreuse et charnue; ses fleurs sont grandes, blanches, et ressemblent à celles du Lis. Au coucher du soleil, on la voit se fermer et souvent s'enfoncer sous les eaux, pour ne se remontrer qu'au retour de cet astre. Son fruit est semblable à celui du Pavot et renferme une très-grande quantité de graines que l'on mange et dont on fait une sorte de pain. Cette espèce ne saurait être confondue avec la précédente; elle en diffère et par la forme de sa racine, la couleur de sa fleur, la structure de son fruit. Tout indique que c'est le *Nymphœa Lotus* de Linné, qui croît encore dans les eaux du Nil, et dont la racine, la fleur et le fruit s'accordent parfaitement avec ce que les anciens nous ont transmis de leur Lotos.

Enfin une troisième sorte de Lotus aquatique est celle que les Arabes désignent sous le nom de *Linoufar*, d'où l'on a fait le nom français de Nénuphar, qui a été donné au genre *Nymphœa*. Cette espèce croissait également dans le Nil. Elle se distingue de la précédente par ses feuilles non dentées, ses fleurs plus petites et d'une belle teinte bleue de ciel. C'est à cette espèce que Savigny a donné le nom de *Nymphœa cœrulea*.

3°. LOTOS PLANTE TERRESTRE. Dans plusieurs passages de l'Iliade et de l'Odyssée, Homère parle d'un Lotus existant partout dans les campagnes, et qu'il dit servir de nourriture aux chevaux d'Achille ou aux bœufs dérobés par Mercure. Dioscoride, Galien et Paul d'Egine disent que ce Lotus a des feuilles trifoliées, et qu'il se rapproche beaucoup du Cytise. C'est donc parmi les Plantes dont les botanistes ont formé la famille des Légumineuses, qu'il convient de reconnaître le Lotus trifolié d'Homère. Mais comme cette famille est extrêmement nombreuse en espèces et que parmi elles un très-grand nombre offre ce caractère de feuilles trifoliées, il est assez difficile d'arriver à une détermination rigoureuse de cette espèce. Ainsi quelques-uns ont cru que ce Lotus était le *Medicago falcata*; d'autres le *Lotus corniculatus*; enfin plusieurs pensent avec Sprengel et Fée que c'est le *Melilotus*

officinalis, qui en effet est commun partout et forme un excellent fourrage. Telle est l'énumération rapide des principales espèces de Lotus des Anciens. Nous n'avons pas cru devoir nous étendre beaucoup sur ce sujet qui prête singulièrement à l'arbitraire. Ceux qui désireront des détails plus circonstanciés sur ce point de botanique ancienne pourront recourir aux ouvrages de Sprengel et surtout à la Flore de Virgile de notre collaborateur Fée, où nous avons puisé la plupart des faits consignés dans cet article.   (A. R.)

LOTTE. POIS. *V.* LOTE.

LOTUS. BOT. PHAN. *V.* JUJUBIER, LOTOS et NÉNUPHAR.

LOUBINE. POIS. L'un des noms vulgaires du Centropome Loup. On donne aussi ce nom à une Perche de la Guiane.   (B.)

LOUCHE. POIS. *Labrus luscus*, L., espèce du genre Labre. *V.* ce mot.
                    (B.)

LOUCHINS. CRUST. Écrit Louchyris dans Déterville. L'un des synonymes vulgaires de Cloportes. *V.* ce mot.   (B.)

LOUICHEA. BOT. PHAN. Ce nom a été donné par l'Héritier à une Plante rapportée d'Afrique par le professeur Louiche Desfontaines, et que Linné avait autrefois réunie au *Camphorosma*. Elle forme effectivement un genre très-distinct et même très-éloigné de celui-ci; mais Forskahl l'avait décrit antérieurement sous le nom de *Pteranthus* qui a été adopté. *V.* PTÉRANTHE.   (G..N.)

* LOUISE. INS. (Geoffroy.) *V.* AGRION.

LOUP. *Lupus.* MAM. Espèce du genre Chien. On appelle Loup doré le Chacal, et Loup noir, deux autres espèces du même genre. Le Lynx du genre Chat a été quelquefois nommé Loup cervier, et l'Hyène Loup Tigre.   (B.)

LOUP MARIN. MAM. Ce nom a été

quelquefois donné à des Phoques et même à l'Hyène. (B.)

LOUP DE MER. POIS. Espèce d'Anarhique. Perche du genre Centropome aussi appelée Louhine. Les pêcheurs nomment aussi quelquefois Loups, les vieux Brochets. (B.)

LOURADIA. BOT. PHAN. Pour *Lavradia. V.* LAVRADIE. (G..N.)

LOURÉE. *Lourea.* BOT. PHAN. Necker (*Elem. Bot.*, n. 1318) est le premier auteur qui ait proposé ce genre de la famille des Légumineuses et de la Diadelphie Décandrie, L. Mœnch lui donna plus tard le nom de *Christia.* Desvaux et De Candolle l'ont adopté sous le nom donné par Necker, et en ont ainsi tracé les caractères : calice campanulé, persistant, à cinq divisions peu profondes, égales, étalées, renflées et enveloppant le fruit après la fleuraison; corolle papilionacée dont l'étendard est en cœur renversé, la carène obtuse ; étamines diadelphes ; légume composé de cinq à six articles, planes, monospermes, réunis à la suite les uns des autres et cachés dans le calice. Ce genre est un démembrement du grand genre *Hedysarum* de Linné. Il a beaucoup de rapports d'une part avec les *Desmodium* qui ont été également séparés des *Hedysarum* et de l'autre avec les *Smithia* qui se rapprochent beaucoup des *Eschinomene.* Il se compose de trois espèces que nous ne ferons qu'indiquer, savoir : 1° *L. Vespertilionis,* Desv., *Hedysarum Vespertilionis,* L. fils et Jacq., *Ic. rar.* 3, t. 566 ; 2° *L. obcordata,* Desv., ou *Hedys. obcordatum* Poiret. ; 3° *L. reniformis,* D. C., ou *Hedys. reniforme,* Loureiro. Ces Plantes croissent dans la Cochinchine et dans les îles de l'Archipel indien. Dans l'ouvrage que le professeur De Candolle a publié tout récemment sur les Légumineuses, le genre *Lourea* fait partie de la tribu des Hédysarées.

Jaume Saint-Hilaire (Bull. de la Soc. Philom., décemb. 1812) a donné les caractères d'un genre *Lourea* qui n'est point celui de Necker, et dont il a depuis converti le nom en celui de

Moghania ; mais ce genre rentre comme section sous le nom d'*Ostryodium* dans le *Flemingia* de Roxburgh. *V.* ces mots. (G..N.)

LOUREIRA. BOT. PHAN. Ce genre, établi par Cavanilles, est identique avec le *Mozinna* d'Ortéga, adopté sous ce dernier nom par notre collaborateur A. De Jussieu dans la Monographie des genres de la famille des Euphorbiacées. *V.* MOZINNE.
(G..N.)

LOUTRE. *Lutra.* MAM. Genre de Carnassiers appartenant à la famille des Vermiformes, et l'un de ceux qui composaient le grand genre *Mustela* de Linné. Il se trouve en effet, sous tous les rapports, très-voisin des Martes et des Mouffettes, malgré les modifications très-remarquables que présentent diverses parties de son organisation, et particulièrement l'appareil de la locomotion. Les Loutres ont à l'une et à l'autre mâchoire le même nombre de dents ; savoir : six incisives, deux canines et dix mâchelières, sur lesquelles on compte six fausses molaires, deux carnassières, et (ce qui forme un des caractères généraux de la famille des Vermiformes) deux tuberculeuses. Toutes ces dents, et surtout les incisives et les canines, sont très-semblables pour leurs formes à celles des Martes et des Mouffettes ; néanmoins comme tous les genres voisins ont généralement, à cause du nombre différent de leurs fausses molaires, trente-deux, trente-quatre ou trente-huit, mais non pas trente-six dents, le système de dentition des Loutres leur est exclusivement propre, et peut servir à caractériser le genre. Au reste, quelques dents ont aussi des formes particulières ; les carnassières supérieures présentent à leur partie interne un talon considérable, et on voit de même un tubercule très-étendu en arrière des inférieures. En somme, comme l'a remarqué Fr. Cuvier, « le système de dentition des Loutres est celui des Martes, modifié par le grand développement de la partie de ce système qui a pour objet de triturer les alimens, et non de les couper ; c'est-à-dire que ce développement caractérise des Animaux moins carnassiers et plus frugivores que les Martes. » On sait en effet que les Loutres peuvent se nourrir de substances végétales, et , par exemple, d'herbages et de jeunes branches d'arbres , quelle que soit la croyance populaire à cet égard.

Les organes de la locomotion sont de même pour l'essentiel semblables à ceux des Martes, et présentent en général les mêmes caractères, mais avec beaucoup plus d'exagération. Les membres sont d'une extrême brièveté ; chez un individu de près de deux pieds de long , le fémur et les os de la jambe n'excèdent pas trois pouces ; et encore les Loutres , pour nous servir de l'expression usitée en histoire naturelle, sont-elles véritablement empétrées. Au contraire le corps est d'une extrême longueur, et tellement qu'il n'est aucun genre qui mérite mieux le nom de Vermiforme. Les doigts sont, comme chez les Martes, au nombre de cinq à chaque pied ; mais ils sont réunis sur toute leur longueur (excepté chez la Loutre du Cap) par une large et forte membrane ; caractère qui ne se retrouve parmi les Carnassiers que chez les seuls Phoques, quoiqu'on l'ait aussi attribué par erreur à la Marte Vison. Enfin la queue, ordinairement de moitié environ moins longue que le corps, et quelquefois beaucoup plus courte, est toujours aplatie horizontalement, comme chez tous les Mammifères aquatiques. Elle est dans son entier revêtue de poils plus rudes et moins longs que ceux du corps. Ceux-ci sont de deux sortes, les uns soyeux, luisans , assez longs, ordinairement de couleur brune ; les autres laineux, plus courts, plus abondans, plus fins, ordinairement de couleur grisâtre. Quelques Loutres, et particulièrement l'espèce indienne décrite par Fr. Cuvier sous le nom de Barang, ont le poil assez rude : d'autres , au contraire , et surtout la Loutre du

Kamtschatka , ont une fourrure que sa douceur et sa finesse rendent extrêmement précieuse. Les moustaches sont formées, dans le plus grand nombre des espèces , de longs poils blancs ou blanchâtres : et presque toutes ont aussi un mufle plus ou moins développé. La langue est assez douce, et l'oreille est toujours simple et très-petite. Les pates antérieures sont entièrement nues en dessous ; mais à celles de derrière , le talon se trouve couvert de poils. Les mamelles sont, du moins chez la Loutre commune, au nombre de quatre : elles sont très-peu apparentes , si ce n'est à la fin de la gestation et pendant l'allaitement. L'os pénial, comme chez les Martes , existe assez développé chez le mâle ; et le clitoris contient de même un os chez la femelle. C'est encore un caractère commun aux Loutres et à toute la famille des Vermiformes d'avoir deux petites glandes situées près de l'anus, et qui sécrètent une liqueur fétide. Enfin le crâne, dans son ensemble, est élargi et déprimé, surtout à la partie postérieure, et , quoique semblable par ses principaux caractères à celui des Martes , il rappelle aussi , sous plusieurs rapports, celui de certains Phoques. Au reste, on pourrait faire la même remarque à l'égard de toutes les autres parties de l'organisation. Ainsi se trouve liée avec la grande série des Carnassiers terrestres celle de ces Carnassiers amphibies si souvent rapprochés des Cétacés.

L'allongement extrême du corps chez la Loutre, l'aplatissement de sa queue, et surtout la large palmature de ses pieds , sont autant de caractères qui indiquent un Animal aquatique. En effet , la Loutre qui ne marche qu'avec peine et très-lentement, nage au contraire avec la plus grande facilité, plonge très-bien, et peut, dit-on, demeurer long-temps sous l'eau. Elle passe même en quelques lieux pour un véritable amphibie ; fable qui n'avait pas même besoin d'être démentie, et que Buffon s'est donné la peine de réfuter, en remarquant qu'elle a besoin de respirer à peu près comme tous les Animaux terrestres, et que si même il lui arrive de s'engager dans une nasse à la poursuite d'un poisson, on la trouve noyée. Elle se nourrit en effet de préférence de poissons, et en détruit une grande quantité. Aussi est-elle très-redoutée des pêcheurs qui lui attribuent une intelligence et une industrie presque surnaturelles. Dans ses pêches, elle commence toujours, disent-ils, par remonter contre le courant, afin de n'avoir plus qu'à le suivre, lorsqu'elle revient à son gîte chargée de proie et déjà fatiguée. Ce gîte est tout simplement la fente d'un rocher ou la cavité d'un arbre, où elle se fait ordinairement un lit de feuilles sèches : on en a même vu quelquefois, suivant la remarque de Buffon, se retirer dans des piles de bois à flotter ; ce qui ne doit nullement étonner. La Loutre, qui craint peu le froid et l'humidité, préfère en effet toujours le trou le plus voisin de la rivière où elle a coutume de pêcher : habitude dont on trouve la cause dans son organisation qui lui rend la marche si pénible. On sait de même combien les Phoques, pour lesquels la marche est encore beaucoup plus difficile, préfèrent pour leur retraite les lieux les plus voisins de la mer. La Loutre est, dit-on, assez docile pour que l'on soit en plusieurs lieux parvenu à la dresser à pêcher au profit de ses maîtres, et à rapporter fidèlement sa proie. Buffon au contraire a plusieurs fois essayé d'élever en domesticité et d'apprivoiser de jeunes individus, sans y avoir jamais réussi : «Ils cherchaient toujours à mordre, dit-il, même en prenant du lait, et avant que d'être assez forts pour mâcher du poisson ; au bout de quelques jours, ils devenaient plus doux, peut-être parce qu'ils étaient malades et faibles ; et loin de s'accoutumer à la vie domestique, ils sont tous morts dans le premier âge. » Il faut cependant bien se garder de conclure que toute semblable tentative doive rester de même sans succès : il n'est point d'être que l'Homme ne puisse, avec plus ou moins de peine, façonner à son joug. Ainsi nous avons vu une Loutre élevée en domesticité par un paysan qui l'avait prise jeune : elle était apprivoisée de la manière la plus complète, caressait et suivait son maître à la manière d'un chien, et se montrait même très-peu farouche à l'égard des étrangers. Il est vrai que le possesseur de cette Loutre croyait presque, en l'adoucissant, avoir opéré un prodige, parce que ses préjugés lui avaient toujours fait supposer à cet Animal un naturel tout-à-fait intraitable.

Toutes les Loutres ont à peu près le même pelage ; toutes sont d'un brun plus ou moins foncé en dessus, d'un brun plus clair en dessous, et surtout à la gorge qui est même quelquefois presque blanche ; aussi la distinction des espèces du genre est-elle très-difficile. On n'a même cru pendant long-temps qu'à l'existence de trois seulement ; mais dans ces derniers temps les envois faits de divers points du globe par plusieurs voyageurs, et particulièrement du cap de Bonne-Espérance, de l'Inde et des deux Amériques, par Delalande, Duvaucel, Diard, Leschenault de la Tour, Auguste de Saint-Hilaire et Lherminier, ayant fait connaître non-seulement les pelleteries, mais en même temps les squelettes ou du moins les crânes d'un grand nombre de Loutres ; il a été facile de se convaincre qu'il existe un assez grand nombre d'espèces qu'avaient fait confondre la ressemblance de leur pelage et le peu de précision des seules descriptions qu'on en avait possédées jusqu'alors. Fr. Cuvier croit même pouvoir, au moyen de ces précieux matériaux, établir jusqu'à onze espèces, dont une appartiendrait à l'Europe, trois à l'Amérique méridionale, trois à l'Amérique septentrionale, trois aux Indes-Orientales, et une au sud de l'Afrique. Nous suivrons dans cet article le travail de ce zoologiste (V. LOUTRE du Dictionnaire des Sciences Naturelles), quoique quelques-unes des espèces qu'il admet ne soient peut-être pas assez caractérisées pour qu'il ne reste quelque doute sur leur distinction réelle. — Nous décrirons d'abord les trois espèces anciennement connues.

La Loutre d'Europe, *Lutra vulgaris*, Erxl.; *Mustela Lutra*, L., a deux pieds de long; elle est en dessus d'un brun foncé, en dessous d'un gris brunâtre avec la gorge et l'extrémité du museau d'un grisâtre clair. La couleur de la gorge se fond insensiblement et se nuance avec celle du dessus du corps. On a trouvé quelquefois des individus dont le pelage était varié de petites taches blanches qu'on a regardées comme l'effet de la maladie albine. C'est cette variété que Desmarest a décrite dans sa Mammalogie sous le nom de *Lutra vulgaris variegata*, d'après un bel individu qui fut pris à l'Ile-Adam, et que possède le Muséum. Cette espèce entre dans le rut en hiver; la femelle met bas au printemps trois ou quatre petits qui se séparent d'elle au bout de deux mois environ. Nous ne décrirons pas la chasse de la Loutre qui se fait de diverses manières, et dont tout l'art consiste à lancer l'Animal dans un lieu où il n'y a que peu d'eau; autrement elle échappe facilement aux chiens. Sa chair se mange en maigre, mais elle est peu estimée parce qu'elle conserve un goût désagréable de poisson; sa fourrure, employée à divers usages, l'est surtout depuis quelques années dans le commerce de la chapellerie. L'espèce qui se trouve répandue dans toute l'Europe, et qu'on croyait même habiter aussi l'Inde et l'Amérique, était très-bien connue des anciens, comme on le voit par divers passages d'Hérodote et d'Aristote. On ne peut en effet douter que l'*Enhydris* des Grecs ne soit la Loutre, surtout depuis la découverte de la Mosaïque de Palestrine où se voient représentés deux individus à côté desquels se trouve placé le mot *Enhydris*.

La Loutre d'Amérique, G. Cuv.; *Lutra Brasiliensis*, Geoff. St.-H.; *Mustela lutris Brasiliensis*, Gm.; la Saricovienne de Geoffroy et de plusieurs auteurs, habite l'Amérique méridionale, et paraît exister aussi dans le sud de l'Amérique septentrionale: elle est plus grande que notre Loutre; son pelage est généralement d'un brun fauve, un peu plus clair sur la tête et le col, plus foncé vers l'extrémité des membres et de la queue, avec la gorge et l'extrémité du museau d'un blanc jaunâtre. Cette espèce n'a point de véritable mufle; seulement les narines sont nues sur leur contour. Ses habitudes sont peu connues, et le peu de détails que donnent sur elle les voyageurs peuvent tout aussi bien être rapportés aux autres Loutres de l'Amérique méridionale.

La Loutre du Kamtschatka, Geoff. St.-H.; *Lutra marina*, Erxl.; *Lutra lutris*, Fr. Cuv.; *Mustela lutris*, L., a presque trois pieds et demi de longueur; sa queue, proportionnellement plus courte que dans les autres espèces, n'a qu'un pied trois pouces. Elle est généralement d'un beau brun marron lustré, dont la nuance varie suivant la disposition des poils, avec la tête, la gorge, le dessous du corps et le bas des membres antérieurs d'un gris brunâtre argenté. La magnifique fourrure de cette espèce est principalement composée de poils laineux, surtout à la partie supérieure du corps. Sa douceur, son moelleux, son éclat en font l'une des plus précieuses pelleteries qui soient répandues dans le commerce; elles sont surtout recherchées dans la Chine et le Japon où les Russes et les Anglais en transportent annuellement un grand nombre. La Loutre du Kamtschatka habite, outre cette contrée, la partie la plus septentrionale de l'Amérique, et plusieurs îles; elle se tient le plus souvent sur le bord de la mer, et non pas, comme les autres espèces, à portée des eaux douces. Les voyageurs rapportent que dans cette espèce qui vit par couple, la femelle ne met bas qu'un seul petit, après une gestation de huit à neuf mois. On ne sait si la Loutre de Steller doit être rapportée à cette espèce à laquelle elle ressemblerait par les couleurs de son pelage, tandis qu'elle aurait un système dentaire tout particulier. On connaît aussi fort incomplétement le Carnassier décrit sous le nom de *Mustela Hudsonica* par Lacépède, et qui habite le Canada. Cet Animal, que sa grande taille ne permet pas de confondre avec la Loutre du Canada de Fr. Cuvier, pourrait bien n'être également que la Loutre du Kamtschatka ; telle est du moins l'opinion de Desmarest (*Mammalogie*) et de Harlan (*Fauna Americana*.)

La Loutre du Cap, *Lutra inunguis*, Cuv., rapportée du pays des Hottentots par Delalande, est encore une espèce bien distincte à tous égards, et qu'on doit même considérer comme formant dans le genre une section particulière, à cause des caractères fort remarquables que présentent les pieds. Les doigts gros et courts sont très-peu palmés, surtout aux membres antérieurs; ils sont d'ailleurs de grandeur fort inégale, et les deux plus longs, le second et le troisième, ont leur première phalange réunie. Enfin les ongles manquent partout, si ce n'est aux deux grands doigts du membre postérieur, où même ils n'existent que très-rudimentaires. Cette espèce tout-à-fait anomale se trouve, comme on le voit, rendue plus terrestre par l'imperfection de sa palmature : les membres sont aussi moins allongés, et le corps un peu raccourci proportionellement. On sait cependant par Delalande qu'elle vit à peu près à la manière des autres Loutres, et se nourrit comme elles de Poissons et de Crustacés. Elle est plus grande que l'espèce d'Europe, mais lui ressemble d'ailleurs assez bien par son système dentaire, et même par les couleurs de son pelage généralement d'un brun châtain avec l'extrémité du museau et la gorge blanches.

La Loutre Barang, *Lutra Barang*, Fr. Cuv., habite l'Inde, et particulièrement Java et Sumatra, d'où elle a été envoyée par Diard et Duvaucel. Elle a un pied huit pouces de long, et la queue a huit pouces; elle se reconnaît assez bien par son pelage rude, brun sale en dessus, avec la gorge d'un gris brunâtre qui se fond avec le brun du reste du pelage : les poils laineux sont d'un gris-brun sale.

Le Simung qu'on pourrait nommer *Lutra perspicillata*, s'il doit réellement être distingué des autres Loutres de l'Inde, est une espèce indiquée par Raffles (Cat. des Mamm. de Sumatra, Tr. Linn. de Londres, T. XIII), et à laquelle Fr. Cuv. pense qu'on peut rapporter une jeune Loutre envoyée par Diard. Cet individu est d'un brun foncé, plus clair et un peu roussâtre en dessous avec le tour des yeux, les côtés de la tête et la gorge blanchâtres et le menton blanc. Dans l'état adulte le Simung se distingue encore du Barang par sa taille plus considérable.

La Loutre Nirnaier ou Nir-Nayie, *Lutra Nair*, Fr. Cuv., habite aussi l'Inde, et a été envoyée de Pondichéry par Leschenault; elle a deux pieds quatre pouces, sans compter la queue qui a un pied cinq pouces; son pelage est d'un châtain foncé en dessus, plus clair sur les côtés du corps, d'un blanc roussâtre en dessous, sur la gorge, les côtés de la tête et du col et le tour des lèvres; le bout du museau est roussâtre, et deux taches à peu près de la même couleur sont placées l'une en dessus, l'autre en dessous de l'œil.

La Loutre de la Trinité, *Lutra insularis*, Fr. Cuv., envoyée de la Trinité par Robin, a les poils courts et très-lisses : elle est d'un brun clair en dessus, blanc jaunâtre en dessous, sur les côtés de la tête, la gorge et la poitrine. Cette Loutre a deux pieds trois pouces, et la queue a un pied six pouces.

La Loutre de la Guiane, *Lutra enudris*, Fr. Cuv., a trois pieds et demi avec sa queue qui forme le tiers de cette longueur : elle est d'un brun très-clair surtout en dessous, avec la gorge et les côtés de la face presque blancs.

La Loutre de la Caroline, *Lutra lataxina*, Fr. Cuv., est un peu plus grande que la précédente : elle est d'un brun noirâtre en dessus, d'un brun moins foncé en dessous, avec la gorge, l'extrémité du museau et les côtés de la tête grisâtres. Le Muséum doit les individus qu'il possède à Lherminier qui les lui a envoyés de la Caroline du sud.

Enfin la Loutre du Canada, *Lutra Canadensis*, Fr. Cuv., n'est connue que par sa tête osseuse qui ressemble beaucoup à celle de la Loutre d'Europe dont elle diffère cependant à quelques égards, et surtout en ce que, vue de profil, elle suit une ligne plus inclinée surtout dans sa partie antérieure. Au reste, le crâne de la Loutre du Canada ressemble beaucoup aussi à celui de l'espèce précédente.

On a aussi rapporté aux Loutres quelques espèces qui doivent être placées, et qui ont déjà été reportées dans d'autres genres. Tel est le Yapock qui a en effet les pieds palmés comme les Loutres, mais qui est un véritable Didelphe. (*V.* ce mot.) On a aussi donné le nom de Loutre d'Egypte à l'Ichneumon. *V.* Mangouste au mot Civette.   (is. g. st.-h.)

* LOUVAREAU. *Luvarus.* pois. Nous trouvons ce genre établi par Rafinesque, mentionné et figuré dans son *Indice d'Ithiologia siciliana*, p. 59, pl. 1, f. 1. Selon qu'on en peut juger par le dessin incomplet qui représente ce Poisson de la Méditerranée, il aurait de très-petites ventrales situées sous les pectorales à neuf rayons, une dorsale étendue sur la moitié postérieure jusqu'à la queue à quatorze rayons, l'ovale du même nombre, et parfaitement apposée en dessous, une petite adipeuse comme les Scombres, vers l'insertion d'une caudale fourchue. Les opercules sont dépourvus de toute dentelure, et l'on ne distingue aucunes dents dans une bouche grossièrement représentée. Ce genre fait partie de l'ordre des *Stro-*

matini de l'auteur. Il ne contient qu'une espèce nommée *Luvarus imperialis*, Poisson de cinq pieds de long, et dont la chair est exquise. (B.)

LOUVETEAU. mam. Le petit du Loup et de la Louve.   (B.)

LOUVETTE ou PHALÈNE LOUVETTE. ins. Nom vulgaire de l'*Hepialus lupulinus* dont la chenille vit sur le Houblon. *V.* Hépiale.   (G.)

LOVELY. ois. Espèce du genre Gros-Bec. *V.* ce mot.   (B.)

LOWANDO. mam. (Buffon.) Syn. de Tartarin. *V.* Cynocéphale et Macaque.   (G.)

LOXIA. ois. *V.* Loxie.

LOXIDIUM. bot. phan. Ce nom, donné par Ventenat (*Decad. Gen. Nov.*) à un genre de Légumineuses, est postérieur à celui de *Swainsona* proposé par Salisbury et adopté par R. Brown et De Candolle. *V.* Swainsone.   (G.N.)

LOXIE. *Loxia.* ois. Genre de l'ordre des Granivores. Caractères : bec médiocre, fort, très-comprimé ; les deux mandibules également courbées, crochues ; leur extrémité se croisant ; narines latérales, arrondies, placées vers la base et cachées par des soies dirigées en avant ; trois doigts en avant, divisés, un en arrière ; ailes médiocres ; la première rémige la plus longue ; queue fourchue. Dans tous les pays où croît spontanément le Pin, se trouvent les Becs-Croisés ; c'est de la graine de cet Arbre qu'ils tirent leur principale nourriture ; ils savent disséquer avec beaucoup d'adresse le cône ligneux et n'y laissent aucun vestige de l'amande favorite. Lorsque ce mets vient à leur manquer, ils se jettent indifféremment sur toutes les graines que peuvent leur fournir les Plantes desséchées qui font la triste parure des crêtes arides. Ces Oiseaux recherchent de préférence les régions boréales, et c'est même au milieu des frimats qu'ils se livrent à ces élans d'amour pour lesquels la plupart des autres êtres attendent le retour des feux du printemps. Ils établissent leur nid dans les Sapins touffus ; il est artistement construit avec des petites buchettes qui enveloppent le mol duvet ; ils y pondent quatre ou cinq œufs d'un gris verdâtre , irrégulièrement tachetés de brun rougeâtre.

Bec-Croisé ou Perroquet des Sapins , *Loxia Pytiopsitaccus* , Bechst; *Loxia curvirostra major* , Gmel. ; Frisch , T. ii , fig. 2. Bec très-fort , très-courbé , large à sa base de sept lignes , plus court que le doigt du milieu , la pointe croisée de la mandibule inférieure ne dépassant point le bord supérieur du bec. Le mâle adulte a les couleurs principales d'un cendré olivâtre; des taches brunes , bordées de cendré sur la tête ; le croupion d'un jaune verdâtre qui est aussi la couleur de la poitrine et du ventre , mais nuancé de grisâtre; les rémiges et les rectrices d'un brun noirâtre , lisérées de cendré olivâtre ; les rectrices caudales brunes , avec une large bordure plus claire. Les jeunes de l'année sont d'un cendré brun sur les parties supérieures , avec des taches d'un brun plus foncé sur la tête et le dos ; les parties inférieures sont blanchâtres , avec des taches longitudinales brunes ; le croupion et les tectrices caudales supérieures sont jaunâtres. Après leur première mue , suivant qu'elle est plus avancée , toutes les parties du corps sont d'un rouge ponceau ; les rémiges et les rectrices noirâtres , lisérées de rougeâtre. La femelle diffère peu du jeune ; elle a les parties supérieures d'un cendré verdâtre , avec de grandes taches brunâtres , la gorge et le cou d'un gris nuancé de brun ; le croupion jaunâtre; l'abdomen et les tectrices caudales inférieures blanchâtres ; une grande tache brune sur la queue. Longueur, sept pouces.

Bec-Croisé des Pins ou commun , *Loxia curvirostra* , L. , Buff. , Pl. enl. 218. Bec long , faiblement courbé , large à sa base de cinq lignes , de la longueur du doigt du milieu ; la pointe croisée de la mandibule inférieure dépassant le bord inférieur du bec. Le mâle adulte est d'un cendré verdâtre , avec le front et les joues gris , tachetés de jaunâtre et de blanchâtre ; le croupion jaune , les parties inférieures jaunâtres ; l'abdomen gris tacheté; les rémiges et les rectrices noirâtres , lisérées de verdâtre. Les jeunes ont les parties supérieures d'un gris brun , nuancé de verdâtre ; les parties inférieures blanchâtres , avec des taches longitudinales brunes et noires. Après la première mue , ils sont d'un rouge de brique , plus ou moins teints de verdâtre , et ont une grande tache brune sur les tectrices caudales inférieures qui sont blanches. La femelle ressemble au jeune , son plumage se nuance de teintes verdâtres et jaunâtres. Longueur , six pouces.

Bec-Croisé falcirostre , *Loxia falcirostra* , Lath. Le mâle adulte est d'un gris verdâtre; il a deux bandes transversales sur les ailes , et la queue très-fourchue. Les jeunes , jusqu'à l'âge de deux ans , ont le plumage d'un rouge de laque. Longueur , trois pouces. Amérique septentrionale.

Bec-Croisé de Sibérie , Vieill. ; *Loxia Siberica* , Lath. Cet Oiseau , décrit par Pallas , T. viii , n° 53 , quoique considéré par Vieillot comme un Bec-Croisé , doit être placé parmi les Gros-Becs.   (DR..Z.)

LOXOCARYE. *Loxocarya*. bot. phan. Genre de la famille des Restiacées , établi par Robert Brown pour une Plante qu'il nomme *Loxocarya cinerea* , *Prodrom. Flor. Nov.-Holl.* 1 , p. 249 , et qui offre les caractères suivans : ses chaumes sont privés de feuilles , recouverts de gaînes , pubescens , cendrés , simples et cylindriques inférieurement , divisés en panicule à leur partie supérieure. Les fleurs sont placées seule à seule au sommet des rameaux , et accompagnées de bractées mucronées et pubescentes. Le périanthe est formé de quatre écailles. L'ovaire est monosperme, terminé par un style simple et subulé, et par un stigmate également simple. Le fruit est un follicule cartilagineux, s'ouvrant par son côté convexe. Ce genre est voisin du *Restio*, mais il en diffère par son ovaire monosperme et son style simple.

(A. R.)

LOXOCÈRE. *Loxocera*. INS. Genre de l'ordre des Diptères, famille des Athéricères, tribu des Muscides, établi par Meigen et adopté par Latreille qui lui donne pour caractères : antennes plus longues que la tête, avec le dernier article plus allongé que les précédens, et linéaire; corps long et menu; tête presque pyramidale; ailes couchées. Ces Insectes diffèrent des genres Sepedon, Lauxanie, Tétanocère, etc., par des caractères tirés de la forme des antennes, des pieds, du corps et des ailes. Ils ont de la ressemblance, au premier coup-d'œil, avec certains Ichneumons. L'espèce qui sert de type à ce genre est :

La Loxocère Ichneumonide, *Loxocera Ichneumonea*, Panz. (*Faun. Ins. Germ.*, fasc. 73, tab. 24). Noire; base de l'abdomen en dessus; deux tiers postérieurs du corselet et pates fauves; ailes transparentes, à nervures rembrunies. Cette espèce se trouve dans les bois, sur les feuilles. Elle habite Paris et l'Allemagne. (G.)

*** LOXODON.** BOT. PHAN. Genre de la famille des Synanthérées, Corymbifères de Jussieu, et de la Syngénésie superflue, L., proposé par Cassini (Dictionn. des Sc. Natur. T. XXVII, p. 253) qui lui assigne les caractères suivans : involucre presque campanulé, composé de folioles, sur deux ou trois rangs, irrégulièrement imbriquées, inégales et lancéolées; réceptacle plane et sans appendices. Les fleurs du centre sont nombreuses et hermaphrodites; elles ont une corolle dont le limbe n'est point distinct du tube, à cinq divisions dressées, oblongues, lancéolées, séparées par des divisions inégales; anthères pourvues au sommet

d'un appendice long, linéaire, et à la base, de deux appendices très-longs, filiformes. Les fleurs de la circonférence sont femelles; elles forment deux rangées dont l'intérieure offre une corolle moins longue que le style, et à languette variable; la corolle de chaque fleur est plus longue que le style; la languette est longue, linéaire, entière, bi ou tridentée au sommet; point d'étamines rudimentaires ni de languette intérieure; ovaires fusiformes, oblongs, dépourvus de col, hérissés de poils gros et courts, surmontés d'une aigrette légèrement plumeuse. Ce genre a été constitué aux dépens des *Chaptalia* dont il diffère par ses fleurs centrales, hermaphrodites et à corolles régulières. Il a beaucoup de rapports avec le *Lieberkuhna* et le *Lasiopus*, autres genres proposés par Cassini qui les a tous placés dans la tribu des Mutisiées. Deux espèces sont attribuées à celui dont il est ici question. Ce sont les *Tussilago (Chaptalia) exscapa*, Pers.; et *Chaptalia runcinata* de Kunth, auxquelles Cassini donne les noms de *Loxodon brevipes* et *L. longipes*. La première croît aux environs de Montévidéo, et la seconde dans les Andes de la Nouvelle-Grenade. Kunth en a donné une figure (*Nov. Gener. et Spec. Plant. æquin.*, 4, tab. 303).

-(G..N.)

*** LOXONIA.** BOT. PHAN. Genre de la Didynamie Angiospermie, L., établi par William Jack (*Trans. Linn. Soc.* vol. XIV, 1re partie, p. 40) qui l'a placé dans la nouvelle famille constituée par ce botaniste sous le nom de Cyrtandracées, et l'a ainsi caractérisé : calice à cinq divisions profondes; corolle infundibuliforme dont le limbe est quinquéfide et bilabié; quatre étamines fertiles, plus courtes que la corolle; stigmate bilobé; capsule ovée, renfermée dans le calice, biloculaire, polysperme; cloisons repliées en dedans de manière à constituer les placentas; graines sans appendices. L'auteur de ce génre en a décrit deux espèces sous les noms de *Loxonia discolor* et *Lox. hirsuta*. Ce sont des Plantes indigènes de Sumatra, dans l'intérieur de Bencoolen, à feuilles opposées, l'une d'elles plus petite, le plus souvent à côtés inégaux et à fleurs en grappes. (G..N.)

LOYCA. ois. (Molina.) *V.* Étourneau.

LOYETTE. ois. L'Emérillon en vieux français. (B.)

LUA. bot. phan. (Loureiro.) Syn. de Riz à la Cochinchine où l'on en cultive cinq variétés ou espèces. Le Froment y est appelé Lua-mi. (B.)

* LUAN. mam. Syn. chilien de Guanaque. *V.* ce mot à l'article Chameau. (B.)

* LUBARO. pois. (Delaroche.) Syn. de *Perca Labrax*, L., aux îles Baléares. *V.* Perche. (B.)

LUBIN. pois. L'un des noms vulgaires du Centropome Loup. (B.)

LUBINIE. *Lubinia.* bot. phan. Genre de Plantes de la famille des Primulacées et de la Pentandrie Monogynie, L., établi par Commerson et adopté par Ventenat (Jard. de Cels, p. 96) qui en a tracé le caractère de la manière suivante : son calice est monosépale, persistant, à cinq divisions profondes; la corolle est monopétale, irrégulière, tubuleuse, et son limbe a cinq lobes un peu inégaux. Les étamines, au nombre de cinq, ont leurs filets attachés à la corolle, leurs authères ovoïdes et obtuses. Le style est surmonté d'un stigmate obtus. Le fruit est une capsule ovoïde, terminée à son sommet par une pointe, ne s'ouvrant pas naturellement.

Une seule espèce forme ce genre ; c'est la *Lubinia spathulata*, Vent., *loc. cit.*, t. 96, décrite par Lamarck sous le nom de *Lysimachia Mauritiana*, Ill. Gén., n. 19, 80. C'est une Plante herbacée et bisannuelle ayant le port du *Convolvulus tricolor*, et qui a été observée par Commerson à l'île de Mascareigne et non à Maurice, où Bory de Saint-Vincent a remarqué, dans la Relation de son voyage, qu'elle croît dans les rochers volcaniques scorieux des régions inférieures peu éloignées de la mer, et surtout au pays brûlé. Sa tige fistuleuse, cylindrique et rameuse, porte des feuilles allongées, alternes, obovales, spathulées, entières. Les fleurs sont jaunes, pédonculées, axillaires et solitaires. Cette Plante a autrefois fleuri dans le jardin de Cels, de graines envoyées par André Michaux. Le genre *Lubinia* est très-rapproché du *Lysimachia ;* il en diffère par ses feuilles alternes, sa corolle tubuleuse et irrégulière, et sa capsule indéhiscente. (A. R.)

LUCANE. *Lucanus.* ins. Genre de l'ordre des Coléoptères, section des Pentamères, famille des Lamellicornes, tribu des Lucanides, établi par Linné et restreint par Fabricius et Latreille aux Insectes qui ont pour caractères : point de labre apparent; languette divisée en deux pièces allongées et soyeuses ; menton recouvrant, par sa largeur, la partie inférieure des mâchoires. Nigidius, selon Pline, est le premier qui ait donné le nom de *Lucani* aux Scarabés cornus; Pline s'est servi du mot *Lucanus* pour désigner l'une des principales espèces de ce genre. Geoffroy avait conservé le nom de *Platycerus* que plusieurs auteurs avaient donné à ces Insectes pour désigner ce genre; mais Latreille lui a conservé le premier nom que Scopoli avait donné avant Geoffroy, et qui était adopté par Linné et tous les entomologistes. La tête des Lucanes est plus ou moins grosse ; celle du mâle l'est plus que celle de la femelle; elle est plus large que longue, anguleuse, souvent irrégulière, avec des élévations plus ou moins saillantes. Le chaperon est assez grand, avancé en pointe; les mandibules sont très-grandes, fortes, cornées, arquées et dentées intérieurement ; celles des femelles sont moins longues que celles des mâles. Les antennes sont composées de dix articles dont le premier est fort long et dont les derniers forment une massue comprimée, pectinée ou dentée en scie; le corselet est un peu convexe en dessus, arrondi sur les côtés et plus ou moins rebordé; l'écusson est peu visible dans quelques espèces; les élytres sont dures, de la longueur de l'abdomen; les ailes sont membraneuses, repliées; et les pates sont longues et armées quelquefois d'épines assez fortes; les jambes des antérieures sont dentées latéralement; le dernier article des tarses est armé de deux crochets et d'un appendice intermédiaire terminé par deux soies divergentes.

Les Lucanes diffèrent des Lamprimes par les mâchoires qui, dans ceux-ci, sont découvertes jusqu'à leur base; ils s'éloignent des Platycères par leurs yeux qui sont coupés par les bords latéraux de la tête, tandis qu'ils sont entiers dans ces derniers. Enfin, les Paxyles et les Passales s'en éloignent par leur labre qui est très-grand. Les larves des Lucanes sont très-grosses et courbées en arc comme celles des autres Lamellicornes; elles sont composées de treize anneaux; leur tête est brune, écailleuse et armée de deux fortes mâchoires avec lesquelles elles rongent le bois dans lequel elles vivent. Elles ont six pates écailleuses, attachées aux trois premiers anneaux. Ces larves vivent quatre ou cinq ans dans cet état; au bout de ce temps, elles se construisent, dans le bois où elles ont vécu, une coque avec la sciure du bois qu'elles ont rongé, s'y métamorphosent en nymphes et n'en sortent qu'à l'état d'Insecte parfait. Après leur dernière métamorphose, les Lucanes meurent bientôt; ils s'accouplent peu de temps après et périssent bientôt. Degéer a observé que ces Insectes se nourrissent de la liqueur mielleuse qui se trouve répandue sur les feuilles du Chêne. Ils volent le soir autour des grands Arbres, et les femelles cherchent à y introduire leurs œufs. La principale espèce de ce genre, et la plus commune partout est:

Le Lucane Cerf-Volant, *Lucanus Cervus*, L., Fabr., Oliv. (Col., tab. 1, n° 1, pl. 1, fig. 1); le grand Cerf-Volant (*Platycerus*), Geoff., Degéer. Il est noir; ses élytres sont brunes, ainsi que la tête et le corselet; les mandibules sont grandes, avancées, bifurquées à leur extrémité et unidentées intérieurement dans les mâles; elles sont beaucoup plus petites dans les femelles. Geoffroy et Olivier ont décrit une variété de cette espèce sous le nom de *Luc. Capreolus;* mais il est reconnu que les mâles du *Capreolus* s'accouplent avec les femelles du *Cervus*, et réciproquement. C'est ce qui vient d'être très-bien démontré par le burlesque Mémoire de Jean Kœchlin, intitulé: Remarques sur le Lucane ou Cerf-Volant, imprimé à Mulhouse et accompagné d'une planche lithographiée représentant la tête du grand et du petit Cerf-Volant avec celles de différentes variétés qui lient ces deux espèces. Nous ne citerons qu'un passage de ce curieux Mémoire. Le père Trost (*Verzeichniss Eichstadtischer Insecten*, *V. Pater Trost*, p. 32) nous dit: « J'ai trouvé celui-ci (la variété très-petite) dans l'accouplement avec une femelle bien plus grande que lui. Il y avait encore dans la société plusieurs mâles de différente grandeur; le plus fort lui disputa long-temps la possession de la fiancée, mais en vain, le petit ne voulut pas se désemparer de sa femelle, qui l'emportait sur son dos, si je ne m'étais saisi de toute l'honorable société. » Quoique le Mémoire de Jean Kœchlin soit écrit d'une manière aussi singulière, il n'en est pas moins rempli d'observations curieuses et intéressantes sur les mœurs de ces Insectes.

Le genre Lucane se compose d'une trentaine d'espèces dont le plus grand nombre est propre aux pays chauds de l'Amérique et de l'Afrique. *V.*, pour leur description, Olivier (*loc. cit.*), Fabricius, Latreille, etc. (G.)

LUCANIDES. *Lucanides.* INS. Tribu de l'ordre des Coléoptères, section des Pentamères , famille des Lamellicornes , composée en grande partie du genre Lucane de Linné , et ayant pour caractères : antennes toujours composées de dix articles ayant les feuillets de leur massue disposés perpendiculairement à l'axe, et en manière de peigne. Les Lucanides volent ordinairement le soir ; leurs larves vivent dans le tronc des vieux Arbres ; elles sont presque semblables à celles des Scarabéides. Latreille (Fam. Nat. du Règn. Anim.) divise ainsi cette tribu :

I. Labre soit nul ou caché, soit extérieur, mais très-petit ; languette insérée derrière le menton , tantôt cachée par lui , tantôt saillante , grande et bilobée ; antennes fortement coudées ; mâchoires ordinairement terminées par un lobe membraneux ou coriace , pénicilliforme dans la plupart, rarement armées de dents cornées.

† Languette cachée par le menton ou découverte , mais très-petite et entière ; corps convexe.

Genres : SINODENDRE , OEsale.

†† Languette toujours saillante au-delà du menton , grande et divisée en deux lobes.

* Corps convexe , du moins dans les mâles.

Genres : LAMPRIME , PHOLIDOTE.

** Corps déprimé dans les deux sexes ; yeux coupés par les bords latéraux de la tête.

Genres : LUCANE (Latreille y rapporte les genres Figule et OEgule de Mac-Leay fils), NIGIDIE, DORCUS.

Yeux entiers.

Genres : CERUCHUS , PLATYCÈRE.

II. Labre toujours découvert, fixe et grand ; languette couronnant le menton , entière ; antennes simplement arquées et velues ; mâchoires cornées et fortement dentées ; corselet séparé de l'abdomen par un étranglement ou intervalle notable.

Genres : PAXILLE , PASSALE. *V.* tous ces mots.   (G.)

* LUCCIOLA. INS. *V.* LAMPYRE D'ITALIE.

* LUCÉNA. MOLL. (Ocken.) Syn. d'Ambrette. *V.* ce mot.   (B.)

LUCERNAIRE. *Lucernaria.* ACAL. Genre de Zoophytes de l'ordre des Acalèphes fixes, offrant pour caractères : un corps gélatineux , subconique , ayant sa partie supérieure allongée et atténuée en queue dorsale terminée par une ventouse ; l'inférieure plus ample, plus large , ayant son bord divisé en lobes ou rayons divergens et tentaculifères ; bouche inférieure et centrale ; des tentacules courts, nombreux, à l'extrémité de chaque rayon. Ce genre a été établi par O.-F. Müller pour un Animal qu'il découvrit dans la mer du Nord et qu'il fit connaître sous le nom de *Lucernaria quadricornis.* Tous les naturalistes l'ont adopté. Gmelin le range parmi les Vers mollusques, entre les Méduses ! Cuvier le rapproche des Actinies. Lamarck le classe avec les Radiaires dans la division des Radiaires mollasses anomales ; Schweigger le place entre les Zoanthes et les Astéries dans sa classe des Radiaires. Müller, Fabricius, Montagu, Fléming, ont successivement fait connaître leurs observations sur les Lucernaires ; mais le travail le plus intéressant sur ces Animaux a été donné par Lamouroux dans un Mémoire inséré parmi ceux du Muséum d'Histoire Naturelle de Paris.

Les Lucernaires fixées par l'extrémité de leur queue aux corps sous-marins et spécialement aux Thalassiophytes, peuvent néanmoins se déplacer pour s'attacher ailleurs ; elles sont ordinairement pendantes, la bouche en bas, mais elles peuvent prendre toutes sortes de situations ; leur corps aplati ou concave en dessus est conique en dessous et se termine par une portion rétrécie, cylindroïde ou anguleuse, quelquefois contournée , que l'on a nommée Queue, et dont l'extrémité est munie d'une sorte de ventouse qui leur permet de s'attacher d'une manière assez intime aux corps sous-marins. La peau de cette surface supérieure est lisse ou légèrement plissée; sa transparence laisse voir au travers les organes contenus dans l'intérieur de l'Animal; la surface inférieure est plane ou concave, lisse ou plissée, suivant les mouvemens; au centre, existe un tube diaphane, saillant, quadrifide, au fond duquel est une ouverture ronde, et derrière celle-ci, une autre ouverture arrondie dont la circonférence est garnie de plusieurs corps opaques, discoïdes, placés de champ et liés ensemble par une substance membraneuse, irritable; cette sorte d'anneau paraît faire l'office de mâchoires. Tout cet appareil constitue la bouche. Le bord de la portion élargie du corps des Lucernaires ou le limbe est divisé plus ou moins profondément en huit rayons portant à leur extrémité et inférieurement un grand nombre de tentacules disposés en bouquet, et terminés par un renflement semi-globuleux. Une espèce a son limbe divisé en huit parties d'égale longueur; une autre n'a que quatre divisions principales, et chacune est subdivisée en deux près de son extrémité. Les rayons tentaculifères des Lucernaires sont susceptibles de se contracter et de se replier vers la bouche, ensemble ou séparément; ils servent, conjointement avec les tentacules, à saisir les petits Animaux dont les Lucernaires se nourrissent. On trouve, en ouvrant le corps des Lucernaires, un sac ou estomac étendu de la bouche jusque vers l'extrémité de la queue; de la surface de l'estomac partent des canaux ondulés, intestiniformes, se dirigeant vers les rayons du limbe jusqu'à l'origine des tentacules; ils n'ont point d'orifice excréteur dans cette partie et sont de véritables cœcums; ils sont attachés sur des bandelettes de nature fibreuse, et le tout est enveloppé d'une membrane très-mince. Ils sont au nombre de huit dans une espèce, de quatre seulement dans l'autre, mais probablement ils sont doubles.

Lamouroux admet, d'après les descriptions des auteurs, cinq espèces de Lucernaires, mais il paraît constaté qu'il n'y a véritablement que deux espèces, le *Lucernaria quadricornis*, Müll., et le *Luc. octoradiata*, Lamx. (E. D..L.)

*LUCERNAIRE. *Lucernaria.* BOT. CRYPT.? (*Arthrodiées.*) Le genre ainsi appelé par Roussel qui ne savait pas sans doute qu'un genre d'Acalèphes portait ce nom, répond à peu près à notre genre Tendaridée. *V*. ce mot.
 (B.)

LUCERNULA. BOT. PHAN. (Gaza.) Syn. de Lychnide. *V*. ce mot. (B.)

LUCHERAN. OIS. (Albin.) Syn. d'Effraie, *Strix Flammea*, L. *V*. CHOUETTE. (B.)

LUCHS-SAPHIR. MIN. Ce mot, dont la véritable signification est Saphir de Lynx, n'est point, comme on l'avait pensé, une des variétés du Corindon bleu auxquelles on donne le nom de Saphir blanc. Selon Lénian, il désigne le Saphir d'eau des joailliers, que Cordier a décrit sous le nom de Dichroïte. *V*. ce mot. (G..N.)

* LUCIE. *Lucia*. Savigny donne ce nom à la seconde famille de ses Ascidies Téthydes, caractérisée par un corps flottant; orifices diamétralement opposés et communiquant ensemble par la cavité des branchies; cavité branchiale aux deux extrémités; l'entrée supérieure dépourvue de filets tentaculaires, mais précédée par un anneau dentelé; branchies séparées. Cette famille est divisée en deux sections :

La première, ou Lucies simples, entièrement systématique, ne renferme aucun genre. La seconde, ou Lucies composées, renferme le genre Pyrosome. *V*. ce mot. (E. D..L.)

LUCIFUGES ou PHOTOPHYGES. INS. Duméril (Zool. Analyt.) désigne ainsi une famille de l'ordre des Coléoptères qui embrasse les premières tribus de la famille des Méla-

somes de Latreille. *V.* MÉLASOMES.
(G.)

LUCILIE. *Lucilia.* BOT. PHAN. Genre de la famille des Synanthérées, Corymbifères de Jussieu, et de la Syngénésie superflue de Linné, établi par H. Cassini (Bullet. de la Société Philomat., février 1817) qui l'a ainsi caractérisé : involucre cylindracé, accompagné à sa base de trois bractées, formé d'écailles imbriquées, scarieuses ; les intérieures longues, étroites, linéaires-aiguës ; réceptacle plane et nu ; fleurs du centre peu nombreuses, régulières et hermaphrodites ; étamines dont les appendices supérieurs sont soudés entre eux, et les inférieurs longs et filiformes ; fleurs de la circonférence sur un seul rang, peu nombreuses, femelles, et à corolle très-longue ; le style a deux stigmatophores longs et grêles ; ovaires cylindracés, hérissés de longs poils, surmontés d'une aigrette composée de poils à peine plumeux, la plupart bifurqués au sommet.

Ce genre fait partie de la tribu des Inulées-Gnaphaliées de Cassini, et se place entre le *Chevreulia* et le *Facelis* du même auteur, dont à peine on peut le distinguer par les caractères. Cassini avoue d'ailleurs que le genre *Lucilia* devra, ainsi que beaucoup d'autres, être réuni au *Gnaphalium* par les botanistes qui n'aiment point la multiplicité des genres. Les deux espèces qui composent celui dont il s'agit dans cet article, sont : 1° *Lucilia acutifolia*, Cass., ou *Serratula acutifolia*, Poiret. Cette Plante est indigène de Montévidéo ; 2° *Lucilia microphylla*, Cass., espèce douteuse établie sur un individu qui n'existe que dans l'herbier du professeur Desfontaines, et dont la patrie est ignorée. (G..N.)

LUCINE. *Lucina.* MOLL. Linné avait confondu les Lucines en partie avec les Vénus, en partie avec les Tellines ; elles ne présentent cependant jamais les caractères de ces deux genres quoiqu'elles s'en rapprochent ; aussi Bruguière les sépara dans les planches de l'Encyclopédie, et sans le caractériser, indiqua ce groupe aux zoologistes ; Lamarck l'adopta dans le Système des Animaux sans vertèbres, et lui donna des caractères génériques qu'il reproduisit dans les Annales du Muséum. En publiant l'Extrait du Cours, ce célèbre naturaliste n'apporta aucun changement dans la composition du genre, et n'adopta pas le *Loripes* de Poli. Le premier et le seul démembrement a été proposé sous le nom de *Fimbria*, par Megerle, et ensuite sous celui de Corbeille par Cuvier dans le Règne Animal ; ce genre avec cette dernière dénomination a été généralement adopté des conchyliologues, et entre autres de Lamarck, Férussac, etc. Le démembrement des Corbeilles était le seul qu'on pouvait faire en l'appuyant sur de bons caractères, car, malgré la variabilité des caractères extérieurs des coquilles des Lucines, il est impossible, du moins dans l'état de nos connaissances, d'en faire plusieurs coupes génériques ; et c'est sans doute d'après cette analogie, pour ainsi dire forcée, qui lie les espèces de ce genre, que Lamarck, et plus récemment encore Blainville, y ont réuni le Loripède de Poli. Effectivement, la *Tellina lactea*, Lin., qui sert de type au savant zoologiste napolitain, présente tous les caractères extérieurs des Lucines, ce qui porte à croire que celles-ci ont les mêmes caractères zoologiques que celles-là, ce qui est indiqué et par la charnière et par les impressions des muscles ou du manteau.

Blainville, dans son article MOLLUSQUE, ne s'est pas contenté de réunir ce seul genre aux Lucines ; il y a ajouté les Amphidesmes, et replacé les Corbeilles que Cuvier en avait séparées ; quant à ces dernières, peut-être est-ce en juger trop prématurément, puisqu'on ne connaît point l'Animal, et que les coquilles n'ont qu'un seul trait de ressemblance, l'existence des dents latérales à la charnière ; il suffit de comparer les caractères de ces deux genres pour se convaincre de leurs différences; quant aux Amphidesmes, elles nous paraissent rapprochées des Lucines d'une manière plus forcée encore; outre qu'elles ont le ligament intérieur comme quelques Lutraires ou Lavignons de Cuvier, et celles entre autres qui se rapprochent de la Calcinelle d'Adanson, caractères que ne présentent jamais les Lucines, quoique quelques-unes aient le ligament très-enfoncé entre des nymphes saillantes qui le cachent en partie audehors; les Ampidesmes n'ont pas non plus les impressions musculaires des Lucines, et l'impression du manteau est profondément sinueuse, ce qui annonce l'existence de grands siphons et d'un pied lamelliforme plutôt semblable à celui des Tellines qu'à celui des Lucines. Nous nous abstenons donc d'admettre ce changement, considérant avec le plus grand nombre des conchyliologues modernes que les Lucines forment à elles seules un groupe naturellement caractérisé par l'impression des muscles et le défaut de pli irrégulier, ce qui les distingue des Tellines, par le ligament extérieur, l'impression des muscles et du manteau, ainsi que la disposition des dents cardinales, ce qui les sépare des Amphidesmes, et enfin par la forme des crochets des dents cardinales, la position et la constance des dents latérales, ce qui, joint aux autres caractères, les éloigne des Corbeilles. Ce genre est caractérisé de la manière suivante : coquille suborbiculaire, inéquilatérale, à crochets petits, pointus, obliques; deux dents cardinales divergentes dont une bifide, et qui sont variables ou disparaissent avec l'âge; deux dents latérales dont une est quelquefois avortée, la postérieure plus rapprochée des cardinales; deux impressions musculaires très-séparées dont la postérieure forme un prolongement en fascie; l'impression du manteau est simple; ligament extérieur. Si l'on veut admettre le Loripède de Poli comme une véritable Lucine, alors on

pourra caractériser l'Animal de la manière qui suit : corps orbiculaire, symétrique, comprimé, enveloppé par un manteau sinueux sur les bords, entièrement fermé, si ce n'est inférieurement et en arrière où il se termine par une assez long tube, unique; appendice abdominal fort allongé, flagelliforme; les branchies à demi réunies en un seul lobe de chaque côté; bouche sans appendices labiaux.

On ne connaît pas encore un très-grand nombre d'espèces vivantes appartenant à ce genre; il est beaucoup plus nombreux en espèces fossiles, et les environs de Paris en offrent plus à eux seuls que tous les autres terrains tertiaires connus si on en juge d'après les collections et les ouvrages publiés jusqu'aujourd'hui ; nous en avons décrit et figuré vingt-deux espèces dans notre Description des Coquilles fossiles des environs de Paris, et nous les avons partagées en plusieurs groupes dont les caractères peuvent également convenir aux espèces vivantes.

Nous proposerons plusieurs changemens en les soumettant toutefois aux conchyliologues, c'est de replacer dans le genre qui nous occupe plusieurs Coquilles que les auteurs rangent habituellement parmi les Vénus de Linné ou les Cythérées de Lamarck. Ce sont pour les espèces vivantes les Cythérées à bord rose et tigérine, et pour les fossiles celle que dernièrement Basterot a nommée *Cytherea Teonina* dans son Mémoire sur les Fossiles des environs de Bordeaux, et une autre espèce encore inédite de la même localité qui a beaucoup de rapport avec la précédente. Si nous examinons ces espèces avec tout le soin nécessaire et comparativement avec les Lucines, nous leur trouverons tous les caractères de ce genre, des coquilles aplaties, orbiculaires, rayonnantes, qui n'ont jamais plus d'une ou deux dents à la charnière ; une dent latérale plus éloignée que dans les Cythérées qui présentent toujours une grande impression musculaire, antérieure, en forme de languette, une impression du manteau simple sans la sinuosité plus ou moins profonde qui se remarque dans les Cythérées au côté postérieur, et qui indique dans ce genre l'existence des siphons; enfin l'intérieur de la coquille parsemé de points enfoncés, entourés d'un cercle plus ou moins régulier, caractère qui se retrouve dans presque toutes les Lucines, et qui tient probablement à une organisation particulière du manteau; les Coquilles qui présentent toutes un caractère appartenant si essentiellement aux Lucines ne peuvent en aucune manière rester parmi les Cythérées. La seule objection que l'on pourrait faire, c'est que les quatre espèces que nous proposons de restituer aux Lucines n'offrent jamais qu'une dent latérale au lieu de deux qui caractérisent ordinairement les Lucines; mais cette anomalie dans ces espèces ne saurait être un obstacle pour ne pas admettre leurs rapports naturels, puisqu'elle a lieu assez fréquemment pour d'autres espèces qu'on n'a pas moins rangées dans le genre. Nous citerons pour exemple le *Lucina edentula* qui n'a ni dents cardinales, ni dents latérales; nous pourrions ajouter le *Lucina Menardi*, espèce fossile qui est dans le même cas, et plusieurs autres. Si ces espèces restent parmi les Lucines, lorsqu'à la rigueur elles en présentent moins les caractères, pourquoi celles que nous proposons d'y introduire n'y seraient-elles pas admises?

Le *Lucina carnaria*, Lamarck, ne peut rester parmi les Lucines, elle n'en présente pas les caractères; elle a bien plutôt ceux des Tellines parmi lesquelles on la reportera indubitablement lorsqu'on l'aura examinée avec quelque soin; ce qui l'éloigne au premier abord de ce genre est l'impression sinueuse du manteau qui a une échancrure très-profonde; ce qui l'en éloigne encore, c'est qu'elle est dépourvue de l'impression musculaire, linguiforme, antérieure; enfin elle a sur le côté l'inflexion ou le

pli des Tellines, il est vrai, très-faiblement prononcé, mais il n'en existe pas moins. Après avoir fait ces rectifications que nous pensons être importantes, voici comment nous avons à établir nos coupes :

† Coquilles orbiculaires, lisses; quelquefois les dents de la charnière avortées.

α. Espèces qui n'ont ni le corselet, ni la lunule saillans ou indiqués par une ligne.

Lucine édentée, *Lucina edentula*, Lamk., Anim. sans vert. T. v, pag. 540, n. 3; *Venus edentula*, L., Gmel., 3286, n. 80; Lister, Conch., tab. 260, fig. 86; Mart., Conch. Cab. T. vii, p. 54, pl. 40, fig. 427 à 429; Encycl., pl. 284, fig. 3, a, b, c. Elle n'a jamais de dents cardinales, ni de dents latérales. Elle est jaune d'abricot en dedans, ce qui lui a valu chez les marchands le nom vulgaire d'Abricot.

Lucine lactée, *Lucina lactea*, Lamk., Anim. sans vert., *loc. cit.*, n. 12; *Amphidesma lactea*, ibid., Anim. sans vert. T. v, p. 491, n. 3; *Amphidesma lucinalis*, ibid., loc. cit., n. 6; Chemnitz, Conch. T. vi, tab. 13, fig. 125; *Loripes*, Poli, Testac. des Deux-Siciles, T. i, tab. 15, fig. 28, 29; Encycl., pl. 286, fig. 1, a, b, c. Coquille toute blanche, qui a seulement une ou deux dents cardinales, jamais de dents latérales. Elle est assez mince, subdiaphane. Elle se trouve vivante dans la Méditerranée, à l'Ile-de-France, et fossile dans les faluns de la Touraine, d'après Lamarck.

Lucine géante, *Lucina gigantea*, N., Descript. des Coq. foss. des environs de Paris, T. i, p. 91, pl. 15, fig. 11, 12. Très-grande Coquille fossile qui n'a jamais de dents à la charnière. Elle se trouve à Parnes, Mouchy, Liancourt et Chaumont, dans le Calcaire grossier.

β. Espèces qui ont la lunule et le corselet saillans ou indiqués.

Lucine de Ménard, *Lucina Menardi*, N., Descript. des Coq. foss. des environs de Paris, T. i, p. 94, n. 6, pl. 16, fig. 13, 14. Espèce fort belle et fort grande que nous avons trouvée à Maulette, près Houdan, et que nous avons dédiée au savant professeur Ménard de la Groye. Elle est remarquable par la grandeur et la saillie que font sa lunule et le corselet; elle est lisse et n'a jamais de dents à la charnière.

LUCINE ALBELLE, *Lucina Albella*, Lamk., Ann. du Mus. T. VII, p. 240, n. 8, et T. XII, pl. 42, fig. 6, a, b; *ibid.*, N., Descript. des Coq. foss. des environs de Paris, *loc. cit.*, pl. 17, fig. 1, 2. Elle est de Grignon.

LUCINE CALLEUSE, *Lucina callosa*, N.; *Venus callosa*, Lamk., Ann. des Mus. T. VII, p. 130, et T. IX, pl. 32, fig. 6, a, b; *Lucina callosa*, N., Descript. des Coq. foss. de Paris, *loc. cit.*, n. 9, pl. 17, fig. 3, 4, 5.

†† Coquilles orbiculaires, couvertes de stries ou de lames concentriques.

A. Espèces dont la lunule et le corselet ne sont ni saillans ni indiqués.

LUCINE RATISSOIRE, *Lucina Radula*, Lamk., Anim. sans vert. T. V, p. 541, n. 5; *Tellina Radula*, Montagu, *Test. Brit.* T. II, fig. 1, 2; Petiver, *Gazophil.*, tab. 93, n. 18. Elle a beaucoup de rapports avec la Lucine concentrique que l'on trouve fréquemment fossile aux environs de Paris, et qui est à peu près de la même taille. Elle vit dans l'océan Britannique.

LUCINE CONCENTRIQUE, *Lucina concentrica*, Lamk., Ann du Mus. T. VII, p. 258, et T. XII, pl. 42, fig. 4, a, b; *ibid.*, Anim. sans vert. T. V, p. 541, n. 6; Encycl., pl. 283, fig. 2, a, b, c; *Lucina concentrica*, N., Descript. des Coq. foss. des environs de Paris, T. I, p. 98, n. 13. Espèce très-commune dans les Calcaires grossiers du bassin de Paris, ornée de lames concentriques, élégantes; la coquille est lentiforme, assez épaisse.

LUCINE SILLONNÉE, *Lucina sulcata*, Lamk., Ann. du Mus. T. VII, p. 240, n. 9, et T. XII, pl. 42, fig. 9, a, b; *ibid.*, N., Descript. des Coq. foss. de Paris, *loc. cit.*, pl. 14, fig. 12, 13.

Coquille arrondie, très-souvent plus longue que large, couverte de sillons arrondis et concentriques. C'est à Parnes, à Mouchy et à Château-Rouge qu'elle se rencontre le plus ordinairement. Elle est de la grandeur de l'ongle.

B. Espèces dont la lunule et le corselet sont saillans ou indiqués.

LUCINE DE LA JAMAIQUE, *Lucina jamaicensis*, Lamk., Anim. sans vert. T. V, p. 538, n. 1; *Venus jamaicensis*, Chemnitz, Conch. T. VII, p. 24, pl. 39, fig. 408, 409; Lister, Conch., tab. 300, fig. 137; Encycl., pl. 284, fig. 2, a, b, c. Coquille grande, peu épaisse, d'une couleur fauve en dedans, couverte en dehors de lames peu saillantes, subrégulières, distantes; corselet et lunule très-saillans, bien marqués.

LUCINE ÉPAISSE, *Lucina Pensylvanica*, Lamk., Anim. sans vert., *loc. cit.*, n. 2; *Venus Pensylvanica*, L., Gmel., p. 3283, n. 71; Lister, Conch., tab. 5, fig. 8; Born., *Mus. Cœs. Vind.*, tab. 4, fig. 8; Chemnitz, Conch. T. VII, pl. 37, fig. 394, 395, 396; Encycl., pl. 284, fig. 1, a, b, c. Espèce très-remarquable par son épaisseur, la grandeur de son corselet qui est très-saillant et de la lunule qui est grande, enfoncée et fortement circonscrite; elle est couverte de lames obsolètes, distantes; elle est toute blanche. C'est dans l'Océan d'Amérique qu'elle se trouve. L'espèce suivante fossile, des faluns de la Touraine et des environs de Bordeaux, quoique plus petite et plus gonflée, a beaucoup de rapports avec elle.

LUCINE COLOMBELLE, *Lucina Columbella*, Lamk., Anim. sans vert. T. V, p. 548, n. 15; Basterot, Mém. de la Soc. d'Hist. Nat. de Paris, T. II, première partie, pl. 5, fig. 11.

††† Coquilles orbiculaires qui ont des stries ou des côtes divergentes du sommet à la base.

LUCINE TIGÉRINE, *Lucina Tigerina*, N.; *Cytherea Tigerina*, Lamk., Anim. sans vert. T. V, p. 574, n. 53; *Venus Tigerina*, L., Gmel., p. 3283, n. 69;

Lister, Conch., t. 337, fig. 174; Chemnitz, Conch. T. VII, tab. 37, fig. 390, 391 : Encycl., pl. 277, fig. 4, a, b. D'après ce que nous avons dit précédemment, nous rapportons ici cette espèce; nous ne répéterons pas pour quels motifs, puisque nous les avons exposés.

LUCINE A BORD ROSE, *Lucina punctata*, N.; *Cytherea punctata*, Lamk., Anim. sans vert., *loc. cit.*, n. 54; *Venus punctata*, L., Gmel., n. 74; Chemnitz, T. VII, p. 15, pl. 37, fig. 397 et 398; Encycl., pl. 277, fig. 3, a, b, c. Cette grande et belle espèce est remarquable autant par son épaisseur que par ses côtes rayonnantes, aplaties, et par son bord agréablement coloré en rose purpurin. Linné avait remarqué que dans l'intérieur des valves elle était ponctuée, d'où le nom qu'il lui imposa. Nous savons que ces points sont particuliers aux Lucines.

LUCINE LIONNE, *Lucina Leonina*, N.; *Cytherea Leonina*, Basterot, Mém. de la Soc. d'Hist. Nat. de Paris, T. II, 1ʳᵉ part., p. 90, n. 4, pl. 6, fig. 1. Très-belle espèce fossile très-voisine de la *Lucina punctata*, qui n'en diffère en rien, si ce n'est par des stries transverses très-fines, très-serrées, qui coupent à angle droit les côtes plates et rayonnantes. Des individus qui ont conservé leur couleur ont présenté à Basterot des teintes rosées, intenses vers les sommets et formant des bandes peu distinctes vers les bords. Elle est aussi grande que la précédente. Elle se trouve aux environs de Bordeaux.

LUCINE DIVERGENTE, *Lucina divaricata*, Lamk., Anim. sans vert. T. V, p. 541, n. 7; *ibid.*, Ann. du Mus. T. VII, p. 229; *Tellina divaricata*, L., Gmel., p. 3241, n. 74; Sowerby, *Mineral Conchology*, t. 417; Chemnitz, Conch. T. VI, p. 134, pl. 13, fig. 129; Bast., Mém. de la Soc. d'Hist. Nat de Paris, T. II, prem. part., p. 86, n. 2; Encycl., pl. 285, fig. 4, a, b; Poli, Test. des Deux-Siciles, pl. 15, fig. 25. Espèce petite, remarquable par la manière universelle dont

elle est répandue, se rencontrant dans les mers de l'Inde, de l'Amérique, la Méditerranée, l'Océan, et fossile dans tous les terrains tertiaires de l'Italie, de la France, de l'Allemagne et de l'Angleterre. (D..H.)

LUCINIUM. BOT. PHAN. (Plukenet.) Syn. d'*Amyris balsamifera*. *V.* BAUMIER au Supplément. (B.)

*LUCIO ou LUCIOLA. INS. Même chose que *Lucciola*. *V.* LAMPYRE D'ITALIE. (G.)

LUCIODONTE. POIS. FOSS. Nom fort improprement donné à de petites Glossopètres que l'on prenait pour des dents de Brochets. (B.)

LUCIOLA. BOT. CRYPT. On a donné quelquefois ce nom à l'Ophioglosse vulgaire, dans l'idée, sans fondement, qu'elle brille pendant la nuit. (B.)

LUCIUS. POIS. Nom scientifique du Brochet. *V.* ESOCE. (B.)

LUCULLAN. MIN. (John.) Pour Lucullite. *V.* ce mot. (G..N.)

LUCULLITE. MIN. Une variété de Marbre noir, remarquable par sa fétidité, fut nommée *Lucullan* par John qui a cru y reconnaître le *Marmor Luculleum* de Pline rapporté d'Egypte par le consul Lucullus. Ce nom, légèrement modifié en celui de Lucullite, a été adopté par Jameson pour la dixième sous-espèce du Calcaire rhomboïde. (G..N.)

LUCUMA. *Lucuma*. BOT. PHAN. Genre établi par Jussieu dans la famille des Sapotées, et dans la Pentandrie Monogynie, L., ayant pour type l'*Achras mammosa* de Linné, et qui se compose de six à huit espèces : ce sont des Arbres lactescens, portant des feuilles éparses, très-entières, dépourvues de stipules, et des fleurs solitaires, pédonculées, quelquefois réunies au nombre de deux à trois à l'aisselle des feuilles. Leur calice est à cinq divisions profondes; leur corolle monopétale à cinq divisions; les étamines, au nombre de cinq, offrent entre chacune d'elles, un appendice filamenteux qui paraît être une étamine stérile. L'ovaire est libre et présente de cinq à dix loges monospermes. Le fruit est un nuculaine contenant d'un à dix noyaux osseux marqués d'une très-grande aréole ombilicale. Les graines sont dépourvues d'endosperme. Ce genre diffère surtout de l'Achras, par le nombre cinq de ses parties et ses graines dépourvues d'endosperme.

Le *Lucuma mammosa*, Gaertner fils, Carp. 129, tab. 203 et 204, est un Arbre qui atteint quelquefois une hauteur de cent pieds; il croît à Cuba, au Pérou et à la Jamaïque. On le connaît dans nos colonies sous les noms vulgaires de *Marmelade naturelle* et de *Jaune d'œuf*. Ses feuilles, qui ont quelquefois jusqu'à deux pieds de longueur, sont allongées, lancéolées, coriaces, très-entières, glabres et portées sur des pétioles d'environ deux pouces de longueur. Les fleurs sont solitaires, pédonculées, situées à l'extrémité des rameaux. Le fruit est une grosse baie oblongue, mucronée à son sommet, rude à sa face externe, pulpeuse et charnue intérieurement où elle présente une couleur jaune rougeâtre; des dix loges de l'ovaire, une seule reste et renferme un noyau trèsgros, ovoïde, allongé, terminé en pointe à ses deux extrémités, lisse, luisant, et d'une teinte brune claire d'un côté, offrant de l'autre une aréole ombilicale plus claire et qui contient une graine dont le tégument est simple et recouvre un embryon très-gros, dressé, blanc, ayant les cotylédons fort volumineux et la radicule très petite et obtuse.

Outre cette espèce qui est l'*Achras mammosa*, L., ce genre en renferme encore huit ou dix autres, toutes originaires de l'Amérique méridionale.

(A. R.)

LUDIER. *Ludia*. BOT. PHAN. Genre établi par Commerson et Jussieu, d'abord placé dans la famille des Rosacées, mais transporté par Kunth dans sa nouvelle famille des Bixinées. Ce genre se compose de trois espèces, toutes originaires des îles de France et de Mascareigne. Ce sont des Arbrisseaux rameux, portant des feuilles alternes, dépourvues de stipules, des fleurs blanches, disposées à l'aisselle des feuilles ou le long des rameaux. Leur calice est monosépale, turbiné à sa base, offrant de cinq à sept lobes pétaloïdes; les étamines sont extrêmement nombreuses, attachées sur un disque saillant, crénelé. Les étamines, dont les filets sont grêles et capillaires; les anthères presque globuleuses, didymes et à deux loges, sont persistantes. L'ovaire est libre, ovoïde, terminé en pointe à son sommet où il se confond avec le style; celui-ci se divise à sa partie supérieure en deux, trois ou quatre lanières terminées chacune par autant de stigmates. Coupé transversalement, l'ovaire présente une seule loge contenant un assez grand nombre d'ovules attachés à des trophospermes pariétaux dont le nombre est le même que celui des divisions du style. Dans le *Ludia sessiflora* on trouve six ovules attachés par paires à trois trophospermes. Le fruit est une baie peu succulente, uniloculaire et polysperme.

Le LUDIER VARIABLE, *Ludia heterophylla*, Lamk., Dict. Ill., tab. 466, est l'espèce dont on a tiré le nom du genre. Elle est remarquable par la figure diverse de son feuillage aux différentes époques de son développement. Quand la Plante est fort jeune, les feuilles sont petites, roides, luisantes, fortement dentées et épineuses au sommet de leurs dents comme dans le Houx. Un peu plus tard, les dents disparaissent, les feuilles s'allongent et deviennent semblables à celles du Myrte ou de l'Olivier. Enfin, quand l'individu est en pleine végétation, elles sont obovales, arrondies, très-entières et pétiolées; les fleurs sont solitaires, courtement pédonculées, placées à l'aisselle des feuilles. Leur calice est généralement à sept lobes obtus.

Les deux autres espèces de ce genre sont le *Ludia myrtifolia* et *Ludia sessiliflora* de Lamarck.

(A. R.)

LUDOLFIA. bot. phan. (Willdenow.) *V.* Arundinaire. (Adanson.) Syn. de Tétragonie. *V.* ce mot. (b.)

LUDOVIE. *Ludovia.* bot. phan. Ruiz et Pavon, dans la Flore du Chili et du Pérou, ont établi sous le nom de *Carludovica*, un genre nouveau dédié au roi d'Espagne Charles IV, et à la reine Louise son épouse, et qu'ils placent dans la famille des Palmiers et dans la Monœcie Polyandrie. Persoon proposa de changer ce nom, un peu long, en celui de *Ludovia*. Mais ce changement ne fut pas adopté par Kunth, qui fit voir que le genre de Ruiz et Pavon n'appartenait pas à la famille des Palmiers, mais bien à celle des Aroïdées. Les caractères de ce genre étaient encore imparfaitement connus, quand récemment Poiteau de retour à Paris, après un séjour de plusieurs années à Cayenne, en a rapporté deux espèces de ce genre, dont il a exposé les caractères dans le neuvième volume des Mémoires du Muséum d'Histoire Naturelle, p. 25. Plumier est le premier botaniste qui ait fait mention de ce genre; il en représenta une espèce dans les planches 50 et 51 de ses descriptions des Plantes d'Amérique, mais il ne la décrivit point comme genre distinct. Ruiz et Pavon ont trouvé cinq espèces dont ils ont fait leur genre *Carludovica*. Enfin Poiteau en a découvert deux, qu'il a décrites avec soin. C'est seulement depuis cette époque que l'on a bien connu la véritable structure de ce genre, dont nous allons donner les caractères tels qu'ils ont été présentés par Poiteau. Les fleurs sont monoïques, disposées sur un spadice cylindrique, enveloppé d'une spathe de plusieurs folioles. Les fleurs mâles réunies par quatre sont placées au milieu des fleurs femelles; leur calice est en cône renversé, ouvert à sa partie supérieure où il présente un grand nombre de divisions courtes disposées sur deux rangs; les étamines sont fort nombreuses, attachées à la paroi interne du calice. Les fleurs femelles ont

un calice profondément quadriparti, quatre filamens stériles, très-longs et hypogynes, opposés aux folioles du calice, et que Ruiz et Pavon ont décrits à tort comme quatre styles; un ovaire libre déprimé, tétragone, à une seule loge, contenant un très-grand nombre d'ovules. Le stigmate est sessile, large, discoïde, plane et à quatre angles. Le fruit est une baie uniloculaire polysperme, dont les graines anguleuses sont attachées à quatre trophospermes pariétaux. Les espèces de ce genre sont des Plantes vivaces, quelquefois grimpantes, d'autres fois ayant le port de petits Palmiers. Les deux espèces décrites par Poiteau sont : la Ludovie grimpante, *Ludovia funifera*, loc. cit., t. 1. C'est une Plante sarmenteuse et grimpante, dont la tige arrondie, noueuse, presque simple, s'élève sur les Arbres, jusqu'à une hauteur de 20 à 25 pieds, et s'y attache fortement au moyen de racines caulinaires ou aériennes, courtes et rameuses, qui paraissent remplir l'office de suçoirs. Outre ces racines la Plante parvenue à une certaine hauteur en émet d'autres plus grosses qui descendent perpendiculairement vers la terre. Les feuilles sont alternes, engaînantes, longues d'un à deux pieds, divisées plus ou moins profondément en deux lobes, plissées, nerveuses, sèches et roides comme celles d'un jeune Palmier; le spadice est cylindrique, pédonculé et axillaire. Cette espèce croît à la Guiane près de la rivière de la Mana, et aux environs de la Gabrielle. Les habitans et les Nègres l'appellent Liane franche. La seconde espèce est la Ludovie terrestre, *Ludovia subacaulis*, Poit., loc. cit. Elle a le port d'un jeune Palmier dont la tige n'est pas encore développée. Sa tige ne s'élève guère au-delà d'un pied. Les Nègres l'appellent *Arouma Cochon.* Elle est commune dans les bois humides auprès de la Gabrielle.   (A. R.).

LUDUS-HELMONTII. min. *V.* Jeux de Van-Helmont.

LUDWIGIE. *Ludwigia.* BOT. PHAN. Genre de la famille des Onagraires, et de la Tétrandrie Monogynie, L., établi par Linné et adopté par tous les autres botanistes. Son calice adhérent par sa base avec l'ovaire infère, se termine par un limbe persistant à quatre lobes allongés; la corolle se compose de quatre pétales onguiculés; les étamines sont au nombre de quatre; l'ovaire est à quatre loges polyspermes, surmonté d'un style simple et d'un stigmate lobé. Le fruit est une capsule ovoïde ou allongée, souvent à quatre angles, couronnée par les lobes du calice, et s'ouvrant seulement par un trou qui se forme à son sommet. Ce genre se compose d'un assez grand nombre d'espèces qui croissent surtout dans l'Amérique septentrionale ou les Indes. Ce sont des Plantes herbacées, rarement sousfrutescentes à leur base, portant des feuilles alternes entières et des fleurs axillaires. Un assez grand nombre des espèces rapportées d'abord à ce genre en ont été séparées; ainsi Linné lui-même en a retiré les espèces qui ont les étamines en nombre double des pétales pour en faire son genre *Jussiæa.* Les espèces apétales doivent être placées dans le genre *Isnardia.* Ainsi parmi les neuf espèces décrites par Michaux (*Fl. Bor. Americ.*), trois étant dépourvues de corolle doivent être transportées dans le dernier genre; ce sont les *Ludwigia nitida*, *microcarpa* et *mollis.* Ce genre mériterait d'être examiné de nouveau avec soin pour bien déterminer les espèces qui lui appartiennent réellement. (A. R.)

LUFFA. BOT. PHAN. Tournefort et Adanson avaient fait un genre, sous ce nom, de la Papangaie. Mais Linné l'a réuni au *Momordica* en l'appelant *Momordica Luffa.* Plus tard Cavanilles (*Icon. rar.*, 1, p. 7) a établi dans la famille des Cucurbitacées un genre *Luffa*, qui nous paraît différent des *Momordica* et qui doit demeurer distinct. Voici ses caractères : les fleurs sont monoïques. Les mâles

ont un calice campanulé, à cinq lanières étroites et caduques, une corolle monopétale, régulière, à cinq divisions très-profondes qui simulent une corolle de cinq pétales. Les étamines, au nombre de cinq, sont libres et distinctes les unes des autres. Leurs filets sont attachés sur autant de tubercules glanduleux, alternes avec les divisions de la corolle. Les fleurs femelles ont un calice dont le tube adhère avec l'ovaire qui est anguleux et infère; le limbe et la corolle sont les mêmes que dans les fleurs mâles; les cinq étamines sont rudimentaires; le style est très-court, terminé par quatre stigmates épais et renflés. Le fruit est une péponide sèche, allongée, marquée de dix angles peu saillans, offrant intérieurement un grand nombre de graines attachées par des filamens à trois trophospermes pariétaux, et s'ouvrant au moyen d'un petit opercule. Le caractère le plus saillant de ce genre consiste surtout dans ses cinq étamines entièrement libres et distinctes les unes des autres, caractère qui ne se retrouve que dans le genre *Gronovia*, dans la famille des Cucurbitacées. Quant à la déhiscence par le moyen d'un opercule, Cavanilles ne la donne que comme un caractère incertain, ne l'ayant observée que sur un fruit qui peut-être n'était pas entier. L'espèce qu'il décrit et figure (*Luffa fœtida*, loc. cit., t. 9 et 10) est originaire de l'Inde, mais cultivée aux îles de France et de Mascareigne. Rhéede l'a mentionnée sous le nom de *Picinna* (*Hort. Mal.* 8, p. 13, t. 7) et Rumph sous celui de *Petola Bengalensis* (*Herb. Amb.* v, p. 408, t. 169). (A. R.)

* **LUFFA-RADJA.** BOT. PHAN. Même chose que Catilang des Javanais, à Amboine. *V.* CATILANG. (B.)

LUHEA. BOT. PHAN. Genre de la Polyandrie Monogynie, L., établi par Willdenow (*Act. Soc. Nat. Scrut. Berol.*, 3, p. 409, t. 5) et adopté par De Candolle qui l'a placé à la suite de la famille des Tiliacées, et lui a imposé les caractères suivans : involucelle court à neuf folioles ; calice divisé profondément en cinq parties ; cinq pétales ; étamines nombreuses, à filets subulés, velus à la base et réunis en cinq faisceaux auxquels sont adnés inférieurement des processus en forme de pinceaux ; anthères arrondies ; style épais, terminé par un stigmate tronqué. Le fruit est inconnu. Ce genre a, selon De Candolle, des rapports, d'un côté avec le *Grewia*, de l'autre avec l'*Alegria*, genre nouveau formé sur une espèce mexicaine. Il ne se compose que d'une seule Plante à laquelle Willdenow (*loc. cit.* et *Spec. Plant.*, 3, p. 1434) a donné le nom de *Luhea speciosa*. Ses feuilles sont alternes, à trois nervures, marquées de veines, presque cordiformes, obtuses et inégalement dentées ; elles sont portées par des pétioles courts et pubescens. Les fleurs sont blanches, peu nombreuses, et disposées en grappes terminales.   (G..N.)

* **LUIDA**. BOT. CRYPT. (*Mousses.*) Ce genre, créé par Adanson dans la famille des Mousses, est artificiel et non susceptible d'être adopté. C'est parmi les *Gymnostomum*, *Weissia*, *Dicranum*, *Tortula*, *Bryum*, *Neckera*, *Hypnum*, *Fissidens*, etc., qu'il faut chercher les *Luida* d'Adanson.   (A. F.)

LUJULA. BOT. PHAN. L'un des noms vulgaires de l'Alleluia, *Oxalis Acetosella*. *V.* OXALIDE.   (B.)

LULAT. CONCH. Linné rapporte à son *Mytilus Modiolus* le Lulat d'Adanson (Voy. au Sénég., pl. 15). Comme cette espèce de Linné en comprend plusieurs on ne sait trop de laquelle on doit maintenant la rapprocher. Lamarck cite avec doute le Lulat, dans la synonymie du *Modiola Papuana*, tandis que le *Mytilus Modiolus* de Linné, est cité à son *Modiola Tulipa*. Il paraît, d'après la description d'Adanson, que le Lulat est une espèce particulière qui n'a point été suffisamment étudiée des auteurs. *V.* MODIOLE.   (D..H.)

LULU. OIS. Espèce du genre Alouette. *V.* ce mot.   (B.)

LUMACHELLE ou **LUMAQUELLE**. MIN. On donne ce nom à une variété de Marbre ou Chaux carbonatée susceptible de poli, renfermant des Coquilles pour la plupart brisées et en si grande quantité que ce Marbre en paraît entièrement composé. Les minéralogistes le désignent sous le nom de Chaux carbonatée granulaire coquillière. *V.* CHAUX.   (G..N.)

LUMBRICAIRE. *Lumbricaria*. BOT. CRYPT. (*Hydrophytes.*) Palisot-Beauvois s'étant un peu pressé d'établir des genres dans tous les ordres de la Cryptogamie qu'il n'avait que superficiellement examinés, forma son *Lumbricaria* du *Fucus lumbricalis*, L., qui est une Furcellaire de Lamouroux, genre antérieurement adopté par tous les algologues. *V.* FURCÉLLAIRE.   (B.)

LUMBRICITE. FOSS. Nom impropre que l'on a donné autrefois à des Serpules fossiles que l'on a comparés ou pris pour des Vers de terre pétrifiés.   (D..H.)

LUMBRICUS. ANNEL. *V.* LOMBRIC.

LUMIE. BOT. PHAN. Nom donné à l'une des sections établies parmi les espèces nombreuses du genre Oranger. *V.* ORANGER.   (A. R.)

LUMIÈRE. La cause qui rend les objets visibles à nos yeux a trop d'importance pour que, dans un ouvrage d'histoire naturelle, nous omettions de développer succinctement les principaux phénomènes qu'elle présente, sans pourtant entrer dans les nombreuses recherches qui exigent l'application du calcul et qui constituent l'optique, branche importante de la physique proprement dite.

Quelle est la nature de la lumière ? Cette question a été un sujet de méditation pour les plus grands physiciens, mais elle n'a pas pu encore être parfaitement résolue. Deux théories, dont nous exposerons seulement les principes, ont été embrassées par les savans. La première, due au génie de

Descartes, a été admise, sauf quelques modifications, par des hommes du plus grand mérite, tels que Huygens et Euler, Young et Fresnel. Ils pensent que la Lumière est un fluide extrêmement subtil, un *Ether* répandu dans l'espace universel, éprouvant de la part des corps que l'on considère comme des sources de Lumière, une action qui lui imprime un mouvement d'ondulation semblable à celui de l'air agité par le son ou à celui de l'eau, lorsqu'on y laisse tomber des corps pesans. Ce mouvement est oscillatoire, de telle sorte qu'à partir du point où commence l'agitation, les molécules du fluide éprouvent d'abord une répulsion qui les éloigne de ce point; ensuite la réaction produite par leur élasticité et celle des molécules sur lesquelles elles s'appuient, les fait rétrograder au-delà de leur première position, et les alternatives se répètent absolument de même que dans la vibration du pendule. L'autre théorie, dont les partisans ont été bien plus nombreux que ceux du Système ondulatoire, reconnaît pour auteur Newton, et a été nommée théorie de l'émission. On suppose, en effet, que la Lumière, partie essentielle des corps lumineux, est lancée par filets de molécules très-déliées, lesquelles soit directement, soit par la réflexion des corps opaques, viennent exercer sur le fond de l'œil une impulsion constituant la sensation de la Lumière. L'une et l'autre des hypothèses ingénieuses que nous venons d'exposer, expliquent assez bien le plus grand nombre des phénomènes observés jusqu'ici, mais chacune est sujette à des objections si graves que l'on ne peut se prononcer exclusivement pour l'une d'elles et la regarder comme l'expression de vérités démontrées.

Comme la plupart des sources de la Lumière sont aussi celles du calorique, on a pensé que le premier de ces fluides impondérables n'était qu'une modification du second. Cependant plusieurs corps sont lumineux sans produire la moindre chaleur appréciable; telles sont les substances phosphorescentes. La Lumière de la lune, des planètes et des étoiles, concentrée au moyen de miroirs concaves, n'indique aucunement qu'elle soit accompagnée du calorique; il y a donc quelque chose de bien distinct entre la Lumière et le calorique; mais leurs phénomènes sont le plus souvent simultanés, et leur étude ne peut être séparée. Aussi avons-nous eu déjà occasion d'en exposer les principaux, dans les articles ELECTRICITÉ, FEU et FLAMME. *V.* ces mots.

Newton, à l'aide du prisme, décomposa le premier la Lumière en sept rayons diversement colorés, qui se nuancent entre eux et reproduisent artificiellement les phénomènes naturels de l'arc-en-ciel. Ces sept rayons primitifs sont les suivans : violet, indigo, bleu, vert, jaune, orangé et rouge. Le rayon violet est celui qui est susceptible de la plus grande réfrangibilité, et le rouge de la plus petite. En réunissant tous les rayons en un seul faisceau au foyer d'une lentille, l'illustre physicien reproduisit la Lumière blanche. Cependant le nombre des rayons lumineux primitifs a été réduit par quelques savans à trois, savoir : le bleu, le jaune et le rouge, suivant les uns, et le rouge, le vert et le violet suivant les autres; enfin d'après Wollaston à quatre, qui sont le rouge, le vert-jaunâtre, le bleu et le violet. Ces modifications au système de Newton sur la décomposition de la Lumière, ne sont pas universellement admises. En effet, quoique la combinaison variée des trois ou quatre rayons principaux que nous venons de désigner produise les autres couleurs, comme par exemple le jaune et le bleu qui donnent naissance au vert, cependant ces rayons colorés obtenus par la combinaison, offrent assez de différences avec ceux qui sont le résultat de la décomposition du trait primitif. Si l'on soumet ces derniers à une seconde réfraction, ils restent simples, tandis que la même opération décompose dans ses élémens le vert formé par la réunion du bleu et du jaune, comme toutes les autres couleurs produites par le mélange des rayons.

La Lumière émanée d'un point lumineux, diverge en rayons *rectilignes*, qui occupent un espace de plus en plus grand à mesure qu'ils s'éloignent de leur foyer. Un corps opaque placé dans cet espace détermine une ombre par laquelle les objets, situés au-delà et sur une même ligne droite que le corps opaque et le corps lumineux, sont privés de Lumière. La vitesse avec laquelle se meut la Lumière est tellement extraordinaire, que rien ne peut lui être comparé sous ce rapport. Elle parcourt, en huit minutes treize secondes sexagésimales, la distance moyenne du soleil à la terre, c'est-à-dire plus de quinze millions de myriamètres. Ce fait a été reconnu en 1675 par Rœmer, et confirmé en 1728 par Bradley, d'une manière qui ne laisse aucun doute sur la précision du calcul. Lorsque les rayons lumineux tombent sur une surface polie, ils sont renvoyés ou *réfléchis*, en faisant avec cette surface un angle égal à celui qu'il faisait de l'autre côté en y arrivant. Cette loi que l'on énonce en disant que l'*angle de réflexion est égal à l'angle d'incidence*, est la base de la théorie des miroirs ou de la catoptrique. En traversant les corps diaphanes, les rayons lumineux sont souvent détournés de leur route par l'action de ces corps. On donne le nom de *réfraction* au changement de direction qu'ils éprouvent alors et qui les fait paraître comme brisés. Ce phénomène se présente toutes les fois que les rayons passent d'un corps ou *milieu* dans un autre de densité différente et qu'ils en rencontrent la surface extérieure dans une direction oblique. Ainsi, pour n'en citer qu'un exemple dont l'observation est très-vulgaire, lorsqu'on plonge obliquement et en partie un bâton dans l'eau, il paraît brisé à l'endroit où il y entre. C'est sur cette propriété de la Lumière qu'est fondée la dioptrique. En se servant de verres dont la densité est plus ou moins forte, et dont les surfaces offrent des courbures en divers sens, on modifie à volonté la divergence ou la convergence des rayons lumineux, de sorte qu'ils se réunissent à un point plus ou moins rapproché que l'on désigne par le mot de foyer. Ainsi la forme convexe des verres rend convergens les rayons incidens qui sont parallèles, tandis que la forme concave les rend divergens. C'est à la réfraction de la Lumière qu'il faut attribuer le phénomène du crépuscule; quand le soleil n'est pas encore descendu beaucoup au-dessous de l'horizon, ses rayons rencontrant la couche supérieure de l'atmosphère sous de petits angles, en sont réfléchis vers la surface de la terre, et produisent une faible Lumière. Un phénomène qui a frappé de tous temps les voyageurs et que les marins connaissent sous le nom de *Mirage*, est encore dû à la réfraction de la Lumière, laquelle réfraction se convertit en réflexion, parce que les rayons passent d'un milieu plus dense dans un autre qui est plus rare. Lors de la fameuse expédition des Français en Egypte, il fit plusieurs fois illusion aux soldats altérés qui avaient sous leurs yeux la perspective désespérante d'un lac immense fuyant devant eux à mesure qu'ils s'avançaient au travers des plaines sablonneuses de l'Afrique. L'illustre Monge a décrit ce phénomène et en a donné une théorie très-satisfaisante. L'air qui repose sur le sol brûlant de ces contrées, se dilate et forme une couche peu considérable, parce que ce fluide n'est pas bon conducteur du calorique. Au-dessus de cette couche est l'air atmosphérique non dilaté et conséquemment plus dense; alors les rayons solaires qui l'ont traversé, se réfléchissent à son contact avec la première, se relèvent et présentent à l'œil l'image du ciel en dérobant la vue du terrain. D'un autre côté les villages placés sur les monticules et tous les objets qui s'élèvent au-dessus de la couche d'air dilaté, envoient des rayons réfléchis à la jonction des deux couches et y peignent des images renversées. L'illusion est alors complète, l'observateur ne voit plus qu'un grand espace bleuâtre formé par la réflexion du ciel, parsemé de villages et d'Arbres aux pieds desquels paraît leur image renversée. Mais à mesure qu'il s'approche de ces îles apparentes, l'inclinaison des rayons émanés du sol augmente assez pour arriver à son œil, les bords de la fausse inondation se reculent, et le mirage va plus loin se reproduire.

Il est encore un autre ordre de phénomènes de la Lumière qui ne se développent que dans certaines substances, et qui tiennent à des circonstances délicates qu'il est quelquefois assez difficile de faire naître ou d'apercevoir. Nous voulons parler de la double réfraction et de la polarisation que présente avec le plus d'évidence la variété de carbonate calcaire, connue sous le nom de Spath d'Islande; mais qui peut aussi s'observer dans plusieurs autres Minéraux cristallisés, tels que le Quartz, la Baryte sulfatée, le Soufre, etc. Le premier de ces phénomènes étant lié à l'étude de la minéralogie sera traité dans un article à part. *V.* RÉFRACTION DOUBLE. Quant au second, son examen fort intéressant pour les physiciens, ne peut être utile au naturaliste, et conséquemment ne doit pas être développé dans cet ouvrage. Nous en dirons autant de l'inflexion ou diffraction de la Lumière, des couleurs accidentelles et des ombres colorées.

La Lumière exerce une véritable action chimique sur divers composés dont elle désunit les principes; dans d'autres cas elle détermine la combinaison des corps simples, et elle fait subir une forte altération à certaines surfaces colorées. Son influence est souvent égale à celle

d'une haute température; ainsi le plus léger rayon du soleil opère la combinaison intime d'un mélange de Chlore et d'Hydrogène, avec détonation et production d'Acide hydrochlorique. Le chlorure d'Argent passe du blanc au noir, et subit une décomposition complète, avec une promptitude qui dépend de l'espèce de rayons auxquels ce corps est soumis, car le rayon violet est celui dont l'action décomposante est la plus énergique. Cette faculté décroît ensuite à partir du rayon violet; ce qui est l'inverse de la faculté calorifique, et qui tendrait à faire distinguer les rayons lumineux en chimiques et en calorifiques. De plus on a reconnu que les facultés chimiques s'étendent un peu au-delà du rayon violet dans un espace obscur.

C'est encore à une action chimique que l'influence de la Lumière sur les êtres organisés a été assimilée. Nous ne voulons pas ici parler de la manière dont elle se comporte dans l'œil des Animaux, ou des phénomènes de la vision; un article particulier sera consacré dans la suite à l'exposition de cette importante fonction physiologique; mais nous fixerons en ce moment notre attention sur les effets que la Lumière produit principalement sur les Végétaux. Cet agent physique paraît être la cause de la coloration des parties vertes dans les corps organisés. C'est lui qui détermine la décomposition de l'Acide carbonique continuellement versé dans l'atmosphère par la combustion et la respiration des Animaux, qui favorise ainsi l'émission de l'Oxigène et fixe dans les Plantes le carbone, base de la couleur verte. Lorsqu'on place une Plante verte et vivante dans de l'eau chargée d'Acide carbonique et qu'on fait intervenir les rayons du soleil, l'Acide carbonique est décomposé, son Oxigène se dégage, et la Plante augmente en carbone dans une proportion précisément semblable à celle que contenait l'Acide carbonique avant sa décomposition. C'est ce qui résulte de plusieurs expériences faites par Th. de Saussure. Les rayons les plus réfrangibles sont aussi ceux précisément qui exercent le plus d'influence sur le dégagement de l'Oxigène, et par conséquent le rayon violet possède cette propriété avec le plus d'énergie. Il est très-probable que l'Acide carbonique est aussi décomposé dans les parties vertes qui ne sont exposées qu'à une Lumière diffuse, mais cette action est trop lente pour que nous puissions l'apprécier par nos instrumens. Si nous avons acquis quelques connaissances sur la coloration des parties vertes des Végétaux, il faut avouer que nous ignorions absolument quelle est la cause de la coloration des fleurs. La Lumière n'influe pour rien sur ces organes délicats, car, exposés à une obscurité totale, ils se colorent également; seulement les couleurs sont un peu plus pâles, parce que le Végétal languit dans tous ses organes, et ne communique pas autant de vigueur à la fleur. Une fleur de Tulipe, même dans ce dernier cas, deviendra aussi belle et aussi riche en couleurs que si elle eût végété à la faveur de la grande Lumière. L'obscurité n'empêche pas absolument l'émanation des odeurs dans les Plantes; mais elles en exhalent davantage lorsqu'elles sont frappées par les rayons du soleil. Connaissant la grande part que la Lumière a dans la coloration en vert des Végétaux, on peut déjà pressentir ce qu'ils deviendront si on les soustrait à l'action de ce principe; la vie ou plutôt la simple végétation ne sera pas suspendue, la succion aura toujours lieu, mais l'émanation ne sera plus aussi active, l'Acide carbonique sera absorbé sans décomposition, et il en résultera un véritable effet hydropique qui se communique dans toutes les parties du Végétal, les blanchit, et désarticule les feuilles qu'il attaque particulièrement. Ce phénomène, connu dès la plus haute antiquité, a été désigné sous le nom d'Étiolement. *V.* ce mot.

La tendance des Plantes à se diriger vers la Lumière est un phénomène digne d'exercer la sagacité des physiologistes. Les agriculteurs et les jardiniers ont le plus souvent attribué à l'air les effets de la Lumière, comme ils ont rapporté les effets de l'air à la Lumière. Cependant l'expérience démontre bien clairement que ces deux agens exercent chacun une influence particulière. En effet, si dans une cave disposée de manière à ce qu'il y ait deux soupiraux dont l'un ouvert donne passage à l'air, et l'autre fermé par un vitrage ne laisse pénétrer que la Lumière, toutes les branches d'un Végétal placé entre ces deux soupiraux, se dirigeront du côté du soupirail vitré. La radicule des Végétaux paraît au contraire fuir la Lumière; cette aversion pour la Lumière est sans doute une cause très-puissante de sa marche descendante que la plupart des physiologistes ont uniquement attribuée à la pesanteur. Les racines des Végétaux s'enfoncent dans le sol, parce que l'obscurité leur convient autant que la Lumière plaît à la tige et aux branches. Une expérience ingénieuse de Dutrochet, sur la germination d'une graine de Gui collée contre les vitres d'un appartement, tend à confirmer notre assertion. *V.* GERMINATION. Le sommeil des Plantes est encore un phénomène très-remarquable qui paraît presqu'entièrement dû à l'action de la Lumière. C'est le hasard qui, comme dans bien d'autres phénomènes, a fait découvrir celui-ci. On rapporte que Garcia ab Horto cultivait, dans un vase, le *Lotus ornithopodioides*, et qu'un soir qu'il se le fit apporter par son domestique, il fut bien surpris de n'y plus apercevoir de fleurs. Il s'emporta contre son jardinier et fit remporter le vase. Le lendemain, il retourna visiter sa Plante et la trouva couverte de belles fleurs. Sa surprise fut alors plus grande, et il se proposa de bien l'examiner pendant la nuit suivante. Effectivement, en déroulant les feuilles, il retrouva les fleurs recouvertes par ces dernières qui étaient alors en état de sommeil. Considéré dans sa généralité ce sommeil des Végétaux n'est point causé, comme celui des Animaux, par la fatigue ni par une action nerveuse, puisqu'il est impossible de donner la position diurne à une feuille qui a pris la position nocturne sans la casser; elle y reste dans un état de fixité et de rigidité imperturbable. Il n'est pas non plus déterminé ni influencé par la plus ou moins grande humidité de l'air. De tous les agens qui influent sur le repos des feuilles, le seul connu est donc la Lumière. L'on peut, en effet, par une Lumière artificielle, changer l'heure de ce sommeil. C'est ce qui résulte des expériences intéressantes du professeur De Candolle sur la Belle de nuit et la Sensitive, dont les fleurs de l'une finirent par s'accoutumer à dormir pendant la nuit, et les feuilles de l'autre sommeillèrent enfin durant la journée. En général, une Lumière plus ou moins vive accélère ou retarde le sommeil des Plantes. Enfin ce qui achève de nous convaincre que c'est à la Lumière qu'il faut attribuer ce phénomène, d'ailleurs si diversifié dans les Végétaux, c'est que les espèces signalées comme ayant résisté aux expériences, ont fini par céder aux soins plus attentifs de quelques observateurs. Ainsi l'*Oxalis Acetosella* et ses congénères que le professeur De Candolle regardait comme les seuls Végétaux dont on ne pouvait troubler le cours ordinaire du sommeil, ont été forcés, pour ainsi dire, par Bory de Saint-Vincent, d'accuser qu'ils étaient sensibles à l'influence de la Lumière; celle-ci était plus éclatante, il est vrai, que celle dont on s'était servi dans les expériences antérieures. *V.* ANTHÈSE. (G..N.)

* LUMINET. BOT. PHAN. (Olivier de Serre.) Syn. de l'Euphraise officinale. (B.)

* LUMNITZERA. BOT. PHAN. Willdenow établit sous ce nom, dans le Magasin des Curieux de la Nature de Berlin, un genre qui paraît devoir

être réuni au *Cacoucia* d'Aublet. *V.* CACOUCIER. (G..N.)

LUMP ou LOMPE. POIS. Espèce et sous-genre de Cycloptère. *V.* ce mot. (B.)

* LUMPÈNE. POIS. Espèce de Blennie. *V.* ce mot. (B.)

LUNAIRE. *Lunaria*. BOT. PHAN. Ce genre de la famille des Crucifères, et de la Tétradynamie siliculeuse, L., a été placé dans la tribu des Alyssinées ou Pleurorhizées Latiseptées par De Candolle (*Syst. Regn. Veget.* T. II, p. 280) qui l'a ainsi caractérisé : calice fermé, et offrant deux gibbosités en forme de sacs à la base; pétales onguiculés à limbe obovale; étamines dont les filets sont libres et sans appendices; silique ou silicule pédicellée, elliptique ou oblongue, bordée par les placentas en forme de nervures, plane, biloculaire, à cloison membraneuse, persistante, à valves planes sans nervures, et surmontée d'un style filiforme persistant; graines éloignées entre elles, ceintes d'une aile membraneuse, portées par des cordons ombilicaux adnés à la cloison, à cotylédons planes, foliacés et accombans. Ce genre se rapproche des Cardamines par les valves sans nervures de son fruit, mais il en diffère essentiellement par ses graines bordées d'une aile membraneuse. Il offre aussi des rapports avec le *Macropodium* par sa silicule pédicellée et avec le *Savignya* par la structure de cette silicule; mais il se distingue du premier, par ses valves sans nervures, et du second par son calice à deux renflemens à sa base, et par ses cordons ombilicaux adnés à la cloison. Le *Savignya* a été nouvellement constitué par De Candolle sur une Plante d'Egypte que Delile avait placée parmi les Lunaires. *V.* SAVIGNYE. Outre ce genre, le *Ricotia* de Linné, que Gaertner, Roth et Desvaux avaient réuni aux *Lunaria*, en a été de nouveau séparé et admis par la plupart des auteurs modernes. *V.* RICOTIE. Après ces retranchemens, le genre *Lunaria* est maintenant réduit à deux espèces qui, parmi les Crucifères, sont des Plantes assez remarquables pour que nous en donnions une courte description. Toutes deux sont cultivées dans quelques jardins, à cause des panicules brillantes et comme satinées que forment les cloisons persistantes des fruits, lorsque les valves s'en sont séparées.

La LUNAIRE VIVACE, *Lunaria rediviva*, L., a une racine vivace du collet de laquelle les tiges s'élèvent chaque année. Ses feuilles sont très-grandes, légèrement velues, les inférieures opposées, les supérieures le plus souvent alternes et portées sur de longs pétioles ; elles sont ovales-cordiformes, acuminées, et dentées en scie. Les fleurs exhalent une odeur agréable ; elles sont d'un rose clair ou même quelquefois d'un pourpre assez vif, marquées de veines longitudinales plus foncées, et disposées en panicules terminales sur de longs pédoncules. Le fruit peut être considéré plutôt comme une silique que comme une silicule ; il est lancéolé et atténué aux deux extrémités. Cette Plante croît naturellement dans les montagnes un peu élevées et ombragées de l'Europe.

La LUNAIRE BISANNUELLE, *Lunaria biennis*, Mœnch et D. C.; *Lunaria annua*, L., diffère principalement de la précédente espèce par sa silicule elliptique et obtuse aux deux extrémités. De sa racine simple, fusiforme et épaisse, s'élève une tige rameuse, droite, scabre, garnie de feuilles, pétiolées, cordiformes, acuminées, les supérieures atténuées, ovales, et dentées en scie. Les fleurs sont inodores, et leur couleur est violette, lilas, blanche dans une variété. C'est surtout dans cette Plante que les cloisons, après la chute des valves, offrent un aspect argentin qui lui a valu les noms de Satinée et Passe-satin. On la nomme aussi vulgairement grande Lunaire, Médaille et Bulbonac. Elle est indigène des contrées montueuses et boisées de la

Suède, de l'Allemagne, de l'Alsace et de la Suisse.　　　　(G..N.)

LUNAIRE. BOT. CRYPT. (*Fougères.*) *V.* BOTRYCHIUM.

LUNANÉE. Lunanea. BOT. PHAN. Genre établi par De Candolle (*Prodr. Syst. Veg.*, 1, p. 92) qui l'a placé à la fin de la famille des Térébinthacées, et l'a ainsi caractérisé : fleurs polygames ; calice coloré, divisé profondément en cinq lobes épais, velus extérieurement ; corolle nulle ; disque concave, à dix dents ; dix étamines insérées sur le disque, à anthères réunies extérieurement au moyen des dents du disque ; ovaire presque arrondi, couronné par cinq stigmates ; capsule presque ovale, bossue, semiloculaire et bivalve ; graines attachées par le dos, imbriquées et anguleuses. Ce genre a été dédié à Lunan, auteur d'un ouvrage sur les Plantes de la Jamaïque et qui a donné une description de l'unique espèce dont il se compose. Rafinesque a constitué le même genre sous le nom d'*Edwardia*, lequel a dû être changé à cause de sa ressemblance avec le mot *Edwardsia* déjà employé pour un genre de Légumineuses. Ce dernier auteur, dont l'autorité n'est pas d'un grand poids, regarde ce genre comme voisin du *Poupartia*. Le *Lunanea Bichy*, D. C., *Edwardia lurida*, Rafinesque, est une Plante originaire de Guinée, et introduite dans les Antilles où on la nomme Bichy. Ses feuilles sont alternes, pétiolées, oblongues, acuminées, glabres, ondulées et veinées. Les fleurs sont disposées en grappes composées, d'une couleur jaune marquée de stries purpurines, et exhalent une mauvaise odeur.　　　　(G..N.)

LUNARIA. BOT. PHAN. *V.* LUNAIRE.

LUNE. POIS. *V.* CHRYSOTOSE et MOLE.

LUNE. INS. Espèce de Bombyx. *V.* ce mot.　　　　(G.)

LUNE D'EAU. BOT. PHAN. L'un

des noms vulgaires du Nénuphar blanc. (B.)

LUNETIÈRE. BOT. PHAN. Syn. de Biscutelle. *V.* ce mot. (B.)

LUNETTE. MAM. Espèce de Chauve-Souris du genre Phyllostome. *V.* ce mot. (B.)

LUNOT. CONCH. La *Venus Senegalensis* de Gmelin (pag. 3282, n. 67) est la même Coquille que le Lunot d'Adanson (Voy. au Sénég., pl. 17, fig. 11). (D..H.)

LUNULARIA. BOT. CRYPT. (*Hépatiques.*) Micheli est le créateur de ce genre, réuni par Linné au *Marchantia*, dont il a ensuite été séparé par Raddi qui le caractérise ainsi : gaine ou involucre universel membraneux, réticulé, diversement découpé, situé sur la fronde, entr'ouvrant la base d'un pédoncule fructifère, et contenant des filamens articulés et comprimés. Périsporanges tubuleux au nombre de quatre, à l'extrémité du pédoncule fructifère, fixé à un réceptacle commun qui s'ouvre en croix. *V.* HÉPATIQUES. Le *Marchantia cruciata* est le type et l'espèce unique de ce genre qu'Adanson avait conservé et très-bien caractérisé. (A. F.)

LUNULE. *Lunula.* CONCH. Les conchyliologues sont convenus de donner ce nom à un espace plus ou moins grand, plus ou moins enfoncé, qui se voit en avant des crochets des Coquilles bivalves régulières. La Lunule présentant diverses formes et d'autres particularités, nous renvoyons à l'article CONCHYLIOLOGIE où nous les avons indiqués. (D..H.)

LUNULÉ. POIS. Espèce du genre Denté. *V.* ce mot. On appelle ainsi un Labre, un Pleuronecte et quelquefois la Mole. (B.)

LUNULINE. *Lunulina.* INF. Genre intermédiaire aux Arthrodiées et aux Microscopiques Gymnodés, de la famille des Bacillariées, dont les caractères ont été exposés à l'article où

l'établissement de cette famille a été proposé (T. II, p. 128 de ce Dict.,. Toutes vivent parmi les Conferves et souvent entre les Ectospermes, ou pénètrent dans cette mucosité des eaux dont nous avons formé notre genre Chaos. Leurs mouvemens sont lents, et tellement obscurs que Müller lui-même eut beaucoup de peine à les distinguer. Nous en connaissons cinq espèces bien constatées : 1° *Lunulina diaphana*, N., *Echinella acuta*, Lyngb., *Tent.*, p. 29, tab. 69, fig. 9, qui habite sur le *Conferva glomerata*, L., où elle se réduit en paquets jaunâtres ; 2° *Lunulina olivacea*, N., *Echinella olivacea*, B. Lyngb., *Tent.*, p. 209, pl. 70, f. 7, dans les marais ; 3° *Lunulina Mougeotii*, N. (*V.* pl. de ce Dict.); *Vibrio lunulatus*, Müller, *Inf.*, pl. 7, f. 8, Encycl., pl. 3, f. 21, parmi l'*Oscillaria investiens* de Mougeot qui croît dans les eaux des Vosges ; 4° *Lunulina vulgaris*, N. (*V.* planches de ce Dict.), verte avec un tache oblongue transverse au centre, diaphane et remplie de molécules hyalines éparses, parmi les Ectospermes des eaux de la vallée de Montmorency ; 5° *Lunulina monilifera*, N., *Vibrio Lunula*, Müll., *Inf.*, pl. 7, fig. 9-12 (fig. 13-15, excel.), Encycl., pl. 3, fig. 22-24, 25 (23, 24 et 26, excel.), parmi les Conferves, plus grande que la vulgaire, moins verte, avec ou sans tache diaphane, la molécule hyaline disposée en série longitudinale et non éparse. (B.)

LUNULITE. *Lunulites.* POLYP. Genre de l'ordre des Millépores dans la division des Polypiers entièrement pierreux. Caractères : polypier pierreux, libre, orbiculaire, aplati, convexe d'un côté, concave de l'autre ; surface convexe, ornée de stries rayonnantes et de pores entre les stries ; des rides ou des sillons divergens à la surface concave. Ce genre, établi par Lamarck, ne renferme que deux espèces : la Lunulite rayonnée et la Lunulite urcéolée, toutes deux fossiles des terrains tertiaires des environs de Paris. (E. D..L.)

* LUNTIA. bot. phan. (Necker.) *V.* Croton.

LUPA. crust. *V.* Lupée.

LUPARIA. (Le Bouc.) Syn. d'Aconit Tue-Loup. (b.)

LUPÉE. *Lupa.* crust. Genre établi par Leach aux dépens du genre *Portunus* de Fabricius, et n'en différant que par le test qui est plus large et découpé en avant et de chaque côté, de neuf dents au lieu de cinq, et dont l'angle latéral est fort aigu. Les Crustacés de ce genre vivent comme les Portunes; on les rencontre ordinairement à de très-grandes distances en mer; au rapport de Bosc, celui qui a reçu le nom de Pélagique, nage presque continuellement avec facilité et même une sorte de grâce: les Varecs et autres Plantes de l'océan Atlantique lui servent de points de repos. L'espèce qui sert de type à ce genre est:

La Lupée Pélagique, *L. Pelasgica,* Leach; *Cancer Pelasgicus,* Linn.; *Portunus Pelasgicus,* Fabr. Latr.; *Cancer Cedo-nulli, Cancer reticulatus,* Herbst. Dessus du test finement chagriné, d'un gris verdâtre ou d'un rougeâtre violet et tacheté de jaunâtre. Pates colorées de même en dessus, avec les doigts et les tarses rouges. Dents frontales et celles des bords latéraux, les deux dernières exceptées, courtes, les deux du milieu plus petites. Cloison des antennes intermédiaires avancée en pointe; trois fortes dents spiniformes au côté interne du bras. Impression dorsale ordinaire assez forte. Cette espèce se trouve à Pondichéry, sur les côtes de la Nouvelle-Hollande et non dans l'Océan comme le disent Linné et Fabricius. Le *Portunus Pelasgicus* de Bosc, *Cancer Pelasgicus* de Degéer, n'appartient pas à cette espèce; c'est la Lupée Diacanthe de Latreille. *V.,* pour plus de détails, le mot Portune. (G.)

LUPÈRE. *Luperus.* ins. Genre de l'ordre des Coléoptères, section des Tétramères, famille des Cycliques, tribu des Galérucites, établi par Geoffroy et ensuite par Olivier, et ne différant des Galéruques avec lesquelles Latreille les a réunis (Règn. Anim. de Cuv.) que par les antennes qui sont au moins de la longueur du corps, composées d'articles cylindriques, tandis qu'elles sont plus courtes et composées d'articles en cône renversé dans les Galéruques. Les deux derniers articles de leurs palpes maxillaires diffèrent peu en longueur, tandis que le pénultième est dilaté et le dernier beaucoup plus court et tronqué dans le genre Adorie. Les Altises s'en distinguent par leurs cuisses postérieures qui sont propres au saut tandis qu'elles sont simples dans les genres précédens. Les Lupères ont le corps mou, plus allongé que celui des Galéruques et des Altises; ce sont de petits Insectes qui se trouvent sur les feuilles des Ormes et de plusieurs autres Arbres. Leur démarche est lente, mais ils volent assez bien. Leur larve est courte, un peu ovale; elle est munie de six pates et d'une tête écailleuse, et le reste de son corps est mou et d'un blanc sale. Ce genre est peu nombreux en espèces. Dejean (Cat. des Col., p. 118) en mentionne douze. Celle qui sert de type au genre, et qui est la plus commune à Paris, est:

Le Lupère flavipède, *L. flavipes,* Oliv. (Col., t. 4, n. 75 *bis,* pl. 1, fig. 1); *Crioceris flavipes,* Fabr., Panz. (*fasc.* 52, fig. 4 et 5); long de près de deux lignes: corps noir; antennes noires beaucoup plus longues que le corps dans le mâle, guère plus longues que le corps et fauves dans la femelle; corselet noir dans le mâle, rougeâtre dans la femelle; élytres noires et pates fauves dans les deux sexes. (G.)

* LUPERIA. bot. phan. (De Candolle.) Sous-genre de *Matthiola. V.* ce mot. (b.)

* LUPIN. ois. Syn. de Tadorne, espèce de Canard. *V.* ce mot. (b.)

LUPIN. *Lupinus.* bot. phan. Genre de la famille des Légumineuses, placé dans la Diadelphie Décandrie, L., quoiqu'il présente les caractères de la Monadelphie, établi par Tournefort et adopté par tous les botanistes modernes, avec les caractères suivans : calice divisé très-profondément en deux lèvres ; corolle papilionacée, dont l'étendard est cordiforme, presque arrondi, réfléchi et comprimé sur les parties latérales, les deux ailes ovales, souvent aussi longues que l'étendard et conniventes vers le sommet de leur bord inférieur ; la carène acuminée ; dix étamines dont les filets sont réunis en un seul faisceau, et les anthères de diverses formes, savoir : cinq précoces arrondies et cinq tardives oblongues ; style subulé, ascendant, terminé par un stigmate obtus et velu ; légume coriace, oblong, comprimé, obliquement toruleux. Dans son *Prodromus Systematis Vegetabilium*, le professeur De Candolle a placé le genre *Lupinus* parmi les Phaséolées, cinquième tribu de la famille des Légumineuses. Il en a décrit trente-six espèces distribuées en deux sections, d'après leurs feuilles digitées ou entières. Le nombre des espèces connues du temps de Linné n'était que de huit seulement, toutes indigènes du bassin de la Méditerranée et de l'Europe occidentale, à l'exception du *Lupinus perennis* qui croît dans l'Amérique du nord et du *L. integrifolius* qui a pour patrie le cap de Bonne-Espérance. Les espèces que les auteurs ont décrites postérieurement à Linné sont pour la plupart indigènes de l'Amérique, soit méridionale, soit septentrionale : une ou deux seulement qui ont été décrites par Loureiro croissent sur la côte orientale d'Afrique et en Cochinchine.

Le LUPIN BLANC, *Lupinus albus*, L., est l'espèce la plus intéressante, puisqu'elle est un objet considérable de culture dans les contrées australes de l'Europe. Cette Plante s'élève à la hauteur d'environ un demi-mètre. Sa tige est herbacée, droite, cylindrique, un peu rameuse supérieurement et légèrement velue. Elle a des feuilles alternes, composées de cinq à sept folioles obovales-oblongues, couvertes en dessous, et principalement sur les bords, de poils fins, couchés, luisans et légèrement argentés. Les fleurs sont blanches, assez grandes, alternes et disposées sur des pédicelles en épis terminaux. Le Lupin blanc a l'avantage de réussir dans des terrains maigres, pierreux et sablonneux. Ses graines étaient un mets assez en usage sur les tables des anciens, et leurs poëtes en ont célébré l'excellence, quoique, si nous consultons seulement notre goût, nous n'y trouvions qu'un aliment grossier et difficile à digérer. Cependant les Lupins jouissent encore en Italie de toute l'estime qu'ils avaient dans l'antiquité ; c'est, à ce que nous apprend notre collaborateur A. Richard, une friandise très-recherchée des Florentins qui les mangent après les avoir fait légèrement bouillir et détremper dans de l'eau salée. La farine de Lupin faisait partie des quatre farines résolutives des anciennes pharmacopées. C'est un maturatif qui n'a pas beaucoup d'avantages sur la plupart des autres farines de Légumineuses. Dans les environs de Naples, on cultive en abondance le *Lupinus Termis* de Forskahl, que l'on donne aux Chevaux comme un excellent fourrage vert. Deux autres espèces peuvent être considérées comme Plantes d'ornement, en raison de la beauté de leurs fleurs et de leurs feuilles. Ce sont les *Lupinus varius* et *luteus* de Linné. Le premier a des fleurs assez grandes, d'une belle couleur, le plus souvent bleue, quelquefois purpurines. Le second est remarquable par ses fleurs jaunes qui exhalent une odeur analogue à celle de la Giroflée.

(G..N.)

LUPINASTER. BOT. PHAN. Le *Trifolium Lupinaster*, L., avait été érigé par Adanson en genre distinct, que tous les auteurs ont négligé, excepté Mœnch qui en proposa le rétablissement. Seringe (*in De Candolle Prodrom. Syst. Veget.*, 2, p. 202) l'a considéré, avec juste raison, comme une simple section du *Trifolium*; section remarquable par ses fleurs très-grandes, ses pétales épais, persistans, rouges, blancs ou jaunes; ses folioles coriaces, au nombre de trois à sept, à plusieurs nervures. C'est à cette section qu'appartiennent, outre l'espèce qui lui a donné son nom, les *Trifolium alpinum* et *uniflorum*. *V.* TRÈFLE. (G..N.)

LUPINELLE. BOT. PHAN. Nom vulgaire du Trèfle incarnat et du Sainfoin. (B.)

LUPINUS. BOT. PHAN. *V.* LUPIN.

LUPON. MOLL. Tout porte à croire que le *Cyprœa Lota* de Linné, de Bruguière et de Lamarck, est la même Coquille que le Lupon d'Adanson (Voy. au Sénég., pl. 5, fig 2). (D..H.)

* **LUPSEA.** BOT. PHAN. (Necker.) Sous-genre de Centaurées répondant au *Crocodilium* de Linné. (B.)

* **LUPULARIA.** BOT. PHAN. Seringe (*in De Candolle Prodrom. Syst. Veget.*, 2, p. 172) nomme ainsi la seconde section qu'il établit dans le genre *Medicago*, et qui est caractérisée par ses gousses en forme de rein, de faulx ou de cuiller, glabres ou pubescentes, à bords entiers. Elle renferme quinze espèces dont les plus remarquables sont les *Medicago sativa*, *Lupulina* et *arborea*. *V.* LUZERNE. (G..N.)

LUPULINE. *Lupulina.* BOT. PHAN. Espèce du genre Luzerne. (B.)

* **LUPULINE.** BOT. CHIM. On a donné ce nom à la matière jaune et céréacée qui recouvre les écailles des cônes du Houblon, et qui paraît en être le principe actif. *V.* HOUBLON. (A. R.)

LUPULUS. BOT. PHAN. *V.* HOUBLON.

LUPUS. MAM. *V.* LOUP au mot CHIEN.

* **LURIDÆ.** BOT. PHAN. Dans ses Fragmens d'ordres naturels, Linné nommait ainsi un groupe dans lequel il avait réuni la plupart des Plantes

qui forment aujourd'hui la famille des Solanées; mais entremêlées de plusieurs genres qui ont été dispersés dans d'autres familles naturelles. *V.* SOLANÉES. (A. R.)

* **LUSSAO DE MA.** POIS. Syn. d'*Esox Sphyrœna*, L., chez les pêcheurs du golfe de Gênes. *V.* SPHYRÈNE.

* **LUSSAQ.** BOT. PHAN. L'un des noms arabes du *Forskahlea tenacissima*. *V.* FOSKAHLEA. (B.)

LUSTRE D'EAU. BOT. PHAN. Nom vulgaire de l'Hottone des marais; on l'étend quelquefois aux Charagnes. (B.)

LUTAIRE. *Lutaria.* BOT. CRYPT, (*Arthrodiées.*) Le genre ainsi nommé par Beauvois qui se hâta de diviser les Algues aquatiques sans les avoir assez examinées, ne convient, par ses caractères, à aucune production de la nature, ou convient à beaucoup qui sont très-différentes entre elles. On peut deviner seulement que sous ce nom il entendait désigner des Oscillaires qui croissent au bas des murs humides et certaines Conferves. (B.)

LUTEOLA. BOT. PHAN. Nom scientifique de la Gaude ou Herbe à jaunir que Tournefort avait séparée des autres Résédas pour en former un genre qui ne fut pas conservé par Linné. (B.)

LUTH. REPT. CHÉL. Espèce de Tortue de mer. *V.* TORTUE. (B.)

LUTHEUX. OIS. Même chose que Lulu. *V.* ce mot. (B.)

LUTJAN. *Lutjanus.* POIS. Genre établi par Bloch qui lui donna un nom chinois, on ne sait trop par quelle raison, et qu'adopta Lacépède en y comprenant un grand nombre d'espèces que Cuvier n'y a point conservées. Ce savant en a séparé les Diacopes, les Pristipomes, et surtout les Poissons dont il a formé le sous-genre Crénilabre, rapporté à sa véritable place dans la savante Histoire du Règne Animal (T. II, p. 262). Réformé par l'auteur de cet immortel ouvrage, le genre dont il est question, placé dans l'ordre des Acanthoptérygiens, y fait partie de la quatrième tribu de la première section de la famille des Percoïdes, Acanthopomes de Duméril. Ses caractères consistent: dans les ventrales situées au-dessous des pectorales; un corps épais mais comprimé; l'opercule denté mais sans piquans; la dorsale souvent armée; la gueule bien fendue, dépourvue de lèvres charnues; des dents en crochet aux mâchoires, et point de dents en velours derrière ces dents en crochet. Par cette manière de les caractériser, le nombre des Lutjans se trouve considérablement diminué, encore qu'il ne laisse pas que de demeurer considérable. Ce sont des Poissons d'assez petite taille, de forme élégante, et surtout remarquables par la richesse, l'éclat et la variété des nuances dont ils sont parés. La plupart vivent solitaires dans les mers des îles de l'Inde, de la Chine et du Japon méridional. Ils s'y tiennent parmi les rochers, dans les creux et les fentes, ne sortant guère de leur obscure retraite que par le plus beau temps, pour nager avec agilité parmi les Hydrophytes, dont les plus tendres forment leur principale nourriture. La chair en est fort estimée; on en trouve aussi quelques-uns dans les mers d'Arabie, ainsi qu'aux Antilles. Le *Perca Ascensionis*, L., de l'île de l'Ascension, non loin de Sainte-Hélène dans le grand Océan, fait partie de ce genre, dont les principales espèces sont : le *Lutjanus Blochii*; le *Lutjanus Lutjan*, Bloch, pl. 245; — l'Écureuil, *Lutjanus Sciurus*, Lac., *Perca formosa*, L.; — l'Hamur, *Lutjanus Hamur*, Lac., *Sciœna*, Forsk.; — *Lutjanus ellipticus*, Lac., l'un des *Anthias* de Bloch, qui ne sont que des Lutjans; — *Lutjanus Sambra*, Cuv., l'un des Alphestes de Schneider, qui sont aussi de simples Lutjans, etc. Le Lutjan Gymnocéphale figuré par Lacépède, T. III, pl. 33, f. 2, nous paraît devoir être repoussé de ce genre puisqu'on n'y voit aucune dentelure

à l'opercule; il appartiendrait alors au *Dentex. V.* Denté.　　　(B.)

LUTRA. MAM. *V.* Loutre.

LUTRAIRE. *Lutraria.* CONCH. Linné avait confondu les Coquilles de ce genre parmi ses Mactres et ses Myes. Bruguière ne les sépara pas non plus de ces genres, ou plutôt il les mit toutes parmi les Mactres. Lamarck sépara le premier ces Coquilles, et en forma le genre qui nous occupe sous le nom qu'il porte encore aujourd'hui. C'est dans le Système des Animaux sans vertèbres qu'il le caractérisa. De Roissy l'adopta dans la continuation du Buffon de Sonnini, et le plaça, comme, Lamarck, à côté des Mactres. Dans la Philosophie Zoologique, Lamarck établit la famille des Mactracées, dans laquelle ce genre fut compris avec les Érycines, les Ongulines, les Crassatelles et les Mactres. Dans l'Extrait du Cours, cette famille et les rapports des Lutraires ne changèrent pas. Cuvier n'adopta pas cet arrangement, et le genre Lutraire dont il sépara une partie des Lavignons (*V.* ce mot) fut pour lui un sous-genre des Myes qui elles-mêmes font partie de la famille des Enfermées. Elles furent donc séparées des Mactres. Dans son dernier ouvrage, Lamarck apporta quelques changemens dans la famille des Mactracées (*V.* ce mot); mais il laissa toujours les Lutraires en rapport avec les Mactres. Blainville eut à l'égard des Lutraires une opinion à peu près semblable à celle de Cuvier, c'est-à-dire qu'il les sépara des Mactres. Celles-ci, sous le nom de Lutricoles, se trouvent dans la famille des Pyloridés; celles-là dans celle des Conchacés avec les Vénus, etc. Latreille a également séparé les Lutraires des Mactres; sans les mettre dans leurs rapports anatomiques, il les a transportées de la famille des Mactracées dans celle des Myaires qui se trouve composée des genres Lutraire, Anatine et Mye. Le genre Lutraire, à ne considérer que l'Animal, est certainement beaucoup plus voisin des Myes que des Mactres ; mais si on s'attache plus particulièrement aux rapports que peut offrir la charnière, il sera incontestablement très-voisin des Mactres. Ce sont ces deux différentes manières de considérer les rapports des Mollusques qui ont fait naître les différentes opinions que nous avons rapportées. Quelle que soit celle que l'on adopte, voici de quelle manière ce genre peut être caractérisé, et d'après l'Animal et d'après sa coquille : Animal très-comprimé ; le manteau fendu dans tout son bord inférieur terminé en arrière par un long tube ; un pied subantérieur, petit et sécuriforme. Coquille inéquilatérale, transversalement oblongue ou arrondie, bâillante aux extrémités latérales ; charnière ayant une dent comme pliée en deux, ou deux dents dont une est simple, et une fossette adjointe, deltoïde, oblique, saillante en dedans ; dents latérales nulles ; ligament intérieur fixé dans les fossettes cardinales. A l'exemple de Lamarck, nous diviserons les Lutraires en deux sections établies d'après la forme de la coquille ; la première comprendra celles qui sont transversalement oblongues, et la seconde les Coquilles orbiculaires ou subtrigones.

† Coquille transversalement oblongue.

Lutraire solénoide, *Lutraria solenoides*, Lamk., Anim. sans vert. T. v, p. 468, n. 1 ; *Mya oblonga*, L., Gmel., p. 3221 ; Chemnitz, Conch. T. vi, tab. 2, fig. 12. Coquille qui a assez bien la forme d'un Solen ; elle se trouve sur nos côtes, enfoncée dans le sable. Elle est couverte d'un drap marin grisâtre. D'après Lamarck, son analogue fossile se trouverait au Mont-Marius, près de Rome.

†† Coquille orbiculaire ou subtrigone.

Lutraire calcinelle, *Lutraria piperata*, Lamk., *loc. cit.*, n. 5 ; *Mactra piperata*, Gmel., p. 3261 ; la Calcinelle, Adanson, Voy. au Sénég., p. 222, tab. 17, fig. 18 ; *Mya hispa-*

nica, Chemn., Conch. T. vi, tab. 3, fig. 21. Espèce, à ce qu'il paraît, assez répandue dans la Méditerranée, l'Océan et les mers du Sénégal. Elle est fort aplatie, même transparente, jaunâtre ; les dents de la charnière sont très-petites. (D..H.)

* LUTRICOLE. *Lutricola*. moll. Dénomination sous laquelle Blainville, dans son article Mollusque du Dictionnaire des Sciences Naturelles, range le genre Ligule de Leach et le genre Lutraire de Lamarck. Il est bien probable, du moins autant qu'on en peut juger d'après le petit nombre d'espèces, que ce genre Ligule de Leach n'est point du tout le même que celui de Montagu, puisque celui-ci correspond aux Amphidesmes de Lamarck. *V*. Amphidesme et Ligule. (D..H.)

LUTRIX. rept. oph. Espèce du genre Couleuvre. *V*. ce mot. (B.)

* LUVARUS. pois. *V*. Louvareau. (B.)

* LUXEMBOURGIE. *Luxemburgia*. bot. phan. Aug. de Saint-Hilaire appelle ainsi un genre nouveau de Plantes brasiliennes, voisin du *Sauvagesia* et faisant partie du groupe que ce savant botaniste a nommé Sauvagésiées. Voici les caractères qu'il assigne à ce nouveau genre (Mémoires du Musée, 9, p. 352). Le calice est formé de cinq sépales inégaux et caducs ; la corolle de cinq pétales hypogynes, sessiles. Les étamines sont en nombre défini ou indéfini, linéaires, à quatre faces, s'ouvrant à leur sommet par deux pores et toutes réunies en une masse concave et penchée d'un côté. Le style est subulé et courbé, terminé par un stigmate simple. L'ovaire est allongé, trigone, courbé, appliqué sur un disque hypogyne. Cet ovaire présente une seule loge polysperme. Le fruit est une capsule trivalve, polysperme, dont les valves ont leurs bords rentrans et séminifères, mais ne formant pas des cloisons complètes. Les graines sont bordées d'une membrane et

renferment un embryon dressé au centre d'un endosperme peu épais, et dont la radicule est tournée vers le hile.

Ce genre se compose de deux espèces seulement. Ce sont des Arbustes rameux, très-glabres, portant des feuilles alternes, dentées, cuspidées, à nervures latérales, parallèles et très-rapprochées et accompagnées à la base de leur pétiole de deux stipules ciliées et caduques. Les fleurs sont jaunes, terminales et en grappes. Ces deux espèces ont été nommées, l'une, *Luxemburgia octandra*, qui a ses feuilles presque sessiles, lancéolées, étroites, et huit étamines seulement dans chaque fleur; et l'autre, *Luxemburgia polyandra*, dont les feuilles sont pétiolées, elliptiques, allongées, et les fleurs polyandres. Ces deux espèces croissent au Brésil.   (A. R.)

LUZERNE. *Medicago.* BOT. PHAN. Genre de Plantes très-nombreux en espèces et qui appartient à la famille des Légumineuses, et à la Diadelphie Décandrie, L. Voici ses caractères : le calice y est presque cylindrique, à cinq dents effilées; la corolle papilionacée; l'étendard redressé, entier, les ailes onguiculées et la carène un peu éloignée de l'étendard; le fruit est une gousse uniloculaire, polysperme, falciforme, ou le plus souvent contournée en spirale plusieurs fois sur elle-même. Les espèces de ce genre sont fort nombreuses. Seringe, dans le second volume du *Prodromus Systematis* du professeur De Candolle, en a mentionné soixante-dix-huit. Elles croissent dans toutes les parties de l'Europe, mais plus communément dans les régions qui avoisinent le bassin de la Méditerranée. Ce sont des Plantes annuelles ou vivaces, quelquefois ligneuses, ayant des feuilles alternes, pétiolées, composées de trois folioles, le plus souvent dentées. Les deux stipules qui accompagnent chaque pétiole à sa base sont ordinairement plus ou moins profondément dentées. Les fleurs, qui forment des épis généra-

lement denses et souvent ovoïdes ou globuleux, sont jaunes ou quelquefois violettes. Ce genre a la plus grande ressemblance avec les Trèfles, surtout par le port, au point que l'habitude seule peut faire distinguer les petites espèces de Trèfle d'avec certaines Luzernes. Mais le fruit est fort différent dans ces deux genres, car, dans les Trèfles, la gousse est très-courte, contenant une ou deux graines seulement, et entièrement recouverte et cachée par le calice, qu'elle ne dépasse pas. Parmi les nombreuses espèces de ce genre, nous n'en décrirons ici que quelques-unes des plus intéressantes par leurs usages. Telles sont les suivantes :

LUZERNE CULTIVÉE, *Medicago sativa*, L. Cette espèce, la plus commune de toutes, est vivace. Sa racine blanche et pivotante acquiert quelquefois une longueur de six à huit pieds et même davantage. Sa tige est herbacée et souvent presque sous-frutescente à sa base, rameuse, haute d'environ deux pieds, glabre, portant des feuilles alternes, composées de trois folioles obovales, allongées, mucronées, et des stipules lancéolées et dentées. Les fleurs sont violettes, quelquefois mélangées de jaune, formant des épis terminaux. Les fruits sont lisses, contournés en hélice, finement réticulés, contenant plusieurs graines irrégulières et brunâtres. Cette Plante fleurit pendant tout l'été. On la cultive fort abondamment dans les prairies artificielles, et c'est une des Plantes dont la culture offre le plus d'avantage. En effet, terme moyen dans un bon terrain, une luzernière doit durer au moins de dix à douze ans. Or, pendant tout ce laps de temps, elle n'exige aucune culture et par conséquent aucun frais, donne d'abondantes récoltes et n'épuise pas le sol. Ses racines pivotantes s'enfoncent profondément, en sorte que lorsqu'on détruit un champ de Luzerne, on peut y faire ensuite au moins deux récoltes de Céréales sans être obligé de fumer Mais tous les terrains ne conviennent pas également à sa culture. Il lui faut, en général, un sol léger, mais substantiel et surtout profond, sans quoi ses racines ne pouvant s'étendre, la Plante languit et ne donne que de pauvres récoltes. Quand on veut former une luzernière, il y a certaines précautions à prendre qui en assurent le succès. Ainsi on devra choisir de préférence un champ où l'on viendra de cultiver des racines potagères ou toute autre Plante dont la culture exige le sarclage, car alors on aura un champ mieux purgé de mauvaises Herbes. Il faut que la terre soit préparée au moins par deux labours bien profonds. On doit ensuite en unir la surface au moyen de la herse et du rouleau avant de semer la graine. Celle-ci se sème à la volée, et il en faut environ de vingt-cinq à trente livres pour un arpent. Beaucoup de cultivateurs sont dans l'usage de semer de l'Avoine en même temps que la Luzerne. Cette méthode a l'avantage de protéger les jeunes plants de Luzerne contre la trop grande ardeur du soleil, parce que l'Avoine pousse plus rapidement, et de donner pour la première année une récolte qui couvre les frais de la culture. La graine de Luzerne doit être recouverte aussitôt qu'elle est répandue sur la terre au moyen d'une herse armée de branches d'épines. En général, il ne faut pas couper la Luzerne la première année de sa végétation, afin que ses pieds prennent plus de force et tallent davantage. Lorsqu'une luzernière semble s'arrêter, on lui redonne de l'activité en y étendant du plâtre; ce sel calcaire y produit un effet surprenant.

Luzerne Lupuline, *Medicago Lupulina*, L., vulgairement *Minette*. Cette espèce, excessivement commune dans les champs, se distingue facilement par sa tige grêle, rameuse, couchée, ayant ses feuilles composées de trois folioles obovales, cunéiformes, dentées au sommet; ses stipules lancéolées, entières; ses fleurs petites, jaunes, formant des épis

ovoïdes, auxquels succèdent des gousses réniformes, monospermes, réticulées et noires. Cette espèce, que l'on connaît sous les noms de *Trèfle jaune* ou *Trèfle noir*, commence à se répandre chez les cultivateurs soigneux. Elle remplace le Trèfle dans l'assolement des mars. Elle a l'avantage de pouvoir se développer, même dans les terrains les plus maigres. Son fourrage est excellent pour les bestiaux, et son pâturage est un des meilleurs pour les Moutons. Elle se sème en même temps que les mars et à raison d'environ trente livres par hectare.

Luzerne en Arbre, *Medicago arborea*, L. Cette belle espèce croît dans le midi de l'Italie, où elle forme un Arbrisseau de sept à huit pieds de hauteur. Ses feuilles sont composées de trois folioles cunéiformes, mucronées, velues et soyeuses; ses fleurs sont jaunes, réunies en bouquet au sommet des rameaux. Ses gousses sont planes et contournées en hélice. Cette Plante paraît être le Cytise des anciens. Les bestiaux sont très-avides de son feuillage. On la cultive quelquefois dans les jardins comme Plante d'agrément. (A. R.)

LUZIOLA. bot. phan. Genre établi par Jussieu dans la famille des Graminées et la Monœcie Polyandrie, L., pour une Plante observée par Dombey au Pérou, et retrouvée depuis par Humboldt et Bonpland au Mexique. La *Luziola Peruviana*, Juss., Pers., *Syn.*, 2, p. 575, ou *Luziola Mexicana*, Kunth (*in Humb. Nov. Gen.* 1, p. 199), est une Plante vivace selon Kunth, annuelle selon Jussieu, dont les fleurs monoïques forment des panicules distinctes. Leurs épillets sont uniflores; la lépicène formée de deux écailles mutiques, sans glume. Dans les fleurs mâles on compte un grand nombre d'étamines, et dans les fleurs femelles le style, profondément biparti, se termine par deux stigmates. Ce genre nous semble encore assez imparfaitement connu. (A. R.)

LUZULE. *Luzula.* BOT. PHAN. De Candolle, dans la Flore Française, a séparé du genre *Juncus* les espèces qui ont, avec des feuilles planes et ciliées, un calice formé de six écailles glumacées, accompagné de deux bractées; six étamines; un ovaire uniloculaire trisperme, surmonté de trois stigmates; et pourfi uit une capsule à une seule loge, contenant trois graines, et s'ouvrant en trois valves. Ce genre, assez nombreux en espèces, diffère des Joncs proprement dits, non-seulement par ses feuilles planes et ciliées, mais encore par la structure de sa capsule.

Les espèces de ce genre qui croissent en France sont: *Luzula nivea*, *albida*, *lutea*, *spadicea*, *spicata* et *pediformis*, qui habitent les hautes chaînes de montagnes, et les *Luzula campestris*, *vernalis*, *Forsteri* et *maxima*, qu'on trouve dans les bois et les plaines.   (A. R.)

LUZURIAGA. BOT. PHAN. Genre de la famille des Asparaginées, fondé par Ruiz et Pavon, et adopté par Robert Brown qui l'a caractérisé de la manière suivante: le calice a six divisions profondes étalées, égales, dépourvues de poils et caduques. Les étamines, au nombre de six, sont insérées à la base des divisions du calice; leurs filets sont filiformes, glabres, recourbés à leur sommet. Leurs anthères sont rapprochées, sagittées et plus longues que les filets. L'ovaire est à trois loges renfermant un petit nombre d'ovules; il se termine par un style filiforme et à trois sillons longitudinaux, et par un stigmate simple. Le fruit est charnu et contient un petit nombre de graines globuleuses.

Les espèces de ce genre sont des Arbustes volubiles, à feuilles marquées de nervures proéminentes; leurs fleurs sont en cymes ou en ombelles terminales ou axillaires, portées sur des pédicelles articulés à leur base. Le fruit, qui est noir, ne renferme quelquefois qu'une seule graine.

Robert Brown indique deux espèces nouvelles de ce genre qui croissent l'une et l'autre aux environs de Port Jackson; l'une qu'il appelle *Luzuriaga cymosa*, et qui a ses fleurs disposées en cymes terminales; l'autre *Luzuriaga montana* dont les fleurs forment des ombelles axillaires et pédonculées. Selon le même botaniste, il serait possible que les deux espèces australasiennes appartinssent à un genre différent du vrai *Luzuriaga* formé sur une Plante du Pérou. (A. R.)

LYCANTHÆMUM ET **LYCHNTHEMON.** BOT. PHAN. Syn. de *Smilax aculeata.* *V.* SALSEPAREILLE.
                (B.)

LYCAON. MAM. Nom scientifique d'une espèce du genre Chien. *V.* ce mot.   (B.)

*** LYCASTYS.** *Lycastys.* ANNEL. Savigny (Système des Annel., p. 45, *note*) propose d'établir sous ce nom un nouveau genre dans la famille des Néréides; il se rapprocherait des Lycoris par l'existence de deux mâchoires, et serait caractérisé ainsi: antennes courtes, les deux extérieures plus grosses, inarticulées; huit cirres ou quatre paires de cirres tentaculaires moniliformes; les cirres supérieurs, et les deux styles également moniliformes; une seule rame à chaque pied; les cirres inférieurs très-courts. Ce genre est fondé sur la *Nereis armillaris* de Müller (*Von Wurm.*, p. 104, tab. 9, fig. 1-5) et d'Othon-Fabricius (*Faun. Groenl.*, n° 276). Savigny n'a pas eu occasion d'examiner lui-même cette espèce; ce qu'il en dit est puisé dans la description et les figures des auteurs précités.   (AUD.)

*** LYCHAUS.** POIS. On ne sait à quel Poisson du Nil les anciens et Strabon particulièrement ont donné ce nom.   (B.)

LYCHNANTHUS. BOT. PHAN. (Gmelin.) *V.* CUCUBALE.

LYCHNIDÆA. BOT. PHAN. (Dillen.) Syn. de Phlox. (Mœnch.) Syn. de *Manulea tomentosa*, L.   (B.)

LYCHNIDE. *Lychnis.* BOT. PHAN. Ce genre de la famille des Caryophyllées et de la Décandrie Pentagynie, L., offre pour caractères essentiels : un calice tubuleux à cinq dents et nu ; cinq pétales onguiculés formant une corolle tubuleuse, dont l'entrée est le plus souvent couronnée par des appendices; dix étamines ; cinq styles ; capsule dont le nombre des loges varie de un à cinq, sessile sur le réceptacle ou supportée par un anthophore allongé. Le genre *Lychnis* étudié récemment par Seringe (*in De Candolle Prodrom. Syst. Veget.*, I, p. 387) se compose de vingt-une espèces, y compris celles qui formaient les genres *Agrostemma* de Linné et *Githago* de Desfontaines. Ces espèces sont distribuées en quatre sections qui avaient déjà été indiquées par De Candolle dans la seconde édition de la Flore Française.

La première section, nommée *Viscaria*, est caractérisée par son calice cylindrique en massue, par sa capsule à cinq fausses loges, et par son anthophore allongé. Elle ne renferme qu'une seule espèce, *Lychnis Viscaria*, L., jolie Plante à fleurs rouges, dont la tige est très-visqueuse au-dessous des articulations. Elle croît dans les prés et les bois de certaines localités de l'Europe, très-abondamment surtout près de Fontainebleau. Cette section ne nous semble guère distincte de la suivante.

Dans la seconde section qui a reçu le nom d'*Eulychnis*, le calice est cylindrique en massue, la capsule uniloculaire, les pétales munis d'un appendice près de l'entrée de la corolle, l'anthophore allongé ou quelquefois un peu raccourci. Ce groupe renferme cinq espèces que l'on peut regarder comme les types du genre. Ce sont des Plantes remarquables par leur beauté, et presque toutes cultivées dans les jardins. La LYCHNIDE CROIX DE JÉRUSALEM, *Lychnis chalcedonica*, L., est l'espèce la plus commune. Cette Plante a des feuilles lancéolées, cordiformes, amplexicaules et légèrement velues; ses belles fleurs, dont la couleur est ordinairement d'un rouge écarlate, mais qui varie

quelquefois du rose au blanc, sont réunies en tête, et leurs pétales sont divisés en deux lobes. Elle est originaire du Japon et des contrées orientales de la Russie asiatique. On cultive aussi dans quelques jardins d'Europe, les *Lychnis grandiflora*, Jacq., et *L. fulgens*, Fisch., qui croissent naturellement dans les mêmes régions que le *Lychnis chalcedonica*, et dont la beauté et les dimensions de la fleur l'emportent beaucoup sur celles de cette dernière espèce. C'est encore à cette section qu'appartiennent les *Lychnis flos Jovis*, L., et *L. Cœli rosa*, Encycl. La première, qui croît dans les Alpes, est une Plante charmante, à fleurs roses réunies en une tête large et comme ombellée, à feuilles recouvertes par un duvet soyeux. La seconde, que Linné plaçait parmi les *Agrostemma*, croît dans la Sicile et sur les côtes méditerranéennes de l'Afrique. C'est une Plante dont la tige est dichotome et très-rameuse, les fleurs roses, solitaires et terminales.

La troisième section, désignée sous le nom d'*Agrostemma*, quoique la plupart de ses espèces ne se rapportent pas au genre ainsi nommé par Linné, est ainsi caractérisée : calice ovoïde à dents très-courtes ; capsule uniloculaire (quinquéloculaire ?) ; anthophore très-court ou nul. On y compte treize espèces dont la majeure partie habite les contrées montueuses du nord de l'ancien continent. Une espèce a été trouvée au détroit de Magellan, et quelques-unes dans le midi de l'Europe. C'est dans cette section que viennent se ranger les *Lychnis sylvestris, dioica* et *floscuculi*, si vulgaires en France : la première dans les forêts, la seconde en tous lieux, la troisième dans les marais. On a aussi placé dans cette section le *Lychnis coronaria*, Lamarck, *Agrostemma coronaria*, L., que l'on cultive comme Plante d'ornement, et qui croît naturellement dans les Alpes et dans l'Orient. Cette espèce a une tige dichotome, des feuilles cotonneuses, et des fleurs ordinairement d'un rouge ponceau.

Enfin la quatrième section se compose du genre *Githago* de Desfontaines. Le calice est cylindrique, campanulé, coriace, découpé en cinq lanières très-longues ; les capsules sont uniloculaires et sessiles. Cette section ne contient qu'une seule espèce, *Lychnis Githago*. Lamk., *Agrostemma Githago*, L., Plante foit commune dans les moissons de l'Europe.

Le *Lychnis lusitanica* de Miller est encore trop peu connu pour qu'on ait pu le classer dans une des sections que nous venons d'énumérer.
(G..N.)

LYCHNIS. MIN. Pline désigne sous ce nom une Pierre précieuse qu'on trouvait en Carie et dans l'Inde. On en faisait des coupes et autres vases à boire ; son éclat était vif, rougeâtre et semblable à celui des corps absolument chauffés au feu : c'était peut-être la variété de Tourmaline appelée Rubellite.
(B.)

LYCHNITES. MIN. Le Marbre de Paros était ainsi nommé quelquefois chez les anciens.
(B.)

LYCHNITIS. BOT. PHAN. Espèces des genres Molène et Phlomide. *V*. ces mots.
(B.)

LYCHNOIDES. BOT. PHAN. (Rai.) Syn. de Phlox. (Vaillant.) Syn. d'une espèce du genre *Arenaria*.
(B.)

LYCIET. *Lycium*. BOT. PHAN. Ce genre de la famille des Solanées et de la Pentandrie Monogynie, L., présente les caractères suivans : calice urcéolé, à cinq dents régulières ou quelquefois irrégulièrement divisé en trois ou cinq découpures peu profondes ; corolle infundibuliforme ou tubuleuse, dont le limbe quelquefois plissé offre cinq ou dix divisions ; cinq étamines le plus souvent saillantes hors de la corolle, à anthères déhiscentes longitudinalement ; stigmate pelté, déprimé ; baie biloculaire appuyée sur le calice persistant ; graines nombreuses attachées à des placentas adnés. Ces caractères ont été tracés par Kunth qui, dans ses *Nova Gen. Pl. œq.*, a décrit plusieurs espè-

ces nouvelles de ce genre, et a dû en conséquence modifier les caractères anciennement admis d'après les différences que les fleurs de celles-ci présentaient. Ce sont des Arbres ou des Arbustes le plus souvent épineux, à feuilles très-entières, quelquefois fasciculées. Les fleurs dont les corolles sont roses, purpurines, violettes, jaunâtres ou blanchâtres, sont portées par des pédoncules extra-axillaires ou terminaux, solitaires, géminés, en ombelles ou en corymbes. Les espèces de Lyciets, décrites dans les auteurs, sont au nombre de trente environ répandues sur des points très-éloignés du globe : mais la plupart habitent les pays chauds de l'Amérique méridionale et du cap de Bonne-Espérance ; quelques-unes se trouvent en Sibérie, en Chine, en Europe et dans l'Afrique septentrionale. Kunth, *loc. cit.*, les a distribuées en deux sections : la première a le calice irrégulièrement divisé en un nombre de dents qui varie de trois à six, quelquefois cependant, comme dans le *L. boerrhaaviæfolium*, à cinq dents régulières ; la corolle est tubuleuse, infundibuliforme, à limbe ouvert et quinquépartite ; les étamines sont saillantes. C'est à cette section qu'appartiennent les espèces qu'on doit regarder comme types du genre, telles que les *Lycium europœum, barbarum, chinense*, etc. Les deux premières croissent dans nos contrées méridionales et en Barbarie ; on les cultive aux environs de Paris et dans presque toute l'Europe pour en former des haies vives, très-fourrées, garnies d'un feuillage vert-lisse élégant, de fleurs rougeâtres qui durent une bonne partie de l'année, et auxquelles succèdent un grand nombre de baies rouges qui ressemblent de loin à celles de l'Epinevinette. Kunth indique en outre comme congénères de cette section le *Cestrum campanulatum*, L. ; l'*Atropa arborescens*, Jacq., et plusieurs espèces nouvelles du Pérou. La seconde section est caractérisée par son calice companulé, à cinq dents régulières,

par sa corolle tubuleuse, infundibuliforme, dont le limbe est dressé,
quinquéfide, et par ses étamines non
saillantes. C'est à cette section qu'appartiennent les *Lycium afrum*, L.,
L. fuchsioides, Humb. et Bonpl.
(*Pl. æquin.* 1, p. 147, t. 42); *L. horridum*, Kunth, 'et quelques autres
Arbrisseaux épineux indigènes du
Pérou, décrits par Ruiz et Pavon et
par Kunth.　　　　　　　(G..N.)

LYCIOIDES. bot. phan. Premier
nom donné par Linné à un Arbuste
qui est devenu pour lui plus tard un
Sidéroxyle qui a conservé ce nom
comme spécifique.　　　　　(b.)

LYCIUM. bot. phan. *V.* Lyciet.

LYCOCTONUM. bot. phan. C'est-
à-dire *Tue-Loup*, espèce du genre
Aconit. *V.* ce mot.　　　　(b.)

LYCODONTES. foss. *V.* Glossopètres.

· * LYCOESTA. crust. Genre de
l'ordre des Lamodipodes établi par
Savigny, et dont nous ne connaissons pas les caractères.　　　(G.)

LYCOGALA. bot. crypt. (*Champignons.*) Micheli est le fondateur
de ce genre qu'il ne faut pas confondre avec celui formé sous le
même nom par Adanson; il est placé
dans la classe des Champignons angiocarpes, ordre des Dermatocarpes
de la méthode de Persoon; dans
les Mycétodéens de Link, et dans
les Lycogalactes d'Erhenberg. Ses caractères sont d'avoir un péridium
sous-arrondi, membraneux, lisse,
réticulé sur sa surface interne, renfermant une masse pulpeuse d'abord
liquide qui devient une poussière avec
des filamens à l'époque de la maturité. On trouve ces petites Plantes sur
les écorces et les bois décomposés.
Neuf à dix espèces sont décrites dans
les auteurs; nous nous contenterons
de faire connaître les deux suivantes :
Lycogale couleur de vermillon,
Lycogala miniata, Pers., *Obs. myc.*
2, p. 26; *Lycoperdon epidendrum*,
Linné; *Spec.* 1654; Bull. Champ.,

p. 145, t. 503. Cette Plante est de la
grosseur d'un pois, sessile, aplatie,
d'abord rouge ou orangée, mais grisâtre, remplie d'une humeur visqueuse où se trouvent quelques filamens. Elle croît en groupes sur le
bois mort.

Lycogale argentée, *Lycogala
argentea*, D.C., Fl. Fr., 707; *Lycoperdon fuscum*, Huds. Elle est grosse
comme un pois, sa forme est variable,
aplatie, sphérique ou turbinée, puis
brune, à surface le plus ordinairement lisse; elle renferme des gongyles bruns; on la trouve aussi sur
les bois morts. Les trois variétés indiquées par les auteurs nous paraissent être peu distinctes.

Le genre qu'Adanson avait formé
sous le même nom réunissait des
Plantes fort différentes qui maintenant sont placées dans les *Fuligo* et
les *Physarum*.　　　　　(A. F.)

LYCOMELA. bot. phan. (Heis-
ter.) Syn. de *Solanum Lycopersicum.*
V. Morelle et Lycopersicum. (b.)

LYCOPE. *Lycopus.* bot. phan.
Genre de la famille des Labiées, et
de la Diandrie Monogynie, L., ainsi
caractérisé : calice tubuleux à cinq
divisions peu profondes; corolle tubuleuse à quatre lobes presque égaux
entre eux, si ce n'est le supérieur qui
est plus large et échancré; deux étamines fertiles très-écartées. Ce genre
est facile à distinguer parmi les autres Labiées à deux étamines fertiles
et à deux avortées; il a un port tout
particulier analogue à celui de quelques Menthes; ses fleurs sont petites,
sessiles et articulées dans les aisselles
des feuilles. On en compte quatre espèces, deux européennes et deux qui
habitent l'Amérique du Nord.

Le Lycope vulgaire, *Lyc. europœus*, L., a des feuilles sinuées, dentées en scie, marquées en dessus de
points résineux. Cette Plante est très-
commune sur les bords des fossés et
le long des rivages dans toute l'Europe et même en Amérique. L'autre espèce européenne (*Lyc. exalta-
tus*) qui croît en Italie et en Hongrie,

a beaucoup de rapports avec la précédente. (G..N.)

LYCOPERDACÉES. *Lycoperdaceæ.* BOT. CRYPT. Les Plantes qui composent cette famille avaient été réunies pendant long-temps aux vrais Champignons. Persoon en formait, sous le nom de *Fungi Angiocarpi*, une section où il plaçait également les Urédinées qui nous paraissent en différer par beaucoup de caractères. Link, en établissant la tribu des *Gastromyci*, lui donna presque les mêmes caractères et les mêmes limites; mais le nom de Lycoperdacées nous paraît plus en rapport avec les dénominations adoptées pour les Familles Naturelles. Il a déjà été employé par Mérat dans sa Flore des environs de Paris, mais cet auteur n'a pas circonscrit cette famille comme nous le faisons; elle correspond exactement à la division des Angiocarpes de Persoon. Le caractère essentiel des Lycoperdacées, est d'avoir les sporules renfermées dans un péridium ou conceptacle fibreux, formé par des filamens entrecroisés. Ces filamens très-fins, presque byssoïdes, composent par leur entrecroisement une ou deux couches distinctes, quelquefois même séparées à la maturité et qu'on désigne par le nom de péridium externe et interne; ce péridium, lorsque la Plante est arrivée à son développement complet, ou se détruit irrégulièrement, ou s'ouvre au sommet avec régularité; il renferme une masse de séminules très-fines, mêlées à des filamens plus ou moins nombreux, analogues à ceux qui composent le péridium. Ces sporules paraissent tout-à-fait libres, à cette époque on ne les voit pas adhérer aux filamens. Le mode de développement des sporules n'a encore été bien étudié dans aucun genre de cette famille, de sorte qu'on ne sait pas si ces sporules étaient d'abord renfermées dans l'intérieur des filamens, ou de vésicules qui en dépendaient et qui se seraient détruites, ou si elles adhéraient à la surface des

filamens qu'on observe presque toujours entremêlés avec les sporules. On sait seulement que les Plantes de cette famille commencent en général par être liquides, et comme laiteuses intérieurement à l'époque de leur accroissement qui est ordinairement très-rapide, et qu'elles se dessèchent et se solidifient pour ainsi dire plus tard pour passer ensuite à l'état fibreux et pulvérulent à l'époque de la dispersion des séminules. C'est en général dans ce dernier état qu'on les a observés, mais de même que la structure du fruit ne peut être bien étudiée que dans l'ovaire, de même c'est par des observations microscopiques faites sur ces Plantes avant leur développement complet qu'on pourra se former une idée exacte de leur organisation. Il est assez probable que les sporules sont d'abord renfermées dans des vésicules membraneuses, qui se détruisent ensuite et qui persistent seulement dans quelques espèces. Ainsi Dittmar a observé ces vésicules dans le *Licea strobilina* et dans le genre *Polyangium*; Ehrenberg les a figurées dans quelques *Erysiphe*; Link les indique dans le genre Truffe et dans quelques Plantes voisines de ce genre. La forme et la structure du péridium, son mode de déhiscence, la disposition des séminules permettent de diviser cette famille en quatre tribus; la première forme, sous plusieurs rapports, le passage de cette famille à celle des Mucédinées, les filamens qui les composent n'étant le plus souvent unis que très-faiblement, et le péridium se détruisant très-promptement et presque complétement. La structure des Plantes qui composent la dernière tribu est encore très-mal connue, et ce n'est qu'avec doute que nous les rapportons ici; plusieurs auteurs, et Fries en particulier, les placent parmi les vrais Champignons auprès des Tremelles; il n'admet dans la famille des Lycoperdacées que les genres doués d'un vrai péridium fibreux et déhiscent, et il regarde les Sclérotiées comme ayant des sporules éparses à la surface; rien ne prouve encore cette opinion , et on passe d'une manière si naturelle des vraies Lycoperdacées aux *Sclerotium ;* par les genres *Tuber* et *Rhizoctonia* dont le premier est évidemment voisin du *Scleroderma* et du *Pisocarpium,* tandis que le dernier diffère à peine des *Sclerotium ,* qu'il nous paraît plus naturel, pour le moment, de laisser ce groupe des Sclérotiées à la fin des Lycoperdacées, qu'il lie avec les Tremellinées qui commencent la série des vrais Champignons.

Iʳᵉ Tribu. — FULIGINÉES.

Péridium sessile, irrégulier, finissant par se détruire ou tomber entièrement en poussière, ne renfermant que peu ou point de filamens mêlés aux sporules et commençant par être complétement fluides intérieurement.

Genres: *Trichoderma,* Link ; *Myrothecium,* Link ; *Dichosporium,* Nées ; *Amphisporium,* Link; *Strongilium,* Dittmar; *Dermodium,* Link; *Diphterium,* Ehrenb., *Spumaria,* Pers.; *Fuligo,* Pers.; *Pittocarpium,* Link; *Lycogala,* Pers.; *Lignidium,* Link; *Licea,* Link.

IIᵉ Tribu.—LYCOPERDACÉES VRAIES.

Péridium ordinairement pédicellé et d'une forme déterminée, s'ouvrant régulièrement, renfermant des filamens nombreux mêlés aux sporules.

§ 1. Trichiacées.

Genres : *Onygena,* Pers.; *Physarum,* Pers.; *Cionium,* Link; *Diderma,* Pers.; *Didymium,* Schrad.; *Trichia,* Pers.; *Leocarpus,* Link; *Leangium,* Link; *Craterium,* Treutepohl; *Cribraria,* Schrad.; *Dictydium,* Schrad.; *Arcyria,* Pers.; *Stemonitis,* Pers.; *Cirrolus,* Mart.

§ 2. Lycoperdinées.

Asterophora, Dittm.; *Tulostoma,* Pers.; *Lycoperdon,* Pers.; *Podaxis,* Desv.; *Bovista,* Pers.; *Actigea,* Rafin.; *Geastrum,* Pers.; *Myriostoma,* Desv.; *Steerebeckia,* Link; *Mitre-*

myces, Nées.; *Calostoma,* Desv.; *Diploderma,* Link; *Scleroderma,* Pers.; *Pisocarpium,* Link.

IIIᵉ Tribu. — ANGIOGASTRES.

Péridium renfermant un ou plusieurs péridiums secondaires (péridioles) remplis de sporules sans mélange de filamens.

§ 1ᵉʳ. Carpobolées.

Thelebolus, Tod. ; *Sphærobolus,* Tod.; *Atractobolus,* Tod.

§ 2. Nidulariées.

Cyathus, Hall.; *Nidularia,* Fries ; *Polyangium,* Link; *Myriococcum,* Fries ; *Arachnion,* Schwein.

§ 3. Tubérées.

Endogone, Link; *Polygaster,* Fries; *Rhizopogon,* Fries; *Tuber,* Pers.

IVᵉ Tribu. — SCLÉROTIÉES.

Péridium indéhiscent rempli d'une substance compacte, celluleuse, entremêlée de sporules peu distinctes.

Rhizoctonia, D.C.; *Pachyma,* Fries; *Sclerotium,* Tod.; *Spermoedia,* Fries; *Xyloma,* D. C.; *Acinula,* Fries; *Pyrenium,* Tod.

Quant à la distribution géographique de ces Végétaux, on n'a pas des matériaux suffisans pour pouvoir bien l'établir ; cependant il paraîtrait que cette famille présente son maximum dans les régions tempérées ; et qu'elle est moins nombreuse dans les régions très-froides et dans la zône torride; en effet on connaît à peine deux ou trois Plantes de cette famille dans les pays tropicaux , d'où on a déjà rapporté un assez grand nombre de vrais Champignons , et le nombre de leurs espèces ne paraît pas augmenter vers le Nord, comme on l'observe pour la plupart des autres familles de Cryptogames celluleuses. (AD. B.)

** LYCOPERDASTRUM. BOT. CRYPT. (Champignons.)* Micheli a fondé ce genre, dans la famille des Champignons, pour des Lycoperdinées groupées par les modernes sous le nom de *Scléroderma*. (A. F.)

LYCOPERDINE. *Lycoperdina.* INS. Genre de l'ordre des Coléoptères, section des Trimères, famille des Fongicoles, établi par Latreille aux dépens du genre Endomyque de Fabricius et d'Olivier, et s'en éloignant par les antennes qui sont presque moniliformes, insensiblement plus grosses vers leur extrémité, et dont les deux derniers articles, plus grands que les précédens, forment seuls la massue, au lieu que dans les Endomyques la massue est composée des trois derniers articles. Les Lycoperdines vivent dans les Champignons qui portent le nom de Vesses-Loups ou Lycoperdons, tandis que les Endomyques se trouvent sous les écorces des Arbres. Ce genre se compose de cinq à six espèces, dont une seule est propre à l'Amérique et les autres à l'Europe. La plus commune à Paris et celle qui sert de type au genre, est :

La LYCOPERDINE LARGE BANDE, *L. succincta*, Latr.; *Endomychus succinctus*, Oliv. (Col., t. 5, n° 100, pl. 1, fig. 5); *Endomychus fasciatus*, Fabr. D'un rouge fauve, avec une large bande noire traversant les élytres. (G.)

LYCOPERDITES. POLYP. FOSS. Guettard a décrit sous ce nom plusieurs Alcyons ou Eponges fossiles, dont la forme présente quelque ressemblance avec les Cryptogames du genre Lycoperdon. (E. D..L.)

LYCOPERDOIDES. BOT. CRYPT. (*Champignons.*) Micheli donne ce nom à des Champignons très-voisins des Lycoperdons. Les espèces qu'il y a placées ont servi plus tard à former les genres *Pisocarpium*, *Pisolithus*, *Polysaccum* et *Polypera*. *V.* ces mots. (A. F.)

LYCOPERDON. BOT. CRYPT. (*Champignons.*) Vulgairement *Vesse de Loup*. Les Lycoperdons sont des Champignons ordinairement terrestres, globuleux, qui acquièrent souvent des dimensions considérables. On les caractérise ainsi : péridium le plus souvent globuleux ou turbiné, charnu dans le premier âge, ensuite pulvérulent, s'ouvrant à la maturité vers leur sommet, renfermant une poussière abondante, verte ou brunâtre, entremêlée de filamens. Ils font partie des Champignons angiocarpes ou gastromyciens; c'est le type du groupe des Lycoperdacées de la méthode de Link.

On croit, mais sans fondement, que le Cramois de Théophraste était un Lycoperdon. Les anciens n'ont point fait connaître ces fongosités si communes; ce n'est guère que vers le moyen âge que l'on a étudié les Lycoperdons. L'effet qu'ils produisent, quand on les écrase à leur maturité, leur a fait donner le nom de *Crepitus Lupi* que l'on a depuis grécisé. Tournefort a le premier établi le genre Lycoperdon qu'il caractérise en Champignon charnu, puis pulvérulent. Il serait fastidieux de mettre sous les yeux de nos lecteurs les changemens survenus à ce genre depuis Tournefort. Micheli est le premier qui le modifia, en créant les genres *Geastrum*, *Carpobolus*, *Lycogala* et *Tuber* qui ont été conservés, et *Lycoperdastrum* et *Lycoperdoides* qui ont été rejetés ou rétablis sous d'autres noms. Linné, en augmentant le nombre des espèces, le rendit tellement hétérogène, que ce genre a donné naissance aux genres suivans : *Lycoperdon*, *Tulostoma*, *Scleroderma* ou *Hypogeum* (*Lycoperdastrum* de Micheli), *Polysaccum*, *Bovista*, *Battarea*, *Geastrum*, *Onygena*, *Tuber*, *Sphærobolus*, *Æcidium*, *Lycogala*, *Trichia*, *Peziza*, *Physarum*, *Stictis*, *Sclerotium* et *Sphæria*, qu'on s'étonne de voir figurer dans cette réunion de genres assez naturels. Depuis l'époque de ce travail, de nouveaux genres ont été formés; ils ont été énumérés en parlant du groupe dont ils font partie. *V.* LYCOPERDACÉES. Nous croyons plus utile de faire connaître quelques espèces que de discuter longuement la validité de ces genres qu'on peut étudier à leurs articles respectifs.

LYCOPERDON GIGANTESQUE, *Lycoperdon giganteum*, Batsch, Elench., 257, fig. 165; *Bovista gigantea*, Nées, Syst., tab. 11, fig. 124. Presque sans pédicule, globuleux, grand, d'un blanc pâle, couvert de squammules éparses. Quelquefois cette espèce atteint deux pieds de diamètre, ce qui est au reste assez rare. Paulet croit que, jeune, elle peut être mangée impunément. On peut en préparer un bon amadou. Elle se trouve en automne parmi les gazons dans les prairies, sur les collines, etc.

LYCOPERDON EN FORME D'OUTRE, *L. utriforme*, Bull., Champ., p. 153, tab. 450, fig. 1. A péridium court, cylindrique, renflé, sans pédicule apparent, un peu plissé à la base, du volume d'un œuf, de couleur bistrée, sans écailles marquées, fixée à la terre par de petites racines; sa chair est ferme et épaisse. On trouve cette espèce sur la terre dans les environs de Paris et dans toute la France.   (A. F.)

* LYCOPERDONÉES. BOT. CRYPT. (*Champignons.*) Le docteur Mérat, dans sa Flore des environs de Paris, a créé, sous ce nom, un groupe dans la famille des Champignons. Il renferme les genres *Uredo, Gymnosporangium, Bullaria, Puccinia, Œcidium, Rœstalia, Mucor, Licea, Tubulina, Trichia, Stemonitis, Diderma, Reticularia, Lycogala, Geastrum, Tulostoma, Onygena, Pilobolus*, etc. *V.* LYCOPERDACÉES.   (A. F.)

LYCOPERSICUM. BOT. PHAN. Ce genre de la famille des Solanées et de la Pentandrie Monogynie, L., établi par Tournefort, fut réuni aux *Solanum* par Linné et Jussieu. Dans sa Monographie des *Solanum*, Dunal le rétablit, et il a été admis par Kunth avec les caractères suivans : calice à cinq ou six divisions très-profondes; corolle rotacée dont le tube est très-court, le limbe à cinq ou six lobes; cinq étamines à anthères coniques, réunies entre elles au moyen d'une

membrane allongée, déhiscentes par une fente longitudinale intérieure; stigmate presque bifide; baie à deux ou trois loges renfermant des graines velues. Ce genre se compose de Plantes herbacées, dépourvues d'aiguillons, et couchées sur la terre; leurs feuilles sont imparipennées; les pédoncules solitaires, placés hors des aisselles des feuilles, portent plusieurs fleurs de couleur ordinairement jaune. Parmi les nombreuses espèces de ce genre, dont plusieurs croissent dans l'Amérique méridionale, nous citerons seulement comme la plus intéressante, celle que Linné a nommée *Solanum Lycopersicum*, et qui est appelée vulgairement Tomate. Cette Plante a une tige inerme herbacée, des feuilles pinnées incisées, des fleurs en grappes, et des fruits glabres, toruleux, très-volumineux et de couleur rouge : elle est originaire des pays chauds de l'Amérique, et on la cultive dans l'Europe méridionale, à cause de ses fruits dont le suc est employé à divers usages culinaires.

           (G..N.)

LYCOPHIS. MOLL. (Montfort.) Syn. de Licophre. *V.* ce mot. (D..H.)

LYCOPHRE. POLYP. *V.* LICOPHRE.

LYCOPHTHALMOS. MIN. La Pierre semblable, selon Pline, à un OEil de Loup, et qu'il mentionne sous ce nom, paraît être une Cornaline.   (B.)

LYCOPODE. *Lycopodium*. BOT. CRYPT. (*Lycopodiacées.*) Ce genre, type de la famille des Lycopodiacées, qu'il compose presque à lui seul, est, sans aucun doute, l'un des plus singuliers du règne végétal, et un de ceux dont la structure mérite le plus de fixer l'attention des botanistes. D'abord placé par Linné parmi les Mousses dont il a le port, il fut ensuite rangé par Jussieu parmi les Fougères dont sa fructification le rapproche davantage, et enfin il devint le type d'une famille distincte, établie en premier par Swartz, et depuis adoptée par tous les botanistes. Des différences très-remarquables dans le port et dans quelques-uns des caractères de la fructification ont engagé plusieurs botanistes à diviser ce genre en plusieurs ; Swartz le premier en sépara le *Lycopodium nudum* de Linné, qui devint le type de son genre *Psilotum*. Bernhardi, en 1801, le divisa en deux genres, fondés sur l'inflorescence axillaire dans les uns, auxquels il donna le nom de *Huperzia*, et spiciforme dans les autres auxquels il conserva le nom de *Lycopodium*. En 1805, Palisot-Beauvois, combinant l'inflorescence avec la structure des capsules, forma, aux dépens des Lycopodes, six genres, sous les noms de *Plananthus*, *Selaginella*, *Lepidotis*, *Gymnogynum*, *Diplostachium* et *Stachygynandrum*. De ces six genres, le *Gymnogynum* est tout-à-fait inconnu aux botanistes, ayant été établi sur une Plante de Saint-Domingue que Palisot-Beauvois lui-même n'avait pas rapportée en France et qui n'a pas été, à ce que nous sachions, observée depuis. Les genres *Plananthus* et *Lepidotis*, dans lesquels on n'a encore découvert que des capsules bivalves, analogues à celles que plusieurs observations font regarder avec beaucoup de probabilité comme des organes mâles dans les autres genres, ne diffèrent que par l'inflorescence axillaire dans le premier et en épis simples ou rameux dans le second. Dans les genres *Selaginella*, *Diplostachium* et *Stachygynandrum*, on a observé, réunies sur le même individu, des coques réniformes, bivalves, renfermant un grand nombre de grains très-fins, libres, analogues aux grains de pollen des Plantes phanérogames, et des capsules trivalves, suivant Palisot, à quatre valves suivant Brotero, et renfermant trois à quatre graines. Ces genres ne diffèrent donc qu'en ce que dans le premier les organes mâles et femelles sont mêlés à l'aisselle des feuilles, et ne forment pas d'épis bien distincts, tandis que dans le second les fleurs

mâles et femelles composent des épis distincts, et qu'il n'existe qu'une seule capsule femelle à la base d'un épi composé de coques mâles. R. Brown, dans son Prod. de la Fl. de la Nouv.-Hol., n'a pas adopté ces divisions, mais a divisé ce genre en deux sections, l'une renfermant les espèces où on n'a découvert que des capsules d'une seule forme, l'autre comprenant les Lycopodes à capsules de deux sortes (mâles et femelles), divisions qui mériteraient d'être élevées au rang de genres, si on avait bien prouvé l'absence des capsules à graines peu nombreuses dans la première section. Après avoir indiqué les divisions qu'on a établies dans le genre Lycopode, examinons avec soin la structure de quelques-unes des espèces qui ont servi de type à ces divisions.

Le *Lycopodium denticulatum*, parfaitement décrit par Brotero dans les Transactions Linnéennes (vol. v, p. 162), est une des espèces les mieux caractérisées du genre *Diplostachium* de Palisot-Beauvois ; elle est commune dans le midi de l'Europe ; les tiges sont grêles, rampantes, couvertes de feuilles distiques insérées sur quatre rangs, mais dont les deux rangs supérieurs sont composés de feuilles beaucoup plus petites, ressemblant presque à des stipules. Les fructifications forment des épis terminaux, dont la partie supérieure est composée de fleurs mâles et la partie inférieure de fleurs femelles (selon Brotero qui, avec raison, n'admet pas, comme Palisot-Beauvois, que certains épis soient entièrement mâles et d'autres entièrement femelles). Les fleurs mâles consistent en coques ou anthères à une seule loge, bivalves, réniformes, insérées à l'aisselle des bractées supérieures et plus petites que les capsules ; chaque anthère renferme un grand nombre de grains de pollen, trois cents environ suivant Brotero ; ces grains ne se rompent pas par l'action de l'eau, mais s'ouvrent avec élasticité ; ils ont la forme d'un tétraèdre lisse à angles légèrement arrondis, à surfaces convexes ; leur couleur est d'un rouge orangé. Les fleurs femelles, qui sont en moins grand nombre que les fleurs mâles, et placées à la base des mêmes épis, sont formées par des capsules solitaires à l'aisselle des feuilles ou des écailles de la base de l'épi ; ces capsules sont ovales, obtuses, triangulaires ou presque quadrilobées. Elles présentent des deux côtés et vers leur base deux sillons linéaires, couverts d'une substance onctueuse. Brotero regarde ces sillons comme des stigmates : les ovules même, très-développés, sont remplis d'un liquide oléagineux qui finit par se concréter en une sorte de périsperme granuleux. La capsule mûre est quadrilobée et se divise en quatre valves, dont deux plus petites et deux plus grandes ; elle renferme quatre graines qui paraissent adhérer à un placenta central ; leur tégument est mince, dur, réticulé, et présente trois côtes saillantes, très-marquées, partant d'un même point qui est probablement celui de l'insertion de la graine et s'étendant en divergeant jusque vers la zône moyenne de cette graine. Lorsqu'on fait germer les graines de cette Plante, la jeune Plante qui en sort est pourvue de deux cotylédons opposés, tout-à-fait semblables à ceux des Plantes dicotylédones (*V.* la figure donnée par Salisbury, *Trans. Linn.*, vol. XII, tab. 19). Plusieurs espèces rangées par Palisot-Beauvois dans son genre *Diplostachium* correspondent parfaitement avec la Plante que nous venons de décrire ; tels sont les *Lycopodium helveticum, apodium, radicans*, L. Toutes ces Plantes diffèrent du caractère donné par cet auteur au genre *Diplostachium* par la réunion des fleurs mâles et des fleurs femelles dans les mêmes épis, et, sous ce rapport, ce genre ne diffère nullement du genre *Selaginella* du même auteur, qui devrait nécessairement lui être réuni, car il ne diffère des espèces citées précédemment que par son port et par son pollen composés de

grains ordinairement réunis trois par trois et hérissés de papilles très-nombreuses et très-saillantes ; mais on ne peut donner que peu d'importance à ce caractère, car nous avons également observé un pollen hérissé sur une Plante qu'on ne peut regarder que comme une variété du *Lycopodium denticulatum* ou du *Lyc. helveticum.* Du reste le *Lyc. selaginoides*, qui seul composait le genre *Selaginella*, présente des capsules tout-à-fait semblables par leur forme et leur organisation à celles du *Lyc. denticulatum.*

Quant au genre *Stachygynandrum*, plusieurs des espèces que Palisot-Beauvois y avaient placées devront probablement être reportées parmi les Lycopodes à coques toutes semblables, et les autres devraient être réunies avec les espèces qui composaient les deux genres que nous venons d'examiner. En effet ces Plantes présentent de même des épis mâles au sommet et femelles à la base ; les capsules femelles sont seulement moins nombreuses et d'une forme un peu différente. Elles renferment également quatre graines ; mais ces graines, au lieu d'être opposées en croix comme dans les autres espèces, sont placées trois au fond de la capsule et une à son sommet, ce qui lui donne la forme d'un tétraèdre arrondi. Les espèces qu'on pourrait regarder comme type de ce genre sont les *Lyc. alpinum, flabellatum, plumosum*, etc., etc.

Les Lycopodes dont Palisot-Beauvois formait les deux genres *Plananthus* et *Lepidotis*, genres qui ne diffèrent que par le port, n'ont offert jusqu'à présent qu'une seule sorte d'organes de fructification ; ce sont des coques bivalves, tout-à-fait analogues pour leur forme extérieure à celles que nous avons regardées comme des organes mâles ; ces coques renferment également un grand nombre de grains très-fins ; mais ces grains, au lieu d'affecter comme ceux des coques mâles des Lycopodes à organes doubles une forme presque toujours trigône, sont arrondis, sphériques ou ovales; jamais ils ne sont hérissés de papilles; mais cependant, de même que les grains de pollen, ils sont parfaitement libres et n'adhèrent par aucun moyen aux parois de la capsule. Ils sont toujours transparens et incolores. Willdenow assure que cette poussière provenant du *Lycopodium clavatum* a germé et reproduit la Plante dont elle provenait; cette poussière diffère en outre de celle des *Lycopodium selaginoides, helveticum*, etc., en ce qu'elle ne se rompt pas dans l'eau, tandis qu'une grande partie des granules du *L. selaginoides*, en particulier, finissent par s'ouvrir au bout de quelque temps et par laisser échapper lentement, il est vrai, une substance granuleuse et oléagineuse, comme on l'observe sur le pollen des Plantes phanérogames. On voit donc que, malgré l'analogie apparente qui existe entre les organes uniformes des Lycopodes à une seule sorte de capsule et les organes mâles des Lycopodes à sexes distincts, ces organes devraient plutôt être regardés comme des capsules femelles que comme des organes mâles, ainsi que Palisot-Beauvois l'avait fait.

Il nous paraît résulter de cette comparaison de la structure des divers groupes de Lycopodes, qu'on devrait non pas les diviser en cinq ou six genres comme quelques auteurs l'ont fait, mais en deux : l'un auquel on réserverait le nom de *Lycopodium* renfermerait toutes les espèces qui n'ont qu'un seul genre de capsule, sortes d'involucres qui probablement renferment dans la jeunesse de la Plante les organes mâles et femelles comme les involucres du *Marsilea*, de la Pilulaire, des Prêles; l'autre pour lequel on pourrait adopter le nom de *Stachygynandrum* donné par Palisot-Beauvois, comprendrait toutes les espèces à sexes séparés dans des capsules ou involucres différens. Nous ferons observer qu'il est fort probable que dans ces Plantes et dans plusieurs autres Cryptogames dont les sexes sont distincts et séparés, et dont cependant

l'organe femelle ne présente ni stigmate ni aucun point propre à l'absorption du pollen, la fécondation a lieu après la dissémination des graines ou du moins après l'ouverture des capsules, ainsi que Savi l'a annoncé pour le *Salvinia*. (*V*. ce mot et MARSILÉACÉES.)

Si après avoir étudié les organes de la reproduction de ce genre curieux, nous jetons un coup-d'œil sur la structure de ses organes végétatifs, nous verrons qu'ils ne diffèrent pas moins de ceux des autres Végétaux ; la tige, souvent rampante, émet des rameaux tantôt plusieurs fois dichotomes comme dans la plupart des vrais Lycopodes, tantôt à rameaux plusieurs fois pinnés et disposés en éventail dans un même plan : tels sont la plupart des *Stachygynandrum*. Les feuilles, presque toujours sétacées, aiguës, entières, assez épaisses, sont toujours lisses, elles ont l'aspect de celles des grandes Mousses, ou dans les espèces les plus fortes elles ressemblent aux feuilles des Conifères ; tantôt elles sont insérées par verticilles obliques ou en spirale tout autour de la tige; tantôt elles sont disposées sur quatre rangs dont deux plus petits forment des sortes de stipules qui alternent avec les grandes feuilles : c'est le cas de la plupart des *Stachygynandrum*. Ces feuilles sont quelquefois sans nervures, mais le plus souvent elles sont parcourues par une seule nervure moyenne ; les pores corticaux sont très-visibles, assez grands, de forme elliptique: ils existent sur les deux faces des feuilles; la structure intérieure des tiges est très-uniforme et fort différente de celle de la plupart des autres Végétaux; au centre on observe un faisceau très-serré de vaisseaux simples, cylindriques, réunis par un peu de tissu cellulaire très-dense; ces vaisseaux n'ont la structure d'aucun des vaisseaux observés dans les Plantes phanérogames, ils ont été désignés par Thomson (*Lectures on Botany*, T. 1, 1822) sous le nom de vaisseaux annelés : en effet ils paraissent composés d'anneaux successifs, parallèles et non en spirale. Thomson attribue ces anneaux à des pores linéaires, transversaux; mais cette opinion ne paraît ni probable ni en rapport avec ce que j'ai observé sur ces Plantes; autour de ce faisceau central de vaisseaux se trouve une couche de tissu cellulaire extrêmement lâche qui se détruit promptement de manière à donner à ces tiges l'aspect fistuleux avec un axe central souvent déjeté sur un des côtés; enfin la circonférence est composée d'une couche plus ou moins épaisse d'un tissu cellulaire assez dense, sans vaisseaux, à cellules allongées et presque fusiformes; la partie extérieure surtout est très-dense et composée de cellules très-petites, elle forme une sorte d'écorce; ce tissu cellulaire est traversé de distance en distance par des vaisseaux qui de l'axe central se portent dans les feuilles; mais il ne paraît renfermer aucun vaisseau qui lui soit propre.

Les Lycopodes n'atteignent pas en général une taille très-considérable; les plus grandes espèces ont deux à trois pieds d'élévation. On en connaît plus de cent vingt; ils habitent toutes les régions du globe depuis la zône polaire jusqu'à l'équateur; mais ils suivent sous le rapport de leur distribution les mêmes lois que les Fougères avec lesquelles ils ont de grands rapports; ainsi peu nombreux dans le Nord ils sont limités dans ces régions froides à quelques espèces basses et rampantes, telles que les *Lycopodium alpinum, selaginoides*, etc.; ils sont rares dans les plaines des régions tempérées; dans les régions équinoxiales au contraire leur nombre devient beaucoup plus considérable, et ils paraissent de même que les Fougères dominer dans les îles où la végétation est beaucoup plus pauvre en Plantes phanérogames; ils atteignent aussi dans ces climats féconds une taille beaucoup plus élevée : c'est là que croissent les *Lycopodium cernuum, flabellatum* dont le port rap-

pelle en petit plusieurs de nos Conifères.   (AD. B.)

* LYCOPODIACÉES. BOT. CRYPT. Cette famille établie par Swartz et adoptée depuis par tous les botanistes, n'est presque composée que du genre Lycopode, et de quelques genres qu'on en a démembrés. Tels sont les deux genres *Tmesipteris* et *Psilotum (Bernhardia,* Willd.); on doit encore y rapporter, ainsi que l'a fait De Candolle, le genre *Isoetes* dont l'organisation a les plus grands rapports avec celle des Lycopodes. Quant au genre *Dufourea* de Bory de Saint-Vincent, rapproché par Willdenow des Lycopodes, il a été reconnu depuis pour une Plante phanérogame, voisine de la famille des Joncées. Cette famille se trouverait donc composée de quatre genres ou de cinq, si on divisait le genre Lycopode, comme nous pensons que ce serait convenable, en deux genres fondés sur la structure des capsules. On pourrait distribuer ces genres ainsi :

† Capsules indéhiscentes.

Isoetes.

†† Capsules régulièrement déhiscentes.

Stachygynandrum, Lycopodium, Tmesipteris, Psilotum.

La première section forme pour ainsi dire le passage aux Marsiléacées et surtout à la section des Salviniées (*Salvinia* et *Azolla*), dont l'*Isoetes* se rapproche par sa manière de croître, et par ses capsules ou plutôt ses involucres indéhiscens; les derniers genres de la seconde section ont au contraire plus d'analogie avec les Fougères, et surtout avec les Ophioglossées. Les Lycopodiacées sont principalement caractérisées par leurs capsules placées à l'aisselle des feuilles ou des bractées, éparses ou formant des épis distincts; tantôt ces capsules, toutes semblables, renferment un grand nombre de séminules auxquelles étaient probablement mêlés dans leur premier développement les grains de pollen, ainsi que cela s'observe dans les involucres du *Marsilea* et du *Pilularia*; tantôt ces organes sont réunis dans des capsules de deux sortes, les unes ne renfermant que des grains de pollen, et les autres ne contenant que des séminules beaucoup plus grosses que les grains des premières : c'est le cas de l'*I-soetes* et du *Stachygynandrum*; dans ces deux genres, et surtout dans le premier, il est à présumer que la fécondation a lieu après la dispersion des graines, comme cela a lieu dans le *Salvinia* et probablement dans l'*Azolla*. Du reste la structure des graines est parfaitement la même dans l'*Isoetes* et dans les *Stachygynandrum*, dans les uns et les autres elles sont sphériques, blanches, et présentent trois côtes rayonnant d'un même point. Dans les autres genres la ténuité des graines rend difficile de les observer; cependant on reconnaît toujours une forme un peu trigone qui paraîtrait indiquer également ces trois côtes. La structure des tiges et des feuilles est la même dans toutes ces Plantes, si ce n'est que celles de l'*Isoetes* sont dépourvues de pores corticaux comme toutes les feuilles des Plantes submergées. La tige présente toujours les vaisseaux réunis en un faisceau au centre, et entourés d'une couche fort épaisse de tissu cellulaire plus dense vers la circonférence. La distribution géographique de cette famille est la même que celle que nous avons indiquée pour les Lycopodes en particulier; les deux genres *Psilotum* et *Tmesipteris* ne se trouvent qu'entre les tropiques ou à peu de distance de cette zône à la Nouvelle-Hollande et à la Nouvelle-Zélande d'un côté, et le *Psilotum* jusque dans les Florides de l'autre. Un des faits les plus remarquables offerts par cette famille, mais qui n'a été observé, il est vrai, jusqu'à présent que sur une seule espèce, c'est la germination dicotylédone de ces Plantes; ce fait annoncé par Brotero, vérifié par Salisbury qui en a donné une bonne figure (Trans. Soc. Lin-

néenne, T. xii), a été remarqué sur le *Lyc. denticulatum*; il tendrait à éloigner ces Plantes des Fougères et annoncerait peut-être, entre ces Végétaux et les Conifères, des rapports que leur port semblerait indiquer, et que quelques autres caractères paraîtraient faire ressortir; peut-être cette famille est-elle destinée à suivre le sort des Cycadées qui, d'abord confondues avec les Fougères, furent ensuite placées parmi les Phanérogames monocotylédones, et dont le célèbre Richard a si bien prouvé depuis les rapports avec les Conifères.

LYCOPODIACÉES FOSSILES. — Plusieurs auteurs ont indiqué comme appartenant à la famille des Lycopodiacées, des Végétaux dont les restes ont été trouvés dans différens terrains. Nous avons partagé cette opinion en rapportant à cette famille plusieurs Plantes du terrain houillier et quelques autres trouvées dans des terrains plus nouveaux. En effet, cette famille paraît une de celles qui s'est développée en premier sur la terre, mais avec des caractères assez différens de ceux qu'elle offre maintenant pour exiger une comparaison minutieuse, afin de donner quelque degré de certitude à cette détermination.

Examinons d'abord ceux de ces Végétaux qui se rencontrent dans la formation houillière; c'est dans ce terrain que cette famille paraît prédominer, et le nombre des espèces, ainsi que leur état de conservation, nous mettra à même de les mieux caractériser.

On rencontre en grande quantité, dans les terrains houilliers, et peut-être plus particulièrement dans ceux du nord de l'Allemagne, de la Belgique, de l'Angleterre et des Etats-Unis, des tiges cylindriques ou légèrement elliptiques lorsqu'elles sont perpendiculaires aux couches, tout-à-fait planes lorsqu'elles sont parallèles à ces couches. Le diamètre de ces tiges ou de ces rameaux varie, probablement suivant les espèces et suivant la partie de la Plante, depuis quelques millimètres jusqu'à 5-6 décimètres. Lorsqu'on observe ces tiges dans les couches qui les renferment, on voit qu'elles sont toujours rameuses, le plus souvent dichotomes, quelquefois pinnées. On en a mesuré, dans les mines des environs de Dusseldorf, qui atteignaient jusqu'à 70 pieds de long. Elles ne présentent d'articulation dans aucun point de leur étendue. Leur surface est couverte d'une écorce de charbon très-mince, très-régulière; l'intérieur est entièrement remplacé par de la roche, et ne conserve aucune trace de structure végétale; l'écorce offre des mamelons rhomboïdaux disposés en quinconce, vers la partie supérieure desquels on remarque une cicatrice d'insertion de forme variable, mais toujours plus large que haute et marquée d'un ou de trois points vasculaires. Telle est la structure des grosses tiges; elles paraissent se terminer inférieurement par plusieurs racines dichotomes. Nous avons observé quatre racines disposées en croix sur une base de tige très-grosse des environs de Glascow, que nous présumons appartenir à ce genre. Mais lorsqu'on rencontre des portions de rameaux plus jeunes, soit qu'ils fassent suite à ces tiges, soit qu'ils soient isolés, on peut étudier avec plus de succès la structure de ces Plantes. Sur ces rameaux, on retrouve en plus petit la même organisation de l'écorce; mais en outre, on rencontre presque toujours une partie des feuilles qui s'inséraient sur ces sortes de mamelons; ces feuilles sont linéaires ou sétacées, plus ou moins longues, souvent courbées en faucille, très-aiguës, et traversées par une seule nervure moyenne; leur tissu paraît assez épais et coriace. Dans d'autres espèces, les feuilles ne semblent être que des sortes de tubercules courts et aigus, mais c'est le cas le plus rare. Ces Végétaux, que nous avions d'abord désignés sous le nom de *Sagenaria*, ont été nommés à la même époque par

Strenberg, *Lepidodendron*, nom que nous sommes portés à adopter. Si nous comparons ces Végétaux à ceux que nous connaissons actuellement, nous ne trouverons que deux familles avec lesquelles ils aient de nombreux rapports; ce sont les Lycopodiacées et les Conifères. Ils s'éloignent des premières par la grandeur, des secondes par un caractère plus important, l'absence d'accroissement en diamètre, accroissement qui eût détruit les traces des insertions des feuilles sur les tiges, bien long-temps avant que ces tiges eussent pu acquérir un diamètre de 5 à 6 décimètres. Ils diffèrent encore des Conifères par leur division dichotome, mode de division qu'on n'observe dans aucune Plante de cette famille, et qui est au contraire si commune dans les Lycopodes; du reste, la forme et la disposition des feuilles s'accordent également bien avec l'une et l'autre famille; en effet, nos Plantes fossiles ont des feuilles tout-à-fait semblables d'une part à celles des *Araucaria* d'Amérique, et de l'autre à celles des *Lycopodium verticillatum*, *ulicifolium*, etc.

Deux autres caractères nous font encore pencher pour l'affinité avec les Lycopodiacées : 1° la manière dont les tiges de ces Végétaux sont remplies d'une roche semblable à celle qui les environne, peut faire présumer qu'elles étaient fistuleuses ou composées intérieurement d'un tissu cellulaire très-lâche qui s'est détruit promptement. Si on examine les tiges des Lycopodes vivans, et particulièrement des espèces à tiges épaisses et dichotomes, on verra qu'elles consistent en une écorce d'un tissu cellulaire très-dense, plus ou moins épaisse, et en une cavité assez large, au centre ou sur les côtés de laquelle se trouve un axe cylindrique formé par un faisceau de vaisseaux. On conçoit qu'il peut avoir existé des espèces, dont la tige, beaucoup plus grosse, présentât une cavité beaucoup plus grande, qui aurait été remplie par la roche environnante. Il est au contraire très-difficile de concevoir comment l'intérieur d'une tige pleine et ligneuse comme celle d'un Pin ou de tout autre Arbre de la famille des Conifères aurait pu se détruire et être remplacée par une substance étrangère, sans que l'écorce, beaucoup moins dense, qui l'entoure, se fût détruite en premier; aussi ne trouvons-nous aucun exemple de ce mode de pétrification dans les bois évidemment dicotylédons. Le dernier fait qui nous porte à admettre ces Végétaux pour des Lycopodiacées, consiste dans la disposition des feuilles de quelques Plantes de ce genre appartenant également au terrain houiller. Dans ces échantillons, les feuilles sont distiques et alternativement plus grandes et plus petites, absolument comme dans certains Lycopodes, tels que le *L. flabellatum*.

Si après avoir ainsi comparé les organes de la végétation de ces Végétaux avec ceux des Lycopodes, nous cherchons parmi les autres débris de Végétaux fossiles du même terrain ceux qui pourraient se rapporter à leurs organes de fructification, nous trouverons deux sortes de fruits, qui, malgré leur grande différence de forme, nous paraissent appartenir à des Végétaux de cette famille. Les premiers sont des fruits comprimés, presque lenticulaires, cordiformes à la base, qui ont, avec les coques bivalves des Lycopodes, la plus grande analogie, et qui n'en diffèrent également que par une taille beaucoup plus considérable, différence qui s'accorde avec celle que nous avons observée dans les tiges. Les seconds sont des cônes ou épis formés d'écailles imbriquées, écailles qui paraîtraient creuses ou composées de deux écailles soudées comme celles des *Araucaria* et renfermer dans leur intérieur une coque probablement membraneuse et remplie de graines nombreuses; structure qui est pour ainsi dire intermédiaire entre celle des Lycopodes à épis et celle de l'*Isoetes*, et qui, d'u-

ne autre part, a une grande analogie extérieure avec celles des cônes des *Araucaria*, mais qui nous paraît en différer essentiellement par la forme et la disposition de la substance renfermée dans les écailles, qui ne paraît pas être une seule graine régulière et compacte comme celle des Conifères, mais une agglomération de séminules dans une coque, comme on l'observe dans les Lycopodiacées. Tels sont tous les caractères qui, réunis, nous portent à regarder les Végétaux du terrain houiller qu'on a désignés sous le nom de *Lepidodendron* comme des Lycopodes arborescens, et à nous éloigner en cela de l'opinion de Rhode qui les regarde comme des *Cactus*, et de celle de Martius qui les nomme *Lychnophorites*, et les admet pour les analogues du genre de Composées du Brésil, qu'il a nommé *Lychnophora*. Il serait trop long de développer tous les caractères qui les distinguent de ces Végétaux; la description que nous avons donnée de ces Fossiles suffira pour que tout botaniste puisse voir combien ils s'éloignent de ces diverses familles.

Ces immenses Végétaux paraissent bornés au terrain houiller, peut-être en rencontre-t on quelques-uns dans les terrains de transition, et par conséquent à une époque un peu antérieure au dépôt de la Houille, mais ils ne paraissent pas avoir persisté plus tard que cette grande formation. Dans les terrains plus nouveaux, on retrouve quelques Plantes qui peuvent encore se rapporter à la famille des Lycopodiacées, mais alors ces Végétaux ne dépassent plus la taille de ceux que nous voyons encore sur la terre, et leur nombre est beaucoup moins considérable. Quant aux Plantes fossiles des Schistes bitumineux de Mansfeld que plusieurs auteurs ont regardées comme des Lycopodes fossiles, nous ne saurions partager cette opinion. Dans ces Fossiles, les feuilles sont disposées sans ordre; elles sont minces ou charnues, mais n'ont jamais l'aspect coriace de celles des Lycopodes; enfin, on n'y voit aucune trace de nervures, caractères qui nous portent à les considérer plutôt comme des Algues voisines des *Caulerpa* à feuilles imbriquées, telles que le *Caulerpa Lycopodioides*, que comme des Lycopodes.

(AD. B.)

LYCOPODITES. BOT. CRYPT. *V.* LYCOPODIACÉES FOSSILES.

LYCOPODIUM. BOT. PHAN. *V.* LYCOPODE.

LYCOPSIDE. *Lycopsis* BOT. PHAN. Genre de la famille des Borraginées et de la Pentandrie Monogynie, caractérisé par un calice tubuleux à cinq divisions, une corolle monopétale infundibuliforme, ayant le tube grêle et recourbé en arc, le limbe à cinq lobes et l'entrée du tube garnie de cinq appendices convexes et connivens. Ce genre se compose d'un petit nombre d'espèces ayant absolument le port des Buglosses, dont il ne diffère que par la courbure du tube de la corolle, qui est droit dans les Buglosses. Ce sont des Plantes herbacées, annuelles ou vivaces, hérissées de poils comme la plupart des autres Borraginées, et portant des fleurs violettes, disposées en grappes terminales.

L'espèce la plus commune dans nos climats est le *Lycopsis arvensis*, L., qui croît partout dans les champs incultes et sur le bord des chemins. Elle fleurit pendant la plus grande partie de la belle saison. Aux environs de Naples elle est remplacée par le *Lycopsis bullata* de Cyrillo, qui en diffère surtout par ses feuilles offrant un grand nombre de bullosités blanchâtres, et par ses fleurs plus grandes.

(A. B.)

LYCOPUS. BOT. PHAN. *V.* LYCOPE.

LYCORIS. *Lycoris.* ANNEL. Genre de l'ordre des Néréidées, famille des Néréides, section des Néréides Lycoriennes, établi par Savigny (Syst. des Annelides, p. 12 et 29) qui lui donne pour caractères distinctifs :

trompe sans tentacules à son orifice; antennes extérieures plus grosses que les mitoyennes; première et seconde paires de pieds converties en quatre paires de cirres tentaculaires; des branchies distinctes des cirres. Les Lycoris s'éloignent de tous les autres genres de la même famille par la présence des mâchoires; elles partagent ce caractère avec les Nephthys dont elles se distinguent cependant par l'absence de tentacules à l'orifice de la trompe.

Le genre Lycoris est un des plus naturels de la classe des Annelides. Toutes les espèces qui le composent ont des caractères assez tranchés et que Savigny a fort bien fait ressortir. Leur corps est linéaire, plus ou moins convexe en dessus, à segmens très-nombreux; le premier des segmens apparens est plus grand que celui qui suit; la tête est peu convexe, rétrécie par devant et libre; la bouche se compose d'une trompe grosse à la base, et partagée en deux anneaux cylindriques, le second plus petit, et garnie sur l'un et l'autre de tubercules ou points saillans durs et cornés; les mâchoires sont cornées, avancées, dentelées, courbées en faulx et pointues. On voit quatre yeux très-distincts, noirs ou de couleur brune et placés latéralement deux en avant et deux en arrière. Il existe des antennes incomplètes; les mitoyennes sont courtes, filiformes, rapprochées et insérées devant le front, de deux articles, le second très-petit; l'antenne impaire manque, les extérieures sont beaucoup plus grosses et un peu plus longues que les mitoyennes, comme urcéolées, insérées sous les côtés de la tête, également de deux articles, le second petit et obtus; les pieds sont très-dissemblables ou de plusieurs sortes; les premiers et les seconds ne sont point ambulatoires et se trouvent privés de soies; ils sont convertis en quatre paires de cirres tentaculaires; les pieds suivans sont ambulatoires et les derniers ont la forme des stylets : les cirres tentaculaires qui sortent chacun d'un article distinct et qui s'insèrent au bord antérieur d'un segment commun formé par la réunion des deux premiers segmens du corps, sont allongés, sétacés, inégaux; les deux premières paires ont moins de longueur que les deux suivantes, et le cirre supérieur de chaque paire est plus long que l'inférieur; les pieds ambulatoires ont deux rames séparées; la rame dorsale pourvue d'un seul faisceau de soies, manque à la première et à la seconde paire; la rame ventrale est munie de deux faisceaux; les soies sont torses ou courbées à leur pointe, et garnies la plupart d'une barbe terminale; les cirres sont subulés, inégaux, et les inférieurs plus courts; les pieds stilaires consistent en deux filets sétacés et terminaux; les branchies se composent essentiellement pour chaque pied ambulatoire de trois languettes ou branchioles charnues; la première de ces languettes est située sous le cirre supérieur; la seconde sous la rame dorsale et disparaît avec elle; la troisième ou la plus inférieure, sous la rame ventrale. L'anatomie a fait voir que l'œsophage des Lycoris était accompagné de poches assez courtes et épaisses; elles manquent dans quelques genres de la famille des Néréides. Les espèces de ce genre, connues sous le nom de *Scolopendres marines*, sont très-nombreuses; Savigny en décrit plusieurs nouvelles : la Lycoris lobulée, *Lyc. lobulata*, des côtes de l'Océan; la Lycoris podophylle, *Lyc. podophylla*; la Lycoris folliculée, *Lyc. folliculata*; la Lycoris fardée, *Lyc. fucata*, espèce de l'Océan; la Lycoris nébuleuse, *Lyc. nebula*; la Lycoris fauve, *Lyc. fulva*; la Lycoris rougeatre, *Lyc. rubida*, du Voyage de Péron. Savigny figure et décrit deux espèces nouvelles du golfe de Suez : la Lycoris égyptienne, *Lyc. Ægyptia*, pl. 4, fig. 1 de l'Ouvrage d'Égypte; elle est commune dans la mer Rouge sous les Fucus, entre les racines des Madrépores, dans les interstices des pierres, et elle

se loge dans un fourreau membraneux; la Lycoris messagère, *Lyc. nuntia*, pl. 4, fig. 3, Ouvrage d'Egypte. Elle est très-agile. Savigny ne lui a point vu de fourreau. Parmi les espèces connues, et que cet auteur rapporte au genre Lycoris, nous citerons : la *Nereis pulsatoria*, Montagu, Leach; la *Nereis margaritacea*, Leach (Encycl. Brit. Suppl. T. 1, p. 461, tab. 26, fig. 5); les *Nereis pelagica*, *incisa*, *fimbriata* et *aphroditoides* de Gmelin. La *Nereis versicolor* de Müller (*Von Furm.*, p. 104, tab. 6, fig. 1-6) a beaucoup de rapport avec le genre Lycoris, et ne paraît en différer que par une antenne impaire exactement située entre les deux antennes mitoyennes. Cette organisation pourrait donner lieu, suivant Savigny, à une simple tribu.

(AUD.)

LYCOSE, *Lycosa*. ARACHN. Genre de l'ordre des Pulmonaires, famille des Aranéides, section des Dipneumones, tribu des Citigrades, établi par Latreille et adopté par Walkenaër et tous les entomologistes. Ses caractères sont : yeux disposés en quadrilatère aussi long ou plus long que large, et dont les deux postérieurs ne sont point portés sur une éminence; première paire de pieds sensiblement plus longue que la seconde.

Ces Araignées ressemblent beaucoup aux Dolomèdes de Latreille; mais elles en diffèrent par la manière dont les yeux sont placés sur le thorax, et par les pates dont la seconde paire est aussi longue ou plus longue que la première. Elles s'éloignent des Saltiques et autres genres voisins par des caractères de la même valeur. Les yeux des Lycoses forment un quadrilatère; ils sont disposés sur trois lignes transverses : la première formée de quatre et les deux autres de deux. Les quatre derniers composent un carré dont le côté postérieur est de la longueur de la ligne formée par les antérieurs, ou guère plus long; les deux postérieurs ne sont point portés sur des tubercules comme ceux des Dolomèdes. La lèvre des Lycoses est carrée, plus haute que large. La longueur de leurs pates va dans l'ordre suivant : la quatrième paire la plus longue, la première ensuite, la seconde et la troisième qui est la plus courte. Leur corps est couvert d'un duvet serré et leur abdomen est de forme ovale.

Les Lycoses courent très-vite; elles habitent presque toutes à terre, où elles se pratiquent des trous qu'elles agrandissent avec l'âge, et dont elles fortifient les parois intérieures avec une toile de soie, afin d'empêcher les éboulemens. D'autres s'établissent dans les fentes des murs, les cavités des pierres, etc. Quelques-unes (L. Allodrome) y font un tuyau composé d'une toile fine, long d'environ cinq centimètres, et recouvert à l'extérieur de parcelles de terre; elles ferment ce tuyau au temps de la ponte. Toutes se tiennent près de leur demeure et y guettent leur proie sur laquelle elles s'élancent avec une rapidité étonnante. Ces Aranéides passent l'hiver dans ces trous, et, suivant Olivier, la Lycose Tarentule a soin d'en boucher exactement l'entrée pendant cette saison. Les Lycoses sortent de leurs retraites dès les premiers jours du printemps, et elles cherchent bientôt à remplir le vœu de la nature en s'accouplant : suivant les espèces et suivant la température du printemps, l'accouplement a lieu depuis le mois de mai jusqu'à la mi-juillet. D'après Clerck, les deux sexes de celle qu'il nomme *monticola* préludent par divers petits sauts. La femelle s'étant soumise, le mâle, par le moyen d'un de ses palpes, rapproche de son corps et un peu obliquement son abdomen; puis, se plaçant par derrière et un peu de côté, se couche sur elle, applique doucement et à diverses reprises son organe générateur sur un corps proéminent (que Clerck nomme trompe) de la partie sexuelle de la femelle, en faisant jouer alternativement l'un de ses palpes, jusqu'à ce que les deux individus se séparent par un sautillement très-preste. Les Lycoses pondent des œufs ordinairement sphéri-

ques, et variant en nombre, suivant les espèces, depuis vingt à peu près jusqu'à plus de cent quatre-vingts. Ces œufs, à leur naissance, sont libres; mais la mère les renferme bientôt dans un sac ou cocon circulaire, globuleux ou aplati, et formé de deux calottes réunies par leurs bords. Ce cocon ou sac à œufs est toujours attaché au derrière de la femelle par les filières, au moyen d'une petite pelote ou d'un lien de soie. La femelle porte partout avec elle toute cette postérité future, et court avec célérité malgré cette charge. Si on l'en sépare, elle entre en fureur, et ne quitte le lieu où elle a fait cette perte qu'après avoir cherché long-temps et être revenue souvent sur ses pas. Si elle a le bonheur de retrouver son cocon, elle le saisit avec ses mandibules, et prend la fuite avec précipitation.

Les œufs des Lycoses éclosent en juin et en juillet. Degéer, qui a beaucoup observé les Araignées, présume que la mère aide les petits à sortir de leur œuf, en perçant la coque. Les petits restent encore quelque temps dans leur coque générale; ce n'est qu'après leur premier changement de peau qu'ils abandonnent leur demeure et montent sur le corps de leur mère où ils se cramponnent; c'est surtout sur l'abdomen et sur le dos qu'ils s'établissent de préférence, en s'y arrangeant en gros pelotons qui donnent à la mère une figure hideuse et extraordinaire. Par un temps serein et vers la mi-octobre, Lister a observé une grande quantité de jeunes Lycoses voltigeant dans l'air. Pour se soutenir ainsi, elles faisaient sortir de leurs filières, comme par éjaculation, plusieurs fils simples en forme de rayons de comètes, d'un éclat extraordinaire et d'un pourpre brillant. Ces petites Araignées faisaient mouvoir, avec rapidité et en rond au-dessus de leur tête, leurs pates, de manière à rompre leurs fils, ou à les rassembler en petites pelotes d'un blanc de neige. C'est, soutenues par ce petit ballon, que les jeunes Lycoses s'abandonnaient dans l'air et étaient transportées à des hauteurs considérables. Quelquefois ces longs fils aériens sont réunis en forme de cordes embrouillées et inégales, et deviennent un filet avec lequel ces Aranéides prennent de petites Mouches et d'autres Insectes de petite taille.

Le genre Lycose renferme un assez grand nombre d'espèces; il en est surtout une qui est très-commune aux environs de Tarente, et qui jouit d'une grande célébrité, parce que le peuple croit que son venin produit des accidens très-graves. Nous parlerons de ces prétendus accidens en traitant de cette espèce. Latreille divise ce genre ainsi qu'il suit :

I. Ligne antérieure des yeux pas plus large que l'intermédiaire.

† Yeux de la seconde ligne très-sensiblement plus gros que les deux de la ligne postérieure.

Lycose Tarentule, *Lycosa Tarentula*, Latr., Walck.; *Aranea Tarentula*, Linn., Fabr., Albin. (Aran., tab. 39). Elle est longue d'environ un pouce, entièrement noire, avec le dessous de son abdomen rouge et traversé dans son milieu par une bande noire. Cette Araignée, étant très-célèbre, a été figurée par une foule d'auteurs, mais si mal, qu'il semble que plusieurs d'entre eux se soient plus à exagérer ses formes hideuses afin d'inspirer plus d'horreur pour elle et d'accréditer, par ce moyen, les absurdités qu'ils ont débitées sur les propriétés de son venin. Il serait trop long de mentionner ici les noms des auteurs qui ont parlé de la Tarentule, et qui l'ont figurée. Nous dirons seulement que, selon les uns, son venin produit des symptômes qui approchent de ceux de la fièvre maligne; selon d'autres, il ne procure que quelques taches érysipélateuses, et des crampes légères ou des fourmillemens. La maladie que le vulgaire croit que la Tarentule produit par sa morsure, a reçu le nom de Tarentisme, et l'on ne peut la guérir

que par le secours de la musique. Quelques auteurs ont poussé l'absurdité jusqu'à indiquer les airs qu'ils croient convenir le plus aux *Tarentolati* : c'est ainsi qu'ils appellent les malades. Samuel Hafenreffer, professeur d'Ulm, les a notés dans son Traité des Maladies de la peau. Baglivi a aussi écrit sur les Tarentules du midi de la France; mais on est bien revenu de la frayeur qu'elle inspirait de son temps, et aujourd'hui il est bien reconnu que le venin de ces Araignées n'est dangereux que pour les Insectes dont la Tarentule fait sa nourriture. Cette espèce se trouve dans l'Italie méridionale.

Il existe dans le midi de la France une espèce de Lycose qui diffère très-peu de celle que nous venons de décrire, et qu'Olivier a confondue avec elle; c'est le *Lycosa Melanogaster* de Latreille (*L. Tarentula Narbonensis*, Walck.). Elle est un peu plus petite que la précédente, et en diffère surtout par son abdomen qui est tout noir en dessous, et dont les bords seulement sont rouges. Chabrier (Soc. Acad. de Lille, 4e cah.) a publié des observations curieuses sur cette espèce.

†† Les quatre yeux postérieurs presque de même grandeur.

Lycose Allodrome, *L. Allodroma*, Latr., Walck. (Hist. des Aranéides, fasc 1, tab. 4 la femelle), Clerck (*Aran. Suec.*, pl. 5, t. 2). C'est la plus grande des environs de Paris. Son corselet et son abdomen sont d'un rouge mélangé de gris et de noir. Les pates sont annelées de rouge et de noir.

II. Ligne antérieure des yeux plus large que l'intermédiaire.

Lycose Pirate, *L. Piratica*, Walck.; Clerck (*Aran. Suec.*, pl. 5, tab. 4 le mâle, et tab. 5 la femelle). Corselet verdâtre, bordé d'un blanc très-vif; abdomen noirâtre, entouré de chaque côté d'une ligne blanche avec six points blancs sur le dos. Elle paraît avoir des rapports avec les Dolomèdes aquatiques, et court sur la surface de l'eau sans se mouiller. *V.* pour les autres espèces Walckenaer, Latreille, Olivier, Clerck , etc.   (G.)

LYCOSTAPHYLLON. BOT. PHAN. (Cordus.) C'est-à-dire *Raisin de Loup.* Syn. de *Viburnum Opulus*, L. *V.* VIORNE.   (B.)

* LYCOSTOMUS. POIS. C'est-à-dire *Gueule de Loup.* L'un des noms de l'Anchois dans l'antiquité. (B.)

LYCTE. *Lyctus.* INS. Genre de l'ordre des Coléoptères, section des Tétramères, famille des Xylophages, tribu des Trogossitaires, établi par Fabricius et adopté par Latreille qui lui donne pour caractères : antennes de la longueur du corselet et de la tête, ayant la massue composée de deux articles ; mandibules saillantes ; corps étroit et allongé. Ces Insectes ont été confondus avec les Ips par Olivier, et avec les *Ditoma* par Herbst. Les Lyctes, tels qu'ils sont adoptés ici, diffèrent des Ditomes par les antennes qui, dans ceux-ci, sont plus courtes que la tête et le corselet, et par les mandibules qui sont cachées ou peu découvertes dans ces derniers. Ils s'éloignent des Colydies, des Trogossites , des Merix et des Latridies, par les antennes qui, dans ces genres, ont la massue composée de trois ou quatre articles. Les Lyctes sont des Insectes de petite taille, et le genre se compose de peu d'espèces. Ces Coléoptères vivent dans le bois sec, et on les trouve sous les écorces et sous les éclats des pièces abandonnées ou travaillées. Dejean (Cat. des Col., p. 103) en mentionne quatre espèces, toutes d'Europe ; la plus commune à Paris et celle qui sert de type au genre, est :

Le LYCTE CANALICULÉ, *L. canaliculatus*, Fabr.; *Ips oblongus*, Oliv. (Col., t. 2, nº 18, pl. 1, fig. 3). Cet Insecte est long d'une ligne et demie à deux lignes ; son corselet est presque aussi long que large , dentelé sur les bords et marqué au milieu d'une fossette allongée ; il est d'un brun roussâtre, pubescent ; les élytres sont

de la même couleur et ont chacune neuf à dix lignes élevées.   (G.)

LYCURE. *Lycurus.* BOT. PHAN. Le professeur Kunth (*In Humb. Nov. Gen.* 1, p. 141) appelle ainsi un genre nouveau de Graminées et de la Triandrie Digynie, L., auquel il donne les caractères qui suivent : les fleurs sont disposées en épi ; les épillets sont géminés, uniflores ; l'un est hermaphrodite et pédicellé, l'autre mâle ou neutre, est presque sessile , de la même forme et de la même structure que le premier, mais plus petit. La lépicène se compose de deux valves oblongues, membraneuses, concaves, inégales, l'inférieure un peu plus longue, bi ou plus rarement trifide, ayant ses divisions terminées par une arête ; la supérieure acuminée et aristée, quelquefois bidentée ; l'arête naissant entre les dents. La glume est formée de deux paillettes lancéolées, acuminées, concaves, membraneuses, presqu'égales ; l'inférieure aristée, la supérieure mutique. Les étamines sont au nombre de trois, ayant des anthères linéaires. L'ovaire est surmonté de deux styles portant chacun un stigmate en forme de pinceau. Le fruit est nu. Ce genre a le port du *Phleum ;* mais il se rapproche beaucoup de l'*Ægopogon*, dont il diffère par la structure de ses fleurs.

Il se compose de deux espèces ; l'une , *Lycurus Phleoides*, Kunth , *loc. cit.*, tab. 45 , a son chaume dressé et ses arêtes très-longues ; elle croît dans les lieux tempérés du Mexique. L'autre, *Lycurus Phalaroides*, Kunth, *loc. cit.*, a ses chaumes ascendans, ses arêtes de la longueur des glumes et des paillettes ; elle croît dans les lieux montueux auprès de Valladolid dans la province de Mechoacan au Mexique.   (A. R.)

LYCUS ou LYQUE. *Lycus.* INS. Genre de l'ordre des Coléoptères, section des Pentamères, famille des Serricornes, division des Malacodermes, tribu des Lampyrides, établi par Fabricius, et ayant pour caractères : antennes très-rapprochées à leur base et très-comprimées; tête rétrécie et prolongée ou devant en-forme de museau; palpes maxillaires beaucoup plus longs que les labiaux; bouche très-petite; corps étroit et allongé; élytres ayant leur extrémité postérieure très-élargie dans plusieurs espèces exotiques, surtout dans les mâles; corps mou, étroit et allongé. Les *Lycus* ressemblent beaucoup aux *Omalyses*, aux *Lampyres* et aux *Téléphores*; mais ils en diffèrent essentiellement par la partie antérieure de la tête qui est en forme de trompe, tandis qu'elle est simple dans ceux-ci. Ils ont en général le corps oblong, déprimé et la tête inclinée; leur corselet aplati et leurs élytres flexibles, quelquefois réticulées et souvent très-dilatées postérieurement. On rencontre ces Insectes sur les fleurs; ils en retirent les sucs avec leur bouche avancée en trompe qu'ils enfoncent dans les corolles.

Les Coléoptères qui composent ce genre ont été confondus par tous les entomologistes avec les *Lampyres* et les *Téléphores*. Fabricius les en a séparés, et leur a donné le nom de *Lycus* qui avait été appliqué par quelques auteurs grecs à plusieurs êtres différens. Hésychus l'a employé pour désigner une espèce d'Araignée; Athénée l'emploie pour une espèce de Poisson; Aristote l'applique à un Oiseau, et Homère appelle ainsi le Loup. Les *Lycus* forment un genre composé d'une cinquantaine d'espèces, dont le plus grand nombre appartient aux pays chauds de l'ancien et du nouveau continent; on en trouve une espèce aux environs de Paris. Sa larve est très-noire, linéaire, très-aplatie, avec le dernier anneau rouge en forme de plaque, ayant à son extrémité deux espèces de cornes cylindriques comme articulées et arquées en dehors; elle a six pates, et se trouve sous les écorces du Chêne. C'est:

Le *Lycus sanguin*, *L. sanguineus*, Fabr., Latr. (Hist. Nat. des Crust. et des Ins. T. IX, p. 87, pl. 75, f. 6); *Lycus rufipennis*, Latr. (*Gen. Crust.*

et Ins. T. I, p. 256); le Ver luisant rouge, Geoff.; Lampyre rouge velue, Degéer (Inst. T. IV, p. 47). Il est noir; les bords latéraux du corselet et les élytres sont d'un rouge sanguin; elles ne s'élargissent pas sensiblement à leur extrémité comme dans le *Lycus latissimus* de Fabr. *V.* pour les autres espèces Latreille, Olivier et Fabricius. (G.)

LYDA. *Lyda.* INS. Genre de l'ordre des Hyménoptères établi par Fabricius, et auquel Latreille a donné le nom de *Pamphilius. V.* ce mot. (G.)

LYDIENNE. MIN. La Pierre de touche ou de Lydie est quelquefois nommée simplement Lydienne. C'est une variété de Cornéenne. *V.* ce mot. (G..N.)

* **LYDUS.** *Lydus.* INS. Genre de l'ordre des Coléoptères, section des Hétéromères, famille des Trachélides, tribu des Cantharidies, établi par Megerle et adopté par Latreille. (Fam. Nat. du Règne Anim.) Ces auteurs ne donnent pas les caractères de ce genre. L'espèce qui lui sert de type est le *Mylabris algiricus* de Fabricius; son *Mylabris trimaculatus* appartient aussi à ce genre. (G.)

* **LYELLIA.** BOT. CRYPT. (*Mousses.*) Robert Brown, dans les Actes de la Société Linnéenne de Londres, a créé ce genre très-rapproché du *Dawsonia* par la forme et la structure de la capsule, mais très-différent par son péristome. Il est ainsi caractérisé: orifice de l'urne sans dents, fermé par un épiphragme dont le centre se sépare du bord élargi, et reste attaché à la columelle qui, en se raccourcissant, le tire en dedans. L'urne est convexe d'un côté, plane de l'autre, recouverte d'une coiffe, velue au sommet, et fendue latéralement. Le péristome est horizontal et fermé par l'opercule interne ou épiphragme. Ce genre ne renferme encore qu'une espèce particulière au Thibet. Elle a le port d'un Polytric, et forme des touffes hautes de trois ou quatre pouces. Elle a reçu le nom spécifi-

que de *crispa.* Son port la rapproche du *Polytrichum contortum.* (A.F.)

LYGÉ. *Lygeum.* BOT. PHAN. Genre de la famille des Graminées et de la Triandrie Monogynie, L., offrant plusieurs particularités dans son organisation et que le professeur Richard a le premier fait connaître d'une manière précise dans les Mémoires de la Société d'Histoire Naturelle de Paris (An VII, p. 28). Ce genre ne se compose que d'une seule espèce, *Lygeum Spartum,* L., Rich., *loc. cit.,* t. 3. Cette Plante est vivace ; ses chaumes dressés, fermes, cylindriques, sont hauts d'un pied à un pied et demi, n'offrant généralement qu'un seul nœud, d'où part la dernière feuille ; celles-ci rapprochées à la partie inférieure du chaume sont dressées et recourbées, linéaires, subulées et presque cylindriques ; le sommet du chaume se termine par une enveloppe solitaire, foliacée, verdâtre, striée, longue d'environ deux pouces, amincie à sa partie supérieure, enroulée sur elle-même, laissant sortir les étamines et les stigmates par son sommet. Cette enveloppe contient deux, très-rarement trois fleurs appliquées l'une contre l'autre dans toute leur longueur, couvertes à leur base de longs poils soyeux et blancs. Chaque fleur offre une glume à deux valves inégales, l'extérieure embrassant l'intérieure, linéaire, lancéolée, très-aiguë, carenée, formant par sa base avec celle de la seconde fleur un tube ovoïde ; la valve intérieure, une fois plus longue que l'externe, est étroite, aplatie, linéaire, bifide à son sommet et roulée sur les filets staminaux et le pistil. Le tube formé par la base de la valve externe des deux fleurs est biloculaire, la cloison étant formée par la valve interne, dont les bords tapissent la face interne du tube. Les étamines au nombre de trois sont insérées tout-à-fait au fond du tube au-dessous de l'ovaire ; leurs anthères longues de près d'un pouce sont étroites et prismatiques. L'o-

vaire élevé par un très-petit support qui lui est commun avec les étamines, est fusiforme, très-petit et à peine distinct du style. Celui-ci est à peu près de la longueur des étamines, terminé par un stigmate simple, subulé, qui se confond avec le style. Le fruit est renfermé dans l'enveloppe spathiforme, qui se fend longitudinalement ; il se compose du tube de la glume qui a augmenté, est devenu cartilagineux, offre deux loges chacune contenant un fruit. Ce tube, formé par les glumes, a été pris pour un péricarpe biloculaire, provenant d'un ovaire infère. Le Lygé Sparte est originaire des contrées méditerranéennes de l'Europe. (A.R.)

LYGÉE. *Lygœus.* INS. Genre de l'ordre des Hémiptères, section des Hétéroptères, famille des Géocorises, tribu des Longilabres, établi par Fabricius, adopté par Latreille et tous les entomologistes, et ayant pour caractères : deux ocelles très-écartés entre eux ; antennes toujours filiformes, insérées sur les côtés de la tête dans la ligne qui va des yeux à la base ou au-dessous du bec. Tête non rétrécie postérieurement en manière de col, plus étroite que le corselet ; ce dernier rétréci en devant, trapézoïde. Les Lygées ressemblent beaucoup aux Corées, avec lesquelles Fabricius a confondu quelques espèces. Mais ces dernières Punaises s'en éloignent par la manière dont leurs antennes sont insérées. Les Néides s'en distinguent très-bien par leurs antennes coudées : les Alydes de Fabricius diffèrent des Lygées par la forme étroite et allongée du corps ; les Bérytes ont les antennes coudées, les Myodoques s'en distinguent par la tête qui est rétrécie en arrière, et les Saldes par leur tête qui est transversale. Les antennes des Lygées sont ordinairement filiformes, insérées à la partie inférieure des côtés de la tête et composées de quatre articles cylindriques ; le bec est assez long, de quatre articles ; il renferme un suçoir de quatre soies. La tête est petite; elle porte deux ocelles saillans, écartés l'un de l'autre et placés entre les yeux qui sont petits. Le corps est en ovale allongé; le corselet est trapézoïdal, un peu rebordé avec les côtés extérieurs un peu arrondis. L'écusson est triangulaire, et les élytres dépassent l'abdomen et sont de la même largeur que lui. L'abdomen est composé de segmens transversaux dans les deux sexes. Les pates sont simples, assez longues, avec des tarses de trois articles terminés par deux crochets et munis d'une pelote bilobée dans leur entre-deux. Le genre Lygée se compose d'un assez grand nombre d'espèces; parmi celles des environs de Paris, nous citerons :

La Lygée Croix de Chevalier, *L. equestris*, Fabr.; *L. Cimex equestris*, Linn. Longue de cinq lignes, rouge, à taches noires avec la partie membraneuse des élytres brune tachetée de blanc. On trouve une autre espèce qui est très-commune et qui a été nommée *L. apterus*, parce que, ordinairement, elle est sans ailes; très-rarement elle est munie de ces organes. (G.)

LYGEUM. BOT. PHAN. *V*. Ligé.

LYGINIA. BOT. PHAN. (R. Brown.) Syn. du *Schœnodorum* de Labillardière. *V*. ce mot. (B.)

LYGISTE. *Lygistum*. BOT. PHAN. Ce genre de la famille des Rubiacées et de la Tétrandrie Monogynie, L., fut établi par P. Browne (*Pl. Jam.* 142, t. 3, f. 2) et adopté par Swartz et Lamarck. Linné l'avait cependant réuni au *Petesia* duquel il diffère surtout par son fruit capsulaire. Jussieu l'a rapporté au genre *Nacibea* d'Aublet, qui a encore pour synonyme le *Manetia* de Mutis et Linné. Indépendamment du *Lygistum axillare* sur lequel le genre a été établi, Lamarck (Illustr., p. 286) a décrit une autre espèce qu'il a nommée *Lygistum spicatum*, et qui, selon Kunth, doit être placée parmi les *Coccocypsilum*. *V*. Nacibée et Coccocypsile. (O..N.)

LYGODIE. *Lygodium*. BOT. CRYPT.

(*Fougères*.) Le genre établi sous ce nom par Swartz dans son *Synopsis Filicum*, et à peu près à la même époque par Willdenow sous celui d'*Hydroglossum*, avait d'abord été confondu par Linné avec les Ophioglosses, dont il diffère cependant par une infinité de caractères, et depuis il fut distingué presqu'en même temps par plusieurs naturalistes. Ainsi Swartz le nomme *Lygodium*, Willdenow *Hydroglossum*, Cavanilles *Ugena*, Mirbel *Ramondia*; Richard, dans la Flore de Michaux, désigna une de ses espèces sous le nom de *Cteisium*, et Bernhardi en forma ses genres *Odontapteris* et *Gisopteris*. Le nom de *Lygodium* étant un des plus anciens, et ayant été établi dans un travail général sur la famille des Fougères, a été adopté par presque tous les botanistes. Les Plantes de ce genre sont toutes grimpantes, et elles diffèrent en cela de presque toutes les Fougères, car elles ne rampent pas sur les troncs des Arbres à la manière de certains Polypodes et de plusieurs autres Fougères, mais elles ont leur racine en terre, et leur tige, réellement grimpante, s'entortille autour des Arbrisseaux et des Graminées. Les feuilles sont alternes, mais se bifurquent près de la base, de manière à paraître opposées au premier aspect; elles sont deux ou trois fois pinnées, à pinnules souvent cordiformes et pétiolées. Une espèce de l'Amérique septentrionale, le *Lygodium palmatum*, a les feuilles simples et seulement divisées en plusieurs lobes; c'est elle qui a servi de type aux genres *Ramondia*, *Cteisium* et *Cistopteris*. Dans les frondes fertiles le limbe de la feuille disparaît en grande partie, tandis que la plupart des nervures se prolongent en autant d'axes saillans qui portent sur leurs côtés une double rangée d'écailles alternes, distiques, à l'aisselle de chacune desquelles se trouve une capsule. Ces capsules sont analogues à celles des *Schizea*, des *Anemia*, etc. Elles sont ovoïdes et pourvues à leur sommet d'un large anneau élastique en forme de calotte à stries rayonnantes. Toutes les espèces de ce genre, à l'exception de deux, croissent entre les tropiques ; elles sont particulièrement très-abondantes dans les Moluques où elles couvrent quelquefois de grands espaces en s'enlaçant aux chaumes des Graminées ; les deux espèces qui supportent un climat plus vigoureux sont : le *Lygodium palmatum* qui croît jusqu'en Pensylvanie, et le *Lygodium japonicum* qui habite la Chine et le Japon.

(AD. B.)

LYGOPHILES ou TÉNÉBRICOLES. INS. Famille de l'ordre des Coléoptères, établie par Duméril, et correspondant à la tribu des Ténébrionites de Latreille. *V.* TÉNÉBRIONITES.

(G.)

LYGOS. BOT. PHAN. Sous ce nom, appliqué autrefois par Dioscoride à la Plante que Linné a nommée *Vitex Agnus-castus*, Mentzel et Adanson ont proposé un genre établi sur le *Spartium junceum*, L. *V.* GENÊT.

(G..N.)

LYMEXYLON. *Lymexylon*. INS. Genre de l'ordre des Coléoptères, section des Pentamères, famille des Serricornes Malacodermes, tribu des Lime-Bois, établi par Fabricius aux dépens des *Cantharis* et des *Meloes* de Linné, et ayant pour caractères : palpes maxillaires beaucoup plus grands que les labiaux, pendans, très-divisés, et comme en peigne ou en forme de houppe dans les mâles; mandibules courtes, épaisses; antennes simples, filiformes ou en fuseau, les articles du milieu étant un peu plus grands ; tous les articles des tarses entiers ; corps cylindrique, long, avec la tête presque globuleuse, inclinée, distinguée du corselet par une espèce d'étranglement ou un cou.

Les Lymexylons se distinguent des Cupes et des Rhysodes, par les palpes, qui dans ceux-ci sont peu saillans, semblables dans les deux sexes et à articles simples ; ils diffèrent des Hylecœtes par leurs antennes qui ne sont pas en scie comme dans ces derniers, et des Atractocères, parce que

ceux-ci ont les élytres tronquées et courtes comme les Staphylins. Les larves des Lymexylons causent un grand dommage aux Chênes et aux bois de construction de la marine ; elles vivent dans l'intérieur du bois, le percent et le sillonnent dans tous les sens. L'espèce de ce genre la plus connue et la plus nuisible est :

Le LYMEXYLON NAVAL, *L. navale*, Fabr., la femelle; *L. flavipes*, Fabr., le mâle. Il est d'un fauve pâle, avec la tête, le bord extérieur et l'extrémité des étuis noirs ; cette dernière couleur domine dans le mâle. Cette espèce se trouve dans toute l'Europe sur le Chêne. (G.)

LYMNANTHEMUM. BOT. PHAN. Pour Limnanthus. *V.* ce mot. (B.)

LYMNÆA. MOLL. Pour *Limnæa*. C'est à tort que plusieurs auteurs ont écrit ce mot avec un Y, et il en est peu sur l'orthographe duquel on ait plus varié ; voici les exemples qu'en rapporte Basterot dans son intéressant Mémoire sur les Fossiles du sud-ouest de la France, inséré parmi ceux de la Société d'Histoire Naturelle de Paris : *Lymnæa*, Lamarck, Deshayes; *Limneus*, Sowerby, Brongniart; *Lymneus*, Draparnaud, Brongniart, Defrance ; *Lymnea*, Sowerby, Blainville; *Lymnœus*, Cuvier, Bowdich; *Lymnœus*, Montfort; *Limnæa*, Desmarest, Férussac. C'est cette dernière manière, qui est la plus convenable. (D..H.)

LYMNE. POIS. Espèce du genre Raie. *V.* ce mot. (B.)

* LYMNIAS. INF.? POLYP.? Le genre, formé sous ce nom par Oken qui se borne à lui assigner pour caractères : corps pourvu de deux rames et contenu dans une loge opaque et mince, paraît appartenir aux Rotiferes. Le savant professeur d'Iéna n'en cite qu'une espèce qu'on trouve parmi le Cératophylles. (B.)

LYMNOEUS. MOLL. (Montfort.) Pour *Limnæa*. *V.* LYMNÆA. (B.)

LYMNORÉE. *Lymnorea*. ACAL.

Genre de Médusaires établi par Péron et Lesueur dans leur division des Méduses agastriques pédonculées et tentaculées. Ils lui donnent pour caractères : des bras bifides, groupés à la base du pédoncule et garnis de suçoirs nombreux en forme de petites vrilles. Ce genre n'a point été adopté. Cuvier le réunit aux Rhizostomes, et Lamarck aux Dianées. *V*. ces mots.

(E. D..L.)

*LYMNORÉE. *Lymnorea.* POLYP. Genre de l'ordre des Actinaires dans la division des Polypiers sarcoïdes. Caractères : polypier fossile, en masse irrégulière, sublobée ou presque globuleuse, adhérent par sa base, présentant en dessous une sorte de tégument membraniforme, peu épais, irrégulièrement plissé en travers et ondulé ; dans son intérieur un tissu spongieux, grossier, très-serré et finement lacuneux ; à sa surface supérieure de gros mamelons de même tissu que l'intérieur, plus ou moins nombreux et saillans, percés à leur sommet d'un oscule peu profond, arrondi ou fendu en étoile. L'espèce unique qui constitue ce genre n'est pas très-rare dans certaines localités du Calcaire à Polypiers des environs de Caen ; elle est entièrement calcaire, mais non changée en Spath ; sa grandeur est peu considérable (de cinq ou six lignes à un pouce et demi). Sa forme varie considérablement ; il n'y a peut-être pas deux individus semblables ; tantôt elle se présente en masse presque globuleuse, le tégument inférieur est alors peu étendu ; tantôt elle est presque digitée et le tégument la recouvre jusque près des mamelons ; on trouve entre ces deux extrêmes tous les intermédiaires. L'espèce d'enveloppe extérieure ou tégument membraniforme est, comme tout le reste, entièrement calcaire, très-peu épais, sans aucunes porosités, irrégulièrement plissé en travers ; il embrasse intimement le tissu spongieux intérieur ; sur quelques échantillons il semble s'interrompre, puis reparaître par zônes ; on voit dans ces espaces

le tissu intérieur à nu. On peut se faire une idée de celui-ci en le comparant à la substance spongieuse des os, mais il est beaucoup plus serré, les vacuoles sont plus petites, les fibrilles et lamelles courtes et presque confluentes ; en dessus cette structure lui donne un aspect poreux ; mais en l'examinant attentivement, on s'aperçoit que ces porosités n'ont rien de régulier. La forme extrêmement variable des Lymnorées et la présence d'une sorte de membrane extérieure avaient porté Lamouroux à croire que ces Polypiers étaient mollasses, charnus et contractiles ; aussi les a-t-il rangés dans l'ordre des Polypiers Actinaires. Cette opinion nous semble peu soutenable ; il faudrait d'autres preuves pour faire admettre la pétrification calcaire de corps tout-à-fait charnus ; il faudrait que ces Animaux eussent été saisis, englobés, pénétrés instantanément par la gangue qui les entoure ; on les trouverait en place sur les corps où ils étaient attachés ; tandis qu'ils sont toujours confusément mêlés avec des Polypiers ou autres corps marins plus ou moins cassés par le déplacement. Ils sont quelquefois couverts de Serpules, de plaques de Polypiers encroûtans de la famille des Escharres, de petites Coquilles et spécialement de l'*Ostrea terebratuloides*, Defr. Lamouroux pensait que cette sorte de tégument membraniforme que l'on remarque à la surface des Lymnorées était analogue à l'enveloppe extérieure des Actinies et propre à remplir les mêmes usages. Un examen attentif des Lymnorées détruit bientôt cette supposition. D'ailleurs on peut également remarquer que la surface inférieure de quelques Polypiers lamellifères vivans ou fossiles présente une apparence de membrane calcaire plissée transversalement ; nous avons vu cette disposition sur des Astrées qui avaient produit des expansions latérales ; la surface inférieure de ces expansions offrait, d'une manière très-manifeste, cet aspect membraneux dont nous parlons. Quant à la forme excessivement variée des Lymnorées que Lamouroux attribuait aux divers etats où se trouvaient ces Polypiers lorsqu'ils avaient été saisis, on peut objecter qu'un grand nombre de Polypiers pierreux actuellement vivans dans les mers offrent cette particularité. La plupart des Polypiers fossiles des environs de Caen, bien reconnus par Lamouroux lui-même pour avoir été de nature pierreuse, sont dans ce cas. Plusieurs Millépores de cette localité se présentent sous des aspects tellement diversifiés et bizarres, que l'on ne pourrait croire qu'ils appartiennent aux mêmes espèces, si l'on ne trouvait tous les intermédiaires entre les formes les plus opposées. Si les remarques que nous soumettons sur ce genre sont fondées, les Lymnorées ne doivent point rester parmi les Polypiers Actinaires; mais à moins de les rapprocher des Milléporées avec lesquelles elles n'ont toutefois que fort peu d'analogie, nous ne connaissons point de Polypiers avec lesquels on puisse les réunir. A la vérité, en comparant attentivement les Lymnorées avec les corps pétrifiés que Lamouroux a décrits et figurés comme des Eponges dans son *Genera Polypariorum*, on trouve entre eux les plus grands rapports de structure; mais les Eponges pétrifiées n'ont point l'enveloppe membraneuse plissée dès premières, et si celles-là ont de la ressemblance avec quelques Eponges vivantes, les Lymnorées ne paraissent plus se rapporter à celles-ci. L'espèce rapportée à ce genre a été nommée *Lym. mamillosa.*

(E. D..L.)

LYMPHE. ZOOL. CHIM. Liquide diaphane, incolore ou très-légèrement coloré en rose, un peu visqueux, essentiellement albumineux, d'une saveur un peu salée, contenu dans un système particulier d'organes nommés Vaisseaux lymphatiques. *V.* les mots VAISSEAUX, CIRCULATION et SÉCRÉTION. Examinée au microscope, la Lymphe offre les mêmes globules que ceux qui composent le sang; ils sont seulement un peu plus petits et non

revêtus d'une enveloppe colorante. Ce fluide, abandonné à lui-même, se comporte d'une manière analogue au sang; il se partage en deux parties : l'une est du *serum*, et l'autre un caillot formé de filamens rougeâtres, ressemblant à des arborisations vasculaires. Cependant la chaleur et les Acides ne coagulent pas ce fluide, et il ne verdit le sirop de violette que lorsqu'il est concentré. Brande et Chevreul ont fait l'analyse de la Lymphe du Chien. Le premier de ces chimistes la regardait comme de l'eau tenant en dissolution un peu d'Albumine, du chlorure de Sodium avec des traces de Soude. Chevreul l'a trouvée composée, sur 1000 parties, de : Eau, 926, 4; Fibrine, 004, 2; Albumine, 071, 0; carbonate de Soude, 001, 8; chlorure de Sodium, 006, 1; phosphates de Chaux et de Magnésie, et carbonate de Chaux, 000, 5.

A l'égard de ce qu'on a nommé improprement LYMPHE dans les Végétaux, *V.* SÈVE.   (G. N.)

LYNCÉE. *Lynceus.* CRUST. Genre de l'ordre des Lophyropodes, famille des Ostracodes de Latreille (Fam. Nat. du Règn. Anim.), établi par Müller, et ayant pour caractères : deux yeux distincts; des antennes simples, velues ou en pinceau; huit pates. Ce genre, qui est intermédiaire entre les *Cypris* et les *Daphnia*, puisqu'il a la tête des uns et la queue des autres, s'éloigne des premiers par les antennes qui sont au nombre de quatre dans ceux-ci et par les pieds, et des seconds par l'œil qui est unique. Le corps des Lyncées est arrondi, comprimé, renfermé ainsi que celui des Daphnies dans un test plié en deux, imitant les deux battans d'une coquille bivalve dont le centre, qui forme une ligne saillante sur le dos, représente la charnière. La tête est plus ou moins séparée du corps par une échancrure du test en dessous. Les yeux sont placés au-devant l'un de l'autre, et non dans une ligne transverse au corps de l'Animal; il y a quatre antennes insérées au-dessous de la tête, toutes inégales et garnies de longs poils sur leur côté inférieur, qui servent plus directement à l'action natatoire que dans les Cypris. Les pates sont difficiles à compter ; elles sont au nombre de huit ou dix, terminées par des soies et accompagnées à leur base d'écailles barbues ou branchiales. La queue est petite, pointue, ordinairement repliée sous le ventre et enfermée dans le test. Les œufs sont apparens sous celui-ci, dans la région du dos, tantôt seuls, tantôt au nombre de deux par ponte ; c'est au printemps qu'on les aperçoit comme des points noirâtres à travers le test. Les Lyncées sont les plus petits de tous les Entomostracés ; ils habitent les eaux dormantes où croissent les Plantes aquatiques. Ces Crustacés ne sont point rares aux environs de Paris ; cependant on ne les y rencontre pas aussi souvent que les Cypris et les Daphnies. Ce genre n'est pas très-nombreux en espèces ; on en compte huit ou neuf ; la principale est :

Le LYNCÉE A QUEUE COURTE, *L. brachyurus*, Latr. (Hist. Nat. des Crust. et des Ins. T. IV, p. 204, pl. 32, fig. 1 à 12*j* ; Müller (Entom. T. VIII, fig. 1 à 11); *Monoculus brachyurus*, Müll. Antennes au nombre de quatre ; test globuleux, transparent comme de la corne ; queue courte, composée de deux filets réunis à leur base. *V.*, pour les autres espèces, Latreille, Jurine, Müller, Desmarest, etc. (G.)

* LYNCURIUS. MOLL. FOSS. Syn. de Bélemnite. *V.* ce mot. (B.)

LYNCURIUS. MIN. Théophraste et Pline ont ainsi nommé une Pierre, sur laquelle les érudits ont beaucoup disserté sans résoudre la question d'une manière satisfaisante. Au temps de Pline, on attribuait sa formation à l'urine pétrifiée du Lynx ; et cette opinion ridicule a été répétée jusque dans les temps modernes. Cependant à mesure que la minéralogie eut fait quelques progrès, les idées sur cette

Pierre devinrent moins invraisemblables. On a successivement cru que les anciens avaient voulu désigner sous le nom de *Lyncurius*, une Cornaline brune, une variété de Succin, le Zircon Hyacinthe, et enfin une Topaze roussâtre. (G..N.)

* LYNGBYA. BOT. CRYPT. (*Arthrodiées.*) Le genre formé sous ce nom par Agardh, sous le n° 37, dans son *Systema Algarum*, ne paraîtrait différer des Oscillaires que parce qu'on n'y retrouverait pas la mucosité dans laquelle se tissent les filamens vivans de ces Psychodiaires, et que les filamens des *Lyngbya* seraient inertes. Nous ne croyons pas à la validité de ce genre, où l'auteur rapporte sous le nom de *Lyngbya ferruginea*, l'*Oscillatoria œstuarii* de Lyngbye, pl. 26, E, que nous pouvons affirmer être un véritable Oscillaire. *V.* ce mot et COLOTHRIX au Supplément. (B.)

* LYNGBYELLE. *Lyngbyella.* BOT. CRYPT. (*Confervées.*) Nous avons proposé l'établissement de ce genre aux dépens du *Sphacelaria* de Lyngbye, pour répartir les espèces où les facies de matière colorante, disposées ordinairement deux à deux, ou jusqu'à quatre dans chaque article, y sont dans le sens longitudinal de l'article, au lieu qu'il n'y a qu'une zône faciale et transverse dans les véritables Sphacellaires. Nous citerons comme exemples de ce genre : les *Sphacelaria disticha* et *scoparia*, Lyngb., p. 40, pl. 51, qui en sont les types. Ce sont des Plantes très-communes de nos mers où elles croissent de toutes parts, et qu'on trouve souvent jetées au rivage. La fructification, interne comme dans le reste des Confervées, y est située à l'extrémité des derniers rameaux qui se renflent en massue au temps de la propagation, et dans la transparence desquelles se distinguent une ou plusieurs gemmules. (B.)

LYNX. MAM. Espèce de Chat qui donne son nom à un sous-genre dont il est le type. On a aussi appelé le Caracal, LYNX DE BARBARIE. (B.)

LYONIA. **bot. phan.** Genre de la famille des Ericinées, et de la Décandrie Monogynie, L., établi par Nuttall (*Gener. of North Amer. Plant.* T. I, p. 266), qui l'a ainsi caractérisé : calice à cinq dents; corolle presque globuleuse et pubescente; capsule à cinq loges et à cinq valves septifères sur leur milieu, ayant leurs bords formés par cinq autres valves accessoires et externes; graines nombreuses, subulées, imbriquées longitudinalement. Ce genre est formé aux dépens des *Andromeda* de Willdenow, dont il ne doit probablement former qu'une section. Nuttall en décrit quatre espèces indigènes des Etats-Unis, savoir : *Lyonia ferruginea, rigida, paniculata* et *frondosa*.

Le genre *Lyonia* de Rafinesque est le même que le *Polygonella* de Michaux. *V*. ce mot. (G..N.)

LYONSIE. *Lyonsia*. **bot. phan.** R. Brown (*Wern. Trans.*, 1, p. 66) appelle ainsi un genre nouveau de la famille des Apocinées, auquel il attribue pour caractères : une corolle monopétale, infundibuliforme, dépourvue d'écailles à l'orifice de son tube, et ayant son limbe partagé en cinq divisions égales et recourbées, à préfloraison valvaire. Les étamines sont saillantes; les filets insérés au milieu du tube sont filiformes, et les anthères sagittées, adhérentes à la partie moyenne du stigmate. L'ovaire est à deux loges. Le style est filiforme, dilaté dans sa partie supérieure qui se termine par un stigmate presque conique. Les lobes du disque hypogyne sont cohérens entre eux. Le fruit est une capsule-cylindrique, biloculaire, à deux valves roulées sur elles-mêmes et ressemblant chacune à un follicule; la cloison est parallèle aux valves, libre et portant les graines sur chacun de ses bords. Ce genre, très-voisin du *Parsonia*, dont il diffère seulement par la structure de sa capsule, se compose d'une seule espèce, *Lyonsia straminea*, R. Br., *loc. cit.* C'est un Arbuste sarmenteux, originaire de la Nouvelle-Hollande,

dont les feuilles sont opposées, les fleurs disposées en cymes terminales et trichotomes. (A. R.)

LYPÉRANTHE. *Lyperanthus*. **bot. phan.** Genre de la famille des Orchidées et de la Gynandrie Monandrie, L., établi par R. Brown (*Prodr. Flor. Nov.-Holl.*, 1, p. 325) et qui offre un calice en gueule, ayant la foliole supérieure et externe creusée en forme de four, tandis que les autres sont planes et égales entre elles. Le labelle est court, concave, ayant ses bords redressés, rétréci vers son sommet. Le gynostème est grêle et linéaire, terminé par une anthère persistante dont les deux loges sont rapprochées; chaque loge contient deux masses polliniques pulvérulentes. Ce genre est composé de trois espèces originaires de la Nouvelle-Hollande. Ce sont des Plantes herbacées, non parasites, glabres, dont les bulbes sont simples; la tige porte une seule feuille vers sa base et deux écailles. Les fleurs, d'un brun noir, forment un épi terminal. Ce genre a des rapports avec le *Caladenia* et le *Corysanthes*. (A. R.)

LYQUE. **ins.** (Cuvier et Duméril.) *V*. Lycus.

LYRE. **ois.** *V*. Ménure.

LYRE. **pois.** Espèce des genres Trigle et Callionyme. *V*. ces mots. (B.)

LYRE DE DAVID. **moll.** Espèce du genre Harpe. (B.)

LYRÉE (feuille.) **bot. phan.** On nomme ainsi, dans le langage descriptif, la feuille dont les lobes du haut sont grands et réunis, tandis que ceux du bas sont petits et divisés jusqu'à la nervure médiane. Telles sont les feuilles de plusieurs *Brassica* et d'autres Crucifères siliqueuses, des *Geum*, etc. (G..N.)

LYROPE. *Lyrops*. **ins.** Genre de l'ordre des Hyménoptères, section des Porte-Aiguillons, famille des Fouisseurs, tribu des Larrates de Latreille (Fam. Nat. du Règn. Anim.), établi par Illiger, et nommé *Trachytes* par Panzer. Ces Insectes ressemblent aux

Larres avec lesquels Latreille les avait réunis , et n'en diffèrent que par leurs mandibules qui ont au côté interne une saillie en forme de dent , par l'abdomen qui est proportionnellement plus court et par la languette qui a de chaque côté une petite division , ce qui la rend distinctement trifide. Ces Insectes se distinguent des Miscophes et des Dinètes , parce qu'ils ont trois cellules cubitales fermées , tandis que ces derniers genres n'en ont que deux. Le type de ce genre est :

Le LYROPE ÉTRUSQUE , *L. etruscus*, Illig. ; *Larra etruscus* de Jurine (Hym., pl. 9 , genre 9) ; *Trachytes tricolor*, Panzer (*Faun. Ins. Germ.* , *fasc.* 84 , t. 19) ; *Liris aurata* , Fabr. Cette espèce se trouve en Allemagne et en Italie.   (G.)

LYS. BOT. PHAN. Pour Lis. *V.* ce mot.   (B.)

LYSANTHE. BOT. PHAN. Ce genre, proposé par Knight et Salisbury pour quelques espèces de *Grevillea* , n'a point été adopté. *V.* GRÉVILLÉE.
                    (G..N.)

LYSIANTHUS. BOT PHAN. Pour *Lisianthus*. *V.* ce mot.   (G..N.)

* LYSIDICE. *Lysidice*. ANNEL. Genre de l'ordre des Néréidées, famille des Eunices, fondé par Savigny (Syst. des Annelides, p. 13 et 52) qui lui assigne pour caractères distinctifs : trompe armée de sept mâchoires, trois du côté droit, quatre du côté gauche ; les deux mâchoires intérieures et inférieures très simples ; antennes découvertes , les extérieures nulles ; les mitoyennes très-courtes ; l'impaire de même ; branchies indistinctes ; front arrondi.

Le genre Lysidice , institué aux dépens de celui des Néréides de Linné , offre plusieurs points de ressemblance avec les Léodices et les Aglaures. Il diffère des premières par la petitesse des antennes et par les branchies indistinctes, et il s'éloigne essentiellement des secondes par un plus grand nombre de mâchoires. L'examen plus attentif de leur organisation extérieure montre des carac-

tères assez nombreux et plus ou moins faciles à saisir. Leur corps est linéaire, cylindrique, composé de segmens courts et nombreux : le premier segment n'est point rétréci ni saillant sur la tête , le second segment est égal au troisième. La tête est plus large que longue , libre, simplement arrondie par-devant, et entièrement découverte ainsi que les antennes. La bouche offre une trompe dépassant le front à son orifice, et cette trompe est munie de sept mâchoires disposées comme celles du genre Léodice (*V.* ce mot) avec une lèvre inférieure beaucoup plus large que la première paire de mâchoires. Les yeux sont grands et situés à la base extérieure des antennes mitoyennes. Les antennes moins longues que la tête sont incomplètes , c'est-à-dire que les antérieures sont nulles ; les mitoyennes sont courtes ; ovales ou coniques, et ne paraissent point sensiblement articulées ; l'impaire est semblable aux mitoyennes , mais plus longue ; les pieds ne paraissent pas convertis en cirres tentaculaires, seulement la dernière paire est changée en deux filets ; les pieds sont tous ambulatoires, très-courts , à deux faisceaux inégaux de soies simplement pointues ou terminées par un petit appendice mobile ; les cirres supérieurs sont subulés et les inférieurs très-courts. On ne distingue point de branchies.

Savigny décrit trois espèces qui sont nouvelles et dont il ne donne pas la figure.

La LYSIDICE VALENTINE , *Lys. Valentina* , Savig. Corps long de près de deux pouces , grêle, formé de quatre-vingt-dix-neuf segmens dans un individu incomplet ; le premier segment à peine plus long que le second ; antennes subulées ; tête à yeux noirs, sans autres taches ; pieds à deux faisceaux de soies jaunâtres ; le faisceau supérieur, plus mince et plus long , se compose de soies très-fines , l'inférieur de soies plus grosses, terminées par un appendice ; acicules jaunes ; cirres supérieurs su-

bulés et assez saillans; cirres inférieurs fort courts. Couleurs et reflets
de la nacre. Des côtes de la Méditerranée.

La LYSIDICE OLYMPIENNE, *Lys.
olympia*, Savig. Corps long de quatorze lignes, composé de cinquante-
cinq segmens, sans compter une
douzaine de petits anneaux qui forment au bout du corps une queue
conique, ciliée de deux rangs de
pieds imperceptibles, et terminée
par deux filets courts; premier segment à peine plus long que le suivant; yeux noirs; antennes subulées;
un petit mamelon conique derrière
l'antenne impaire, sortant de la jonction de la tête avec le premier segment du corps; pieds de l'espèce précédente, à deux acicules très-noirs;
couleur gris-blanc, avec les reflets
de la nacre, sans taches. Des côtes
de l'Océan sur les Huîtres.

La LYSIDICE GALATHINE, *Lys. Ga-
lathina*, Savig. Cette espèce pourrait bien être, suivant Savigny, une
variété de la précédente. Corps plus
épais; antennes très-courtes, ovales,
avec un large mamelon derrière l'antenne impaire; couleur d'un blanc laiteux; les trois premiers segmens d'un
roux doré en dessus; les yeux comme noyés chacun dans une tache
ferrugineuse; acicules très-noirs. Des
côtes de l'Océan. (AUD.)

* LYSIGONIUM. BOT. CRYPT.
(Link.) Syn. de Gaillonelle? *V*. ce
mot. (B.)

LYSIMACHIA. BOT. PHAN. *V*. LY-
SIMAQUE.

LYSIMACHIÉES. BOT. PHAN. Cette famille naturelle de Plantes est
plus généralement désignée aujour-
d'hui sous le nom de Primulacées. *V*.
ce mot. (A. R.)

LYSIMACHIE. BOT. PHAN. Pour
Lysimaque. *V*. ce mot. (B.)

LYSIMAQUE. *Lysimachia*. BOT.
PHAN. Genre de Plantes de la famille
des Primulacées et de la Pentandrie
Monogynie, L., composé d'un assez

grand nombre d'espèces qui croissent pour la plupart dans les lieux
humides de la France et de l'Europe. Les Lysimaques sont des Plantes herbacées, généralement vivaces,
à feuilles opposées ou verticillées,
à fleurs très-souvent jaunes, axillaires à l'aisselle des feuilles ou réunies en grappes ou en thyrses au
sommet des rameaux. Leur calice est
à cinq divisions très-profondes; la
corolle monopétale subcampaniforme
ou rotacée, c'est-à-dire ayant cinq
divisions extrêmement profondes; les
étamines, au nombre de cinq, sont
très-souvent monadelphes par leur
base; les anthères sont subcordiformes, à deux loges introrses; l'ovaire
est libre, globuleux, appliqué sur
un disque hypogyne, annulaire et
très-peu saillant; il offre une seule
loge contenant un grand nombre d'o-
vules attachés à un trophosperme
central. Le style est long, cylindrique, terminé par un stigmate tronqué, très-petit, simple et à peine
distinct du sommet du style. Le fruit
est une capsule généralement globuleuse, apiculée à son sommet, recouverte en partie par le calice qui est
persistant, à une seule loge qui renferme un nombre considérable de
graines polyèdres attachées à un trophosperme central. Ces graines contiennent, dans l'intérieur d'un endosperme blanc et charnu, un embryon cylindrique placé en travers
du hile. Les espèces de ce genre peuvent être divisées en deux groupes
suivant que leurs fleurs sont solitaires ou réunies plusieurs ensemble.

† *Fleurs solitaires.*

LYSIMAQUE NUMMULAIRE, *Lysimachia Nummularia*, L., Fl. Dan.,
tab. 493. Cette espèce est extrêmement commune dans les bois et les
prés humides; ses tiges sont étalées,
rampantes, portant des feuilles opposées, ovales, arrondies, obtuses,
courtement pétiolées; ses fleurs sont
assez grandes, jaunes, axillaires, pédonculées et solitaires; ses étamines
sont monadelphes tout-à-fait par la

base de leurs filets. La Nummulaire fleurit pendant presque tout l'été.

LYSIMAQUE PONCTUÉE, *Lysimachia punctata*, L., Jacq., Flor. Austr., tab. 366. Cette espèce, qui croît le long des mares, dans le nord de l'Europe, a sa tige dressée, pubescente, rameuse, haute d'environ deux pieds; ses feuilles, verticillées par trois, sont lancéolées et marquées de petits points noirs à leur face inférieure. Ses fleurs grandes et jaunes, quelquefois maculées, sont solitaires et axillaires. Elle fleurit en juin et juillet. On la cultive quelquefois dans les jardins. Il lui faut une terre humide.

LYSIMAQUE DES BOIS, *Lysimachia nemorum*, L., Fl. Dan., tab. 174. Cette espèce est le *Lerouxia nemorum*, Merat, Fl. Par. Elle est assez commune dans les bois montueux et humides; ses tiges sont grêles, étalées; ses feuilles opposées, ovales, aiguës, entières; ses fleurs petites, jaunes, portées sur des pédoncules grêles, plus longs que les feuilles. Elle fleurit en avril et mai.

†† *Fleurs réunies.*

LYSIMAQUE COMMUNE, *Lysimachia vulgaris*, L., Bull. Herb., tab. 347. Cette Lysimaque, très-commune sur le bord des étangs et des ruisseaux, porte un grand nombre de noms vulgaires. Ainsi on la désigne sous ceux de *Corneille*, *Chasse-Bosse*, *Souci d'eau*, etc. Elle est vivace. Sa tige dressée s'élève à une hauteur de deux à trois pieds et porte des feuilles opposées ou verticillées par trois ou quatre; elles sont lancéolées, aiguës, presque sessiles. Ses fleurs jaunes sont pédonculées, réunies plusieurs ensemble à l'aisselle des feuilles supérieures où leur réunion forme une panicule terminale; elles s'épanouissent en juin et juillet. Cette espèce passe pour vulnéraire, mais néanmoins on en fait peu usage.

LYSIMAQUE VERTICILLÉE, *Lysimachia verticillata*, Pall. Cette espèce est fort voisine de la précédente. Elle est généralement plus grande; ses feuilles sont constamment verticillées, portées sur de courts pétioles; ses fleurs, plus nombreuses que dans la Lysimaque vulgaire, offrent la même disposition. Elle est originaire du Caucase; on la cultive assez fréquemment dans les parterres.

LYSIMAQUE THYRSIFLORE, *Lysimachia Thyrsiflora*, L., Fl. Dan., tab. 517. Espèce vivace croissant sur le bord des eaux et offrant une tige dressée, simple, haute au plus d'un pied, garnie de feuilles opposées, sessiles, lancéolées, aiguës et velues. Les fleurs sont petites, jaunes, disposées en épis oblongs, pédonculés, placés à l'aisselle des feuilles supérieures.

LYSIMAQUE A FEUILLES DE SAULE, *Lysimachia Ephemerum*, L. Cette belle espèce croît dans les Pyrénées et en Espagne; ses tiges, hautes de deux à trois pieds, sont dressées, glabres, portant des feuilles opposées, sessiles, oblongues, lancéolées, glabres et glauques. Les fleurs sont blanches, formant un long épi terminal. Cette espèce, que l'on cultive fréquemment dans les jardins, demande une terre franche, légère et humide; on la multiplie d'éclats séparés des racines ou de graines semées sur couches.   (A. R.)

LYSINEMA. BOT. PHAN. C'est un genre établi par Robert Brown dans la famille des Épacridées, et auquel il donne pour caractères : un calice coloré, entouré d'un grand nombre de bractées également colorées; une corolle monopétale, hypocratériforme, dont le tube se divise quelquefois en cinq parties, et dont le limbe est formé de cinq lobes sans plis et réfléchis; des étamines hypogynes, ayant les anthères attachées au-dessus de leur partie moyenne et peltées; cinq écailles hypogynes, et pour fruit une capsule dont les trophospermes sont attachés à l'axe central.

Les espèces qui composent ce genre ont absolument le port des *Epacris*. Outre l'*Epacris pungens*, Cav.,

Ic. 4 , p. 26 , tab. 346 , que Brown place dans ce genre , il en décrit quatre autres espèces qu'il nomme *Lysinema pentapetalum* , *L. ciliatum* , *L. lasianthum* et *L. conspicuum.*   (A. R.)

* LYSIPOMIE. *Lysipomia.* BOT. PHAN. Genre nouveau de la famille des Lobéliacées, établi par Kunth (*in Humb. Nov. Gener.*, 3 , p. 318) et qui comprend quatre espèces originaires de l'Amérique méridionale, croissant dans les montagnes élevées où elles forment de petites touffes arrondies. Elles sont quelquefois dépourvues de tiges ; leurs feuilles sont alternes, linéaires ou spathulées, très-entières , roides ou charnues. Leurs fleurs sont blanches, axillaires et solitaires. Le calice est adhérent , avec l'ovaire infère ; son limbe est à cinq lobes inégaux; sa corolle est tubuleuse, caduque, à cinq divisions inégales , disposées comme en deux lèvres. Les étamines, au nombre de cinq, sont réunies et soudées comme dans le genre Lobélie ; le stigmate est bilobé ; le fruit est une capsule uniloculaire, polysperme , s'ouvrant par son sommet au moyen d'un opercule. Les graines sont nombreuses et attachées à un trophosperme pariétal et longitudinal. Ce genre , très-voisin du *Lobelia* , en diffère suffisamment par sa capsule uniloculaire s'ouvrant par un opercule. Les quatre espèces qui composent ce genre ont été décrites et figurées par Kunth (*loc. cit.*) sous les noms de *Lysipomia montioides* , Kunth (*loc. cit.*), tab. 266, fig. 2; *Lys. reniformis*, tab. 266, fig. 1; *Lys. arctioides*, tab. 267, fig. 1; *Lys. acaulis*, tab. 267 , fig. 2.   (A. R.)

* LYSISPORIUM. BOT. CRYPT. (*Champignons.*) Sous-genre du *Sporotrichum* de Link. Quelques auteurs le croient assez distinct pour servir à l'établissement d'un genre. *V.* SPOROTRICHUM.   (A. F.)

* LYSMATE. *Lysmata.* CRUST. Genre de l'orde des Décapodes , famille des Macroures, tribu des Carides, établi par Risso qui lui avait donné le nom de *Mœlicerta* déjà employé par Péron pour désigner un groupe de Méduses. Les caractères de ce genre sont : antennes intermédiaires ou supérieures, formées de trois filets dont le plus court est joint à la base de l'un des deux plus longs ; antennes extérieures longues et sétacées; pieds des deux premières paires didactyles , ceux de la seconde étant plus longs et ayant leur carpe divisé en plusieurs petits articles; pieds des trois dernières paires très-minces, terminés par un ongle simple ; les quatre derniers étant plus courts que les autres ; carapace carenée en dessus , et terminée par un rostre fort court en avant. Ce genre se distingue de ceux de *Nika, Hyménocère, Alphée* et *Hyppolite*, par les antennes intermédiaires qui n'ont que deux filets dans tous ceux-ci; il s'éloigne des Palémons par son corps plus raccourci et ses pieds plus minces, et par la pièce qui précède la main qui est subdivisée en petits articles au lieu d'être entière. Ces Crustacés se trouvent dans la Méditerranée : l'espèce qui sert de type à ce genre est :

La LYSMATE SOYEUSE , *L. seticauda*, Risso (Crust. , p. 110 , pl. 2 , f. 1). Elle est longue d'un pouce et demi ; son rostre est court, sexdenté en dessus et bidenté en dessous ; les pièces natatoires de la queue sont ciliées sur leurs bords ; celles du milieu sont terminées par dix longues soies très-déliées; le corps est d'un rouge de corail, marqué longitudinalement de lignes blanchâtres. Ce Crustacé habite les eaux profondes des environs de Nice.   (G.)

LYSSOSTYLIS. BOT. PHAN. *V.* GRÉVILLÉE.

LYSTRE. *Lystra.* INS. Genre de l'ordre des Hémiptères, section des Homoptères , famille des Cicadaires , tribu des Fulgorelles, établi par Fabricius, et ne différant des Fulgores, auxquelles ces Insectes ressemblent beaucoup, que par leur tête qui est transverse, et ne se prolonge pas en forme de museau. Le corps de Lystres est allongé; leurs élytres ne s'élargissent point en arrière comme celles des Flattes, et ne se terminent point par un rétrécissement comme celles des Isses; l'extrémité de l'abdomen des femelles des Lystres porte des paquets de filets cotonneux très-blancs avec lesquels il est présumable qu'elles enveloppent leurs œufs. Ce genre se compose d'une assez grande quantité d'espèces propres aux Indes-Orientales, à la Chine et à l'Amérique méridionale; l'espèce qui lui sert de type est :

La Lystre laineuse, *L. lanata*, Fabr.; *Cicada lanata*, Lin. Les côtés du front sont rouges; l'extrémité des élytres est noire avec des points bleus. Elle se trouve à Cayenne et aux Antilles. (G.)

* LYSURUS. bot. crypt. (*Champignons.*) Genre ainsi caractérisé : volva sessile, arrondie; réceptacle continu au pédicule, et se divisant au sommet en plusieurs branches redressées, égales, couvertes extérieurement d'un mucus mêlé de sporules qui, en se détachant, forme à la surface une sorte de racine. Le *Phallus Mokusin* de Linné fils a servi de type à ce genre fondé par Fries, *Syst. Mycol.*, 2, p. 286; il croît en

Chine sur les racines de Mûriers; sa fétidité est extrême, sa vie très-courte; son volva est blanchâtre; son stipe a trois ou quatre pouces de hauteur; il est charnu à la manière des *Phallus*, de couleur de chair, plus foncé à l'extrémité; les découpures du conceptacle sont au nombre de cinq, égales, un peu cylindriques, d'un rouge foncé. Les Chinois le supposent propre à guérir les ulcères cancéreux; ils le mangent quelquefois, mais non sans danger. (A. F.)

* LYTAIODON. rept. oph. Klein, dans son *Tentamen Erpetologiæ*, formait sous ce nom un genre qui répond aux Couleuvres. (B.)

* LYTHRAIRES. bot. phan. On appelle plus généralement aujourd'hui Salicariées cette famille naturelle de Plantes. *V*. Salicariées. (A. R.)

LYTHRODES. min. Karsten a donné ce nom à une variété de l'Eléolithe. *V*. ce mot. (G..N.)

LYTHRUM. bot. phan. *V*. Salicaire.

* LYTTA. ins. (Fabricius.) *V*. Cantharide.

LYZAN. pois, (Forskalh.) Espèce du sous-genre Liche. *V*. Gastérostée. (B)

M.

MAAN. bot. phan. (Rochon.) Un *Waltheria* à Madagascar qu'on a pris à tort pour une Tournefortie. (B.)

MAAR. ois. Syn. du Goëland Bourgmestre. *V*. Mouette. (DR..Z.)

MABA. bot. phan. Genre de la famille des Ébénacées et de la Diœcie Triandrie, L. Ses fleurs dioïques présentent un calice découpé jusque vers son milieu en trois parties, et une corolle urcéolée trifide.

Dans les mâles les étamines hypogynes, en nombre égal, ou plus ordinairement double des divisions de la corolle, à filets tantôt simples, tantôt réunis alternativement deux à deux, s'insèrent autour d'un rudiment central de pistil; dans les femelles, l'ovaire à trois loges biovulées, se change en une baie ovoïde ou rarement globuleuse, entourée à sa base par le calice persistant cupuliforme. Les espèces de ce genre sont des Arbrisseaux à feuilles alternes, dépourvues de stipules entières et coriaces, dont les pédoncules axillaires, accompagnés de petites bractées, portent une seule fleur sur les pieds femelles, plusieurs sur les mâles. Forster en fit le premier connaître une originaire des îles de la mer du Sud sous le nom de *Maba elliptica*; R. Brown en a décrit sept de la Nouvelle-Hollande, et récemment Labillardière en a ajouté deux autres recueillies dans la Nouvelle-Calédonie (*V. Sertum Austro-Caledonicum*, tab. 35 et 36). On en trouve aussi une dans les Indes; c'est celle que Kœnig et Roxburgh appelaient du nom générique de *Ferreola*; enfin R. Brown pense que le *Caja Arang* de Rumph (*Herbar. Amboin.*, 5, tab. 1) appartient à ce genre.

(A. D. J.)

MABEA. BOT. PHAN. Genre de la famille des Euphorbiacées et de la Dodécandrie Monogynie, L. Ses fleurs sont monoïques : on observe dans les mâles un calice à cinq dents, pas de pétales, des étamines au nombre de neuf à douze, insérées sur un réceptacle à peu près conique, et dont les anthères adnées aux filets extrêmement courts regardent en dehors; dans les femelles le calice est partagé jusque vers son milieu en cinq divisions égales, ou en six dont trois alternativement extérieures et plus courtes; le style se termine par trois branches contournées; l'ovaire globuleux offre trois loges renfermant chacune un ovule unique, et devient plus tard une capsule à trois coques. Aublet (*Plant. Guian.* 187, tab. 354) a fait connaître deux espèces de *Mabea*, originaires de la Guiane; mais les Herbiers de ce pays en contiennent plusieurs autres jusqu'ici inédites ; ce sont des Arbustes à rameaux sarmenteux, remplis d'un suc lactescent; les feuilles, accompagnées de stipules, sont alternes, entières ou légèrement crénelées, veinées, luisantes sur leur face supérieure; les pédoncules, disposés en panicules épaisses terminales, portent soit à leur base, soit plus haut, une bractée glandu-

leuse des deux côtés sur ses bords; les inférieurs plus longs et moins nombreux sont simples, et soutiennent chacun une seule fleur femelle; les supérieurs se divisent en trois branches dont chacune se termine par une fleur mâle.   (A. D. J.)

MABI ou **MABY.** BOT. PHAN. (Nicholson.) Nom caraïbe de la Patate, *Convolvulus Batatas*, L. *V.* LISERON.

(B.)

MABOLO. BOT. PHAN. Nom de pays de l'*Embryopteris* de Roxburgh et Gaertner. *V.* PLAQUEMINIER.   (B.)

MABOUIA ET **MABOUIER.** BOT. PHAN. Noms de pays proposés par quelques botanistes français pour désigner le genre *Morisonia*. *V.* ce mot.

(B.)

MABOUYA. REPT. SAUR. C'est-à-dire en langue caraïbe, *Diable*. *V.* GECKO.   (B.)

*MABRE. POIS. (Delaroche.) Syn. de *Sparus Mormyrus*, L., dans les îles Baléares. *V.* SPARE.   (B.)

*MABUHUC. BOT. PHAN. (Camelli.) Syn. de Cassythe. *V.* ce mot. (B.)

MABURNIE. *Maburnia.* BOT. PHAN. Genre de l'Hexandrie Monogynie, L., établi par Du Petit-Thouars (*Gener. Nov. Madagasc.*, n. 13) qui l'a ainsi caractérisé : calice adhérent à l'ovaire par sa base, tubuleux et muni de trois angles en forme d'ailes; corolle remplacée par six appendices dont trois extérieurs plus grands; six étamines réunies deux à deux et placées devant les trois plus larges appendices ; ovaire surmonté d'un style de la longueur du tube terminé par un stigmate capité à trois lobes; capsule à trois loges polyspermes. Le nom de ce genre est un anagramme du *Burmannia*, genre dont il est tellement rapproché qu'il serait possible que la Plante qui le constitue n'en fût qu'une espèce; elle a des tiges courtes, aphylles, parsemées de petites écailles et terminées par deux ou trois fleurs. Cette Plante est indigène de Madagascar.   (G..N.)

MABY. BOT. PHAN. *V.* MABI.

*MACA. BOT. PHAN. On ne peut re-connaître quel est l'Arbre mentionné sous ce nom dans le Recueil des voyages, mais il est présumable qu'il appartient à la famille des Palmiers ; c'est peut-être le même que celui que Humboldt mentionne sous le nom de *Macanilla de Caripe*, qui paraît appartenir au genre Martinèze, et dont les fruits comme ceux du Maca sont comparés à de petites pommes, et le tronc épineux. (B.)

MACACA. MAM. (Lacépède.) Syn. de Macaque. (B.)

MACACCO. MAM. De ce nom que les Portugais ont appliqué d'une manière générale aux Singes, est dérivé le mot Macaque dont on a fait le nom générique d'une division des Singes de l'Ancien-Monde. *V.* MACAQUE. (IS. G. ST.-H.)

MACACO. MAM. Syn. du Maki Vari, et non pas du Mococo, comme la ressemblance des noms pourrait le faire croire. *V.* MAKI. (IS. G. ST.-H.)

MACACO. OIS. Espèce du genre Tinamou. *V.* ce mot. (DR..Z.)

MA-CADA-CALA ou MACADA-POLA. BOT. PHAN. Syn. indou de *Morinda citriodora*, ou Cala-Pilava des Malabares. (B.)

MACACUS. MAM. *V.* MACAQUE.

MACAGUA. OIS. Espèce du genre Faucon. *V.* ce mot. Vieillot en fait le type du genre qu'il forme sous le nom spécifique d'Hétéroptères, mais qui n'a point été adopté par Temminck dont nous suivons la méthode. (DR..Z.)

MACAHALAF. BOT. PHAN. *V.* CALAF.

MACAHANE ou MACANE. *Macahanea*. BOT. PHAN. Aublet (Pl. de la Guian., 4 suppl., p. 6) a décrit et figuré le fruit d'un Arbrisseau qu'il nomme *Macahanea Guyanensis*, et qu'il figure planche 371. Ce genre imparfaitement connu, et que Jussieu appelle *Macanea*, fait partie de la famille des Guttifères. Son fruit est une baie pyriforme, inégale, co-

riace, contenant dans une seule loge de quatre à six graines ovoïdes, coriaces, placées au milieu d'une pulpe charnue et attachées à des trophospermes pariétaux. Le *Macahanea Guyanensis*, Aublet, *loc. cit.*, est un Arbrisseau de quatre à cinq pieds de hauteur; il pousse des branches sarmenteuses qui entourent le tronc des Arbres voisins; ces branches sont garnies de feuilles opposées, lisses, vertes, elliptiques, aiguës, finement dentées et portées sur un pétiole court; les fruits sont réunis plusieurs ensemble.

Cet Arbrisseau, nommé *Macacahana* par les Garipons, croît sur les bords de la Crique des Galibis : il était en fruit dans le mois de juin. (A. R.)

* MACAIRA ou MAKAIRA. POIS. Espèce du genre Xiphias. *V.* ce mot. (B.)

* MACANCO. MAM. *V.* MAKI.

* MACANDOU ou MACAN-DOUE. BOT. PHAN. Syn. de *Morinda citrifolia* à Java; les Portugais de l'Inde l'appellent *Macanda*. (B.)

MACANILLA DE CARIPE. BOT. PHAN. (Humboldt.) Ce qui pourrait bien être une faute d'orthographe espagnole, pour dire *Mançanilla* (petite pomme.) *V.* MACA. (B.)

MACAO. OIS. *V.* ARA.

MACAQUE. *Macacus*. MAM. Genre de Quadrumanes appartenant à la première division des Singes (ceux de l'Ancien-Monde ou les Catarrhinins de Geoffroy Saint-Hilaire), et intermédiaire soit par ses formes, soit par ses habitudes, à celui des Guenons et à celui des Cynocéphales. Les dents sont, comme chez tous les Singes de l'Ancien-Monde, au nombre de trente-deux, c'est-à-dire en même nombre que chez l'Homme; elles sont d'ailleurs semblables à celles des Cynocéphales, et ne diffèrent de celles des Guenons que par un petit talon qui termine les dernières molaires à l'une et à l'autre mâchoire, et par la forme des canines supérieures arrondies et non point aplaties à leur face interne, et présentant à leur face externe une dépression assez forte. L'angle facial est de 40° environ, terme moyen; mais il se trouve plus ouvert dans certaines espèces, moins dans quelques autres. Celles-ci se rapprochent ainsi davantage des Cynocéphales, dont l'angle facial n'est guère que de 30° environ; les premières se trouvant au contraire plutôt en rapport avec les Guenons et les Semnopithèques, où cet angle, assez variable, est toujours moins aigu. Néanmoins c'est dans la forme de la tête et du museau que nous trouverons les seuls caractères véritablement importans des Macaques, et presque les seuls aussi qui puissent servir à leur distinction. Le museau beaucoup plus gros et plus prolongé que chez les Guenons, du moins pour la plupart des espèces, est beaucoup plus court que chez les Cynocéphales; ceux-ci se distinguent d'ailleurs parfaitement par la disposition de leurs narines terminales et tout-à-fait antérieures. Le corps est en général trapu et épais, le col court, la tête grosse, les membres robustes, et l'aspect de l'Animal véritablement désagréable et hideux. Les callosités des fesses sont très-prononcées, et la queue, quelquefois nulle, est ordinairement assez courte; elle ne devient d'ailleurs jamais, même chez les espèces où elle a le plus de force et de longueur, un organe de préhension, comme elle l'est chez beaucoup de Singes américains; caractère qui au reste appartient généralement à tous les genres de l'Ancien-Monde. Enfin leurs membres, à peu près égaux, sont dans leur essentiel conformés comme ceux des Guenons; et leurs mains sont de même pentadactyles. Ils ont les lèvres minces, et les abajoues existent assez développées.

On peut faire à l'égard des habitudes des Macaques les mêmes remarques que nous venons de faire à l'égard de leur organisation. Généralement plus doux, plus susceptibles d'éducation que les Cynocéphales, ils sont beaucoup plus méchans, plus indociles, et surtout plus lascifs que les Guenons, quelques espèces ayant plutôt les habitudes et le naturel de ces dernières, et d'autres se rapprochant au contraire davantage des Cynocéphales, tandis que plusieurs enfin se trouvent véritablement intermédiaires entre ces deux genres. C'est ce qu'on reconnaît assez facilement lorsqu'on étudie des individus adultes et bien portans; car les jeunes, même dans les espèces qui par les développemens de l'âge deviennent le plus complétement intraitables, ont d'abord assez de douceur; les femelles sont aussi ordinairement moins empressées à nuire et moins indociles que les mâles. Du reste les Macaques ont à tout âge beaucoup d'adresse et d'intelligence; et quelques-uns d'entre eux sont même très-susceptibles d'éducation. Tel est particulièrement le Magot, que les bateleurs habituent sans trop de difficulté à obéir avec promptitude sur un geste ou sur un mot, à danser sur la corde, et à exécuter différens tours d'adresse qui amusent et souvent même étonnent vivement les spectateurs. D'autres Macaques ne sont guère susceptibles que d'être adoucis par la domesticité; encore quand ils deviennent adultes, ou qu'ils commencent à vieillir, arrive-t-il souvent que leur caractère change entièrement, et qu'ils deviennent tout-à-fait indociles et intraitables. Aussi tandis que beaucoup de personnes élèvent volontiers de jeunes Macaques, et les prennent même en affection dans cet âge où ils ne manquent véritablement ni de grâce ni de douceur, il en est bien peu qui veuillent les conserver long-temps, et qui ne s'empressent de s'en défaire dès qu'ils sont parvenus à l'âge où ils prennent avec leurs forces, les penchans et les habitudes qui caractérisent leur espèce. Ces Singes se sont reproduits assez souvent dans nos climats, au contraire des Guenons, et même des Cynocéphales, malgré leur extrême lascivité. Cette différence tient uniquement, suivant Fr. Cuvier, à la facilité plus grande que l'on a de réunir à la fois les deux sexes, et aussi à la rapidité de leur développement. On peut remarquer cependant que la ménagerie du Muséum a plusieurs fois possédé en même temps les deux sexes de quelques espèces de Cynocéphales, et qu'elle a même encore maintenant le mâle et la femelle du Drill et du Papion, sans qu'on ait jamais réussi à les faire produire. Au contraire trois espèces de Macaques, le Maimon, le Rhésus et le Macaque proprement dit, ont plusieurs fois produit au Muséum; et sa ménagerie possède même en ce moment deux jeunes individus nés en novembre 1824, presque dans la même semaine. Fr. Cuvier a donné l'histoire de l'un d'eux, lorsqu'il n'était encore âgé que de quarante-neuf jours (Hist. Nat. Mamm. par Geoff. Saint-Hilaire et Fr. Cuv.), et nous reproduirons ici les principales remarques faites par ce zoologiste, en ajoutant quelques autres détails d'après nos propres observations. L'accouplement se fait de la même manière que chez les autres Quadrupèdes, et la gestation dure environ sept mois. Le jeune individu a dès sa naissance les couleurs de l'adulte, seulement avec une nuance un peu plus pâle; mais ses membres sont plus grêles, et sa tête sensiblement plus grosse. Il a dès-lors les yeux ouverts, paraît voir les objets qui l'entourent, et suivre du regard les mouvemens qui se font près de lui. Du reste, s'attachant avec les quatre mains aux poils de la poitrine et du ventre de sa mère, tenant le mamelon dans sa bouche, et ainsi toujours disposé à teter, lorsqu'il en sent le besoin, il reste pendant long-temps à peu près immobile. La mère paraît peu gênée de ce fardeau, et marche comme à l'ordinaire, soit à quatre, soit à deux pieds; embrassant alors et maintenant son petit au moyen d'une de ses mains antérieures. Elle lui prodigue d'ailleurs les soins les plus empres-

sés, les plus tendres, pendant tout le temps qu'ils lui sont nécessaires, surveille avec beaucoup d'attention, et aide ses premiers mouvemens. Cependant dès que le petit, devenu un peu plus âgé, commence à vouloir prendre une autre nourriture que le lait de sa mère, celle-ci, sans jamais cesser d'ailleurs de le soigner avec le même zèle, ne souffre pas qu'il satisfasse son désir; elle lui arrache le peu d'alimens qu'il vient à saisir, remplit ses abajoues, et s'empare de tout pour elle-même. Le petit, dès-lors plein d'intelligence et d'adresse, sait cependant bien prendre de temps en temps un peu de la nourriture que sa mère lui refuse. Nous l'avons vu plusieurs fois saisir adroitement des amandes dans la main de celle-ci, au moment même où elle les portait à sa bouche, puis s'enfuir rapidement à l'autre extrémité de la cage, et les manger alors, en ayant la précaution de tourner le dos à sa mère. Il avait ainsi toujours le soin de s'écarter pour prendre de la nourriture, lors même que celle-ci venait à lui en présenter elle-même; ce que nous n'avons vu qu'une seule fois, et ce qui n'arrivait en effet que très-rarement (du moins lorsqu'il s'agissait de quelque friandise). Les deux jeunes Macaques du Muséum ont maintenant (décembre 1825) un peu plus de treize mois, et tout porte à croire qu'ils s'élèveront parfaitement. L'un d'eux, très-faible dans son premier âge, paraît cependant toujours assez délicat; et quoique l'un soit né huit jours environ avant l'autre, sa taille est beaucoup moins considérable. Tous deux continuent à recevoir les mêmes soins de leurs mères; et quoiqu'ils soient déjà presqu'aussi gros qu'elles-mêmes, celles-ci les portent encore souvent, et paraissent même fort peu gênées de ce fardeau.

De simples différences de proportions sont, comme chacun sait, ce qui distingue la plupart des genres d'Oiseaux; de-là le vague de leurs caractères, l'incertitude de leurs li-

mites , et le peu de précision de toutes les méthodes ornithologiques. De
simples différences de proportions
constituent de même presque uniquement , comme nous l'avons vu ,
les caractères du genre Macaque.
Aussi sommes-nous à son égard dans
le même embarras où nous nous
trouvons continuellement à l'égard
des Oiseaux. Plusieurs espèces , qui
sont regardées comme de véritables Macaques par la plupart des
auteurs modernes , pourraient presque tout aussi bien être considérées
comme appartenant soit au genre Cynocéphale , soit au genre Guenon.
Tels sont le Bonnet-Chinois , la Toque et même le Macaque proprement
dit , classés même dans quelques systèmes parmi les Guenons , et l'Ouanderou , rapporté tour à tour à ce dernier genre et à celui des Cynocéphales. Quoi qu'il en soit , nous place-
rons , comme l'ont déjà fait Desmarest et F. Cuvier, tous ces Singes parmi les Macaques. Ce genre se trouvera ainsi composé d'un assez grand
nombre d'espèces répandues dans
l'Afrique ou dans l'Inde ; l'une
d'elles se trouve même , comme
nous le verrons , jusque dans la partie la plus méridionale de l'Europe.
Nous diviserons les Macaques , comme on l'a fait pour les Guenons ,
en plusieurs petits groupes , savoir :
les Cercocèbes , les Maïmons et les
Magots correspondant aux genres
Cercocèbe , Macaque et Magot de divers naturalistes.

* Les CERCOCÈBES.

Les espèces que nous comprenons
sous ce nom paraissent véritablement,
à plusieurs égards , intermédiaires
aux Macaques et aux Guenons ; et
Geoffroy Saint-Hilaire avait même
cru pouvoir en former un genre particulier sous le nom de Cercocèbe ;
nom que nous ne conservons ici que
comme celui d'une petite division
parmi les Macaques. Elle se reconnaît
facilement par les proportions de la
queue plus longue que le corps. Les
deux premières espèces se distinguent

en outre par leur face étroite et allongée , leur front nu , et la disposition
fort remarquable des poils de leur
tête qui sont divergens et dont l'ensemble forme une sorte de calotte.

La TOQUE , Geoffr. St.-Hil. , Ann.
Mus. T. ix ; *Macacus radiatus* ,
Desm. ; *Cercocebus radiatus* , Geoffr. ,
a le pelage d'un gris verdâtre en
dessus avec le dessous du corps et de
la queue et la partie interne des membres de couleur blanche ; le dessus
de la queue est gris verdâtre comme
le dessus du corps. Les poils divergens sont assez courts. Sa taille est de
dix-huit pouces environ. Cette espèce , qui habite l'Inde , et particulièrement le Malabar, a été établie sous
ce nom par Geoffroy Saint-Hilaire
d'après un individu que possédait
le Muséum. Quelques naturalistes
avaient , il est vrai, supposé que la
Toque pourrait bien n'être qu'une
simple variété du Macaque Bonnet-
Chinois, avec lequel elle a en effet
beaucoup de ressemblance ; mais il
est bien certain aujourd'hui qu'elle
forme une espèce réellement distincte , comme l'a montré l'examen attentif de plusieurs individus amenés
vivans en Europe. Du reste ses habitudes sont , suivant Desmarest , tout-
à-fait analogues à celles des Guenons.

Le BONNET-CHINOIS , *Macacus sinicus*. Desm. ; *Cercocebus sinicus* , Geoff.
St.-Hil. (mais non pas , suivant Fr.
Cuvier, *Simia sinica* , L.), se distingue
par son pelage d'un fauve brillant en
dessus , avec la queue un peu plus
brune, les favoris , la face interne des
membres et le dessous du corps blanchâtres ; les mains , les pieds et les
oreilles noirâtres. La face est couleur
de chair ; seulement la lèvre inférieure est bordée de noir. Les poils
sont , dans cette espèce , gris à leur
base avec leur partie terminale anne-
lée de noir et de jaune ; disposition
qui se retrouve chez le plus grand
nombre des Macaques, et particulièrement chez la Toque ; mais chez le
Bonnet-Chinois c'est le jaune qui
domine : de-là la teinte généralement

fauve, et non pas verdâtre de son pelage. Cette espèce a la même patrie que la Toque, et vraisemblablement aussi les mêmes habitudes.

Le Macaque ordinaire, *Macacus irus*, Fr. Cuv., Mém. Mus. T. iv; *Macacus cynomolgus*, Desm.; *Simia cynomolgus* et *S. cynocephalus?* L., a environ un pied huit pouces jusqu'à l'origine de la queue, qui est aussi à peu près de cette longueur. Son pelage est verdâtre en dessus, avec le dessous du corps et la face interne des membres d'un gris blanchâtre. La queue et les pieds sont noirâtres, et la face, à peu près nue, est de couleur de chair livide, avec une partie plus blanche entre les yeux. Les favoris assez courts sont de couleur verdâtre. La femelle est un peu plus petite que le mâle, et présente quelques caractères particuliers. Cette espèce est le véritable Macaque de Buffon, et il paraît qu'on doit aussi lui rapporter l'Aigrette du même auteur. Ses mœurs sont généralement celles des autres Macaques; elle paraît cependant un peu moins indocile et moins lubrique; et c'est ainsi que nous voyons toujours à quelques différences de caractères correspondre aussi des différences dans les habitudes.

Le Macaque a face noire, *Macacus carbonarius*, que Fr. Cuvier (Mamm. Lithog., livraison de décembre 1825) vient de décrire sous ce nom, est généralement d'un vert-grisâtre sur le dessus du corps et sur la face externe des membres, avec leur face interne, les parties inférieures du corps, les favoris, les joues et la queue, gris-blanchâtre. Une légère bande noire est placée au-dessus de l'œil, et la face est aussi de cette couleur. Cette espèce, très-voisine de la précédente, se distingue d'ailleurs très-bien par la couleur de la face.

**** Les Maimons.**

On les distingue facilement par leur queue toujours beaucoup plus courte que le corps et quelquefois même d'une extrême brièveté.

L'Ouanderou, Buff. T. xiv; *Macacus silenus*, Desm., *Simia silenus*, Schreb., L., et *S. leonina*, L., se distingue facilement par son pelage généralement noir, avec l'abdomen et la poitrine blancs. Il a aussi reçu de Cuvier le nom de Macaque à crinière, parce que sa tête est entourée d'une longue barbe blanchâtre et d'une crinière cendrée, et de Pennant celui de Singe à queue de Lion, à cause d'une mèche de longs poils qui termine la queue. Son visage et ses mains sont noirs, tandis que ses callosités sont rougeâtres. Sa longueur est de dix-huit pouces, sans compter la queue qui en a dix seulement. Cette espèce habite les Indes-Orientales où elle porte les noms de Nil-Bandar, de Lowando ou d'Elwanda, et non pas celui d'Ouanderou, que Buffon lui a composé. Elle est tout-à-fait indocile et intraitable, suivant plusieurs naturalistes. Cependant une femelle observée et décrite par Fr. Cuvier lui a paru douce et même caressante.

Le Rhésus, Audebert; *Macacus erythræus; Macacus Rhesus*, Desm.; *Simia erythræa*, Schreb.; le Macaque à queue courte, Buff.; le Maimon ou Rhésus de Fr. Cuvier, est en dessus d'un beau vert-gris roussâtre, avec les membres antérieurs et les jambes plus grises et les cuisses plus jaunes à leur partie externe. Le dessous du corps et la face interne des membres sont blancs; et la queue, d'ailleurs courte, est grise en dessous et d'un vert roussâtre en dessus. La face est couleur de chair livide; et, suivant Fr. Cuvier, on voit au milieu du front, entre les yeux, un petit tubercule dont l'apparence est celle d'une loupe et qui grossit à l'approche du rut. Le Rhésus habite les Indes, et il a les mœurs que nous avons indiquées comme celles des véritables Macaques, c'est-à-dire qu'assez doux dans le jeune âge, il devient ensuite très-lubrique et presque tout-à-fait intraitable. F. Cuvier a décrit sous le nom de Rhésus à face brune un Singe qui ne diffère guère du Rhésus ordinaire que par la couleur brune de la face et de toutes les parties nues.

Le MAIMON, Buff. T. XIV, pl. 19 ; Audeb. ; *Macacus nemestrinus*, Desm. ; *Simia nemestrina*, L. ; le Singe à queue de Cochon de plusieurs auteurs, est en dessus d'un fauve verdâtre, avec le milieu du sommet de la tête noir, cette tache descendant sur le col, le dos et la queue en prenant une teinte verdâtre. Les joues et toutes les parties inférieures du corps sont d'un blanc roussâtre ; la queue, que l'Animal tient souvent recourbée, est grêle et courte. L'espèce habite Sumatra, où elle porte le nom de Barrou.

Nous décrirons sous le nom de *Macacus libidinosus* un Singe déjà indiqué par Fr. Cuvier, qui le regarde comme une espèce nouvelle et bien distincte, et qui l'a fait figurer à ce titre dans l'Atlas du Dictionnaire des Sciences Naturelles ; et par Desmarest, suivant lequel il ne serait qu'un Maimon. Notre description est faite d'après un dessin, de moitié environ de grandeur, qui se trouve dans la riche collection des Vélins du Muséum. L'individu représenté, qui est une femelle, est fort semblable au Maimon, dont il diffère cependant par ses joues d'un fauve légèrement olivâtre, comme les épaules et les membres antérieurs, et non pas blanches ou blanchâtres comme chez le Maimon. Il a de même une sorte de calotte noire sur la tête ; et cette tache se prolonge sur le dos et la queue, qui se trouvent, ainsi que toutes les parties postérieures du corps et la face externe des membres de derrière, d'un brun légèrement nuancé de fauve olivâtre. La face interne des membres, soit antérieurs, soit postérieurs, semble grisâtre sur le dessin ; et le dessous du corps d'un blanchâtre qui se nuance insensiblement avec le brun du corps. La face et les doigts sont à peu près couleur de chair. Enfin le corps paraît plus grêle que chez le Maimon ; et la queue est à peu près

de même longueur. Mais ce qui rend cette espèce extrêmement remarquable, c'est l'énorme turgescence de toutes les parties sexuelles pendant le rut. Tout ce qui environne la vulve, l'anus et les callosités (et même le dessous de la queue dans presque toute son étendue), acquiert un développement véritablement prodigieux, et dont il est tout-à-fait impossible de se faire idée, par la fluxion, quelquefois cependant assez abondante, qu'on observe périodiquement chez les autres Macaques.

Le MACAQUE A FACE ROUGE, *Macacus speciosus*, Fr. Cuvier, Mamm. lith., se distingue facilement par sa queue excessivement courte, sa face d'un beau rouge, et qui se trouve entourée de poils noirs ; ses ongles noirs, et son pelage d'un gris vineux, avec les parties inférieures du corps et la région interne des membres, blanches : il habite les Indes-Orientales.

Le MACAQUE DE L'INDE, *Macacus Maurus*, Fr. Cuv., Mamm., lith., est encore une espèce qu'on reconnaît facilement par sa queue excessivement courte comme dans l'espèce précédente, et son pelage généralement brun-foncé ; sa face, ses mains et ses oreilles sont noires. Cette espèce habite, comme la précédente, les Indes-Orientales où elle a été découverte par Diard et Duvaucel.

*** Les MAGOTS.

Cette division est très-remarquable par l'absence de la queue qui se trouve remplacée par un petit tubercule : une seule espèce la compose.

Le MAGOT, *Macacus inuus*, Desm. ; *Simia inuus*, *S. sylvanus* et *S. Pithecus* de Linné et des auteurs systématiques, a quelquefois jusqu'à deux pieds et demi ; son pelage est généralement d'un gris jaunâtre, avec les parties inférieures du corps et la région interne des membres de couleur blanchâtre ; sa face est couleur de chair livide. Le Magot est le fameux Pithèque des anciens, le Singe dont Galien a donné l'anatomie. Il est aujourd'hui amené très-fréquemment en Europe, où les bateleurs le dressent, comme nous l'avons dit, à divers exercices; il a du reste à peu près les habitudes des Macaques; et c'est tout-à-fait à tort qu'on l'avait rapproché des Orangs, parce qu'il manque de queue comme les espèces de ce genre. Il est répandu dans diverses régions de l'Afrique, et se trouve même jusque sur le rocher de Gibraltar en Espagne. On a vu dans ce fait de l'existence simultanée du Magot sur la côte septentrionale de l'Afrique et dans l'Espagne un indice de la réunion primitive de l'Europe et de l'Afrique; mais, suivant d'autres, les Magots de Gibraltar sont tout simplement les descendans de quelques individus qui, s'étant échappés de domesticité, se seront acclimatés et reproduits en ce lieu.

Nous ne rechercherons pas ici si le *Simia Platypigos* de Schreber, le *S. fusca* de Shaw, le Babouin à longues jambes de Buffon, le *Brown Baboon* de Pennant, et quelques autres, sont bien réellement des Macaques comme le croient plusieurs zoologistes, et à quelles espèces ils doivent être rapportés. L'examen de ces questions nous engagerait dans de longues discussions qui ne nous apprendraient que très-peu de chose d'intéressant, et rien de certain.

(IS. G. ST.-H.)

MACARANGA. BOT. PHAN. Du Petit-Thouars, dans les Nouveaux Genres de Madagascar, en nomme aussi un qui paraît appartenir à la famille des Euphorbiacées. Les fleurs sont dioïques; les mâles offrent un calice quadriparti; pas de corolle; huit ou douze étamines à filets saillans, libres, terminés par une anthère large et supérieurement aplatie, partagée comme en quatre lobes par deux sillons qui se croisent à angle droit; dans les fleurs femelles le calice est très-petit et urcéolé, l'ovaire est surmonté par un style en forme de languette portant sur un de ses côtés un stigmate velu; le fruit est un follicule souvent hérissé de tuber-

cules plus ou moins allongés; il renferme une seule graine suspendue au sommet de la loge, et dans laquelle on observe un petit embryon à radicule supère, entouré d'un périsperme charnu. L'unité de stigmate et de loge semblerait écarter ce genre des Euphorbiacées, où du reste il se place par l'ensemble de ses caractères, et d'ailleurs Du Petit-Thouars a rencontré une fois le fruit composé de deux coques accolées. Il n'a pas encore fait connaître les caractères des quatre espèces qu'il rapporte à ce genre, on sait seulement que trois d'entre elles croissent à Madagascar dont les habitans leur donnent ce nom de *Macaranga*, et qu'une quatrième a été trouvée à l'Ile-de-France où elle porte vulgairement celui de *Bois Violon*. Ce sont des Arbres ou des Arbrisseaux résineux; leurs feuilles alternes, cordiformes ou peltées et munies à leur base de deux glandules, sont accompagnées de stipules caduques; leurs fleurs sont axillaires; les mâles disposées sur des épis rameux en petits pelotons dont chacun est soustendu par une courte bractée : les femelles, ordinairement solitaires, en offrent aussi une, mais plus grande et glanduleuse.

(A. D. J.)

MACAREUX. *Mormon.* OIS. (Illiger.) Genre de l'ordre des Palmipèdes. Caractères : bec assez court, plus haut que long, très-comprimé; les deux mandibules arquées, sillonnées transversalement, échancrées vers la pointe; arête tranchante, s'élevant plus que le crâne; narines marginales, linéaires, presque entièrement fermées par une membrane nue; pieds courts, retirés dans l'abdomen; trois doigts devant, entièrement palmés; point de pouce; ongles très-crochus; ailes courtes; les première et deuxième rémiges les plus longues; queue composée de seize rectrices.

Ces Oiseaux dont on a, faute de les bien connaître, beaucoup trop multiplié les espèces, se plaisent plus que partout ailleurs sur les mers glacées du cercle arctique; confondus avec les Guillemots et les Pingouins en bandes très-nombreuses, ils peuplent ces tristes régions vers lesquelles la nature semble ne porter qu'avec regret quelques regards inféconds. Les Macareux parviennent rarement jusque dans nos parages tempérés; il est vrai que le peu d'étendue de leurs ailes, quoique leur permettant d'effleurer avec assez de rapidité la surface des eaux, s'oppose à ce qu'ils effectuent de longs voyages; toutefois ces ailes, toutes petites qu'elles sont, suffisent encore pour ne pas assimiler les Macareux à ces êtres équivoques qu'on ne sait trop dans quelle classe ranger. En effet si l'on voulait que les organes du vol fussent un attribut indispensable pour caractériser l'Oiseau, on ne pourrait regarder comme tel, ni le Pingouin dont l'aile n'est qu'une espèce de rame qui aide sa course sur les flots, ni le Manchot chez lequel on ne trouve qu'une véritable nageoire plutôt couverte d'écailles que garnie de plumes; et dans cette hypothèse le Macareux serait le dernier chaînon qui unirait les légers habitans des airs aux nombreuses tribus aquatiques. Nous avons vu plusieurs fois sur nos côtes des Macareux qu'y avait jetés une longue tempête; ces Oiseaux misérables, meurtris par la compression des vagues, se trouvaient hors d'état de fuir notre approche, et se laissaient prendre sans opposer la moindre résistance. La nourriture des Macareux se compose de petits Poissons, de Mollusques, de Crustacés, et à leur défaut de Plantes aquatiques. Ils nichent, à ce que l'on assure, vers les pôles, dans des crevasses de rochers ou dans des trous pratiqués dans les terres riveraines par les Quadrupèdes qui y séjournent d'ordinaire. La ponte consiste en un ou deux œufs blanchâtres, tachetés de cendré, et d'un volume disproportionné en grosseur avec la taille médiocre de l'Oiseau. Cet œuf ou ces œufs reposent sur un matelas assez épais de duvet qu'entourent des Lichens et de faibles Plantes marines.

MACAREUX A AIGRETTE, *Fratercula cirrata*, Vieill.; *Alca cirrata*, Lath.; *Mormon cirrata*, Temm., Buff., pl. enl. 761. Parties supérieures d'un noir bleuâtre; les inférieures d'un brun obscur; front, côtés de la tête, menton et tiges des rémiges d'un blanc assez pur; des paquets de plumes effilées partant de dessus les yeux et retombant le long du cou des deux côtés: ces plumes sont blanches à leur origine et jaunissent insensiblement; bec portant trois sillons, plus une proéminence plus épaisse; une cire cartilagineuse en forme de rosette aux angles des mandibules; pieds d'un jaune orangé foncé, avec les palmures rouges et les ongles noirs. Taille, dix-neuf pouces. La femelle est un peu plus petite; elle a l'aigrette moins fournie, et seulement deux sillons au bec. Dans les mers qui baignent d'un côté le Kamtschatka et de l'autre l'Amérique; ne s'éloignant pas à plus de cinq ou six lieues des rochers et des îles où il se retire toutes les nuits dans des crevasses ou dans des trous qu'ils se sont creusés eux-mêmes à une profondeur d'un mètre environ, et dont on ne parvient à les tirer qu'après avoir essuyé des blessures assez graves, résultantes de leur bec fort acéré.

MACAREUX HUPPÉ. *V.* STARIQUE.

MACAREUX KALLINGAK. *V.* MACAREUX A AIGRETTE.

MACAREUX DU KAMTSCHATKA. *V.* MACAREUX A AIGRETTE.

MACAREUX DU LABRADOR, *Alca Labradorica*, Lath. *V.* MACAREUX MOINE.

MACAREUX MITCHAGATCHI. *V.* MACAREUX A AIGRETTE.

MACAREUX MOINE, *Mormon Fratercula*, Temm.; *Alca arctica*, Gmel., Buff., pl. enl. 275. Parties supérieures et collier d'un noir lustré; joues, un large sourcil et gorge d'un gris blanchâtre; rémiges d'un brun noirâtre; parties inférieures blanches; bec d'un bleu cendré à sa base, jaunâtre au centre et d'un rouge vif à la pointe;

mandibule supérieure marquée de trois sillons; iris blanchâtre; bord des yeux rouge; pieds d'un rouge orangé. Taille, douze pouces et demi. Les jeunes ont l'espace entre l'œil et le bec d'un cendré noirâtre, les joues et la gorge d'un cendré foncé, le large collier nuancé sur le devant du cou de cendré noirâtre, le bec plus petit, lisse, dénué de sillon, et entièrement d'un fauve brunâtre. Du nord des deux continens où l'espèce vit presque constamment sur les eaux et ne se montre à terre que fortuitement ou dans la saison de la ponte; en hiver on en voit arriver périodiquement sur les côtes de l'Europe tempérée; mais ils regagnent leurs demeures glacées aussitôt que le froid est devenu moins insupportable.

MACAREUX DU NORD, *Mormon glacialis*, Leach. Parties supérieures noires, avec un collier presque aussi large que celui du Macareux Moine; joues et côtés de la tête d'un blanc grisâtre; remiges brunes; parties inférieures blanches; mandibule supérieure très-élevée avec trois cannelures profondes, l'inférieure fortement arquée; pieds d'un jaune orangé avec la palmure rouge et les ongles noirs. Taille, douze à treize pouces. Des mers habitables les plus voisines du pôle.

MACAREUX PERROQUET. *V.* STARIQUE. (DR.. Z.)

MACARIBO. MAM. Même chose que Caribou. *V.* RENNE à l'article CERF. (B.)

MACARISIE. *Macarisia*. BOT. PHAN. Nom donné par Du Petit-Thouars (Plantes des îles Austr., p. 49, tab. 14) à un nouveau genre, dont la place, dans la série des ordres naturels, est encore incertaine, et qu'il caractérise ainsi : le calice est monosépale, turbiné, à cinq divisions réfléchies; la corolle formée de cinq pétales linéaires insérés à la base du calice; les étamines, au nombre de dix, sont monadelphes par la base de leurs filets qui offrent entre chacun d'eux une petite dent

qui semble être une étamine avortée. L'ovaire est arrondi, à cinq loges contenant chacune deux ovules; le style est simple, de la longueur des étamines. Le fruit est recouvert par le calice et la corolle qui persistent; c'est une capsule ovoïde, allongée, marquée de dix sillons longitudinaux s'ouvrant en cinq valves, septifères sur le milieu de leur face interne, et appliquées contre un axe central et persistant. Chaque loge contient une seule graine ovoïde, comprimée, terminée supérieurement par une aile membraneuse plus longue que la graine. Cette graine se compose d'un tégument coriace recouvrant un endosperme ovoïde, charnu et blanc, contenant un embryon renversé, ayant la radicule cylindrique et les cotylédons foliacés et lancéolés.

Ce genre se compose d'une seule espèce, *Macarisia pyramidata*, Du Petit-Thouars, *loc. cit.* Arbuste à rameaux dressés, nombreux, effilés, cylindriques et opposés. Les feuilles sont aussi opposées, pétiolées, obtuses, dentées; les fleurs sont petites, formant des bouquets pédonculés placés à l'aisselle des feuilles.

Ce petit Arbre croît à Madagascar, où il a été observé par Du Petit-Thouars. Ce savant botaniste pense que le genre *Macarisia* se rapproche par quelques caractères de la famille des Rhamnées. (A. R.)

MACARON DES PRÉS. BOT. CRYPT. (Paulet.) Syn. de Mousseron. (B.)

* MACASSO. BOT. PHAN. Noix d'un Arbre des bords du Zaïre encore indéterminé. (B.)

* MACAVACAHOU. MAM. Singe mentionné par Humboldt qui l'appelle *Viduita* et trop imparfaitement décrit pour être rapporté à son genre. Ce nom de *Viduita* est un de ces diminutifs si employés en espagnol; il signifie petite Veuve. (B.)

* MACBRIDÉE. *Macbridea*. BOT. PHAN. Genre de la famille des Labiées et de la Didynamie Gymnospermie,

L. , établi par Elliot et Nuttall (*Gen, of North Amer. Plants*, 2 , p. 36) qui en ont ainsi fixé les caractères : calice presque turbiné, à trois segmens, dont deux ovales et larges , le troisième linéaire, lancéolé ; lèvre supérieure de la corolle entière , l'inférieure plus courte et trilobée ; quatre étamines didynames ; un style ; quatre akènes au fond du calice. Ce genre ne se compose que d'une seule espèce qui était le *Thymbra Caroliniana* de Walther (*Carol.* 162); Elliot et Nuttall l'ont nommée *Macbridea pulchra*. C'est une Plante indigène de la Caroline, dont les tiges sont droites , garnies de feuilles opposées, entières. Les fleurs sont grandes , rougeâtres , marquées de raies blanches , et disposées en verticilles au nombre de quatre, et formant un épi terminal.

(G..N.)

MACER et MACIR. bot. phan. Le Macis dans Dioscoride. *V.* ce mot et Muscadier.   (B.)

MACERET. bot. phan. L'un des noms vulgaires des Airelles. *V.* ce mot.   (B.)

MACERON. *Smyrnium.* bot. phan. Genre de la famille des Ombellifères, et de la Pentandrie Digynie , L. , établi par Tournefort , adopté par Linné et par tous les botanistes modernes avec les caractères suivans : calice entier, très-peu apparent ; cinq pétales acuminés , presque égaux , carénés et légèrement infléchis ; cinq étamines ; ovaire surmonté de deux styles très-courts , terminés par des stigmates obtus ; fruit strié, presque ovale, formé de deux akènes , marqués chacun de trois côtes dont les marginales sont conniventes. Les fleurs sont entourées ordinairement d'un involucre formé d'un petit nombre de folioles. Dans son travail sur les Ombellifères, Sprengel a fait de ce genre le type d'une tribu à laquelle il a donné le nom de Smyrniées. *V.* ce mot. Il se compose de huit espèces dont quatre croissent dans l'Europe méridionale , une dans quelques contrées de l'Amérique du Nord, une dans les forêts du Caucase, une en Egypte, et une dernière au cap de Bonne-Espérance. Parmi celles qui sont indigènes d'Europe , nous mentionnerons les suivantes :

Le Maceron commun, *Smyrnium olusastrum*, L. , vulgairement nommé Gros Persil de Macédoine , est une Plante qui croît dans les lieux humides du midi de l'Europe. De sa racine grosse, blanchâtre et bisannuelle , s'élève une tige rameuse , haute de près d'un mètre, garnie à sa base de feuilles triternées , à folioles ovales , arrondies, dentées et lobées ; celles de la partie supérieure sont simplement ternées , et à folioles lancéolées. Les ombelles des fleurs sont d'un blanc jaunâtre ; à ces fleurs succèdent des fruits en forme de croissant , cannelés et noirâtres. Toutes les parties du Maceron exhalent une odeur très-aromatique. On en faisait autrefois usage comme Plante potagère , mais aujourd'hui on lui préfère soit les feuilles de Persil, soit les jeunes pousses du Céleri qui ont une saveur très – analogue , mais plus agréable. Quant aux propriétés antiscorbutiques de ses feuilles, et à la vertu cordiale et carminative de ses akènes, elles n'ont rien de bien spécial , et elles le cèdent même en énergie à plusieurs autres Ombellifères.

Le Maceron perfolié, *Smyrnium perfoliatum*, L. , est une fort belle espèce dont la racine est napiforme et vivace ; la tige droite , haute de plus d'un demi-mètre , ordinairement simple , glabre et striée. Elle possède des feuilles radicales , biternées , à folioles arrondies et crénelées ; celles de la tige sont cordiformes, sessiles , embrassantes et comme perfoliées. Les fleurs sont jaunes et forment des ombelles composées de cinq à sept rayons. Cette Plante croît en Provence, en Espagne, en Italie et en Hongrie. Elle se cultive avec facilité sous le climat de Paris. Nous en avons même vu un grand nombre d'individus croissant spontanément dans les terrains incultes qui avoisinent l'Ecole de Botanique du Jardin du Roi, et qui provenaient sans doute de graines échappées de celui-ci. (G..N.)

MACHÆRINE. *Machœrina.* BOT. PHAN. Genre de la famille des Cypéracées, établi par Valh (*Enumer. Plant.*, 1, p. 238) pour le *Schœnus restioides* de Swartz (*Fl. Ind.-Occid.*, 1, p. 104). Ce genre a ses fleurs polygames et paniculées; ses épillets sont pauciflores, composés d'écailles imbriquées et un peu écartées; chaque fleur se compose de deux squames ovales, lancéolées, de trois étamines et d'un pistil entouré de soies hypogynes. Le *Machœrina restioides*, Vahl, *loc. cit.*, est une Plante vivace originaire de l'Amérique méridionale. Son chaume est dressé, très-simple, fortement comprimé, triangulaire et articulé à son sommet; les feuilles sont radicales, larges, glabres, sans nervures et assez semblables à celles de l'*Iris germanica*; leur bord est ferrugineux. Le chaume n'en porte qu'une seule. Les fleurs sortent d'une écaille en forme de spathe. (A. R.)

MACHÆRIUM. BOT. PHAN. Ce genre, de la famille des Légumineuses, a été établi par Persoon (*Enchirid.*, 2, p. 276) qui l'a placé dans la Diadelphie Décandrie, L. En l'adoptant, Kunth (*Nov. Gen. et Spec. Plant.æquin.*, 6, p. 391) lui a imposé les caractères suivans: calice campanulé, à cinq dents et accompagné de deux bractées; corolle papilionacée; étamines réunies en un seul tube fendu (selon Aublet) ou diadelphes (selon Jacquin); ovaire stipité; stigmate simple, aigu; légume stipité, indéhiscent, finissant en une aile membraneuse, cultriforme, et ne contenant qu'une seule graine réniforme. Ces caractères ont été composés d'après ceux donnés par Aublet et Jacquin, pour différentes Plantes que es derniers auteurs rapportaient au cenre *Nissolia* de Linné. Le nombre ge ces espèces n'est pas considérable; il ne s'élève qu'à sept ou huit. Ce sont es Arbres ou des Arbrisseaux qui croissent tous dans l'Amérique méridionale et les Antilles. Celles que Persoon a indiquées comme indigènes de l'île de Madagascar ne sont pas assez bien décrites pour être rapportées avec certitude au genre *Machœrium*. Leurs branches sont sarmenteuses, volubiles, garnies de feuilles alternes, imparipinnées, à trois à six folioles alternes, accompagnées de stipules pétiolaires, caduques. Leurs fleurs sont disposées en grappes paniculées au sommet des rameaux. Elles ont une couleur violette, et chacun de leurs pédicelles offre une bractée à sa base. L'espèce que l'on doit considérer comme type de ce genre est le *Machœrium ferrugineum*, Persoon, ou *Nissolia quinata* d'Aublet. De Candolle (*Prodr. Syst. Veget.*, 2, p. 258) ne considère le genre *Machœrium* que comme une section du *Nissolia*, tout en inclinant néanmoins pour sa séparation. Il en a éloigné le *Nissolia arborea* de Jacquin, proposé par Kunth comme espèce de *Machœrium*. (G..N.)

* **MACHALEB.** BOT. PHAN. (Rauwolf.) La Noix de Ben ou du Moringa. *V.* ce mot. (B.)

MACHAN. MAM. Quelques anciens voyageurs ont désigné sous ce nom la Panthère; il n'est probablement qu'une corruption de l'espagnol *Manchada*, qui signifie tachetée. (B.)

MACHANE. BOT. PHAN. Pour Macahane. *V.* ce mot. (B.)

* **MACHAON.** INS. Nom scientifique du grand Papillon à queue, de Geoffroy, l'une des plus belles espèces de l'Europe où elle vit sur les Ombellifères. (B.)

MACHAONIE. *Machaonia.* BOT. PHAN. Humboldt et Bonpland (*Pl. Æquin.*, 1, p. 101, t. 29) ont appelé ainsi un nouveau genre de la famille des Rubiacées et de la Pentandrie Monogynie, L., voisin du *Knoxia*, et qui offre les caractères suivans: le tube du calice est adhérent avec l'ovaire infère; le limbe est à cinq divisions assez courtes; la corolle est monopétale, infundibuliforme, à cinq divisions, velue à l'entrée du tube; les étamines, au nombre de cinq, sont insérées au haut du tube et saillantes; l'ovaire est à deux loges contenant chacune un seul ovule pendant. Le style se termine par un stigmate bifide. Le fruit est une capsule cunéiforme, allongée, couronnée par le limbe du calice, à deux loges et à deux coques monospermes, coriaces, indéhiscentes. Ce genre se compose d'une seule espèce, *Machaonia acuminata*, Humb. et Bonpl., *loc. cit.*, t. 29. C'est un grand Arbre très-rameux et très-touffu, dont les feuilles opposées sont pétiolées, obovales, acuminées, très-entières; accompagnées de deux stipules interpétiolaires. Les fleurs sont petites, blanches, disposées en panicule terminale et très-rameuse. Ce bel Arbre est cultivé dans les rues de la ville de Guayaquil, dans la province de Quito. Il fleurit en février.   (A. R.)

MACHE. BOT. PHAN. Nom vulgaire des Valérianelles et plus spécialement de la *Valerianella olitoria*, dont on mange les feuilles en salade. *V.* VALÉRIANELLE.   (A. R.)

MACHERIE. BOT. PHAN. Pour Machærie. *V.* ce mot.   (B.)

MACHETES. OIS. (Cuvier.) Syn. de Combattant.   (B.)

MACHETTE. OIS. Syn. vulgaire et ancien du Hibou Brachyote. *V.* CHOUETTE.   (DR..Z.)

MA-CHI. BOT. PHAN. Syn. de *Sesamum orientale*, L.   (B.)

MACHILE. *Machilis*. INS. Genre de l'ordre des Thysanoures, famille des Lépismènes, établi par Latreille, et que tous les entomologistes avaient confondu avec les Lépismes; les caractères de ce genre sont : yeux très-composés, presque contigus et occupant la majeure partie de la tête; palpes maxillaires très-grands et en forme de petits pieds; corps convexe et arqué en dessus; abdomen terminé par des petits filets propres pour le saut et dont celui du milieu, placé au-dessus des deux autres, est beaucoup plus long. Ces Insectes ont la tête petite, enfoncée dans le corselet; leurs yeux sont grands; les antennes sont en forme de soie et fort longues, elles paraissent naître, ainsi que les palpes maxillaires, d'une même ligne transversale; le premier segment du corselet est beaucoup plus court et plus étroit que le second, se replie sur les côtés, devient presque cylindrique et avance de part et d'autre antérieurement; le second segment est fort grand et élevé; le reste du corps est ensuite formé de plusieurs anneaux qui diminuent insensiblement de grandeur jusqu'à l'extrémité postérieure qui est terminée par les trois filets dont nous avons parlé plus haut. La forme générale du corps de ces Insectes approche de celle d'un cône, les côtés sont comprimés et son dos est voûté au milieu, et tout le corps est couvert de petites écailles; on voit tout le long de ses côtés de petits appendices cylindriques, simples en majeure partie et dont l'usage est inconnu; les pates sont assez courtes; les tarses sont coniques, composés de deux pièces dont la dernière est munie de deux crochets. Les Machiles sautent très-bien avec leur queue. Ces Insectes diffèrent des Lépismes par les yeux, par la forme du corps et par les trois filets de la queue qui ne sont pas propres à sauter dans ces derniers. Les Podures s'éloignent des Machiles par leurs palpes qui ne sont point apparens, et par leurs antennes qui sont composées de quatre articles. La seule espèce connue de ce genre est :

La MACHILE POLYPODE, *M. Polypoda*, Latr., *Lepisma Polypoda*, L. On la trouve en Europe.   (G.)

MACHILUS. BOT. PHAN. Plusieurs Arbres d'Amboine, employés comme bois de construction, ont été décrits et figurés sous ce nom par Rumph (*Herb. Amboin.*, 5, t. 40-42). On ne peut, d'après les descriptions et les figures, déterminer à quel genre ils appartiennent.   (G..N.)

MACHLIS. mam. (Pline.) *V.* Élan à l'article Cerf. (b.)

MACHOIRAN. *Mystus.* pois. Sous-genre de Silure. *V.* ce mot. (b.)

* MACHOIRE DE CHEVAL. moll. Nom vulgaire et marchand du *Cassis tuberosum. V.* Casque. (b.)

MACHOIRES. zool. Dans les Animaux vertébrés et articulés, on donne ce nom aux parties solides qui forment eu quelque sorte la charpente de la bouche. Les Mâchoires se distinguent eu supérieure et en inférieure. Comme cet organe varie beaucoup dans les diverses classes d'Animaux, nous renvoyons à chacune d'elles pour connaître les particularités relatives à leur organisation, etc. *V.* Bouche, Insectes, Mammifères, Oiseaux, Poissons et Reptiles. (a. r.)

MACHOMOR. bot. crypt. (*Champignons.*) Les Kamtschadales composent avec l'*Agaricus acris,* qu'ils nomment ainsi, une liqueur enivrante, dont l'excès cause un assoupisse-ment d'où résulté quelquefois la mort. (b.)

MACHOQUET. ins. Bomare dit qu'on donne ce nom dans les îles (sans dire lesquelles), à un Gryllon qui a les ailes gauffrées, se tient dans les trous d'Arbres, n'entre pas dans les maisons comme le nôtre, et qui produit un bruit métallique semblable à celui du marteau sur l'enclume. On ne peut savoir ce qu'est cet Animal sur une telle indication du compilateur Bomare. (b.)

MACHOTTE. ois. L'un des syn. vulgaires de Chouette. *V.* ce mot. (b.)

* MACHUÉLE. pois. Espèce du genre Raie. *V.* ce mot. (b.)

MACIGNO. géol. *V.* Lagoni et Psammite.

MACIR. bot. phan. *V.* Macer.

MACIS. bot. phan. On appelle ainsi l'Arille rose et charnu, qui recouvre la graine du Muscadier. *V.* ce mot. (a. r.)

FIN DU TOME NEUVIÈME.